SPRECHEN

Theo Herrmann/Joachim Grabowski

SPRECHEN

Psychologie
der Sprachproduktion

Spektrum Akademischer Verlag GmbH Heidelberg · Berlin · Oxford

Die Deutsche Bibliothek – CIP-Einheitsaufnahme

Herrmann, Theo:
Sprechen : Psychologie der Sprachproduktion / Theo Herrmann ; Joachim Grabowski. –
Heidelberg ; Berlin ; Oxford : Spektrum, Akad. Verl., 1994
   (Spektrum Psychologie)
   ISBN 3-86025-101-5
NE: Grabowski, Joachim:

© 1994 Spektrum Akademischer Verlag GmbH Heidelberg · Berlin · Oxford

Alle Rechte, insbesondere die der Übersetzung in fremde Sprachen, sind vorbehalten.
Kein Teil des Buches darf ohne schriftliche Genehmigung des Verlages photokopiert
oder in irgendeiner anderen Form reproduziert oder in eine von Maschinen verwendbare
Sprache übertragen oder übersetzt werden.

Lektorat: Katharina Neuser-von Oettingen
Produktion: Brigitte Achauer, Hans J. Münster, Susanne Tochtermann
Umschlaggestaltung: Zembsch' Werkstatt, München
Gesamtherstellung: Druckhaus Beltz, Hemsbach

Spektrum Akademischer Verlag Heidelberg · Berlin · Oxford

Inhalt

Vorwort		11

Teil I:	Das Phänomen des Sprechens	15

Kapitel 1:	Sprechen – ein Überblick	17
1.1	Das Sprechen: hochkomplex und unauffällig	17
1.2	Was ist eigentlich das Sprechen?	23
1.2.1	Sprechen als Erzeugung eines Lautstroms	23
1.2.2	Sprechen als Erzeugung von Phonemfolgen	28
1.2.3	Sprechen als Erzeugung von Morphemfolgen und die Grammatikalität	35
1.2.4	Sprechen und Bedeutungstransport	50
1.3	Zur Gliederung des Sprechvorgangs	58
1.4	Zusammenfassung	62

Teil II:	Empirische Befunde zur Psychologie der Sprachproduktion	63

Kapitel 2:	Das Benennen von Gegenständen	65
2.1	Einige einführende Beispiele	65
2.2	Determinanten der Objektbenennung	70
2.3	Spezifität und Informativität	73
2.3.1	Zum sprachpsychologischen Experimentieren	76
2.4	Die Ausführlichkeit von Benennungen	83
2.5	Informativität und Ausführlichkeit als Ergebnis von Selektionsprozessen	87

2.6	Die DMF-Theorie	88
2.7	Spezifität der Objektklasse	90
2.8	Nebengeordnete Sprecherziele	96
2.9	Zur Enkodierung von Objektbenennungen	98
2.10	Fazit	103
Kapitel 3:	Sprechen über Raum	107
3.1	Grundprobleme der Raumreferenz	107
3.1.1	Das Blickpunktproblem	108
3.1.2	Das Linearisierungsproblem und der generische Wanderer	112
3.2	Intendiertes Objekt oder Relatum?	117
3.2.1	Verständniserleichternde O_i-Wahlen	118
3.2.2	Auffassungsbedingte O_i-Wahlen	119
3.3	Hörerbezogenes Lokalisieren und das Es-dem-anderen-Leichtmachen	121
3.3.1	Das Problem	121
3.3.2	Koorientierung und partnerseitige Identifikation des Blickpunkts	121
3.3.3	Das Es-dem-anderen-Leichtmachen	125
3.3.4	Eine experimentelle Untersuchung	126
3.3.5	Eine japanische Vergleichsstudie	129
3.4	Das ‚Sich-Hineinversetzen' und der Lokalisationsaufwand	133
3.4.1	Fragestellung	133
3.4.2	Hörerposition als Aufwanddeterminante	133
3.4.3	Experimentelle Untersuchungen	136
3.4.4	Begründungen	138
3.5	Lokalisationssequenzen und der Genese-Effekt	142
3.5.1	Fragestellung	142
3.5.2	Statische und dynamische Lokalisationssequenzen	143
3.5.3	Der Ankereffekt	146
3.5.4	Noch einmal: der generische Wanderer	148
Kapitel 4:	Auffordern	153
4.1	Vom Taufen zum Auffordern	153
4.2	Wie man Aufforderungen (nicht) definieren kann	157
4.3	Ein sprachpsychologisches Modell des Aufforderns	166
4.4	Informativität und Instrumentalität	175
4.5	Klassen von Aufforderungssituationen	178
4.6	Empirische Befunde zur Situationsabhängigkeit einfacher Handlungsaufforderungen	186
4.6.1	Das Rekonstruktions-Experiment	186
4.6.2	Das Wahrscheinlichkeitsexperiment	190
4.6.3	Das Detektivexperiment	192
4.6.4	Eine Feldstudie	193

4.6.5	Ein Rezeptionsexperiment	195
4.7	Komplexe Aufforderungen	199
4.7.1	Beschreibungsmöglichkeiten	199
4.7.2	Komplexität und Situation	201
4.8	Nonverbale Äußerungskomponenten beim Auffordern	205
4.8.1	Blicken, Lächeln und Aufforderungstyp	206
4.8.2	Intonation und Satzmodus beim Auffordern	209
4.9	Zusammenfassung	212
Kapitel 5:	Reden über Ereignisse	213
5.1	Problemeingrenzung	213
5.2	Berichten und Erzählen	217
5.2.1	Textsorten	217
5.2.2	Funktionales und nicht-funktionales Erzählen	219
5.2.3	Konversationelle Erzählungen	221
5.2.4	Reden über Ereignisse im institutionellen Kontext	228
5.2.5	Zwischenbilanz	230
5.3	Geschichtengrammatiken	231
5.4	Situative Determinanten des Redens über Ereignisse	235
5.4.1	Einige Voraussetzungen	235
5.4.2	Sprecherziele	236
5.4.3	Partnermerkmale und institutionelle Rahmung	238
5.4.4	Berichten und Erzählen aus sprachpsychologischer Sicht	240
5.5	Eine experimentelle Untersuchung	241
5.5.1	Selektionsprozesse und die Klassifikation ereignisbezogener Äußerungen	241
5.5.2	Situationsspezifische Ereigniswiedergaben	251
5.5.3	Zur Steuerung des Sprachproduktionsprozesses	254
5.6	Wie war denn Ihre Fahrprüfung?	257
5.7	Schlußbemerkung	260
Teil III:	Eine psychologische Theorie der Sprachproduktion	261
Kapitel 6:	Allgemeine theoretische Grundlagen	263
6.1	Sprechen und Systemregulation	263
6.1.1	Sprechen und Verhalten	263
6.1.2	Regelkreis und TOTE-Einheit	269
6.1.3	Kontrollinstanzen	275
6.1.4	Drei Arten der Steuerung	278
6.1.5	Kontrolle und Aufmerksamkeit	281
6.2	Die Grobstruktur des Sprachproduktionssystems	284

6.2.1	Die Zentrale Kontrolle	285
6.2.2	Die Hilfssysteme	287
6.2.3	Der Enkodiermachanismus	289
6.3	Wissen, Können, Information	291
6.3.1	Wissen und Können	291
6.3.2	Allgemeine theoretische Positionen	295
6.3.3	Konzepte und Wörter	298
6.3.4	Zusammenfassung	319
Kapitel 7:	Die Zentrale Kontrolle	321
7.1	Zur Gliederung des Sprachproduktionsprozesses	321
7.2	Die Fokusinformation	323
7.2.1	Ein Beispiel zur Einführung	323
7.2.2	Zur Klassifikation der Fokusinformation	324
7.2.3	Konventionen	332
7.2.4	Das Kommunikationsprotokoll	336
7.2.5	Zur Kompatibilität mit anderen Klassifikationen der Fokusinformation	337
7.2.6	Der Fokusspeicher	340
7.3	Die Zentrale Exekutive	343
7.3.1	Prinzipien der Zentralen Exekutive	343
7.3.2	Zum Überwachen	346
7.3.3	Zur Selektion der Fokusinformation	349
7.3.4	Zur Aufbereitung der Fokusinformation	350
7.3.5	Zur Linearisierung der Fokusinformation	353
7.3.6	Wie-Schemata	355
7.3.7	Zusammenfassung	359
Kapitel 8:	Die Hilfssysteme	361
8.1	Einführung	361
8.2	Ein Ausgangsbeispiel	362
8.3	Allgemeines zu den Hilfssystemen	367
8.4	Die Binnenstruktur der Ebene der Hilfssysteme	370
8.4.1	Der Speicher für das Kommunikationsprotokoll	370
8.4.2	Der Transformationengenerator	370
8.4.3	Der Kohärenzgenerator	373
8.4.4	Der Emphasengenerator	377
8.4.5	Der STM-Generator	380
8.5	Schlußbemerkung	386

| Kapitel 9: | Der Enkodiermechanismus | 389 |

9.1	Unser Ausgangsbeispiel	389
9.2	Zur Wortgenerierung	391
9.3	Zum Netzwerkmodell der Wortfolgengenerierung	393
9.4	Zum grammatischen Schema	398
9.4.1	Zur Erzeugung flektierter Wortformen	398
9.4.2	Grammatische Schemata als Schaltpläne	401
9.4.3	Grammatische Schemata als Aktivationsmuster von Plan-Knoten	402
9.4.4	Ein abschließendes Beispiel	407
9.5	Zur Vorbereitung von Aussprachebefehlen	410
9.6	Sprechfehler und Assoziationen	412
9.6.1	Sprechfehler	412
9.6.2	Assoziationen	417
9.7	Resümee	419

| Kapitel 10: | Die Varianten der Sprachproduktion und das Zusammenspiel der Subsysteme | 423 |

| Teil IV: | Sprachpsychologie in Praxisfeldern | 429 |

| Kapitel 11: | Der Zweitsprachenerwerb aus sprachpsychologischer Sicht | 431 |

11.1	Das Problem	431
11.2	Thematische Abgrenzungen	434
11.3	Einige Überlegungen zu realistischen Zielsetzungen beim Zweitsprachenerwerb	435
11.4	Was sollte man lernen, wenn man eine Zweitsprache lernt?	438
11.5	Zur Konventionsgeleitetheit des Sprechens	441
11.6	Wissenserwerb und Fertigkeitsaufbau beim Zweitsprachenlernen	446
11.7	Zum Kontrastieren	452
11.8	Fazit	454

| Kapitel 12: | Telefon und Anrufbeantworter | 457 |

12.1	Kommunikationskanäle und Kommunikationsmedien	457
12.2	Sprachproduktion am Telefon	463
12.2.1	Situative Voraussetzungen	463
12.2.2	Fokusinformation	466
12.2.3	Protoinput und Enkodierinput	469

12.3	Ablaufschemata beim Telefonieren	474
12.4	Anrufbeantworter	479

Literaturverzeichnis 485

Namensregister 517

Sachregister 527

Vorwort

Wie funktioniert das Sprechen? Welche psychischen Prozesse laufen ab, wenn wir einem anderen etwas erzählen, wenn wir eine Frage beantworten oder in anderer Weise mit einem Partner oder einer Partnerin sprachlich kommunizieren? Wie können wir uns mit unserem Sprechen an die Gegebenheiten der jeweiligen Kommunikationssituation anpassen? Wie kommt es dazu, daß wir uns – in außerordentlich unterschiedlicher Weise – versprechen können? Warum sprechen Menschen in scheinbar ganz gleicher Situation so verschieden? Welchen Einfluß haben die Gesprächssituation oder das Kommunikationsmedium, etwa das Telefon? – Diese und viele andere Fragen zur Sprachproduktion will das vorliegende Buch beantworten, indem es einen bis ins Detail gehenden Überblick über das Gesamtgebiet der Psychologie des Sprechens aus der Perspektive einer durchgearbeiteten Theorie der (mündlichen) Sprachproduktion gibt: der Mannheimer Regulationstheorie des Sprechens. Diese Perspektive entspricht im wesentlichen der Perspektive der heutigen Allgemeinen Psychologie.

Unsere Absicht, den aktuellen Forschungsstand zur Sprachproduktion weitgehend ‚flächendeckend' aus einer durchgehenden Perspektive darzustellen, legte es nahe, das Buch so zu schreiben, daß es nicht nur für Spezialisten, sondern auch für Studierende verständlich ist. Wir haben uns bemüht, den Text so aufzubauen, daß man ihn ohne sprachpsychologische und mit nur geringen allgemeinpsychologischen Kenntnissen verstehen kann. So beginnen wir mit einem ganzen einfach gehaltenen Rundblick über das Phänomen des Sprechens. Bevor wir die Leserin oder den Leser an die etwas schwerer verdauliche Kost der sprachpsychologischen Theoriebildung heranführen, geben wir Einblick in ausgewählte Teilbereiche sprachpsychologischer Fragestellungen, die einerseits Information für sich selbst darstellen, andererseits aber Gesichtspunkte für eine psychologische Theorie des Sprechens vorbereiten. Wir haben auch zwei ‚Anwendungskapitel' an das Ende dieses Buches gestellt, um am Beispiel Folgen vor Augen zu führen, die die in diesem Buch dargestellte theoretische Behandlung des Sprechens für das Verständnis von Alltagsphänomenen besitzt.

Um Studierenden und anderen Nichtfachleuten das Verständnis zu erleichtern, sind wir in Hinsicht auf die ‚Stilreinheit der Begriffe' und die Feinkörnigkeit der Terminologie einige kalkulierte Kompromisse eingegangen. Wenn es uns aus Gründen der Darstellung angemessen erschien, haben wir auch einmal auf feinere begriffliche Unterscheidungen verzichtet, oder wir haben kurzerhand die Terminologie oder Begrifflichkeit gewechselt. (Fast immer haben wir dies der Leserin oder dem Leser sogleich mitgeteilt.) Der strenge Wissenschaftstheoretiker und Begriffspurist wird mit unserer Darstellung also sicherlich nicht in jedem Punkt einverstanden sein. Ihm gegenüber beharren wir aber darauf, daß wir dieses Buch auch in völlig einheitlicher Terminologie und stilreiner Begrifflichkeit hätten schreiben können; dann allerdings wäre es nur für hochspezialisierte Fachleute lesbar geworden.

Zu unserer Bemühung, leserfreundlich zu schreiben, gehört auch unser Entschluß, die Dinge so darzustellen, wie wir sie sehen, nicht aber, wie wir sie nicht sehen oder wie andere sie sehen. Insider-Probleme – die vielen kleinen Auffassungsunterschiede und Kontroversen – haben wir beiseite gelassen. Diese ‚Vorwärts-Strategie' führt selbstverständlich zu gewissen Vereinfachungen, und es mag Spezialisten geben, die dies als Verletzung wissenschaftlicher Konventionen betrachten. Wir nehmen das in Kauf.

Trotz der genannten Vorkehrungen stellt auch dieses Buch die Anforderungen an seine Leserinnen und Leser, die bei wissenschaftlichen Fachbüchern üblich sind. Das Phänomen des Sprechens ist schwer zu beschreiben und zu erklären – soweit es überhaupt bereits verstanden ist. Hier bleibt es keinem erspart, sich in die komplexe Materie einzuarbeiten. Als Ertrag erhoffen wir uns für unsere Leserschaft, daß sie zum Schluß einen differenzierten Einblick in wichtige sprachpsychologische Probleme des Sprechens gewonnen und erfolgreiche Lösungsversuche für einige dieser Probleme kennengelernt hat. Weiter sollte sie sich mit einer generellen theoretischen Auffassung vom Phänomen des Sprechens bekannt gemacht haben, welche sich aus dem Standpunkt heutiger Allgemeiner Psychologie ergibt: Eine Person spricht, um ihrem Gesprächspartner Vorgaben beziehungsweise Anregungen zu geben, wie er den Inhalt seines Bewußtseins zu modifizieren hat. Dazu muß sich der Sprecher ein möglichst getreues Bild vom Bewußtseinsinhalt seines Partners verschaffen. Und der Partner soll seinen Bewußtseinsinhalt so modifizieren, daß der Sprecher seine jeweiligen Ziele erreicht oder bestimmten Konventionen genügt, also seinen gegenwärtig defizitären Ist-Zustand an einen Soll-Zustand angleicht. So betrachtet, dient das Sprechen – wie das für andere Klassen von Verhaltensweisen ebenfalls gilt – der Regulation des Sprechers.

Diese theoretische Perspektive ist eine genuin psychologische. Es ist nicht die Perspektive der Linguistik, der wir gleichwohl als unserer Nachbardisziplin im einzelnen wertvolle Anregungen und Hilfen zu verdanken haben. Wir sind überzeugt, daß unser Buch für einschlägig interessierte (Psycho-)Linguisten wie übrigens auch für Vertreter der Kognitiven Wissenschaften nicht ohne Interesse sein dürfte.

Noch einige eher persönliche Worte: Wir haben unsere enge Zusammenarbeit bei der Vorbereitung und Abfassung dieses Textes genossen. Zu danken haben wir einer so großen Anzahl von Kolleginnen und Kollegen, Mitarbeiterinnen und Mitarbeitern, daß wir sie nicht alle nennen können. Soweit dieses Buch eigene Forschungsarbeiten referiert, müßten wir eigentlich alle jemals an diesen Arbeiten Beteiligten erwähnen, was schlechthin unmöglich ist. Das müßte bei Werner Deutsch, heute unser Kollege in Braunschweig, der an den ersten experimentellen Untersuchungen in der Mitte der siebziger Jahre beteiligt war, und Peter Winterhoff-Spurk, dem ersten und langjährigen Mitarbeiter der Mannheimer Forschungsgruppe (heute unser Kollege in Saarbrücken) beginnen, und es müßte bei Ralf Graf, Stefan Barattelli, Heike Buhl, Peter Dreyer, Hanns-Gerhard Kölbing, Ralf Rummer, Conny Vorwerg und den anderen (vor allem auch den studentischen) Mitarbeiterinnen und Mitarbeitern enden, die während der Veröffentlichung dieses Buches gerade an aktuellen Forschungsuntersuchungen arbeiten. Wir möchten besonders denen danken, mit denen wir Einzelaspekte unserer empirischen Untersuchungen und theoretischen Überlegungen diskutieren konnten. Dies sind vor allem Norbert Bischof, Mary Carroll, Rainer Dietrich, Dietrich

VORWORT

Dörner, Hans-Jürgen Eikmeyer, Klaus Foppa, Winfried Hacker, Gisela Harras, Manfred Hofer, Wolfgang Klein, Friedhart Klix, Ernst Lantermann, Roland Mangold-Allwinn, Iwao Nakajima (der für uns auch Vergleichsstudien in Japan durchführte), Wolfgang Prinz, Uta Quasthoff, Gert Rickheit, Ulrich Schade, Wolfgang Schnotz, Christiane von Stutterheim, Masako Sugitani und Karl Friedrich Wender.

Unsere Universität, die Universität Mannheim, hat uns viele Hilfen und die forschungsfreundliche Atmosphäre geboten, in der wir ertragreich arbeiten können. Ein beträchtlicher Anteil unserer experimentellen Studien wurde von der Deutschen Forschungsgemeinschaft, auch im Rahmen des Sonderforschungsbereichs „Sprache und Situation", gefördert. Wir danken allen Kolleginnen und Kollegen dieses Sonderforschungsbereichs, die unseren Arbeiten Interesse entgegengebracht haben.

An der Vorbereitung des Manuskripts waren vor allem Petra Weiß, Brigitte Krieg und Peter Dreyer beteiligt. Katharina Neuser-von Oettingen von SPEKTRUM Akademischer Verlag hat dieses Buchprojekt von Anfang an mit umsichtiger Unterstützung betreut und uns dennoch alle Freiheiten gelassen, die wir wünschten. Wir danken ihnen allen für die besonders angenehme und effiziente Zusammenarbeit. Unseren Dank für Förderung und Duldung, die wir in unseren persönlichen Umfeldern erfahren haben, geben wir auf unmittelbarem Wege weiter.

Im Herbst 1993
Th. H.
J. G.

I.

Das Phänomen des Sprechens

SPRECHEN

Im ersten Teil dieses Buches geht es uns darum, mit welcher Art von Phänomenen wir es überhaupt zu tun haben, wenn wir uns mit dem Sprechen beschäftigen. So wie man etwa einen Tisch – je nach Fragestellung – sowohl im Zusammenhang mit Wohnungseinrichtungen als auch hinsichtlich seiner Gliederung in eine Tischplatte und einen Unterbau oder sogar anhand seines molekularen Materialaufbaus beschreiben kann, so besteht das, was wir als Resultat des Sprechens beobachten können, je nach Betrachtungsweise und Auflösungsgrad aus Äußerungsteilen, Sätzen, Wörtern, Lautmustern oder dergleichen. Einige Beschreibungsebenen stellt die synchrone Sprachwissenschaft (die Linguistik) bereit. Wir diskutieren diese Beschreibungsmöglichkeiten, soweit wir sie für die psychologische Rekonstruktion des Sprechens benötigen. Im Zentrum der Sprachproduktionspsychologie, die wir in unserem Buch darlegen wollen, steht aber weniger die Beschaffenheit des jeweiligen Sprechresultats; vielmehr interessieren uns die psychischen Vorgänge, die zu einer Äußerung führen. Und diese Prozesse haben oft viel mehr mit dem zu tun, was im kognitiven System eines Menschen generell vor sich geht, als mit dem, was in Grammatiken oder Wörterbüchern steht.

1.
Sprechen – ein Überblick

1.1 Das Sprechen: hochkomplex und unauffällig

Der Mensch spricht leise oder laut, er flüstert oder ruft, er spricht zu anderen oder vielleicht auch zu sich selbst, er plaudert, ein Wort gibt das andere, er redet feierlich oder diplomatisch, er liest etwas ab, produziert mit größter Leichtigkeit Floskeln und Redensarten, oder er sucht verzweifelt nach den passenden Worten. Dabei ist er überwiegend auf die *Sache*, von der die Rede ist, und auf seinen *Gesprächspartner* konzentriert und nicht auf das Sprechen selbst. So wird ihm das Sprechen selbst auch meist nicht zum Problem. Mit dem fast immer zuverlässig arbeitenden Werkzeug des Sprechens ergeht es dem Menschen fast ebenso wie mit seinem Herzen. Solange es klaglos funktioniert, merkt er kaum, daß er es hat. Welch ein kompliziertes Funktionssystem das Herz aber ist, wird sofort deutlich und leider oft zu einem kapitalen Problem, wenn es nicht störungsfrei arbeitet. Ähnlich auch bei unserem Sprechwerkzeug: Es fällt uns dann auf, wenn wir es überfordern, wenn wir uns zum Beispiel im Zustand der Ermüdung sprachlich verhaspeln, wenn wir etwas in Sprache fassen wollen, was wir aus intellektuellen oder auch gefühlsmäßigen Gründen nicht gut verbalisieren können – wer kennt nicht die Schwierigkeiten, eine Liebeserklärung zu formulieren oder vor seinem Vorgesetzten frei vorzutragen –, wenn wir uns mit unserem Kommunikationspartner nicht darüber einigen können, in welcher Weise wir unseren Gesprächsgegenstand ‚angehen' sollen – zum Beispiel sachlich oder sarkastisch-ironisch, vorsichtig-zurückhaltend oder prall-polemisch –, oder wenn wir auch nur komplizierte Sätze bilden oder zu schnell sprechen wollen. (Vom mühsamen Reden in einer Fremdsprache sei hier noch ganz abgesehen; wir werden im vierten Teil dieses Buches darauf zurückkommen.) Unsere Aufmerksamkeit richten wir selbstverständlich auch dann auf unser Sprechwerkzeug, wenn es aus Krankheitsgründen versagt – oder wenn die örtliche Betäubung nach einem Zahnarztbesuch noch nicht wieder abgeklungen ist. Ebenso wie unser Sprechen bei sehr verschiedenartiger zeitweiliger Überforderung unser Aufsehen erregt, so kann es auch in höchst unterschiedlicher Art erkranken: Das reicht vom Unverständlichwerden bei starker Erkältung über die Verletzung unserer Stimmwerkzeuge (zum Beispiel der Lippen oder der Zunge) bis zur Schädigung des Gehirns, wie nach einem Schlaganfall, der uns ‚der Sprache beraubt'.

Aus vielerlei Gründen kann uns das Sprechen also zum Problem werden, wenn es – wie auch immer – nicht gut funktioniert. Dieses Buch gilt in erster Linie dem Sprechen, soweit es *normal* funktioniert. Das Sprechen ist – vielleicht neben dem Problemlösen und dem Verstehen von Sprache – die komplizierteste menschliche Funktion, eine Funktion, die der Mensch für sich allein besitzt, die dem Menschen als Spezies allein zukommt (vgl. Anderson, 1988, S. 300ff.; Klix, 1983). Daß das Nachplappern des Papageis kein Sprechen im eigentlichen Sinne ist, erscheint klar; aber auch die sogenannte Sprache der Bienen (von Frisch, 1923, 1965) oder der Delphine (Lilly, 1969) und sogar die Sprachleistungen des Menschenaffen haben mit der menschlichen Sprachfunktion nur eine begrenzte Anzahl von Merkmalen gemeinsam (vgl. auch Hörmann, 1977; Rumbaugh, 1977; Savage-Rumbaugh & Rumbaugh, 1978). Über die ‚Sprache' der Menschenaffen finden Sie einige Informationen im Exkurs 1.1.

Das Sprechen ist – physikalisch betrachtet – ein Vorgang der Modulation der ausströmenden Atemluft. Es ist – physiologisch-neurologisch gesehen – ein hochkomplexer Prozeß der Lauterzeugung. Es ist – in linguistischer Hinsicht – ein Prozeß der Phonemerzeugung und überhaupt die ‚Verwirklichung' einer Einzelsprache im Individuum (Bühler, 1934). Es ist – bei psychologischer Betrachtung schließlich – eine ganz besondere Art des situationsbezo-

Exkurs 1.1
Können Menschenaffen sprechen?

Bis in die sechziger Jahre des 20. Jahrhunderts hinein galt es unter den Gebildeten, bei Wissenschaftlern und auch in der Philosophie als abgemacht, daß sich der Mensch und die Tiere unter anderem dadurch unterscheiden, daß der Mensch sprechen kann und das Tier nicht. Seit etwa 25 Jahren ist dieses Dogma ernstlich in Frage gestellt worden. Schimpansen stehen uns Menschen stammesgeschichtlich am nächsten, und Schimpansinnen waren es, denen Primatenforscher das Sprechen und Sprachverstehen beizubringen versuchten – und das mit einigem Erfolg.

Man hatte zu jener Zeit begriffen, daß Affen keine Lautsprache erlernen können; dafür fehlt es ihnen an Sprechwerkzeugen (vgl. Abschnitt 1.2.1 im Haupttext). Beatrice und Allan Gardner (1969) lehrten ihr Affenmädchen Washoe die Gebärdensprache ASL (American Sign Language), die überwiegend von amerikanischen Taubstummen verwendet wird. Nach vier Jahren konnte Washoe etwa 130 Zeichen dieser Gebärdensprache verwenden. David Premack (1976) brachte die Schimpansin Sarah dazu, Sprache mit Hilfe farbiger Plastikplättchen auf einer Magnettafel zu produzieren und zu rezipieren. Ein violettes Plastikdreieck bedeutete zum Beispiel einen Apfel. Duane Rumbaugh (1977) brachte der kleinen Lana, ebenfalls ein Schimpansenmädchen, das Sprechen und Sprachverstehen unter Verwendung einer computergesteuerten ‚Sprechmaschine' bei, bei der durch Drücken von Tasten Bildsymbole manipuliert werden konnten.

Was konnten die Primatenforscher aus Washoe, Sarah, Lana und anderen Schimpansinnen im Hinblick auf deren Sprachvermögen herausholen; welche sprachlichen Leistungen konnten sie diesen Menschenaffen beibringen? Was die Länge der Sprachäußerungen und der Komplexität der Äußerungen betrifft, so blieben die Schimpansinnen auf einem Entwicklungsniveau stehen, welches das Menschenkind im Alter von zwei bis drei Jahren überschreitet. Die Sprachfähigkeit bleibt also sehr begrenzt. Was man beim Menschen die Erzeugung von Sätzen nennen würde, umfaßt in der Regel nur etwa zwei oder drei Wörter. Immerhin kennzeichnen die Schimpansen durch die Reihenfolge der Zeichen das Satzsubjekt und das Satzobjekt, sie können Fragen stellen und Fragen beantworten, sie bilden sprachliche Negationen, man hat bei ihnen Wenn-dann-Verbindungen gefunden. Man kann sich mit den Schimpansen in der von ihnen gelernten Sprache durchaus unterhalten – aber nur über ihre enge Lebenswelt, vor allem über Futter, usf. Affen sprechen auch spontan, auch mit sich selbst. (Ein Affenmädchen produzierte spontan das Zeichen für „still", wenn es irgendwo hinschlich.) Untereinander wenden die Schimpansen die von ihnen gelernte Sprache aber nur selten an. Das tun sie dann, wenn sie dazu angehalten werden. Man kann den Eindruck gewinnen, daß Washoe, Sarah und die anderen so etwas wie eine Fremdsprache erlernt haben, die sie fast nur in der Kommunikation mit Menschen verwenden.

Beruhen die zwar durchaus begrenzten, doch aber erstaunlichen Leistungen der Schimpansinnen auf nichts anderem als auf komplizierter Dressur? Erscheint es nur so, als ob sie Sprache in einer spontanen und in gewissem Sinne kreativen Weise nutzen (vgl. dazu Terrace, Petitto, Sanders & Bever, 1979)? Das scheint nicht der Fall zu sein. Die Sprachleistungen der Schimpansinnen sind sehr genau dokumentiert worden, und es zeigt sich deutlich, daß ihre Sprache improvisiert erscheint, daß sie nicht den Eindruck des Nachgemachten erweckt, daß sie – in allerdings höchst bescheidenem Rahmen – auch kreativ sein kann. Schimpansinnen erfanden für Objekte, die für sie neuartig waren, neue Wörter beziehungsweise Zeichenverbindungen. Ein Schimpansenmädchen erfand für das Feuerzeug die Zeichenverbindung „Metall – heiß" und verwendete diese neue Bezeichnung für Feuerzeuge in wechselnden Szenen beziehungsweise Situationen. Der Gebrauch des neuen Wortes war also ‚dekontextualisiert'. Von einer nicht nur andressierten Wortverwendung kann wohl nur gesprochen werden, wenn ein Individuum ein Objekt in wechselnden Kontexten identifizieren und es immer wieder in invarianter Weise mit demselben Sprachsymbol belegen kann (vgl. dazu Savage-Rumbaugh, Rumbaugh, Smith & Lawson, 1980). Kreative und dekontextualisierte Wortverwendungen hat man immer wieder nachweisen können. Washoe lernte eines Tages an einer bestimmten Tür das Zeichen für „open" in der Bedeutung von „öffne!". Spontan wandte die Schimpansin dieses Zeichen daraufhin auch an, wenn man ihr eine Cola-Flasche öffnen sollte (vgl. auch Hörmann, 1991, S. 34f.).

Wieweit die Sprach- und Kommunikationsfähigkeit der Schimpansenmädchen reichen kann, zeigt das folgende Beispiel, das Zimmer (1986, S. 114) berichtet: Ein Wärter hatte Washoes Bitte um eine Apfelsine so beschieden, daß er ihr keine Apfelsine geben könne, weil er keine habe. Darauf forderte Washoe den Wärter ungehalten wie folgt auf: „Du gehen Auto geben-mir Apfelsine schnell." Zimmer kommentiert: »Sie sah kein Auto, als sie das sagte, war selber seit über zwei Jahren nicht mehr Auto gefahren, wußte aber offenbar, daß man in Amerika mit Autos einkaufen fährt, daß es im Supermarkt Apfelsinen gibt – und zwar wußte sie es durchaus in Abwesenheit von Autos, Apfelsinen, Supermärkten.«

Vielleicht sollte man die Sprachleistungen der Schimpansinnen skeptischer beurteilen, als dies bisweilen geschieht. Dennoch ist es unhaltbar, den Menschenaffen jegliches Sprachvermögen abzusprechen. Der uns Menschen allenfalls schmeichelnde tiefe Graben zwischen Mensch und Tier besteht also auch nicht in der hier interessierenden Hinsicht.

genen menschlichen Handelns (Hörmann, 1976) oder der Informationsverarbeitung im menschlichen System (Herrmann, 1985). Wir werden diese unterschiedlichen Zugangsweisen zum Sprechen im einzelnen behandeln. Keine der Wissenschaftsdisziplinen, die mit den genannten Gesichtspunkten der Betrachtung verbunden sind (also die Physik, die Physiologie und Neurologie, die Linguistik, die Psychologie) und auch keine der weiteren Wissenschaften, die sich mit der Sprache befassen, wie etwa die Sprachphilosophie, die Sprachsoziologie, die Sprachgeschichte und Etymologie oder die Völkerkunde, ist allein imstande, das so facettenreiche Gesamtphänomen der Sprachproduktion – das heißt des Sprechens und des Schreibens – in seiner Gesamtheit nachzuzeichnen und zu durchschauen.

Eine Zwischenbemerkung zum Wortgebrauch: Wir wollen das Sprechen, das Schreiben und ähnliche menschliche Tätigkeiten (wie das Morsen und so weiter) unter den gemeinsamen Oberbegriff der *Sprachproduktion* fassen. Weil wir aber, streng genommen, beim Sprechen oder Schreiben keine *Sprache* (wie das Deutsche oder Englische) erzeugen, sondern sprachliche *Äußerungen* (die man als Ergebnisse individueller Handlungen bei psychophysiologischer Einstellung auf eine Einzelsprache verstehen kann), sollte man vielleicht sogar besser von der Sprachäußerungsproduktion sprechen. (Das Englische stellt mit „language" und „speech" hier zwei unterscheidende Wörter zur Verfügung.) Doch ist im Deutschen der Terminus „Sprachproduktion" heute üblich. Und so wollen wir es dabei belassen. (Die unterschiedlichen Betrachtungsebenen von Sprache und Äußerungen und die Gesichtspunkte, die hinzukommen, wenn in einer Sprache über die Sprache gesprochen wird, werden ausführlich bei Lyons (1980) erörtert. Im Exkurs 1.2 finden Sie einige Anmerkungen zum Unterschied zwischen Sprechen und Schreiben.)

Bei jeder Beschäftigung mit der Sprachproduktion muß man über die Zäune der Nachbarwissenschaften schauen, auch wenn man das Phänomen aus der Sicht einer bestimmten Wissenschaftsdisziplin betrachtet. Wir betrachten es in diesem Buch aus der Perspektive der Sprachpsychologie, werden gerade in diesem Kapitel aber auch Anleihen bei der Anatomie, der Physiologie und der Linguistik machen, um die Phänomene, mit denen wir es zu tun haben, anschaulich zu skizzieren.

So mühelos wir in der Regel mit dem Sprechen als einem wichtigen Werkzeug der Lebensbewältigung umgehen, wenn es uns unauffällig dient, so schwer fällt es den Fachleuten und Laien bis heute, das Funktionieren des Sprechens zu durchschauen. Die hauptsächlichen Gründe dafür liegen, wie sich schon angedeutet hat, – neben großen methodischen Schwierigkeiten bei seiner Erforschung (vgl. Herrmann, 1982a, S. 5ff.) – in seinem außerordentlichen *Facettenreichtum* und im komplizierten *Zusammenspiel* aller an diesem Vorgang beteiligten Komponenten. So erscheint es sinnvoll, zunächst einmal, ohne die Dinge mehr als nötig zu komplizieren, nach wesentlichen *Bestimmungsstücken* zu suchen, mit deren Hilfe das Sprechen von anderen psychischen Phänomenen unterschieden werden kann. Was ist das Besondere am Sprechen? Welches sind seine wichtigsten Bausteine? Indem wir uns diesen Fragen widmen, sollen zugleich einige wichtige Begriffe beziehungsweise Fachausdrücke eingeführt werden, die wir für unsere weiteren Ausführungen benötigen. Was sich aus unseren Betrachtungen aber nicht ergeben soll, ist eine ausgearbeitete Definition des Sprechens. (Solche Definitionen sind nach unserer Auffassung weniger wichtig, als man gemeinhin annimmt.)

Exkurs 1.2
Sprechen und Schreiben

Die Auffassungen darüber, was das Sprechen und das Schreiben unterscheidet und was ihnen gemeinsam ist, sind in der Psychologie und der Sprachwissenschaft keineswegs einheitlich (Coulmas, 1985; Olson, 1977). Das liegt nicht zuletzt daran, daß in diese Gegenüberstellung mehrere unterschiedliche Gesichtspunkte eingehen (vgl. zum Beispiel die Unterscheidung von „Schrift", „schriftlicher Äußerung", „schriftlicher Kommunikation", „Schriftsprache" und „geschriebener Sprache" bei Ludwig, 1980a). Wir nennen einige dieser Vergleichsaspekte:

(1) Man kann Schriftzeichen als einen Versuch ansehen, die *Lautgestalt* einer Sprache auf sichtbare Symbole *abzubilden* (Gelb, 1963). Die Idee zu einer solchen Abbildung ist in der Menschheitsgeschichte etwa 3 000 Jahre vor Christus entstanden. Es gibt drei Klassen von Schriftsystemen (Miller, 1993), die auch Mischungen eingehen können (Günther, 1988): In *alphabetischen Schriften* entspricht ein Schriftzeichen (die heutige Bezeichnung „Buchstabe" datiert erst aus der Erfindung des Buchdrucks) etwa einem Laut. In *Silbenschriften* entspricht ein Schriftzeichen einer Silbe, das heißt, einem Vokal und seiner konsonantischen Umgebung. In *logographischen Schriften* entspricht ein Zeichen einem ganzen Wort beziehungsweise einem Bedeutungselement einer Sprache. In der heutigen japanischen Schrift beispielsweise bestehen alle drei Systeme (Romaji; Hiragana und Katakana; Kanji) nebeneinander; das Chinesische ist eine rein logographische Schrift. In den uns vertrauten alphabetischen Sprachen ist die Übereinstimmung zwischen Buchstaben und Lauten alles andere als perfekt; im Deutschen beispielsweise gibt es circa 40 verschiedene Lautklassen, die mit 26 verschiedenen Buchstaben geschrieben werden. Der Grad dieser Übereinstimmung variiert von Sprache zu Sprache: Wenn man weiß, wie jeder einzelne Buchstabe auszusprechen ist, kann man beispielsweise schon recht flüssig spanische Texte vorlesen (auch wenn man sie nicht versteht); bei französischen Texten kommt man auf diese Weise aber nicht sehr weit.

(2) Man kann das Sprechen und das Schreiben als *Kommunikationsmedien* mit unterschiedlichen Eigenschaften und Nutzungsmöglichkeiten betrachten. Während beim Sprechen (ohne technische Hilfsmittel) die Kommunikationspartner zum selben Zeitpunkt am selben Ort sein müssen, können bei schriftlichen Äußerungen Zeit und Ort der Produktion und der Rezeption auseinanderfallen; das ermöglicht beispielsweise bessere Koordinationsleistungen zwischen Menschen. (Weitere Kommunikationstechnologien werden wir in Kapitel 12 behandeln.) In diesem Zusammenhang lassen sich auch spezielle (zum Beispiel institutionelle) *Funktionen* mündlicher und schriftlicher Äußerungen unterscheiden (vgl. Ludwig, 1980b).

(3) Man kann das Schreiben als ein gegenüber dem Sprechen außerordentlich *normiertes* System beschreiben, das sich Menschen in ihrer schulischen Ausbildung durch speziellen Unterricht erst aneignen müssen; vom Gelingen dieser Aneignung hängen große Teile des Zugangs zu Bildung und Kultur ab. Während sich die gesprochene Sprache permanenten Änderungen und Wandlungen unterzieht, wirkt sich die Normierung der Schriftsprache ‚konservativ' aus – man denke nur an die mühsamen Versuche einer Rechtschreibreform. Dieser Nor-

mierungsunterschied führt dazu, daß sich mündliche und schriftliche Äußerungsweisen in verschiedener Hinsicht unterscheiden: Man schreibt in der Regel syntaktisch vollständige Sätze, was beim Sprechen bei weitem nicht immer der Fall ist. Man verwendet in schriftlichen Texten das Futur, das Präteritum und das Plusquamperfekt, während in mündlichen Äußerungen fast ausschließlich Präsens und Perfekt verwendet werden. Man sagt, ohne zu zögern, „kaputt", schreibt aber meistens „entzwei", etc.

(4) Man kann das Sprechen und das Schreiben ohne Rekurs auf die variable Normeinhaltung schlicht als zwei alternative Ausdrucksweisen betrachten und die jeweils entstehenden *Sprachproduktionsresultate* (Äußerungsmerkmale) vergleichen. So sind bei gleicher Aufgabenstellung (zum Beispiel der Wiedergabe eines Erlebnisses) schriftliche Äußerungen oft kürzer als mündliche, die einzelnen Sätze sind aber länger, es werden komplexere syntaktische Strukturen verwendet, usf. (vgl. Horowitz & Newman, 1964; Portnoy, 1973). Andererseits determiniert der Kommunikationsinhalt (zum Beispiel die Wiedergabe einer Geschichte gegenüber der eines Kommentars) die Beschaffenheit von Äußerungen oft stärker als die mündliche oder schriftliche Äußerungsweise (Hidi & Hildyard, 1983).

(5) Man kann das Sprechen und das Schreiben im Hinblick auf die daran beteiligten kognitiven *Prozesse* vergleichen. Hier reichen die Annahmen von zwei weitgehend separaten Sprachproduktionsmechanismen bis zur prozessual völlig identischen Planung und Herstellung von Äußerungen, die lediglich im einen Fall mündlich enkodiert und durch die Sprechmotorik, im anderen Fall schriftlich enkodiert und durch die Schreibmotorik realisiert werden (vgl. Bereiter & Scardamalia, 1987; Herrmann & Grabowski, 1992; Molitor, 1987). Typische *Situationen*, in denen gesprochen oder aber geschrieben wird, unterscheiden sich in Hinsicht auf äußere Einflüsse, die den Ablauf bestimmter Prozesse beeinträchtigen. So muß ein Sprecher in der Regel mit seiner Äußerungsplanung zügig vorankommen, weil der Partner bei längeren Sprechpausen meistens interveniert; der Schreiber kann sich im allgemeinen soviel Zeit lassen, wie er will. Der Sprecher muß sich merken, was er schon gesagt hat, wie der soeben produzierte Satz begonnen hat, etc., während der Schreiber das schon Geschriebene immer wieder nachlesen kann; dieser Unterschied führt beispielsweise zu einer variablen Belastung des Arbeitsspeichers (vgl. Grabowski, Vorwerg & Rummer, 1993). Die Trennung der Einflüsse der unterschiedlichen Zeitressourcen bei der Äußerungsplanung einerseits und der variablen Arbeitsspeicherbelastung andererseits erfolgt durch Vergleichsstudien, in denen Versuchspersonen diktieren (Gould, 1978) oder mit unsichtbarer Tinte schreiben (Rummer & Grabowski, 1993).

(6) Bei der wissenschaftlichen Beschäftigung mit mündlichen Äußerungen werden diese in der Regel zum Zwecke der leichteren Handhabung *verschriftlicht*. Es handelt sich dann nicht um schriftliche Äußerungen, sondern um schriftliche Texte mündlicher Äußerungen. Es ist die Aufgabe von Transkriptionssystemen, bei der Verschriftlichung diejenige Information über die Beschaffenheit mündlicher Äußerungen zu erhalten, auf die es im jeweiligen Forschungszusammenhang ankommt (vgl. dazu Exkurs 1.3). Die wissenschaftliche Auswertung verschriftlichter Äußerungen ist oft weniger aufwendig als die Auswertung mündlicher Äußerungen. Ein Ziel der Erforschung sprachpsychologischer Methoden ist zu prüfen, in welchen Fällen die Erhebung mündlicher Äußerungen ohne gravierende Veränderungen der in Frage stehenden Phänomene durch die Erhebung schriftlicher Äußerungen ersetzbar ist (vgl. Grabowski-Gellert, 1989; Grabowski-Gellert & Winterhoff-Spurk, 1989).

1.2 Was ist eigentlich das Sprechen?

Gerade bei psychischen Vorgängen, die wir auf den ersten Blick sehr gut zu kennen glauben, eben weil sie immer wieder ohne Schwierigkeiten ablaufen, ist es manchmal angebracht, über ganz elementare Fragen nachzudenken. – Was ist eigentlich das Sprechen?

Das Sprechen ist – neben dem Schreiben und einigen ähnlichen Vorgängen – die individuelle Produktion sprachlicher Äußerungen (= Sprachproduktion). Diese Kennzeichnung hilft nicht viel; denn was soll als sprachliche Äußerung verstanden werden? Und außerdem ist nicht jede sprachliche Äußerung das Ergebnis des Sprechens. So kann man eine sprachliche Äußerung ja auch mit der Schreibhand oder mit Hilfe eines Computers herstellen. Eine genauere Analyse des Sprechens ist also angebracht.

1.2.1 Sprechen als Erzeugung eines Lautstroms

Sprachliche Äußerungen, die man als das Ergebnis des Sprechens bezeichnen kann, entstehen aus einer besonderen Modulation des Atemstroms. Dieser Vorgang resultiert in einer Sequenz von (Sprach-) Lauten, einem Lautstrom. Das Sprechen ist viel mehr als nur das Erzeugen eines Lautstroms, doch gehört dieser Lautstrom zum Sprechen dazu.

Ist das richtig? Es drängt sich sogleich der Verdacht auf, daß diese Kennzeichnung die Sachlage stärker einengt, als ihr gut tut. Gibt es denn nicht das ‚innere Sprechen', das unhörbare und nur vom Sprecher selbst in seinem Bewußtsein bemerkbare Sprechen (vgl. Liberman, Cooper, Shankweiler & Studdert-Kennedy, 1967; Piaget, 1972; Vygotsky, 1986; Zivin, 1979)? Hier muß man zunächst jedoch die folgende Unterscheidung treffen:

(a) Man kann zu sich selbst sprechen und dabei einen *Lautstrom* erzeugen. Hierbei kann es sich etwa um einen saftigen Fluch handeln, wenn man sich wehgetan hat, oder um die soeben aus dem Telefonbuch abgelesene Telefonnummer, die man vor sich hinspricht, um sie nicht zu vergessen; Kinder sollen Vokabeln ‚laut lernen'; Einsame jeder Art pflegen bisweilen – hörbar – mit sich selbst zu sprechen; usf. So unterschiedlich die Ursachen und Motive dieses Sprechens ohne Kommunikationspartner auch sind, so handelt es sich hier doch immer um Vorgänge, denen im Vergleich zum üblichen Sprechen die *kommunikative Funktion* fehlt. (Vielleicht kann man aber sagen, daß der Sprecher in diesem Falle mit sich selbst kommuniziert; vgl. Watzlawick, Beavin & Jackson, 1990.)

(b) Daneben gibt es Vorgänge, die dem Sprechen zumindest sehr ähnlich sind, denen aber als wichtiges Merkmal die *Lauterzeugung* auf dem Wege der Atemluftmodulation fehlt. Wir können uns zum Beispiel lediglich vorstellen, wie wir sprechen, ohne es aber zu tun. Wenn wir etwa eine Ansprache vorbereiten, können wir diese wortwörtlich memorieren, ohne hörbare Laute zu erzeugen. Ein Grenzfall ist das lautlose Sprechen, bei dem zwar die Sprechwerkzeuge (also beispielsweise die Lippen oder die Zunge) bewegt werden, ohne daß aber mit dem Ausatmen ein Lautstrom erzeugt wird. Ein weiterer Schritt vom normalen Sprechen weg besteht darin, daß wir zwar unserer Sprechmuskulatur Nervenimpulse geben, die aber so schwach sind, daß Muskelbewegungen unterbleiben; gleichwohl nehmen wir diese Impulse selbst wahr und erleben so ein Surrogat des Sprechens. Schließlich können wir uns, wie erwähnt, unser Sprechen lediglich vorstellen, wobei es zweifelhaft ist, ob solche bloßen Vorstellungen des eigenen Sprechens mit Erregungen unserer für das Sprechen verantwortlichen Hirnteile und unserer Sprechmuskulatur verknüpft sind (vgl. auch Fourcin, 1975).

Nach allem besteht eine Übergangsreihe von der bloß innerlichen Vorstellung des eigenen Sprechens bis zum üblichen hörbaren Sprechen. Genau von welcher Stelle dieser Übergangsreihe ab man den Ausdruck „Sprechen" verwenden sollte, kann hier unentschieden bleiben. Im folgenden befassen wir uns nur mit dem Sprechen als der Erzeugung eines (hörbaren) Lautstroms. Und dieser liegt auch vor, wenn jemand nicht-kommunikativ mit sich selbst spricht (s. oben (a)).

Eine eingängige Darstellung des Lauterzeugungsvorgangs gibt Huber (1989, S. 145f.), der wir hier weitgehend folgen. An der Erzeugung des Lautstroms ist eine große Anzahl von Muskelgruppen beteiligt: das Zwerchfell, die Bauch- und Brustmuskulatur, die Kehlkopfmuskulatur, die Rachenmuskulatur, die Zungen-, Mund- und Kiefermuskulatur (vgl. auch von Essen, 1981; Fink & Demarest, 1978). Die Erzeugung des Lautstroms hat ein andauerndes Ausatmen zur Voraussetzung. Dabei bestehen aber, verglichen mit der Ruheatmung, wichtige Veränderungen. So verlängert sich die Ausatmungsphase um etwa ein Drittel; die Einatmungsphase ist entsprechend stark verkürzt. (Ein Atemzyklus beträgt ungefähr 5 Sekunden.) Außerdem überlagern sich, wie man durch apparative Atemaufzeichnungen sichtbar machen kann, beim Sprechen zwei Komponenten: Zu der üblichen, langsamen Kontraktion der Bauchmuskulatur kommt eine Reihe kürzerer Luftstöße, die von den zwischen den Rippen befindlichen (intercostalen) Muskeln bewirkt werden und die meist für die Produktion jeweils einer Silbe Luft nach oben pressen (vgl. Miller, 1993).

Der Strom der Atemluft wird im Kehlkopf moduliert. Der Kehlkopf kann den Luftstrom einfach durchfließen lassen, doch kann er ihn auch in Turbulenzen versetzen (Hauchlaute) oder ihn mit Hilfe der variabel gespannten Stimmlippen in periodische Druckwellen verwandeln. (Dies ist während der Erzeugung von Vokalen und von stimmhaften Konsonanten der Fall.) Die Tätigkeit des Kehlkopfs wird häufig als *Phonation* bezeichnet.

Der derart modulierte Luftstrom bewegt sich weiter durch den Rachen- und Mundraum, das sogenannte Ansatzrohr. Hier erfährt er, mit der unterschiedlichen Öffnung des Ansatzrohres sowie auch mit unterschiedlichen Positionen der Artikulationsorgane (s. unten), weitere Änderungen. Zum Beispiel kann der Luftstrom mit Hilfe der Zunge plötzlich unterbrochen oder plötzlich freigegeben werden, oder das Gaumensegel kann seine Stellung verändern, um den Luftstrom die Nasenhöhle passieren zu lassen.

Die (periodischen oder nicht-periodischen) Schwingungen des modulierten Stroms der Atemluft können nach den Dimensionen der Tonhöhe, der Klangfarbe und der Lautstärke charakterisiert werden (vgl. Helfrich, 1985). Bei der Tonhöhe handelt es sich eigentlich um ein Gemisch aus verschiedenen Frequenzen, also um ein Muster von Schwingungen pro Zeiteinheit. Im Kehlkopf wird nur die Grundfrequenz bestimmt; diese hängt von der Länge und der Anspannung der vibrierenden Stimmlippen ab. (Das Prinzip dieses Effekts kann man durch Anschlagen einer Gitarrensaite oder eines Gummibandes leicht nachbilden; zur metrischen Bestimmung der Grundfrequenz s. Markel & Gray, 1976.) Je nach der Form, die der Rachen- und Mundraum sowie auch der Nasenraum annehmen, werden bestimmte Frequenzbereiche (Tonhöhenbereiche) der Luftstromschwingungen im Sinne der *Resonanz* verstärkt, andere werden abgeschwächt. (Diese Funktion übernimmt bei der Hifi-Anlage der Equalizer.) So kommt es zu den charakteristischen Klangfarben unseres Sprechens. (Wir merken das sogleich, wenn sich bei starkem Schnupfen die Resonanzverhältnisse des Nasenraums ändern.)

Die Klangeigenschaften ändern sich beim Sprechen – von Laut zu Laut – außerordentlich schnell. Dies ist vor allem auf die schnellen Bewegungen der sogenannten *Artikulatoren* zurückzuführen: auf das Heben und Senken des Gaumensegels, des Zungenrückens und des

1. SPRECHEN – EIN ÜBERBLICK

Unterkiefers; die Lippen runden und spreizen sich; es gibt plötzliche Öffnungen des Lippenverschlusses; Zungenspitze und Zäpfchen vibrieren im Luftstrom. Diese und weitere Einzelvorgänge führen zu dem enorm schnellen Wechsel der Klangmuster, durch den unsere Lauterzeugung ausgezeichnet ist. Abbildung 1.1 gibt eine vereinfachte Darstellung des *Sprechapparats*, der die menschliche Lauterzeugung ermöglicht.

Betrachtet man den menschlichen Sprechapparat und vergleicht man ihn zum Beispiel mit dem Mund- und Rachenbereich des Schimpansen, so wird sofort einsichtig, warum Men-

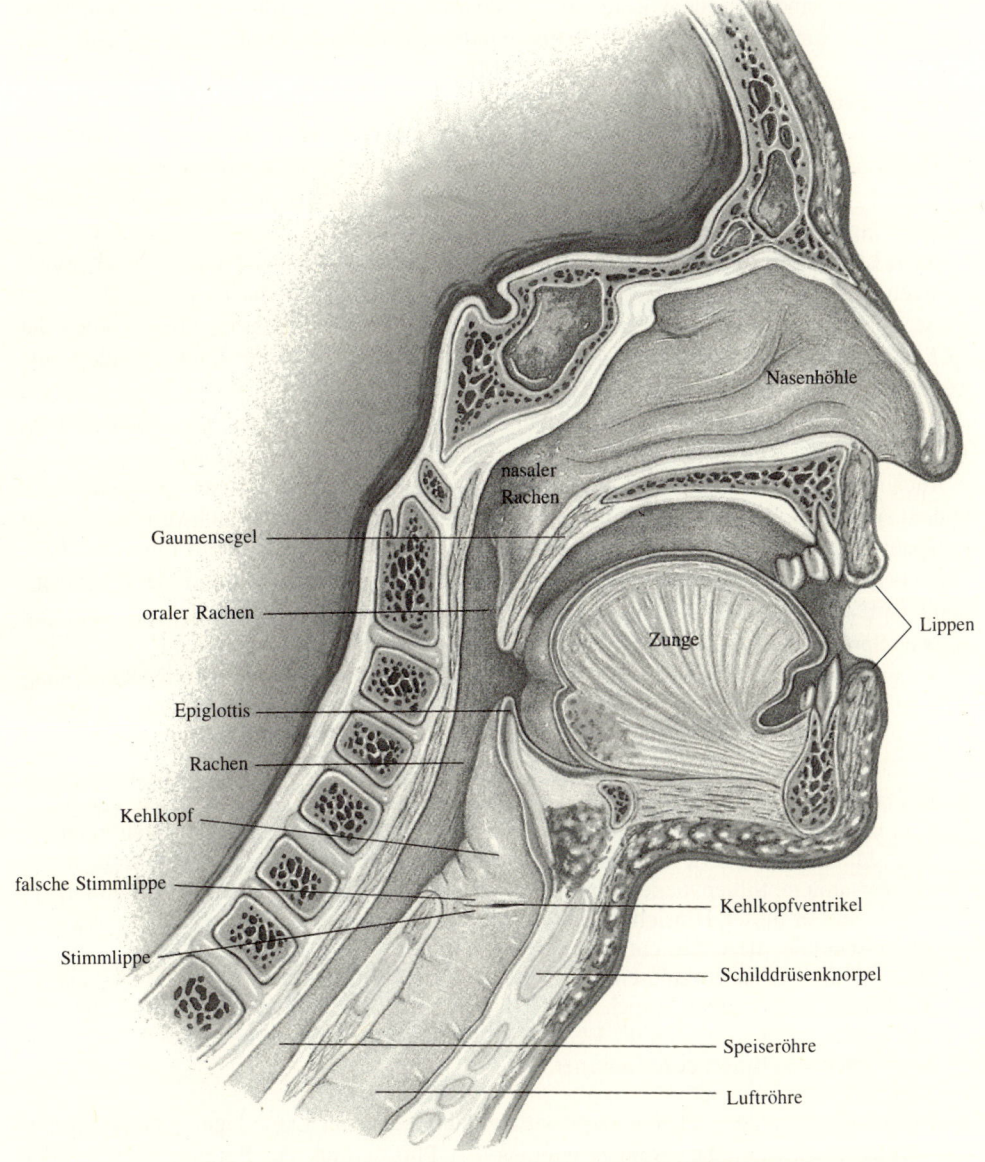

1.1 Der Sprechapparat des Menschen, der die Lauterzeugung ermöglicht (aus Miller, 1993, S. 97).

schenaffen nicht zur menschlichen Lauterzeugung fähig sind. Das Absinken des Kehlkopfes hat dem Menschen eine deutliche Erweiterung des Frequenzbildungsspektrums eingebracht (dies allerdings zu Lasten der Schluckfunktion); wenn man etwa im Zoo die Zunge, die Lippen oder auch die Zahnreihe von Menschenaffen beobachtet, macht schon dies allein deutlich, daß es den Menschenaffen an den anatomischen Voraussetzungen für das Sprechen fehlt. Allerdings machen diese leicht zu beobachtenden Merkmale gewiß nicht die wichtigsten Unterschiede der sprachbezogenen Anatomie von Mensch und Menschenaffe aus (vgl. auch Lenneberg, 1972).

Die Lauterzeugung ist ein außerordentlich komplizierter physiologischer Vorgang. Für das Sprechen sind zu jedem Zeitpunkt größenordnungsmäßig 100 Muskelinnervationen erforderlich. Nun produziert man im Durchschnitt einschließlich der üblichen Sprechpausen und Verzögerungen mehr als 200 Silben pro Minute. Kurzzeitig kann die Sprechgeschwindigkeit bis auf 500 Silben pro Minute erhöht werden. Bei Rundfunkreportern und anderen routinierten Sprechern hat man gefunden, daß sie mehr als zehn Laute pro Sekunde zu produzieren imstande sind. Der Durchschnitt der Bevölkerung bleibt wohl nicht weit dahinter zurück. Das alles bedeutet, daß ein Muskelsystem mehrmals pro Sekunde größenordnungsmäßig 100 koordinierte Nervenimpulse erhalten muß.

Diese Leistung wird dadurch erschwert, daß die Bildung einzelner Laute unterschiedlich erfolgen muß, wenn dem betreffenden Laut unterschiedliche Laute nachfolgen beziehungsweise vorangingen. Das heißt unter anderem, daß bei der Produktion eines Lautes die spätere Produktion anderer Laute antizipiert werden muß. So fällt der Laut [t] anders aus, wenn er einem [r] vorangeht, als wenn ihm ein [a] folgt; zum Beispiel bei „tragen" versus „tagen". Das [k] in „Kunst" ist nicht identisch mit dem [k] in „Kinn" (vgl. auch Kaisse, 1985).

Auch die Dauer der einzelnen Laute richtet sich (unter anderem) nach dem Laut-Kontext, in dem sie stehen. Während der Pause zwischen Lauten müssen die Sprechwerkzeuge (zum Beispiel die Zunge) außerdem in eine neue Position gebracht werden (Fujimura, 1981; Lenneberg, 1972; vgl. auch Herrmann, 1972.) Das enorm schwierige ‚timing' der Lauterzeugung wird – wie die Lauterzeugung generell – durch das Hören und Überwachen des eigenen Sprechens (man spricht hier von der ‚sensomotorischen Rückkopplung') kontrolliert und allenfalls korrigiert (Levelt, 1983). Störungen dieser sensomotorischen Rückkopplung sind in hohem Maße für das Stottern verantwortlich (Nation & Aram, 1977; van Riper, 1971).

> Ein besonderes Phänomen ist in diesem Zusammenhang der Lee-Effekt (Lee, 1950). Gibt man Personen, während sie sprechen, über einen Kopfhörer eine vermittels einer Bandschlaufe verzögerte Rückmeldung ihrer eigenen Äußerungen, so treten Sprachverlangsamung, Silbenwiederholungen (Stottern) und Vertauschungen auf (Bäumler, 1970). Die in dieser Hinsicht ‚wirksamste' Verzögerungszeit liegt bei knapp einer Viertelsekunde; diese Zeit entspricht gerade der Zeit, die durchschnittlich zum Lesen einer Silbe des laut vorzulesenden Textes benötigt wird. Dieser Effekt läßt sich als Konflikt zwischen dem Sprechen und dessen sensorischer Rückmeldung erklären und illustriert experimentell die Bedeutsamkeit der sensomotorischen Rückkopplung beim Sprechen (Linsener & Linsener, 1963).

Auf das bloße schnelle Nacheinander der Erzeugung einzelner Laute lagert sich sozusagen die Erzeugung des üblichen Sprechrhythmus, der Phrasierung, der Betonungsmuster, der Tonhöhenverläufe, der Pausen und so weiter auf. Man faßt diese über den einzelnen Laut hinausgehenden Eigenschaften des Sprechens oft als *Prosodie* zusammen. Die ‚Robotersprache' (etwa in frühen Science-fiction-Filmen), der bei durchaus normaler Erzeugung von Lautfolgen die Prosodie fehlt, wirkt ‚mechanisch', ‚seelenlos'. Was die übliche menschliche Sprache von dieser ‚Robotersprache' unterscheidet, realisiert der Mensch also, indem er der Einzellauterzeugung die Erzeugung der Prosodie überlagert. Mit der Prosodie wird nicht nur bestimmten Normen des richtigen Sprechens genügt, zum Beispiel beim Tonhöhenverlauf von Fragen oder Befehlen (Dorn-Mahler & Grabowski, 1991; Grabowski-Gellert & Winterhoff-Spurk, 1986a; s. unten 4.8). Vielmehr wird auch der Gefühlsausdruck, den wir dem Sprechen beigeben, besonders in der Prosodie spürbar. Man denke etwa an das abgehackte und schrille Sprechen bei großer Aufregung oder vielleicht an das einschmeichelnde Timbre der erotischen Verführung. Die jeweils situationsspezifisch geeignete Beigabe prosodischer Merkmale des Sprechprodukts stellt also eine weitere wesentliche Aufgabe unseres Lauterzeugungssystems dar.

Die menschliche Lauterzeugung ist bei alledem selbstverständlich auch eine komplexe Leistung des *Gehirns*. Die Hirnvorgänge, die zur Lauterzeugung führen, sind bis heute noch nicht bis ins einzelne erforscht. Am meisten Aufschluß über die Neurologie der Lauterzeugung erhält man, wenn man Ausfälle und Anomalien der Phonation, Resonanz und Artikulation mit Schädigungen einzelner Hirnbezirke vergleicht (vgl. Darley, Aronson & Brown, 1975; Huber, 1989; Poeck, 1982). Es hat sich gezeigt, daß eine große Anzahl verschiedener Hirnteile in komplizierter Wechselwirkung zusammenspielen, um die Lauterzeugung zu gewährleisten. Beteiligt sind stammesgeschichtlich ältere Hirnteile wie der Hirnstamm, das Kleinhirn und die Stammganglien, aber auch Teile der Hirnrinde, die sich in der jeweils dominanten Hirnhälfte – meist der linken Hemisphäre – befinden. (Wir erinnern daran und werden noch darauf zurückkommen, daß das menschliche Gehirn in eine rechte und eine linke Hirnhemisphäre geteilt ist, daß die beiden Hemisphären unterschiedliche Aufgaben haben, daß sie verbunden sind und in diffiziler Weise zusammenspielen und daß im allgemeinen eine der beiden Hemisphären in ihren sprachbezogenen Funktionen dominiert. Das ist beim bei weitem größten Teil der Bevölkerung die linke Hirnhemisphäre.)

Wenn man sich in der dargestellten Weise ein knappes Bild von der Lauterzeugung macht, bleibt sofort das Unbehagen, daß man vielleicht soeben etwas darüber erfahren hat, wie Laute erzeugt werden, nicht aber, was Laute eigentlich sind. Was unterscheidet eigentlich Laute von (anderen?) Geräuschen, Tönen, Klängen? Inwiefern reden wir nicht einfach von der menschlichen Geräuscherzeugung? Und doch reagieren bereits Neugeborene bei elektrophysiologischen Messungen (dem EEG) anders auf menschliche Sprachlaute als auf Geräusche (Kimura, 1969). Die Unterscheidung von Lauten und Geräuschen ist demnach eine arteigene, vererbte Fähigkeit. Sie ist keine künstliche Unterteilung von Wissenschaftlern, sondern liegt in der Natur des Menschen. Übrigens hat bereits Petrus Hispanus (1210–1277) in seinen „Summulae logicales" Laute wie folgt von anderen Klängen und Geräuschen unterschieden: »Ein Laut ist ein vom Mund eines Lebewesens hervorgebrachter, mit natürlichen Instrumenten gebildeter Klang. Natürliche Instrumente heißen die, mit denen der Laut gebildet wird: Lippen, Zähne, Zunge, Gaumen, Kehle und Lunge.« Zu den Klängen, die Nicht-Laute sind, gehören demgegenüber das Rauschen von Bäumen und das Scharren von Füßen. (Vgl. Peter of Spain, 1972, S. 1f. – Petrus Hispanus ist auch als Papst Johannes XXI. bekannt, der bei einem Einsturz der Decke seiner Bibliothek ums Leben kam.)

1.2.2 Sprechen als Erzeugung von Phonemfolgen

In jedem Augenblick besteht die durch Phonation, Resonanz und Artikulation modulierte Atemluft, die unsere Lippen verläßt, aus einem Muster sich überlagernder Schallwellen verschiedener Frequenz und Amplitude. Man kann diese Muster physikalisch analysieren; das geschieht heutzutage computergesteuert anhand digitalisierter Sprechproben (vgl. Helfrich, 1985). Einige Sprachlaute (besonders Vokale) bilden spezifische Schallwellenmuster, die bei anderen Geräuschen oder Tönen nicht vorkommen. Abbildung 1.2 zeigt – schematisiert – das Muster aus Frequenzen und ihrer jeweiligen Schallstärke (Amplitude), das für die Erzeugung des Lauts [a] charakteristisch ist (Steinberg, 1934). Entscheidend ist dabei die relative Lage der schallstarken Frequenzen (der sogenannten Formanten) zueinander. Das heißt, daß beispielsweise Frauen oder Kinder, die oft – absolut gesehen – in einer höheren Tonlage sprechen als Männer, jeweils dasselbe, für einen bestimmten Vokal spezifische Formanten-Muster erzeugen, aber in einem anderen Frequenzbereich. (Der bei einem stimmhaften Laut je spezifisch eingestellte Vokaltrakt übernimmt also die Funktion eines Frequenzfilters, indem bestimmte Frequenzen der Grundfrequenz und ihrer ganzzahligen Vielfachen durch Resonanz verstärkt, andere unterdrückt werden.)

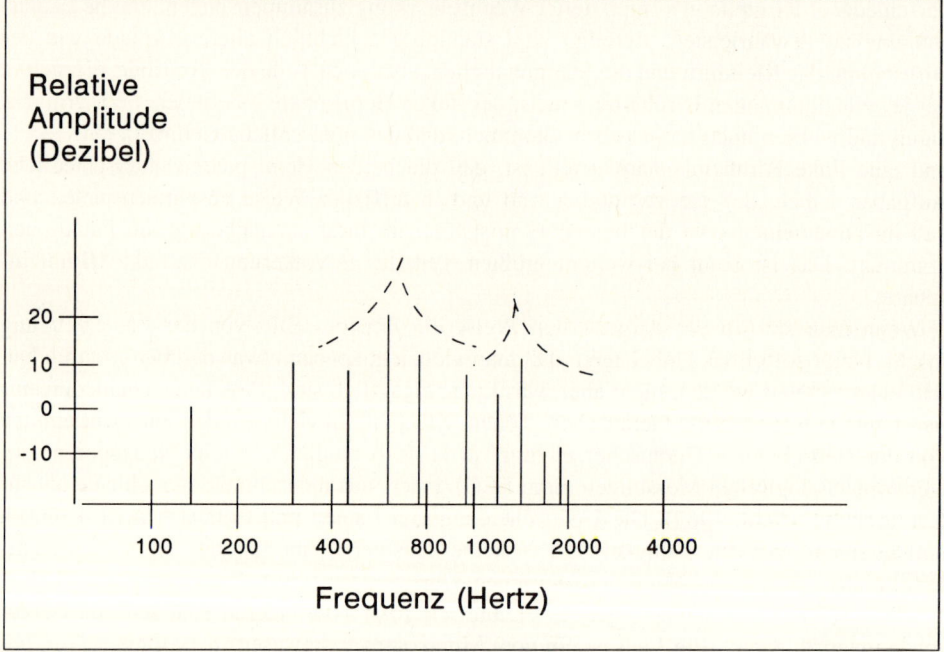

1.2 Energieverteilung eines Schallmusters, das während der Artikulation des Lauts [a] – wie im deutschen Wort „Sahne" – entsteht (nach Steinberg, 1934). Die Abszisse gibt die Frequenz (in der Maßeinheit Hertz) und die Ordinate die Energie (relative Schallstärke in Dezibel) der jeweiligen Frequenz an. Die Länge der durchgezogenen Linien zeigt also, mit welcher Energie die einzelnen, im Schallmuster enthaltenen Frequenzen ausgestattet sind. Die beiden unterbrochenen Linien kennzeichnen den ersten und zweiten Formanten des Lauts, also die schallstarken Frequenzen im Frequenzspektrum. Die absolute Frequenzlage dieser Muster kann sich von Sprecher zu Sprecher und auch bei ein und demselben Sprecher unterscheiden (Menschen sprechen mal ‚höher', mal ‚tiefer'); das *relative* Frequenzspektrum (die Formantenstruktur) ist jedoch für einen Vokal charakteristisch.

Anderen menschlichen Lauten entsprechen keine Schallwellenmuster, die man nur bei ihnen findet. Es sind also nicht nur die physikalischen Merkmale des Schalles, die einen Laut zum Laut machen. Wie aber erkennt der Mensch dann, daß es sich bei einem ‚Mundgeräusch' überhaupt um einen Sprachlaut – und um welchen Laut – handelt? (Man denke hier nur an die berühmten Knacklaute, die in der traditionellen Sprache der Buschmänner in der Kalahari eine Rolle spielen.)

Die Dinge klären sich etwas, wenn man den Betrachtungswinkel wechselt: weg von der bisherigen physikalisch-physiologischen Lautbetrachtung hin zu einer eher psycholinguistischen Betrachtungsweise (vgl. auch Hörmann, 1977, S. 21ff.). Die linguistische Fachdisziplin, die sich mit der hier interessierenden Frage speziell befaßt, ist die Phonologie. Sie unterscheidet *Laute* von *Phonemen*. Phoneme sind Klassen (Kategorien) von Lauten. So sind die vielen einzelnen von uns ausgesprochenen Laute [a] allesamt Exemplare des Phonems /a/. Das Phonem /a/ ist der ‚Typ' (englisch: „type"), dem alle Lautexemplare [a] (englisch: „tokens") zuzuordnen sind.

> Um in Fachtexten deutlich zu machen, ob man etwas über einen bloßen Laut oder über eine als zu einer Lautklasse zugehörig identifizierte, also gleichsam linguistisch interpretierte lautliche Einheit aussagen will, werden Laute in eckige Klammern, Phoneme zwischen Schrägstriche gesetzt. Wir schließen uns dieser Konvention hier an.

Der Sprecher erzeugt Phonemserien, indem er nacheinander Laute erzeugt, die als Exemplare zu den jeweiligen Phonemen gehören und damit das jeweilige Phonem ‚realisieren' (Bühler, 1934). – Daß diese Aussage die Sachlage nur in erster Annäherung beschreibt, wird sich bald zeigen. – In jeder Einzelsprache kommt nur eine bestimmte Anzahl von Phonemen vor. Die bisher untersuchten Einzelsprachen enthalten zum Teil weniger als zehn und maximal etwa 65 verschiedene Phoneme. Mit diesen doch relativ wenigen Lautklassen läßt sich offenbar alles sagen (Hörmann, 1977, S. 25). Das Deutsche umfaßt etwa 40 Phoneme (Pelz, 1992). (Die 26 Buchstaben unseres Alphabets darf man also weder mit den Lauten noch mit den Phonemen gleichsetzen!)

Das Kind zeigt uns in seinem ersten Lebensjahr in seinen phantasievollen ‚Lallmonologen', daß es viel mehr verschiedene Laute erzeugen kann, als es für die Realisierung der zu erlernenden, in seiner Einzelsprache benötigten Phoneme braucht. Der Säugling erzeugt die kompliziertesten Zisch- und Knacklaute, er produziert auch beispielsweise Laute des englischen Phonems /ð/ (wie in „father") in einer Qualität, wie er es später, wenn er Englisch lernt, vielleicht nie wieder erreicht. Sprechenlernen ist immer auch die *Reduktion* des individuellen Lautinventars des Kleinkindes auf diejenigen Laute, die zur Realisierung des spracheigenen Phonembestands erforderlich sind (vgl. dazu auch Herrmann, 1972).

Das Verhältnis von Lauten und Phonemen ist ziemlich verwickelt (vgl. auch Lindblom, 1982). Es gibt hier keine Eins-zu-eins-Zuordnungen; kein Sprecher realisiert, wie jeder weiß, ein Phonem immer mittels des physikalisch und/oder physiologisch gleichen Sprachlautes. Man denke nur an das Flüstern und laute Rufen, an hohe und tiefe Stimmen, an das Lispeln usf. Doch muß man beachten, daß die Sprecher einer Einzelsprache und diese Einzelsprache selbst in verschiedener Weise gegenüber der Variation von Lauten bei der Realisierung eines Phonems tolerant oder intolerant sind. Was ist damit gemeint?

Wir stellen uns vor, daß jemand den Satz sagen will: „Ich gehe jetzt." Ihm liegt eine heiße Kartoffel auf der Zunge. Was er sagt, hört sich etwa wie folgt an: „Äch gähe jätz." Im

Regelfall dürfte ein kompetenter Sprecher des Deutschen diese Sprachäußerung verstehen, obwohl es sich um eine Lautfolge handelt, die von der Lautfolge: „Ich gehe jetzt." erheblich abweicht. Offenbar sind solche Lautunterschiede für unser Verständnis wenig erheblich. Dasselbe gilt auch für vielfältige Dialektfärbungen und auch für so manchen Sprachfehler, die alle die Verständlichkeit des Sprechens nicht gefährden.

Die deutsche Sprache ist tolerant darin, ob das [t] oder [p] oder [k] aspiriert (gehaucht) oder unaspiriert ausgesprochen werden. Beispielsweise spricht der Bewohner des Ruhrgebiets vergleichsweise aspiriert, er sagt etwa „Khanthe" statt „Kante". Spricht man aber zum Beispiel Deutsch mit italienischem Akzent, so ist die Aspiration extrem gering.

> Halten Sie einmal Ihren Handrücken nahe an den Mund und sprechen sie die Worte „es piept". Sie werden merken, daß dem [p] am Wortanfang von „piept" ein starker Luftausstrom folgt, was bei dem nachfolgenden [p] nicht der Fall ist. Es handelt sich beidesmal – streng genommen – um recht verschiedene physikalische Ereignisse.

Diese lautlichen Unterschiede signalisieren im Deutschen keine Bedeutungsunterschiede. Anders steht es im Chinesischen. Spricht man im chinesischen Wort „pa" das [p] aspiriert aus (= [p^h]), so bedeutet „pa" „aufhören"; spricht man das [p] hingegen nicht-aspiriert aus (= [p$^=$]), so bedeutet „pa" „fürchten". Der Lautunterschied, der in der unterschiedlichen Aspiration von [p] besteht, ist also im Deutschen unerheblich, während er im Chinesischen zu unterschiedlichen Wortbedeutungen führen kann. (Die Aspiration ist im Deutschen kein *distinktives*, das heißt Laute verschiedenen Phonemen zuweisendes Merkmal.) Hier ist das Chinesische gegenüber einem Lautunterschied intolerant, gegenüber dem das Deutsche tolerant ist. (Im Chinesischen ist die Aspiration ein distinktives Merkmal.) Die aspirierten Laute [p^h] sind im Chinesischen Exemplare eines anderen sprachlichen Zeichens, des Phonems /p^h/. Dieses Phonem signalisiert eine andere Bedeutung als das nichtaspirierte Phonem /p$^=$/. Das ist im Deutschen nicht der Fall, hier sind die Laute [p^h] und [p$^=$] zwei verschiedene Exemplare eines Phonems /p/. – Phoneme nennt man auch die kleinsten bedeutungs*unterscheidenden* Einheiten einer Sprache.

Man betrachte die beiden folgenden Sätze:

„Welch eine Ähre!"
„Welch eine Ehre!"

Hier zeigt sich ein lautlicher Unterschied ([e] versus [ä]). Gegen diesen Unterschied ist die deutsche Standardsprache keineswegs tolerant. Dieser kleine Lautunterschied signalisiert eine unterschiedliche Satzbedeutung. Es sei denn, das [ä] werde etwa in einem Dialekt als ‚breites [e]' aufgefaßt: Dann bedeuten die beiden Äußerungen dasselbe.

Der physikalisch gleiche Laut kann, wie man sieht, verschiedenen Lautklassen (Phonemen) zugeordnet werden: Der Laut [ä] kann einmal (im Standarddeutsch) zur Lautklasse /ä/ und dann wieder (als ‚breites [e]') zur Lautklasse /e/ gehören. Andererseits können, wie unser Beispiel mit der heißen Kartoffel schon gezeigt hat, physikalisch unterschiedliche Laute derselben Lautklasse (demselben Phonem) zugeordnet sein. Auch sahen wir soeben, daß sowohl ein breit gesprochenes als auch ein weniger breit gesprochenes [e] die Lautklasse /e/ realisieren kann. Ob also der Satz „Welch eine Ähre!" den Blüten- und Fruchtstand bestimmter Pflanzen betrifft oder ob – wenn das [ä] ein ‚breites [e]' ist – eine veraltete Höflichkeitsphrase entsteht, kann man aus dem Satz allein nicht heraushören. Das erfährt man erst, wenn man die Dialektfärbung des Sprechers, die Gesprächssituation oder andere Merkmale der sprachlichen Gesamtsituation kennt und also weiß, welches Phonem der jeweilige Laut realisiert.

Nicht Lautunterschiede schlechthin, sondern unterschiedliche Lautklassen (Phoneme) signalisieren verschiedene Bedeutungen. Der einzelne Sprecher und erst recht die Vielzahl der Sprecher einer Sprache verfügen über mannigfache und überaus zahlreiche Lautvarianten, aber, wie erwähnt, nur über eine sehr begrenzte Zahl verschiedener Phoneme.

Wir halten also fest: Unter psychologischem Gesichtspunkt ist es weniger wichtig, daß beim Sprechen physiologisch oder physikalisch definierbare Lautfolgen produziert werden. Mit seiner Lautproduktion realisiert der Sprecher Phoneme, und für das Sprachverständnis sind nicht Lautunterschiede, sondern Phonemunterschiede bedeutsam. Psychologisch betrachtet, ist das Gesprochene eher eine Phonemfolge als eine Lautfolge. Nicht wie die Laute physikalisch beschaffen sind, sondern wie sie vom Sender und/oder Empfänger klassifiziert werden, ist psychologisch relevant.

Das Verhältnis von Laut und Phonem ist auch aus folgenden Gründen verwickelt: Beobachtet man die Erzeugung von Lautfolgen wiederum mit Hilfe apparativer Verfahren, die das Spektrum aus Frequenzen und ihren Amplituden sichtbar machen, so findet man, daß der Mensch keineswegs eine Reihe voneinander klar getrennter Laute erzeugt. Vielmehr entsteht – in physikalischer Hinsicht – ein weitgehend *kontinuierliches* ‚Sprechsignal', das nicht eindeutig als in einzelne Laute segmentiert verstanden werden darf. Das wird insbesondere deutlich, wenn man so spricht, daß man ‚die Hälfte verschluckt' (man nennt dies ‚elliptisches' Sprechen). Die beiden Autoren haben einen Kollegen, bei dem sich das Wort „Phänomenologie" etwa wie [feŋgíː] anhört. Nur aus dem Zusammenhang ist man in solchen Fällen in der Lage zu erschließen, welche Phonemfolge beziehungsweise welches Wort überhaupt gemeint ist (Herrmann, 1985, S. 150ff).

Eine Zwischenbemerkung: Als wir soeben mitgeteilt haben, wie unser Kollege das Wort „Phänomenologie" ausspricht, haben wir das von uns *gehörte* Wort *transkribiert*. Wir haben es verschriftlicht. Dabei haben wir unter anderem einen Doppelpunkt benutzt. Er ist Teil des hier von uns verwendeten ‚Transkriptionskodes': Der vor dem Doppelpunkt stehende Laut [i] wird vergleichsweise lang artikuliert. Der Strich über dem „i" bedeutet, daß sich hier der Wortakzent, der Betonungsschwerpunkt, befindet. Im Exkurs 1.3 finden Sie einige Informationen über die Transkription der gesprochenen Sprache.

Man kann nachweisen, daß bei der Erzeugung einer Folge von zwei Phonemen die beiden Laute, die diese Phoneme realisieren sollen, bisweilen nicht nacheinander, sondern gleichzeitig oder doch weitgehend überlappend erzeugt werden. Das Ineinandergreifen der einzelnen Artikulationsbewegungen beim Sprechen, das die Bildung der einzelnen Laute in Abhängigkeit von vorangegangenen und/oder sich anschließenden Lauten bisweilen sogar deutlich beeinflussen kann, nennt man *Koartikulation*. (Man kann bei sich selbst beispielsweise die unterschiedliche Aussprache des Lautes [k] in den Wörtern „Kiel", „Kelle", „Kohl" und „Kuhle", die damit einhergehende unterschiedliche Position des Zungenrückens, etc. beobachten; vgl. Heike & Thürmann, 1980; Lewandowski, 1990, S. 540f.)

Das alles macht folgendes deutlich: Man darf sich das Geschehen, das im Sprecher abläuft, wenn er Phonemfolgen mit Hilfe von Lautsequenzen erzeugen will, nicht als das Nacheinander der ‚Verschlüsselung' einzelner Phoneme in einzelne Laute (oder auch nur einzelner Phonemgruppen in zugehörige Lautgruppen) vorstellen. Der Vorgang der Realisierung von Phonemfolgen durch Lautfolgen ist viel komplizierter und wird bis heute nicht vollständig begriffen (vgl. auch Lindblom, 1982). Wir wissen aber soviel, daß der *Hörer* das

Exkurs 1.3
Zur Transkription gesprochener Sprache

Die Verschriftlichung gesprochener Äußerungen, die Transkription, ist ein regelmäßiger Zwischenschritt bei sprachbezogenen Forschungsarbeiten. Zum einen ist die Schrift das wichtigste Medium für wissenschaftliche Dokumentationen und Publikationen; im Gegensatz zu akustisch gespeicherter Information erlaubt sie die Rezeption ohne jegliche technische Hilfsmittel. Zum anderen ermöglicht die geschriebene Version einer mündlichen Äußerung ein schnelles Hin- und Hergehen im Text, den quasi-simultanen Vergleich einzelner Passagen, aber auch den Aufbau spezieller Äußerungs- und Diskursdatenbanken, gezielte Suchläufe am Computer, usw.; das Abhören eines Tonbands ist demgegenüber weitaus aufwendiger, langwieriger und allgemein weniger praktisch.

Die Arbeit mit verschriftlichten Äußerungen kann aber nur zielführend sein, wenn aus den Transkripten diejenige Information über die ursprünglich mündlichen Äußerungen ersichtlich wird, die im Zentrum des jeweiligen Forschungsinteresses steht. Zudem erweist es sich als vorteilhaft, wenn die Kodierung der einzelnen Informationsaspekte nicht von jeder Arbeitsgruppe neu und anders vereinbart wird, sondern einer gewissen Normierung unterliegt. Die genannten Voraussetzungen führten zur Etablierung von *Transkriptionssystemen* (vgl. Ehlich & Rehbein, 1976; Ehlich & Switalla, 1976; Gutfleisch-Rieck, Klein, Speck & Spranz-Fogasy, 1989).

Die Anforderungen an eine Transkription sind, wie erwähnt, von Fall zu Fall verschieden. Der Völkerkundler des 19. Jahrunderts, der die Sprache einer schriftlosen Kultur dokumentieren und zu Hause weiter erforschen wollte, mußte versuchen, die Aussprache möglichst detailliert zu erfassen, um überhaupt das Phonemiventar dieser Sprache – als Voraussetzung zur Bestimmung der bedeutungstragenden Elemente – bestimmen zu können. Beim Erlernen einer Fremdsprache anhand von Lehrbüchern sind wir auch heute noch darauf angewiesen, daß uns die Aussprache der Wörter auf irgendeine Weise vermittelt wird; schließlich wollen wir die Sprache sprechen können. In anderen Zusammenhängen ist weniger die Aussprache, dafür aber der Betonungsverlauf einer Äußerung wichtig. Im Englischen, das vergleichsweise arm an Flexionsformen ist und auch nicht, wie das Deutsche, die produktive morphologische Zusammensetzung von Wörtern („Donaudampfschiffahrtsgesellschaft") erlaubt, bedeuten Wortgruppen von der Art „dirty bag" oft etwas anderes, wenn der Akzent auf dem ersten oder auf dem zweiten Wort liegt. (Wird das Nomen betont, handelt es sich um eine beliebige schmutzige Tasche; liegt der Akzent auf dem Adjektiv, handelt es sich um einen Beutel für Schmutzwäsche.) In wieder anderem Zusammenhang spielen nicht die Aussprache oder der Betonungsverlauf eine Rolle, sondern nonverbale Äußerungselemente oder die zeitliche Organisation der Gesprächsbeiträge mehrerer Sprecher oder die Art und Häufigkeit von Versprechern. Da die Verschriftlichung von Äußerungen sehr arbeitsintensiv ist und damit auch Zeit- und Geldressourcen bindet, wählt jeder gerade den Grad an Ausführlichkeit, der für seine Zwecke optimal ist.

Im sprachwissenschaftlichen Zusammenhang kann man drei Gruppen von Transkriptionsvereinbarungen unterscheiden: (1) die phonetische Transkription; (2) die Transkription verbaler, nonverbaler und äußerungsbegleitender Komponenten; (3) die gesprächsanalytische Transkription.

1. SPRECHEN – EIN ÜBERBLICK

(1) Die Verschriftlichung der lautlichen (phonetischen) Gestalt von Wörtern wurde von der 1886 gegründeten Internationalen Phonetischen Gesellschaft normiert und kommt bis heute – vor allem in fremdsprachigen Wörterbüchern – als Internationales Phonetisches Alphabet (IPA) zum Einsatz. Jeder hat schon einmal eine Liste dieser in eckige Klammern gesetzten Aussprachesymbole gesehen, die sich des bekannten lateinischen Alphabets und einiger Modifikationen und Zusatzmarkierungen bedienen. Das PONS Kompaktwörterbuch Deutsch-Englisch weist beispielsweise für das Deutsche und für das Englische jeweils 44, aber nicht jeweils dieselben Lautsymbole auf. Wir illustrieren das IPA an den beiden möglichen Ausspracheweisen der Buchstabenfolge „Montage" im Deutschen (der Apostroph steht immer vor einer betonten Silbe):

['mo:nta:gə] – (die Tage, die auf einen Sonntag folgen)
[mɔn'taʒə] – (das Zusammenbauen)

Phonetisch transkribierte Wörter kann man nur richtig aussprechen, wenn man den Lautwert der verwendeten Symbole kennt und weiß, wie die kodierten Laute klingen müssen; beispielsweise kommt selbst der des IPA kundige Lerner der englischen Sprache nicht umhin, daß ihm irgendwann einmal jemand ein stimmhaftes und stimmloses „th" vorspricht.

Die phonetische Transkription kommt außer im Zusammenhang mit Fremdsprachen beispielsweise in Arbeiten zur dialektalen Phonologie, zur Unterscheidung regionaler Sprachvarianten etc. zum Einsatz. Bei der Transkription längerer Äußerungen, die wir im folgenden unter (2) und (3) behandeln, wird in der Regel nicht phonetisch kodiert, sondern mit einer an der Rechtschreibung orientierten Lautung (beispielsweise: „Und dann ham se mir nochn Bier jejeben ...").

(2) Neben der Verschriftlichung der verbalen Äußerungsbestandteile ist die Kodierung nonverbaler Äußerungsaspekte (zum Beispiel Betonung und Pausen), äußerungsbegleitender Verhaltensweisen (zum Beispiel, wenn der Sprecher lacht) und anderer hörbarer Ereignisse (zum Beispiel Störungen durch Dritte) wichtig, um anhand der Transkription über den reinen Wortlaut hinaus einen Eindruck von der Art und Weise der produzierten Äußerungen und den Umständen ihrer Entstehung zu gewinnen. Die Transkriptionsregeln können im einzelnen von Arbeitsgruppe zu Arbeitsgruppe und vor allem von Datenbanksystem zu Datenbank-system variieren; häufig werden jedoch die folgenden Vereinbarungen getroffen:

- Alle Äußerungen von Sprechern werden klein geschrieben.
- Äußerungsbegleitende Umstände werden groß geschrieben und in Klammern gesetzt, zum Beispiel: (LACHEND), (NIEST), (ES KLOPFT AN DER TÜR)
- Unverständliche Passagen werden durch runde Klammern gekennzeichnet; hat der Transkribierende eine Vermutung, ist sich aber nicht sicher, schreibt er diese Vermutung in die Klammer:

    also ( ) dir doch schon (immer gesagt) laß das
- Bei Sprechpausen von länger als einer Sekunde wird die Pausendauer in Sekunden zwischen Sternchen gesetzt; kurzes Absetzen (Mikropausen) wird durch ein oder zwei Sternchen gekennzeichnet:

    also * ich weiß nicht *2,5* wenn das ma gut geht
- Verschleifungen, also das direkte Hintereinandersprechen mehrerer Wörter unter Auslassung von Vokalen, wird wie folgt gekennzeichnet:

    wieso stört=s=n dich

Weitere Kodierweisen sind beispielsweise für Wortabbrüche („–"), auffallende Betonungen („UNheimlich"), steigende Intonation („/"), fallende Intonation („\"), Vokaldehnungen („:"), laute Passagen („<...>") und leise Passagen („>...<") vereinbart.

> (3) Die Transkription für Zwecke der Gesprächsanalyse, bei der die sprachliche Interaktion *mehrerer* Sprecher im Mittelpunkt des Interesses steht, verwendet die unter (2) aufgeführten Schreibweisen und kennzeichnet außerdem die zeitliche Koordination der Äußerungen der einzelnen Sprecher. Dies erfolgt wie bei einer Orchesterpartitur, bei der jedem Gesprächsteilnehmer eine ‚Stimme' zugeordnet wird. Die sogenannte Partiturschreibweise umfaßt also gegebenenfalls mehrere Zeilen; gleichzeitig produzierte Äußerungen mehrerer Sprecher werden über die Partiturzeilen hinweg geklammert (s. unten).
>
> Die Transkription eines längeren Gesprächsausschnitts, in dem es ‚drunter und drüber' geht, befindet sich im Exkurs 1.4; dort können Sie überprüfen, wieweit eine gesprächsanalytische Transkription Ihnen die Rekonstruktion eines Gesprächsverlaufs ermöglicht.
>
> ```
> ⌈A: kannst du nicht        nee das ⌈glaub ich nicht ⌉
> ⌊B:              kann ich doch     ⌊ach hör doch auf⌋
> ```

von ihm empfangene ‚Sprechsignal' mit Hilfe eines ganzen Arsenals aufeinander abgestimmter Einzeloperationen in der Regel so gut analysieren kann, daß er einen genügend großen Teil einer Phonemfolge erkennt, um auf dieser Grundlage *erschließen* zu können, was der Sprecher sagt und meint (Herrmann, 1985, S. 180ff.). Und es liegt nahe zu vermuten, daß der Sprecher – der ja immer wieder auch Hörer ist – sehr gut gelernt hat, wie das von ihm produzierte ‚Sprechsignal' beschaffen sein muß, um dem Hörer die geeignete Basis für dessen sprachlichen Verstehensprozeß zu geben. Die vom Sprecher erzeugte Lautfolge sollte also vielleicht am ehesten in der Art von Indizien verstanden werden, auf deren Grundlage sich der Hörer, ähnlich wie ein Kriminalist, ein Bild von dem vom Sprecher Gesagten (und Gemeinten) konstruiert. (Und der Sprecher legt mit der Erzeugung des kontinuierlichen ‚Sprechsignals' eine möglichst eindeutige Spur.)

Wir werfen noch einen Blick auf ein Teilproblem, das über längere Zeit eingehend diskutiert wurde, das hier aber nur eben gestreift werden kann (vgl. Bell & Hooper, 1978; Shattuck-Hufnagel, 1983): Die kleinsten sprachlichen Einheiten sind, wie ausgeführt, die Lautklassen beziehungsweise Phoneme. Welche Funktion bei der Sprachproduktion haben aber die *Silben*? Ist die Silbe ein selbständiges Zwischenprodukt des Sprechvorgangs, wobei dieses Zwischenprodukt aus Phonemen aufgebaut ist? Oder ist die Silbe nur ein wissenschaftliches ‚Konstrukt', das man aus eher sprachsystematischen Gründen theoretisch unterstellt, wenn man zum Beispiel von einem dreisilbigen Wort redet? Die einschlägigen linguistischen Theorien reichen von der Annahme, daß die Silbe der wichtigste Baustein der Sprachproduktion überhaupt ist, bis hin zur Annahme, daß die Silbe als eine sprachwissenschaftliche Beschreibungskategorie mit dem tatsächlichen Sprachproduktionsprozeß nur wenig zu schaffen hat (Bell & Hooper, 1978, S. 4f.).

Linguisten und Sprachpsychologen verwenden gern die Argumentation, daß man die Frage danach, ob eine linguistische Beschreibungskategorie ‚psychische Realität' besitzt, ob also zum Beispiel die Silbe ein tatsächlicher Baustein unserer Sprachproduktion ist, dadurch klären kann, daß man *Sprechfehler* analysiert (vgl. unter anderem Fromkin, 1973; Stemberger, 1990; eine ausgezeichnete Einführung gibt Zimmer, 1986). Falls man sich verspricht: verwechselt man dann bevorzugt ganze Silben oder, unabhängig vom silbischen Aufbau von

Wörtern, nur einzelne Phoneme – oder aber andere, nichtsilbische Phonemgruppen? Wenn man aus Versehen sagt:

„konvasertiv" statt „konservativ",

so sind hier tatsächlich zwei Silben vertauscht. Sagt man:

„Bornherger Schießen" statt „Hornberger Schießen",

so sind hier keine Silben, sondern einzelne Laute ([h] und [b]) vertauscht. Bei dem Sprechfehler

„Bronnensand" statt „Sonnenbrand"

handelt es sich weder um die Vertauschung von Silben noch von einzelnen Lauten; der Laut [s] ist hier mit der Lautgruppe [br] vertauscht worden.

Sprechfehler kommen in einer unübersehbar vielfältigen Weise vor. Deshalb können unter anderem auch Silbenvertauschungen auftreten. Soll die Sprechfehleranalyse erhärten, daß die Silbe ein wichtiger Baustein der Sprachproduktion ist, so müßte ein Indikator dafür darin bestehen, daß Silbenvertauschungen besonders häufig auffindbar sind. Die sich hier stellende Frage ist bis heute nicht abschließend entschieden. So hat Shattuck-Hufnagel (1983) zum Beispiel in einem Material von 210 Vertauschungsfehlern lediglich sechs Silbenvertauschungen gefunden. Den Löwenanteil der Vertauschungen macht hier die Vertauschung einzelner Laute aus. Von anderen Autoren wird der Silbe als Produktionsbaustein des Sprechens aber ein erheblicher Stellenwert eingeräumt (Levelt, 1989; vgl. auch unten 9.6.1). Dafür spricht insbesondere, daß Laute beziehungsweise Phoneme, die am Anfang einer Silbe stehen, sehr viel häufiger vertauscht werden als solche am Silbenende (der Silbenanfangseffekt beziehungsweise ‚initialness effect'). Dieser Effekt ist offensichtlich nur erklärbar, wenn man die Stellung von Phonemen in Silben berücksichtigt. Und so muß man dann auch die Silbe selbst als wichtigen Sprachbaustein in Rechnung stellen (Shattuck-Hufnagel, 1987; Wilshire, 1985).

1.2.3 Sprechen als Erzeugung von Morphemfolgen und die Grammatikalität

In der Gegenüberstellung der beiden Äußerungen „Welch eine Ähre!" und „Welch eine Ehre!" zeigte sich, daß Phoneme (nicht Laute) den Unterschied der Bedeutung sprachlicher Äußerungen signalisieren. Das Phonem /ä/ und das Phonem /e/ sorgten dafür, daß sich beide Äußerungen auf etwas Unterschiedliches beziehen. Dennoch *bedeuten* die Phoneme /ä/ und /e/ selbst gar nichts. Man kann diese und andere Phoneme in den unterschiedlichsten Bedeutungszusammenhängen auffinden. Hingegen bedeuten die Wörter „Ehre" und „Ähre" etwas verschiedenes. Die kleinsten sprachlichen Einheiten, die Bedeutungen tragen beziehungsweise enthalten, nennt man *Morpheme*. „Ähre" und „Ehre" sind solche Morpheme, doch darf man Morpheme nicht mit Wörtern gleichsetzen. Vielmehr sind lexikalische von grammatischen und freie von gebundenen Morphemen zu unterscheiden. Freie Morpheme können als Wort allein stehen, gebundene Morpheme nicht. Lexikalische Morpheme ‚verweisen' auf etwas, grammatische Morpheme üben bestimmte grammatische Funktionen aus.

So besteht das Wort „gehe" aus dem gebundenen, lexikalischen Morphem „geh" (das eine bestimmte Art der Fortbewegung ‚bedeutet') und dem gebundenen, grammatischen Morphem „-e" (das die erste Person Singular anzeigt). Das Wort „Ehre" ist ein freies, lexikalisches Morphem, Präpositionen zum Beispiel wie „an" oder „auf" sind freie, grammatische Morpheme.

Die (linguistische) Beschäftigung mit Morphemen ist eine sehr komplizierte Angelegenheit, die wir bei unserer gegenwärtigen Erörterung der Psychologie des Sprechens nicht umfassend klären oder auch nur darstellen können. Wir wollen deshalb im folgenden nur exemplarisch und ohne Anspruch auf Vollständigkeit einige Gesichtspunkte ansprechen und einige Probleme aufwerfen, die sich im Zusammenhang mit Morphemen ergeben:

– Gebundene grammatische Morpheme können sowohl als Präfix als auch als Suffix auftreten. In dem Wort „gestellt" sind sowohl „ge-" als auch „-t" gebundene Morpheme.

– Durch gebundene grammatische Morpheme werden Wortformen oder Wortstämme in andere Wortformen abgewandelt, zum Beispiel „geh" in „gehst", „gegangen", etc. In der Linguistik unterteilt man das, was wir hier ganz untechnisch als ‚Abwandlung' bezeichnen, unter anderem in *Flexionen* und *Derivationen* (Ableitungen).

Flexionen sind beispielsweise das, was wir in der Schule als Deklination (bei Nomina) und Konjugation (bei Verben) kennengelernt haben. Als grobe Kennzeichnung kann man sagen, daß Flexionsmorpheme Präfixe oder Suffixe sind, die zum Wortstamm hinzutreten und auch etwas über dessen grammatische Rolle in einem Satz aussagen. (Zum Beispiel gibt die an ein Nomen angehängte Akkusativendung an, daß dieses Nomen das Objekt einer Handlung ist, die das Verb bezeichnet.)

Derivationsmorpheme leiten ein Wort (beziehungsweise meist einen Wortstamm) in ein anderes Wort (von unterschiedlicher Bedeutung) ab. So wird aus „gehen" zum Beispiel „untergehen". In diesem Beispiel ist die Ableitung eines Verbs wiederum ein Verb; tritt zum Verbstamm „zerstör" das Morphem „-bar" hinzu, entsteht ein Wort, das einer anderen Wortklasse angehört, in diesem Fall ein Adjektiv.

– Gleichlautende grammatische Morpheme können unter Umständen ganz verschiedene Flexionsfunktionen innehaben. So zeigt „-en" im Zusammenhang mit „geh" die Form des Infinitivs an („gehen"), kann aber auch für die dritte Person Plural stehen („sie gehen"); zusammen mit Nomina indiziert „-en" oft die Pluralform („die Taten").

– „Bäche" ist der Plural von „Bach", „ging" ist eine Vergangenheitsform des Verbs „gehen". Wie soll man hier die gebundenen Morpheme identifizieren, die etwa „geh" in „ging" abwandeln? (Zuweilen hilft hier nur die Wortgeschichte, die Etymologie: Wie hat sich „ging" aus historisch älteren Wortformen entwickelt?)

– „Besser" ist die Komparativform von „gut". Kann man hier überhaupt noch von einem abgewandelten Wortstamm reden, oder handelt es sich um zwei verschiedene Wörter oder Wortstämme? Es besteht in der Linguistik bis heute eine heftige Diskussion darüber, ob die Morphologie, die Lehre von den Wortformen, auf Morphemen oder auf Wörtern aufbauen soll (vgl. Miller, 1993).

– Das Wort „Himbeere" könnte man in die Morpheme „Him-" und „beere" zergliedern. Um was für eine Art von Morphem handelt es sich bei „Him-"? Es ist sicher kein freies Morphem. Es trägt keine eigene Bedeutung und kommt im Deutschen nur in einer einzigen Verbindung vor. Macht es Sinn, „Him-" als gebundenes lexikalisches Morphem zu bezeichnen? Die Bedeutung von „Himbeere" läßt sich nicht aus den (als

Bedeutungsträger definierten) Morphemen „Him-" und „beere" zusammensetzen. – Solche Beispiele bereiten einer morphembasierten Lehre von den Wortformen Schwierigkeiten.

Die Probleme, die bei der Beschäftigung mit Morphemen auftreten, sind von Sprache zu Sprache verschieden (Lyons, 1989). Soweit wir das Resultat unseres Sprechens als *Morphemfolge* betrachten, müssen wir im Auge behalten, daß diese Kennzeichnung je nach Einzelsprache verschiedene Probleme *im einzelnen* mit sich bringt. Insgesamt erscheint aber die Vorstellung, daß Morpheme aus Phonemen aufgebaute kleinste Bedeutungsträger sind, zunächst durchaus fruchtbar. So bedeuten „Mann" und „Frau" oder „geb" und „nehm" (als lexikalische Morpheme) etwas Gegensätzliches; das grammatische Morphem „-en" signalisiert beim Wort „Taten" die Mehrzahl, usw. Es sei jedoch sogleich hinzugefügt, daß wir selbst nicht der Auffassung sind, daß man das Problem der ‚Bedeutung' von Wörtern oder Sätzen auf der theoretischen Basis der Morpheme allein lösen kann; darauf werden wir noch zu sprechen kommen.

Für den Psychologen (und zwar nicht nur für den Sprachpsychologen, sondern etwa auch für den Gedächtnispsychologen) ergibt sich folgende Frage: Was eigentlich speichert der Mensch in seinem Gedächtnis? Alle beim Sprechen jemals von ihm benötigten Wortformen, also etwa „gehen", „(das) Gehen", „(des) Gehens", „gehst", „geht", „gehe", „gingst", „gegangen"? Sicherlich nicht; das wäre ‚speichertechnisch' viel zu unökonomisch. Es ist viel sparsamer und entspricht auch offenkundig der Realität, daß wir in unserem Wortgedächtnis *sehr häufig* entweder die Wörter in ihrer *Normalform* (zum Beispiel „Ball", „Datum", „gehen", „tragen") oder die *lexikalischen Morpheme* beziehungsweise die *Wortstämme* („Bach", „Dat", „geh", „trag") speichern. Streng betrachtet, speichert der Mensch sein Wortwissen weder genau in Form von Wort-Normalformen noch aber in Form von Wortstämmen oder freien Morphemen; diese Kennzeichnungen, die aus der Sprachwissenschaft stammen, bilden nur eine grobe Annäherung an das wahre ‚Speicherformat' unseres Wortgedächtnisses (Morton, 1981; vgl. auch Herrmann, 1985, S. 76ff.). Wichtig ist, daß der Mensch zusammen mit dem im Gedächtnis gespeicherten Wort immer auch über die grammatische Information verfügt, um welche Wortklasse (Verb, Nomen, Adjektiv, Konjunktion, um nur einige wichtige zu nennen), um welches grammatische Geschlecht (Maskulinum, Femininum, Neutrum) und dergleichen es sich handelt. Die Verbformen „gehen" oder „geh" müssen anders verwendet und abgewandelt werden als ihre nominalen Ableitungen „Gehen" oder „Geh". Aus „gehen" oder „geh" kann „ging" werden, aus „Gehen" oder „Geh" kann man „(des) Gehens" erzeugen, nicht aber umgekehrt. Der Sprecher benötigt also die Information, welche grammatische(n) Rolle(n) das Wort beziehungsweise der Wortstamm (oder das freie Morphem) in den zu erzeugenden Sätzen spielen kann.

Offensichtlich speichern wir aber neben den Wort-Normalformen oder den Wortstämmen auch andere, flektierte oder abgeleitete Wort*formen*, wenn diese entweder häufig Verwendung finden oder wenn wir sie (soweit wir keine beruflichen Wortspezialisten sind) nicht anhand unserer grammatischen Regelkenntnis aus der Normalform oder dem Wortstamm ableiten können. Zum Beispiel muß man sich die Wortformen „Männer" oder „trug" wohl schon unmittelbar merken; solche Formen können wir nicht aus „Mann" oder „tragen" (oder „trag") erzeugen, indem wir uns an den von uns gekannten Grammatikregeln orientieren. Es folgt: Wir speichern zwar nicht alle denkbaren Wortformen, aber auch keineswegs nur die Wortstämme oder die Normalformen. (Viele Wörter kann man übrigens in ihrer Form überhaupt nicht abwandeln, zum Beispiel „und", „weil", „nicht".)

Man kann das Sprechen aus guten Gründen als eine psychische *Fertigkeit* begreifen, die unter diesem Gesichtspunkt zum Beispiel dem Rechnen oder dem Umgang mit dem Computer ähnelt. Solche Fertigkeiten werden *automatisiert*. Die Automatisierung ist wesentlich der Übergang von einem Anfangsstadium, in dem die gewünschte Leistung durch die explizite und aufmerksame Anwendung von Regeln (Algorithmen) zustande kommt, in ein Stadium, in dem die Leistung weitgehend aus dem direkten Abruf von Wissen aus dem Gedächtnis resultiert (Norman & Shallice, 1986). Der hochkompetente Sprecher einer Sprache muß viele Wortformen nicht mehr regelbasiert konstruieren; er hat sie parat. Diese Art der Automatisierung führt dazu, beschleunigt reagieren zu können und das kognitive System zu entlasten.

Es gibt in diesem Zusammenhang eine Reihe weiterer Probleme, von denen wir nur zwei nennen wollen: (a) Sprecher wissen offensichtlich, welche Wörter oder Wortableitungen in einer Sprache *nicht* existieren (obwohl dies von der Bedeutung her und von den grammatischen Operationen durchaus korrekt vorstellbar wäre). So *verwendet* man im Deutschen zwar das Wort „unverwüstlich", nicht aber „verwüstlich". „Widerspenstig" läßt sich zwar als morphologische Zusammensetzung aus „wider" und „spenstig" beschreiben, doch kommt „spenstig" im Deutschen allein nicht vor. (b) Wenn wir soeben von bestimmten Wörtern wie „oder" oder „nicht" gesagt haben, sie seien in ihrer Erscheinungsform konstant, das heißt nicht abwandelbar, so trifft auch das nur begrenzt zu. So kann – etwa im philosophischen Diskurs – das Nichts durchaus „nichten", und wenn in einer wenig entscheidungsfreudigen Kommission einer kritisiert: „Es odert mir hier zu sehr.", so werden die Zuhörer dies in der Regel durchaus verstehen können, auch wenn die Wortform „odert" vorher noch nie von jemandem gebraucht wurde.

Wir verfügen außer über die im Gedächtnis bereitliegenden Wörter beziehungsweise Wortformen selbstverständlich über die *kognitiven Mechanismen*, die die Abwandlung der Wörter oder Wortformen besorgen. So haben Menschen, die das Deutsche beherrschen, eine Operation zur Verfügung, welche – im Falle regelmäßiger Flexion – die dritte Person Singular Perfekt eines Verbs herstellt: „ge-...-t"; zum Beispiel „gemacht" (vgl. auch Deutsch, 1981).

Bei Sprachen wie dem Deutschen wird aber in besonderem Maße das generelle Problem deutlich, daß es für Flexionen oft nicht die eine generelle Grammatikregel (mit ‚Ausnahmen') gibt, sondern daß alternative Flexionsregeln (mit entsprechend begrenztem Gültigkeitsbereich) miteinander konkurrieren. Und die ‚Normalform' oder der Wortstamm lassen dann oft nicht erkennen, *welcher* dieser konkurrierenden Regeln sie ‚gehorchen'. Man betrachte die folgenden Beispiele für die Pluralbildung im Deutschen:

Lamm – Lämmer
Stamm – Stämme
Klamm – Klammen
Sand – Sande

Was kann jemand, der kein Wortformenspezialist ist oder der die Pluralformen nicht allesamt (gleichsam ausschließlich als Sonderfälle) aus dem Gedächtnis abrufen kann, tun, um die benötigte Pluralform zu finden? Da er es der Singularform nicht ansehen kann, nach welcher Regel der zugehörige Plural zu bilden ist, muß er andere kognitive Findemechanismen zur Verfügung haben, die ihm das Gewünschte hinreichend schnell liefern. (Ob das derart Gefundene dann mit der Standardgrammatik übereinstimmt, ist eine andere Frage.) Betrachten wir ein Beispiel: Als einer von uns die Teilnehmer einer Universitätsvorlesung nach der Mehrzahl von „Onkel" fragte, hatte ein Teil der Gefragten die Pluralform nicht im Gedächtnis. Diese Teilnehmer wußten auch nicht, welche Flexionsregel bei „Onkel" anzuwenden ist. So produzierten sie neben den Pluralformen „Onkel" (wie es etwa der Duden nachweist) und „Onkels" (wie es umgangssprachlich üblich ist) auch „Onkeln", „Önkel", „Önkelns", und so fort. Ein Teilnehmer sagte: »Ich weiß nicht. Vielleicht „Onkeln", so wie „Runzeln" bei „Runzel".« Auch hier war die benötigte Form nicht im Gedächtnis verfügbar. Der Sprecher zog in dieser Lage einen ähnlich klingenden Einzelfall heran, nach dessen Muster die Pluralform analogisierend gewonnen wurde. Das Formgewinnungsverfahren hatte dabei wie in vielen anderen Fällen den Charakter des analogisierenden Rückgriffs auf ähnlich klingende und zugleich plausible, übliche oder wie auch immer leicht im Gedächtnis zugängliche Musterfälle. Und diese so leicht verfügbaren Musterfälle können, wie in unserem Beispiel, sehr leicht zur Erzeugung einer fehlerhaften Wortform verleiten. (Ein sehr ähnliches Phänomen kennt die Psychologie als Verfügbarkeitsheuristik; vgl. Kahnemann & Tversky, 1973.)

Die theoretische Vorstellung, daß Sprecher entweder generelle Grammatikregeln anwenden oder ‚Ausnahmen' direkt aus dem Gedächtnis abrufen, stellt, wie wir sehen, eine starke Vereinfachung dar. In diesem Zusammenhang sollte auch folgendes bedacht werden: Zieht man ein deutsches Wörterbuch zu Rate, so findet man dort zum Beispiel sehr viel mehr regelmäßig flektierte (schwache) als unregelmäßige (starke) Verben. Insofern liegt die Annahme nahe, daß bei der Verbflexion eine generell anwendbare Regel vorliegt, der die starken Verben als ‚Ausnahmen' beigegeben sind. Zählt man aber aus, wie hoch der Anteil starker Verben beim alltäglichen Sprechen ist, so sieht die Sachlage anders aus: Beim alltäglichen Sprechen kommen die starken Verben so häufig vor, daß man – unter diesem Gesichtspunkt – gewiß nicht von ‚Ausnahmen' sprechen darf. Bisweilen überwiegen in Sprachäußerungen die unregelmäßig flektierten Verben die regelmäßig flektierten. Es kommt übrigens noch hinzu, daß die Verwendung des Hilfsverbs (Auxiliars) „haben" gegenüber der Verwendung von „sein" bei der Perfektbildung (zum Beispiel: „Ich *bin* angefahren und *habe* dann wieder angehalten.") für den Laien so undurchschaubar ist, daß er das jeweils benötigte Hilfsverb bei der Sprachproduktion entweder erlerntermaßen in seinem Gedächtnis verfügbar haben muß oder daß er auf eher intuitive Finderverfahren angewiesen ist. Diese Finderegeln kann man unter psychologischem Aspekt gewiß nicht als die bloße Anwendung einer Grammatikregel bezeichnen.

Wir werden uns weiter unten noch einmal den Wortabwandlungen zuwenden, wenn wir über die Gliederung des Sprechvorgangs berichten. Man kann der Einfachheit halber den Sachverhalt so darstellen, als ob nur Normalformen der Wörter gespeichert werden, die anschließend verändert werden können. In Wahrheit handelt es sich aber bei den Speicherinhalten, wie wir gesehen haben, um ein Gemisch (1) aus *Normal-* und *Nennformen* oder *Wortstämmen* (oder aus Gedächtnisinhalten, denen sich diese Beschreibung nur unvollständig annähert; s. oben) sowie (2) aus im Langzeitspeicher verfügbaren, flektierten oder abgeleiteten *Wortformen*. (In unserer eigenen Theoriebildung zur Sprachproduktion werden wir ohne die Vorstellung eines Wortspeichers (‚Lexikons') und der Wörter als Speicherinhalte auskommen; vgl. die Abschnitte 6.3.3 und 9.2.)

Die Dinge sind, psychologisch betrachtet, so kompliziert, weil der Mensch die von ihm beim Sprechen verwendeten Wörter beziehungsweise Wortformen weder *nur* fertig aus dem

Gedächtnis holt noch sie *nur* mit Hilfe erlernter Umwandlungsprozeduren aus freien und gebundenen Morphemen ad hoc erzeugt. Auffassungen vom Sprecher, die den Sprecher entweder nur als einen ‚regelgeleiteten Wort- und Satzbastler' oder ihn nur als jemanden verstehen, der im Gedächtnis bereitliegende ‚Fertigteile' verklebt, sind beide falsch. Der Sprecher geht beim Sprechen einer Mischtätigkeit aus grammatisch gesteuerten Konstruktionen, Ad-hoc-Bildungen anhand ähnlich klingender Muster und einfachem Gedächtnisabruf nach.

Wir fassen die bisherigen Überlegungen sehr pauschal zusammen: Das Sprechen ist die Produktion von Lautfolgen, in denen sich Phonemfolgen manifestieren, welche ihrerseits Morphemfolgen aufbauen, denen wiederum – vereinfacht formuliert – Folgen von Bedeutungselementen entsprechen.

Auch die folgende Äußerung stellt eine Morphemfolge dar:

„-te stark -weh hat Ich -es Kopf."

Diese eigentümliche Morphemfolge enthält alle Morpheme des Satzes „Ich hatte starkes Kopfweh.". Diese letztere Sequenz akzeptieren wir als das Ergebnis normalen Sprechens, die vorherige Serie derselben Morpheme nicht. Man sieht, daß die Morpheme in bestimmter Weise geordnet sein müssen, soll es sich um übliches Sprechen handeln. Wichtige Regeln, nach denen Morphemfolgen geordnet sind, sind diejenigen der Grammatik. Sie beschränken, so kann man sagen, die ‚erlaubten' Kombinationen von Morphemen; es handelt sich also um *Restriktionsregeln*. Andere Regeln der Grammatik betreffen den Einsatz der weiter oben beschriebenen gebundenen Morpheme. Betrachtet man die beiden Wörter „Tisch" und „(die) Tische", so signalisiert das grammatische Morphem „-e" die Bedeutung, daß es sich bei „Tische" um mehrere Objekte handelt. Bildet man nun einen Satz mit „die Tische", so hat das Folgen für die weitere Auswahl von grammatischen Morphemen: Sind „die Tische" das grammatische Subjekt des betreffenden Satzes, so kann man keine beliebigen Verb-Endungen verwenden, sondern muß unter anderem auch bei der zugehörigen Verbform ein grammatisches Morphem wählen, welches die Mehrzahl anzeigt: „Die Tisch*t* steh*t* auf der Veranda." ist offensichtlich falsch; „Die Tisch*e* steh*en* auf der Veranda." entspricht der Grammatik. – Grammatische Regeln betreffen die Reihenfolge von Morphemen und die Koordination des Einsatzes grammatischer Morpheme. Und sie regeln noch andere Merkmale sprachlicher Äußerungen, indem sie Beliebigkeiten einschränken. (Selbstverständlich unterscheiden sich die Einzelsprachen bezüglich ihrer grammatischen Regeln außerordentlich stark.)

Die grammatische Regelung der Spracherzeugung wird von vielen Psycholinguisten für das wichtigste Anliegen der Sprachproduktionsforschung gehalten. Warum dies so ist, muß hier nicht interessieren (vgl. Herrmann, 1985). Die besondere Beachtung der grammatischen Regelung der Sprachproduktion wird dadurch gestützt, daß die Neurologie hervorragende Erkenntnisse zum ‚Sitz' der grammatischen Regeln im menschlichen Gehirn zusammengetragen hat. Auch hier liegen die wichtigsten Erkenntnisquellen in den Störungen und Schädigungen des Hirns, die mit bestimmten Leistungsausfällen bei der Sprachproduktion einhergehen. Je besser man erkennt, welche Einzelleistungen bei der Sprachproduktion ausfallen und welche nicht, wenn bestimmte Hirnregionen zerstört sind und andere nicht, um so deutlicher wird das Bild, das man sich von den neurologischen Grundlagen der Sprachproduktion machen kann. Und die bis heute wohl transparentesten Ergebnisse dieser Forschung findet man im Bereich neurologischer Grundlagen für die grammatische Regelung des Sprechens.

1. SPRECHEN – EIN ÜBERBLICK

Während die Störungen der *Sprechmotorik* weitgehend, aber nicht ausschließlich auf phylogenetisch ältere Hirnregionen zurückzuführen sind, können die *grammatischen Ausfälle* bei der Sprachproduktion relativ strikt auf umschriebene und evolutionär neue Teile der dominanten (meist linken) Hirnhemisphäre zurückgeführt werden: Schäden der grammatischen Regelung der Spracherzeugung treten (zusammen mit anderen Beeinträchtigungen, beispielsweise des Sprechflusses oder der Prosodie) bei der sogenannten *Broca-Aphasie* beziehungsweise *motorischen Aphasie* auf. Diese kommt ganz überwiegend durch die Vernichtung von Nervengewebe zustande, die aus Durchblutungsstörungen vor allem bei Schlaganfällen resultiert. Betroffen ist die untere Frontalwindung der dominanten Hemisphäre (Area 44 und 45; s. Abbildung 1.3), aber auch das Marklager des Stirnhirns (vgl. Huber, 1981). Bei Menschen, die an Broca-Aphasie leiden, haben die genannten Ausfälle im Nervensystem gut zuzuordnende Leistungsausfälle grammatischer Art zur Folge.

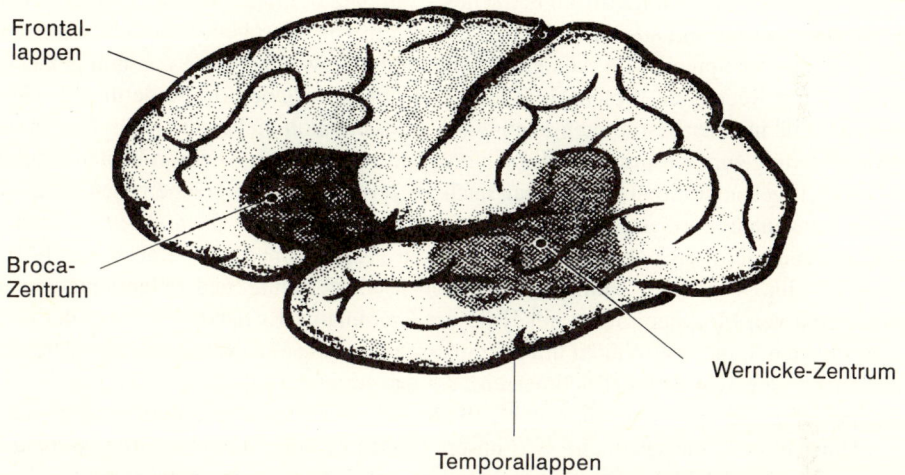

1.3 Das Broca-Zentrum, dessen Schädigung – vereinfacht formuliert – mit den Symptomen einer motorischen Aphasie einhergeht. Die Abbildung zeigt außerdem das Wernicke-Zentrum, dessen Schädigung unter anderem mit Einbußen bei der Sprachrezeption (sensorische Aphasie) zusammenhängt (nach Huber, 1981, S.9).

Weiß man nach allem auch bereits viel über die Zuordnung von spezifischer Hirnregion und Grammatikalität des Sprechens, so besagt das doch noch nicht allzu viel für die Frage, wie dieser spezifische Hirnbereich mit den vielen anderen Hirnbereichen zusammenarbeitet, die *ebenfalls* an der Sprachproduktion beteiligt sind (vgl. zum folgenden auch van Lancker, 1987). Zunächst muß dem Eindruck entgegengetreten werden, daß das menschliche Sprachproduktionssystem die erzeugten Sprachäußerungen sozusagen nur unter Zuhilfenahme eines inneren Wörterbuchs und einer internen Grammatik aufbaut. Das zeigte sich bereits an mehreren Stellen der bisherigen Darstellung. Sprachproduktion erfolgt keineswegs so, daß der Sprecher (oder Schreiber) für seine Gedanken die passenden Vokabeln (oder entsprechende Wortstämme beziehungsweise freie Morpheme) im Gedächtnis sucht, diese mit Hilfe seines Inventars an grammatischen Regeln gegebenfalls umformt oder ergänzt („des Hauses", „du bist gegangen" usf.) und die derart ‚behandelten' Wörter unter Hinzufügung unveränderter Wörter in die richtige Reihenfolge bringt, so daß dabei ein wohlgeformter Satz herauskommt. Zumindest wird diese Vorstellung der tatsächlichen Erzeugung sprachlicher Äußerungen nur sehr unzureichend gerecht.

Betrachten wir lediglich den folgenden Tatbestand: Wir reden (auch) in gängigen Phrasen, Formeln, Redensarten, modischen Metaphern, die alle etwas Gemeinsames haben: Sie werden vom Sprecher als Ganze erinnert und als Ganze über die Lippen gebracht. Wir wandeln diese Formeln nicht ab, wir bauen sie nicht Stück für Stück aus einzelnen Morphemen auf. Einige Beispiele sind: „guten Tag", „na wie gehts", „eh mach mich nicht an Mann", „nein wirklich da kann man mal wieder sehn", „unverhofft kommt oft", „wünsche wohl geruht zu haben", „das darf doch nicht wahr sein", „also bis die Tage mal". Damit in ihrer Funktion verwandt sind die vielfältigen Partikeln (Hentschel, 1986; Weydt, 1979, 1989), die wir als Abtönungswörter ständig in unsere Rede einflechten: „bitte", „mal", „na", „eventuell", „sicherlich", „total", „echt", „verflucht", „gefälligst" usf. (Es gibt geradezu Moden der Abtönungswahl.)

„Na, wie gehts?" ist – linguistisch betrachtet – ein Satz in Frageform, der eine grammatische Struktur besitzt und aus einer definierten Anzahl von Morphemen besteht. Normalerweise baut ihn der Sprecher im Alltag aber nicht unter Anwendung der von ihm gekannten grammatischen Regeln aus diesen Morphemen auf. Er reproduziert die Äußerung als *Ganze* und wendet sie in einer bestimmten Kommunikationssituation vielleicht als Gruß oder auch als Aufforderung zum Gespräch an. Im Unterschied zu der aus Einzelmorphemen regelentsprechend aufgebauten Sprache, die man auch als *propositionale* Sprache bezeichnet, werden die genannten Formeln, Floskeln, Partikeln und so weiter als *nicht-propositionale* Sprache bezeichnet (van Lancker, 1987, S. 51; zu Propositionen vgl. Grabowski, 1991 u. Exkurs 4.1). Ihr Gebrauch ist zum großen Teil ebenso beabsichtigt und zielgerichtet wie das Konstruieren von Morphemfolgen mit Hilfe der Grammatik. Es handelt sich bei der nicht-propositionalen Sprache also nicht um ‚automatische Sprache' (wie etwa das Hervorbringen eines Fluchs oder Ausrufs unter Schmerzen), der das grammatische Konstruieren als ‚reflektierte, bewußte' Sprache gegenübersteht. Beide Arten der Sprache unterscheiden sich in dieser Hinsicht im Grundsatz nicht. Was unsere Lippen verläßt, ist ein Gemisch aus beidem.

Der nicht-propositionale Anteil der Sprachproduktion hat nicht zuletzt die Funktion, unsere Rede mit Gefühl und persönlichem Ausdruck zu ‚würzen'. Wichtige Teile unserer Rede bestehen, wie schon erwähnt, aus Abtönungswörtern (‚Weichmachern' und ‚Hartmachern'), mit denen wir unserem Partner unter anderem mitteilen, wie wir selbst zu dem stehen, was wir sagen: „Geben Sie mir verflucht nochmal gefälligst sofort mein Geld zurück!" – „Geben Sie mir doch bitte vielleicht mein Geld zurück, wenn es Ihnen nichts ausmacht." Hier liegt der Unterschied allein in der nicht-propositionalen Beimischung. (Das Ganze wird noch dadurch kompliziert, daß ein und derselbe Partikel im einen Kontext als ‚Weichmacher', im anderen als ‚Hartmacher' dienen kann: „Könnten Sie *wohl* das Fenster öffnen?" – „Das kann doch *wohl* nicht wahr sein.")

Interessanterweise liegt der Hirnbereich, der für das nicht-propositionale Sprechen verantwortlich ist, keineswegs dort, wo sich das zuvor betrachtete ‚Grammatik-Zentrum' (das Broca-Zentrum) befindet. Für die nicht-propositionale Sprache spielt die nichtdominante (meist rechte) Hirnhemisphäre eine wichtige Rolle. Patienten mit Broca-Aphasie behalten in oft hohem Maße die Fähigkeit, nicht-propositionale Redeteile zu produzieren (vgl. Espir & Rose, 1970). Zu wenig bekannt ist das diffizile Zusammenspiel von ‚Grammatik-Zentrum' und Hirnbereichen, in denen der eher formelhafte, nicht ad hoc aus einzelnen Morphemen aufgebaute Teil unseres Sprechens beheimatet ist. Und die Rolle des nicht-propositionalen

Anteils des Sprechens wird von vielen (Psycho-) Linguisten und Sprachpsychologen offensichtlich unterschätzt.

Sprachwissenschaftler verschiedener Herkunft machen, wie wir meinen, häufig den Fehler, bei der Einschätzung der üblichen Alltagssprache von sich selbst auf die Leute zu schließen: Sie selbst produzieren fast nur grammatisch ausgefeilte Sätze, vermeiden Formeln und Phrasen und sprechen möglichst so, wie man schreibt. Ganz anders die Leute im Alltag: (a) Sie würzen ihre Rede sehr stark mit nicht-propositionalen Anteilen, bauen ihre Äußerungen also keineswegs nur unter Anwendung grammatischer Regeln aus einzelnen Wörtern und Morphemen Stück für Stück auf. (b) Sie nehmen es überhaupt mit der Einhaltung grammatischer Regeln nicht so ernst, wie man meinen könnte.

Wir wollen an dieser Stelle anmerken, daß Äußerungen im allgemeinen gar nicht grammatisch einwandfrei sein müssen, um verstanden zu werden. Das zeigt jedes Gespräch mit kleinen Kindern oder auch mit Ausländern. Soweit die ‚Wohlgeformtheit' des Sprechens nicht selbst eine einzuhaltende Norm ist (wie in der Schule, zum Teil immer noch in den Medien, gegenüber manchem höheren Vorgesetzten, beim Einstellungsgespräch oder dergleichen), streben wir sie, so sieht es aus, auch nur in Grenzen an. Wir lassen hier fünfe gerade sein. Im Exkurs 1.4 finden Sie dazu illustrative Beispiele aus alltäglichen Kommunikationsabläufen. (Wir werden im Schlußteil dieses Buches (Kapitel 11) darauf zurückkommen, welche Folgen diese Tatsache für das – sinnvolle – Erlernen einer *Fremdsprache* nach sich zieht.) Im alltäglichen Sprechen wimmelt es geradezu von grammatischen Anomalien und von Beimengungen nicht-propositionaler Äußerungsteile. Wenn wir uns in diesem Buch mit dem Sprechen befassen, so meinen wir in erster Linie *diese* Art des Sprechens und nicht das Bilden wohlgeformter Sätze.

Die Grammatikalität unseres Sprechens ist nach allem begrenzt, aber in der Regel ausreichend. Und das Sprechen resultiert keineswegs nur aus der Stück-für-Stück-Konstruktion von Sätzen mit Hilfe grammatischer Regeln. Außerdem ist die grammatische Regelung des Sprechens keine Angelegenheit, die völlig unabhängig von den übrigen Teiloperationen verläuft, die bei der Erzeugung sprachlicher Äußerungen eingesetzt werden.

Dazu betrachte man folgendes Beispiel: Ein erheblicher Teil unserer Alltagsäußerungen manifestiert sich – linguistisch betrachtet – in unvollständigen Sätzen. Solche Sätze nennt man *Ellipsen* (vgl. Klein, 1984). Psychologisch betrachtet, sind diese Äußerungen freilich insofern vollständig, als sie den Absichten des Sprechers und den Erwartungen des Hörers in der Form, in der sie vorliegen, voll entsprechen. Fragt jemand: „Wieviel Uhr ist es?" und antwortet der Partner: „Halb fünf.", so ist dies eine vollständige Antwort, wenn auch kein vollständiger Satz. Betrachtet man Ellipsen unter dem Aspekt ihres Aufbaus aus grammatisch geordneten Morphemen, so kommt es – bei der Antwort-Ellipse – darauf an, je nach der *Frage*, auf die geantwortet wird, *bestimmte* Satzteile wegzulassen und andere nicht. Dieses *kontextspezifische Weglassen* von Morphemen erfordert bestimmte grammatische Teiloperationen. Vergleicht man eine Ellipse mit demjenigen vollständigen Satz, zu dem sie ergänzt werden kann, so sind die Weglassungen also nicht willkürlich, sondern unter dem Aspekt der Grammatik als *geregelt* zu betrachten. Allerdings können die für die Bildung von Ellipsen verantwortlichen grammatischen Teiloperationen nur richtig eingesetzt werden, wenn die Frage, auf die sich die Antwort bezieht, als solche vom Sprecher verstanden worden ist. Und dies ist nicht nur eine Angelegenheit des Verstehens der *grammatischen Form* der jeweiligen Frage, sondern eines umfassenderen Verständnisses davon, was der Fragende *meint* (vgl. auch Allwinn, 1988; Dietrich, 1991; Meyer-Hermann & Rieser, 1985).

Exkurs 1.4
Sprechen im Alltag

Das alltägliche Sprechen und selbst das Sprechen in mehr oder minder offiziellen Situationen ist nur im Grenzfall grammatisch einwandfrei (‚wohlgeformt'). Dies wird schon darin deutlich, daß es bei dem Versuch der sprachlichen Analyse oft gar nicht oder nur mit geringer Sicherheit gelingt, die (transkribierten) Äußerungen in Sätze oder Teilsätze zu zerlegen; hier steht man vor dem Segmentierungsproblem. Ohne eindeutige Segmentierung in grammatische Einheiten kann aber in der Regel nicht entschieden werden, ob das Gesagte grammatisch korrekt beziehungsweise in welcher Hinsicht es unkorrekt ist. Generell ist das Erscheinungsbild der Produkte mündlicher Sprachproduktion im Alltag ganz anders als dasjenige schriftlicher Äußerungen.

Wir führen im folgenden einige illustrative und kommentierte Belege für Äußerungen an, die nach dem Kriterium grammatischer Wohlgeformtheit als defizient bezeichnet werden müssen. Dies tun wir nicht zum Zwecke der Belustigung, sondern um zu zeigen, daß das tägliche, gebräuchliche, zweckdienliche, situationsangemessene, für den Partner durchaus verständliche Sprechen alles andere ist als die Realisierung der Paragraphen einer Grammatik des Deutschen. Das soll nicht die Leistung der wissenschaftlichen Dokumentation der grammatischen Regeln einer Sprache schmälern oder den Nutzen dieser Regelerfassung in Abrede stellen. Die grammatischen Regeln können als Normen für das abstrakte, ‚überindividuelle' System einer Einzelsprache verstanden werden (vgl. schon Bühler, 1934). Diese Normen sind allgemein in schriftlichen Texten vollständiger realisiert als in mündlichen Äußerungen. Treten grammatische Regelverstöße in mündlichen Äußerungen auf, so werden sie im Alltagsgespräch kaum geahndet, oft nicht einmal bemerkt. – Man kann eine einzelsprachliche Grammatik im Grundsatz wie eine Straßenverkehrsordnung auffassen: Was im Straßenverkehr tatsächlich geschieht, ist zu einem großen Teil durch die Straßenverkehrsordnung vorgeschrieben und wäre ohne sie gar nicht verständlich. Andererseits ist aber die Straßenverkehrsordnung keinesfalls die Ursache für alles dasjenige, was sich auf den Straßen abspielt; sie reicht überhaupt nicht aus, die bunte Vielfalt des Straßenverkehrs (einschließlich der ständigen Übertretungen der Straßenverkehrsordnung) zu erklären. Und ebenso steht es auch mit dem Verhältnis von Grammatik und tatsächlichem Sprechen (Herrmann, 1972, S. 73ff.).

(1)   Eine Psychologiestudentin sagt als Klientin in einem Beratungsgespräch (aus einer Sammlung von Klaus Foppa, Bern):

Ja also ich denke mir daß es noch wichtig ist daß ich irgendwie em emo also emotional muß auch ein gutes Gefühl dabei haben sonst ja * ja bin einfach blockiert glaub und dann läuft überhaupt nichts mehr ...

Hier beginnt die Sprecherin einen in eine komplexere Satzkonstruktion eingebetteten Nebensatz mit „daß ich irgendwie", gerät bei dem Wort „emotional" ins Straucheln und setzt ihre Äußerung dann unvermittelt als Hauptsatz fort („muß auch ein gutes Gefühl dabei haben"), dessen grammatisches Subjekt fehlt, aber vom Partner ohne Schwierigkeit aus dem Kontext als „ich" erschlossen werden kann. Der Abbruch eines angefangenen grammatischen Schemas und die Weiterführung der Äußerung durch eine andere Satzkonstruktion ist ein häufiges Phänomen alltäglichen Sprechens.

(2) Frau R. spricht beim Kaffeeklatsch über eine Familie Theissen und sagt unter anderem im Gesprächsverlauf (Bergmann, 1987, S. 122):

Und da hab ich gesacht da hab ich es da sind die sich nebenan bei den Nachbarn waren se de Finger waschen.

Der Abbruch einer angefangenen Satzkonstruktion und der Neuanfang einer anderen gehen in diesem Beispiel so fließend ineinander über, daß der Schlußteil des abgebrochenen Schemas zugleich der Anfangsteil des nächsten ist: „da sind die sich nebenan bei den Nachbarn (die Finger waschen gegangen)" – „nebenan bei den Nachbarn waren se de Finger waschen". Die paraphrasierte Wiederholung eines Äußerungsteils („Und da hab ich gesacht – da hab ich es") wird in mündlichen Äußerungen oft wie ein nichtpropositionaler Einschub quasi als Stilmittel verwendet: „Und dann hab ich zu meiner Frau gesagt: ‚Hilde', *hab ich gesagt*, ‚...'."

(3) Der vielzitierte Gelehrte und echt deutsche Professor Johann Georg August Galletti (1750–1828) sagte einmal (aus einer undatierten Schrift von Minkowski):

Die Schwierigkeiten, die den Absatz des Buches befördern, sind groß.

Hier ist der Sprecher aus der intendierten Produktion einer Infinitivkonstruktion („... den Absatz des Buches zu befördern ...") in das Schema eines Relativsatzes ‚gerutscht'. Die produzierte Äußerung ist zwar grammatisch wohlgeformt, aber im Hinblick auf die Äußerungsabsicht falsch ausgewählt.

(4) Bei dem folgenden Beispiel handelt es sich um den Ausschnitt aus einem temperamentvoll geführten Klatschgespräch, an dem vier Personen (J, M, A, L) beteiligt sind (aus Bergmann, 1987, S. 150). Die Gesprächspassage ist nach den im Exkurs 1.3 dargestellten Vereinbarungen transkribiert. (Ein „Häfele" ist in diesem Gesprächskontext ein Nachttopf.)

```
J: un der Dande BertA hats schon gutgfallen
M: <o:h>  ┌ob und wie:
A:        └DER oh gott=e=gott\i hob noch morgens * am sonndoch
   morgends denk i „ha jetz kannsch noch net ouruafe die is
   beschtimmt ersch in d nacht    ┌äh heumkomme"\
J:                                └mhm
A: <prompt> zeh: minutte spätr schellts telefon halb ZWEI in
   dr nacht sin se heumkomme um halb neine
   ┌un wor se widr fit\
M: └schon=war=se ┌=widr=fit\
L:               └war se schon widr fit\
A: soch=i „ja soch mol SCHLOF doch" secht se „<ohh> i hob
   AUSgschlofe OHH des war wunder┌schön"\
J: (LACHEND)                     └ehhhnhnhh ()loswerde misse\
A: ha die wor| die hat ganz|
M: lediglich in dr nacht secht se „wenn i nachts aufgwacht ben
   >un woisch >i muaß scho manchmol raus in dr nacht< han i
   nemme gwißt wo e bin<"
A: zu re ┌gsocht „mensch nimm doch e häfele mit"
M:      └no isch se <raus>
```

> Was die grammatischen Anomalien betrifft, so zeigt sich allgemein, daß – trotz vieler falscher Starts, Unterbrechungen und Neuansätze – die grammatischen ‚Einzelteile' (zum Beispiel Phrasen, die aus Artikel und Nomen oder aus Verb und direktem Objekt bestehen) vergleichsweise korrekt gebildet werden. Dasselbe gilt für die vielfältigen formelhaften Versatzstücke des Sprechens. Fehlerhaft erscheint häufiger der Zusammenbau dieser Einzelteile. Man gewinnt oft den Eindruck, daß während des Sprechens anfängliche grammatische Gesamtpläne von Sätzen ‚vergessen' und durch neue ersetzt werden. Oder aber es gibt keine schon zu Beginn vorhandenen Gesamtpläne für Sätze oder Satzstrukturen; vielleicht liest der Leser der Transkripte solche Gesamtpläne nur in die Äußerungen hinein. Das Sprechen gleicht im Alltag eher dem sukzessiven Verkleben von nach und nach erzeugten grammatischen Fragmenten und formelhaften Versatzstücken als der Konkretisierung eines schon zu Beginn verfügbaren und durchgehaltenen grammatischen Satzgesamtplans.

Wenn eine Frage lautet:

„Hat Otto rote Haare?",

und will man diese Frage bejahen, so antwortet man in der Regel nicht in der Art:

„Otto hat rote Haare."

Vielmehr produziert man Antwort-Ellipsen der folgenden Art:

„ja"
„ja, rote"
„ja, Otto"
„rote Haare schon"
„bestimmt"
„wahrscheinlich"
„warum nicht?"
„wahrscheinlich rote"
„hatte er".

Welche von diesen Ellipsen, die untereinander sehr verschieden sind und zu dem Satz, in dem die *Frage* ausgedrückt ist, in unterschiedlicher Beziehung stehen, ist angemessen? Die Auswahl der passenden Ellipse (und erst recht der Abruf entsprechender nicht-propositionaler Formeln) ist hier nicht nur durch die Anwendung von grammatischen ‚Weglaßoperationen' erklärbar. Der Sprecher verarbeitet bei der Wahl seiner Antwort-Ellipse vielmehr den Sinn der Frage, ihre Bedeutung, sein gegenwärtiges Verständnis von Partner und Kommunikationssituation, sein generelles Wissen von der Welt und den Menschen, also vielfältiges Kontextwissen und dazu auch die emotionalen Zwischentöne der Prosodie, die der Frager mit seiner Frageformulierung transportiert. (Handelt es sich bei dieser Frage vielleicht um eine glatte Frechheit? Will der Fragende vielleicht gar keine Auskunft, sondern Otto durch das Aussprechen der Frage gegenüber einem Dritten ironisieren?)

1. SPRECHEN – EIN ÜBERBLICK

Das Beispiel soll zeigen: Bei der Erzeugung sprachlicher Äußerungen spielen viele Teilleistungen unseres Sprachproduktionssystems in diffiziler Weise zusammen. Alles hängt mit allem zusammen; alles ist vernetzt; nichts ist gegen alles andere völlig abgekapselt. Und das gilt auch in hohem Maße für die grammatischen Operationen, die unsere Sprachproduktion steuern. Der wesentliche Teil unseres Buches wird von (psychologischen) Ordnungsgesichtspunkten handeln, die das ‚freie Spiel der sprachlichen Kräfte' beschränken. Nur sind diese Gesichtspunkte nur selten grammatischer Natur. (Zum Problem der Unterscheidung und des Zusammenspiels kognitiver Teilsysteme, welches unter dem Begriff der „Modularität" diskutiert wird, vgl. allgemein Zimmer, 1992; zum Modularitätsproblem aus linguistischer Sicht vgl. von Stutterheim & Carroll, 1993.)

Im Deutschen ist zum Beispiel die *Reihenfolge*, in die die Wörter eines Satzes gebracht werden, in extremer Weise variabel, aber nicht zufällig oder willkürlich. Die Wortordnung im Satz hängt weitgehend davon ab, was mit dem Satz gemeint ist, und von der gesamten kommunikativen Situation, in der gesprochen wird. Man betrachte nur einen einfachen Satz wie „Die Frau sieht den Unfall." In dieser Form ist der Satz durch die Standardgrammatik ‚gedeckt'; das Deutsche ist eine S-P-O-Sprache, in der Subjekt, Prädikat und Objekt standardmäßig in eben dieser Reihenfolge angeordnet sind. (Die jeweilige Standardanordnung dieser drei Satzbestandteile ist keineswegs bei allen Einzelsprachen gleich. Vergleicht man die vielen Sprachen dieser Welt, so ergibt sich folgende Verteilung: In 44 Prozent aller Sprachen lautet die Standardfolge S-O-P, in 35 Prozent S-P-O, in 19 Prozent P-S-O und ganz selten (2 Prozent der Sprachen) P-O-S; O-P-S und O-S-P kommen nicht vor; vgl. Anderson, 1988, S. 299.) Auch für die Form „Den Unfall sieht die Frau." läßt sich eine grammatische Regelbasis finden, in der das Objekt vor das Verb gezogen und dadurch besonders hervorgehoben wird. (In gesprochener Sprache sind solche Konstruktionen meist von einem Betonungsakzent auf dem Nomen des Objekts begleitet.) Man kann aber auch „Die Frau den Unfall sieht." oder „Den Unfall die Frau sieht." in alltäglichen Erzählungen von Ereignissen – und selbst in bestimmten literarischen Texten – finden: „Die Frau den Unfall sieht und gleich zur Polizei rennt."; „Den Unfall die Frau sieht und natürlich gleich ihrem Mann erzählt.". Dasselbe gilt auch für „(Stell Dir das mal vor:) Sieht die Frau den Unfall und kümmert sich nicht mal um die Verletzen." Eine solche Wortstellung ist auch meist am Anfang von Witzen zu finden („Kommt eine Kuh zum Bäcker."). Wir sehen also, daß in diesem einfachen Beispiel praktisch alle möglichen Reihenfolgen von Subjekt, Prädikat und Objekt auftreten können. Schon aus logischen Gründen können nun nicht alle diese Reihenfolgen von der Grammatik bestimmt sein; denn wenn keine Reihenfolge unerlaubt ist, fehlt es an einer grammatischen Normierung. Zum Beispiel die Abfolge von Artikel und Nomen ist dagegen kaum variabel, und die Wahl der jeweiligen Abfolge von Subjekt, Prädikat und Objekt ist auch nicht zufällig; außerhalb des jeweils angemessenen Kontextes wird ein Satz wie „Sieht die Frau den Unfall." oder „Den Unfall die Frau sieht." den Hörer zumindest irritieren oder ihm sogar ‚falsch' erscheinen. Jede der Varianten kann aber völlig situationsangemessen sein und wird vom Partner dann auch als ‚wohlgeformt' akzeptiert. Und wer findet im Alltag nicht Sätze wie diesen ganz normal: „Von unserer Oma habe ich das Auto schon gestern gewaschen." (Vgl. auch Eikmeyer et al., 1990.)

Man kann sich die jeweilige Wahl von Wortreihenfolgen und überhaupt den Aufbau von Satzteilen oder ganzen Sätzen als die Verwendung *grammatischer Schemata* vorstellen (vgl. auch Bock & Loebell, 1990). Die soeben genannte S-P-O-Reihenfolge entspricht einem solchen Schema; die P-S-O-Reihenfolge entspricht einem anderen. Viele weitere Schemata – auch komplexerer Art – kommen hinzu. Grammatische Schemata sind feste Regeln für die syntaktische Fügung von Satzteilen (sogenannten Phrasen) oder Sätzen (im Detail s. unten 9.4). Man kann sie sich provisorisch als so etwas wie Systeme von Schubfächern veranschaulichen, die in der richtigen Reihenfolge mit richtigen Wortformen gefüllt werden. Will man den Gedanken, daß die Studentin den Dozenten lobt, mit Hilfe des S-P-O-Schemas verbalisieren, so wird zunächst die S-Schublade mit „Studentin" (im Nominativ), dann die P-Schublade mit der Verbform „lobt" und schließlich die O-Schublade mit „Dozenten" (im Akkusativ) belegt. In Sprachen wie dem Deutschen sind die entsprechenden Artikel beigefügt, und der fertige Satz lautet: „Die Studentin lobt den Dozenten." Der Sprecher hätte in Ansehung von feinen Nuancen der Kommunikationssituation den Gedanken, daß die Studentin den Dozenten lobt, auch unter Verwendung anderer grammatischer Schemata verbalisieren können. So hätte sich vielleicht eine der folgenden Versionen ergeben:

„Es lobt die Studentin den Dozenten."
„Den Dozenten lobt die Studentin."
„Der Dozent wird von der Studentin gelobt."
„Es ist die Studentin, die den Dozenten lobt."
„Es ist der Dozent, der von der Studentin gelobt wird."
„Wer den Dozenten lobt, ist die Studentin."
„Was den Dozenten betrifft, so lobt ihn die Studentin."
(Und so weiter.)

Trotz feiner Unterschiede handelt es sich immer um die Verbalisierung desselben Gedankens. Jeder Formulierung entspricht aber ein anderes grammatisches Schema. Es zeigt sich: Um genau eine der genannten Satzvarianten zu bilden, genügt es nicht, den Gedanken, daß die Studentin den Privatdozenten lobt, mit Hilfe der drei Wörter „loben", „Studentin" und „Dozent" verbalisieren zu wollen und zu wissen, daß das Verb „loben" immer ein Subjekt und allenfalls ein Akkusativobjekt fordert, wobei im vorliegenden Fall die Wörter „Studentin" und „Dozent" diese beiden grammatischen Rollen einnehmen (vgl. dazu auch Levelt, 1989). Aufgrund dieses Wissens könnte jede der genannten Äußerungsalternativen zustande kommen. Welche von ihnen tatsächlich zustande kommt, hängt offensichtlich von der Wahl des grammatischen Schemas ab.

Sprecher haben im Sinne der hier skizzierten Vorstellung viele grammatische Schemata im Gedächtnis parat und rufen in jedem Augenblick des Äußerungsaufbaus jeweils eines von ihnen ab. Sie müssen die Schemata nicht jedesmal neu ‚erfinden'. So wie der Sprecher beim nicht-propositionalen Reden (siehe oben) mit ‚Versatzstücken' arbeitet, verwendet er auch beim propositionalen Reden, beim Aufbau seiner Äußerungen aus Morphemen, grammatische Schemata als fertige ‚Versatzstücke'.

Wie man Schemata aus dem Gedächtnis abruft und wie man in ihre Schubfächer passende Inhalte einfügt (sie ‚instanziert', das heißt mit aktuellen Werten belegt), ist in der Psychologie seit langem erforscht worden (vgl. schon Selz, 1913; s. auch Herrmann, 1985, S. 166ff.). Das eigentlich interessante wissenschaftliche Problem besteht darin, welches von mehreren alternativen – allesamt unseren grammatischen Normen entsprechenden – grammatischen Schemata der Sprecher jeweils verwendet. Diese Frage beantwortet sich, wie auch unsere Beispiele zur Wortreihenfolge zeigen (vgl. „Die Frau sieht den Unfall."), nicht allein aus der Grammatik. Wie der Sprecher seine Äußerungen unter Verwendung grammatischer Schemata aufbaut, ist in dominanter Weise eine Sache nicht-grammatischer (und überwiegend nicht-sprachlicher) Ordnungsgesichtspunkte, auf die wir schon hingewiesen haben und die uns in diesem Buch ständig begleiten werden.

Im „Mannheimer Morgen" vom 21. 9. 1992 stand der Satz: „Im Gegensatz zu Seiters und seinem Stellvertreter Oskar Lafontaine forderte Engholm, das Individualrecht auf Asyl beizubehalten." Wer ist hier wessen Stellvertreter? Nachdem sich „seinem" nach den deutschen Wortverwendungsregeln im Zweifel auf etwas bezieht, von dem schon zuvor die Rede war (den Rückbezug auf etwas im Sprachverlauf Früheres nennt man eine Anapher), und nicht auf das, von dem noch nicht die Rede war, ist Lafontaine der von der Grammatik ‚geforderte' Stellvertreter von Seiters. Jeder wußte aber zur fraglichen Zeit, daß das Unsinn ist. (In Wirklichkeit handelt es sich bei „seinem" um eine Katapher, um den Verweis auf etwas im Sprachverlauf Späteres.) Und weil der Zeitungsschreiber eine angemessene Vorstellung davon hatte, was der Durchschnittsleser weiß, konnte er diesen Satz schreiben, ohne daß Mißverständnisse drohten: Selbstverständlich war Lafontaine Engholms Stellvertreter. – Betrachtet man in diesem Beispiel Anapher *und* Katapher als grammatisch gleichermaßen zulässige Konstruktionen, dann leistet hier die Grammatik allein keine Eindeutigkeit, die das Verständnis des Lesers leiten könnte. Betrachtet man aber nur die *Anapher* als grammatischen Regelfall, dann spielt ein Verstoß für das Verständnis hier offenbar keine Rolle. Was die Grammatik betrifft, konnte der Journalist auch hier fünfe gerade sein lassen: Ob „seinem" anaphorisch oder kataphorisch verstanden wird, hängt ganz allein davon ab, ob die Person, deren Name nach „Stellvertreter" genannt wird, in der tatsächlichen Welt der Stellvertreter von Seiters oder der Stellvertreter von Engholm *ist*.

Die Lässigkeit, mit der Sprecher mit der Grammatik ihrer Einzelsprache umgehen, ist ersichtlich dadurch begrenzt, daß ihre Äußerung in der Regel verstanden werden soll und daß Mißverständnisse zu vermeiden sind. Damit hängt zusammen, daß es über die Einzelsprachen hinweg verschiedene Grammatikbereiche gibt, die man beim Sprechen relativ sorgfältig behandeln muß oder bei denen man sich Sorglosigkeit erlauben darf. So drohen im Englischen leichter Mißverständnisse als im Deutschen, wenn man die Wortreihenfolge lässig handhabt. Im Englischen werden die grammatischen Fälle (die Kasus) des Nominativs und des Akkusativs, welche anzeigen, ob ein Nomen in einem Satz in der Rolle des Subjekts oder des direkten Objekts steht, morphologisch nicht markiert. Man ist im Englischen deshalb auf die Wortstellung angewiesen, um zu erkennen, daß es sich bei dem Satz „The man loves the girl." um die Angabe einer Gefühlsregung seitens des *Mannes* handelt, welche auf die Frau gerichtet ist. („The man" ist das Subjekt des Satzes, eben weil es am Satzanfang steht.) Im Deutschen droht kein Mißverständnis, wenn man sagt: „Die Frau liebt der Mann." „Der Mann" läßt eindeutig den Nominativ und nicht den Akkusativ erkennen und kann deshalb nur das Subjekt und nicht das Objekt des Satzes anzeigen. Die morphologische Markierung leistet in diesem Fall im Deutschen das, was im Englischen die Wortstellung leistet; hinsichtlich der Wortstellung kann das Deutsche deshalb freizügiger gehandhabt werden. (Dies gilt allerdings nur dann, wenn Nomina maskulinen grammatischen Geschlechts beteiligt sind, weil das Femininum und das Neutrum sowohl im Singular als auch im Plural hinsichtlich des Nominativs und des Akkusativs formgleich sind.)

Im Deutschen besteht auch viel mehr Toleranz im Bereich der grammatischen Zeit- und Aspektmarkierung als im Englischen (vgl. auch Klein, 1992a). In allen folgenden Beispielen kann im Deutschen die normale Präsensform des Verbs „rauchen" verwendet werden:

(1)   Ich rauche ab morgen nicht mehr.
(2)   Ich rauche morgen drei Zigarren.

(3) Ich rauche wie mein Vater Zigarren.
(4) Ich rauche gerade eine Zigarre.
(5) Ich rauche gestern, und da kommt doch glatt meine Mutter ins Zimmer.
(6) Ich rauche seit meiner Jugend.

Im Englischen dagegen führen die zeitlichen Verhältnisse und die Aspekte der Faktizität, der Absicht, des Verlaufs und so weiter zu jeweils unterschiedlichen Tempus- und Aspektmarkierungen des Verbs: „Tomorrow, I'm *going to* ...", „Tomorrow, I *will* ...", „I am *smoking*.", „I *have been smoking* since ..." usf. (vgl. Swan, 1980, S. 250ff.).

Wir fassen zusammen: Das Sprechen kann zwar als die Erzeugung von Morphemfolgen verstanden werden, die grammatisch geregelt sind, doch ist diese Formulierung sogleich abzuschwächen: Nicht alle Teile unserer Äußerungen sind aus einzelnen Morphemen Stück für Stück nach den Regeln der Grammatik aufgebaut; vieles besteht aus nichtänderbaren und ganzheitlichen (nicht-propositionalen) Formeln und Floskeln. Von der grammatischen Steuerung des Sprechens kann auch nur mit einigen Abstrichen die Rede sein, soweit es sich um die Alltagssprache handelt. Weiterhin ist die grammatische Regelung der Äußerungsproduktion kein von allen anderen Teilfunktionen der Sprachproduktion abgekapseltes und unbeeinflußtes Geschehen. Die Sprachäußerung ist das Ergebnis eines komplizierten Zusammenspiels verschiedenartiger, wechselseitig aufeinander einwirkender Teilleistungen. Ihr liegt entsprechend ein kompliziertes Wechselspiel vieler zum Teil heute bereits gut bekannter Hirnfunktionen zugrunde (vgl. auch Lenneberg, 1972; van Lancker, 1987.)

1.2.4 Sprechen und Bedeutungstransport

Der Satz

„Der paraboloide König tropft grün in der flüssigen Maschine."

besteht aus Wörtern, die allesamt im Wörterbuch der deutschen Sprache vorkommen. Wir kennen die jeweilige *Wortbedeutung*. Die Morpheme sind einwandfrei nach den geltenden grammatischen Regeln der deutschen Sprache ausgewählt und zusammengebaut. Und dennoch haben wir den Eindruck, daß mit dem Satz einiges nicht stimmt. Was? Wenngleich wir die lexikalische Bedeutung aller Wörter kennen, schließen sie sich doch nicht zu einer verstehbaren *Satzbedeutung* zusammen. Das heißt aber allgemein: Die Satzbedeutung ergibt sich nicht ohne weiteres aus der Kenntnis des Wörterbuchs einer Sprache und ihrer Grammatik. Ein ‚inneres Lexikon' und ein System gekannter grammatischer Regeln garantieren keineswegs das Verständnis der sprachlichen Äußerungen. Im vorliegenden Fall hilft es auch nicht, wenn der Leser neben dem internen Lexikon und der Grammatik besondere Regeln für die *Verwendung* unserer Sprache kennt. Diese Sprachverwendungsregeln steuern die richtige Verwendung von Redensarten und Metaphern, regeln die Formulierung von Anreden, Titeln, Grüßen, Bitten und vielem anderen. (Ein Beispiel: Wenn man einen Japaner fragt: „Kommst du morgen nicht?" und er antwortet: „Nein!", dann kommt er. Die Antwort auf negativ formulierte Fragen funktioniert im Japanischen nach einer anderen Sprachverwendungsregel als bei uns; vgl. auch Nagatomo, 1986.) Wie betont: Auch die perfekte Kenntnis solcher Sprachverwendungsregeln läßt uns den Satz vom paraboloiden König nicht weniger geheimnisvoll erscheinen.

1. SPRECHEN – EIN ÜBERBLICK

Das hier auftretende Problem ist voll von Unklarheiten und Schwierigkeiten. Wir können es hier nur unvollständig behandeln. Um wesentliche Merkmale des menschlichen Sprechens in den Griff zu bekommen, müssen wir den Leser und die Leserin zu einem kleinen Umweg einladen: Werfen wir einen kurzen Blick auf den Fachausdruck „*Bedeutung*" (vgl. dazu auch Brown, 1958; Lyons, 1989, S. 409ff.). Morpheme, Wörter, aber auch Sätze oder gar ganze Texte können – so sagt man – bestimmte Bedeutungen haben. Was dabei als Bedeutung verstanden werden soll, ist höchst umstritten. Es gibt eine große Anzahl unterschiedlicher und auch gegensätzlicher ‚Bedeutungstheorien' (vgl. auch Parkinson, 1968). Wir betrachten hier ganz kurz zunächst die *Wortbedeutung* und dann die *Satzbedeutung*.

Zunächst zur Wortbedeutung: Wenn man sagt, daß Wörter eine Bedeutung haben, dann kann man darunter (mindestens) zweierlei verstehen:

(1) Betrachten wir das Wort „König" als Beispiel: Die aussprechbare, hörbare, schreibbare und lesbare, aus Phonemen bestehende *Wortform* „König" ist Teil eines Lexikons, das der Sprecher der deutschen Sprache irgendwie in seinem Gedächtnis mit sich umherträgt. In diesem internen Lexikon ist bei der Wortform „König" eine Liste von Eigenschaften vermerkt; zum Beispiel, daß es sich um etwas Lebendes, um einen Menschen, um etwas Männliches, um etwas sozial Hervorgehobenes handelt, usw. Weiterhin ist unter anderem aber auch eingetragen, welche grammatischen Verwendungsmöglichkeiten für „König" bestehen, daß es sich also um ein Nomen maskulinen grammatischen Geschlechts handelt. (Natürliches und grammatisches Geschlecht müssen nicht immer übereinstimmen; man denke an „*das* Mädchen".) Andere Lexikoneintragungen mögen hinzutreten. Die *Bedeutung* von „König" ist dann die Menge aller dieser Lexikoneintragungen (Lyons, 1980, S. 219ff.; vgl. auch Schwarze & Wunderlich, 1985). Diese Eintragungen können sich im Laufe der Zeit (beispielsweise durch Lernprozesse) ändern. Man darf auch annehmen, daß ein für allemal im internen Lexikon nur so etwas wie die *Kernbedeutung* von „König" eingetragen ist. Was in einer bestimmten Situation „König" bedeutet, besteht dann aus der konstanten Kernbedeutung und bestimmten situationsspezifischen Sinnabwandlungen oder Sinnzusätzen, die der Sprecher (und Hörer) ad hoc an der Kernbedeutung anbringt (vgl. auch Bierwisch, 1983; Bierwisch & Lang, 1987). Wenn man etwa in einer bestimmten Situation sagt: „Fritz ist der König der Party." und in einer anderen Situation: „Fritz ist der König von Preußen.", so hat in diesen Fällen „König" einen gemeinsamen Bedeutungskern, doch sind dem konstanten Kern durchaus unterschiedliche Bedeutungsnuancen beigegeben.

Übrigens stellt man sich die Wortbedeutungen so vor, daß sie nicht unabhängig voneinander sind, sondern *Bedeutungsstrukturen* bilden. Die Wörter „vor", „hinter", „rechts", „links", „oben" und „unten" bilden beispielsweise zusammen ein Bedeutungsfeld von drei Paaren gegensätzlicher Richtungspräpositionen. – Zu „König" gesellen sich „Kaiser", „Herzog", „Fürst", „Graf", „Baron", aber auch „Krone", „Zepter", usw. (vgl. auch Klix, 1978).

(2) Man muß den Begriff der Wortbedeutung nicht in der skizzierten Art nach dem Muster von Duden und Langenscheidt, also im Gleichnis des Wörterbuchs, konstruieren. Wir selbst betrachten dasjenige, was „Bedeutung" genannt wird, ganz anders (Herrmann, 1985, 1992b; vgl. auch Bock & Krems, 1986; Hörmann, 1976; Jackendoff, 1983; Klix, 1992; und schon Dornseiff, 1955). Wir unterscheiden *Wörter* und *Konzepte*. (Den Terminus „Bedeutung" benötigen wir eigentlich nicht. Wenn wir hier dennoch bisweilen von „Bedeutung" sprechen, so tun wir das, um die Darstellung zu vereinfachen und uns an einen seit langem vorhandenen Sprachgebrauch anzuschließen.)

Das menschliche *Wissen* hat als kleinste Wissensbausteine die Konzepte. König ist ein solches Konzept; es gibt ein von Mensch zu Mensch vielleicht etwas unterschiedliches

Wissenselement, das sich auf eben diese Kategorie von hervorgehobenen Männern bezieht. Könige sind etwas, das wir uns anschaulich vorstellen können, das wir unter einen Oberbegriff (zum Beispiel Herrscher, Hochadel oder dergleichen) fassen und von anderen Gegebenheiten unterscheiden können und dem bestimmte Gefühle und Wertungen zukommen („Ich hasse Könige!"; „Könige wirken auf mich so vornehm."). Konzepte sind also in bunter Weise aus begrifflich-abstrakten, anschaulich-vorstellungshaften, gefühlsmäßig-wertenden und anderen Komponenten zusammengesetzt. (Das heißt: Konzepte sind *multimodal*.) Wenn wir in verschiedenen Situationen ein Konzept in unserem Bewußtsein haben, so ist dessen Zusammensetzung nicht immer dieselbe: Ich kann mir einmal einen König möglichst anschaulich in seiner mittelalterlichen Prachtrobe, mit seiner Krone etc. vergegenwärtigen. Oder ich kann in einer anderen Situation ganz soziologisch-abstrakt über den König als Inbegriff des Feudalismus nachdenken. Konzepte sind situationsspezifisch flexibel (Barsalou, 1983; Mangold-Allwinn, 1993). In jeder Situation kann ich aus mehreren Konzepten Konzeptstrukturen (also Propositionen und Propositionsgefüge) bilden und beispielsweise denken: „Es gibt mehr Könige als Kaiser. Und es gibt mehr Grafen als Könige. Also gibt es mehr Grafen als Kaiser." (In Wahrheit wird dies wohl kein vernünftiger Mensch tatsächlich denken – bestimmt nicht in einer Alltagssituation. Ein typisches didaktisches Beispiel!)

Unsere geistige Tätigkeit benötigt also Konzepte als ihre *Materialbausteine* (vgl. auch Klix, 1976; 1992). Wichtig für die hier interessierende Frage ist nun der Tatbestand, daß die Konzepte von den Wörtern theoretisch zu unterscheiden sind. Vier Menschen mögen *dasselbe* Konzept, zum Beispiel König, in *derselben* Weise im Kopf haben. Doch sie mögen ganz verschiedene Wörter für dieses identische Konzept besitzen: Ein Deutscher kennt das *Wort* „König", ein Engländer das *Wort* „king", ein Franzose das *Wort* „roi" und ein Italiener das *Wort* „re".

Daß Wörter (Wortformen) und Konzepte unterschiedliche Sachverhalte sind, ist von der Psychologie in vielfacher Weise plausibel gemacht und auch experimentell bestätigt worden (Engelkamp, 1985, S. 292ff.; Seymour, 1979; Zimmer, 1985, S. 271ff.). Einfache Belege finden sich in der generellen Erfahrung, die jeder von uns gemacht hat: Man kann Wörter wahrnehmen und auch im Gedächtnis speichern, für die uns (noch) das passende Konzept fehlt. Das gilt für fremdsprachliche Wörter, aber auch für Fachausdrücke und andere ‚schwierige' Wörter (vgl. Strauß, Haß und Harras, 1989). Umgekehrt kennen wir alle das Phänomen der erschwerten Wortfindung (Herrmann, 1992b): Hier vergegenwärtigen wir uns ein Konzept und sind zeitweilig oder gar nicht in der Lage, dazu die passende Wortform zu finden. Einem von uns fiel über eine ganze Zeit hinweg nicht ein, wie die Krone des Papstes heißt. Erst nach vielen Anläufen gelang es, das zugehörige Wort „Tiara" zu finden. Man sieht: Wir können mental über Konzepte verfügen, ohne daß uns eine passende Wortform zugänglich ist, und wir können eine Wortform wahrnehmen und kennen, für die uns das passende Konzept fehlt. Es zeigt sich also: Konzepte und Wortformen sind psychologisch unterschiedliche Sachverhalte (vgl. auch Morton, 1969, 1980).

Wörter haben ihre eigenen, von den Konzepten unabhängigen Merkmale: Das Wort „König" ist ein Nomen, sein grammatisches Geschlecht (das Genus) ist Maskulinum, es ist zweisilbig, es ist ein uraltes Wort aus der indoeuropäischen Sprachenfamilie, und so weiter. Das Wort (?) „Distringenz" ist ebenfalls ein Nomen, weiblich, dreisilbig, es gehört zum lateinisch-griechischen Fremdwörterkreis, man spricht es mit halbgeöffneten Lippen aus, sein Klang mutet scharf und zischend an. Doch darf „Distringenz" trotz dieser eindeutigen Bestimmungen vielleicht gar nicht als Wort bezeichnet werden: Es gibt nämlich kein *Konzept*, auf das „Distringenz" bezogen ist. (Anders formuliert: „Distringenz" hat keine Wortbedeutung; ihm fehlt die übliche Lexikoneintragung. Sofern ‚Wörter' dieser Art in bestimmten kognitionspsychologischen Experimentalanordnungen verwendet werden, spricht man von ‚Nicht-Wörtern'.) Wir halten fest: Wörter haben – unabhängig von den Konzepten – verschiedene eigene Eigenschaften (Herrmann, 1992b). Diese Feststellung wird in steigendem Maße auch durch hirnanatomische Befunde gestützt (Posner & Carr, 1992).

Wörter und Konzepte sind miteinander in variablem Ausmaß *assoziiert*. Um kommunizieren zu können, brauchen wir Wörter, die sich auf Konzepte beziehen lassen.

Wenn ich an einen König denke und will, daß mein englischer Kommunikationspartner ebenfalls an einen König denkt, so werde ich zum Zwecke der Kommunikation mit hoher Wahrscheinlichkeit das Wort „king" aussprechen. Konzepte und Wörter bilden in vielen Fällen ziemlich feste ‚Zweierbeziehungen' (zum Beispiel König und „king"), doch haben auch die Wörter und Konzepte ihre ‚Beziehungsprobleme': Konzepte können durch verschiedene Wörter bezeichnet beziehungsweise gekennzeichnet werden; Wörter können zur Bezeichnung beziehungsweise zur Kennzeichnung verschiedener Konzepte Verwendung finden. Man denke zum Beispiel an das Wort „Absatz" im Zusammenhang mit Stiefeln, mit der Wirtschaft, mit Texten und mit Treppen. Von festen Eins-zu-eins-Beziehungen kann nicht die Rede sein.

Wir verdeutlichen dies an einem weiteren Beispiel: In sprachpsychologischen Experimenten haben wir gefunden, daß das Wort „vor" je nach Situation auf geradezu gegensätzliche (in diesem Fall räumliche) Konzepte verweisen und insofern auch Gegensätzliches bedeuten kann (Grabowski, Herrmann & Weiß, 1992): Sagt ein Fahrlehrer während der Fahrt zu seinem Fahrschüler: „Parken Sie bitte vor dem Auto!", so parkt der Fahrschüler (siehe Abbildung 1.4) an der Vorderseite dieses Autos. Sagt aber (unter sonst gleichen Bedingungen) der Beifahrer während der Fahrt zu seinem Freund: „Laß mich doch bitte vor dem Auto raus!", so hält der Fahrer an der Rückseite desselben Autos. Einmal verweist hier das Wort „vor" auf einen Ort an der Vorderseite und einmal auf einen Ort an der Rückseite eines Autos. Von einer Eins-zu-eins-Zuordnung kann auch hier nicht gesprochen werden (vgl. Kapitel 3).

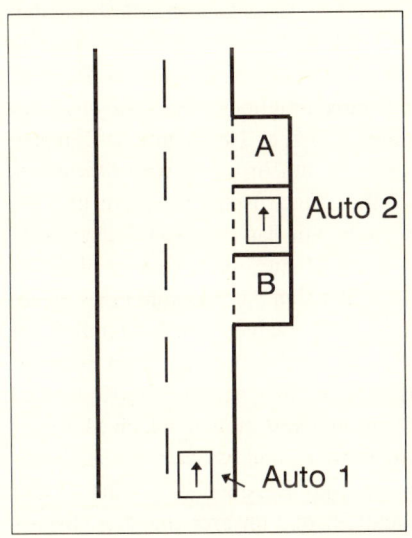

1.4 Gegensätzliche Bedeutungen der Präposition „vor". Sprecher und Hörer befinden sich in Auto 1. Ist der Sprecher ein Fahrlehrer und der Hörer ein Fahrschüler, so ‚bedeutet' „vor dem Auto 2" für den Hörer „in Parkbucht A". Läßt der Hörer (Fahrer) einen Freund (Sprecher) aussteigen, so ‚bedeutet' „vor dem Auto 2" für den Hörer „in Parkbucht B" (nach Grabowski, Herrmann & Weiß, 1992).

Wörter wie „ich", „du", „hier", „da", „jetzt", „vorhin" und dergleichen kennzeichnen ohnehin nicht immer dasselbe. Man nennt sie *deiktische Ausdrücke* (vom griechischen Wort „Deixis" = „Zeigen", „Hinzeigen", „Verweisen"). Der Sprecher verweist den Partner mit dem Gebrauch solcher Ausdrücke in Abhängigkeit vom *Kontext* (wozu unter anderem der Sprecher, die Situation, der Zeitpunkt, die örtlichen Gegebenheiten gehören) auf unterschiedliche Ereignisse, Dinge oder Sachverhalte: Morgen wird heute gestern sein! Ob die Aussage „*Ich* bin die Mutter Napoleons." wahr oder falsch ist, hängt davon ab, wer sie trifft. Wenn sich die Personen A und B zusammen in einer Raumregion befinden, kann A dem B nichts *bringen*, er kann B nur etwas *holen*. A kann dem B etwas *bringen*, wenn sich beide zunächst voneinander entfernt aufhalten. Es ist zwar nicht eigentlich falsch, morgens „Guten Abend!" zu sagen, doch übertritt man dann – wenn ernst gemeint – eine Konvention. (Zu deiktischen Ausdrücken vgl. Levinson, 1990, S. 55ff.)

Sprecher verwenden Wörter so, wie ihr Eindruck beschaffen ist, den sie sich vom soeben vorhandenen Bewußtseinsinhalt ihres Kommunikationspartners und von der gesamten gegenwärtigen Kommunikationssituation machen. Sprecher verwenden die Wörter wie *Werkzeuge*, mit denen sie im Bewußtsein des Partners neue Konzepte einfügen, alte entfernen, andere modifizieren, vorhandene Konzepte neu verknüpfen (Herrmann, 1985, S. 131ff.). Welche Wörter das jeweils sind, hängt also immer auch vom Inhalt des Partnerbewußtseins ab, so wie es der Sprecher einschätzt. (Wenn er es nicht meist richtig einschätzte, wäre erfolgreiche sprachliche Kommunikation kaum möglich.) In der Sprache des Computers: Das Sprechen dient dem ‚intelligenten Updating' des Partnerbewußtseins.

Eine *Anmerkung zu unserem Sprachgebrauch*: Wir reden hier und im folgenden vom Bewußtsein des Kommunikationspartners und von den Inhalten dieses Bewußtseins. Dies dient der Vereinfachung und ist unser Zugeständnis an einen allseits verbreiteten Sprachgebrauch. Im Rahmen psychologischer Theoriebildung kann man statt vom Bewußtsein unter anderem vom *Arbeitsspeicher* (vgl. etwa Baddeley, 1986, 1990; s. auch Herrmann, 1985, S. 17ff.) und statt von den Bewußtseinsinhalten von *Speicherinhalten* oder aber von *Aktivationsmustern* sprechen, die genauer (zum Beispiel als mentale Modelle, Propositionsstrukturen oder im Rahmen eines konnektionistischen Netzwerkansatzes; vgl. Kapitel 6) zu spezifizieren sind.

Wenn ein Aschenbecher auf dem Tisch steht, kann man sagen: „Gib mir bitte den Aschenbecher!" Stehen zwei Aschenbecher auf dem Tisch und produziert man dieselbe Äußerung, so hat man vom Partner die Frage: „Welchen?" zu erwarten. Hier müßte man also zum Beispiel – je nach den bestehenden Verwechslungsmöglichkeiten – sagen: „Gib mir bitte den braunen Aschenbecher!" (Vgl. dazu unter anderem Herrmann & Deutsch, 1976.) – Weiß jemand, daß sich ihr Mann ärgert, wenn sie ihn in Gegenwart Dritter als „Dickerchen" bezeichnet, so wird sie dieses Wort situationsspezifisch vermeiden und ein anderes wählen – zum Beispiel „Fritz" –, welches ebenfalls auf das (Selbst-) Konzept des Ehemannes verweist. (Es sei denn, die Ehefrau will ihren Mann ärgern und kränken.) – Wenn ein Konzept mit mehreren Wörtern assoziiert ist, richtet sich die Auswahl eines dieser Wörter danach, welche der multimodalen Merkmale des Konzeptes im Augenblick im Zentrum unserer Aufmerksamkeit stehen beziehungsweise aktiviert sind. Zum Beispiel werden wir bei Betonung der begrifflich-abstrakten Merkmale eines bestimmten Konzeptes bevorzugt die Wörter „Fernseher" oder „Fernsehgerät" produzieren; stehen jedoch Merkmale der emotionalen Ablehnung und Geringschätzung im Vordergrund, werden wir vielleicht von der „Glotze" sprechen (vgl. Pobel, 1991). Ob wir zum Beispiel „Fernseher" oder „Glotze" sagen, hängt daneben vom Kommunikationspartner und unserer sozialen Distanz zu ihm ab (Herrmann, 1982, S. 93ff.). Wir werden auf diese Sachverhalte im Kapitel 2 zum Benennen von Objekten ausführlich zurückkommen.

Wie wenig die Vorstellung trägt, daß zwischen Wörtern und Konzepten feste Eins-zu-eins-Beziehungen bestehen, zeigt sich auch zum Beispiel, wenn jemand sieht, daß sich der Partner, ohne es zu bemerken, einem tiefen Loch in der Straße nähert, und wenn er „Vorsicht" ruft. Das Wort „Vorsicht" *bedeutet* ja nicht ein für alle Mal ein Loch in der Straße oder die Gefahr, in ein solches zu treten oder zu fallen. „Vorsicht" ist in der gegebenen Situation aber das geeignete Werkzeug, das Bewußtsein des Partners im gewünschten Sinne zu modifizieren: Der Bewußtseinsinhalt des Partners ändert sich sofort, und dies führt zur gewünschten partnerseitigen Verhaltensänderung. – Hätte der Partner das Loch bereits bemerkt, so könnte der Ausruf „Vorsicht" bei ihm übrigens eine ganz andere Bewußtseinsänderung zur Folge haben. Er könnte vielleicht entgegnen: „Ich weiß schon, ich bin doch nicht blöd!" – Was also, so kann man fragen, bedeutet das Wort „Vorsicht"? (Vgl. dazu auch Foppa, 1990; Hörmann, 1991.)

Nun richten wir an den Partner nicht nur einzelne Wörter, sondern meist komplexere Äußerungen. Um das Bewußtsein des Partners zielgerichtet zu modifizieren, verwenden wir, wie dargestellt, aus Einzelmorphemen Stück für Stück konstruierte Morphemfolgen oder aus Wortformen konstruierte Wortfolgen zusammen mit ‚fertigen' nicht-propositionalen Redeteilen (s. oben). Auf diese Weise entstehen komplexere *Werkzeuge zur Modifikation des Partnerbewußtseins* (vgl. auch schon Rubinstein, 1958).

Wenden wir uns nun wieder dem scheinbar geheimnisvollen Satz zu:

„Der paraboloide König tropft grün in der flüssigen Maschine."

Wie steht es nach den bisherigen Überlegungen nunmehr mit der *Satzbedeutung*? Nachdem wir festgestellt haben, daß sich die ‚Wahl unserer Worte' und unserer komplexeren Äußerungen nach dem Bild richtet, das wir uns vom Bewußtseinsinhalt des Partners beziehungsweise von der jeweiligen Kommunikationssituation machen, wird jetzt deutlich, warum uns dieser Satz so eigentümlich vorkommt: Wir finden zunächst keinen denkbaren partnerseitigen Bewußtseinsinhalt, der dazu Anlaß gibt, diesen Satz auszusprechen, um den Bewußtseinsinhalt wunschgerecht zu modifizieren: Welcher Bewußtseinszustand sollte gerade durch diesen Satz in zielvoller Weise verändert werden können?

Nun könnten Science-fiction-Freunde zu phantasieren beginnen und sich eine imaginäre Situation vorstellen, in der der König eines Reiches auf einem fernen Planeten einen paraboloiden Körperbau besitzt; der Brennpunkt ist sein Diamantenauge, nach oben hin löst sich sein Körper ins Unbestimmte auf. Und er entläßt aus sich eine heilige grüne Flüssigkeit; er tropft. Die Maschinen auf diesem Planeten befinden sich in einem flüssigen Aggregatzustand. Und bei einem Inspektionsbesuch tropfen Seine Majestät mitten in einer von ihm besichtigten Apparatur, was einen herrlichen Farbeffekt ergibt. Die eiförmigen Arbeitssklaven wackeln in Extase.

Ein Science-fiction-Freund mag genau dies einem anderen berichten. Der Satz, der zunächst so geheimnisvoll erschien, stellt nun die exakte Beschreibung einer dem Kommunikationspartner zu schildernden Sachlage dar. Die *Satzbedeutung*, wenn man denn von dieser sprechen will, ist jetzt einsichtig. Der Sprecher verwendet diese Äußerung, um dem Partnerbewußtsein neue Inhalte zuzuführen und sie an das vom Partner bereits Gewußte anzuschließen.

Der zunächst bestehende Eindruck, der Satz vom paraboloiden König habe keine oder eine anomale Satzbedeutung, beruhte darauf, daß uns nur unter Schwierigkeiten eine *Kom-*

munikationssituation und ein *Bewußtseinsinhalt* einfallen, zu denen er paßt. Sätze *haben* nicht schlechthin eine Bedeutung, sondern sie sind gegebenenfalls zur Modifikation des Partnerbewußtseins in bestimmten Situationskontexten geeignet – oder nicht (vgl. auch Hörmann, 1976). Derart kann ein und dieselbe erzeugte Morphemfolge – je nachdem – sinnvoll oder sinnlos sein. Über die Bedeutung von Morphemfolgen kann nur unter Berücksichtigung ihrer Funktion als Werkzeug für die jeweilige Modifikation des Partnerbewußtseins entschieden werden.

> Aus dieser Sichtweise ergibt sich auch eine – zugegebenermaßen provokante – Vorstellung zu bestimmten Aspekten der ‚literarischen Kommunikation': Sprachliche Äußerungen (meist in geschriebener Form), die beim Leser *auf Anhieb* zu keiner strukturierten Modifikation seiner Bewußtseinsinhalte führen, können vom Leser solange als (kommunikable) ‚Literatur' rezipiert werden, wie der Leser bereit und in der Lage ist zu unterstellen, daß den Äußerungen das, was wir hier zur Satzbedeutung ausgeführt haben, zugeschrieben werden kann: Es *gibt* den ihnen zukommenden Bewußtheitszustand. ‚Interpretation' ist dann die Konstruktionsanleitung zur Modifikation der Bewußtseinsinhalte des Lesers (etwa durch Explikation eines geeigneten Kontextes) sowie die Beschreibung dieser Modifikationen. Damit ist die Interpretation gleichsam der Umkehrfall des situationsbezogenen Sprechens. Unsere ‚Interpretation' des Beispiels vom paraboloiden König dürfte gezeigt haben, daß sich für jede auch noch so bizarre Äußerung ein entsprechender Kontext finden läßt. Somit liegt (in bestimmten Grenzbereichen sprachlicher Äußerungen, wie sie etwa zuweilen in lyrischen Werken auftreten) der Unterschied zwischen Literatur und Unsinn für den einzelnen Leser darin, ob er (oft unter Einfluß des Feuilletons, der ‚Kritiker' und nicht zuletzt auch des Buchhandels) dazu bereit ist, die ‚bedeutungsbezogene Daseinsberechtigung' einer Äußerung zu akzeptieren oder nicht. Akzeptiert er, aber gelingt ihm die Konstruktion des Kontextes nicht, wird er sagen, er habe beispielsweise das Gedicht nicht verstanden. (Im Alltag wird Sprechern dieser Akzeptanzvorschuß meistens nicht zuteil.) Akzeptiert der Leser nicht, so kann er die Äußerung als Unsinn abtun. Wir wollen nicht insinuieren, daß der *Wert* literarischer Werke proportional zur Ausgefallenheit eines sinnstiftenden Kontextes ansteigt. Und dennoch: Was ist schon ein „paraboloider König" gegen die »von Finger-/ nägeln durchleuchtbare/ Blutzucker-Erbse« eines Paul Celan? Und Arthur Rimbaud schreibt in seinem „Trunkenen Schiff" (1883): »L'étoile a pleuré rosa au coeur de tes oreilles.« („Der Stern weinte rosa zuinnerst [im Herzen] deiner Ohren.") (Zur Psychologie der literarischen Rezeption vgl. Groeben, 1972, 1982, S. 152ff.)

Falls das Sprechen ein *Bedeutungstransport* vom Sprecher zum Partner genannt werden soll, so ist nach allem äußerste Vorsicht geboten:

Oft stellt man sich die menschliche Kommunikation so vor, als verschlüssele der Sprecher seine Gedanken in Wortfolgen und teile diese als ‚Sprechsignal' seinem Partner mit. Und der Partner entschlüssele die betreffenden Gedanken aus der empfangenen Wortfolge. Kommunikation wäre danach das Verschlüsseln auf der Seite des Senders und das möglichst spiegelbildliche Entschlüsseln auf seiten des Empfängers (vgl. dazu Shannon & Weaver, 1976). Diese Vorstellung ist weitgehend falsch und grob mißleitend. Es gibt eine große Anzahl wohlbegründeter Argumente gegen dieses ‚klassische Kommunikationsmodell' (vgl. Grabowski, Herrmann & Pobel, 1990). Im gegenwärtigen Zusammenhang sei nur darauf hingewiesen, daß wir Menschen nicht oder zumindest nicht in erster Linie unsere Bewußtseinsinhalte aus unserem Kopf in den Kopf des Partners transportieren wollen. Wir wollen

1. SPRECHEN – EIN ÜBERBLICK

vielmehr mit unserer Sprachäußerung erreichen, daß der Partner dasjenige denkt, meint, fühlt, tut, was wir gern hätten. Zu diesem Zweck schätzen wir ein, wie er die Dinge sieht, und verwenden unsere Wörter und Sätze als Werkzeuge, um seine jeweils gegebenen Bewußtseinsinhalte entsprechend zu modifizieren.

Der Versuch des Sprechers, den Bewußtseinsinhalt seines Partners zu modifizieren (und dadurch zumeist auch dessen Verhalten zu steuern), kann aus ganz unterschiedlichen Motiven erfolgen. Dabei lassen sich zwei große Motivgruppen unterscheiden: (1) Man kann die genannten Sprechhandlungen ausführen, um über die Bewußtseinsbeeinflussung des Partners *eigene Handlungsziele* zu erreichen. Möchte ich, daß das Fenster geschlossen ist, und sitze ich vom Fenster weit entfernt, so kann ich der nahe am Fenster sitzenden Kommunikationspartnerin gegebenenfalls sagen: „Könntest Du vielleicht das Fenster schließen?" Wenn sie dann das Fenster schließt, habe ich mein Handlungsziel ebenso erreicht, als wenn ich selbst das Fenster geschlossen hätte. (2) Häufig ist unser Sprechen nicht durch eigene Zielsetzungen, sondern durch die Notwendigkeit motiviert, bestehende *Konventionen* und ähnliche gesellschaftliche Maximen einzuhalten. Wenn man gegrüßt wird, muß man wiedergrüßen. Auf Angebote soll man reagieren. Oft muß man ‚Konversation machen' – sogar außerhalb des bürgerlichen Milieus: „Sag doch mal was!" (Freilich kann man solche Normen – sofern man sie kennt – auch kalkuliert übertreten.) Die beiden Fallklassen haben gemeinsam, daß der Sprecher sprachliche Äußerungen produziert, um einen Ist-Zustand einem Soll-Zustand anzugleichen. (Solche Soll-Zustände können sein: Das Fenster soll geschlossen sein. Der Sprecher soll die Konvention des Wiedergrüßens erfüllt haben.) Die Angleichung von Ist-Zuständen an Soll-Zustände nennt man auch *Regulation*. Das Sprechen ist somit ein *Mittel zur Regulation des Sprechers* (Herrmann, 1985, S. 58ff. sowie unten 6.1).

In der gegenwärtigen Darstellung ist es nicht erforderlich, neben den genannten weitere Funktionen des Sprechens zu erörtern. Wir weisen nur darauf hin, daß sich in jeder sprachlichen Äußerung – auch ganz unbeabsichtigt – etwas von den Eigenschaften des Sprechers und von seinem augenblicklichen Zustand widerspiegelt. So kann ein Sprecher damit, wie er redet und worüber er redet, zum Beispiel kundtun, daß er ein hochmütiger Mensch ist, daß er den Partner geringschätzt und daß er im Augenblick verärgert ist (vgl. hierzu auch Bühler, 1934; Busemann, 1948; Hörmann, 1977, S. 14ff.; Scherer & Giles, 1979).

Die durch das Sprechen verursachte Beeinflussung der Inhalte des Partnerbewußtseins können beim Partner die verschiedensten (beobachtbaren) Verhaltensweisen auslösen. Und dieses Partnerverhalten kann unter anderem in partnerseitigem *Sprechen* bestehen. Findet dieser Vorgang zugleich bei mehreren, miteinander interagierenden Kommunikationspartnern statt, so kann man dies ein *Gespräch* nennen. Dialoge und andere Gespräche sind – so betrachtet – wechselseitige Beeinflussungen des Partnerbewußtseins durch Sprechen, wobei das Sprechen wiederum durch partnerseitige Beeinflussungen des eigenen Bewußtseins kodeterminiert ist.

Für Gespräche gibt es vielfältige, zum Teil kultureigene, von Sprechern zu lernende Konventionen (vgl. Levinson, 1990; Werlen, 1979). Beispielsweise soll man nicht durcheinander reden und keine lähmenden Pausen eintreten lassen. Sprecher haben auch gelernt, wie man solche Normen erfüllt oder gezielt übertritt (vgl. Sacks, Schegloff & Jefferson, 1974). Eine große Rolle beim Sprechen in Gesprächen spielen Erwartungen, die man in Hinsicht auf Erwartungen des Partners hegt. (Dabei kann es sich wiederum um partnerseitige Erwartungen handeln, die sich auf eigene Erwartungen beziehen. Vergleiche dazu auch Herrmann, 1985, S. 191ff. – Zur Gesprächsforschung vgl. generell Kallmeyer & Schütze, 1976; Marková & Foppa, 1991; Streeck, 1983; Techtmeier, 1984.)

1.3 Zur Gliederung des Sprechvorgangs

Das Sprechen ist, wie sich gezeigt hat, ein vielgliedriger Prozeß, der von Sprechern zum Teil simultan, zum Teil sukzessiv die Ausführung einer Vielzahl von Einzeloperationen (Prozeßkomponenten) verlangt. Wie ist der Gesamtvorgang des Sprechens gegliedert? Wie spielen die Sprachprozeßkomponenten zusammen? Eine genauere Antwort auf diese Fragen wollen wir uns bis zum dritten Teil dieses Buches aufheben; denn es erscheint angebracht, zuerst verschiedene Einzelaspekte des Sprechens abzuhandeln, bevor – gleichsam als Fazit – ein theoretisches Modell zur Sprachproduktion (vgl. Grabowski, Herrmann & Pobel, 1990; Herrmann, 1985) explizit dargestellt wird.

Hier sei lediglich zur vorläufigen Orientierung folgendes angemerkt:

(a) Das Sprechen ist in andere – nicht-verbale – Handlungen des Sprechers eingebettet; die Gesamtheit dieser Handlungen – der verbalen und der nicht-verbalen – soll, wie soeben erwähnt, beim Sprecher einen Ist-Zustand an einen Soll-Zustand angleichen: Der Sprecher, der nie *nur* spricht, will unter *Mithilfe* der Sprachproduktion ein Handlungsziel erreichen, das er noch nicht erreicht hat. Oder er will unter *Mithilfe* der Sprachproduktion einer Konvention genügen, der er noch nicht entsprochen hat.

Der Aspekt der *Eingebundenheit* des Sprechens in eine *Gesamthandlung* ist in unseren bisherigen Ausführungen zur Vereinfachung der Darstellung zu kurz gekommen (vgl. unter anderem Rubinstein, 1981). Man kann sich die Sachlage leicht vergegenwärtigen, wenn man berücksichtigt, daß die Modifikation des Partnerbewußtseins, die wir erörtert haben, ganz verschieden ausfallen kann, wenn *bei gleicher Äußerungsproduktion* (mit gleicher Prosodie etc.) zum Beispiel die begleitende Mimik und Gestik verschieden sind. Die – nicht-verbale – Mimik und Gestik wie etwa auch der vorhandene oder fehlende Blickkontakt, die Stellung des Körpers zum Partner, die körperliche Entfernung zum Partner usw. wirken zusammen mit der produzierten Sprachäußerung auf den Partner ein (vgl. Mehrabian & Ferris, 1967; Schöler, 1982; Siddiqi, Schwind & Voss, 1973; Winterhoff-Spurk, 1983). Eine scharfe Formulierung kann durch ein Lächeln abgeschwächt werden; eine milde Formulierung kann durch einen entsprechenden Gesichtsausdruck zur Infamie werden.

Der Sprachproduktionsprozeß ist in andere exekutive Prozesse eingebettet und steht mit ihnen in Wechselwirkung. Wer sein Sprechen plant, plant *simultan* nicht-verbale Verhaltenskomponenten mit (vgl. dazu Winterhoff-Spurk & Grabowski-Gellert, 1987b). Im Zweifelsfall, wenn Mimik und Gestik einerseits und die Sprachäußerung andererseits einander widersprechen – wenn zum Beispiel er zu ihr oder sie zu ihm mit eisigem Gesicht oder aber mit einem nur schlecht unterdrückten Lachanfall „Ich liebe dich!" sagt – pflegen Erwachsene den *nicht-verbalen* Verhaltensanteil des Sprechers ernster zu nehmen als den verbalen (Schöler, 1982). Sie nehmen dem Sprecher das Ich-liebe-dich nicht ab.

Bei der *Koordination* von verbalen und nicht-verbalen Verhaltenskomponenten kommt es zum Teil auf feinstes ‚timing' an: Spontan auf den Tisch zu schlagen und dann sofort „Jetzt reicht's!" zu brüllen, kann eindrucksvoll sein. „Jetzt reicht's" zu brüllen und dann erst, vielleicht nach einer Sekunde, auf den Tisch zu schlagen, kann leicht lächerlich und tölpelhaft wirken. Zumindest ist die Wirkung auf den Partner anders. (Das lernt jeder Schauspielschüler. Vgl. auch Finzi, 1979; McNeill & Levy, 1982.)

(b) Am Anfang steht die Sprechplanung, die Konzentration des Sprechers auf das Worüber/Was und das Wie des Sprechens. Zuerst plant der Sprecher, wie er die Bewußtseinshalte seines Partners modifizieren wird. Er tut dies angesichts seiner eigenen *Zielsetzungen*,

seiner Einschätzung der gegenwärtigen *Kommunikationssituation* und insbesondere seines *Partners*, unter Berücksichtigung dessen, wie die Kommunikation *bisher verlaufen* ist, und auf der Basis seines *generellen Wissens und Könnens*. Welchen Bewußtseinsinhalt (welches Verhalten, welchen Zustand) des Partners wünscht er, und welche sprachlichen (und außersprachlichen) Mittel sollen eingesetzt werden? Man kann das freilich viel einfacher ausdrücken: Der Sprecher plant, *worüber* er *in welcher Weise* sprechen will (vgl. Herrmann, Kilian, Dittrich & Dreyer, 1992). So kann man zum Beispiel auf ganz verschiedene Art und Weise über die Herstellung eines Fischgerichts sprechen: Man kann ausführlich schildern, wie man es gekocht hat; man kann aber auch knapp und nüchtern das Kochrezept angeben. Oder man kann sein Stadtviertel beschreiben, indem man den Partner in der Vorstellung (imaginal) durch die Straßen des Viertels hindurchführt oder indem man das statische Zueinander von Straßen, Gebäuden usw. sprachlich wie auf dem Reißbrett nachzeichnet. Man kann eine Beerdigung, die man besucht hat, eher als theologisches Gleichnis, eher als Tragödie oder eher als Farce erzählen. – Es folgt aus alledem: Neben dem *Worüber/Was* des Sprechens plant der Sprecher auch das *Wie* des Sprechens.

Diese Planungsvorgänge können sorgfältig, langsam und mühsam verlaufen; man legt sich zurecht, was man wie sagen wird. Oder sie verlaufen blitzschnell, wenn man etwa auf einen unerwarteten Einwand des Partners wie aus der Pistole geschossen antwortet. Wenn hier von der Sprechplanung die Rede ist, so darf man also nicht nur an die Fälle der ‚Vorbereitung auf einen Monolog' denken. Etwa die blitzschnelle Planung von Erwiderungen im Gesprächs-Pingpong gehört ebenso dazu.

(c) Der Sprecher spricht nicht alles aus, was er mit seiner Sprachäußerung beabsichtigt und was er als Informationsgrundlage für sein Sprechen zur Verfügung hat. Er verbalisiert nicht die gesamte Ausgangsinformation. Sprecher sprechen also ‚pars pro toto' (Herrmann, 1982).

Betrachten wir ein Beispiel: Wenn jemand die Frankfurter Allgemeine Zeitung (FAZ) kaufen will, so sagt er *nicht*: „Ich ziehe es vor, die FAZ zu haben. Ich habe sie aber nicht. Also möchte ich sie in Besitz bringen. Ich kann sie nur erhalten, wenn Sie sie mir verkaufen. Sie können sie mir verkaufen, und Sie sind ersichtlich auch bereit, sie zu verkaufen. Also möchte ich die FAZ von Ihnen kaufen. Und Sie sind der Verkäufer, und ich bin ein potentieller Käufer in einem lizenzierten Bahnhofskiosk. Nach den herrschenden Konventionen und dem geltenden Recht bin ich befugt, von Ihnen den Verkauf der FAZ zu verlangen. Ergo verkaufen Sie mir bitte die FAZ!" – Niemand sagt dies alles, wenn er bei Verstand ist, obwohl es sich dabei genau um die notwendigen Voraussetzungen handelt, unter denen man jemanden zum Verkauf einer Zeitung auffordert (vgl. Kapitel 4). Alle genannten Gesichtspunkte gehören zur benötigten Ausgangsinformation der beabsichtigten sprachlichen Äußerung (Herrmann, 1982). Der Sprecher *meint* dies alles mit, auch wenn er zum Beispiel lediglich *sagt*: „Die FAZ bitte!".

Welchen Teil seiner Informationsgrundlage der Sprecher – pars pro toto – verbalisiert, richtet sich vor allem danach, wie er den gegenwärtigen Bewußtseinsinhalt seines Partners und die gesamte Kommunikationssituation einschätzt. Wer den SPIEGEL, der montags erscheint, am Freitag kaufen möchte, wird vielleicht nicht sagen „Den SPIEGEL bitte!", sondern „Haben Sie noch den SPIEGEL?" oder „Können Sie mir noch den SPIEGEL geben?" (Winterhoff-Spurk & Frey, 1983). Mit solchen Varianten, die sich auf das ‚Können' des Partners beziehen, reagiert der Sprecher darauf, daß sich der Verkäufer bezüglich des SPIEGELs in einer anderen Situation des Verkaufen-Könnens befindet als bezüglich der an *jedem* Tag erscheinenden FAZ. So wird vielleicht der Verkäufer auf die Wunschfrage

"Können Sie mir noch den SPIEGEL geben?" erwidern: "Ja, ich habe ihn noch." – Würde der Sprecher hingegen am Vormittag eines Wochentages fragen: "Können Sie mir noch die FAZ geben?", so könnte es passieren, daß der Verkäufer entgegnet: "Warum nicht, mein Herr?" Oder sogar: "Wenn Sie bezahlen können ..." Dies sind eine sanfte und eine deftige Reaktion des Verkäufers auf eine Formulierung des Käufers, die auf einer falschen Einschätzung bestimmter Inhalte des Partnerbewußtseins fußt. (Kommunikative Pannen dieser Art sind ein weites Feld.)

Mit erstaunlicher Sensibilität gegenüber der vorliegenden Kommunikationssituation und den Inhalten des Partnerbewußtseins wählt der Sprecher in der Regel die richtigen Teile der ihm verfügbaren Ausgangsinformation zur Verbalisierung aus. Wir nennen dies die *Selektion* von Teilen der Ausgangsinformation.

Die zur sprachlichen Verschlüsselung anstehenden *Teile* der Ausgangsinformation werden in der Regel vom Sprecher *aufbereitet*. So mag er zum Beispiel Gleichnisse suchen, um peinliche Dinge nicht zu direkt sagen zu müssen; er sucht nach Systematisierungen für mitzuteilendes Wissen, um dem Partner das Verständnis zu erleichtern; er sucht nach Elaborationen, Ausschmückungen, um etwas interessanter erscheinen zu lassen, als es ist; er versucht, Löcher in seinen Wissensbeständen, über die er reden will, durch Schlußfolgern und Hinzuphantasieren zu schließen (Rickheit & Strohner, 1985). In der Regel geht es bei den Aufbereitungen darum, das Worüber des Redens in eine Form zu bringen, die für den Partner möglichst informativ und akzeptabel und somit für den Sprecher zielführend ist.

Schließlich muß der Sprecher das zu Sagende in eine Reihenfolge bringen. Wovon soll zuerst die Rede sein? Wie soll es weitergehen? Soll man sogleich mit der Sprache herausrücken oder erst ein wenig drumherumreden (vgl. Mikula, 1977)? Oder soll man zum Beispiel die Zimmer seiner Wohnung, bei der Wohnungstür beginnend, rechts herum oder links herum beschreiben (vgl. dazu Linde & Labov, 1985)? Man nennt diese Teilkomponente der Sprachproduktion die *Linearisierung* oder *Sequenzierung*.

(d) Wenn man das Worüber und das Wie des Sprechens festgelegt oder es zum Beispiel nach einem Einwand des Partners schnell modifiziert hat und wenn man einen Teil des Worüber, wie soeben beschrieben, ausgewählt, aufbereitet und in eine Abfolge gebracht hat, so muß – in mehreren *Zwischenschritten* (s. Kapitel 8 und 9) – aus diesem *Zwischenprodukt* der Sprachproduktion ein bestimmter vernehmbarer *Lautstrom* werden. Und dieser Lautstrom soll eine entsprechende Phonemserie realisieren. Das Zwischenprodukt, das in komplizierter Weise mit Hilfe verschiedener Subsysteme der Sprachproduktion weiterverarbeitet wird, wird endlich zur ‚Eingabe' in ein spezielles Verschlüsselungssystem. Nun geht es darum, diese Eingabe einzelsprachlich zu realisieren. Wir nennen diesen Teilvorgang der Sprachproduktion das *sprachliche Enkodieren*.

Der Sprecher sucht – sehr vereinfacht formuliert (vgl. auch oben Abschnitt 1.2.3) – nach Wörtern (‚Normalformen' oder Wortstämmen, freien Morphemen, gespeicherten Wortformen verschiedenster Art) oder auch nach fertigen nicht-propositionalen Redeteilen. Er braucht zugleich grammatische Flexions-, Ableitungs- und Abfolgeoperationen, um bestimmte Wörter in die richtige Form und die richtige Reihenfolge zu bringen. Man kann, wie schon berichtet, die Dinge auch so betrachten, daß der Sprecher über *grammatische Schemata* für Satzteile oder sogar für ganze Sätze verfügt; die im Gedächtnis gefundenen Wörter muß er dann sozusagen in diese Schemata einpassen (Levelt, 1989). Wie man sich den Enkodiervorgang auch im einzelnen vorstellen mag, mindestens dreierlei ist notwendig: Die Wörter müssen unter grammatischen Gesichtspunkten die richtige Form besitzen (zum

Beispiel „zöge", „Mannes"). Ihnen müssen speziell für grammatische Zwecke benötigte ‚Funktionswörter' zugesellt werden (zum Beispiel „weil", „dem"). Und die Wörter erhalten eine bestimmte Reihenfolge.

Dasjenige, was der Sprecher sagen will, mag darin bestehen, daß der Professor die Studenten prüft. Dies soll in einem *grammatischen Schema* ausgedrückt werden, welches aus Subjekt, Prädikat und Objekt besteht (s. oben: S-P-O-Schema). Dieses Schema wird vom Sprecher intern aktiviert. Zugleich sucht der Sprecher für seine Verbalisierung passende *Wörter*. Diese Wörter mögen zur deutschen Sprache gehören und „Professor", „Student" und „prüfen" lauten. Will der Sprecher zum Zwecke der Verschlüsselung des Enkodierinputs das grammatische S-P-O-Schema und die gefundenen Wörter zusammenbringen, so muß er das Wort (Nomen) „Professor" dem Satzsubjekt, das Wort (Verb) „prüfen" dem Prädikat und das Wort (Nomen) „Student" dem grammatischen Objekt des Satzes zuordnen. Und er muß die Wörter zum Teil flektieren: Aus „prüfen" wird „prüft", und aus „Student" wird „Studenten". Als *Funktionswörter* muß der Sprecher „der" und „die" hinzufügen. Und er muß die nunmehr fünf in der ‚Normalform' belassenen oder flektierten Wortformen nebst Funktionswörtern („Professor", „Studenten", „prüft", „der", „die") in das genannte grammatische Schema einfügen und auf diese Weise eine angemessene Wortfolge herstellen. Das Ergebnis lautet: „Der Professor prüft die Studenten."

Diese Schritte kennzeichnen nur die mehrmals erwähnte Stück-für-Stück-Herstellung von Morphemserien. Das ist aber nur ein Teil dessen, was bei der Enkodierung tatsächlich geschieht. Üblicherweise sucht der Sprecher in seinem Gedächtnis nämlich außerdem passende nicht-propositionale Formeln und Floskeln. Er mischt diese in der Regel unter die Stück für Stück konstruierten Redeteile. Besser gesagt: Er schiebt sie in grammatisch vorgegebene Lücken der Morphemserie ein. Im Extrem lautet dann die entsprechende Äußerung möglicherweise: „Der – ach Gott – Professor prüft – nach alter Väter Sitte – wie auch anders – die Studenten. – Na und."

Zugleich unterlegt der Sprecher dies alles mit Prosodie: Er bringt das Gesprochene durch Laustärke und Tonhöhe in ein bestimmtes Betonungsmuster, wählt einen bestimmten Sprechrhythmus und eine bestimmte Sprechgeschwindigkeit, er streut Pausen ein, usf. Und dies alles setzt sich in neuronale Befehle für die Stimmuskulatur um. Bei alledem hört sich der Sprecher selbst zu und korrigiert sich meist, wenn ihm bei der Sprachproduktion Fehler unterlaufen.

Der Gesamtvorgang des sprachlichen Enkodierens ist außerordentlich kompliziert und bis heute noch längst nicht hinreichend durchschaut. Der folgende Gesichtspunkt scheint aber klar zu sein: Die verschiedenen Teilprozesse der Sprachproduktion bauen zwar weitgehend aufeinander auf. Sie erfolgen aber insofern simultan, als zum Beispiel während der verbalen Verschlüsselung eines Enkodierinputs bereits der als nächstes zu enkodierende Input geplant und aufbereitet wird. Im allgemeinen beginnt man zu sprechen, ohne bereits alle vorgesehenen Konzepte und Wörter bereitgestellt zu haben (Kempen & Hoenkamp, 1982). Man ergänzt oder modifiziert seinen Äußerungsplan während der Lautproduktion. Nur im Grenzfall ist das Sprechen die bloße Exekution eines schon zu Beginn fertig vorliegenden Programms (vgl. dazu Herrmann & Grabowski, 1992).

(e) Noch eine abschließende Anmerkung: Bei der Sprachproduktion werden die Stück für Stück konstruierten Morphemserien nicht nur mit nicht-propositionalen Redeteilen durchmischt, so daß die *Gesamtäußerung* in der Regel keineswegs als eine grammatisch gesteuerte Wort-für-Wort-Konstruktion betrachtet werden darf. Vieles an der Rede des Menschen besteht aus Versatzstücken, mit denen er gleichermaßen umzugehen gelernt hat wie mit der

Morphemfolgenkonstruktion. Doch sieht es außerdem auch so aus, daß wir es häufig mit der Formulierung unserer Äußerungen deshalb nicht so genau nehmen, weil wir wissen, daß sich der Partner schon melden wird, wenn er etwas nicht versteht oder wenn er nicht einverstanden ist. So sagen die Leute: „Gib mir mal das Ding da!" – „Halte doch mal da irgendwo an." – „Also, der Otto – ich weiß nicht." – „Da kannste mal sehen wie – na ja." Dies sind zum Teil grammatisch anomale Sätze, was aber nicht weiter interessiert. In den Sätzen bleibt vielmehr auch – auf den ersten Blick – ‚der Inhalt' unterbestimmt. Dies kann allerdings täuschen; denn vielleicht schätzt der Sprecher den augenblicklichen Bewußtseinsinhalt seines Partners so ein, daß das Gesagte ausreicht, um diesen Bewußtseinsinhalt in erwünschter Weise zu modifizieren. (Auf diese Weise gehorcht der Sprecher dem für das menschliche Handeln so charakteristischen Prinzip der Anstrengungsminimierung.) Oder aber der Sprecher ist sich tatsächlich nicht klar darüber, wie es um die einzelnen Inhalte des Partnerbewußtseins genau bestellt ist. Wiederum nach dem Prinzip der Anstrengungsminimierung erzeugt der Sprecher – sozusagen als erstes Angebot an den Partner – etwas leicht Herstellbares. Und er weiß, daß sich der Partner schon melden wird, wenn er genauere oder zusätzliche Formulierungen wünscht (zur Bedeutungskonstitution im Dialog vgl. Dieckmann & Ingwer, 1983; Kallmeyer, 1985; Spranz-Fogasy, 1993).

1.4 Zusammenfassung

Das Sprechen kann als Erzeugung einer *Lautfolge* verstanden werden, aus der der Partner eine *Phonemfolge* erschließen kann. (Eine wesentliche ‚Beigabe' ist die Prosodie.) Aus der Phonemfolge sind *Morphemfolgen* aufgebaut. Doch werden daneben auch nicht-propositionale Redeteile *als Ganze* produziert, die nicht als aus einzelnen Morphemen Stück für Stück zusammengefügt verstanden werden können. Die Morphemfolge wird (auch) nach *grammatischen Regeln* aufgebaut; übliche Morphemfolgen besitzen Grammatikalität. Doch entspricht der tatsächliche Zustand unseres alltäglichen Sprechens nur in beschränktem Maße den grammatischen Normen einer Standardsprache. Das reicht für unsere kommunikativen Zwecke völlig aus. Und dieser tatsächliche Zustand ist überhaupt nicht in erster Linie als das Erzeugnis grammatischer Regelung zu verstehen. Das mit der Sprachproduktion entstehende Gemisch aus nicht-propositionalen Redeteilen und im einzelnen grammatisch durchkonstruierten Morphemfolgen, das wir die *sprachliche Äußerung* nennen, dient angesichts der jeweils vorliegenden Kommunikationssituation dazu, die schon vorhandenen Bewußtseinsinhalte des Partners zielgerichtet zu modifizieren. Wörter und größere Redeeinheiten dienen als *Werkzeuge zur Bewußtseinsmodifikation des Partners*. Mit dieser – geglückten oder mißglückten – Bewußtseinsbeeinflussung des Partners gehen bei diesem in vielen Fällen auch Verhaltensänderungen einher. Zu diesen Verhaltensänderungen des Partners gehört es zum Beispiel, daß er seinerseits in bestimmter Weise zum Sprecher spricht. Mit der *gegenseitigen* (interaktiven) Veranlassung zu sprechen entstehen *Dialoge*. Das Sprechen dient auch der bloßen Befolgung von konventionellen Erfordernissen, der Selbstdarstellung etc., und es gibt – auch unbeabsichtigt – Einblick in überdauernde Merkmale und augenblickliche Zustände des Sprechers (vgl. auch Bühler, 1934). Die zuletzt genannten Gesichtspunkte konnten, um die Darstellung nicht zu überfrachten, nur genannt, aber nicht explizit erörtert werden; wir werden verschiedentlich darauf zurückkommen.

II.

Empirische Befunde zur Psychologie der Sprachproduktion

Im ersten Teil des Buches haben wir in Ausschnitten einen ersten Eindruck davon zu vermitteln versucht, welche Arten von Phänomenen überhaupt unter das Sprechen fallen, welche biologischen Bedingungen dem Sprechen zugrunde liegen, was beim Sprechen in physiologischer Hinsicht vorgeht und welche Elemente einer Sprache man auf linguistischer Ebene unterscheiden kann. Für eine *Psychologie* des Sprechens, wie wir sie verstehen – das heißt, für eine in die Allgemeine Psychologie des Denkens, Wahrnehmens, Lernens etc. eingegliederte Psychologie der Erzeugung von Sprachäußerungen (vgl. Herrmann, 1985, 1992a) – handelt es sich bei dem bisher Berichteten doch eher um generelle Voraussetzungen als um ihren zentralen Gegenstand selbst.

In diesem zweiten Teil wollen wir uns nun konkreten Problemen der Sprachproduktionspsychologie selbst zuwenden: Warum spricht jemand in einer bestimmten Situation überhaupt? Warum sagt jemand in verschiedenen Situationen etwas anderes, auch wenn er jeweils dasselbe meint? Wovon hängt es ab, was jemand sagt? Wovon hängt es ab, wie etwas gesagt wird? Welche kognitiven Prozesse sind an all dem beteiligt? Es geht also, wenn wir an die Skizzierung der an der Sprachproduktion beteiligten Prozesse in Kapitel 1 anknüpfen, um die Bedingungen der kognitiven Bereitstellung von Informationen, um ihre Selektion, Aufbereitung und Linearisierung und ihre weitere Bearbeitung bis hin zur Enkodierung, um die Beschaffenheit dieser Prozesse selbst und um die letztendlich beobachtbaren sprachlichen Resultate dieser Prozesse.

Interessante, auffällige und beispielhafte Phänomene aus dem Bereich der Sprachproduktion wollen wir in den folgenden Kapiteln an einer Auswahl sprachlicher Verhaltensweisen aufzeigen: am Beispiel der Benennung von Gegenständen (Kapitel 2), am Beispiel des Lokalisierens, das heißt der sprachlichen Bezugnahme auf räumliche Anordnungen (Kapitel 3), am Beispiel des Aufforderns (Kapitel 4) und am Beispiel des Redens über Ereignisse, also den Bereichen des Berichtens und Erzählens (Kapitel 5). Es wird sich zeigen, daß es oft die für einen Sprecher oder eine Sprecherin ganz alltäglichen, selbstverständlichen Leistungen sind, die sich bei genauerem Hinsehen als sehr komplex und durchaus erklärungsbedürftig erweisen. Außerdem werden dabei vielleicht einige Vorstellungen von dem, was Sprechen ausmacht, revidiert werden müssen: Beispielsweise ist es keineswegs so, daß Wörter mit Dingen, Sätze mit Aussagen fest verbunden sind, daß sie diese ‚bedeuten' (vgl. schon Brown, 1958). Auch kommt, wie wir in Kapitel 1 schon veranschaulicht haben, dem Hervorbringen grammatischer Äußerungen, vollständiger Sätze, korrekter Aussprache und so weiter weitaus weniger Wichtigkeit zu, als man gemeinhin – den Deutsch- und Fremdsprachenunterricht noch gut in Erinnerung – annimmt (vgl. Klein, 1992b).

Die in diesen vier Kapiteln exemplarisch gewonnenen Determinanten und Einflußgrößen des Sprechens werden wir im dritten Teil dieses Buches, über die genannten Beispielklassen von Äußerungen hinaus, systematisieren und in einer Theorie der Sprachproduktion verorten, die unserer Auffassung von den am Sprechen beteiligten Prozessen entspricht.

2.

Das Benennen von Gegenständen

2.1 Einige einführende Beispiele

Maria sitzt lesend im Wohnzimmer. Sie hört Stefan in der Küche klappern und ruft: „Kannst Du mir bitte eine Tasse mitbringen, wenn Du kommst?" Stefan fragt zurück: „Egal welche?" Maria, die eine bestimmte Tasse bevorzugt, könnte etwa antworten:

(1) Meine Lieblingstasse.
(2) Die große rote.
(3) Die, die uns Tante Olga geschenkt hat.
(4) Eine von den roten.
(5) Die, die im Schrank links oben steht.

Das *Ziel*, das die Sprecherin mit einer der Äußerungen (1) bis (5) verfolgt, besteht darin, daß es dem Hörer gelingen soll, in einer bestimmten Situation einen bestimmten Gegenstand zu identifizieren: Der Hörer soll *wissen*, welche Tasse gemeint ist. Dabei könnte sich die Sprecherin mit allen fünf Beispieläußerungen (und sicherlich noch mit einigen weiteren) auf jeweils dasselbe Exemplar einer Tasse beziehen. Auf welche Weise gelingt das mit den genannten Äußerungsbeispielen?

Zunächst müssen wir berücksichtigen, daß das *Suchfeld* des Hörers bereits deutlich eingeschränkt ist: Es muß sich um eine Tasse handeln, die sich in der Küche befindet. Der in einer bestimmten (sprachlichen) Situation eingeschränkte gemeinsame Weltausschnitt von Sprecher und Hörer wird auch als *universe of discourse* bezeichnet (Lyons, 1980, S. 194). Hätte Maria nur gesagt: „Kannst Du mir bitte *etwas* mitbringen, wenn Du kommst?", und hätte Stefan rückgefragt: „Was denn?", dann wäre dieselbe Einschränkung des Suchraums jedoch auch leicht dadurch zu leisten gewesen, daß den Äußerungen (2) bis (5) jeweils das Wort „Tasse" hinzugefügt wird.

Wir haben oben unter anderem die Frage gestellt: Warum spricht jemand in einer bestimmten Situation überhaupt? In unserem Beispiel muß Maria, wenn sie (a) in Ruhe auf dem Sofa verbleiben möchte und (b) eine bestimmte Tasse dort haben möchte, die gewünschte Tasse sprachlich hervorheben. Allgemeiner: Jemand spricht, wenn er ein Ziel hat, das heißt, einen Zustand präferiert, der gerade nicht vorliegt, und wenn er andere als sprachliche Mittel entweder nicht zur Verfügung hat oder diese ihm weniger geeignet erscheinen. (In unserem Beispiel gesellt sich dem Ziel, die Tasse da zu haben, das Ziel, nicht vom Sofa aufstehen zu müssen, hinzu.) Daß die Benennungsäußerungen in unserem Beispiel zudem noch in eine Handlungsaufforderung an den Hörer eingebettet sind, werden wir an anderer Stelle erörtern (siehe Kapitel 4). Benennungen treten selten isoliert auf, sondern sind meistens in Beschreibungen, Instruktionen, Erzählungen usw. eingebunden.

Unter anderen Bedingungen, etwa wenn sich Sprecher und Partner im selben Raum befinden, kann ein Objekt aber auch durch *Blickverhalten* und *Zeigegesten* hervorgehoben werden. Pechmann & Deutsch (1980) brachten ihre Versuchspersonen in einem Laborexperiment in eine Situation, in der die Aufgabe, dem Kommunikationspartner die Identifikation eines bestimmten Objekts zu ermöglichen, nur durch eine adäquate *Benennung* dieses Objekts gelingen kann. Zweijährige Kinder waren dazu noch nicht in der Lage; 85 Prozent dieser Versuchspersonengruppe verwendeten jedoch eine Zeigegeste (die in der Experimentalanordnung allerdings erfolglos war). Von Versuchspersonen im Schulantrittsalter gelangen bereits 50 Prozent eine zielführende Benennung, 38 Prozent zeigten noch auf das Objekt. Bei Neunjährigen stieg der Anteil richtiger Benennungen auf 78 Prozent; der Anteil von Zeigegesten sank auf 13 Prozent ab. Ähnlich wie die Neunjährigen verhielten sich erwachsene Probanden. Diesem Experiment zufolge ersetzt also das sprachliche Benennen mit steigendem Alter immer mehr das nonverbale Zeigen, falls das Zeigen nicht zum Erfolg führen kann; diese Fähigkeit benötigt man übrigens besonders beim Telefonieren (s. unten 12.2.3). Eine Antwort auf die Frage „Wann spricht jemand überhaupt?" lautet also: Menschen sprechen (zuweilen) deshalb, weil sie gelernt haben, in bestimmten Situationen mit Hilfe der Sprache noch zurechtzukommen, wenn andere Verhaltensweisen nicht mehr zum Ziel (hier: ein Objekt hervorzuheben) führen. Das impliziert aber nicht den Umkehrschluß, daß Erwachsene, nur weil sie das adäquate Benennen gelernt haben, Objekte fortan ausschließlich durch Benennung hervorheben. Auch der Erwachsene versucht, die Objektbenennung, wenn möglich, durch das Anblicken des Objekts und durch Zeigegesten zu unterstützen (vgl. Bühler, 1934; Levelt, Richardson & La Heij, 1985); auch der Erwachsene deutet zuweilen mit dem Finger oder mit einer Kopfbewegung auf ein Objekt, das er in der jeweiligen Situation genau so gut verbal hervorheben könnte (man denke nur an so manche ‚coole' zeigende Kopfbewegung in Kriminalfilmen der Schwarzen Serie). Man kann sich im Alltag leicht selbst von diesem Zusammenspiel aus nonverbalem Zeigen, verbalem Benennen und verbalem Lokalisieren überzeugen, wenn man etwa in einem Bäckerladen einigen Kundinnen zuschaut, mit welchen Mitteln sie der Verkäuferin das Brot, das sie kaufen wollen, bedeuten, wie sie ein erstes Fehlverständnis der Verkäuferin korrigieren, etc. (Achten Sie einmal darauf!)

Wir können aus diesen allgemeinen Erörterungen schon ersehen, daß sprachliches Verhalten beim Menschen durch zwei Eigenschaften gekennzeichnet ist: Es ist *sporadisch*, das heißt, es tritt im kontinuierlichen Verhaltensstrom von Menschen nur ab und zu auf; und es ist *suppletorisch*, das heißt, es ergänzt andere Verhaltensweisen, spielt mit diesen zusammen.

Wir wollen uns in diesem Kapitel mit Situationen beschäftigen, in denen sich Menschen mit *sprachlichen* Mitteln auf Gegenstände beziehen, und kommen zu den eingangs genannten Beispielen zurück. Von der Äußerung (1) „meine Lieblingstasse" könnte man sagen, daß sie ähnlich wie ein Eigenname funktioniert, mit dem ein Objekt oder eine Person (weitgehend) unabhängig vom situativen Kontext eindeutig bezeichnet werden kann. Nach Lyons (1980) dürfte diese Äußerung zu den referierenden Titeln gehören, die er zwischen beschreibenden Kennzeichnungen einerseits (sogenannten definiten Deskriptionen) und Eigennamen andererseits anordnet. Wir werden uns in diesem Kapitel zur Objektbenennung nicht weiter mit der Benennung durch Titel und Eigennamen beschäftigen, wollen jedoch wenigstens auf drei Aspekte hinweisen:

(a) Marias Äußerung „meine Lieblingstasse" bezieht sich nur für einen begrenzten Personenkreis auf die bewußte Tasse. Diese Äußerung für die Benennung des Objekts kalkuliert zielführend zu verwenden, setzt voraus, daß die Sprecherin annimmt, der Hörer kenne ihre Lieblingstasse. Diese Bedingung gilt aber in gleicher Weise auch für Eigennamen wie „Hamburg" oder „Stachus" und für referierende Titel wie „der Papst" oder „der Oberbürgermeister von Mannheim"; daß eine Bezeichnung ein Eigenname oder ein Titel ist, garantiert natürlich nicht, daß jeder beliebige Hörer das Bezeichnete auch kennt.

(b) Wenn eine andere Person „meine Lieblingstasse" sagt, benennt sie (wahrscheinlich) ein anderes Objekt. Die situative Unabhängigkeit dieser Äußerung muß also im Hinblick auf die festgelegte Identität der Sprecherin eingeschränkt werden. Wird das Pronomen „meine" jedoch durch das die Sprecherin bezeichnende Nomen ersetzt, „Marias Lieblingstasse", ist die Produzentenabhängigkeit ein Stück weit aufgehoben. (Das Problem wiederholt sich nun aber hinsichtlich der Identität Marias.)

(c) Die Tatsache, daß es eine kontextinvariant verwendbare Bezeichnung für ein singuläres Objekt gibt, bedeutet nicht, daß das Objekt auch immer bei diesem Namen genannt wird. Auf die Stadt München kann man sich sprachlich beispielsweise auch durch die Äußerung „jener Verkehrskollaps an der Isar" beziehen; für dieselbe Tasse haben wir oben vier Alternativbenennungen angeführt.

Unter welchen Voraussetzungen findet Stefan, wenn er die Äußerung (1) hört, die richtige Tasse? Er muß wissen, welche Tasse Marias Lieblingstasse ist und wer die Äußerung produziert hat.

> Es spielt in diesem Zusammenhang keine Rolle, daß Stefan auf ganz unterschiedliche Weise zu diesem Wissen gekommen sein kann. Auch setzen wir für die Diskussion der Beispiele voraus, daß Menschen als Sprecher wie als Hörer etwas über Wohnungen, Küchen und mögliche Aufbewahrungsorte von Tassen wissen und daß die von Maria gewünschte Tasse existiert.

Bei der Äußerung (2) „die große rote" werden zwei Eigenschaften der gesuchten Tasse genannt. Auf der Dimension Farbe hat die Tasse die Ausprägung „rot", auf der Dimension Größe die Eigenschaft „groß". Diese Äußerung ist in dreierlei Hinsicht abhängig von der situativen Umgebung, in der sich die Sprecherin, der Hörer und die gesuchte Tasse befinden.

(a) Die Äußerung „die große rote" kann sich in einer anderen Situation – bei gleichem Wortlaut – auf etwas ganz anderes beziehen. Vielleicht hat Maria einige Stunden zuvor schon einmal „die große rote" gesagt, nachdem Stefan gefragt hatte, welche Zange sich ihr Bruder ausgeliehen habe. Man sieht leicht, daß Sprache – und zwar in den meisten Fällen – nicht so funktioniert, daß ein oder mehrere Wörter fest mit einem Ding in der Welt verbunden sind, dieses ‚bedeuten'.

(b) Ob die Äußerung (2) geeignet ist, Stefan die richtige Tasse identifizieren zu lassen, hängt auch entscheidend von den anderen Tassen ab, die sich noch in der Küche (genauer: in Stefans Suchfeld) befinden. Die gesuchte Tasse muß die einzige sein, die groß und rot zugleich ist.

(c) In der Äußerung „die große rote" steckt noch eine weitere Situationsabhängigkeit, die oft übersehen wird (vgl. Herrmann & Deutsch, 1976). Die Farbausprägung „rot" kommt der

gesuchten Tasse in jeder beliebigen Umgebung zu; auch wenn die Tasse unter mehreren anderen roten Tassen durch den Bezug auf ihre rote Farbe nicht mehr besonders hervorgehoben werden kann, bleibt sie doch rot. Daran ändert auch der Fall nichts, in dem etwa nachts die Lichtverhältnisse so schwach sind, daß alle Gegenstände – Tassen wie Katzen – dem menschlichen Auge grau erscheinen. Hier wäre die gesamte Dimension der Farbe eben nicht wahrnehmungsrelevant, die Tasse würde aber auch hier keine andere Farbausprägung, beispielsweise grün, annehmen. Anders ist es mit der Größe. Die Größenausprägung eines Objekts kann immer nur relativ zu anderen Objekten angegeben werden (oder relativ zu typischen Ausprägungen der betreffenden Objektklasse: Ein großer Hund ist in der Regel kleiner als ein kleiner Elefant). In einem anderen Küchenschrank wäre dieselbe Tasse zwar immer noch die rote, aber vielleicht die kleine.

Unter welchen Voraussetzungen findet Stefan, wenn er die Äußerung (2) hört, die richtige Tasse? Es darf in Stefans Suchraum keine zweite Tasse geben, die die Merkmale „rot" und „groß" auf sich vereinigt.

Bei der Äußerung (3) „die, die uns Tante Olga geschenkt hat" bezieht sich Maria auf eine Situation in der Vergangenheit, in der eine bestimmte Tasse eine Rolle spielte; und sie geht davon aus, daß sich Stefan daran erinnern kann, welche Tasse das Geschenk Tante Olgas war. Diese Äußerung ist im Vergleich zur Äußerung (2) viel spezifischer auf einen bestimmten Partner zugeschnitten: Während jeder farbtüchtige, deutsch verstehende Fremde – einmal vor Marias Küchenschrank stehend – die große rote Tasse schnell und eindeutig finden dürfte, gibt es wahrscheinlich nur wenige Menschen, die von dem Geschenk Tante Olgas wissen.

> Es spielt in diesem Zusammenhang übrigens keine Rolle, ob es eine Tante Olga für die beiden wirklich gibt oder ob die gemeinte Tasse wirklich von Tante Olga geschenkt wurde. Vielleicht ist die Tasse ein Geschenk von Stefan, und weil Maria sie etwas ‚tüttelig' fand und ihr Mißfallen nicht direkt äußern wollte, sagte sie: „Die sieht ja aus wie ein Geschenk von Tante Olga", wobei sie sich unter einer Tante Olga eine ältere Dame mit braunem Handtäschchen vorstellte. Oder Stefan und Maria haben wirklich eine – entsprechend altmodische – Tante Olga, der sie die Tasse als Geschenk lediglich andichten. In beiden Fällen wird Marias Äußerung (3) ihr Ziel dennoch erreichen: Stefan wird wissen, welche Tasse sie meint. Wichtig ist nur, daß Sprecherin und Hörer im Gedächtnis über dieselbe Zuordnung von einem Begriff „Tante Olgas Geschenk" zu der Vorstellung einer bestimmten Tasse verfügen. Es ist in diesem Zusammenhang auch keine unabdingbare Gelingensvoraussetzung, daß die bewußte Tasse schon jemals zuvor als Tante Olgas Geschenk *benannt* wurde. – Es zeigt sich wieder, wie sehr es sich beim Sprechen um die sprecherseitig kalkulierte Bewußtseinsbeeinflussung eines bestimmten Partners handelt.

Die Äußerung (4) „eine von den roten" bringt gegenüber den schon besprochenen Äußerungen nicht mehr viel Neues. Im Gegensatz zu den Äußerungen (1) bis (3) wird hier jedoch nicht ein einzelnes Exemplar einer Tasse aus allen anderen Exemplaren herausgehoben, sondern aus den vorhandenen Tassen werden zwei Teilmengen gebildet: Die Menge der roten und die Menge der nicht-roten Tassen. Maria hat ihr Ziel erreicht, wenn Stefan ein beliebiges Exemplar aus der richtigen Teilmenge entnimmt. Die Erweiterung vom intendierten Einzelexemplar zur intendierten Teilmenge von Exemplaren läßt sich auch in den Fällen (1) bis (3) leicht treffen durch „eine meiner Lieblingstassen", „eine große rote" beziehungsweise „eine von denen, die uns Tante Olga geschenkt hat". Das sprachliche Mittel, mit dem

Sprecher die beiden Sachverhalte unterscheiden, ist die Wahl des bestimmten (definiten) Artikels *der/die/das* oder des unbestimmten (indefiniten) Artikels *ein/eine*. Eine bisher noch nicht genannte Voraussetzung der Äußerungen, die zumindest die Sprecherin trifft, ist also die, ob es im Suchfeld des Partners noch weitere gleichartige Objekte gibt oder nicht.

> Selbstverständlich kann ein Sprecher auch *irrtümlich* annehmen, das – wahrnehmungsbezogene oder gedankliche – Suchfeld des Hörers sei hinreichend eingegrenzt, um eine Objektbenennung (oder eine andere Äußerung) eindeutig verstehen können. Wir kennen alle die Kommunikationssequenzen, in denen wir etwas partout nicht verstehen, obwohl der Sprecher darauf insistiert, daß unsere Information ausreichend sei. (Manchmal fallen dabei Sätze wie „Bist du so begriffsstutzig oder tust du nur so?") Dann endlich liefert uns der Sprecher das Stück an Information, dessen Verfügen er bei uns als Kommunikationspartner irrtümlich vorausgesetzt hatte und das uns ‚mit einem Schlag' das Suchfeld dergestalt einengt, daß die anfängliche Äußerung nun tatsächlich leicht verstehbar wird. Solche Situationen enden meistens mit einem partnerseitigen „Sag das doch gleich!".

Bei dem Äußerungsbeispiel (5) „die, die im Schrank links oben steht" ist nicht die Benennung eines Objekts im Vordergrund; die Äußerung umfaßt keine Angaben von dessen physikalischen oder ‚biographischen' Merkmalen. (Der im eigentlichen Sinne benennende Anteil dieser Äußerung ist auf das Pronomen „die" reduziert.) Es handelt sich vielmehr um eine Bezeichnung des relativen Raumpunktes, an dem sich dieses Objekt befindet. In diesem Fall hat die Sprecherin eine (Objekt-) Lokalisation produziert. Ein bestimmtes Objekt durch eine Lokalisation zu bestimmen, ist unter anderem dann notwendig, wenn von zwei oder mehreren völlig gleich beschaffenen Objekten eines identifiziert werden soll. Mit Lokalisationen werden wir uns im nächsten Kapitel 3 ausgiebig beschäftigen.

An den (keinesfalls vollständigen) fünf Beispielalternativen für eine mögliche Äußerung Marias sieht man, daß der Übergang vom Benennen zum Lokalisieren im Hinblick auf eine zielführende Äußerung in einer Situation durchaus fließend sein kann. (Die linke obere Tasse kann ja, wie im Beispiel, zugleich die einzige große rote Tasse oder die einzige Tasse, die Tante Olga je verschenkt hat, sein; das heißt, sie kann durch eine Lokalisation bezeichnet werden, obwohl sie auch eindeutig benennbar ist.) Diese Übergänge spiegeln sich (noch) nicht in der entsprechenden Forschung wider. Viele Forschungsarbeiten befassen sich mit Vertretern bestimmter Klassen von Äußerungen, also etwa mit Benennungen, mit Lokalisationen oder mit Aufforderungen. (Auch Teil II dieses Buches ist nach diesen Gesichtspunkten geordnet.) Dagegen wissen wir noch sehr wenig darüber, wovon es abhängt, daß Sprecher von einer Klasse von Äußerungen zu einer anderen, benachbarten übergehen, beispielsweise vom Benennen zum Lokalisieren (vgl. Deutsch, 1986, S. 239; Mangold-Allwinn, von Stutterheim, Barattelli, Kohlmann & Koelbing, 1992) oder auch vom Fragen zum Auffordern.

> Man kann es einer Äußerung – ohne Kenntnis der Situation, in der sie verwendet wurde – im allgemeinen nicht definitiv ansehen, zu welcher Klasse von Äußerungen sie gehört, das heißt, welches Ziel ein Sprecher mit ihr verfolgt. Angenommen, Stefan hat Marias Lieblingstasse wenige Tage zuvor fallen lassen; die Tasse ist kaputt. Dann resultierte Marias Äußerung „meine Lieblingstasse" vielleicht nicht aus dem Ziel, für Stefan eine Tasse identifizierbar zu machen, sondern ihn (erneut) darauf hinzuweisen, daß sie ihm sein Versehen noch immer nicht verziehen hat.

Zumindest wäre diese Äußerung – wo doch beide wissen, daß diese Tasse nicht mehr existiert – ironisch gemeint (Groeben & Scheele, 1984).

Unsere Ausgangssituation in diesem Kapitel war, daß Maria mit Hilfe einer Äußerung das Ziel erreichen wollte, daß Stefan eine bestimmte Tasse identifizieren kann. Wir haben anhand von fünf Beispieläußerungen gezeigt, daß dieses Ziel mit ganz unterschiedlichen sprachlichen Mitteln verfolgt werden kann, daß jedes dieser Mittel jedoch auch an das Vorliegen spezifischer Voraussetzungen geknüpft ist. Eine Forschungsfrage besteht nun darin, regelhafte Aussagen darüber herauszufinden, unter welchen Bedingungen Sprecher welche Benennung oder welche Art benennender Äußerungen produzieren.

Die Forschung zur Objektbenennung, die wir im folgenden in grundlegenden Gesichtspunkten nachzeichnen wollen, hat sich vorwiegend mit Äußerungen in der Art der Beispiele (2) und (4), weniger mit Äußerungen wie (1) und (3) beschäftigt. Das liegt weniger daran, daß die letztgenannten Arten der Benennung von Objekten weniger interessant wären oder im täglichen Leben seltener vorkämen, als daran, daß allgemeine, für größere Gruppen von Menschen geltende gesetzesartige Zusammenhänge in der Allgemeinen Psychologie, der wir auch die Sprachpsychologie zurechnen (Herrmann, 1985, 1992a), generell im Vordergrund stehen (Herrmann, 1976); individuelle Präferenzen, das Erleben und Erinnern einzelner Episoden etc. können jedoch immer nur für Einzelpersonen beschrieben werden und sind zudem experimentell nur schwer induzierbar (Chafe, 1980).

Die Forschung zur Objektbenennung beschäftigt sich also vorwiegend mit der sprachlichen Bezugnahme auf physikalische, in der jeweiligen Situation zumindest für den Hörer anwesende und damit wahrnehmbare, individuelle Objekte in einer Umgebung anderer Objekte (Mangold, 1987), wobei die sprachliche Bezugnahme nicht auf ‚privaten' gemeinsamen Wissensbeständen von Sprecher und Hörer beruht. (Nach Lyons (1980) haben wir es mit singulären definiten Referenzen zu tun.)

Wir wollen den Lesern Ludwig Wittgensteins sprachphilosophische Analyse des Benennens – ohne weitere Erörterung – nicht vorenthalten: »Entweder ein Ding hat Eigenschaften, die kein anderes hat, dann kann man es ohne weiteres durch eine Beschreibung aus den anderen herausheben, und darauf hinweisen; oder aber, es gibt mehrere Dinge, die ihre sämtlichen Eigenschaften gemeinsam haben, dann ist es überhaupt unmöglich auf eines von ihnen zu zeigen. Denn, ist das Ding durch nichts hervorgehoben, so kann ich es nicht hervorheben, denn sonst ist es eben hervorgehoben.« (Tractatus, 2.02331; zitiert nach Wittgenstein, 1984.)

2.2 Determinanten der Objektbenennung

Analysiert man die oben angeführten und weitere Beispiele, so kommt man zu einer ersten Klassifikation von Bedingungen, die die Wahl einer konkreten Äußerung – hier: einer Benennung – steuern.

Die erste Bedingung, die wir nicht aus Trivialitätsgründen unterschlagen dürfen, besteht darin, daß Sprecher überhaupt wissen, auf welches Objekt sie die Aufmerksamkeit des Hörers lenken wollen, wie dieses Objekt beschaffen ist, wo es sich befindet, wie die

Kontextobjekte beschaffen sind, etc. Wir nennen diese Bedingungsklasse vorläufig das *sprecherseitige Situationswissen*.

Sprecher werden ihre Benennungsäußerung aber auch an das anpassen, was sie über den Hörer wissen. Einem farbenblinden Hörer gegenüber wird man nicht das Merkmal der Farbe zur Identifikation heranziehen; einem noch nicht lesefähigen Vorschulkind gegenüber wird man die Tasse nicht als „die, auf der NOBODY IS PERFECT draufsteht" bezeichnen; den Bezug auf Tante Olga wird man nur gegenüber ‚Eingeweihten' wählen; einen Briten, der kein Deutsch versteht, wird man nicht auf Deutsch anreden. Eine Äußerung hängt also auch vom *sprecherseitigen Partnermodell* ab.

Die Äußerung, die jemand produziert, ist außerdem dadurch (mit-) bedingt, was man mit der Äußerung eigentlich will. In unserem Eingangsbeispiel läßt sich das Ziel Z, der Hörer solle eine bestimmte Tasse identifizieren können, auf das übergeordnete Ziel Z' zurückführen, daß der Hörer die Tasse der Sprecherin bringen soll, damit (Z") sie, im Wohnzimmer sitzend, die Tasse schließlich in Händen hält. Die Sprecherin wird vermutlich eine andere Benennung wählen, wenn die Aufmerksamkeit des Hörers deshalb auf eine bestimmte Tasse gelenkt werden soll, weil die Sprecherin ihn davon überzeugen möchte, daß es sich um ein so außerordentlich schönes Exemplar einer Tasse handelt, daß man davon eigentlich mindestens fünf weitere Exemplare besitzen sollte. In diesem Fall geht die Sprecherin vielleicht von einer Objektbenennung zu einer Objektbeschreibung über (vgl. Wintermantel, Siegerstetter, Laux & Dennig, 1986) und sagt: „Die Tasse ist rot, mit einem ganz feinen Pünktchenmuster und einem wunderschön geschwungenen Henkel."

> Es ist unter linguistischem und sprachphilosophischem Gesichtspunkt ein schwieriges Problem, was Äußerungen wie „Die rote Tasse ..." und „Die Tasse ist rot ..." unterscheidet. Im einen Fall kann der Ausdruck „die rote Tasse" wie auch die Äußerung „Die Tasse ist rot." dazu verwendet werden, etwas über eine bestimmte Tasse *auszusagen* (nämlich, daß sie rot ist); nach Donnellan (1974) handelt es sich hier um die ‚attributive' Lesart von „die rote Tasse" (vgl. Bäuerle, 1985). Im anderen Fall, der ‚referentiellen' Lesart, dient „die rote Tasse" dazu, um auf eine bestimmte, für den Hörer vielleicht schon eindeutig eingeführte Tasse sprachlichen Bezug zu nehmen (zu *referieren*) – damit wird aber nicht (mehr) über die Tasse ausgesagt, *daß* sie rot ist. In dieser Weise kann die Äußerung „Die Tasse ist rot." ersichtlich nicht verwendet werden. Wir können diese Unterscheidungsprobleme hier nicht weiter vertiefen (vgl. Mangold-Allwinn, von Stutterheim, Barattelli, Kohlmann & Koelbing, 1992). Man kann sich den Unterschied zwischen einer Objektbenennung und einer Objektbeschreibung – wiederum in linguistischer Hinsicht – übrigens so vorstellen, daß die jeweils produzierten Äußerungen eine Antwort auf eine – implizit gestellte – ‚Textfrage' geben, die man im Fall einer – referentiellen – Benennung durch „Welches Objekt ist gemeint?", im Fall einer – attributiven – Beschreibung durch „Wie sieht das Objekt aus?" kennzeichnen kann (vgl. Kohlmann, Scharnhorst, Speck & von Stutterheim, 1989; von Stutterheim, 1992).

Eine dritte Klasse von Determinanten besteht demnach in den *sprecherseitigen Zielen*, die einer Äußerung zugrunde liegen. Ziele, die zu sprachlichem Verhalten führen, sind dabei im allgemeinen nicht prinzipiell anders beschaffen als Ziele, die jemand mit anderen Mitteln verfolgt. Das Ziel, im Wohnzimmer eine Tasse zu haben, kann die Sprecherin in unserem Beispiel auch erreichen, wenn kein Hörer anwesend ist, an den sie eine entsprechende Äußerung richten könnte; in diesem Fall wird sie sich – ganz unsprachlich – wohl selbst in die Küche bemühen (vgl. Kapitel 6).

Es ist leicht einsichtig, daß wir uns im Zuge der Darstellung der Sprachpsychologie bevorzugt mit Situationen beschäftigen, in denen Ziele mit sprachlichen Mitteln verfolgt werden, und nicht mit Situationen, in denen jemand nicht spricht, obwohl Sprechen vielleicht auch zum Ziel führte. Wollte man ganz genau sein, müßte man die hier angeführten Bedingungen das Situationswissen, Partnermodell, Ziel etc. des *zukünftigen* Sprechers nennen; diese Bedingungen bestimmen ja nicht nur, *wie* und *worüber* jemand spricht, sondern auch, *ob* er in einer bestimmte Situation überhaupt spricht. Schließlich gibt es, wie ‚Eloquenzdynamiker' leidvoll erfahren müssen, auch Situationen, in denen das Sprechen dem Erreichen eines Ziels geradezu hinderlich sein kann: Si tacuisses ...

Schließlich verfügen Sprecher über *Normen und Konventionen*; auch diese sprecherseitigen Wissensbestände können sich auf die Produktion einer Äußerung auswirken. Besonders etwa beim Auffordern spielen solche kommunikativen Regelungen eine wichtige Rolle (vgl. Kapitel 4); beim Benennen kann man sich beispielsweise vorstellen, daß man eine Tasse gegenüber einer sich zu Besuch befindlichen, etwas empfindlichen älteren Dame nicht „die kackbraune" nennen darf, auch wenn die Tasse dadurch völlig eindeutig identifiziert werden kann.

Wir werden an anderer Stelle (s. unten 7.2) noch weitere, notwendige und hilfreiche Untergliederungen der Bedingungen, die den Sprachproduktionsprozeß beeinflussen und steuern, vornehmen. Wichtig ist, daß es sich bei den genannten Bedingungen immer um Ausprägungen handelt, wie sie *im Sprecher* vorliegen. Die Diskrepanz zwischen einem Ist-Zustand und einem Soll-Zustand, deren Beseitigung Ziel des Sprechers ist (vgl. die Abschnitte 1.2.4 und 6.1), muß nicht ‚objektiv' gegeben sein. Wir illustrieren das an unserem Eingangsbeispiel: So kann die gewünschte Tasse schon längst neben der Sprecherin stehen, und sie hat es bloß nicht bemerkt. Das Partnermodell muß nicht mit dem Zustand und den Eigenschaften des Partners übereinstimmen, wie dieser sie selbst wahrnimmt oder wie sie von anderen beobachtet werden. Vielleicht klappert Stefan gar nicht in der Küche, sondern im Bad. Das Situationswissen kann die Produktion einer Äußerung nur in der Weise steuern, in der es die Sprecherin kognitiv zur Verfügung hat. Vielleicht befindet sich die große rote Tasse gar nicht in der Küche, sondern ist vom vorigen Abend neben dem Bett stehengeblieben; die Sprecherin denkt nur nicht daran. Und vielleicht stellt sich heraus, daß die Einhaltung der Norm, man dürfe die ältere Dame nicht durch unflätige Ausdrücke wie „kackbraun" irritieren, völlig unnötig war, wie sich herausstellt, als diese am späteren Nachmittag fragt: „Was habt ihr denn mit Eurer kackbraunen Tasse gemacht?" Sprecher kann man als regulierte Systeme betrachten (vgl. die Abschnitte 1.2 und 6.1). Und für die Regulation sind diejenigen Informationsbestandteile entscheidend, die im System in einer bestimmten Situation vorliegen. (Diese werden natürlich sehr oft durch Inputs aus der Umgebung dieses Systems, der ‚Umwelt', gebildet und modifiziert.)

2.3 Spezifität und Informativität

Wenn ein Sprecher mit einer Äußerung ein Ziel erreichen will, muß er in den allermeisten Fällen eine *informative* Äußerung wählen. (Ziele, die mit anderen Kriterien als der Informativität einer Äußerung verbunden sind, werden wir vor allem im Kapitel 5 über Erzählen und Berichten anführen.) Der Hörer muß nämlich erkennen können, was der Sprecher meint (Herrmann, 1982a). Im Falle der Objektbenennung heißt das, daß der Sprecher eine Äußerung wählt, anhand derer der Hörer das intendierte Objekt eindeutig identifizieren kann. Dieses sprecherseitige Ziel, ein Objekt eindeutig hervorzuheben (in vielen Fällen wird es sich, wie oben beschrieben, um ein Unterziel handeln), gelte für die folgenden Forschungsbeispiele als gegeben.

Die wichtigste Determinante bei der Benennung eines Objekts ist natürlich das Objekt selbst: Eine Schere wird man im Kontext eines Messers und eines Blumentopfs in der Regel als „Schere" bezeichnen (siehe aber unten Abschnitt 2.7). Interessanter erscheint jedoch die Frage, wovon es abhängt, daß ein und dasselbe Objekt je unterschiedlich benannt wird. Und hier wird besonders dem Objektkontext eine wichtige Rolle zugeschrieben (Grosser & Mangold-Allwinn, 1990); bestimmte Phänomene treten vor allem dann auf, wenn sich das intendierte Objekt im Kontext gleichartiger oder ähnlicher Objekte befindet. Der Objektkontext ist in einer gegebenen Benennungssituation Teil des sprecherseitigen Situationswissens.

Das ‚klassische' Experimentalparadigma zur Objektbenennung in Abhängigkeit vom Objektkontext geht auf eine eigentlich aus dem Bereich der Entwicklungspsychologie stammende Versuchsanordnung zurück, die *referential communication task* (Glucksberg & Krauss, 1967; vgl. Deutsch, 1986). Im Fall der Erforschung der Sprach*produktion* sieht der Sprecher dabei eine Menge von Objekten, wobei er eines davon, das intendierte Objekt, sprachlich kennzeichnen soll (siehe *Abbildung 2.1*). Die jeweilige Objektemenge und das

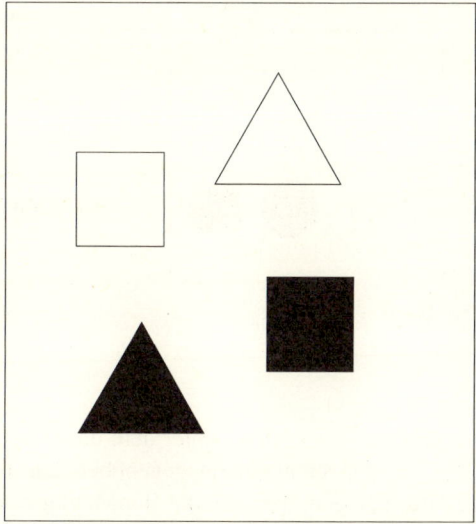

2.1 Beispiel für eine Objektkonstellation im Rahmen der ‚referential communication task'. Das intendierte, zu benennende Objekt (Zielobjekt) ist zum Beispiel das weiße Quadrat; dann sind das weiße Dreieck, das schwarze Dreieck und das schwarze Quadrat die Kontextobjekte.

hervorzuhebende Objekt werden vom Versuchsleiter hergestellt und systematisch variiert. Heutzutage werden solche Objektkonstellationen meistens mit Hilfe einer computergestützten Versuchssteuerung auf dem Bildschirm dargeboten (zum Beispiel Mangold, 1986). Gemessen werden je nach spezifischem Erkenntnisinteresse entweder die Art der sprachlichen Benennung, das heißt die Wortwahl, die syntaktische und gegebenenfalls auch prosodische Gestaltung der Äußerung, oder die Zeit, die von der Darbietung der Objektkonstellation bis zum Beginn der sprecherseitigen Äußerungsproduktion verstreicht (vgl. schon Oldfield & Wingfield, 1964). Im Falle der Erforschung von Verstehensprozessen werden der Versuchsperson bei der referentiellen Kommunikationsaufgabe die Objektkonstellation und eine Benennungsäußerung vorgegeben, und es wird gemessen, ob sie das intendierte Objekt findet, Fehler macht oder wie lange es von der Darbietung der Objekte bis zur Identifikation des gesuchten Objekts dauert.

Bekannt wurde das skizzierte Experimentalparadigma im Bereich der Benennung von Objekten vor allem durch die Arbeit Olsons (1970), eines kognitiven Semantikers (vgl. auch Herrmann & Deutsch, 1976). Er zeigte seinen Versuchspersonen, Kindern, jeweils eine Reihe nebeneinanderliegender Holzklötzchen. Im Beisein eines Kindes wurde unter einem der Klötze ein kleines Geschenk versteckt; dann sollte das Kind einem anderen Kind, welches nicht wußte, unter welchem Klotz das Geschenk liegt, sagen, welches der ‚richtige' Klotz ist. Diese Aufgabe wurde mit mehreren Kindern durchgespielt, wobei das Geschenk immer unter demselben Klotz – dem weißen, runden Klotz – lag, die Klötze, die außerdem vorhanden waren, jedoch systematisch variiert wurden (vgl. *Abbildung 2.2*).

Zielobjekt	Alternativobjekte	Benennung
○	●	... das weiße
○	□	... das runde
○	□ ● ■	... das weiße, runde

2.2 Die Benennung eines Zielobjekts (weißer Kreis) ändert sich in Abhängigkeit von den Kontextobjekten (nach Olson, 1970).

Erwartungsgemäß ergab sich, daß der Klotz, unter dem das Geschenk lag, immer *informativ* benannt wurde; also so, daß er eindeutig gegenüber den anderen hervorgehoben wurde. Außerdem konnte Olson zeigen, daß sich die Benennung eines (desselben) Objekts in Abhängigkeit vom Objektkontext ändert. War noch ein anderer weißer, aber nicht runder Klotz vorhanden, wurde also „unter dem runden" gesagt; war noch ein anderer runder, aber nicht weißer Klotz vorhanden, wurde „unter dem weißen" gesagt. Nur wenn sich sowohl andere weiße als auch andere runde Klötze in der Objektkonstellation befanden, sagten die Teilnehmer „unter dem weißen runden".

Warum sagten die Kinder aber nicht *immer* „unter dem weißen runden"? Das heißt, warum gaben sie nicht immer die Eigenschaften aller Ausprägungen des Klötzchens an, unter dem das Geschenk lag? Die Informativität der Benennung wäre durch eine solche, unabhängig vom jeweiligen Objektkontext zielführende Äußerung immer gewährleistet. Man kann in den Befunden erkennen, daß es noch ein zweites Kriterium gibt, dem die Äußerungsproduktion folgt, die *minimale Spezifität*. Die Sprecher wählten (meistens) nur diejenigen Attribute aus, die das Zielobjekt von den anderen Objekten in der jeweiligen Objektkonstellation unterscheiden (spezifizieren). Insgesamt entspricht der Befund der von Grice (1979) für Kommunikationsabläufe beschriebenen Maxime der Informativität (hier in einer anderen Verwendung des Wortes): Sage soviel wie nötig (= sei informativ), aber nicht mehr als notwendig (= spezifiziere minimal)! (Benennungsäußerungen, in denen mehr als die zur eindeutigen Hervorhebung minimal notwendigen Eigenschaften des Zielobjekts thematisiert werden, nennt man entsprechend „überspezifiziert". Informative Benennungen sind also entweder minimal spezifiziert oder überspezifiziert. Unterspezifizierte, das heißt nicht informative Benennungen kommen – zumindest in Benennungsexperimenten – fast nie vor.)

Wir wollen noch ein weiteres Experiment schildern, das die sprecherseitige Produktion minimal spezifizierter, kontextabhängiger Objektbenennungen belegt (Herrmann, 1982a, S. 73ff.; Herrmann & Deutsch, 1976). Wir werden das sehr ausführlich tun, um bei dieser Gelegenheit einige Spezifika sprachpsychologischen *Experimentierens* zu illustrieren. In dieser Untersuchung spielten neun- bis elfjährige Kinder die Rolle von Parkplatzwächtern. Sie wurden an einen Tisch gesetzt, auf dem sich verschiedene Spielzeugautos befanden. Eines davon sollte der Parkplatzwächter über einen fingierten Lautsprecher nach folgendem Satzmuster benennen: „Der Fahrer des /.../ soll sein Fahrzeug aus dem Parkplatz herausfahren."

Die in diesem Spiel verwendeten Fahrzeuge unterschieden sich nach drei Gesichtspunkten: (i) Sie gehörten verschiedenen Fahrzeugklassen an: Bagger und Volkswagen. (ii) Sie hatten verschiedene Farben: blau oder rot. (iii) Sie hatten relativ zueinander unterschiedliche Größe: groß oder klein. Bei systematischer und vollständiger Kombination ergab sich ein Pool von acht verschiedenen Fahrzeugen. Jedes dieser Fahrzeuge war in manchen Experimentalbedingungen das Zielobjekt, in anderen ein Kontextobjekt. Geht man davon aus, daß die Parkplatzwächter bei ihren Benennungen nur solche Eigenschaften verwenden, die in der gesamten Objektkonstellation relevant sind – und nicht etwa sagen: „der Bagger mit den vier Rädern und der Windschutzscheibe vorne, der auf beiden Seiten Türen hat und hinten einen Auspuff" und damit eine elaborierte Beschreibung abgeben –, so kann man jedes Objekt auf siebenerlei Art benennen. Für einen großen roten Bagger gibt es beispielsweise die Möglichkeiten „der große", „der rote", „der Bagger", „der große Bagger", „der rote Bagger", „der große rote", „der große rote Bagger". Es ließen sich für jedes der acht Objekte jeweils sieben Objektkonstellationen so bestimmen, daß je eine der genannten Benennungsalternativen informativ war und zugleich nicht mehr Eigenschaften des Zielobjekts ansprach, als zur Identifikation notwendig waren (vgl. *Abbildung 2.3*). Für den Versuch wurden, um für die Teilnehmer im Bereich der Zumutbarkeit zu bleiben, jedoch nicht alle 7 × 8 = 56 Anordnungen berücksichtigt, sondern nur die Hälfte aller wie beschrieben möglichen Konstellationen. Bei insgesamt 295 Probanden wurden somit 295 × 28 = 8260 Benennungen gewonnen. Das Experiment wurde als Gruppenversuch im Klassenzimmer der

SPRECHEN

Kontextobjekte	benanntes Merkmal bei minimaler Spezifizierung
nur kleine Fahrzeuge	groß
nur blaue Fahrzeuge	rot
nur VWs	Bagger
großer VW & kleiner Bagger	groß, Bagger
roter VW & blauer Bagger	rot, Bagger
große, blaue & kleine, rote Fahrzeuge	groß, rot
kleiner roter Bagger & großer blauer Bagger & großer roter VW	groß, rot, Bagger

2.3 Sieben Objektkonstellationen, bei denen im Parkplatzexperiment (vgl. Text) jeweils eine der Benennungsalternativen informativ ist. Das Zielobjekt ist hier ein großer, roter Bagger.

Schüler durchgeführt; die Objektanordnungen wurden mit Hilfe von Lichtbildern präsentiert. Es zeigte sich, daß bei 27 der 28 verwendeten Objektkonstellationen mit signifikant überzufälliger Häufigkeit gerade diejenige Benennung verwendet wurde, die für den Hörer minimal spezifisch ist, also das Zielobjekt eindeutig erkennen läßt, ohne unnötige weitere Objekteigenschaften zu thematisieren.

2.3.1 Zum sprachpsychologischen Experimentieren

In der naturwissenschaftlich orientierten Tradition der Psychologie, die auf das Finden allgemeiner, gesetzesartiger Zusammenhänge ausgerichtet ist, spielt die Methode des Experiments eine wichtige Rolle. Das gilt auch für den Bereich der Sprachpsychologie.

> Andere, mit Sprache befaßte wissenschaftliche Disziplinen, wie etwa die Linguistik oder die Sprachphilosophie, haben ihre eigenen Methoden; und das Experiment ist auch mit guten Gründen nicht die einzige Untersuchungsmethode, die in der Psychologie zur Anwendung kommt.

2. DAS BENENNEN VON GEGENSTÄNDEN

Wenn man beispielsweise erforschen will, wie Sprecher Objekte benennen, und wenn man davon ausgeht, daß dabei – im Rahmen des sprecherseitigen Situationswissens – die Konstellation der Alternativobjekte eine Rolle spielt, so muß man ein Vorgehen wählen, bei dem man die Objektkonstellation kontrollieren kann; das heißt, man muß angeben können, mit welcher Objektkonstellation ein Sprecher konfrontiert ist (beziehungsweise welche er im Suchraum des Hörers annimmt), wenn er benennt. Hierzu sind Experimente sehr gut geeignet, da es der Versuchsleiter in der Hand hat, welche Anordnung von Fahrzeugen – um beim oben dargestellten Parkplatzexperiment zu bleiben – sich auf dem Tisch befindet und welches Fahrzeug der Teilnehmer benennen soll. Ist man auf diesem Wege zu stabilen Hypothesen gelangt (hier etwa: Sprecher benennen minimal spezifiziert), so kann man die Befunde anschließend in natürlichen Umgebungen verproben, um mögliche ‚verzerrende' Einflüsse der Experimentalsituation ausfindig zu machen (vgl. Bungard, 1980) beziehungsweise um die ‚ökologische' Validität der Befunde sicherzustellen (vgl. Bungard, 1984, S. 19ff.).

Im Vergleich zu anderen psychologischen Teildisziplinen gibt es auf der Welt nur wenige Forschungseinrichtungen, die sich mit der Sprachpsychologie und insbesondere mit der Sprachproduktion beschäftigen. Dementsprechend sind die methodischen Standardlehrbücher für die Behandlung sprachpsychologischer Fragen nicht immer maßgeschneidert. Wir können hier keinen ‚sprachpsychologischen Experimentierleitfaden' geben. Wir wollen aber (ohne Anspruch auf Vollständigkeit) einige experimentaltechnische Probleme und Besonderheiten bei Sprach*produktions*untersuchungen etwas näher betrachten. Diese beziehen sich (a) auf die *Instruktion* der Versuchspersonen, (b) auf die *Variabilität* sprachlicher Verhaltensweisen, (c) auf die *wiederholte* Evozierung sprachlicher Reaktionen und (d) auf die Rolle der Sprache bei der Untersuchung *anderer*, nicht sprachpsychologischer *Fragestellungen*. Wir führen diese allgemeinen Gesichtspunkte im Zusammenhang mit der Objektbenennung aus, weil es sich dabei um eine vergleichsweise eingegrenzte und überschaubare Klasse sprachlicher Äußerungen handelt.

(a) Das Sprechen ist eine stark automatisierte menschliche Tätigkeit. Wir können es, ohne immer angeben zu können, wie wir es im einzelnen tun oder welche Regeln unserem Sprachgebrauch zugrunde liegen. Solche automatisierten Tätigkeiten neigen dazu, besonders kompliziert und schwierig zu werden, wenn man die Aufmerksamkeit – in ungewohnter Weise – ganz besonders darauf richtet (vgl. Reason, 1990). Wie oft tragen wir einen Gegenstand problemlos von einem Zimmer ins andere, aber wie schwer ist es, etwas zu tragen, was man auf keinen Fall fallen lassen darf! In sprachpsychologischen Experimenten sollte es deshalb vermieden werden, die Aufmerksamkeit in besonderer Weise auf die Prozesse der Sprachproduktion zu richten. Sonst geht oft viel von der ‚natürlichen Unbefangenheit' der Sprecher verloren; sie verhalten sich (sprachlich) nicht mehr so, wie sie es in einer bestimmten Situation eben tun würden, sondern versuchen, sich an irgendwelchen präskriptiven Normen für einen ‚richtigen' Sprachgebrauch zu orientieren, wie sie etwa im Schulunterricht zum Teil vermittelt werden. („Antworten Sie in ganzen Sätzen!" – Welche Form hat eine ‚Bildbeschreibung', welche die ‚kritische Erörterung' eines Themas, ein ‚Besinnungsaufsatz'?). Dazu kommt, daß Versuchspersonen oft eigene Hypothesen darüber ausbilden, auf welche Verhaltensweisen es in dem Experiment wohl ankommt und auch, wie sie dem Versuchsleiter ‚gefallen' können (Bungard, 1980).

Der Versuchsleiter ist in der Regel an einer fairen (durch konkrete Hypothesen oder durch explorative Erkundungsinteressen geleiteten) Bestimmung der Verhaltensweisen interessiert, die Menschen in Abhängigkeit von den experimentell manipulierten Bedingungen an den Tag legen. Wenn man also wie in obigem Beispiel in einem Experiment der Frage nachgeht, ob Sprecher minimal spezifiziert benennen, dann darf man den Teilnehmern diesbezüglich nicht schon eine bestimmte Vorgabe machen oder auch nur nahelegen (Carroll, 1985). Wenn man die Versuchsperson explizit *anweist*, etwa das Zielobjekt immer so zu benennen, daß man dabei möglichst wenig sagen muß und daß der Hörer daraus gerade eben das richtige Objekt erschließen kann, so ist es wenig aufschlußreich, wenn man anhand der Auswertung dann ein minimal spezifiziertes Benennungsverhalten konstatieren kann (»Man findet Eier, die man selbst versteckt hat.«; Herrmann & Deutsch, 1976, S. 77). Man hat dann allenfalls überprüft, ob sich die Versuchsteilnehmer an die Instruktionen halten.

Eine von uns und anderen oft gewählte Möglichkeit, diesen Aspekten möglichst gerecht zu werden, besteht darin, die Experimentalaufgaben in eine ausformulierte Situation zu ‚verpacken‘, die den Teilnehmern vertraut ist. (Die Frage der experimentellen Täuschung ist hier nicht tangiert; vgl. Kumpf, 1981; Schuler, 1980.) Sader (1986) spricht hier von *Rollenvorstellungsexperimenten*. Kinder sind für alle Arten von Spielsituationen gut zugänglich und hinsichtlich einer ‚tieferen‘ Begründung ihres Tuns oft weniger anspruchsvoll (solange sie die Aufgabe nicht als langweilig empfinden). Erwachsene Versuchsteilnehmer kommen mit Situationen auch in ihrer experimentellen ‚Laborsimulation‘ in der Regel gut zurecht, in denen sie alltägliche Aufgaben bewältigen sollen, die von einem Ziel, das es zu verfolgen gilt, bestimmt werden; dabei erfolgt das Hervorbringen von Sprache – wie im täglichen Leben auch – sozusagen ‚en passant‘ (jemandem einen Weg beschreiben; einen Passanten um Hilfe bitten; jemandem am Telefon erklären, wie man eine Krawatte bindet).

In unserem oben angeführten Beispiel des Parkplatzexperiments waren die teilnehmenden Kinder nicht primär damit beschäftigt, Objekte zu benennen. Vielmehr spielten sie einen Parkplatzwächter, versuchten, sich wie ein Parkplatzwächter zu verhalten, hatten zu bestimmen, wer dort parken darf, etc., und produzierten in dieser Rolle eben auch Objektbenennungen. Wir illustrieren die Instruktion durch Rolleneinbettung an einem weiteren Beispiel mit Erwachsenen. Wir haben oben (Kapitel 1) bereits darauf hingewiesen, daß „vor einem Auto" geradezu Gegensätzliches bedeuten kann (Grabowski, Herrmann & Weiß, 1992): Es besteht der Konflikt, daß man „vor" sowohl als „zwischen dem Auto und mir" als auch als „an der Vorderseite des Autos" auffassen kann. Normalerweise sind sich Menschen dieses Konflikts nicht bewußt, sonst würden sie in vielen Situationen „vor" gar nicht mehr oder nur nach großem Zögern verwenden. In diesen Experimenten wurde nun die Produktion beziehungsweise das Verstehen von räumlichen Äußerungen, in denen „vor" eine Rolle spielt, in eine Verkehrssituation eingebaut: „Stell dir vor, ein Freund fährt dich mit dem Auto nach Hause. Was würdest du sagen, wenn er dich hier aussteigen lassen soll?" Die Versuchspersonen *verhalten* sich so, wie sie es mutmaßlich auch außerhalb des Experiments tun würden, achten beispielsweise auf die Verkehrsregeln, und verwenden *dabei* „vor" (oder „hinter") mit größter Unbefangenheit; ihre Aufmerksamkeit ist auf die – hier: verkehrsbezogene – Situation gerichtet und nicht auf mögliche sprachproduktionsspezifische Probleme.

Man kann auch anders argumentieren: Wenn wir annehmen, daß Sprechen kein bloßer, linguistisch determinierter Bedeutungstransport ist (vgl. Abschnitt 1.2.4), sondern die ziel-, partner- und allgemein situationsspezifische Regulation des Verhaltens mit sprachlichen Mitteln, so kommt man den interessierenden Phänomenen und ihren Determinanten nur dadurch auf die Spur, daß man in Experimenten solche Situationen auch entsprechend ausformuliert und mit den Ausprägungen anreichert, die das Sprechen letztlich determinieren. Ziel-, partner- und situations*los* evozierte Äußerungen haben demgegenüber starke artifizielle Anteile, die über psychologische Faktoren der Sprachproduktion nur wenig aussagen.

2. DAS BENENNEN VON GEGENSTÄNDEN

(b) Man ist in der Psychologie, wie erwähnt, daran interessiert, die Abhängigkeit bestimmter Verhaltensweisen von – zumeist in Experimenten systematisch variierten – Bedingungsausprägungen oder Reizvorgaben zu bestimmen. Dabei ist es zumindest unter Gesichtspunkten der Messung dieser Verhaltensweisen und der Gewinnung statistisch gesicherter Aussagen etwa über Unterschiede zwischen den gesetzten Bedingungen von Vorteil, wenn man die Probanden in *geschlossene Reaktionsklassen* führen kann. Das heißt, daß sich die in der jeweiligen Untersuchung zugelassene Variabilität des Verhaltens innerhalb einer bestimmten Spielbreite bewegt, die es erlaubt, konkrete Verhaltensweisen immer eindeutig zu klassifizieren, also bestimmten Klassen von Verhaltensweisen zuzuweisen. Angenommen, die Teilnehmer an Rudi Carrells ehemaliger Spielshow „Am laufenden Band" wären Versuchspersonen. Wenn sie einen der Gegenstände, die vorher schnell an ihnen vorbeigerollt sind, nachher wieder nennen, dann haben sie sich diesen Gegenstand gemerkt; nennen sie ihn nicht, dann haben sie ihn sich nicht gemerkt. Was auch immer die Teilnehmer während der Zeit, die ihnen zur Verfügung steht, tun: Für jeden Gegenstand existiert nach Ablauf der ‚Untersuchung' ein Meßwert – ‚gemerkt' oder ‚nicht gemerkt'. (In lern- und gedächtnispsychologischer Tradition handelt es sich bei diesem Beispiel um einen Fall nicht-serieller, freier Reproduktion; vgl. Kluwe, 1992.)

Das Musterbeispiel für geschlossene Reaktionsklassen sind Mehrfachwahlaufgaben (‚multiple choice'-Aufgaben), bei denen die Probanden nur wenige Reaktionsalternativen zur Auswahl haben. Im Bereich der Sprachpsychologie kann man besonders bei Fragen des Sprach*verstehens* mit solchen geschlossenen Reaktionsmöglichkeiten arbeiten: beispielsweise mit Reaktionszeiten (etwa für die Identifikation eines Objekts aus einer Menge von Objekten nach einer gehörten Objektbenennung), die direkt einen Meßwert in Form einer numerischen Ausprägung auf der Dimension der Zeitdauer liefern. Ein Grund für die weitaus größere Anzahl von Forschungsarbeiten zur Sprachrezeption gegenüber der Sprachproduktion – wenn auch nicht der einzige und sicherlich in der Geschichte der psychologischen Forschung nicht der wichtigste – dürfte darin liegen, daß sich sprachverstehensbezogene Untersuchungen besser dem elaborierten methodischen Kanon der Psychologie fügen, besonders im Hinblick auf die *Messung* von Verhaltensweisen (vgl. aber H. Clark, 1973): Man kann sprachliche Reizvorgaben systematisch konstruieren, sie Probanden vorgeben und zuvor definierte, geschlossene Reaktionsklassen für Verstehensprozesse definieren. (Bezeichnenderweise schreibt Günther (1983) beispielsweise einen Artikel über »sprachpsychologische Experimente«, der sich nur auf Experimente zur Sprachrezeption bezieht. Die Möglichkeit sprachproduktionspsychologischer Experimente wurde hier gar nicht gesehen.)

Anders verhält es sich mit Sprachproduktionsexperimenten. Sprechen ist, wenn losgelassen, frei flottierend. Selten sagen zwei Menschen genau dasselbe; die Menge der möglichen sprachlichen Äußerungen in einer natürlichen Sprache ist praktisch unendlich, oder, in mathematisch exakterer Diktion, höchstens abzählbar.

> Dies ist unter anderem deshalb der Fall, weil Sprache *rekursive* Elemente bei den Konstruktionsmöglichkeiten umfaßt. Vollständige beziehungsweise grammatische Sätze werden nach bestimmten Regeln gebildet; in einer Variante der Theoriesprache der Generativen Grammatik zum Beispiel (vgl. Dietrich, 1976) besteht ein Satz aus einer Nominalphrase und einer Verbalphrase. Die Nominalphrase kann man, um einen korrekten Satz zu bilden, beispielsweise durch „Artikel + Nomen" ersetzen, das Nomen kann wiederum durch „Adjektiv + Nomen" ersetzt werden. Die Ersetzungsregel „Nomen → Adjektiv + Nomen" ist ein Beispiel für eine rekursive Regel:

Das Element auf der linken Seite kommt auf der rechten Seite erneut vor, deshalb kann die Regel immer wieder ‚auf sich selbst' angewandt werden. Dabei kann sich eine – immer grammatisch korrekte – Struktur der Art „Nomen → Adjektiv + (Adjektiv + (Adjektiv + (Adjektiv ... + Nomen))) ergeben: „Der schöne, kraftstrotzende, liebliche, anmutige, blonde, herausfordernde, mutige, intelligente ... Buchautor." Chomsky (1959) hat unter anderem den Hinweis auf dieses Rekursionsprinzip bei der unendlichen Vielfalt möglicher sprachlicher Äußerungen (bei Chomsky geht es allerdings immer nur um Sätze) dazu verwendet, um Skinner (1957) im wahrsten Sinne des Wortes vorzurechnen, daß dessen behavioristische Vorstellungen zum Spracherwerb – nach den Gesetzen des Reiz-Reaktions-Lernens – nicht zutreffen können: Selbst bei sehr vorsichtigen Schätzungen könnte ein Mensch gar nicht so alt werden, um – nach behavioristischem Prinzip – auch nur einen Bruchteil der Vielfalt an sprachlichen Äußerungen zu lernen, über deren Konstruktionsmöglichkeit er schon nach wenigen Lebensjahren verfügt. Diese Buchrezension Chomskys wurde sehr bekannt und gilt als empfindliche Kritik an der behavioristischen Konzeption des Spracherwerbs; auf den Behaviorismus folgten dann Jahrzehnte, in denen die Psycholinguistik von der Chomskyschen ‚Doktrin' maßgeblich beeinflußt wurde ... (Zu Chomskys Konzeption vgl. auch Kapitel 11.)

Läßt man Versuchspersonen nun in bestimmten, experimentell gesetzten und variierten Situationen Sprache produzieren, so liegen die (sprachlichen) Verhaltensweisen der Probanden zuerst einmal als ‚Verhaltensspuren' vor. Diese können akustischer (mündliche, auf Tonband oder der Tonspur eines Videobandes aufgenommene Äußerungen) oder optischer (schriftliche Äußerungen) Natur sein; der leichteren Bearbeitung wegen werden akustische Verhaltensspuren zumeist verschriftlicht (s. Exkurs 1.3 zur Transkription). Damit liegen aber noch keine Meßwerte vor. In einem zweiten Schritt müssen diese Verhaltensspuren nun, will man generalisierte gesetzesartige Aussagen über eine Reihe von Personen hinweg treffen (vgl. Herrmann, 1991), anhand einer Meßvorschrift bestimmten Klassen von Verhaltensweisen zugeordnet werden. Dies geschieht oft mit Hilfe von Klassifikationssystemen, die in sehr mühsamer und langwieriger Arbeit ausgearbeitet und erprobt werden müssen (vgl. Barattelli, Koelbing & Kohlmann (1992) für Objektbenennungen; Dorn-Mahler, Funk-Müldner & Winterhoff-Spurk (1991) für komplexe Aufforderungen; Spranz-Fogasy, Hofer & Pikowsky (1992) für Argumentationen; Rummer, Grabowski, Hauschildt & Vorwerg (1993) für Ereigniswiedergaben); wir werden in den Kapiteln 4 (zum Auffordern) und 5 (zum Reden über Ereignisse) konkrete Beispiele vorstellen.

Eine Möglichkeit, die Variabilität sprachlicher Äußerungen im Hinblick auf bestimmte Untersuchungsziele von vornherein forschungsbezogen einzudämmen, wurde in der oben beschriebenen Untersuchung zur Objektbenennung (Parkplatzexperiment) gewählt, indem den Versuchsteilnehmern ein *Satzrahmen* vorgegeben wurde, der nurmehr das Einfügen einer benennenden Nominalphrase (also einer Gruppe, die höchstens aus Artikel, Adjektiv und Nomen besteht) zuläßt (vgl. auch Pobel, 1991). Der eingefügte Äußerungsteil ließ sich dann in den allermeisten Fällen eindeutig und mühelos einer der sieben aufgeführten Möglichkeiten der Benennung eines Objekts in diesem Experiment zuordnen. Die Aufgabe der Versuchsteilnehmer war erinnerlich, einen Parkplatzwächter zu spielen, der ein bestimmtes Fahrzeug (beziehungsweise dessen Fahrer) veranlassen soll, den Parkplatz zu verlassen. Die Forschungsfrage „Welche Objektbenennung wählen Sprecher in einer solchen Situation?" in dieser Weise zu behandeln, ist sicherlich legitim. Es ließe sich allenfalls der Einwand treffen, daß sich Sprecher normalerweise in einer solchen Situation vielleicht mit anderen sprachlichen Mitteln als der Verwendung einer solchen, durch den Satzrahmen vorgegebenen Äußerung behelfen würden. In diesem Beispiel wäre ein solcher Einwand nach unserem allgemeinen Wissen über die Verwendungsweisen von sprachlichen Äußerungen aber sicher unbegründet.

Prinzipiell lassen sich solche Einwände in einem mehrstufigen experimentellen Verfahren beheben, wie wir abermals am Beispiel des Anhaltens vor oder hinter einem geparkten Fahrzeug illustrieren wollen: Angenommen, wir hätten bei der oben beschriebenen Versuchsaufgabe den Satzrahmen „Laß mich bitte /.../ dem gelben Käfer aussteigen." vorgegeben und gemessen, wieviele Versuchspersonen unter jeder Versuchsbedingung „vor" eingesetzt haben. Dabei hätte sich herausgestellt, daß sowohl der an die Vorderseite als auch der an die Hinterseite des gelben Käfers angrenzende Raum bevorzugt mit „vor dem gelben Käfer" bezeichnet wird. (Wir haben diese Art der Datenerhebung nicht durchgeführt, weil in diesem Fall die Aufmerksamkeit sehr stark auf die konfliktbesetzte Verwendung von „vor" beziehungsweise „hinter" gerichtet würde; vgl. oben (a).) Nun käme der (berechtigte) Einwand, daß dieser Befund artifiziell sei, weil Sprecher den von ihnen gemeinten Raum in der Regel mit anderen Mitteln markieren würden: Vielleicht würden sie von sich aus sagen: „Laß mich bei der ersten Gelegenheit aussteigen." oder „Laß mich aussteigen, nachdem wir an dem Käfer vorbei sind."; diese Äußerungen passen aber nicht in den Satzrahmen, den die Teilnehmer einhalten müssen. Diesem Einwand kann man begegnen, indem man ein zweites Experiment unter sonst gleichen Bedingungen durchführt, bei dem den Teilnehmern die zu produzierende Äußerung aber völlig freigestellt wird. Hier zeigte sich nun (ein solches Experiment haben wir tatsächlich durchgeführt), daß die Versuchspersonen überwiegend nichts anderes produzieren als Äußerungen, die dem oben beschriebenen Satzrahmen sehr ähnlich sind oder völlig entsprechen (Todtenhöfer, 1993). Das bedeutet, daß die Vorgabe eines wie im ersten Experiment beschriebenen Satzrahmens vollauf berechtigt wäre. Aber selbst wenn die Probanden in diesem zweiten Experiment völlig andere Arten sprachlicher Äußerungen produziert hätten, bliebe die gesetzesartige Aussage „*Falls* Personen eine Stelle in der Umgebung eines Fahrzeugs mit Hilfe lokaler Präpositionen kennzeichnen sollen, *dann* verwenden sie sowohl für die Stelle an der Vorderseite als auch für die Stelle an der Rückseite dieses Fahrzeugs das Wort ‚vor'." korrekt und legitim. (Sie beschriebe dann eben nur sehr seltene Fälle in der Welt.) – In ähnlicher Weise läßt sich die Natürlichkeit versus Künstlichkeit von sprachlichen Reizvorgaben in Sprachverstehensexperimenten durch Sprachproduktionsexperimente bestimmen.

Oft bietet das Experiment aber auch gerade Möglichkeiten, durch ‚künstliche' Reizvorgaben, die in der natürlichen Umwelt nicht vorkommen, bestimmte Teile des Sprachproduktions- oder Sprachrezeptionsprozesses zu erforschen, die sonst nicht sichtbar werden. Ob eine bestimmte experimentelle Setzung, beispielsweise die Vorgabe eines Satzrahmens, angemessen ist oder nicht, läßt sich nur von Fall zu Fall und nicht generell beurteilen. Die Wahl eines Satzrahmens oder anderer Maßnahmen, die die Variabilität des Sprechens einschränken, ist auf jeden Fall immer dann nützlich, wenn man sicherstellen will, daß sich die Reaktionen der Versuchspersonen im Rahmen derjenigen Äußerungsklassen bewegen, die Gegenstand des Forschungsinteresses sind.

(c) Jeder, der selbst einmal experimentiert hat, weiß, daß die Rekrutierung, Einbestellung (und nicht zuletzt die Entlohnung) von Versuchspersonen aufwendig ist und personale wie monetäre Forschungsressourcen bindet. Oft wird deshalb von einer Versuchsperson – aber nicht nur aus solchen forschungspragmatischen Gründen – eine ganze *Reihe* von Reaktionen auf systematisch konstruierte Reizvorgaben verlangt; in der Unterscheidung zwischen ab-

hängigen und unabhängigen Messungen stellt die Statistik dafür auch entsprechend angepaßte Auswertungsprozeduren bereit. In Sprachproduktionsexperimenten sind die sukzessiven sprachlichen Verhaltensweisen also nicht nur durch die gesetzten Bedingungen (= Unabhängige Variablen: vorgegebene Ziele, Situationen etc.), sondern oft auch durch das Verhalten in *vorhergegangenen* Experimentalaufgaben bestimmt. Probanden neigen dann aber beispielsweise dazu, sogenannte Reaktionsgewohnheiten auszubilden, indem sie etwa bestimmte, einmal gewählte Satzkonstruktionen beibehalten. Das heißt, die ursprünglich offene Reaktion kann im Verlauf der Durchgänge immer mehr zu einer geschlossenen werden. (Die Fragebogenforschung kennt viele solcher Effekte zur Abhängigkeit der Antworten von vorhergegangenen sprachlichen Reaktionen; vgl. Strack, Martin & Schwarz, 1988; Strack, Schwarz & Wänke, 1991.)

Im obigen Beispiel des Parkplatzexperiments, in dem es nur auf die Thematisierung der Objekteigenschaften bei der Benennung ankommt, ist dieses Problem nicht erheblich; der Satzrahmen schränkt, wie wir unter (b) angeführt haben, die Offenheit der Reaktion mit Absicht ein. Die Ausbildung von Reaktionstendenzen bleibt aber dort, wo sie aufzutreten droht, immer ein Dilemma zwischen Experimentalökonomie und ungewollten Störeinflüssen. Es bieten sich jedoch zumindest drei Verfahren an, um ihre Einflüsse zu kontrollieren. Zum einen werden die einzelnen Aufgaben, die die Versuchsperson ausführen soll, jeder Person in einer anderen Reihenfolge vorgegeben. Dadurch erhält jede Aufgabe die ‚Chance‘, einmal an erster, von anderen Durchgängen unbeeinflußter Stelle zu stehen. Zum anderen kann man die Reaktionen der Versuchspersonen hinsichtlich der Stelle, an denen sie im Experimentalverlauf auftraten, vergleichen und damit herausfinden, ob sich die sonst unter gleichen Bedingungen erhobenen Äußerungen danach unterscheiden, ob sie beispielsweise im ersten oder im letzten Drittel einer Aufgabenreihe plaziert waren. Drittens läßt sich innerhalb der produzierten Äußerungen jeder einzelnen Versuchsperson prüfen, ob die anfangs gewählte Art der Reaktion bei den weiteren Durchgängen beibehalten wurde.

Im Zweifel ist es aber durchaus angezeigt, den mühsameren Weg zu gehen, also jede Person nur einem Experimentaldurchgang zu unterziehen und somit sehr viele verschiedene Versuchspersonen zu benötigen. Im obigen Beispiel des Aussteigenlassens vor oder hinter einem parkenden PKW setzt die Befangenheit der Probanden hinsichtlich einer ‚natürlichen‘ Verwendung von „vor" oder „hinter" meistens schon ein, nachdem sie die Aufgabe in nur einer einzigen vorgegebenen Konstellation ausgeführt haben; für weitere Durchgänge (etwa das Aussteigenlassen vor oder hinter einem Baum) scheidet die Person damit aus.

(d) Selbstverständlich erfolgt die Reaktion von Probanden in vielen psychologischen Untersuchungen in der Form des Sprechens, ohne daß die Sprachproduktion oder die an ihr beteiligten Prozesse Gegenstand der Untersuchung wären. Auch jedes halboffene oder offene Interview, jede Klausur oder mündliche Prüfung, ja jede explizite Ja/Nein- oder Richtig/Falsch-Entscheidung evoziert eine sprachliche Verhaltensspur. Das ist überall dort unproblematisch, wo die sprachliche Äußerung einer Person begründet als Indikator etwa für bestimmte kognitive Leistungen herangezogen wird; man denke beispielsweise an Rechenaufgaben. Wenn jemand geprüft wird, wie die Krone des Papstes heißt, so ist es natürlich unerheblich, ob er die (in diesem Fall falsche) Antwort „Tirana" dem Prüfenden auf dem Wege der Sprachproduktion zu Gehör bringt oder etwa ein Kreuzchen bei einer vorgegebenen Multiple-choice-Antwort macht. (Aber hat er, wenn er „Tirana" *sagt*, es nicht richtig gewußt oder sich nur versprochen?) Sprache ist im allgemeinen ein hinreichend abbildungstreues, oft sogar das einzige ‚Fenster‘ zum Denken. Doch wird die Zuverlässigkeit dieser Beziehung auch oft überschätzt. Knäuper (1993) beispielsweise findet, daß die Tendenz

älterer im Vergleich zu jüngeren Menschen, weniger Depressionen in ihrem Leben zu berichten, nicht nur mit Faktoren des Alters, der Zugehörigkeit zu einem Geburtsjahrgang oder des Gedächtnisses erklärt werden kann, sondern auch mit unterschiedlichen Verstehensprozessen bei der Beantwortung der Fragen des *Diagnosemanuals*. Beispielsweise bedeutet „oft" in der Frage „Fühlen Sie sich oft niedergeschlagen?" für Ältere etwas anderes als für Jüngere; hier wird eine eigentlich klinische Fragestellung unversehens zum sprachpsychologischen Problem. (Wir glauben, daß der Einfluß sprachpsychologischer Faktoren etwa bei klinischen, wissens- oder persönlichkeitsbezogenen Diagnoseinstrumenten im allgemeinen eher unterschätzt wird.)

2.4 Die Ausführlichkeit von Benennungen

Resultat der im Abschnitt 2.3 dargestellten Untersuchungen von Olson (1970) und Herrmann & Deutsch (1976) war, daß Sprecher überwiegend minimal spezifizierte Benennungen produzieren; daß also allein der Objektkontext darüber entscheidet, welche Eigenschaften eines Objekts thematisiert werden. Dieser Befund spiegelt sich jedoch in vielen Arbeiten nicht problemlos wieder (zum Beispiel Deutsch & Pechmann, 1982; Ford & Olson, 1975; Grosser & Mangold-Allwinn, 1990; Mangold & Pobel, 1988); oft ergab sich ein beträchtlicher Anteil von überspezifizierten Benennungen, zum Teil bis hin zur Gleichverteilung: Man sagt also gewissermaßen mehr als nötig. Die Gricesche Maxime der Informativität, die die Ökonomie von Kommunikationsabläufen betont, reicht zur Kennzeichnung der Phänomene demzufolge nicht aus. Wir stellen die heute dazu vorliegenden Untersuchungen nicht im Detail dar, sondern skizzieren im folgenden die gefundenen Zusammenhänge. Die Frage, welche Faktoren die Ausführlichkeit einer Objektbenennung insgesamt beeinflussen und in welcher Weise dies geschieht, ist derzeit noch nicht abschließend geklärt.

(a) Sprecher berücksichtigen bei der Produktion einer Objektbenennung offensichtlich die unterschiedliche *Wahrnehmbarkeit* von Attributen. Eigenschaften, die wahrnehmungsbezogen auffällig sind, werden in einer Benennung bevorzugt thematisiert, auch wenn sie nicht zur eindeutigen Spezifikation des Zielobjekts beitragen. Insbesondere ist das bei dem Merkmal der Farbe der Fall (Mangold & Pobel, 1988). Die Funktionalität dieser Überspezifizierung auffälliger Merkmale konnte Mangold (1986, 1987) in Experimenten zur Rezeption von Objektbenennungen nachweisen, bei denen Probanden das Zielobjekt schneller fanden, wenn das zusätzlich spezifizierte Merkmal im Vergleich zu den Merkmalen, die das Objekt von den Kontextobjekten abhebt (= minimal spezifiziert), leichter erkennbar war (hier: Farbe gegenüber Form und Größe). Erfolgte die Überspezifizierung einer Objektbenennung durch Hinzufügen eines schwerer erkennbaren Merkmals (also etwa der Form, wenn die Farbe allein schon zur Identifikation des Zielobjekts ausgereicht hätte), so verlängerte sich die Suchzeit der Probanden. Die bevorzugte, gegebenenfalls überspezifizierte Thematisierung der Farbausprägung eines Objekts erfolgt also offenbar nicht (nur), weil diese für den Sprecher selbst besonders gut wahrnehmbar und damit auffällig ist, sondern weil sie den Suchprozeß des Hörers erleichtert. Diese genannten Befunde gelten im übrigen nicht nur für die variable Wahrnehmbarkeit ganzer Dimensionen (also beispielsweise der Farbe gegenüber der Form), sondern auch für die relative Wahrnehmbarkeit von verschiedenen Auspra-

gungen auf derselben Dimension: Eine hellblaues Objekt beispielsweise hebt sich von türkisfarbenen Kontextobjekten weit weniger ab als von roten Objekten; entsprechend erleichtert die Angabe von „hellblau" die Suche im Kontext roter Objekte mehr als im Kontext türkisfarbener Objekte, was zur bevorzugten Überspezifizierung solcher im Kontext relativ auffälligen Merkmalsausprägungen führt.

(b) Sprecher kalkulieren bei der Produktion einer Objektbenennung die *Verteilung der Eigenschaften* innerhalb der Kontextobjekte im Suchraum mit ein. Besteht der Suchraum des Hörers beispielsweise aus zehn großen Tassen (unterschiedlicher Form und Farbe), so leistet eine Überspezifizierung durch Angabe der Größenausprägung keine Identifikationserleichterung für den Hörer; sind aber nur drei Tassen groß und die anderen klein, so wirkt die Angabe der Größe, auch wenn sie das Zielobjekt nicht eindeutig von den anderen abhebt, zumindest teilweise diskriminierend. Entsprechend werden also bevorzugt solche Eigenschaften zusätzlich benannt, die das Zielobjekt mit einigen, aber nicht mit den meisten anderen Objekten im Suchraum gemeinsam hat (Mangold & Pobel, 1989). Man darf hier spekulieren, daß die Benennung der zusätzlichen Eigenschaft die Aufmerksamkeit des Partners auf eine *Teilmenge* von Objekten lenkt und damit das Suchfeld verkleinert.

(c) Der Einfluß von *wahrnehmungsbezogenen Bedingungen* auf die Produktion von Objektbenennungen läßt sich auch zeigen, ohne auf überspezifizierte Benennungen zu rekurrieren. In Experimenten zur *multiplen Benennbarkeit* unterscheidet sich das Zielobjekt auf mehr als einer Dimension eindeutig von allen Kontextobjekten. Beispielsweise läßt sich eine kurze und breite Kerze sowohl durch „die kurze" als auch durch „die breite" gegenüber einer hohen und schmalen Kerze hervorheben. Hier zeigte sich, daß bevorzugt diejenige Dimension genannt wird, auf der das Zielobjekt im Vergleich zu den Kontextobjekten die größte *Distanz* aufweist (Herrmann, 1982a; Herrmann & Deutsch, 1976). Sind die Distanzen auf den möglichen diskriminativen Dimensionen gleich, das heißt in obigem Beispiel, entspricht der Höhenunterschied der Kerzen ihrem Breitenunterschied (die Gleichheit dieser Objektdistanzen wurden vorab durch geeignete Meßverfahren sichergestellt), so hängt die produzierte Benennung davon ab, welche Merkmalsdimension der Sprecher zu bevorzugen *gelernt* hat. In diesen Fällen kommt also eine bisher noch nicht genannte Bedingungsvariable ins Spiel, die sprecherseitige (quasi-) dispositionelle Präferenz von bestimmten Objektmerkmalen. (Diese Variable ist also, im Gegensatz zu den vorher genannten Faktoren, nicht partnerbezogen.)

(d) Unabhängig von der Auffälligkeit von Merkmalen wird die Produktion von Objektbenennungen dadurch beeinflußt, ob bestimmte Merkmalsausprägungen für ein Objekt *typisch* sind oder nicht (Grosser & Mangold-Allwinn, 1989a). Bei Objekten, die mit keiner charakteristischen Farbausprägung einhergehen (zum Beispiel Bälle oder Autos), wird das Merkmal der Farbe öfter überspezifiziert als bei Objekten ‚kanonischer' Farbe (Bananen, Erdbeeren, Briefkästen). Das „gelb" in „die gelbe Banane" ist für den Hörer offensichtlich wenig informativ, da sowohl Sprecher als auch Hörer wissen, daß Bananen in der Regel gelb sind. Umgekehrt steht zu erwarten, daß auf der Basis des allgemeinen Weltwissens sehr *ungewöhnliche* Merkmalsausprägungen eines Objekts der Benennung generell hinzugefügt werden, ob sie nun zur Diskrimination des Objekts im Objektkontext beitragen oder nicht („die blaue Erdbeere").

Wenn in einer Einzelsprache (und in dem kulturellen Umfeld, in dem sie gesprochen wird) eine Merkmalsausprägung so eng mit einem Objekt verknüpft ist, daß jeder Teilhaber der Sprachgemeinschaft über diese Zuordnung kognitiv verfügt, so ist nach den obigen Ausführungen zu erwarten, daß die Merkmalsausprägung infolge ihres extrem geringen Informationswertes in Benennungen dieses Objekts so gut wie nie verwendet wird. Die ‚kanonische' Bezeichnung des Objekts zusammen mit der Angabe dieses Merkmals ist dann sozusagen ‚frei', sie wird als Benennung zur Hervorhebung dieses Objekts gegenüber einem Partner nicht benötigt. In solchen Fällen kommt es zuweilen vor, daß in einer Einzelsprache diese an sich ‚überflüssige' Benennung mit einer besonderen Bedeutung belegt wird. In Deutschland etwa ist die Post fest mit der Farbe gelb assoziiert. Die Bezeichnung „die Gelbe Post" für den Brief- und Paketdienst im Gegensatz zu den Fernmelde- und Bankdienstleistungen konnte sich somit herausbilden, weil „gelb" zur benennenden Hervorhebung der Post nicht benötigt wird. (Es handelt sich nun aber – vgl. oben 2.1 – um einen referierenden Titel und nicht um eine Benennung, mit der über die Post ausgesagt wird, sie sei gelb.) Ähnlich verhält es sich mit Äußerungen wie „die rote SPD": Da jeder mutmaßlich weiß, daß die SPD mit der Farbe rot assoziiert ist, kann ein Sprecher mit der Angabe dieses an sich überflüssigen Merkmals ‚Sonderhinweise' geben. In diesem Beispiel will der Sprecher vielleicht besonders die Wurzeln der SPD im sozialistischen Gedankengut betonen. Wir kommen auf diese ‚Sonderhinweise', das heißt auf das gleichzeitige Verfolgen anderer Ziele als der Identifikation des Objekts für den Hörer, im Abschnitt 2.8 zu nebengeordneten Sprecherzielen bei der Objektbenennung zurück.

(e) Den im vorigen Abschnitt (d) genannten Befund kann man allgemein so fassen, daß Sprecher bei der Produktion einer Objektbenennung berücksichtigen, über welches Wissen der Partner allgemein und im Moment der Interaktion in ihrer Sicht verfügt (vgl. auch Clark & Wilkes-Gibbs, 1986); solche sprecherseitigen Annahmen gehören zum Partnermodell. Im Falle typischer Merkmalsausprägungen kann der Hörer dieses Merkmal allein aus der Angabe der Objektklasse (zum Beispiel „Banane") inferieren. Aber auch wenn Sprecher in *vorausgegangenen* Bezugnahmen auf ein Objekt ein Merkmal bereits hervorgehoben haben, gehen sie davon aus, daß der Partner dieses Merkmal inzwischen mit dem Objekt verknüpft hat, und lassen es bei Folgebenennungen weg. Sprecher verfügen also auch über Wissen über die in einer Situation schon produzierten Äußerungen; sie *protokollieren* die stattgehabte Kommunikation gleichsam mit (zum ‚Kommunikationsprotokoll' s. unten 7.2.4). Allgemein sinkt der Anteil überspezifizierter Benennungen, wenn auf ein Objekt in Folge mehrmals Bezug genommen wird (beispielsweise in Bauanleitungen); hier kommen sogar unterspezifizierte Benennungen vor, die – für sich genommen – das Zielobjekt nicht eindeutig gegenüber den Kontextobjekten hervorheben (Grosser & Mangold-Allwinn, 1989b). Die Ausführlichkeit der Merkmalsnennung steigt aber wieder an, wenn zwischen der Erst- und der Folgebenennung eines Objekts über andere Objekte gesprochen wurde (Mangold-Allwinn, von Stutterheim, Barattelli, Kohlmann & Koelbing, 1992). Um die Identität eines Objekts mit einem zuvor für den Hörer schon eingeführten Objekt sicherzustellen, wird die Folgebenennung in der Regel mit dem definiten Artikel eingeleitet, während Objekte bei der erstmaligen Bezugnahme meistens mit dem indefiniten Artikel stehen (von Stutterheim, Mangold-Allwinn, Kohlmann & Pobel, 1990).

Zur Illustration dieser Phänomene kann das folgende kommentierte Beispiel aus einer Bauanleitung (Nachbau eines ‚Roboters' mit Holzbauteilen) dienen, bei der wir uns auf den ‚roten Würfel' konzentrieren: „Also, es gibt zwei grüne und *einen roten Würfel*." [Minimal spezifizierte Benennung, die bei der ersten Bezugnahme auf das Zielobjekt mit dem indefinitem Artikel eingeleitet wird.] „*Der rote Würfel* kommt ganz oben hin." [In der Folgebenennung des schon eingeführten Objekts steht der definite Artikel.] „*Das* ist nachher der Kopf." [Bei kontextuell eindeutigem Bezug auf ein Objekt genügt sogar ein Pronomen; vgl. unten 2.9(f).] „Man muß *den Würfel* so halten, daß man das Gewinde vor sich hat." [Der Sprecher produziert dann eine unterspezifizierte Folgebenennung; der Hörer weiß, daß es sich um das schon eingeführte Objekt handeln muß.] „Dann nimmt man eine Leiter mit vier Löchern und schraubt sie mit einer grünen Schraube von vorne an *den roten Würfel* dran." [Nachdem zwischenzeitlich andere Objekte – eine Leiter, eine Schraube – benannt wurden, steigt die Ausführlichkeit der Benennung des vorher schon mehrmals erwähnten Objekts wieder an.]

(f) Die Ergebnisse von Grosser & Mangold-Allwinn (1990) lassen zumindest tendenziell erkennen, daß Sprecher die *kognitive Kompetenz* ihres Kommunikationspartners bei der Produktion von Objektbenennungen berücksichtigen. Zwar waren die Anteile minimal spezifizierter und überspezifizierter Benennungen bei der *erstmaligen* Bezugnahme auf ein Objekt (im Rahmen der Beschreibung eines komplexen Gebildes) annähernd gleich, wenn der Kommunikationspartner ein Kind oder ein (Mit-) Student war; bei *wiederholten* Bezugnahmen auf ein Objekt, das heißt bei Folgebenennungen, sank die Ausführlichkeit (wie oben unter (e) dargestellt) gegenüber einem *Studenten* deutlich ab; gegenüber einem *Kind* blieben die Folgebenennungen jedoch öfter überspezifiziert und wurden seltener unterspezifiziert als gegenüber einem Studenten. (Zu einem ähnlichen Phänomen beim Lokalisieren vgl. unten 3.3.)

(g) Die spezifischen Anteile variabler Ausführlichkeit in Erst- und Folgebenennungen hängen auch von dem allgemeinen *Diskurskontext* im Rahmen der sprecherseitigen *Zielsetzung* ab (von Stutterheim, Mangold-Allwinn, Kohlmann & Pobel, 1990). Das Spezifizierungsgefälle zwischen Erst- und Folgebenennungen ist in Instruktionen ausgeprägter als in Beschreibungen. In Instruktionen (zum Beispiel Bau- oder Reparaturanleitungen) müssen die diskriminativen und auffälligen Merkmalsausprägungen bereits in der ersten Bezugnahme auf ein Objekt spezifiziert werden, da der Hörer das Objekt sofort identifizieren können muß; die Folgebenennungen können dann – im Rahmen der oben unter (e) genannten Maßgaben – weniger ausführlich ausfallen. Beim Beschreiben kommt es dagegen weniger darauf an, an welcher Stelle im Diskurs die Eigenschaften, die ein Objekt trägt, mitgeteilt werden. Diese Informationen können hier gewissermaßen über die Äußerung hinweg verteilt werden; der Partner soll bei einer Beschreibung am Ende ein vollständiges Bild von dem Dargestellten haben, während er bei Instruktionen, wie erwähnt, schon am Anfang über ein klares Bild von den unterschiedlichen Objekten verfügen können muß.

Demgegenüber hat es aber keine Auswirkungen auf die Produktion von Objektbenennungen, ob ein Sprecher das Ziel hat, daß der Partner das Zielobjekt möglichst schnell findet (und dabei möglicherweise ein gewisses Verwechslungsrisiko eingeht), oder ob der Partner das Zielobjekt möglichst sicher (ohne jedes Verwechslungsrisiko) erkennen soll (Grosser & Mangold-Allwinn, 1989a).

Wir fassen zusammen: Mit Hilfe der Benennung eines Objekts versucht der Sprecher, dem Hörer die eindeutige Identifikation des Objekts aus einer Menge von Objekten zu ermöglichen. Dies erfolgt meistens im Zusammenhang mit übergeordneten Zielen wie Aufforderungen, Instruktionen oder Beschreibungen. Welche Merkmalsausprägungen des Zielobjekts der Sprecher dabei thematisiert, hängt – nach den bisher dargestellten Befunden – neben diesem übergeordneten Ziel des Sprechers von der Beschaffenheit der Kontextobjekte, von der Wahrnehmbarkeit oder Auffälligkeit bestimmter Merkmalsdimensionen und ihrer Ausprägungen, von der Einschätzung der kognitiven Kompetenz des Partners sowie davon ab, welches Wissen (oder sozusagen welche schon vorhandenen ‚Bewußtseinsinhalte'; vgl. Kapitel 1) der Sprecher beim Partner entweder aufgrund allgemeinen Weltwissens oder aufgrund des aktuellen, im Diskurs entstandenen Wissens unterstellt.

2.5 Informativität und Ausführlichkeit als Ergebnis von Selektionsprozessen

Wir haben in Abschnitt 1.3 die grundlegende Gliederung der am Sprechvorgang beteiligten Prozesse skizziert. Wie lassen sich die bislang referierten Befunde zur Objektbenennung darin lokalisieren? Die in obiger Zusammenfassung aufgeführten Informationen (über das Zielobjekt, die Kontextobjekte, den Partner etc.) sind – soweit sie der Sprecher kognitiv zur Verfügung hat und nicht übersieht oder vergißt – Bestandteil der sprecherseitigen *Fokusinformation*, der kognitiven Inhalte, die die Grundlage einer sprachlichen Äußerung bilden (s. auch unten 6.2). Daraus wählt der Sprecher diejenigen Informationselemente aus, die schließlich enkodiert und artikuliert werden; diesen Prozeß nennen wir *Selektion*. Dabei haben wir uns bisher nur mit der Selektion von wahrnehmbaren Objektmerkmalen (genauer: der Selektion von Ausprägungen auf Merkmalsdimensionen) wie Farbe, Form und Größe beschäftigt. Wir nehmen an, daß dieser Prozeß auf der Ebene allgemeiner kognitiver Repräsentationen (Konzepte, Propositionen usf.) und nicht auf der Ebene einzelsprachlicher Enkodierungen stattfindet. Hat ein Sprecher beispielsweise das Merkmal „rot" und die Objektklasse „Käfer" seligiert, so liegt damit noch nicht fest, wie diese Informationen einzelsprachlich enkodiert werden (‚Unterbestimmtheitsthese'; vgl. Herrmann, 1985; Kiefer, Barattelli & Mangold-Allwinn, 1993; Levelt, 1983). Er wird das gemeinte Fahrzeug vielleicht mit „der rote Käfer" benennen, vielleicht sagt er aber auch „der Käfer, der rote" oder, wenn er ein Amerikaner ist, „the red beetle".

Wir haben die Frage der Produktion von Objektbenennungen bisher in mehrfacher Hinsicht vereinfacht:

- Sprecher kennen und berücksichtigen nicht nur wahrnehmbare Objektmerkmale der oben genannten Art, sondern beispielsweise auch Funktionen, Materialeigenschaften oder *anderweitige Beschaffenheiten* von Objekten. Während die Ausprägungen der Farbe, Größe etc. in der schlußendlich beobachtbaren Äußerung meistens als *Adjektive* enkodiert sind, fließen diese anderen Merkmale im Deutschen sehr oft in die Wahl des *Nomens* ein, zum Beispiel „der grüne *Holz*stuhl".
- Ebenfalls ist das Nomen in einer Benennung dadurch bestimmt, welche *Kategorisierung*, das heißt, welche Zuordnung eines Objektexemplars zu einer Klasse von Objekten der Sprecher vornimmt. Wir haben in der bisherigen Darstellung so getan, als ob eine Kerze immer nur mit „Kerze" und ein Auto immer nur mit „Auto" bezeichnet wird. Das ist aber nicht immer der Fall, zum Beispiel „das lange Ding" oder „die rote Limousine".
- Wir haben angeführt, daß das sprecherseitige Ziel der hörerseitigen Identifikation eines Objekts in den meisten Fällen den übergeordneten Zielen einer Aufforderung, Bitte, Beschreibung und dergleichen unterliegt. Der Absicht, der Hörer solle anhand einer

Benennung ein bestimmtes Objekt identifizieren können, sind oft aber auch andere Ziele *nebengeordnet*, etwa wenn der Sprecher mit einer Benennung gleichzeitig Eindruck schinden (Grosser, Pobel, Mangold-Allwinn & Herrmann, 1989), seine eigene Bewertung des Objekts zum Ausdruck bringen oder den Hörer auf bestimmte Merkmale des Objekts *hinweisen* möchte. Auch diese Ziele resultieren im Deutschen zumeist in Modifikationen des benennenden *Nomens*, zum Beipiel in „die Rostbeule" (= „Auto").
- Schließlich haben wir noch nicht ausgeführt, welche Faktoren die verbale *Enkodierung* einer benennenden Äußerung determinieren, und das heißt auch, welche Einflußgrößen die *Wortwahl* und die *grammatische Form* einer Objektbenennung unabhängig von den bisher genannten Selektionsprozessen bestimmen.

Diesen Fragen ist der weitere Teil dieses Kapitels gewidmet. Dazu bedarf es vorab einer zumindest rudimentären Darstellung unserer Vorstellung zur Organisation der Konzepte im Gedächtnis.

2.6 Die DMF-Theorie

Die Organisation von Konzepten im menschlichen Gedächtnis ist ein in der Kognitionspsychologie derzeit sehr intensiv und durchaus kontrovers diskutiertes Problem. (Einen ausgezeichneten Überblick über die Flexibilität von Konzepten gibt Mangold-Allwinn, 1993.) Im vorliegenden Zusammenhang soll die folgende Kennzeichnung hinreichen, die sich an unsere Ausführungen im Abschnitt 1.2.4 anschließt und die wir in Abschnitt 6.3 in aller Ausführlichkeit behandeln werden.

Im Zusammenhang mit der Sprachproduktion ist es – wie bereits betont – wichtig, *Konzepte* und *Wörter* zu unterscheiden. Menschen verfügen über gespeicherte ‚kognitiv repräsentierte' Wissenselemente über Dinge, Ereignisse, Sachverhalte etc. Diese nennen wir Konzepte. Außerdem haben Menschen Wörter beziehungsweise Wortformen gespeichert. Sowohl Konzepte als auch Wörter sind Komplexe aus untereinander vielfältig vernetzten Komponenten. (Die Wort- und die Konzeptkomplexe und ihre Komponenten sind auch untereinander stark vernetzt.) Diese Komponenten nennen wir im folgenden *Marken* (vgl. Herrmann, 1985; Klix, 1980). Marken kann man unter anderem danach untergliedern, welcher *Modalität* sie angehören. *Sensorische* Marken repräsentieren Informationen, die Sinneseindrücken entsprechen; man kann diese weiter in Bildmarken, akustische Marken, Geruchsmarken, taktile Marken etc. unterteilen. *Motorische* Marken repräsentieren Bewegungsvorstellungen. *Abstrakte* Marken repräsentieren das ‚semantische', abstrakte Wissen über Objekte, Ereignisse und Sachverhalte (vgl. auch Klix, 1992). *Emotiv-bewertende* Marken repräsentieren emotionale Einschätzungen und Erlebensqualitäten. (Weitere Untergliederungen sind denkbar.) Das menschliche Wissen stellen wir uns demnach als ein hochgradig vernetztes System von Marken vor, wobei die Marken unterschiedlich stark miteinander verbunden (‚assoziiert') sind. (Die variable Stärke dieser Verbindungen ergibt sich aus der Lern- und Erlebensgeschichte eines Individuums.) Reize aus der Umgebung des kognitiven Systems (das können Sinneseindrücke aus der externen Umwelt des Menschen, wozu auch das Verstehen von Sprache gehört, aber auch etwa Schmerzreize, Ergebnisse von Verände-

2. DAS BENENNEN VON GEGENSTÄNDEN

rungen im Hormonspiegel und dergleichen sein) sowie kognitive Prozeduren *aktivieren* (unter bestimmten Umständen, nicht immer) bestimmte Marken, und auf der Basis der Verbindung der Marken untereinander breitet sich die Aktivation aus. Konzepte und Wörter sind nach unserer Auffassung nichts anderes als der *zeitweilige Zusammenschluß von Markenkomplexen* auf der Basis von gemeinsamer Aktivation. (Das Insgesamt der zu einem bestimmten Zeitpunkt – überschwellig – aktivierten Komplexe und ihrer Relationen kann man, wenn man so will, als den jeweiligen ‚Bewußtseinsinhalt' des Menschen bezeichnen.)

Konzeptuelle Strukturen sind nach dieser Auffassung durch drei Eigenschaften gekennzeichnet: *dual, multimodal* und *flexibel*. (Wir nennen dies die *DMF-Theorie*; vgl. auch Herrmann, 1992b.) Dual deshalb, weil es besonders im Hinblick auf sprachpsychologische Fragestellungen wichtig ist, Wörter und Konzepte zu unterscheiden, die beide Markenkomplexe sind. Multimodal deshalb, weil sich sowohl Wort- als auch Konzeptkomplexe aus Marken (Komponenten) unterschiedlicher Modalität zusammensetzen. Flexibel deshalb, weil es sich bei Konzepten und Wörtern um temporäre Zusammenschlüsse von Komplexen handelt, die sich von Situation zu Situation verändern (können). *Tabelle 2.1* veranschaulicht die Struktur eines dualen, multimodalen *Gesamtkomplexes*, zu dem Komponenten unterschiedlicher Modalität aus dem Wort- *und* aus dem Konzeptbereich zusammengeschlossen sind.

Tab. 2.1: 8 Klassen von Marken (Komponenten) eines dualen, multimodalen Markenkomplexes.

Modalitäten:	sensorisch	motorisch	abstrakt	emotiv-bewertend
Konzeptkomplex				
Wortkomplex				

Um zu unterscheiden, wann wir über Konzepte und wann über Wörter sprechen, setzen wir Bezeichnungen für Konzeptkomplexe in KAPITÄLCHEN, Bezeichnungen für Wortkomplexe in „Anführungszeichen".

Wir veranschaulichen die Kernstruktur der DMF-Theorie im folgenden am Beispiel des Gesamtkomplexes „Dolch"; genauer: am Beispiel des beim Autor dieser Zeilen im Moment ihres Niederschreibens (nach einigem Nachdenken) zeitweilig gebildeten Zusammenschlusses überschwellig aktivierter Marken (soweit die Introspektion hier ein zuverlässiges Meßinstrument darstellt (vgl. dazu Feger & Graumann, 1983); Psychoanalytiker unter den Lesern mögen sich bitte zurückhalten).

Marken, die den Konzeptkomplex DOLCH bilden:

– *abstrakte Marken*: gehört zur Klasse der Messer; besteht aus Spitze und Griff; kommt oft in historischen Filmen vor; braucht ein Jäger; besitze ich nicht und habe ich mir auch nie gewünscht; soll nicht rosten; wird von Psychoanalytikern oft als phallisches Symbol gedeutet;

- *sensorische Marken:* die Vorstellung eines im Lichte gleißenden Dolches (bildhaft); die gleichsam ‚gezoomte' Vorstellung der etwas schartigen Spitze (bildhaft); das lautlose Eindringen in einen Körper (akustisch?); die Vorstellung des klirrenden Geräusches, wenn er zu Boden fällt (akustisch); die Vorstellung kalten Stahls in der Hand (taktil);
- *motorische Marken:* die Vorstellung des Zustoßens mit dem Erleben entstehender Muskelspannung im rechten Oberarm; die Vorstellung des auf einen Gegner gerichteten Haltens in der geballten Faust;
- *gefühlsbezogene Marken:* eiskalt; bedrohlich; erscheint irgendwie grünlich, obwohl er es nicht ist.

Marken, die den Wortkomplex „Dolch" bilden:

- *abstrakte Marken:* ist ein Nomen; ist einsilbig; schreibt sich mit fünf Buchstaben, die aber für vier Phoneme stehen; kommt in Schillers Bürgschaft vor; wird in der heutigen Sprache eher selten verwendet;
- *sensorische Marken:* die Vorstellung des Schriftbilds in Großbuchstaben (bildhaft); der Klang des Wortes (akustisch); reimt sich auf Molch (akustisch);
- *motorische Marken:* die Vorstellung, das Wort auszusprechen; die Vorstellung, den Druck der Zunge gegen den vorderen Gaumen länger als nötig zu halten;
- *gefühlsbezogene Marken:* klingt zischend; mutet wie der Todesstoß selbst an.

Weil hier für alle Klassen von Komponenten Beispiele gegeben werden sollen, ist dieser Gesamtkomplex wahrscheinlich reichhaltiger, als es aktivierte Gesamtkomplexe im schnellen Strom kognitiver Zustände des Menschen in der Regel sind. Zusammen mit der erneuten Betonung, daß sich Marken unterschiedlicher Modalität situationsspezifisch flexibel zu Gesamtkomplexen verbinden, das heißt, daß solche Gesamtkomplexe von Situation zu Situation im Detail jeweils verschiedene Marken zusammenbinden können, wollen wir es zum Zwecke der weiteren Erörterung der Objektbenennung unter nochmaligem Hinweis auf Abschnitt 6.3 bei dieser ersten Kurzdarstellung der DMF-Theorie belassen.

2.7 Spezifität der Objektklasse

Viele Klassen von Objekten sind hierarchisch geordnet; wir wissen, daß ein Schäferhund eine Art Hund ist, ein Hund eine Art Tier, ein Tier eine Art Lebewesen, etc. Mit Fragen der Organisation von Begriffshierarchien hat sich die Gedächtnispsychologie vielfach und, was ihren Nachweis im kognitiven System des Menschen anbelangt, mit welchselndem Erfolg beschäftigt (zum Beispiel Collins & Quillian, 1969; vgl. Miller, 1993). Im Rahmen der theoretischen Annahme starrer (nicht flexibler) Konzepte, die durch Bündel definierender Merkmale (ein für allemal) festliegen, spielt dabei die *Merkmalsvererbung* von hierarchisch höherstehenden auf hierarchisch niedrigere Begriffe eine Rolle: Danach ist beispielsweise das Konzept HUND durch alle Merkmale, die das Konzept TIER besitzt, zuzüglich einiger spezifischerer Merkmale definiert; für eine kritische Diskussion vgl. Mangold-Allwinn (1993). (Der Wal fügt sich dieser Vorstellung nicht; er hat viele Merkmale von Fischen, ist aber ein Säugetier, was ihn zu einem beliebten Beispiel in der Psychologie der Begriffsorganisation gemacht hat.) Überträgt man das am Beispiel der Objektmerkmale dargestellte Ökonomieprinzip der minimalen Spezifizierung (s. oben 2.3) auf die Wahl einer Objektklasse bei der Benennung, so ist zu erwarten, daß Sprecher das Zielobjekt in Abhängigkeit von den Kontextobjekten so kategorisieren (das heißt: einer Objektklasse zuweisen), daß die höchste, gerade diskriminative Begriffsebene gewählt wird: Im Kontext von Katzen genügt es, einen Schäferhund als „Hund" zu bezeichnen (aber nicht als „Tier"); im Kontext von Hunden anderer Rassen ist die Bezeichnung „Schäferhund" erforderlich. Ein solches Verhalten entspricht aber offensichtlich nicht den Tatsachen.

Wenn auf einem Tisch eine Schere, ein Aschenbecher und ein Buch liegen, und wir meinen die Schere, so sagen wir nicht „Werkzeug", sondern „Schere". Wiederum zeigen gedächtnispsychologische Untersuchungen, daß Menschen Objekte bevorzugt auf einer mittleren Ebene, der sogenannten *Basisebene*, kategorisieren (zum Beispiel Rosch & Mervis, 1975; vgl. Kiefer, Barattelli & Mangold-Allwinn, 1993). (Wegen der Probleme, die sich bei der wissenschaftlich einwandfreien Bestimmung der Basisebene ergeben, ist dieser Begriff nicht unumstritten.) Hierarchisch oberhalb der Basisebene angesiedelte Begriffe sind *Oberbegriffe*; die Ebene der hierarchisch niedrigeren, spezifischeren Begriffe nennt man *Exemplarebene*. Beispiele für diese drei Begriffsebenen sind „Werkzeug – Hammer – Gummihammer" oder „Tier – Hund – Corgi". Im Zusammenhang mit der Untersuchung von Objektbenennungen spiegelt sich die bevorzugte Kategorisierung von Objekten auf Basisebene darin wider, daß Objekte auch bevorzugt durch Wörter benannt werden, die auf einer mittleren Ebene der lexikalischen Spezifität anzusiedeln sind (vgl. Brown, 1958; Cruse, 1977; Hoffmann & Kämpf, 1985); die ‚lexikalische Spezifität' bezeichnet dabei das Ausmaß, in dem ein *Wort* die spezielle Zugehörigkeit eines Objekts zu einer – hierarchisch entsprechend positionierten – begrifflichen Klasse von Objekten wiedergibt. Gilt diese Bevorzugung eines mittleren konzeptuellen, und damit auch lexikalischen, Auflösungsgrads bei der Zuweisung eines Objekts zu einer Objektklasse generell? Wir listen im folgenden wiederum eine Reihe von Befunden auf, die sich auf die Determination der *Begriffswahl* bei der Objektbenennung beziehen.

(a) Die *Typikalität* eines Objekts spielt eine Rolle. Sind Objekte besonders *untypische* Exemplare einer mittleren Begriffskategorie (auf Basisebene), so werden sie generell bevorzugt auf der spezifischen *Exemplarebene* benannt: Ein Huhn – ein ziemlich untypischer Vogel – wird immer als „Huhn" und fast nie als „Vogel" bezeichnet (Hoffmann & Kämpf, 1985).

Wir wollen an dieser Stelle aber ein grundlegendes Problem ansprechen: Nicht zufällig stammen die bevorzugten Beispiele zur hierarchischen Begriffsorganisation aus den Reichen der Flora und Fauna, in denen die Biologen und Zoologen sozusagen normative hierarchische Klassifikationssysteme entwickelt haben, die dem Forscher eindeutige Hierarchien zur Verfügung stellen. Diese Klassifikationssysteme – wir haben oben am Beispiel des Wals schon darauf hingewiesen – entsprechen aber nicht immer den Begriffsstrukturen, die Menschen auf anschauungsgebundenem Wege entwickelt haben (vgl. Hejj & Strube, 1988). Die hierarchiebezogene Einordnung einer Objektbezeichnung in einem solchen System biologischer Spezies sagt deshalb nur bedingt etwas über die tatsächliche hierarchische Position dieses Begriffs im kognitiven System des Individuums aus: Fassen beispielsweise Menschen einen Baum wirklich als ein Exemplar der Klasse der Pflanzen auf? Das heißt, kommt die Bezeichnung „Pflanze" als möglicher Oberbegriff für die Benennung eines Baumes tatsächlich in Frage? Und ist die Aussage, die Bezeichnung „Baum" sei auf mittlerer Spezifitätsebene erfolgt, im Kontext der über- und untergeordneten Begriffsalternativen damit gehaltvoll? (Der Versuch eines umfassenden, hierarchischen Systems aller menschlichen Begriffsvorstellungen stammt von Roget, 1944.)

(b) Erwachsene wählen gegenüber Kindern allgemeinere Begriffe, also bevorzugt Basisbegriffe, während sie gegenüber anderen Erwachsenen eher auf Exemplarebene benennen (Grosser & Mangold-Allwinn, 1989a; Pobel, Grosser & Mangold-Allwinn, 1989). Sie benennen also *partnerbezogen*. Zusammen mit dem oben (2.4) angeführten Befund, daß Benennungen gegenüber Kindern hinsichtlich ihrer wahrnehmungsbezogenen Merkmale zumindest in Folgebenennungen ausführlicher ausfallen und der sich in den soeben genannten Untersuchungen auch für Erstbenennungen zeigte, bietet sich folgende Erklärung an: Sprecher berücksichtigen offenbar, daß Kinder noch keine so festen assoziativen Verknüpfungen zwischen Merkmalen und spezifischen Objektklassen (und den zugehörigen Wörtern) herausgebildet haben wie Erwachsene. Zuerst bezeichnen Kinder beispielsweise alles, was vier Beine hat und sich bewegt, mit „wau-wau", dann lernen sie, Hunde und Katzen zu unterscheiden (und auch dies anfangs vielleicht nur anhand ihrer relativen Größe oder des Geräusches, welches sie produzieren), und erst nach und nach lernen sie, daß es auch verschiedene Hunderassen gibt, also etwa Dackel und Doggen, daß man diese mit unterschiedlichen Wörtern bezeichnen kann und daß sie zu der Klasse der Hunde gehören, auch wenn ein Dackel einem Fuchs vielleicht viel ähnlicher sieht als einer Dogge (vgl. E. Clark, 1973; Szagun, 1991). Erwachsene ‚verpacken' die Information, die zur Identifikation eines Objekts führen soll, deshalb nicht in der sprachlichen Bezugnahme auf die möglichst exakte (daß heißt hierarchieniedrige) Zugehörigkeit des zu benennenden Objekts zu einer Klasse von Objekten, sondern in der Angabe der allgemeinen Objektklasse und der zusätzlichen (Über-) Spezifikation von Merkmalen, die dem Hörer auf dem Wege der aktuellen *Wahrnehmung* zugänglich sind. Wo sie zu einem Erwachsenen also sagen würden: „Streichel den Rehpinscher besser nicht!", sagen sie zu einem Kind vielleicht: „Streichel den kleinen Hund besser nicht!", auch wenn die Angabe „klein" vielleicht ‚unnötig' ist, weil sich nur ein einziger Hund im Suchraum des Kindes befindet. (Vielleicht *lernen* Kinder auf diese Weise sogar die Charakteristika von Exemplarbegriffen.) Bereits Brown (1958) konnte zeigen, daß Kinder die Wörter für Begriffe auf Basisebene zuerst lernen.

(c) Der Anteil von Kategorisierungen auf spezifischer Exemplarebene, der sich in spezifischeren Bezeichnungen des Zielobjekts zeigt, nimmt zu, wenn Sprecher Objekte in einem *kommunikativen Kontext* benennen, also um einem *Hörer* die Identifikation des Objekts zu ermöglichen, im Vergleich zu *partnerlos* evozierten Objektbenennungen, wie sie in der Regel in gedächtnispsychologischen Experimenten evoziert werden (Grosser, Pobel, Mangold-Allwinn & Herrmann, 1989). Dieser Befund bestätigt die Notwendigkeit oder liefert zumindest einen beachtenswerten Hinweis, sprachpsychologische Experimente in situativ ausgestalteten Kontexten durchzuführen (s. oben 2.3.1). Die situativen, das heißt ziel-, partner- und kontextbezogenen Determinanten der Sprachproduktion lassen sich nur erkennen, wenn diese Bestimmungsgrößen auch gesetzt und variiert werden; Befunde aus situativ sehr reduzierten Laborbedingungen, in denen sich etwa die generelle Bevorzugung der Benennung auf der Basisebene der Begriffshierarchie herausstellte, spiegeln demgegenüber allenfalls die (den Phänomenen unangemessene) Herausarbeitung einer Teilmenge derjenigen Gesetzmäßigkeiten wider, die die Determination der Sprachproduktion (hier: der Objektbenennungsvariabilität) beschreiben.

2. DAS BENENNEN VON GEGENSTÄNDEN

(d) Sprecher berücksichtigen bei der Wahl der Bezeichnung einer Objektklasse auch die mutmaßlichen *Kenntnisvoraussetzungen eines Hörers* im speziellen sachbezogenen Bereich des Zielobjekts. Experten verfügen in dem Gebiet, in dem sie Fachleute sind, in der Regel über spezifischere Kategorisierungsfähigkeiten – und entsprechend auch über spezifischere assoziierte Wortkomplexe (zum Teil Fachbegriffe) – als Laien. Fragt der technisch unbedarfte Kunde den Meister seiner KFZ-Werkstatt nach erfolgter Reparatur beispielsweise, warum sein Auto stotterte, sagt dieser vielleicht: „Es lag am *Motor.*" Fragt dessen Geselle, was denn mit dem Auto des Kunden los war, sagt der Meister vielleicht: „Es lag an der Einstellung der *Einspritzpumpe.*" Sprecher kalkulieren bei der Wahl einer Objektklassenbezeichnung die beim Hörer mutmaßlich vorhandene Differenziertheit in ihrem *mentalen Modell* eines Sachbereichs mit ein (vgl. Wintermantel, 1991). Daß der Sprecher sich dabei auch irren kann und der Hörer entweder überfordert wird oder sich ‚für dumm verkauft' fühlt, ist ein anderes Problem.

Für die geschilderten Ergebnisse ist im Vertrauen auf die Befunde zur allgemeinen begrifflichen Struktur des Gedächtnisses ebenfalls anzunehmen, daß sie auf kognitiver Ebene zustande kommen, daß sie also die Beschaffenheit von *Konzeptkomplexen* angesichts des Zielobjekts indizieren. Ob jemand ein Tier als „Hund" oder als „Pudel" bezeichnet, betrachten wir demnach als eine Frage der variablen *Begriffsverwendung* auf der Basis von Prozessen auf der Ebene der Fokusinformation und nicht als eine Frage der variablen einzelsprachlichen *Enkodierung*.

Da Sprecher das Objekt, das sie gegenüber einem Hörer hervorheben wollen, oft (und in den referierten Untersuchungen fast ausnahmslos) *sehen*, ist anzunehmen, daß die Aktivierung von Konzeptkomplexen unter starker Beteiligung von sensorischen (genauer: bildhaften) Marken erfolgt (Engelkamp, 1990). Wenn ein Sprecher über einen Exemplarbegriff (zum Beispiel REHPINSCHER) verfügt, so ist dieser in der Regel stärker mit sensorischen Marken (zum Beispiel KLEIN, BRAUN) assoziiert, als es der zugehörige Basisbegriff (zum Beispiel HUND) ist. Dies beruht allein schon auf der Definition von Exemplarbegriffen, die reichhaltiger mit kennzeichnenden spezifischen Merkmalen ausgestattet sind. (Wenn man sich einen Hund *vorstellen* soll, so stellt man sich ein – vielleicht prototypisches, großes oder kleines – *Exemplar* eines Hundes (mit bestimmter Farbgebung) vor und nicht einen abstrakten Hund undefinierter Größe und Farbe.) Die Exemplarbegriffe sind wiederum mit den sie bezeichnenden Wörtern (genauer: mit dem entsprechenden Wortmarkenkomplex, also beispielsweise „Rehpinscher") stärker verknüpft als mit dem Wortmarkenkomplex des Basisbegriffs („Hund"). Somit läßt sich die variable Bevorzugung von Objektklassenangaben (als Nomina in Benennungsäußerungen) im Rahmen der DMF-Theorie wie folgt beschreiben: Ein Sprecher sieht einen Rehpinscher und will diesen benennen. Er verfügt über den Exemplarbegriff REHPINSCHER; dieser wird aktiviert. Gegenüber einem Kind zieht der Sprecher bei der Benennung mit Rücksicht auf die kognitive und kommunikative Kompetenz des Hörers aber nicht denjenigen Wortkomplex heran, der mit dem Exemplarbegriff am engsten assoziiert ist; er sagt also nicht „Rehpinscher". Vielleicht kennt das Kind dieses Wort gar nicht; es ist fraglich, ob es über ein Konzept verfügt, das mit diesem Wort assoziiert ist. Der Sprecher verbalisiert stattdessen den mit dem zugehörigen Basisbegriff assoziierten – beim Kind mutmaßlich repräsentierten – Wortkomplex und sagt „Hund". Damit ist aber noch wenig darüber ausgesagt, wie der Hund aussieht. Zusätzlich seligiert der Sprecher also die mit den sensorischen, anschauungsgebundenen Marken eng verknüpften Wortkomplexe (die meistens das abstrakte Wortmarkenmerkmal „Adjektiv" aufweisen; hier: „klein" und „braun"). Es resultiert eine adjektivisch ausführliche Benennung: „kleiner, brauner Hund" (s. oben

2.4). Gegenüber Erwachsenen seligieren Sprecher dagegen – im Vertrauen auf deren kognitive Voraussetzungen – denjenigen Wortkomplex, der mit der spezifischen Objektklasse und ihren sensorischen Marken stark assoziiert ist (sie sagen also „Rehpinscher" und implizieren damit die eng verknüpften sensorischen Marken KLEIN und BRAUN); sie thematisieren in ihrer Äußerung also ein abstrakteres, mehr wissensgebundenes (und weniger anschauungsgebundenes) Konzeptmerkmal.

Wir sind in allen bislang genannten Beispielen davon ausgegangen, daß der Sprecher das zu benennende Objekt sieht oder zumindest – auf der Basis früherer Wahrnehmungen – eine konkrete geistige Vorstellung dieses Objekts hat. Die reizgebundene Kategorisierung eines Objekts fällt in der Psychologie unter den Begriff der ‚bottom-up'-gerichteten Verarbeitungsprozesse; so werden Prozesse bezeichnet, bei denen die ‚am Fuße des kognitiven Systems' einkommenden (sensorischen) Daten die weitere Verarbeitung, hin zu ‚höheren', integrierteren kognitiven Einheiten steuern. Aber nicht immer kommen die für die Sprachproduktion benötigten mentalen Repräsentationen auf diesem Wege zustande. Es gibt auch umgekehrt verlaufende ‚top-down'-gerichtete Prozesse, in denen – wir wollen beim Beispiel der Objektbenennung bleiben – die Kategorisierung eines Objekts anhand kognitiver *Schemata* erfolgt, denen sich die einströmenden Daten gleichsam ‚beugen' müssen. Beispielsweise verfügen Menschen über erfahrungsgeleitete *Erwartungen* darüber, welche Objekte in bestimmten Kontexten vorkommen oder welche Merkmale Objekte in der Regel aufweisen.

Für die Bewertung von Zeugenaussagen ist dieses automatische, für das Individuum oft unbewußte Füllen von Wissenslücken durch schemageleitete Standardwerte ein ernstes Problem. Loftus & Zanni (1975) beispielsweise zeigten Versuchspersonen einen Film über einen Verkehrsunfall. Auf die anschließende Frage „Sahen Sie den zerbrochenen Scheinwerfer?" antworteten die Probanden nur zu bereitwillig mit „Ja", obwohl in dem Film tatsächlich kein zerbrochener Scheinwerfer vorkam. Bei einem Verkehrsunfall, bei dem sich alles sehr schnell abspielt, kann man nicht immer alles genau erkennen. Zeugen sind sich ihrer Wahrnehmungs- und Wissenslücken aber nicht immer bewußt, weil diese Lücken oft – durch automatisch ablaufende ‚top-down'-Prozesse – im Rahmen des Erwartbaren, Üblichen, Häufigen etc. geschlossen werden. Zersplittertes Glas ist für einen Verkehrsunfall zum Beispiel sehr typisch; Splitter gehören also gleichsam zur ‚Grundausstattung' des Verkehrsunfall-Schemas und werden bei unsicherer ‚Datenlage' leicht hinzuassoziiert. – Auf die Frage „Sahen Sie *einen* zerbrochenen Scheinwerfer?" antworteten übrigens weit weniger Versuchspersonen fälschlicherweise mit „Ja". Die schemageleiteten ‚top-down'-Prozesse spielen also nicht nur bei der *Wahrnehmung* von Objekten und Sachverhalten eine wichtige Rolle, sondern können auch beim *Wissensabruf* wirksam werden. Wir kennen die Versuche, solche Prozesse für bestimmte Zwecke gezielt auszunutzen, besonders aus dem Einsatz sogenannter ‚Suggestivfragen' in TV-Kriminalserien. Da sich Sprecher beim Sprachproduktionsprozeß des Einsatzes derart ‚subtiler' Variationen wie des bestimmten oder unbestimmten Artikels aber in der Regel nicht bewußt sind, sollte man ihnen nicht immer Absicht unterstellen. Es ist unvermeidlich, daß Sprecher durch ihre Fragen auch automatische Prozesse des Wissensabrufs beim Hörer in Gang setzen. Es kann und sollte aber Aufgabe der Sprach- und Kognitionspsychologie sein, auf solche Prozesse – soweit bekannt – aufmerksam zu machen, um beispielsweise – ab von aller Moral und Absichtsunterstellung – die Bewertung von Zeugenaussagen zu unterstützen (vgl. Sporer, 1993).

Die vorwiegend schemageleitete und weniger datengeleitete Kategorisierung von Objekten zeigt eine Untersuchung von Kilian, Herrmann, Dittrich & Dreyer (1990). (Wir kommen auf diese Untersuchung im Zusammenhang mit der Erörterung schematisierter Wissensbestände bei der Sprachproduktion noch einmal zurück; vgl. Exkurs 3.1) Darin wurde ein und dasselbe Reizmaterial, ein Film über eine Szene, die aus einiger Distanz beobachtet wird, einmal als ein Überfall, das andere Mal als eine polizeiliche Festnahme angekündigt; dadurch wurden zwei unterschiedliche Sachverhaltsschemata (Was-Schemata) angeregt. Sollten die Personen die gesehene Szene sprachlich wiedergeben, so kategorisierten sie die an sich nicht genau erkennbaren Objekte überwiegend schemakonform; das heißt, sie benannten den einen Beteiligten das eine Mal mit „das Opfer" oder „der Bedrohte", das andere Mal mit „der Festgenommene" oder „der Verdächtige"; der andere Akteur der Szene wurde entsprechend als „der Täter", „der Überfallende" oder aber als „der Beamte", „der Mann in Zivil" benannt. Ein Objekt, das der eine Akteur dem anderen übergab, wurde entsprechend als „Geldbörse" oder „Brieftasche" oder aber als „Ausweis" oder „Papiere" kategorisiert und bezeichnet. Erwartungsgeleitete Prozesse zählen demnach – vor allem bei Abwesenheit eindeutig erkennbarer Objektmerkmale – ebenfalls zu den Determinanten der Wahl einer Objektklasse bei der Objektbenennung. Daß sich schemageleitete Objektrepräsentationen – vor allem bei starker anderweitiger Inanspruchnahme der allgemeinen Aufmerksamkeitsressourcen des Menschen – sogar störend auf die kognitive Verarbeitung eigentlich gut erkennbarer Objekte auswirken können, wird in der Psychologie unter anderem im Zusammenhang mit ‚Fehlkategorisierungen' und menschlichem Versagen behandelt (vgl. Reason, 1990); wir werden auf die Frage der bewußten versus automatischen Steuerung von kognitiven Kontrollprozessen im Teil III dieses Buches zurückkommen.

(e) Ein weiterer Grund für die Wahl einer bestimmten Objektklasse liegt auch schlicht in dem Wunsch nach Abwechslung: variatio delectat. Sprecher vermeiden es aus stilistischen Gründen, ein Objekt, auf das sie sich in Folge mehrmals beziehen, immer mit demselben Wort zu benennen. Auch daraus kann ein Wechsel in der Spezifität der Objektklassenbezeichnung resultieren. Dabei ist es jedoch so, daß man sich im allgemeinen auf ein sehr spezifisch eingeführtes Objekt im weiteren mit einem allgemeineren Ausdruck beziehen kann, nicht aber umgekehrt (vgl. Miller, 1993): „Billy the Kid zauberte *einen Revolver* aus seinem linken Stiefelschaft. Langsam richtete er *die Waffe* auf Doc Holliday..." klingt stilistisch nicht ungewöhnlich. Die Sequenz „Billy the Kid zauberte *eine Waffe* aus seinem linken Stiefelschaft. Langsam richtete er *den Revolver* auf Doc Holliday..." kommt dem Hörer oder Leser dagegen irgendwie gebrochen vor; der Revolver ist durch das Wort „Waffe" noch nicht spezifisch eingeführt, was die Verwendung des bestimmten Artikels „den" im Folgesatz jedoch suggeriert. Es entsteht das Gefühl, daß die Sätze nicht richtig zusammenpassen. Die Kohärenz, der linguistische Zusammenhalt des Textes, ist beeinträchtigt. Die Verwendung des bestimmten oder unbestimmten Artikels bei Objektbenennungen in Folge und ihr Zusammenspiel mit Objektbezeichnungen verschiedener Spezifität ist ein sehr kompliziertes Phänomen, das in der Linguistik noch nicht hinreichend geklärt ist (vgl. Mangold-Allwinn, von Stutterheim, Barattelli, Kohlmann & Koelbing, 1992; und unten Abschnitt 2.9); man betrachte die folgende Sequenz, die stilistisch schon eher akzeptabel erscheint, ja sogar ein kleines Moment der Spannung aufbaut: „Billy the Kid zauberte *die* Waffe aus seinem linken Stiefelschaft. Langsam richtete er *einen* Revolver auf Doc Holliday ..." Die vollständigkeitshalber anzuführende vierte Variante erscheint dagegen völlig zusammenhanglos: „Billy the Kid zauberte *den Revolver* aus seinem linken Stiefelschaft. Langsam richtete er *eine Waffe* auf Doc Holliday ..."

2.8 Nebengeordnete Sprecherziele

Wir sind bei unserer bisherigen Darstellung der verschiedenen Gesichtspunkte der Objektbenennung davon ausgegangen, daß das Ziel des Sprechers darin besteht, ein Objekt gegenüber einem Hörer geeignet hervorzuheben, damit dieser es zu identifizieren vermag. Auch haben wir darauf hingewiesen, daß die Benennung eines Objekts meistens im Zusammenhang mit übergeordneten Handlungszielen des Sprechers erfolgt, also beispielsweise im Rahmen einer Aufforderung oder einer Instruktion. Wir wollen nun noch einige Fälle erörtern, in denen Sprecher neben dem Hervorheben des Zielobjekts andere Ziele verfolgen, *indem* sie in einer bestimmten Weise benennen. Was ist darunter zu verstehen? Nach Bühler (1934; vgl. auch Hörmann, 1977) ist die Sprache ein Werkzeug, mit dem (1) der eine (2) dem anderen (3) etwas über die Dinge mitteilt. Dabei kommen diesem Werkzeug drei Funktionen zu, die auf die drei beteiligten Instanzen bezogen sind: Kraft ihrer Darstellungsfunktion (oder Symbolfunktion) bezieht sich Sprache auf die Dinge oder Sachverhalte in der Welt. Kraft ihrer Ausdrucksfunktion (oder Symptomfunktion) sagt sie etwas über den Sprecher aus. Und kraft ihrer Appellfunktion (oder Signalfunktion) löst sie Prozesse im Hörer aus. Bei sprachlichen Äußerungen sind immer alle genannten Funktionen beteiligt, wenn auch mit unterschiedlichen Anteilen. Wir haben oben (1.2.4) schon darauf hingewiesen, daß es im Rahmen traditioneller Vorstellungen schwierig ist, etwa die ‚Bedeutung' des Wortes „Vorsicht", mit dem ein Sprecher einen Hörer in einer bestimmten Situation warnen will, zu bestimmen. Vielmehr handelt es sich hier um eine Äußerung, bei der die Appellfunktion im Vordergrund steht. Dem Ausruf „Au!" eines Dachdeckers, der beim Hämmern den Nagel des Daumens statt den im Holz steckenden getroffen hat, kommt demgegenüber dominante Ausdrucksfunktion zu.

Bei den bisher in diesem Kapitel behandelten Objektbenennungen steht die *Bezeichnung* des Zielobjekts im Vordergrund; in Bühlers Terminologie haben wir es hier mit Äußerungen zu tun, bei denen der Aspekt der Darstellung, also der sprachlichen Bezugnahme auf ein Objekt in der Welt, dominiert. Dies unbeschadet der Tatsache, daß der Sprecher auch sprachlich *darstellt*, um angesichts der jeweiligen Kommunikationssituation Ziele zu erreichen. Anders formuliert: Auch die Darstellung dient letztlich der Modifikation der hörerseitigen Bewußtseinsinhalte.

Sprecher können ein Objekt unter dem nebengeordneten Ziel benennen, daß der Hörer seine *Aufmerksamkeit* besonders auf ein bestimmtes Merkmal des Zielobjekts richtet. Nach Bühlers Ausführungen würde hier der Appellaspekt der Äußerung betont. Oder der Sprecher benennt ein Objekt in einer Weise, die die eigene *Bewertung* des Objekts erkennen läßt. Im Rahmen der Bühlerschen Konzeption kommt dies einer Akzentuierung der Ausdrucksfunktion einer Äußerung gleich.

> Der Logiker und Sprachphilosoph Ludwig Wittgenstein, einer der wichtigsten Vertreter der ‚Philosophie der natürlichen Sprache', hat hervorgehoben, daß die Bedeutung eines Wortes sich letztlich nur über die Verwendung dieses Wortes in einer Sprachgemeinschaft kennzeichnen läßt. In der modernen Lexikographie versucht man zunehmend, dieser Sichtweise Rechnung zu tragen, indem man von starren Bedeutungsdefinitionen abgeht und dem Nachschlagenden die (richtige) Verwendung eines Wortes dadurch erschließt, daß man ausführt, wer dieses Wort in welchem Kontext und mit welcher Funktion benutzt (vgl. Harras, Haß & Strauß, 1991; Strauß, Haß & Harras, 1989). Man vergleiche beispielsweise die Bedeutung (Verwendung) der Wörter „Befragung" und „Verhör", „Entlassung" und „Freisetzung".

Pobel (1991) ließ seine Versuchspersonen Objekte unter unterschiedlichen (nebengeordneten) Zielsetzungen benennen, indem er die Benennungsaufgabe in einen Kontext stellte, der die jeweilige aufmerksamkeitslenkende Hervorhebung eines Merkmals oder einer sprecherseitigen Bewertung nahelegte (siehe oben 2.3.1 zur ‚beiläufigen' Evozierung von Objektbenennungen). Die Lenkung der hörerseitigen Aufmerksamkeit auf bestimmte Merkmale eines Objekts kommt besonders dann ins Spiel, wenn diese Merkmale der direkten (visuellen) Wahrnehmung nicht oder nur bedingt zugänglich sind, also etwa bei der Materialbeschaffenheit oder der Funktion von Objekten. Die sprecherseitige Bewertung von Objekten konzipiert Pobel als den speziellen Hinweis auf die Abwesenheit bestimmter (positiv bewerteter) Merkmale wie der Funktionstüchtigkeit oder der Materialstabilität eines Objekts. Es zeigt sich, daß diese unterschiedlichen Zielvorgaben die Beschaffenheit der von den Sprechern produzierten Objektbenennungen deutlich beeinflussen. Während ein Stuhl in einem neutralen Kontext vorwiegend als „Stuhl" bezeichnet wird, verwenden Sprecher, wenn sie dem Partner gegenüber besonders darauf hinweisen wollen, daß dieser Stuhl weiches und bequemes Sitzen nicht ermöglicht, öfter Benennungen wie „Holzstuhl" oder „Küchenstuhl"; ist der Stuhl jedoch unter dem Sprecher zusammengebrochen oder droht er dieses zu tun, wackelt und knarrt er, treten gehäuft Benennungen der Art „Schrottstuhl" oder „Krücke von Stuhl" auf.

Wie läßt sich dieser Befund im Rahmen der DMF-Theorie beschreiben? Kognitive Markenkomplexe sind – auch wenn sie sich auf ein und dasselbe ‚Ding in der Welt' beziehen – beim Sprecher situationsspezifisch unterschiedlich – also flexibel – zusammengesetzt. Marken, die besonders stark aktiviert sind, determinieren in dominanter Weise die Wortwahl. So fließen die in einer Situation jeweils hoch aktivierten Bestandteile des jeweiligen Markenkomplexes in die Benennungsäußerung ein, beispielsweise die abstrakte Marke IST AUS HOLZ beziehungsweise die emotiv-bewertende Marke TAUGT NICHTS. (Insofern nebengeordnete Sprecherziele die Wahl bestimmter Nomina bei der Objektbenennung determinieren, beispielsweise „Holzstuhl", kann man die Befunde auch als Spezialfall der Spezifität der Objektklassenwahl (vgl. oben 2.7) betrachten.)

Traditionellen Konzepttheorien (s. oben 2.6) bereitet die Annahme generell Probleme, daß Konzepte in verschiedenen Situationen unterschiedliche Beschaffenheit aufweisen können, daß also bei dem Konzept „Stuhl" einmal das Merkmal „hölzern", das andere Mal das Merkmal „instabil" im Vordergrund stehen kann. Im Rahmen der hier zugrunde gelegten Flexibilitätsannahme ist es dagegen geradezu konstitutiv für konzeptuelle Markenkomplexe, daß sie je nach Zusammenhang, in dem sie gebildet und eingesetzt werden, verschiedene Konstellationen aktivierter Marken aufweisen – und so auch zu verschiedenen Wortwahlen führen.

Daß es sich hier um einen allgemeinen kognitiven Prozeß handelt, der nicht nur etwa im Kontext der sprachlichen Bezugnahme auf ein Objekt zum Tragen kommt (und der somit im Rahmen der Fokusinformation und ihrer Selektion zu behandeln ist und nicht ausschließlich ein Enkodierphänomen darstellt), zeigt ein Experiment von Barclay, Bransford, Franks, McCarrell & Nitsch (1974). Die Autoren gingen, ganz im Sinne der – in der Geschichte der Kognitionspsychologie erst später formulierten und elaborierten – Annahmen zur flexiblen Beschaffenheit von Konzepten, davon aus, daß mit Wörtern (Wortkomplexen) ganz verschiedene Konzeptkomplexe verbunden sein können. Dabei nutzten sie die Tatsache, daß die Aktivierung bestimmter Merkmale auch durch die Verwendung von Verben geleistet wird: Hören Personen den Satz „Der Mann hob das Klavier.", so wird bei dem Konzept KLAVIER besonders die abstrakte (oder erfahrungsgeleitet motorische) Marke, daß es sich um einen *schweren* Gegenstand handelt, aktiviert; hören sie den Satz „Der Mann zerhackte das Klavier.", so tritt das Merkmal des *Hölzernen* bei der Konzeptrepräsentation in den Vordergrund; nach Hören des Satzes „Der Mann stimmte das Klavier." ist die emotiv-bewertende oder auch sensorische Marke des *schönen Klanges* an der Konzeptbildung maßgeblich beteiligt, etc.

Die Autoren gaben ihren Versuchspersonen Listen von Sätzen der Art „A tut B." zu lernen, in denen das Verb jeweils bestimmte Merkmale eines Objekts akzentuierte. Infolge der Länge dieser Listen konnten die Probanden nicht alle gelernten Sätze reproduzieren. Die Autoren prüften, wieweit die Vorgabe von Erinnerungshilfen in Form der durch das verwendete Verb nahegelegten Objekteigenschaften die Reproduktion der Gegenstände, die in den gelernten Sätzen vorkamen, unterstützt (also beispielsweise „Es handelte sich um etwas Schweres." versus „Es handelte sich um etwas Hölzernes.") Es zeigte sich, daß bei Vorgabe ‚passender' Erinnerungshilfen („etwas Schweres", wenn zuvor „Der Mann hob das Klavier." gelernt wurde") durchschnittlich 4,7 (von 10) Gegenständen richtig erinnert wurden, bei Vorgabe ‚unpassender Hilfen („etwas Hölzernes", wenn zuvor „Der Mann hob das Klavier." gelernt wurde), jedoch nur 1,6 Gegenstände. Für unsere Frage der Objektbenennung unter variablen Sprecherzielen heißt das: Wenn Sprecher Objekte so benennen, daß sie dabei auf bestimmte Merkmale dieser Objekte (oder deren Fehlen) oder auf ihre eigene bewertende Einstellung zu diesen Objekten hinweisen wollen, so reflektieren die beobachtbaren Äußerungen mit großer Wahrscheinlichkeit die (variable) Aktivationsstruktur der sprecherseitigen, situationsspezifischen mentalen Repräsentation des Zielobjekts.

Das Deutsche erlaubt in sehr produktiver Weise den Hinweis auf Material, Funktion, Besitzer, Kontext und so weiter in der Bildung von zusammengesetzten Hauptwörtern (Nominalkomposita) wie „Holzstuhl", „Drehstuhl", „Gynäkologenstuhl" oder „Bürostuhl". Im Englischen würde demgegenüber die Betonung des Hölzernen beispielsweise in adjektivischer Form erfolgen („a wooden chair"; zur morphologischen Diskussion des adjektivischen versus nominalen Status solcher Ausdrücke wie „wooden" im Englischen vgl. Miller, 1993). Das Französische erfordert meist umständliche präpositionale Umschreibungen. Die kognitiven Prozesse der Bereitstellung von *Fokusinformation* und ihrer *Selektion* zum Zwecke der Objektbenennung sind mutmaßlich aber stets dieselben. Der folgende Abschnitt handelt davon, wie die Einzelsprache, in der eine Objektbenennung erfolgt, und weitere Faktoren die *Enkodierung* bei der sprachlichen Bezugnahme auf ein Objekt beeinflussen.

2.9 Zur Enkodierung von Objektbenennungen

Wir nehmen an, daß die Selektion bei der Sprachproduktion dadurch gekennzeichnet ist, daß aus der als Fokusinformation vorliegenden Ausgangsinformation diejenigen repräsentationalen Komponenten (das heißt situationsspezifisch flexibel gebildete Markenkomplexe) ausgewählt werden, die schließlich dem Enkodiermechanismus zur Versprachlichung überantwortet werden. Wir haben in den vorangegangenen Abschnitten eine ganze Reihe von Einflußgrößen dargestellt, die bestimmen, welche kognitiven Informationsbestandteile das jeweils sein können; allgemein liegt nach erfolgter Selektion vor, *worüber* jemand in einer Situation spricht. Damit ist noch nicht entschieden, welche Wörter der Sprecher letztlich benutzt und wie diese morphologisch und grammatisch zusammengefügt werden. Der Enkodiermechanismus selbst ist kein ‚intelligentes' kognitives System. Er hat eher den Charakter eines weitgehend automatischen Ausführungsmoduls, der die Anweisungen ‚abarbeitet', die ihm übergeben werden (und die motorischen Programme zur Artikulation beziehungsweise zum manuellen Schreibvollzug startet). Wodurch ist die Tätigkeit des Enkodierapparats bestimmt? Wie kommt das sprachliche *Wie* einer Objektbenennung zustande? Dafür lassen sich die folgenden Bestimmungsgrößen aufzeigen.

(a) Die Wörter und die grammatischen Strukturen, die ein Sprecher verwendet, hängen ganz allgemein von der *Einzelsprache* ab, auf die der Enkodiermechanismus in einer Situation eingestellt ist. Normalerweise, wenn wir ‚zu Hause' sind, ist dies unsere Muttersprache. In Abhängigkeit vom jeweiligen Kommunikationspartner oder von der gesamten Situation, in der wir uns befinden (etwa als Wissenschaftler auf einem internationalen Kongreß), kann diese Einstellung aber auch verändert werden. (Für jemanden, der über keinerlei Fremdsprachenkenntnisse verfügt, stellt sich diese Frage natürlich nicht.) In diesem Fall greift der Enkodiermachanismus auf diejenigen Wortkomplexe zurück, die im Rahmen eines seligierten Gesamtkomplexes etwa mit der abstrakten Wortmarke „ist ein englisches Wort" hoch vernetzt sind. (Diese Wortkomplexe werden bei der überdauernden Einstellung auf eine Fremdsprache bevorzugt aktiviert.) Für den konzeptuellen Bestandteil des Roten wird dann beispielsweise die Wortmarke „red" dominant aktiviert. Auf die Frage ihres amerikanischen Freundes „Which cup do you want?", um auf unser Eingangsbeispiel zurückzukommen, wird Maria – ein gewisses Maß an Englischkenntnissen vorausgesetzt – aber nicht antworten: „The red.", sondern „The red one.". Die Einstellung des Enkodierapparats auf eine andere Einzelsprache erstreckt sich also nicht nur auf den Aspekt der Wortwahl, sondern auch auf den Einsatz bestimmter grammatischer Schemata beim morphologischen ‚Zusammenbau' einer Äußerung. Im Deutschen kann man ein Schema verwenden, in dem bei Eindeutigkeit der Objektklasse für den Hörer allein Artikel und Adjektiv (als Ellipse) produziert werden: „Die rote." Im Englischen (genauer: für den auf das Englische eingestellten Enkodiermechanismus) ist ein solches Schema nicht verfügbar; hier muß bei Verzicht auf die Objektklassenbezeichnung ein ‚Hilfsnomen' herangezogen werden: „The red *one*." Ein weiteres Beispiel für das Zusammenspiel zwischen Wortwahl und grammatischen Schemata beim Enkodieren liefert die oben schon angeführte Benennung eines Stuhls, bei der der Partner besonders auf dessen Materialeigenschaft „hölzern" hingewiesen werden soll. Im Deutschen kann man zwar „der hölzerne Stuhl" sagen; konzeptuelle Bestandteile, die das Material oder die Funktion betreffen, werden im Deutschen aber bevorzugt zum Teil eines zusammengesetzten Nomens, in diesem Beispiel „Holzstuhl". (Farb- und Größenangaben lassen sich im Deutschen dagegen nur schwer in das Nomen ‚hineinziehen'.) Im Englischen müssen hier andere Wörter, andere Wortklassen und entsprechend ein anderes grammatisches Schema (s. unten 9.4) verwendet werden: „the wooden chair." (Mittelmäßige Fremdsprachensprecher erkennt man oft daran, daß sie zwar ihre Vokabeln gut gelernt haben, daß sie die entsprechenden Wörter dann aber in die grammatischen Schemata ihrer Muttersprache einpassen.)

(b) Der Enkodiermechanismus kann innerhalb einer Einzelsprache auf eine bestimmte *dialektale Variante* eingestellt werden. Auch dies erfolgt in der Regel in Abhängigkeit von Partner und Situation. Studierende beispielsweise befleißigen sich am Studienort meistens des Gebrauchs der Standardsprache, ‚fallen' aber beim wöchentlichen Telefonat mit Eltern und Geschwistern in ihren Dialekt ‚zurück'. Auch das Sprechen im Dialekt, das größtenteils mit einer veränderten Prosodie und Artikulation einhergeht, umfaßt Aspekte der Wortwahl

und der grammatischen Konstruktion. So wird ein Schwabe, der seine spezielle phonemische Artikulierweise (das heißt seinen Akzent) vielleicht auch in der Standardsprache nicht ablegen kann, Wörter wie „Prestling", „Ribisl" oder „Zibebe" nur bei entsprechender Einstellung seines Enkodierapparats verwenden. Einem Allgäuer steht das grammatische Schema zur Verfügung, das die Wendung „das wenn ich wüßte" anstelle des Hochdeutschen „wenn ich das wüßte" hervorbringt. Ein ‚Kumpel' aus dem Ruhrpott verwendet gern das grammatische Schema der (unechten) Verlaufsform von Verben: „Und da war ich gerade *am Lesen*..." Auch der sogenannte *Telegrammstil* ist das Resultat der Einstellung auf bestimmte grammatische Schemata.

> Es sei in diesem Zusammenhang betont, daß das Sprechen eines Dialekts keinesfalls generell negativ zu bewerten ist. Das lexikalisch, morphologisch und phonemisch gegenüber der Standardsprache oft reichhaltigere Inventar eines Dialekts ist vielmehr in bestimmten Situationen gegenüber bestimmten Kommunikationspartnern durchaus angebracht und funktional. Die kommunikativen Normen, die unser Sprechen – wie mehrfach schon angeführt – kodeterminieren, sanktionieren nicht generell den Dialektgebrauch, sondern stellen den *unangemessenen* Gebrauch von Sprachvarianten *in bestimmten Situationen* ‚unter Strafe'. Das kann im einen Fall die unpassende Verwendung eines breitesten Schwäbisch in einer mündlichen Diplomprüfung, im anderen Fall aber auch das Beharren auf der Standardsprache in einer gemütlichen Stammtischrunde sein.

(c) Bei konstantem konzeptuellen Input stehen dem Enkodierapparat auch verschiedene Ebenen der *Sprachschicht* zur Verfügung (vgl. Bernstein, 1975), die sich ebenfalls auf das Zusammenspiel von Wortwahl und grammatischen Schemata beziehen. Auf niederem Sprachschichtniveau besteht ein eingegrenztes Inventar an einfachen grammatischen Schemata (‚BILD-Zeitungs-Deutsch') sowie ein spezielles, nicht immer ‚hoffähiges' Vokabular. Herrmann (1982a; vgl. auch Herrmann & Deutsch, 1976) konnte zeigen, daß ein niedriges Sprachschichtniveau bei der Benennung von Objekten besonders bei Vorliegen zweier Bedingungen gewählt wird: wenn die motivational-emotionale Distanz des Sprechers zu der Sache, über die er spricht, gering ist *und* wenn die soziale Distanz zum Partner ebenfalls gering ist. Hat ein Sprecher eine besondere Affinität zu allem, was mit Fußball zu tun hat, *und* benennt er Objekte aus diesem Gegenstandsbereich gegenüber einem sozial nahen Partner, etwa einem persönlichen Freund, dann (und nur dann) verwendet er häufiger Ausdrücke wie „Pille", „Schiri" oder „Schlappen". Nach Pobel (1991) führt auch das nebengeordnete Sprecherziel, ein Objekt durch die Wahl einer Benennung abzuwerten (beziehungsweise auf das Fehlen einer Merkmalsausprägung besonders hinzuweisen), zum vermehrten Auftreten von Benennungen auf niedrigerem Sprachschichtniveau (also in oben genanntem Beispiel etwa „blöder Stuhl" oder „bescheuerter Stuhl"). Dem Einfluß der *Objektbereichsdistanz*, also der Stellung beziehungsweise Haltung eines Sprechers zu einem bestimmten Sachbereich (qua Vertrautheit oder emotionaler Besetzung), auf die Sprachproduktion wurde ansonsten bislang nur wenig Aufmerksamkeit geschenkt.

Die drei genannten Determinanten der Enkodierung können *dispositionell* bedingt sein: Sprecher beherrschen ihre Muttersprache am besten, sie ‚können' vielleicht nur ihren Dialekt und nicht die Standardsprache, oder sie verfügen vielleicht nur über den restringierten Kode eines niedrigen Sprachschichtniveaus. In diesen Fällen geht die auf die jeweilige Kommunikationssituation bezogene Einstellung des Enkodiermechanismus mit der eingeschränkten Verfügbarkeit von Wortkomplexen und grammatischen Schemata einher. Ein ausschließlich niedriges Sprachschichtniveau wirkt vielleicht sogar auf die Selektionsprozesse so zurück, daß Inhalte, die sich nur in elaborierterer Redeweise ausdrücken lassen, unter Berücksichtigung der eintretenden Enkodierprobleme aus der Fokusinformation erst gar nicht ausgewählt werden. Dasselbe gilt für das Reden in einer Fremdsprache; auch hier verzichtet man vielleicht schon auf kognitiver Ebene darauf, etwas zu sagen, wofür man weder Vokabular noch grammatische Strukturen besitzt. So läßt sich auch erklären, warum wir Ausländer oft fälschlicherweise für weniger intelligent halten: Wir führen die Einfachheit ihres Sprechens statt auf die begrenzte Enkodierfähigkeit auf die begrenzte Denkfähigkeit zurück. Das vom Sprecher Gesagte ist also nicht immer ein zuverlässiger Indikator für seine intellektuelle Leistungsfähigkeit.

Die genannten Varianten können vom Sprecher aber auch situationsbezogen an bestimmten ‚lokalen' Stellen einer Äußerung explizit gewählt werden. So bevorzugt der Sprecher vielleicht in einer bestimmten Situation einmalig eine englische Objektklassenbezeichnung, um darauf hinzuweisen, daß das Objekt die zunehmende kulturelle Amerikanisierung des kontinentalen Europa widerspiegelt. Oder er streut einen Dialektausdruck ein, um den oder die Hörer zu erheitern. Oder er verwendet bewußt ein ordinäres Wort, um gegenüber seinem Partner eine informelle Situation zu konstituieren. In allen diesen Fällen ist anzunehmen, daß die seligierten Fokuskomponenten mit einer ‚Markierung' versehen werden, die den Enkodiermechanismus anweist, genau diese markierten Inhalte (und nicht die sprachliche Gesamtäußerung) in einer bestimmten Weise zu verarbeiten. Daß ein betagtes, unzuverlässiges Auto als „Mistkarre" bezeichnet wird, ist dann nicht eine Frage der Bildung eines kognitiven Gesamtkomplexes, in dem der Vergleich mit den konzeptuellen Anteilen von „Mist" enthalten ist, sondern vielleicht die Selektion der Objektkategorie „Auto" mit dem markierenden Zusatz „soll abfällig wirken".

In den Bereich der dispositionellen Determinanten der Objektbenennung gehört auch die generelle Bevorzugung eines bestimmten Wortes für eine bestimmte Klasse von Objekten. Einem der Autoren fiel irgendwann einmal ein, daß sich ein Rehpinscher metaphorisch gut als „Bonsai-Reh" bezeichnen läßt. Seitdem verwendet er diesen Ausdruck, wann immer er ein Exemplar dieser Rasse antrifft, und dies ganz unabhängig von Situation, Partner und nebengeordneten Zielen. Für ihn *heißen* diese Objekte „Bonsai-Reh", und der zugehörige Wortkomplex ist so fest mit dem Konzept dieses Tieres assoziiert, daß andere Wortmarken sich auf dem Aktivationswege nicht durchsetzen können.

(d) Wir wollen die Rolle der grammatischen Schemata nun am Beispiel des Deutschen noch etwas näher betrachten. Oben unter (a) haben wir darauf hingewiesen, daß elliptische Objektbenennungen wie „die rote" im Deutschen durchaus möglich sind. Dennoch gehört zu einer vollständigen Nominalphrase in der Regel ein Nomen.

> Nominalphrasen sind Äußerungsteile, die in Sätzen bestimmte syntaktische Rollen einnehmen können, beispielsweise die des Subjekts oder des (direkten oder indirekten) Objekts. Im Satz „Frauen sind klug." beispielsweise besteht die Subjekt-Nominalphrase nur aus dem Nomen „Frauen". Oft haben Nominalphrasen die Form *Artikel + Nomen* („Der Hund ...") oder *Artikel + Adjektiv(e) + Nomen* („Der rote Bagger ..."). Wenn in einem sprachlichen Zusammenhang bereits klar ist, worauf sich der Sprecher bezieht, kann auch ein Pronomen („er", „sie", „dieser" etc.) als Nominalphrase verwendet werden.

Daß die *angestrebte Vollständigkeit* eines grammatischen Nominalphrasenschemas die Enkodierung einer Objektbenennung beeinflussen kann, zeigen Mangold & Pobel (1988).

Danach wird die Form eines Objekts oft dann überspezifiziert, wenn sie die als Nomen enkodierte Objektklasse angibt. Ein gelbes Dreieck im Kontext andersfarbiger Dreiecke wird beispielsweise oft als „das gelbe Dreieck" benannt; die Formangabe „Dreieck" ‚zählt' in Untersuchungen zur Objektbenennung dann in der Regel zu den Fällen der Überspezifikation des Merkmals „Form". Wird (etwa als Ergebnis geeigneter experimenteller Manipulation) eine Objektklasse verwendet, die für alle Objekte dieselbe ist und noch keine spezifische Form vorgibt – in unserem Beispiel mag es sich vielleicht um Knöpfe unterschiedlicher Form und Farbe handeln –, so sinkt die Häufigkeit der überspezifizierten Formangaben, weil die Angabe der Form nicht mehr notwendig ist, um eine vollständige Nominalphrase zu produzieren. Spezifizierende Formangaben müssen in diesem Fall, wenn sie notwendig sind, durch Adjektive geleistet werden, also beispielsweise durch Wendungen wie „der gelbe, *dreieckige* Knopf". Welche Attribute eines Objekts bei der Objektbenennung letztlich enkodiert werden, hängt also nicht nur von den in Abschnitt 2.4 ausführlich erörterten Situationsbedingungen ab, sondern auch von der – vielleicht gewohnheitsbedingten – Bevorzugung bei der Wahl eines bestimmten, ein Nomen erfordernden grammatischen Schemas bei der Enkodierung. Anders ausgedrückt: Die überspezifizierte Angabe der Form eines Objekts *kann* wahrnehmungsbezogene oder kontextsensitive kognitive Gründe haben, die bestimmte Selektionsprozesse steuern; sie *kann* aber auch das (situationsunabhängige) Produkt von Enkodiergewohnheiten oder -präferenzen sein.

(e) Sprecher ‚garnieren' ihre Äußerungen mit nicht-propositionalen Floskeln (siehe oben 1.3). Das sind im Falle der Objektbenennung sprachliche Elemente, die keine spezielle Information über Merkmalsausprägungen oder deren sprecherseitige Bewertung bieten, sondern eher allgemeine Funktionen als sprachliche Füllsel oder unspezifische Intensivierungen ausüben, beispielsweise Ausdrücke wie „wahnsinnig" („der wahnsinnig große Klotz"), oder „unheimlich" („eine unheimlich rote Erdbeere"). Diese nicht-propositionalen Bestandteile einer Äußerung beruhen ebenfalls nicht auf situations- und kontextspezifischen Selektionsprozessen, sondern werden vom Enkodiermechanismus von Fall zu Fall aus dem Gedächtnis abgerufen und in die zu produzierende Äußerung ‚eingebaut'.

(f) Auch das sprecherseitige Kommunikationsprotokoll, das heißt das geistige ‚Vorhalten' der schon erfolgten Äußerungsproduktion, determiniert die Enkodierung beträchtlich. Dies zeigt sich vor allem im Gebrauch des bestimmten oder unbestimmten Artikels (vgl. oben 2.7(e)) und des Pronomens. Ob eine Nominalphrase mit definitem oder undefinitem Artikel eingeleitet wird, hängt (unter anderem) davon ab, ob der Sprecher ein Objekt zuvor schon einmal benannt hat und somit davon ausgehen kann, daß dieses Objekt für den Hörer bereits ‚eingeführt' ist (vgl. oben 2.4(e)). Generell gilt die Regel, daß Objekte bei ihrer ersten Benennung mit indefinitem Artikel enkodiert werden; sind sie bereits eingeführt, wird der definite Artikel gewählt. Ohne die Zuhilfenahme eines wie oben beschriebenen Kommunikationsprotokolls können diese Entscheidungen, die weitgehend automatisch getroffen werden, nicht erfolgen. (Wir haben aber schon darauf hingewiesen, daß die Frage der definiten oder indefiniten Einleitung von benennenden Nominalphrasen in Wirklichkeit viel komplizierter ist.) Ist ein Objekt für den Hörer bereits eingeführt, so kann darauf auch mit Hilfe eines Pronomens verwiesen werden – sofern der linguistische Bezug dieses Pronomens eindeutig ist; für „er" darf also beispielsweise nur *ein* Nomen maskulinen Geschlechts in Frage kommen (man denke an die Bezugsfehler, die einem in der Schule beim Aufsatzschreiben angekreidet wurden). Dieselben konzeptuellen Bestandteile GRÜN und WÜRFEL werden dann vielleicht – unter Nutzung des Kommunikationsprotokolls – das eine Mal als „ein grüner Würfel", das andere Mal als „er" enkodiert.

2.10 Fazit

Das Benennen von Gegenständen erfolgt in den meisten Fällen so, daß man das zu ihnen passende *Nomen* und allenfalls außerdem ein oder mehrere *Adjektive* (Modifikatoren) generiert. Linguistisch betrachtet, handelt es sich also vorwiegend um *Nominalphrasen* („die große rote Kerze", „den alten Fernseher"). Nominalphrasen enthalten darüber hinaus im Deutschen in der Regel bestimmte oder unbestimmte Artikel („den", „eine"); wir haben kurz dargestellt, von welchen Bedingungen die Artikelwahl und auch die anaphorische Ersetzung von Nomina durch Pronomina abhängen. Nominalphrasen können überdies durch nicht-propositionale Floskeln („ein *irrsinnig* roter Ball") angereichert werden, worauf wir ebenfalls kurz hingewiesen haben.

Die Benennung von Objekten durch Nominalphrasen kann in unterschiedlichen syntaktischen Umgebungen erfolgen. Man kann zum Beispiel auf einen Gegenstand referieren, indem man ihn durch einen Nebensatz näher charakterisiert: „der Film, bei dem ich immer eingeschlafen bin". Und die Bezugnahme auf ein Objekt im Wege der ‚räumlichen Anbindung' an andere Objekte (= Raumreferenz) geschieht – grammatisch betrachtet – häufig durch die Erzeugung von Präpositionalphrasen: „das Kreuz rechts von der Friedhofskapelle".

Bei weitem die meisten Forschungsarbeiten beziehen sich indes auf die Objektbenennung, die durch die Produktion von Nominalphrasen erfolgt. Die hierzu vorliegenden deskriptiven Unterscheidungen und Untersuchungen zur Abhängigkeit der unterschiedlichen Wortwahl von spezifischen Bedingungen lassen sich mit einer gewissen Vereinfachung auf die Beantwortung der beiden folgenden Fragen reduzieren:

1. Welches Nomen wird gewählt?
2. Welches Adjektiv oder welche Adjektive werden gewählt?

1. *Welches Nomen wird gewählt?* Diese Frage läßt sich noch einmal in zwei Unterfragen teilen:

   (a) Wie steht es mit der Nomenwahl, wenn man den Gesichtspunkt der semantischen Ebenen (also die Unterscheidung zwischen Oberbegriffsniveau, Basisniveau und Exemplarniveau) nicht berücksichtigt?
   (b) Wie kommt es zur Nomenwahl unter dem Gesichtspunkt der semantischen Ebenen?

(a) *Wie erfolgt die Nomenwahl generell?* Wir haben die folgenden (allgemeinen) Einflüsse auf die Wahl von Nomina dargestellt:

– Sprecher benennen ein Objekt – trivialerweise – so, wie sie es erkennen beziehungsweise klassifizieren. Diese Objektkategorisierung hängt unter anderem von kognitiven Schemata ab. Man kann ein und dasselbe Objekt „Stein" oder „Briefbeschwerer" nennen, wobei es sozusagen das eine Mal unter dem Aspekt des Materials, das andere Mal unter dem Aspekt einer möglichen Funktion ‚gesehen' wird.
– Die Wahl von Nomina ist von den Vorgaben abhängig, die durch die jeweils verwendete Einzelsprache zustande kommen. Zum Beispiel führt die Referenz auf Materialeigen-

schaften von Gegenständen im Deutschen häufig dazu, einem Nomen nicht einen Modifikator („hölzerner Stuhl") beizugeben, sondern ein Nominalkompositum zu bilden („Holzstuhl").
- Die Nomenwahl ist davon abhängig, ob der Sprecher die Standardform seiner Sprache, einen Dialekt oder auch ein reduziertes oder spezielles Sprachschichtniveau (Umgangssprache, Vulgärsprache, (Fach-) Jargon und dergleichen) wählt. – Die Wahl niedriger Sprachschichtniveaus hängt, wie dargestellt, von der kognitiven und emotionalen Distanz des Sprechers zu einem Themengebiet und von der sozialen Distanz des Sprechers zu seinem Kommunikationspartner ab.
- Die Nomenwahl kann unter ‚rhetorischen' Maßgaben erfolgen; zum Beispiel will der Sprecher Wiederholungen vermeiden. (Diese Maßgabe kann man als Nebenziel des Sprechers beim Benennen von Objekten verstehen.)
- Neben den genannten Bedingungen gibt es zum Teil recht eigentümliche Benennungsgewohnheiten: Sprecher haben sich im Verlauf ihrer Biographie zum Teil feste Verknüpfungen zwischen Objekt und Benennung angewöhnt.
- Die Nomenwahl ist stark davon abhängig, welche nebengeordnete Ziele der Sprecher verfolgt: Will er beim Partner eine (zumal negative) Bewertung des Objekts erreichen? Will er den Partner auf ein bestimmtes Objektmerkmal hinweisen?

(b) *Wie erfolgt die Nomenwahl unter dem Aspekt der Unterscheidung von Basisniveau und Exemplarniveau?* Wie abstrakt versus konkret sind die Konzepte, welche mit den Wörtern assoziiert sind, die man zur Bezeichnung von Gegenständen verwendet?

- Starke Konkretion beziehungsweise die Neigung, Begriffe der Exemplarebene zu verbalisieren, hängt von der Beschaffenheit der Alternativobjekte ab, die im Suchbereich vorhanden sind. Liegen mehrere Werkzeuge vor, so wird man das intendierte Objekt nicht „Werkzeug", sondern zum Beispiel „Rohrzange" nennen.
- Der Konkretionsgrad der Benennung ist auch partnerbezogen: Gegenüber Kindern vermeidet man spezialisierte Wörter aus dem Exemplarbereich. Gegenüber Experten neigt man zu starker Konkretion und bevorzugt die Exemplarebene.
- Die Zuordnung der gewählten Nomina zur Basis- oder zur Exemplarebene hängt von dem allgemeinen Äußerungszusammenhang ab, in den die Objektbenennung eingebettet ist; sie ergibt sich also aus dem Ziel, welches der Sprecher mit seiner Äußerung generell verfolgt. Wir haben dargestellt, daß die Nomenwahl beim Instruieren anders ist und beim wiederholten Benennen einen anderen Verlauf nimmt als beim Beschreiben.

2. *Welches Adjektiv oder welche Adjektive werden gewählt?* Auch diese Frage kann wie folgt unterteilt werden:

(a) Wie verläuft die Adjektivwahl ungeachtet der Frage, ob die gewählten Adjektive für die *Diskrimination* des benannten Objekts gegenüber Kontextobjekten erforderlich sind oder ob *Überspezifikation* vorliegt?
(b) Wie steht es mit der Adjektivwahl unter dem Gesichtspunkt, ob sie für die *Diskrimination* des Objekts erforderlich (= diskriminativ) ist oder nicht?
(c) Wie steht es mit der Adjektivwahl unter dem Gesichtspunkt, ob die gewählten Adjektive *sämtlich* diskriminativ sind oder ob es sich um eine *Überspezifikation* handelt?

(a) *Wie erfolgt die Adjektivwahl ohne den Gesichtspunkt der Diskrimination und Überspezifikation?* Wir haben im wesentlichen vier Faktoren dargestellt, welche die Adjektivwahl ungeachtet ihrer kontextuellen Diskrimination bestimmen können:

– Die Adjektivwahl ist von der Beschaffenheit des intendierten Objekts abhängig. So verbalisiert man Objektmerkmale, die unüblich sind: Sieht man eine blaue Erdbeere oder ein grünes Herz-As, so wird man dazu neigen, in jedem Falle das Adjektiv „blau" beziehungsweise „grün" zu generieren.
– Ebenso wie für die Nomenwahl gibt es für die Adjektivwahl Verbalisierungsgewohnheiten.
– Es gibt eine generelle Tendenz, komplexe Nominalphrasen zu vereinfachen und damit auch den Einsatz von Adjektiven zu reduzieren, wenn mehrmals in Folge auf dasselbe Objekt referiert wird.
– Gegenüber Kindern und anderen Partnern, denen man eine eingeschränkte Kompetenz zuschreibt, neigt man eher dazu, die für die Objektbenennung verwendeten Nominalphrasen mit Adjektiven auszustatten.

(b) *Wie erfolgt die Adjektivwahl unter dem Aspekt der Diskrimination?* Adjektive werden so gewählt, daß der Partner das intendierte Objekt im Kontext von Alternativobjekten identifizieren kann:

– Die Adjektivwahl ist von der Beschaffenheit der Alternativobjekte abhängig (vgl. oben: „das runde" vs. „das weiße").
– Ist die Merkmalsbeschaffenheit des intendierten Objekts und der Alternativobjekte so, daß mehrere Adjektive in diskriminativer Weise verwendet werden können (= multiple Benennbarkeit), so wird das Merkmal thematisiert, bezüglich dessen das intendierte Objekt und die Alternativobjekte den größten Ausprägungsunterschied aufweisen.

(c) *Wie erfolgt die Adjektivwahl unter dem Aspekt der Überspezifikation?* Wann treten (auch) Adjektive auf, die für die Identifikation des intendierten Objekts im Kontext der Alternativobjekte nicht erforderlich wären?

– Die Neigung zu Überspezifikation hängt von den Zielen ab, die der Sprecher mit seiner Äußerung, in die Objektreferenzen eingebunden sind, erreichen will. Zum Beispiel nimmt man es mit der Vermeidung der Überspezifikation beim Beschreiben nicht so ernst wie beim Instruieren.
– Bei wiederholter Benennung werden nichtdiskriminative Adjektive häufig anstelle von diskriminativen Adjektiven verwendet, weil Verwechslungen durch den Partner nicht mehr drohen.
– Nichtdiskriminative Adjektive werden bevorzugt verwendet, wenn sie sich auf besonders markante oder auch besonders schnell wahrnehmbare Objektmerkmale beziehen.
– Nichtdiskriminative Adjektive werden eher verwendet, wenn sie sich auf Merkmale beziehen, die nur einem Teil der Alternativobjekte, nicht aber allen Alternativobjekten zukommen.

Betrachtet man die *Bedingungen*, die nach den bisherigen empirischen Befunden für die Nomen- und Adjektivwahl herangezogen werden können, so sind sie ganz heterogener

Natur. Immerhin fällt auf, daß die Wortwahl vom *Situationsverständnis* des Sprechers, von seinen *Zielen*, von seiner Einschätzung des *Partners* und auch von *Kommunikationsnormen und Sprachnormen* abhängt. (Eine systematische Klassifikation solcher Bedingungen findet sich unter 7.2.2.) Man darf formulieren, daß jede thematische Einengung der Frage nach den Bedingungen der Wortwahl bei der Objektbenennung zu unzureichenden Ergebnissen führt. Die Bedingungen für die Wortwahl reichen nämlich von visuellen Merkmalen der zu benennenden Objekte, so wie sie dem Sprecher ‚ins Auge springen', über seine Benennungsgewohnheiten, die Maßgaben, die ihm die von ihm verwendete Sprache oder auch die Normen des gesellschaftlichen Verkehrs auferlegen, seine jeweiligen kommunikativen Handlungsziele bis hin zur Einschätzung seines Partners. Die Wortwahl ist in höchstem Maße multipel determiniert. Es ist kein Wunder, daß eine befriedigende, hinreichend umfassende Theorie der Objektbenennung bis heute noch nicht existiert.

Unter Vorgriff auf unseren Theorieteil weisen wir darauf hin, daß die Wortwahl bei der Objektbenennung während verschiedener Phasen des Sprachproduktionsprozesses beziehungsweise in verschiedenen Subsystemen des Sprachproduktionssystems erfolgt oder vorbereitet wird: Die Wortwahl fällt schon verschieden aus, wenn bereits in der ersten Phase der Sprachproduktion, auf der Ebene der Zentralen Kontrolle (s. Kapitel 7), verschiedene Konzepte zur Versprachlichung ausgewählt werden. Zum Beispiel wird hier bereits entschieden, ob zur Vermeidung von Verwechslungen mit Alternativobjekten ein bestimmtes diskriminatives Merkmal verbalisiert werden wird. – Auf einer mittleren Ebene der Sprachproduktion (Hilfssysteme, vgl. Kapitel 8) wird die Wortwahl in unterschiedlicher Weise beeinflußt. Zum Beispiel können zum Zwecke der ‚Emphase' nicht-diskriminative Merkmale oder nicht-propositionale Redeteile beigefügt werden. – Auf der – sieht man einmal von der Artikulation ab – untersten Ebene der Sprachproduktion (der einzelsprachlichen Enkodierung, s. Kapitel 9) werden zum jeweiligen Konzept bestimmte Wortformen generiert. So kann zum Beispiel alternativ standardsprachlich „klein" oder dialektal „lütt" erzeugt werden. – In künftige Theorien der Objektbenennung sollten solche theoretischen Zuordnungen ihre angemessene Berücksichtigung finden.

3.

Sprechen über Raum

3.1 Grundprobleme der Raumreferenz

Menschen sprechen in der Regel, um Bewußtseinsinhalte ihres Partners zu modifizieren: um neue Inhalte hinzuzufügen, andere zu tilgen, an wieder anderen Änderungen anzubringen, das Zueinander der Inhalte zu ändern, usf. (s. genauer bei Herrmann, 1985, S. 131ff.). Die Modifikation des Partnerbewußtseins bezieht sich sehr häufig auf Inhalte räumlicher Natur. Wir nennen diese Bezugnahme unseres Sprechens auf Räumliches auch *Raumreferenz* (vgl. Schweizer, 1985; Wunderlich, 1982a,b).

Bei der Raumreferenz können wir zwei Arten der Modifikation des Partnerbewußtseins unterscheiden:

(a) Sprechen kann dazu dienen, mental repräsentierte Raumkonstellationen im Partner *entstehen* zu lassen:

> „Der Patriarch befand sich direkt vor dem Hauptportal der Kathedrale, in gehörigem Abstand rechts von seiner Gemahlin. Er stand auf einem prächtigen Teppich. Langsam schritt er auf die Fremden zu, bis er unmittelbar vor ihnen verhielt."

Der Leser oder die Leserin dürften sich, allein geleitet durch diese Worte, ein vielleicht noch ziemlich nebuloses Bild von dieser (auch) räumlichen Konstellation machen können. Mit Sprache schafft man beim Partner Raumvorstellungen. Der Sprecher tut dies, indem er entweder nüchtern beschreibt oder sachlich berichtet oder aber ausschmückend erzählt (vgl. Rummer, Grabowski, Hauschildt & Vorwerg, 1993). Oft baut er ein ‚internes Raummodell' irgendeiner räumlichen Konstellation im Partner auf, weil er ihn instruieren will, in bestimmter Weise tätig zu werden. Und häufig wechseln Teile der Raumbeschreibung mit Handlungsanweisungen ab. Ein charakteristisches Beispiel dafür (allerdings fast immer in schriftlicher Form) sind Bauanleitungen (Wintermantel, Siegerstetter, Laux & Dennig, 1986; Kohlmann, 1992).

(b) Der Partner kann zur Zeit unseres Sprechens bereits eine ausgearbeitete Vorstellung von einer bestimmten räumlichen Gegebenheit haben, und unser Reden dient dann dazu, die Aufmerksamkeit des Partners auf bestimmte *Orte oder Regionen* innerhalb dieser Raumkonstellation zu richten. Es kann auch das Ziel des Sprechers sein, daß der

Partner in seiner Vorstellung irgendwelchen *Objekten* innerhalb der Raumkonstellation Orte oder Regionen zuweist oder daß er die Objekte in seiner Vorstellung von Ort zu Ort bewegt. Beispielsweise hat jemand bereits gesagt:

„Gestern waren wir doch in deiner Küche."

Der Partner hat sich daraufhin an dieses Ereignis erinnert und hat auch eine Erinnerungsvorstellung an seine Küche im Gedächtnis aktiviert. Der Sprecher fährt jetzt fort:

„Ich habe rechts auf die Fensterbank ein Päckchen Blumenerde gelegt. Bring es mir doch bitte mit, wenn du kommst."

Der Satz „Ich habe rechts auf die Fensterbank ein Päckchen Blumenerde gelegt." führt nicht dazu, daß sich der Partner ‚im Geiste' eine Repräsentation seiner Küche erst aufbaut. Das hat er bereits getan. Mit diesem Satz steuert der Sprecher vielmehr die mentale Zuwendung seines Partners zu einem bestimmten Teil der Küche: Er thematisiert die Fensterbank. (Offenbar gibt es nur eine.) Und er verortet einen *Gegenstand* (ein Päckchen Blumenerde) durch die Angabe „rechts auf" auf dieser Fensterbank. (Eingebettet ist diese Raumreferenz in eine Aufforderung an den Partner, das Päckchen mitzubringen.)

Selbstverständlich kann man in gleicher Weise den Partner auch mental durch räumliche Anordnungen leiten, wenn dieser sie faktisch sieht: „Schau doch mal dort: Hinter dem Königstuhl geht gerade die Sonne auf." Weitere sehr häufige Beispiele sind Wegeinstruktionen, also Antworten auf Fragen von der Art: „Wie komme ich auf dem kürzesten Weg zum Rathaus?" (vgl. Klein, 1979). In den soeben genannten Fällen wird der Partner mit Hilfe des Sprechens in einer Raumkonstellation umhergeführt beziehungsweise an Teile der Raumkonstellation herangeführt. Diese Raumkonstellation steht dem Partner durch die Wahrnehmung oder in der Vorstellung (allenfalls auch Phantasievorstellung) selbst bereits geistig zur Verfügung.

Ob man über Raum spricht, um im Partner ein internes Raummodell, die Vorstellung einer Raumkonstellation, erst entstehen zu lassen (= (a)) oder um dem Partner in einem in seinem Bewußtsein bereits vorhandenen Raummodell bestimmte Orte zu zeigen oder Wege zu weisen (= (b)): Bei der Raumreferenz besteht für den Sprecher eine Reihe von Problemen, von denen hier zwei erläutert werden sollen.

3.1.1 Das Blickpunktproblem

Wenn man sagt: „Der Schlüssel ist in der Zuckerdose." und wenn der Partner weiß, um welche Zuckerdose es sich handelt und wo sie sich befindet, so weiß er auch, wo der Schlüssel ist. Für diese vom Sprecher gewünschte Modifikation des Partnerbewußtseins braucht der Partner keine Information darüber zu haben, von welcher Seite, von welchem *Blickpunkt* aus, unter welchem Blickwinkel er sich die Zuckerdose vorzustellen hat. Das Verständnis der Präposition „in" ist gegenüber Blickpunktunterschieden im allgemeinen invariant. (Dasselbe gilt unter anderem für „um . . . herum", „auf der Spitze von".) Es gibt aber auch viele Raumreferenzen, die man dem Partner nur verständlich machen kann, wenn man ihm zugleich zu verstehen gibt oder wenn er schon weiß, von welchem Blickpunkt aus man bei seiner Rede über eine Raumkonstellation spricht: „Hinter dem Ball liegt der Bauklotz." – Eine mögliche Erwiderung des Partners könnte sein: „Von mir aus oder von dir aus gesehen?" – Die *blickpunktbezogene Raumreferenz* ist ein Hauptthema dieses Kapitels: Wie geht man als Sprecher mit der Aufgabe um, dem Partner entsprechende Blickpunktinformationen zu liefern oder sie schon bei ihm vorauszusetzen? (Vgl. zum Blickpunktproblem allgemein Graumann, 1992; Herrmann, i. Dr.)

Abbildung 3.1 zeigt ein räumliches Ambiente, das einen Sprecher, einen Hörer, einen Ball und einen Stuhl enthält.

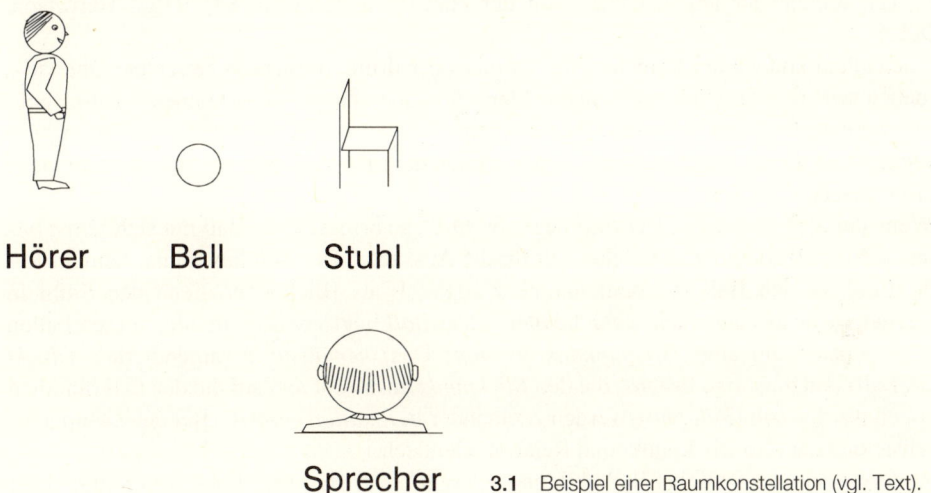

3.1 Beispiel einer Raumkonstellation (vgl. Text).

Bezüglich dieses Ambientes kann man (unter anderem) die folgenden wahren Aussagen machen: „Der Ball liegt vor mir." – „Der Ball liegt links vom Stuhl." – „Der Ball liegt vor dem Stuhl." – „Der Ball liegt hinter dem Stuhl." Alle diese Aussagen sind wahr, je nachdem wie man den *Blickpunkt* wählt, von dem aus man das räumliche Verhältnis von Ball und Stuhl beziehungsweise von Ball und Sprecher betrachtet. Vom Sprecher aus betrachtet, liegt der Ball vor mir und auch links vom Stuhl. Vom Hörer aus liegt er vor dem Stuhl. Und wenn man die Dinge vom Stuhl aus betrachtet, liegt der Ball hinter diesem. – Auf die Berücksichtigung des Blickpunkts kommt es an, wenn der Hörer zwar die fragliche Raumkonstellation kennt, aber nicht weiß, wo der Ball liegt (oder welcher von mehreren Bällen gemeint ist) und wenn der Sprecher in der internen Raumrepräsentation des Partners dem Ball den richtigen Ort zuweisen will.

Das Beispiel zeigt zweierlei: Man kann sich selbst zum Blickpunkt wählen („Der Ball liegt vor *mir*."). Oder man kann den Partner zum Blickpunkt wählen. So hätte der Sprecher auch sagen können: „Der Ball liegt vor *dir*." Oder man kann weder sich selbst noch den Partner, sondern etwas Drittes (hier: den Stuhl) zum Blickpunkt wählen: Vom Stuhl aus betrachtet, der in Abbildung 3.1 sozusagen nach rechts beziehungsweise nach Osten gerichtet ist, liegt der Ball hinter diesem. Im allgemeinen können Objekte, wie leicht einzusehen ist, nur dann zum Blickpunkt werden, wenn sie eine interne (intrinsische) Ausrichtung (das heißt ein eigenes ‚Vorn' und ‚Hinten') haben – beziehungsweise wenn wir sie so interpretieren. Autos haben dort ihr ‚Vorn', wo die Scheinwerfer sind; Uhren haben dort ihr ‚Vorn', wo das Ziffernblatt ist; Schränke haben dort ihr ‚Vorn', wo die Türen sind, usf. Und auch Stühle haben ein ‚Vorn'; sie sind Sitzmöbel, und wir verleihen ihnen ihr ‚Vorn' dadurch, daß wir dasjenige ‚vorn' nennen, was sich auf der Seite unseres eigenen ‚Vorn' befindet, wenn wir darauf sitzen. Wir sprechen bei Stühlen, Autos und ähnlichen Objekten von *Vehikelobjekten*. Zu den *Gegenüberobjekten* gehören die Schränke, aber auch Uhren und Schreibtische: Bei ihnen ist die Seite ‚vorn', die sie uns beim Gebrauch ‚entgegenstrecken'.

Es gibt noch andere Prinzipien, nach denen *Objekte* eine intrinsische Ausrichtung erhalten: Bei einem Baumstumpf kann diejenige Seite vorn sein, an der der Waldweg vorbeiführt, auf dem man dem Baumstumpf üblicherweise begegnet. Oder bei einem Hausflur ist derjenige Teil hinten, der am weitesten von der Haustür entfernt ist. Usf. (Vgl. Herrmann, 1990b.)

Nach allem können der Sprecher, der Partner oder dritte, intrinsisch gerichtete Objekte – zu denen selbstverständlich auch andere Menschen oder Tiere zählen können – zum Blickpunkt werden, von dem aus man Objekte (zum Beispiel den Ball) unter Verwendung des Sprechens lokalisiert. – Abbildung 3.1 macht auch deutlich, daß dies auf zwei verschiedene Weisen geschehen kann:

Wenn der Sprecher sagt: „Der *Ball* liegt vor *mir*.", so bringt er den Ball mit sich selbst (als Blickpunkt) in Beziehung. Ähnliches gilt für die Aussage: „Der *Ball* liegt hinter dem *Stuhl*." Hier bringt er den Ball mit dem nunmehr zugleich als Blickpunkt dienenden Stuhl in Beziehung. Und er hätte auch sagen können: „Der *Ball* liegt vor *dir*." In allen diesen Fällen handelt es sich um eine *Zweipunktlokalisation*: Das *thematisierte* (‚intendierte') *Objekt* (hier: Ball) und diejenige Instanz, die den *Blickpunkt* ausmacht *und* auf die der Ball räumlich bezogen werden soll (*Relatum*), werden zueinander in *Relation* gesetzt. (Bei der Zweipunktlokalisation sind also Blickpunkt und Relatum identisch.)

Anders, wenn der Sprecher in Abbildung 3.1 sagt: „Der Ball liegt links vom Stuhl." Hier meint er: „Von *mir* aus liegt der *Ball* links vom *Stuhl*." Bei dieser Aussage werden *drei* Instanzen in Beziehung gesetzt: die Instanz, die den Blickpunkt innehat, das thematisierte (‚intendierte') Objekt (Ball) und dasjenige Objekt, auf das der Ball räumlich bezogen werden soll (Relatum: Stuhl). Hier sprechen wir von einer *Dreipunktlokalisation*. Die Aussage „Der Ball liegt vor dem Stuhl." ist ebenfalls eine (als solche nicht gekennzeichnete) Dreipunktlokalisation. Gemeint ist: „Von *dir* aus betrachtet, liegt der *Ball* vor dem *Stuhl*." (Die Instanz, die den Blickpunkt einnimmt, ist bei Dreipunktlokalisationen also nicht immer in der Äußerung explizit enthalten.)

Es gibt *6 Hauptvarianten* der Verwendung von Wörtern von der Art „vor", „hinter", „rechts" und „links" (Herrmann, 1990b); solche Wörter nennt man Richtungspräpositionen. (Wir illustrieren diese Lokalisationsvarianten am Beispiel der Objektanordnung aus Abbildung 3.1.)

I   Zweipunktlokalisationen

    1   sprecherbezogen („Der Ball liegt vor mir.")
    2   partnerbezogen („Der Ball liegt vor dir.")
    3   drittbezogen („Der Ball liegt hinter dem Stuhl.")

II Dreipunktlokalisationen

    1   sprecherbezogen („Der Ball liegt – von mir aus – links vom Stuhl.")
    2   partnerbezogen („Der Ball liegt – von dir aus – vor dem Stuhl.")
    3   drittbezogen („Der Ball liegt – von Otto aus – hinter dem Stuhl.")

Der Partner muß wissen oder der Sprecher muß die Information an den Partner vermitteln, mit welcher dieser sechs Hauptvarianten jeweils sprachlich lokalisiert wird. Andernfalls bleibt das Reden über räumliche Beziehungen unterbestimmt, und der Sprecher verfehlt sein kommunikatives Ziel. Wie immer beim Kommunizieren kann der Sprecher es allerdings bisweilen auch einfach darauf ankommen lassen, ob der Partner eine Raumkonstellation von demjenigen Blickpunkt aus beurteilt, den der Sprecher meint: Irgendwann wird der Partner merken, wenn etwas nicht stimmt, und er wird nachfragen. – Bei allen diesen Möglichkeiten bleibt das Problem bestehen, wie der Sprecher mit der Aufgabe fertig wird, dem Partner Blickpunktinformationen zu liefern oder sie bei ihm vorauszusetzen.

An dieser Stelle soll auf einen Gesichtspunkt hingewiesen werden, den wir aus Raumgründen nicht ausführlich erörtern können. In Abbildung 3.1 ist es klar, was man darunter zu verstehen hat, daß der Ball „vor" dem Sprecher oder daß er – von diesem aus betrachtet – „links" vom Stuhl liegt. Bezogen auf die Relata (Sprecher und Stuhl) ist der *Abstand* des Balles jeweils so beschaffen, daß der Partner die Richtungsangabe versteht (und als informativ akzeptiert). Falls sich der Ball jedoch vielleicht 50 Meter vom Sprecher oder vom Stuhl entfernt befinden würde, wäre es sicherlich nicht angebracht, „vor mir" oder „links vom Stuhl" zu sagen.

Betrachten wir in Abbildung 3.1 die Lagebeziehung von Sprecher und Ball, so können wir noch tolerieren, daß der Sprecher sagt: „Der Ball liegt vor mir.", obwohl sich der Ball in Wahrheit nicht ‚genau' vor dem Sprecher befindet, sondern – von diesem aus – etwas nach links verschoben ist. Bei entsprechender Vergrößerung des Winkels zur Sagittalen geht jedoch die Verwendbarkeit von „vor" verloren; dann könnte der Sprecher beispielsweise „links vor" sagen.

Der räumliche Abstand zwischen Relatum und intendiertem Objekt, der die Verwendung von lokalisierenden Ausdrücken gerade noch zuläßt, variiert offensichtlich mit der Beschaffenheit der Raumkonstellation, über die jeweils gesprochen wird. Wenn ein Dorf und eine Flußmündung zehn Kilometer voneinander entfernt sind, können wir durchaus sagen: „Das Dorf liegt – von hier aus – vor der Flußmündung." Wir werden aber kaum sagen: „Das Auto steht – von hier aus – vor dem Gasthaus.", wenn Auto und Gasthaus sich in mehreren Kilometern Abstand voneinander befinden.

Die Verwendbarkeit von lokalisierenden Ausdrücken bricht nicht plötzlich bei irgendeinem bestimmten Objekt-Relatum-Abstand zusammen. Vielmehr variiert die Verwendbarkeit *kontinuierlich* mit solchen Abständen und auch mit den genannten Winkelabweichungen. Man kann den Zusammenhang von Verwendbarkeit einerseits und von Objekt-Relatum-Abstand oder Winkelabweichung andererseits als kontinuierliche Funktion betrachten und die optimale Verwendbarkeit einer Lokalisationsvariante mit 1.0 und die völlige Unanwendbarkeit mit 0.0 bezeichnen. Abbildung 3.2 verdeutlicht den funktionalen Zusammenhang zwischen der Verwendbarkeit von „nahe" und der Objekt-Relatum-Entfernung (in Metern), wobei sich die Entfernung im vorliegenden Fall auf die Lageverhältnisse auf einem Fußballplatz bezieht. (Zum Beispiel: „Müller, der Verteidiger, steht nahe am Elfmeterpunkt.") Wenn Objekt (beispielsweise Müller) und Relatum (beispielsweise Elfmeterpunkt) eine Nullentfernung haben, wenn also zum Beispiel Müller auf dem Elfmeterpunkt steht, kann „nahe" ersichtlich nicht verwendet werden. Mit der Zunahme der Entfernung zwischen beiden steigt die Verwendbarkeit zunächst ziemlich steil an und sinkt ebenso steil wieder ab. (Was hinreichend weit entfernt ist, ist selbstverständlich nicht „nahe".)

Man kann solche funktionalen Zusammenhänge für viele lokalisierende Ausdrücke und bezüglich vieler Arten von Raumkonstellationen angeben. Diese Zusammenhänge können aufgrund der Lebenserfahrung mehr oder minder sicher vermutet oder aber durch systematische Forschungsuntersuchungen ermittelt werden. (Solche Forschungen fehlen leider bisher fast völlig; in Abbildung 3.2 ergibt sich der Zusammenhang für „nahe" aus idealisierten Annahmen der linguistischen Referenzsemantik.) Es sei hinzugefügt, daß die Abhängigkeit der Verwendbarkeit lokalisierender Ausdrücke von der Objekt-Relatum-Entfernung und wahrscheinlich auch von der genannten Winkelabweichung ihrerseits dadurch beeinflußt ist, ob sich das intendierte Objekt und gegebenenfalls das Relatum bewegen oder nicht. Auch spielt der Blickpunkt eine bedeutsame Rolle: Wie angemessen man zum Beispiel sagen kann, daß ein Objekt „vor" einem Relatum oder „zwischen" zwei Relata plaziert ist, hängt auch davon ab, ob man die fragliche Objektkonstellation aus der Vogelperspektive oder von der Seite her betrachtet. (Zum vorstehenden Gedankengang vgl. Blocher, Stopp & Weis, 1992; Pribbenow, 1990; Schirra, 1991.)

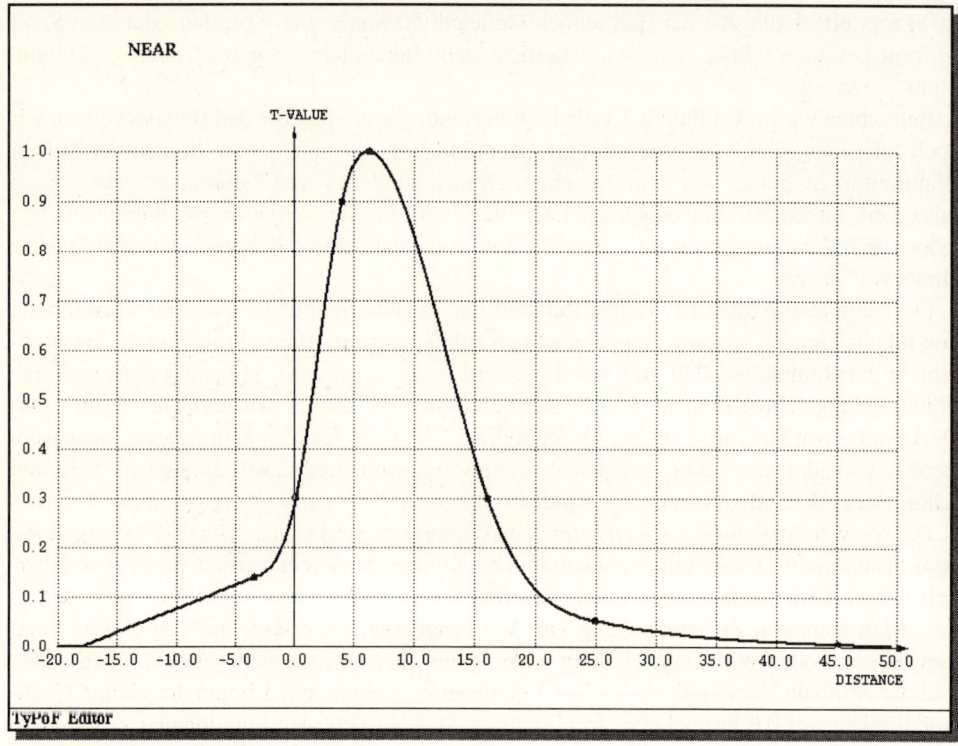

3.2 Idealtypischer Zusammenhang der Verwendbarkeit der Präposition „nahe" (NEAR) mit der Entfernung zwischen lokalisiertem Objekt und Relatum (in Metern); vgl. Text. (Aus Blocher, Stopp & Weis, 1992, S. 14.)

3.1.2 Das Linearisierungsproblem und der generische Wanderer

Wir haben in Kapitel 1 schon dargestellt, daß der Sprecher vor dem generellen Problem steht, dasjenige, worüber er reden will, in ein Nacheinander zu bringen, es also zu *linearisieren* beziehungsweise zu *sequenzieren*. Dies geschieht auf ganz verschiedenen Allgemeinheitsebenen und mit ganz verschiedener zeitlicher Erstreckung: Wir müssen uns zum Bei-

3. SPRECHEN ÜBER RAUM

spiel oft unter ‚strategischen Gesichtspunkten' generell fragen, ob wir unserem Partner unser eigentliches Anliegen sofort mitteilen und die Begründung nachschieben wollen, oder ob wir erst ‚langsam mit der Sprache herausrücken' und unser Anliegen an den Schluß stellen wollen (vgl. zum Beispiel Mikula, 1977). Doch fordert auch die konkrete Verfertigung eines jeden Satzes, Satzteiles und Wortes die richtige Sequenzierung der Teile: „Ich großen Hunger habe." ist im allgemeinen falsch; „geankommen" ist sicherlich falsch (s. dazu auch Kapitel 1). Irgendwo zwischen diesen Extremen der ‚Korngröße' liegt die Linearisierungsaufgabe, die wir beim Sprechen über *Raum* in erster Linie zu berücksichtigen haben: Worüber rede ich zuerst und wie geht es weiter, wenn ich im Kopfe meines Partners die Vorstellung von einer Raumkonstellation aufbauen will? Worüber rede ich zuerst und wie geht es weiter, wenn ich meinen Partner durch das bereits bei ihm vorhandene interne Raummodell zu irgendeinem Ziel führen will?

Räumliches hat ja kein genuines Nacheinander, kein ihm innewohnendes Vorher und Nachher, das man beim Sprechen einfach nachvollziehen könnte. Da hat man es beim Sprechen über zeitliche Verhältnisse (Ereignisse, Handlungsabfolgen usf.) leichter: Beim Bericht über ein Fußballspiel beginnt man einfach mit dem Anpfiff und endet mit dem Abpfiff. So bequem hat man es beim Sprechen über Raum nicht. (Wir werden in Kapitel 5 erläutern, daß die genuine zeitliche Erstreckung dessen, worüber man spricht, beispielsweise eines Ereignisses, gar nicht immer als Ordnungsgesichtspunkt für die Linearisierung benutzt wird.)

Das hier auftauchende, sehr schwierige Problem pflegt der Sprecher durch den gut abgestimmten Gebrauch eines ganzen Arsenals von geistigen Hilfsmitteln zu lösen. Wir besprechen einige wenige davon.

Will man im Partner die interne Repräsentation einer Raumkonstellation aufbauen und handelt es sich um eine Konstellation, die zu einem Typ beziehungsweise einer Kategorie gehört, die der Partner bereits kennt, so kann man dem Partner durch die *Nennung der Kategorie*, deren Element das zu beschreibende Raumgebilde ist, schon Gesichtspunkte für den sukzessiven Aufbau seiner internen Repräsentation vermitteln. Will der Sprecher seinem Partner ein *Dorf* schildern, so ermöglicht bereits der Hinweis darauf, daß es sich um ein Dorf handelt, vom ‚Eingang' oder ‚Dorfeingang' zu sprechen und das Nacheinander des Beschreibens der Straßen, Plätze, Häuser usf. genau bei diesem ‚Eingang' beginnen zu lassen. Dann bewegt sich der Sprecher bei seiner Beschreibung in das Dorf hinein. Irgendwann taucht vielleicht die Kirche oder die Dorflinde auf. Die Beschreibung dürfte meist beim ‚Dorfausgang' enden. Das alles kann der Partner, der Dörfer kennt, gut nachvollziehen. Wir nennen diesen Vorgang auch die *Aktivation eines partnerseitigen Was-Schemas* (z.B. eines Dorf-Schemas, welches, wie der Sprecher weiß, im Langzeitwissen des Partners vorliegt; vgl. Herrmann, Kilian, Dittrich & Dreyer, 1992).

Linde & Labov (1985) haben gezeigt, daß fast alle Menschen, die ihre Wohnung beschreiben, dies – zumindest in unserer Kultur – in gleicher Weise tun: Sie beginnen bei der Wohnungstür und arbeiten dann rechts- oder linksherum die vom Flur abgehenden Zimmer nacheinander ab. Hierbei beschreiben sie die Zimmer in der Regel so, als wenn sie nur die Tür öffnen und hineinschauen. Nur wenn hinter dem Zimmer noch ein anderes ist, beschreiben sie das erste Zimmer so, als wenn sie es durchschreiten. Eine größere Anzahl solcher Regelmäßigkeiten zeigt, wie stark die Beschreibung von Wohnungen *schemageleitet* ist. – Es spricht einiges dafür, daß die Menschen in diesem Fall nicht nur über ein festgefügtes Schema von Wohnungen – ein Was-Schema vom ‚Was' der Wohnungen – verfügen, sondern daß sie darüber hinaus Wissen darüber besitzen, wie man Wohnungen *beschreibt*

(= *Wie-Schema*). (Ein typisches Wie-Schema ist ein Kochrezept. Was dabei auch immer beschrieben wird – soll es sich um ein Kochrezept handeln, wird es in einer *vorbestimmten* Reihenfolge beschrieben: Erst kommen die Zutaten und dann der Herstellungsvorgang; vgl. Koch, 1992.) – Zur Nutzung von Was- und Wie-Wissen bei der Sprachproduktion lese man den Text im *Exkurs 3.1*.

Häufig reden wir über Raumkonstellationen, für die der Partner oder auch der Sprecher (oder beide) kein etabliertes Was- oder Wie-Schema zur Verfügung haben. Auch für diese Fallklasse verfügt der Mensch über eine elegante Strategie, die wir den Einsatz des *generischen Wanderers* nennen (vgl. auch Carroll, 1993; Lyons, 1983). Sprecher mobilisieren ihr *Handlungswissen*, um in ihr Sprechen über Raumkonstellationen ein geordnetes Nacheinander zu bringen. Dies geschieht so, daß sie dem Partner sagen, was man sieht, wenn man auf bestimmtem Wege durch die im Bewußtsein des Partners aufzubauende oder im Bewußtsein des Partners bereits vorhandene Raumkonstellation *hindurchgeht*. (Oder man beschreibt, was man sieht, wenn man lediglich den *Blick* wandern läßt.) Wir nennen diesen ‚vorgestellten' Wanderer *generisch*, weil er keinen singulären Menschen, sondern etwas Allgemeines (‚jemand', ‚man') darstellt (vom englischen Wort „generic", welches ‚allgemein', ‚auf die Gattung bezogen' bedeutet). Wir geben für den Einsatz des generischen Wanderers bei der Beschreibung einer Raumkonstellation ein Beispiel:

> „Wenn man aus dem Hauptbahnhof herauskommt, dann gehen vorn mehrere Straßen ab. Wenn man die breite Straße links mit den Bäumen entlanggeht, kommt auf der rechten Seite erst ein freier Platz. Und dann kommt dahinter ein großes Kaufhaus. Dahinter geht dann rechts eine Querstraße rein. Wenn man da reingeht, kommt man zu einem Platz mit alten Häusern. Auf dem Platz ist dann sofort rechts, wenn man hinkommt, der Hubertus-Brunnen."

Exkurs 3.1
Was- und Wie-Schemata bei der Sprachproduktion

Man kann das für das Sprechen und Schreiben erforderliche Vorwissen in *Was-Wissen* und *Wie-Wissen* unterteilen. Soweit das Was- oder Wie-Wissen von einem Menschen gut gelernt ist und für häufige, routinierte Anwendungen fertig zur Verfügung steht, können wir auch von kognitiven *Was-Schemata* und *Wie-Schemata* sprechen, die der Sprecher zum Zwecke des Sprechens lediglich im Gedächtnis aktivieren muß. Das Wissen über Restaurants, Dörfer, den Kauf einer Fahrkarte, Arztbesuche usf. liegt bei den Menschen unserer Kultur im allgemeinen als schematisiertes Was-Wissen (= Was-Schema) vor. Wie man Märchen *erzählt*, wie man Witze oder Kochrezepte sprachlich *aufzubauen* hat, wie Texte von Beipackzetteln *auszusehen* haben, betrifft das Wie-Wissen; bei hinreichender Schematisierung und Routinisierung kann man hier von Wie-Schemata sprechen. Beide Wissensarten verwendet man auch beim Sprechen über Raum.

Den Unterschied zwischen Was- und Wie-Schemata demonstriert ein psychologisches Experiment (Herrmann, Kilian, Dittrich & Dreyer, 1992). Wir haben bei dieser Untersuchung eine *Kognitionsphase* und eine *Kommunikationsphase* unterschieden. In der Kognitionsphase variierten wir die kognitiven Bedingungen, unter denen unsere Versuchspersonen eine konstante Informationsstruktur wahrnehmen. Das führte dazu, daß die Versuchspersonen verschiedene *Was-Schemata* aktivierten: Alle Versuchspersonen sahen denselben kurzen Videostreifen (= konstante externe Informationsstruktur). Der einen Hälfte von ihnen sagten wir vorher, der Film zeige einen *Überfall*, der anderen, er zeige eine *polizeiliche Festnahme* (= variable kognitive Bedingungen der Informationsaufnahme). Die Versuchspersonen sprachen, wie auch von anderer Seite häufig nachgewiesen wurde (vgl. zum Beispiel Anderson & Pichert, 1978; Flammer, Grob, Jann & Reisbeck, 1985), je nach kognitiver Bedingung über das Gesehene in ganz verschiedener Weise. Zum Beispiel berichteten diejenigen Versuchspersonen, denen die Videoszene als Überfall avisiert worden war, über die Brieftasche oder die Geldbörse des Opfers, während diejenigen, die dieselbe Szene als polizeiliche Festnahme gesehen hatten, stattdessen vom Ausweis sprachen, den der Festgenommene vorzeigte. Einmal war ein bestimmter Mann ein Täter, das andere Mal ein Polizist. Vom „Bedrohen" sprach man nur beim Überfall, nie bei der Festnahme. Usf. – Wir kreuzten die beiden Kognitionsbedingungen „Überfall" und „Festnahme" mit zwei Kommunikationsbedingungen:

In einem Rollenspiel während der nachfolgenden *Kommunikationsphase* berichteten unsere Versuchspersonen den erinnerten Überfall beziehungsweise die erinnerte Festnahme entweder (im Sinne einer gerichtlichen Zeugenvernehmung) einem *Richter*, oder sie unterhielten einen *Freund* in einer Kneipe mit einer entsprechenden Erzählung. Insofern hatten die Versuchspersonen zwei verschiedene *Wie-Schemata* zu aktivieren.

Die Äußerungen sowohl über den Überfall als auch über die Festnahme fielen je nach der jeweiligen Kommunikationsbedingung sehr unterschiedlich aus. Es ergaben sich unter anderem die folgenden Einzelbefunde: Gegenüber einem Freund treten mehr umgangssprachliche Redewendungen auf als bei der richterlichen Vernehmung; in der Kneipe wird beim Reden mehr inszeniert, mehr psychologisiert und mehr bewertet. Ist der Partner der Freund in der Kneipe, so braucht man für die Festnahme mehr Wörter – die Äußerungen sind länger – als für den Überfall. Bei der Zeugenvernehmung ist es umgekehrt. Hier benötigt der Zeuge mehr Wörter für den Überfall als für die Festnahme. In verschiedenen Situationen wird Verschiedenes sprachlich ausgearbeitet oder aber komprimiert: So verwendet man bei der richterlichen Vernehmung mehr Wo-, Wann- und Wie-Bestimmungen für den Überfall als für die Festnahme, was für die Kneipenerzählung nicht gilt. Desgleichen spezifiziert der Sprecher gegenüber dem Richter für den Überfall besonders genau, ob er etwas bloß vermutet oder ob er es genau weiß; und dies viel häufiger als bei der Vernehmung zur polizeilichen Festnahme und bei den Kneipenerzählungen.

Es zeigt sich: Sprechen hängt nicht nur davon ab, daß man eine hinreichende Ausgangsinformation über den *Redegegenstand* (das Was, das Worüber) besitzt. Die Unterschiede, die unsere Versuchspersonen beim Sprechen sowohl über einen Überfall als auch über eine Festnahme gegenüber zwei verschiedenen Arten von Kommunikationspartnern manifestierten, zeigen an, wie sehr – unabhängig davon – unser Sprechen auf hinreichendem *Wissen über das Wie* (Kommunikationswissen) beruht. Und sowohl das Was-Wissen als auch das Wie-Wissen können, wie ausgeführt, als leicht zugängliche und oft benutzte *Schemata* zur Verfügung stehen.

Nehmen wir an, daß der Partner, dem diese Wegebeschreibung gegeben wird, die fragliche Stadt überhaupt nicht kennt. Er erfährt den Weg, indem ihm beschrieben wird, was ‚man' sieht, wenn ‚man' sich in bestimmter Weise voranbewegt.

Handlungen eines abstrakten (‚generischen'), nicht auf ein bestimmtes Individuum zu einem bestimmten Zeitpunkt bezogenen Wanderers werden beschrieben, um im Bewußtsein des Partners die Vorstellung einer topologischen Struktur entstehen zu lassen. Dieser generische Wanderer hat andere Eigenschaften als der tatsächliche (singuläre) Wanderer, den wir entweder aus der Erinnerung oder auch antizipierend beschreiben: „Gestern kam ich aus dem Hauptbahnhof heraus und ...". Oder: „Du mußt dann aus dem Hauptbahnhof herausgehen und ...". Was der Sprecher über den generischen Wanderer aussagt, ist nämlich nicht auf eine bestimmte Zeit, auf ein bestimmtes Ereignis beschränkt. Er könnte auch sagen: „*Immer* wenn jemand aus dem Hauptbahnhof herauskommt, dann gehen vorn mehrere Straßen ab ...". Dies bleibt auch gültig, wenn Sprecher beim Einsatz des generischen Wanderers das Pronomen „du" (oder sogar „ich") wählen: „Wenn du aus dem Hauptbahnhof herauskommst, ...". Nicht nur die psycholinguistische Funktion, sondern auch bestimmte sprachliche Merkmale unterscheiden den generischen Wanderer vom konkreten, einzelnen Wanderer (s. auch unten 3.5.4). Dazu gehören unter anderem das nichttemporale Präsens (eine sprachliche Gegenwartsform, die sich auf keine bestimmte Zeit bezieht) und die Verteilung der Information auf Haupt- und Nebensätze: Gehäuft erscheint das Handeln des generischen Wanderers im Nebensatz („*Wenn man weiter geradeaus geht ...*") und die räumliche Bestimmung im Hauptsatz („*... dann ist da rechts der Metzger.*"). Andere Merkmale wie die starke Neigung zur Endstellung des Subjekts in allein stehenden Hauptsätzen („Dahinter steht das Rathaus.") treten hinzu.

Auch wenn der Wanderer sozusagen eine abstrakte Kunstfigur, also generisch und nicht ein singulärer Mensch ist, so unterliegt er doch unseren erlernten Handlungsnormen. Sprecher führen den generischen Wanderer durch Raumkonstellationen, ohne von ihm Unmögliches oder auch nur Unschickliches zu verlangen. Niemand beschreibt: „Wenn du auf den Tisch steigst, ist ganz vorn vor deinem rechten großen Zeh die Sammeltasse." Auf diese Weise wüßte der Partner durchaus, wo sich die Sammeltasse befindet; diese Art, mit dem generischen Wanderer umzugehen, wäre also zielführend. Aber sie widerspricht in eklatanter Weise unseren Handlungsnormen. Erst recht läßt man den generischen Wanderer nichts Unmögliches tun, auch wenn man den Partner auf diese Weise über bestimmte Raumverhältnisse gut orientieren könnte:

A: „Welcher Zahn tut weh?"
B: „Wenn man sich auf meine Zungenspitze setzt, so daß man aus meinem Mund herausguckt, ist der schmerzende Zahn hinten links."
(Dieses schöne Beispiel verdanken wir Rainer Dietrich.)

Generell ist der generische Wanderer ein ausgezeichnetes Werkzeug, mit dem man das Nacheinander des Sprechens über Räumliches, welches selbst kein Nacheinander enthält, so organisieren kann, daß der Partner eine vom Sprecher erwünschte Raumrepräsentation aufbauen kann.

Zur Lösung des Linearisierungsproblems beim Sprechen über Raum gibt es neben der Aktivierung von Schemata und neben dem Einsatz des generischen Wanderers noch eine Reihe anderer Mittel. Levelt (1982) zeigt für eine besondere Art von Raumkonstellationen, daß die Verbalisierung einem Ökonomieprinzip gehorcht: Ist eine Raumanordnung zum

Beispiel T-förmig (etwa ein Stollen mit rechts und links abgehenden Quergängen), so beschreibt man in der Regel zuerst den ‚kürzeren Ast' und dann erst den ‚längeren'. Wenn man zuerst den kürzeren Ast beschreibt, muß man selbst und muß der Partner nicht so lange den *Verzweigungspunkt* im Bewußtsein behalten, von dem aus man dann weiterbeschreibt.

Es läßt sich nachweisen, daß wir Räumliches unter Umständen in derjenigen Reihenfolge beschreiben, in der wir es selbst *kennengelernt* haben. Auf diesen sogenannten ‚Genese-Effekt' (vgl. Engelbert, Herrmann & Haury, 1992) werden wir zurückkommen (s. unten 3.5.3).

Wir halten fest: Beim Sprechen über Raum stellen sich dem Sprecher besondere Aufgaben. So muß er unter anderem wissen, aus welchem *Blickpunkt* der Partner eine Raumkonstellation betrachtet, oder er muß den Partner darüber informieren, welchen Blickpunkt er selbst gewählt wissen will. (Wie erwähnt, kann er es allenfalls auch zunächst ‚darauf ankommen lassen', ob der Partner und er denselben Blickpunkt unterstellen.) Und der Sprecher muß auf unterschiedliche Weise das Nebeneinander des Raumes so in das *Nacheinander des Sprechens über den Raum* verwandeln, daß dies beim Partner eine hinreichende (oder bisweilen sogar optimale) mentale Raumrepräsentation ermöglicht. Beide Probleme sind Teil des generellen Sprecher-Problems, den Inhalt des Partnerbewußtseins durch Sprechen in zufriedenstellender Weise zu modifizieren.

3.2 Intendiertes Objekt oder Relatum?

Betrachten wir noch einmal Abbildung 3.1: Wir stellen uns vor, daß das dort abgebildete Ambiente neben dem einen Stuhl noch weitere Stühle enthält. Und jetzt sagt jemand: „Schau mal, den Stuhl da hat mir Ilse geschenkt." Der Partner fragt zurück: „Welchen Stuhl?" Nun erwidert der Sprecher: „Ja, den Stuhl direkt hinter dem Ball." – In der gemeinsamen Bemühung, sich in einem Wahrnehmungsbereich zu orientieren, hat sich jetzt gegenüber unseren früheren Beispielen zur Abbildung 3.1 etwas geändert: Nunmehr sagt der Sprecher, daß der Stuhl hinter dem Ball steht. (In unseren früheren Beispielen war immer der Ball das Objekt, das sprachlich verortet werden sollte, der Ball wurde immer sprachlich an den Stuhl ‚angebunden'.) Man kann daran die allgemeine Frage anknüpfen: Welches von zwei Objekten wird zum *intendierten Objekt* und welches – entsprechend – *zum Relatum?* Im Satz „Der Stuhl steht hinter dem Ball." ist das Wort „Stuhl" auf das intendierte Objekt und „Ball" auf das Relatum bezogen. Beim Satz „Der Ball liegt vor dem Stuhl." ist es umgekehrt.

Es ist einleuchtend, daß der Partner den Ort des Relatums schon kennen sollte, bevor das intendierte Objekt durch entsprechende sprachliche Mittel an das Relatum ‚angebunden' wird. Wenn der Partner nicht weiß, wo der Stuhl steht, ist es sinnlos zu sagen: „Der Ball liegt hinter dem Stuhl." Insofern ist der hier interessierende Gesichtspunkt eng mit dem Linearisierungsproblem (s. oben 3.1.2) verknüpft: Vom Relatum ist in der Regel früher die Rede als vom intendierten Objekt. Fragen wir uns also, wovon es abhängt, welches von zwei Objekten, über die wir sprechen, zum Relatum oder zum intendierten Objekt wird.

Zur Vereinfachung bezeichnen wir das intendierte Objekt mit O_i und das Relatum mit R. Welches von zwei Objekten zu O_i wird und welches zu R, ist zum einen dadurch zu erklären, daß der Sprecher, wie wiederholt betont, möglichst so formuliert, daß die Inhalte des Partnerbewußtseins wunschgemäß geändert werden. Man kann auch in anderer Weise sagen: daß dem Partner das *Verständnis* ermöglicht beziehungsweise erleichtert wird. Eines von zwei Objekten kann aber auch zu O_i (und das andere entsprechend zu R) werden, weil der Sprecher selbst eine Raumkonstellation in bestimmter Weise *auffaßt*. Wir gehen die verständniserleichternden und die auf die sprecherseitige Situationsauffassung zurückzuführenden O_i-Wahlen nacheinander durch.

3.2.1 Verständniserleichternde O_i-Wahlen

Sprecher produzieren ihre Äußerungen im allgemeinen so, daß sich die Information im Bewußtsein des Partners dahingehend verändert, daß seine resultierende Bewußtseinslage den Zielen des Sprechers entspricht. Unter diesem allgemeinen Gesichtspunkt kann man auch die O_i-Wahlen betrachten: Ob ein Element eines Objektpaares entweder zu O_i oder zu R wird, ordnet sich immer auch in das Bemühen des Sprechers ein, seine Äußerung für den Hörer *kohärent* und damit verständlich zu machen. (Zur Kohärenz vgl. Rickheit, 1991.) Wir nennen hier ohne Anspruch auf Vollständigkeit die beiden folgenden *Kohärenzstrategien*:

Konstantes O_i: Betrachten wir den folgenden kurzen Text, der uns schon weiter oben begegnet ist:

„Der Patriarch befand sich direkt vor dem Hauptportal der Kathedrale, in gehörigem Abstand rechts von seiner Gemahlin. Er stand auf einem prächtigen Teppich. Langsam schritt er auf die Fremden zu, bis er unmittelbar vor ihnen verhielt."

Das Objekt O_i dieser Passage ist durchgehend der Patriarch. (Er nimmt in den Sätzen auch immer die grammatische Rolle des Subjekts ein.) Das konstante O_i wird nacheinander mit wechselnden Relata R (Hauptportal, Gemahlin usf.) in Beziehung gesetzt. In der Konstanthaltung von O_i manifestiert sich ersichtlich eine generelle Strategie, mit der die Kohärenz der Äußerung garantiert werden soll; man spricht hier auch von der Topic-comment-Struktur (vgl. Engelkamp & Zimmer, 1983; Flores d'Arcais, 1973): Ein durchgehendes Thema (topic) wird in wechselnder Weise ‚kommentiert'. – Die in unserem Beispiel mitzuteilende Information hätte man auch anders verbalisieren können:

„Das Hauptportal der Kathedrale befand sich direkt hinter dem Patriarchen. Seine Gemahlin stand in gehörigem Abstand links von ihm. Unter ihm lag ein prächtiger Teppich. Langsam schritt er auf die Fremden zu, bis sie unmittelbar vor ihm standen."

Diese Variante dürfte alle Informationen enthalten, die auch durch die Topic-comment-Struktur vermittelt wird. Hier wird aber nicht ein intendiertes Objekt ‚durchgehalten' und mit wechselnden Relata umgeben. Dasjenige, was man den Gedankenfluß nennen kann, ist in der zweiten Variante unruhiger und weniger durchschaubar. Der Aufbau einer mentalen Raumrepräsentation ist für den Partner erschwert.

Die Alt-neu-Strategie: Jemand beschreibt Räumlichkeiten und sagt:

3. SPRECHEN ÜBER RAUM

„Am Ende des Flurs ist ein großes Zimmer. In dem Zimmer steht hinten ein Tisch. Auf dem Tisch befindet sich ein Globus. In dem Globus steckt dort, wo Europa ist, eine Stecknadel."

Hier wird kein Thema beziehungsweise kein O_i ‚durchgehalten' und mit wechselnden Relata versehen. Das Objekt O_i wechselt vielmehr ständig. Und doch erscheint die Äußerung kohärent, der Hörer kann während der Rezeption des Gesprochenen relativ leicht eine kognitive Struktur beziehungsweise eine interne Repräsentation aufbauen. Wie man sieht, erreicht der Sprecher dies dadurch, daß er in jedem Satz das Relatum voranstellt und das intendierte Objekt als Satzsubjekt nachstellt. Im *nächsten* Satz wird dann das intendierte Objekt des *vorhergehenden* Satzes zum Relatum. Und diesem Relatum wird wiederum ein *neues* intendiertes Objekt hinzugefügt. Usf. Die Kohärenzstiftung erfolgt also dadurch, daß das Neue des vorhergehenden Satzes systematisch zum Alten des nachfolgenden wird, daß also jede Information ganz regelmäßig zweimal versprachlicht wird (vgl. dazu Clark & Haviland, 1977).

3.2.2 Auffassungsbedingte O_i-Wahlen

Die sprecherseitige O_i-Wahl (und die korrespondierende R-Wahl) hängt auch damit zusammen, wie der Sprecher selbst die jeweilige Raumkonstellation auffaßt (kogniziert). Wenn jemand eine Raumkonstellation betrachtet, wenn er sich an eine Raumkonstellation erinnert oder wenn er sich eine solche ausdenkt, so hat er – vor aller Sprachproduktion – das zu Verbalisierende intern zu repräsentieren (Baddeley, 1990, S. 97ff.). (Wir sprachen schon am Ende des ersten Kapitels von der bereitzustellenden Ausgangsinformation für das Sprechen.) Die hierbei auftretenden Besonderheiten sind bisher nur selten untersucht worden (vgl. zum folgenden auch Schulze, 1987; Talmy, 1983). Betrachten wir einige einschlägige Gesichtspunkte:

(a) Objekte, die von anderen Objekten *eingeschlossen oder umgeben* sind, werden unter sonst gleichen Bedingungen bevorzugt zum intendierten Objekt; die einschließenden oder umgebenden Objekte werden bevorzugt zum Relatum. Die einschließenden oder umgebenden Objekte werden so aufgefaßt, daß sie hinter den von ihnen eingeschlossenen beziehungsweise umgebenen Objekten, soweit sie durch diese verdeckt werden, sozusagen ‚hindurchgehen'. Anders gesagt: Das umgebene Objekt scheint keine Lücke oder kein Loch im umgebenden Objekt zu füllen. (Ein Mann vor einer Mauer ist, so wie wir die Szene auffassen, nicht in eine Lücke in der Mauer eingepaßt; die Mauer ist vielmehr ein auch hinter dem Mann verlaufender, homogener Hintergrund.) Das umgebene Objekt nennt man auch „Figur", das umgebende „Grund" (vgl. auch Metzger, 1954). Wir können jetzt sagen: Die Figur wird (bevorzugt) zu O_i, der Grund wird zu R (Dittrich & Herrmann, 1990). Ein Beispiel:

Man sagt: „Der Baum steht vor dem Dom." Man sagt nicht: „Der Dom steht hinter dem Baum."

(b) Ist eines von zwei Objekten *beweglich* oder *bewegbar*, das andere aber nicht, so wird das bewegliche beziehungsweise bewegbare Objekt bevorzugt zum intendierten Objekt; das nichtbewegliche beziehungsweise nichtbewegbare Objekt wird bevorzugt zum Relatum.

Diese Sachlage dürfte selbst dann auftreten, wenn sich das bewegliche beziehungsweise bewegbare Objekt nicht *aktuell* bewegt oder bewegt wird. Beweglich sind Dinge, die sich ‚von selbst', ohne unser Zutun bewegen können (Menschen, Tiere); bewegbare Dinge können *von uns* bewegt werden (Kisten, Fahrräder usf.). Ein Beispiel:

> Man sagt eher: „Das Pferd steht rechts vom Pflock." Man sagt kaum: „Der Pflock steht links vom Pferd."

Da ein bewegliches oder bewegbares Objekt – trivialerweise – seine Position im Raum ändern kann, unbewegbare und unbewegliche Dinge jedoch ortsstabil sind, sind letztere sozusagen sicherere Kandidaten für die Rolle des räumlichen Bezugspunkts (= Relatum).
(c) Ist unter sonst gleichen Bedingungen eines von zwei Objekten *kleiner* als das andere, so wird es bevorzugt zum intendierten Objekt; das größere Objekt wird bevorzugt zum Relatum. Das ist auch dann der Fall, wenn das größere Objekt das kleinere Objekt nicht einschließt oder umgibt (s. oben (a)). Ein Beispiel:

> Man sagt eher: „Das Veilchen ist rechts von der Eiche." Man sagt kaum: „Die Eiche ist links vom Veilchen."

Wahrscheinlich ist der Gesichtspunkt der Kleinheit mit demjenigen der Beweglichkeit beziehungsweise Bewegbarkeit vermischt: Was klein und beweglich oder bewegbar ist, wird um so sicherer zum Objekt O_i. Das zeigt sich in folgendem Beispiel:

> Man sagt eher: „Die Kiste steht vor dem Baum." Man sagt kaum: „Der Baum steht hinter der Kiste."

(d) Ist unter sonst gleichen Bedingungen eines von zwei Objekten das wahrnehmungsmäßig auffälligere, vielleicht auch komplexere, das neuartige oder unerwartete und allgemein das die Aufmerksamkeit eher auf sich ziehende Objekt (Objekte mit solchen in einer Umgebung relativ ‚hervorstechenden' Eigenschaften nennt man ‚salient'), so wird es bevorzugt zum intendierten Objekt; das jeweils andere Objekt wird bevorzugt zum Relatum. In den meisten Fällen dürfte ein Objekt nicht lediglich deshalb das salientere sein, weil es ‚optisch' mehr auffällt; vielmehr bestimmt in der Regel die gesamte Situation, in der sich der Sprecher befindet, die Salienz eines Objekts. Ein Beispiel:

> Unter bestimmten situativen Bedingungen sagt man: „Rechts von unserem Picknickkorb liegt eine Schlange." Man sagt dann nicht: „Links von einer Schlange steht unser Picknickkorb."

Die Gesichtspunkte für die O_i-Wahl, von denen soeben vier vorgestellt wurden, sind bis heute nicht zufriedenstellend untersucht worden. Zum Beispiel sind uns keine Experimente bekannt, in denen verschiedene Gesichtspunkte systematisch gegeneinander ausgespielt worden wären: Wie stark muß man beispielsweise ein bewegliches Objekt vergrößern, damit es nicht mehr bevorzugt zum intendierten Objekt wird? Usf.

3.3 Hörerbezogenes Lokalisieren und das Es-dem-anderen-Leichtmachen

3.3.1 Das Problem

Thema dieses Buches ist das Sprechen, nicht aber eine Nachzeichnung der historischen Entwicklung der Psychologie oder der Sprachwissenschaften, die sich mit dem Sprechen beschäftigt haben. Es sei deshalb hier auch nur kurz erwähnt, daß von den sechs Hauptvarianten des sprachlichen Lokalisierens (s.o. 3.1.1) nur zwei eingehend untersucht worden sind: die sprecherbezogene Dreipunktlokalisation und die drittbezogene Zweipunktlokalisation. Keine von den übrigen vier Hauptvarianten hat bisher erhebliches Interesse gefunden (vgl. Herrmann 1990a,b). Das erscheint insofern bedauerlich, als gerade das *partnerbezogene Lokalisieren*, also die *partnerbezogene Zweipunkt- und Dreipunktlokalisation*, in der zwischenmenschlichen Kommunikation eine bedeutsame Rolle spielt. Bei der partnerbezogenen Lokalisation handelt es sich um ein Sich-Hineinversetzen in den Kommunikationspartner. Welche Bedingungen können den Sprecher dazu veranlassen, partnerbezogene Dreipunktlokalisationen (statt anderer) zu verwenden: „Reiche mir doch bitte das Foto, das von dir aus rechts vom Bild mit Tante Anna liegt." Warum machen wir es uns nicht leicht und lokalisieren immer von unserem eigenen Blickpunkt aus, also sprecherbezogen?

3.3.2 Koorientierung und partnerseitige Identifikation des Blickpunkts

Der Partner ist im allgemeinen in der Lage, aufgrund einer vom Sprecher produzierten Objektlokalisation das vom Sprecher intendierte Objekt O_i zu identifizieren. Dies ist vor allem dann der Fall, wenn er ohnedies weiß oder zuvor erkannt hat, welche Instanz der Sprecher als *Blickpunkt* unterstellt. Betrachten wir noch einmal die Abbildung 3.1. Der Partner möge die Äußerung hören: „Der Ball liegt vor dem Stuhl." Stellen wir uns vor, daß in der Raumkonstellation noch einige weitere Bälle, zum Beispiel noch ein Ball östlich vom Stuhl, vorhanden sind. Welche Informationen benötigt der Partner, um aufgrund der Äußerung aus der Menge der Bälle genau den Ball herauszufinden, der in Abbildung 3.1 eingezeichnet ist? Selbstverständlich muß er des Deutschen mächtig sein und die Sprachverwendungsregeln für den Gebrauch von „vor" kennen. Weiterhin muß er erkannt haben, welches Objekt das Relatum ist (nämlich der Stuhl). (Es sei nur ein Stuhl in der Objektanordnung vorhanden.) Er muß mit dem Sprecher insofern ‚koorientiert' sein, als er – aus seiner eigenen Perspektive – überhaupt dieselbe Objektanordnung wahrnimmt wie der Sprecher. Wenn dies alles gegeben ist, kann er in unserem Beispiel den vom Sprecher intendierten Ball dann und nur dann identifizieren, wenn er erkennt, daß *er selbst der vom Sprecher gemeinte Blickpunkt ist*.

Man kann diese Sachlage theoretisch so darstellen (Herrmann, 1990b), daß über dem Ambiente von Abbildung 3.1 ein *Koordinatenkreuz* liegt, dessen Koordinatennullpunkt (die Origo) im gegebenen Falle mit dem Hörer H als einer gerichteten Instanz belegt ist; H ist nach Osten gerichtet. Dies veranschaulicht *Abbildung 3.3*.

Es handelt sich um eine Dreipunktlokalisation: H als Koordinatennullpunkt ist der Blickpunkt, der Ball ist das intendierte Objekt O_i, der Stuhl ist das Relatum R. Bei *Dreipunktloka-*

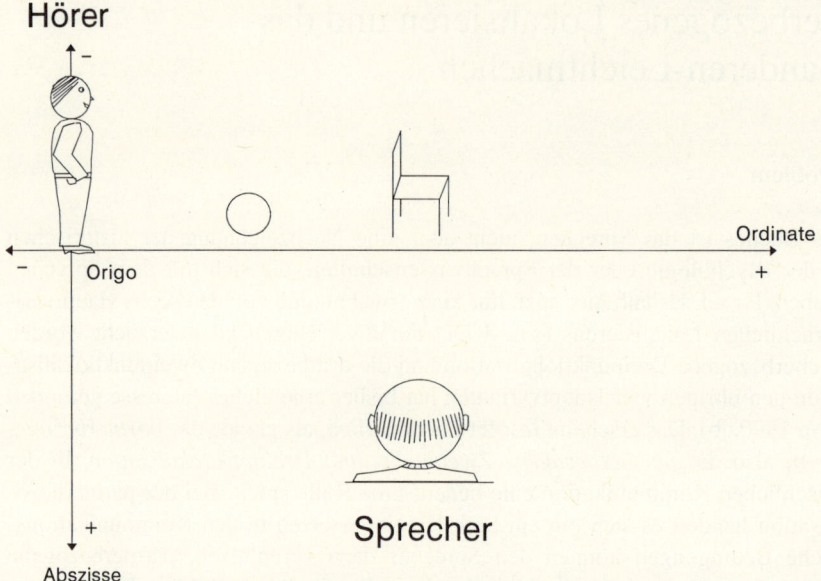

3.3 Der Hörer besetzt in dieser Raumkonstellation die Origo und spannt damit ein Koordinatenkreuz auf, dessen positiver Ordinatenabschnitt in Blickrichtung des Hörers verläuft.

lisationen gilt im Deutschen die folgende *Verwendungsregel* für „vor": O_i und R befinden sich im Vorbereich des Blickpunktes beziehungsweise des Koordinatennullpunkts, also auf dem positiven Ordinatenabschnitt; O_i liegt zwischen dem Nullpunkt und R; die Abszissenwerte von O_i und R sind gering oder null; O_i und R haben – bezogen auf den Abstand von Nullpunkt und R – nur einen geringen Abstand voneinander. Alle diese Verwendungsbedingungen für „vor" sind im vorliegenden Fall gegeben. (Selbstverständlich gilt bei Zweipunktlokalisationen, bei denen R den Koordinatennullpunkt bildet, eine andere Verwendungsregel für „vor".) Befinden sich zum Beispiel je ein weiterer Ball zwischen dem Sprecher und dem Stuhl und östlich vom Stuhl, so könnte die genannte Äußerung des Sprechers („. . . vor dem Stuhl") auf der Basis *anderer Blickpunktunterstellungen* (beziehungsweise Nullpunktbelegungen und Instanzausrichtungen) auch auf einen dieser beiden anderen Bälle bezogen sein.

Wir können festhalten, daß zumindest unter den soeben genannten Bedingungen die *Identifizierung des vom Sprecher gemeinten Blickpunkts* eine notwendige Voraussetzung für die partnerseitige Identifikation eines Objekts als O_i darstellt. Wie ist dem Partner diese Blickpunkt-Identifizierung möglich? Kann die partnerseitige Identifikation des vom Sprecher intendierten Objekts O_i bei richtiger Blickpunkt-Identifikation unterschiedlich schwierig sein? Welche Folgen hätte der Tatbestand solcher variablen Schwierigkeiten?

Die Klärung der Frage, wie es dem Hörer jeweils gelingt, den vom Sprecher unterstellten Blickpunkt zu erkennen, kann im Zusammenhang der gegenwärtigen Argumentation nur am Rande behandelt werden, weil wir uns in diesem Buch mit dem Sprechen und nicht mit dem Sprachverstehen beschäftigen. Wir beschränken uns auf die folgenden Anmerkungen: Es gibt zunächst einmal konventionale *Regeln*, die dem Sprecher und dem Hörer bekannt sind und in denen festgelegt ist, mit welcher Wahl des Blickpunkts ein bestimmter Typ von sprachlichen Lokalisierungen ein für allemal einhergeht. Sowohl beim militärischen Kommando „Links um!" als auch bei der ärztlichen Anweisung „Drehen Sie mal den Kopf nach links!" weiß der Hörer, weil er das gelernt hat, daß der Sprecher ‚vom Hörer aus' lokalisiert. Solche Regeln gelten in institutionell gerahmten und hochnormierten Situationen (zum Beispiel beim Militär oder in der Arzt-Patienten-Beziehung). Da sich Menschen viel öfter in informellen Situationen befinden und auch zurechtfinden, stehen diese vorweg getroffenen ‚Absprachen' dem Hörer für die Blickpunkt-Identifikation aber nur relativ selten zur Verfügung. Im allgemeinen kann er sich bei seiner Blickpunkt-Suche also nicht auf ‚feste Regeln', sondern nur auf *Hilfsmittel* verlassen, die nicht immer greifen. Zu diesen Hilfsmitteln gehören die folgenden:

(a) Hat der Partner zu erkennen, ob sich der Sprecher entweder (bei sprecherbezogener Dreipunktlokalisation) selbst zum Blickpunkt macht oder ob er (bei partnerbezogener Dreipunktlokalisation) den Partner als die Instanz betrachtet, die den Blickpunkt einnimmt, so tut der Partner gut daran, beim Fehlen besonderer Umstände anzunehmen, daß der Sprecher *sich selbst* zum Blickpunkt macht. ‚Im Zweifel' ist also eher eine sprecherbezogene, ‚egozentrische' als eine partnerbezogene Dreipunktlokalisation zu erwarten. (Zu allgemeinen sozialpsychologischen Gesichtspunkten vgl. Herkner, 1991, S. 416ff.)

(b) Wenn die Lokalisierung Teil einer Äußerung ist, die dazu dient, den Partner zu einer *Handlung* zu veranlassen, so erhöht sich die Wahrscheinlichkeit, daß der Sprecher partnerbezogen lokalisiert (Graf, Dittrich, Kilian & Herrmann, 1991).

(c) Der Partner darf erwarten, daß der Sprecher, wenn er eine *Sequenz* von mehreren sprachlichen Lokalisationen produziert, entweder eine Sequenz von sprecherbezogenen oder von partnerbezogenen Dreipunktlokalisationen erzeugt; der Sprecher dürfte kaum zwischen beiden Hauptvarianten unsystematisch hin- und herspringen. (Zur Kohärenz von Äußerungssequenzen vgl. allgemein Rickheit, 1991; Schnotz, 1993.)

(d) Wenn der Partner versuchsweise entweder sich selbst oder den Sprecher als Blickpunkt unterstellt und wenn in diesem Zusammenhang *Inkonsistenzen* mit anderen Informationen auftreten, wenn sich also für ihn keine widerspruchsfreie interne Repräsentation des Raumes ergibt, so sollte er prüfen, ob die Inkonsistenzen verschwinden, wenn er die Blickpunkt-Identifikation wechselt. (Vielleicht spricht der Sprecher beispielsweise ‚von sich selbst aus' und nicht, wie vom Partner zuerst angenommen, ‚von mir aus'.) – Weitere hilfreiche Gesichtspunkte mögen hinzukommen.

Wir haben soeben vermerkt, daß der Partner im Zweifelsfall eine sprecherbezogene Dreipunktlokalisation und keine partnerbezogene Dreipunktlokalisation erwartet: Das egozentrische Lokalisieren erscheint generell als das ursprüngliche; es erfordert kein Sich-Hineinversetzen in irgend etwas anderes (vgl. auch Stern, 1930; Herrmann, 1987). Der Mensch erlebt sich als den *Mittelpunkt* eines räumlich-zeitlichen Systems; er ist der *Ursprung* eines ‚Ich-jetzt-hier-Systems', das er sozusagen sein Leben lang mit sich herumschleppt. Doch kann er aus diesem System zeitweilig heraustreten; er kann die Dinge auch aus der Sicht seiner Kommunikationspartner, anderer Menschen und sogar aus der Sicht unbelebter Objekte betrachten. Dem egozentrischen Regelfall gesellt sich also die Möglichkeit bei, nach Bedarf das Bezugssystem zu wechseln.

Nach dieser Auffassung befinden sich sowohl der uns interessierende Sprecher als auch sein Partner in einem Anfangszustand, einer Standardorientierung, die jeweils *egozentrisch* ist. Beim *Sprecher* entspricht diese Standardorientierung der sprecherbezogenen Dreipunktlokalisation, bei der er selbst die Instanz ist, die den Blickpunkt besetzt: „Von mir aus liegt der Ball links vom Stuhl." Auch der *Partner* hat seine eigene egozentrische Orientierung mit seinem eigenen Ego als Blickpunkt. Er kann diese Orientierung (nur) dann beibehalten, wenn der Sprecher ‚vom Partner aus', also nach dem Modus der *partnerbezogenen* Zwei- oder Dreipunktlokalisation lokalisiert und beispielsweise sagt: „Der Ball liegt vor dem Stuhl." (Vgl. für diese Fälle wiederum Abbildung 3.1.)

Der Partner kann entweder sich selbst oder aber den Sprecher als Blickpunkt *identifizieren*, ebenso wie der Sprecher den Partner oder sich selbst beim Sprechen als Blickpunkt *auswählen* kann. Beide können ihr jeweiliges Bezugssystem so aufbauen, daß der Sprecher das richtige Wort sagt *und* daß der Hörer das richtige Objekt O_i findet. Und dies kann man dann eine geglückte Kommunikation nennen.

Wie kann eine solche *Koorientierung* erreicht werden? Der *Partner* ist im allgemeinen in der Lage, auch anhand von *sprecherbezogenen* Zwei- oder Dreipunktlokalisationen ein Objekt O_i zu identifizieren, doch entstehen ihm dabei zusätzliche mentale *Kosten*; denn er muß sich aus seiner eigenen egozentrischen Ausgangsorientierung herausbewegen und sich ‚in den Sprecher hineinversetzen'. In diesem Fall hat es der Sprecher leicht, er muß seine eigene egozentrische Orientierung nicht verlassen. Andererseits ist der *Sprecher* auch in der Lage, eine *partnerbezogene* Zwei- oder Dreipunktlokalisation zu produzieren, bei der nunmehr ihm die zusätzlichen Kosten entstehen; denn jetzt ist er es, der seine egozentrische Orientierung verlassen und sich zum Zwecke der Produktion einer partnerbezogenen Lokalisation ‚in den Hörer hineinversetzen' muß. Jetzt hat es wiederum der Hörer leicht: Er kann seine egozentrische Orientierung beibehalten. Die Angelegenheit gleicht einem Nullsummenspiel: Die Kosten, die der eine spart, muß der andere aufbringen; die Summe der Kosten für beide Kommunikationsteilnehmer kann als konstant betrachtet werden.

Nach allem bestehen für den Sprecher die folgenden Probleme:

(1) Der Sprecher kann nur *zielführend* – und das heißt hier auch: für den Partner *informativ* – lokalisieren, wenn er es dem Partner ermöglicht, den von ihm selbst jeweils unterstellten Blickpunkt zu *identifizieren*.

(2) Dabei fällt es dem *Partner* nach den bisherigen Ausführungen leichter, ein vom Sprecher intendiertes Objekt anhand einer partnerbezogenen statt anhand einer sprecherbezogenen Zwei- oder Dreipunktlokalisation zu entdecken. Die sprecherbezogene Dreipunktlokalisation erscheint dem Partner subjektiv schwieriger als die partnerbezogene; unter schwierigen Lokalisationsverhältnissen oder wenn ihm aus welchen Gründen auch immer die Identifikation von Objekten nicht gut möglich ist, wird er bei sprecherbezogenen Lokalisationen mehr Identifikationsfehler machen als bei partnerbezogenen; man darf auch annehmen, daß der Partner Objekte oder Orte bei partnerbezogenen Lokalisationen in kürzerer Zeit identifiziert als bei sprecherbezogenen Lokalisationen.

(3) Partnerbezogenes Lokalisieren verursacht dem *Sprecher* erhöhte mentale Kosten.

Kommunikation dient, wie schon Watzlawick, Beavin & Jackson (1967) erkannten, unter anderem auch immer der Herstellung der *Unifikation* mehrerer Orientierungen, und ihr Glücken ist auf ein Mindestmaß an Koorientierung angewiesen. So müssen auch die Bezugssysteme beziehungsweise die Blickpunkte des Sprechers und des Partners möglichst gleich sein. Einer von beiden muß sich also ‚in den anderen hineinversetzen'. Wenn dem Sprecher nun nach allem die sprecherbezogene Dreipunktlokalisation leichter fällt, wenn diese also weniger mentale Kosten verursacht, was zwingt den Sprecher dazu, dieses kostensparende Verfahren zu verlassen und sich in den Partner ‚hineinzuversetzen'? Tut er dies nur, wenn er berücksichtigt, daß partnerbezogenes Lokalisieren für den Partner bequemer ist? Warum tut er es dann nicht immer?

Wir sehen hier davon ab, daß es auch drittbezogene Lokalisationen gibt (s. oben 3.1.1). Um die Darstellung der Sachlage nicht mehr als nötig zu erweitern, soll lediglich folgender Hinweis gegeben werden: Wir haben in Kapitel 1 als Beispiel erwähnt, daß in einer Verkehrssituation das „vor" in der Aufforderung eines Freundes „Laß mich doch bitte vor dem gelben Käfer raus." beziehungsweise in der Aufforderung eines Fahrlehrers „Parken Sie bitte vor dem gelben Käfer." jeweils gegensätzlich verstanden werden kann. Dieser Gegensatz in der partnerseitigen Interpretation von „vor" läßt sich als Gegenüberstellung von drittbezogener Zweipunktlokalisation und sprecher- (und, da beide gleichgerichtet sind, damit auch partner-) bezogener Dreipunktlokalisation verstehen: Der Partner faßt die Anweisung des *Fahrlehrers, vor* dem Käfer einzuparken, so auf, daß der Käfer zugleich Blickpunkt und Relatum ist. Die sprecherseitige Lokalisation wird also unter dieser Bedingung als drittbezogene Zweipunktlokalisation kogniziert. Der Partner hält an der *Vorderseite* des Relatum-Autos (Käfer) an. Anders in der Situation zwischen Freunden: Hier faßt der Partner sich selbst und/oder den Sprecher als Blickpunkt auf, und der Käfer ist wiederum Relatum. Hier wird die sprecherseitige Lokalisation also als sprecher- oder partnerbezogene Dreipunktlokalisation verstanden. So bringt der Partner sein Auto denn auch – im Unterschied zu der Fahrlehrer-Situation – zwischen den beiden Kommunikationsteilnehmern und dem Relatum-Auto (also an der *Rückseite* des Käfers) zum Stehen. (Wir haben die tatsächlich noch kompliziertere Befundlage hier zum Zwecke der Demonstration vereinfacht; vgl. Grabowski, Herrmann & Weiß, 1992.) Beide Varianten dürften sich auf den unterschiedlichen Grad der *Offizialität* der Kommunikationssituation zurückführen lassen: Offizielle Situationen erschweren generell beim Reden ‚subjektive' Bezüge. (Vgl. auch Ehrich, 1985; Graf & Herrmann, 1989.)

3.3.3 Das Es-dem-anderen-Leichtmachen

Wir haben darauf hingewiesen, daß das sprecherseitige (egozentrische) Lokalisieren das sozusagen ursprüngliche Verfahren ist, das man ‚im Zweifel' anwendet (vgl. auch Olson & Bialystok, 1983, S. 237; Wunderlich, 1982a,b). Ein wesentliches Motiv, vom egozentrischen Lokalisieren abzusehen, besteht darin, es dem *Kommunikationspartner leichtzumachen*: Was zum Beispiel vom *egozentrisch* lokalisierenden Sprecher aus betrachtet „links von" ist, ist gegebenenfalls vom Partner aus betrachtet „vor", und der Partner hat eben dies zu begreifen und gleichsam auf seinen eigenen Blickpunkt ‚umzurechnen', um die Rede des Sprechers verstehen zu können. Und diese kognitive Arbeit kann man dem Partner erlassen, indem man selbst partnerbezogen lokalisiert.

Sprecher wählen, so nehmen wir an, *partnerbezogene* Dreipunktlokalisationen (und überhaupt partnerbezogene Lokalisationsvarianten), wenn sie dem Partner angesichts dessen, was sie von ihm wissen und erwarten (vgl. Herrmann 1985, S. 205ff.), die genannten Kosten ersparen wollen oder müssen. Dies kann dann der Fall sein, wenn der Sprecher die *kognitive* oder die *sprachliche Kompetenz* (oder auch die spezifische ‚Lokalisationskompetenz') seines Partners gering einschätzt. Das kann bei Kindern oder zum Beispiel auch bei erwachsenen Partnern mit geringer Kompetenz in der jeweiligen Einzelsprache (Ausländern usf.) der Fall sein (vgl. Long, 1982).

Oder man kann es dem Partner durch partnerbezogene Lokalisationen leichtmachen wollen, weil es die sprecherseitige Einschätzung der kommunikativen Gesamtsituation geraten sein läßt, höflich zu sein, den Partner freundlich zu stimmen, ihn zu motivieren, ihm hinreichenden Respekt entgegenzubringen, usf. In diesem Fall bedeutet die Verwendung partnerbezogener Lokalisierungen nicht nur, daß man es dem Partner leichtmacht, sondern daß man ihm auch eben durch diese Lokalisationswahl *signalisiert*, daß man es ihm leichtmachen, daß man ihm entgegenkommen *will*. (Partnerbezogenes Lokalisieren im Unterschied zum sprecherbezogenen Lokalisieren wäre danach ein subtiles *Signal* an den Partner, welches die sprecherseitige Einschätzung bestimmter sozialer Beziehungen zum Partner anzeigt.) Wenn diese Vorstellungen richtig sind, sollten Sprecher partnerbezogene Dreipunktlokalisationen unter anderem bevorzugt in der Kommunikation mit *ranghohen Kommunikationspartnern* verwenden; dies vielleicht besonders in Kommunikationssituationen von hoher Offizialität.

3.3.4 Eine experimentelle Untersuchung

Wiederum berichten wir über eine experimentelle Untersuchung, um damit deutlich zu machen, daß es zur Methodik der Sprachpsychologie gehört, theoretische Annahmen empirisch zu prüfen, und um zugleich darzulegen, mit welchen Verfahrenstechniken dies geschieht. Graf (1989) hat untersucht, ob Versuchspersonen unter bestimmten experimentellen Bedingungen bevorzugt partnerbezogene Dreipunktlokalisationen wählen, wenn es sich bei ihrem Kommunikationspartner einerseits um deutlich ranghöhere Personen und andererseits um Personen mit reduzierter sprachlicher Fähigkeit handelt. Betrachtet man Studenten und Studentinnen, so müßten sie – unter sonst gleichen Bedingungen – mehr partnerbezogene Dreipunktlokalisationen verwenden, wenn sie einerseits mit ihrem *Professor* oder andererseits mit einem *Kind* kommunizieren, als wenn sie mit einem *Mitstudenten* oder einer *Mitstudentin* sprechen. (Diese erwartete Erhöhung des Anteils von partnerbezogenen Dreipunktlokalisationen soll selbstverständlich mit einer Senkung des Anteils der bei der jeweiligen gegebenen Raumkonstellation auch noch möglichen anderen Hauptvarianten (s. oben 3.1) einhergehen.)

Um diese Annahmen zu prüfen, wurden Studierende gebeten, sich vorzustellen, ihr jeweiliger Kommunikationspartner sei entweder ein Professor oder ein Kind oder ein Mitstudent oder eine Mitstudentin. Diese Partner traten nicht wirklich auf. Die Versuchspersonen erhielten dadurch Hilfen für den Aufbau der jeweils gewünschten mentalen Repräsentation einer bestimmten Kommunikationssituation, daß sie mit einer *Puppenstube* konfrontiert würden, in der sich jeweils ein Objekt O_i, ein Objekt R und eine *Puppe als Partner* (Mitstudent, Professor oder dergleichen) befanden. Insofern nahmen die Versuchspersonen an einer besonderen Art von *Rollenspiel* teil.

Das intendierte Objekt O_i war stets eine Miniaturpflanze, das Relatumobjekt ein Miniaturstuhl (vgl. zum folgenden auch Herrmann, 1989). Nacheinander wurden den Versuchspersonen 24 verschiedene Varianten der räumlichen Anordnung von Puppe, Stuhl und Pflanze gezeigt. Diese 24 Anordnungsvarianten waren so ausgesucht, daß man – bei konstanter Position der Versuchsperson – aus der Wahl der Richtungspräpositionen „vor", „hinter", „rechts" oder „links" sicher erkennen konnte, um welche Hauptvariante der Lokalisation es sich handelte. Maximal konnte eine Versuchsperson alle 24 Anordnungsvarianten als partnerbezogene Dreipunktlokalisationen verbalisieren; im minimalen Falle war keine einzige Lokalisation eine partnerbezogene Dreipunktlokalisation. Der Anteil partnerbezogener Dreipunktlokalisationen, der also von 0 bis 24 variiert, ist die *abhängige Variable*. Wie soeben berichtet, wurden die Versuchspersonen (männliche und weibliche Studierende) per

Instruktion in ein Rollenspiel eingeführt. Dabei war ihr Kommunikationspartner entweder als sechs Jahre altes Kind, als Professor, als Student oder als Studentin beschrieben. Dies ist die erste *unabhängige Variable*. Jede Versuchsperson hatte es bei allen 24 räumlichen Anordnungen, die ihr präsentiert wurden, jeweils nur mit einem der genannten Partner zu tun. (Kind, Professor, Student oder Studentin waren als Puppe in der Puppenstube positioniert.)

Als *zweite unabhängige Variable* berücksichtigte Graf (1989) das Geschlecht der Versuchspersonen, weil nicht auszuschließen war, daß sich einerseits die Statusrelation zwischen einem Professor und einem Studenten anders darstellt als diejenige zwischen einem Professor und einer Studentin, und weil weiterhin in Rechnung zu stellen war, daß Studenten ein anderes ‚Partnermodell' von Kindern haben könnten, als das bei Studentinnen der Fall ist (vgl. auch Herrmann, 1985, S. 195ff.). Daraus ergab sich der in *Tabelle 3.1* dargestellte Versuchsplan.

Tab. 3.1: Versuchsplan (nach Graf, 1989). Unter jeder der 8 Bedingungen, die sich durch die Variation der unabhängigen Variablen (UV) ergeben, wurden jeweils 7 Versuchspersonen 24 räumliche Anordnungen vorgegeben.

	UV2: Geschlecht der Versuchsperson	
UV1: Partner	männl.	weibl.
Kind	Bed. 1	Bed. 2
Professor	Bed. 3	Bed. 4
Student	Bed. 5	Bed. 6
Studentin	Bed. 7	Bed. 8

Die Versuchspersonenstichprobe bestand aus Studenten und Studentinnen verschiedener Fakultäten der Universität Mannheim. Der Stichprobenumfang betrug 56 Versuchspersonen, davon waren 28 männlichen und 28 weiblichen Geschlechts. Die Versuchsteilnehmer besaßen keine Vorkenntnisse zum Versuch und zum untersuchten Problem und nahmen freiwillig an der Untersuchung teil. Ihre Teilnahme wurde vergütet.

Während der Untersuchung saß die Versuchsperson vor der Puppenstube, die sich in Augenhöhe befand. Die Puppenstube war zur Seite der Versuchsperson hin geöffnet. Sie bestand aus einem Boden und drei Seitenwänden. Zu Beginn des Versuchs und für die Dauer des jeweiligen Umarrangierens der Puppe, der Pflanze und des Stuhls durch den Versuchsleiter war die Sicht der Versuchsperson in die Puppenstube durch eine Klappe verhindert.

Der Versuch wurde als Einzeluntersuchung durchgeführt. Die Gesamtdauer pro Versuchsperson betrug etwa 30 Minuten. Der Versuchsperson wurde zu Anfang der Sitzung mündlich mitgeteilt, daß es sich um ein sprachpsychologisches Experiment handelt und daß wegen der Art des Experimentes zunächst keine über die Instruktion hinausgehende Information gegeben werden könne, daß dies jedoch nach Abschluß des Experimentes möglich sei.

Nachdem die Versuchsperson vor der durch die Klappe geschlossenen Puppenstube Platz genommen hatte, wurde die Instruktion vorgelesen. Danach war es Aufgabe der Versuchsperson, die Pflanze jeweils sprachlich in eine räumliche Relation zum Stuhl zu bringen. Die jeweilige Puppe wurde als Gesprächspartner eingeführt. (Die Reihenfolge der 24 unterschiedlichen Raumanordnungen von Puppe, Stuhl und Pflanze wurde von Versuchsperson zu Versuchsperson variiert.) Die Versuchspersonen wurden darauf hingewiesen, nur die lokalisierenden Ausdrücke (Richtungspräpositionen) „vor", „hinter", „rechts" oder „links" zu verwenden. Sofort nach Darbietung eines jeden Items wurde die Lokalisation vom Versuchsleiter auf einem Formblatt protokolliert.

Jede der 56 Versuchspersonen war einer der 8 experimentellen Bedingungen (vgl. Tabelle 3.1) zufällig zugeordnet. Alle Versuchspersonen erhielten einen Wert für partnerbezogene Dreipunktlokalisationen, der, wie dargestellt, zwischen 0 und 24 liegen kann (= P-Score). Um sicherzustellen, daß die gewonnenen Ergebnisse systematisch von den variierten Bedingungen abhängen und nicht nur zufällig zustande kommen, wurde als Verfahren der schlußfolgernden Statistik eine Varianzanalyse für Daten ohne Meßwiederholung gewählt (vgl. dazu Bortz, 1984, S. 508ff.).

Graf fand folgende *Ergebnisse*: Bei 56 Versuchspersonen und 24 Untersuchungsaufgaben ergeben sich 1344 Lokalisationen. Über alle Bedingungen hinweg erhielt er 62,4 Prozent partnerbezogene Dreipunktlokalisationen, 26,9 Prozent sprecherbezogene Dreipunktlokalisationen und 10,7 Prozent andere Lokalisationen. Dies bedeutet, daß die Versuchspersonen in der vorgegebenen Experimentalsituation überwiegend partnerbezogen lokalisiert haben. *Abbildung 3.4* zeigt die Mittelwerte des P-Scores für die acht experimentellen Bedingungen.

Die Daten erlauben die Anwendung einer Varianzanalyse, die folgende Befunde erbrachte: Die unterschiedlichen Kommunikationspartner (Puppen) führen zu einem signifikanten Effekt. Das Geschlecht der Versuchspersonen hingegen ist für die Befunde völlig unerheblich. (Ebenfalls insignifikant ist die Wechselwirkung zwischen Kommunikationspartner und Geschlecht der Versuchsperson.)

Es ergibt sich im einzelnen: (1) Der Anteil partnerbezogener Dreipunktlokalisationen ist unter der Bedingung „Professor" signifikant größer als unter den Bedingungen „Student/Studentin". (2) Der Anteil partnerbezogener Dreipunktlokalisationen ist unter der Bedingung „Kind" signifikant größer als unter den Bedingungen „Student/Studentin". (3) Der Anteil partnerbezogener Dreipunktlokalisationen unterscheidet sich bei den Bedingungen „Professor" und „Kind" nicht erheblich. (4) Die weiblichen und die männlichen Versuchspersonen produzierten unter den Partnerbedingungen „Studentin" und „Student" keinen signifikant unterschiedlichen Anteil an partnerbezogenen Dreipunktlokalisationen.

Unter der Laborbedingung, in der sich Studierende instruktionsgemäß vorstellten, daß sie die genannten Lokalisationen gegenüber entweder einem Professor oder einem Kind oder einem Mitstudenten oder einer Mitstudentin manifestieren, zeigt sich deutlich, daß der Anteil partnerbezogener Dreipunktlokalisationen gegenüber dem (vorgestellten) Professor und gegenüber dem (vorgestellten) Kind größer ist als gegenüber den (vorgestellten) Kolleginnen und Kollegen. Dies hatten wir erwartet. Die mitgeprüfte Frage, ob sich weibliche und männliche Studierende (Versuchspersonen) in dieser Hinsicht unterschiedlich verhalten, ist im Lichte der gegenwärtigen Befunde zu verneinen. Die Ergebnisse können aus naheliegenden Gründen nicht ohne weiteres als Grundlage für Spekulationen darüber dienen, wie sich die Versuchspersonen in sogenannten Alltagssituationen, außerhalb des Labors, verhalten. Wir können nur feststellen, daß die Resultate unseren weiter oben beschriebenen Vorstellungen zum Es-dem-anderen-Leichtmachen *nicht widersprechen*, daß sie sie vielmehr *empirisch stützen*. Dazu gehört auch der Gesichtspunkt, daß es Menschen ihren Kommunikati-

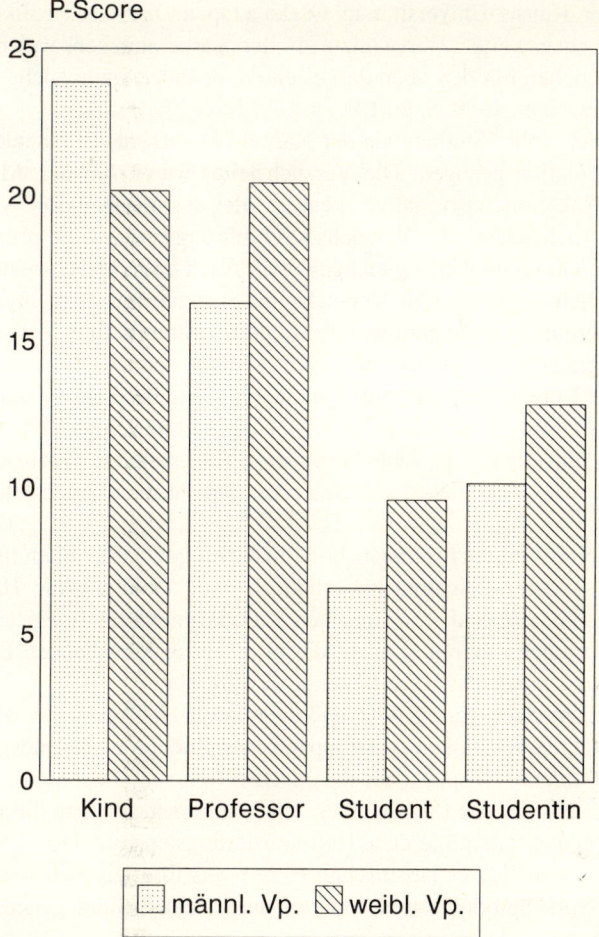

3.4 Die Häufigkeit partnerbezogener Dreipunktlokalisationen (P-Score) unter 8 experimentellen Bedingungen (vgl. Text).

onspartnern mutmaßlich *aus unterschiedlichen Gründen* beim Lokalisieren leichtmachen; die psychologischen Interpretationen für die Bevorzugung partnerbezogener Lokalisationen beim Professor und für die Bevorzugung partnerbezogener Lokalisationen beim Kind müssen sicherlich unterschiedlich aussehen (s. unten 3.4.4). (Die sprecherseitige Berücksichtigung der mutmaßlich geringeren Kompetenz von Kindern zeigt sich auch bei der Ausführlichkeit von Objektbenennungen; vgl. Abschnitt 2.4(f).)

3.3.5 Eine japanische Vergleichsstudie

Zur Unterstützung der bisherigen Argumentation erschien es uns angebracht, die soeben berichtete Studie in einem anderen *Kulturkontext* zu wiederholen. Aus Gründen, über die wir weiter unten berichten werden, war eine japanische Vergleichsstudie ratsam. Iwao

Nakajima von der Kansai-Universität in Osaka (Japan) hat das Replikationsexperiment durchgeführt und ausgewertet. Wir wollen in aller Kürze angeben, welche Merkmale des Experiments, verglichen mit den oben dargestellten, geändert und welche beibehalten wurden (vgl. dazu Schweizer, 1989, S. 90ff.).

Die Versuchsstichprobe (Studierende der Kansai-Universität) ist trivialerweise aus einer ganz anderen Population gezogen. Die Versuchsleiter waren Japaner, Mitglieder der Arbeitsgruppe von Nakajima, also ‚native speakers' des Japanischen. Die Versuchssituation, die Rolle des Versuchsleiters, die Versuchsdurchführung und andere prozedurale Aspekte der Untersuchung waren möglichst gleichgehalten. Auch das Versuchsmaterial (Puppenstube usf.) war möglichst ähnlich. Der Versuchsplan stimmte mit demjenigen der deutschen Untersuchung überein. Jede Experimentalbedingung war mit fünf Versuchspersonen besetzt, bei 8 Bedingungen nahmen also insgesamt 40 Personen teil.

Beachtenswerte Unterschiede zur zuvor berichteten Studie ergeben sich daraus, daß die Versuchspersonen lediglich 16 Versuchsaufgaben erhielten. Diese Variante wurde in Absprache mit Iwao Nakajima angesichts besonderer Merkmale der japanischen Sprache gewählt. (Zu beachten ist also, daß der P-Score der japanischen Untersuchung auf 16 Versuchsitems beruht.)

Warum wurde eine Vergleichsuntersuchung in Japan gewählt? Sollen unsere Vorstellungen zum Es-dem-anderen-Leichtmachen adäquat sein, so müßte die Hinzuziehung von spezifischen Annahmen über den japanischen Kulturkontext zur Entwicklung von *spezifischen* Befunderwartungen führen können, die in einem entsprechenden Experiment empirisch prüfbar sind. Es handelt sich um folgende Erwartungen:

(a) Wir erwarten zunächst ganz global, daß die relative Häufigkeit des Auftretens partnerbezogener Dreipunktlokalisationen in der japanischen Stichprobe besonders hoch sein wird. Der spezifische ‚Beziehungsaspekt' der japanischen Sprache (Nagatomo, 1986), die starke Akzentuierung der Höflichkeit (Schinzinger, 1983) und insbesondere die in der Kommunikation zwischen Japanern dominierende Harmonisierungstendenz (Doi, 1982) lassen erwarten, daß japanische Sprecher es japanischen Hörern aus ihrer eigenen sozialen Gruppe mit den Mitteln ihrer Sprachproduktion im von uns dargestellten Sinne generell eher leichtmachen wollen.

(b) Daß man es insbesondere den Kindern kommunikativ leichtmachen will – und vielleicht sogar muß, um ein Verstehen überhaupt erst zu ermöglichen –, dürfte sich (bei aller Vorsicht) als kulturübergreifende, universelle Kommunikationsattitüde des Menschen unterstellen lassen. Aber auch die spezifische Stellung des Kindes in der japanischen Gesellschaft (vgl. Schinzinger, 1983) läßt erwarten, daß partnerbezogene Dreipunktlokalisationen in der Kommunikation mit Kindern häufig auftreten.

(c) Wie jeder weiß, sind das Anciennitätsprinzip, die Wertschätzung und das besonders rücksichtsvolle Verhalten gegenüber (relativ) älteren Menschen, ebenso wie ein ausgeprägter Respekt vor Ranghöheren ein grundlegender Bestandteil der japanischen Mentalität (vgl. auch Doi, 1982). Diese Sachlage ist in extremer Weise im Sprachsystem des Japanischen und in den Verwendungsregeln für die japanische Sprache markiert (Nagatomo, 1986). So wäre es denn auch sehr überraschend, wenn Studentinnen und Studenten in ihrer Kommunikation mit einem Professor nicht überwiegend partnerbezogene Dreipunktlokalisationen wählen würden.

(d) Im Unterschied zu den kulturellen Kontextbedingungen in Deutschland ist der folgende Geschlechtereffekt zu erwarten: Eine auch heute noch weithin vorhandene gesellschaftlich-kulturelle und auch sprachliche Asymmetrie der Geschlechterbeziehung (Stichwort:

‚Frauensprache') läßt erwarten, daß Studenten und Studentinnen in Hinsicht auf Höflichkeit und Es-dem-anderen-Leichtmachen asymmetrisch miteinander kommunizieren: Japanische Studentinnen sollten gegenüber Studenten häufiger als gegenüber Studentinnen partnerbezogene Dreipunktlokalisationen manifestieren; japanische Studenten sollten gegenüber Studenten häufiger als gegenüber Studentinnen partnerbezogene Dreipunktlokalisationen manifestieren (vgl. Nagatomo, 1986).

Nach allem sollte sich die Qualität dieser Replikationsstudie an den folgenden Ergebnissen ablesen lassen: Der P-Score (partnerbezogene Dreipunktlokalisationen) sollte über alle Bedingungen hinweg tendenziell noch höher liegen als in der deutschen Studie. Er sollte – wie in der deutschen Studie – unter den Bedingungen „Kind" und „Professor" höher liegen als unter den Bedingungen „Student" und „Studentin". Im Unterschied zur deutschen Studie sollte der unter (d) beschriebene Asymmetrie-Effekt für die Bedingungen „Student" und „Studentin" auffindbar sein.

Zu den *Ergebnissen*: Über alle Bedingungen hinweg hatte Graf im *deutschen* Experiment 62,4 Prozent partnerbezogene Dreipunktlokalisationen erhalten. Diesem Prozentsatz standen 26,9 Prozent sprecherbezogene und 10,7 Prozent andere Lokalisationen gegenüber. In der japanischen Vergleichsuntersuchung liegen den Berechnungen 640 Lokalisationen zugrunde. 71,6 Prozent davon waren partnerbezogene Dreipunktlokalisationen. Der schon in der deutschen Studie relativ hohe P-Score wird hier im Durchschnitt also noch deutlich übertroffen. (Die japanische Studie erbringt nur 4,8 Prozent sprecherbezogene Dreipunktlokalisationen; den Rest bilden 23,6 Prozent andere Lokalisationen.)

Eine Varianzanalyse mit den japanischen Daten bestätigt die Hauptergebnisse der deutschen Studie: Es ergibt sich ein starker Effekt des „Kommunikationspartners". Den höchsten P-Score erhielt Nakajima unter der Bedingung „Professor". Nur wenig geringer ist der P-Score unter der Bedingung „Kind". Wenn der „Student" der Partner ist, so sinkt der P-Score über alle Versuchspersonen hinweg deutlich ab. Eine nochmalige starke Abnahme erfährt er unter der Bedingung „Studentin". Über alle Versuchspersonen hinweg ergeben sich die stärksten Kontraste für die Partnerbedingungen „Professor" versus „Studentin" und „Kind" versus „Studentin".

Zu unserer Asymmetrieannahme (vgl. oben (d)) zeigte sich folgendes: Die männlichen Versuchspersonen (Studenten) hatten unter der Bedingung „Studentin" einen etwas höheren P-Score als bei der Kommunikation mit dem eigenen Geschlecht. Dies entspricht nicht unseren Erwartungen. Erwartungskonform war aber das Verhalten der weiblichen Versuchspersonen: Kommunizierten die Studentinnen mit ihren Geschlechtsgenossinnen, so erbrachten sie den bei weitem niedrigsten P-Score überhaupt. Ihr P-Score unter der Bedingung „Student" hingegen erreichte einen Wert, der sich den Verhältnissen bei den Bedingungen „Kind" und „Professor" annäherte. Der P-Score der weiblichen Versuchspersonen ist unter der Bedingung „Studentin" statistisch erheblich geringer als unter der Bedingung „Student".

Sollte sich der zuletzt berichtete Befund als stabil erweisen, so ordnet er sich wie folgt in unsere Annahmen zu japanischen Kulturmustern und zum Einfluß dieser Muster auf die Kommunikation zwischen Japanern ein: Das kommunikative Rollenspiel, welches auch in der japanischen Studie im oben beschriebenen Sinne gefordert war, hat den Charakter, daß sich Versuchspersonen (Sprecher) durch die Anregung der Puppenstubenanordnung in eine Kommunikation mit einem fiktiven Partner hineindenken *und* daß sie dies alles in Gegenwart eines Versuchsleiters tun. Besonders für die japanische Stichprobe ist darauf hinzuweisen, daß die Anwesenheit des Versuchsleiters, der für die Versuchspersonen der Ältere und Ranghöhere war, der Experimentalsituation eine gewisse offizielle Note verliehen haben dürfte. Nach Auffassung der japanischen Versuchsleiter verfuhren die Versuchspersonen in dieser Situation mutmaßlich höflicher als in der gewöhnlichen Alltagskommunikation. (Das zeigen auch andere Experimentalversionen, in denen Änderungen des Versuchsleiterverhaltens und der Instruktion zu andersartigen Ergebnissen führten.)

Unter den soeben beschriebenen Vorbehalten läßt sich mutmaßen, daß es die japanischen Studenten beim Lokalisieren den Studentinnen etwa ebenso leichtmachen, wie sie das gegenüber ihren Mitstudenten tun. Von einer insofern unhöflicheren Behandlung von Frauen ist hier also nichts (mehr) zu spüren (vgl. auch Hijiya-Kirschnereit, 1983; Woronoff, 1980). Anders bei den Studentinnen: Was das Lokalisieren in dem von uns beschriebenen Experiment betrifft, so verhalten sie sich gegenüber den Studenten fast so höflich wie gegenüber dem Professor. Ihnen machen sie es – sprachlich! – leicht. Und vielleicht manifestieren sie mit ihrer Wahl einer im Hinblick auf den Partner angemessenen Lokalisation ein konventionalisiertes Signal für die (angebliche) Einschätzung ihrer sozialen Rollenbeziehung.

Zum Schluß dieses Abschnitts kommen wir nach der ausführlichen Darstellung von sprachpsychologischen Experimenten auf den Kern der Sache zurück: Spricht jemand mit seinem Partner über Raumbeziehungen, so ist es notwendig, die betreffende Raumkonstellation koorientiert, von einem gemeinsamen Blickpunkt aus, zu betrachten. Partnerbezogen zu lokalisieren, ist eine Sache der (freiwilligen oder erzwungenen) Rücksichtnahme und Höflichkeit. Diese Höflichkeit geht – wie immer – mit Kosten einher: Der Sprecher muß sich in den Partner ‚hineinversetzen'. In unseren Experimenten und auch im Alltagsleben wird das Sich-Hineinversetzen interessanterweise sehr häufig nicht sprachlich markiert. Häufig *sagt* man gar nicht einmal: „Von dir aus ..." oder „Von Ihnen aus ...". Man *spricht* eben aus dem Blickwinkel des Partners. Die kommunikative Gesamtsituation, die vorausgesetzte Konsistenz des Sprechens und allenfalls auch Erwartungen, die man etwa als hoher Vorgesetzter an das Sprechverhalten der Untergebenen heranträgt, führen den *Partner* hier offensichtlich auch ohne ausdrückliche Markierung in der Regel zu der richtigen Unterstellung, daß der Sprecher von seinem (des Partners) Blickpunkt aus lokalisiert.

Partnerbezogenes Sprechen mit Kindern und anderen Personen, denen der Sprecher eine reduzierte kognitive oder sprachliche Kompetenz zuschreibt, ist bezüglich der Sprechermotivation beziehungsweise Sprecherabsicht, wie schon hervorgehoben, anders zu betrachten als das partnerbezogene Sprechen bei großem Statusgefälle zwischen Sprecher und Partner. Das partnerbezogene Sprechen zu Kindern, Ausländern und dergleichen dürfte mehrfach determiniert sein (vgl. auch Wintermantel, 1991): Dieses Sprechen erhöht die Wahrscheinlichkeit, daß der Sprecher sein kommunikatives Ziel erreicht, vom Partner verstanden zu werden. Und der Sprecher erfüllt zugleich weitverbreitete Normen, gegenüber – im weiten Sinne – Schwachen rücksichtsvoll zu sein. (Ob der Sprecher dem Kind oder dem Ausländer daneben auch noch signalisieren will, daß er besonders rücksichtsvoll ist, muß im Einzelfall untersucht werden. Diesen Fall schätzen wir als eher selten ein.) Anders beim partnerbezogenen Sprechen aus einer weit unterlegenen Statusposition: Dem Ranghöheren als Partner partnerbezogen zu begegnen, hat in der Regel wenig damit zu tun, daß dieser den Sprecher beim egozentrischen Sprechen weniger gut verstünde. Vielmehr erfolgt hier das Leichtmachen unter den Gesetzen der Höflichkeit (vgl. auch Brown & Levinson, 1978). Und Höflichkeit dient hier nicht zuletzt dem sprecherseitigen Ziel, sich die Wertschätzung des Ranghöheren zu sichern und sie allenfalls für persönliche Zwecke zu instrumentalisieren. Doch mögen gegebenenfalls durchaus auch Gefühle der Ehrfurcht, der Hochachtung und dergleichen ins Spiel kommen. Und zugleich *signalisiert* der Sprecher auch mit seinem partnerbezogenen Sprechen, daß er seine Statusbeziehung zu diesem Ranghöheren akzeptiert, daß er ihn sich gewogen erhalten möchte, usf.

Wir fügen noch hinzu, daß die Koorientierung von Sprecher und Partner auch auf eine hier nicht diskutierte andere Weise erfolgen kann: Der Sprecher kann den Partner unter Umständen räumlich *justieren* (vgl. Herrmann, 1990a). Diese Partnerjustierung erlebt man oft bei Wegebeschreibungen. Da sagt der Sprecher zum Beispiel: „Drehen Sie sich doch einmal um und stellen Sie sich so hin, daß Sie da hinten das chinesische Restaurant sehen. – Also Sie gehen dann . . ." Bisweilen nimmt der Sprecher den Partner sogar bei der Schulter und dreht ihn in die gewünschte Richtung (vgl. auch Klein, 1979). Man kann auch in anderer Weise justieren: „Stell dir vor: Von dort, wo du jetzt sitzt, siehst du bei uns in den Wintergarten." In allen diesen Fällen sorgt der Sprecher dafür, daß er auch weiterhin *egozentrisch* lokalisieren kann. Er muß sich gar nicht in den Partner ‚hineinversetzen', weil Sprecher und Partner nach erfolgter Justierung denselben Blickpunkt einnehmen. Das Justieren ist ein Es-dem-anderen-Leichtmachen, das nicht in erster Linie etwas mit Rücksichtnahme und Höflichkeit zu tun hat, sondern das eben kostengünstig ist. Wenn dem Sprecher hier überhaupt mentale Kosten entstehen, dann für das Justieren selbst. Weil jedoch im Anschluß daran der Sprecher weiterhin egozentrisch lokalisiert, führt die Justierungsstrategie, streng genommen, von unserer jetzigen Diskussion, die das *partnerbezogene* Lokalisieren betrifft, weg.

3.4 Das ‚Sich-Hineinversetzen' und der Lokalisationsaufwand

3.4.1 Fragestellung

Wenn der Sprecher eine Raumkonstellation aus dem Blickpunkt des Partners beschreibt, so entstehen ihm, wie wir angenommen haben, *spezielle mentale Kosten*; die ursprüngliche, in der Regel verwendete egozentrische Art des Sprechens über Raum ist nicht mit den speziellen Kosten des ‚Sich-in-den-Partner-Hineinversetzens' belastet. Dies war die Voraussetzung für unsere Frage, warum Sprecher überhaupt partnerbezogen lokalisieren und damit Zusatzkosten auf sich nehmen. (Eine Antwort fanden wir mit dem Es-dem-anderen-Leichtmachen.)

Daß das ‚Sich-in-den-Partner-Hineinversetzen' bei der partnerbezogenen Lokalisation spezielle Kosten verursacht, wurde von uns bisher lediglich *unterstellt*. Wir haben nicht darüber berichtet, ob und wieweit die empirische Forschung diese Unterstellung überhaupt stützt. Das soll jetzt nachgeholt werden: Läßt sich nachweisen, daß das partnerbezogene Lokalisieren in besonderem Maße aufwendig ist?

3.4.2 Hörerposition als Aufwanddeterminante

Betrachten wir noch einmal die *Abbildung 3.1*: Wenn wir diese Abbildung in der Art einer Landkarte lesen, so befindet sich der Sprecher im Süden und der Hörer im Westen. Bezogen auf den Sprecher ist der Hörer um 90° gedreht. Würde sich der Hörer im Norden befinden und sich dem Sprecher zuwenden, so schlössen Sprecher und Partner einen Winkel von 180° ein. Stünden der Sprecher und der Hörer Schulter an Schulter im Süden nebeneinander, so wäre dieser Winkelbetrag 0°. Nun mag der Sprecher in jedem dieser Fälle den Ball in bezug auf den Stuhl lokalisieren wollen – und dies aus der Sicht des Hörers. Bei einem Winkel von 0° käme die partnerbezogene Lokalisation mit der egozentrischen überein: „Der Ball liegt links vom Stuhl." Bei dem in Abbildung 3.1 vorliegenden Winkel von 90° (Partner im Westen) sagt der Sprecher (partnerbezogen): „Der Ball liegt vor dem Stuhl." In einer Vis-à-vis-Konstellation (180°) würde die angemessene *partnerbezogene* Lokalisation lauten: „Der Ball liegt rechts vom Stuhl."

In allen drei Fällen muß der Sprecher eine *partnerbezogene* Lokalisation des intendierten Objekts Ball in bezug auf das Relatum-Objekt *Stuhl* produzieren. Man könnte nun annehmen, daß diese partnerbezogenen Lokalisationen allesamt *in gleichem Maße* aufwendiger sind als die egozentrische Lokalisation. Es könnte aber auch sein, daß nicht die Produktion partnerbezogener Lokalisationen *per se* aufwendiger ist als die Produktion von egozentrischen Lokalisationen, sondern daß der Aufwand mit dem Winkel zwischen Sprecher und Hörer (0°, 90°, 180°) steigt. Nur in diesem Falle könnte man mit Recht formulieren, daß das (immer schwieriger werdende) „Sich-Hineinversetzen' in den Partner die mentalen Kosten verursacht – und nicht die Produktion partnerbezogener Lokalisationen *an sich*. – Beide vermuteten Effekte könnten sich auch überlagern.

Wir wollen den Winkel, um den sich der Sprecher mental in den Partner sozusagen hineindrehen muß, um eine Objektkonstellation von dessen Blickpunkt aus beschreiben zu können, den *Rotationswinkel* nennen. Befindet sich der Hörer also (dem Sprecher zugewandt) in Nordposition, so muß der Sprecher, der im Süden plaziert ist (vgl. Abbildung 3.1), eine mentale Rotation um 180° vornehmen, um den geeigneten partnerbezogenen Lokativ zu finden. Bei vorliegender West- wie auch Ostposition des Hörers beträgt der Rotationswinkel 90°; bei Südposition des Hörers (Schulter an Schulter mit dem Sprecher) entspricht der Rotationswinkel 0°.

Wenn man nun annimmt, daß der Lokalisationsaufwand mit dem Rotationswinkel steigt, so müßte er bei Südposition des Hörers am geringsten sein; bei Nordposition wäre er am größten; die Aufwandbeträge bei der West- und Ostposition lägen dazwischen. Shepard und andere (vgl. unter anderem Olson, 1975; Shepard & Hurwitz, 1984; Shepard & Podgorny, 1978) haben denn auch gezeigt, daß die *Zeit für mentale Rotationen* monoton oder gar linear mit dem Rotationswinkel wächst. Soweit man den mentalen Aufwand des Sprechers, der eine partnerbezogene Lokalisation produziert, in einer solchen Rotationszeit repräsentiert sieht, ist also zu erwarten, daß der Lokalisationsaufwand von der Südposition des Partners über die West- beziehungsweise Ostposition bis hin zur Nordposition monoton anwächst.

Diese Überlegung muß allerdings nicht zwingend sein. Stellen wir uns in Abbildung 3.1 wiederum vor, daß sich der Hörer in Nordposition befindet und sich dem Sprecher zuwendet: Da es sich hier um eine Vis-à-vis-Situation handelt, könnte es der Sprecher bei der Produktion partnerbezogener Lokalisationen auch ziemlich *leicht* haben: Er muß ja nur immer das *Gegenteil* davon sagen, was beim egozentrischen Sprechen in Frage käme. Wenn der Ball, vom Sprecher betrachtet, *links* vom Stuhl liegt, so müßte er bei einer Vis-à-vis-Situation, vom Partner aus betrachtet, *rechts* vom Stuhl liegen. Was vom Sprecher aus vor einem Relatum-Objekt ist, ist vom Hörer aus hinter dem Relatum. Usf. Insofern müßte also bei einem Rotationswinkel von 180° das partnerbezogene Lokalisieren wenig Aufwand erfordern, weil die entsprechenden Wörter (Richtungspräpositionen) nur zu *vertauschen* sind. – Ganz anders, wenn sich der Hörer im Westen oder Osten befindet, wenn Sprecher und Hörer also ‚über Eck' angeordnet sind, wie das in Abbildung 3.1 tatsächlich der Fall ist. Die Richtungspräpositionen „vor" und „hinter" sowie „rechts" und „links" bilden paarweise semantische Gegensätze (*Antonyme*). In der Über-Eck-Situation muß nun der Sprecher bei der Produktion partnerbezogener Lokalisationen nicht die Präpositionen eines Präpositionenpaares vertauschen, sondern von einem Paar zum anderen *überwechseln*: Wenn von ihm selbst aus betrachtet der Ball *links* vom Stuhl liegt, so liegt er nun, vom Partner aus betrachtet, *vor* dem Stuhl. Der Übergang von einem Antonymenpaar zum anderen kann als besonders schwierig betrachtet werden. Daraus würde folgen, daß die Lokalisationszeit beim Anfertigen partnerbezogener Lokalisationen im Falle eines Rotationswinkels von 90° besonders groß ist.

Es ist aber noch eine andere Vorstellung möglich: Gehen wir wieder auf die Vis-à-vis-Situation zurück. Hier muß der Sprecher, wenn, von ihm aus betrachtet, der Ball links vom Stuhl liegt, die partnerbezogene Lokalisation „rechts" (vom Stuhl) produzieren. Wie schon ausgeführt, ist bei einem Rotationswinkel von 180° und bezogen auf das egozentrische Sprechen stets der gegensätzliche Lokativ, das jeweils andere Antonym eines Antonymenpaars, zu verbalisieren. Da nun der Sprecher immer einen latenten Impuls besitzt, *egozentrisch* zu lokalisieren, hat er die verdeckte Tendenz, statt des beim partnerseitigen Lokalisieren geforderten Wortes (zum Beispiel „rechts") dessen semantischen Gegensatz (zum Beispiel „links") auszusprechen. Die beiden Antonyme eines Antonymenpaars stören sich gegenseitig. (Eine solche gegenseitige Störung oder Hemmung nennt man auch *Interferenz*.) Die Interferenz der semantischen Gegensätze könnte das Aussprechen des gewünschten Lokativs *verzögern*. – Betrachten wir unter diesem Aspekt wiederum die Über-Eck-Situation: Wenn hier (wie in Abbildung 3.1) der Sprecher den Ball von seinem eigenen Blickpunkt aus links vom Stuhl wahrnimmt, so muß er beim partnerbezogenen Lokalisieren den Lokativ „vor" produzieren. Hier können sich die beiden Antonyme eines Antonymenpaars nicht stören, eben weil der Sprecher, wie weiter oben ausgeführt, bei der Verbalisierung vom einen zum anderen Antonymenpaar *überwechseln* muß. Da sich aber, der zuletzt besprochenen Auffassung entsprechend, Lokative aus unterschiedlichen Antonymenpaaren nicht gegenseitig stören, entfällt hier die Antonymeninterferenz; das partnerbezogene Lokalisieren ist insofern ziemlich leicht.

Wir fassen zusammen:

– Ist partnerbezogenes Lokalisieren bei beliebigen Rotationswinkeln in konstantem Ausmaß aufwendiger als sprecherbezogenes (egozentrisches) Lokalisieren? Steigt der Aufwand des partnerbezogenen Lokalisierens mit dem Rotationswinkel? Überlagern sich beide Effekte, so daß das partnerbezogene Lokalisieren schon bei einem Rotationswinkel von 0° aufwendiger ist als bei sprecherbezogenem Lokalisieren, der Aufwand aber außerdem mit dem Rotationswinkel steigt?
– Soweit der Aufwand für partnerbezogenes Lokalisieren mit dem Rotationswinkel steigt: Ist der Aufwand bei 180° größer oder geringer als bei 90°?
 Nach der Auffassung von Shepard ist er bei 180° größer.
 Nach der Vertauschungsannahme ist er bei 180° geringer.
 Nach der Interferenzannahme ist er bei 180° größer.

Nach diesen Überlegungen liegt es nahe, daß Rotationswinkel von 90° und 180° aufwendiger sind als ein Lokalisationswinkel von 0°. Ob aber die partnerbezogene Lokalisation bei 180° oder bei 90° aufwendiger ist, blieb lange unentschieden. Schon vor längerer Zeit konnte aber Pufall (1975) einen Interferenzeffekt nachweisen, was dafür spricht, daß der Lokalisationsaufwand bei der Vis-à-vis-Situation (180°) besonders hoch ist. Die im folgenden dargestellten Untersuchungen erlauben jetzt eine klarere Entscheidung zwischen den genannten Alternativen.

3.4.3 Experimentelle Untersuchungen

Auf einem Rechner-Bildschirm haben wir Reizkonstellationen dargeboten. Unsere Versuchspersonen saßen in üblicher Position vor dem Bildschirm und hatten die Aufgabe, auf die Reize mit lokalisierenden Äußerungen zu reagieren. Die Reaktionszeiten (RZ) wurden während des Experiments registriert.

Auf dem Bildschirm waren die folgenden Elemente visualisiert: (1) In der unteren Mitte des Bildschirms (Südposition) befand sich immer ein nach oben weisender *Pfeil* mit dem Schriftzug „ich" (Sprecherpfeil), der die Position und Ausrichtung der Versuchsperson symbolisieren sollte. (2) In der Bildmitte war stets ein *Kreis* angeordnet, der konstant als Relatum-Objekt diente. (3) Entweder östlich, südlich, nördlich oder westlich vom Kreis befand sich jeweils ein *Kreuz*, welches das variable intendierte Objekt (O_i) war und immer ‚vom Hörer aus' (also partnerbezogen) durch eine Richtungspräposition bezeichnet werden mußte. (4) Außerdem war ein schematisierter *Hörer* ‚an einem Schreibtisch sitzend' vorhanden, der entweder eine östliche, südliche, nördliche oder westliche Raumposition einnehmen konnte. Aus den vier Positionen des intendierten Objekts und den vier Positionen des Hörers ergeben sich 16 verschiedene Bildschirm-Konstellationen. Eine davon zeigt *Abbildung 3.5* als Beispiel: Der Hörer ist im Norden lokalisiert; das intendierte Objekt (Kreuz) befindet sich im Westen, das heißt westlich vom Kreis.

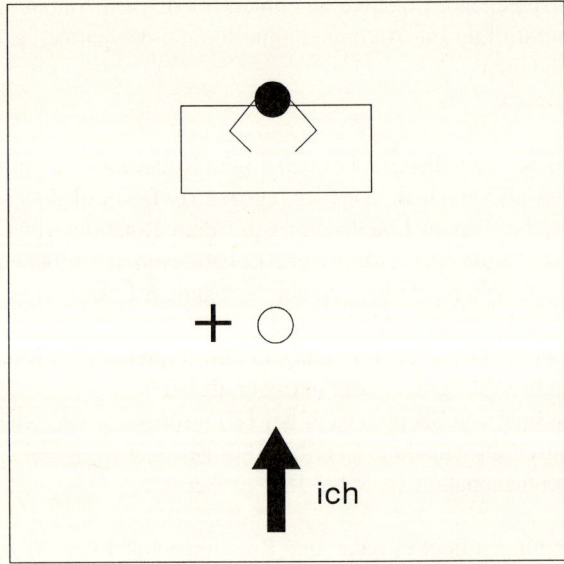

3.5 Beispiel einer Bildschirmkonstellation zur Bestimmung des partnerbezogenen Lokalisationsaufwands (vgl. Text).

Nach einem kurzen akustischen Signal erschien auf dem Bildschirm eine der 16 Reizkonstellationen. Die Versuchsperson hatte so schnell und so richtig wie möglich eine lokalisierende Äußerung von der Art „rechts vom Kreis", die die Lage des dargestellten Kreuzes aus der Sicht des *Hörers* bezeichnete, in ein Mikrophon zu sprechen. Mit Beginn der Reaktion wurde die Reizkonstellation auf dem Bildschirm gelöscht. Die Reaktionszeiten ergaben sich aus der Zeitdifferenz zwischen dem Erscheinen der Reizkonstellation auf dem Bildschirm und dem Ansprechen des Mikrophons. Die Zeit zwischen zwei Experimentalaufgaben betrug etwa 0,5 Sekunden.

Wir arbeiteten mit 85 Studierenden aller Fachrichtungen an der Universität Mannheim als Versuchspersonen. Die Teilnahme am Experiment wurde vergütet. (Nach einer Händigkeitsprobe waren fast alle Versuchspersonen Rechtshänder.)

Wir unterzogen die erhaltenen Reaktionszeit-Werte (RZ-Werte) einer Varianzanalyse für abhängige Messungen und arbeiteten mit für solche Fälle angezeigten statistischen Korrekturen (Glaser, 1978, S. 191). Eine genauere Darstellung unserer hier besprochenen Untersuchungen findet man in einem Bericht von Herrmann, Bürkle & Nirmaier (1987).

Insgesamt führten wir drei Einzelexperimente durch, die kleinere Unterschiede aufweisen, welche hier nicht besprochen werden sollen. *Tabelle 3.2* zeigt die *Ergebnisse* zum Zusammenhang von *Reaktionszeit* bei der Produktion *partnerbezogener* Lokalisationen und der *Hörerposition*.

Tab. 3.2: Mittelwerte der Reaktionszeiten in Abhängigkeit von der Hörerposition in drei Experimenten (s. Text).

Reaktionszeit in Millisekunden	Hörerposition			
	Süd	West	Ost	Nord
Experiment I	1085	1150	1125	1276
Experiment II	996	1080	1063	1209
Experiment III	989	1002	992	1265

Die von uns im folgenden berichteten Effekte sind allesamt statistisch signifikant, ihr Zustandekommen kann also nicht auf den Zufall zurückgeführt werden.

Es zeigt sich: In allen Experimenten besteht kein erheblicher Unterschied der Reaktionszeiten bei den Rotationswinkeln 0° (Süd) und 90° (West, Ost). Andererseits unterscheiden sich die Reaktionszeit-Mittelwerte für 0° sowie 90° in höchstem Maße von denjenigen beim Rotationswinkel von 180°: Die Erzeugung von partnerbezogenen Lokalisationen ist in unseren Experimenten bei der *Vis-à-vis-Situation* bei weitem *aufwendiger* als in den übrigen Situationen (Über-Eck-Situation, Schulter-an-Schulter-Situation). Erstaunlich ist, daß ein Rotationswinkel von 90° den Aufwand für die Produktion partnerbezogener Lokalisationen nicht substantiell erhöht. Nach den weiter oben genannten Auffassungen von Shepard (s. oben 3.4.2) wäre dies aber zu erwarten gewesen; nach dessen bekannter Vorstellung hätten die Reaktionszeiten bei West- und Ost-Position des Hörers gegenüber der Südposition deutlich erhöht sein müssen.

Ein weiterer statistisch gesicherter Befund unserer Experimente besteht darin, daß *partnerbezogene* Lokalisationen *im Durchschnitt* mit einer substantiell erhöhten Reaktionszeit

SPRECHEN

einhergehen, vergleicht man sie mit der Reaktionszeit für *egozentrisches* Lokalisieren. Sogar die Reaktionszeit bei *Südposition* des Hörers (Schulter-an-Schulter-Situation) ist gegenüber der egozentrischen Lokalisation noch leicht erhöht. Das bedeutet, daß auch schon das partnerbezogene Lokalisieren *per se* einen kleinen Zusatzaufwand erfordert. Die betreffenden Reaktionszeit-Beträge machen aber deutlich, daß die eigentlichen mentalen Kosten entstehen, wenn sich der Hörer und der Sprecher in einer Vis-à-vis-Situation (180°) befinden.

3.4.4 Begründungen

Unsere Befunde zeigen, daß das partnerbezogene Lokalisieren generell (etwas) aufwendiger ist als das egozentrische Lokalisieren. Die oben kurz erörterte ‚Vertauschungsannahme' scheint widerlegt: Die Reaktionszeit für partnerbezogenes Lokalisieren ist bei einem Rotationswinkel von 180° eindeutig höher als bei einem Rotationswinkel von 90°. Möglicherweise läßt sich dies mit Hilfe der Annahme einer *Antonymeninterferenz* (s. oben) interpretieren. Wir selbst neigen zu einer anderen Ergebnisbegründung. Auffällig ist, daß wir beim Vergleich der Rotationswinkel von 0° und 90° keine interpretierbaren Reaktionszeit-Unterschiede gefunden haben. Dies läßt sich weder aus den Vorstellungen Shepards (s. oben) noch aus der Interferenzannahme ableiten.

Wir nehmen an, daß die soeben dargestellten Befunde wie folgt begründet werden können. (Wir beziehen uns dabei im folgenden auf Experimentalergebnisse, die im einzelnen in Herrmann, Graf & Helmecke (1991) beschrieben worden sind.) Wir sehen jetzt vom Lokalisieren aus der Sicht des Partners (also von partnerbezogenen Dreipunktlokalisationen) ab und untersuchen, wie leicht jemand entscheiden kann, ob zum Beispiel ein Kartenspieler in *Abbildung 3.6* die Karten in seiner rechten oder in seiner linken Hand hält. Es stellt sich

3.6 In welcher Hand halten die Kartenspieler ihre Karten? (Zeichnung von Elizabeth Helmecke.)

heraus, daß der dort dargestellte ‚Kiebitz', der die Anordnung aus der Südposition betrachtet, diese Entscheidung gleich leicht treffen kann, wenn es sich um den Kartenspieler in Südposition, in Westposition oder in Ostposition handelt. Viel schwerer ist für ihn aber die Entscheidung, wenn es darum geht, ob der ihm gegenüber (im Norden) sitzende Spieler die Karten in seiner rechten oder linken Hand hält. Nach unserer Unterscheidung von sechs Hauptvarianten des Lokalisierens (s. oben 3.1) handelt es sich hier um *drittbezogene Zweipunktlokalisationen*: Die Karten befinden sich auf der rechten/linken Seite des *Kartenspielers*. Der Sprecher könnte zum Beispiel – etwas ungewöhnlich – sagen: „Der Spieler hat von sich aus betrachtet die Karten rechts."

Experimente zu Entscheidungszeiten unter diesen Bedingungen ergeben dieselbe Resultatstruktur wie die zuvor geschilderten Befunde zur partnerbezogenen Dreipunktlokalisation.

Abbildung 3.7 zeigt den Kurvenverlauf der Entscheidungszeit in Abhängigkeit vom Rotationswinkel in einem der Experimente, in denen Versuchspersonen entscheiden mußten, ob sich eine Markierung auf der rechten oder auf der linken Seite einer Figur befindet, die unter 12 verschiedenen Winkeln auf dem Bildschirm dargeboten wurde.

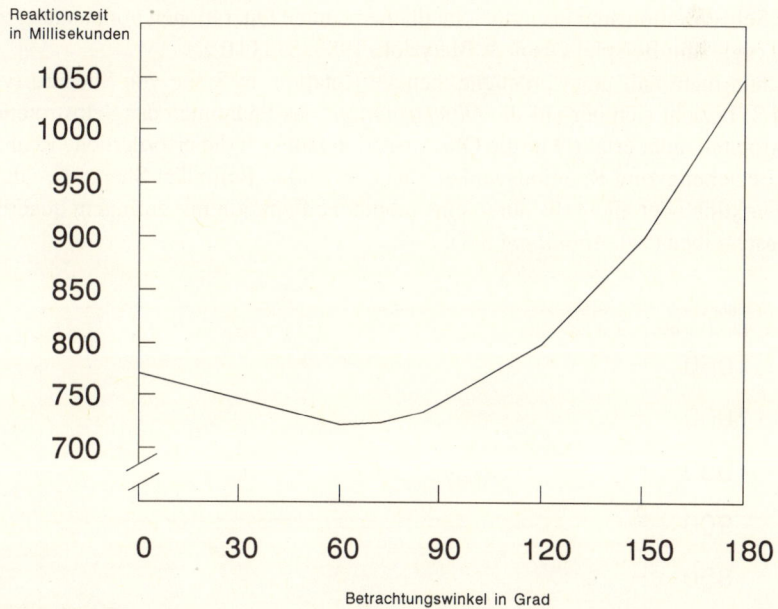

3.7 Reaktionszeiten bei Links-Rechts-Entscheidungen (Selbstrotation) in Abhängigkeit vom Winkel zwischen Betrachter und Kartenspieler (aus Herrmann, Graf & Helmecke, 1991).

Der Kurvenzug macht deutlich, daß die Reaktionszeit bis zu einem Rotationswinkel von 60° sogar leicht sinkt. Bei einem Winkel von 90° ist sie gegenüber 0° nicht erhöht. Dann aber steigt sie über 120° und 150° bis 180° steil und beschleunigt an. Mathematisch betrachtet, läßt sich die in Abbildung 3.7 dargestellte Beziehung von Reaktionszeit und Rotationswinkel am besten durch zwei Teilfunktionen beschreiben: Für kleine Rotationswinkel (bis etwa 90°) besteht eine lineare Funktion ohne bedeutsamen Anstieg; die Funktion für große Rotationswinkel hat einen starken quadratischen Anteil.

Generell wird vom Menschen, wenn er etwas aus dem Blickpunkt eines Partners oder einer anderen Instanz beurteilen soll, eine *Selbstrotation* verlangt. Man muß sich sozusagen mental in die andere Instanz hineindrehen, scheinbar hinter diese Instanz treten, um über ihre Schulter zu blicken und die Dinge aus diesem Blickwinkel anzuschauen.

Diese Selbstrotation muß von der *Objektrotation* unterschieden werden: Statt sich mental in einen anderen Blickpunkt hineinzudrehen (also eine Selbstrotation vorzunehmen), kann man sich – *von seinem beibehaltenen egozentrischen Blickpunkt aus* – vorstellen, daß Objekte im Raum in variablem Ausmaß gedreht sind; man kann sich vorstellen, wie diese Objekte aussehen würden, wenn sie eine andere Richtung im Raum einnehmen (vgl. auch Corballis, 1982). Angenommen, eine geometrische Figur ist im Vergleich zu einer anderen Figur im Raum gedreht; sie steht zum Beispiel relativ zur anderen auf dem Kopf (= 180°): Hat die gedrehte Figur genau dieselbe Form wie die Vergleichsfigur oder eine etwas andere? Um diese Frage beantworten zu können, muß man die gedrehte Figur ‚im Geist' in eine Raumrichtung bringen, die der Ausrichtung der Vergleichsfigur etwa entspricht; man muß sie beispielsweise ‚vom Kopf auf die Füße' stellen. So kann man beide Figuren auf ihre Formidentität hin vergleichen. – Diese Art von mentaler Rotation – *bei Beibehaltung des eigenen Blickpunkts* – nennen wir Objektrotation. Diese Objektrotation und die hier interessierende Selbstrotation sind als unterschiedliche mentale Operationen voneinander zu unterscheiden (vgl. zum Beispiel Olson & Bialystok, 1983, S. 111ff.).

Die schon mehrmals angesprochene mentale Rotation im Sinne von Shepard (vgl. auch oben 3.4.2) bezieht sich nur auf die *Objektrotation*; das Phänomen der Selbstrotation ist in diesen Arbeiten nicht erfaßt. Für die Objektrotation läßt sich die erforderliche Reaktionszeit in ihrer Beziehung zum Rotationswinkel – analog zu den Befunden Shepards – durch eine lineare Funktion oder allenfalls durch eine monotone Funktion mit geringem quadratischem Anteil beschreiben (vgl. *Abbildung 3.8*).

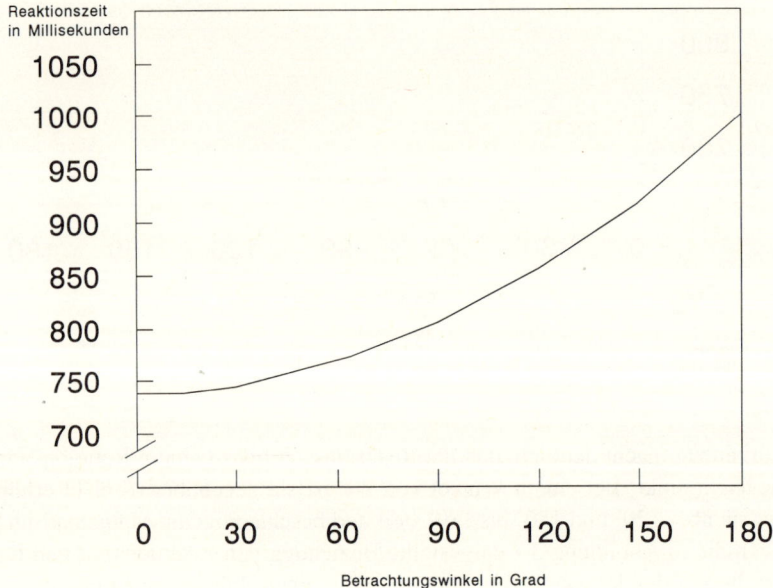

3.8 Reaktionszeiten bei Vergleichsaufgaben, die Objektrotation erfordern, in Abhängigkeit vom Winkel zwischen den zu vergleichenden Objekten (nach Herrmann, i. Dr.).

Wie soeben dargestellt und in Abbildung 3.7 ablesbar, wird hingegen die *Selbstrotation* am besten durch zwei getrennte (Teil-) Funktionen (im Bereich kleiner Rotationswinkel linear, fast ohne Anstieg, und im Bereich großer Rotationswinkel mit beträchtlichem quadratischen Anteil) beschrieben.

Im Unterschied zur Objektrotation ist eine mentale Selbstrotation unter anderem auch durch spezifische *kinästhetische Empfindungen* charakterisiert: Der Mensch *empfindet* den Vorgang des Drehens seines Kopfes, seiner Augen und oft seines Schultergürtels, der Hüften, aber auch des Ausgreifens der Arme usf., selbst wenn solche Bewegungen gar nicht in beobachtbarem Ausmaß stattfinden. Und diese Selbstrotation, soweit sie nur kleine Rotationswinkel betrifft, wie sie etwa bei *Greifhandlungen* und *Objektmanipulationen* ständig vorkommen, geschieht, wie wir gesehen haben, ohne merklichen mentalen Mehraufwand. Ganz anders verhält es sich hingegen, wie wir ebenfalls gesehen haben, wenn die mentale Selbstrotation diesen Winkelbereich der Greifhandlungen und Objektmanipulationen verläßt.

Für unser Ergebnismuster bietet sich die folgende, noch ziemlich spekulative Interpretation an: Es ist von hohem Nutzen, daß der Mensch während der augengesteuerten Manipulation von Objekten und Objektanordnungen, während des Zugreifens usf. (vgl. dazu auch Klix, 1983) jederzeit in der Lage ist, die Objekte beziehungsweise Objektanordnungen in flexibler Weise in seiner *Vorstellung* von der Seite her zu betrachten, sich also in der Art einer seitlichen Drehung von Kopf und Schultergürtel *mental* zu bewegen. Und außerdem erscheint es überaus funktional, die bei greifenden und manipulierenden Tätigkeiten *tatsächlich* auftretenden schnellen Bewegungen von Kopf, Schultergürtel, Armen und Händen durch *kompensatorische mentale* Rotationen ‚wegzuregeln', um die Orts- beziehungsweise Lagekonstanz der gegriffenen und manipulierten Objekte zu erhalten. Die mentale Selbstrotation zum Zwecke der Sicherung dieser Lagekonstanz ist aber ersichtlich nur in demjenigen Winkelbereich erforderlich, in dem zufolge unserer anatomischen Gegebenheiten die mit dem Greifen, Halten und Manipulieren einhergehenden Kopf-, Schulter- und Armbewegungen überhaupt stattfinden können. Wir sprechen hier vom *Manipulationsbereich*. Im Zusammenhang mit Greifhandlungen, dem Halten von Objekten beim Manipulieren und dergleichen sind mentale Selbstrotationen im Bereich großer Rotationswinkel (außerhalb des Manipulationsbereichs) nicht erforderlich und zum Teil anatomisch unmöglich. (So greift man ja nicht wie mit überlangen Gummiarmen in Richtung auf den eigenen Körper auf ein Objekt zu.) Mentale Selbstrotationen in großen Winkelbereichen sind also gewissermaßen nicht durch die Erfordernisse und Möglichkeiten unseres sensumotorischen Handelns legitimiert. Genau in diesem Bereich wird nun der Versuch, sich in Partner, Objekt oder andere Instanzen räumlich ‚hineinzuversetzen', ersichtlich schwierig. Es konnte experimentell gezeigt werden (Helmcke, 1991), daß in der Vis-à-vis-Situation der Versuch, sich in den Partner ‚hineinzudrehen', mit einer noch längeren Reaktionszeit belastet ist, als wenn man algorithmische *Vertauschungsregeln* anwendet, beispielsweise: „Was von mir aus links ist, ist von dir aus rechts." Für die großen Rotationswinkel ist ein solches abstrakt-kalkulatorisches Verfahren also offensichtlich immer noch günstiger als der Versuch der mentalen Selbstrotation.

Wir standen vor der Frage, ob partnerbezogene Lokalisationen tatsächlich mehr mentale Kosten beziehungsweise einen größeren mentalen Aufwand erfordern als die egozentrischen Lokalisationen. Dies ist, wie wir nun gesehen haben, generell zu bejahen. Der Aufwand, den wir betreiben müssen, wenn wir es unserem Partner dadurch leichtmachen wollen, daß wir die Dinge aus seinem Blickpunkt lokalisieren, ist aber nur dann wirklich erheblich, wenn sich der Partner ungefähr *vis-à-vis* zu uns befindet. Noch bei einer Über-Eck-Situation verursacht das partnerbezogene Lokalisieren kaum zusätzliche Kosten. Sprecher und Partner haben nur geringe Probleme, eine Koorientierung herzustellen, wenn sie sich in einem Winkel bis etwa 90° zueinander befinden. In diesen Fällen kann der Sprecher auch getrost egozentrisch lokalisieren, ohne dem Partner erhebliche mentale Kosten zu bereiten. Lokalisiert der Sprecher aber nun auch in solchen Situationen partnerbezogen, so kann dies, so nehmen wir an, nur *konventionale Gründe* haben; auch für diesen Bereich kleiner Rotationswinkel verlangen es bestimmte gesellschaftliche Maximen, vom Partner aus zu lokalisieren (s. oben 3.3.3 sowie 7.2.3). Anders bei der Vis-à-vis-Situation: Hier würde – ganz abgesehen vom Vorliegen konventionaler Regelung – das egozentrische Sprechen beim Partner tatsächlich erhebliche mentale Aufwendungen verursachen. In der Vis-à-vis-Situation macht es der Sprecher dem Partner also tatsächlich sehr viel leichter, wenn er die Kosten für seine Selbstrotation und für entsprechendes partnerbezogenes Lokalisieren auf sich nimmt.

Alles dies läßt sich nicht im engeren Sinne *sprachpsychologisch* begründen. Man muß hier, um die Dinge erklären zu können, eine zu einseitig auf Sprache fixierte Betrachtungsweise verlassen und die kognitive Orientierung des Menschen im Raum in den Blick nehmen. Im Sprechen über Raum manifestiert sich das *allgemeine Umgehen des Menschen mit dem Raum*, in dem er lebt und handelt.

Wir halten fest: Nach den gegenwärtig verfügbaren Befunden ist der Sprecher deshalb in der Vis-à-vis-Situation nur mit Anstrengung in der Lage, partnerbezogen zu lokalisieren, weil mentale Selbstrotationen in diesem Bereich großer Winkel *generell* erschwert sind. Die relative Leichtigkeit der partnerbezogenen Lokalisation in mittleren Winkelbereichen kann wahrscheinlich darauf zurückgeführt werden, daß die mentale Selbstrotation im Bereich des Greifens und Manipulierens *generell* leicht vonstatten geht. Insofern ist das Problem der mentalen Kosten für partnerbezogenes Lokalisieren in erster Linie kein sprachliches Problem.

3.5 Lokalisationssequenzen und der Genese-Effekt

3.5.1 Fragestellung

Im Laufe dieses Kapitels haben wir bisher – der Einfachheit der Darstellung halber – fast ausschließlich einzelne Lokalisationen, vor allem die Anbindung eines intendierten Objekts an ein Relatum-Objekt mit Hilfe einer Richtungspräposition, betrachtet: „Von dir aus gesehen ist das Kreuz links vom Kreis." Es war aber auch schon die Rede von komplexeren Lokalisationsstrukturen. Im Alltag kommt selbstverständlich beides vor: Fragt die Frau ihren Ehemann: „Wo hast du den Schlüssel versteckt?" und er antwortet: „Hinter dem Steintrog.", so handelt es sich um eine *Einzellokalisation*. Unsere ‚Kurzgeschichte' vom Patriarchen vor der Kathedrale (s. oben 3.1) bildet dagegen bereits eine *Lokalisationssequenz*. Eine Lokalisationssequenz produzieren wir zum Beispiel auch, wenn wir ganze Raumkonstellationen beschreiben, über Wege informieren, in Bauanleitungen das Zueinander von Objekten zu verstehen geben oder über menschliches Handeln in räumlichen Umgebungen berichten oder erzählen. Lokalisationssequenzen sind so häufig und wichtig wie Einzellokalisationen. Von Lokalisationssequenzen soll jetzt die Rede sein.

Läßt man im Bewußtsein des Partners die interne Repräsentation einer komplexen Raumanordnung entstehen oder bringt man den Partner dazu, in einer bei ihm bereits vorhandenen mentalen Raumrepräsentation Orte aufzusuchen, Wege zu beschreiben, Objekte zu finden usf., so besteht die vielleicht wichtigste Aufgabe des Sprechers darin, seine Informationen über den Raum zu *linearisieren*. Wir haben zu Beginn dieses Kapitels (s. oben 3.1.2) auf das Linearisierungsproblem hingewiesen. Zu diesem Problem kehren wir jetzt zurück. Wir befassen uns mit der Frage, in welcher Weise das Nacheinander des Sprechens über Raumkonstellationen vom zuvor erworbenen Wissen des Sprechers beziehungsweise von der *Genese* dieses Wissens abhängt. Dabei werfen wir auch einen Blick auf den generischen Wanderer, von dem bereits die Rede war.

Zur Terminologie: Wir unterscheiden im folgenden zwei ‚Effekte': den *Genese-Effekt* und den *Ankereffekt*. Der Genese-Effekt bezeichnet den folgenden Sachverhalt: Die Art und Weise, in der man eine Raumkonstellation beim Sprechen linearisiert, hängt davon ab, wie man das Wissen über diese Raumkonstellation erworben hat. Der Ankereffekt bedeutet: Die Art und Weise, in der man eine Raumkonstellation beim Sprechen linearisiert, hängt von der Reihenfolge ab, in der man die Komponenten der Raumkonstellation bei der *Ersterfahrung* kennengelernt hat. – Der Ankereffekt kann als eine Spezifizierung des Genese-Effekts aufgefaßt werden.

3.5.2 Statische und dynamische Lokalisationssequenzen

Es gibt ganz unterschiedliche Arten sprachlicher Lokalisationssequenzen. Unabhängig davon, zu welcher Art von Partner, mit welcher Art von Zielsetzung wir im einzelnen über irgendwelche Räume oder Objektkonstellationen sprechen, lassen sich zunächst einmal die folgenden beiden großen Gruppen von Lokalisationssequenzen unterscheiden: *statische* und *dynamische* Lokalisationssequenzen. Bei der Produktion *dynamischer* Lokalisationssequenzen vermittelt der Sprecher dem Partner das räumliche Zueinander von Dingen dadurch, daß er sich sprachlich auf sich selbst, auf den Partner oder auf andere reale oder fiktive ‚Handlungsträger' bezieht, die etwas Spezifisches *tun*: Sie bewegen sich in der dem Partner zu vermittelnden Raumkonstellation umher, nehmen dort Orte und Richtungen ein und sehen dort die Dinge, um deren Zueinander es geht. So sagt der Sprecher vielleicht, wenn er mit einer dynamischen Lokalisation eine Bäckerei mit Hilfe der Sprache räumlich an eine Volksbank anbinden will: „Wenn *du* da *hinkommst*, *siehst du* rechts von der Volksbank die Bäckerei." Hier sind der Partner durch das Pronomen „du" und sein Tun durch die Verben „hinkommen" und „sehen" bezeichnet. Generell enthalten dynamische Lokalisationssequenzen Bezeichnungen für den Sprecher, den Partner oder andere ‚Handlungsträger' (zum Beispiel „Otto", „jemand", „ich", „du", „man") und Bewegungs- und Wahrnehmungsprädikate (zum Beispiel „gehen", „sich drehen", „kommen", „sehen", „erblicken"), die ihnen zugeschrieben werden. – Anders verhält es sich bei *statischen* Lokalisationssequenzen. Hier fehlt die sprachliche Verwendung von ‚Handlungsträgern', durch deren Tun das Zueinander der Dinge im Raum vermittelt werden soll. Hier sagt der Sprecher vielleicht: „Die Bäckerei befindet sich rechts von der Volksbank." Oder: „Vom Wilhelmsplatz aus ist die Bäckerei rechts von der Volksbank."

Auch bei diesen Beispielen zum statischen Lokalisieren bezieht sich „rechts" auf einen bestimmten Blickpunkt, den der Partner kennen muß, um das Zueinander von Bäckerei und Volksbank zu verstehen. Doch wird dem Partner hier die Kenntnis dieses Blickpunkts nicht dadurch vermittelt, daß der Sprecher selbst, der Partner oder ein dritter ‚Handlungsträger' sprachlich in die Szene eingeführt werden. – Nach diesen Erläuterungen dürfte klar sein, daß mit Hilfe statischer Lokalisationen auch das räumliche Zueinander in bewegten Szenen vermittelt werden kann. Der Satz „Der Fahrradfahrer verschwindet hinter der Straßenbahn." bezieht sich auf eine bewegte Szene, doch enthält er keinen ‚Handlungsträger', der das Zueinander von Fahrradfahrer und Straßenbahn *wahrnimmt*. In dynamischer Version könnte der Satz lauten: „*Ich sah* den Fahrradfahrer hinter der Straßenbahn verschwinden." – Lokalisationssequenzen können ersichtlich aus statischen und dynamischen Komponenten zusammengesetzt sein. Wir sprechen von statischen und dynamischen Lokalisationssequenzen, wenn sie nur oder (nach einem bestimmten quantitativen Kriterium) fast nur statische oder dynamische Einzellokalisationen enthalten.

Zu den ‚Handlungsträgern', die weder der Sprecher noch der Partner sind, gehört, wie bereits deutlich sein dürfte, auch der *generische Wanderer*, auf den wir weiter unten zurückkommen. Wenn man sagt:

„Wenn man in das Dorf hineinkommt, sieht man links eine Gastwirtschaft. Und dann kommt bald auf der rechten Seite die Weberei.",

dann ist in dieser dynamischen Beschreibung, wie schon das Pronomen „man" zeigt, ein generischer Wanderer enthalten.

Andere dynamische Lokalisationssequenzen entstehen, wenn man berichtet oder erzählt: „Als ich in das Dorf hineinkam, sah ich links eine Gastwirtschaft. . . ." Eine weitere Variante entsteht bei Wegeinstruktionen für den Partner: „Du mußt in das Dorf hineingehen. Dann siehst du links eine Gastwirtschaft. . . ." (Vgl. auch Habel, 1988.)

Unter welchen Bedingungen treten eigentlich statische oder dynamische Lokalisationssequenzen auf? Darüber ist nur wenig bekannt (vgl. auch Graf, Dittrich, Kilian & Herrmann, 1991). Es gibt schwache Anzeichen dafür, daß Sprecher eher dynamisch als statisch lokalisieren, wenn sie Kindern etwas erläutern wollen und wenn sie überhaupt andere Menschen zu instruieren beabsichtigen. Es sieht auch so aus, als ob eine bewegte Umwelt eher dazu einlädt, sie unter Verwendung von dynamischen Lokalisationssequenzen zu beschreiben. Nach unserem Eindruck sind diese potentiellen Effekte jedoch schwach. Viel wichtiger erscheint es uns, daß der dynamische Lokalisationsstil besonders dann auftritt, wenn man selbst die fragliche Raumkonstellation dadurch *kennengelernt* hat, daß man sich in ihr beziehungsweise durch sie hindurch *bewegt* hat. Statische Lokalisationssequenzen kommen dort eher ins Spiel, wo man eine Raumkonstellation durch *Betrachtung* von einem festen Standort aus *kennengelernt* hat: Wenn Sprecher komplexe Raumkonstellationen wie Zimmer, Fabriken, Stadtviertel usf. dadurch kennengelernt haben, daß sie sie einmal oder mehrmals ‚durchwanderten', verwenden sie bei der Beschreibung dieser Raumkonstellationen eher dynamische Lokalisationssequenzen (oft den generischen Wanderer). Haben sie hingegen das betreffende Raumambiente zum Beispiel durch die Betrachtung eines verkleinerten Modells, einer Stadtkarte, einer Lageskizze oder sozusagen vom Feldherrnhügel aus kennengelernt, so treten neben dynamischen Lokalisationssequenzen in erheblichem Ausmaß statische Sequenzen auf. Danach unterliegen die Tendenzen, entweder eher statisch oder dynamisch zu lokalisieren, einem *Genese-Effekt*.

Wir haben Versuchspersonen mit einer Raumkonstellation konfrontiert, die einen Siedlungsausschnitt darstellt und der wir den Namen „Ödenhausen" gaben. (Wer wollte dort schon wohnen.) *Abbildung 3.9* verdeutlicht diese Konstellation.

3. SPRECHEN ÜBER RAUM

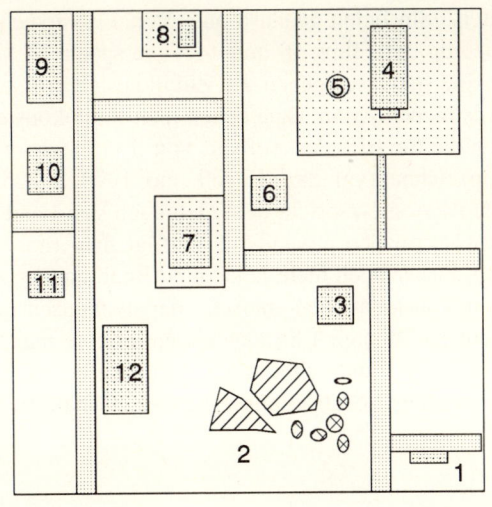

1 = Bushaltestelle
2 = Felsen
3 = Fachwerkhaus
4 = Kirche
5 = Brunnen
6 = rotes Haus
7 = Rathaus
8 = Friedhof
9 = Sägewerk
10 = Geschäftshaus
11 = Haus in Bau
12 = Gasthaus

◺ = Felsen
⊗ = Baum

N
W ← → O
S

Modell Maßstab 1:70

3.9 Ödenhausen (Grundriß).

Ödenhausen liegt zum einen als ein *Modell* im Maßstab 1:70 vor. (Der Grundriß des Modells mißt 1,50 m auf 1,30 m.) Außerdem haben wir mit Hilfe einer Videokamera zwei *Filme* von Ödenhausen angefertigt. Bei einem der beiden Filme wurde die Kamera beim Gasthaus beginnend sozusagen ‚rechtsherum' durch das *Modell* bis zur Bushaltestelle hindurchgeführt. Beim zweiten Film verlief der Weg der Kamera umgekehrt. Beide Filme vermittelten den Eindruck, als werde der Betrachter des Films wie ein Beifahrer im Auto durch Ödenhausen – entweder ‚rechtsherum' oder ‚linksherum' – hindurchgefahren.

19 Versuchspersonen betrachteten das *Modell* und beschrieben anschließend und nochmal 14 Tage später Ödenhausen. Zu beiden Erhebungszeitpunkten verwendeten 10 Versuchspersonen dynamische und 9 Versuchspersonen statische Lokalisationssequenzen. Unter unseren experimentellen Bedingungen hielten sich nach erfolgter Betrachtung des Modells die statischen und dynamischen Lokalisationssequenzen also die Waage.

16 Versuchspersonen sahen den *Film*, bei dem Ödenhausen ‚rechtsherum' durchfahren wurde. 15 von ihnen beschrieben im Anschluß daran und 14 Tage später Ödenhausen mit Hilfe dynamischer Lokalisationssequenzen; nur 1 Versuchsperson lokalisierte statisch. Die

Ergebnisse zum zweiten Film fielen genauso aus: Von 17 Versuchspersonen lokalisierten sofort nach der Darbietung des Films 16 und 14 Tage später 14 Versuchspersonen dynamisch. (Diese Effekte sind statistisch gegen den Zufall gesichert.)

Die beiden unterschiedlichen Arten, nach denen man Raumkonstellationen kennenlernen kann, werden oft durch die Begriffe des Aufbaus von ‚Kartenwissen' beziehungsweise von ‚Straßenwissen' gekennzeichnet (vgl. dazu Engelkamp, 1990, S. 225ff.; Levine, Jankovic & Palij, 1982). Das Kartenwissen entspricht dem Gebrauch von Landkarten, das Straßenwissen muß man sich gewissermaßen erwandern. Verfügt man (nur) über Kartenwissen, so scheint es von *anderen*, bisher noch nicht bekannten Bedingungen abzuhängen, ob bei der Beschreibung von Raumkonstellationen statisch oder dynamisch lokalisiert wird. Erwirbt man sich aber zu einem Raumbereich Straßenwissen, erlebte man das Ambiente also dadurch, daß man sich durch es hindurchbewegte, dann bleibt kaum ein Spielraum für die spätere Verwendung statischer Lokalisationssequenzen. Dynamische Lokalisationssequenzen stehen dann ganz im Vordergrund.

3.5.3 Der Ankereffekt

Erwirbt man sich zu einer Raumkonstellation (etwa von Ödenhausen) Kartenwissen, betrachtet man also zum Beispiel lediglich ein verkleinertes Modell, so kann man, wie wir gesehen haben, bei der anschließenden Beschreibung statisch oder dynamisch lokalisieren. In beiden Fällen besteht das Grundproblem, in welcher Reihenfolge die Einzellokalisationen zu einer Sequenz ‚zusammengebaut' werden sollen. Es geht also wieder um das Problem der *Linearisierung*. Unsere Experimentalergebnisse zeigen, daß von 19 Versuchspersonen, die das *Modell* betrachtet hatten, nur 6 eine Linearisierungsstrategie wählten, die entweder dem Weg vom Gasthaus zur Bushaltestelle oder umgekehrt entsprach. 13 von 19 Versuchspersonen begannen höchst eigenwillig irgendwo bei einem auffälligen Punkt von Ödenhausen (Kirche, Rathaus, Friedhof, Haus im Bau) und ordneten die übrigen Gebäude nacheinander um eine solche ‚Landmarke' herum an. Eine geordnete Linearisierungsstrategie ließ sich bei diesen Versuchspersonen kaum feststellen. Ganz anders bei den Versuchspersonen, die Straßenwissen erworben hatten, indem sie den einen oder den anderen Film gesehen hatten: Von 33 Versuchspersonen beschrieben nur 4 das Ambiente in der genannten eigenwilligen Art, die für die Modell-Betrachter charakteristisch war. Die übrigen 29 Versuchspersonen wählten eine Linearisierung, die ganz oder weitgehend der Reihenfolge entsprach, in der die einzelnen Gebäude usf. im von ihnen gesehenen Film vorgekommen waren. Einerlei, ob sie ihre durchwegs dynamische Lokalisation mit Hilfe des generischen Wanderers oder mit berichtender Bezugnahme auf den Sprecher selbst („ich sah dann ...") realisierten: Das Nacheinander der Beschreibung von Ödenhausen entsprach dem Nacheinander des Kennenlernens. (Dies ist im übrigen eine im Alltag wohlbekannte, geradezu triviale Sachlage.)

In weniger trivialer Weise erhebt sich sowohl im Alltag als auch in experimentellen Untersuchungen die Frage danach, wie man linearisiert, wenn man ein und dasselbe Ambiente, zum Beispiel Ödenhausen, *sowohl* in der einen Richtung *als auch* in der anderen Richtung (beziehungsweise Gegenrichtung) ‚er-fahren' hat. Nehmen wir an, daß eine Versuchsperson zunächst den Film sieht, in dem sie ‚rechtsherum' durch Ödenhausen gefahren wird, und dann den anderen Film, bei dem die Fahrtrichtung entgegengesetzt ist. Schildert die Versuchsperson Ödenhausen anschließend ‚rechtsherum' oder ‚linksherum'? Schildert sie Ödenhausen ‚linksherum', so benutzt sie bei ihrer Erinnerung dasjenige Nacheinander,

3. SPRECHEN ÜBER RAUM

das sie *zuletzt* erlebt hatte und das sozusagen noch frisch in ihrer Erinnerung ist. Schildert sie Ödenhausen jedoch ‚rechtsherum', so ist es der ‚*erste Eindruck*', der für das Nacheinander des anschließenden Lokalisierens verantwortlich ist. In diesem Falle bildet sich im Sprecher sogleich nach dem ersten Kennenlernen einer Raumkonstellation eine robuste Wissensbasis, die durch spätere andersartige Erfahrungen nicht mehr entscheidend modifiziert wird. In der Psychologie spricht man in einem solchen Fall auch von einem *Ankereffekt*. Die Ersterfahrung bildet einen Anker, an dem spätere Erfahrungen ‚vertaut' werden. (Vgl. für die Sozialpsychologie des ‚Ersten Eindrucks' auch Herkner, 1991, S. 198ff.; Irle, 1975, S. 122ff.)

Eine größere Anzahl experimenteller Untersuchungen (vgl. Haury, Engelbert, Graf & Herrmann, 1992) hat folgendes gezeigt: Lernen Versuchspersonen ein räumliches Ambiente wie Ödenhausen dadurch kennen, daß sie es in unterschiedlicher Richtung durchfahren beziehungsweise durchwandern (also Straßenwissen erwerben), so ist für spätere Linearisierungen bei der Beschreibung dieses Ambientes die *Ersterfahrung* (der zuerst dargebotene Film) entscheidend. Es besteht ein deutlicher Ankereffekt.

In einem Experiment beschrieben 24 von 27 Versuchspersonen Ödenhausen in einem Nacheinander, das dem von ihnen zuerst gesehenen Film entspricht. – In einem anderen Experiment machten Versuchspersonen mit Ödenhausen dadurch Bekanntschaft, daß sie nur einen der beiden Filme betrachteten. Dann aber wurden sie durch eine experimentelle Manipulation gezwungen, Ödenhausen in einem Nacheinander zu beschreiben, welches der Fahrtrichtung im Film entgegengesetzt war. Sofort anschließend an diese Manipulation hatten die Versuchspersonen dann noch einmal Gelegenheit, sozusagen in freier Weise Ödenhausen zu beschreiben. Von 34 Versuchspersonen wählten nur 5 ein Nacheinander, welches dem erzwungenen Nacheinander zuvor entsprach; 29 Versuchspersonen wählten wiederum das Nacheinander, mit dem sie zu Beginn des Experiments beim Kennenlernen von Ödenhausen *im Film* konfrontiert worden waren. – In einem weiteren Experiment betrachteten Versuchspersonen zunächst das Modell und beschrieben Ödenhausen. Dann sahen sie die beiden gegensätzlichen Filme und beschrieben Ödenhausen noch einmal. Es ergab sich: Diejenigen Versuchspersonen, die schon nach der Betrachtung des Modells Ödenhausen spontan in einem Nacheinander beschrieben, wie es sich aus einem der beiden Filme ergibt, blieben auch nach der Betrachtung der beiden gegensätzlichen Filme bei demjenigen Nacheinander der Lokalisationen, das ihrer Ersterfahrung bei der Betrachtung des *Modells* entsprach. Die Versuchspersonen, die bei der Betrachtung des Modells, wie oben berichtet, in eigenwilliger Weise unsystematisch lokalisierten, erzeugten später, nach der Betrachtung der beiden gegensätzlichen Filme, überwiegend eine Lokalisationssequenz, deren Nacheinander genau dem *zuerst* gesehenen Film entspricht. Auch hier zeigt sich also die Dominanz der *Ersterfahrung* beim Linearisieren (das heißt: der Ankereffekt) sehr deutlich.

> Wir können hier nicht ausführen, weisen aber kurz darauf hin, daß man die Vorgänge, die bei der Ersterfahrung von Raumkonstellationen ablaufen, und die dabei entstehenden Gedächtnisspuren (= mentalen Repräsentationen) experimentell untersuchen kann (vgl. Luce, 1986). Schon nach kurzer Konfrontation der Versuchspersonen mit Ödenhausen (oder mit anderen Raumensembles) bilden sich Gedächtnisspuren, die wie folgt organisiert sind: (1) Den von der Versuchsperson wahrgenommenen Gebäuden, die realiter nahe beieinander stehen, entsprechen Gedächtnisspuren, die enger miteinander verknüpft (assoziiert) sind als die Gedächtnisspuren entfernter Gebäude: Aktiviert man die Gedächtnisspur eines Gebäudes, so wird die Gedächtnisspur eines anderen Gebäudes, welches in der Originalkonstellation wenig entfernt ist,

stärker mitaktiviert als diejenige eines weiter entfernten (vgl. auch Wender & Wagener, 1990; zur Methode, mit der solche Aktivierungsvorgänge gemessen werden, dem ‚Priming', s. unten 6.3.3). (2) Die Gedächtnisspuren zweier Gebäude in (topologisch) gleicher Entfernung hängen zufolge einiger Befunde enger miteinander zusammen, wenn die Gebäude unmittelbar nacheinander auf dem Weg lagen, den die Versuchsperson bei ihrer Ersterfahrung zurücklegte; demgegenüber sind die Gedächtnisspuren zweier nahe beieinander stehender Gebäude nicht eng miteinander verknüpft, wenn zuerst das eine und das andere erst nach längerem Umweg wahrgenommen worden war. (Nicht in allen unseren Untersuchungen konnten wir dieses Ergebnis replizieren.) (3) Es zeigt sich die folgende, sehr gut bestätigte Asymmetrie: Wenn eine Versuchsperson zwei Gebäude auf ihrem Weg durch die Raumkonstellation nacheinander wahrgenommen hat, so aktivert die Gedächtnisspur des als erstes wahrgenommenen Gebäudes die Gedächtnisspur des erst danach wahrgenommenen Gebäudes stärker als umgekehrt; es gibt hier also einen Effekt stärkerer ‚Vorwärtsaktivation'. – Alle diese Befunde zeigen, daß das Straßenwissen in besonderer Weise im Gedächtnis organisiert ist. Straßenwissen ist nicht nur ein bestimmtes *Umgehen* mit dem Wissen über Raum, wenn man dieses Wissen verwenden will, sondern das Raumwissen liegt bereits in einer spezifischen *Organisationsform* im Gedächtnis vor.

Wir fassen zusammen: Die Bedingungen, unter denen statisches oder dynamisches Lokalisieren auftritt, sind bis heute nur unzureichend bekannt. Zumindest kann als gesichert gelten, daß das Kennenlernen von Raumkonstellationen in Form von Kartenwissen sowohl statische als auch dynamische Lokalisationssequenzen nach sich zieht. Hat man Raumkonstellationen hingegen im Sinne des Erwerbs von Straßenwissen kennengelernt, so dominieren dynamische Lokalisationssequenzen. Bei Lokalisationssequenzen, die auf der Basis von Straßenwissen erzeugt werden, entspricht die Linearisierungsstrategie ganz überwiegend dem Nacheinander des *ersten* Kennenlernthabens; man spricht hier von einem Ankereffekt.

3.5.4 Noch einmal: der generische Wanderer

Eine wichtige Untergruppe des dynamischen Lokalisierens bildet der Einsatz des generischen Wanderers, von dem noch einmal kurz die Rede sein soll. Wie bei den anderen dynamischen Lokalisationssequenzen verwenden wir beim generischen Wanderer unser erlerntes Handlungswissen, um das *Nebeneinander der Dinge in einer Objektkonstellation* durch ein *Nacheinander von Einzelhandlungen des generischen Wanderers* zu organisieren (vgl. auch Carroll, 1993; Ehrich, 1989; Lyons, 1975).

Entweder baut der generische Wanderer mit seiner imaginären Wanderung durch eine vorgestellte Raumkonstellation diese Raumkonstellation ‚im Kopf' des Partners auf, oder die Wanderung führt den Partner durch eine Raumkonstellation hindurch, die dieser bereits kennt. Und dies alles unabhängig davon, wo sich der Sprecher und/oder der Partner *tatsächlich* befinden.

Werfen wir mit einer kurzen *Zwischenbemerkung* einen Blick auf einige andere Mittel und Wege, mit denen der Sprecher das Zueinander der Dinge im Raum unabhängig von seiner eigenen *tatsächlichen* Raumposition und derjenigen des Partners verständlich machen kann: Dies ist, wie leicht verständlich, einmal der Fall,

3. SPRECHEN ÜBER RAUM

wenn das Zueinander der Dinge im Raum ganz *blickpunktunabhängig* verbalisiert ist: „Die Schlange steckt in ihrem Loch." Hier wird die Schlange mit dem Loch in eine räumliche Beziehung gebracht, die immer gleichbleibt, einerlei, wo sich Sprecher und Partner tatsächlich befinden.

Aber auch wenn man Objekte in ein räumliches Zueinander bringen will, bei dem es durchaus auf den Blickpunkt ankommt, gibt es mentale Mittel, unabhängig vom *tatsächlichen* Standort des Sprechers und Partners eindeutig zu lokalisieren. Dies geschieht unter anderem durch den Einsatz des sogenannten *kanonischen Betrachters*: Wir haben schon weiter oben (3.1.1) darauf hingewiesen, daß wir von der Vorderseite eines Baumstumpfs sprechen können, obwohl dieser im allgemeinen kein ‚intrinsisches', ihm generell zukommendes Vorn oder Hinten besitzt. (Hingegen ist das Vorn des Autos dort, wo die Scheinwerfer sind; es ist dasjenige, was beim Fahren ‚zuerst kommt', usf.) Die Vorderseite des Baumstumpfes kann aber diejenige Seite sein, die man sieht, wenn man ihn von einem vorbeiführenden Weg aus anblickt. Zumindest in unserer Kultur weiß der Sprecher, daß auch sein Partner den Ausdruck „Vorderseite" oder auch „vorn" genau dieser Seite des Baumes zuschreibt (vgl. auch Brown & Levinson, 1992). Beide haben dies im Laufe ihrer Entwicklung unbemerkt gelernt.

Unbemerkt gelernt haben Menschen auch, daß das ‚hintere Ende' eines Flures in einer Wohnung dasjenige ist, welches am weitesten von der Wohnungstür entfernt ist. ‚Vor' einem Schrank zu stehen, bedeutet, auf der Seite seiner Türen zu stehen. Befindet sich der Sprecher zum Beispiel tatsächlich seitlich von einem Schrank und sagt er: „Die Bodenvase steht vor dem Schrank.", so weiß der Partner, wo auch immer er sich befinden mag, im allgemeinen, daß sich die Bodenvase auf derjenigen Seite des Schrankes befindet, an der die Türen sind. Es gibt also so etwas wie konventional festgelegte, ‚feste', kanonische Betrachterpositionen für bestimmte Relatum-Objekte (Graf & Herrmann, 1989). Auf diese Betrachterpositionen kann man beim Lokalisieren zurückgreifen, weil man weiß, daß sie auch der Partner kennt.

Daß es sich bei der Position des kanonischen Betrachters um kultureigene und von jedem einzelnen Angehörigen einer Kultur zu lernende Wissensbestände handelt, zeigt sich zum Beispiel darin, daß der Satz: „Das Haus befindet sich rechts von der Kirche." von Deutschen tendenziell so verstanden wird, daß man sich vorstellt, vor der Kirche zu stehen und auf das Hauptportal zu blicken. Von dieser Position aus betrachtet, ist dann das Haus rechts von der Kirche. Engländer hingegen versetzen sich eher mental in die Kirche hinein, schauen von *innen* in Richtung des Hauptportals und bestimmen „rechts von der Kirche" von dieser Position im Innenraum aus. Für Deutsche und Engländer ergeben sich also aus demselben Satz tendenziell unterschiedliche Informationen. (Wir verdanken diese Information Mary Carroll; vgl. auch Carroll, 1993.)

Kommen wir nach dieser Zwischenbemerkung auf den *generischen Wanderer* zurück. Auch dieser geht seinen Weg unabhängig davon, wo sich der Sprecher und/oder der Partner tatsächlich befinden. Betrachten wir eine entsprechende (dynamische) Lokalisationssequenz:

„Wenn man aus dem Hauptbahnhof kommt, dann sieht man genau vor sich eine lange gerade Straße. Die geht man entlang bis zur zweiten Querstraße links. Da geht man rein. Nach etwa 30 Metern kommt ein kleiner Park. Wenn man da hineingeht und sich nach links wendet, sieht man in den Büschen die Sonnenuhr."

Der Sprecher beginnt seine Wegeauskunft (als Antwort auf eine entsprechende Frage) mit der Teiläußerung „Wenn man aus dem Hauptbahnhof kommt, ...". Hier wird beim Partner ein *Was-Schema* (vgl. oben Exkurs 3.1) aufgerufen: das schematisierte Wissen über Hauptbahnhöfe in Städten. Was es heißt, aus einem Hauptbahnhof herauszukommen (zum Beispiel nicht per Hubschrauber nach oben, durch einen Notausgang oder dergleichen), kann beim Partner vorausgesetzt werden. Es wird auch vorausgesetzt, in welche Richtung man blickt, wenn man aus dem Hauptbahnhof herauskommt. Man geht zum Beispiel nicht rückwärts oder wie ein Taschenkrebs. Nur insofern handelt es sich bei dem Teilsatz „... dann sieht man genau vor sich ..." um eine eindeutige Information. In der Folge wird dann der generische Wanderer vorangerückt, Distanzen zwischen ihm und bestimmten Dingen werden überwunden. Auch wird bei Bedarf seine Ausrichtung im Raum geändert („... sich nach links wendet ...").

Eine dynamische Lokalisationssequenz, die den generischen Wanderer benutzt, besteht aus einer Aufeinanderfolge von *zwei Phasen*:

(1) Der Wanderer überbrückt Entfernungen oder dreht sich, ohne daß neu zu lokalisierende intendierte Objekte O_i benannt (und damit eingeführt) werden. Hier wird *nicht* lokalisiert. Beispiele: „Da geht man entlang." – „Da geht man rein." – „Wenn man sich da nach links wendet, ...".

(2) In der zweiten Phase werden intendierte Objekte O_i eingeführt beziehungsweise zum ersten Mal benannt. Das geschieht dadurch, daß sie in Relation zur zuvor erreichten Position und Ausrichtung des generischen Wanderers – also seinem Blickpunkt – ihren Platz im Raum erhalten: „lange gerade Straße", „ein kleiner Park", „in den Büschen die Sonnenuhr" usf.

Phase 1 dient allein zur Vorbereitung von *Phase 2*. Eine Lokalisationssequenz, die den generischen Wanderer verwendet, kann nie mit Phase 1 enden. Die Entfernungsüberbrückungen und Rotationen des Wanderers sind nicht Selbstzweck. Falls ein Sprecher seine Wegeauskunft mit dem Satz abschließen würde: „Dann wendet man sich nach rechts.", würde der Partner unweigerlich fragen: „Und dann?"

Wie schon früher angemerkt, läßt sich der generische Wanderer mit linguistischen Mitteln relativ leicht erkennen: Sein Einsatz fordert Bewegungsverben (zum Beispiel „gehen") und Wahrnehmungsverben (zum Beispiel „sehen"). Satzsubjekt ist häufig das Pronomen „man", allerdings auch bisweilen „du" oder sogar „ich". Das Tempus ist ein zeitunabhängiges Präsens. Wenn-dann-Sätze kommen häufig vor. Im Wenn-Teil des Satzes wird über den generischen Wanderer beziehungsweise über die Phase 1 gesprochen. Im Dann-Teil geht es um Phase 2, also um die Neueinführung eines Objektes oder einer anderen Raumkomponente. (Das bedeutet, daß dasjenige, worauf es ankommt, das jeweils zu lokalisierende Objekt, generell in den Hauptsatz (Dann-Teil) gerückt ist, während der Wanderer, als Mittel zum Zweck, mit dem Nebensatz vorlieb nimmt.) Häufig findet man Sätze mit „dann kommt". Diese Sätze kann man im allgemeinen als verselbständigte Dann-Teile von Wenn-dann-Sätzen betrachten; der weggelassene Wenn-Teil entspricht der Position und Ausrichtung des Wanderers, so wie sie dem Partner aus vorhergehenden Sätzen bereits bekannt sind. Dann-kommt-Sätze setzen also voraus, daß sich der Wanderer nicht zwischendurch voranbewegt oder gewendet hat. Man kann, wie die Dann-kommt-Sätze zeigen, die Entfernung zwischen Wanderer und einzuführendem Objekt nicht nur dadurch überbrücken, daß man ihn selbst voranbewegt, vielmehr können auch Dinge sozusagen auf den Wanderer zukommen. Charakteristisch für den generischen Wanderer ist die Inversion von Subjekt und Prädikat auch in Sätzen, die keine Wenn-Komponenten von Wenn-dann-Sätzen sind. Statt zu sagen: „Man geht da rein.", sagt man beispielsweise: „Da geht man rein."

Wie man den generischen Wanderer (oder sich selbst in der Erinnerung oder den Partner bei einer Instruktion) durch ein Ambiente hindurchbewegt, ist immer auch, wie weiter oben berichtet, von der *Ersterfahrung* abhängig. Wir demonstrieren das an einem kleinen experimentellen Beispiel (vgl. Engelbert, 1992). Betrachten wir noch ein letztes Mal Ödenhausen: Blickt man auf unsere Abbildung 3.9, so befindet sich der Brunnen westlich von der Kirche. Geht man durch Ödenhausen ‚rechtsherum' hindurch, so nähert man sich der Kirche und dem Brunnen derart, daß der Brunnen zunächst *vor* der Kirche steht. Bewegt man sich hingegen ‚linksherum' durch Ödenhausen hindurch, so sieht man den Brunnen zuerst *links* von der Kirche vor sich. Wir haben verschiedene Versuchspersonen Ödenhausen so schildern lassen, daß der Startpunkt der Wanderung entweder beim Gasthaus (also ‚rechtsherum') oder bei der Bushaltestelle (das heißt ‚linksherum') lag. Doch hatten die Versuchspersonen, als sie Ödenhausen *kennenlernten*, jeweils den Film in der *entgegengesetzten* Wegerichtung gesehen: Einer Gruppe von Versuchspersonen war der Film gezeigt worden, der ‚rechtsherum' verlief und also am Gasthaus begann. Sie mußten dann aber bei ihrer Schilderung von Ödenhausen ‚linksherum' vorangehen und bei der Bushaltestelle beginnen. Eine andere Versuchspersonengruppe hatte den Film gesehen, der bei der Bushaltestelle begann, also ‚links herum' verlief. Und sie beschrieben Ödenhausen dann ‚rechtsherum', mit dem Startpunkt am Gasthaus.

Wie brachten die Versuchspersonen den Brunnen mit der Kirche sprachlich in Verbindung? Viele von ihnen sprachen nur davon, daß sich der Brunnen „an der Kirche", „bei der Kirche" oder dergleichen befindet. 16 Versuchspersonen verwendeten aber entweder die Richtungspräposition „vor" oder „links". Erstaunlicherweise benutzten 14 von diesen 16 Versuchspersonen diejenige Richtungspräposition, die angebracht war, als sie zuvor den jeweiligen *Film* betrachtet hatten. Diese Richtungspräposition war aber nun im Zusammenhang mit der Richtung des Beschreibens zumindest ungewöhnlich. Wir geben einige *Beispiele* (vgl. Abbildung 3.9): Eine Versuchsperson beschreibt Ödenhausen ‚rechtsherum'. Sie hätte also etwa sagen sollen: „Dann sieht man *vor* der Kirche einen Brunnen." Stattdessen führt sie den Wanderer sprachlich sozusagen um die Kirche herum, bis dieser vor der Vorderfront der Kirche steht. Dann sagt sie: „Dann ist *links* von der Kirche ein Brunnen." – Entsprechend verhielten sich Versuchspersonen, die Ödenhausen im Film ‚rechtsherum' (mit dem Gasthaus als Startpunkt) gesehen hatten, dann aber Ödenhausen vom Startpunkt der Bushaltestelle aus beschreiben sollten. Hier hätte es nahegelegen, das Raumverhältnis von Brunnen und Kirche etwa wie folgt zu verbalisieren: „Dann kommt *links* von der Kirche ein Brunnen." Oder: „Man sieht dann *links* von der Kirche einen Brunnen." Auch hier setzt sich aber der Blickpunkt durch, den die Versuchspersonen beim Betrachten des *Filmes* eingenommen hatten. Der Wanderer wird links um die Kirche herumgeführt, und dann sagt die Versuchsperson: „Wenn man dann nach rechts schaut, ist *vor* der Kirche ein Brunnen."

Das Beispiel zeigt noch einmal, wie stark die Linearisierungsstrategie bei dynamischen Lokalisationen (auch von der Art des generischen Wanderers) von der *Verankerung in der Ersterfahrung* beeinflußt ist. Es wäre also zu einfach anzunehmen, daß sich der Sprecher beim Einsatz des generischen Wanderers lediglich ein internes Bild von der zu schildernden Raumkonstellation beziehungsweise von Wegen durch diese Konstellation zu machen braucht, um dann zu einem unproblematischen Nacheinander der Einzellokalisationen zu gelangen. Dabei kann ihm nicht nur, wie soeben gezeigt, seine Ersterfahrung ins Handwerk pfuschen. Es kann auch vorkommen, daß der Sprecher, indem er den generischen Wanderer durch ein Ambiente führt (oder eine andere Art der dynamischen Lokalisation vollzieht), auf irgendein *auffälliges Objekt vorzeitig aufmerksam wird*. Es mag sich dabei zum Beispiel um eine auffällige ‚Landmarke' in einer Stadt handeln. Dann kann es vorkommen, daß der Sprecher für einen Augenblick die Wanderung unterbricht und sprachlich zu diesem auffälligen Objekt springt oder in anderer Weise Anomalien in seine Linearisierung einbringt. Was der Sprecher aber wohl nie tut – wir haben dies betont (vgl. oben 3.1.2) – ist eine Verwendung des Wanderers, die entweder logisch oder physisch unmöglich ist oder auch nur unseren Kulturnormen widerspricht. Man sagt nicht: „Wenn du mit dem Rücken zur Wand aus dem Abguß in die Küche steigst, sind rechts über dir die Küchenhandtücher."

Der *Handlungsrealismus* des Wanderers (nicht nur des generischen) wird auch darin deutlich, daß Lokalisationssequenzen mit dem Ziel, den Partner an irgendeinen Raumpunkt heranzuführen, insofern statisch-dynamisch gemischt sind, als man den Wanderer meist zunächst mit großen Schritten in die ungefähre Zielregion führt und dann zu immer spezifischeren und feineren Einzellokalisationen fortschreitet. Gegen Ende der Sequenz läßt man den Wanderer oft stehenbleiben; die letzte Einsatzstufe des Wanderers betrifft dann nur noch seine Blickwanderung. Und ganz zum Schluß, wenn der Partner – in der Vorstellung des Sprechers – vor dem gesuchten Objekt steht und es anblickt, schließt in der Regel eine *statische* Einzellokalisation die Gesamtsequenz ab:

> „Holen Sie mir doch bitte mal die Akte Müller. Sie fahren zu unserer Zweigstelle in die Thälmannstraße. Da müssen Sie in den zweiten Stock hinauffahren. Wenn Sie aus dem Lift herauskommen, gehen Sie nach rechts. Im Hintergrund gehen zwei Flure ab. Nehmen Sie den rechten. Die dritte Tür links ist der Aktenraum. Schließen Sie den auf. Wenn Sie reinkommen, sehen Sie rechts einen großen Aktenschrank. Auf der linken Seite oben stehen die Akten über alte ASO-Fälle. Die Akte Müller steht ganz links am Rand."

In diesem Beispiel nimmt der Auflösungsgrad der Darstellung laufend zu. Solche Lokalisationssequenzen bilden eine Grundstruktur unseres Suchhandelns ab: Jedes Suchen (wie übrigens auch jedes Greifen (Jeannerod, 1981)) verläuft sozusagen vom Groben zum Feinen. Auch das Sprechen über Raum macht es deutlich, wie sehr das Sprechen generell ein *Sprechhandeln* ist, dessen Eigenschaften sich weitgehend von den allgemeinen menschlichen Handlungsprinzipien herleiten (so schon Bühler, 1934).

4. Auffordern

Mit diesem Kapitel verfolgen wir drei Ziele. Erstens soll, wie in den vorangegangenen Kapiteln 2 und 3, eine Reihe von Befunden dargestellt werden, die sich auf die Bedingungen und Varianten der Produktion einer bestimmten Klasse von Äußerungen – hier: Aufforderungen – beziehen. Zweitens wollen wir am Beispiel des Aufforderns zeigen, daß sich nicht nur die Befundlage selbst im Rahmen eines an sich eingegrenzten Phänomenbereichs als sehr komplex erweisen kann, sondern daß auch die theoretische Rekonstruktion einer solchen Äußerungsklasse sehr detaillierte Überlegungen notwendig macht. Dies dürfte aus unseren Ausführungen zur Objektbenennung und zum Lokalisieren schon an vielen Stellen deutlich geworden sein; wir werden im folgenden auch das Auffordern unter theoretischen Gesichtspunkten ausführlich erörtern. Drittens schließlich werden wir mit der folgenden Darstellung der ‚Geschichte' der Aufforderungsforschung – zumindest in Teilen – folgen. Damit soll, in Verbindung mit der Lektüre der Kapitel 6 bis 10, in denen ein allgemeines Modell der Sprachproduktion entwickelt wird, verdeutlicht werden, wie sich die Erforschung einzelner Äußerungsklassen und die Entwicklung allgemeiner Modellvorstellungen wechselseitig ergänzen und befördern.

4.1 Vom Taufen zum Auffordern

In manchen Religionsgemeinschaften werden Menschen getauft; dabei handelt es sich um ein in besonderer Weise festgelegtes Vorgehen, durch das eine Person – unter einem bestimmten Namen – zum Mitglied in dieser Glaubensgemeinschaft wird. (Andere Vereine, Gesellschaften oder Gemeinschaften sehen an dieser Stelle eine schriftliche Beitrittserklärung oder einfach nur den Handschlag vor.) Bei Schiffstaufen und ähnlichem steht die Erteilung eines Namens sogar ganz im Vordergrund. Da wir aber annehmen, daß unserem Leserkreis in der Regel christliche Taufen vertrauter sind als solche maritimer Art, wollen wir die folgenden Beispiele in diesem Bereich ansiedeln.

Nehmen wir an, der sechsjährige Christopher hat ein kleines Schwesterchen bekommen, das Annemarie heißen soll. Als die Kindergartenfreundin Samirah zu Besuch ist und die

Mutter gerade mal den Raum verläßt, beschließen die beiden, Annemarie zu taufen. Samirah hält sie – so gut es geht – im Arm, Christoph schüttet ihr ein kleines Quantum Wasser über den Kopf und spricht: „Hiermit taufe ich dich auf den Namen Annemarie." Vielleicht setzt er, gut informiert, wie er ist, sogar noch ein „Im Namen des Vaters, des Sohnes und des Heiligen Geistes." hinzu.

Annemarie ist mit ihren Eltern zur Taufe in der Kirche. Der Geistliche sagt aber: „Ohne die Anwesenheit eines Taufpaten kann ich das Kind leider nicht taufen."

Annemarie ist mit den Eltern und zwei Freunden der Eltern in der Kirche. Einer hält Annemarie auf dem Arm, der Geistliche schüttet ein Quantum Wasser über Annemaries Kopf und sagt: „So, du heißt jetzt also Annemarie."

Annemaries Eltern konnten sich nicht einigen, ob die Taufe ihres Kindes in der Heimatstadt der Großeltern mütterlicherseits oder in der Stadt, in der die Großeltern väterlicherseits wohnen, stattfinden soll. Da sie Streit vermeiden wollen, melden sie sich bei beiden Ortsgeistlichen zur Taufe an und sagen ihnen nichts voneinander. Beim zweiten Termin, Annemarie ist also schon einmal getauft, sind Paten, Kind und Eltern anwesend, der Geistliche schüttet ein Quantum Wasser über Annemaries Kopf und spricht: „Ich taufe dich auf den Namen Annemarie."

Alle vier Beispielsituationen haben gemeinsam, daß in ihnen keine ‚gültige' Taufe Annemaries vollzogen wurde beziehungsweise vollzogen werden kann. Worin besteht also das Taufen? Die Beschäftigung mit derartigen Fragen im Rahmen sprachwissenschaftlicher Untersuchungen wurde wesentlich durch eine Vorlesungsreihe des Oxforder Sprachphilosophen John Austin angeregt, die posthum unter dem Titel „How to do things with words" publiziert wurde (1962). Der zentrale Ausgangspunkt dieser Arbeit liegt darin, daß Austin eine ganze Reihe von Sätzen anführt (Zum Beispiel „Ich taufe dich auf den Namen . . ."), mit denen offenbar nicht eine Aussage getroffen wird und die deshalb auch nicht wahr oder falsch sein können. (Nach dem Grundsatz des seinerzeit vorherrschenden ‚logischen Positivismus' ist ein Satz dann bedeutungshaltig, wenn die in ihm enthaltene Aussage hinsichtlich ihrer Wahrheit oder Falschheit geprüft werden kann; andernfalls ist er bedeutungsleer (vgl. Levinson, 1990).) Vielmehr werden solche Sätze (von Sprechern) *verwendet*, um damit etwas zu *tun*. Austin begründete mit dieser Vorlesungsreihe die *Sprechakttheorie*, die die Linguistik nachhaltig beeinflußte und die Beschäftigung mit der linguistischen *Pragmatik*, der Lehre von der *Verwendung* sprachlicher Einheiten, gegenüber der *Semantik*, der Lehre von der *Bedeutung*, und gegenüber der *Grammatik*, der Lehre von der *Bildung* sprachlicher Einheiten, in den Vordergrund rückte. Wir können die linguistische Sprechaktdiskussion hier auch nicht ansatzweise nachzeichnen und verweisen beispielsweise auf die Arbeiten von Gordon & Lakoff (1979), Harras (1983), Levinson (1990), Weigand (1984) und Wunderlich (1976, 1986). Wir wollen aber einige Gesichtspunkte ansprechen, die dazu beitragen können, die Äußerungsklasse der Aufforderungen, um die es in diesem Kapitel gehen wird, im Rahmen ähnlich ‚funktionierender' Äußerungen zu verorten und einen – wenigstens rudimentären – Einblick in die sprechakttheoretische Denkweise zu vermitteln.

(i) Wenn jemand sagt: „Ich taufe dich auf den Namen Annemarie.", so sagt er nicht etwas über die Welt aus, was wahr oder falsch ist, sondern er tut etwas, nämlich Taufen. Die Welt wird durch den Vollzug dieser Äußerung verändert: Vorher war Annemarie nicht getauft, jetzt ist sie getauft. Das Taufen ist dabei an die sprecherseitige Verwendung bestimmter Sätze geknüpft. Mit dem Satz „So, jetzt heißt du also Annemarie." kann man niemanden taufen. Es ist unumgänglich, daß beim Taufen auch das Wort „taufen" verwendet wird. Jemand tauft, *indem* er einen Satz ausspricht, in dem „ich taufe dich" (oder etwas ähnliches) vorkommt. Verben, mit denen jemand etwas tut, wenn er sie in einem Satz in bestimmter Weise verwendet, nennt Austin *performative Verben*. Den Wirkmechanismus, mit dem eine Äußerung sozusagen eine spezifische Handlung (einen Sprechakt) ausführt, nennt er die *illokutionäre Kraft* dieser Äußerung. In seiner oben angeführten Vorlesungsreihe war Austin vornehmlich damit beschäftigt, performative Verben zu definieren, zu beschreiben und ihre Verwendung zu analysieren.

> Wir nennen hier, ohne Ordnungskriterium, eine Reihe performativer Verben: *bitten, wetten, fragen, behaupten, auffordern, befehlen, warnen, versprechen, vermachen, schenken, grüßen, danken, kündigen, schwören*.

(ii) Die Verwendung eines Satzes wie „Ich taufe dich auf den Namen Annemarie." garantiert noch nicht, wie drei der obigen Beispiele zeigen, daß das Taufen auch gelingt. Vielmehr muß in der Situation, in der jemand tauft, noch eine Reihe weiterer Bedingungen vorliegen, die Austin *Glückens-* oder *Gelingensbedingungen* („felicity conditions") nennt. Diese Bedingungen können sich auf den Sprecher, auf den Angesprochenen oder auf die Gesamtsituation beziehen. Derjenige, der die Taufe vornimmt, muß von der Glaubensgemeinschaft, für die er tauft, legitimiert sein. Er muß, auch wenn das in der Praxis schwer überprüfbar ist, eine bestimmte innere Haltung aufweisen; er kann jemanden nicht taufen, ohne ihn auch taufen zu wollen. Der zu Taufende darf nicht schon getauft sein. Bei der Taufe muß mindestens ein Zeuge (Pate) anwesend sein. Und schließlich sind die Inhalte eingegrenzt, die im Zusammenhang mit einem performativen Verb ausgesprochen werden dürfen: Man kann jemanden auf einen Namen oder im Namen Gottes taufen, aber man kann eine Taufe nicht gültig vollziehen, indem man beispielsweise sagt: „Ich taufe dich gegen die sozialistische Einheitsfront." oder: „Ich taufe dich angesichts deines schwarzen Kraushaars."

(iii) Die Gelingensbedingungen für einen performativen Akt sind *konventionell* festgelegt und können je nach Art des Sprachakts, je nach Kultur und je nach Sprache verschieden sein. In der Trauungszeremonie der anglikanischen Kirche müssen die Brautleute auf die Frage „Willst Du ...?" mit „I will" antworten und dürfen nicht einfach „Yes" sagen. Vor einem deutschen Standesamt ist eine Trauung mit dem deutlich vernehmbaren „Ja" beider Brautleute vollzogen. Vor Gericht schwört man, indem man auf die Frage „Schwören Sie, die Wahrheit zu sagen ...?" mit „Ich schwöre." antwortet; ein einfaches „Ja" tut es hier nicht. Eine Wette ist noch nicht vollzogen, wenn einer sagt: „Ich wette, daß ..."; die Wette muß noch durch einen Handschlag, durch eine Äußerung wie „Die Wette gilt." oder ähnliches in Kraft gesetzt werden. Ein Polizist kann unter bestimmten Umständen auch in seiner Freizeit jemanden gültig festnehmen, indem er sagt: „Sie sind vorläufig festgenommen." Ein Richter kann die Worte „Es ergeht folgendes Urteil ..." zwar auch abends am Stammtisch sprechen, er kann jemanden aber nur im Dienst ‚wirklich' verurteilen.

(iv) Austin hatte in seinen Untersuchungen versucht, den Bereich der Sprechakte durch eine Analyse der performativen Verben zu ordnen und zu strukturieren. Eine wesentliche Weiterführung der Sprechakttheorie erfolgte durch Searle (1971). Ein Aspekt dieser Fortführung war der folgende: Er sah die Gelingensbedingungen nicht nur als Merkmale an, die bei entsprechender Ausprägung (beziehungsweise beim Fehlen entsprechender Ausprägung) zum Fehlschlagen oder Verunglücken eines Sprechaktes führen können, sondern versuchte, die Sprechakte durch das jeweilige Bedingungsgefüge zu *klassifizieren*, das ihnen zugrundeliegt.

Für den Vollzug beispielsweise des *Versprechens* müssen danach (unter anderem) die folgenden Bedingungen vorliegen (Levinson, 1990, S. 239; Schöler, Hoppe-Graff & Herrmann, 1978; Searle, 1980). Der Inhalt des Versprechens muß sich auf eine zukünftige Handlung (beziehungsweise auf die zukünftige Unterlassung einer Handlung) des Sprechers beziehen. (Es macht keinen Sinn zu sagen: „Ich verspreche dir, gestern pünktlich gewesen zu sein.") Der Sprecher muß – aufrichtig – beabsichtigen, diese Handlung auszuführen. Er muß annehmen, daß er die Handlung auch ausführen kann. (Es macht keinen Sinn zu sagen: „Ich verspreche dir, morgen dein Auto in den dritten Stock zu tragen.") Der Sprecher muß weiterhin glauben, daß er die Handlung nicht ohnedies ausführen wird. (Es macht keinen Sinn zu sagen: „Ich verspreche dir, morgen zur Arbeit zu gehen.", wenn es außer Frage steht, daß der Sprecher sowieso jeden Tag zur Arbeit geht.) Der Sprecher muß unterstellen, daß der Hörer daran interessiert ist, daß er die Handlung ausführt. (Wenn die angekündigte Handlung für den Hörer unangenehm ist, haben wir es – bei sonst gleicher Bedingungskonstellation – mit einer Drohung zu tun.) Und der Sprecher beabsichtigt, sich zu der Handlung zu verpflichten, indem er das Versprechen äußert.

Anders verhält es sich beim *Warnen*. Eine Warnung muß sich auf ein zukünftiges Ereignis beziehen. Dabei muß der Sprecher annehmen, daß das Ereignis eintreten wird und daß dieses nicht im Interesse des Hörers liegt. Weiterhin nimmt der Sprecher an, daß es für den Hörer nicht ohnehin offensichtlich ist, daß das Ereignis eintreten wird. Usf.

Auf diese Weise kam Searle zu fünf Klassen von Sprechhandlungen, die man mit Hilfe der folgenden fünf Äußerungstypen ausführen kann. (Diese Klassifikation wurde seitdem auch heftig kritisiert; neue Vorschläge wurden unterbreitet, etc. Wir stellen diese Unterteilung hier dennoch vor, weil sie (a) recht bekannt geworden ist, (b) für unsere Zwecke hinreicht und (c) eine gewisses Maß an Übersichtlichkeit und Nachvollziehbarkeit auch für den sprachphilosophischen Laien besitzt.)

– *Repräsentativa* sind Äußerungen, die den Sprecher auf die Wahrheit dessen verpflichten, was er aussagt. Beispiel: etwas behaupten.
– *Direktiva* sind Äußerungen, mit denen der Sprecher versucht, den Adressaten dazu zu bringen, etwas zu tun. Beispiele: etwas befehlen, um etwas bitten, nach etwas fragen, zu etwas auffordern.
– *Kommissiva* sind Äußerungen, die den Sprecher selbst zu einer zukünftigen Handlung verpflichten. Beispiele: etwas versprechen, mit etwas drohen.
– *Expressiva* sind Äußerungen, die einen inneren Zustand des Sprechers ausdrücken. Beispiele: sich entschuldigen, sich bedanken, jemanden grüßen.
– *Deklarativa* sind Äußerungen, die eine sofortige Zustandsveränderung der Welt bewirken, indem sie ausgesprochen werden. Beispiele: taufen, kündigen, den Krieg erklären.

Die Deklarativa, zu denen unser Eingangsbeispiel des Taufens gehört, stellen in zumindest zweifacher Hinsicht eine vergleichsweise *einfache Klasse* sprechaktbezogener Äußerungen dar. Zum einen hängt der erfolgreiche Vollzug dieser Äußerungen meistens von kompliziert geregelten institutionellen Kontexten ab, die einen klaren Situationsrahmen abstecken, der im Zusammenhang mit diesen Äußerungen überhaupt nur in Frage kommt. Nur ein legitimierter Geistlicher kann im Rahmen einer entsprechenden zeremoniellen Veranstaltung einen Menschen taufen; nur ein legitimierter Richter kann einen Menschen im Rahmen strenger Rechtsvorschriften verurteilen; nur ein Repräsentant einer Regierung kann einem anderen Staat den Krieg erklären; nur ein Teilhaber an einem geregelten Vertragswerk kann kündigen; etc. Im Vergleich zu den anderen Äußerungsklassen, die in viel größerem Ausmaß auch in privaten, alltäglichen Kontexten vorkommen können, sind Deklarativa also seltener und die Kontexte, in denen sie anzutreffen sind, sind institutionell gerahmt. Der zweite Vereinfachungsaspekt der Deklarativa liegt darin, daß ihr Vollzug in den meisten Fällen auch eng an die Verwendung der entsprechenden performativen Verben, allenfalls an deren Substantivierungen (zum Beispiel „die Kündigung aussprechen", „es ergeht folgendes Urteil") und oft sogar an genaue Formulierungen gebunden ist.

Aufforderungen, denen wir uns nun zuwenden wollen, gehören in Searles Klassifikation zum Äußerungstyp der Direktiva, bei denen der Sprecher den Hörer dazu bringen will, etwas zu tun. Welche Bedingungen müssen gegeben sein, damit eine Aufforderung erfolgreich verwendet werden kann? Wie erkennt man eine Aufforderung? Was sind überhaupt Aufforderungen? Wie kann man sie von anderen Äußerungsklassen abgrenzen? Diese Fragen werden im folgenden Abschnitt behandelt.

4.2 Wie man Aufforderungen (nicht) definieren kann

Beginnen wir abermals mit einem Beispiel. Die privaten Fernsehanstalten brachten uns unter anderem den Import zahlreicher amerikanischer Comedy-Serien. Eine sehr beliebte und erfolgreiche, wenn auch für empfindsame Ästheten nicht immer leicht erträgliche Serie heißt in der deutschen Synchronisation „Eine schrecklich nette Familie". Die Familie Bundy, bestehend aus Mutter ‚Peggy', Vater ‚Al' und zwei halbwüchsigen Kindern beiderlei Geschlechts, machen sich darin verbal gegenseitig ‚fertig' (und lieben sich doch). Anläßlich einer Urlaubsreise sitzen die vier im Flugzeug, und Daddy will sich aus Bequemlichkeitsgründen gerade die Schuhe ausziehen. Da sagt Mom: „Al," – und es folgt eine längere Pause, in der sich der Angesprochene überlegt, was wohl jetzt wieder kommen wird – „Al, weißt Du noch, wie sehr die anderen Fluggäste erschrocken sind, als plötzlich die Sauerstoffmasken von der Decke fielen?" (Und natürlich wird an dieser Stelle ein ‚laugh-track' eingespielt.) Um welche Art von Äußerung handelt es sich hier? Die Äußerung enthält kein performatives Verb, und dennoch gibt es eine ganze Reihe von sprechaktbezogenen ‚Kandidaten' für die Kennzeichnung dieser Äußerung. Auf den ersten Blick würde man sagen, es handelt sich um eine Frage. Schließlich endet die Äußerung mit einem Fragezeichen, und wenn man sich die Äußerung gesprochen vorstellt, dann würde man erwarten, daß die Sprecherin am Ende des Satzes die Tonhöhe ansteigen läßt, also sie in Frageform intoniert. Aber will Mom wirklich nur wissen, ob ihr Mann sich an die angesprochene Situation noch erinnert? Die Äußerung kann ebenso eine Warnung sein: Wenn du die Schuhe auszichst, dann fallen die Sauerstoffmasken herunter und die anderen Passagiere erschrecken (und das willst Du doch nicht). Oder es handelt sich um eine Aufforderung – hier zur Unterlassung einer Handlung: Ich hätte gern, daß du die Schuhe anläßt. Je nachdem, wie der Angesprochene die Äußerung interpretiert, wird auch seine Reaktion ausfallen. Im einen Fall antwortet er vielleicht schlicht: „Ja, ich kann mich noch gut daran erinnern.", im zweiten steht er vielleicht auf und kündigt – die Warnung beherzigend – laut an, daß gleich die Sauerstoffmasken herunterfallen werden und daß die Fluggäste deshalb nicht erschrecken sollen, und im dritten Fall kommt er der Aufforderung vielleicht nach und behält seine Schuhe an. (Die beiden erstgenannten Fortsetzungen erscheinen im Kontext der Serie übrigens als die wahrscheinlicheren.) – Wir sehen an diesem (nicht gerade feinsinnigen) Beispiel, daß man einer Äußerung nicht immer leicht ansehen kann, zu welcher Klasse von Äußerungen sie gehört (vgl. auch das Beispiel in Abschnitt 2.1).

Genauer betrachtet, haben wir es hier mit zwei Problemen zu tun: dem Mehrdeutigkeitsproblem und dem Problem multipler Formulierbarkeit. (i) *Dieselbe* Äußerung kann, wie das Beispiel zeigt, in ganz verschiedener Weise *verstanden* werden. Das hängt damit zusammen, daß wir uns bei der Klassifikation einer Äußerung, die wir – als Angesprochene oder als (unbeteiligte) Dritte – hören, an die Äußerung selbst oder vielleicht auch an die Reaktionen des Partners halten müssen. Für den Sprecher selbst ist es aber mutmaßlich eindeutig, was er mit seinen Äußerungen beabsichtigt. Wir werden zeigen (s. unten Abschnitt 4.3), daß das Mehrdeutigkeitsproblem bei unserer sprachpsychologischen Konzeption des Sprechersystems bei der Produktion von Aufforderungen nicht auftritt. (ii) Eine Aufforderung, eine Frage, eine Warnung oder dergleichen kann in ein und derselben Situation, in ein und derselben Angelegenheit, auf ganz verschiedene Art und Weise *formuliert* werden. In der nach unserer Kenntnis für das Deutsche wohl umfassendsten Analyse hat Weigand (1984) allein für die Aufforderung, der Partner solle den Rasen mähen, 126 verschiedene Varianten zusammengetragen und diskutiert. Einige Beispiele: „Ich möchte dich bitten, den Rasen zu mähen." – „Mäh den Rasen!" – "Der Rasen ist schon ziemlich lang." – „Ist der Rasen nicht ziemlich lang?" – „Würde es dir etwas ausmachen, den Rasen zu mähen?" – „Könntest du nicht den Rasen mähen?" – „Wenn der Rasen gemäht wäre, sähe der Garten viel besser aus." – Besonders ‚hinterfotzige' Formulierungen wie „Ordentliche Menschen mähen ihren Rasen regelmäßig." oder „Da steht ein Rasenmäher in der Garage und ruft: ‚Benutze mich!'" sind darin noch nicht einmal enthalten.

Wir bleiben noch ein wenig auf dem sprachwissenschaftlichen oder dem der Linguistik nahestehenden, psycho-linguistischen Terrain und diskutieren im folgenden einige Versuche, Aufforderungen von anderen Äußerungstypen abzugrenzen. Wenn diese Versuche auch im einzelnen nicht völlig zufriedenstellend ausfallen, so vermitteln sie doch einige Kenntnisse darüber, wie es in der Sprache, die wir täglich und selbstverständlich verwenden, ‚zugeht'. Außerdem stellt sich die Frage, wie Hörer eine Äußerung beispielsweise als Aufforderung verstehen können, auch wenn sich diese auf den ersten Blick nicht als Aufforderung zu erkennen gibt. Auch dazu wollen wir bestehende Vorstellungen darlegen.

(i) Eine Äußerung gibt sich hinsichtlich ihrer Zugehörigkeit zu einer Klasse von Sprechakten eindeutig zu erkennen, wenn darin ein performatives Verb (s. oben) verwendet wird. Für unser einführendes Beispiel des Taufens gab es diesbezüglich keine Probleme, weil Deklarativa – wie erwähnt – diese Verben oder aus ihnen abgeleitete substantivische Wortformen regelmäßig enthalten. Auch bei den Direktiva besteht die Möglichkeit, in dieser Weise zu formulieren: „Ich fordere Sie auf, mir mein Geld zurückzugeben." – „Ich bitte/ersuche Sie, die Tür zu schließen." – „Ich erteile Ihnen die Anweisung, heute Überstunden zu machen." Nur verwenden Sprecher selten oder nur in bestimmten Situationen solche Formulierungen, wenn sie ihren Partner zu einer Handlung veranlassen wollen. Äußerungen, die ihre Zugehörigkeit zu einem Sprechakttyp in der beschriebenen Weise unmittelbar erkennen lassen, werden *explizit* oder *direkt* genannt; man spricht auch von ‚Performativkonstruktionen'. Dem steht die große Klasse *indirekter* Sprechakte gegenüber, die sich, wie oben am Beispiel des Rasenmähens angeführt, in äußerst vielfältiger Weise zeigen können. Wir kommen auf indirekte Aufforderungen wieder zurück (s. unten 4.3). Für die Fälle der explizit performati-

ven Äußerungen wurde vielfach eine einfache Methode beschrieben, wie sich Sprechaktäußerungen von bloßen Aussagen unterscheiden lassen: durch Einsetzen des Wortes „hiermit". Der Satz „Hiermit fordere ich Sie auf, das Haus zu verlassen." ist akzeptabel, der Satz „Hiermit lese ich ein Buch." ergibt wenig Sinn. Mit dem Satz „Ich fordere Sie auf, das Haus zu verlassen." wird also eine explizite Sprechhandlung vollzogen, mit dem Satz „Ich lese ein Buch." dagegen nicht.

(ii) Für Direktiva gibt es – neben der expliziten Performativkonstruktion – noch eine zweite direkte Variante: den *Imperativ*. „Verschwinde!" kann kaum anders als eine Aufforderung verstanden werden. Es gibt im Deutschen drei grammatische Satztypen: den Deklarativsatz (Aussagesatz), den Interrogativsatz (Fragesatz) und den Imperativsatz (Befehlssatz). Daher liegt es nahe anzunehmen, Aussagen werden mit Deklarativsätzen, Fragen mit Interrogativsätzen und Anweisungen mit Imperativsätzen ausgedrückt. In der Tat gibt es eine ausgedehnte linguistische Diskussion darüber, wieweit die illokutionäre Kraft eines Sprechaktes (s. oben) an den grammatischen Satztyp gebunden ist (vgl. Altmann, 1987; Dorn-Mahler & Grabowski, 1991; Levinson, 1990; Motsch & Pasch, 1987; Weinrich, 1993). Aber auch hier stellt sich wieder heraus, daß das, was Menschen mit der Verwendung einer Äußerung tun, durch die äußere Form einer Äußerung kaum eingeschränkt ist.

Das hat zum Teil systematische Gründe, die in der Sprache liegen. Ob ein Satz einem der drei genannten grammatischen Satztypen angehört, ist keine dem Satz inhärente Eigenschaft, sondern Resultat einer theoretischen (linguistischen) Klassifikation. Nicht-wissenschaftliche Benutzer von Sprache, also die überwiegende Mehrheit der Menschen, nehmen diese Klassifikation intuitiv ebenfalls vor, wenn sie schreiben. Beim Schreiben werden die drei Satztypen – so können wir vorläufig einmal annehmen – durch entsprechende Satzzeichen markiert: Am Ende eines Deklarativsatzes steht ein Punkt, am Ende eines Interrogativsatzes ein Fragezeichen, und ein Imperativsatz wird mit einem Ausrufezeichen beendet. Diese Interpunktionszeichen sind aber in den meisten Fällen nicht durch die Form eines Satzes eindeutig vorgegeben. Zum Beispiel sind Imperativsätze grammatisch dadurch gekennzeichnet, daß das Verb in Satzerststellung steht, und zwar in der Imperativform. Diese Verbform ist aber im Deutschen nur im Singular eindeutig: „Nimm!", „Gib!", „Komm!" etc. Der Imperativ pluralis ist dagegen formgleich mit der dritten Person Plural: „Nehmen sie!", „Geben sie!", „Kommen sie!". Verben in der dritten Person Plural stehen aber auch bei Interrogativsätzen in Satzerststellung: „Nehmen sie?", „Geben sie?", Kommen sie?". Beim Sprechen kommen Satzzeichen bekanntlich nicht vor. Nehmen wir an, jemand hält einem Partner eine geöffnete Schachtel Zigaretten hin. Mit den Worten „nehmen sie" kann er den Partner sowohl auffordern, sich eine Zigarette zu nehmen, als auch ihn fragen, ob er sich eine Zigarette nehmen will. Im ersten Fall wird der Sprecher die Worte so intonieren, daß die Äußerung am Ende in ihrer Tonhöhe absinkt; durch die prosodische Form der Befehlsintonation werden die Worte „nehmen sie" weitgehend eindeutig zur Aufforderung. Im zweiten Fall wird der Sprecher die Worte so intonieren, daß die Äußerung am Ende in ihrer Tonhöhe ansteigt; durch die prosodische Form der Frageintonation kann der Sprecher aber sowohl eine Fragehandlung ausführen (er will wirklich nur wissen, ob der Partner eine Zigarette will oder nicht) als auch eine Aufforderung (!) äußern (er will, daß der Partner sich eine Zigarette nimmt). Aufforderungen werden sogar sehr oft in Frageform produziert (und sind damit von ‚reinen' Fragen nicht unterscheidbar): „Würdest du den Rasen mähen?" Aber das ist noch nicht alles. Von der Form her sozusagen lupenreine Fragesätze müssen nicht immer als Frage intoniert werden. „Würdest du den Rasen mähen!" kann auch, mit fallendem Tonhöhenverlauf gesprochen, eine sehr energische Aufforderung sein. Die Satzzeichen, die in der Schriftsprache verwendet werden, können also drei Funktionen haben, die nicht immer übereinstimmen müssen: Im einen Fall geben sie den formalen Satztyp an, im zweiten Fall symbolisieren sie die Intonation, die ein Sprecher bei der Äußerung dieses Satzes verwendet, und im dritten Fall markieren sie die Sprechhandlung, die mit der Äußerung vollzogen werden soll.

Die weitgehend freie Kombinierbarkeit von formalem Satztyp, gesprochener Intonation und Sprechakttyp besteht aber nicht nur zwischen Interrogativ- und Imperativsätzen. Auch der Satz „Du gehst nachher einkaufen.", der die Form eines Deklarativsatzes aufweist, kann unterschiedlich verwendet werden. Als Aussage intoniert (dabei bleibt die Tonhöhe über die gesamte Äußerung hinweg annähernd konstant, mit leichtem Abfall am Satzende), kann der Sprecher den Angesprochenen auffordern, nachher einkaufen zu gehen. Er kann aber auch einfach eine Feststellung treffen, im Sinne von „Ich weiß, du gehst nachher einkaufen." Als Frage intoniert, kann der Sprecher den Angesprochenen ebenfalls auffordern, im Sinne von „Du gehst nachher einkaufen, ja?". Er kann ihn aber auch nur fragen, ob er nachher einkaufen geht: „Du gehst nachher einkaufen?". Der Deklarativsatz kann aber auch als Befehl intoniert werden: „Du gehst nachher einkaufen!" Hier bleibt dem Angesprochenen nichts anderes übrig, als die Äußerung als Aufforderung zu verstehen.

> Ein im Standarddeutsch kaum noch, aber in Sprachen wie dem Lateinischen häufiger verwendeter Satztyp ist der *Wunschsatz* mit der Verbform des *Optativs*: „Oh, mögest du doch zu mir kommen!" – „Oh, möge doch Friede auf Erden sein!" Es handelt sich grammatisch nicht um Imperative. Und als Verbalisierungen von Aufforderungen werden solche Sätze nicht verwendet. Warum? Zum Beispiel in dem Satz „Oh, mögest du doch zu mir kommen!" wird zweifellos ein Wunsch des Sprechers ausgedrückt. Dies ist aber sozusagen weniger, als wenn der Sprecher etwas wollte, ein Ziel hätte, das er mit Hilfe seiner Äußerung zu erreichen trachtete. Etwas tatsächlich zu wollen und nicht nur zu wünschen ist aber eine notwendige Voraussetzung für den (direktiven) Sprechakt des Aufforderns. Auch Wunschsätze verbalisieren Ist-Soll-Abweichungen, doch haben diese nicht den Charakter der strikten Zielsetzung, die verfolgt wird. So könnte jemand sagen: „Oh, mögest du doch zu mir kommen! Aber du hörst mich ja nicht im fernen Andalusien." Hier wird deutlich, daß das Gewünschte nicht zum handlungsleitenden Ziel geworden ist. Die Äußerung „Komm sofort zu mir! Aber du hörst mich ja nicht." wäre hingegen sprechakttheoretisch abnorm; denn der Zusatz zeigt, daß der Imperativ nicht als Aufforderung ‚gemeint' sein kann. – Nicht alles Gesollte (Gewünschte, usf.) ist auch eine handlungsleitende Zielsetzung. (Zu Soll-Werten mit und ohne Zielcharakteristik s. unten 7.2.2.)

Wir halten fest: Intonationsverlauf, formaler Satztyp und intendierte Sprechhandlung können in großem Maße beliebig miteinander kombiniert werden. Anhand dieser Merkmale einer Äußerung lassen sich Aufforderungen nicht von anderen Sprecherintentionen abgrenzen. Man kann es einer Äußerung also weder ansehen noch akustisch entnehmen, in welchem Sinne sie der Sprecher gebraucht. Es gibt lediglich zwei Fälle, die überwiegend für das Vorliegen einer Aufforderung sprechen: Sätze mit dem Imperativ Singular in Satzerststellung sind in der Regel nicht anders als als direkte Aufforderung zu verstehen. (Aber auch hier gibt es Ausnahmen; man denke an Drohungen der Art „Unterstehe dich!" oder „Komm du bloß nach Hause!".) Und Äußerungen, die der Sprecher mit Befehlsintonation produziert, sind ebenfalls meist eindeutig als Aufforderungen interpretierbar. (Auf die Rolle der Intonation beim Auffordern werden wir in Abschnitt 4.8 wieder zurückkommen.)

4. AUFFORDERN

(iii) Eine Eigenschaft des Deutschen, die es Menschen, die Deutsch als Fremdsprache lernen wollen, besonders schwer macht, liegt im ausgiebigen und subtilen Gebrauch von Partikeln (s. auch oben 1.2.3); das sind meist kurze, formstabile Wörter wie „mal", „wohl", „bitte" oder „doch". Mit dem Einsatz von Partikeln geben Sprecher ihren Äußerungen gewisse Nuancen. Oft sind es solche Partikeln und weniger der Inhalt einer Äußerung, die das Gesagte mehr oder weniger höflich, direkt, unverschämt etc. klingen lassen. Beim Hervorbringen von Aufforderungen, bei denen der Sprecher will, daß der Hörer etwas (für den Sprecher) tut, spielen Partikeln eine entsprechend wichtige Rolle.

Auf einer allgemeinen Ebene werden Partikeln im Zusammenhang mit Aufforderungen oft zwei gegensätzlichen kommunikativen Funktionen zugeordnet. Sie können als ‚downgrader' wirken; das heißt, sie ‚tönen' eine Aufforderung ‚ab', machen sie höflicher, weicher und damit für den Partner annehmbarer. Sie können aber auch als ‚up-grader' eingesetzt werden; in diesem Fall verstärken sie die Aufforderung, verleihen ihr mehr Nachdruck (vgl. House & Kasper, 1981). Das Vertrackte daran ist nun aber, daß ein und derselbe Partikel im einen Fall weichmachende, im anderen Fall verschärfende Wirkung haben kann. Man betrachte die beiden folgenden Beispiele:

„Könnten Sie mich ein Stück mitnehmen?"

„Könnten Sie mich wohl ein Stück mitnehmen?"

Das Wörtchen „wohl" macht die zweite Äußerung im Vergleich zur ersten eher ein wenig weicher und unterstreicht die höfliche Absicht des Auffordernden. Nun vergleichen wir zwei weitere Beispiele:

„Sie können mich doch ein Stück mitnehmen, oder?"

„Sie können mich doch wohl ein Stück mitnehmen, oder?"

Die erste der beiden Äußerungen ist im Vergleich zu den beiden vorhergegangenen Beispielen sicher unhöflicher, aber dennoch akzeptabel. Die Einfügung des Wörtchens „wohl" läßt die Äußerung aber schon beinahe unverschämt werden. Besonders subtil werden die Nuancen, die Sprecher ihren Äußerungen beigeben, wenn sie ganze Ketten von Partikeln verwenden. Dazu geben wir im folgenden einige Beispiele, deren jeweilige Einschätzung wir dem Leser überlassen.

„Könntest Du den Rasen mähen?"

„Könntest Du mal den Rasen mähen?"

„Könntest Du wohl mal den Rasen mähen?"

„Könntest Du wohl bitte mal den Rasen mähen?"

Eine wichtige Rolle bei Aufforderungen spielt der Einsatz des Partikels „bitte". Nach Stubbs (1983) und House (1989) tritt dieser Partikel (beziehungsweise dessen englisches Pendant „please") ausschließlich in Äußerungen auf, mit denen Aufforderungen ausgesprochen werden. Dies läßt den Umkehrschluß zu, daß eine (indirekte) Äußerung, die den Partikel „bitte" enthält, dadurch eindeutig als Aufforderung markiert ist und beispielsweise nicht mehr als bloße Frage (miß-) verstanden werden kann. House (1989) fand nach einer umfangreichen Analyse deutscher und englischer Daten, daß „bitte" beziehungsweise „please" überwiegend in imperativisch formulierten Äußerungen und in sogenannten Wunschfragen mit „kannst du", „könntest du", „würdest du" (beziehungsweise „können sie", „könnten sie", „würden sie") vorkommen kann, daß die Verwendung dieses Partikels aber für beide Äußerungsklassen keinesfalls obligatorisch ist, sondern zusätzlich von Charakteristika der jeweiligen Situation abhängt, in der eine Aufforderung formuliert wird. (Auf den Einfluß von Situationsmerkmalen auf die Produktion von Aufforderungen werden wir in Abschnitt 4.5 ausführlich zurückkommen.)

(iv) Wenn man es einer Äußerung oft nicht ansehen kann, ob sie eine Aufforderung darstellt oder nicht, so gibt vielleicht das Verhalten der Beteiligten Aufschluß. Man kann etwa versuchen festzustellen, was der Kommunikationspartner sagt und tut, nachdem er mit einer Äußerung konfrontiert wurde. Man kann fragen: Verhält sich der Partner in einer Weise, die anzeigt, ob es sich um eine Aufforderung gehandelt hat oder nicht? Äußerungen wären nach diesem Kriterium dann als Aufforderungen abzugrenzen, wenn der Partner sie als Aufforderung versteht und interpretiert. Diese Strategie erlaubt es aber nicht, kommunikative Mißverständnisse darzustellen. Es ist durchaus denkbar, daß ein Sprecher eine Äußerung als Aufforderung intendiert, daß der Partner sie aber nicht als Aufforderung versteht. Vielleicht sagt ein junger Mann gegen Ende einer Party bei Freunden zu einem weiblichen Gast: „Ich habe keine Lust, nachher nach Hause zu laufen." Der Mann meint diese Äußerung als Aufforderung im Sinne von „Fahr mich doch nachher bitte nach Hause." Die Frau antwortet: „Ja, das kann ich gut verstehen." Sie hat die Äußerung des Mannes als bloße Mitteilung verstanden, mit der er vielleicht ein Gespräch anknüpfen wollte. (Es bleibe dahingestellt, ob Hörer indirekte Aufforderungen in der jeweiligen Situation tatsächlich oder vorgeblich nicht als solche verstehen.) Nach dem Kriterium des *aufforderungstypischen Partnerverhaltens* läge in diesem Fall keine Aufforderung vor, wiewohl der Sprecher zweifelsfrei eine Aufforderung geäußert hat. Das Verhalten des Kommunikationspartners ist offensichtlich nicht dazu geeignet, Aufforderungen von anderen Äußerungen abzugrenzen.

(v) Kann man entscheiden, ob es sich bei einer Äußerung um eine Aufforderung handelt oder nicht, indem man betrachtet, was der *Sprecher* sagt oder tut, nachdem er die Äußerung produziert und nachdem er die Reaktion des Partners erfahren hat? (Vgl. auch Foppa, 1978, 1990; Galliker, 1990.) Betrachten wir erneut das obige Beispiel eines kurzen Partygesprächs. Der Sprecher hat die – als Aufforderung gemeinte – Äußerung „Ich habe keine Lust, nachher nach Hause zu laufen." produziert. Die Partnerin hat geantwortet: „Ja, das kann ich gut verstehen." und damit erkennen lassen, daß sie keine Aufforderung ‚verspürt' hat. Vielleicht setzt der Sprecher dann nach: „Nein, ich habe gemeint, ob du mich nachher mitnehmen kannst." Vielleicht denkt der Sprecher aber auch, daß es wohl zu aufdringlich wäre, noch einmal nachzusetzen, und läßt die Sache auf sich beruhen; er sieht seine Aufforderung damit als gescheitert an. Wollte man das Sprecherverhalten im Anschluß an die Partnerreaktion als Kriterium für das Vorliegen einer Aufforderung heranziehen, so hätte es sich nach der ersten Reaktionsalternative des Sprechers – „Nein, ich habe gemeint, ob du mich nachher mitnehmen kannst." – bei der anfänglichen Äußerung um eine Aufforderung gehandelt; nach der zweiten Reaktionsalternative des Sprechers – die Sache auf sich beruhen zu lassen – hätte jedoch keine Aufforderung vorgelegen, weil der Sprecher sich nicht so verhalten hat, als ob er zuvor eine Aufforderung produziert hätte. – Auch dieser Versuch, Aufforderungen zu definieren, ist offensichtlich unbefriedigend.

4. AUFFORDERN

(vi) Wir haben bislang festgestellt, daß weder die Form einer Äußerung noch das Verhalten der Beteiligten eindeutige Hinweise darauf geben, wann es sich um eine Aufforderung handelt und wann nicht. Es wurde noch nicht diskutiert, ob die *Inhalte* der sprecherseitigen Äußerung, also dasjenige, was die Sprecher thematisieren, wenn sie eine Aufforderung produzieren, zu einer brauchbaren Klassifikation möglicher indirekter Aufforderungen führen können.

Den ‚Inhalt' einer Äußerung nennt man in der Linguistik den *propositionalen Gehalt*. Die Äußerung „Kannst du den Rasen mähen?" wird demnach in zweierlei Hinsicht beschrieben. Die Illokution besteht darin, daß es sich um eine Aufforderung (oder um eine Frage) handelt. Der propositionale Gehalt bezieht sich darauf, daß der Angesprochene den Rasen mähen kann. Wir werden den Begriff der Proposition weiter unten (s. Exkurs 4.1) einführen und erläutern und zugleich zeigen, wie man geistige Inhalte beschreiben kann.

Für eine nähere Betrachtung möglicher Inhalte von Aufforderungsäußerungen kommen wir darauf zurück (s. oben 4.1), daß Searle (1971) bei seiner Klassifikation von Sprechakten versucht hat, die ‚Gelingensbedingungen' der jeweiligen Äußerungstypen zu bestimmen. Wie ist diese – sprachlogisch begründete – Bedingungsstruktur beschaffen? Für eine *Aufforderung* muß gelten (vgl. Gordon & Lakoff, 1979, S. 329; Herrmann, 1982a, S. 118):

(a) Es handelt sich um eine zukünftige Handlung des Partners.
(b) Der Sprecher will beziehungsweise wünscht, daß der Partner diese Handlung ausführt.
(c) Der Sprecher glaubt, daß der Partner die Handlung ausführen kann.
(d) Der Sprecher glaubt, daß der Partner zur Ausführung der Handlung bereit oder willens ist.
(e) Der Sprecher unterstellt, daß der Partner die Handlung nicht ohnedies ausführt, auch wenn ihn der Sprecher nicht dazu auffordert.

Auf der Grundlage dieses Annahmengefüges und in Anlehnung daran wurde eine Reihe von Systematiken zur Klassifikation indirekter Aufforderungen vorgelegt (zum Beispiel Blum-Kulka, House & Kasper, 1989; Blum-Kulka & Olshtain, 1984; Clark & Schunk, 1980; Ervin-Tripp, 1977; House & Kasper, 1981). Gordon & Lakoff (1979) beispielsweise nehmen an, daß man entweder *direkt* (also durch Verwendung einer expliziten Performativkonstruktion oder eines Imperativs) auffordern kann oder daß Sprecher auffordern, indem sie nach dem Vorliegen partnerseitiger Bedingungen *fragen*, die (nach der Unterstellung des Sprechers) einer Aufforderung zugrunde liegen. Dadurch erschließen sich die folgenden indirekten Aufforderungsvarianten, die wir abermals am Beispiel des Rasenmähens illustrieren:

„Kannst du den Rasen mähen?" – Hier fragt der Sprecher nach dem Vorliegen der Bedingung (c).

„Würdest du den Rasen mähen?" – Hier fragt der Sprecher nach dem Vorliegen der Bedingung (d).

Sprecher können aber auch – über die Annahmen von Gordon & Lakoff (1979) hinaus – dadurch auffordern, daß sie die sprecher- und hörerbezogenen Bedingungen der Aufforderung *aussagen*:

„Ich möchte, daß du den Rasen mähst." – Hier thematisiert der Sprecher die Bedingung (b).

„Du kannst den Rasen mal wieder mähen." – Hier thematisiert der Sprecher die Bedingung (c).

„Von selbst kommst du wohl nicht darauf, den Rasen zu mähen." – Hier thematisiert der Sprecher die Bedingung (e).

Garvey (1975) weist darauf hin, daß Sprecher auch – in sehr indirekter Weise – dadurch auffordern können, daß sie lediglich eine *Situation* thematisieren, die für sie unangenehm oder ‚suboptimal' ist (und die durch eine partnerseitige Handlung verbessert werden kann):

„Unser Rasen sieht schon langsam aus wie ein Biotop."

„Ich schäme mich vor den Nachbarn, wenn ich unseren Rasen anschaue."

In den – an die sprechakttheoretischen Ausarbeitungen angelehnten – Beschreibungs- und Klassifikationssystemen des propositionalen Gehalts von Aufforderungen wird ein weiterer Gesichtspunkt in der Regel übersehen (Herrmann, 1982a). Aufforderungen beziehen sich nicht nur darauf, daß der Sprecher *will*, daß der Partner eine Handlung ausführt. Vielmehr geben Sprecher ihrem Partner durch das Auffordern auch zu verstehen, daß sie berechtigt (*legitimiert*) sind, die Aufforderung auszusprechen und damit die geforderte Handlung vom Partner zu verlangen. Indem der Sprecher den Partner auffordert, bringt er also auch zum Ausdruck, daß es ihm zusteht, mit Hilfe der Aufforderung zu versuchen, den Partner zur Ausführung der Handlung zu veranlassen. Nicht nur die sprachliche Form einer Aufforderung, sondern auch der Sachverhalt, daß ein Sprecher in einer bestimmten Situation überhaupt auffordert, ist demnach (auch) eine Frage von Normen und Konventionen (vgl. auch 7.2.3). Zu den oben genannten Bedingungen des Aufforderns, die in indirekten Aufforderungen thematisiert werden können (also das Wollen des Sprechers, das Können und Bereitsein des Partners etc.), tritt also die vom Sprecher unterstellte *Legitimation* hinzu. Man kann auch auffordern, indem man auf eben diese Legitimation verweist:

„Du sollst den Rasen mähen."

„Ich kann von dir verlangen, daß du den Rasen mähst."

„Man läßt seinen Rasen nicht wild wuchern."

„Rasenmähen ist doch dein Job, oder?"

„Du weißt, wir mähen den Rasen abwechselnd, und beim letzten Mal habe ich ihn gemäht."

Solche Äußerungen können Aufforderungen einleiten oder ihnen als Begründung angefügt werden (‚supportive moves' nach Blum-Kulka, House & Kasper, 1989); sie können aber auch selbst und alleinstehend Aufforderungen sein.

Nach diesen Ausführungen haben die Möglichkeiten, wie Sprecher auffordern können, etwas mit dem mutmaßlichen mentalen Zustand des Sprechers in der Situation, in der er auffordert, zu tun. Aufforderungen implizieren das sprecherseitige Vorliegen einer bestimmten Bedingungsstruktur. (Dabei kann sich der Sprecher, was beispielsweise das tatsächliche Können und Wollen des Partners oder das tatsächliche Legitimiertsein des Sprechers anbelangt, auch irren.) Es wird bei den sprechaktbezogenen Ansätzen aber oft nicht recht deutlich, welchen Status die beschriebenen Annahmengefüge haben (vgl. Winterhoff-Spurk, 1986; Winterhoff-Spurk & Grabowski-Gellert, 1987a). Handelt es sich um bloße Beschreibungen des Vorkommenden? Oder sind die Ausführungen in der Logik und irgendeiner Notwendigkeit begründet? Für psychologische Begründungen mangelt es an empirischen Untersuchungen, die zur Stützung der genannten Annahmen beitragen. Wir werden im folgenden Abschnitt 4.3 eine sprachpsychologische Konzeption des Aufforderns vorstellen, die – unter Nutzung und Fortführung der genannten Ansätze – empirische Nachweise der psychologischen Grundlage von sprecherseitigen Bedingungen des Aufforderns ermöglicht und auch Aussagen darüber trifft, wovon es abhängt, welche Arten von Aufforderungen Sprecher in bestimmten Situationen produzieren.

Wir verstehen unter Aufforderungen allgemein Äußerungen, mit denen Sprecher Hörer dazu bringen wollen, eine bestimmte Handlung auszuführen oder zu unterlassen. Wir stellen das Auffordern dem Bitten, Befehlen, Anordnen und dergleichen also nicht als etwas Andersartiges gegenüber (vgl. Liedtke, 1981). Auch das Fragen gehört in diesem Sinne zu den Aufforderungen (zur Produktion von Informationsfragen vgl. Allwinn, 1988; zur Diskussion der Abgrenzung von Fragen gegenüber Aufforderungen vgl. Katz & Postal, 1964; Soekeland, 1980; Wunderlich, 1986). Die vom Partner erwünschte Handlung besteht in diesem Fall darin, etwas zu sagen (und damit beim Sprecher beispielsweise wissensbezogene Unsicherheiten zu beseitigen). Die empirischen Untersuchungen, die wir im weiteren anführen werden, beziehen sich allerdings überwiegend auf Handlungsaufforderungen zum nichtsprachlichen Tun.

(vii) Obwohl wir uns in diesem Buch mit der Produktion sprachlicher Äußerungen befassen, wollen wir, um das Bild abzurunden, kurz darstellen, wie man es sich vorstellt, daß Partner Äußerungen in Frage- oder Aussageform als Aufforderungen *verstehen*. Diesbezügliche Erklärungen greifen in der Regel auf die von Grice (1979) dargelegten *Konversationsmaximen* zurück (vgl. auch Levinson, 1990, S. 100ff.). Dabei handelt es sich um – idealisierte – allgemeine Prinzipien, auf deren Einhaltung sich Kommunikationspartner in der Regel verlassen (können). (Wir beschränken uns hier auf eine für unsere Zwecke verkürzte Interpretation des in sprachphilosophischer Hinsicht sehr elaborierten Annahmengefüges.) Es handelt sich nicht um moralische Postulate, sondern um Grundlagen zur Erklärung der Tatsache, daß wir etwas anderes sagen können, als wir meinen, und daß dennoch das Gemeinte verstanden wird – wie es bei indirekten Aufforderungen der Fall ist. Diese Maximen können in ihrer Gesamtheit in einem allgemeinen *Kooperationsprinzip* zusammengefaßt werden:

»Gestalte deinen Beitrag zur Konversation so, wie es die gegenwärtig akzeptierte Zweckbestimmung und Ausrichtung des Gesprächs, an dem du teilnimmst, erfordert!«

Dieses Prinzip wird anhand der folgenden vier Maximen ausdifferenziert.

Maxime der Qualität: Sage nichts, was du für falsch hältst; sage nichts, wofür dir angemessene Gründe fehlen!

Maxime der Quantität: Mache deinen Beitrag so informativ wie (für die gegebenen Gesprächszwecke) nötig; mache deinen Beitrag nicht informativer als nötig!

Maxime der Relation: Sei relevant!

Maxime der Art und Weise: Sei klar; das heißt: Vermeide Dunkelheit des Ausdrucks; vermeide Mehrdeutigkeit; sei kurz (vermeide unnötige Weitschweifigkeit); der Reihe nach!

Das partnerseitige Verstehen indirekter Aufforderungen läßt sich danach wie folgt beschreiben. Angenommen, der Sprecher sagt: „Kannst du den Rasen mähen?" Diese Äußerung ist, wörtlich genommen, irrelevant. Der Sprecher weiß selbstverständlich, daß der Partner den Rasen mähen kann; der Partner hat das schon mehrere Male getan, etc. Da der Partner aber davon ausgeht, daß die Sprecheräußerung Relevanz besitzt, muß der Sprecher etwas anderes gemeint haben, und das kann in diesem Fall nur eine Aufforderung sein (vgl. auch Clark & Lucy, 1975; Harras, 1983).

Wir erinnern daran, daß wir der Grice'schen Maxime der Quantität schon in Abschnitt 2.3 bei der Erörterung minimal spezifizierter Objektbenennungen begegnet sind. Neben dem Verstehen indirekter Aufforderungen läßt sich mit dem von Grice aufgestellten Prinzip auch das Funktionieren von ironischen oder metaphorischen Redeweisen rekonstruieren. Das Prinzip ‚greift' immer, wenn ein Sprecher ‚wörtlich' etwas anderes sagt, als er meint.

4.3 Ein sprachpsychologisches Modell des Aufforderns

Aus dem vorherigen Abschnitt 4.2 wurde ersichtlich, daß es keine durchgängig zufriedenstellenden Lösungen dafür gibt (oder wir zumindest keine kennen), Aufforderungen anhand ihrer sprachlichen *Form* oder anhand des *Sprecher- oder Partnerverhaltens* zu definieren. Auch aus linguistischer Sicht kommt Wunderlich (1984) zu dem Schluß, daß »die Klasse der aufforderungsgeeigneten Sätze kaum exhaustiv angebbar« ist (S. 113). Vielmehr scheinen Aufforderungen etwas mit dem *mentalen Zustand* zu tun zu haben, in dem sich der *Sprecher* im Moment ihrer Produktion befindet. Dazu wurde folgendes Modell entwickelt (Herrmann, 1980b, 1982a; vgl. auch Laucht 1979; Winterhoff-Spurk, 1986), das sich vorerst auf die Produktion *einfacher* Handlungsaufforderungen bezieht; das sind Aufforderungen, die im wesentlichen aus einem Satz bestehen.

Sprecher verfügen im Langzeitgedächtnis unter anderem über schematisierte Wissensbestände. Ein solches Schema, also ein strukturierter kognitiver Wissenskomplex, bezieht sich auf Aufforderungssituationen; wir nennen es im folgenden AUFF. Der ‚Kern' dieses Schemas besteht darin, daß der Sprecher den Partner zur Ausführung einer Handlung verpflichten will. Das Schema AUFF wird aktiviert (= kognitiv bereitgestellt), wenn diese Verpflichtungsabsicht des Sprechers vorliegt und wenn er in der Situation, in der er sich befindet, Gegebenheiten kogniziert, die in das Schema ‚passen'. Wie ist das Schema AUFF beschaffen beziehungsweise wie läßt es sich beschreiben?

4. AUFFORDERN

Im Hinblick auf unsere oben (s. Exkurs 3.1) getroffene Unterscheidung zwischen Wie- und Was-Schemata bei der Sprachproduktion ist anzumerken, daß es sich bei AUFF weder um das eine (ein Steuerungsprogramm) noch um das andere (eine Sachverhaltsstruktur) handelt, sondern um eine festgefügte kognitive Informationsstruktur, die für die Auslösung eines Selektionsprogramms (s. unten 7.3.3) notwendig ist.

Den ‚Kern', den Ausgangspunkt von AUFF haben wir schon erwähnt: Der Sprecher will den Partner zur Ausführung einer Handlung verpflichten. Dieses sprecherseitige Wollen impliziert eine Reihe von Bedingungen, die vorliegen müssen. Diese Bedingungen bilden die weiteren Komponenten von AUFF; AUFF ist eine (gestaffelte) Implikationsstruktur von Wissenskomponenten, die in ihrer Gesamtheit charakteristisch für das Vorliegen einer Aufforderungssituation (genauer: für die sprecherseitige Interpretation des Vorliegens einer Aufforderungssituation) ist.

Implikation bedeutet hier, daß zwei Sachverhalte im Verhältnis tatsächlicher oder logischer Folge zueinander stehen. (Regnen impliziert Naßwerden; Naßwerden ist die Folge des Regnens.)

Welche implizierten Bedingungen spielen hier eine Rolle? Wenn der Sprecher den Partner zur Ausführung einer Handlung verpflichten will, so tut er das, weil er unterstellt, daß eine Regel existiert, nach der er den Partner verpflichten darf. Solche Regeln sagen etwas darüber aus, welche Art von Personen gegenüber welcher Art von Personen zur Verpflichtung zu welcher Art von Handlungen legitimiert ist. Zum Beispiel: Es besteht das Gebot, daß jüngere Menschen älteren Menschen Hilfeleistungen geben, wenn die Ausführung dieser Leistungen dem Jüngeren wesentlich leichter fällt als dem Älteren. Damit eine Regel in einer Situation überhaupt relevant ist, muß aber auch gelten, daß Sprecher und Partner der jeweiligen Klasse von Personen angehören. Auf obiges Beispiel bezogen, muß der Sprecher also (wesentlich) älter sein als der Partner. Wenn der Sprecher den Partner zur Ausführung einer Handlung verpflichten will, so impliziert das aber nicht nur, daß die genannten Bedingungen – nämlich daß es eine Regel gibt, die auf den Sprecher und den Partner anwendbar ist – vorliegen, sondern auch, daß der Sprecher will, daß der Partner die Handlung ausführt. Dieses sprecherseitige Wollen beruht wiederum auf dem Vorliegen bestimmter Bedingungen. Daß der Sprecher will, daß der Partner die Handlung ausführt, impliziert, daß er unterstellt, daß der Partner die Handlung überhaupt ausführen kann und daß der Partner auch willens dazu ist. Außerdem gehört es zu den Bedingungen des Wollens, daß der Partner eine Handlung ausführt, daß der Sprecher will, daß der Zustand eintritt, der sich nach Ausführung der Handlung ergibt. (Diese drei letztgenannten Bedingungen haben wir schon in Searles Bedingungsanalyse des Aufforderns kennengelernt; s. oben Abschnitt 4.2(vi).) Und schließlich liegen in dem Wollen des Sprechers, daß dieser Zustand eintritt, zwei weitere Bedingungsimplikationen: Zu wollen, daß ein Zustand eintritt, heißt (auch), zu unterstellen, daß dieser Zustand nicht vorliegt, und das Vorliegen dieses Zustands gegenüber dem Nicht-Vorliegen dieses Zustands zu bevorzugen (präferieren). Die genannten Bedingungen bilden, zusammen mit der Verpflichtungsabsicht des Sprechers, die gestaffelte Implikationsstruktur AUFF, die den mentalen Zustand des Sprechers bei Vorliegen einer Aufforderungssituation kennzeichnet.

Wir entwickeln AUFF im folgenden noch einmal in umgekehrter Reihenfolge und teilen die beteiligten Komponenten dabei in vier Klassen ein (vgl. Herrmann, 1982a).

Das *primäre* Handlungsziel, das der Sprecher in einer Aufforderungssituation verfolgt, besteht darin, daß er überhaupt will, daß der Zustand eintritt, der sich aus der Handlung des Partners ergibt; die Voraussetzungen für dieses Wollen ergeben sich aus der Annahme, daß dieser Zustand noch nicht vorliegt, und aus der sprecherseitigen Präferenz des Vorliegens dieses Zustands gegenüber dem unterstellten Nicht-Vorliegen. Das primäre Handlungsziel des Sprechers, das wir im folgenden E nennen, umfaßt also die folgenden drei Komponenten:

(1) Der Sprecher präferiert das Vorliegen eines Zustands gegenüber dem Nicht-Vorliegen dieses Zustands. (Beispiel: Der Sprecher hat das Fenster lieber geschlossen als offen.)
(2) Der Sprecher geht davon aus, daß der präferierte Zustand nicht vorliegt. (Das Fenster ist offen.)
(3) Demzufolge will der Sprecher, daß der präferierte Zustand besteht. (Der Sprecher will, daß das Fenster geschlossen ist.)

Das *sekundäre* Handlunsgziel des Sprechers bezieht sich darauf, daß der Partner eine Handlung ausführt, die das primäre Handlungsziel E realisiert. Im Rahmen dieses sekundären Handlungsziels, das wir im folgenden A nennen, unterstellt der Sprecher, daß der Partner die Handlung ausführen kann, und er unterstellt, daß der Partner die Handlung auch ausführen will beziehungsweise zu ihrer Ausführung bereit ist. Deshalb kann der Sprecher wollen, daß der Partner die Handlung ausführt. Das sekundäre Handlungsziel A umfaßt also die folgenden Komponenten:

(4) Der Sprecher unterstellt, daß der Partner die gewünschte Handlung auszuführen imstande ist. (Der Partner kann das Fenster schließen, er reicht an den Griff heran, das Fenster ist geöffnet, etc.)
(5) Der Sprecher unterstellt, daß der Partner bereit und willens ist, die Handlung auszuführen. (Der Partner ist nicht gerade mit etwas anderem beschäftigt, von dem er keinesfalls ablassen will.)
(6) Der Sprecher will, daß der Partner die Handlung ausführt. (Der Sprecher will, daß der Partner zum Fenster geht und es schließt.)

Über das Vorliegen von primärem und sekundärem Handlungsziel hinaus muß der Sprecher weiterhin die Legitimation unterstellen, kraft derer eine Aufforderung in der vorliegenden Situation ein angemessenes Mittel zur Erreichung des primären Handlungsziels (auf dem Wege der Realisierung des sekundären Handlungsziels) darstellt. Die Bedingungsklasse der *Mittellegitimation V* umfaßt ebenfalls drei Komponenten, die sich, wie oben schon ausgeführt, auf das Bestehen einer Regel und deren Anwendbarkeit auf Sprecher und Partner beziehen:

(7) Der Sprecher unterstellt eine soziale Regel (Norm, Konvention, Maxime), die etwas darüber aussagt, welche Klasse von Personen gegenüber welchen anderen Personen zum Auffordern legitimiert sind. (Einer der gerade sitzt, darf von einem, der gerade steht, verlangen, einfache Handlungen auszuführen, für die man sich durch den Raum bewegen muß.)
(8) Der Sprecher gehört zu den Personen, die nach dieser Regel legitimiert sind. (Er sitzt gerade.)

4. AUFFORDERN

(9) Der Partner gehört zu den Personen, gegenüber denen der Sprecher legitimiert ist. (Der Partner steht gerade.)

Nachdem der Sprecher will, daß der Partner die Handlung ausführt, und er unterstellt, daß er den Partner zur Ausführung der Handlung verpflichten darf, will der Sprecher den Partner auch verpflichten. Diese Komponente, die Konsequenz aus der gesamten Bedingungsstruktur, wird als *Mittelwahl I* bezeichnet:

(10) Der Sprecher will den Partner zur Ausführung der Handlung verpflichten. (Der Sprecher will den Partner verpflichten, das Fenster zu schließen.)

Bevor wir einige Gesichtspunkte dieser kognitiven Struktur AUFF näher besprechen, verweisen wir auf *Abbildung 4.1*, in der die genannten Komponenten und ihre Implikationsbeziehungen geordnet dargestellt sind. Dazu bedarf es einer Vorbemerkung: Bei dem kognitiven Schema AUFF handelt es sich um eine Menge von ‚geistigen Inhalten'. Wir verwenden die (deutsche) Sprache, um diese Inhalte zu kennzeichnen. Die geistigen Inhalte selbst sind aber begrifflicher und nicht sprachlicher Natur. In der Psychologie wurden verschiedene Darstellungsweisen (‚Formate') entwickelt, die eine solche Kennzeichnung nicht- oder vorsprachlicher Begriffsstrukturen ermöglicht. Im Abschnitt 2.6 haben wir bereits eine Darstellungsweise für den internen Aufbau einzelner Konzepte kennengelernt: modalitätsspezifische Marken und die Komplexe, die sie bilden. Hier geht es nun um die Kennzeichnung von Strukturen, an denen mehrere Konzepte beteiligt sind, die in spezifischer Weise miteinander verbunden sind. Dafür wird bevorzugt die Darstellungsweise der *Propositionen* verwendet; das Schema AUFF ist in Abbildung 4.1 in propositionaler Schreibweise dargestellt. Einige

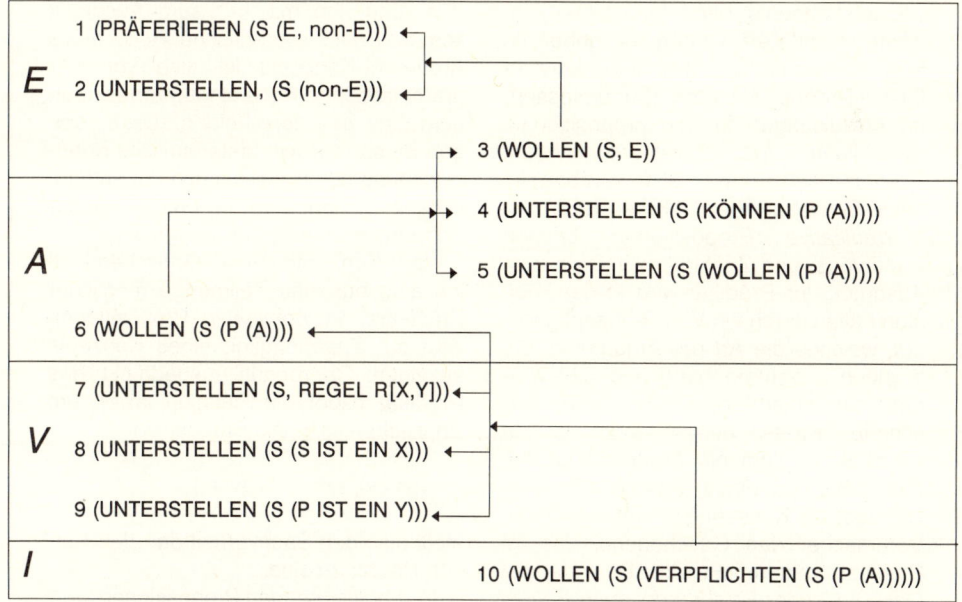

4.1 Das kognitive Schema AUFF als Implikationsstruktur mit den Subkomponenten E (primäres Handlungsziel), A (sekundäres Handlungsziel), V (Mittellegitimation) und I (Mittelwahl) (vgl. Text; nach Herrmann, 1982a, S. 124).

Exkurs 4.1   Propositionen

Mit Hilfe von Propositionen beschreibt man gedankliche beziehungsweise Wissensstrukturen des Menschen. Die propositionale Darstellungsweise wurde in der Psychologie verwendet, um die konzeptuelle (inhaltliche, semantische) Struktur von Texten *unabhängig von den konkreten einzelsprachlichen Formulierungen* dieser Inhalte zu beschreiben (vgl. Kintsch, 1974). Um zu verdeutlichen, daß es sich bei den Bestandteilen von Propositionen nicht um Wörter, sondern um kognitive Konzepte handelt, werden diese in KAPITÄLCHEN geschrieben.

Eine Proposition besteht aus einem Prädikat-Konzept und einem oder mehreren Argument-Konzepten; man nennt Propositionen auch Prädikat-Argument-Strukturen. Dabei stiftet das Prädikat eine Beziehung zwischen den Argumenten. (Das Wort „Argument" wird hier in seiner technischen Bedeutung wie der Funktionswert einer mathematischen Funktion verwendet und hat nichts mit Überzeugungsversuchen zu tun.) Propositionen können anhand der Art ihrer Prädikate klassifiziert werden; wir geben im folgenden einen Überblick über die wichtigsten Propositionsarten. (Für umfassende Anweisungen für die propositionale Darstellung vgl. Ballstaedt, Mandl, Schnotz & Tergan, 1981; Grabowski, 1991; Sowarka, Abel & Michel, 1983).

Prädikative Propositionen bringen Handlungs- und Zustandsrelationen zum Ausdruck. Ihr Prädikat wird in den meisten Fällen durch ein Verb-Konzept gebildet, welches die Art der Argumente, die in einen Zusammenhang gebracht werden, zu einem gewissen Grad vorschreibt. KÜSSEN beispielsweise ist ein Prädikat, zu dem ein Argument gehört, das küßt, und eines, das geküßt wird. Der oder die Küssende ist der *Agent*, der Verursacher des Geschehens, das im Prädikat ausgedrückt wird. Der oder die Geküßte ist der *Erfahrende*, auch *Patient* genannt, derjenige, dem das im Prädikat angeführte Ereignis widerfährt. Solche Vorgaben des Prädikats für die Art der Argumente nennt man die semantischen Rollen der Argumente. Häufige semantische Rollen sind neben Agent und Erfahrender (Patient) auch *Instrument* (womit jemand etwas tut) und *Objekt* (das durch das Tun modifiziert wird); auch *Zeit-* und *Ortsangaben* werden oft wie semantische Rollen behandelt. Betrachten wir nun das Beispiel einer Proposition:

(Prädikat: FANGEN, Agent: FRAU, Objekt: KARPFEN, Instrument: ANGEL)

Diese Proposition bringt den Gedanken zum Ausdruck, daß eine Frau mit einer Angel einen Karpfen fängt. Damit ist nichts darüber ausgesagt, wie jemand diesen Gedanken sprachlich äußert; er kann beispielsweise in den Sätzen „Die Frau fängt mit der Angel einen Karpfen.", „Der Karpfen wird von der Frau mit der Angel gefangen.", „Es ist die Angel, mit der die Frau einen Karpfen fängt." und „Sie fängt ihn mit ihr." zum Ausdruck kommen. Die semantische Rolle eines Argument-Konzepts ist also von der grammatischen Rolle eines Wortes in einem Satz zu unterscheiden. (Die im obigen Beispiel verwendete explizite Kennzeichnung des Prädikats und der semantischen Rollen wird in propositionaler Schreibweise meistens weggelassen.)

Verb-Konzepte mit semantischen Rollen sind nur eine Teilmenge möglicher Prädikate. In *nominalen* Propositionen wird die Zugehörigkeit eines Konzepts zu einem Oberbegriff ausgedrückt; das Prädikat bildet die Relation IST.EIN (im Englischen: ISA). Die Proposition

(IST.EIN, KATZE, RAUBTIER)

stellt also den Sachverhalt dar, daß Katzen Raubtiere sind.

In *modifizierenden* Propositionen werden Argumente näher bestimmt; die Modifikation kann qualifizierender (Prädikat: ATTRIBUT.VON), quantifizierender (Prädikat: ANZAHL.VON), partitiver (Prädikat: TEIL.VON oder HAT.EIN [im Englischen: HASA]) oder negierender Art (Prädikat: NEGATION) sein. Hier kann es sich bei den Argumenten um Konzepte, aber auch selbst wiederum um Propositionen handeln. Propositionen können also ineinander eingebettet sein. Das Argument einer negierenden Proposition ist beispielsweise immer eine andere Proposition. (Es gibt auch Verb-Konzepte, die als Prädikat Propositionen zum Argument haben, zum Beispiel WISSEN, GLAUBEN und HOFFEN.) In der Proposition

> (ATTRIBUT.VON (GEFANGENNEHMEN, POLIZIST, EINBRECHER, GESTERN), BRUTAL)

wird dem Sachverhalt, daß der Polizist gestern einen Einbrecher gefangengenommen hat, das Attribut BRUTAL zugewiesen. Eine Äußerung dieses Gedankens könnte lauten: „Gestern hat der Polizist einen Einbrecher auf brutale Weise gefangengenommen." Ein Satz umfaßt in den meisten Fällen mehr als eine Proposition. Dem Satz „Otto besitzt drei junge Hunde." liegen beispielsweise drei Propositionen zugrunde:

> (BESITZEN, OTTO, HUNDE) & (ANZAHL. VON, HUNDE, DREI) & (ATTRIBUT.VON, HUNDE, JUNG)

In *konnektiven* Propositionen werden Beziehungen zwischen Propositionen spezifiziert. Darunter fallen im wesentlichen diejenigen Verbindungen zwischen Aussagen, die wir sprachlich durch konjunktive („und"), disjunktive („oder"), kausale („weil"), finale („um zu"), konditionale („wenn"), konzessive („obwohl"), temporale („bevor") und lokale („vor") Konjunktionen kennzeichnen.

Der Zusammenhang (die Kohärenz) zwischen gedanklichen Elementen kann sich in Propositionen auf zweierlei Art zeigen: zum einen durch die schon erwähnte Einbettung einer Proposition in eine andere, zum anderen darin, daß ein Argument einer Proposition auch in einer anderen Proposition wieder vorkommt; dies nennt man Argumentüberlappung. In der Textverständlichkeitsforschung hat sich beispielsweise gezeigt, daß Texte, deren Inhalte bei einer propositionalen Analyse eine zusammenhängende Struktur ergeben, oft besser behalten werden als Texte, bei denen dies nicht der Fall ist (vgl. Ballstaedt, Schnotz & Mandl, 1981; Beyer, 1987).

In den siebziger Jahren wurde intensiv versucht, den Nachweis für die ‚psychische Realität' von Propositionen zu erbringen. Kintsch & Keenan (1973) konnten beispielsweise zeigen, daß bei Sätzen gleicher Länge die Lesezeit mit der Anzahl der Propositionen, die in ihnen versprachlicht sind, kontinuierlich ansteigt. Die Bedeutungen mehrdeutiger Sätze lassen sich in einer propositionalen Analyse trennen. So liegt dem Satz „Der Mann schlug den Hund mit dem Holzbein." je nachdem, ob der Mann mit einem Holzbein zuschlug oder ob der Hund ein Holzbein hat, entweder die Proposition

> (SCHLAGEN, Agent: MANN, Erfahrender: HUND, Instrument: HOLZBEIN)

oder das Propositionenpaar

> (SCHLAGEN, Agent: MANN, Erfahrender: HUND) & (HAT.EIN, HUND, HOLZBEIN)

zugrunde. (Da Menschen Sätze in aller Regel in situativen Zusammenhängen verwenden, sind solche Mehrdeutigkeiten kaum mehr als Illustrationsgeschöpfe von Kognitions- und Sprachwissenschaftlern.) Generell ist festzuhalten, daß Propositionen keinesfalls als die ‚wahre' Sprache des Geistes verstanden werden sollten; sie sind aber *eine* mögliche, für wissenschaftliche Zwecke erfundene *Beschreibungssprache für kognitive Strukturen*, die uns ein Hilfsmittel an die Hand gibt, über geistige Inhalte vor ihrer Versprachlichung in Äußerungen sprechen und schreiben zu können.

Grundbegriffe, die das Verständnis von Propositionen und propositionaler Darstellungen betreffen, werden im Exkurs 4.1 angeführt.

Wir diskutieren im folgenden drei Gesichtspunkte, die nach der bisherigen Darstellung vielleicht mißverständlich geblieben sind. Diese Aspekte geben Antworten auf die folgenden Fragen: (a) Wie ‚gerät' der Sprecher in einen mentalen Zustand, der einer Aufforderungssituation entspricht? (b) Wie sind die in AUFF implizierten Regeln zu verstehen? (c) Was sind nach allem Aufforderungen?

(a) AUFF wurde oben als ein kognitives Schema vorgestellt, über welches Sprecher verfügen. Dieses Schema wird – wie das bei Schemata generell angenommen wird – nicht nur dann aufgerufen und in Kraft gesetzt, wenn alle beteiligten Komponenten sozusagen explizit (‚bewußt') vom Sprecher kogniziert wurden. Vielmehr genügt das Vorliegen des primären Handlungsziels und einiger Hinweisreize, die der Sprecher der Situation entnimmt. Da die Komponenten (4) bis (10) mit Ausnahme der Komponente (8) alle etwas mit dem Partner zu tun haben, sind solche situativen Hinweisreize in der Regel mit dem Partner verknüpft. Aber es ist beispielsweise auch die bloße Kognizierung der Komponente (8) denkbar, etwa im Falle einer starken Notlage, die den Sprecher jedem beliebigen Partner gegenüber legitimiert oder sogar erlaubt, jemanden erst heranzuziehen oder herbeizurufen, der in der Situation ursprünglich gar nicht als Partner zur Verfügung stand.

Wenn ein entsprechendes Sprecherziel und eine oder mehrere der genannten Komponenten in einer Situation, so wie sie der Sprecher kogniziert, vorliegen (zum Beispiel die Komponente (4): Es ist eine andere Person anwesend, die eine Handlung ausführen kann, die den Sprecher seinem Ziel näher bringt), wird das Aufforderungsschema *als Ganzes* aktualisiert. Die anderen Komponenten von AUFF werden also mitaktiviert; der Sprecher ‚erkennt' zum Beispiel, daß es eine Regel gibt, nach der er den Partner in der vorliegenden Situation zur Ausführung der gewünschten Handlung verpflichten darf, etc. Das Inkraftsetzen eines Schemas durch einige, der Umgebung entnommene Situationsmerkmale nennt man die ‚Instanzierung' eines Schemas; die ‚Leerstellen', die das Schema aufweist (im Falle von AUFF: (irgend) eine Handlung, (irgend) ein Partner, (irgend) eine Regel), werden dann quasi automatisch durch die aktuellen Situationsmerkmale ersetzt, mit konkreten Werten belegt. Ist der Wissenskomplex AUFF auf diese Weise aktiviert, so heißt das: Der Sprecher kogniziert die vorliegende Situation als *Aufforderungssituation*.

Umgekehrt kann die sprecherseitige Kognizierung von Gegenevidenzen dazu führen, daß AUFF nicht aktualisiert wird. Wenn der Sprecher beispielsweise bemerkt, daß der Partner eine Handverletzung hat, so wird das Vorliegen eines Sprecherziels, daß das Fenster geöffnet ist, und das Wissen darüber, daß der Partner sehr gerne eine entsprechende Handlung ausführen würde, die dem Sprecher sein Ziel zu erreichen hilft, dennoch nicht zum Einsatz von AUFF führen: Der Partner kann die Handlung offensichtlich nicht ausführen. Der Sprecher nimmt die Situation dann nicht als Aufforderungssituation wahr.

(b) Ein kurzes Wort zu den Regeln: Es handelt sich hier nicht (nur) um offiziell anerkannte Rechtsnormen, vertraglich geregeltes oder auf andere Weise kodifiziertes Recht etc. Vielmehr kommen ebenso allgemeine Konventionen und Bräuche, ‚Umgangsformen' oder private Absprachen und Gewohnheiten in Frage. Auch hängen Regeln, die zur Instanzierung von AUFF geeignet sind, nicht von deren moralischen Eigenschaften ab.

Zwischen zwei Kaufhausdieben kann die Regel bestehen, daß sie sich beim Klauen abwechseln. Die Tatsache, daß der Sprecher beim letzten Mal gestohlen hat, legitimiert ihn gegenüber dem Partner, diesen zum Diebstahl aufzufordern. Wir weisen noch einmal darauf hin, daß es sich bei allen genannten Komponenten um Annahmen (Unterstellungen, Für-wahr-Gehaltenes) des Sprechers handelt. Der Partner muß eine Regel, die an der sprecherseitigen Interpretation einer Aufforderungssituation beteiligt ist, weder ‚mögen' noch akzeptieren noch überhaupt kennen. Das kann dazu führen, daß der Partner sich nicht zur Ausführung der gewünschten Handlung verpflichten läßt; bekanntlich werden Aufforderungen zuweilen auch nicht verstanden oder zurückgewiesen und nicht befolgt. (Entsprechendes gilt für die sprecherseitige Einschätzung des partnerseitigen Wollens und Könnens.)

(c) Aufforderungen sind nach allem eine Teilklasse derjenigen Äußerungen, die ein Sprecher im mentalen Zustand AUFF produziert. Eine Teilklasse deshalb, weil nicht alle Äußerungen des Sprechers im Zustand AUFF notwendigerweise Aufforderungen sein müssen. (Der Sprecher kann bei Vorliegen von AUFF beispielsweise auch eine Frage oder eine Mitteilung produzieren, weil er sich vielleicht über die konkrete Ausprägung einer Komponente von AUFF sicher sein möchte, bevor er auffordert.) Der Sprecher kann – dem dargestellten Modell zufolge – eine Äußerung aber nur als Aufforderung ‚meinen', wenn er sich im mentalen Zustand AUFF befindet. (Eine vom Sprecher intendierte Mitteilung, die vom Partner als Aufforderung (miß-) verstanden wird, macht diese nicht ‚rückwirkend' zu einer Aufforderung.)

Wir kommen auf die im Abschnitt 1.3 eingeführte Grobgliederung des Sprechvorgangs zurück, um das bisher zum Auffordern Gesagte darin zu verorten. Am Anfang der Planung einer Aufforderung steht die Konzentration des Sprechers auf das Worüber des Sprechens. Das, was der Sprecher wissen beziehungsweise kogniziert haben muß, was sich also im Arbeitsspeicher des Sprechers befindet (= die Fokusinformation; s. unten 7.1), umfaßt (zumindest) alle Komponenten des Schemas AUFF. Andernfalls fordert der Sprecher nicht auf. Nun umfassen die *Äußerungen* eines Sprechers in einer Situation aber keineswegs alle Komponenten der Fokusinformation; vielmehr wählt der Sprecher Komponenten zur Versprachlichung aus, die ihm in der Situation geeignet und zielführend erscheinen. Diesen Teilprozeß haben wir *Selektion* genannt. Eine beobachtbare Aufforderungsäußerung ist somit die Versprachlichung einer oder mehrerer Komponenten von AUFF. Jetzt können wir auch genauer bestimmen, was unter einfachen Aufforderungen zu verstehen ist: Eine einfache Handlungsaufforderung liegt dann vor, wenn der Sprecher genau eine der Komponenten von AUFF ausgewählt (seligiert) und versprachlicht (enkodiert) hat. Wir geben in Tabelle 4.1 je zwei Beispiele für die mögliche Thematisierung der einzelnen AUFF-Komponenten als Aufforderungsäußerung; dabei rekurrieren wir auf den noch immer ungemähten Rasen.

Mit Blick auf die oben schon eingeführten Teilklassen E (primäres Handlungsziel), A (sekundäres Handlungsziel), V (Mittellegitimation) und I (Mittelwahl) von AUFF nennen wir Äußerungen, in denen eine der Komponenten (1) bis (3) thematisiert wird, *E-Aufforderungen*, bei Verbalisierungen der Komponente (4), (5) oder (6) sprechen wir von *A-Aufforderungen*, die Selektion einer der Komponenten (7) bis (9) führt zu *V-Aufforderungen*, und *I-Aufforderungen* sind Thematisierungen der Komponente (10).

Man sieht, daß die Zuordnung einer Aufforderungsäußerung zu einer der Komponenten allein davon abhängig ist, welcher Teil der Ausgangsinformation aus AUFF darin thematisiert wird. Dies kann dadurch erfolgen, daß der ‚Inhalt' einer Komponente *ausgesagt* wird;

Tab. 4.1: Thematisierungen der zehn Komponenten von AUFF am Beispiel der Aufforderung zum Rasenmähen.

Komponente	Thematisierungsbeispiele
(1)	„Ich möchte gern mit Freude in den Garten blicken." „Ich liebe frisch gemähten Rasen."
(2)	„Der Rasen sieht ja furchtbar aus." „Ich trau mich kaum noch in den Garten."
(3)	„Mein Ziel ist, endlich mal wieder im Garten zu liegen, ohne mich vor den Nachbarn zu schämen." „Ich will endlich wieder einen ordentlich gemähten Rasen vorm Haus."
(4)	„Könntest du mal den Rasen mähen?" „Heinz, ich finde, du kannst so toll Rasenmähen."
(5)	„Willst du nicht mal den Rasen mähen?" „Du mähst doch so gern den Rasen."
(6)	„Ich will sofort, daß du den Rasen mähst." „Ich sähe dich jetzt wirklich gern mit dem Rasenmäher hantieren."
(7)	„Statt faul rumzuhängen, macht man sich besser im Garten nützlich." „Du weißt doch: Der Mann zieht hinaus in den verwilderten Garten, am Herde waltet die treffliche Hausfrau."
(8)	„Ich dachte immer, daß ich derjenige bin, der hier den Rasen gemäht kriegt." „Ich darf dich doch mal sehr bitten, den Rasen zu mähen."
(9)	„Du bist mit Rasenmähen dran." „Du sollst jetzt endlich den Rasen mähen."
(10)	„Mäh mal den Rasen!" „Ich bitte dich, heute den Rasen zu mähen."

er kann aber auch in *Frage* gestellt werden. Die letztlich gewählte Formulierung kann im Indikativ oder im Konjunktiv stehen, sie kann Partikeln enthalten, etc. Diese Eigenschaften der beobachteten Äußerung werden auf den der Selektion nachgeordneten Ebenen der Sprachproduktion realisiert; durch die Beschaffenheit der seligierten Fokuskomponenten wird eine Äußerung zwar vorbereitet, sie ist auf dieser Planungsebene aber hinsichtlich ihrer konkreten sprachlichen Realisierung noch unterbestimmt.

Über 90 Prozent der empirisch beobachteten (einfachen) Aufforderungsäußerungen lassen sich als Thematisierung einer der genannten Komponenten von AUFF klassifizieren; und dies mit einer Zuordnungsobjektivität zwischen .70 und .90 (Herrmann, 1982a). Das heißt, wenn zwei Personen dieselben Aufforderungen als seligierte Thematisierungen von AUFF klassifizieren sollen, so stimmen sie in 70 bis 90 Prozent der Fälle überein. Mangold & Herrmann (1984) konnten zeigen, daß sich die Klassifikation von Aufforderungsvarianten nach AUFF auch durch ein Computerprogramm vornehmen läßt; die Zuverlässigkeit der maschinellen Klassifikation wurde am Beispiel von empirisch gewonnenen Aufforderungen aus zwei Situationen (am Kiosk einen SPIEGEL kaufen; einen Mitstudenten um eine Essensmarke für die Mensa bitten) geprüft und liegt im Bereich von 90 Prozent.

4.4 Informativität und Instrumentalität

Warum verwenden Menschen überhaupt jeweils ganz verschiedene Äußerungen, wenn sie einen Partner auffordern wollen? Warum stellt eine Sprache so viele Aufforderungsvarianten bereit? Wenn es nur darum ginge, daß der Partner verstehen soll, *daß* der Sprecher etwas von ihm will und *was* der Sprecher von ihm will, so wäre die performative oder imperativische Variante (= die Verbalisierung der Komponente (10)) doch sicherlich immer und überall die beste: Sie kann nicht mißverstanden werden und legt dem Partner eindeutig nahe, daß er etwas tun soll und was er tun soll. Derart eindeutige, unmißverständliche Aufforderungen sind *maximal informativ*, wenn man mit Informativität das Ausmaß bezeichnet, in dem sich jede der Komponenten ausschließlich der kognitiven Struktur AUFF zuordnen läßt. Die Äußerung „Ich hätte gern, daß der Rasen gemäht ist." kann dagegen auch eine bloße Mitteilung sein, „Kannst du den Rasen mähen?" kann auch eine Informationsfrage sein. (Vielleicht hat sich der Partner eine Muskelzerrung zugezogen, und der Sprecher weiß tatsächlich nicht, ob der Partner zum Rasenmähen physisch in der Lage ist.) Und die Äußerung „Du mußt den Rasen mähen." kann – als Feststellung – beispielsweise Teil einer Auflistung von Dingen sein, die vor dem Urlaub noch erledigt werden müssen. Die Dimension der Informativität wird im Zusammenhang mit Aufforderungen oft auch als Direktheit, Explizitheit oder Deutlichkeit (Kampmann, 1982) bezeichnet.

In den sprechakttheoretischen Ansätzen werden in der Regel nur direkte von indirekten Aufforderungen unterschieden (Harras, 1983; Levinson, 1990); innerhalb der indirekten Aufforderungsmöglichkeiten wird dabei keine graduelle Abstufung mehr getroffen. Wir haben dagegen die Informativität oben als eine Dimension bezeichnet; dies impliziert die Annahme, daß Aufforderungsvarianten nicht nur direkt oder indirekt, sondern auch unterschiedlich direkt sein können: Die Direktheit von Aufforderungen steigt von E-Aufforderungen über A-Aufforderungen und V-Aufforderungen bis hin zu I-Aufforderungen kontinuierlich an. Dies konnte auch empirisch bestätigt werden (Winterhoff-Spurk, 1986; Winterhoff-Spurk & Grabowski-Gellert, 1987a). Wir ließen 120 Versuchspersonen die Direktheit von E-, A- und I-Aufforderungen, die gesprochen auf einem Videoband vorgeführt wurden, auf einer fünfstufigen Skala von „nicht direkt" (= 1) bis „sehr direkt" (= 5) einschätzen. (V-Aufforderungen wurden in dieser Untersuchung nicht berücksichtigt.) Es zeigte sich, daß sich die Direktheitsurteile in statistisch bedeutsamem Maße je nach Aufforderungstyp unterscheiden; E- Aufforderungen wurden als am wenigsten direkt, I-Aufforderung als am direktesten beurteilt; die A-Aufforderungen lagen dazwischen, allerdings näher an den E- als an den I-Aufforderungen.

Wir wenden uns nun wieder der Frage zu: Warum überhaupt werden indirekte Aufforderungsvarianten (und dies sogar bevorzugt) von Sprechern produziert? Der Sprecher will nicht nur, daß der Partner versteht, was er meint; dieses partnerseitige Verstehen – das durch eine hinreichende Informativität des Geäußerten erreicht wird – ist vielmehr nur ein (wenngleich unabdingbares) Hilfs- und Zwischenziel auf dem Wege zum eigentlichen Ziel: Der Sprecher will, daß der Zustand eintritt, den er sich wünscht (= primäres Handlungsziel: das Fenster ist geschlossen; der Rasen ist gemäht), und zwar soll dies durch entsprechende Handlungen des Partners erfolgen (= sekundäres Handlungsziel: der Partner schließt das Fenster; der Partner mäht den Rasen). Die Äußerung, die der Sprecher produziert, muß also geeignet (zielführend, instrumentell) sein, um diese Zielvorstellungen einzulösen: Der Partner soll nach erfolgter Rezeption der Aufforderungsäußerung die gewünschte Handlung auch tatsächlich ausführen! Nur weil uns jemand in eindeutig verstehbarer Weise – und damit höchst informativ – um etwas bittet, kommen wir der Bitte deshalb noch nicht in allen Fällen nach. Der Sprecher, der in einer Aufforderungssituation den Partner gemäß des skizzierten theoretischen Modells zur Ausführung einer Handlung verpflichten möchte, tut also gut daran, seine Äußerung so zu wählen, daß sie – soweit er es vorab einschätzen kann – auch erfolgreich ist und zum Ziel führt. Diesen Gesichtspunkt, nach dem sich die Produktion einer Äußerung ebenfalls richtet, nennen wir die *Instrumentalität*.

Wenn wir beispielsweise, nachdem wir einen Autounfall gesehen haben, eine Zeugenaussage machen sollen, so werden wir uns in der Regel – wenn wir nicht zu den Zeitgenossen gehören, die sich bei solchen Gelegenheiten produzieren und aufspielen müssen – bemühen, das von uns Gesehene möglichst vollständig und klar in Form eines Augenzeugenberichts darzustellen. Diese Art der Äußerung ist dann sowohl informativ als auch instrumentell, weil das Ziel in einer solchen Situation ja gerade darin besteht, den Partner zu informieren. Gerät die Äußerung dagegen wirr (= nicht informativ), so ist sie auch nicht instrumentell; es gelingt nicht, dem Partner ein Bild von dem zu vermitteln, was der Sprecher beobachten konnte. Informativität und Instrumentalität gehen bei Augenzeugenberichten also miteinander einher.

Gerade und besonders beim Auffordern ist es aber der Fall, daß die Informativität und die Instrumentalität einer Äußerung nicht kovariieren, sondern miteinander geradezu konkurrieren. Wie ist das zu verstehen? Menschen neigen dazu, sich Einengungsversuchen ihres persönlichen Handlungsspielraums zu entziehen. Dieses Motiv wird in der Sozialpsychologie im Rahmen der Reaktanztheorie behandelt (Gniech & Grabitz, 1978). *Reaktantes Verhalten* ist danach Verhalten, welches jemand an den Tag legt, um einen als eingeschränkt wahrgenommenen Handlungsfreiraum wiederzuerlangen. Direkte Aufforderungen können eine solche Beeinträchtigung darstellen. Sie machen die Verpflichtungsabsicht des Sprechers explizit und lassen dem Partner keine Möglichkeit, die Äußerung nicht auch als Aufforderung zu verstehen. Indirekte Aufforderungsvarianten können demgegenüber, wie wir schon erwähnt haben, auch als bloße Mitteilungen, Feststellungen oder Fragen verstanden werden. Es besteht für den Partner bei indirekten Aufforderungen sozusagen ein gewisses Maß an Freiwilligkeit, mit der er die Äußerung als Aufforderung versteht. Das Risiko für den Sprecher, daß der Partner sich durch eine Aufforderungsäußerung in seinem Handlungsfreiraum übermäßig eingeschränkt fühlt, daß diese Äußerung reaktantes Verhalten provoziert und daß der Partner die Aufforderung ablehnt, ist bei direkten Aufforderungsvarianten somit am größten. Direkte Aufforderungen sind am wenigsten instrumentell. Umgekehrt kann man sehr indirekte Aufforderungsvarianten entsprechend als sehr instrumentell bezeichnen; diese sind jedoch, wie bereits erläutert, durch ein geringes Maß an Informativität gekennzeichnet und können somit auch leicht mißverstanden werden. Der Sprecher muß sich bei der Produktion einer Aufforderung also zwischen der Skylla der Reaktanz und der Charybdis des Mißverstehens hindurchlavieren.

Bei anderen sozialwissenschaftlichen Ansätzen wird das Reaktanzproblem in partiell anderen, allgemeineren Zusammenhängen betrachtet. Nach Goffman (1991) „spielen wir alle Theater": Wenn wir uns vor anderen verhalten, nehmen wir – gleichsam automatisch – eine bestimmte Rolle als Akteur ein, mit der eine entsprechende Situationsauffassung und ein entsprechendes Selbstkonzept einhergehen. Wird dieses Selbstkonzept bedroht, so tut der Akteur etwas dagegen. Goffman nennt dieses Tun „facework"; er unterscheidet präventive (also im voraus auf Sicherung abzielende) und korrektive (also nachträglich das Selbstkonzept wiederherstellende) Praktiken (vgl. Winterhoff-Spurk & Grabowski-Gellert, 1987a). Die Wahl indirekter Äußerungen kann in diesem Zusammenhang als eine präventive Strategie gesehen werden, mit der der Sprecher eine vorzeitige Festlegung des eigenen Selbstkonzepts und der eigenen Situationsauffassung vermeidet.

Brown & Levinson (1978) haben diese Vorstellung hinsichtlich sprachlicher Verhaltensweisen weiterentwickelt. Interaktanten streben nach sozialer Anerkennung und nach Eigenständigkeit ihres Handelns. Da dies für alle Beteiligten gilt und nur im Zusammenspiel mit anderen erreicht werden kann, versuchen Sprecher, diese Bestrebungen beim anderen zu berücksichtigen, um sie umgekehrt auch bei sich selbst berücksichtigt zu sehen. Eine Reihe von kommunikativen Handlungen – besonders eben die Direktiva – beeinträchtigen den partnerseitigen Wunsch nach Selbstbestimmung; es droht ‚Gesichtsverlust'. Durch geeignete kommunikative Strategien – beispielsweise durch die Wahl indirekter Aufforderungsformulierungen, aber auch durch Höflichkeitsformen – versuchen Sprecher aus den angeführten Gründen, die diesbezügliche Beeinträchtigung des Partners zu kompensieren. Brown & Levinson nehmen an, daß es sich hier um universelle (sprachübergreifende) Prinzipien handelt; sie stützen ihre Annahmen auf Untersuchungen in England, Mexiko und Indien.

Wir illustrieren die beiden Risiken, die der Sprecher zu minimieren versucht, an zwei Beispielen mißglückten Aufforderns.

- *Das Risiko des Mißverstehens:* „Der Rasen ist schon ziemlich lang." Diese Äußerung – eine Verbalisierung der Komponente (2) von AUFF – weist ein hohes Maß an Instrumentalität auf; sie ist kaum geeignet, beim Partner aversive Reaktionen zu provozieren. Sie ist – als indirekte Aufforderung – nur wenig informativ; sie kann auch anderen Sprecherabsichten als der des Aufforderns zugeordnet werden. Der Partner faßt diese Äußerung vielleicht als Feststellung auf und sagt: „Ja, das finde ich auch." Die Aufforderung ist mißglückt.
- *Das Risiko der Reaktanzerzeugung:* Ein Gast betritt ein Restaurant und sagt sogleich zur Kellnerin: „Ich kann von ihnen als Kellnerin wohl verlangen, daß sie mir ein Bier bringen." Diese Äußerung ist – als V-Aufforderung, in der die Komponente (7) thematisiert wird – recht direkt und damit kaum mißverständlich; sie ist in hohem Maße informativ. Zugleich ist es mit der Instrumentalität dieser Äußerung aber nicht weit her; jede auch nur halbwegs couragierte Bedienung wird dieser Aufforderung kaum Folge leisten. Die Aufforderung ist mißglückt.

Während die Informativität von Aufforderungen von den E- über A- und V-Aufforderungen bis zu I-Varianten steigt, sinkt die Instrumentalität in eben dieser Reihenfolge. Ein guter Kompromiß, der zur optimalen Minimierung beider der genannten Risiken beiträgt, dürften somit *A-Aufforderungen* sein. Tatsächlich sind Aufforderungen mittlerer Direktheit sehr häufig zu beobachten, aber bei weitem nicht ausschließlich. Das gesamte Spektrum von direkten und indirekten Aufforderungsvarianten besteht sozusagen nicht nur auf dem Papier, sondern wird von Sprechern auch tatsächlich ausgenutzt. Das hängt unter anderem damit zusammen, daß es neben der vom Sprecher produzierten Äußerung weitere externe Faktoren gibt, die das Verhalten des Partners leiten, kurz: die *Gesamtsituation*, in der eine Aufforderung produziert wird. Wenn der Partner etwa nichts anderes als eine Aufforderung erwartet, ist die Gefahr des Mißverstehen kaum mehr gegeben; der Sprecher kann sich dann auch sehr indirekte Aufforderungsvarianten leisten. In anderen Situationen ist es für den Sprecher vielleicht besser, die Instrumentalität seiner Äußerung hintanstehen zu lassen und allein das Kriterium der Informativität zu maximieren.

Im folgenden Abschnitt 4.5 werden wir untersuchen, welche Situationsmerkmale beim Auffordern eine besondere Rolle spielen. Danach können wir uns (in Abschnitt 4.6) der empirischen Frage zuwenden: In welchen Situationen produzieren Sprecher welche Art von Aufforderungen?

4.5 Klassen von Aufforderungssituationen

Wir betrachten die sprecherseitigen Unterstellungen bei Vorliegen von AUFF genauer. Diese betreffen (1) den präferierten, aber nicht vorliegenden *Zustand*, (2) das *Können* und (3) die *Bereitschaft* des Partners sowie (4) die eigene *Legitimation*. Eine Situation, die der Sprecher als Aufforderungssituation interpretiert, ist also generell durch diese vier (von ihm unterstellten) Situationsaspekte gekennzeichnet (Herrmann, 1982a). Wir können jetzt aber hinzufügen, daß die Situationsauffassung des Auffordernden im Zusammenhang mit diesen Unterstellungen wie folgt *variiert*: Der Sprecher kann verschieden hohe Ausprägungen des Könnens und der Bereitschaft des Partners annehmen, und er kann sich über das Vorliegen dieser Ausprägungen unterschiedlich sicher beziehungsweise unsicher sein; die Präferenz des gewünschten Zustands kann unterschiedlich stark ausgeprägt sein (wir nennen dieses Ausmaß an Präferenz im folgenden „Dringlichkeit"); und die eigene Legitimation kann unterschiedlich stark fundiert sein. Es gilt im einzelnen:

Können (KÖN): Zu den sprecherseitig implizierten Voraussetzungen für das Vorliegen einer Aufforderungssituation gehört die Annahme, der Partner könne die gewünschte Handlung ausführen. Dabei kann der Sprecher davon ausgehen, daß der Partner die Handlung leicht, einfach, unaufwendig, problemlos etc. ausführen kann; in diesem Fall ist das unterstellte partnerseitige Können hoch (= KÖN+). Der Sprecher kann aber auch davon ausgehen, daß die partnerseitige Ausführung der Handlung schwierig und problematisch ist und die Aufbietung besonderer Kräfte erfordert; in diesem Fall ist das Können fraglich (= KÖN?). Im Falle von KÖN? besteht für den Sprecher also eine höhere subjektive Unsicherheit über das partnerseitige Können. Nimmt der Sprecher an, daß der Partner zur gewünschten Handlung nicht imstande ist (= KÖN-), ist keine Aufforderungssituation gegeben (die Bedingungen für AUFF sind nicht erfüllt): Er fordert nicht auf. (Zumindest verwendet er keine einfache Handlungsaufforderung.)

Bereitschaft (BER): Zu den sprecherseitig implizierten Voraussetzungen für das Vorliegen einer Aufforderungssituation gehört auch die Annahme, daß der Partner prinzipiell bereit ist, die gewünschte Handlung auszuführen. Geht der Sprecher davon aus, daß der Partner nicht bereit ist (= BER-), fordert er wiederum nicht auf. Allerdings kann auch die Bereitschaft (wie sie der Sprecher unterstellt) verschieden ausgeprägt sein. Der Sprecher kann annehmen, daß sie hoch ist (= BER+), oder er kann die partnerseitige Bereitschaft als fraglich einschätzen (= BER?). Auch hier besteht für den Sprecher im Fall von BER? eine höhere subjektive Unsicherheit über die Ausprägung des Merkmals.

Dringlichkeit (DRIN): Der Sprecher präferiert in einer Aufforderungssituation einen bestimmten, nicht vorliegenden Zustand, der vermittels einer Handlung des Partners eintreten soll. Das sprecherseitige Bedürfnis nach diesem Zustand kann unterschiedlich groß sein. Man kann es auch so formulieren, daß die Differenz zwischen dem Ist- und dem Soll-Zustand variieren kann; diese Differenz entspricht der variablen Dringlichkeit, mit der der Sprecher das Eintreten des Zielzustands wünscht. Ist keine Dringlichkeit gegeben, das heißt, vermag der Sprecher zwischen dem vorliegenden Ist-Zustand und dem Soll-Zustand keine Präferenz zu bilden, so fordert der Sprecher nicht auf (= DRIN-). Die Dringlichkeit kann für den Sprecher aber hoch (= DRIN+) oder gering beziehungsweise nicht besonders erheblich (= DRIN?) sein.

Legitimation (LEG): Vermag der Sprecher keine Legitimationsbasis zu unterstellen, kraft derer er den Partner zur Ausführung der gewünschten Handlung verpflichten darf (= LEG-), so fordert er nicht auf. Die Legitimation kann jedoch stark (unter anderem vertraglich, gesetzlich oder durch allgemein anerkannte Gebote) fundiert sein (= LEG+), oder sie kann sozusagen ‚auf schwächeren Füßen' stehen (= LEG?).

Die Kennzeichnung der Ausprägung eines Situationsparameters als ‚problematisch' kann bei den partnerbezogenen Unterstellungen BER und KÖN genau genommen zweierlei bedeuten (Winterhoff-Spurk & Frey, 1983). Der Sprecher kann sich subjektiv sehr *sicher* sein, *daß* die Bereitschaft oder das Können des Partners relativ *gering* ausgeprägt sind, oder er kann sich subjektiv sehr *unsicher* sein, *wie* diese Parameter beim Partner ausgeprägt sind. In beiden Fällen handelt es sich für den Sprecher gegenüber den Parameterausprägungen BER+ und KÖN+ um problematische Situationen.

Aufforderungssituationen (die, wie erwähnt, definitionsgemäß immer dann vorliegen, wenn das kognitive Schema AUFF aktualisiert ist), können sich also hinsichtlich der Ausprägungen (mindestens) der vier genannten Situationsvariablen unterscheiden. Je nach Ausprägungskombination liegen für den Sprecher also – innerhalb der generellen Kognition einer Aufforderungssituation qua AUFF – unterschiedliche Aufforderungsbedingungen vor. In Abhängigkeit von diesen Bedingungen gelten für die Optimierung des Informativitäts-Instrumentalitäts-Dilemmas jeweils unterschiedliche Maßgaben. Das führt dazu, daß die Entscheidung für eine direkte oder indirekte Aufforderungsvariante situationsspezifisch unterschiedlich ausfallen kann. Je nach der sprecherseitigen Kalkulation der mutmaßlich optimalen Instrumentalität einer Aufforderung auf der Basis der unterstellten Situationsausprägungen können dabei E-, A- V- oder I-Aufforderungen in Frage kommen. Die gesamte Direktheitsskala der vielen möglichen Aufforderungsvarianten wird also deshalb ausgenutzt (und steht wohl auch deshalb in einer Sprache überhaupt zur Verfügung), weil in verschiedenen Situationen Unterschiedliches relevant ist. Die Zusammenhänge zwischen Situationsklassen (also spezifischen Ausprägungskombinationen der Situationsparameter KÖN, BER, DRIN und LEG) und bevorzugten sprachlichen Aufforderungsvarianten und die daraus abzuleitenden Hypothesen werden wir im folgenden auf theoretischer Ebene ausführen, bevor wir dann (im Abschnitt 4.6) eine Reihe von empirischen Untersuchungen berichten, in denen diese Zusammenhangsannahmen geprüft wurden.

Zuvor wollen wir einige allgemeine Überlegungen zum forschungsstrategischen Vorgehen im Gesamtbereich der Sprachproduktion anstellen. Es dürfte im Verlauf der vorstehenden Kapitel deutlich geworden sein, daß wir generell annehmen, daß die von einem Sprecher produzierten Äußerungen wesentlich von der Situation abhängen, in der sich der

Sprecher befindet und die er in einer bestimmten Weise auffaßt. Wir haben für das Auffordern eine sehr spezielle Systematik berichtet, nach der sich Situationen und die kognitive Situationsauffassung des Sprechers einteilen und beschreiben lassen; ebenso haben wir eine spezielle Systematik bei der Beschreibung von Äußerungen vorgestellt, die als Aufforderungen produziert werden. Diese Systematiken sind offensichtlich in dieser Form nicht für die Behandlung von Objektbenennungen oder raumbezogenen Äußerungen geeignet.

Im folgenden Kapitel 5 werden wir für das Reden über Ereignisse wiederum spezielle Kategorien darstellen. Muß man sich nach allem die Psychologie der Sprachproduktion als das (bloße) Aneinanderreihen spezieller Teiltheorien zu verschiedenen Klassen von Äußerungen vorstellen? Wir haben hier – und wie wir meinen, mit Gewinn – eine Forschungsstrategie verfolgt, nach der eine allgemeine, breite, äußerungsklassenübergreifende Vorstellung der Sprachproduktion und spezielle, äußerungsklassenspezifische theoretische Ausformulierungen sich wechselseitig ergänzen und befördern (vgl. Grabowski, 1991, S. 72). Die allgemeinen Grundvorstellungen (beispielsweise die prinzipielle Partnerbezogenheit des Sprechens) haben wir im ersten Kapitel angeführt. Im Rahmen dieser Grundvorstellungen können spezielle Äußerungsklassen behandelt und hinsichtlich ihrer besonderen Kennzeichen theoretisch ausformuliert und empirisch untersucht werden. Diese Befunde münden wiederum in die Elaboration der allgemeinen Grundvorstellungen (vgl. die Kapitel 6 bis 10); sie müssen dort ‚eingepaßt' werden. Auf diese Weise soll versucht werden, die Rahmentheorie der Sprachproduktion sukzessive zu verbessern: Sie wird immer detaillierter und bekommt einen breiteren Geltungsbereich, indem sie immer mehr Klassen von Äußerungen auch hinsichtlich ihrer Spezifika berücksichtigt. So kommt der gesamte Forschungsprozeß – auch im Wechselspiel zwischen theoretischem und empirischem Arbeiten – gleichsam Zug um Zug voran. Die ‚Teiltheorien', die wir im Teil II dieses Buches vorstellen, sind nicht beliebig; sie müssen mit der Gesamtvorstellung der Sprachproduktion kompatibel – das heißt in demselben ‚Format', anhand derselben theoretischen Begriffe etc. darstellbar – sein. So werden wir im dritten Teil dieses Buches unsere Theorie der Sprachproduktion im Detail ausformulieren und dabei immer wieder – durch Verweis auf die schon bekannten Beispiele aus Teil II – anführen, wie die speziellen Annahmen und Befunde zur Objektbenennung, zum Auffordern, zum Lokalisieren und zum Reden über Ereignisse darin aufgehoben sind. Es dürfte somit verständlich sein, warum wir die Entwicklung der Forschungen zu bestimmten Äußerungsklassen – hier: zum Auffordern – detailliert und im Hinblick auf ihre anfänglichen Ausgangspunkte und sukzessiven Erweiterungen nachzeichnen, selbst wenn sich das, was zu Beginn eines Kapitels als richtig oder vollständig erscheint, am Ende desselben vielleicht ganz anders darstellt. Außerdem gilt in der Sprachpsychologie selbstverständlich auch das, was jegliche Wissenschaft kennzeichnet: Eine gefundene Antwort schafft zwei neue Fragen.

Wir kommen jetzt wieder auf die Zusammenhänge von Aufforderungssituationen und Aufforderungsvarianten zurück und rekapitulieren: Aufforderungsäußerungen können unterschiedlich direkt sein, wobei – bei der sprecherseitigen Kalkulation der Abstimmung von Informativität und Instrumentalität – offenbar die gesamte Palette möglicher Direktheitsausprägungen gebraucht und verwendet wird. Diese Kalkulation ist wesentlich durch die vom Sprecher kognizierten Situationsausprägungen bestimmt; diese betreffen die Merkmale der sprecherseitigen Dringlichkeit (DRIN) und Legitimation (LEG) sowie des partnerseitigen Könnens (KÖN) und der partnerseitigen Bereitschaft (BER). Welche *Zusammenhänge* zwischen Aufforderungsvariante und Situation lassen sich erwarten und wie sind diese Erwartungen begründet?

4. AUFFORDERN

Generell ist zu sagen, daß im Zweifel A-Aufforderungen mittlerer Direktheit die Aufforderungen der Wahl sind. Äußerungen dieses Typs kommen insgesamt am häufigsten vor (s. 4.6). Sie sind nicht besonders nachdrücklich, aber für den Partner auch nicht sehr provozierend; sie sprechen den Partner an und beziehen sich auf das, was er tun soll; sie bilden also – wie erwähnt – den idealen Kompromiß zwischen den Kriterien der Informativität und der Instrumentalität. Als solche sind sie für den Sprecher zur Zielerreichung gut geeignet, wenn die Merkmale des Partners, so wie sie der Sprecher unterstellt, unproblematisch sind, das heißt, wenn der Partner die geforderte Handlung zweifelsfrei ausführen kann und mit hoher Wahrscheinlichkeit auch dazu bereit ist. Der Sprecher hat in diesem Fall sozusagen keine Veranlassung, eine andere Variante zu wählen: Der Partner wird sich voraussichtlich kooperativ verhalten und der Aufforderung nachkommen; er wird die Äußerung also (trotz mangelnder Direktheit) weder mißverstehen, noch ist es für den Sprecher notwendig, seinem Begehr etwa durch Verweis auf seine Legitimation stärkeren Nachdruck zu verleihen. – A-Aufforderungen können aber auch unter ganz anderen Bedingungen Verwendung finden: Sie erscheinen angezeigt, wenn sowohl eine aversive oder zurückweisende Partnerreaktion als auch ein vorgebliches Mißverstehen drohen. Dies ist der Fall, wenn die partnerseitige Bereitschaft problematisch ist (BER?) und die sprecherseitige Legitimationsbasis ebenfalls auf schwachen Füßen steht (LEG?). Diese Bedingungskombination ist für einfache Handlungsaufforderungen sicherlich die ungünstigste.

In unproblematischen Situationen, die durch die Bedingungen BER+ & KÖN+ gekennzeichnet sind, bedarf es aber oft nicht einmal einer A-Aufforderung. Besonders in Situationen, die stark institutionalisierten oder routinisierten Charakter haben und in denen der Sprecher auch zu Recht seine eigene Legitimation unterstellen darf (LEG+), ‚reicht' das Hervorbringen einer E-Aufforderung. Das gilt vor allem dann, wenn gerade infolge der Standardisierung einer solchen Situation das primäre Handlungsziel des Sprechers und diejenige Handlung, die der Partner ausführen soll, in trivialer Weise miteinander verbunden sind. An einem Fahrkartenschalter beispielsweise will der Sprecher (in der Regel) eine Fahrkarte haben, und der Partner soll ihm eine geben. In einer Kneipe will der Sprecher ein Bier haben, und die Bedienung soll ihm eines bringen. Der Partner erwartet in der Situation nichts anderes als eine Aufforderung, er ist damit bereit, auch indirekte Äußerungen als Aufforderungen zu verstehen, und er gesteht dem Sprecher zweifelsfrei die Legitimation zu, eine entsprechende Handlung im Rahmen des situativ Erwartbaren zu verlangen. Die einzige Information, die dem Partner in einer solchen Situation fehlt, liegt darin, was genau der Sprecher will (eine Fahrkarte nach Bodelshausen; ein Pils). Diese Information, also die Thematisierung des sprecherseitigen primären Handlungsziels, leistet eine E-Aufforderung.

Nach den Grice'schen Maximen (s. oben 4.2(vii)) wäre es in einer solchen Situation sogar unangebracht beziehungsweise begründungspflichtig, wenn der Sprecher andere Komponenten von AUFF thematisierte. Gerade weil der Partner zweifelsfrei zur Ausführung der gewünschten Handlung bereit ist und an der Legitimation des Sprechers keinerlei Zweifel bestehen, wäre es geradezu dysfunktional, der Aufforderung etwa durch den Verweis auf die Verpflichtbarkeit des Partners besonderen Nachdruck zu verleihen und dem Partner die gewünschte Handlung explizit anzuweisen oder zu sagen: „Ich kann von Ihnen verlangen, daß Sie mir den SPIEGEL verkaufen." Mit einer solchen Formulierung würde der Sprecher über das Aussprechen einer Aufforderung hinaus dem Partner zu verstehen geben, daß es mit seiner Bereitschaft wohl nicht so weit her ist.

In hochstandardisierten Situationen (BER+ & KÖN+ & LEG+) ist der Sprecher also sozusagen davon befreit, Informativität und Instrumentalität seiner Äußerung sorgfältig gegeneinander abzuwägen; je weniger er diesbezüglich tut, um so besser. Die ‚triviale' Verbindung zwischen dem primären und dem sekundären Handlungsziel des Sprechers erlaubt sogar die Bildung von *Aufforderungsellipsen*, in denen nur noch das Konzept verbalisiert wird, das im Bewußtsein des Partners noch fehlt: „Einmal Bodelshausen und zurück." – „Ein Bier, bitte."

> Standardsituationen sind also dadurch gekennzeichnet, daß der Partner in der Regel weiß, wie seine Handlung beschaffen sein muß, damit sie dem Sprecher die Erfüllung des primären Handlungsziels ermöglicht. Wenn der Sprecher am Fahrkartenschalter äußert, daß er nach Bodelshausen möchte, so ist es klar, daß der Partner ihm eine entsprechende Fahrkarte verkaufen soll. (Ebenso eindeutig ist bei derselben Äußerung, was der Partner am Taxistand zu tun hat, wobei das sekundäre Handlungsziel hier ein ganz anderes ist: Der Partner soll den Sprecher hinfahren.) Wenn der Sprecher ein Bier haben möchte, so ist es klar, daß der Partner ihm eines bringen soll. (Handlungsabläufe sind in solchen Situationen oft stark schematisiert, so daß jeder der Beteiligten weiß, was er an welcher Stelle zu tun hat. An bestimmten Stellen beispielsweise im Restaurant-Schema (vgl. Bower, Black & Turner, 1979) muß der Sprecher den Ober sogar auffordern.) Anders ist es, wenn ein Sprecher beispielsweise äußert, es sei ihm kalt. Diesem Zustand kann ein Partner im einen Fall abhelfen, indem er das Fenster schließt, im anderen Fall, indem er die Heizung höher stellt, indem er eine Decke holt, ein heißes Getränk zubereitet oder den Sprecher in einen wärmeren Raum führt. Selbst wenn es sich beim Sprecher beispielsweise um einen gebrechlichen oder kranken Menschen handelt, der zweifelsfrei unterstellen darf, daß er den Partner zu allen erdenklichen Zustandsverbesserungen verpflichten darf und daß dieser dazu auch bereit ist, so liegt in einer solchen Situation mit der Äußerung einer E-Aufforderung für den Partner doch noch nicht fest, welche Handlung seinerseits gewünscht wird. Wir müssen also innerhalb der unproblematischen Situationen BER+ & KÖN+ & LEG+ unterscheiden, wie eng primäres und sekundäres Handlungsziel des Sprechers miteinander verknüpft sind. In institutionalisierten oder routinisierten und damit wiederholt auftretenden und situationsübergreifend geregelten Situationen sind also E-Aufforderungen oder Ellipsen zu erwarten; in spezifischen ‚Einmalsituationen' wird der Sprecher dagegen, auch wenn sie unproblematisch sind, A-Aufforderungen bevorzugen. A-Aufforderungen sind hier, obwohl sie direkter sind als E-Aufforderungen, vielleicht sogar die höflicheren, weil sie vom Partner nicht verlangen, sich erst eine geeignete Handlung auszudenken, mit der er dem Sprecher Abhilfe schaffen kann.

Nachdem wir nun Situationen, die für den Sprecher ganz ‚unsicher' sind (BER? & LEG?), und Situationen, die für den Sprecher ganz ‚leicht' sind (BER+ & KÖN+ & LEG+), behandelt haben, wenden wir uns einer besonderen Klasse von Situationen zu, die durch die Bedingungen LEG+ und BER? gekennzeichnet sind. Diese Situationen kennen wir alle; sie gehören zu den Momenten im Leben, die wir als äußerst unangenehm empfinden: Der Mitbewohner hört laute Musik, aber wir wollen in Ruhe arbeiten. Wir wollen, daß der Mitarbeiter, der uns unterstellt ist, Überstunden macht. Der Nachbar hat unsere Garage zugeparkt, und wir wollen wegfahren. Die sprecherseitige Legitimation, vom Partner eine Handlung zu verlangen, die den sprecherseitig gewünschten Zustand zuwege bringt, ist in solchen Situationen eindeutig gegeben (durch die Regeln des menschlichen Miteinander, durch einen Arbeitsvertrag oder durch die Straßenverkehrsordnung). Aber die Bereitschaft des Partners ist oft (mehr als) fraglich. Das Vorliegen von BER? läßt die ‚moderaten' A-Aufforderungen als ungeeignet erscheinen; sie bergen ein zu großes Risiko, daß der Partner die Aufforderung schlichtweg ablehnt und die gewünschte Handlung nicht ausführt, indem er sich etwa auf das (Miß-) Verstehen einer Frage oder einer Mitteilung zurückzieht: „Ich möchte gern, daß du die Musik leiser stellst." „Und ich möchte die Musik gern laut hören." – „Würden Sie heute etwas länger bleiben?" „Nein, ich habe leider schon etwas vor." – „Können Sie Ihren Wagen vor meiner Garage wegfahren?" „Nein, ich bin gerade am Telefonieren." In solchen Situationen ist also ein gewisses Maß an Nachdruck nötig. Hier kommen nun die recht direkten V- und I-Aufforderungen ins Spiel. Mit ihnen thematisiert der Sprecher sein Recht auf die partnerseitige Ausführung der geforderten Handlung (V) beziehungsweise seine explizite Verpflichtungsabsicht (I). Da die Legitimationsbasis zweifelsfrei gegeben ist und dies dem Partner durch die Wahl einer ‚massiven' Variante auch deutlich gemacht wird, erscheinen V- und I-Varianten geeignet, die partnerseitige Befolgenswahrscheinlichkeit in Situationen BER? & LEG+ zu befördern beziehungsweise über das partnerseitige Befolgen erst gar keine Diskussion aufkommen zu lassen: „Ich darf doch wohl mal etwas Rücksicht erwarten." – „Sie müssen das heute noch fertig machen." – „Fahren Sie bitte Ihr Auto vor meiner Garage weg!"

Sprecher werden diese direkten und nachdrücklichen Varianten in der Regel nur einsetzen, wenn sie die Bereitschaft des Angesprochenen mit gutem Grund (oder aus leidiger Erfahrung) als problematisch einschätzen. Mit der Produktion einer solchen Aufforderungsäußerung unterstellt der Sprecher auch, daß er vom Vorliegen der Ausprägung BER? ausgeht und deshalb Grund hat, seine Legitimation ins Feld zu führen. Wenn sich der Sprecher in dieser Unterstellung mangelnder Bereitschaft geirrt hat, kann das beim Partner heftige Reaktionen auslösen. Wir haben oben schon angeführt, daß es sich beispielsweise eine Bedienung im Restaurant unter normalen Umständen kaum bieten lassen wird, auf ihre Verpflichtung zur Bedienung festgelegt zu werden: Sie ist selbstverständlich bereit, dem Gast etwas zu bringen. Der Mitbewohner, der von sich aus gern bereit wäre, lärmpegelbezogene Rücksicht walten zu lassen, der sich die laute Musik vielleicht nur herausgenommen hat, weil er annahm, damit niemanden zu stören oder seine Mitmenschen gar zu erfreuen, wird zumindest pikiert sein, wenn ihm eine V- oder I-Aufforderung entgegenschallt (und vielleicht entgegnen: „Kannst du das nicht in normalem Ton sagen?" oder: „Mußt du immer gleich so scharf reagieren?") Da er durch diese direkte Aufforderung nun gezwungen wird, etwas zu tun, was er auch freiwillig getan hätte, es nach der Rezeption der Aufforderung aber nicht mehr freiwillig, sondern eben nur noch gezwungenermaßen tun kann, wird er vielleicht nun erst recht starke Reaktanz zeigen und sich vielleicht nicht nur dem ‚Ton' der Aufforderung, sondern auch ihrem Befolgen widersetzen.

Mit den Mitmenschen, mit denen man regelmäßig zu tun hat, mit denen man befreundet ist, zusammen lebt oder arbeitet, will man es sich meistens nicht leichtfertig ‚verscherzen'. Neben das Sprecherziel, das sich aus der Präferenz eines bestimmten Zustands in einer bestimmten Situation ergibt, tritt in diesen Fällen oft das *übergeordnete Ziel*, die Beziehung zum Angesprochenen zu pflegen oder zumindest nicht zu gefährden, und sei es auch nur, weil man sich in zukünftigen Situationen davon Vorteile verspricht. Diese situationsübergreifende Kalkulation wird dazu führen, Aufforderungen auch in Situationen der Art BER? & LEG+ ‚milder' zu gestalten. (Beispielsweise könnte die explizite Thematisierung der eigenen Legitimation den Partner dazu verleiten, in zukünftigen Situationen Aufforderungen, die schwächer legitimiert sind, nicht mehr nachzukommen: „Wenn du mir so kommst, dann kann ich auch anders.") Gegenüber Personen, mit denen man vielleicht nur dieses eine Mal zu tun hat oder an deren ‚Zuneigung' man kein weiteres Interesse hat (beispielsweise im Falle des parkenden Nachbarn, mit dem man sonst keinen Kontakt pflegt und den man vielleicht auch nicht besonders leiden kann), dürften V- und I-Aufforderungen in den genannten Situationen jedoch angemessen und geeignet sein. Dies gilt auch für den Umgang mit Personen, mit denen man zwar in regelmäßiger und wiederkehrender Interaktion steht, mit denen aber bestimmte, sich wiederholende Aufforderungssituationen besonders konfliktgeladen sind. Gegenüber dem notorisch rücksichtslosen Mitbewohner oder gegenüber einem Mitarbeiter, der ohne Rückgriff auf die Legitimationsbasis, das heißt ohne explizite Verpflichtung, nicht mehr als nötig tut, wird der Sprecher den Nachdruck von V- und I-Aufforderungen gern und zielführend zum Einsatz bringen und seine Legitimation gegenüber der mangelnden Bereitschaft des Angesprochenen explizit herausstellen. (Auch in langjährigen Beziehungen soll es solche latenten Streitpunkte geben, in denen Legitimation und Bereitschaft ‚auf ewig' unvermittelt bleiben, und seien es auch nur die Haare im Waschbecken.)

In der genannten Weise läßt sich auch der ‚Dienst nach Vorschrift' rekonstruieren. Der Angesprochene setzt seine Bereitschaftsausprägung ständig auf BER? und beugt sich nur noch Aufforderungen, die von einer starken Legitimationsbasis getragen sind, wobei er die möglichen Legitimationsquellen sehr sorgfältig prüft und nur dann akzeptiert, wenn sie sich auf von ihm explizit eingegangene Verpflichtungen beziehen.

In Situationen der Art BER? & LEG+ gibt es eine weitere – mutmaßlich zielführende – Möglichkeit: die Verwendung von E-Aufforderungen. Diese Varianten sollten besonders dann auftreten, wenn die sprecherseitige Dringlichkeit sehr hoch ausgeprägt ist (DRIN+). Aufgrund einer gut fundierten Legitimation (LEG+), deren Kenntnis auch dem Partner unterstellt wird, kann der Sprecher davon ausgehen, daß der Partner auch eine indirekte Variante wohl nicht mißverstehen wird. Wenn der Sprecher wegen der problematischen Bereitschaft des Partners um den Erfolg seiner Aufforderung fürchtet und gleichzeitig eine stark ausprägte Differenz zwischen Ist- und Soll-Zustand vorliegt (= hohe Dringlichkeit), kann eine Akzentuierung des primären Handlungsziels durch die Thematisierung einer E-Variante der Aufforderung ebenfalls Nachdruck verleihen; der Verweis auf das dringende sprecherseitige Bedürfnis, das der Partner durch sein Zutun stillen kann, erhöht die Erfolgswahrscheinlichkeit der Aufforderung. Insbesondere wird die vielleicht relevante situationsübergreifende Beziehungspflege, die in Situationen der Art LEG+ & BER? prinzipiell gefährdet ist, durch die Wahl einer E-Aufforderung weitaus mehr gewahrt als durch V- oder I-Aufforderungen.

In Situationen, in denen sowohl die partnerseitige Bereitschaft als auch die sprecherseitige Legitimation fraglich sind, wird der Sprecher – wie oben erwähnt – bevorzugt A-Aufforderungen und nicht E-Aufforderungen wählen. Die mit letzteren einhergehende Akzentuierung des eigenen Bedürfnisses (im Falle hoher Dringlichkeit) kann sich hier (insbesondere wegen LEG?) als ein ‚Schuß nach hinten' erweisen: Der Versuch, andere für die Befriedigung eigener Bedürfnisse heranzuziehen oder – im Beziehungskisten-Jargon – zu instrumentalisieren, und das sozusagen ohne Fug und Recht, also quasi auf der Basis blanker Willkür, wird dem Sprecher in der Regel ungünstig ausgelegt, und der Partner kann sich leicht dagegen verwehren (oder die E-

Aufforderung als bloße Mitteilung mißverstehen: „Ich bräuchte dringend 100 Mark." – „Ja, wer bräuchte das nicht.").

In Fällen ausgesprochen hoher, für alle erkennbarer und vielleicht sogar existentieller Dringlichkeit produzieren Sprecher E-Aufforderungen oder Ellipsen. Ein Ertrinkender ruft: „Hilfe", ein Erstickender sagt allenfalls: „Ich bekomme keine Luft mehr." Dabei dürfte es sich aber um Grenzfälle unseres theoretischen Annahmengefüges handeln, weil Sprecher in solchen Situationen wohl kaum noch die Erfolgschancen ihres Aufforderns kalkulieren können und nicht imstande sind, bei unzureichenden Instanziierungsbedingungen von AUFF auf eine Aufforderung gegebenenfalls gänzlich zu verzichten.

In *Tabelle 4.2* sind die soeben diskutierten Zusammenhangsannahmen zwischen Aufforderungsvarianten und Situationsausprägungen zusammengefaßt. Im folgenden Abschnitt 4.6 stellen wir empirische Befunde vor, die diese Annahmen prüfen.

Tab. 4.2: Einige Erwartungen über den Zusammenhang von Situationskonstellationen und produzierten Aufforderungsvarianten (vgl. Text).

In Situationen mit den Merkmalen ...	... erwarten wir einen hohen Anteil von Aufforderungen der Kategorie
BER+ & LEG+ & KÖN+ (Standardsituationen)	E, Ellipsen
BER+ & LEG+ & KÖN+ (‚Einmalsituationen')	A
BER? & LEG+ & DRIN+	E
BER? & LEG+ (sonst)	V, I
BER? & LEG?	A

Wir weisen noch einmal auf drei Einschränkungen dieser Annahmen hin. (1) Wir haben in den obigen Ausführungen generell unterstellt, daß der Sprecher davon ausgeht, daß der Partner die jeweilige Situation ähnlich auffaßt wie der Sprecher selbst. Ist dies nicht der Fall, so werden in der Regel keine einfachen Handlungsaufforderungen produziert, sondern Erklärungen, Erläuterungen oder Begründen vor- oder nachgeschaltet. Von dieser Komplizierung haben wir hier abgesehen (vgl. Herrmann, 1981). (2) Wir haben über den Einfluß des Könnens-Parameters (KÖN) vergleichsweise wenige Aussagen getroffen. Dieser wurde in den empirischen Forschungen (s. 4.6) bislang nur unzureichend berücksichtigt. Es spricht aber einiges dafür, daß die Aufforderungsdetermination durch KÖN häufig ähnlich strukturiert ist wie die Einflüsse des Situationsparameters BER (vgl. Herrmann, 1982a). (3) Die genannten Zusammenhangsannahmen beziehen sich auf die Selektion einer Komponente von AUFF und nicht auf die Enkodierweise dieser Komponenten. Besonders die Partikelwahl und die Konjunktivierung können Aufforderungen – bei gleicher propositionaler Thematisierung – unterschiedlichen ‚Anstrich' geben. Diese Variationsmöglichkeiten von Aufforderungen sind nicht Gegenstand der hier vorgestellten Theorie; wir werden jedoch dort, wo uns diesbezügliche Befunde vorliegen, darüber berichten.

4.6 Empirische Befunde zur Situationsabhängigkeit einfacher Handlungsaufforderungen

Sind mit der theoretischen Rekonstruktion des Aufforderns, wie sie in den vorigen Abschnitten ausgeführt wurde, wesentliche Kennzeichen aufforderungsrelevanter Situationen erfaßt worden? Und produzieren Sprecher in Abhängigkeit von bestimmten Situationsausprägungen tatsächlich bevorzugt diejenigen Aufforderungsvarianten, die den oben angeführten Zusammenhangsannahmen entsprechen? Diese Fragen wurden in einer Vielzahl von empirischen Untersuchungen geprüft (vgl. Grabowski-Gellert, 1988, 1989; Herrmann, 1982a; Herrmann & Laucht, 1977; Laucht, 1979; Winterhoff-Spurk, 1986; Winterhoff-Spurk & Frey, 1983; Winterhoff-Spurk & Herrmann, 1981). Dabei wurden ganz unterschiedliche experimentelle Methoden eingesetzt. Wir können vorwegschicken, daß die in Tabelle 4.2 formulierten Zusammenhangsannahmen im großen und ganzen bestätigt werden konnten; es werden auch einige zusätzliche, spezifische Zusammenhänge erkennbar. Im folgenden führen wir eine Auswahl dieser Experimente ausführlich an. Dabei muß es uns im gegenwärtigen Zusammenhang mehr auf die Darstellung verschiedener methodischer Zugangsweisen als auf eine erschöpfende Wiedergabe aller vorliegenden Befunde ankommen, die den vorhandenen Platz bei weitem übersteigen würde. Eine schematische Übersicht über die gesamte empirische Befundlage geben wir am Ende dieses Kapitels.

4.6.1 Das Rekonstruktions-Experiment

Winterhoff-Spurk, Mangold & Herrmann (1982) versuchten zu zeigen, daß mit der Berücksichtigung der vier Situationsparameter BER, KÖN, DRIN und LEG auch tatsächlich relevante Merkmale von Aufforderungssituationen erfaßt sind. Sie legten 63 Studierenden einen Fragebogen mit sechs allgemeinen Situationsbeschreibungen vor, zum Beispiel: „Der Student steht an der Mensakasse." Jede Situation wurde mit einer E-, einer A- oder einer V-Aufforderung kombiniert, also beispielsweise mit den Äußerungen „Ich hätte gern eine Mensa-Marke.", „Würden Sie mir eine Mensa-Marke geben?" beziehungsweise „Sie müssen mir eine Mensa-Marke geben." Die Aufgabe der Versuchspersonen bestand darin, schriftlich zu ergänzen, welche Bedingungen vorliegen müssen beziehungsweise was vorgefallen sein mußte, damit die vorgegebene Äußerung des in der Situationsbeschreibung eingeführten Sprechers sinnvoll erscheint; die Versuchspersonen sollten die Aufforderungssituation also *rekonstruieren*.

> Wenn ein und dieselbe Versuchsperson dieselbe Situation mehrmals mit verschiedenen Aufforderungsformulierungen vorgelegt bekommt, drohen Wiederholungseffekte oder die Ausbildung von Antworttendenzen, die die jeweiligen Spezifika eines Experimentaldurchgangs nicht mehr berücksichtigen (s. oben 2.3.1); beispielsweise könnte bei Vorgabe jeweils derselben Situation immer dieselbe Bedingungsrekonstruktion vorgenommen werden, unabhängig von der vom Protagonisten gewählten Aufforderungsvariante. Die Autoren wählten deshalb die Versuchsanordnung des lateinischen Quadrats (König, 1962, S. 437f.), die es ermöglicht, auch bei unvollständiger Kombination von Ausprägungen der variierten Merkmale (hier: Situationsvorgabe und Aufforderungsvariante) die Einflüsse aller Variablen zu bestimmen; jede

Versuchsperson bekam jede der sechs Situationen also nur jeweils in Verbindung mit einer Aufforderungsvariante vorgelegt.

In 238 von 378 Fällen (63 Versuchspersonen × 6 Situationen) wurde von den Teilnehmern überhaupt eine Aufforderungssituation rekonstruiert, in den verbleibenden Fällen nicht. Wir haben gesehen (s. oben 4.4), daß man die Indirektheit von Aufforderungsvarianten gerade dahingehend bestimmen kann, wie gut sich diese Äußerungen auch anderen Situationsauffassungen (beispielsweise einer bloßen Mitteilung des Sprechers) zuordnen lassen; insofern ist dieser erste Befund nicht verwunderlich. In den als Aufforderungssituation rekonstruierten Texten wurden, wie erwartet, die Situationsparameter der Dringlichkeit, der Legitimation, der Bereitschaft und des Könnens thematisiert. Darüber hinaus wurden oft weitere Situationsmerkmale genannt, die sich nicht unter die vier aus AUFF abgeleiteten Parameter subsumieren lassen. Es handelt sich dabei zum einen um Angaben *übergeordneter* sprecherseitiger *Handlungsziele*. Zum Beispiel wurde rückgeschlossen, daß der Student wohl Hunger verspürt, deshalb etwas essen will und sich somit in der Mensa eine Essensmarke kaufen will, um dieses Ziel realisieren zu können. Wir haben schon angeführt, daß zu situationsspezifischen Sprecherzielen oft auch übergeordnete Ziele hinzutreten, die sich nicht nur auf die vorliegende Situation beziehen, sondern situationsübergreifend wirksam werden; etwa wenn ein Vorgesetzter will, daß sein Mitarbeiter Überstunden macht, und zugleich das angenehme Betriebsklima nicht gefährden möchte.

Zum anderen wurden in dem Rekonstruktionsexperiment oft situationsbezogene Randbedingungen thematisiert, die sich nicht auf Sprecher oder Partner beziehen. So muß die Mensakasse natürlich geöffnet haben, wenn ein Student Essensmarken kaufen will. In einer anderen, in dieser Hinsicht ähnlichen Untersuchung (Winterhoff-Spurk & Grabowski-Gellert, 1989) wurde als notwendige Bedingung für die Aufforderung an eine Sekretärin, Kaffee zu kochen, genannt, es müsse eine Kaffeemaschine vorhanden sein. Solche situativen Randbedingungen lassen sich aber vielfach als Vorbedingungen des partnerseitigen Könnens und damit auch als Vorbedingungen für die Aktivierung von AUFF, das heißt für die Kognition einer Situation als Aufforderungssituation, verstehen.

Die gewählte Experimentalmethode der Rekonstruktion bringt es mit sich, daß Versuchspersonen in ihrem Bemühen um eine eingehende Reflexion der gestellten Aufgabe auch sozusagen selbstverständliche Bedingungen nennen; mit einer hinreichend eindringlich formulierten Instruktion ist es uns gelungen, daß den Versuchspersonen sogar bewußt wurde, daß selbst die Tatsache, daß der Partner die Sprache versteht, die der Sprecher benutzt, beziehungsweise daß der Sprecher überhaupt sprechen kann und nicht etwa stumm ist, zu den Bedingungen der Aufforderungsproduktion – weil zu den Bedingungen jeglicher verbaler Kommunikation – gehört (Winterhoff-Spurk & Grabowski-Gellert, 1989) Es ist jedoch eher fraglich, ob solche Selbstverständlichkeiten in einzelnen Situationen die Produktion einer Aufforderung beeinflussen – es sei denn, daß besonders auffällige Situationsumstände oder das unerwartete Scheitern einer Aufforderung gewissermaßen ein umfangreicheres Kalkül des Sprechers erforderlich machen.
Gleichwohl kann die verbalisierte Thematisierung allein solcher situativer Randbedingungen zuweilen durchaus als – allerdings sehr indirekte, fast schon ironische – Aufforderung gelten: „Steht im Nebenzimmer nicht eine Kaffemaschine?" Die Möglichkeit solcher Aufforderungen, in denen der Sprecher sozusagen von Ferne mit dem Zaunpfahl des partnerseitigen Könnens winkt, dürfte aber ‚eingespielten', vertrauten Sprecher-Partner-Beziehungen vorbehalten sein; die Verkäuferin in der Mensakasse

wird die Äußerung „Wie ich sehe, haben Sie Ihre Kasse geöffnet." kaum als Aufforderung zum Verkauf einer Essensmarke verstehen können. Man sieht, daß sich auch ‚Sonderfälle' durchaus im Rahmen unserer theoretischen Rekonstruktion des Aufforderns darstellen lassen, auch wenn sie in der ‚Standardversion' des Aufforderungsmodells nicht explizit berücksichtigt werden.

Kognitive Schemata wie beispielsweise AUFF sind oft – gerade weil es sich um Schemata handelt – in hochgradig automatisierte kognitive Prozesse eingebunden. Insofern kann es sich bei dem dargestellten Rekonstruktionsexperiment, in dem den Versuchsteilnehmern die Bedingungsvoraussetzungen des Aufforderns *bewußt* werden sollen, nur um eine indirekte Prüfung der Modellannahmen handeln. Wir können als Ergebnis des Rekonstruktionsexperiments aber festhalten, daß die Befunde der folgenden Annahme nicht widersprechen, sondern sie eher unterstützen: Die relevanten Situationsmerkmale beim Auffordern sind die genannten Parameter DRIN, LEG, BER und KÖN. Situationsübergreifende oder dem eigentlichen Sprecherziel vorgeordnete Ziele können hinzukommen.

Bei der Taxonomie möglicher Fokuskomponenten (der Informationsbestandteile, die in einer Sprachproduktionssituation sprecherseitig vorliegen) im Rahmen unserer allgemeinen, nicht auf eine bestimmte Klasse von Äußerungen beschränkten Modellexplikation (s. unten 7.2.2) werden wir die Unterscheidung von sprecher-, hörer- und situationsbezogenen Informationen sowie der Unterscheidung zwischen situationsspezifischen und situationsübergreifenden Wissenskomponenten wieder aufgreifen.

Wir haben oben (4.5) ausgeführt, daß sich standardisierte von nicht-standardisierten Aufforderungssituationen unterscheiden lassen. Standardsituationen sind dadurch gekennzeichnet, daß die Situationsparameter BER+ & KÖN+ & LEG+ vorliegen und daß es sich um wiederkehrende, gleichförmige Situationen handelt. In einer Folgestudie des Rekonstruktionsexperiments haben die Autoren diese Unterscheidung geprüft, indem sie Versuchspersonen ihre subjektive Sicherheit über die hohen Ausprägungen der genannten Parameter in Standardsituationen gegenüber Nicht-Standardsituationen einschätzen ließen. Sie gaben dazu die folgenden vier Aufforderungssituationen vor (Winterhoff-Spurk, Mangold & Herrmann, 1982; vgl. auch Mangold & Herrmann, 1987):

(1) Der Student S fährt mit dem Taxi nach Hause. Er möchte, daß der Taxifahrer an einer bestimmten Stelle anhält.
(2) Der Student S kauft sich jeden Montag den SPIEGEL. Am heutigen Montag steht er vor einem Zeitungskiosk und möchte die Zeitschrift vom Verkäufer haben.
(3) Der Student S geht zum Mittagessen in die Mensa. In der Eingangshalle sieht er einen Bekannten. Er will sich eine Essensmarke von dem Bekannten leihen.
(4) Der Student S wohnt in einer Wohngemeinschaft mit anderen Studenten. Sie kochen regelmäßig zusammen. S möchte, daß ein Mitbewohner das Mittagessen kocht.

Bei den Situationen (1) und (2) dürfte es sich, nach obiger Kennzeichnung, um Standardsituationen handeln, bei den Situationen (3) und (4) um Nicht-Standardsituationen. Weiterhin handelt es sich bei den Situationen (1) und (4) um die Aufforderung zu einer Dienstleistung (anhalten, kochen), in den Situationen (2) und (3) um die Aufforderung zu einem Objekttransfer (den SPIEGEL geben, eine Essensmarke geben).

Die Versuchspersonen sollten für jede dieser Situationen angeben, für wie wahrscheinlich sie eine hohe Ausprägung („+") der partnerseitigen Bereitschaft und des partnerseitigen

Könnens sowie der sprecherseitigen Dringlichkeit und Legitimation halten. (Ihnen wurde zuvor erklärt, was mit diesen Parametern gemeint ist.) Die *Tabellen 4.3 bis 4.6* geben die durchschnittlichen subjektiven Wahrscheinlichkeiten für die vier Situationen an.

Tab. 4.3: Mittelwerte der subjektiven Wahrscheinlichkeiten von BER+.

Mittelwerte in Prozent	Standardisierungsgrad	
Gegenstand	standard	nicht-standard
Objekttransfer	91.8	69.0
Dienstleistung	90.0	45.2

Tab. 4.4: Mittelwerte der subjektiven Wahrscheinlichkeiten von LEG+.

Mittelwerte in Prozent	Standardisierungsgrad	
Gegenstand	standard	nicht-standard
Objekttransfer	87.6	64.4
Dienstleistung	90.7	53.2

Eine statistische Prüfung der Unterschiede ergab, daß für die Parameter BER und LEG in Standardsituationen bedeutsam höhere Wahrscheinlichkeiten angegeben wurden als in den Nicht-Standardsituationen. Eine Wechselwirkung ergab sich dahingehend, daß innerhalb der Nicht-Standardsituationen LEG+ und BER+ beim Objekttransfer signifikant höher eingeschätzt wurden als bei der Dienstleistung.

Tab. 4.5: Mittelwerte der subjektiven Wahrscheinlichkeiten von KÖN+.

Mittelwerte in Prozent	Standardisierungsgrad	
Gegenstand	standard	nicht-standard
Objekttransfer	86.3	68.4
Dienstleistung	84.8	70.3

In Standardsituationen wird der Situationsparameter KÖN+ – unabhängig vom Gegenstand der Aufforderung – mit höherer subjektiver Wahrscheinlichkeit erwartet als in Nicht-Standardsituationen.

Für DRIN+ tritt eine Wechselwirkung auf; unabhängig von der Zugehörigkeit einer Situation zu den Standard- oder Nicht-Standardsituationen beziehungsweise zu den Objekttransfer- oder Dienstleistungssituationen werden die Taxi- und die Essensmarken-Situation für den Sprecher dringlicher eingeschätzt als die Zeitungskiosk- und die Wohngemeinschafts-Situation.

Tab. 4.6: Mittelwerte der subjektiven Wahrscheinlichkeiten von DRIN+.

Mittelwerte in Prozent	Standardisierungsgrad	
Gegenstand	standard	nicht-standard
Objekttransfer	61.7	72.7
Dienstleistung	81.7	57.5

Zusammenfassend zeigt sich, daß in Standardsituationen hohe Ausprägungen der Situationsparameter BER, LEG und KÖN für signifikant wahrscheinlicher gehalten werden als in Nicht-Standardsituationen; dort liegen die Urteile oft nur knapp über dem Wert von .50, der bei zwei Alternativen („hoch" oder „niedrig" beziehungsweise „fraglich") maximale Unsicherheit bedeutet. (Auftretende Wechselwirkungen gehen vor allem auf Abweichungen bei den Nicht-Standardsituationen zurück.) Für weitere Experimente bietet sich damit die Möglichkeit, Situationen vorzugeben und je nach ihrer Zugehörigkeit zu Standard- oder Nicht-Standardkonstellationen mit gutem Grund zu unterstellen, daß die Versuchspersonen hohe Ausprägungen der genannten Parameter annehmen. Die sprecherseitige Dringlichkeit kovariiert dagegen nicht mit dem Standardisierungsgrad einer Situation, sondern scheint situationsspezifisch zu variieren.

In einem weiteren Schritt im Rahmen desselben Experiments wurden die Versuchspersonen angehalten anzugeben, wie wahrscheinlich sie in jeder Situation das Auftreten von vorgegebenen E-, A- oder V-Aufforderungen halten. Damit ergibt sich eine direkte Überprüfung der Zusammenhangsannahmen (s. oben Tabelle 4.2). Die resultierende Verteilung zeigt *Abbildung 4.2*.

In den Standardsituationen (Kiosk und Taxi) erhalten also, wie erwartet, E-Aufforderungen deutlich höhere Wahrscheinlichkeiten als in Nicht-Standardsituationen (Mensa und Wohngemeinschaft), in denen A-Aufforderungen dominieren. Die hohe, gleichsam am Taxameter ablesbare Dringlichkeit in der Taxi-Situation führt jedoch, obwohl es sich um eine Standardsituation handelt, zu einer Verschiebung von E hin zu den direkteren Varianten; eine nachhaltige V-Aufforderung erscheint hier zumindest relativ gesehen angebrachter als in den übrigen Situationen.

4.6.2 Das Wahrscheinlichkeitsexperiment

Bei diesem Experiment (Herrmann, 1982a, S.146f.) handelt es sich um ein ähnliches Vorgehen wie im letzten Teil des Rekonstruktionsexperiments, bei dem jedoch speziell die Annahmen zur Verwendung von A-Varianten überprüft wurden. Die Versuchspersonen erhielten schriftliche Situationsvorgaben, die wie folgt systematisch variiert waren: Die partnerseitige Bereitschaft war entweder hoch (BER+), weil die Ausführung der gewünschten Handlung auch den Interessen und Absichten des Partners entspricht, oder fraglich (BER?), weil die Ausführung der Handlung den Partnerinteressen zuwiderläuft. Auch die Legitimation wurde variiert, indem sich der Sprecher bei seiner Aufforderung entweder auf kodifizierte Verhaltensvorschriften (Gesetze oder dergleichen) oder auf ausdrückliche Vereinbarungen zwischen Sprecher und Partner berufen (LEG+) oder nicht berufen (LEG?) konnte. Die Versuchsteilnehmer erhielten eine Liste mit zwölf Aufforderungsvarianten, die je einer der

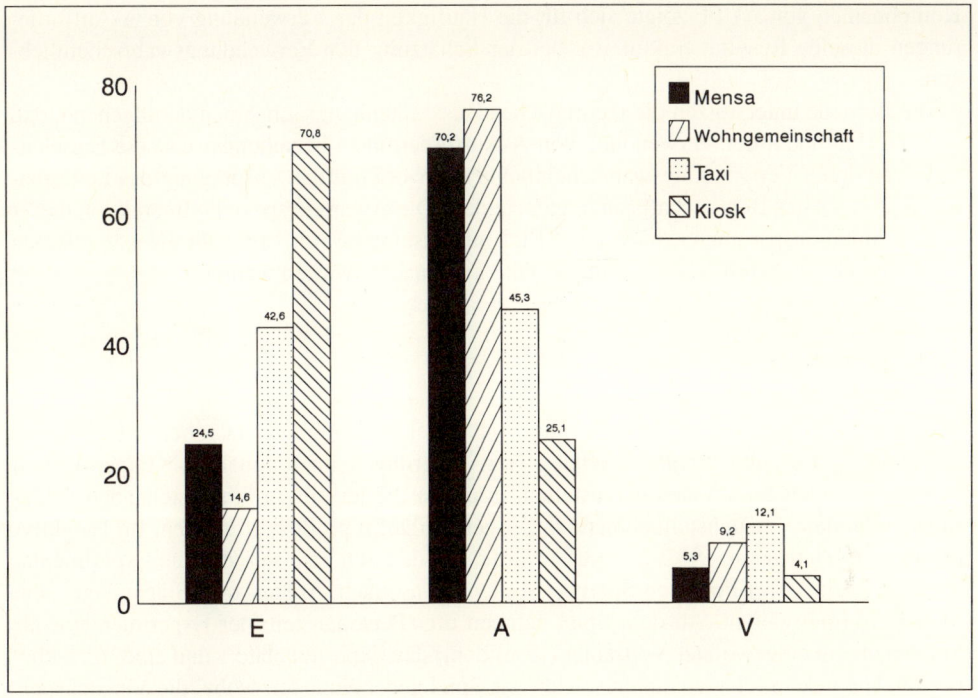

4.2 Durchschnittliche Wahrscheinlichkeiten für die Wahl der Aufforderungsvarianten E, A und V in Abhängigkeit von vier Situationen (in Prozent).

Komponenten E, A, V oder I zugeordnet waren. Sie sollten für jede Variante die subjektive Wahrscheinlichkeit einschätzen, mit der sie sie angesichts der jeweiligen Situationsbeschreibung verwenden würden. Teilnehmer waren 221 Berufsschüler und -schülerinnen im Alter zwischen 15 und 21 Jahren.

Die Einschätzung *subjektiver* Wahrscheinlichkeiten bedeutet in diesem Zusammenhang, daß angegeben werden soll, wie wahrscheinlich man *selbst* eine Variante verwenden würde. *Objektive* Wahrscheinlichkeiten einzuschätzen, hieße demgegenüber anzugeben, für wie wahrscheinlich man die Verwendung allgemein (das heißt durch die Mehrheit der Sprachbenutzer) hält.

Es ergab sich, daß A-Aufforderungen (also Thematisierungen des sekundären Handlungsziels) unter der Bedingung BER+ als signifikant wahrscheinlicher eingeschätzt wurden als unter der Bedingung BER?, entsprechend hielten die Teilnehmer A-Aufforderungen bei Vorliegen von LEG? für wahrscheinlicher als bei Vorliegen von LEG+. Es ergaben sich keine bedeutsamen Wechselwirkungsbeziehungen zwischen den Parametern BER und LEG hinsichtlich der Verwendung von A-Varianten.

Die Untersuchung wurde an 356 Schülern im Alter von 13 bis 17 Jahren mit der Abwandlung wiederholt, daß nun nicht Verwendungswahrscheinlichkeiten angebenen werden sollten, sondern diejenige Äußerung, die man in der jeweiligen Situation produzieren würde, sollte aufgeschrieben werden. Nach der Klassifikation dieser Äußerungen anhand der

Komponenten von AUFF zeigte sich für die Häufigkeit der Verwendung von A-Aufforderungen dieselbe Resultatstruktur wie bei der Schätzung der Verwendungswahrscheinlichkeit.

Die Befunde unterstützen die theoretischen Zusammenhangsannahmen dahingehend, daß sich die Häufigkeit der Verwendung von A-Aufforderungen beziehungsweise die Einschätzung von deren Verwendungswahrscheinlichkeit sowohl mit der Ausprägung des Legitimations- als auch des Bereitschaftsparameters ändert. Die erwartete spezielle Interaktion dieser beiden Situationsparameter, nach der BER? nur zusammen mit LEG? zu einer deutlichen Erhöhung des A-Anteils führen sollte, konnte nicht nachgewiesen werden.

4.6.3 Das Detektivexperiment

Wir haben am Beispiel der Evozierung von Objektbenennungen (s. oben 2.6.1) schon diskutiert, daß es sich für die Erhebung von Äußerungen im Rahmen von Experimenten besonders eignet, Situationen herzustellen, in denen die jeweils in Frage stehenden Äußerungen von den Versuchsteilnehmern sozusagen beiläufig produziert werden. Im Detektivexperiment (Herrmann, 1982, S. 143ff.) wurde dies dadurch geleistet, daß die Experimentatoren sich ein Zwei-Personen-Spiel ausdachten, das nach Ablauf und Spielanlage dem Monopoli-Spiel gleicht. An dem Spiel nehmen drei Personen teil: der Experimentator als Spielleiter, ein eingeweihter Vertrauter (Konfident) des Experimentators und eine Versuchsperson. Die beiden letztgenannten spielen das Spiel gegeneinander, wobei die Versuchsperson den Konfidenten ebenfalls für eine ‚naive' Versuchsperson hält. Die beiden Spieler befinden sich in der Rolle von Detektiven, die Aufträge ausführen müssen. In das Spiel wurde eine Situation ‚eingebaut', in der die Versuchsperson ihren Spielpartner zur Herausgabe eines Gegenstands, in diesem Fall einer Pistole, auffordern müssen. In einer ersten Variante des Spiels wurde die Ausprägung BER? dadurch gesetzt, daß der Partner die Pistole selbst benötigt. Variiert wurde die Legitimation des Sprechers durch die Vorgabe unterschiedlicher Eigentumsverhältnisse. Im Fall von LEG+ gehörte die Pistole (im Spiel) dem Sprecher, der sie vom Partner zurückforderte; im Fall von LEG? gehörte sie dem Partner, von dem sie der Sprecher leihen wollte. Die Dringlichkeit wurde nicht explizit berücksichtigt oder variiert, sie kann aber aus dem Spielzusammenhang heraus eher als hoch angesehen werden. In der ersten Version dieses Spiels wurden also die Situationsklassen BER? & LEG+ sowie BER? & LEG? einander gegenübergestellt. Entsprechend war zu erwarten, daß in der erstgenannten Situation im Vergleich zur zweitgenannten A-Varianten seltener auftreten sollten zugunsten von mehr E-, V- und I-Varianten. Das Spiel wurde mit 144 männlichen Versuchspersonen im Alter zwischen 16 und 23 Jahren (Schüler und Studenten) durchgeführt, deren frei produzierte Aufforderungsäußerungen aufgenommen und mit Hilfe eines Klassifikationsmanuals einer der Komponenten von AUFF zugeordnet wurden. Die Befunde entsprachen voll und ganz den Erwartungen: In der Situation BER? & LEG+ ergaben sich 32 Prozent A-Aufforderungen und entsprechend 68 Prozent Aufforderungen, in denen andere Komponenten von AUFF thematisiert wurden; in der Situation BER? & LEG? stieg der Anteil der A-Aufforderungen auf 68 Prozent. (Dieser Unterschied ist statistisch hoch signifikant.) Wenn dem Sprecher das gewünschte Objekt also gehörte (LEG+), so dominierten E-, V- und I-Varianten; war die Situation für den Sprecher insgesamt fraglich, so ließen sich die produzierten Äußerungen überwiegend den mitteldirekten Komponenten der Substruktur A (sekundäres Handlungsziel) zuordnen.

In einer zweiten Version des Spiels wurde der Bereitschaftsparameter – bei beibehaltener Legitimationsvariation – nun auf BER+ festgesetzt: Der Sprecher konnte in jedem Fall unterstellen, daß der Partner ohne weiteres zur Herausgabe der Pistole bereit war, weil er sie selbst nicht benötigte. Hier mußte erwartet werden, daß in beiden Situationen (BER+ & LEG+ sowie BER+ & LEG?) überwiegend Aufforderungen der Kategorien A und auch E produziert werden und daß sich die entsprechenden Häufigkeiten nicht zwischen den beiden Situationen unterscheiden. Diese Erwartung wurde bestätigt (Laucht, 1979).

Nach den Befunden dieser drei Experimente wird deutlich, daß es sich bei den in Abschnitt 4.5 erörterten Annahmen nur um probabilistische, nicht aber um deterministische Zusammenhänge zwischen Situationen und gewählten Varianten handeln kann. Die jeweils bevorzugten Aufforderungsvarianten dominieren unter bestimmten Situationsvorgaben, das heißt aber nicht, daß Aufforderungen der anderen Komponenten völlig fehlen.

4.6.4 Eine Feldstudie

Untersuchungen im Feld durchzuführen heißt, die Phänomene dort zu beobachten oder zu messen, wo sie sozusagen ‚von selbst' auftreten. Wenn die Bedingungen, unter denen diese Phänomene vorkommen, vom Untersucher gesetzt und absichtsvoll manipuliert werden können, spricht man von Feldexperimenten; nutzt der Forscher die ‚natürliche' Variabilität der Bedingungen aus, so liegt der Fall einer Feldstudie vor.

Winterhoff-Spurk & Frey (1983; vgl. auch Winterhoff-Spurk, 1986) nutzten die Tatsache, daß in der Interaktion zwischen Kunden und Verkäufern an einem Zeitungskiosk sehr häufig – oft ausschließlich – aufgefordert wird. Im allgemeinen dürfte es sich hier um Standardsituationen handeln: Selbstverständlich darf, ja sogar soll der Kunde etwas haben wollen, was er vorher noch nicht hatte (LEG+), der Verkäufer lebt davon, daß er den Wünschen des Kunden nachkommt (BER+), und der Kunde wird in der Regel auch davon ausgehen, daß die gewünschte Ware vorrätig ist, und somit KÖN+ unterstellen. In einer solchen Situation ist ein vergleichsweise hoher Anteil an E-Aufforderungen beziehungsweise sogar an Ellipsen zu erwarten; primäres und sekundäres Handlungsziel sind in trivialer Weise miteinander verbunden (der Sprecher will eine Zeitung, der Partner soll eine Zeitung verkaufen), und der einzige Aspekt, in dessen Hinsicht das Bewußtsein des Partners modifiziert werden muß, ist das gewünschte Produkt.

Während die sprecherseitige Legitimation zum Kauf und die partnerseitige Bereitschaft zum Verkauf an einem Kiosk sicherlich zu den unveränderlichen Kennzeichen dieser Situationen gehören, kann es sich mit dem Können auch anders verhalten. Winterhoff-Spurk & Frey (1983) sahen das Vorliegen einer Nicht-Standardsituation am Zeitungskiosk (infolge der sprecherseitigen Annahme von KÖN?) dann gegeben, wenn ein Käufer entweder nach einer ungewöhnlichen Zeitung verlangt (zum Beispiel einer seltenen ausländischen oder einer entfernten regionalen Zeitung) oder wenn er gängige Zeitungen beziehungsweise Zeitschriften zu einem ungewöhnlichen Zeitpunkt kaufen will. Verlangt jemand beispielsweise schon am Sonntagabend den erst montags erscheinenden SPIEGEL oder eine an sich schon überholte Ausgabe einer Zeitung von der Vorwoche, so kann er nicht sicher sein, ob der Verkäufer dazu in der Lage ist. Für Situationen der Art LEG+ & BER+ & KÖN? haben wir bislang keine speziellen Annahmen formuliert; insofern hier aber eine zumindest auf einem Parameter fragliche Situation vorliegt, sollte der Anteil der in Zweifelsfällen allgemein präferierten A-Aufforderungen steigen.

Die Untersuchung wurde am Zeitungskiosk des Mannheimer Hauptbahnhofs an zwei Tagen über insgesamt sieben Stunden durchgeführt; es wurden bei allen in dieser Zeit auftretenden Interaktionen zwischen Kunden und Verkäufer die Kundenäußerungen vollständig mitprotokolliert. Bei insgesamt 601 Mitschriften handelte es sich nur in sieben Fällen um keine Aufforderung; diese Fälle wurden von der weiteren Auswertung ausgeschlossen (zum Beispiel: „Ist die BILD von heute?"). Weitere 31 Aufforderungsäußerungen mußten wegen offensichtlich eingeschränkter Deutschkenntnisse der Sprecher ausgeschlossen werden. (Die ‚Wahl' einer Aufforderungsvariante liegt nur vor, wenn dem Sprecher von seinem sprachlichen Repertoire her auch andere Varianten zur Verfügung stünden.) Die verbleibenden Protokolle – beziehungsweise im Fall komplexer Äußerungen der Teil der Äußerung, in dem das gewünschte Produkt erwähnt wurde – wurden entsprechend den Kodierregeln für Komponenten aus AUFF entweder als Ellipsen oder als E-, A- V- oder I-Aufforderungen klassifiziert. (Die Kategorien V und I wurden in dieser Untersuchung zusammengefaßt.) Außerdem kamen auch sprachfreie Interaktionen vor, bei denen die Käufer etwa einen abgezählten Betrag hinlegten und sich die gewünschte Zeitung selber nahmen.

Heute wäre diese Untersuchung in dieser Form zumindest an Hauptbahnhöfen nicht mehr durchzuführen, da sich auch hier das Selbstbedienungsprinzip durchgesetzt hat und es für den Kunden somit nichts mehr aufzufordern gibt.

Die Unterscheidung zwischen Standard- und Nicht-Standardsituationen wurde nach explizit bestimmten Kriterien getroffen (Winterhoff-Spurk & Frey, 1983, S. 10). Die Ergebnisse zeigt *Tabelle 4.7*.

Tab. 4.7: Absolute Häufigkeiten von Aufforderungsarten zum Kauf einer Zeitung/Zeitschrift am Kiosk, getrennt nach Standard- und Nicht-Standardsituationen.

Aufforderungsart	Situation	
	standard	nicht-standard
sprachfrei	39	–
Ellipsen	374	12
E-Aufforderungen	59	2
A-Aufforderungen	12	58
V- und I-Aufforderungen	7	–
Gesamt	491	72

Gemessen an den Gesamthäufigkeiten der beiden Situationstypen, kamen in Standardsituationen signifikant mehr sprachfreie Interaktionen, Ellipsen und E-Aufforderungen vor, in Nicht-Standardsituationen signifikant mehr A-Aufforderungen.

Diese Untersuchung zeigt auch, daß ein Zeitungskiosk oder andere sozusagen physikalisch gegebene Situationsumstände allein noch keine Standardsituation konstituieren, sondern allenfalls hohe Wahrscheinlichkeiten für standardisierte Interaktionen bereitstellen. Die sprecherseitige Kognition einer Standardsituation liegt nämlich, wie erwähnt, nur dann vor, wenn der Sprecher das Ziel hat, eine übliche Zeitung zu einem üblichen Zeitpunkt zu kaufen. Die gesamte Reihe der bisher dargestellten Untersuchungen zeigt uns, daß der wichtige Einfluß der vier theoretisch ‚herauspräparierten' Situationsparameter (gegebenenfalls zusammen mit der Berücksichtigung situationsübergreifender Handlungsziele, der variablen ‚Trivialität' der Verbindung zwischen primärem und sekundärem Handlungsziel, etc.) generell und ohne Schwierigkeiten nachgewiesen werden kann. Die Spezifität einzelner – beliebig vieler, unterschiedlicher – inhaltlicher Sachverhalte, um die es in Aufforderungen gehen kann, setzt solchen Verallgemeinerungen, wie sie durch die Bildung von Situationsklassen getroffen werden, jedoch auch Grenzen.

> Es kann vom Forscher nur von Fall zu Fall entschieden werden, wo er bei der Untersuchung eines Phänomenbereichs diese Grenzlinie zwischen Spezifität und Allgemeingültigkeit setzen will; es liegt ein ständiges Dilemma vor zwischen dem Konstatieren breiter, in bestimmtem Maße allgemeingültiger Zusammenhänge, die notgedrungen auch von Unschärfen und Ausnahmen gekennzeichnet sind, und der Berücksichtigung immer speziellerer, engerer Zusammenhangsaussagen, die dann jedoch für eine immer kleiner werdende Menge tatsächlicher Phänomene gelten. Dieses Problem teilt die Sprachpsychologie aber mit allen naturwissenschaftlichen Disziplinen, die allgemeine Zusammenhangsannahmen anstreben; man denke nur daran, wieviele physikalische Gesetze sich beispielsweise nur im Vakuum demonstrieren lassen.

4.6.5 Ein Rezeptionsexperiment

In den vorangegangenen Abschnitten haben wir eine Reihe von Zusammenhängen zwischen Situationsmerkmalen und Aufforderungsvarianten vorgestellt, die sich in empirischen Untersuchungen ergaben. Wir haben Annahmen über diese Zusammenhänge aus unserer theoretischen Erörterung des Aufforderns abgeleitet. Für die *Erklärung*, warum wir bestimmte Zusammenhänge erwarten, haben wir im wesentlichen angeführt, daß Sprecher ihre Äußerung so planen, daß sie die besten Chancen hat, zum gewünschten Ziel zu führen. Beim Auffordern besteht dieses Ziel darin, daß der Partner die gewünschte Handlung ausführt; die ‚Leitlinie' dieses Ziels ist die Instrumentalität einer Aufforderung. Mittelbar ist damit auch der Aspekt der Informativität verknüpft; der Partner muß verstehen, daß der Sprecher etwas von ihm will, und zwar die Ausführung der gewünschten Handlung. Unsere theoretischen Ausführungen zur Sprachproduktion beziehen sich für alle Teilklassen von Äußerungen, die wir in unserem Buch behandeln, auf die sprecherinternen kognitiven Prozesse, auf die sprecherseitige Repräsentation des Partners, der Situation etc. (und beispielsweise nicht auf die Beschaffenheit einer Kommunikations*dyade*, wie sie vielleicht ein externer Beobachter wahrnimmt). Wir haben mehrfach darauf hingewiesen, daß der Sprecher sich bei der kognitiven Kalkulation, die zur Produktion einer ihm als zielführend erscheinenden Äußerung führt, auch irren kann, indem er etwa den Partner oder die Situation ‚falsch' einschätzt. Gleichwohl sind – vor allem im Fall schemageleiteter Sprachproduktionsprozesse – die sprecherseitigen Maßnahmen zur Zielerreichung in der Regel erfahrungsgeleitet und am Erfolg in vorangegangenen Situationen orientiert oder gegebenenfalls aufgrund früherer Mißerfolge entsprechend korrigiert.

Engelkamp, Mohr & Mohr (1985) haben experimentell überprüft, wieweit die vom Sprecher bei der Selektion einer Komponente aus AUFF getroffene Einschätzung auch vom *Partner* in der intendierten Weise rezipiert wird, das heißt, ob in jeweils derselben Situation unterschiedliche Aufforderungsvarianten vom Partner auch verschieden erlebt werden und zu verschiedenen Partnerreaktionen beziehungsweise -bereitschaften führen.

Die Ergebnisse einer solchen Rezeptionsuntersuchung können für sich genommen – wie auch immer sie ausfallen mögen – zu keiner Bestätigung oder Ablehnung der oben getroffenen Aussagen zum sprecherinternen Prozeß der Aufforderungsproduktion führen. Wir haben oben (1.2.4 und 2.3.1) am Beispiel der Mehrdeutigkeiten bei der Produktion und Rezeption der Raumpräpositionen „vor" und „hinter" schon darauf hingewiesen, daß die Vorgänge beim Sprecher und beim Partner nicht immer ‚kompatibel' sind: Ein Beifahrer kann nach bestem Wissen und Gewissen den Fahrer „vor dem gelben Käfer" anhalten lassen und sich dabei sicher sein, eine eindeutige Modifikation des Partnerbewußtseins vorgenommen zu haben; und dennoch bleibt für den Fahrer offen, ob der Beifahrer „an der Vorderseite" oder „an der Rückseite des gelben Käfers" meint. Kommunikative Prozesse bleiben – vielleicht öfter, als wir gemeinhin annehmen – ‚offen' oder unterbestimmt, ohne daß uns dies besonders auffällt oder gar unser Alltag deswegen aus den Fugen geriete. Allerdings erlaubt eine rezipientenseitige Prüfung unserer Annahmen zum Auffordern Aussagen über die mögliche Generalisierbarkeit (also die Ausweitung des theoretischen Geltungsbereichs) der Überlegungen zur Produktion auf die Rezeption von Aufforderungen.

Die Autoren legten 60 Versuchspersonen 16 kurze Geschichten vor, in denen Situationen beschrieben wurden, die zu einer Aufforderung führen. Allen Geschichten war *gemeinsam*, daß der Partner zur Ausführung der vom Sprecher gewünschten Handlung in der Lage ist und daß die gewünschte Handlung im Bereich des üblicherweise Zumutbaren liegt, somit also eine zumindest geringe Bereitschaft des Partners vorausgesetzt werden kann. Die Dringlichkeit des Sprecherwunsches wird von den Autoren in den konstruierten Situationen als eher hoch eingeschätzt. Die Parameter KÖN, BER und DRIN wurden in dem Experiment also nicht variiert. 8 der 16 Geschichten weisen eine hohe Legitimation des Sprechers auf; dies wurde dadurch erreicht, daß sich der Sprecher gegenüber dem Partner in einer sozial übergeordneten Beziehung (zum Beispiel Chef–Sekretärin) befindet. In den anderen 8 Situationen wurde anhand einer sozialen Gleichordnung zwischen Sprecher und Partner eine geringe Legitimationsausprägung konstatiert. Die Legitimation wurde also auf der Basis situationsübergreifender Spezifika der Sprecher-Partner-Beziehung variiert. Für jede der 16 Geschichten wurde den Versuchsteilnehmern je eine E-, A-, V- und I-Aufforderung vorgelegt. Diese sollten auf mehreren fünfstufigen Einschätzungsskalen beurteilt werden. (Wir berichten im folgenden nur über die beiden für den vorliegenden Zusammenhang wichtigsten Antwortskalen.)

Es handelt sich bei dem berichteten Experiment also um ein 2×4-Design mit den Unabhängigen Variablen „Legitimation" und „Aufforderungsvariante" in abhängiger Messung; das heißt, jede Versuchsperson beurteilte alle Situationen und alle Aufforderungsvarianten. (Auswertungen, die sich auf mögliche Effekte der verschiedenen Situationen innerhalb der Legitimationsausprägungen „hoch" beziehungsweise „gering" beziehen, wurden von den Autoren nicht vorgenommen; vgl. dazu jedoch Günther, 1983.)

(a) Die Beantwortung der Frage „Würden Sie der Aufforderung nachkommen?" erfolgte von den Versuchspersonen in signifikanter Abhängigkeit von den Aufforderungsvarianten. A-Aufforderungen werden am ehesten befolgt, es folgen gleichrangig E- und I-Aufforderungen; die geringste Befolgenswahrscheinlichkeit wird für V-Aufforderungen angegeben. Die Legitimationsvariation ergab für sich genommen keinen bedeutsamen Effekt; allerdings bestand eine Wechselwirkung zwischen der Legitimation und den Aufforderungsvarianten, die auf das Antwortverhalten bei den (sehr direkten) V-Aufforderungen zurückzuführen ist. V-Aufforderungen werden bei hoher Legitimation eher befolgt als bei geringer Legitimation.

(b) Auch die Beantwortung der Frage „Wie gerne würden Sie der Aufforderung nachkommen?", die die Affektlage des Partners bei der Ausführung der gewünschten Handlung mißt, zeigt einen signifikanten Effekt der Aufforderungsvarianten, der den Befunden unter (a) gleicht. A-Aufforderungen werden am liebsten befolgt, V-Aufforderungen befolgen Hörer mit einem deutlich unangenehmeren Gefühl. Dazwischen liegen E- und I-Aufforderungen. Ebenfalls statistisch bedeutsam ist der Einfluß der Legitimation: Gering legitimierte Aufforderungen werden weniger gerne befolgt als hoch legitimierte Aufforderungen. Dieser Effekt geht auf eine Wechselwirkung mit den Aufforderungsvarianten zurück; die Legitimation spielt nur bei E- und A-Aufforderungen eine Rolle, während sich bei V- und I-Aufforderungen keine Unterschiede der affektiven Befolgensmotivation in Abhängigkeit von der Legitimation ergeben.

Diese Befunde können im Zusammenhang mit der von uns dargestellten Theorie des Aufforderns wie folgt bewertet werden:

– A-Aufforderungen werden generell am ehesten und auch am liebsten befolgt. Bei ihnen handelt es sich offenbar in der Tat um die Variante der Wahl.
– V-Aufforderungen, also Thematisierungen der sprecherseitigen Legitimation beziehungsweise der partnerseitigen Verpflichtung, werden selten und wenn, dann ungern befolgt; sie weisen somit die geringste Instrumentalität (und damit eine hohe Reaktanzprovokation) auf. Bei hoher Legitimation des Sprechers erscheinen sie angemessener als bei geringer Legitimation; dies entspricht insgesamt unseren aus der Aufforderungsproduktion gewonnenen Befunden und Erwartungen.
– Was den im berichteten Experiment immer von den A-Aufforderungen dominierten Anteil der E-Aufforderungen anbelangt, so weisen die Autoren auf den von uns schon oben diskutierten Sachverhalt hin, daß bei der Wahl und Akzeptanz einer E-Aufforderung die (triviale oder aber zu explizierende) Beziehung zwischen primärem Handlungsziel (angestrebter Zustand) und sekundärem Handlungsziel (gewünschte Partnerhandlung) eine vermittelnde Rolle spielt. E-Varianten wurden im Experiment von Engelkamp, Mohr & Mohr (1985) von den Versuchspersonen oft als ‚unvollständig' (= nicht hinreichend informativ) erlebt. In Situationen, in denen die vom Partner erforderte Handlung unmittelbar aus dem vom Sprecher angestrebten Zustand folgt (und zu denen die für das Experiment konstruierten Geschichten offenbar nicht gehören), ist ein Anstieg der positiven Beurteilungen von E-Aufforderungen zu erwarten, wie er unseren Annahmen entspricht.
– Einzig für die Beurteilung der I-Varianten ergibt sich ein unerwartetes Bild. Diese – in unserer Klassifikation sehr direkten und damit wenig instrumentellen – Aufforderungen wurden von den Versuchspersonen sehr positiv aufgenommen; sie wurden sowohl hinsichtlich der Befolgenswahrscheinlichkeit als auch hinsichtlich der Befolgensmotivation nicht negativer beurteilt als E-Aufforderungen. Während V-Varianten mit ihrer explizi-

ten, direkten Thematisierung des Verpflichtungsaspekts ‚schwere Geschütze' sind, die der Sprecher auffährt, scheint die Verwendung von imperativischen Aufforderungsvarianten nicht weiter ungewöhnlich und durchaus instrumentell zu sein, zumal bei Einfügung von Partikeln als ‚down-graders': „Gib mir bitte mal das Salz!" – „Bring mir doch ein Bier mit!" Dies gilt sicher nicht für explizit performative Konstruktionen (zum Beispiel „Ich bitte Dich, mir das Salz zu geben."), die wir mit den Imperativen zur Klasse der I-Aufforderungen zusammengefaßt hatten. Thematisierungen der sehr direkten und expliziten Komponente (10) von AUFF, nach der der Sprecher den Partner zur Ausführung der gewünschten Handlung verpflichten will, sind also vorwiegend in explizit performativen Formulierungen zu sehen, während die Rolle von Imperativen – als einem eigens für die Übermittlung von Aufforderungen ausgebildeten Satzmodus – differenzierter betrachtet werden muß.

Insgesamt zeigt sich, daß die von uns ausformulierten Annahmen zum Zusammenhang von Aufforderungsvarianten und Aufforderungssituationen (zumindest hinsichtlich der im berichteten Experiment ausschließlich berücksichtigten Legitimationsvariation) weitgehend auch auf den Bereich der Rezeption von Aufforderungen übertragbar sind (vgl. auch Becker, Kimmel & Bevill, 1989).

Helfrich (1993) hat in Analogie zu dem soeben berichteten Experiment von Engelkamp und Mitarbeitern die Verwendung von Aufforderungsvarianten im interkulturellen Vergleich überprüft, und zwar an einer sehr umfangreichen japanischen Stichprobe (vgl. Morosawa, 1988). Die Autorin zeigte in einem Vorversuch, daß sich japanische Aufforderungsäußerungen zu 90 Prozent eindeutig einer der Varianten E, A, V oder I zuordnen lassen und daß die Aufforderungen zugrundeliegende kognitive Implikationsstruktur AUFF somit bei Japanern ebenso unterstellt werden kann wie bei Deutschen. Auch ist die Legitimation im Japanischen ein entscheidender Parameter bei der Wahl einer Aufforderungsvariante. Besonderheiten bei der situationsabhängigen Verwendung der Varianten gegenüber dem Deutschen ergaben sich – bei ansonsten ähnlicher Befundlage – vor allem in zweierlei Hinsicht: (a) E-Aufforderungen, also Thematisierungen des primären Handlungsziels, dürfen im Japanischen nur verwendet werden, wenn es sich um sozial gleichrangige Partner handelt. Direkte Aufforderungen werden hingegen bei hoher Legitimation des Auffordernden eher akzeptiert. Ein Ranghöherer drückt sich in Japan – so folgert die Autorin – also durchaus auch direkt aus. (b) Direkte Varianten (V- und I-Aufforderungen) werden von Männern weitaus häufiger als angemessen ausgewählt als von Frauen; diesen steht die Verwendung direkter Aufforderungen offenbar nicht zu.

Die fünf dargestellten Experimente beziehungsweise experimentellen Ansätze geben, wie erwähnt, nur einen Querschnitt der Gesamtbefundlage unter verschiedenen methodischen Zugängen wieder. (Zu weiteren Experimenten vgl. vor allem Grabowski-Gellert, 1988; Herrmann, 1982; Winterhoff-Spurk & Frey, 1983.) Dabei haben wir uns bislang ausschließlich mit der Produktion *einfacher* Handlungsaufforderungen befaßt. Wir erweitern unsere Erörterung im folgenden um die Berücksichtigung komplexer Aufforderungsäußerungen (4.7) sowie um die Berücksichtigung der Interaktion verbaler Äußerungskomponenten mit nonverbalen Äußerungsweisen (4.8).

4.7 Komplexe Aufforderungen

Sprecher produzieren – wie die dargestellten Befunde zeigen – in vielen Situationen, besonders in Standardsituationen mit ‚günstigen', für das Gelingen der Aufforderung vorteilhaften Situationsausprägungen, einfache Handlungsaufforderungen. In ‚schwierigeren' Situationen halten Sprecher die Produktion einer einfachen, eine Komponente thematisierenden Aufforderung oft nicht für ausreichend; sie halten das Betreiben eines größeren ‚sprachlichen Aufwands' für zielführender und sagen beispielsweise: „Darf ich Sie um einen Gefallen bitten? Mein Auto ist in der Werkstatt. Könnten Sie mich bis zum Bahnhof mitnehmen?" Solche Äußerungen nennen wir *komplexe Aufforderungen*.

Nach unseren Annahmen zum Sprachproduktionsprozeß handelt es sich bei komplexen Aufforderungen um Äußerungen, in denen mehr als eine Komponente des kognitiven Schemas AUFF (oder weitere, nicht AUFF-spezifische Komponenten der Fokusinformation; s. unten 7.2.2) seligiert und damit thematisiert werden. Bei dem obigen Äußerungsbeispiel handelt es sich um die Verbalisierung der Komponenten (7), (2) und (4). Komplexe Aufforderungen lassen sich demnach als Sequenz einzelner Fokuskomponenten beschreiben; die sprachpsychologischen Bedingungen ihrer Produktion können somit analog zu unserer theoretischen und empirischen Rekonstruktion des Aufforderns mit einfachen Handlungsaufforderungen erforscht werden: Unter welchen Bedingungen verwenden Sprecher komplexe Aufforderungen? Welche Komponenten werden unter welchen Bedingungen thematisiert? Wie linearisieren Sprecher diese Komponenten, das heißt, in welcher Reihenfolge werden die einzelnen Komponenten aneinandergefügt?

Je komplexer die von Sprechern produzierten Äußerungen sind, desto schwieriger ist es, zu stabilen Zusammenhangsannahmen zu kommen und diese empirisch zu überprüfen. Wir haben oben (2.3.1) schon darauf hingewiesen, daß die freie Produktion komplexer Äußerungen generell einen vergleichsweise seltenen Forschungsgegenstand bildet. Dementsprechend erlaubt die Befundlage nicht, für komplexe Aufforderungen eine ähnlich geschlossene Darstellung zu geben wie für einfache Aufforderungen. (Aus Raumgründen ist es uns auch nicht möglich, eine ähnlich ausführliche, im Detail dargestellte Ergebnisse aneinanderreihende Darstellung zu wählen.) Wir beschränken uns deshalb auf eine kursorische Abhandlung anhand einiger ausgewählter Gesichtspunkte und Beispiele. (Für eine sozialpsychologische Behandlung komplexer Aufforderungen vgl. Mikula, 1977.)

4.7.1 Beschreibungsmöglichkeiten

Im Zusammenhang mit unserer Darstellung des Sprachproduktionsprozesses, der mit der kognitiven Bereitstellung von Informationen im Arbeitsspeicher beginnt (s. Kapitel 7), ist es leicht möglich, die einzelnen Elemente von Aufforderungsäußerungen als Thematisierungen dieser Informationen zu beschreiben. Die Kategorien, die für eine solche Beschreibung zur Verfügung stehen, ergeben sich aus der jeweiligen Art der Klassifikation der Fokusinformation. In Anlehnung an unsere Ausführungen in Abschnitt 4.3 sind das die zehn Komponenten des aufforderungsspezifischen kognitiven Schemas AUFF. In einer alternativen Behandlung von komplexen Aufforderungen (vgl. Grabowski-Gellert & Winterhoff-Spurk, 1989) haben wir gezeigt, daß in analoger Weise auch eine äußerungsklassenübergreifende, allgemeine Klassifikation der Fokusinformation (die sogenannten EPID-Bedingungen; vgl. Herrmann, 1985; s. unten 7.2.5) zur Beschreibungsgrundlage komplexer Aufforderungen werden kann. Auch liegen Klassifikationssysteme vor, die auf der Basis empirischer Untersuchungen speziell für die Produktion komplexer Aufforderungsäußerungen (Dorn-Mahler, Funk-Müldner & Winterhoff-Spurk, 1991; Winterhoff-Spurk & Grabowski-Gellert, 1989) oder sogar speziell für Aufforderungen im betrieblichen Kontext (Funk-Müldner, Dorn-Mahler & Winterhoff-Spurk, 1990) ausdifferenziert wurden.

Diesen Arten der Beschreibung von komplexen Aufforderungen ist gemeinsam, daß sie sich auf die ‚Inhalte', also auf den *propositionalen Gehalt* der einzelnen Äußerungsbestandteile beziehen, die vom Sprecher nach Maßgabe seiner Situationsauffassung und seiner Erfahrung über zielführende Sprachproduktionsmaßnahmen verwendet werden. Andere Analyseweisen von Aufforderungsäußerungen beziehen sich demgegenüber auf die *Funktion*, die den Äußerungsbestandteilen zugeschrieben wird. So zeigten beispielsweise Grabowski-Gellert & Harras (1988), daß sich in einer Situation, in der sich der Sprecher an eine Bekannte wendet mit der Bitte, ihn zu einer Reparaturwerkstatt zu fahren, die produzierten komplexen Aufforderungen aus den funktionalen Einheiten Begrüßung – Einleitung – Information – Aufforderung – Vereinbarung – Rückmeldung – Schluß zusammensetzen, die jedoch in Abhängigkeit von dem zur Verfügung stehenden Kommunikationsmedium (Face-to-face, Telefon, Bildtelefon, Brief) unterschiedlich linearisiert werden. Auch bei der oben erwähnten Einteilung von Partikeln in ‚up-graders' und ‚down-graders' handelt es sich um eine funktionale Kategorisierung. Das nach unserer Kenntnis detaillierteste Kodiersystem für komplexe Aufforderungen, welches ebenfalls wesentlich durch funktionale Kategorien gekennzeichnet ist, haben Blum-Kulka, House & Kasper (1989) im Zusammenhang mit einem kulturvergleichenden Forschungsprogramm vorgelegt. Das Komplexe an Aufforderungen wird in diesem System als ‚supportive moves' bezeichnet, also als zusätzliche, unterstützende Gesprächsbeiträge gesehen. Diese untergliedern sich in mildernde und verschärfende Zusätze. Mildernde Zusätze wiederum können dazu dienen, die Aufforderung vorzubereiten, eine Vorab-Zustimmung des Partners zu erreichen, eine Begründung zu liefern, den Partner zu ‚entwaffnen', eine Belohnung zu versprechen oder die Zumutung für den Partner zu minimieren. Bei den verschärfenden Zusätzen handelt es sich um die funktionalen Kategorien der Beleidigung, der Drohung und des Moralisierens.

Eine mögliche Klasse solcher ‚supportive moves' bei komplexen Aufforderungen sind, wie schon erwähnt, die *Versprechungen*. Diese Äußerungsart besteht aus einer *Implikation* und einem *Appell*, wobei beide aber nicht immer explizit ausformuliert sein müssen. Versprechungen folgen dem Schema: „Wenn du X tust/erlaubst (usf.), dann erfolgt Y. Also tue/erlaube (usf.) X!" Eine verkürzte Versprechung kann zum Beispiel lauten: „Geh mal für mich zum Bäcker! Dann kannst du dir ein Eis kaufen." (Hier ist der Appell vorgezogen; bei der Implikation fehlt der Wenn-Teil.) Um eine Versprechung handelt es sich naturgemäß nur dann, wenn Y etwas für den Partner Positives, Erwünschtes ist (s. oben 4.1). Bei *Drohungen* ist hingegen Y etwas Negatives, Unerwünschtes; entsprechend geht der Appell dahin, X *nicht* zu tun: „Wenn du X tust (usf.), dann erfolgt Y. Also tue (usf.) X *nicht*!"

Versprechungen und Drohungen sind vor allem von Sozialpsychologen untersucht worden (vgl. Brehm & Brehm, 1981; Janis & Feshbach, 1973). Im Bereich der Sprachpsychologie liegen zu diesen Äußerungsarten kaum Forschungsarbeiten vor (vgl. Schöler, Hoppe-Graff & Herrmann, 1978). Im Rahmen sozialpsychologischer Untersuchungen hat Mikula (1989) gefunden, daß eingelöste Versprechungen längerfristige Bewußtseins- beziehungsweise Einstellungsänderungen beim Partner verursachen können: Verspricht man Kindern eine Speise Y für den Fall, daß sie eine andere Speise X essen (beziehungsweise aufessen), so bewerten sie die Y-Speise anschließend positiver und die X-Speise negativer, als wenn die Versprechung nicht erfolgt wäre. Eine solche Versprechung sah zum Beispiel wie folgt aus: „Hier habe ich für dich eine Haselnuß und ein Stück Käse. Wenn du die Haselnuß ißt [= X], dann bekommst du den Käse [= Y]." (Der Appell-Teil der Versprechung – „Iß die Haselnuß!" – wurde also nicht explizit geäußert.) Unter bestimmten Bedingungen wurde *dieselbe* Speise infolge der Versprechung als X-Speise schlechter und als Y-Speise besser beurteilt als zuvor. Die ‚Rolle', die eine Speise im konzeptuellen Zusammenhang einer Versprechung spielt, beeinflußt nach allem ihre spätere Bewertung. Aufforderungen aller Art können also Wirkungen haben, die über die Situation, in der sie ausgesprochen werden, hinausgehen.

Funktionale Beschreibungskategorien für Aufforderungen erfordern einen grundsätzlich anderen theoretischen Zusammenhang als den von uns vertretenen. Sie kommen vorwiegend in linguistisch-pragmatischen Forschungsarbeiten, aber auch in psychologischen Aufforderungstheorien zur Anwendung (zum Beispiel Zammuner, 1989). Der vielleicht naheliegendste Unterschied zwischen unserem informationsverarbeitungstheoretischen Ansatz und Ansätzen der linguistischen Pragmatik ist der folgende: Wir betrachten beobachtete Äußerungen als Indikatoren für kognitive Prozesse; unser Untersuchungsgegenstand ist das (Äußerungen produzierende) Individuum. In funktionalen Ansätzen, wie sie in der Linguistik vorkommen, ist meist die Äußerung selbst der Untersuchungsgegenstand; es wird über Äußerungen ausgesagt, welche Eigenschaften sie haben. Insofern sich wissenschaftliche Disziplinen unter anderem durch einen gemeinsamen, von anderen Disziplinen verschiedenen Untersuchungsgegenstand (und die zur adäquaten Behandlung dieses Gegenstands entwickelten Methoden) konstituieren, implizieren diese alternativen Beschreibungsansätze für komplexe Aufforderungen selbstverständlich keine Bewertung in dem Sinne, daß ein Ansatz der absolut bessere oder brauchbarere wäre.

4.7.2 Komplexität und Situation

Sprecher produzieren komplexe Aufforderungen bevorzugt in Situationen, die sie als schwierig empfinden. Je problematischer, je weniger standardisiert ihnen eine Aufforderungssituation erscheint, um so stärker legt sich der Sprecher bei der Produktion seiner Äußerung ‚ins Zeug'. Dabei zeigt sich nicht nur der Übergang von einfachen Einkomponentenäußerungen zu komplexen Mehrkomponentenäußerungen (auf der Ebene der Selektion von Fokusinformation), sondern auch innerhalb der Einkomponentenäußerungen ein Übergang von sprachlich ‚sparsamen' zu sprachlich ‚aufwendigeren' Formulierungen (auf der Ebene der nachgeordneten Sprachproduktionsinstanzen). Wir illustrieren diesen generellen Befund an zwei experimentellen Beispielen.

(1) Grabowski-Gellert & Winterhoff-Spurk (1989; vgl. auch Grabowski-Gellert, 1989) legten insgesamt 78 männlichen Versuchspersonen je eine der drei folgenden Situationen vor und wiesen sie an, eine Aufforderung zu formulieren, die ihnen in dieser Situation als angemessen erscheint.
(a) „Stellen Sie sich bitte vor, Sie wären der Abteilungsleiter einer großen Firma. Sie wollen Ihre Sekretärin dazu auffordern, ein Diktat aufzunehmen." Hier handelt es sich um

eine Standardsituation, bei der der Sprecher die Situationsbedingungen LEG+ & BER+ & KÖN+ annehmen darf.

(b) „Stellen Sie sich bitte vor, Sie wären der Abteilungsleiter einer großen Firma. Sie wollen Ihre Sekretärin dazu auffordern, Ihnen einen Kaffee zu kochen." Für diese Situation ist aus vorausgegangenen Untersuchungen bekannt, daß die Parameter der partnerseitigen Bereitschaft und der sprecherseitigen Legitimation eher als fraglich eingeschätzt werden; es handelt sich also um eine Situation vom Typ LEG? & BER? & KÖN+.

(c) „Stellen Sie sich bitte vor, Sie wären der Abteilungsleiter einer großen Firma. Sie wollen Ihre Sekretärin dazu auffordern, am Sonntag Überstunden zu machen." Hier handelt es sich erfahrungsgemäß um eine reaktanzgefährdete Situation mit den Bedingungsausprägungen LEG+ & Ber? & KÖN? (sofern die Aufforderung im Rahmen der Befugnisse des Sprechers liegt). Die mögliche Einengung des Handlungsfreiraums der Sekretärin ist in dieser Situation gegenüber der Aufforderung zum Kaffeekochen sicherlich weitaus gravierender.

In diesem Experiment wurde zusätzlich die mediale Bedingung der Sprachproduktion (mündlich vs. schriftlich) variiert; im vorliegenden Zusammenhang können wir die Ergebnisse aus dieser Variation jedoch zusammenfassen. Betrachtet man zuerst ganz allgemein die Länge der von den Versuchsteilnehmern produzierten Äußerungen, so zeigt sich: In der Diktat-Situation bestehen die produzierten Äußerungen durchschnittlich aus 6,7 Wörtern, in der Kaffee-Situation aus 7,8 Wörtern und in der Überstunden-Situation aus 28,4 Wörtern. Worauf gehen diese Unterschiede zurück? *Tabelle 4.8* zeigt, daß die Diktat- und die Kaffee-Situation vorwiegend mit Einkomponentenaufforderungen bewältigt werden, während die Sprecher in der Überstunden-Situation fast ausschließlich Mehrkomponentenaufforderungen produzieren.

Tab. 4.8: Die Häufigkeit von Ein- und Mehrkomponentenäußerungen bei der Aufforderungsproduktion in verschiedenen Situationen (vgl. Text).

Situation	Einkomponentenaufforderung	Mehrkomponentenaufforderung
Diktat	26	4
Kaffeekochen	28	2
Überstunden	3	25

Bei den komplexen Aufforderungen in der Überstunden-Situation handelt es sich überwiegend um Kombinationen aus A-Aufforderungen (in 15 Fällen) oder explizit performativen I-Aufforderungen (in 13 Fällen) mit Beschreibungen des allgemeinen, meistens situationsübergreifenden Zustands, zum Beispiel „Im Augenblick ist die Situation unserer Firma ziemlich problematisch." (Diesen Beschreibungen kann man begründende Funktion zuschreiben.) Die komplexen Aufforderungen setzen sich durchschnittlich aus 2,9 Komponenten zusammen. Eine bestimmte Linearisierungsstragie läßt sich nicht erkennen; die Sequenzen A/I-Aufforderung + Situationsbeschreibung sowie Situationsbeschreibung + A/I-Aufforderung kommen etwa gleich häufig vor.

Wir kommen noch einmal auf die in diesem Experiment produzierten Einkomponentenaufforderungen zurück. Hier hatte sich gezeigt, daß die Aufforderungen zum Kaffeekochen im Mittel ein wenig umfangreicher waren als die Aufforderungen zum Diktat. Hat das systematische Gründe? An dem ‚Einbau' von Höflichkeitspartikeln kann es nicht liegen; in beiden Situationen werden jeweils durchschnittlich 1,13 Partikeln verwendet, davon allein 55 mal das Wort „bitte". Wir betrachten die syntaktische Form der produzierten Äußerungen. In den meisten Fällen wird eine Komponente als ein Hauptsatz enkodiert. Sie kann jedoch auch in syntaktisch reduzierter Form auftreten; dann handelt es sich um Ellipsen. Wir finden aber auch Fälle, in denen bei der Verbalisierung einer Fokuskomponente eine komplexere Formulierung gewählt wird, indem eine syntaktisch explizite, das heißt, einen Nebensatz bildende Höflichkeitsphrase meist vorangestellt wird. Der Sprecher sagt dann beispielsweise nicht: „Würden Sie mir bitte einen Kaffee kochen.", sondern: „Es wäre nett, wenn Sie mir einen Kaffee kochen würden." Wir nehmen an, daß es sich bei Äußerungsteilen wie „Es wäre nett, ..." um fertige, nicht-propositionale Redewendungen handelt, die nicht auf der Selektion von Fokusinformation beruhen, sondern der Äußerung auf den nachgeordneten Instanzen der Sprachproduktion beigemengt werden (s. oben 1.2.3 sowie unten 8.4). *Tabelle 4.9* zeigt die Verteilung der syntaktischen Gestaltungsmöglichkeiten bei der Produktion von Einkomponentenaufforderungen.

Tab. 4.9: Situationsabhängige Häufigkeiten syntaktischer Gestaltungsmöglichkeiten bei der Produktion von Einkomponentenaufforderungen (vgl. Text).

Situation	reduzierte Syntax	einfache Syntax	komplexe Syntax
Diktat	7	19	–
Kaffeekochen	–	24	4

In der von den Situationsbedingungen her etwas problematischeren Kaffee-Situation kommen keine Ellipsen, dafür aber einige komplexe Formulierungen vor; in der ganz unproblematischen Diktat-Situation ist es umgekehrt. Wegen der geringen Fallzahl läßt sich diese Tendenz nur sehr vorsichtig interpretieren; das folgende Experiment erlaubt hier weitere Aufschlüsse.

(2) Grabowski-Gellert & Winterhoff-Spurk (1988a) verwendeten in einem ähnlichen Experiment ausschließlich die Situation, in der ein Abteilungsleiter seine Sekretärin zum Kaffeekochen auffordert. Diese Situation wurde durch die explizite Vorgabe der Ausprägung der Situationsparameter variiert: Im einen Fall konnte der Sprecher annehmen, daß er hoch legitimiert ist und daß auch die Sekretärin gern bereit ist; mithin liegt eine einfache Standardsituation der Ausprägung LEG+ & BER+ (& KÖN+) vor. Im anderen Fall wußte der Sprecher, daß er zwar legitimiert, die Bereitschaft der Sekretärin aber nur gering ist; hier haben wir es mit der problematischen (reaktanzgefährdeten) Konstellation LEG+ & BER? zu tun. Variiert wurde also die Ausprägung des Bereitschaftsparameters.

Das Wissen des Sprechers um die geringe Bereitschaft der Sekretärin (BER?) stellt gegenüber der einfachen Standardsituation (BER+) sicherlich eine Kommunikationserschwernis dar. In dem Experiment wurde noch eine zweite Variation vorgenommen, die die Kommunikation mit der Sekretärin ebenfalls unterschiedlich schwierig gestaltete: Während die eine Hälfte der Versuchspersonen die Aufforderung zum Kaffeekochen im direkten Kontakt (face-to-face) aussprechen sollte – Abteilungsleiter und Sekretärin befanden sich in demselben Raum –, mußte die andere Hälfte eine Gegensprechanlage benutzen, wie sie in Büros verwendet wird.

Aus der Kombination von Situationstyp (BER+ vs. BER?) und Kommunikationsbedingung (face-to-face vs. Sprechanlage) ergaben sich 4 Experimentalzellen. Jeder der 122 männlichen Versuchsteilnehmer wurde einer dieser vier Bedingungen zugewiesen. Damit sich die Versuchspersonen ein wenig ‚warmspielen' konnten, hatten sie zuerst die Aufgabe, der Sekretärin ein Rundschreiben zu diktieren; die Sekretärin wurde in allen Fällen von derselben Mitarbeiterin der Experimentatoren gespielt. (Der Raum, in dem die Untersuchung stattfand, war wie ein Büro eingerichtet.) Danach sollten die ‚Abteilungsleiter' die Aufforderung zum Kaffeekochen produzieren. Wir betrachten wiederum die Verwendung von Mehrkomponentenaufforderungen sowie innerhalb der Einkomponentenaufforderungen die variable syntaktische Komplexität.

Tabelle 4.10 zeigt das Verhältnis von Einkomponenten- zu Mehrkomponentenäußerungen unter jeder der vier Bedingungen. Man sieht, daß in den Bedingungen BER? mehr Versuchspersonen Mehrkomponentenaufforderungen produzieren als in den Bedingungen BER+ (dieser Unterschied ist statistisch bedeutsam); die Variation der Kommunikationsbedingung hat auf die Häufigkeit der Produktion von Mehrkomponentenaufforderungen keinen Einfluß.

Tab. 4.10: Situationsabhängige Häufigkeiten der Produktion von Einkomponenten- (EK) und Mehrkomponentenaufforderungen (MK) (vgl. Text).

Situation	Face-to-face		Gegensprechanlage		Gesamt	
	EK	MK	EK	MK	EK	MK
BER+	27	2	28	2	55	4
BER?	23	9	19	12	42	21
Gesamt	50	11	47	14	97	25

Betrachtet man nur die Einkomponentenaufforderungen, so ist festzustellen, daß die Äußerungen in der Bedingung BER+ & face-to-face signifikant kürzer ausfallen als in den drei anderen Bedingungen. Dies liegt wiederum nicht an der Häufigkeit der verwendeten Partikeln, sondern am unterschiedlichen Anteil der Aufforderungsformulierungen mit komplexer Syntax (Satzreihen, Konditionalgefüge, Infinivkonstruktionen) im Vergleich zu syntaktisch einfachen Hauptsätzen. (Ellipsen kamen in diesem Experiment nicht vor.) Hier besteht eine statistisch bedeutsame Wechselwirkung dergestalt, daß unter der Bedingung BER+ & face-to-face 78 Prozent der Einkomponentenaufforderungen eine einfache Syntax aufweisen, während es unter den drei anderen Bedingungen nur zwischen 39 Prozent und 42 Prozent sind. Sowohl die Erschwernis durch die für den Sprecher ungünstige Situationsausprägung BER? als auch die Erschwernis durch die Kommunikation über eine Gegensprechanlage führen dazu, daß Sprecher ihre Aufforderung – sofern sie bei einer Einkomponentenaufforderung bleiben – in jeweils über der Hälfte der Fälle in der Weise formulieren, daß der Verbalisierung einer seligierten Komponente von AUFF eine syntaktisch explizite Höflichkeitsphrase hinzugefügt wird.

Wir fassen die Befunde zur variablen Komplexität von Aufforderungen in den folgenden Punkten zusammen:

- Auf der Ebene der Zentralen Kontrolle können beim Auffordern eine oder mehrere Komponenten der Fokusinformation (AUFF) zur Versprachlichung ausgewählt werden.
- Eine seligierte Komponente kann auf den nachgeordneten Ebenen des Sprachproduktionsprozesses in verschieden komplexer Weise syntaktisch als Äußerung realisiert werden: entweder als Ellipse oder als einfacher Hauptsatz oder als komplexe mehrphrasige Struktur.
- Je einfacher, weniger problematisch, standardisierter eine Situation ist, um so eher produzieren Sprecher elliptische oder syntaktisch einfache Einkomponentenaufforderungen (variabler Direktheit). In schwierigen und problematischen Situationen steigt der Anteil an Mehrkomponentenaufforderungen beziehungsweise innerhalb der Einkomponentenaufforderungen der Anteil syntaktisch komplexer Formulierungen.
- Die Verwendung von Höflichkeitspartikeln ist allgemein konstant und scheint nicht von der jeweiligen Situationscharakteristik abzuhängen, unter der eine Aufforderung produziert wird.
- Die Befunde zur Produktion von einfachen Handlungsaufforderungen variabler Direktheit (s. oben 4.6) gelten für die große Klasse von Situationen, in denen Sprecher genau eine Komponente der Fokusinformation seligieren; diese Befunde beziehen sich auf die Prozeßinstanzen des Fokusspeichers und der Selektion. Betrachtet man die produzierten Aufforderungen unter dem Gesichtspunkt ihrer variabel komplexen Formulierung, so beziehen sich diese Befunde auf die nachgeordneten Prozeßinstanzen der Hilfssysteme und des Enkodiermechanismus (s. unten Kapitel 8 und 9).

4.8 Nonverbale Äußerungskomponenten beim Auffordern

Unsere empirischen und theoretischen Ausführungen in diesem Buch sind auf das Sprechen konzentriert. Gleichwohl darf nicht übersehen werden, daß das Sprechen in der Regel in ein Gefüge von anderen Verhaltensweisen eingelagert ist, denen ebenso kommunikative, das Bewußtsein des Partners modifizierende Funktionen zugeschrieben werden: Der Sprecher wählt einen bestimmten räumlichen Abstand zum Partner, er lächelt oder schaut ernst drein, er sieht den Partner an oder sieht über ihn hinweg oder von ihm fort, er redet vielleicht ‚mit Händen und Füßen', er zieht die Schultern hoch, etc. Bisweilen können solche Verhaltensweisen auch die verbale Sprachproduktion völlig ersetzen: Statt „Ja" zu sagen, kann man mit dem Kopf nicken; statt eine Beleidigung auszusprechen, bekommt der Partner die mit Ausnahme des Mittelfingers zusammengeballte Faust entgegengestreckt, etc. (vgl. von Savigny, 1983). Solche, das Sprechen begleitenden oder gar ersetzenden Verhaltensweisen werden unter dem Begriff der nonverbalen Kommunikation zusammengefaßt. Die *nonverbale Kommunikation als solche* kann im Zusammenhang mit unserer Darstellung der Psychologie des Sprechens nicht Gegenstand unserer Ausführungen sein; wir verweisen hier beispielsweise auf den Übersichtsartikel von Rimé (1985) und auf den Sammelband von

Scherer & Walbott (1979). Was die *Beziehungen* zwischen *verbalen* und *nonverbalen* Kommunikationsweisen betrifft, so ist festzustellen, daß es sich dabei um ein sowohl in der Sprach- als auch in der Sozialpsychologie vergleichsweise wenig bearbeitetes Forschungsthema handelt.

> Die Sozialpsychologie wird an dieser Stelle deshalb erwähnt, weil sie – bei vereinfachter Sichtweise – im Hinblick auf das Zusammenspiel zwischen verbalen und nonverbalen Verhaltenselementen eine zur Sprachpsychologie gleichsam komplementäre Position einnimmt; eine sehr illustrative Skizzierung dieser Positionen hat Winterhoff-Spurk (1985) vorgeschlagen: Der Sprecher, wie er in sprachpsychologischen Theorien oft dargestellt wird, gleicht der – von Boris Karloff unnachahmlich ins Bild gesetzten – Rolle von Frankensteins Monster. Es ist (zumindest in der Romanvorlage) der Sprache mächtig, verfügt aber weder über prosodische Variationsmöglichkeiten noch über eine geeignete Gestik und Mimik. Der Kommunizierende, wie er in sozialpsychologischen Theorien des nonverbalen Verhaltens oft dargestellt wird, gleicht der Figur des zwar stummen, aber mimisch und gestisch und allgemein vom Körpereinsatz her sehr aktiven Harpo Marx. – Harpo muß im übrigen im Vergleich zu Frankensteins Monster als kommunikativ weitaus erfolgreicher beurteilt werden.

Was das nonverbale Ausdrucksrepertoire betrifft, so bestehen weit mehr als beim verbalen Verhalten Probleme der geeigneten Beschreibung und Klassifikation (vgl. zum Beispiel Ekman & Friesen, 1969; Frey, Hirsbrunner, Pool & Daw, 1981; McNeill & Levy, 1982). Wir beschränken uns auf die Unterscheidung von nonverbal-vokalen und nonverbal-nonvokalen Ausdruckssystemen (Laver & Hutcheson, 1972). Nonverbal-vokale Verhaltensparameter sind beispielsweise die Prosodie (Tonhöhenverlauf, Lautstärke etc.; vgl. auch Helfrich, 1985) sowie der Wechsel von Sprechen und Sprechpausen. Diese Parameter gehen mit dem Sprechen notgedrungen – in welcher konkreten Ausprägung auch immer – einher. Nonverbal-nonvokale Verhaltensweisen wie die Gestik und Mimik können zum Sprechen hinzukommen, sind aber nicht unabdingbar an die akustische Produktion von Laut-, Morphem-, Wort- beziehungsweise Satzfolgen gekoppelt.

Wir stellen im folgenden zwei Arbeiten dar, in denen am Beispiel des Aufforderns das Zusammenspiel zwischen verbalen und nonverbalen Äußerungskomponenten untersucht wird; dabei konzentrieren wir uns auf die Rollen des Blickens, des Lächelns und der Intonation bei der Produktion sprachlicher Aufforderungen. (Für weitere Untersuchungen zu nonverbalen Parametern beim Auffordern s. Funk-Müldner, Dorn-Mahler & Winterhoff-Spurk, 1991; Srisayekti, 1992.)

4.8.1 Blicken, Lächeln und Aufforderungstyp

Wir haben oben (4.4) ausgeführt, daß die Wahl einer – mehr oder weniger direkten – Aufforderungsvariante als ein situationsspezifischer Kompromiß zwischen Informativität und Instrumentalität aufgefaßt werden kann. Winterhoff-Spurk (1983, 1985) hat überprüft, wieweit Sprecher auch nonverbale Verhaltenskomponenten systematisch zum Einsatz bringen, um ein ausbalanciertes Verhältnis zwischen der Informativität und der Instrumentalität einer Aufforderung zu gewährleisten. Der Autor nimmt an, daß die geringe Informativität von E-Aufforderungen insbesondere durch das Aufnehmen von Blickkontakt zum Partner kompensiert werden kann; wenn man vom Partner etwas will, so markiert man das unter anderem dadurch, daß man ihn (eindringlich) ansieht. Die geringe Instrumentalität von I-Aufforderungen soll demgegenüber durch Einsatz des Lächelns kompensiert werden; eine verbal recht direkte Aufforderung kann durch ein ‚freundliches Gesicht' gemildert und für den Partner annehmbarer werden.

Zur Prüfung dieser Annahmen wurde folgendes Experiment durchgeführt: Im Rahmen des schon bekannten Rollenspiels „den Partner zum Kaffeekochen auffordern" saßen insgesamt 185 Versuchspersonen jeweils einzeln einer Partnerin gegenüber. Sie sollten eine der drei folgenden Aufgaben ausführen: (1) Sie sollten der Partnerin mit den Worten „Jetzt würde ich gern einen Kaffee trinken." ihre Lust auf eine Tasse Kaffee bloß *mitteilen* und dabei darauf achten, daß diese Äußerung *keinesfalls als Handlungsaufforderung* verstanden wird. Bei dieser Äußerung handelt es sich von der *Formulierung* her um die Thematisierung des primären Handlungsziels, also um eine E-Aufforderung; die geringe Informativität dieser Äußerung – wenn sie als Aufforderung produziert wird – besteht ja gerade darin, daß sie auch als bloße Mitteilung verstanden werden kann. (2) Sie sollten die unter (1) genannte Äußerung so produzieren, daß sie *als Aufforderung* und keinesfalls als bloße Mitteilung verstanden wird. (3) Sie sollten die direkte I-Aufforderung „Jetzt machen Sie mir bitte einen Kaffee." verwenden und sich bemühen, daß die Partnerin der Aufforderung auch möglichst nachkommen wird. (Der Partikel „bitte" macht die Äußerung eindeutig zu einem Imperativ mit Sie-Semantik.)

Es handelt sich hier um ein Experiment zur Sprachproduktion, bei dem die zu produzierenden verbalen Anteile als Ausprägungen einer Unabhängigen Variablen gesetzt wurden; Abhängige Variablen waren die Dauer des vom Sprecher aufgenommenen Blickkontakts sowie die Dauer des sprecherseitigen Lächelns während der Äußerungsproduktion; diese Kennwerte konnten anhand von Videoaufzeichnungen des Sprecherverhaltens bestimmt werden. Als zweite Unabhängige Variable wurde die Aufforderungssituation anhand der Kombination der Parameter LEG (hoch oder gering) und BER (hoch oder gering) variiert; die Situationsvariation reichte also von der einfachen Standardkombination LEG+ & BER+ über die Bedingungen LEG+ & BER? beziehungsweise LEG? & BER+ bis zu der problematischen, reaktanzgefährdeten Situation LEG? & BER?. Insgesamt wurden also 3 Äußerungsklassen unter jeweils 4 Situationsbedingungen, mithin 12 experimentelle Bedingungen realisiert.

Wir haben schon mehrfach über Experimente berichtet, in denen die Versuchspersonen im Rahmen eines Rollenspiels eine Aufforderung produzieren sollten. In der experimentellen Umsetzung darf man sich das nicht so vorstellen, daß die Teilnehmer sich ‚aus dem Stand' in die Rolle (beispielsweise eines Abteilungsleiters) hineinversetzen und die geforderte Äußerung hervorbringen sollen. Vielmehr werden die Versuchspersonen zuerst anhand einer Instruktion – die mündlich oder schriftlich erfolgen kann – auf die Rolle vorbereitet; dann wird ihnen Gelegenheit gegeben, sich anhand einer Aufgabe, die noch nicht das eigentliche Experimentalinteresse betrifft, ‚warmzuspielen'. In einem früheren Beispiel sollte ein ‚Abteilungsleiter' seiner Sekretärin zuerst einen Brief diktieren, bevor er sie auffordert; in dem hier dargestellten Experiment hatten sich die Teilnehmer in der Rolle eines Forschungsmitarbeiters mit ihrer Kollegin zuerst über geeignete Modalitäten bei der Anwerbung von Versuchspersonen zu einigen, bevor sie ihre kaffeebezogene Äußerung produzieren sollten. Auf diese Weise kann man – unterstützt durch die gezielte Nachbefragung der Teilnehmer im Hinblick auf das Zurechtkommen mit der Rolle – dazu beitragen, daß sich die Teilnehmer ganz gut in die Rolle hineinfinden, in der sie sich bei der

SPRECHEN

Äußerungsproduktion befinden. Eine zusätzliche Maßnahme besteht oft darin, Versuchspersonengruppen heranzuziehen, denen die zu spielende Rolle nicht allzu fern liegt; Studierende der Betriebswirtschaft beispielsweise werden in vielen Fällen in ihrem zukünftigen Berufsleben Führungsaufgaben zu erfüllen haben und haben es sich oft auch schon einmal vorgestellt, wie sie etwa mit ihrer Sekretärin interagieren wollen. Wir haben im Verlauf von Hunderten solcher Rollenspiele die Erfahrung gemacht, daß sich Versuchspersonen in der Regel um eine realistische und angemessene Darstellung bemühen und nur ganz vereinzelt ihren Selbstdarstellungstendenzen unterliegen oder einfach nur ‚Quatsch machen'.

Die Ergebnisse dieses Experiments kann man zusammengefaßt wie folgt darstellen:

- Die Verwendung der E-Variante als Aufforderung wird gegenüber der bloßen Mitteilung durch einen statistisch bedeutsam längeren *Blickkontakt* markiert; den Partner anzusehen, verdeutlicht die Intention des Aufforderns und leistet einen entscheidenden Beitrag zur Informativität. Auch bei der Verwendung der I-Aufforderung suchen die Sprecher den Blickkontakt zum Partner.
- Bei der Produktion einer direkten I-Aufforderung *lächeln* die Sprecher deutlich länger als bei der Produktion einer einfachen Mitteilung. Zusätzlich hängt der Einsatz des Lächelns aber von der Aufforderungssituation ab, und zwar sowohl bei der E- als auch bei der I-Aufforderung: Je problematischer die Situation wird (wenn von den variierten Parametern BER und LEG einer beziehungsweise beide geringe Ausprägung aufweisen), je länger wird gelächelt.
- In der einfachen Standardsituation BER+ & LEG+ ist ‚alles erlaubt'; hier zeichnen sich die Verwendung der E- und I-Aufforderung gegenüber der bloßen Mitteilung zwar durch die Aufnahme des Blickkontakts aus; die Sprecher versuchen aber nicht, die I-Variante gegenüber der E-Variante durch stärkeres Lächeln für den Partner annehmbarer zu machen.
- Die meisten der Versuchspersonen, die die problematische reaktanzgefährdete Situation, in der sowohl die eigene Legitimation als auch die Bereitschaft der Partnerin gering ist, unter Verwendung einer I-Aufforderung bewältigen sollen, brechen das Rollenspiel ab. In dieser Situation ist eine (unangemessen) direkte Aufforderungsvariante offenbar nicht mehr durch nonverbales Verhalten kompensierbar.
- Die Erhöhung der Instrumentalität durch nonverbale Verhaltenskomponenten, die gemäß den Ausgangsannahmen bei der Verwendung der I-Aufforderung viel stärker notwendig ist als bei der Verwendung der E-Aufforderung, erfolgt nicht vorrangig durch stärkeres Lächeln. Vielmehr fällt auf, daß I-Aufforderungen in den Situationen, in denen einer der Parameter BER oder LEG geringe Ausprägung hat, oft mit einer – am Satzende ansteigenden – *Frageintonation* versehen werden.

Insgesamt sprechen die Ergebnisse dafür, daß die sprecherseitige Berücksichtigung angemessener Informativität und angemessener Instrumentalität sowohl durch die Wahl geeigneter verbaler als auch durch den Einsatz geeigneter nonverbaler Verhaltensweisen erfolgt. Der Blickkontakt markiert Aufforderungen gegenüber anderen Äußerungsklassen. Das Lächeln wird eingesetzt, um von den Parameterausprägungen her problematische Situationen zu bewältigen. Die Frageintonation wird verwendet, um die Instrumentalität direkter Aufforderungsvarianten zu erhöhen. Wir wenden uns der Intonation als nonverbaler Äußerungskomponente im folgenden etwas eingehender zu.

4.8.2 Intonation und Satzmodus beim Auffordern

Die Intonation ist ein Teilbereich der Prosodie, also der akustischen ‚Begleiterscheinungen' des Sprechens (vgl. oben 1.2.1); sie bezeichnet speziell den Tonhöhenverlauf beim Sprechen. Der physikalische Ausgangspunkt der Tonhöhe ist die Frequenz, in der die Stimmlippen schwingen. Diese Schwingung nennt man die *Grundfrequenz*, sie wird mit F_0 bezeichnet. Das beim Sprechen hörbare Schallereignis setzt sich aus der Grundfrequenz und den Obertönen zusammen, die dadurch entstehen, daß der Grundton die Resonanzräume des Sprechapparats (das Ansatzrohr, die Rachen-, die Mund- und gegebenenfalls die Nasenhöhle) passiert (s. oben 1.2.1). Da es sich bei den Schallwellen, die dem Mund des Sprechenden entströmen, um die Summe periodischer (sinusförmiger) Einzelschwingungen handelt, können die Frequenzen, die im lautlichen Output enthalten sind, mit Hilfe geeigneter mathematischer Verfahren identifiziert werden; die langsamste Schwingung dieser Analyse ist die Grundfrequenz (vgl. Dorn-Mahler, Grabowski-Gellert, Funk-Müldner & Winterhoff-Spurk, 1989a; Helfrich, 1985; Zwirner & Zwirner, 1937). Das Ziel der Intonationsanalyse besteht demnach in einer Beschreibung des Verlaufs der Grundfrequenz während des Sprechens. (Diese kann nur während der Produktion stimmhafter Laute bestimmt werden, weil die Stimmlippen nur bei stimmhaften Lauten schwingen.)

Die Bandbreite der möglichen Grundfrequenzen, die ein Sprecher oder eine Sprecherin erzeugen kann, hängt von den jeweiligen anatomischen Gegebenheiten ab. So sprechen Frauen in einer durchschnittlich höheren Tonlage als Männer. Im Bereich dieser Bandbreite kann die Tonhöhe vom Sprechenden jedoch bewußt modifiziert werden. Als untere Grenze einer Tonhöhenveränderung, die vom Hörer als solche wahrgenommen werden kann, sind etwa 5 Hertz anzusehen (Oppenrieder, 1988b); das entspricht etwa einem Halbtonschritt.

Wir beschäftigen uns im folgenden nicht mit punktuellen Tonhöhenveränderungen, also beispielsweise mit der Hervorhebung bestimmter Wörter innerhalb einer Äußerung, sondern mit dem Verlauf der Tonhöhe während der Produktion einer einfachen Aufforderung, also mit der *Satzintonation* oder *Satzmelodie*. Wir haben schon oben (4.2(ii)) – am Beispiel der möglichen Funktionen von Satzzeichen in schriftlichen Äußerungen – darauf hingewiesen, daß der grammatische Satzmodus, die Illokution einer Äußerung und die Intonation unterschiedliche Phänomene sind, die sich wechselseitig in ihrer Ausprägung nicht notwendig bedingen. Was die Intonation betrifft, hat besonders Klein (1982) darauf hingewiesen, daß der grammatische Satzmodus (Aussage, Frage, Imperativsatz) und die Intonationsgebung voneinander unabhängig sind; beispielsweise sei »die Annahme, die Frage sei durch ‚interrogative' Intonation gekennzeichnet, einfach falsch« (S. 296).

Wir berichten im folgenden über die Ergebnisse eines Experiments, in dem das Zusammenspiel zwischen grammatischer Form und Intonationsgebung beim Auffordern untersucht wurde (Dorn-Mahler & Grabowski, 1991). Viele einfache Handlungsaufforderungen lassen sich einem der beiden grammatischen Satztypen der Frage oder des Befehls zuordnen. Grammatische Fragen sind durch die Inversion von Subjekt und Prädikat gekennzeichnet, zum Beispiel „Würden Sie mir bitte einen Kaffee kochen?"; in grammatischen Befehlen steht das Verb im Imperativ, zum Beispiel „Laß mich mal vorbei!".

Wegen der Formgleichheit des Imperativ pluralis und der Präsensform bei Sie-Anreden läßt sich diese Zuweisung zu einem Satztyp nicht in allen Fällen eindeutig treffen, zum Beispiel bei der Äußerung „Kochen Sie Kaffee." Wir behandeln im weiteren nur Sätze, bei denen eine solche Zuordnung eindeutig möglich ist.

Auch bei der Intonation kann man eine typische Frageintonation von einer typischen Befehlsintonation unterscheiden; die intonatorische Frage ist durch ansteigende Tonhöhe am Satzende markiert, während beim intonatorischen Befehl die Tonhöhe am Satzende abfällt (vgl. Oppenrieder, 1988a,b).

Nach unseren Ausführungen in diesem Kapitel kann man annehmen, daß Fragemarkierungen (sei es nun syntaktischer oder intonatorischer Art) instrumenteller (und indirekter) sind als Befehlsmarkierungen, daß Befehlsmarkierungen dagegen informativer (und direkter) sind als Fragemarkierungen. Für die Produktion einer Aufforderungsäußerung ergeben sich vier Möglichkeiten: (1) Die Äußerung kann durch Satzmodus und Intonation doppelt als Frage markiert sein. (2) Die Äußerung kann grammatisch als Frage und intonatorisch als Befehl markiert sein. (3) Die Äußerung kann grammatisch als Befehl und intonatorisch als Frage markiert sein. (4) Die Äußerung kann durch Satzmodus und Intonation doppelt als Befehl markiert sein. (Daß diese und weitere Kombinationen aus Satztyp und Intonation prinzipiell möglich sind, haben wir an anderer Stelle gezeigt; vgl. Grabowski-Gellert & Winterhoff-Spurk, 1986a.)

In einem Rollenspiel wurden 63 männliche Studierende wiederum gebeten, als Abteilungsleiter ihre Sekretärin zum Kaffeekochen aufzufordern. In einer Standardsituation wurde die unproblematische Parameterausprägung LEG+ & BER+ vorgegeben; in einer reaktanzgefährdeten Situation war der Sprecher ebenfalls legitimiert (LEG+), er mußte jedoch davon ausgehen, daß die Sekretärin zum Kaffeekochen nur sehr ungern bereit ist (BER?). Die produzierten Aufforderungen wurden auf Tonband aufgenommen. In die hier berichteten Auswertungen gingen nur einfache Handlungsaufforderungen ein, die sich grammatisch als Frage oder Befehl kennzeichnen lassen. Dies war bei 20 (Standardsituation) beziehungsweise 21 (reaktanzgefährdete Situation) Äußerungen der Fall. Für diese Äußerungen wurde eine Intonationsanalyse zur Bestimmung des Grundfrequenzverlaufs durchgeführt.

Bei alleiniger Betrachtung der Intonation zeigt sich, daß die vom Sprecher angeschlagene Tonhöhe in der Situation LEG+ & BER+ durchschnittlich um 5 bis 10 Hertz höher liegt als in der Situation LEG+ & BER?. Dieser Unterschied verstärkt sich am Ende der Äußerungen; für die letzten vier Meßzeitpunkte am Satzende ergeben sich durchschnittliche Tonhöhendifferenzen von über 20 Hertz. Sprecher wählen in der problematischen Aufforderungssituation also eine vergleichsweise tiefere Tonlage; vermutlich wird dem dadurch verstärkten Eindruck der Sonorität und Bestimmtheit der Aufforderung eine höhere Erfolgswahrscheinlichkeit beigemessen.

Wie sind die Kombinationen aus Satztyp und Intonation über die beiden Situationen verteilt? In der für den Sprecher einfachen Situation LEG+ & BER+ werden fast ausschließlich (in 17 von 20 Fällen) grammatische Fragen produziert, davon 10 mit Frageintonation und 7 mit Befehlsintonation. Die drei verbleibenden Äußerungen im Befehlsmodus weisen alle Frageintonation auf. In dieser Situation sind also alle produzierten Äußerungen auf zumindest eine Weise als Frage markiert; die Hälfte der Aufforderungen ist sogar doppelt (grammatisch und intonatorisch) als Frage markiert. Insgesamt lassen sich die Aufforderungen damit eher als indirekt kennzeichnen.

In der problematischen Situation LEG+ & BER? werden etwa zu gleichen Teilen grammatische Fragen (12 von 21) und grammatische Befehle (9 von 21) produziert. Dabei finden wir überwiegend (15 von 21) die Befehlsintonation vor (7 mal mit Fragemodus, 8 mal mit Befehlsmodus); von den 6 verbleibenden Äußerungen mit Frageintonation weisen 5 den grammatischen Modus der Frage und eine den Befehlsmodus auf. In dieser Situation sind also 16 von 21 Äußerungen auf zumindest eine Weise als Befehl markiert; 8 Äußerungen sind sogar doppelt als Befehl markiert. Insgesamt sind die Aufforderungen damit eher als direkt zu charakterisieren.

Wir werden auf die verbale und nonverbale Komposition von Aufforderungen im Zusammenhang mit der Einbettung von Äußerungen in die Gesamthandlung des Sprechers noch einmal zurückkommen (s. unten 6.1.1). Insgesamt zeigen das dargestellte und weitere Experimente (zum Beispiel Dorn-Mahler, Grabowski-Gellert, Funk-Müldner & Winterhoff-Spurk, 1989b; Grabowski-Gellert & Winterhoff-Spurk, 1986a, 1988b; Mehrabian & Ferris, 1967; Siddiqi, Schwind & Voss, 1973; Winterhoff-Spurk & Grabowski-Gellert, 1987b), daß die Gesamtcharakteristik von Äußerungen im allgemeinen und Aufforderungen im speziellen maßgeblich von nonverbalen Komponenten mitdeterminiert wird. So kann die variable Direktheit einer Äußerung, die beim situationsspezifischen Auffordern eine wichtige Rolle spielt, durch die Selektion einer propositionalen Komponente (oder mehrerer Komponenten)

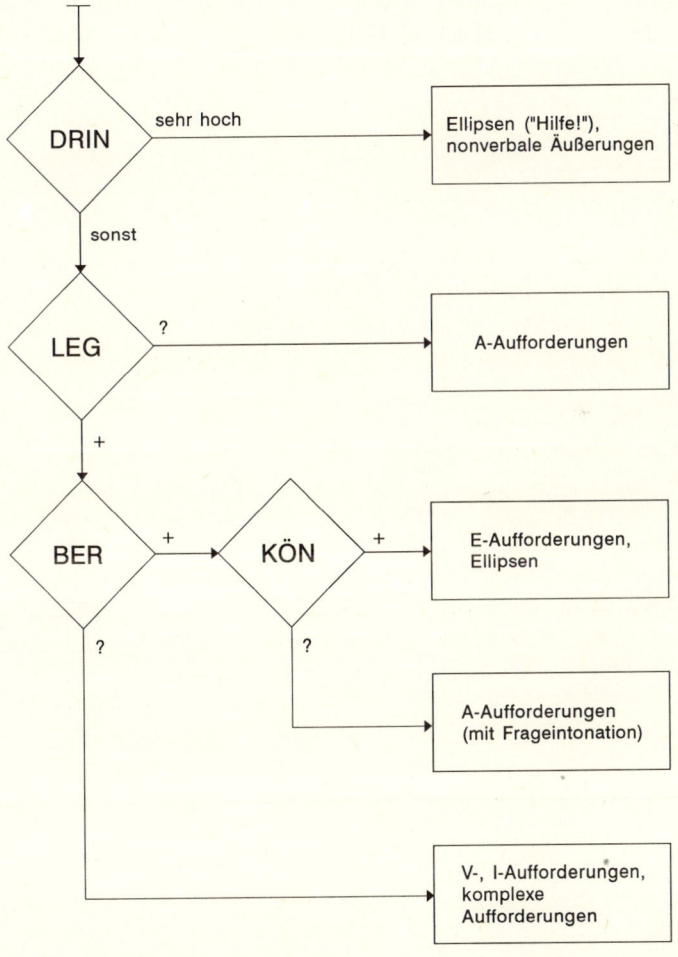

4.3 Einige empirisch beobachtete Zusammenhänge zwischen den Ausprägungen „hoch" (+) beziehungsweise „fraglich" (?) der Situationsparameter DRIN (Dringlichkeit), LEG (Legitimation), BER (Bereitschaft) und KÖN (Können) und häufig produzierten Aufforderungsvarianten.

der Fokusinformation, durch das Ausmaß und die Intensität des äußerungsbegleitenden Lächelns oder aber durch die Produktion einer Intonationskontur realisiert werden. Nonverbale Verhaltensweisen haben also weit mehr als eine bloß abtönende, modifizierende Funktion (wie dies zum Beispiel Cutler & Isard (1980) annehmen), sondern sind in einer Sprachproduktionstheorie bereits bei frühen Phasen der Äußerungsplanung zu berücksichtigen (s. unten 8.4.4).

4.9 Zusammenfassung

Die wesentlichen Befunde zum Zusammenhang zwischen Aufforderungssituationen und produzierter Aufforderungsäußerung, soweit sie sich auf die Selektion und Enkodierung von Komponenten des kognitiven Schemas AUFF beziehen, werden in *Abbildung 4.3* zusammengefaßt.

5.
Reden über Ereignisse

5.1 Problemeingrenzung

Mit der sprachlichen Wiedergabe von Ereignissen haben wir es in sehr vielen Situationen unseres täglichen Lebens zu tun: Wir berichten beispielsweise unserem Lebensgefährten, was uns auf dem Postamt wiederfahren ist; wir lesen vor dem Einschlafen einen Roman; wir erzählen im abendlichen Freundeskreis einen Witz oder eine anekdotische Begebenheit aus unserer Kindheit; wir legen in unserem Tagebuch eine Zusammenfassung dessen nieder, was sich im Verlauf des vergangenen Tages alles zugetragen hat; wir rufen einen Bekannten an und geben ihm Auskunft über den Kinofilm, den wir schon gesehen haben und den er sich anzusehen beabsichtigt; wir lassen uns über ein Fußballspiel berichten; wir erfahren bei einem gemütlichen Abendessen, wie ein befreundetes Ehepaar sich kennengelernt hat. Schon diese willkürlich zusammengetragenen Beispiele zeigen, daß man bei der Beschäftigung mit sprachlichen Ereignisdarstellungen mindestens drei Unterscheidungen treffen kann. (a) Eine Person kann ein Ereignis entweder selbst sprachlich darstellen (= Sprachproduktion) oder die sprachliche Darstellung eines Ereignisses wahrnehmen (= Sprachrezeption). (b) Die sprachliche Darstellung eines Ereignisses kann in schriftlicher oder in mündlicher Form erfolgen. (c) Das dargestellte Ereignis kann erfunden (fiktiv) sein oder sich tatsächlich zugetragen haben.

Zum Gegenstand wissenschaftlicher Beschäftigung wurden sprachliche Ereignisdarstellungen vor allem in der Literaturwissenschaft, in der Linguistik und in der Psychologie. Die Literaturwissenschaft hat es dabei vornehmlich mit der Produktion und Rezeption *schriftlicher* Texte zu tun, die sich auf *fiktive* Ereignisse beziehen. Die Psychologie hat sich bislang überwiegend damit beschäftigt, wie und unter welchen Bedingungen (meist schriftliche) Ereignisdarstellungen *verstanden* und gegebenenfalls im Gedächtnis behalten werden; sofern psychologische Forschung auf die mündliche Produktion ereignisbezogener Darstellungen gerichtet ist, steht vielfach der entwicklungspsychologische Aspekt des Erwerbs der Erzählfähigkeit bei Kindern im Vordergrund (zum Beispiel Berman, 1988; Stein, 1988; Trabasso & Nickels, 1992). Die Beschäftigung mit der *mündlichen Produktion* ereignisbezogener Äußerungen von Erwachsenen ist demgegenüber in der Linguistik am ausgeprägtesten.

Wenn wir uns in diesem Kapitel mit der Psychologie der (kompetenten, voll entwickelten) *mündlichen Produktion ereignisbezogener Äußerungen* befassen, so können wir dabei nicht auf eine so reichhaltige empirische Befundlage zurückgreifen, wie sie bei den schon behandelten Themen der Objektbenennung, des Sprechens über räumliche Strukturen und des Aufforderns vorliegt. Das liegt zum einen an dem schon erwähnten Umstand, daß die Sprachrezeption in der Psychologie generell viel häufiger zum Gegenstand des Interesses wurde als die Sprachproduktion (einige mögliche Gründe dafür haben wir in Abschnitt 2.3.1 angeführt). Innerhalb der Sprachproduktionspsychologie wiederum haben wir es bei ereignisbezogenen Äußerungen – verglichen etwa mit benennenden Nominalphrasen oder mit Einkomponentenaufforderungen – mit sehr komplexen Gegenständen zu tun; diese stellen den Forscher vor aller Herausarbeitung ihrer Zusammenhänge mit den Bedingungen, unter denen sie entstanden sind, vor erhebliche Beschreibungs- und Systematisierungsprobleme.

Wir werfen im folgenden (5.2) einen Blick auf ausgewählte Gesichtspunkte der linguistischen Behandlung des Redens über Ereignisse. Dann (5.3) wenden wir uns den Geschichtengrammatiken zu, die in der Psychologie zwar vorwiegend im Zusammenhang mit der Sprachrezeption diskutiert wurden, die aber auch in theoretischer Nähe zu den Bedingungen der Produktion ereignisbezogener Äußerungen stehen. Im Anschluß daran (5.4) werden wir eine Reihe von Bedingungen darlegen, die wir bei der situationsspezifisch variablen Produktion von Ereigniswiedergaben für entscheidend halten. Anhand eines experimentellen Beispiels (5.5) erörtern wir das Wirksamwerden von Selektions- und Aufbereitungsprozessen (5.5.1), einige Befunde zur situationsspezifischen Ereigniswiedergabe (5.5.2) sowie die variable Steuerung des Sprachproduktionsprozesses (5.5.3). Wir schließen unsere Darstellung mit dem Bericht über ein Feldexperiment, in dem wir versucht haben, unsere Annahmen zum situationsspezifischen Reden über Ereignisse außerhalb des Experimentallabors in einer natürlichen Umgebung zu prüfen (5.6).

Welche Sachverhalte in der Welt fallen überhaupt unter die Klasse der *Ereignisse*? Bei einer Raumkonstellation beispielsweise, in der sich eine Vase auf einem Tisch befindet, handelt es sich wohl kaum um ein Ereignis; ein einzelner, unveränderter Zustand kann kein Ereignis konstituieren. Auf ein Minimum reduziert, lautet eine Bedingung für das Vorliegen eines Ereignisses, daß mindestens zwei Zustände beteiligt sein müssen. Aber auch bei dem zwei Zustände umfassenden Sachverhalt, daß vor dem Mannheimer Hauptbahnhof ein Mann steht und daß sich eine Vase auf einem Tisch befindet, handelt es sich noch nicht um ein Ereignis. Es muß hinzukommen, daß die beiden Zustände in einem zeitlichen Zusammenhang stehen, wobei der eine Zustand in den anderen übergeht (van Dijk, 1976). Damit von einer Zustandsveränderung überhaupt gesprochen werden kann, ist es weiterhin notwendig, daß sich Zeitpunkte oder Zeitstrecken angeben lassen, während denen die Zustände bestehen. Zusammen mit der von uns hier vorausgesetzten Tatsache, daß ein Zustand immer auch an einem bestimmten Ort besteht, handelt es sich bei Ereignissen demnach um raumzeitlich verankerte Zustandsveränderungen. (Sofern eine solche Zustandsveränderung von einer Person absichtlich herbeigeführt wurde, spricht man von einer Handlung. Handlungen sind demnach eine Teilmenge der Ereignisse; vgl. dazu Lenk, 1980.)

Der sprachliche Ausdruck solcher Zustandsänderungen findet sich besonders in Verben (Miller, 1993); „fallen", „kommen", „besteigen", „geben", um nur einige wenige Beispiele zu nennen, bezeichnen Ereignisse in dem oben ausgeführten Sinne. Die Darstellung eines Ereignisses mit der Beteiligung von (mindestens) zwei Zuständen erfordert also nicht notwendigerweise mehr als einen Satz. Die Äußerungen „Ein Blatt fällt vom Baum.", „Netzer kam aus der Tiefe des Raumes.", „Ein Verwandter des Linguisten de Saussure hat den Mont Blanc bestiegen." oder „Franz gibt Otto eine Briefmarke." sind allesamt Beispiele für sprachliche Ereignisdarstellungen. In den meisten Fällen unseres täglichen Lebens sind

5. REDEN ÜBER EREIGNISSE

Ereignisse und ihre sprachlichen Darstellungen gleichwohl um einiges komplexer, sie umfassen ganze Ketten oder Sequenzen von Zuständen und ihrer Veränderung.

Allein aus der Tatsache, daß wir uns im Zusammenhang mit einer *psychologischen* Abhandlung mit Ereignissen beschäftigen, dürfte schon hervorgehen, daß bloße raum-zeitlich verortete Zustandsveränderungen in der materiellen (physikalischen) Welt nicht die einzige Instanz für die Konstituierung eines Ereignisses darstellen. Es kommt vielmehr darauf an, daß eine Zustandsveränderung – und das setzt voraus, daß zwischen Zuständen überhaupt ein Zusammenhang besteht oder hergestellt wird – im gedanklichen Geschehen eines Individuums als eine solche kogniziert wird, daß in der kognitiven Repräsention von Zustandsfolgen ein Zusammenhang besteht. Der denkende Mensch ist es, der Zusammenhänge zwischen einzelnen Zuständen erkennt oder selbst konstruiert, der aus einem kontinuierlichen Veränderungsstrom ‚Zustandsveränderungspakete' schnürt und gegen den vorherigen und den nachfolgenden Verlauf der Dinge abgrenzt, kurz: der ‚bestimmt', wann ein bestimmtes Ereignis anfängt und wann es aufhört und was noch nicht und nicht mehr zu dem Ereignis dazugehört (vgl. Chafe, 1990; Michotte, 1954). Es mag ein Kennzeichen literarischer Ereignisdarstellungen sein, daß Zustände in Zusammenhang gebracht werden, deren Zusammenhang gerade nicht offensichtlich ist: „Ein Blatt fällt vom Baum, und ein Kind geht vorbei, ohne es zu bemerken."

Die kognitive Repräsentation raum-zeitlich verankerter Zustände und Zustandsfolgen fällt in der Psychologie unter den Begriff des *episodischen Gedächtnisses* (im Gegensatz zum semantischen Gedächtnis; vgl. Tulving, 1972, 1983; für eine kritische Diskussion dieser Unterscheidung s. Strube, 1989).

Wenn man weiterhin bedenkt, daß Menschen oft auch über fiktive, erfundene, ausgedachte Ereignisse sprechen oder schreiben, deren Quelle nicht in der Wahrnehmung und Kognition einer Zustandsfolge in der äußeren Welt liegt, so verschiebt sich das konstituierende Moment eines Ereignisses von einer Zustandsveränderung in der Welt – wie wir es oben in einem ersten Definitionsansatz ausgeführt haben – zu der Kognition einer Zustandsveränderung im geistigen System (Repräsentationssystem) eines Individuums. (Um die folgenden Darstellungen zu erleichtern, wollen wir uns indes auf Ereignisse beschränken, die ‚tatsächlich' stattgefunden haben und nicht bloß von jemandem erdacht wurden, also auf Zustandsveränderungen in der sichtbaren Welt.)

Nun haben wir als ‚Außenstehende' aber keinen direkten Zugang zu den Wahrnehmungen und gedanklichen Inhalten und Vorgängen (und damit zur kognitiven Ereignisrepräsentation) eines Individuums, so daß wir – abgesehen von nonverbalen Ausdruckserscheinungen (Erröten, die Augenbrauen heben, Gestikulieren etc.) – darauf angewiesen sind, was jemand sagt oder schreibt, welche Sachverhalte und ihre Zusammenhänge er also als Ereignis sprachlich darstellt und wie er es tut.

In einer literaturwissenschaftlichen Arbeit hat Stierle (1975) die drei ‚Instanzen' des *Geschehens*, der *Geschichte* und des *Textes der Geschichte* unterschieden und damit die drei von uns soeben diskutierten Ebenen gekennzeichnet, auf denen wir Ereignisse ‚festmachen' können. Als ein Geschehen kann man das Netz der Beziehungen einzelner Zustände und ihrer Veränderungen beschreiben, so wie es ein unbeteiligter Beobachter (den man sich nur abstrahiert-idealisiert vorstellen kann) in dem fraglichen Wirklichkeitsausschnitt erkennen könnte. Die Geschichte beschreibt das Beziehungs- und Interpretationsnetz, das das kognizierende Individuum in seiner Wechselbeziehung mit der Umwelt und in seiner Involviertheit in das äußere Geschehen konstruiert. Wenn der Gesichtspunkt der kognitiven Repräsentation dieses ‚Erlebens' hervorgehoben werden soll, wird oft auch von der ‚kognitiven Geschichte' gesprochen. Der Text der Geschichte schließlich ist die zusammenhängende Äußerung eines Sprechers (vgl. Quasthoff, 1980, S. 45ff.; Sladek, 1977, S. 72f.).

Die psychologische Reinterpretation der Stierleschen Unterscheidung auf der Basis unserer bisherigen Ausführungen führt uns zu einigen grundlegenden Strukturen, Problemen und Fragen beim Reden über Ereignisse: Eine Veränderungsfolge von Zuständen (das Geschehen) ereignet sich in der ‚realen' Welt. Diese wird von einem Individuum wahrgenommen beziehungsweise kogniziert. Zu einem späteren Zeitpunkt (im Extrem aber auch schon während der Kognition des Geschehens, wie es beispielsweise bei einer Live-Reportage der Fall ist, in der Regel aber Minuten, Tage, Jahre danach) spricht das Individuum über das Ereignis. An irgendeiner Zeitstelle in der kognitiven Ver- beziehungsweise Bearbeitung dieser repräsentierten Zustandsfolge werden bestimmte Zustände und ihre Veränderungen miteinander in Zusammenhang gebracht (strukturiert) und gegen andere abgegrenzt; das Geschehen wird zur Geschichte. Wann erfolgt dies? Wird das Geschehen immer schon als Geschichte kogniziert? Liegt die ‚kognitive Geschichte' schon vor, bevor jemand über ein Ereignis spricht, oder wird sie erst anläßlich der anstehenden sprachlichen Wiedergabe konstruiert? Kann man über ein und dasselbe Ereignis in ganz verschiedener Weise sprechen? Wovon hängt es ab, wie jemand über ein Ereignis spricht? Wir sind noch weit davon entfernt, diese und weitere psychologische Fragen ausführlich beantworten zu können; oft haben wir nur Hinweise oder Vermutungen zur Verfügung. Bevor wir – in den Abschnitten 5.4ff. – unsere Position zum Reden über Ereignisse darlegen und erste empirische Befunde vorstellen, wollen wir eine kurze, keinesfalls erschöpfende Darstellung einiger Sichtweisen zu ereignisbezogenen sprachlichen Äußerungen in der linguistischen Tradition geben.

> Eine terminologische Anmerkung: Wir haben soeben – um an die Arbeit Stierles anzuknüpfen – den Begriff der Geschichte allgemein für das Resultat eines vom Individuum kognizierten und kognitiv strukturierten Ereignisses verwendet. In der kognitionspsychologischen Literatur bezeichnen Geschichten (auch ‚stories' oder ‚episodes') in der Regel eine Teilmenge von Ereignissen beziehungsweise Zustands-Ereignis-Verknüpfungen, die einer bestimmten formalen Struktur folgen (s. unten 5.3) oder die einen ‚point' aufweisen (zum Beispiel Habel, 1986; Schank et al., 1982; Wilensky, 1982) – und die überwiegend auf dem Wege der Text- beziehungsweise Diskursverarbeitung in das kognitive System eines Individuums gelangten, die dem Individuum, dessen Verarbeitungs- und Gedächtnisprozesse untersucht werden, mithin schon *als Geschichte* – genauer: als Text einer Geschichte – dargeboten wurden. Wir beschäftigen uns demgegenüber mit der Frage, wie Menschen über Ereignisse sprechen, die sie *erlebt* haben. Zuweilen kann die kognitive Repräsentation eines Ereignisses die Struktur einer Geschichte (im Sinne einer ‚story') aufweisen, zu einer Geschichte aufbereitet oder sprachlich als Geschichte dargestellt werden. Für unsere sprachpsychologische Fragestellung ist es von Interesse, welche Prozesse zur Produktion bestimmter ereignisbezogener Äußerungen führen und wie diese Äußerungen beschaffen sind; es ist demgegenüber zweitrangig, ob eine Äußerung oder die ihr zugrundeliegende kognitive Informationsstruktur als Geschichte *bezeichnet* werden kann.

5.2 Berichten und Erzählen

5.2.1 Textsorten

Bis in die späten siebziger Jahre hinein spielte in der Linguistik der Begriff der *Textsorte* eine wichtige Rolle. „Text" umfaßt hier – im Gegensatz zu seiner alltagsüblichen Verwendung – sowohl schriftliche als auch mündliche sprachliche Einheiten. Textsorten wurden als sprachliche Muster beschrieben, die sich im Hinblick auf ihren Inhalt, ihre Form, ihre Funktion, die Kommunikationsbedingungen, in denen sie verwendet werden, etc. klassifizieren lassen (vgl. zum Beispiel Dimter, 1981; Gülich & Raible, 1975). Ein Kochrezept beispielsweise handelt immer von der Zubereitung einer Speise, es beginnt mit der Auflistung der benötigten Zutaten, an die sich die Anweisung zur Verarbeitung dieser Zutaten anschließt, und es dient dazu, jemanden in die Lage zu versetzen, die jeweilige Speise kunstgerecht selbst herzustellen. Ein Testament handelt von Verfügungen, die jemand über seinen Tod hinaus trifft, es ist in der Regel in Abschnitte oder Paragraphen gegliedert und soll die Nachwelt an die Realisierung der Verfügungen binden; es wird von einer einzelnen Person produziert und hat Zukünftiges zum Inhalt. Eine Bauanleitung handelt von der Zusammenfügung von Einzelteilen zu einem fertigen Ganzen, sie ist meistens in einzelne Schritte unterteilt, deren Zwischenergebnis oft auch bildhaft illustriert wird, und soll dem Lesenden ermöglichen, das fertige Ganze richtig zusammenzubauen. Manche Textsorten kommen ausschließlich in schriftlicher, andere ausschließlich in mündlicher Form vor, bei wieder anderen ist die Äußerungsmodalität nicht festgelegt. Oft gehören sogar ganz konkrete Formulierungen oder spezielle grammatische Konstruktionen zu den Merkmalen einer Textsorte, wie beispielsweise „Man nehme . . ." beim Kochrezept, „. . . im Vollbesitz meiner geistigen Kräfte . . ." beim Testament oder „Den X in das Y stecken und festdrehen . . ." bei der Bauanleitung. (Weitere Beispiele für Textsorten sind Glossen, Wettervorhersagen, Kommentare, Anrufbeantworteransagen, Beipackzettel, Verhöre, Rundfunknachrichten etc.)

Als Teilhaber an unserer Kultur und unserer Gesellschaft kennen wir die Merkmale solcher Textsorten; wir sind Kochrezepten oder Wettervorhersagen schon oft begegnet, wir erkennen sie schon nach wenigen Worten, wir wissen, in welchen Kontexten wir sie antreffen. Zum Teil sind die Vorgaben für bestimmte mündliche oder schriftliche Äußerungen normativer Art: Ein Testament gilt beispielsweise nur, wenn es eine bestimmte Form hat. Zum Teil kann man die textsortenspezifischen Vorgaben als vorgefertigte Problemlösungen betrachten: Wenn wir jemanden in die Lage versetzen wollen, eine Speise zuzubereiten oder ein Regal aufzubauen, so müssen wir uns nicht mühsam überlegen, wie uns das am besten gelingt, sondern wir können uns darauf verlassen, daß die uns bekannte *Form* von Kochrezepten oder Aufbauanleitungen sich offenbar gut bewährt hat und von uns deshalb im Vertrauen auf ihre Funktionstüchtigkeit übernommen werden kann. Einen Text als Vertreter einer bestimmten Textsorte zu erkennen, heißt freilich noch nicht, solche Texte auch selbst produzieren zu können – wir wissen sehr schnell, daß es sich bei einem gehörten oder gelesenen Text um einen Roman, eine Novelle, eine Glosse oder eine Tischrede handelt, ohne daß wir immer in der Lage wären, selbst Romane, Novellen, Glossen oder Tischreden zu verfertigen. (Zur psychologischen Unterscheidung zwischen Wissen und Können s. unten 6.3.1.) Sofern wir aber auch die ‚kunstgerechte' Produktion der jeweiligen Äußerungsformen beherrschen, kann man annehmen, daß diese in starkem Maße durch den Einsatz von *Wie-Schemata* erfolgt (s. oben Exkurs 3.1 sowie unten 7.3.6).

Textsortenvorgaben sind vergleichsweise starr. Sie erlauben nur wenige Abwandlungen zum Beispiel angesichts unterschiedlicher Kommunikationsparter oder -situationen. Reden wir aber ohne solche textsortenspezifische Vorgaben, so sieht die Sachlage anders aus. Wir stellen – ohne dies bewußt zu planen – eine Begebenheit einem Kind gegenüber in der Regel mit anderen sprachlichen Mitteln dar als gegenüber einem Erwachsenen. Was genau ist es, was wir ganz selbstverständlich gegenüber einem Kind anders machen? Oder wenn uns unser Vorgesetzter fragt, was wir im Urlaub gemacht haben, so wird unsere Urlaubsschilderung anders beschaffen sein, als wenn uns unser bester Freund gefragt hätte. Worin bestehen diese Unterschiede? Weder verfügen wir über angebbares Wissen darüber, wie partnerbeziehungsweise situationsangemessene, ereignisbezogene Äußerungen beschaffen sind, noch lassen sich diese Äußerungen ähnlich detailliert klassifizieren wie die erwähnten Textsortenbeispiele: Alles Reden über Ereignisse, so wie wir es hier verstehen wollen, bezieht sich nicht auf Zustände, Sachverhalte oder dergleichen, sondern eben auf *Ereignisse*. Es bezieht sich auf etwas zeitlich *Zurückliegendes* (und nicht auf Zukünftiges oder auf Sachverhalte ohne Zeitaspekt). Es bezieht sich auf etwas *Singuläres* (und nicht auf etwas dauernd Wiederkehrendes oder auf etwas Generisches) und auf etwas *Faktisches* (und nicht auf etwas Fiktives). Über diese textinhaltsbezogenen Merkmale hinaus läßt sich aber vorab nicht viel mehr eingrenzen; die Funktion, die in Frage kommende Kommunikationssituation und vor allem die Form des Redens über Ereignisse können ganz unterschiedlich beschaffen sein.

Mit der Frage der Beschreibung und der Strukturierung dieser Beschaffenheiten des (alltäglichen) Redens über Ereignisse hat sich die Linguistik vorwiegend im Zusammenhang mit konversationsanalytischen Arbeiten beschäftigt. Dabei wurden bevorzugt zwei Arten (Muster), über Ereignisse zu sprechen, einander gegenübergestellt: das *Berichten* und das *Erzählen* (vgl. zum Beispiel Gülich, 1980; Rehbein, 1984). Hier werden nicht oder zumindest nicht vorrangig – wie bei den Textsorten – zwei Klassen sprachlicher *Produkte* unterschieden, sondern zwei Gruppen von *Vorgängen*, eben das Berich*ten* und das Erzähl*en*, als Antwort auf die Frage: Was tun Menschen, wenn sie ein Ereignis sprachlich wiedergeben?

„Bericht" und „Erzählung" existieren auch als Textsortenbezeichnungen. Erzählungen bilden eine literarische Gattung, betreffen damit aber andere sprachliche Phänomene als die von uns hier behandelten; das Wort „Bericht" dient (innerhalb von Nominalkomposita) häufig zur Bezeichnung von Textsorten, wobei sich der Wetterbericht oder der Straßenzustandsbericht im übrigen gar nicht auf ein zurückliegendes Ereignis, sondern auf derzeitige und zukünftige Zustände beziehen. Das Berich*ten* und das Erzähl*en* werden demgegenüber in der Linguistik nicht als Textsorten geführt, sondern – neben dem Beschreiben, dem Argumentieren, dem Instruieren etc. – als Schemata sprachlichen Handelns (Kallmeyer & Schütze, 1977) oder als Großformen des Sprechens (Rehbein, 1984).

Der Gegenstand der Konversationsanalyse ist nicht das Sprache produzierende Individuum, sondern die sprachliche Interaktion zwischen zwei oder mehreren Beteiligten, also das Gespräch oder die Konversation. Die kognitiven Ausgangsbedingungen des Sprechers sind weder dem Hörer noch dem Forscher bekannt und werden in den Untersuchungen in der Regel auch nicht vom Forscher (experimentell) hergestellt (vgl. aber Quasthoff, 1987). Vielmehr werden in der konversationsanalytischen Tradition sprachliche Ereigniswiedergaben dort beobachtet und aufgezeichnet, wo sie in ihrer natürlichen Umgebung auftreten, beispielsweise in Kneipen, in Beratungszimmern des Sozialamts (Quasthoff, 1980) oder bei

Gerichtsverhandlungen (Hoffmann, 1980). Anhand der transkribierten Gesprächsprotokolle wird zum Beispiel gezeigt, mit welchen sprachlichen Mitteln die wechselseitige Verständnissicherung zwischen zwei Partnern gelingt (zu den konversationstheoretischen Grundlagen vgl. Kallmeyer & Schütze, 1977). Die oben genannte Frage „Was tun Menschen, wenn sie ein Ereignis sprachlich wiedergeben?" ist demnach wie folgt zu präzisieren: „Was tun Menschen, wenn sie sich mit einem Partner über ein Ereignis verständigen wollen?" Die kognitiven Prozesse im Individuum bei der Produktion ereignisbezogener Äußerungen stehen somit – wie aus dieser sehr verkürzten Skizze hervorgeht – nicht im Zentrum des konversationsanalytischen Interesses. Für unsere allgemeinpsychologische Behandlung des Redens über Ereignisse sind diese Forschungsarbeiten aber vor allem dahingehend interessant, daß sie eine Reihe von Merkmalen herausstellen, die bei der Produktion ereignisbezogener Äußerungen eine mutmaßlich wichtige Rolle spielen beziehungsweise in denen ereignisbezogene Äußerungen variieren. Dabei werden die dem Berichten und dem Erzählen zukommenden Merkmalsausprägungen oft idealtypisch beschrieben; bei den tatsächlich beobachtbaren Gesprächen treten diese Muster nur selten in Reinform auf (Rehbein, 1984). Wir erläutern im folgenden einige dieser Merkmale des Berichtens und Erzählens anhand dreier ausgewählter Themenbereiche.

5.2.2 Funktionales und nicht-funktionales Erzählen

Gülich (1980) kennzeichnet das Reden über Ereignisse generell als Erzählen; sie unterscheidet dabei funktionales von nicht-funktionalem Erzählen, wobei das funktionale Erzählen weitgehend dem Berichten entspricht. „Funktional" bedeutet hier, daß die Ereigniswiedergabe einem übergeordneten Zweck dient, wie es besonders in institutionellen Kontexten der Fall ist, also wenn beispielsweise ein Zeuge bei einer Befragung durch die Ereigniswiedergabe ein bestehendes Informationsdefizit des Gerichts beseitigen soll. Beim nicht-funktionalen Erzählen, also bei der alltäglichen, ‚ungezwungenen' Ereigniswiedergabe, spielen übergeordnete Zwecke offenbar eine geringere Rolle. (Wir werden diese ‚Kommunikationszwecke' im Rahmen der sprecherseitigen Handlungsziele, die die Äußerungsproduktion steuern, behandeln.) Die Unterschiede in der Gewichtigkeit übergeordneter Zwecke der Ereigniswiedergabe zeigen sich nach Gülich vor allem in der vom Sprecher gewählten Detaillierung: Beim Berichten (wie wir das funktionale Erzählen im folgenden nennen wollen) führt der Sprecher nur diejenigen Komponenten des Ereignisses im Detail aus, die im Hinblick auf die übergeordnete Funktion der Ereigniswiedergabe relevant sind; Kallmeyer & Schütze (1977, S. 166) sprechen hier von einer »problemadäquaten Detaillierung«. Wenn der Zweck einer Unfallschilderung beispielsweise darin besteht, dem Fragenden Informationen darüber zu geben, ob der Fahrer des weißen Mercedes dem roten Kleinwagen die Vorfahrt genommen hat, so führt der Sprecher nur diejenigen Teile des Ereignisses (hier: des Unfalls und seiner Vorgeschichte) genauer aus, die für die Beantwortung dieser übergeordneten Frage relevant sind; die irrelevanten Teile des Ereignisses läßt er weg. Beim nicht-funktionalen Erzählen existiert demgegenüber kein solcher übergeordneter Zweck, dem die punktuelle Detaillierung bei der Ereigniswiedergabe folgen könnte; deshalb zeichnen sich nicht-funktionale Ereigniswiedergaben durch ein gleichmäßigeres Detaillierungsniveau aus. Die Relevanz einzelner Ereignisteile ergibt sich hier allenfalls aus der Struktur des Ereignisses selbst. Im obigen Beispiel bildet etwa der Zusammenstoß der beiden Fahrzeuge den Höhepunkt der Unfall-Geschichte; der Sprecher richtet seine Darstellung auf diesen Höhepunkt hin aus, erzählt die dem Höhepunkt direkt vorangehende Episode vielleicht etwas ausführlicher, um ein gewisses spannungssteigerndes Moment zu erzeugen, etc. Der Unterschied besteht also darin, daß der Sprecher beim nicht-funktionalen Erzählen anhand seiner kognitiven Repräsentation einer Geschichte (und damit insgesamt gleichmäßiger) detailliert, während er beim funktionalen Berichten anhand des kommunikativen Zwecks seiner Ereignisdarstellung (und damit punktuell) detailliert. Im Rahmen unserer Gliederung des Sprechvorgangs (s. oben 1.3) heißt das, daß wir beim Reden über Ereignisse in Abhängigkeit vom jeweiligen Handlungsziel des Sprechers unterschiedliche Selektionsprozesse, also die Auswahl unterschiedlicher Teile der verfügbaren Ausgangsinformation zur Verbalisierung erwarten können.

Unterschiede zwischen dem Berichten und Erzählen zeigen sich nach Gülich (1980) auch in der variablen Parallelität zwischen dem zeitlichen Verlauf des Ereignisses und dem zeitlichen Verlauf der Ereigniswiedergabe. Berichte folgen danach stärker der ursprünglichen Ereignisfolge; das heißt, die für relevant erachteten Ereignisteile werden beim Berichten in der Reihenfolge wiedergegeben, in der sie sich ereignet haben. Beim Erzählen finden sich demgegenüber häufiger Aufhebungen der Originalreihenfolge durch Rückblenden auf frühere Ereignisepisoden. Würde – um es vereinfacht zu illustrieren – ein Bericht über einen Unfall lauten: „Ein roter Kleinwagen fuhr die Bismarckstraße entlang in Richtung Reichskanzler-Müller-Straße. Vom Kaiserring her näherte sich ein weißer Mercedes. Der hat die rote Ampel nicht beachtetet, und dann sind die beiden Fahrzeuge auf der Kreuzung vor dem Hauptbahnhof zusammengestoßen.", so würde dieses Ereignis vielleicht wie folgt erzählt werden: „Auf der Kreuzung vor dem Hauptbahnhof sind zwei Autos zusammengestoßen. Der eine war ein Mercedes, der hat die rote Ampel übersehen, weil der kam vom Kaiserring, und der andere war ein roter Kleinwagen, der wollte geradeaus in die Reichskanzler-Müller-Straße weiterfahren." Im Hinblick auf unsere Gliederung des Sprechvorgangs erwarten wir in Abhängigkeit vom jeweiligen Handlungsziel des Sprechers also auch unterschiedliche Linearisierungsprozesse, das heißt variable sequenzielle Ordnungen der zur Sprachproduktion ausgewählten Informationskomponenten (s. oben 1.3).

Wir haben bei unserer Diskussion des Aufforderns darauf hingewiesen, daß Sprecher bei der Produktion von Äußerungen sowohl dem Gesichtspunkt der Informativität als auch dem Aspekt der Instrumentalität gerecht werden müssen (s. oben 4.4). Diese beiden Maßgaben des erfolgreichen Sprechens können auf verschiedene Weise miteinander verbunden sein. Beim Auffordern haben wir gezeigt, daß die Berücksichtigung der Informativität und der Instrumentalität einander entgegenlaufen; mit steigender Informativität (Direktheit) einer Aufforderungsäußerung sinkt ihre Instrumentalität (wegen der zunehmenden Reaktanzprovokation) und umgekehrt. Auch beim Berichten und Erzählen stehen die beiden Gesichtspunkte jeweils in spezifischer Relation; ein Bericht ist dann instrumentell (zielführend), wenn er informativ ist, wenn der Partner also anhand der Ereigniswiedergabe Wissen aufbauen kann, über welches er zuvor noch nicht verfügt hat. Instrumentelles Erzählen (oder, wie Gülich es nennt, erfolgsorientiertes Erzählen) soll für den Partner demgegenüber vor allem unterhaltsam sein (1980, S. 371). Der Unterhaltungswert einer Ereigniswiedergabe ist aber nicht nur von der Informationsvermittlung abhängig, sondern auch von der Art der sprachlichen Aufbereitung, vom Erzeugen von Spannung oder Heiterkeit, etc. (Beispielsweise finden wir verworrene Darstellungen kabarettistischer Art oft besonders lustig.) Während instrumentelles Berichten also immer auch informatives Sprechen impliziert, hängt instrumentelles Erzählen weit weniger von der Informativität der Sprecheräußerungen ab (vgl. Rummer, 1992).

In einem extremen Beispiel kann man sich vorstellen, daß eine Schwarzfahrerin in der Straßenbahn von einem Kontrolleur gebeten wird, ihren Fahrausweis vorzuzeigen (den sie nicht besitzt). Sie weiß aber, daß sie an der nächsten Haltestelle aussteigen will und daß diese Haltestelle in wenigen Minuten erreicht sein wird. So wird sie vielleicht versuchen, sich durch Sprachproduktion aus der Affäre zu ziehen, indem sie anfängt, über ein Ereignis zu sprechen. Instrumentell wird diese Äußerung dann sein, wenn mit ihrer Hilfe die Zeit bis zur nächsten Haltestelle überbrückt und der Kontrolleur als Zuhörer solange beschäftigt werden kann (und damit davon abgehalten wird, den Fahrschein wirklich sehen zu wollen). Dies gelingt aber vielleicht gerade dadurch, daß die produzierte Äußerungssequenz jeglicher Informativität entbehrt, dem Partner überhaupt nicht klar werden läßt, was die Sprecherin eigentlich vermitteln möchte, und den Kontrolleur damit hinreichend lange verwirrt. In diesem – nicht unbedingt fiktiven – Fall würde die Instrumentalität einer ereignisbezogenen Äußerung gerade durch die Abwesenheit informativer Gesichtspunkte befördert. Mögliche Zwischenstufen auf der Informativitätsskala sind beim Erzählen leicht denkbar.

Die idealtypische Separierung zweier Muster sprachlicher Ereigniswiedergaben – hier: des funktionalen und des nicht-funktionalen Erzählens – beschreibt weder das konkrete, empirisch beobachtbare Sprachproduktionsresultat bestimmter Sprecher in bestimmten Situationen noch die speziellen kognitiven Prozesse bei der Produktion ereignisbezogener Äußerungen; wir können die Ausführungen von Gülich (1980) aber für unsere Zwecke wie folgt zusammenfassen: (1) Das Reden über Ereignisse kann verschiedenen Zwecken dienen; aus der Sicht des Sprechers heißt das, daß beim Reden über Ereignisse unterschiedliche Ziele leitend sein können. (2) Das Berichten erfolgt eher bei Vorliegen übergeordneter Ziele, die auf die speziellen Informationsbedürfnisse des Partners bezogen sind; beim Erzählen bestehen die Sprecherziele eher in der Darlegung einer Geschichte. (3) In Abhängigkeit vom jeweiligen Sprecherziel variieren ereignisbezogene Äußerungen insbesondere hinsichtlich ihres Detaillierungsverlaufs, ihrer Parallelität mit dem zeitlichen Geschehensablauf und ihres allgemeinen Informationsgehalts; nach unserer Gliederung des Sprechvorgangs (s. oben 1.3) sind dafür vor allem Selektions- und Linearisierungsprozesse verantwortlich.

5.2.3 Konversationelle Erzählungen

Quasthoff (1980) hat sich ausführlich mit den inhaltlichen und situativen Voraussetzungen für das Erzählen beschäftigt. Im Zentrum der Betrachtung stehen dabei *konversationelle Erzählungen*; das sind mündliche, ereignisbezogene Redebeiträge, die in einem Gespräch spontan realisiert werden (S. 27). (Bei dem zu Protokoll gegebenen Bericht eines geladenen Augenzeugen handelt es sich beispielsweise nicht um eine konversationelle Erzählung.) Wir haben es hier also vornehmlich mit dem zu tun, was oben nicht-funktionales Erzählen genannt wurde. Die Autorin behandelt dabei vor allem drei Fragen: (i) Welche Ereignisse kommen überhaupt als Redegegenstand in Frage? (ii) In welchen Situationen und unter welchen Bedingungen entstehen konversationelle Erzählungen? (iii) Wie sind konversationelle Erzählungen beschaffen?
(i) Welche Ereignisse kommen als Redegegenstand in Frage? Wir haben bei unserer Diskussion der Textsorten schon erwähnt, daß sich Erzählungen auf zeitlich zurückliegende Ereignisse oder Ereignisfolgen in der äußeren Welt beziehen. Nach Quasthoff kommen noch

einige Bedingungen hinzu, die ein Ereignis erst zu einem geeigneten ‚Kandidaten' für eine konversationelle Erzählung machen. Zum einen muß der Sprecher das Ereignis als singuläre Geschichte erlebt haben; das setzt wiederum voraus, daß der Sprecher in irgendeiner Weise in diese Geschichte involviert ist. Dafür kommen der Autorin zufolge prinzipiell drei unterschiedliche Rollen in Frage: (a) Der Sprecher war der Agent, der Handelnde, derjenige, der das Ereignis bewirkt oder in Gang gesetzt hat. (b) Der Sprecher war der Patient, das Opfer, derjenige, der von dem Ereignis betroffen war. (c) Der Sprecher war als Beobachter in das Ereignis involviert. Es wird deutlich, daß bei der Betrachtung konversationeller Erzählungen eine Teilklasse von Ereignissen im Vordergrund steht: die Handlungen. Handlungen sind, wie schon erwähnt, Ereignisse, bei denen Zustandsveränderungen durch das absichtliche Eingreifen von Individuen bewirkt werden. Solche Absichten (Intentionen) kommen nicht nur dem Menschen zu, sondern können auch Tieren oder sogar unbelebten Dingen zugeschrieben werden; das entscheidende Kriterium ist letztlich das Geschehen, so wie es der Sprecher *erlebt* hat: „Gestern hat mich mein Computer wieder aus dem Programm geworfen. Manchmal will (!) er einfach nicht." Die sprachliche Darstellung des Ereignisses in der Kommunikationssituation erfolgt dann immer aus der Perspektive (Agent, Patient, Beobachter), die der Sprecher bei der Kognition des Ereignisses innehatte; dem Kommunikationspartner wird das erlebte Geschehen also gleichsam noch einmal ‚vor Augen geführt'. Hierin sieht Quasthoff einen deutlichen Unterschied zum Berichten, bei dem der Sprecher das Ereignis nicht aus der Rolle heraus darstellt, die er zum Zeitpunkt des Geschehens eingenommen hatte, sondern aus der Perspektive heraus, die er in der Kommunikationssituation innehat, also beispielsweise als Augenzeuge oder – früher – als Nachrichten übermittelnder Bote.

Was den Sprecher als *Beobachter* eines Ereignisses betrifft, so halten wir einige weitere Differenzierungen für notwendig. Neben der direkten, während des Ereignisablaufs raumzeitlich und physisch ‚anwesenden' Beobachtung (wenn man beispielsweise im Supermarkt sieht und hört, wie eine Mutter ihr Kind verprügelt) gibt es auch andere, über eine oder mehrere Stufen vermittelte Arten der Ereigniskognition. Wir können zum Beispiel über ein Ereignis erzählen, von dem wir selbst wiederum aus einer Erzählung (aus zweiter Hand) Kenntnis haben, das wir im Kino oder Fernsehen gesehen oder über das wir gelesen haben. Wenn uns ein Nachbar erzählt, wie er gesehen hat, daß eine Frau im Supermarkt ihr Kind verprügelt, so tut er das aus der Rolle eines Beobachters heraus und versetzt uns damit vermutlich ebenfalls in den Stand eines (indirekten) Beobachters des ursprünglichen Ereignisses; aus dieser Beobachterrolle heraus können wir das Ereignis dann weitererzählen. Die Tatsache, daß uns der Nachbar das Ereignis erzählt hat, ist wiederum ein Ereignis, in dem dem Nachbarn nun aber die Rolle des Agenten, nämlich des Erzählenden, und uns die Rolle des Patienten, desjenigen, dem das Ereignis erzählt wird, zukommt.

Wenn Menschen ein Ereignis sprachlich darstellen, so reden sie zuweilen nicht nur über das betreffende Ereignis selbst, sondern auch über die Bedingungen der Kognition der zugehörigen Geschichte. Wenn nun, wie Quasthoff plausibel anführt, die sprachliche Ereignisdarstellung der bei der Kognition des Ereignisses eingenommenen Perspektive folgt, so kann der Fall eintreten, daß der Sprecher innerhalb einer Erzählung sowohl die Rolle des Beobachters (in Hinsicht auf das Ereignis) als auch die Rolle des Patienten (in Hinsicht auf die Erzählung, die ihm die Kenntnis des Ereignisses vermittelt hat) einnimmt (also zum Beispiel in Äußerungen wie „Ich habe gehört, daß jemand gesehen hat, wie . . ."). Die Sachlage wird noch komplizierter, wenn uns der ursprüngliche Agent einer Handlung diese erzählt hat. Hier können wir beim Weitererzählen nicht die Rolle des Agenten übernehmen, schließlich haben wir ja nicht selbst gehandelt. (Und es grenzt schon ans Pathologische,

5. REDEN ÜBER EREIGNISSE

wenn jemand die Taten anderer als seine eigenen ausgibt.) Wir müssen uns in diesem Fall aus der Agentenperspektive des Ersterzählers einen Beobachterstandpunkt konstruieren, aus dem heraus wir das Gehörte weitererzählen können. Es ist bislang nur unzureichend bekannt, wie es Sprechern in ihren alltäglichen Äußerungen gelingt, diese multiple Ineinanderschachtelung von Sichtweisen auf ein Ereignis sprachlich zu gestalten und dem Hörer eine entsprechende Orientierung zu ermöglichen.

> In der Literatur hat die Verschachtelung von Erzählperspektiven durchaus Tradition, sie wird im Rahmen der Erzähltheorie behandelt (vgl. Kanzog, 1976). Ein – neben den Rahmennovellen des 19. Jahrhunderts – bekanntes Beispiel ist die Einleitung zu Umberto Ecos Roman „Der Name der Rose": »Der geneigte Leser möge bedenken: was er vor sich hat, ist die deutsche Übersetzung meiner italienischen Fassung einer obskuren neugotisch-französischen Version einer im 17. Jahrhundert gedruckten Ausgabe eines im 14. Jahrhundert von einem deutschen Mönch auf Lateinisch verfaßten Textes«, wobei hinzuzufügen ist, daß dieser Mönch im hohen Alter niederschreibt, was er als junger Novize erlebt hat. Während dieser Perspektivenschachtelung in der Literatur jedoch gewöhnlich die Funktion der Distanzierung des Autors von dem dargestellten Geschehen, das apriorische ‚Ohne-Gewähr', zugeschrieben wird, dürfte der im Alltag ‚aus zweiter Hand' erzählende Sprecher eher darum bemüht sein, die Distanz zum Geschehen aufzuheben und sich selbst als ein in das Ereignis – und sei es nur in dessen Unerhörtheit – Involvierter darzustellen.

Eine besondere Bedingung für das Entstehen konversationeller Erzählungen liegt nach Quasthoff in der Beschaffenheit des kognizierten Ereignisses, also der Geschichte, selbst: Ein Ereignis muß *erzählbar* sein. Das Konzept der Erzählbarkeit wurde unter dem Begriff der „reportability" eingeführt. Es wird jedoch nur vage beschrieben: Eine Geschichte muß gewisse Minimalbedingungen der Ungewöhnlichkeit erfüllen. (Außerdem ist ein Ereignis für einen Sprecher nur erzählbar, wenn er über eine vollständige Repräsentation dieses Ereignisses verfügt und wenn das Ereignis nicht in den Bereich kultureller Tabus fällt; vgl. Quasthoff & Nikolaus, 1982.) Nun wirkt aber nicht generell für alle Menschen dasselbe vertraut und dasselbe überraschend, so daß Ungewöhnlichkeit eher eine zweistellige Relation (etwas ist für jemanden ungewöhnlich) denn eine einstellige Relation (eine Geschichte ist an sich ungewöhnlich) bezeichnet; auch sind manche Themen gegenüber bestimmten Adressatenkreisen ein Tabu, gegenüber anderen jedoch nicht. Die Erzählbarkeit – sofern man diesen Begriff beibehalten möchte – kann unter diesen Voraussetzungen nicht die Eigenschaft einer Geschichte selbst sein, sondern kann allenfalls in der Interaktion zwischen einer Geschichte und einer erzählenden beziehungsweise die Erzählung rezipierenden Person begründet liegen. So stellen Quasthoff & Nikolaus (1982) – allerdings ohne Antastung des Erzählbarkeitskonzepts – heraus, daß ‚stories' mehr oder weniger geeignet sein können, bestimmte *Funktionen* zu erfüllen; soll eine Ereigniswiedergabe beispielsweise der Selbstdarstellung des Sprechers dienen, so muß das Ereignis Elemente enthalten, die einen positiven Eindruck des Sprechers (als Erzählender oder als Agent einer erzählten Handlung) ermöglichen (vgl. allgemein Labov & Waletzky, 1973).

> Ein Großteil der Allgemeinen Psychologie beschäftigt sich mit den Prozessen, die bei Individuen im Umgang mit ihrer Umwelt ablaufen. Bei der Beschreibung und Erklärung dieser Prozesse können in vielen Bereichen die Determinanten des psychischen Geschehens sozusagen wahlweise den Eigenschaften der Umwelt oder den Eigen-

schaften des Menschen zugeschrieben werden. So steht beispielsweise dem Konzept der Verständlichkeit von Texten das Konzept des Textverstehens beim Menschen gegenüber; im einen Fall haben Texte die Eigenschaft, mehr oder weniger verständlich zu sein, im anderen Fall haben Menschen die Eigenschaft, bessere oder schlechtere Leistungen beim Verstehen von Texten zu erbringen. Ähnliche Begriffspaare sind die Interessantheit und das Interesse, die Sichtbarkeit und die Sehfähigkeit, die Schwierigkeit und die Fähigkeit. In der Tradition der Psychologie hat die begrenzte Erklärungsfähigkeit rein reizbezogener wie auch rein personenbezogener Erklärungen oft zu interaktionistischen Konzeptionen des jeweiligen Gegenstandsbereichs geführt (für eine eingehende Erörterung dieses hier sehr vereinfacht wiedergegebenen Sachverhalts vgl. Herrmann, 1980a). So sollte neben der Erzählbarkeit als Eigenschaft von Ereigniskomplexen auch die Erzählfähigkeit als Eigenschaft von Menschen, zielführend über Ereignisse reden zu können, und schließlich auch die interaktive Sichtweise, nach der geeignete Sprecher in geeigneten Situationen gegenüber geeigneten Partnern über geeignete Ereignisse sprechen, berücksichtigt werden. Gülich & Quasthoff (1986) deuten in diesem Zusammenhang zwar an, daß die Erzählbarkeit einer Geschichte in Abhängigkeit von der jeweiligen Kommunikationssituation variieren kann, sie sehen das Erzählenswerte einer Geschichte aber im wesentlichen in der Struktur eines Ereignisses selbst begründet (vgl. Gülich & Quasthoff, 1985).

Wir unterscheiden nach den geäußerten Vorbehalten gegenüber dem Konzept der Erzählbarkeit im wesentlichen zwei Gesichtspunkte, die – in Interaktion mit Sprecher, Situation und Partner – eine Geschichte zu einem besonders geeigneten Kandidaten für eine konversationelle Erzählung werden lassen können: ihren *Inhalt*, ihr Thema, ihren Gegenstand, sowie ihre *Struktur*, den Aufbau der Geschichte. Mit der ‚optimalen' Struktur von Geschichten werden wir uns im Abschnitt 5.3 eingehender beschäftigen; wir wollen hier nur die Rolle des Ereignisinhalts für die ‚Erzählbarkeit' der ereignisbezogenen Geschichte besprechen.

Man kann annehmen, daß sich ein Ereignis dann besonders für eine konversationelle Erzählung eignet, wenn es dem Hörer oder zumindest dem Sprecher selbst *interessant* erscheint. Anderson, Shirey, Wilson & Fielding (1987) heben vier Merkmale hervor, die besonders dazu beitragen, daß Ereignisdarstellungen als interessant empfunden werden: (a) Personen, mit denen man sich leicht identifizieren kann; (b) neue oder ungewöhnliche Sachverhalte; (c) Dinge, die für das eigene Leben wichtig sind; (d) Ereignisse, die mit starker Aktivität oder starken Gefühlen einhergehen. Zumindest die Merkmale (a), (b) und (c) setzen bei der Auswahl eines geeigneten (erzählbaren) Ereignisses die interaktive Berücksichtigung des darzustellenden Ereignisses selbst und der Eigenschaften des Sprechers (und/oder Partners) voraus. Schank (1979) führt eine Reihe von ‚absoluten Interessen' an, die die Aufmerksamkeit des Menschen generell und weitgehend personen- und situationsunabhängig auf sich ziehen; diese betreffen vor allem Ereignisse, die von Tod, Gefahr, Sex, Gewalt und Geld (in hinreichend großen Mengen) handeln. (Diese Auflistung ist ersichtlich eine Ausdifferenzierung des oben genannten Punktes (d); wenn man die Gespräche von Menschen in Wartezimmern einerseits und das Fernsehprogramm andererseits verfolgt, findet man die Konstatierung dieser absoluten Interessen leicht bestätigt.) Die Merkmale, die ein Ereignis interessant machen, wurden überwiegend aus der Bevorzugung und Bewertung schriftlicher Texte abgeleitet; die Übertragung auf mündliche Ereignisdarstellungen erscheint uns hier jedoch gerechtfertigt.

Das Moment des Neuen, Unerwarteten im Verlauf eines Ereignisses läßt sich in der Psychologie unter anderem im Rahmen schematheoretischer Vorstellungen darstel-

len (zum Beispiel Rumelhart & Ortony, 1977; Schank & Abelson, 1977; vgl. die ‚Was-Schemata' in Exkurs 3.1). Für Ereignisabläufe sind besonders die sogenannten *Skripts* relevant (Schank & Abelson, 1977); sie bezeichnen Wissensstrukturen über normierte oder regelhafte Abläufe, die es dem Menschen unter anderem erlauben, bei der Kognition eines Ereignisses erwartungsgeleitet vorzugehen. Wird durch eine Situation ein beim Indidivuum vorhandenes Skript aktiviert, so erwartet das Individuum – im Rahmen der durch das Skript vorgegebenen Freiheitsgrade – einen bestimmten Fortgang des Geschehens. Abweichungen von diesen Erwartungen lassen sich dann als überraschend oder neuartig kennzeichnen. So gehört es zum Skript eines Restaurantbesuchs, daß man nach dem Essen zahlt und geht. Kogniziert jemand ein Ereignis, bei dem ein Restaurantbesucher nach dem Essen plötzlich ohne zu bezahlen wegrennt, so käme diesem Ereignis – infolge des ihm wegen einer Skriptabweichung zukommenden Überraschungsgehalts – besondere Erzählbarkeit zu. Skripts erlauben dem Individuum auch, Ereignisse zu klassifizieren; sie geben damit Anhaltspunkte für die Segmentierung des Geschehenskontinuums. Eine zweite Möglichkeit, Überraschung und Neuartigkeit in diesem schematheoretischen Zusammenhang zu konzipieren, liegt darin, daß es einem Individuum in einer Situation nicht gelingt, das wahrgenommene Geschehen als Ereignis eines bestimmten Typs zu klassifizieren. Einer Folge von Zuständen und ihrer Veränderung kann also auch deshalb besondere Erzählbarkeit zukommen, weil sie ‚nicht so recht zusammenpassen will'.
Weitere Ansätze der Konzeptualisierung des Neuen, Überraschenden beziehen sich auf die Unterbrechung oder auf ungewollte Resultate von Handlungsplänen (vgl. Gülich & Quasthoff, 1985 im Bezug auf Miller, Galanter & Pribram, 1960), auf das Erregungspotential von Reizmustern (Berlyne, 1974), oder finden sich im Rahmen informationstheoretischer Modelle (Herrmann, 1964).

Es bleibt in unserer Sicht offen, ob die Erzählbarkeit (auch im weiteren, interaktionistischen Sinne) in dem vom Sprecher kognizierten Ereignis oder in der vom Sprecher für das Reden über das Ereignis kognitiv aufbereiteten Geschichte begründet liegt. Wir kennen Situationen, in denen wir den Kontakt zum Partner nicht abreißen lassen, längeres Schweigen beenden oder einfach mal wieder selbst etwas sagen oder zum Gespräch beitragen wollen. In einer solchen Situation machen wir, wenn uns sonst nichts einfällt, zuweilen auch aus einem an sich belanglosen Ereignis eine Geschichte. Unter der einen (extremen) theoretischen Position liegt mit dem Ablauf eines Ereignisses bereits weitgehend fest, ob dieses, von einem Individuum kognizierte Ereignis jemals zum Gegenstand einer Erzählung werden kann; unter der anderen kann so ziemlich jedes Ereignis vom Sprecher in einer entsprechenden Situation erzählbar ‚gemacht' werden. Die Tatsache, daß über dasselbe (und in derselben Weise kognizierte) Ereignis ganz unterschiedlich gesprochen werden kann (s. unten 5.5.2), weist jedenfalls darauf hin, daß die ‚kognitive Geschichte' bei der Wahrnehmung und Kognition eines Ereignisses oft noch nicht (endgültig) festliegt, sondern vom Sprecher in einer Kommunikationssituation erst aktuell generiert wird (vgl. jedoch auch Herrmann, Dittrich, Hornung-Linkenheil, Graf & Egel, 1989). Dies erscheint auch unter dem Gesichtspunkt plausibel, daß Menschen beim Kognizieren und Erleben eines Ereignisses in den meisten Fällen weder wissen noch berücksichtigen, daß und in welcher Weise sie zu einem späteren Zeitpunkt über das Ereignis reden werden.
Wir fassen vorläufig zusammen: Die Rolle, die ein Sprecher bei der Kognition eines Ereignisses innehatte (Agent, Patient oder Beobachter), beeinflußt die Art der sprachlichen Ereignisdarstellung bei der Kommunikation dieses Ereignisses. Instrumentelles Erzählen

heißt nicht notwendigerweise auch informatives Erzählen. Die variable Eignung eines Ereignisses zur sprachlichen Wiedergabe in einer Kommunikationssituation hängt von Merkmalen des Ereignisses selbst, des Sprechers und des Hörers ab.

(ii) *Wann entstehen konversationelle Erzählungen?* Die Situationen, in denen konversationelle Erzählungen entstehen, können in Anlehnung an Quasthoff (1980; vgl. auch Gülich & Quasthoff, 1985) wie folgt erläutert werden:

(a) Sprecher und Partner befinden sich in einem Zustand besonderer Kommunikationsbereitschaft. Dies ist insbesondere dann der Fall, wenn der Sprecher genügend Zeit und Muße zur Verfügung hat und dies auch beim Partner unterstellen kann; nur dann kann eine erzählende Ereignisdarstellung sozusagen gedeihen. Im Rahmen unserer regulationstheoretischen Darstellung der Sprachproduktion (s. oben 1.3 sowie Kapitel 6) heißt das, daß ein Sprecher das erzählende Sprechen über ein Ereignis gegenüber einem Partner nur dann als Mittel zur Erreichung eines Handlungsziels wählt, wenn seine aktuelle, situationsspezifische Repräsentation der Zeitressourcen des Sprechers und des Partners die entsprechenden Informationen enthält. Diese Einschränkung mag für die Produktion konversationeller Erzählungen gelten, sie gilt sicherlich nicht generell für das Reden über Ereignisse. Wir werden im weiteren Verlauf dieses Kapitels (s. unten 5.5.3) an einem experimentellen Beispiel zeigen, wie sich die sprecherseitige Kognition knapper Zeitressourcen auf die Produktion ereignisbezogener Äußerungen auswirkt.

(b) Der Sprecher verfügt kognitiv über ein Ereignis, das für eine konversationelle Erzählung geeignet ist. Diesen Gesichtspunkt haben wir im Zusammenhang mit dem Konzept der Erzählbarkeit ausführlich erörtert.

(c) Teil der aktuellen Informationskonstellation im Sprechersystem ist ein Handlungsziel, das der Sprecher mit Hilfe der Sprachproduktion zu erreichen sucht und das – im Rahmen der Regulation des Sprechersystems, also der Angleichung von Ist-Werten an Soll-Werte (Ziele) – dazu führt, gegenüber dem Partner über ein Ereignis zu sprechen. Solche Handlungsziele können ganz unterschiedlich beschaffen sein (s. unten 5.4.2). Quasthoff unterscheidet hier zwei Klassen von Funktionen (s. oben 4.7.1) ereignisbezogener Äußerungen. Die *kommunikative Funktion* ist eher an den Inhalt der Äußerung geknüpft; unter diesem Aspekt dient eine ereignisbezogene Darstellung dazu, dem Partner das Ereignis zur Kenntnis zu geben, ihm dazu zu verhelfen, eine entsprechende Wissensrepräsentation über das Ereignis aufzubauen. Diese Funktion steht besonders beim Berichten im Vordergrund. Demgegenüber zielt die *interaktive Funktion* sprachlicher Äußerungen darauf ab, den sozialen Kontakt, die Beziehung zum Partner zu gestalten. Diese Funktion spielt beim Erzählen eine wichtige Rolle. So kann man beispielsweise über ein Ereignis erzählen, um jemandes Bekanntschaft zu machen. Als eine Teilklasse der kommunikativen Funktionen führt Quasthoff die *phatische Funktion* an. Erzählungen in phatischer Funktion werden einzig wegen des äußerlichen Kontaktes zum Kommunikationspartner produziert; hier besteht das Ziel darin, den Kontakt zum Partner über einen möglichst langen Zeitpunkt hinweg nicht abreißen zu lassen. Das Erzählen ist wegen des insgesamt eher hohen, gleichmäßigen Detaillierungsgrades dazu besser geeignet als das Berichten. Es wird wiederum deutlich, daß das Sprechen nur eine von mehreren Möglichkeiten darstellt, ein Ziel zu realisieren. Der Kontakt zum Partner kann unter entsprechenden Umständen und Voraussetzungen beispielsweise auch dadurch erhalten werden, daß man ihn bei der Hand hält und ihm lange in die Augen schaut – oder ihm Grimassen vormacht. Die Vorstellung, daß beim Reden über Ereignisse immer der Aspekt der Informationsübermittlung im Vordergrund steht – zum Beispiel ist nach Rehbein (1984, S. 68) das Erzählen dadurch gekennzeichnet, daß »das zuvor aufge-

nommene Wissen an interessierte Personen weitergegeben» wird –, greift in jedem Fall zu kurz.

(iii) Wie sind konversationelle Erzählungen beschaffen? Konversationelle Erzählungen sind durch eine Reihe von Äußerungsmerkmalen gekennzeichnet, die andere ereignisbezogene Darstellungen nicht (oder seltener) aufweisen und die das Erzählen somit wiederum vom Berichten unterscheiden. Insgesamt werden diese Merkmale als *szenisch* vorführende Darstellungsweise – im Gegensatz zur *sachlich* darstellenden Ereigniswiedergabe beim Berichten – beschrieben; diese Darstellungsweise soll bewirken, daß das Ereignis nicht aus der Distanz der Kommunikationssituation heraus betrachtet wird, sondern daß der Hörer gleichsam in die Ereigniswelt hineingezogen wird. Eine solche szenische Darstellung (vgl. Goffman, 1980) gelingt unter anderem mit Hilfe der folgenden Ausdrucksmittel:

(a) Wir haben schon darauf hingewiesen (s. oben 5.2.2), daß der Detaillierungsgrad beim Erzählen gleichmäßiger und insgesamt höher ist als beim Berichten. Die sehr feinkörnige Auflösung der Ereigniskette an zumindest einigen Stellen der erzählenden Darstellung nennt Quasthoff *Atomisierung*. Sie dient unter anderem dazu, beim Hörer Spannung zu erzeugen; das Mittel der Atomisierung wird bevorzugt an besonderen strukturellen Stellen der Ereignisdarstellung eingesetzt, beispielsweise kurz vor dem Höhepunkt oder der Komplikation (s. unten 5.3). Wenn es in einem Bericht beispielsweise heißt: „Dann nahm der Mann einen Bierkrug und schlug ihn dem anderen auf den Kopf.", so könnte diese Stelle der Ereignisdarstellung in atomisierter Form wie folgt aussehen: „Dann griff der Mann nach dem Bierkrug, ballte die Faust um den Henkel, führte den Krug in die Höhe, holte aus und ließ ihn auf den Kopf des anderen herniederkrachen."

> In Spielfilmen wird das Mittel der Atomisierung oft ebenfalls an entscheidenden Stellen, beispielsweise bei der Darstellung von Unfällen oder Kampfszenen, durch die Wahl der Zeitlupeneinstellung verwendet; in literarischen Kontexten wird die ‚Verlangsamung' des Geschehens vor dem eigentlichen Höhepunkt als retardierendes Moment bezeichnet (von Wilpert, 1979).

(b) In konversationellen Erzählungen werden häufig *bewertende* und *expressive* sprachliche Formen verwendet. Beispielsweise würde sich die Äußerung „Das fand ich echt unheimlich brutal." eher beim Erzählen als beim Berichten an die Darstellung der obigen Bierkrugszene anschließen. Wir dürfen annehmen, daß in diesem Zusammenhang auch die Beimischung nicht-propositionaler Redeanteile (s. oben 1.2.3) häufiger erfolgt.

(c) Sprachlich wiedergegebene Ereignisse sind etwas Vergangenes und Abgeschlossenes; das dafür angemessene Tempus ist das Präteritum. (In der Umgangssprache wird auch häufig das Perfekt verwendet.) Beim Erzählen schildern Sprecher das Ereignis oder Teile des Ereignisses (besonders an atomisierten Stellen der Darstellung) jedoch oft im Präsens. Die Präsensverwendung dient hier nicht dazu, die Gleichzeitigkeit im Hier und Jetzt zum Ausdruck zu bringen, sondern die Distanz zwischen dem Hier und Jetzt der Kommunikationssituation und dem Ereignisablauf zu verringern; man nennt dieses Stilmittel das *szenische Präsens*. (Zum Tempusgebrauch beim Reden über Ereignisse vgl. insbesondere Weinrich, 1985.)

(d) Während beim Berichten das sprachliche Verhalten der am Ereignis Beteiligten meistens in der Form der indirekten Rede wiedergegeben wird, wählen Sprecher beim Erzählen häufiger die *direkte Rede*, bei der sogar oft in Stimmführung und Formulierung eine Nachahmung der redenden Personen versucht wird. Auch dieses Stilmittel dient der Inszenierung

der Ereignisdarstellung. Wir machen uns diese Möglichkeit beispielsweise auch zunutze, wenn wir beim Vorlesen eines Märchens für die Redebeiträge der einzelnen Figuren unsere Stimme unterschiedlich verstellen.

5.2.4 Reden über Ereignisse im institutionellen Kontext

So wie das konversationelle Erzählen an Zeit, Muße und Kommunikationsbereitschaft in vorwiegend privaten Situationen und Kontexten gebunden ist, so wird das Berichten in engen Zusammenhang mit Institutionen gebracht (Brown, 1985). Nach Hoffmann (1991; vgl. auch Hoffmann, 1980; Rehbein, 1980, 1984) handelt es sich beim Berichten um ein sprachliches Muster, welches sich speziell für die Zwecke von Institutionen ausgebildet hat und welches auch nur im Zusammenhang mit institutionellen Vorgängen am Platze ist. So soll ein Patient beispielsweise einen erlittenen Unfall so darstellen, daß sich die behandelnde Ärztin ein Bild des Hergangs und der damit verbundenen Verletzungsmöglichkeiten machen kann; ein Zeuge soll einen Tatverlauf so schildern, daß das Entscheidungsgremium das für die Beurteilung dieser Tat Relevante erfährt; eine Antragstellerin beim Sozialamt soll ihren Fall so darlegen, daß eine Entscheidung über ihren Antrag möglich ist; usf.

> Die intensive Erforschung des Sprachverhaltens in Institutionen im Rahmen der Konversationsanalyse (zum Beispiel Bliesener, 1980; Ehlich & Rehbein, 1980; Flader & Giesecke, 1980; Hoffmann, 1980) dürfte auch methodische Gründe haben. Wir haben schon erwähnt, daß die Funktionen von Äußerungen vom konversationsanalytischen Forscher aus dem Diskurs rückerschlossen werden müssen, da ihm die sprecherseitigen Bedingungen des Worüber und Wozu nicht a priori bekannt sind. Institutionelle Kontexte erlauben nun über diese Bedingungen stärkere und besser begründete Annahmen als freie, institutionell nicht vorgeprägte Kommunikationssituationen; können die Bedingungen der Äußerungsproduktion unabhängig von der Äußerung selbst bestimmt werden, dann können sie auch als Erklärung für das Zustandekommen und die Beschaffenheit der Äußerungen herangezogen werden. Es wäre dagegen – als Zirkelschluß – nicht akzeptabel, die Ausgangsbedingungen des Sprechens aus den Äußerungen zu erschließen und zugleich das Zustandekommen der Äußerungen mit Hilfe dieser Bedingungen zu erklären.

Da die Anforderungen und das Informationsbedürfnis und damit auch die Beschaffenheit der jeweils produzierten Ereignisdarstellungen von Institution zu Institution stark variieren, ist eine allgemeine, institutionenübergreifende Analyse der sprachlichen Formen nur begrenzt möglich (Ehlich & Rehbein, 1980); es lassen sich jedoch einige Gemeinsamkeiten des Berichtens in Institutionen beschreiben:
(a) Während es für das Erzählen charakteristisch ist, daß der Sprecher seine eigene ereignisbezogene Perspektive als Handelnder, Erleidender oder Beobachter besonders kenntlich macht und szenisch akzentuiert, ist für das Berichten eine austauschbare Perspektive erforderlich, in der subjektive Einschätzungen vermieden werden oder zumindest explizit als solche gekennzeichnet werden. Die kommunikative Funktion steht gegenüber der interaktiven Funktion der Ereigniswiedergabe also im Vordergrund. Der Sprecher betont dabei nicht das Singuläre, Einzigartige des dargestellten Ereignisses, sondern versucht, das Ereignis als Vertreter einer für die jeweilige Institution relevanten Klasse von Ereignissen darzustellen und dem Partner damit die Trennung von Relevantem und Irrelevantem ein Stück weit

abzunehmen. Der Sprecher berücksichtigt bei seiner Äußerungsproduktion die Erwartungen und Erfordernisse des Partners; insofern haben wir es hier mit einer Variante des ‚Es-dem-anderen-Leichtmachens' zu tun (vgl. oben 3.3).

> Der Patient, der von einer wackeligen Tisch-Stuhl-Konstruktion gestürzt ist, schildert dem Arzt also beispielsweise, aus welcher Höhe er fiel und wie er aufkam, aber nicht, zu welchem Zweck er an die Decke reichen mußte und warum es ihm zu umständlich erschien, eine Leiter aufzustellen. Der Zeuge eines Verkehrsunfalls läßt bei seinem Bericht weg, daß ihn dieser Unfall sehr stark an eine ähnliche Szene erinnert, die er vor einigen Jahren beim Urlaub im Kitzbühel erlebt hat. Usf. In die Erzählungen dieser Ereignisse im Freundeskreis werden die entsprechenden Begleitumstände und Nebensächlichkeiten aber vielleicht durchaus aufgenommen oder sogar spannungssteigernd ausgeschmückt: „Eigentlich wollte ich ja nur eine Glühbirne auswechseln. Die war schon vor zwei Wochen kaputt gegangen, aber ich hatte schon mehrere Male zu meiner Frau gesagt: ‚Nicole', habe ich gesagt, ‚vergiß beim Einkaufen die Glühbirnen nicht!' . . ."

(b) Die sachliche, von einer bestimmten Teilnehmerperspektive abstrahierte Ereignisdarstellung im Bericht wird auf der Ebene der sprachlichen Formulierungen dadurch unterstützt, daß der Sprecher häufig Passivkonstruktionen verwendet, daß er bei der Wiedergabe von Redebeiträgen explizit zwischen der sinngemäßen und der wörtlichen Wiedergabe differenziert und, da man sich den genauen Wortlaut einer Äußerung nur selten merkt (s. unten 7.2.4), deshalb überwiegend die indirekte Rede verwendet, und daß er die Modalitäten seines Wissens durch Äußerungsteile wie „Ich habe genau gesehen . . .", „Ich vermute . . ." oder „Ich bin mir ganz sicher/nicht ganz sicher . . ." zum Ausdruck bringt (vgl. auch Herrmann, Kilian, Dittrich & Dreyer, 1992).

Das Berichten erscheint nach allem starrer, festgelegter, weniger variabel als das Erzählen (Schank & Abelson, 1977). Wenn Sprecher die Fähigkeit haben, Berichte nach den oben genannten Maßgaben zu produzieren, so kann man annehmen, daß sie über ein entsprechendes Wie-Schema verfügen (vgl. Exkurs 3.1). Ruft ein Sprecher in einer Sprachproduktionssituation dieses Berichten-Schema auf, so läuft die sprachliche Ereignisdarstellung weitgehend automatisch ab – wie es für schematisierte Prozesse charakteristisch ist und worin auch ihr Vorteil für den Ausführenden liegt; das Berichten sollte deshalb durch besondere situative Umstände weniger gestört und beeinflußt werden als das Erzählen. Wir werden im Zusammenhang mit der kognitiven Steuerung des Sprachproduktionsprozesses auf diese Annahme und ihre empirische Untermauerung zurückkommen (s. unten 5.5.3).

Nun halten sich aber Sprecher auch in institutionellen Umgebungen nicht immer an die berichtende Darstellungsform von Ereignissen, sondern produzieren Äußerungen oder Äußerungsteile, die eher den beim Erzählen üblichen Mustern entsprechen (selbst wenn der institutionelle Kommunikationspartner dies nicht goutiert). Das kann mehrere Gründe haben:

(a) Der Sprecher verfügt nicht über das erforderte Muster des Berichts oder über die Fähigkeit, dieses sprachlich zu realisieren (= Wie-Schema), und greift deshalb auf das ihm vertrautere Erzählen zurück. – Das wirft die Frage auf, ob Sprecher überhaupt über ein berichtsspezifisches Wie-Schema verfügen, ob die Sprachproduktion beim Reden über Ereignisse generell (vielleicht sogar beim Erzählen) schematisiert ist oder ob der Sprecher zumindest anhand seines deklarativen Wissens über die Beschaffenheit von Berichten in der Lage ist, eine entsprechende Ereigniswiedergabe zu planen.

(b) Der Sprecher ist sich – aus der Perspektive des außenstehenden Beobachters oder des Partners – unsicher, welches diskursive Muster in der vorliegenden Situation das angemessene ist (Ehlich & Rehbein, 1980); er weiß nicht, ob ein Gespräch eher offiziellen oder eher informellen Charakter hat oder ob man in einer Sitzung beispielsweise schon oder noch beim ‚gemütlichen Teil' ist oder nicht. Nach seiner eigenen kognitiven Repräsentation der aktuellen Situation sind die von ihm produzierten Äußerungen wahrscheinlich durchaus angemessen, nur irrt sich der Sprecher hinsichtlich der von ihm unterstellten Partnererwartungen oder anderer situativer Merkmale.

(c) Der Sprecher verfolgt andere Ziele als die im jeweiligen institutionellen Kontext angemessenen oder erwarteten. So möchte ein Patient den behandelnden Arzt vielleicht gar nicht zielführend in die Lage versetzen, sein Krankheitsbild zu beurteilen, sondern er möchte die Situation, daß ihm jemand zuhört, möglichst lange ausnutzen (Bliesener, 1980). Dies macht deutlich, daß die Kenntnis der kognitiven Ausgangsbedingungen des Sprechers, insbesondere dessen Ziele, für die Darstellung der an der Sprachproduktion beteiligten Prozesse und ihrer Resultate von großer Wichtigkeit ist.

(d) Der Sprecher will sich bei seiner Ereignisdarstellung rechtfertigen. Dies ist besonders dann der Fall, wenn er als Augenzeuge oder als Angeklagter vor Gericht sein aktives (oder auch passives) Verhalten in einem Ereigniszusammenhang vertreten oder verteidigen muß. Für diese Fälle hat Hoffmann (1980, 1991) die Abweichungen vom Berichten-Schema in Richtung auf das Erzählen als *erzählende Darstellung* herausgearbeitet. Ein Grund für diese Art des Sprechens liegt darin, daß szenische Ereignisdarstellungen in ihrer Detailliertheit für glaubwürdiger gehalten werden als Berichte (Quasthoff, 1980). Auch hier spielen die Ziele des Sprachproduzenten (bei gegebenem Partner) eine entscheidende Rolle; neben das Ziel, den Partner über den Ereignisablauf in Kenntnis zu setzen, tritt das Ziel, sich selbst dabei nicht allzu schlecht aussehen zu lassen. Es resultiert eine erzählende Ereignisdarstellung, obwohl der Sprecher das ‚reine' Muster des Berichtens vielleicht beherrscht.

5.2.5 Zwischenbilanz

Unsere Darstellung einiger linguistischer Ansätze zum Reden über Ereignisse läßt für die sprachpsychologische Behandlung dieses Äußerungsbereichs die folgenden Anhaltspunkte und Probleme erkennen:

(1) Die idealtypischen Muster des Berichtens und Erzählens lassen sich empirisch selten auffinden, vielmehr scheinen die Übergänge fließend zu sein. – Es bleibt offen, wieweit das Reden über Ereignisse überhaupt durch festgefügte Ablaufschemata gesteuert wird beziehungsweise über wieviele solcher Schemata Sprecher verfügen.

(2) Das Reden über Ereignisse hängt entscheidend von den Zielen des Sprechers, seinen Annahmen über den Partner und über die Kommunikationssituation ab. Diese Bedingungen können in vielen unterschiedlichen Ausprägungen und Kombinationen auftreten; die zugrundeliegenden Sprecherziele können einander übergeordnet, nebengeordnet und vielleicht sogar widersprüchlich sein. – Es bleibt offen, unter welchen spezifischen Bedingungen beziehungsweise Bedingungskombinationen Sprecher welche Art der sprachlichen Ereignisdarstellung wählen.

(3) Ereignisbezogene Äußerungen variieren auf sehr vielen Dimensionen. An ihrer Produktion sind alle von uns unterschiedenen Teilprozesse der Sprachproduktion in bedin-

gungsabhängig variabler Weise beteiligt: die Selektion von Informationskomponenten, deren kognitive Aufbereitung und Linearisierung, die punktuelle Generierung spezieller grammatischer Formen, die Beimischung nicht-propositionaler Äußerungsteile, die prosodische Gestaltung und somit auch die einzelsprachliche Enkodierung. – Es bleibt offen, welche Teilprozesse in welcher Weise für das Zustandekommen der beobachtbaren ereignisbezogenen Äußerungen verantwortlich sind.

Bevor wir versuchen, zumindest einige der skizzierten Probleme aus sprachpsychologischer Sicht zu behandeln (5.4ff.), wollen wir uns im folgenden Abschnitt mit der Struktur von Ereignissen beziehungsweise Geschichten und ihrer Repräsentation im menschlichen Gedächtnis beschäftigen.

5.3 Geschichtengrammatiken

In den 70er Jahren hat sich die kognitive Psychologie unter dem Stichwort der „Diskursverarbeitung" der Untersuchung größerer sprachlicher Einheiten (wieder) zugewandt. Dabei wurden insbesondere die Verstehensprozesse bei einfachen Geschichten behandelt, die sich in formaler Hinsicht – wir werden das sogleich ausführen – recht gut beschreiben lassen und damit auch ein geeignet variierbares Reizmaterial für psychologische Experimente darstellen. (Zu einigen Randbedingungen des sprachpsychologischen Experimentierens s. oben 2.3.1.) Die in diesem Zusammenhang durchgeführten Forschungen beziehen sich auf die Sprachrezeption; da jedoch Geschichten und damit sprachliche Ereignisdarstellungen – zumal im genuin psychologischen Interessenszusammenhang – im Vordergrund stehen, wollen wir die Grundstruktur dieser Arbeiten hier in aller Kürze berichten und hinsichtlich ihrer Maßgaben für die Produktion ereignisbezogener Äußerungen ausloten. Wir orientieren uns dabei an der ausgezeichneten Übersicht von Hoppe-Graff & Schöler (1981).

Wir haben oben (5.1) erörtert, daß eine Sequenz von Zuständen und ihren Übergängen in einen Zusammenhang gebracht und gegen andere Zustände und Zustandsfolgen abgegrenzt werden muß, damit von einem Ereignis die Rede sein kann. Eine *Geschichte* zeichnet sich in dem hier angesprochenen Forschungszusammenhang dadurch aus, daß Zustände und Ereignisse nicht nur in einer zeitlich geordneten Abfolge zueinander stehen (das kennzeichnet Erzählungen; vgl. Black & Bower, 1980), sondern daß eine Sequenz von Zuständen und Ereignissen kausal (beziehungsweise final) aufeinander bezogen wird. (Es geschieht also nicht nur eins nach dem anderen, sondern das eine geschieht, weil etwas anderes geschehen ist oder damit etwas anderes geschieht.) Dabei geht es prototypisch um einen Protagonisten, den Helden, der ein Ziel erreichen oder ein Problem lösen will oder muß oder dem etwas widerfährt. (Das Merkmal der Kausalität liegt in den absichtsvollen, zielgerichteten Handlungen dieses Helden begründet oder wird ihnen zugeschrieben.) Die Struktur von Geschichten wird dahingehend bestimmt, daß die Rolle beziehungsweise die Funktion einzelner Zustände und Teilereignisse (Episoden) für den Gesamtzusammenhang angegeben wird. Wir haben es bei Geschichten also zunächst einmal mit einer Textsorte zu tun, die durch die Festlegung der Funktion der einzelnen Textinhalte für die Struktur des Gesamttexts definiert ist.

Die Literaturwissenschaft hat sich seit langem mit den Invarianten der Struktur von Geschichten, besonders von Märchen, Fabeln und Mythen, beschäftigt (für eine Übersicht vgl. van Dijk, 1980); besonders bekannt wurde Propps (1972) Analyse russischer Volksmärchen. Die vorliegenden Arbeiten zusammenfassend gibt Prince (1973) die Minimalstruktur einer Geschichte wie folgt an: An einen (1) Ausgangszustand schließt sich (2) in zeitlicher Verknüpfung (3) ein ‚aktives' Ereignis an, welches (4) in einer kausalen Verknüpfung zu einem (5) Endzustand führt. Ein Beispiel für eine Minimalgeschichte, die dieser Struktur folgt, wäre: „Manuela fühlte sich einsam. Da rief ihre Mutter an. Nun ging es ihr wieder besser."

>Ein weiteres Beispiel: „Manuela fühlte sich einsam. Da rief ihre Mutter an. Deshalb stand sie vor dem Kühlschrank." – Wir merken, daß für den für eine Geschichte erforderlichen kausalen Zusammenhang zwischen dem Ereignis und dem Endzustand die bloße sprachliche Markierung von Kausalität im Text – hier durch die kausale Konjunktion „deshalb" – nicht hinreicht, sondern daß der kausale Zusammenhang inhaltlich (semantisch) begründet sein muß, um im Kopf des Rezipienten sinnfällig zu werden. Dagegen erscheint uns obige kleine Geschichte auch bei Verzicht auf die explizite Markierung der zeitlichen und kausalen Relation durchaus akzeptabel: „Manuela fühlte sich einsam, ihre Mutter rief an, und es ging ihr wieder besser." Plakativ formuliert: Der Text für sich genommen macht keine Geschichte, er trägt aber dazu bei, ob und in welcher Weise es dem Leser oder Hörer gelingt, eine Geschichte zu verstehen (zur literaturwissenschaftlichen Rezeptionsforschung vgl. Grimm, 1977; Groeben, 1972).

Eine Geschichtenstruktur beschreibt den strukturellen Aufbau einer Geschichte; aus den einzelnen Strukturelementen kann man – bei richtiger Anordnung – eine Geschichte erzeugen. Das Gesamtsystem der Regeln für die Erzeugung (Generierung) sprachlicher Strukturen nennt man eine (generative) Grammatik (vgl. Dietrich, 1976). Analog zu dem Regelsystem zur Satzerzeugung in der Generativen Transformationsgrammatik Chomskyscher Prägung (vgl. Chomsky, 1973a) wurden in der Psychologie Strukturmodelle für Geschichten konstruiert: die Geschichtengrammatiken oder ‚story grammars' (zuerst von Rumelhart, 1975; dann auch Mandler & Johnson, 1977; Thorndyke, 1977; Stein & Glenn, 1979; Johnson & Mandler, 1980). Wie jede Grammatik erlaubt auch eine Geschichtengrammatik zunächst, wohlgeformte von mißgebildeten Geschichten zu unterscheiden. Wir illustrieren im folgenden exemplarisch eine solche Grammatik. (Vom Grundansatz her sind alle Geschichtengrammatiken sehr ähnlich.)

Das System zur Erzeugung wohlgeformter Geschichten von Stein & Glenn (1979) umfaßt 14 Regeln. Wir führen die ersten vier Regeln in umgangssprachlicher Formulierung an; Struktureinheiten stehen in Kapitälchen. Es ist zu beachten, daß die Regeln sowohl Vorgaben für das Auftreten und die Aufeinanderfolge von Strukturelementen als auch für die inhaltlichen (semantischen) Verbindungen zwischen Strukturelementen umfassen; Rumelhart (1975) hat in seinem Entwurf einer Geschichtengrammatik explizit syntaktische und semantische Regeln separat formuliert und paarweise einander zugeordnet.

1. Eine GESCHICHTE besteht aus einem SETTING (der Ausgangssituation) und einem EPISODENSYSTEM, wobei das Setting das Episodensystem inhaltlich zuläßt.
2. Ein SETTING besteht aus einem oder mehreren ZUSTÄNDEN *oder* einer oder mehreren HANDLUNGEN.

3. Ein EPISODENSYSTEM besteht aus zwei oder mehreren EPISODEN, die *entweder* gleichzeitig ablaufen *oder* in einer bloßen zeitlichen Beziehung stehen *oder* in einer zeitlichen und kausal begründeten Beziehung stehen.
4. Eine EPISODE besteht aus einem INITIIERENDEN EREIGNIS und einer REAKTION, wobei das Ereignis die Reaktion bewirkt.

In weiteren Regeln werden die Elemente INITIIERENDES EREIGNIS und REAKTION mit Hilfe weiterer Strukturelemente und ihrer Beziehungen zueinander (INNERE REAKTION, PLANSEQUENZ, PLANAUSFÜHRUNG, ERGEBNIS, LÖSUNG, ENDZUSTAND, usw.) ausdifferenziert.

Wir illustrieren einige der genannten Strukturelemente am folgenden Verlauf einer Geschichte: Ein König hat eine unverheiratete Tocher [= SETTING: ZUSTAND]. Er unternimmt mehrere Versuche, für sie einen standesgemäßen Mann zu finden [= EPISODENSYSTEM]. Es kommt ein edler Ritter am Königshof vorbei [= EPISODE: INITIIERENDES EREIGNIS]. Der König nimmt ihn gefangen [= PLAN] und führt ihm täglich die Tocher vor Augen [= PLANAUSFÜHRUNG], bis der Ritter sich schließlich in sie verliebt [= REAKTION: INNERE REAKTION] und sie heiratet [= ERGEBNIS]. Damit ist die Tochter endlich unter der Haube [= LÖSUNG], und der König kann in Ruhe sterben [= ENDZUSTAND].

Die jeweiligen Autoren sehen in der von ihnen beschriebenen Geschichtengrammatik ein schematisches Modell für die Repräsentation von Geschichten (genauer: der inhaltlichen Struktur von Geschichten) im menschlichen Gedächtnis; unser Wissen über eine Geschichte wäre demnach nach denselben Prinzipien aufgebaut wie eine Geschichtengrammatik. Den Geschichtengrammatiken wurde somit weniger bei der Sprachproduktion, sondern vor allem bei der Sprachrezeption und bei der Gedächtnisorganisation eine Rolle zugeschrieben: Um etwas als Geschichte erkennen und schließlich verstehen zu können, muß diese schematisierte Struktur aktiviert werden; andererseits kommt sie zum Einsatz, wenn man sich an eine erzählte Geschichte erinnert beziehungsweise wenn man Informationen bei der sprachlichen Wiedergabe einer Geschichte aus dem Gedächtnis abruft. Entsprechend wurde die *psychische Realität* von Geschichtengrammatiken – mit wechselndem Erfolg – anhand der Behaltensleistung in Abhängigkeit von der Struktur einer Geschichte oder anhand der Vorhersageleistung für die Reproduktion von Geschichten überprüft (vgl. einerseits Black & Bower, 1979; Glenn, 1978; Mandler, 1978; Thorndyke, 1977; andererseits Black & Wilensky, 1979; Reder, 1978).

Diese Interpretation der ‚story grammars' als deklarative Wissensstrukturen ist in unserer Sicht sehr problematisch (vgl. Hoppe Graff & Schöler, 1981). Beispielsweise läßt sich aus den spezifischen Bedingungen der Informationsaufnahme anhand des vorstrukturierten Textes einer Geschichte (und damit anhand eines sprachlichen Sachverhalts) und der spezifischen Form der (wiederum sprachlichen) Wiedergabe im Rahmen meist schriftlich erhobener Nacherzählungen nicht zwingend auf die Form und Struktur der kognitiven Repräsentation des Inhalts einer Geschichte im Gedächtnis schließen. Auch vermag eine Geschichtengrammatik nicht zu erklären, daß wir über dasselbe Geschehen in unterschiedlicher Weise, mit unterschiedlicher Linearisierung und auch anhand der Auswahl und Akzentuierung unterschiedlicher Inhaltskomponenten sprechen können. Man betrachte folgendes Beispiel:

Es waren einmal zwei Psychologen, die wollten ein Buch über das Sprechen schreiben. Tag und Nacht saßen sie an ihrem Schreibtisch, aber es wollte ihnen nichts

> einfallen. Da sprach der eine von ihnen: „Laß uns hinausgehen in die weite Welt und den Leuten beim Sprechen zuschauen." ...

Der Sachverhalt, der diesem Textabschnitt zugrundeliegt, läßt sich wie folgt beschreiben: „Die Autoren dieses Buches sind auf empirische Beobachtungen angewiesen." Diesen Sachverhalt haben wir im Textbeispiel *als Geschichte* formuliert, und es dürfte dem Leser leicht gelingen, diesen Text auch *als Geschichte* zu erkennen. Dennoch muß der Sachverhalt beim Autor nicht in Form dieser Geschichte repräsentiert sein, und auch der Leser wird sich diesen Sachverhalt nicht zwangsläufig in Form dieser Geschichte merken. – Ein weiteres Beispiel:

> In einem einsamen Waldstück hat sich eine Tragödie abgespielt, die nur durch den mutigen Einsatz eines Wildhüters beendet werden konnte. Einem Wolf war es durch geeignete Verkleidung gelungen, sich eines jungen Mädchens zu bemächtigen, welches die abgelegene Waldwohnung regelmäßig aufsuchte, um eine gebrechliche, alleinlebende Familienangehörige zu versorgen. Er verspeiste das Mädchen und hatte sich – wie sich später herausstellte – zuvor auch schon die kranke Großmutter des Opfers einverleibt. Darüber schlief der Wolf jedoch noch am Tatort ein. ...

Die Geschichte vom Rotkäppchen kennen wir *als Märchen*, und unsere Gedächtnisrepräsentation dieses Märchens folgt vielleicht sogar der typischen Geschichtenstruktur, wie sie in den story grammars beschrieben wird. Dennoch können wir das Geschehen, wie soeben erfolgt, in ganz anderer Weise sprachlich wiedergeben, und wiederum wird es dem Leser auch anhand dieser veränderten Struktur gelingen, das Geschehen zu begreifen.

Die beiden Beispiele zeigen, daß die Fragen nach der Struktur des *Was*, über das gesprochen wird, und der Struktur des *Wie*, die die Art der sprachlichen Wiedergabe kennzeichnet, streng zu unterscheiden sind. Sowohl das Was als auch das Wie kann – wie wir im Exkurs 3.1 gezeigt haben – einer schematischen Struktur folgen. Im ersten Fall beschreibt ein solches Schema unser (Welt-) Wissen, im zweiten Fall unser (kommunikatives) Können (s. unten 6.3.1).

In sprachpsychologischer Interpretation rekonstruiert eine Geschichtengrammatik allenfalls ein allgemeines kognitives Ablaufschema beziehungsweise *Wie-Schema* (s. unten 7.3.6); sie betrifft die Art und Weise, wie über eine bestimmte Klasse von Geschehnissen gesprochen wird. (Man kann, wie wir gezeigt haben, über dieselben Ereignisse auch anders als in der Form einer Geschichte sprechen.) Geschichtengrammatiken betreffen somit eine sehr spezielle Klasse von Phänomenen: sprachliche Äußerungen, in denen eine bestimmte Teilmenge von Ereignissen (in denen ein Protagonist mit einer problematischen Situation umgeht) in einer bestimmten Weise dargestellt wird. Sie beziehen sich damit auf den (im Alltag eher seltenen) Umgang von Menschen mit einer literarischen Gattung (Märchen, Gute-Nacht-Geschichten, Fabeln, Mythen) und sind vielleicht auch auf die sprachliche Wiedergabe ähnlich strukturierter Artefakte wie beispielsweise Spielfilme übertragbar. Das schließt nicht aus, daß ein Sprecher, der über das entsprechende Wie-Schema verfügt, in bestimmten Redesituationen auch alltägliche Ereignisse *in Form einer Geschichte* (eines Märchens etc.) wiedergibt.

In den angeführten Arbeiten zu den ‚story grammars' bleibt unberücksichtigt, daß geschichtenbezogene Wie-Schemata nicht nur die inhaltliche Abfolge der einzelnen Episoden, sondern oft auch die Produktion bestimmter grammatischer Konstruktionen bis hin zu konkreten Formulierungen steuern. So kann man beispielsweise eine Äußerung des Partners mit dem Satz „Und wenn sie nicht gestorben sind, dann leben sie noch heute.", der in dieser Form nur im Märchen-Schema vorkommt, kommentieren und damit zu erkennen geben, daß man das vom Partner Dargestellte nicht für realistisch hält.

Die Geschichten, so wie sie in den Forschungen zu den story grammars behandelt werden, sind sehr eng an die Form ihrer sprachlichen Wiedergabe geknüpft; zum Teil können wir Märchen oder Gute-Nacht-Geschichten ‚auswendig' reproduzieren. Dabei handelt es sich dann aber um die kognitive Repräsentation von *Äußerungen*, die wir gehört oder gelesen haben, und nicht um die Repräsentation von Ereignissen, die wir *erlebt* haben. Die Geschichtengrammatiken geben somit keine Anhaltspunkte darüber, wie kognizierte Ereignisse kognitiv repräsentiert sind.

5.4 Situative Determinanten des Redens über Ereignisse

5.4.1 Einige Voraussetzungen

Wir wollen im folgenden versuchen, den Phänomenbereich des Redens über Ereignisse im Rahmen unserer allgemeinen theoretischen Vorstellungen zur Sprachproduktion zu kennzeichnen. Es handelt sich dabei um eine äußerungsklassenspezifische Ausformulierung von Zusammenhängen, die stellenweise den Auflösungsgrad des in den Kapiteln 6 bis 10 vorgelegten Sprachproduktionsmodells unterschreitet und dieses Modell für den Bereich ereignisbezogener Äußerungen spezifiziert, die andererseits in Übereinstimmung (‚Kompatibilität') mit den Modellannahmen steht (wir haben dieses Wechselspiel zwischen phänomenklassenspezifischen Untersuchungen und allgemeinen Modellvorstellungen am Beispiel des Aufforderns bereits eingehend erörtert; s. oben 4.5).

Wir unterstellen bei unserer Untersuchung des Redens über Ereignisse den folgenden Sachverhalt: Ein Invidiuum kogniziert ein Ereignis. Dieses Ereignis ist hinsichtlich seines Ablaufs und seiner Zugehörigkeit zu einer Klasse von Ereignissen eindeutig erkennbar (zur empirischen Absicherung dieser Annahme s. unten 5.5.1). Außerdem kogniziert das Individuum das Ereignis nicht bereits unter der Vorgabe, zu einem späteren Zeitpunkt darüber sprechen zu wollen oder zu sollen.

> Wir beschäftigen uns also weder mit den Einflüssen variabler Perspektiven oder variabler Was-Schemata auf die (über die Art der Gedächtnisrepräsentation vermittelte) sprachliche Wiedergabe (vgl. Anderson & Pichert, 1978; sowie oben Exkurs 3.1) noch mit der Wiedergabe von Ereignissen, die bereits im Hinblick auf eine sprachliche Darstellung kogniziert wurden (beispielsweise von Berichterstattern oder Reportern; vgl. dazu Herrmann, Dittrich, Hornung-Linkenheil, Graf & Egel, 1989). Das schließt freilich nicht aus, daß jemandem bei der Beobachtung eines Ereignisses bereits einfällt, er könne oder müsse diese Begebenheit (‚unbedingt') einer (bestimmten) anderen Person erzählen. Auch berücksichtigen wir nicht zwischen die Kognition und die sprachlichen Wiedergabe eines Ereignisses tretende Einflüsse, wie sie beispielsweise von Loftus (1975) im Zusammenhang mit der Glaubwürdigkeit von Zeugenaussagen nachgewiesen wurden (vgl. Cohen, 1989; Grabowski, Herrmann & Pobel, 1990).

Zu einem späteren Zeitpunkt befindet sich das Individuum in einer Situation, in der es das Ereignis sprachlich wiedergibt. Diese Situation ist im kognitiven System des Individuums vor allem im Hinblick auf die Ziele des Sprechers und auf die Merkmale des Partners repräsentiert. Im Zentrum unseres Interesses stehen die Einflüsse der Kommunikationssituation auf die Art der Äußerungsproduktion. Diese Fragestellung impliziert die Annahme, daß mit der Kognition eines Ereignisses nicht bereits festliegt, in welcher Weise über dieses Ereignis gesprochen wird; wir nehmen vielmehr an, daß derselbe Sprecher über dasselbe Ereignis in verschiedenen Kommunikationssituationen auch in ganz unterschiedlicher Weise reden kann. (Anhand der im Experiment von Herrmann, Kilian, Dittrich & Dreyer (1992) nachgewiesenen Einflüsse der Kommunikationsphase auf die Ereigniswiedergabe (s. oben Exkurs 3.1) läßt sich diese Annahme bereits im Vorfeld begründen.)

5.4.2 Sprecherziele

Sprecher verfolgen bei der Verfertigung ereignisbezogener Äußerungen unterschiedliche Ziele. Wir haben bereits erörtert (s. oben 5.2.2), daß die vom Sprecher intendierte Modifikation des Partnerbewußtseins beim Reden über Ereignisse nicht in jedem Fall darin besteht, dem Partner eine möglichst exakte kognitive Repräsentation des Ereignisverlaufs zu ermöglichen, ihm Wissen zu vermitteln, ihn mithin möglichst gut zu informieren. Sprecher können mit Hilfe der sprachlichen Darstellung eines Ereignisses ihren Partner fesseln, ihn lachen machen, Langeweile vermeiden, Betretenheit überspielen, sich selbst produzieren (Tannen, 1980), sich entlasten (Flader & Giesecke, 1980), Empörung oder Zustimmung hervorrufen wollen, um nur einige Beispiele zu nennen. (Erinnerlich dient das Verfolgen solcher Ziele der Regulation des Sprechersystems; oft bildet die Sprachproduktion nur eine von mehreren Alternativen für eine erfolgreiche Regulation.)

Quasthoff & Nikolaus (1982) unterscheiden drei Klassen von Funktionen bei der Produktion konversationeller Erzählungen (vgl. schon Bühler, 1934; sowie Wilensky, 1982): In sprecher-orientierter Funktion tragen sie dazu bei, den inneren oder äußeren Zustand des Sprechers selbst zu verändern (durch emotionale Entlastung beziehungsweise durch Selbstdarstellung; beispielsweise erfüllt das Ablegen der Beichte im Erfolgsfall diese Funktion). In hörer-orientierter Funktion tragen sie dazu bei, dem Hörer Vergnügen zu bereiten oder ihm Wissen zu vermitteln. In kontext-orientierter Funktion dienen sie dazu, in einem übergeordneten Diskurszusammenhang eine bestimmte Aufgabe zu erfüllen, also beispielsweise im Rahmen eines Streitgesprächs ein Argument zu liefern, im Rahmen einer Erörterung etwas zu erklären oder im Rahmen einer Warnung den Hörer von einer bestimmten Handlungsweise abzuhalten. (Diese drittgenannte Funktion, bei der eine Ereigniswiedergabe in eine übergeordnete Äußerungsklasse ‚importiert' wird, werden wir nicht weiter berücksichtigen; für Erzählungen im argumentativen Kontext vgl. zum Beispiel Hofer et al., 1993).

Sprecherziele stellen sich in unserer regulationstheoretischen Auffassung der Sprachproduktion (s. oben 1.2.4) als Soll-Werte in der im Sprechersystem repräsentierten Informationskonstellation dar. An der Auslösung von Regulationsvorgängen des Sprechersystems mit Hilfe der Produktion ereignisbezogener Äußerungen sind in unserer Sicht besonders drei Klassen von Soll-Werten beteiligt:

(1) *S-Ziele:* Der Sprecher S will, daß sich S in einem Zustand X befindet (oder nicht mehr befindet). Zum Beispiel will sich S in einen Zustand der Erregung ‚hineinreden', sich

von einer bestimmten Affektlage befreien oder einfach nur seine Erinnerung prüfen („Wie war das noch? Zuerst habe ich ..."). Den von Bliesener (1980) beschriebenen Erzählversuchen von Patienten, mit denen sie versuchen, ihre Sorgen ‚loszuwerden', dürften häufig S-Ziele zugrundeliegen.

(2) *P-Ziele:* Der Sprecher S will, daß sich der Partner P in einem Zustand X befindet (oder nicht mehr befindet). Diese partnerbezogenen Ziele stehen beim Reden über Ereignisse oft im Vordergrund. Insbesondere können P-Ziele die Ausprägungen des *Informierens* und des *Unterhaltens* annehmen: Beim Informieren will S, daß sich P in einem *kognitiven* Zustand befindet (oder nicht mehr befindet). Beispielsweise konstatiert S bei P ein Informationsdefizit (vgl. Gülich, 1980) oder eine bestimmte bewertende Einstellung zu einem Ereignis und will, daß P über das Ereignis Bescheid weiß oder es in einer bestimmten Weise bewertet. Beim Unterhalten will S, daß P sich in einem *affektiven* Zustand befindet (oder nicht mehr befindet). S konstatiert bei P ein Affektdefizit und will, daß P Spannung, Heiterkeit, Neugier oder Trost empfindet oder daß es P nicht mehr langweilig ist.

Was das alltägliche Auftreten unterhaltender beziehungsweise informierender Ziele beim Reden über Ereignisse angeht, so liegt beim Informieren die Initiative häufig beim Partner, dessen Wunsch nach Information der Sprecher akzeptiert, der ihn deshalb auch informieren will und den Sprachproduktionsprozeß sozusagen respondent startet. (Aber nicht immer: „Du mußt unbedingt wissen, was mir heute passiert ist ...") Das Unterhaltenwollen nimmt seinen Ursprung demgegenüber häufig im Sprecher; hier erfolgt das Sprechen eher initiativ. (Aber nicht immer: „Erzähl mir mal einen Schwank aus Deinem Leben ...") Die variable Initiative für die Sprachproduktion spielt für die hier getroffene Unterscheidung von Sprecherzielen jedoch keine weitere Rolle. (Zu den möglichen ‚Quellen' von Soll-Werten, die Sprachproduktionsprozesse auslösen, s. unten 7.2.)

(3) *S/P-Ziele:* Der Sprecher S will, daß sich die Beziehung zwischen S und P in einem Zustand X befindet (oder nicht mehr befindet). Beispielsweise versucht der Sprecher durch die Produktion einer ereignisbezogenen Äußerung zu erreichen, daß S und P einander kennenlernen oder sich freundschaftlich näher kommen; die Freundschaft zwischen S und P soll durch vertrauliche Mitteilungen bekräftigt oder aber eine bestehende Verstimmung zwischen S und P beendet oder überspielt werden (vgl. die interaktive Funktion von Erzählungen bei Quasthoff, 1980; s. oben 5.2.3).

Beim Reden über ein Ereignis können verschiedene Ausprägungen der genannten Sollwert-Klassen in nebengeordneter, übergeordneter oder auch konfligierender Kombination beteiligt sein; so kann S P unterhalten und dabei ‚gut Wetter machen' wollen (nebengeordnet), S kann sich selbst als kompetent hinstellen wollen, indem er P besonders gut informiert (übergeordnet), oder S will etwas loswerden und P aber nicht langweilen (konfligierend). Wir nehmen jedoch an, daß in vielen Situationen jeweils ein Ziel dominant ist.

Es sei noch einmal darauf hingewiesen, daß das Sprechen nur eine von mehreren Alternativen zur Regulation des Sprechersystems darstellt. So können viele der genannten Ziele auch durch andere, nichtsprachliche Verhaltensweisen oder durch die Produktion anderer als ereignisbezogener Äußerungen verfolgt werden: Man kann sich emotional entlasten, indem man durch den Wald joggt *oder* indem man zehn

Mal dasselbe unflätige Wort aus dem Fenster brüllt *oder* indem man das belastende Ereignis einem Partner mitteilt. Man kann sich einem Partner gegenüber produzieren, indem man seinen vollen Terminkalender oder seine Kontoauszüge zeigt *oder* indem man Ovid auswendig zitiert *oder* indem man eloqent ein Ereignis wiedergibt. Man kann den Partner zum Lachen bringen, indem man Grimassen schneidet *oder* indem man ein Telefongespräch nachahmt *oder* indem man eine lustige Begebenheit erzählt. Man kann den Kontakt zum Partner aufrechterhalten, indem man ihn ansieht *oder* indem man ihn etwas fragt *oder* indem man ihm ein Ereignis erzählt.

5.4.3 Partnermerkmale und institutionelle Rahmung

Wenn ein Sprecher durch die Produktion einer Äußerung ein Ziel erreichen will, so wird ihm das nicht in völlig beliebiger Weise gelingen. Wir haben in Kapitel 4 gesehen, daß es – bei konstantem sprecherseitigem Handlungsziel – beispielsweise von der unterstellten Bereitschaft des Partners zur Ausführung einer gewünschten Handlung abhängt, welche Aufforderungsvarianten zielführend sind und welche tunlichst vermieden werden sollten. Bei der Objektbenennung (Kapitel 2) muß der Sprecher unter anderem die Beschaffenheit der Kontextobjekte berücksichtigen, wenn er dem Partner ein bestimmtes Objekt bezeichnen möchte. Beim Reden über Ereignisse nehmen wir an, daß insbesondere die Beziehung zwischen Sprecher und Partner, die Rollenkonstellation zwischen beiden sowie der institutionelle Rahmen, in dem die Sprachproduktion erfolgt, eine wichtige Rolle spielen.

Bevor wir diese Determinanten ausführen, wollen wir auf die Rolle der *sprachlichen Konventionen* hinweisen. Wir werden Konventionen als eine Quelle für die Instanzierung von Soll-Werten bei der Sprachproduktion weiter unten (7.2.3) ausführlich erörtern; hier nur soviel: Konventionen, die den Sprachproduktionsprozeß determinieren, enthalten Aussagen darüber, was zwischen bestimmten Sprechern und bestimmten Hörern in bestimmten Situationen erlaubt, geboten oder verboten ist. Die Konvention „Grüße wieder, wenn du gegrüßt wirst." gilt beispielsweise sehr allgemein für alle möglichen Sprecher und Hörer (s. unten 6.1.2). Das situative ‚Inkrafttreten' einer konventionalen Regel kann aber auch stark von der Zugehörigkeit des Sprechers und des Partners zu einem bestimmten Personenkreis abhängen; so gilt die Regel „Gehe zur Seite, grüße, bleibe dort stehen und verfolge den Partner mit den Augen, bis er vorbeigegangen ist." nur zwischen Inhabern bestimmter militärischer Dienstgrade. Der Einfluß von Merkmalen des Partners und der Sprecher-Partner-Beziehung auf das Wie des Redens über Ereignisse ist häufig durch (vom Sprecher gekannte) Konventionen vermittelt, die bestimmte Redeweisen nahelegen und andere verbieten. (Das schließt, wie wir am Beispiel des Berichtens im institutionellen Kontext gesehen haben (s. oben 5.2.4), nicht aus, daß Sprecher bestehende Konventionen zuweilen auch – vielleicht sogar kalkuliert – übertreten.)

Das Reden über Ereignisse verändert sich, wie jegliche Sprachproduktion, wenn der Sprecher beim Partner eine eingeschränkte sprachliche (oder kognitive) Kompetenz unterstellt, wie dies etwa gegenüber Kindern oder gegenüber Fremdsprachensprechern der Fall ist (vgl. oben 3.3). Auch hängt die Sprachproduktion davon ab, ob der Sprecher gegenüber einem Partner oder (in Vorträgen, Predigten, über Medien) gegenüber einer Mehrheit von Partnern (‚mehrfachadressiert') spricht. Diese partnerbezogenen Einflüsse wollen wir im vorliegenden Zusammenhang außer acht lassen.

5. REDEN ÜBER EREIGNISSE

Auf der Basis vorliegender Klassifikationsversuche zu den ‚interpersonal relationships' (Marwell & Hage, 1970; Triandis, 1972; Wish, Deutsch & Kaplan, 1976) nehmen wir an, daß für das Wie der Ereigniswiedergabe – neben den Sprecherzielen und dem Ereignis selbst, seiner Zugehörigkeit zu einer Klasse von Ereignissen, etc. – besonders drei Dimensionen relevant sind:

(1) Die *soziale Nähe* (SN) zwischen Sprecher und Partner mit den Extremausprägungen „hoch" (SN+) und „gering" (SN-). Diese Dimension betrifft die variable persönliche Verbundenheit zwischen Personen; hohe soziale Nähe ergibt sich beispielsweise aus einem Verwandtschaftsverhältnis oder aus einem gemeinsamen Lebenshintergrund.
(2) Die Beziehung der *Über- oder Unterordnung* (UO+) beziehungsweise der *Gleichordnung* (UO-) zwischen Sprecher und Partner. Diese Dimension betrifft soziale Rollen, die Personen einnehmen. Eine starke Über/Unterordnungsbeziehung besteht beispielsweise zwischen Vorgesetztem und Untergebenem, zwischen Arzt und Patient oder – im Abnehmen begriffen – zwischen Eltern und Kind. Auf dieser Dimension gibt es drei extreme Ausprägungen, da sich der Sprecher im Falle von UO+ sowohl in der übergeordneten als auch in der untergeordneten Rolle befinden kann. Der für die Sprachproduktion interessantere Fall liegt jedoch in der Konstellation eines untergeordneten Sprechers gegenüber einem übergeordneten Partner.
(3) Der *Institutionalisiertheitsgrad* (IN) der Situation, in der der Sprecher gegenüber einem Partner über ein Ereignis spricht (vgl. Ehlich & Rehbein, 1980). Diese Dimension betrifft das variable Ausmaß, in dem für die Interaktion zwischen Personen geregelte Vorgaben bestehen. Hohe Ausprägungen (IN+) bestehen beispielsweise vor Gericht, bei einer polizeilichen Vernehmung, bei religiösen Zeremonien oder beim Arztbesuch; niedrige Ausprägungen (IN-) sind in privaten oder informellen Situationen gegeben.

Es gibt natürlich auch mittlere Ausprägungen auf den Dimensionen der sozialen Nähe (zum Beispiel gegenüber Nachbarn), der Über/Unterordnung (zum Beispiel gegenüber dem älteren Kollegen) und des Institutionalisiertheitsgrads (zum Beispiel bei Beratungsgesprächen). Berücksichtigt man die jeweiligen Extremausprägungen, so ergibt sich ein 8 Zellen umfassender Bedingungswürfel, in dem wir die für das Reden über Ereignisse entscheidenden Situationscharakteristika abgebildet sehen (vgl. *Abbildung 5.1*).

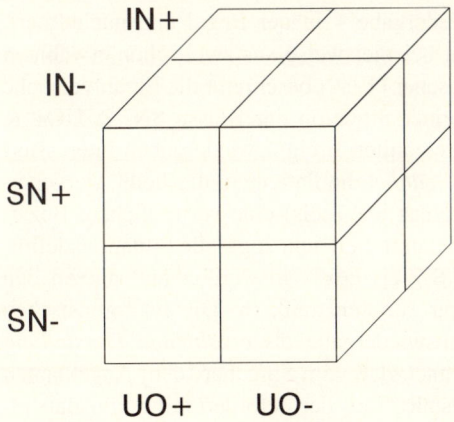

5.1 Acht Klassen von Situationen als Determinanten des Redens über Ereignisse. Die Klassen ergeben sich aus der Kombination der Extremausprägungen der sozialen Nähe (SN), der Über/Unterordnung (UO) und des Institutionalisiertheitsgrads (IN).

Wir illustrieren mögliche Situationen, in denen Sprecher (zuweilen) über ein Ereignis reden, anhand dieses Bedingungswürfels und zeigen damit auch die Unabhängigkeit der drei Dimensionen:

SN- & UO- & IN-: Das Gespräch zwischen einander fremden Insassen eines Abteils während einer Zugfahrt.
SN- & UO- & IN+: Das Gespräch zwischen zwei Rechtsanwälten bei einem Schlichtungstermin.
SN- & UO+ & IN-: Das Gespräch zwischen Student und Professor während eines Lehrstuhlausflugs, oder wenn sich beide zufällig bei einem Weinfest treffen.
SN- & UO+ & IN+: Das Gespräch zwischen Richter und Zeuge vor Gericht oder zwischen Student und Professor während einer Prüfung.
SN+ & UO- & IN-: Das private Gespräch zwischen Freunden.
SN+ & UO- & IN+: Das Gespräch zwischen zwei persönlich eng befreundeten Rechtsanwälten bei einem Schlichtungstermin oder zwischen Eheleuten während des gerichtlichen Scheidungsprozesses.
SN+ & UO+ & IN-: Das Gespräch zwischen einem (autoritären) Elternteil und seinem Kind.
SN+ & UO+ & IN+: Das Gespräch zwischen einem Arzt und einem gut befreundeten Patienten während der Sprechstunde. In vielen institutionellen Kontexten ist das Zusammentreffen dieser Ausprägungen jedoch ausgeschlossen. Ein Richter muß (oder soll) die Prozeßführung wegen Befangenheit ablehnen, wenn der Kläger oder der Angeklagte mit ihm verwandt oder eng befreundet ist; eine Professorin soll nicht ihre eigenen Kinder prüfen. (Gleichgestellte (UO-) dürfen hingegen auch vor Gericht in einer Beziehung hoher sozialer Nähe stehen; der Vater kann gegen die Tochter klagen, die Anwältin des Klägers kann die Schwester des Anwalts der Beklagten sein.)

5.4.4 Berichten und Erzählen aus sprachpsychologischer Sicht

Mit den soeben ausgeführten Situationsklassen für das Reden über Ereignisse liegt noch nicht fest, welche Ziele der Sprecher dabei verfolgt. Daß Sprecher in ‚privaten' Situationen (IN-) ganz unterschiedliche S-, P- und S/P-Ziele verfolgen, erscheint selbstverständlich. Aber auch in institutionalisierten Situationen lassen sich Sprecher nicht immer darauf ein, sich auf die vorgegebene Form der Ereigniswiedergabe – in der Regel ein ‚nüchterner', informativer Bericht – zu beschränken. Das geht beispielsweise aus zwei schon erwähnten Untersuchungszusammenhängen hervor: (a) Bliesener (1980) beschreibt die Erzählversuche von Patienten während der Arztvisite (also in einer Situation der Klasse SN- & UO+ & IN+). Die Ärzte sind im Regelfall nicht an den erzählten Ereigniswiedergaben interessiert und bringen das auch zum Ausdruck. Dennoch *erzählen* die Patienten; das heißt, sie versuchen (qua P-Ziel) zu unterhalten, (im Rahmen eines S/P-Ziels) eine vertraulichere Beziehung zwischen Arzt und Patient herzustellen und damit vielleicht sogar die Situationsdefinition zu ändern, oder sie wollen (unter einem S-Ziel) etwas loswerden und nutzen den Tatbestand, daß ihnen jemand zuhört oder sogar zuhören muß. (b) Die im forensischen Diskurs häufig anzutreffende Form der Ereigniswiedergabe als *erzählende Darstellung* (Hoffmann, 1980, 1991) ist dadurch gekennzeichnet, daß vom Sprecher (dem Angeklagten oder dem Zeugen, der Rechtfertigungsdruck verspürt) statt der geforderten Ereignisdarstellung in Berichtform ein dem Erzählen ähnliches Muster produziert wird. Die Situationsdefinition ist konstant (SN- & UO+ & IN+); nur besteht das Ziel des Sprechers nicht (oder nicht nur) darin, zu informieren, sondern etwa den Richter milde und nachsichtig zu stimmen. (Dabei macht sich der Sprecher zunutze, daß erzählende Darstellungen länger sind als Berichte und ihn somit länger ‚am Wort' lassen, und versucht mit einer szenischen Darstellung des Geschehens seine Glaubwürdigkeit positiv zu beeinflussen.)

Wir haben oben (5.2) ausgeführt, daß das Berichten und das Erzählen (und allenfalls noch die erzählende Darstellung) in der Linguistik als idealtypische Muster der Ereigniswiedergabe behandelt werden, die man aber in empirischen Zusammenhängen selten in Reinform beobachten kann. Nach unseren Ausführungen in den Abschnitten 5.4.2 und 5.4.3 wird deutlich, daß in der Gegenüberstellung von Berichten und Erzählen mehrere Bedingungsdimensionen konfundiert sind; Erzählen ist das, was Sprecher in Situationen vom Typ SN+ & UO- & IN- mit dem Ziel zu unterhalten tun (beziehungsweise tun sollen); Berichten erfolgt (oder soll erfolgen) in Situationen vom Typ SN- & UO+ & IN+ mit dem Ziel zu informieren. Die Analyse ereignisbezogener Äußerungen in Abhängigkeit von der Situation und den Zielen, die ihrer Produktion zugrundeliegen, ermöglicht es, statt der Festschreibung zweier Muster (dem Berichten und dem Erzählen) als normative Vorgaben, an denen sich Sprecher (mehr oder weniger) orientieren, die Charakteristika dieser Äußerungen zu bestimmen, ohne diese in bezug auf die vorgegebenen Muster als ‚Abweichungen', ‚Nebenstrukturen' oder dergleichen beschreiben zu müssen. (Die Gegenüberstellung von Berichten und Erzählen ist damit aufgehoben; wir werden diese Begriffe im folgenden weitgehend vermeiden.) Über die an der Äußerungsproduktion beteiligten Prozesse werden durch die Gegenüberstellung sprachlicher Muster zumal keine Aussagen getroffen.

5.5 Eine experimentelle Untersuchung

Mit unseren theoriebezogenen Ausführungen im Abschnitt 5.4 haben wir ein Programm (vgl. Herrmann, 1976) zur Erforschung des Redens über Ereignisse skizziert, dessen empirische Umsetzung im Arbeitskreis der Autoren dieses Buches begonnen hat. Wir können im folgenden anhand eines Experiments auf drei Fragen erste Antworten geben: (1) Lassen sich Selektionsprozesse beim Reden über Ereignisse tatsächlich nachweisen (5.5.1)? (2) Zu welchen beobachtbaren Äußerungsmerkmalen führen diese Prozesse in Abhängigkeit von der Situation und den Zielen, die ihrer Produktion zugrundeliegen (5.5.2)? (3) Wie starr oder wie flexibel sind die Prozesse, die sprachliche Ereigniswiedergaben steuern (5.5.3)?

5.5.1 Selektionsprozesse und die Klassifikation ereignisbezogener Äußerungen

Wenn ein Sprecher über ein Ereignis redet, so verbalisiert er in der Regel nicht alles, was er darüber weiß, sondern wählt Ereignisteile (Episoden) aus beziehungsweise stellt das Gesamtereignis in einem Detailliertheitsgrad dar, die ihm in der vorliegenden Situation zielführend erscheint. Wenn ein Sprecher eine Episode *nicht* verbalisiert, so kann das mindestens vier Gründe haben:

(1) Die fragliche Episode ist gar nicht Bestandteil des Ereignisses; sie kam in dem Ereignis nicht vor. Das klingt trivial. Wenn der Forscher aber das Ereignis, über das jemand spricht, nicht kennt – wie es in den genannten konversationsanalytischen Arbeiten normalerweise der Fall ist (s. oben 5.2) –, so ist er nicht in der Lage zu entscheiden, ob ein Ereignis vollständig oder selektiv wiedergegeben wurde.

Loftus (1975) hat beispielsweise gezeigt, daß bei Personen, die einen Verkehrsunfall beobachtet hatten, die zwischenzeitliche Exposition von Fragen, in denen das Vorhandensein bestimmter Randbedingungen des Unfalls implizit behauptet (präsupponiert) wird (zum Beispiel: „Wie schnell fuhr der Wagen, als er sich dem Stoppschild näherte?"), bei späterer Befragung zu systematischen Erinnerungsfehlern führt: Sie glauben, daß da ein Stoppschild war, obwohl sich an der Unfallstelle tatsächlich keines befunden hatte. Dieser Nachweis konnte nur gelingen, weil die Forscherin wußte, daß sich dort kein Stoppschild befand.

(2) Die in der Äußerung nicht nachweisbare Episode könnte Teil des Ereignisses gewesen sein, aber der Sprecher hat sie bei der Kognition des Ereignisses nicht bemerkt. Die Grundlage der Sprecheräußerung ist das Ereignis, so wie es der Sprecher erfahren hat, also die sprecherseitige kognitive Repräsentation des Ereignisses.

Anderson & Pichert (1978) konnten beispielsweise zeigen, daß die Perspektive, unter der jemand etwas kogniziert, worauf er dabei achtet und worauf nicht, etc. den Informationsabruf bei der Sprachproduktion stark beeinflußt.

(3) Der Sprecher hatte die Episode zwar bemerkt, konnte sich zum Zeitpunkt der Sprachproduktion aber nicht mehr an sie erinnern. Entscheidend für die Sprachproduktion ist die kognitiv verfügbare Repräsentation zum Zeitpunkt der Sprachproduktion.

Wir wissen aus der gesamten Lernpsychologie (und leidvoll aus unserer Alltagserfahrung), daß mit der Zeit Informationen vergessen werden oder nicht mehr abrufbar sind (vgl. Grabowski, 1991).

(4) Die Episode wurde im Prozeß der Sprachproduktion nicht seligiert, obwohl der Sprecher sie erinnert und sie Teil der aktuell verfügbaren Informationskonstellation im Sprechersystem ist. (Vgl. auch Herrmann, i. Dr.)

Zum Nachweis von Selektionsprozessen müssen demnach die Faktoren (1) bis (3) kontrolliert beziehungsweise im Hinblick auf ihre möglichen Effekte ausgeschlossen werden. Das Ereignis selbst (Punkt (1)) läßt sich leicht dadurch kontrollieren, daß man die Kognition eines Ereignisses experimentell induziert, indem man beispielsweise einen Film oder eine Bildergeschichte präsentiert oder die Versuchspersonen in gestellte, aber lebensecht wirkende Szenarien führt. Die systematische Kontrollierbarkeit und Variierbarkeit des Reizmaterials ist ja gerade ein wesentliches Kennzeichen psychologischer Experimente. Die Kontrolle der unter (2) und (3) genannten Punkte kann auf verschiedene Weise erfolgen. Beispielsweise kann man in einer Kontrollbedingung Versuchspersonen Episoden, die Bestandteil des in Frage stehenden Ereignisses sind, zusammen mit ereignisfremden Episoden (sogenannten Distraktoren) bildhaft oder sprachlich vorgeben und bei ihnen Ja/Nein-Entscheidungen darüber erheben, ob jede Episode zu dem Originalereignis dazugehörte oder nicht. Oder man verwendet Legetechniken, in denen Versuchspersonen aus vorgebenen oder selbst genannten Elementen Zusammenhänge rekonstruieren sollen (vgl. zum Beispiel Scheele & Groeben, 1984). Die jeweiligen Vorzüge und Nachteile dieser Techniken zur Kontrolle kognitiver Repräsentationen können wir hier nicht erörtern (vgl. Grabowski, Vorwerg & Rummer, 1993).

Wir haben folgendes Experiment durchgeführt, das unseren Ausführungen in diesem – auf den Nachweis von Selektionsprozessen – und dem folgenden – auf den Nachweis situationsspezifischer Unterschiede beim Reden über Ereignisse gerichteten – Abschnitt zugrundeliegt (Rummer, Grabowski, Hauschildt & Vorwerg, 1993): 30 Studierenden wurde ein Film über einen Diebstahl in einem Optikergeschäft gezeigt. Das gesamte Ereignis dauert etwa fünf Minuten. In dessen Verlauf betreten mehrere Kunden mit unterschiedlichen Wünschen das Geschäft, sehen sich um, werden bedient, etc. Einer der Kunden stiehlt in einem scheinbar unbeobachteten Moment eine teure Sonnenbrille. (Wir verdanken die filmische Ereignisdarstellung dem Institut für Kriminalwissenschaften der Universität Marburg.)

Dieses Ereignis ist für unsere Experimentalzwecke gut geeignet: Es besteht keine a priori festgelegte Verknüpfung zwischen dem Sachverhalt und der Art und Weise, wie darüber geredet wird. Es weist – als Zugeständnis an das Kriterium der Erzählbarkeit (s. oben 5.2.3) – ein gewisses Maß an innerer Dramaturgie auf. Es kann in eindeutiger Weise kogniziert werden, das Geschehen ist nicht mehrdeutig oder diffus. Es ist hinreichend komplex; und es gehört nicht zu einer Klasse von Ereignissen, die sehr stark emotional besetzt sind und die Beobachter besonders und in individuell unterschiedlicher Weise belasten: Es ist nicht brutal, eklig oder politisch brisant. Die Versuchspersonen wurden angewiesen, das Geschehen aus der (für alle Teilnehmer somit gleichen) Perspektive eines Kunden, der sich in dem Geschäft aufhält, zu beobachten. Die Probanden hatten keinen Hinweis darauf, daß zu einem späteren Zeitpunkt über das Ereignis gesprochen oder geschrieben werden sollte; sie nahmen an, daß sie an einem Experiment zur Psychologie des Alltags teilnehmen. An die Kognition des Ereignisses schloß sich eine Distraktorphase an, in der die Teilnehmer ein Bilderrätsel zu lösen hatten; diese Phase diente dazu, das ‚wörtliche‘ Memorieren des Ereignisses zu unterdrücken und damit die Repräsentation des Ereignisses aus dem Arbeitsspeicher durch dessen anderweitige Inanspruchnahme zu löschen; das Erlebte sollte sich in dieser Zeit sozusagen ‚setzen‘.

In der Kommunikationsphase, also dem Teil des Experiments, in dem die Probanden ereignisbezogene Äußerungen produzierten, wurden drei Bedingungen unterschieden. (An jeder Bedingung nahmen 5 männliche und 5 weibliche Versuchspersonen teil.) In der *Schreib-Bedingung* sollten die Teilnehmer alles, was sich im Optikergeschäft ereignet hatte, möglichst genau aufschreiben. In der *Polizist-Bedingung* wurden sie von einem Zivilbeamten aufgesucht, der sie zu ihren Beobachtungen im Optikergeschäft befragte. In der *Nachbar-Bedingung* wurden sie von einem neugierigen, befreundeten Nachbarn aufgesucht, der ebenfalls etwas über das Geschehen im Optikergeschäft wissen wollte. Die beiden letztgenannten Bedingungen wurden als Rollenspiel realisiert; die Versuchspersonen befanden sich in einer bequemen, als häusliches Wohnzimmer deklarierten Umgebung, sie konnten dem sie besuchenden Polizisten beziehungsweise Nachbarn eine Tasse Kaffee anbieten, etc. Polizist und Nachbar wurden von demselben Konfidenten des Versuchsleiters gespielt. Um in beiden Situationen einen einheitlichen Einstieg in die sprachliche Ereigniswiedergabe zu gewährleisten, stellte der Polizist beziehungsweise der Nachbar nach kurzer, rollenspezifischer Vorrede jeweils dieselbe Eingangsfrage: „Was hat sich eigentlich in dem Optikerladen alles abgespielt?" und unterbrach die Sprecher bei ihren folgenden, auf Tonband aufgenommenen Äußerungen nicht. (Zur Rolle der expliziten oder impliziten Eingangsfrage bei der Äußerungsproduktion vgl. von Stutterheim, 1992.)

Durch die Instruktionen (vgl. Rummer, Grabowski, Hauschildt & Vorwerg, 1993) wurde die Polizist-Situation als eine Situation vom Typ SN- & UO+ & IN+ mit dem P-Ziel des Informierens, die Nachbar-Situation als eine Situation vom Typ SN+ & UO- & IN- mit dem P-Ziel des Unterhaltens gesetzt. In dem Situationswürfel aus Abbildung 5.1 entsprechen diese beiden Situationen den diametral gegenüberliegenden Zellen, die die ‚klassischen' Bedingungskonstellationen für das *Berichten* beziehungsweise das *Erzählen* darstellen.

Aussagen zu den Selektionsprozessen leiten sich aus einem Vergleich zwischen der Schreib-Bedingung und den beiden mündlichen, kommunikativ situierten Bedingungen ab; Aussagen zu Situationseinflüssen auf die mündliche Ereigniswiedergabe (s. unten 5.5.2) können aus einer Gegenüberstellung der Polizist- und der Nachbar-Bedingung gewonnen werden. Gegenstand der Analyse sind die Transkriptionen der von den Versuchspersonen im einen Fall schriftlich, in den beiden anderen Fällen mündlich produzierten, ereignisbezogenen Äußerungen. Einfache quantitative Variablen wie die Länge der Äußerungen und die Verwendung der direkten und indirekten Rede können direkt aus den aufbereiteten Transkripten ermittelt werden. Aus unserem Interesse an Selektionsprozessen folgt die Notwendigkeit zu bestimmen, *welche* Informationskomponenten von den Sprechern *thematisiert* werden. Dazu werden die Äußerungen in voneinander unabhängige Propositionsgefüge (s. oben Exkurs 4.1) segmentiert und einzelnen Thematisierungskategorien zugeordnet. Das Prinzip des Verfahrens gleicht der Zuordnung von Handlungsaufforderungen zu einer oder mehreren Komponenten der kognitiven Informationsstruktur AUFF (s. oben 4.3). Es stellt sich die Frage: Worüber reden Sprecher, wenn sie ein Ereignis wiedergeben? Welche Klassen thematisierter Komponenten der kognitiven Informationskonstellation lassen sich unterscheiden?

(a) Nach einem ersten Ordnungsgesichtspunkt werden die in den Analysesegmenten zum Ausdruck gebrachten Inhalte danach klassifiziert, ob sie etwas über den Sprecher, den Partner oder die (sonstige) Welt aussagen.

(b) Der zweite Ordnungsgesichtspunkt liegt darin, auf welchen Zeitpunkt die in ihnen thematisierten Inhalte referieren. Die Gliederung der Zeitachse erfolgt dabei nach der Unterscheidung zwischen dem Kognitionszeitpunkt und dem Kommunikationszeitpunkt eines Ereignisses. Mit t_0 bezeichnen wir den Zeitabschnitt vor der Kognition des Ereignisses. t_1 kennzeichnet den Kognitionszeitpunkt, t_2 den Zeitpunkt der Kommunikation. (Es wird hier angenommen, daß die Sprecher zwischen der Kognition und der Kommunikation eines Ereignisses keine weiteren, für die Sprachproduktion relevanten Wissensbestandteile erwerben.)

> Entsprechend werden Äußerungsteile, die sich auf etwas aus der Sicht der Kommunikationssituation Zukünftiges beziehen, mit t_3 indiziert. Diese Kategeorie kommt im hier beschriebenen Experiment in keiner Sprecheräußerung vor; wir werden sie deshalb im weiteren nicht mehr berücksichtigen. (Der Aspekt des Zeitbezugs von Äußerungsinhalten ist nicht mit dem in einem Satz verwendeten Tempus zu verwechseln. Man kann über Vergangenes oder Zukünftiges beispielsweise durchaus im Präsens sprechen.)

Schließlich äußern Sprecher auch Wissensbestandteile, die nicht auf einen Zeitpunkt oder eine Zeitstrecke im hier interessierenden Rahmen referieren; sie gelten immer oder umfassen keinen Zeitaspekt; diese nennen wir *latente* Sachverhalte.

5. REDEN ÜBER EREIGNISSE

Im Hinblick auf eine Kennzeichnung des Sprachproduktionsprozesses beim Reden über Ereignisse wäre es von besonderem Interesse, Wissenskomponenten danach einzuteilen, wann sie vom Sprecher (erstmals) *generiert* wurden. Unter gewissen Vorbehalten kann man annehmen, daß Wissensbestände, die auf Sachverhalte im Zeitraum t_0 beziehungsweise t_1 referieren, auch zu den jeweiligen Zeitpunkten entstanden sind und vom Sprecher zum Zeitpunkt t_2 aus dem Gedächtnis abgerufen werden. Diese Annahme ist aber nicht zwingend. Es kennzeichnet beispielsweise therapeutische Prozesse, daß zum Kommunikationszeitpunkt Wissen entsteht, das sich auf zeitlich zurückliegende Sachverhalte bezieht: „Ich sehe jetzt, daß ich damals ...". Besonders kann bei durch Schlußfolgern entstandenen (inferierten) Wissenskomponenten (s. unten 5.5.2), die sich auf das kognizierte Ereignis (und damit auf t_1) beziehen, allein anhand ihrer Thematisierung in einer Äußerung nicht entschieden werden, ob diese Inferenzen das Resultat des Kognitions- oder des Abrufprozesses sind. Dazu bedarf es anderer methodischer Instrumente der Prozeßforschung, die aber der Komplexität einer umfassenden Ereigniswiedergabe im allgemeinen nicht gewachsen sind. Wir bleiben für unsere Darstellung deshalb bei der ‚vorsichtigeren' Klassifikation von Thematisierungen anhand ihres Zeitbezugs.

Bei unserer allgemeinen, äußerungsklassenübergreifenden Darlegung der der Sprachproduktion zugrundeliegenden Repräsentation von Ist- und Soll-Komponenten im kognitiven System des Sprechers (s. unten 7.2) werden wir die Einteilung in sprecher-, partner- und drittbezogene Komponenten wieder aufnehmen; die besondere Rolle der sprecher- und der partnerbezogenen Information ist Kennzeichen jeglicher Sprachproduktion. Die Gliederung anhand der Zeitachse ist dagegen nur für das spezifische Zueinander von Kognition und Kommunikation, wie es beim Reden über Ereignisse und ähnlichem gegeben ist, sinnvoll; bei der Objektbenennung beispielsweise thematisiert der Sprecher überwiegend Gegebenheiten, die simultan zum Kommunikationszeitpunkt vorliegen.

Aus den beiden genannten Ordnungskriterien ergibt sich das in *Tabelle 5.1* dargestellte Klassifikationssystem. Dieses System ist erschöpfend; das heißt, alle von Sprechern thematisierten Inhalte können darin dargestellt werden. (Die Zuordnungsübereinstimmung zwi-

Tab. 5.1: Thematisierungskategorien beim Reden über Ereignisse.

Zeitbezug	inhaltlicher Bezug		
	Sprecher	Partner	Welt
t_0	S_{t0}	P_{t0}	W_{t0}
t_1	S_{t1}	(P_{t1})	W_{t1}
t_2	S_{t2}	P_{t2}	W_{t2}
ohne	S_{lat}	P_{lat}	W_{lat}

schen zwei unabhängigen Beurteilern – bei bloßer Vorgabe der abstrakten Kategoriendefinitionen ohne inhaltsspezifische Beispielfälle – beträgt 77 Prozent, was bei der individuellen Komplexität ereignisbezogener Äußerungen als zufriedenstellend gelten kann.)

Wir erläutern die einzelnen Thematisierungsklassen anhand von Beispielen aus Ereigniswiedergaben des Diebstahls im Optikergeschäft:

S_{t0} sind Aussagen über den Sprecher vor der Kognition des Ereignisses. Ein Beispiel für eine Thematisierung dieser Kategorie lautet: „Ich war vor zwei Wochen schon mal in dem Laden."

P_{t0} sind Aussagen über den Kommunikationspartner vor dem Ereigniszeitpunkt, zum Beispiel: „Du hast das Geschäft doch auch schon mal von innen gesehen."

W_{t0} bezieht sich auf Sachverhalte in der Welt vor Stattfinden des Ereignisses; zum Beispiel: „Früher war da mal ein Schuhgeschäft drin."

S_{t1} sind Äußerungsteile, in denen der Sprecher sich selbst zum Zeitpunkt der Kognition des Ereignisses thematisiert. Die Abgrenzung dieser Kategorie gegen Thematisierungen des Ereignisses an sich (s. unten W_{t1}) ist besonders dann möglich, wenn der Sprecher die Rolle eines Beobachters innehat und damit nicht substantiell zum Ereignisablauf dazugehört beziehungsweise diesen mitkonstituiert. Beispiele: „Ich wollte mir gerade eine Sonnenbrille aussuchen." – „Ich habe es genau gesehen, . . ."

Die Thematisierung des Partners zum Ereigniszeitpunkt (P_{t1}) spielt in dem von uns angenommenen Regelfall, in dem der Partner in der Kommunikationssituation überhaupt erst ‚ins Spiel kommt', keine Rolle. Anders verhält es sich in Situationen, in denen der Sprecher über ein Ereignis redet, an dem er selbst und der Partner beteiligt waren; dies ist beispielsweise in Konflikt- oder post hoc erfolgenden Situationsbewältigungsgesprächen häufig der Fall.

Die Welt zum Zeitpunkt t_1 (W_{t1}) ist das Ereignis, über das gesprochen wird. Unmittelbar ereignisbezogene Thematisierungen werden wir im Anschluß an die Illustration des Kategoriensystems im Detail behandeln.

S_{t2} sind Thematisierungen von Zuständen, Handlungen, Eigenschaften etc. des Sprechers in der Kommunikationssituation; zum Beispiel: „Ich bin mir nicht mehr ganz sicher." – „Ich habe es direkt vor Augen."

P_{t2} sind Thematisierungen von Zuständen, Handlungen, Eigenschaften etc. des Partners in der Kommunikationssituation; zum Beispiel: „Da staunst du."

W_{t2} bezeichnet Aspekte der Kommunikationssituation; zum Beispiel: „Es ist schon sehr spät." Eine besondere Teilmenge dieser Kategorie sind Thematisierungen der schon produzierten Äußerung (Metaäußerungen); zum Beispiel: „Nein, das [= das, was ich gesagt habe; nicht: das, was geschehen ist] war so nicht ganz richtig." (Sprecher verfügen über die Repräsentation dessen, was sie oder der Partner schon gesagt haben. Wir werden dieses Kommunikationsprokoll in Abschnitt 7.2.4 erörtern.)

S_{lat} und P_{lat} bezeichnen generelle Aussagen über den Sprecher beziehungsweise den Hörer; zum Beispiel: „Ich bin selbst Brillenträger." – „Du gehst doch mittwochs immer zum Squash."

Unter die Kategorie W_{lat} fällt das gesamte semantische (nicht: episodische) Wissen des Sprechers, soweit es nicht durch eine der anderen Kategorien spezifiziert wird. Ein Beispiel: „Brillen brechen leicht entzwei."

Hinsichtlich der ereignisbezogenen Wissenskomponenten W_{t1} können wir uns die durch das Experiment kontrollierte Ereigniskognition und die damit verbundene Kenntnis des Ereignisses dahingehend zu Nutze machen, daß wir die überhaupt *möglichen* Thematisierungen a priori bestimmen und nicht aus der in den ermittelten Äußerungen enthaltenen Information erschließen müssen. Auf diese Weise können wir auch – vgl. den obigen Punkt (1) – Aussagen darüber treffen, welche Ereignisbestandteile von Sprechern *nicht* wiedergegeben werden; wir erhalten des weiteren Anhaltspunkte dafür, welche Äußerungsteile durch

5. REDEN ÜBER EREIGNISSE

Schlußfolgerungsprozesse (Inferenzen) zustandegekommen sein müssen, die über die bloße innere Abbildung des Geschehensverlaufs hinausgehen. (Wir werden diesen letzten Gesichtspunkt in Abschnitt 5.5.2 weiter verfolgen.)

Bei der Zergliederung des vorgegebenen Ereignisses unterscheiden wir *Beschreibungen* und *Episoden*. Beschreibungen sind Thematisierungen von Sachverhalten oder Zuständen, die während des gesamten Ereignisablaufs durchgängig bestehen. (Beispielsweise bildet der Sachverhalt, daß die gestohlene Brille DM 280,– kostet, eine Beschreibungseinheit.) Insgesamt wurden 21 solcher Beschreibungen identifiziert. Episoden sind Thematisierungen von Ereignisteilen, die Zustandsänderungen oder Handlungen betreffen. Das Gesamtereignis wurde anhand der Zeitachse vollständig und disjunkt in 53 Episoden gegliedert. Beispielsweise bildet der Vorgang, daß der dritte Kunde den Laden verläßt, eine Episode.

Die Korngröße einer solchen Zerlegung beruht – wenn sie a priori festgelegt wird – auf einer willkürlichen Entscheidung. (Prinzipiell könnten die Handlungen der Beteiligten beispielsweise auch auf der Ebene der Bewegungen einzelner Körperteile segmentiert werden.) Es ergab sich, daß die Versuchspersonen den Ereignisverlauf überwiegend auf dem durch die *Episoden* bestimmten Detaillierungsniveau thematisieren. Zuweilen wird dieser Auflösungsgrad in den Sprecheräußerungen jedoch unterschritten und auch überschritten. Im ersten Fall sprechen wir von *Detaillierungen*; beispielsweise wird die Episode „Kunde vier betritt den Laden." durch die Äußerung „... wobei er sich den Mantel aufknöpfte." detailliert. Im zweiten Fall sprechen wir von *Makrostrukturen*; hierbei werden mehrere Episoden bis hin zum Gesamtereignis in einer Aussage integriert. Beispielsweise stellt die Äußerung „Die Verkäuferin hat sich dann um den dritten Kunden gekümmert." eine Zusammenfassung mehrerer Episoden dar. Unter den unmittelbar ereignisbezogenen Thematisierungen finden sich – um die Darstellung zu vervollständigen – auch *Existenzaussagen*, in denen die bloße Anwesenheit eines der Handlungsträger thematisiert wird (zum Beispiel: „Da war eine Verkäuferin im Laden."). Hier hängt es von der thematischen Weiterführung durch den Sprecher ab, ob diese Äußerungsteile detaillierende oder aggregierende Funktion haben.

Wir kommen zu den *Ergebnissen*: Die auf eine vollständige Ereignisdarstellung ausgerichtete schriftliche Wiedergabebedingung erbrachte signifikant längere Äußerungen; hier umfaßte eine Ereigniswiedergabe durchschnittlich 63 Thematisierungen gegenüber 47 in der Nachbar- und 35 in der Polizist-Bedingung. Das vermag angesichts der Aufgabenstellung nicht zu überraschen; gleichwohl sind in Arbeiten zum Mündlichkeits-Schriftlichkeits-Vergleich die mündlichen Äußerungen oft die längeren, was auf die für den Spracherzeuger mit weniger Anstrengung verbundenen Produktionsbedingungen beim Sprechen zurückgeführt wird (vgl. Grabowski-Gellert, 1989; Portnoy, 1973); somit hätte auch eine Nivellierung der Quantitätsunterschiede erwartet werden können. Für die Diskussion der Selektionsprozesse ist aber von größerem Interesse, aus welchen Komponenten und mit welchen Anteilen sich die Äußerungen in den jeweiligen Bedingungen zusammensetzen. Dies zeigt *Abbildung 5.2* für die am häufigsten besetzten Kategeorien.

In der schriftlichen, auf Vollständigkeit angelegten und weitgehend dekontextualisierten Wiedergabebedingung setzen sich die von den Versuchspersonen produzierten Äußerungen fast ausschließlich (zu über 95 Prozent) aus Thematisierungen zusammen, die unmittelbar das kognizierte Ereignis betreffen (W_{t1}; bestehend aus Episoden, Beschreibungen, Makrostrukturen, Detaillierungen und Existenzaussagen). In den kommunikativ situierten mündlichen Bedingungen beträgt dieser Anteil 70 Prozent (Polizist) beziehungsweise 61 Prozent (Nachbar). Reden über Ereignisse heißt also, zu gut einem Viertel bis zur knappen Hälfte *andere Inhalte* zu thematisieren als den unmittelbaren Ereignisablauf. (Wir werden diese

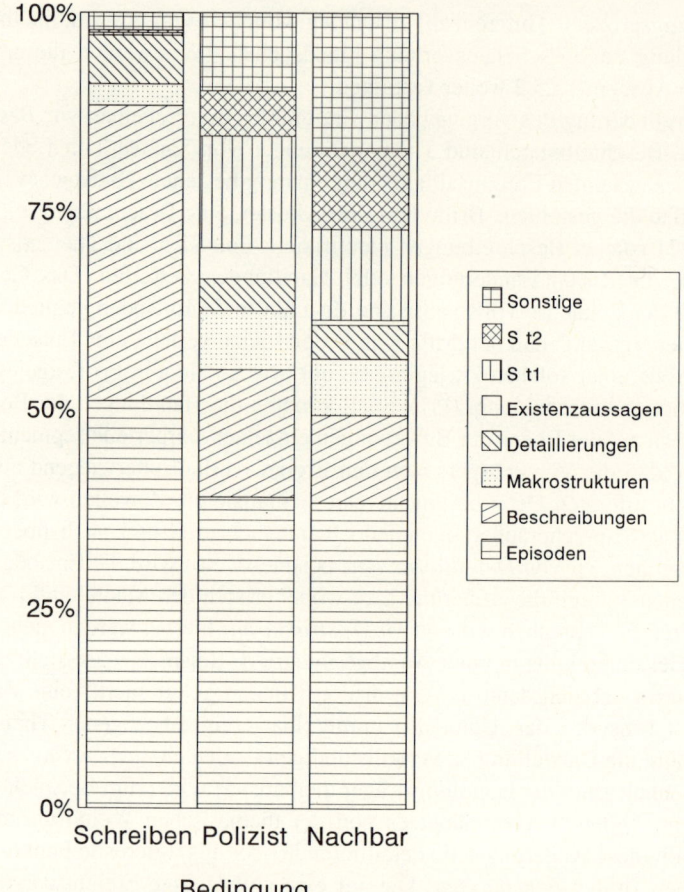

5.2 Die Zusammensetzung der Ereigniswiedergaben in drei Experimentalbedingungen anhand der relativen Thematisierungshäufigkeiten der wichtigsten Kategorien.

‚sonstigen' Thematisierungen im Abschnitt 5.5.2 besprechen.) Auch bei Betrachtung der absoluten Kategorienhäufigkeiten zeigt sich, daß Episoden, Beschreibungen und Detaillierungen in der schriftlichen Bedingung signifikant häufiger vorkommen; alle anderen Kategorien werden (so wie sie in Abbildung 5.2 zusammengefaßt sind und mit Ausnahme der Makrostrukturen) in der Schreib-Bedingung signifikant seltener manifestiert, jeweils verglichen mit den mündlichen Bedingungen. Betrachten wir die Thematisierungen der einzelnen Episoden in *Abbildung 5.3*, so ist festzustellen, daß in der Schreib-Bedingung 16 von 53 Episoden von signifikant mehr Personen thematisiert wurden als in der Bedingung „Nachbar"; bei keiner Episode ist es umgekehrt. (Im Vergleich zur Polizist-Bedingung sind es bei der Schreib-Bedingung sogar 20 Episoden gegenüber einer Episode in umgekehrter Richtung.) Ein ähnliches Bild zeigt sich bezüglich der Beschreibungen; hier werden 9 (Nachbar) beziehungsweise 10 (Polizist) Beschreibungen in der schriftlichen Bedingung signifikant öfter thematisiert. *Abbildung 5.4* zeigt wiederum den Vergleich mit der Nachbar-Bedingung.

5. REDEN ÜBER EREIGNISSE

Episoden

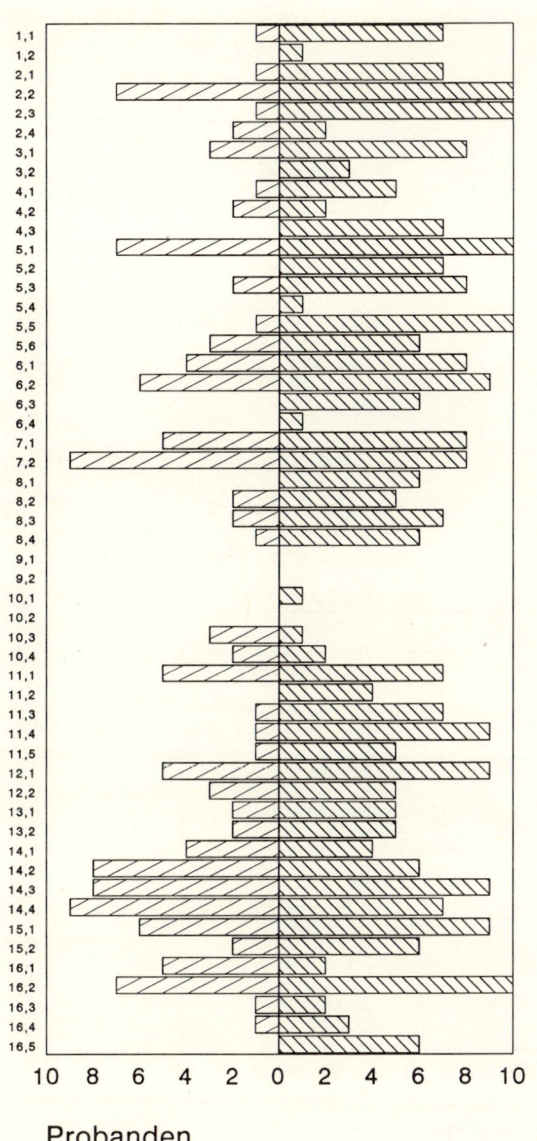

5.3 Ein Vergleich zwischen der Nachbar-Bedingung und der Schreib-Bedingung: Wieviele Versuchspersonen haben die einzelnen Episoden mindestens einmal thematisiert?

SPRECHEN

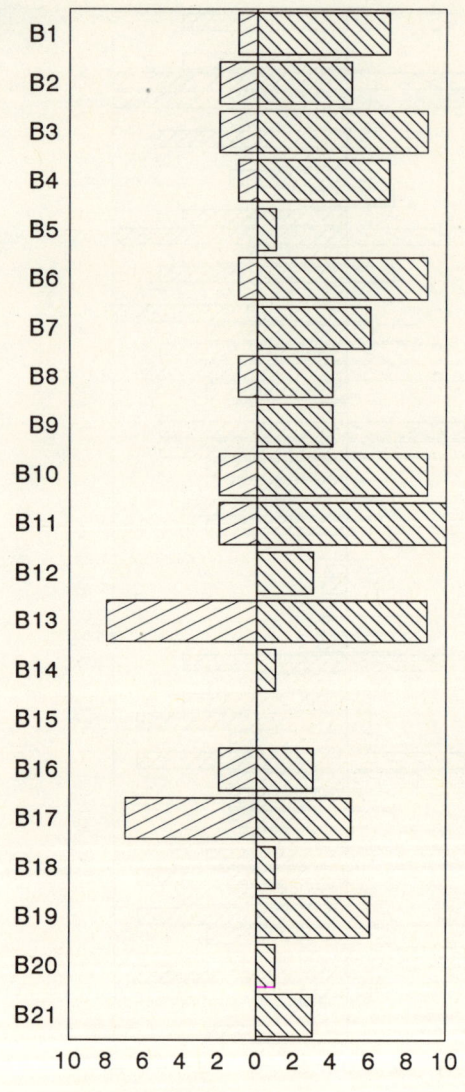

5.4 Ein Vergleich zwischen der Nachbar-Bedingung und der Schreib-Bedingung: Wieviele Versuchspersonen haben die einzelnen Beschreibungen mindestens einmal thematisiert?

Wir begannen diesen Abschnitt mit der Frage des Nachweises von Selektionsprozessen beim Reden über Ereignisse. Dazu mußte zuerst die Beschreibungs- und Analyseweise dargestellt werden, die die einzelnen Thematisierungen ereignisbezogener Äußerungen als Indikatoren für seligierte (und gegebenenfalls aufbereitete) Wissenskomponenten begründet. Anhand der dargestellten Befunde kommen wir zu folgendem Schluß: Die Versuchsteilnehmer aller drei Experimentalgruppen haben das Ereignis unter denselben Bedingungen kogniziert und in demselben zeitlichen Abstand zur Ereigniskognition wiedergegeben. Es gibt somit keinen Grund anzunehmen, daß sich die Teilnehmer – von individuellen, über die drei Bedingungen zufällig verteilten Unterschieden abgesehen – in ihrer Wahrnehmungs-, Aufmerksamkeits- oder Erinnerungsleistung systematisch unterscheiden; allen Probanden war bei Eintritt in die experimentelle Kommunikationsphase hinsichtlich der Ereignisses dieselbe Repräsentationsgrundlage verfügbar. Daß dann in den Ereigniswiedergaben gegenüber einem Polizisten beziehungsweise einem Nachbarn weniger Episoden, weniger Beschreibungen und weniger Detaillierungen vorkommen, kann somit mit einiger Wahrscheinlichkeit *situationsspezifischen Selektionsprozessen* zugeschrieben werden. Sprecher sagen beim Reden über ein Ereignis nicht alles, was sie wissen oder erinnern und somit sagen könnten; vielmehr nehmen sie situationsspezifisch eine Auswahl der ihnen kognitiv verfügbaren Wissensbestandteile vor.

5.5.2 Situationsspezifische Ereigniswiedergaben

Aussagen über situationsspezifische Ereigniswiedergaben ergeben sich aus einem Vergleich der unter der Polizist- beziehungsweise Nachbar-Bedingung produzierten Äußerungen. Nach konversationsanalytischer Literaturlage (s. oben 5.2) sollten in diesen Situationen die typischen Muster des Berichtens beziehungsweise Erzählens entstehen. Hinsichtlich der von den Sprechern vorgenommenen Linearisierung, also der sequentiellen Abfolge ereignisbezogener Wissenselemente in der Äußerung, liegen uns Anhaltspunkte vor, nach denen die Ereigniswiedergaben in der Polizist-Bedingung der originalen Ereigniskette in stärkerem Maße folgen als in der Nachbar-Bedingung. Dieser Befund steht im Einklang mit den Annahmen Gülichs (1980; s. oben 5.2.2) zur variablen Parallelität des zeitlichen Verlaufs des Ereignisses und der Ereigniswiedergabe. Wir beziehen uns bei der folgenden Ergebnisdarstellung vorrangig auf Thematisierungen von Wissenskomponenten anhand einer Auswahl der in Tabelle 5.1 angeführten Klassifikationsgesichtspunkte (vgl. Rummer, Grabowski, Hauschildt & Vorwerg, 1993).

Eine Anmerkung zur statistischen Absicherung der Befunde: Wir haben schon darauf hingewiesen (s. oben 2.3.1), daß in der Psychologie die experimentelle Arbeit mit produzierten Äußerungen der hier berichteten Komplexität und zumal eine signifikanzstatistische Analyse der Befunde eher selten sind. (Dies impliziert keine negative Bewertung der ausgezeichneten Problembehandlungen anhand ausführlicher Deskriptionen einzelner Äußerungsbeispiele; vgl. Chafe, 1980, 1990). Frei flottierende Sprachproduktion enthält immer große interindividuelle Varianzen. Anderseits erlauben die erforderlichen Aufwendungen für die Transkription, Segmentierung und Kodierung der evozierten Äußerungen keine allzu großen Fallzahlen, die das Auftreten großer Varianzen auch innerhalb der Experimentalbedingungen kompensieren könnten. Um so mehr deutet die Tatsache, daß bei vergleichsweise kleinen Stichproben von zehn Probanden pro Bedingung bei aller Idiosynkrasie der individuellen

Sprachproduktion deutliche Effekte entstehen, darauf hin, daß es sich um substantielle Phänomene beim situationsspezifischen Reden über Ereignisse handelt. (Da die Varianzen innerhalb der Experimentalgruppen aus den genannten Gründen nicht homogen sind, beruhen die berichteten Auswertungsergebnisse auf non-parametrischen Analyseverfahren; vgl. Siegel, 1987.)

Zunächst ist festzustellen, daß die Ereigniswiedergaben in der Nachbar-Bedingung sowohl nach Wörtern als auch nach Thematisierungen länger sind als in der Polizist-Bedingung. Worauf ist dieser Unterschied zurückzuführen? Die Bedingungen unterscheiden sich *nicht* (in statistisch bedeutsamem Ausmaß) im Hinblick auf die Ausführlichkeit der unmittelbaren Ereigniswiedergabe, also in der Häufigkeit der Thematisierung von Episoden und Beschreibungen, und auch *nicht* in der selektiven Thematisierung einzelner Episoden oder Beschreibungen. Auch hinsichtlich der Korngröße der Darstellung sind keine statistisch bedeutsamen Unterschiede zu verzeichnen; Detaillierungen und Makrostrukturen sind in beiden Bedingungen gleich häufig. Absolut gesehen, kommen Detaillierungen mit durchschnittlich 1,4 (Polizist) beziehungsweise 2,0 (Nachbar) detaillierenden Thematisierungen pro Versuchsperson eher selten vor, was zusammen mit dem Befund, daß die Wiedergabe gesprochener Sprache in beiden Bedingungen überwiegend in der Form indirekter Rede erfolgt, erkennen läßt, daß in beiden Bedingungen insgesamt keine szenische Darstellungsweise gewählt wurde, so wie sie in konversationsanalytischen Arbeiten beschrieben wird (s. oben 5.2). Schließlich weisen auch die Häufigkeiten von Thematisierungen der Kategorie S_{t1}, also der Äußerungsteile, die sich auf den Sprecher zum Zeitpunkt der Beobachtung des Ereignisses beziehen, keine Unterschiede auf. Insgesamt sind die Äußerungen im Hinblick auf die Selektion von Wissensbeständen, die auf die Zeitebene t_1 – den unmittelbaren Ereignisablauf und seine Randbedingungen – referieren, annähernd gleich beschaffen.

Die situationsspezifischen Unterschiede der Ereigniswiedergabe liegen mithin nicht darin, was die Sprecher unmittelbar über das Ereignis sagen, sondern was sie *außerdem* noch thematisieren.

Zum einen ergibt sich ein signifikanter Unterschied in den Thematisierungen der Kategorie S_{t2}: In der Nachbar-Bedingung kennzeichnen die Sprecher häufiger ihre *aktuelle Sicht auf das Ereignis*; dies zeigt sich vornehmlich in der expliziten Angabe des subjektiven Glaubens, Wissens, Sicher-Seins beziehungsweise Unsicher-Seins. Nach den linguistischen Befundannahmen zum Berichten und Erzählen wären diese Äußerungsbestandteile eher in der Polizist-Bedingung zu erwarten gewesen; dort wird angeführt (s. oben 5.2), daß man aus der Perspektive der Kommunikationssituation (t_2) eher berichtet und aus der Perspektive des Ereignisablaufs (t_1) eher erzählt.

Der zweite, quantitativ gegenüber der Kategorie S_{t2} noch stärker für die längeren Ereigniswiedergaben unter der Nachbar-Bedingung verantwortliche Unterschied resultiert aus Äußerungen, die auf *inferierten* Wissenskomponenten beruhen. Um welche Arten von Äußerungen handelt es sich hier?

Schlußfolgernde Prozesse auf der Basis eines kognizierten Ereignisses beziehungsweise die aus ihnen resultierenden Äußerungen beziehen sich auf Sachverhaltsschemata („Was-Schemata"), die beim Sprecher durch das Ereignis angeregt werden. Wir unterscheiden drei Kategorien:

(a) Markierung der Schematizität: Dabei thematisieren Sprecher in ihren Äußerungen, daß ein Sachverhalt den durch ein Schema begründeten Erwartungen entspricht; zum Bei-

spiel: „Die Verkäuferin sah aus, wie eine Verkäuferin eben aussieht." – „Der Kunde hat sich zuerst ganz normal verhalten." Wir nehmen an, daß solche Inferenzen dadurch zustandekommen, daß ein ereignisbezogenes Wissenselement (W_{t1}) und ein Element des Weltwissens ohne Zeitbezug (W_{lat}) – das repräsentierte Schema – in Zusammenhang gebracht werden. Diese Äußerungen referieren auf die Zeitebene des Ereignisverlaufs t_1.
(b) Schemaabweichungen: Dabei thematisieren Sprecher in ihren Äußerungen, daß ein Sachverhalt den durch ein Schema begründeten Erwartungen nicht entspricht; zum Beispiel: „Die Verkäuferin hat den Kunden nicht bedient." – „Das Schaufenster des Ladens war überhaupt nicht passend dekoriert." Für das Zustandekommen und die Zeitreferenz dieser Äußerungen gelten die Ausführungen unter Punkt (a) entsprechend.
(c) Schemafortschreibungen: Dabei thematisierten Sprecher nicht direkt beobachtbare Verallgemeinerungen auf der Basis des Ereignisses oder seiner Teile. Diese Verallgemeinerungen haben implizit oder explizit die Form einer Wenn-Dann-Beziehung, deren Wenn-Teil durch eine Ereignisepisode instanziert wird und deren Dann-Teil auf der Basis des Schemawissens die erwarteten Folgen inferiert; zum Beispiel: „Wenn ein Kunde so lange warten muß, bis er bedient wird, dann klaut er eben etwas." Insbesondere gehören zu dieser Kategorie psychologisierende Äußerungen, bei denen den Handlungsträgern nicht beobachtbare, aber inferierbare Ursachen für ihr Verhalten zugeschrieben werden; zum Beispiel: „Bei vier Kunden auf einmal muß die Verkäuferin ja die Übersicht verlieren." Schemafortschreibungen sind Äußerungen ohne Zeitreferenz.

Den drei genannten schemabezogenen Inferenzkategorien ist gemeinsam, daß in ihnen aus einer Ereignisepisode und allgemeinen Weltwissensbeständen Informationen erschlossen werden, die über das beobachtbare Ereignis hinausgehen. Die Unterschiede zwischen den beiden Redesituationen sind – neben der schon erwähnten Kategorie S_{t2} – in statistisch bedeutsamem Ausmaß auf die häufigere Produktion von Schemafortschreibungen unter der Nachbar-Bedingung zurückzuführen.

Wir haben nachgewiesen (s. oben 5.5.1), daß die ereignisbezogenen Anteile (t_1) der Sprecheräußerungen in den beiden Redesituationen auf Selektionsprozessen beruhen. Hinsichtlich der tatsächlich seligierten Ereigniskomponenten, des damit zum Ausdruck gebrachten Detaillierungsgrads der Ereignisdarstellung, etc. unterscheiden sich die beiden von uns untersuchten Situationen jedoch nicht. Bei den kognitiven Quellen von Äußerungen der Kategorie S_{t2} handelt es sich um *aktuelle selbstbezogene Komponenten* der der Sprachproduktion zugrundeliegenden Informationskonstellation im Sprecher. Diese werden je nach Kommunikationssituation offenbar mit unterschiedlicher Häufigkeit seligiert.

> Man kann annehmen, daß der Sprecher durch die Wahl dieser Thematisierungen seine Rolle als Erzähler, als derjenige, der das Ereignis verbal vermittelt, betont; man vergleiche die Äußerungen „Dann hat die Verkäuferin dem zweiten Kunden ein Kontaktlinsenpflegemittel verkauft." und „Wenn ich mich recht erinnere, so hat die Verkäuferin dem zweiten Kunden dann ein Kontaktlinsenpflegemittel verkauft." Nach der Literatur zum Berichten und Erzählen ist eine solche Kennzeichnung der eigenen Wissensmodalität – wie betont – für das Berichten im institutionellen Kontext charakteristisch; dies hat sich in unserer Untersuchung nicht bestätigt (vgl. dazu auch Herrmann, Kilian, Dittrich & Dreyer, 1992).

Es bleibt die Frage, ob die situationsdifferenzierenden Thematisierungen der inferierten Schemafortschreibungen bereits mit der Gedächtnisrepräsentation eines Ereignisses verknüpft sind und durch die situationsspezifische *Selektion* schon vorhandener Informationskomponenten Eingang in die Äußerungsproduktion finden oder ob es sich um kognitive *Aufbereitungsprozesse* handelt, in deren Verlauf in Abhängigkeit von der vorliegenden Kommunikationssituation bestimmte Informationskomponenten erst aktuell – anläßlich der Sprachproduktion – generiert werden.

5.5.3 Zur Steuerung des Sprachproduktionsprozesses

Wir werden in Kapitel 6 ausführen, daß es nicht sinnvoll ist, von *der* Sprachproduktion schlechthin zu reden, sondern daß sich markante Systemzustände, die die Äußerungsproduktion steuern, unterscheiden lassen. In bezug auf das Reden über Ereignisse stellt sich dabei besonders die Frage nach der *Flexibilität globaler Voreinstellungen* bei der Sprachproduktion (Herrmann & Grabowski, 1992). Im vorliegenden Zusammenhang lassen sich vereinfacht zwei Arten der globalen Kontrolle unterscheiden: die *Schema-Steuerung* und die *Ad hoc-Steuerung*.

Bei der Schema-Steuerung setzt die zentrale kognitive Kontrollinstanz auf der Basis der aktuellen Situationseinschätzung ein *Wie-Schema* ein (vgl. Exkurs 3.1), mit dem die Art und Weise, wie gesprochen wird, festgelegt ist; soweit in einem solchen Schema variabel realisierbare Leerstellen enthalten sind, wird deren aktuelle Auffüllung an nachgeordnete, hierarchieniedrigere Prozeßinstanzen delegiert. Im Hinblick auf das Wie der Sprachproduktion konsumiert schemagesteuertes Sprechen vergleichsweise wenig Aufmerksamkeit. Mit dem Einsatz eines Wie-Schemas können Maßgaben für Selektions- und Linearisierungsprozesse, für die Aufbereitung der zu verbalisierenden Information, für die Art des Zusammenhalts zwischen Äußerungsteilen bis hin zu konkreten einzelsprachlichen Formulierungen vorliegen. Die im Abschnitt 5.2.1 diskutierten formstabilen Textsorten dürften – soweit der Sprecher ihre Produktion beherrscht – vorwiegend schemagesteuert erzeugt werden.

Bei der Ad hoc-Steuerung dagegen müssen die Entscheidungen über den Fortgang der Sprachproduktion nach und nach unter starker Beanspruchung der Aufmerksamkeitsressourcen getroffen werden; hier steht dem Sprecher kein situationsangemessenes Wie-Schema zur Verfügung.

Wie erfolgt die Produktion ereignisbezogener Äußerungen hinsichtlich dieser Steuerungsvarianten? Man kann annehmen, daß sich Teilhaber einer Sprach- und Kulturgemeinschaft – zumindest innerhalb einer Bildungsschicht – nicht danach unterscheiden, über welche regelmäßig benötigten, allgemeinen Wie-Schemata sie verfügen. Ein Indikator für die Zuordnung sprachlicher Äußerungen zu den Steuerungsbedingungen ihrer Entstehung liegt damit in der variablen Unterschiedlichkeit (Diversifikation) sprachlicher Äußerungen; wenn bei der Sprachproduktion ein Wie-Schema abgearbeitet wird, so sollten die resultierenden Äußerungen in geringerem Ausmaß variieren als bei der ad hoc-gesteuerten Sprachproduktion.

Bei dem berichteten Experiment zur situationsspezifischen Wiedergabe eines Ereignisses ergaben sich auf den meisten der gemessenen Variablen in der Nachbar-Bedingung erheblich größere Varianzen als in der Polizist-Bedingung. Dieser Befund gibt einen ersten Hinweis, daß die Ereigniswiedergaben in der Nachbar-Situation unter stärkerer Ad hoc-Steuerung zustandekommen als in der Polizist-Situation.

Wir haben diese Annahme durch eine Weiterführung des beschriebenen Experiments verfolgt. Dabei wurden je zehn weitere Versuchspersonen bei ihren Ereigniswiedergaben gegenüber einem Polizisten (im Situationstyp SN- & UO+ & IN+ & P-Ziel: informieren) beziehungsweise gegenüber einem Nachbarn (im Situationstyp SN+ & UO- & IN- & P-Ziel: unterhalten) – bei ansonsten identischem Experimentalablauf – unter milden *Zeitdruck* gesetzt, indem sie durch eine geeignete Instruktion dafür zu sorgen hatten, daß die Kommunikationssituation nicht allzu lange dauert. (Die Teilnehmer wurden allerdings nicht unterbrochen und konnten ihre Äußerungen nach ihrer eigenen zeitlichen Maßgabe zum Ende führen.) Der Zeitdruck stört die routinisierte Abarbeitung eines Wie-Schemas bei der Sprachproduktion weitaus weniger als die aufmerksamkeitsintensive ad hoc-gesteuerte Sprachproduktion. Je stabiler die unter den Zeitdruckbedingungen produzierten Äußerungen im Vergleich zur Äußerungsproduktion ohne Zeitdruck sind, um so eher ist die Annahme gerechtfertigt, daß die Sprachproduktion unter starker Beteiligung eines Wie-Schemas erfolgt. Sind beispielsweise die oben berichteten Ereigniswiedergaben gegenüber einem Polizisten und gegenüber einem Nachbarn beide durch den Einsatz von (zwei verschiedenen) Wie-Schemata zustandegekommen, so dürften durch das Hinzukommen von Zeitdruck keine bedeutsamen Veränderungen in der Beschaffenheit der Äußerungen entstehen, und die Unterschiede zwischen den beiden Situationsbedingungen sollten auch unter Zeitdruck wieder auftreten (vgl. Rümmer, Grabowski & Vorwerg, 1993).

Es ergaben sich folgende *Befunde* (vgl. *Abbildung 5.5*):

— Die Äußerungen in der Nachbar-Situation werden unter der Zeitdruck-Bedingung deutlich kürzer als ohne Zeitdruck; die Äußerungen in der Polizist-Situation verändern sich durch den hinzukommenden Zeitdruck in ihrem Umfang nur marginal. Unter Zeitdruck weisen die Äußerungen in beiden Situationen den gleichen Umfang und die gleiche Anzahl von Thematisierungen auf.

— Die Anteile der unmittelbar den Ereignisablauf thematisierenden Äußerungsteile betragen 74 Prozent in der Polizist-Bedingung und 56 Prozent in der Nachbar-Bedingung; wiederum tritt in der Polizist-Bedingung durch den Zeitdruck keine Veränderung ein, während sich in der Nachbar-Bedingung der Anteil der unmittelbar ereignisbezogenen Redeanteile sogar noch verringert.

— Die Mittelwertsunterschiede der Kategorien, bei deren Thematisierungshäufigkeiten ohne Zeitdruck signifikante situationsspezifische Unterschiede bestehen (S_{t2} und Schemafortschreibungen), weisen auch unter Zeitdruck in dieselbe Richtung; wegen der absolut geringeren Häufigkeiten in der Nachbar-Bedingung sind diese Unterschiede unter Zeitdruck jedoch nicht mehr statistisch bedeutsam.

— Die Äußerungen weisen Stellen auf, an denen sich der Sprecher selbst ‚ins Spiel' bringt (zur ‚Ebenenselektion' vgl. Herrmann, 1985, S. 222f.). Diese Selektionsprozesse, die für die Produktion von Thematisierungen der Kategorien S_{t1} und S_{t2} benötigt werden, bleiben in der Polizist-Bedingung unter Zeitdruck wiederum unverändert (20 Prozent). In der Nachbar-Bedingung steigt der Anteil jedoch von 21 auf 27 Prozent.

— Es zeigen sich keine neu hinzugekommen situationsabhängigen Unterschiede bei den anderen Thematisierungskategorien; allerdings ergibt sich bei der Thematisierungshäufigkeit von Episoden eine Wechselwirkung dergestalt, daß in der Erzähl-Bedingung ohne Zeitdruck mehr, mit Zeitdruck weniger Episoden thematisiert werden als in der Polizist-Bedingung.

— Die Thematisierungen von Makrostrukturen nehmen unter Zeitdruck in beiden Äußerungssituationen leicht zu. Dadurch wird besonders in der Nachbar-Situation, in der gleichzeitig die Thematisierungshäufigkeit von Episoden im Vergleich zur Äußerungsproduktion ohne Zeitdruck um mehr als die Hälfte zurückgeht (während sie in der

Polizist-Bedingung annähernd konstant bleibt), der Auflösungsgrad der Ereignisdarstellung deutlich vergröbert.
- Die interindividuellen Varianzen sind in der Nachbar-Bedingung weiterhin größer als in der Polizist-Bedingung, allerdings nur bei den nicht auf t_1 bezogenen Thematisierungen. Bei den unmittelbar ereignisbezogenen Thematisierungen (t_1) unterscheiden sich die Varianzen nicht statistisch bedeutsam, sind in der Nachbar-Bedingung aber durchgängig numerisch geringer als in der Polizist-Bedingung.

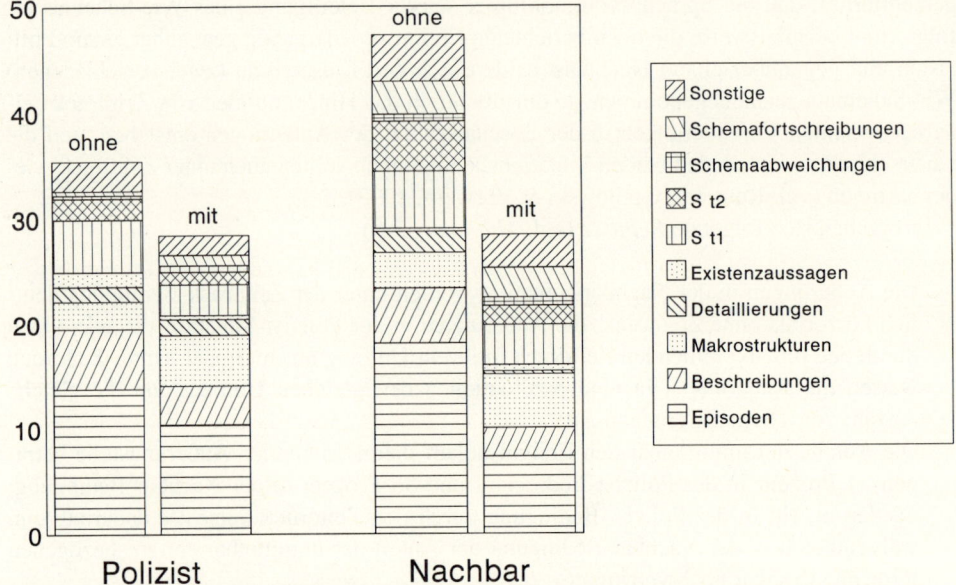

5.5 Die Zusammensetzung der Ereigniswiedergaben in der Polizist- und in der Nachbar-Bedingung mit und ohne Zeitdruck anhand der absoluten mittleren Thematisierungshäufigkeiten.

Wie lassen sich diese Befunde im Hinblick auf die variable Steuerung des Sprachproduktionsprozesses beim Reden über Ereignisse interpretieren? Wir halten die folgenden, vorläufigen Annahmen für begründet:

- Daß die Ereigniswiedergaben gegenüber einem Nachbarn unter Zeitdruck deutlich kürzer werden, in der Polizist-Bedingung durch den Zeitdruck aber keine Veränderung erfahren, ist ein erstes Anzeichen für die stabilere Steuerung der Sprachproduktion beim Informieren. Diese Stabilität in der Polizist-Bedingung kann nicht darauf zurückgeführt werden, daß die Sprecher auch unter Zeitdruck ein gewisses Maß an Ausführlichkeit und Vollständigkeit beibehalten müssen, damit es dem Partner noch gelingt, sich einen Eindruck vom Geschehen zu verschaffen; die Äußerungen in der Nachbar-Bedingung unter Zeitdruck zeigen nämlich, daß die unmittelbare Ereigniswiedergabe noch knapper ausfallen kann.
- Insgesamt läßt die fast identische Struktur der Äußerungen in der Polizist-Bedingung mit und ohne Zeitdruck darauf schließen, daß die Sprachproduktion hier unter weitgehend stabiler *schematischer Steuerung* erfolgt.

– Für die Ereigniswiedergaben in der Nachbar-Bedingung kann ein ähnlich schematisierter Steuerungsprozeß nicht nachgewiesen werden; hier erfolgt die Sprachproduktion in starkem Maße *ad hoc-gesteuert*. Zu unterhalten heißt (zumindest in der hier berücksichtigten ‚privaten' Situation SN+ & UO- & IN-) offenbar primär, die unmittelbare Ereigniswiedergabe mit sehr viel ‚schmückendem Beiwerk' (zum Beispiel dadurch, daß der Sprecher sich selbst und die Resultate seiner persönlichen Schlußfolgerungen ins Spiel bringt) zu versehen; dies erfolgt aber in einer wenig festgelegten Weise. Auch bestehen für die Art der unmittelbaren Ereigniswiedergabe in der Nachbar-Bedingung keine rigiden Vorgaben; sie ändert sich unter Zeitdruck gravierend.

Das Informieren (in einer Situation vom Typ SN- & UO+ & IN+) und das Unterhalten (in Situationen vom Typ SN+ & UO- & IN-) unterscheiden sich demnach nicht nur im Hinblick auf die beteiligten Selektions- und Aufbereitungsprozesse (s. oben 5.5.2), sondern auch im Hinblick auf den schemagesteuerten beziehungsweise ad hoc-gesteuerten Einsatz dieser Prozesse bei der Sprachproduktion (Rümmer, Grabowski & Vorwerg, 1993).

5.6 Wie war denn Ihre Fahrprüfung?

Gegen die Untersuchung des Redens über Ereignisse in experimentellen Laborsituationen wird zuweilen der Einwand erhoben, daß die Randbedingungen für das Erzählen – Quasthoff stellt besonders das Vorhandensein von Muße und Entspannung heraus (1980; s. oben 5.2.3) – selbst in Rollenspielen (die von den Versuchspersonen nach unserer Erfahrung in der Regel sehr gut umgesetzt werden) nur unzureichend gegeben seien. Wir haben deshalb ein *Feldexperiment* durchgeführt, um die Stabilität unserer Befunde auch in einer natürlichen Umgebung zu prüfen (vgl. Kessler & Grabowski, 1993).

Dabei stellt sich das Problem, daß viele der zuvor beschriebenen Analysevorteile beim Laborexperiment darauf beruhen, daß der Forscher die Ereignisse, über die gesprochen wird, selbst kennt und die Bedingungen ihrer Kognition kontrollieren kann. Die Möglichkeit, Personen beim Feldexperiment unwissentlich in eine gestellte Szenerie zu führen und anschließend zu einer sprachlichen Wiedergabe zu veranlassen, ist, wenn überhaupt, nur sehr schwer und aufwendig zu realisieren und bringt zudem mit sich, daß die Äußerungen von Personen – sofern auch die Kommunikationssituation völlig natürlich beschaffen sein soll – ohne deren Wissen auf Band aufgenommen werden. Wir haben versucht, eine Klasse von Ereignissen zu finden, an denen viele Menschen unabhängig voneinander beteiligt waren und die ‚von sich aus' sehr konstant ablaufen, so daß der Forscher auch ohne Kenntnis der individuellen Ereigniskognition unabhängig von produzierten Äußerungen zu einer Ereignisbeschreibung kommen kann. Hierfür erscheint der praktische Teil der Führerscheinprüfung (Fahrprüfung) gut geeignet. Die meisten Menschen in der Bundesrepublik haben sich dieser Prüfung unterzogen, die durch starke normative Vorgaben einen in gewissem Maße vorhersagbaren Ereignisverlauf nimmt. (Man kann sie allerdings bestehen oder nicht.)

Die ereignisbezogenen Äußerungen wurden in einer konstanten Situation erhoben: im Foyer eines Schauspieltheaters zwischen der Ankunft der ersten Zuschauer bis zum Vorstellungsbeginn. Hier befinden sich Menschen, die Zeit haben und sich in der von Quasthoff (1980) geforderten ‚besonderen Kommunikationsbereitschaft' befinden. Der Versuchsleiter gab sich als Journalist aus, der die anwesenden Personen einzeln zu ihrer Fahrprüfung befragte. Diese – für alle Versuchspersonen konstante – Kommunikationssituation läßt sich durch geringe soziale Nähe zwischen befragter Person und Journalist sowie durch geringe Ausprägungen der Über/Unterordnung und der Institutionalisiertheit kennzeichnen. Die P-Ziele, unter denen die Versuchspersonen ihre mündlichen Ereigniswiedergaben produzierten, wurden wie folgt variiert: Im einen Fall erklärte der Journalist, daß er an einem Artikel über Fahrprüfungen für eine Uni-Zeitschrift arbeite. Dadurch sollte bewirkt werden, daß die Sprecher auf den *Unterhaltungswert* ihrer Ereignisdarstellung achten. Im anderen Fall erklärte der Journalist, daß er an einer Statistik über Fahrprüfungen arbeite und an Informationen über die Veränderungen von Fahrprüfungen in Laufe der Zeit interessiert sei. Dadurch sollte bewirkt werden, daß die Sprecher auf den *Informationswert* ihrer Ereignisdarstellung achten. In beiden Experimentalbedingungen endete der Journalist mit der Äußerung: „Darf ich Sie fragen, wie war denn Ihre Fahrprüfung." und hielt den Befragten ein Mikrofon vor. Auf diese Weise wurden 24 unterhaltende und 18 informierende Äußerungen gewonnen. Befragt wurden ausschließlich Frauen, da bei Männern infolge der oft starken emotionalen Besetzung des Fähigkeitsbereichs „autofahren können" (leider) ein maßgeblicher Anteil an selbstdarstellenden S-Zielen erwartet werden mußte.

Die Äußerungen wurden transkribiert, segmentiert und anhand des in Tabelle 5.1 dargestellten Klassifikationssystems analysiert. Thematisierungen der Zeitebenen t_0 und t_2 sowie Thematisierungen ohne Zeitbezug können auch ohne Kenntnis des Ereignisablaufs identifiziert werden. Für Thematisierungen des unmittelbaren Ereignisverlaufs (t_1) wurde wie folgt verfahren: (a) Da der Sprecher in die Fahrprüfung als Aktant involviert ist, können Thematisierungen der Kategorie S_{t1} nicht von den übrigen, nicht auf den Sprecher, aber auf t_1 bezogenen Äußerungskomponenten separiert werden. (b) Die variable Detaillierung der Ereignisdarstellung mußte anhand des allgemeinen Wissens über Fahrprüfungen vorgenommen werden.

Welche t_1-Komponenten des Ereignisses „Fahrprüfung" können Sprecher potentiell thematisieren? Zu einer Fahrprüfung gehören allenfalls eine Vorgeschichte (zum Beispiel: „Mir war morgens beim Aufwachen schon ganz schlecht."), die eigentliche Fahrprüfung und eine Nachgeschichte (zum Beispiel: „Ich habe dann am gleichen Tag schon meinen ersten Unfall gebaut."). Die eigentliche Fahrprüfung kann mit mittlerer Korngröße (= *Episoden*) im Hinblick auf Ereignisse zu Beginn der Prüfung („Zuerst mußte ich also einsteigen."), während des Fahrens (‚Aufgaben'; zum Beispiel: „Dann mußte ich zwischen zwei Bäumen rückwärts einparken.") und zum Ende der Prüfung („Der Prüfer gab mir dann meinen Führerschein.") wiedergegeben werden. *Makrostrukturen* bestehen in Thematisierungen des gesamten, undifferenzierten Ereignisses („Meine Fahrprüfung war eigentlich ganz easy."). *Detaillierungen* bestehen in der Differenzierung und Ausschmückung einzelner Episoden; zum Beispiel: „Und dann beim Abbiegen, beim Linksabbiegen [= Episode] . . . also ein Autofahrer kam mir entgegen und machte langsam [= Detaillierung], so daß ich das Gefühl hatte, er will mich vorlassen [= Detaillierung]." *Beschreibungen* schließlich kennzeichnen Zustände, die während des gesamten Ereignisverlaufs bestehen; diese beziehen sich auf den Sprecher selbst („Ich war sehr aufgeregt."), den Prüfer oder den Fahrlehrer („Der Prüfer saß hinten drinnen."), den Wagen („Es war noch so ein Wagen mit Lenkradschaltung.") oder das Wetter („Es war ganz glatt draußen."). Nach dieser Rekonstruktion des Ereignistyps „Fahrprüfung" können die gewonnenen Äußerungen völlig analog zu den im Labor nach kontrollierter Induktion der Ereigniskognition entstandenen Ereigniswiedergaben analysiert werden.

Wir stellen die wichtigsten Befunde dieser Untersuchung dar und vergleichen sie mit den Ergebnissen aus dem Polizist/Nachbar-Experiment:

– Die sprachlichen Ereignisdarstellungen sind insgesamt viel kürzer als die Wiedergaben des Diebstahlereignisses.
– Beim Unterhalten produzieren die Sprecherinnen durchschnittlich signifikant längere Äußerungen (10,25 Thematisierungen) als beim Informieren (8,73 Thematisierungen). Unterschiedliche P-Ziele beeinflussen generell die Länge der Ereigniswiedergabe; es ist schneller informiert als unterhalten.
– Die Äußerungen bestehen unter beiden Zielvorgaben überwiegend (81 Prozent beim Unterhalten beziehungsweise 79 Prozent beim Informieren) aus Thematisierungen von Kategorien der Zeitebene t_1. Hier dürfte der nur flüchtige Kontakt zwischen Theaterbesucher und Journalist gegenüber der doch intensiveren sozialen Situation zwischen Sprecher und Polizist beziehungsweise Nachbar, wobei die Befragten zudem noch überrascht, die Versuchspersonen im Labor dagegen eher ‚auf alles gefaßt' waren, das ‚schmückende Beiwerk' der Sprachproduktion (Inferenzen, Kennzeichnungen der Wissensmodalitäten) generell zugunsten der bloßen ereignisbezogenen Informationsselektion unterdrückt haben.
– Bei den meisten Analysevariablen sind die Varianzen in der Unterhalten-Bedingung signifikant größer als in der Informieren-Bedingung. Informierende Äußerungen weisen demnach wiederum eine interindividuell stabilere Struktur auf als unterhaltende Äußerungen. Ihre Erzeugung läßt sich wiederum eher als schema-gesteuert interpretieren.
– Die Unterschiede in der Äußerungsmenge gehen auf signifikant mehr Detaillierungen und signifikant mehr Beschreibungen beim Unterhalten zurück. Zusammen mit dem Befund, daß beim Unterhalten viel häufiger Wiedergaben sprachlicher Äußerungen im Ereignisverlauf erfolgen, und dies überwiegend in der Form der direkten Rede, finden wir beim Unterhalten die Elemente einer szenischen Darstellungsweise, die für das Erzählen beschrieben wurden. Diese Fähigkeit der Sprecherinnen zur szenischen Ereigniswiedergabe dürfte darin begründet liegen, daß es sich hier um ein Ereignis handelt, in das die Sprecherinnen als Handelnde involviert waren und das eine gewisse Bedeutsamkeit und Einmaligkeit in der invidiuellen Biografie einnimmt. Daß diese Äußerungselemente jedoch fast nur beim Unterhalten eingesetzt werden, weist wiederum den starken Einfluß des Sprecherziels auf die Sprachproduktion nach.

Zusammenfassend zeigt sich, daß sowohl die Art des Ereignisses, über das gesprochen wird, als auch die Situationsbedingungen und die Sprecherziele in der Kommunikationssituation die Produktion ereignisbezogener Äußerungen in sehr differenzierter, gleichwohl systematischer Weise beeinflussen. Es bedarf aber noch vieler Untersuchungen, in denen einzelne Ausprägungen dieser Einflußgrößen systematisch miteinander kombiniert werden, um die genauen Wirkungen und Wechselwirkungen der einzelnen Bedingungsvariablen auf die spezifischen Teilprozesse der ereignisbezogenen Sprachproduktion zu bestimmen.

5.7 Schlußbemerkung

Wir haben im zweiten Teil dieses Buches am Beispiel sprachlicher Phänomene ganz unterschiedlichen Umfangs – von der benennenden Nominalphrase bis zur komplexen Ereigniswiedergabe – gezeigt, welche Klassen von Bedingungen die Sprachproduktion determinieren und wie theoretische Rekonstruktionen dieser Zusammenhänge beschaffen sein können. Unser Ziel bestand darin, den Lesern und Leserinnen einen Eindruck davon zu vermitteln, wie hochkomplex und unauffällig das Sprechen ‚funktioniert' und welche differenzierten psychischen Prozesse wir als Sprecher alltäglich vollbringen. Manches konnte erklärt und zu einem vorläufigen Abschluß gebracht werden; viele Fragen bleiben offen oder sind im Zuge unserer Darstellung erst entstanden. Vielleicht konnten unsere Ausführungen auch den einen oder anderen Leser dazu anregen, bestimmte Phänomene – sei es in der alltäglichen Beobachtung oder in der wissenschaftlichen Arbeit – weiterzuverfolgen.

III.

Eine psychologische Theorie der Sprachproduktion

Im Teil II des vorliegenden Buches haben wir eine Fülle sprachpsychologischer Überlegungen und Untersuchungsergebnisse dargestellt. Dies dürfte einen Eindruck davon vermittelt haben, wie reichhaltig und heterogen das Gesamtphänomen des menschlichen Sprechens beschaffen ist. Als durchgängiges Motiv unserer sprachpsychologischen Erörterungen wurden im Teil II die folgenden Fragen sichtbar: In welcher Weise sprechen Menschen in variablen Situationen verschieden; wovon hängt die situationsspezifische ‚Wahl' einer Äußerungsvariante ab; welche psychischen Prozesse sind in das variable Sprechen involviert? Die ausführliche Beschäftigung mit diesem Themenkreis dürfte zum einen Interesse an einer theoretischen Synthese des Vielgestaltigen erwecken: Wie funktioniert die Sprachproduktion im Ganzen? Zum anderen aber dürfte die Kenntnisnahme facettenreicher sprachpsychologischer Einzelüberlegungen und Einzelerkenntnisse eine gute Voraussetzung dafür geschaffen haben, eine solche theoretische Synthese auf einer breiten anschaulichen Basis verstehen und bewerten zu können.

In den fünf Kapiteln des dritten Teils stellen wir die von uns vertretene *Regulationstheorie der Sprachproduktion* vor. Kapitel 6 betrifft die allgemeine Grundlegung unserer theoretischen Auffassungen. Die drei darauffolgenden Kapitel behandeln den gegliederten Gesamtprozeß der Sprachproduktion anhand ausführlicher Darstellungen der beteiligten Instanzen: der Zentralen Kontrolle (Kapitel 7), der Hilfssysteme (Kapitel 8) und des Enkodiermechanismus (Kapitel 9). Im Kurzkapitel 10 wird für die drei Steuerungsarten bei der Sprachproduktion das spezifische Zusammenspiel der beteiligten Prozeßinstanzen anhand je eines Ablaufschemas zusammengefaßt.

6.

Allgemeine theoretische Grundlagen

6.1 Sprechen und Systemregulation

6.1.1 Sprechen und Verhalten

Der Mensch nimmt seine Umgebung wahr. Er sucht sich in seiner Situation zurechtzufinden. Dabei greift er auf vielfältiges Wissen zurück. Der Mensch ist motiviert, er ist in variablem Ausmaß angetrieben, er verfolgt Absichten und Ziele. Im Lichte seiner Ziele und Motive bewertet er die Situation, in der er sich befindet, und unternimmt etwas, um den gegenwärtigen Zustand an seine Ziele, an das von ihm Gewünschte, Beabsichtigte oder auch an das Gesollte anzupassen. Dabei setzt er automatisierte Fertigkeiten und Routinen ein, aber er plant auch bedachtsam und muß bisweilen sogar veritable Probleme lösen. Während der unterschiedlichen Versuche, den Forderungen des Augenblicks gerecht zu werden, Antrieben zu entsprechen, Ziele zu verwirklichen, pflegt sich die Situation, in der sich der Mensch befindet, bereits wieder zu ändern. Dies zum Teil als Ergebnis seines eigenen Tuns, zum Teil aber auch, ohne daß er es beeinflussen könnte: Der Ist-Zustand ändert sich im allgemeinen ständig. Aber auch die Soll-Lagen des Menschen befinden sich in stetem Wandel. Unterschiedliche Motive drängen sich in den Vordergrund, Erfolge und Mißerfolge des eigenen Tuns wirken auf die Ziele und Absichten zurück. Nur selten befindet sich der Mensch in einer auch nur für wenige Augenblicke unveränderten Lage (vgl. auch Dörner, 1989).

Wir haben es also auf der psychischen Seite des Lebens mit zwei wichtigen Teilaspekten zu tun: Zum einen muß der Mensch die Situation, in der er sich gerade befindet, und seinen eigenen Zustand erkennen, verstehen und bewerten. Zu diesem Zwecke muß er Information verarbeiten und den jeweiligen Zustand, in dem er selbst und seine Umgebung sich befinden, in adäquater Weise mental abbilden beziehungsweise repräsentieren. Zum anderen besteht seine ständige Aufgabe darin, den jeweiligen Ist-Zustand durch eigenes Tun an Soll-Zustände anzugleichen. So betrachtet, ist der Mensch ein *informationsverarbeitendes*, sich selbst und seine Umgebung *intern repräsentierendes* und *reguliertes* System. (Zur Regulation vgl. Exkurs 6.1.)

Zur Situation, die der Mensch möglichst angemessen zu verstehen sucht, gehören zeitweilig *Sprachäußerungen*, die ein oder mehrere Kommunikationspartner produziert haben und die, wie alle anderen Situationsmerkmale, verarbeitet und intern repräsentiert werden müssen. Außerdem verwendet der Mensch bei seinen Versuchen, den Ist-Zustand an Soll-Lagen anzugleichen, neben vielen anderen Regulationsmitteln das *Sprechen*. Wenn er dieses Regulationsmittel verwendet, so ist es mit anderen Regulationsmitteln vernetzt; es ist in das psychische Regulationsgeschehen als eine von vielen Komponenten eingebunden. Man kann es so formulieren: Das Sprechen ist ein zeitweilig auftretendes (sporadisches) und andere Komponenten des menschlichen Tuns ergänzendes (suppletorisches) Mittel zur Regulation des Verhaltenssystems des Menschen. (Der suppletorische Charakter des Sprechens läßt sich zum Beispiel im einzelnen bei Arbeitstätigkeiten aufweisen; vgl. Hacker, 1986, S. 252ff.) Wir können die Natur des menschlichen Sprechens nur hinreichend umfassend begreifen, wenn wir es – auch – als (sporadisches und suppletorisches) Mittel zur Regulation des *Sprechers* verstehen.

> Eine begrifflich-terminologische *Anmerkung*: In manchen psychologischen Diskussionszusammenhängen wird streng zwischen dem Verhalten, dem Tun und dem Handeln beziehungsweise den Handlungen unterschieden (vgl. dazu Groeben, 1986). Wir sehen im gegenwärtigen Zusammenhang von diesen Unterscheidungen ab und verwenden die entsprechenden Termini mit einer gewissen Beliebigkeit und in Anlehnung an den üblichen Wortgebrauch. Bei einer strikteren Darstellung unserer theoretischen Annahmen würden wir – je nach Kontext – entweder vom Verhalten oder vom System-Output sprechen.

Wir wollen die soeben in aller Kürze dargestellten Prinzipien zunächst noch etwas vertiefen und veranschaulichen. Wir können ständig im Alltag beobachten, daß unsere Sprachproduktion und auch die Sprachrezeption, also das Verstehen sprachlicher Äußerungen, wichtige Voraussetzungen dafür sind, uns in Situationen zurechtzufinden und diese Situationen durch unser Tun zu bewältigen. Freilich sind Situationen auch oft so beschaffen, daß wir für ein angemessenes Situationsverständnis und für unser situationsangemessenes Tun keine Sprachproduktion oder -rezeption benötigen. Stellen wir uns ein Kind vor, das am Baum einen Apfel hängen sieht, den Apfel essen möchte und ihn pflückt. Hier erreicht jemand sein Ziel, ohne zu sprechen, ohne eine fremde Äußerung zu verstehen oder ohne auch nur überhaupt mit anderen Menschen in eine *soziale Interaktion* zu treten (siehe Argyle, 1969; Kelley & Thibaut, 1978; vgl. auch Herkner, 1991, S. 383ff.).

Nun mag der Apfel aber so hoch hängen, daß ihn das Kind nicht erreichen kann. Wenn beispielsweise sein älterer Bruder neben ihm steht, kann das Kind versuchen, den Apfel zu bekommen, indem es mit dem Bruder sozial interagiert. Eine solche Interaktion muß nicht immer sprachlicher Natur sein: Das Kind könnte seinen Bruder anstupsen, damit sich dieser ihm zuwendet, dann mag es intensiv auf den Apfel schauen und mit dem Finger auf den Apfel deuten. Dieses nichtsprachliche interaktive Handeln des Kindes wird vielleicht ausreichen, um den Apfel zu erhalten.

Wenn sich der Bruder jedoch etwas weiter vom Baum entfernt aufhält, wird das Kind sein Ziel eher erreichen, wenn es mit dem Bruder *sprachlich kommuniziert*. (Sprachliche Kommunikation – kurz: Kommunikation – ist diejenige Teilmenge sozialer (interindividueller) Interaktion, bei der die Interaktanten Sprachproduktion und -rezeption einsetzen.) Das Kind könnte sagen: „He, ich komme nicht an den Apfel ran, hol ihn mir doch mal runter." Der Bruder wird vielleicht zunächst entgegnen: „Kannst dich ja selbst mal ein bißchen anstrengen, ich mach gerade was anderes." Darauf nörgelt das Kind: „Nun hab dich doch nicht so! Hol mir doch mal den Apfel runter!" Und der Bruder kommt herbei, pflückt den Apfel und

6. ALLGEMEINE THEORETISCHE GRUNDLAGEN

gibt ihn dem Kind. Hier erreicht das Kind sein Ziel nur deshalb, weil es zunächst eine Kommunikation beginnt (= initiatives Sprechen), dann die Sprachäußerung des Bruders adäquat rezipiert und aus dieser Sprachrezeption eine eigene erfolgreiche sprachliche Replik (= respondentes Sprechen) folgen läßt. Das Sprechen ist hier, wie auch das Sprachverstehen, Bestandteil einer situationsspezifischen Kette aus Handlungen und Handlungsverstehen. Das Sprechen ist eine besondere Art des Handelns, das in einen Handlungszusammenhang eingebunden ist. Und so ist auch das Sprachverstehen das Verstehen einer besonderen Art fremden Handelns, wobei das Sprachverstehen nur einen Teil des Verstehens der gesamten Situation ausmacht (vgl. dazu auch Bloomfield, 1933; Bühler, 1934; Hörmann, 1977, S. 107, S. 166f.).

Soziale Interaktionen sind – vereinfacht formuliert – dadurch gekennzeichnet, daß das Handeln eines jeden beteiligten Individuums wesentlich durch das Handeln der jeweils anderen Individuen beeinflußt wird. Das eigene Verhalten ist nicht nur von den eigenen Zielen, dem eigenen Wissen und anderen persönlichen Merkmalen und auch nicht nur von der vorgegebenen, während der Interaktion ziemlich gleichbleibenden Umweltkonstellation determiniert. Es ist vielmehr zu jedem Zeitpunkt in hohem Maße davon beeinflußt, was die Interaktionspartner gerade tun und wie man dieses fremde Tun versteht (Müller, 1985). Überwiegend findet soziale Interaktion so statt, daß dabei auch sprachlich kommuniziert wird (Köck, 1978).

Menschen lernen schon frühzeitig, daß sie ihr Ziel meist leichter und zuverlässiger erreichen, wenn sie während der sozialen Interaktion auch sprachlich kommunizieren. Man kann sich das am Beispiel der *Objektbenennung* (s. auch oben Kapitel 2) vergegenwärtigen: Zur Zielerreichung gehört es oft, die Aufmerksamkeit des Interaktionspartners auf ein Objekt zu lenken (s. oben 2.8), also in der von uns wiederholt dargestellten Weise Bewußtseinsinhalte des Partners zu modifizieren. So mußte das Kind in unserem Beispiel den Bruder auf den Apfel, den es haben wollte, aufmerksam machen. Eine solche objektbezogene Lenkung der Aufmerksamkeit des Partners kann allenfalls schon – nichtsprachlich – durch das bloße intensive *Anblicken* dieses Objekts erreicht werden. Sehr kleinen Kindern steht zunächst nur dieses Mittel der Aufmerksamkeitslenkung zur Verfügung (Pechmann & Deutsch, 1980). Oder man *zeigt* (deutet) auf das Objekt. Oder aber man *benennt* es.

Kinder lernen schon in der Vorschulzeit, das Benennen als sprachliches Mittel der Objekt-Referenz immer mehr dem bloßen Anblicken und Zeigen vorzuziehen. Oft ist es ja mit dem Anblicken und Zeigen auch gar nicht getan; der Partner würde so das fragliche Objekt nicht identifizieren können. (Dies besonders dann, wenn das Objekt nicht im gemeinsamen Wahrnehmungsfeld des Sprechers und Hörers plaziert ist.) Wir haben das am Beispiel einer Untersuchung von Pechmann & Deutsch (1980) im Abschnitt 2.1 ausgeführt.

Das bisher herangezogene Beispiel könnte dazu führen, sich eine zu einfache Vorstellung von den *Handlungszielen* zu machen, die Sprecher mit Hilfe von produzierten Äußerungen zu erreichen versuchen. Selbstverständlich sprechen wir nicht nur, um unseren Partner dazu zu bringen, etwas für uns zu tun. (Diese Teilklasse von Äußerungen, die Aufforderungen, haben wir in Kapitel 4 behandelt.) Zum Beispiel sprechen wir auch, um jemanden zu überzeugen oder wenigstens zu überreden. Wir bauen zu diesem Zweck Argumente auf, etwa wenn wir etwas für wahr oder für erwünscht halten und wissen, daß unser Partner unsere Auffassung nicht teilt. Wir versuchen dann, unsere Auffassung auf etwas zurückzuführen, das der Partner selbst oder möglichst viele andere Menschen für wahr oder für erwünscht halten. Oder wir leiten unsere Auffassung gleich aus allgemeinen Wahrheiten oder Normen ab; und wir tun das in einer Weise, die stringent klingt und dem Partner plausibel erscheinen muß. Der Partner muß nun sozusagen B sagen, nachdem er, wie alle anderen auch, schon A gesagt hat. Günstigenfalls erreichen wir so unser Handlungsziel, daß der Partner dasselbe für wahr hält oder wünscht wie wir. (Zur Argumentation vgl. Groeben, Nüse & Gauler, 1992; Klein, 1981; Pikowsky, Hofer, Spranz-Fogasy & Fleischmann, 1993; Toulmin, 1975.)

Manchmal sprechen wir auch mit jemandem, um ihn einzuschüchtern oder weil wir gern seine Stimme hören, weil uns seine Gegenwart gut tut und wir uns seiner Gegenwart dadurch versichern, daß wir ein Gespräch mit ihm führen. (Der Gesprächsinhalt mag dann unerheblich sein.) Wir sprechen, weil wir einsam sind und mit jemand Beliebigem reden möchten oder weil wir uns über irgend etwas Gedanken gemacht haben und diese Gedanken ‚loswerden' möchten. Vielleicht sprechen wir, weil es so schön ist zu streiten, oder wir suchen zusammen mit unserem Partner nach der Formulierung eines Problems und seiner Lösung, nachdem wir zunächst noch gar nicht recht wußten, ob überhaupt ein Problem vorliegt. Das heißt auch: Handlungsziele können sich während der Kommunikation entwickeln und konkretisieren. Es soll auch Intellektuelle geben, die sprechen, um „Sinn zu konstituieren", zu „rekonstruieren" oder gar zu „dekonstruieren" – was immer das sei. Alles dies und sehr viel mehr kann das Handlungsziel eines Sprechers sein, das er durch sein kommunikatives Sprechen zu erreichen trachtet.

> Es sei darauf hingewiesen, daß das Sprechen nicht immer kommunikativ sein muß. Es kann gleichsam ‚reflektorisch' erfolgen, wenn uns etwa ein lautes „Au" oder gar ein unanständiges Wort entfährt, nachdem wir uns den Finger eingeklemmt haben. In diesen Fällen wird durch die Äußerung auch nicht immer ein partnerseitiger Bewußtseinszustand modifiziert. (Wenn jemand einen Wehschrei hört, kommt er jedoch meistens gleich angelaufen.) Oder man probt zu Hause einen Vortrag oder die Worte, mit denen man am Abend um die Hand seiner Freundin anhalten will. Auch ist der Übergang von kommunikativem zu nicht-kommunikativem Sprechen kontinuierlich. Die neuere Technologie stellt uns eine Reihe von ‚automatisierten Partnern' zur Verfügung, mit deren Hilfe wir unser Handlungsziel realisieren können, wenn wir uns sprachlich adäquat verhalten. Radiowecker mit ‚voice control' verstummen, wenn wir nur irgend etwas Sprachliches laut genug von uns geben. Moderne Sicherheitsvorrichtungen wie Tresortüren oder neuerdings sogar Fahrradschlösser reagieren nur, wenn der richtige Sprecher beispielsweise seinen Namen nennt. Auf die ‚Kommunikation' mit Anrufbeantwortern und die damit verbundenen Realisierungsmöglichkeiten von Handlungszielen werden wir in Kapitel 12 zurückkommen.

Menschen sprechen nicht nur, wenn sie ihr situationsbezogenes Handlungsziel nicht oder nur viel aufwendiger auf andere Weise erreichen können. Menschen sprechen auch, um *soziale Regeln* (*Konventionen*) einzuhalten (s. unten 7.2.3) und somit den Erwartungen ihrer Mitwelt zu entsprechen und soziale Sanktionen zu vermeiden. Und dies geschieht auch dann, wenn das Sprechen nicht den eigenen spezifischen Handlungszielen dient: Wenn der Partner grüßt, muß man den Gruß erwidern; man soll Fragen beantworten; man muß sich in bestimmten Situationen bedanken; usf. (vgl. Clark & Clark, 1977, S. 227ff.). Wir sagen etwas Bestimmtes, wenn auch andere etwas Entsprechendes sagen würden, weil wir gelernt haben, daß dies insgesamt entlastend und erfolgversprechend ist. (Zu sozialen Konventionen siehe auch Geiger, 1964; Lewis, 1975.) Sprechen kann also auch ein ‚zu erfüllendes Soll' sein, wenn es kein Mittel zur Erreichung eigener, sozusagen selbstgewählter Ziele ist.

6. ALLGEMEINE THEORETISCHE GRUNDLAGEN

Das Sprechen, mit dem man lediglich konventionellen Regeln folgt, und das für selbstgewählte Ziele eingesetzte Sprechen haben die Gemeinsamkeit, *Mittel zur Regulation des Sprechersystems* zu sein: Der Sprecher faßt die Situation, in der er sich befindet, in bestimmter Weise auf und erkennt so den jeweils vorliegenden Ist-Zustand. Und er merkt auch, wenn dieser Ist-Zustand von einem Soll-Zustand abweicht. In einem unserer Beispiele befand sich der Apfel am Baum (Ist-Zustand); der Soll-Zustand bestand darin, den Apfel zu haben und zu essen. Der Ist-Zustand kann auch darin bestehen, daß der Partner eine Frage stellte, die der Sprecher noch nicht beantwortet hat; der Soll-Zustand besteht hier ersichtlich in der erfolgten Beantwortung der Frage und so auch darin, daß der Partner die Antwort kennt. (Wir haben schon darauf hingewiesen, daß Ziele oft hierarchisch geordnet sind, das heißt aus Teilzielen bestehen und selbst Teil übergeordneter Ziele sind; vgl. oben 2.1.) Der Sprecher hat gelernt, daß sich manche Ist-Soll-Abweichungen mit hoher Wahrscheinlichkeit verringern lassen oder daß sie verschwinden, wenn er eine bestimmte Art sprachlicher Äußerungen produziert. Also spricht er. Nach erfolgter Sprachproduktion ändert sich die Umweltkonstellation. Beispielsweise erwidert der Partner etwas, er vollzieht eine bestimmte, nichtsprachliche Handlung usf. Der Sprecher interpretiert diese Änderung der Umweltkonstellation (= neue Situationsauffassung) und vergleicht nunmehr den neuen Ist-Zustand mit dem vorliegenden Soll-Zustand. So erkennt er, ob sich die Ist-Soll-Abweichung verändert hat. Je nach dem gewonnenen Vergleichsergebnis handelt er weiter und produziert allenfalls eine neue sprachliche Äußerung, oder er beendet sein Tun, nachdem die Ist-Soll-Abweichung verschwunden ist.

Wie sich schon im Teil II dieses Buches vielfach gezeigt hat, läßt sich an sehr unterschiedlichen Beispielen belegen, welche von mehreren Äußerungsalternativen in bestimmten Situationen erfolgreich ist und welche nicht. Wenn der jeweilige Sprecher eine ungeeignete Äußerungsalternative wählt, wird ihm vom Partner im allgemeinen schnell rückgemeldet, daß er seine Ziele auf diese Weise nicht erreicht, daß also die Angleichung des sprecherseitigen Ist-Zustands an seinen Soll-Zustand ausbleibt. Der Partner tut dann nicht das, was er soll; er reagiert vielleicht gar nicht oder (auch verbal) in unerwünschter Weise usf. Zumeist läßt dies der Sprecher dann nicht auf sich beruhen, sondern er versucht eine weitere Äußerungsversion, um doch noch sein Ziel zu erreichen – oder um zumindest den Schaden einzugrenzen, den er mit seiner ersten, mißglückten Äußerung angerichtet hat. Wir erinnern daran, daß das Mißglücken einer Äußerung vor allem in zwei hauptsächlichen Varianten vorliegen kann: (1) Der Partner versteht die sprecherseitige Äußerung nicht. Somit wird sein Bewußtsein nicht in der Weise modifiziert, wie sich das der Sprecher wünscht. (2) Der Partner versteht die sprecherseitige Äußerung sehr wohl; dem Sprecher gelingt es aber nicht, beim Partner denjenigen mentalen Zustand oder dasjenige Verhalten zu erreichen, das er beabsichtigt. Zum Beispiel reagiert der Partner abweisend oder gar feindselig, oder der Sprecher gefährdet mit seiner Äußerung die soziale Beziehung, die er mit dem Partner unterhält (vgl. auch oben Kapitel 4).

Manchmal bricht der Sprecher seine Äußerung ab oder ändert sie, bevor der Partner überhaupt reagieren kann, etwa wenn der Soll-Zustand zwischenzeitlich von selbst oder durch andere, parallel eingesetzte Regulationsmittel eintritt: „Hast Du die Schere gesehen? Ach, da ist sie ja." Auch kennen wir alle die ärgerliche Situation, wenn wir gerufen werden, mit „Was denn?" antworten und „Ach, nix." zu hören bekommen. In diesen Fällen ist das Erreichen eines sprecherseitigen Handlungsziels nicht mißglückt, sondern die Modifikation des Partnerbewußtseins wurde gleichsam ‚mißbraucht', weil sich das Verfolgen des Handlungsziels erübrigt hat.

Der Erfolg oder der Mißerfolg einer Äußerung hängen vom *gesamten Handlungsgeschehen* ab, in welches das Sprechen jeweils eingebunden ist. Ein Beispiel dazu (vgl. Grabowski-Gellert & Winterhoff-Spurk, 1986a; s. oben 4.8): In einer Bürosituation möchte der Sprecher, daß ihm der Partner, die Sekretärin, eine Tasse Kaffee macht. Die Status- und Rollenkonstellation von Sprecher und Partner ist so beschaffen, daß es dem Sprecher an der hinreichenden Legitimationsbasis dafür fehlt, vom Partner eine Tasse Kaffee zu verlangen; das heißt, es steht ihm eigentlich nicht zu, die Sekretärin für sich ‚springen' zu lassen. Der Sprecher kann auch nicht mit hinreichender Sicherheit erwarten, daß der Partner zur Ausführung der gewünschten Handlung bereit ist. In dieser Situation liegt es ersichtlich nahe, daß sich der Sprecher sehr höflich äußert und seinen Wunsch zu begründen versucht. Vielleicht sagt er: „Entschuldigen Sie bitte, ich werde jetzt müde. Würde es Ihnen etwas ausmachen, mir vielleicht eine Tasse Kaffee zu machen?" Der Sprecher sollte den Partner zugleich anblicken, entschuldigend lächeln und eine Sprachmelodie wählen, die ihn als höflichst Anfragenden ausweist. – Soweit scheint die Sachlage klar zu sein.

Was aber geschähe in der beschriebenen Situation, wenn der Sprecher sagte: „Machen Sie mir bitte eine Tasse Kaffee!"? Diese Äußerungsvariante muß nun nicht unter allen Umständen erfolglos bleiben. Eine Zurückweisung ist dann nicht zu erwarten, wenn der Sprecher seine sehr direkte und in ihrer sprachlichen Form gewiß nicht höfliche Aufforderung in einer ganz besonders intensiven Weise in die *nonverbale* Attitüde des höflichen Bittstellers einbindet. Ein entsprechender Blickkontakt, ein entschuldigendes Lächeln und eine Sprachmelodie, die die imperativische Aufforderung eher als Frage erscheinen läßt, können auch hier zum Erfolg führen: Der Partner gibt dem Sprecher den Kaffee, und die positive emotionale Beziehung von Sprecher und Partner ist nicht gestört.

Grabowski-Gellert & Winterhoff-Spurk (1986a) konnten nachweisen, daß es in solchen Situationen mehr auf den nonverbalen Handlungskontext als auf die genaue Formulierung der Sprachäußerung ankommt. Sie verwendeten bei ihrer Untersuchung als meßtheoretisches Modell die verbundene Messung (vgl. Gigerenzer, 1981; Grabowski-Gellert & Winterhoff-Spurk, 1986b). In Situationen wie der geschilderten ergeben sich die vom Partner erlebte Angemessenheit der Aufforderungshandlung und die Stärke der Tendenz, der Aufforderung nachzukommen, wie folgt: Das Adäquatheitsurteil des Partners und seine Ausführungstendenz wachsen mit der *Summe* aus der Intensität des sprecherseitigen *Lächelns* (L) und des Betrags an *Indirektheit* der sprachlichen Aufforderungsform (I) und der *Multiplikation* dieser Summe mit dem Betrag an Höflichkeit, den der Sprecher in der von ihm gewählten *Sprachmelodie* (Prosodie) (S) manifestiert: $(L + I) \times S$. Nun geht bekanntlich das Produkt aus zwei Größen gegen Null, wenn eine der Größen gegen Null tendiert. Das bedeutet zum Beispiel konkret: Das Lächeln kann noch so strahlend sein und die Aufforderungsform kann noch so indirekt und höflich gewählt werden – wenn die Sprachmelodie zu harsch und unverbindlich ist, nützt dies alles nichts. Der Partner wird der Aufforderung nicht nachkommen. – Wenn wir also immer wieder betonen, daß das Sprechen der Regulation des Sprechersystems dient, so liegt in dieser Formulierung eine Vereinfachung. Der Sprecher gleicht den Ist-Zustand an den Soll-Zustand durch Handlungsweisen an, in die die jeweilige Sprachäußerung als *integrierter Teil* eingebunden ist.

6.1.2 Regelkreis und TOTE-Einheit

Übersicht: Im folgenden (Abschnitte 6.1.2 und 6.1.3) werden wir Schritt für Schritt einige allgemeine Grundlagen für eine Regulationstheorie der Sprachproduktion entwickeln. In diesem Buch werden wir uns dabei auf das für das Verständnis notwendigste beschränken. Das Ergebnis unserer Darstellung wird darin bestehen, daß das kognitive System, in dem Sprachäußerungen erzeugt werden (also das Sprachproduktionssystem), als ein *hierarchisch gegliedertes Gefüge von miteinander verbundenen Teilsystemen* aufgefaßt wird, die allesamt als *Regulations- und Kontrollsysteme* verstanden werden können. (Zur Terminologie vgl. Exkurs 6.1.) In allen Teilsystemen werden Ist- und Soll-Werte miteinander verglichen und bei vorhandener Ist-Soll-Diskrepanz spezifische Operationen ausgelöst (und überwacht). Auf diese Weise realisiert sich in allen Teilsystemen das *allgemeine Regelkreisprinzip*. Doch sind die Teilsysteme *im einzelnen* sehr unterschiedlich aufgebaut. (Es handelt sich generell nicht um einfache Regelkreise.)
Die Sprachproduktion kann nicht als ein immer gleich ablaufender Prozeß aufgefaßt werden; die einzelnen Teilsysteme der Sprachproduktion *arbeiten in variabler Weise zusammen*.
Die Teilsysteme des Sprachproduktionssystems muß man sich so vorstellen, daß sie auf unterschiedlichen *Hierarchieebenen* angeordnet sind. Diese Hierarchieebenen unterscheiden sich primär nach dem *Aufmerksamkeitsverbrauch* (s. unten: ‚großer Aufmerksamkeitsverbrauch' versus ‚hohe Automatisierung').
Wir beziehen uns bei unserer nachfolgenden Darstellung auf einige ausgewählte psychologische Theorien zur *Handlungskontrolle* und zur *Aufmerksamkeit* (einschließlich der Arbeitsspeicher-Theorie).
Zunächst befassen wir uns mit der Beschreibung eines einfachen Regelkreises, um damit die Voraussetzung dafür zu schaffen, die Teilsysteme der Sprachproduktion in ihren *spezifischen Unterschieden* zum einfachen Regelkreis erörtern zu können: Gehorchen die Teilsysteme auch dem allgemeinen *Prinzip* des Regelkreises, so sind sie doch sehr viel komplexer als der einfache Regelkreis. (Für die Terminologie sei nochmals auf den Exkurs 6.1 hingewiesen.)

Die Regulation des Sprechersystems durch das Sprechen darf man sich gewiß nicht einfach vorstellen. Zu einfach wäre die bloße Vorstellung, daß sich alles sprachliche Regulationsgeschehen im Bilde eines simplen Regelkreises darstellen ließe (vgl. dazu auch Klix, 1971; Herrmann, 1985, S. 58ff.). Die Regulation nach dem einfachen *Regelkreismodell* ist in *Abbildung 6.1* dargestellt.
Nach einem solchen Regelkreismodell arbeiten zum Beispiel unsere Kühlschränke: Es gibt im Kühlschrank einen Sollwertgeber (vgl. Abbildung 6.1), den man auf eine bestimmte Führungsgröße (einen bestimmten Soll-Wert) der einzuhaltenden Temperatur (sagen wir: 8° C) einstellen kann. Die Störquelle ist die räumliche Umgebung des Kühlschranks, die beispielsweise eine Temperatur von 30° C aufweist. Grob gesprochen, verursacht die Außentemperatur ein Ansteigen der Temperatur innerhalb des Kühlschranks über 8° C hinaus. Das Innere des Kühlschranks beziehungsweise seine Temperatur sind das gegen Störungen zu regelnde System, also die Regelstrecke. Kühlschränke enthalten einen Meß-Ort beziehungsweise einen Meßfühler (Thermometer), der die jeweilige Temperatur im Inneren des Kühlschranks (Input-Meßgröße) aufnimmt und verarbeitet. Vom Meßort gelangt diese Information als Output-Meßgröße an einen Regler. Dieser vergleicht die tatsächliche Temperatur im Inneren des Kühlschranks mit der Solltemperatur. In unserem Beispiel stimmen die

Exkurs 6.1
Regulation – Kontrolle – Steuerung

In den Kapiteln 6 und 7 ist häufig von der *Regulation* (beziehungsweise der Regelung), von *Kontrolle* (beziehungsweise Überwachung) und von *Steuerung* die Rede. Diese Begriffe sind innerhalb und außerhalb der Psychologie nicht einheitlich definiert (vgl. zum Beispiel Hacker, 1978; Klix, 1971, S. 414ff.; Ropohl, 1975, S. 13ff.; Schaub, 1993). Sie betreffen eng miteinander verbundene und zum Teil einander überlappende Sachverhalte.

Regulation: Der Prototyp der Regulation ist der *Regelkreis*, der im Haupttext erläutert wird (s. Abschnitt 6.1.2). Das allgemeine Regelkreisprinzip sieht wie folgt aus: Auf ein System wirken in variablem Ausmaß Störeinflüsse (Störgrößen) ein. Dadurch weicht der Ist-Zustand des Systems in variablem Ausmaß von einem Soll-Zustand ab (= Regelabweichung). Im System existiert ein Teilsystem, das Regler genannt wird. Im Regler werden der Soll- und der Ist-Zustand laufend miteinander verglichen. Im Falle einer Ist-Soll-Diskrepanz (Ist-Soll-Differenz, Regelabweichung) wird ein anderes Teilsystem (Stellort, Effektor) veranlaßt, spezifische Stelloperationen durchzuführen, die die Angleichung des Ist- an den Soll-Zustand bewirken sollen. Auf diese Weise wird der Ist-Zustand des Systems unbeschadet variabler Störeinflüsse laufend an einen Soll-Zustand adaptiert. – Dieses *allgemeine Prinzip des Regelkreises* kann von System zu System sehr unterschiedlich realisiert sein; dies wird im Haupttext ausgeführt.

Kontrolle: Hierbei handelt es sich um den im Regler ablaufenden Prozeß. Der variable Ist-Zustand des Systems wird laufend mit einem Soll-Wert verglichen. Damit wird das Ergebnis der eigenen Stelloperationen überwacht. In pauschaler Ausdrucksweise: Das System bewertet anhand von Soll-Größen beziehungsweise Standards seine eigenen Operationen (sein eigenes Handeln), indem es die aus den Operationen resultierenden Ist-Zustände mit den Soll-Vorgaben in Beziehung setzt.

Steuerung: Man kann zwei Arten des Wortgebrauchs unterscheiden, einen engeren (regelungstheoretischen) und einen weiteren. (a) Steuerung kann als der Extremzustand eines Regulationssystems aufgefaßt werden. Im System fehlt die Meldung von Ist-Zuständen an den Regler. Der Regler bewirkt beim Effektor Stelloperationen allein nach Maßgabe der vorliegenden Sollgröße. Das System reagiert hier also nicht auf Ist-Soll-Diskrepanzen, sondern richtet seine Operationen allein an vorgegebenen Standards aus. Störeinflüsse werden nicht berücksichtigt. (Das ist beispielsweise der Fall, wenn jemand im Dunkeln seine Unterschrift gibt: Das Schreiben erfolgt nach einem Muster (Soll-Wert); eine (Rück-)Meldung über den Erfolg des Schreibens, etwa das Einhalten einer geraden Linie, fehlt.) – (b) Nach der zweiten Verwendungsweise werden Steuern und Regeln nicht streng voneinander getrennt (vgl. auch Klix, 1971). Man verweist mit dem Ausdruck „Steuerung" auf diejenige Instanz, die beim Regelungsvorgang eine dominante Rolle spielt. So sprechen wir im Haupttext zum Beispiel von der Schema-Steuerung und wollen damit darauf verweisen, daß das Regelungsgeschehen wesentlich durch den Einsatz kognitiver Schemata bestimmt ist: Diese Schemata liefern die Soll-Werte und enthalten die Vorgaben für die Stelloperationen, die bei Ist-Soll-

6. ALLGEMEINE THEORETISCHE GRUNDLAGEN

> Diskrepanzen ablaufen. Insofern wird das Regelungsgeschehen hier von Schemata ‚gesteuert'. (Das besagt aber nicht, daß – wie nach (a) – die Meldung von Ist-Werten an den Regler fehlt. – Wir verwenden den Ausdruck „Steuerung" in diesem Buch in der weiteren Fassung (b).
>
> Im Haupttext ist oft von *Kontrollsystemen* oder *Kontrollinstanzen* die Rede.
>
> Hiermit sind Regulationssysteme gemeint, wobei mit der Wahl dieser Ausdrücke speziell auf die Kontroll- beziehungsweise Überwachungsfunktion der Systeme hingewiesen wird. – Wir verwenden den Ausdruck *„Zentrale Kontrolle"*, weil er sich in dieser Form bei uns eingebürgert hat; gemeint ist ein zentrales Regulations- beziehungsweise Kontrollsystem.

beiden Werte nicht miteinander überein; es *ist* im Kühlschrank also wärmer, als es sein *soll*. Diese Differenz nennt man die Regelabweichung. Nun besitzt der Kühlschrank einen Stellort, eine Vorrichtung zur Absenkung der Temperatur im Inneren des Kühlschranks. Das ist der Wärmetauscher. Vom Regler erhält dieser Stellort einen Befehl (Input-Stellgröße), der dazu führt, daß die Temperatur abgesenkt wird. Die Intensität oder Zeitdauer der Prozedur, mit der der Stellort auf das Innere des Kühlschranks (= Regelstrecke) einwirkt, ist die Output-Stellgröße. – Die so entstehende neue Temperatur im Kühlschrankinneren ist für den

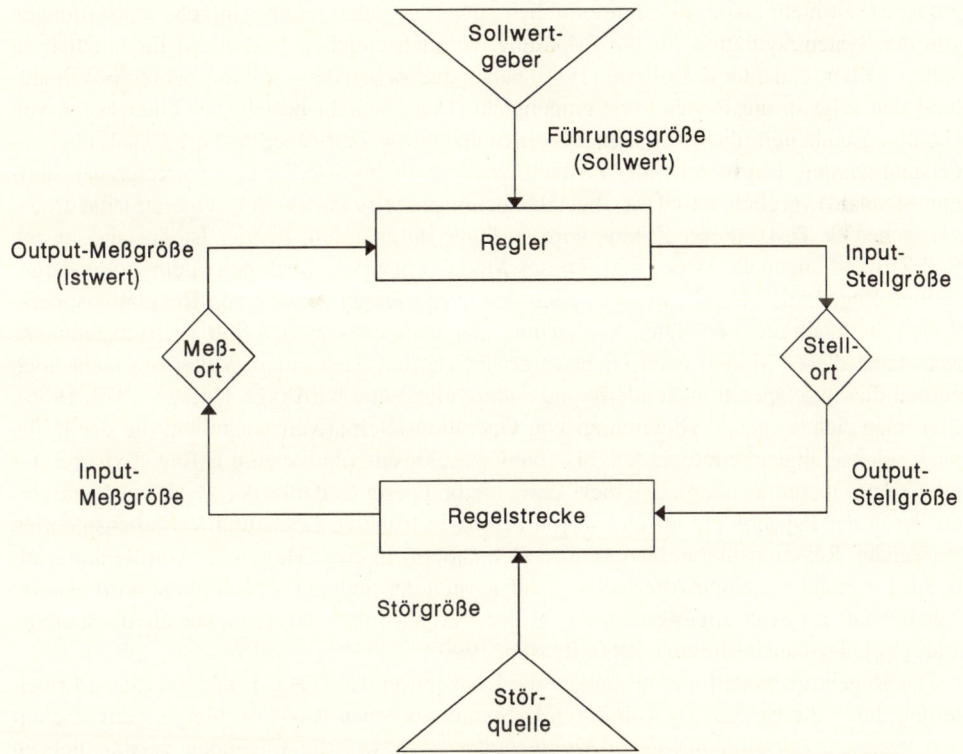

6.1 Einfaches Modell eines Regelkreises (nach Stachowiak, 1982); vgl. Text.

Meßort die neue Input-Meßgröße, die wiederum an den Regler weitergegeben wird, und nunmehr wird der Regler vielleicht nur eine minimale Abweichung von Ist-Zustand und Soll-Zustand errechnen, was dazu führt, daß der Regler eine Output-Stellgröße erzeugt, die die Vorrichtung zur Temperaturabsenkung abschaltet. Jetzt ist der Unterschied von Ist-Wert und Soll-Wert (= Regelabweichung) minimiert. – Das wird aber möglicherweise nicht lange so bleiben, weil die Außentemperatur weiterhin die Innentemperatur des Kühlschranks bei weitem übersteigt. Neue Störgrößen machen neue Regulationsoperationen erforderlich.

In einer allerersten Annäherung kann man auch das Sprechen nach dieser Modellvorstellung konzipieren: Zum Beispiel könnte die Störgröße in der vom Sprecher aufgenommenen Information bestehen, daß eine an ihm vorbeigehende Person „Grüß Gott!" sagt. Dadurch gerät das Sprechersystem in einen neuen Ist-Zustand, der an einem Meßort zur Kenntnis genommen wird: „Er hat gegrüßt." Der Meßort gibt die betreffende Zustandsmeldung an den Regler weiter, der den Zustand mit Informationen über einen Soll-Zustand vergleicht. In unserem Beispiel handelt es sich bei diesem Soll-Zustand um den Zustand des ‚Wiedergegrüßthabens': „Wenn der Partner gegrüßt hat, dann soll ich wiedergrüßen." Weil der Ist-Zustand von diesem Soll-Zustand abweicht (der Meßort meldet nicht: „Ich habe gegrüßt"), ergeht vom Regler an den Stellort der Befehl, „Grüß Gott" zu produzieren. Diese Produktion führt dazu, daß nunmehr der Ist- und der Soll-Zustand übereinstimmen. Eine Systemregulation ist erfolgreich abgeschlossen. (Wir kommen auf das Wiedergrüßen als konventionsbasierte Systemregulation ausführlich zurück.)

Menschen sprechen nur, wenn sie dies wollen oder sollen. Mit dem Sprechen versucht man, eigene Zustände zu optimieren – auch wenn das nicht immer gelingt. In der Psychologie ist es seit mehr als dreißig Jahren üblich geworden, auch relativ einfache Vorstellungen von der Systemregulation für die Erklärung des menschlichen Verhaltens für nützlich zu halten. Miller, Galanter & Pribram (1960) haben die soeben dargestellte Regelkreis-Vorstellung wie folgt in die Psychologie eingebracht: Das Handeln besteht aus einer Folge von Handlungseinheiten, die von ihnen TOTE-Einheiten (= *T*est-*O*perate-*T*est-*E*xit-Einheiten) genannt werden: Ein bestehender Zustand wird mit einem Soll-Zustand (= Referenzkriterium, Standard) verglichen (= Test); bei Abweichungen wird korrigiert (= Operate) und erneut verglichen (= Test); dieser Zyklus wird so lange durchlaufen, bis der Ist-Zustand an den Soll-Zustand angepaßt ist (= Exit). Dieses Modell entspricht noch ganz dem zuvor dargestellten Regelkreis-Modell, wenn es auch den *wiederholten* Einsatz von Regulationsoperationen (bei noch nicht erfolgter Angleichung des Ist-Wertes an den Soll-Wert) akzentuiert. Man kann dieses Modell auch leicht so erweitern, daß nach einem Mißerfolg nicht noch einmal dieselbe Operation, sondern eine *andere* eingesetzt wird (vgl. Hacker, 1978, 1986). Man mag sich so ganze Hierarchien von Operationsalternativen vorstellen, die der Reihe nach solange abgearbeitet werden, bis eine Operationsalternative zum Erfolg (Exit) führt – oder keine Operationsalternative mehr übrig bleibt. Dieser Gedanke der ‚Reaktionshierarchien' ist in der Psychologie alt und wurde bereits in früheren Lern- und Verhaltenstheorien verwendet. Reaktionshierarchien können sich ändern: In einer Hierarchie von Reaktionsalternativen rückt diejenige Alternative – auf Kosten der anderen – nach oben, wird also im Zweifelsfall als erste angewendet, die in der Vergangenheit erfolgreicher als die anderen war. (Vgl. dazu auch Mowrer, 1960; Reason, 1990.)

Das Regelkreismodell und besonders die Konzeption der TOTE-Einheiten (nebst Erweiterung durch die Einführung von durch Lernen erworbenen Reaktionshierarchien) erscheinen geeignet, *hochautomatisierte Routineäußerungen* wie die folgenden verständlich zu machen:

„Guten Tag!" – „Guten Tag!"
„Bitte!" – „Danke!"
„Einverstanden?" – „Einverstanden!"

Der jeweils zweite Teil der genannten Äußerungspaare ist bei diesen Beispielen die vom Sprecher produzierte Äußerung, nachdem er von seinem Partner diejenige Äußerung vernommen hat, die den ersten Teil ausmacht. (Die Linguistik spricht hier von ‚adjacency pairs'; vgl. Berens, 1981.) Das mit Hilfe von einfachen Regelkreisen beziehungsweise TOTE-Einheiten explizierbare Sprechen muß übrigens nicht immer respondent (antwortend) sein. Auch wenn jemand jemanden erblickt, den er nach unseren sozialen Normen zuerst zu grüßen hat und wenn er: „Guten Tag, Herr Professor!" sagt, kann mit dieser Äußerung eine Ist-Soll-Angleichung des Sprechersystems einhergehen.

Man könnte nun meinen, daß es für die Erläuterung der soeben genannten einfachen Beispiele genügt, das Sprechen als so etwas wie einen ‚bedingten Reflex' aufzufassen. Danach wäre der vernommene Gruß ein erlernter ‚Auslöser' (‚bedingter Reiz'), auf den das System quasi-reflektorisch mit seiner erlernten Antwort reagiert. Warum also der – verglichen damit – relativ komplexe Regelkreis? Dies deshalb, weil man mit der Regelkreis- und TOTE-Vorstellung verständlich machen kann, daß der Sprecher seine Sprachäußerungen in Hinsicht auf ihren ‚Erfolg' *bewertet* beziehungsweise *überwacht* und im Falle des Mißerfolgs entweder seine regulative Operation *wiederholt* oder sie durch eine andere *ersetzt* – solange bis der Ist-Wert an den Soll-Wert angeglichen ist. (Vgl. auch Herrmann, 1985, S. 183ff.) Wir können uns zum Beispiel vorstellen, daß der Sprecher auf die vom Partner produzierte Äußerung „Bitte!" mit der Äußerung: „Schankedön!" antwortet, diesen Versprecher sogleich bemerkt und die nunmehr erfolgreich ‚reparierte' Äußerung „Verzeihung: Dankeschön!" nachschiebt. (Zu solchen ‚Reparaturen' vgl. auch 9.6.1.) Oder jemand möge auf die partnerseitige Äußerung „Einverstanden?" mit der Äußerung „Einverstanden!" antworten, dann aber bemerken, daß der Partner skeptisch schaut. (Der Soll-Zustand ist also noch nicht erreicht.) So schiebt der Sprecher nach: „Aber gewiß doch, gnädige Frau, ich bin völlig einverstanden!"

Alle Sprachäußerungen sind das Resultat von *Stelloperationen*, die durch Ist-Soll-Diskrepanzen ausgelöst werden und die ohne diese Diskrepanzen (so) nicht aufgetreten wären. Insofern folgt jegliche Sprachproduktion dem *allgemeinen Prinzip des Regelkreises*, dem allgemeinen Regulationsprinzip (s. oben). Untersucht man jedoch die Entstehung sprachlicher Äußerungen im einzelnen (vgl. die Kapitel 7, 8 und 9), so wird schnell deutlich, daß sich dieses allgemeine Prinzip, wie schon betont, sehr *unterschiedlich realisiert*. Dies wird bereits klar werden, wenn wir anschließend darstellen, daß die Auslösung von Sprachproduktionsoperatoren auf der Basis des Ist-Soll-Vergleichs und die Kontrolle dieser Prozesse (vgl. Exkurs 6.1) (1) auf *viele Teilsysteme* der Sprachproduktion verteilt sind und (2) auf *mehreren Hierarchieebenen* erfolgen.

Betrachten wir zur Veranschaulichung zwei unterschiedliche Arten des Ist-Soll-Vergleichs, die uns bei unseren bisherigen Beispielen bereits begegnet sind: beim *Wiedergrüßen* und bei der Korrektur eines *Versprechers*.

Eine etwas genauere Analyse der Auslösung einer Grußreaktion, die als Wiedergrüßen interpretierbar ist, ergibt: Das Sprechersystem repräsentiert eine *erlernte Konvention*, die etwa wie folgt gekennzeichnet werden kann: „Wenn jemand jemanden gegrüßt hat, dann soll derjenige, der gegrüßt wurde, auch grüßen." Liegen zugleich der Ist-Wert „Partner hat gegrüßt" und der Sachverhalt, daß man selbst derjenige ist, der gegrüßt wurde, vor, dann ist der Wenn-Teil der Konvention erfüllt; die Konvention tritt in der vorliegenden Situation gleichsam ‚in Kraft'. Das heißt, daß der Dann-Teil der Konvention im Sprechersystem als Soll-Wert etabliert wird. (Wir werden noch eingehend erörtern, daß Konventionen eine unter mehreren möglichen Quellen für das Vorliegen von Soll-Werten bilden; s. unten 7.2.3.) Hat der Sprecher (noch) nicht wiedergegrüßt, besteht eine Ist-Soll-Abweichung, die zur Auslösung der Grußreaktion führt. Nach dem vom Sprecher ausgesprochenen Gruß sind als Ist-Werte (unter anderen) repräsentiert, daß der Partner gegrüßt hat und daß der Sprecher (wieder-) gegrüßt hat. Es besteht keine Ist-Soll-Abweichung mehr: Die Konvention ist erfüllt.

> Wenn zum Beispiel der Sprecher grüßt, der Partner aber nicht gegrüßt hat, so ist nicht die Konvention des Wiedergrüßens (!) erfüllt. – Die Konvention ist aber auch nicht *nicht erfüllt*; sie ist in diesem Fall vielmehr überhaupt nicht ‚in Kraft'.

Die Systeme des Sprechers, die mit der Situationsauffassung befaßt sind, sind regelkreistheoretisch als Meßfühler zu verstehen. Sie melden dem Regler fortlaufend die im System aktuell repräsentierten Ist-Werte; der Regler vergleicht die ihm gemeldeten Ist-Werte mit vorliegenden Soll-Werten. Solange der Ist-Wert „Sprecher hat gegrüßt" im System nicht vorliegt und demzufolge auch nicht an den Regler gemeldet wird, liegt eine Abweichung gegen den Soll-Wert vor. Man beachte, daß die Meldung des Meßfühlers an den Regler unabhängig davon erfolgt, ob und welche Soll-Werte im Regler vorgehalten werden. Aus dem *Vergleich* genau des Soll-Werts „Sprecher soll grüßen" mit den fortlaufend gemeldeten Ist-Werten ergibt sich erst, vereinfacht formuliert, die *spezifische* Diskrepanz, die zu einer Stelloperation führt, die möglicherweise gerade in der Äußerung „Grüß Gott!" resultiert. Danach ist dann im Sprechersystem als Ist-Wert repräsentiert, daß der Sprecher gegrüßt hat. Läuft im Regler diese Meldung ein, besteht keine Ist-Soll-Diskrepanz mehr; der Regulationsvorgang ist in diesem Fall erfolgreich abgeschlossen. (Wir werden in den folgenden Kapiteln von Teil III zeigen, von welchen weiteren Bedingungen es abhängt, wie Sprachäußerungen in concreto zustandekommen.)

Die soeben betrachtete Auslösung eines Sprachproduktionsvorgangs war in bestimmter Weise durch eine im Sprechersystem repräsentierte Konvention geleitet; sie folgte dem allgemeinen Schema: Gesollt ist ein bestimmtes eigenes Verhalten, wenn ein bestimmtes partnerseitiges Verhalten vorliegt, und dieses partnerseitige Verhalten liegt vor. Der Ist-Zustand besteht darin, daß zwar das partnerseitige Verhalten vorliegt, nicht aber das (gesollte) eigene Verhalten. Diese Sachlage führt zur Produktion einer bestimmten Äußerung. (Zu Konventionen vgl. auch unten 7.2.3.)

Anders verhält sich die Auslösung einer Sprachproduktionsoperation, wenn man zum Beispiel „Schankedön" gesagt hat, dies bemerkt und sich dann sofort korrigiert. Vorwegnehmend sei bemerkt, daß diese Stelloperation auf einer völlig anderen Hierarchieebene erfolgt als das Wiedergrüßen (vgl. die Abschnitte 6.2.3 und 9.6.1). Wir werden die Sprechfehlerkorrektur mit Hilfe eines Netzwerkmodells erklären, von dem hier noch nicht die Rede sein kann. Nur so viel sei vorweggenommen, daß die in „Schankedön" vorliegende Phonemvertauschung nicht das *Ergebnis* eines Ist-Soll-Vergleichs ist, sondern aus der fehlerhaften *Ausführung* einer durch Ist-Soll-Diskrepanzen ausgelösten Stelloperation entstand. Dieser fehlerhafte Output ist für das Sprachproduktionssystem ein Ist-Wert, der mit einem Soll-Wert verglichen wird. Dieser Soll-Wert betrifft Standards für den Zusammenhang von Wortformen, Silben, Silbenteilen und Phonemen (s. Kapitel 9). Dieser Standard ist hier verletzt. Und die entstandene Ist-Soll-Diskrepanz führt zur neuerlichen, dieses Mal richtigen Produktion des Wortes „Dankeschön".

Kann auch der genaue Vorgang der Sprechfehlerkorrektur erst am genannten späteren Ort erläutert werden, so sollte doch zweierlei klar geworden sein: (1) Sowohl das Wiedergrüßen als auch die Sprechfehlerkorrektur erfolgen nach dem allgemeinen Prinzip des Regelkreises. (2) Dieses generelle Prinzip ist aber in beiden Fällen sehr unterschiedlich realisiert.

6.1.3 Kontrollinstanzen

Wenn man auch mit Hilfe einfacher Regelkreis-Vorstellungen einige sehr konventionalisierte und automatisierte Arten des Sprechens plausibel machen kann, so reichen diese Vorstellungen, so wie sie bisher dargestellt wurden, doch keineswegs aus, ein umfassenderes Verständnis des Sprechens zu vermitteln. Es müssen wesentliche *Erweiterungen des Regulationsmodells* vorgenommen werden, was im folgenden schrittweise geschehen soll.

(1) Soll-Werte brauchen über die Zeit hinweg nicht konstant zu bleiben. *Sollwert-Änderungen* können durch Lernvorgänge realisiert werden. Gerät man zum Beispiel in neue soziale Gruppen mit anderen Konventionen hinein, so ändert man in aller Regel seine Soll-Werte für Grüße, Anredeformen usf. Es kann aber auch ganz kurzfristige Sollwert-Änderungen geben. Wenn jemand zehn verschiedenen Leuten in zehn verschiedenen Telefongesprächen jeweils dasselbe mitteilen muß, so ändert sich nicht nur die Mitteilung selbst. (Sie dürfte von Mal zu Mal zum Beispiel kürzer werden.) Vielmehr akzeptiert der Sprecher beim neunten oder zehnten Telefongespräch auch deviante Formen seiner eigenen Äußerung, die er bei seinem ersten Gespräch als zu kursorisch oder vielleicht sogar als unhöflich oder auch als sprachlich defizitär noch nicht akzeptiert hätte: Das Niveau des Anspruchs an seine eigenen Äußerungen, also der Soll-Wert, hat sich angesichts der vielen Wiederholungen geändert. (Zur psychischen Sättigung vgl. Karsten, 1928.) – Im Zusammenhang mit den nachfolgenden Ausführungen sei schon hier erwähnt, daß Sollwert-Änderungen auch dadurch zustande kommen, daß mehrere Regelkreise hierarchisch miteinander verkoppelt sind und daß der Output des vorgeordneten Systems den Soll-Wert des nachgeordneten Systems ändert. Anders formuliert: Das vorgeordnete System verändert die Einstellung von Parametern des nachgeordneten Systems.

(2) Man kann beim Sprechen Konventionen nicht nur aus Versehen, sondern mit voller Absicht *übertreten*. So kann man einem anderen Menschen den Gruß verweigern. Hier kennt man zwar die konventionelle Norm, nach der man zu grüßen oder einen Gruß zu erwidern hat, man setzt sie aber für sein eigenes Verhalten in dieser Situation außer Kraft. Damit realisiert man sein Ziel oder seine Absicht, den anderen *nicht* zu grüßen. Das bedeutet aber allgemein: Soll-Werte können miteinander *konkurrieren*. Im gegenwärtigen Fall konkurriert die konventionelle Grußnorm mit dem Ziel oder der Absicht, nicht zu grüßen.

(3) Man kann das Ziel oder die Absicht haben, jemanden nicht zu grüßen, weil man dem Partner seine Mißachtung zeigen will. Dies vielleicht, weil man es sich (angesichts bestimmter Vorkommnisse) schuldig ist, einen solchen Menschen nicht zu grüßen. Die soeben genannten Ziele beziehungsweise Soll-Werte stehen im Verhältnis von Ziel und Oberziel zueinander: Indem man nicht grüßt, zeigt man seine Mißachtung, und indem man seine Mißachtung zeigt, tut man etwas, das man sich schuldig ist. Soll-Werte können *hierarchisch geordnet* sein.

Man kann die Annahme treffen, daß verschiedene Soll-Werte zu *verschiedenen Regelkreisen* gehören und daß diese Regelkreise *hierarchisch geordnet* sind. Man mag sich vor längerem vorgenommen haben, einen bestimmten Menschen nicht mehr zu grüßen, und dies seither auch nicht mehr getan haben. Im Zustand der Zerstreutheit grüßt man ihn plötzlich und ärgert sich über sich selbst. Das illustriert unsere Vorstellung, daß sich auf unteren Hierarchieebenen *automatisierte* Regulationen, Fertigkeiten und Routinen aller Art befinden. Darüber sind Kontrollniveaus angeordnet, auf denen es sozusagen *bewußt und absichtlich* zugeht. Wie noch erörtert wird, unterscheiden sich die Kontrollebenen also nach dem *Aufmerksamkeitsverbrauch*. Die höheren Kontrollinstanzen mit ihren Standards beziehungsweise Soll-Lagen können die niedrigen Instanzen beeinflussen, doch kann diese Beeinflussung auch einmal versagen. So mag im gegenwärtigen Fall eine höhere oder auch zentralere Regulationsinstanz über lange Zeit eine tiefergelegene oder auch peripherere Instanz blokkiert haben: Die Konvention, die das Grüßen und Wiedergrüßen betrifft, dürfte zu einem Regulationssystem auf niedrigem Niveau gehören; die Regulation des Grüßens und Wiedergrüßens erfolgt automatisiert und routinisiert. Die Norm, sich selbst treu zu sein, nicht das Gesicht zu verlieren (und dergleichen), ist in einem Regulationssystem verankert, das auf hoher Kontrollebene lokalisiert zu denken ist. Die Regulation und Kontrolle des Handelns unter dem Standard solcher bedeutsamer Normen ist eher absichtsvoll und bewußt; hier kommen oft explizite Denk- und Planungsprozesse ins Spiel. Der Aufmerksamkeitsverbrauch ist hoch. Die Erfüllung des – wie auch immer – zentraleren oder höheren Soll-Wertes oder Oberziels, sich selbst treu zu bleiben, und die ihm zugeordneten Unterziele (Mißachtung zeigen; nicht grüßen) *dominieren* hier die peripherere beziehungsweise nachgeordnete Einhaltung der bloßen Umgangsform des Grüßens. (Vgl. dazu Carver & Scheier, 1982.)

Nun kann aber die auf höherem Niveau gelegene Kontrollinstanz, zum Beispiel durch Zerstreutheit, durch Verschiebung der Aufmerksamkeit auf andere Themen, momentan ihren Einfluß auf Kontrollmechanismen niedrigeren Niveaus verlieren. Und so kommt es dann dazu, daß man trotz des Vorsatzes, jemanden nicht mehr zu grüßen, ihn doch grüßt; bei kurzzeitigem Absinken der viel Aufmerksamkeit verbrauchenden Kontrolle auf höherer Ebene macht sich der Kontrollprozeß auf niedrigerer Ebene gewissermaßen wieder selbständig.

Carver & Scheier (1982, S. 131, 257) unterscheiden als sehr hohe Kontrollniveaus die *Programmkontrolle*, die *Prinzipienkontrolle* und die *Systemkonzept-Kontrolle*. Diese drei Kontrollinstanzen beziehungsweise Kontrollniveaus erfordern kognitiven Aufwand, das heißt Aufmerksamkeitsanspannung, und zum Teil sogar die erfolgreiche Lösung von Entscheidungsproblemen. Hier ist dann nichts quasi-reflektorisch, automatisch, routinisiert.

- Auf der Ebene der *Programmkontrolle* entscheidet man über Handlungen beziehungsweise Handlungsstrategien. Hier wird vorausschauendes Wissen darüber verwendet, welche Folgen dieses oder jenes Handeln haben könnte. Je nach der Vorausberechnung von Wahrscheinlichkeiten, mit denen Handlungsfolgen auftreten, von Handlungsrisiken und -chancen werden auf diese Weise Handlungsprogramme gestartet. Und die Standards, deren Verwirklichung die Handlungsprogramme dienen und nach denen die Programme bewertet werden (Soll-Werte), werden oft erst ad hoc generiert. Die Programmkontrolle ist die Ebene, auf der auch kognitive Schemata und Skripts (Schank & Abelson, 1977) zum Tragen kommen. Zum Zwecke der Programmkontrolle wird in unterschiedlichster Weise Wissen über den Zusammenhang von Situation, eigenem Handeln und erwarteten Ergebnissen des eigenen Handelns verwendet (Hacker, 1986).

6. ALLGEMEINE THEORETISCHE GRUNDLAGEN

Dieses Wissen wird auch als Verfügen über ‚subjektive Theorien' bezeichnet (vgl. unter anderem Dann, Humpert, Krause, Olbricht & Tennstedt, 1982).
- Unter *Prinzipienkontrolle* verstehen die Autoren die Orientierung an moralischen Prinzipien und an Rationalitätsnormen, die sich in menschlichen Handlungen realisieren (vgl. Eckensberger, 1988).
- Die *Systemkonzept-Kontrolle* dient der Regulation von Grundparametern des Systems: Hier handelt es sich um die Erhaltung und Steigerung des Bildes, das sich ein Mensch von sich selbst macht, um seine ‚Identität'.

Das Was und das Wie des Sprechens verwirklichen in der Regel die Maßstäbe, die man an sich selbst anlegt, und man vermeidet Äußerungen, die das eigene Selbstkonzept gefährden (= Systemkonzept-Kontrolle). Man redet so, daß man mit sich selbst im reinen bleibt, daß man vielleicht im Wohlwollen der anderen schwimmt oder aber daß man sich gehörig Distanz und Respekt verschafft; man vermeidet es, beim Reden ‚das Gesicht zu verlieren'; usf. Selbstkonzepte können also höchst unterschiedlich sein. – Im allgemeinen spricht man auch so, daß man die moralischen Normen und die Rationalitätsmaximen der Kultur, in der man lebt, erfüllt (= Prinzipienkontrolle; vgl. auch Clark & Clark, 1977). Verläßlichkeit ist ein Beispiel für eine moralische Norm; Widerspruchsfreiheit ist eine Rationalitätsmaxime. – Und man trifft Entscheidungen darüber, was man angesichts seiner Welt- und Situationskenntnis auf welche Weise sagen wird, um seine augenblicklichen Pläne zu verwirklichen und seine Ziele zu erreichen (= Programmkontrolle). Die Programmkontrolle spielt nicht nur beim Handeln generell, sondern auch beim Sprechen eine besonders wichtige Rolle (vgl. auch Dörner, 1988; Strohschneider, 1990).

Im gegenwärtigen Zusammenhang vernachlässigen wir einen Aspekt der Systemregulation, der für die menschliche Daseinsbewältigung von höchster Wichtigkeit ist: die Selbstorganisation durch *Gefühle* (vgl. Ford, 1992; Gehm, 1991; Kuhl, 1983; Lantermann & Schröder, 1991). Zukünftige Theoriebildungen auch im Bereich der Psychologie der Sprachproduktion sollten diesen wesentlichen Gesichtspunkt nicht ignorieren. Ein erhebliches Maß an ‚Gefühlssteuerung' des Sprechens steht per se außer Frage; die Psychologie wird diesem Tatbestand zur Zeit aber nicht gerecht.

(4) Überwiegend besteht zwischen den verschiedenen Kontrollniveaus *keine Konkurrenz*. Ein und dieselbe Äußerung entspricht so der Regulation des Sprechers *auf allen Ebenen*. Wenn man einen Gruß erwidert, so mag man dabei (auf niedrigster Kontrollebene) mit guter Stimmführung, mit phonetisch einwandfreiem und in jeder Weise sprachlich korrektem Sprechen bestimmten Sprachnormen genügen. Auch erfüllt man mit seinem Gruß einen konventionellen Standard. Zugleich mag der Gruß in den Handlungsplan passen, den man sich im Sinne der Programmkontrolle zurechtgelegt hat. Und diese Äußerung entspricht gleichfalls allen als Soll-Wert festgelegten Prinzipien des rationalen und moralischen Verhaltens. Und schließlich tangiert die Äußerung nicht das Selbstkonzept des Sprechers. – Daß diese Harmonie zwischen den Kontrollebenen aber auch gestört sein kann, haben wir zuvor schon festgestellt.
(5) Nach dem hier vorgetragenen Konzept einer *hierarchischen Handlungskontrolle* – und damit auch einer hierarchischen Kontrolle der Sprachproduktion – dominieren die Kontrollinstanzen der höheren Ebene die Kontrollinstanzen der niedrigeren Ebene. Die Instanzen der höheren Ebene erfordern den höheren kognitiven Aufwand, eine stärkere *Aufmerksamkeitszuwendung*. Die Instanzen niedrigerer Ebene sind hochautomatisiert, im Extrem ist ihr

Verhalten quasi-reflektorisch. (Zur Handlungskontrolle vgl. auch Hacker, 1978, 1986; Lantermann, 1980; sowie Mulder, 1986; Sanders, 1983.)
(6) Regulationstheoretisch betrachtet, dienen einige Stelloperationen der jeweils ranghöheren Instanz dazu, rangniedrigere Instanzen mit Information zu versorgen, die dort als *Störgrößen* verarbeitet werden und zu Regelungsvorgängen (Ist-Soll-Angleichungen) führen. Andere Stelloperationen der ranghöheren Instanz bewirken Parametereinstellungen der rangniedrigen Instanzen, die als Änderungen von *Soll-Werten* der niedrigeren Instanzen zu verstehen sind. Das Ergebnis der Tätigkeit der niedrigeren Instanzen wird partiell an die höhere Instanz rückgemeldet. – Generell sind nicht nur die einzelnen Instanzen als rückgekoppelte Regulationssysteme zu begreifen; es besteht auch eine *vertikale Rückkopplung* von Hierarchieebene zu Hierarchieebene: Jede Instanz kann gewissermaßen selbständig arbeiten, sie ist aber von der vorgeordneten (ranghöheren) Instanz spezifisch beeinflußt und meldet ihr Prozeßergebnis zum Teil an die vorgeordnete Instanz zurück. Die im folgenden skizzierten Arten der Steuerung des Sprachproduktionsgeschehens können auch als spezifische Varianten der vertikalen Rückkopplung zwischen Hierarchieebenen interpretiert werden.

6.1.4 Drei Arten der Steuerung

Das Zusammenspiel der auf unterschiedlichen Hierarchieebenen angeordneten Instanzen, das zur Produktion sprachlicher Äußerungen führt, ist kein immer gleicher Vorgang. Theoretische Vorstellungen, nach denen die Regulation des Sprechersystems mit Hilfe des Sprechens stets auf gleiche Weise erfolgt und die Sprachproduktion insofern ein homogener Prozeß ist (= Homogenitätspostulat), stellen eine grobe Vereinfachung dar. Pauschal gesagt: Es gibt nicht *die* Sprachproduktion. Es gibt vielmehr *strukturell verschiedene Varianten der Sprachproduktion* (und deren Abfolgen und Mischformen), die freilich allesamt Gemeinsamkeiten aufweisen. Über die Beachtung dieser Gemeinsamkeiten darf man aber ihre tiefgreifende Unterschiedlichkeit nicht übersehen.

Das Zusammenspiel von Instanzen höherer und niedrigerer Hierarchiestufe kann sich bei der Sprachproduktion – in theoretischer Idealisierung – in *drei markanten Zuständen* befinden. Ohne späteren Ausführungen (s. Kapitel 7) vorgreifen zu wollen, soll hier schon erwähnt werden, daß das Was und Wie unseres Sprechens entscheidend davon abhängen, welche *Wissens- und Könnensressourcen* uns als Sprechern in einer bestimmten *Kommunikationssituation* zur Verfügung stehen. So können Sprecher in einer bestimmten Weise sprechen, wenn ihr Partner ihnen mit seinen Äußerungen sozusagen Vorlagen liefert und sie gelernt haben, wie man mit diesen partnerseitigen Vorlagen umzugehen hat: „Wie geht's?" – „Danke. Und Ihnen?" Eine solche Redeweise können Sprecher hingegen kaum benutzen, wenn sie jemandem zum Beispiel ein Kochrezept vermitteln oder ihm von einem Film erzählen wollen, den sie gesehen haben. Hier benötigen sie eher ein Wissen darüber, wie man überhaupt Kochrezepte mitteilt oder wie man Ereignisfolgen, wie sie in Filmen auftreten, erzählt. Was aber tun Sprecher, wenn sie vom Partner keine der genannten Vorlagen erhalten und wenn sie ihr spezifisches Wissen über Kochrezepte, Erzählungen usf. nicht einsetzen können? – Es lassen sich die drei folgenden *Standardzustände der Sprachproduktionskontrolle* (und ihre diversen Mischungen) unterscheiden: die Schema-, Reiz- und Ad hoc-Steuerung des Sprechens (s. auch Exkurs 6.1).

6. ALLGEMEINE THEORETISCHE GRUNDLAGEN

(1) *Schema-Steuerung des Sprechens:* Auf der Kontrollebene der Programmsteuerung (s. oben) entschließt sich der Sprecher angesichts seiner Situationseinschätzung, insbesondere seiner Einschätzung des Partners, seiner eigenen Zielsetzungen und der Einschätzung seiner eigenen Kompetenzen, irgend etwas in einer bestimmten Weise zu äußern. Er greift dabei auf sein Wissen über dasjenige zurück, wovon die Rede sein soll, *und* er aktiviert ein *Schema*, welches sein Wissen über das *Wie* des Sprechens über bestimmte Klassen von Themen in bestimmten Klassen von Situationen enthält. (Vgl. auch oben Exkurs 3.1.) Wir haben ja nicht nur ein strukturiertes, in inhaltsbezogenen Was-Schemata organisiertes Wissen darüber, wie bestimmte, für uns wichtige Teile der Welt beschaffen sind beziehungsweise funktionieren. So wissen wir nicht nur, was eine Wohnung ist, wie sie im allgemeinen aussieht, was man in einer Wohnung tut, usf. Wir wissen nicht nur, wie ein Restaurantbesuch oder der Besuch bei einem Zahnarzt vor sich gehen, usf. Wir wissen vielmehr auch, wie man einen Witz *erzählt*, wie man ein Kochrezept *angibt*, wie man eine Wohnung *beschreibt*, wie man jemandem einen Weg *weist*, in welcher Weise man eine Zeugenaussage *macht*, wie man es durch sein Sprechen *erreicht*, zu Wort zu kommen und nicht unterbrochen zu werden, usf. Weite Teile unseres Sprechens verlaufen in dieser Weise *schematisiert*; oft sind wir also in der Lage, beim Sprechen *Wie-Schemata* (vgl. auch oben 3.1.2) zu verwenden.

Die Schema-Steuerung des Sprechens geht so vonstatten, daß der Sprecher zum Zwecke seiner kommunikativen Zielerreichung neben seinem Wissen über das Was beziehungsweise Worüber des Sprechens ein Wie-Schema aufruft und als ein Sprachproduktionsprogramm startet. Nach dem Start hat die höhere Ebene der Sprachproduktionskontrolle (vor allem die Programmkontrolle) zum einen die Aufgabe, den angemessenen Ablauf der Abarbeitung dieses Schemas zu *überwachen*. Falls keine schwerwiegenden Fehler, insbesondere Abweichungen von Soll-Lagen der höheren Kontrollinstanzen, auftreten, greift die höhere Kontrollinstanz nicht korrigierend in den Sprachproduktionsprozeß ein.

Zum anderen enthalten Wie-Schemata (in unterschiedlichem Ausmaß) *Leerstellen*, die oft nur unter erheblicher Mitbeteiligung der Aufmerksamkeit, also auf hoher Kontrollebene, ausgefüllt werden können. So mag jemand, der ein Kochrezept angibt, eine bestimmte Zutatenmenge im Augenblick nicht erinnern können; er bemerkt, daß er eine Leerstelle des Kochrezept-Schemas nicht im Wege unproblematischer Einfügung von Langzeitwissen (Was-Wissen) ausfüllen kann. Und so muß er vielleicht schnell unter Rückgriff auf seine Kocherfahrungen die fragliche Zutatenmenge abschätzen oder gar errechnen. Daß das Was-Wissen nicht immer problemlos und ohne Aufmerksamkeitseinsatz für die Verbalisierung zur Verfügung steht, zeigt auch folgendes Beispiel: Ein routinierter Zeuge vor Gericht (vielleicht ein langgedienter Kriminalbeamter) muß zwar über das Wie seiner Aussage (die Anreden, den besonderen Sprachduktus, das Nacheinander und die Auswahl zu berichtender Einzelsachverhalte usf.) nicht mehr nachdenken, doch mag er dem Was seiner Aussage, den Ereignissen und Sachverhalten, die zu verbalisieren sind, große Aufmerksamkeit widmen müssen.

Andere Leerstellen, die das Wie-Schema offenläßt, werden unter Einsatz von niedrigeren Kontrollinstanzen aufgefüllt. So dürfte manches Wie-Schema keine spezifische Information darüber enthalten, ob die Kohärenz der zu erzeugenden Äußerung durch eine Topic-comment-Strategie oder durch eine Alt-neu-Strategie realisiert wird (vgl. oben 3.2.1). Dann wird auf niedriger Kontrollebene zwischen beiden Strategien ausgewählt.

(2) *Reiz-Steuerung des Sprechens:* Bei diesem Standardzustand der Kontrolle der Sprachproduktion wird auf der oberen Kontrollebene kein Wie-Schema gestartet. Auf der Ebene der Programmsteuerung wird vielmehr entschieden, daß die Sprachproduktion betont *respondent* erfolgen soll. Das bedeutet, daß der dezidierte Ausgangspunkt für eigene Äußerungen (im Kontext eines Gesprächs) die empfangene Äußerung des Partners ist. Die partnerseitige Äußerung ist eine externe Reizstruktur, die hier also im wesentlichen das eigene Sprechen steuert (= Reiz-Steuerung). Sprecher haben gelernt, die jeweils letzte Äußerung des Partners zur wesentlichen Grundlage der eigenen Sprachäußerung zu machen. Doch aktivieren Sprecher auch im eigenen Langzeitspeicher verfügbares Wissen und setzen es bei ihrem ‚Äußerungs-Return' ein; allenfalls kostet dieser ‚Return' sogar ein wenig Überlegung, doch bleibt das eigene Sprechen respondent, man führt das Gespräch nicht durch die Einführung eigener Gesichtspunkte weiter:

„Guten Tag." – „Guten Tag."
„Schönes Wetter heute!" – „Ja, besonders schönes Wetter heute!"
„Finden Sie nicht auch, daß die Musik etwas laut ist." – „Ja, gnädige Frau, die Musik könnte wirklich ein wenig leiser sein."
„Wir müssen mehr expandieren, Herr Schmitt!" – „Ja, Herr Direktor, das finde ich auch."
„Also tun Sie was!" – „Ja, ich tue alles."

Der jeweils zweite Teil solcher Äußerungspaare ergibt sich ganz wesentlich aus dem jeweils ersten Teil und daraus, wie dieser als partnerseitige Äußerung vom Sprecher kognitiv verarbeitet worden ist. Die Äußerungsproduktion ist hier im wesentlichen reine Routine und erfordert kaum Entscheidungen hoher Kontrollinstanzen. Es sei denn, daß bestimmte *Leerstellen* unter kognitivem Aufwand auszufüllen sind. Die hohen Instanzen überwachen aber immer den Fortgang von Gesprächen, wie sie zum Beispiel als Partytalk anzutreffen sind. Mit dieser Überwachung wird vor allem verhindert, daß zentrale moralische oder Rationalitätsprinzipien oder auch das Selbstkonzept des Systems gefährdet werden. Drohen solche Gespräche ‚aus dem Ruder zu laufen', zieht die höhere Kontrollinstanz die Kontrolle sogleich an sich (vgl. auch Herrmann & Grabowski, 1992). – Es erscheint übrigens sinnvoll, Reizsteuerung des Sprechens auch dort anzunehmen, wo das Sprechen nicht durch Äußerungen des Partners, sondern durch dessen bloßes Erscheinen oder durch nonverbale ‚Auslöser' automatisch hervorgerufen wird (zum Beispiel beim gedankenlosen Grüßen oder dem gedankenlos geäußerten „bitte!", wenn man jemandem die Tür aufhält.) Wir verfolgen diesen Gedanken hier nicht weiter.

(3) *Ad hoc-Steuerung des Sprechens:* Angesichts der eigenen Ziele, des Weltwissens und des Situationsverständnisses kann auf der Ebene der Programmkontrolle die Entscheidung gefällt werden, die Steuerung der Sprachproduktion weder im wesentlichen an niedrigere Instanzen so zu delegieren, wie das bei der Reiz-Steuerung der Fall ist, noch für den Äußerungsablauf ein Wie-Schema zu aktivieren. (Selbstverständlich kann diese Entscheidung darauf beruhen, daß kein adäquates Wie-Schema vorhanden ist.) In diesem Fall erfolgt die Regulation der Sprachproduktion auf hoher Ebene. Hier müssen *ad hoc*, auch im Einklang mit der Änderung von Komponenten der Kommunikationssituation, Entscheidungen über den Fortgang der eigenen Sprachproduktion getroffen

werden: Wie beginne ich? Wie gehe ich weiter vor? Was sage ich als nächstes? Wie reagiere ich auf diesen Einwand? Sollte ich das Gespräch jetzt nicht lieber beenden? Usf. Für solche Planungen und Entscheidungen ist ein besonders intensiver Rückgriff auf *Wissensbestände im Langzeitspeicher* unabdigbar. – Bei der Ad hoc-Steuerung des Sprechens *überwacht* die Programmkontrolle nicht nur die Sprachproduktion, sondern sie gibt die *Sprechplanung* zu keinem Zeitpunkt aus der Hand. Natürlich beschränkt sie sich in der Regel auch hier nur auf relativ globale Merkmale des Was und Wie des Sprechens. Planungs- und Ausführungsdetails überläßt sie wiederum niedrigeren Kontrollinstanzen (= Hilfssystemen). (Zu Unterschieden der Kontrollverteilung zwischen hierarchiehohen und -niedrigen Kontrollinstanzen vgl. auch unten 7.3.)

(4) *Übergänge:* Wie betont, handelt es sich bei den drei genannten Standardzuständen des Sprachproduktionssystems um ‚reine Formen', die man in der Realität nicht allzu häufig findet. Beobachtet man längere Gesprächsverläufe, so sieht man leicht, daß sich die Sprecher je nach den Erfordernissen der Gesprächssituation zwischen den unterschiedlichen Kontrollzuständen hin und her bewegen. So mag ein Gespräch damit beginnen, daß beide Sprecher oder einer von ihnen sehr absichtsvoll und hochbewußt ‚die Worte wägen'. Später spult ein Sprecher dann ein Wie-Schema ab. Dann wieder paraphrasiert einer fast nur noch das, was der andere sagt. Es gibt sogar Konversationsnormen, die den Übergang in einen der Standardzustände nahelegen. Bei Begrüßungsszenen oder beim Abschied ist es nicht angebracht, durch originelle Ad hoc-Produktionen aus dem Rahmen zu fallen. Der autoritäre Vorgesetzte, wie es ihn zumindest früher gab, wünscht oft nicht, daß sein ihm unterstellter Partner das Gespräch in eigener Initiative entwickelt; er erwartet nur zustimmende Paraphrasen seiner eigenen Formulierungen. In vielen Situationen erscheint der Sprecher freilich indolent und blöde, wenn er nur Wie-Schemata abspult oder wenn er nur Gesprächsvorlagen seines Partners retourniert. Man sieht: Die Entscheidung auf der Ebene der Programmkontrolle, einen der drei Kontrollzustände (oder Kombinationen oder Zwischenzustände) zu wählen, ist häufig ihrerseits dadurch determiniert, wie der Sprecher die Kommunikationssituation und die geltenden Gesprächskonventionen auffaßt. Die soeben genannten Normen für die Wahl einer der drei Steuerungsarten oder den Übergang von einer Art zur anderen können wiederum kalkuliert übertreten werden. So mag der von seinen Nebentätigkeiten stark beanspruchte Professor auf den Gruß: „Guten Morgen, Herr Professor!" nicht mit dem normgerechten Gegengruß antworten, sondern sagen: „Sie wünschen mir auch noch einen guten Morgen, dabei haben Sie in der letzten Studentenzeitung nachgefragt, ob ich schon emeritiert bin, weil man mich in der Universität so selten sieht."

6.1.5 Kontrolle und Aufmerksamkeit

Wir haben bereits vermerkt, daß die Zugehörigkeit einer Kontrollinstanz zu einer Hierarchieebene durch ihren *Aufmerksamkeitsverbrauch* bestimmt ist. Eine Kontrollinstanz ist um so zentraler oder sie nimmt einen um so höheren Rang in der Kontrollhierarchie ein, je mehr Aufmerksamkeit sie bei ihrer Regulationstätigkeit verbraucht. Bei den Unterscheidungen von ‚zentral – peripher' und ‚hoch – niedrig' handelt es sich um zwei verschiedene *Metaphern* für variablen Aufmerksamkeitsverbrauch (‚Bewußtheit', ‚Willkürlichkeit' usf.), wobei aber auch der *Informationsfluß* (trotz vertikaler Rückkopplung; s. oben 6.1.3(6)) bei der

Sprachproduktion zur Hauptsache von ‚hoch' nach ‚niedrig' beziehungsweise von ‚zentral' nach ‚peripher' verläuft (vgl. unten 6.2). – Unsere theoretische Auffassung knüpft eng an psychologische Aufmerksamkeitstheorien und ihre Fortentwicklungen an, die innerhalb der Psychologie seit langem intensiv diskutiert werden (vgl. bereits Broadbent, 1958; Deutsch & Deutsch, 1963). Wir können das Problem der Aufmerksamkeit und seine zum Teil sehr unterschiedliche theoretische Behandlung hier nicht erläutern. Eine der wichtigsten Grundannahmen psychologischer Aufmerksamkeitstheorien besteht jedoch darin, daß die menschliche Aufmerksamkeit begrenzt ist, daß der Mensch in jedem Augenblick über einen annähernd festen Aufmerksamkeitsbetrag verfügt, den er auf seine diversen Aufgaben beziehungsweise Vorhaben *verteilen* muß. Daraus folgt, daß der Mensch nicht beliebig viele aufmerksamkeitsverbrauchende Aufgaben – oft nicht einmal zwei davon – gleichzeitig lösen kann. Konzentriert sich der Mensch auf eine sehr aufmerksamkeitskonsumierende Aufgabe, zum Beispiel auf Kopfrechnen oder das Finden des nächsten Schachzuges, so kann er keine weitere Aufgabe, die ebenfalls Aufmerksamkeit verbraucht, zeitgleich angemessen bearbeiten (vgl. dazu Baddeley, 1990, S. 117ff.; Posner & Snyder, 1975; Zacks & Hasher, 1988). Doch gibt es Aufgaben, die auch dann erfolgreich absolviert werden können, wenn die Aufmerksamkeit auf etwas anderes gerichtet ist: Diese Aufgaben verbrauchen selbst keine oder nur wenig Aufmerksamkeit.

Diese aufmerksamkeitstheoretische Grundauffassung kann auch beibehalten werden, wenn man die Aufmerksamkeit nicht als einen invarianten Betrag interpretiert, sondern wenn man die Aufmerksamkeit als eine in sich gegliederte Ressource betrachtet, die im Alltagsleben nur zu einem gewissen Teil genutzt wird; zum Beispiel kann in Notfällen Aufmerksamkeit aktiviert werden, die in Normalsituationen nicht zur Verfügung steht. Diese und ähnliche Überlegungen führen aber nicht dazu, die Grundannahme, daß verschiedene Aufgaben beziehungsweise Vorhaben unterschiedlich aufmerksamkeitsverbrauchend sind, aufgeben zu müssen. (Vgl. auch Posner & Rothbart, 1992.)

> Betrachten wir ein Experiment zur Sprachproduktion (Power, 1985): Versuchspersonen hatten aus jeweils zwei vorgegebenen Wörtern (zum Beispiel „Bauer" – „Feld") Sätze zu bilden. Um zu prüfen, ob beziehungsweise in welcher Weise die Satzbildung ein aufmerksamkeitskonsumierender Vorgang ist, erhielten die Versuchspersonen eine zweite, konkurrierende, in variablem Ausmaß selbst Aufmerksamkeit verbrauchende Aufgabe. Dabei handelte es sich um Behaltensaufgaben unterschiedlicher Schwierigkeit; man mußte sich kurzfristig kürzere oder längere Ziffernfolgen merken, während man die Sätze bildete. Nun benötigt das Behalten kurzer Ziffernfolgen kaum Aufmerksamkeit, doch kommt man beim Behalten längerer Ziffernfolgen nicht ohne erheblichen Aufmerksamkeitsverbrauch aus (Gathercole & Baddeley, 1993, S. 91ff.). Danach dürfte also nur die schwierigere Behaltensaufgabe (längere Ziffernfolge) die Satzerzeugung stören, falls diese selbst Aufmerksamkeit verbraucht. Aus den Untersuchungen von Power (1985) ergab sich: Das kurzfristige Behalten kurzer Ziffernfolgen bleibt erwartungsgemäß ohne irgendeinen störenden Effekt. Beim gleichzeitigen Behalten längerer Ziffernfolgen werden die gebildeten Sätze in begrifflich-gedanklicher Hinsicht einfacher, vorhersehbarer, schematisierter. Ihre Erzeugung aber verlangsamt sich nicht. Und die Sätze ändern sich auch nicht hinsichtlich ihrer grammatischen Struktur. Daraus folgt: Bei der Satzerzeugung sind es die *kognitiv-konzeptuellen Teilprozesse*, nicht aber die einzelsprachlich-grammatischen Enkodiervorgänge, die Aufmerksamkeit verbrauchen und somit durch konkurrie-rende, selbst Aufmerksamkeit verbrauchende Aufgabenbearbeitungen gestört werden.

6. ALLGEMEINE THEORETISCHE GRUNDLAGEN

Aus den aufmerksamkeitstheoretischen Grundannahmen ergibt sich das folgende *methodische Prinzip*: Um zu erfahren, wie sehr eine Tätigkeit beziehungsweise die Erfüllung einer Aufgabe Aufmerksamkeit verbrauchen, überprüfe man, wie stark die *Leistung*, in der diese Tätigkeit oder diese Aufgabenbearbeitung resultieren, *absinkt*, wenn gleichzeitig eine andere Tätigkeit ausgeführt wird, die eindeutig viel Aufmerksamkeit verbraucht.

Nach diesen Vorgaben kann man mentale Prozesse, die Aufmerksamkeit verbrauchen, von solchen unterscheiden, die dies nicht oder kaum tun. Die zuerst genannte Gruppe nennt man auch „konzeptuelle" Prozesse, „aufmerksamkeitskonsumierende" Prozesse, „Aufmerksamkeitsprozesse", „bewußte", „absichtliche", „willkürliche" Prozesse usf. Die anderen Prozesse werden auch als „automatisch" oder „unbewußt" bezeichnet oder auch als Ergebnis von „Fertigkeiten" („skills") oder als die Arbeit von Hilfssystemen oder von „Sklavensystemen" (Baddeley, 1990) charakterisiert. Man spricht auch von nicht-dekomponierbaren Prozessen; das heißt, daß der Mensch nicht in sie ‚hineinschauen' kann, sie sind ihm introspektiv nicht zugänglich. (Jeder weiß, daß sogar schon der bloße Versuch, sich bewußt zu machen, was *im einzelnen* geschieht, wenn man eine hochautomatisierte Tätigkeit (zum Beispiel fahrradfahren) ausübt, diese Tätigkeit stark stört (Reason, 1990).)

Bei aufmerksamkeitsverbrauchenden Prozessen muß das menschliche System *planen* und *entscheiden*, welche Operation es zu einem bestimmten Zeitpunkt ausführt. Mehrere Operationen lassen sich dann nicht gleichzeitig realisieren. Demgegenüber können automatische Operationen oft zeitlich parallel durchgeführt werden, und automatische Prozesse können auch ablaufen, während gleichzeitig ein aufmerksamkeitskonsumierender Prozeß verwirklicht wird. Während des üblichen Autofahrens kann man sich unterhalten. Das Autofahren ist so stark automatisiert, daß der aufmerksamkeitskonsumierende Prozeß der Gesprächsbeteiligung ohne Einbußen zeitgleich ablaufen kann. Muß der Autofahrer aber an einer ihm unbekannten Wegkreuzung entscheiden, ob er nach rechts oder links fahren soll, so muß er für einen Augenblick das Gespräch unterbrechen (oder auf Reiz-Steuerung (s. oben) umschalten). Da die Gesprächsbeteiligung *und* die Fahrtrichtungsentscheidung aufmerksamkeitskonsumierende Prozesse sind, muß er einem der beiden Prozesse die Priorität erteilen. Das ist im angenommenen Fall die Fahrtrichtungsentscheidung.

Die skizzierten aufmerksamkeitstheoretischen Beiträge stehen in engem theoretischem Zusammenhang mit der *Handlungskontrolle*. Besonders einflußreich ist das SAS-Modell von Norman & Shallice (1986) geworden (SAS = Supervisory Attentional System). Nach diesem Modell können Handlungen in zweierlei Weise kontrolliert werden: (1) Gut gelernte Fertigkeiten sind automatisiert. In der von uns soeben dargestellten Weise hemmen sich solche automatischen Verläufe gegenseitig nicht, wenn sie gleichzeitig durchgeführt werden. Welche dieser Tätigkeiten jeweils die Priorität erhält, ist ebenfalls automatisch geregelt; auch die Prioritätensetzung der automatischen Abläufe verbraucht also zumeist keine Aufmerksamkeit. (2) In diese automatischen Abläufe kann – wenn sozusagen Probleme auftauchen – ein aufmerksamkeitskonsumierendes Überwachungssystem (= SAS) eingreifen. Der automatische Prozeß kann so unterbrochen, geändert und auch wieder gestartet werden. (Diesen Vorgang vergleichen die Autoren mit einem Programmwechsel auf dem Rechner.)

Baddeley (1990, S. 128ff.) diskutiert Möglichkeiten, das SAS mit neuropsychologischen Befunden in Zusammenhang zu bringen. Er vermutet, daß Ausfälle bei der aufmerksamkeitskonsumierenden Handlungsüberwachung mit Schädigungen des Stirnhirns zusammenhängen. (Zur Lokalisation im vorderen Bereich der Stirnlappen vgl. auch Goldman-Rakic, 1992; sowie Mulder, 1986.) – Werden Regulationssysteme, die in hohem Maße Aufmerksamkeit erfordern, stark beansprucht, so zeigen sich andere psycho-physiologische (vor allem kardiovaskuläre) Streßsymptome als bei Prozessen, die wenig Aufmerksamkeit erfordern (Mulder, Mulder & Veldman, 1985; Quass & Richter, 1988).

Auf aufmerksamkeitstheoretischer Basis und im Anschluß an die Theorie doppelter Handlungskontrolle von Norman & Shallice (1986; vgl. auch Norman, 1988) kann man auch die *Programm-, Prinzipien- und Selbstkonzept-Kontrolle der Sprachproduktion* als zentrale, also aufmerksamkeitskonsumierende Prozeßinstanzen betrachten, von denen bei Abweichung bestimmter Ist-Zustände von Standards Sprachäußerungen geplant und der Ablauf von Sprachäußerungen unter dem Gesichtspunkt der Ist-Soll-Angleichung überwacht wird. Zu diesem Zwecke können diese Instanzen auf die Kontrollinstanzen niedrigerer Hierarchieebene (s. unten: Hilfssysteme) zugreifen; sie können automatische Regelungsprozesse unterbrechen, sie abändern und sie auch starten. Und von der niedrigeren Hierarchieebene erhalten sie Rückmeldungen.

Wir halten fest: Das Sprechen dient der Regulation des Sprechersystems. Angesichts seiner Situationsauffassung, seiner Ziele und anderer Gesichtspunkte spricht der Sprecher über bestimmte Dinge in bestimmter Weise, um Ist-Soll-Abweichungen zu minimieren. Daß man sich diesen Vorgang nicht nur nach dem Bilde eines einfachen Regelkreises vorstellen darf, dürfte deutlich geworden sein. Immerhin ist, wie sich gezeigt hat, selbst das simple Regelkreis-Modell gar nicht so schlecht geeignet, bestimmte einfache Fälle der Sprachproduktion verständlich zu machen. Bei allen notwendigen Erweiterungen der Regelkreis-Konzeption bleibt es dabei, daß es sehr vernünftig erscheint, das Sprechen als eine *rückgekoppelte Prozeßstruktur* zu betrachten: Die Sprachproduktion wird nicht – wie auch immer – ausgelöst und läuft dann ab; es wird vielmehr auch auf mehreren Ebenen laufend ‚getestet', ob die jeweilige Sprachäußerung zur Angleichung des Ist-Zustands an den Soll-Zustand des Sprechersystems geführt hat. Wenn nicht, muß die Sprachproduktion fortgesetzt beziehungsweise durch andere Handlungsalternativen ergänzt oder ersetzt werden.

In unserer Sicht liegt die wichtigste Erweiterung des Regelkreis-Konzepts darin, die Kontrolle der Sprachproduktion als die Angelegenheit eines komplexen und hierarchischen Systems von Kontrollinstanzen zu betrachten, welches (1) nach dem Gesichtspunkt des Aufmerksamkeitsbedarfs beziehungsweise der Explizitheit der Kontrolle gegliedert ist und das sich (2) in unterschiedlichen Kontrollzuständen befinden kann: Schema-Steuerung, Reiz-Steuerung, Ad hoc-Steuerung. – Unsere bisherigen allgemeinen Ausführungen zur Regulation des Sprechersystems und zum Einsatz des Sprechens als Mittel der Systemregulation werden im folgenden konkretisiert.

6.2 Die Grobstruktur des Sprachproduktionssystems

Wir haben soeben dargestellt, daß das Sprechen unter dem Gesichtspunkt der *Kontrolle* recht unterschiedlich zustande kommt: Die Sprachproduktion kann eher automatisch und routinemäßig verlaufen, wie dies – in unterschiedlicher Weise – bei der Reiz- und Schema-Steuerung der Fall ist. Sprachliche Äußerungen können aber auch unter starkem Aufmerksamkeitsaufwand zustande kommen, was wir als Ad hoc-Steuerung bezeichnet haben. Hierbei gibt es verschiedene Mischformen und Abfolgen von Kontrollversionen. Wie wir noch im einzelnen ausführen werden, bedienen sich jedoch alle diese Varianten desselben Gefüges von *Instanzen*, die in ihrem variablen Zusammenspiel die psychische Apparatur ausmachen, von der die Sprachäußerungen erzeugt werden. Diese Instanzen sind Teil- oder Subsysteme eines Gesamtsystems der Sprachproduktion, und dieses Gesamtsystem ist seinerseits nur eines von vielen vernetzten Subsystemen, aus denen der ‚Geist' oder das ‚Seelenleben' des Menschen aufgebaut ist. Nach den Ausführungen des vergangenen Abschnitts kann man sich – in erster und sehr grober theoretischer Näherung – die Beschaffenheit der menschlichen Sprachproduktionsapparatur wie folgt vorstellen:

Das Sprachproduktionssystem ist *hierarchisch* geordnet. Man kann in der schon beschriebenen Weise seine Subsysteme (Instanzen) unter dem Gesichtspunkt des *Aufmerksamkeitsbedarfs* unterscheiden: Die Tätigkeit einiger Subsysteme konsumiert viel Aufmerksamkeit, die Tätigkeit anderer verläuft eher automatisch. Die in starkem Maße Aufmerksamkeit verbrauchenden Instanzen bilden höhere Hierarchieebenen und dominieren die (automatischen) Instanzen niedrigerer Ebenen. Unter diesem Gesichtspunkt besteht die Sprachproduktionsapparat aus drei Ebenen: (a) der Ebene der *Zentralen Kontrolle*, (b) der Ebene der *Hilfssysteme* und (c) der Ebene des (einzelsprachlichen) *Enkodiermechanismus*.

Auch nach der ‚Logik' des *Verlaufs* der Äußerungsproduktion ist die Zentrale Kontrolle den Hilfssystemen und diese dem Enkodiermechanismus vorgeordnet. In der Regel beginnt der Produktionsvorgang mit zentralen Planungen zum Was und Wie einer Äußerung. Es folgen Detailtätigkeiten der Hilfssysteme, und dann tritt der Enkodiermechanismus in Aktion. Diese grundsätzlichen Vor- und Überordnungsverhältnisse bleiben auch dann bestehen, wenn man in Rechnung stellt, daß nachgeordnete Instanzen unter bestimmten Bedingungen bereits (‚antizipierend') ihre Tätigkeit beginnen können, bevor bestimmte Aufgaben vorgeordneter Instanzen erledigt sind. Überdies ist leicht ersichtlich, daß alle Prozeßebenen gleichzeitig aktiv sein können; so mag Früheres noch vom Enkodiermechanismus exekutiert werden, während Späteres bereits von der Zentralen Kontrolle geplant wird. (Vgl. dazu auch Herrmann, 1985, S. 70; Kempen & Hoenkamp, 1982.) Es soll auch sogleich betont werden, daß der Sprecher seine Äußerungen in der Regel nicht zuerst als Ganze plant und sie dann nach und nach einzelsprachlich enkodiert. Oft beginnt er mit der Planung eines ersten Äußerungsfragments, das er sogleich verbalisiert, dann unternimmt er – allenfalls auch angesichts sofortiger Rückmeldungen des Partners – einen neuen Planungsanlauf und verklebt dessen Resultat mehr oder minder elegant mit dem ersten Element, usf. (vgl. dazu auch den Exkurs 1.4). Nur im Extremfall produziert man in einem Zuge ein vollständiges Sprechplanungsresultat, das man dann nach und nach sprachlich verschlüsselt (vgl. Foppa, 1990). Dies ändert freilich nichts an der Sachlage, daß auch die zumeist *fragmentarische Sprachproduktion* Schritt für Schritt von der Zentralen Kontrolle über die Hilfssysteme zum Enkodiermechanismus verläuft.

6.2.1 Die Zentrale Kontrolle

Die Zentrale Kontrolle besteht aus dem Fokus und der Zentralen Exekutive. Sie ist das Subsystem, das mit dem größten Aufmerksamkeitsaufwand arbeitet. Es ist ein in komplizierter Weise rückgekoppeltes System, das man sich nach dem allgemeinen Regelkreisprinzip aufgebaut vorstellen kann: Es enthält (a) Information über den Ist- und den Soll-Zustand des Sprechersystems. (Zum Zustand des Sprechersystems gehört auch die Information, die dieses System über die jeweilige Umgebungskonstellation und insbesondere über den jeweiligen Partner besitzt. Diese Information bestimmt ganz wesentlich mit, wie der Ist-Zustand des *Sprechers* beschaffen ist.) Die Information über den Ist- und den Soll-Zustand des

Sprechersystems kann als sich ständig ändernder Inhalt des ‚deklarativen' Teils eines Arbeitsspeichers aufgefaßt werden (Baddeley, 1990). Wir nennen diese Ist- und Sollzustands-Information, soweit sie die kognitive Grundlage für Sprachproduktionsprozesse bildet, die *Fokusinformation* (die Information, die am Beginn des Sprachproduktionsprozesses im Zentrum steht). Die deklarative Komponente des Arbeitsspeichers ist dann der *Fokusspeicher* oder (kurz) der *Fokus*. (Wir merken an, daß wir – wie beispielsweise auch Chafe (1979, 1980) – den Ausdruck „Fokus" mit ganz anderer Bedeutung verwenden, als dies in Teilen der Linguistik üblich ist. Dort bedeutet „Fokus" meist so etwas wie das jeweils ‚Neue' in einem Satz, das über den bereits gegebenen ‚Topic' ausgesagt wird.)

Weiterhin enthält die Zentrale Kontrolle (b) ein sehr komplexes operatives Teilsystem, welches auf die Ist- und Soll-Komponenten der Fokusinformation zugreift, sie selegiert, aufbereitet und linearisiert. Als Ergebnis der Bewertung der Ist-Komponenten im Lichte der Soll-Komponenten entwirft das Teilsystem Pläne zur *Ist-Soll-Angleichung* – das heißt zur Sprachproduktion. Die Detailausführung dieser Pläne kann dieses Teilsystem in variablem Ausmaß an nachgeordnete Instanzen (Hilfssysteme) oder an fertig vorliegende Ablaufprogramme (Wie-Schemata) delegieren. Oder aber es behält (bei der Ad hoc-Steuerung) auch auf große Teile der Detailausführung direkten Zugriff. Und außerdem überwacht dieses Teilsystem generell die Planausführung und greift so auch korrigierend in die Tätigkeit der nachgeordneten Instanzen ein, indem es diese unterbricht, ändert oder auch neu startet. Wir nennen diesen operativen Teil der Zentralen Kontrolle die *Zentrale Exekutive*. Die Zentrale Kontrolle setzt sich also strukturell aus dem Fokus (als Informationsspeicher) und der Zentralen Exekutive zusammen.

Aus der Tätigkeit der Zentralen Exekutive, die von der jeweiligen Beschaffenheit der Ist- und Soll-Komponenten der Fokusinformation abhängt, resultiert eine Vorform dessen, was in einer Kommunikationssituation im einzelnen (als nächstes) gesagt werden wird. Bereitgestellt wird sozusagen der zu verbalisierende ‚Gedanke', das ‚Worüber' des Sprechens. Diese Vorform ist (von Ausnahmen abgesehen, s. unten 9.2) noch nicht einzelsprachlicher Natur, sondern hat ‚gedanklichen', ‚konzeptuellen' Charakter: Sprecher verschiedener Sprachen können also gleiche konzeptuelle Vorformen erzeugen. Die Vorform wird an die Hilfssysteme (s. unten) weitergeleitet, von denen sie ergänzt und weiterverarbeitet wird. Die von den Hilfssystemen bearbeitete Vorform ist die Eingangsgröße für den Enkodiermechanismus. Wir nennen die Information, die von der Zentralen Kontrolle an die Hilfssysteme geleitet wird, den *Protoinput* und den von den Hilfssystemen bearbeiteten Protoinput, so wie er dann die Eingangsgröße für den Enkodiermechanimus darstellt, den *Enkodierinput*. (Der Protoinput ist demnach der Output der Zentralen Kontrolle und der Input der Hilfssysteme; der Enkodierinput ist der Output der Hilfssysteme und der Input des Enkodiermechanismus.)

Die Zentrale Kontrolle verfertigt nicht nur Protoinputs. Sie wirkt auch (über Parametereinstellungen) direkt auf den Enkodiermechanismus ein; sie erzeugt dort Wirkungen, die sich über einzelne Protoinputs beziehungsweise Enkodierinputs hinaus erstrecken (= *Enkodiereinstellung*). So kann es angesichts vorliegender Fokusinformation angemessen sein, den Enkodiermechanismus auf eine Dialektvariante oder auf einen Jargon einzustellen. Die Zentrale Kontrolle entscheidet also nicht nur – per Anfertigung von Protoinputs – mit, was im einzelnen gesagt werden wird, sondern im Wege der Enkodiereinstellung auch, mit Hilfe welcher einzelsprachlicher Mittel in einer Kommunikationssituation *generell* gesprochen wird. (Die Enkodiereinstellung betrifft auch das Flüstern, das laute Rufen und dergleichen; vgl. Kaisse, 1985.) Im übrigen hat, wie vermerkt, die Zentrale Exekutive delegierende und kontrollierende Zugriffsmöglichkeiten auf die verschiedenen Hilfssysteme.

6.2.2 Die Hilfssysteme

Die Ebene der Hilfssysteme ist derjenige Teil des Sprachproduktionssystems, der den von der Zentralen Kontrolle erzeugten Protoinput bearbeitet. Hilfssysteme sorgen für die Textkohärenz und nutzen dabei sprachliche Mittel, die die jeweils verwendete Einzelsprache zur Verfügung stellt. Sie versehen das Gesprochene mit ‚Emphase', ‚würzen' es mit nichtpropositionalen Redeteilen, sie wählen grammatische Schemata aus, determinieren Satzarten, das Tempus und den Modus des Gesprochenen. Die so bearbeitete Information wird, wie dargestellt, als Enkodierinput an den Enkodiermechanismus weitergegeben. – Dies ist der übliche Fall bei der Sprachproduktion. Wie jedoch die *Reiz-Steuerung* der Sprachproduktion zeigt (s. oben 6.1.3), können Hilfssysteme seitens der Zentralen Kontrolle auch so eingestellt werden, daß sie die Äußerungen des Partners, so wie diese vom Sprechersystem kognitiv verarbeitet (rezipiert) und gespeichert wurden, unter weitgehender Umgehung der Ebene der Zentralen Kontrolle ergänzen und umformen, indem sie sie in automatisierter Weise paraphrasieren oder in anderer Weise variieren (oder sie auch nur repetieren) und auf diese Weise einen Enkodierinput produzieren.

Diese Variante verweist auf die folgende Sachlage: Die Hilfssysteme können von der Zentralen Kontrolle so eingestellt werden, daß sie in selbsttätiger Weise (zum Beispiel aus der Inforamtion über die letzte Äußerung des Partners) Enkodierinputs verfertigen. Bei den Hilfssystemen handelt es sich also um Subsysteme, die gegebenenfalls weitgehend *autonom* arbeiten können. Doch kann die Zentrale Kontrolle in diese Autonomie eingreifen; die Zentrale Kontrolle kann zum Teil selbst detaillierteste Kontroll- und Ausführungstätigkeiten an sich heranziehen. So kann man sogar, wenn dies auch eher selten der Fall sein dürfte, über die Wahl eines einzigen Wortes, einer bestimmten Wortbetonung, die Dehnung einer einzigen Silbe und dergleichen sehr lange und mühsam nachdenken. In der Regel sind jedoch Wortwahl, Wortbetonung und ähnliches so stark automatisiert, daß diese Äußerungsmerkmale nicht einmal auf der Ebene der Hilfssysteme, sondern auf derjenigen des Enkodiermechanismus erzeugt werden. – Generell: Die Entscheidung über die *Kontrollverteilung* auf die einzelnen Ebenen und Subsysteme der Sprachproduktion ist weitgehend Sache der Zentralen Kontrolle.

Hilfssysteme sind unter anderem dafür verantwortlich, ob der Enkodierinput bei der einzelsprachlichen Enkodierung im Enkodiermechanismus (s. unten) gewissermaßen in *Normalform* verbalisiert wird, ob also für die sprachliche Verschlüsselung eines Gedankens zum Beispiel die Regeln für die normale Wortfolge im Deutschen (Satzsubjekt-Prädikat-Objekt) verwendet werden (vgl. dazu auch Abschnitt 1.2.3). Abweichungen von dieser Standardreihenfolge, die sich etwa aus dem besonderen Nachdruck ergeben, den man einem gedanklichen Element geben will (zum Beispiel: „Ihren *Mann* hat sie geschlagen!"), müssen dem Enkodiermechanismus von seiten der Hilfssysteme spezifisch vorgegeben werden. Ohne eine solche Vorgabe verschlüsselt der Enkodiermechanismus nach den Standardregeln des jeweiligen Sprachsystems. Man kann auch sagen: Ohne Vorgabe arbeitet der Enkodiermechanismus unter *Default-Bedingungen* (engl. „default" = „Ermangelung, Ausbleiben [besonderer Umstände]"). Das heißt, daß ein zuständiges Hilfssystem den Protoinput mit einer entsprechenden *Markierung*, sozusagen einem Befehl für den Enkodiermechanismus, versehen kann, der letzteren dazu veranlaßt, nicht die Normalverschlüsselung, sondern eine bestimmte andere zu wählen.

Hilfssysteme veranlassen also den Enkodiermechanismus, bei seiner sprachlichen Umsetzung des Enkodierinputs nicht, wie unter Default-Bedingungen, Standardenkodierungen vorzunehmen, sondern von diesen in definierter Weise abzuweichen. Für manche Aspekte der sprachlichen Enkodierung gibt es in vielen Einzelsprachen allerdings gar keine strikten Regeln. Beispielsweise schreiben die Regeln des Deutschen nicht vor, ob bei Wenn-dann-Sätzen der Wenn-Satz (Nebensatz) vor- oder nachgestellt werden muß. Was in dieser Hinsicht jeweils geschieht, ist nicht die Sache fester sprachimmanenter Regeln, sondern wird auf vorgeordneten Ebenen entschieden.

Hilfssysteme, die nach allem keine oder sehr wenig Aufmerksamkeit verbrauchen, sind zum Beispiel für die Detailplanung und Durchführung des Einsatzes des generischen Wanderers (s. oben 3.1.2) verantwortlich. Die von uns dargestellten Regeln für die Strategie, auf diese Weise über Raumkonstellationen zu sprechen, pflegen nicht – bewußt kalkuliert – auf der Ebene der Zentralen Exekutive angewendet zu werden; und auch der Enkodiermechanismus ist nicht der Ort, eine Raumbeschreibung mit Hilfe des generischen Wanderers zu planen und durchzuführen. Es ist also ein automatisiertes Hilfssystem, das den generischen Wanderer ‚verwaltet'.

Andere Hilfssysteme kontrollieren die Verwendung von Pronominalformen und die Anaphorik (s. oben 1.2.3); ob man „König" oder „er" sagt, wird nicht im Enkodiermechanismus, sondern zuvor schon auf der Ebene der Hilfssysteme entschieden. Hilfssysteme sind, wie schon erwähnt, für die Textkohärenzstrategien von der Art der Alt-neu-Strategie oder der Topic-comment-Strategie zuständig.

Wenn man einen Handlungsträger, zum Beispiel einen Menschen, von Satz zu Satz als ‚topic' beibehält, über den nacheinander Verschiedenes ausgesagt wird (‚comments'), dann realisiert man dies dadurch, daß man diesen Handlungsträger bei der sprachlichen Verschlüsselung jeweils zum Satzsubjekt macht. (Vgl. Engelkamp & Zimmer, 1983; Flores d'Arcais, 1973.) Will man nun einen derart ‚topikalisierten' Handlungsträger über weite Teile einer Äußerung hinweg sprachlich so verschlüsseln, daß sein Name in jedem Satz zum Satzsubjekt wird, so kann sich daraus die Notwendigkeit ergeben, Passivsätze zu konstruieren. Das ist beispielsweise dann der Fall, wenn der Handlungsträger, der das ‚topic' darstellt, in einem bestimmten Handlungszusammenhang zum *Betroffenen* wird, dem etwas von einem anderen Handlungsträger zugefügt wird. Beispiel: „*Otto* liebt Inge. *Er* schickt ihr täglich Blumen. *Er* führt sie jeden Sonnabend zum Tanz. ... Doch eines Tages wird *er* von ihr verlassen." – Auch im letzten Satz dieser traurigen Kurzgeschichte bleibt Otto Satzsubjekt. Die Topic-comment-Struktur ist auf diese Weise erhalten geblieben. Der Passivsatz machte das möglich. Wäre der Sprecher bei der Produktion von Aktivsätzen geblieben, so hätte er formulieren müssen: „Doch Inge verläßt ihn eines Tages." Bei dieser Satzformulierung bliebe Otto nicht mehr ‚topic', jetzt wäre von Inge die Rede (= Topic-Wechsel). Man sieht also, daß zum Zwecke der Aufrechterhaltung der Topic-comment-Struktur und damit als Beitrag zur Textkohärenz ein Passivsatz gebildet wurde. – Wir fügen dieses Beispiel hier ein, weil die Passivkonstruktion keineswegs auf der Ebene der aufmerksamkeitskonsumierenden Zentralen Kontrolle in Gang gesetzt wird. Wer *bemerkt* es überhaupt, daß er einen Passivsatz äußert? Und andererseits muß dem Enkodiermechanismus *vorgegeben* werden, ob er einen Aktiv- oder einen Passivsatz zu bilden hat. Die Regeln der deutschen Sprache schreiben im gegenwärtigen Fall weder das eine noch das andere vor. So wird die Bildung des Passivsatzes also von einem Subsystem der Sprachproduktion ‚verwaltet', bei dem es sich weder um die Zentrale Kontrolle noch um den Enkodiermechanismus handelt. Diese und viele andere Beispiele erweisen die Notwendigkeit der theoretischen Unterstellung einer Zwischenebene von Hilfssystemen.

6.2.3 Der Enkodiermechanismus

Der Enkodiermechanismus ist der Ort der Umsetzung des Enkodierinputs in eine einzelsprachliche Äußerung. Erst hier wird im engeren Sinne etwas Sprachliches produziert. Hier unterscheiden sich die Sprecher verschiedener Sprachen völlig voneinander. (Auch bestimmte Hilfssysteme sind zweifellos bei Sprechern verschiedener Sprachen unterschiedlich beschaffen.) Enkodiermechanismen sind, wie schon berichtet, zu jeder Zeit unter Berücksichtigung der jeweiligen Kommunikationssituation, wie sie sich in der Fokusinformation des Sprechers mental abbildet, in bestimmter Weise *eingestellt* (s. oben: Enkodiereinstellung): auf Standardsprache, Dialekt, auf unterschiedliche Sprachschichtniveaus, auf verschiedene Stimmführungen (zum Beispiel Flüstern) und vieles andere mehr.

Enkodiermechanismen sind – wenn man so sagen darf – unintelligent. Sie planen und entscheiden nicht. Sie folgen ihren festen Regeln, soweit die Default-Bedingungen (s. oben) vorliegen, und sie führen die Befehle aus, die in Form der von Hilfssystemen verfertigten Markierungen des jeweiligen Enkodierinputs bei ihnen ankommen.

Ob auch der Enkodiermechanismus in autonomer Weise nach dem Regelkreisprinzip arbeitet, ist bis heute nicht völlig geklärt. Es gibt aber überzeugende Anhaltspunkte dafür, daß auch der Enkodiermechanismus seine eigenen Operationen auf Fehler überprüft und diese korrigiert (vgl. dazu Schade & Eikmeyer, 1990). Eine andere Auffassung besteht darin, daß Sprechfehler – auch auf der Phonem- und Silbenebene – nicht im Enkodiermechanismus selbst, sondern im Rahmen der generellen Überwachungsaufgaben der Zentralen Kontrolle erkannt und berichtigt werden. (Vgl. dazu auch allgemein Levelt, 1989.) Fehlererkennung und Fehlerkorrektur im Enkodiermechanismus selbst erfordern die Annahme, daß auch der Enkodiermechanismus ‚rückgekoppelt' ist, also nach dem generellen Regelkreisprinzip arbeitet. Es spricht vieles dafür, daß auch der Enkodiermechanismus und damit *alle* Subsysteme des Sprachproduktionssystems Kontrollelemente von der Art des Regelkreises enthalten (vgl. auch MacKay, 1987).

Der Enkodiermechanismus hat im wesentlichen drei Aufgaben: (a) Er erzeugt bei vorgegebenem Enkodierinput geeignete *Wörter und Wortformen.* (b) Er stellt, zum Teil nach Vorgabe der Hilfssysteme, *grammatisch geregelte Wort- beziehungsweise Morphemfolgen* her (vgl. auch oben 1.2.3). (c) Er produziert *Vorgaben für das prosodisch modulierte Aussprechen* der zu produzierenden Äußerung.

Der Enkodiermechanismus, so wie wir ihn auffassen, beendet seine Tätigkeit mit der Fertigstellung von *Phonemfolgen* (s. auch oben 1.3), denen spezifische *Zusatzinformationen* über die zu realisierende Betonung, Segmentierung usf. beigegeben sind. Dies sind die Vorgaben für die nachgeordneten Instanzen, die nach Maßgabe dieser Bedingungen *prosodisch modulierte Lautfolgen* erzeugen. (Dieser Lautfolgengenerator, der primär psychophysiologisch zu behandeln ist, gehört nicht mehr zum Thema dieses Buches.)

Was die Aufgabe (a) betrifft, so erzeugt der Sprecher ‚Normalformen' von Wörtern oder Wortstämme, freie Morpheme und andere Wortformen verschiedener Art (s. oben 1.2) oder auch fertige nicht-propositionale Redeteile. Für die Erledigung der Aufgabe (b) müssen grammatische Flexionen und Reihungen realisiert werden; bestimmte Wörter müssen in die richtige Form und die richtige Abfolge gebracht werden. Dabei geht es, wie wir schon dargestellt haben (s. oben 1.2.3), um die Verwendung *grammatischer Schemata* für Satzteile oder sogar für ganze Sätze; die generierten Wörter müssen dann sozusagen in diese Schemata eingepaßt werden. *Abbildung 6.2* gibt einen ersten und noch sehr pauschalen Eindruck vom Aufbau des Sprachproduktionssystems.

SPRECHEN

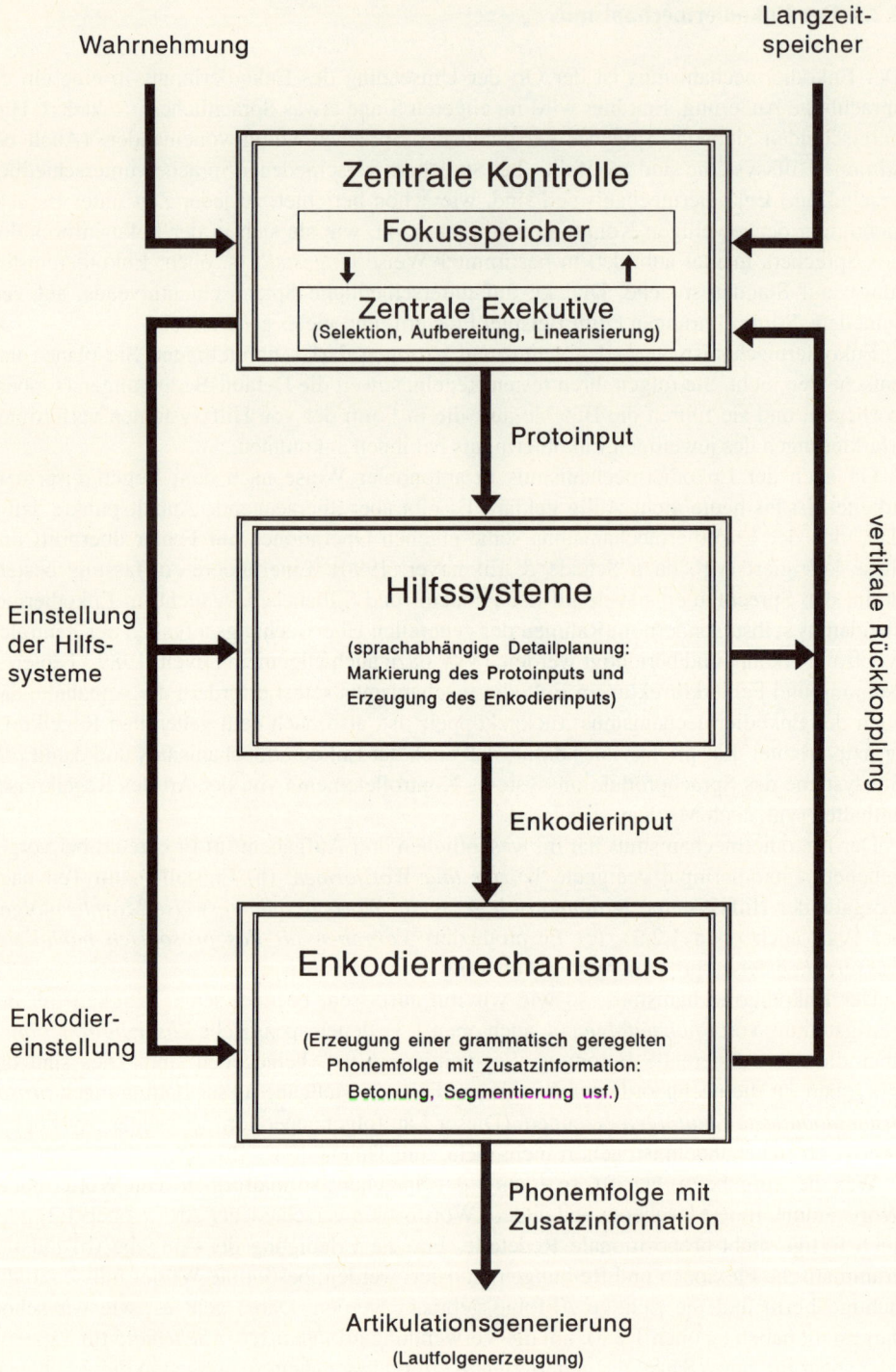

6.2 Vereinfachtes Schema der Architektur des Sprachproduktionssystems (vgl. Text).

Dieses System von Sprachproduktionsinstanzen dient der Reiz-, Schema- und Ad hoc-Steuerung des Sprechens in gleichem Maße, doch muß das funktionale *Zusammenspiel* dieser Instanzen bei den verschiedenen Kontrollversionen als unterschiedlich aufgefaßt werden.

6.3 Wissen, Können, Information

Die Psychologie und so auch die Sprachpsychologie betrachten den Menschen ganz wesentlich als informationsverarbeitendes, seine Umgebung und sich selbst intern abbildendes (repräsentierendes) System (vgl. allgemein Anderson, 1988). Das Sprechersystem reguliert sich, indem es Information aufnimmt, verarbeitet, speichert und nutzt. In anderer Ausdrucksweise: Der Sprecher benötigt vielfältiges nutzbares Wissen und vielseitige Fertigkeiten (Können), um diejenigen sprachlichen Äußerungen erzeugen zu können, die zur Ist-Soll-Angleichung führen.

Die Frage nach der Natur der menschlichen Informationsverarbeitung, nach den kognitiven Prozessen, die dabei ablaufen, nach den verschiedenen Arten (,Formaten') von Information beziehungsweise interner Repräsentation und ähnliche Problemstellungen stellen eines der derzeit zentralen theoretischen Themen der psychologischen Grundlagenforschung dar. Ein großer Teil der Forschungsarbeiten richtet sich auf die Beantwortung dieser Fragen. Theoretische Diskussionen über Informationsverarbeitung und interne Repräsentation füllen Bibliotheken.

Hier auch nur eine Skizze dieser Problemlage zeichnen zu wollen, wäre aussichtslos. (Zur Einführung in diesen Problembereich vgl. auch Spada, 1992.) Unbeschadet dieser Sachlage ist es aber erforderlich, zumindest einige Anmerkungen zur *Informationsverarbeitung im Sprachproduktionssystem*, zu den bei der Erzeugung von Sprachäußerungen verwendeten *Wissens- und Könnensressourcen* und speziell zur theoretischen Bestimmung von *Konzepten und Wörtern* (Wortformen) zu machen. Andernfalls bliebe die theoretische Bestimmung der einzelnen Subsysteme, Ebenen oder auch Teilprozesse der Sprachproduktion vage und unterbestimmt.

6.3.1 Wissen und Können

(i) Die Frage nach Informationsverarbeitung und interner Repräsentation kann man mit höchst unterschiedlicher Analysegenauigkeit beziehungsweise ‚Korngröße' angehen. Für die gegenwärtigen Zwecke erscheint es uns nicht notwendig, die hier interessierenden Sachverhalte mit der heute möglichen größten Analysegenauigkeit und Präzision darzustellen. (Zum Problem der Wahl von Analyseeinheiten vgl. Lachman, Lachman & Butterfield, 1979.) In allererster Annäherung kann man, in enger Anlehnung an unsere Alltagserfahrungen, das Wissen vom Können unterscheiden. Und was das Können betrifft, so kann man noch einmal wie folgt unterscheiden: Es gibt Fertigkeiten, also Können, die wir zunächst als Wissen erworben und dann durch vieles Üben automatisiert haben. Andere Fertigkeiten sind nicht aus früherem Wissen entstanden.

Betrachten wir diese unterschiedlichen Gegebenheiten am Beispiel: Wir wissen, wo Amerika liegt. Wir wissen, wo wir geboren sind. Wir wissen im allgemeinen, was wir sollen; wir kennen zum Beispiel die Zehn Gebote. Wir kennen Regeln der verschiedensten Art; entsprechendes Wissen wird zum Beispiel in der Führerscheinprüfung abgeprüft. Wir wissen also eine ganze Menge von der Welt, von der Wirklichkeit, davon, wie die Welt ‚funktioniert'. Man kann auch sagen: Wir verfügen über ein beträchtliches *Wissen-daß* beziehungsweise *deklaratives Wissen*. Deklaratives Wissen bezieht sich auch auf vielfältige Soll-Zustände der Wirklichkeit. Wir wissen, welche Tugenden und Laster es gibt, wir kennen soziale Höflichkeitsregeln. Wir haben ein Wissen darüber, wie wir sein sollten und sein möchten. Das deklarative Wissen betrifft also sowohl Ist-Zustände als auch Soll-Zustände der Wirklichkeit. – Man kann aus Büchern deklaratives Wissen darüber erwerben, wie man Diskus wirft. Dieses Wissen ist aber etwas anderes als Diskuswerfen-Können. Um vom Wissen über den Diskuswurf zum Diskuswerfenkönnen zu gelangen, benötigt man bestimmte körperliche Voraussetzungen und viel Übung. Generell kann gesagt werden, daß es Sachverhalte gibt, die man intern als deklarative Wissensstrukturen abbilden kann, ohne daß daraus so ohne weiteres oder überhaupt *Fertigkeiten* (*Können*) werden.

Wissen, wie man Diskus wirft, und Diskuswerfenkönnen sind als deklaratives Wissen und als Fertigkeit (engl. „skill") strikt zu unterscheiden. Es gibt Sachverhalte, die man weiß *und* kann. Mancher Hochleistungssportler kann sehr gut Diskus werfen und sich – bei Bedarf – genau vergegenwärtigen, was er über das Diskuswerfen weiß. (Allzu ausführliche Vergegenwärtigungen im Sinne des deklarativen Wissens können sich, wie schon erwähnt, negativ auf das Können auswirken. Das Gekonnte ist oft so ‚eingeschliffen', daß sein zügiger Ablauf durch deklarative Vergegenwärtigung in Gefahr gerät (Reason, 1990). Wer beim Maschineschreiben allzu genau über das Zueinander der Tasten nachdenkt, verschreibt sich.)

Beim Fremdsprachenlernen (s. auch unten Kapitel 11) wird von seiten des Lehrers häufig zunächst deklaratives Wissen vermittelt: Man weiß dann als Schüler zum Beispiel, nach welchen Regeln im Englischen verneinende Sätze konstruiert werden. Durch Übung wird aus diesem Wissen vielleicht bald ein automatisiertes Können. Der fortgeschrittene Lerner muß sich die Regeln für Negationssätze im Englischen nicht erst deklarativ vergegenwärtigen, um die Sätze bilden zu können; er bildet sie sozusagen automatisch. Es mag sogar vorkommen, daß der routinierte Fremdsprachensprecher inzwischen Teile seines *deklarativen* Wissens über die zu lernende Sprache vergessen hat. Dann *kann* er zum Beispiel Negationssätze im Englischen richtig bilden, ohne aber noch im einzelnen richtig angeben zu können, wie die entsprechenden grammatischen Regeln lauten. In diesem Falle *kann* jemand etwas, was er nicht mehr (im einzelnen) *weiß*.

Darüber hinaus gibt es Fertigkeiten, die nicht aus vorgängigem Wissen entstanden sind. Nur ganz wenige Menschen *wissen*, nach welchen grammatischen Regeln man in der jeweiligen *Muttersprache* Negationssätze (oder Passivsätze, das richtige Tempus usf.) erzeugt. Wer grammatisch richtig sprechen *kann*, muß die Grammatik seiner Sprache nicht *kennen*. Auch können schon kleine Kinder Tennisbälle weit werfen, ohne bekanntlich die geringste Ahnung von den biophysikalischen Gesetzen der Optimierung des Weitwurfs zu besitzen.

Fassen wir die bisherigen Überlegungen zusammen, so verfügt der Mensch über abrufbares und nutzbares (deklaratives) *Wissen* von der Welt. Außerdem verfügt er über vielfältiges *Können*. Was dieses Können (Fertigkeiten) betrifft, so lassen sich zwei Unterteilungen machen, die nicht völlig deckungsgleich sind: (a) Können ist entweder aus vorherigem Wissen aufgrund von Übung entstanden. Oder dem Können ist kein deklaratives Wissen vorausgegangen. (b) Fertigkeiten beziehungsweise Können lassen sich durch Nachdenken in Wissen ‚zurückverwandeln'; man kann sich das Gekonnte deklarativ vergegenwärtigen. (In einem eher technischen Jargon kann man dann auch sagen: Die beherrschten Prozeduren kann man in Daten verwandeln; man kann Prozeduren verdaten.) Oder aber eine solche *deklarative Dekomposition* einer Fertigkeit ist nicht möglich. Hierbei ist zu beachten, daß die vergleichende Einschätzung verschiedener ‚gekonnter' Prozeduren hinsichtlich ihrer variablen Dekomponierbarkeit etwas problematisch ist: Keine denkbare Prozedur ist in einem absoluten Sinne nicht-dekomponierbar; derjenige, der sie ausführen kann, wird, zumal wenn er dabei irgendwelche Hilfen erhält (Lenkung der Aufmerksamkeit, zusätzliche Information und dergleichen), irgend etwas über diese Prozedur berichten können. Dabei mag es sich lediglich um einige wenige Prozeßaspekte, um die bloße Grobstruktur, vielleicht nur um einige Resultate der Prozedur handeln. Andererseits kann niemand irgendeine leicht zu dekomponierende Prozedur vollständig, in allen ihren Merkmalen verdaten. Der genaue Vergleich zweier ‚gekonnter' Prozeduren in Hinsicht auf ihre Dekomponierbarkeit ist – strikt betrachtet – nur zu rechtfertigen, wenn entsprechende Dekompositionskriterien (die Art und besonders die Genauigkeit der Dekomposition) vorausgesetzt werden und wenigstens annähernd konstant gehalten werden können (vgl. dazu auch Hoffmann, 1993).

Im Zusammenhang mit Wissen und Können verschiedener Art wird in der Psychologie die Unterscheidung von *implizitem* und *intentionalem* (absichtlichem) Lernen oder Gedächtnis diskutiert (Perrig, 1990; Reber, 1989; Schacter, 1987; Weinert, 1991). Zur genauen Begriffsfassung der Termini „implizit" und „intentional" (oder auch „explizit" und dergleichen) bestehen erhebliche Auffassungsunterschiede. Zumindest kann „implizites Lernen" entweder so verstanden werden, daß man etwas nicht absichtlich, nicht vorsätzlich, sondern beiläufig erlernt hat oder so, daß man etwas – wie auch immer – Gelerntes (zum Beispiel eine grammatische Regel) zwar anzuwenden, aber nicht zu benennen beziehungsweise zu beschreiben gelernt hat (Hoffmann, 1993). – Für unsere nachfolgenden Erörterungen hat die Unterscheidung „implizit vs. intentional" über die zuvor beschriebenen Unterscheidungen hinaus keine Bedeutung.

In der Kognitiven Psychologie wird häufig der Ausdruck „*prozedurales Wissen*" verwendet (vgl. Oswald & Gadenne, 1984). Nach unseren bisherigen Ausführungen ist dieser Begriff mehrdeutig. Als prozedurales Wissen kann man einerseits das Können überhaupt bezeichnen; oder es handelt sich um ein ‚Wissen über das Können', also um die deklarative Dekomposition von Prozeduren beziehungsweise um das Verdaten von Prozeduren (vgl. Oberauer, 1993). (Die mögliche deklarative Dekomposition von Prozeduren darf nicht damit verwechselt werden, daß jemand natürlich in der Regel weiß, *daß* er etwas kann.) Wir vermeiden diesen Ausdruck und unterscheiden: (1) *deklaratives Wissen*, (2) *dekomponierbares Können* (Können, welches als Wissen vergegenwärtigt werden kann) sowie (3) *nicht-dekomponierbares Können*. (Statt Können sprechen wir häufig auch von Fertigkeiten.)
(ii) Wie kann man die soeben getroffenen Unterscheidungen auf die wichtigsten Subsysteme beziehungsweise Kontrollebenen der Sprachproduktion anwenden? Die *Fokusinformation* ist zweifellos sowohl in ihren Ist- als auch in ihren Soll-Komponenten deklarative Information, deklaratives Wissen. Hier handelt es sich um Situationswissen, um allgemeines Wissen von der Welt, auch um das Wissen über eigene Zustände – und dies alles sowohl unter dem Aspekt, wie die Dinge sind, als auch, wie die Dinge sein sollten. Die Fokusinformation ist der Introspektion weitgehend zugänglich; wir können auf dieses Wissen

bewußt, absichtlich zugreifen, können dieses Wissen zum Objekt von Denkoperationen machen, usf.

Demgegenüber ist die Arbeit des *Enkodiermechanismus* und (zum größten Teil) der *Hilfssysteme* introspektiv nicht zugänglich. Der Mensch, der seine Muttersprache spricht und der nicht gerade Sprachwissenschaftler ist, hat die Fertigkeiten, die im Enkodiermechanismus und in den Hilfssystemen realisiert werden, nie *gewußt* beziehungsweise *gekannt*. Dieses Können ist nicht aus vorgängigem Wissen entstanden, und es ist kaum dekomponierbar. Übrigens stört auch hier oft schon der Versuch einer Dekomposition den zügigen und fehlerlosen Ablauf der Prozesse. Wer während des Sprechens überlegt, wie er seine Sprechtätigkeit im einzelnen vollzieht, ist im allgemeinen außerordentlich sprechfehlergefährdet. (Dies erinnert an den Tausendfüßler, der nicht mehr gehen konnte, als er begann, das Zusammenspiel seiner Füße zu bewundern.)

Die Fertigkeiten, die dem Funktionieren der *Hilfssysteme* zugrundeliegen, erscheinen in variablem Ausmaß dekomponierbar. Zumeist pflegen diese Fertigkeiten im Alltag aber nicht dekomponiert zu werden. Wer *kennt* schon die Regeln, nach denen man beim Sprechen über räumliche Konstellationen den generischen Wanderer einsetzt. Wer *weiß* schon, wie und warum man zum Zwecke der Textkohärenz Passivsätze in seine Rede einstreut (s. oben). Andererseits *wissen* aber viele Leute ziemlich genau, wie man unter bestimmten Bedingungen Äußerungen des Partners ‚aufgreift' und paraphrasiert. (Solche Paraphrasierungen *kann* man dann nicht nur, sondern man *kennt* sie auch.)

Bezüglich der Unterscheidung von Wissen und Können und von dekomponierbarem und nicht-dekomponierbarem Können stellt die *Zentrale Exekutive* eine sehr komplizierte Mischung dar. Die bei der Arbeit der Zentralen Exekutive verwendete Information aus dem Fokusspeicher und aus Beständen des Langzeitgedächtnisses hat den Charakter deklarativen Wissens. Wenn also die Zentrale Exekutive eine bestimmte Äußerung plant, wobei sie das gegenwärtige Partnermodell berücksichtigt, so manifestiert sich im Partnermodell deklaratives Wissen. Dieses ist auch im allgemeinen introspektiv zugänglich. Auch die Berücksichtigung allgemeiner Konventionen, ethischer Prinzipien und Rationalitätsstandards betrifft Wissen-daß. Die *Prozeduren*, die über dieser vielfältigen deklarativen Information ablaufen, haben hingegen den Charakter des Könnens beziehungsweise der Fertigkeiten. Die *regelgeleitete Auswahl* bestimmter Arten von Handlungsaufforderungen beim Vorliegen geringer Legitimation und geringer Bereitschaft des Partners (s. Kapitel 4) erfordern die Anwendung einer bestimmten ‚kommunikativen Fertigkeit'. Diese Fertigkeit ist bei vielen Menschen vorhanden, ohne daß sie sich diese (als deklaratives Wissen) vergegenwärtigen könnten. Wie die Zentrale Exekutive die vielfältigen Teilabläufe der Sprachproduktion im einzelnen kontrolliert, ist der Dekomposition beziehungsweise der Introspektion ohnehin nicht zugänglich. Andere Operationen der Zentralen Exekutive lassen sich hingegen durchaus ‚verdaten'. Gerade diejenigen Prozesse, die unter außerordentlicher Anspannung der Aufmerksamkeit vollzogen werden, sind im allgemeinen nicht nur *gekonnt*, sondern sie können auch *gewußt* werden. Sprecher können dann erläutern, warum sie in einem bestimmten Augenblick etwas Bestimmtes in einer bestimmten Weise sagen werden oder gesagt haben. Es zeigt sich: Die Zentrale Exekutive bildet hinsichtlich der Verwendung von Wissen und von dekomponierbarem beziehungsweise nicht-dekomponierbarem Können eine komplexe Mischung.

6.3.2 Allgemeine theoretische Positionen

Wenn wir uns im folgenden der *Feinstruktur* des Wissens und Könnens zuwenden, soweit dies für die Darstellung der Sprachproduktion erforderlich ist, so stehen wir in der Gefahr, uns in der enormen Komplexität und Widersprüchlichkeit der heutigen theoretischen Diskussion zu Informationsverarbeitungsprozessen und internen Repräsentationen zu verlieren. Grundsätzliche theoretische Erörterungen sind, wie erwähnt, von unserer Seite im vorliegenden Zusammenhang also nicht möglich, und sie sind auch gar nicht erforderlich.

Zum Beispiel werden wir uns hier nicht definitiv für jeweils eine bestimmte Antwort auf die beiden folgenden Fragen entscheiden: (1) Ist die interne Repräsentation *digital* oder *analog*? (Vgl. Kosslyn, 1980; Pylyshyn, 1981; Wender, 1992.) (2) Erfolgt die Informationsverarbeitung (und ist die interne Repräsentation) *symbolisch* oder *subsymbolisch* (gemeint ist eigentlich *nicht-symbolisch*; der Terminus „subsymbolisch" blieb jedoch aus der ursprünglichen Verwendung für Prozesse „unterhalb der Ebene der Symbolverarbeitung" erhalten)? (Vgl. Anderson, 1983; Goschke & Koppelberg, 1990; Hinton & Anderson, 1981; Schade, 1992.)

(1) Jemand nimmt eine aus mehreren Objekten bestehende Raumkonstellation wahr und will deren Beschaffenheit so registrieren beziehungsweise dokumentieren, daß er sie später anhand seiner Aufzeichnungen rekonstruieren kann. Er mag eine möglichst genaue Zeichnung anfertigen; dann bildet er die Raumkonstellation *analog* ab. Bei der Zeichnung und dem Nachgezeichneten sind zumindest einige Winkel zwischen geraden Linien, einige Kurvenzüge, einige Streckenrelationen und dergleichen gleich oder fast gleich. Zeichnung und Gezeichnetes haben *physikalisch beschreibbare Merkmale* gemeinsam. Oder er schreibt – vielleicht neben anderen Merkmalen – die Raumkoordinaten der Objekte auf. Koordinatenwerte sind Symbole in einem Symbolsystem, die die Position der einzelnen Objekte in abstracto angeben. Mittels Zahlen geschriebene Koordinatenwerte und an bestimmten Raumpositionen befindliche Punkte haben keine relevanten *physikalisch beschreibbaren Merkmale* gemeinsam; etwa das Symbol „(4,7)" hat als *graphisches Gebilde* nichts mit einem ihm zugeordneten Punkt in einer Raumkonstellation gemein. Es handelt sich hier um eine *digitale* Abbildung, die man bisweilen auch ‚abstrakte' oder ‚propositionale' Repräsentation nennt. (Der Ausdruck „digital" ist aus der Technik bekannt; man denke an digital arbeitende Uhren oder Tonträger.) – Diese und ähnliche Beispiele können deutlich machen, nach welcher Vorstellung man auch die *interne* (mentale, kognitive) *Repräsentation* von Merkmalen oder Relationen von Dingen in der Umgebung menschlicher Systeme entweder als analoge oder als digitale Repräsentation verstehen kann.

Wir nehmen nicht dazu Stellung, ob der Mensch seine Umgebung ‚in Wahrheit' entweder analog oder digital repräsentiert oder ob er ‚in Wahrheit' bestimmte kognitive Leistungen mit Hilfe der digitalen Repräsentation und andere mit Hilfe der analogen Repräsentation erbringt (vgl. Velichkovsky, 1988). Wir betrachten im gegenwärtigen Zusammenhang die analoge und die digitale Repräsentation als *heuristische Modellvorstellungen*, die nicht schlechthin wahr oder falsch, sondern für die Beschreibung und Lösung theoretischer *Probleme* und auch für die Zwecke verständlicher *Darstellung* mehr oder minder *nützlich* sind. (Vgl. dazu auch Schnotz, 1988.)

Anders formuliert: Wir unterstellen für theoretische Zwecke von Fall zu Fall eine analoge oder digitale Abbildungsweise, ohne damit behaupten zu wollen, wie interne Abbildungen ‚ihrem Wesen nach' beschaffen sind. (Zu diesem methodischen Vorgehen vgl. auch Herrmann, 1983.)

(2) Man kann sich vorstellen, daß das informationsverarbeitende System *Symbole* (als abstrakte Zeichen für Eigenschaften und Relationen der Systemumgebung) verarbeitet beziehungsweise ‚manipuliert' (Fodor, 1987; Fodor & Pylyshyn, 1988). So haben wir – wie auch immer im einzelnen beschaffene – Symbole für die Dinge, Ereignisse, Sachverhalte unserer Umwelt in unserem Gedächtnis. Wir können diese Symbole sozusagen aus dem Gedächtnis hervorholen und an ihnen mentale Operationen der verschiedensten Art ausführen. So verfügen wir über interne Symbole für Dolche, Rosen und Waffen. Durch entsprechende mentale Operationen können wir diese drei Symbole so manipulieren, das heißt wir können an ihnen Zuordnungs- beziehungsweise Unterordnungsoperationen in einer Weise durchführen, daß wir auf eine entsprechende Frage antworten können, ein Dolch sei eine Waffe, eine Rose aber nicht. Oder wir beantworten – etwas romantisch – die Frage so, daß auch eine Rose eine Waffe (der Liebe) sei; dann ist unser internes Symbol, das sich auf Waffen bezieht, von anderer Beschaffenheit als im zuerst genannten Fall. (Es muß uns hier nicht interessieren, wie man sich solche Operationen im einzelnen vorzustellen hat. Vgl. dazu Herrmann, 1985; Hoffmann, 1986; Klix, 1978, 1984; sowie Abschnitt 2.7.)

Man kann das Zustandekommen richtiger Antworten auf die Frage, ob Rosen oder Dolche Waffen sind, auch ganz anders konzipieren: Unser Informationsverarbeitungssystem verfügt über ein *Netzwerk*, das aus Knoten („units") und aus Verbindungen zwischen den Knoten besteht. (Die Knoten lassen sich als in bestimmte ‚Schichten' oder ‚Ebenen' angeordnet denken.) Die Knoten können mehr oder weniger stark aktiviert sein, das heißt, sie können verschiedene Zustände annehmen, die auf einer Aktivationsdimension variieren. (Eine gewisse Veranschaulichung geben die Nervenzellen, die ebenfalls unterschiedlich ‚erregt' sein können. Doch darf man das hier interessierende Netzwerk nicht mit einem tatsächlichen Nervennetzwerk gleichsetzen. Es handelt sich um ein *theoretisches Modell*.) Ist ein Netzwerkknoten aktiviert, so kann dies in bezug auf andere Knoten, mit denen er verknüpft ist, zweierlei Folgen haben: Der Knoten, mit dem der aktivierte Knoten in Verbindung steht, wird ebenfalls aktiviert (= Aktivationsausbreitung), oder seine Aktivierung wird gehemmt (inhibiert). – Welche Wirkung die Aktivation eines Knotens auf den Aktivationszustand des mit ihm verbundenen Nachbarknotens hat, ist von der jeweils bestehenden aktivierenden oder hemmenden *Verbindung* zwischen den Knoten abhängig. Knoten, die nicht miteinander verbunden sind, haben keine direkte Wirkung aufeinander. – Eine genauere Darstellung der Netzwerkkonzeption findet sich im Abschnitt 6.3.3(ii).

Die Frage, ob ein Dolch eine Waffe ist, wird vom informationsverarbeitenden System nun so behandelt, daß interne Repräsentationen von „Dolch" und „Waffe" bestimmte Eingangsknoten des Netzwerks aktivieren. Die Aktivation dieser Eingangsknoten breitet sich im Netzwerk aus und setzt einen hochkomplexen Prozeß gegenseitiger Aktivierung und Hemmung in Gang. Endlich ist auch ein Knoten (= Endknoten) hochaktiviert, der als „ja" interpretiert werden kann. (Der Endknoten, der als „nein" interpretiert werden kann, wird entsprechend in seiner Aktivation gehemmt.) Die Antwort „ja" wird hier also nicht durch die Manipulation von Symbolen, sondern durch ein außerordentlich kompliziertes Muster von Aktivationen und Hemmungen in einem Netzwerk erzeugt, wobei der Aktivations- und Hemmungsverlauf bei Eingangsknoten beginnt und bei Endknoten endet. Kein Knoten, keine Knotenverbindung und keine Knotenaktivierung oder Knotenhemmung *bedeuten* (symbolisieren) etwas (vgl. Goschke & Koppelberg, 1990). Die Informationsverarbeitung ist hier *nichtsymbolisch* (subsymbolisch). (Vgl. auch unten 9.3.)

Wir sympathisieren im Zusammenhang mit der Sprachproduktion mit theoretischen Modellen nichtsymbolischer Verarbeitung, die man meist *Konnektionistische Modelle* (oder auch – etwas mißverständlich – Neuronale Netzwerk-Modelle) nennt (Schade, 1992). Doch spricht auch viel dafür, daß die Sprachproduktion in einem ‚hybriden' (= gemischten) System aus symbolischen und subsymbolischen Anteilen erfolgt.

Im gegenwärtigen Zusammenhang verfahren wir wie bei der Analog-digital-Unterscheidung: Wir benutzen am gegebenen Ort diejenige Modellvorstellung, die wir theoretisch und für unsere Darstellung für nützlich halten. In diesem Zusammenhang sei darauf hingewiesen, daß die subsymbolischen (konnektionistischen) Beschreibungen der menschlichen Informationsverarbeitung und ihre symbolischen Beschreibungen zueinander in der Beziehung ‚molekular' und ‚molar' stehen: Die subsymbolische Beschreibung ist detailreicher beziehungsweise ‚feinkörniger' und – bei erträglichem Beschreibungsaufwand – vor allem für kleinere Phänomenbereiche geeignet. Bei gleichem Beschreibungsaufwand kann man mit symbolischer Beschreibung größere Phänomenbereiche abdecken – und bleibt dabei auch näher bei unseren gewohnten Alltagsvorstellungen.

Wir weisen noch darauf hin, daß man insbesondere das Können (beziehungsweise das ‚prozedurale Wissen', s. oben) häufig mit Hilfe von theoretischen Modellen konzipiert, die man *Produktionssysteme* nennt (Newell, 1973; vgl. Opwis, 1988). Diese befinden sich wieder im Bereich der symbolischen Auffassung von der Informationsverarbeitung. Ein Produktionssystem besteht aus einer Menge von *Produktionsregeln*, einer *Datenbasis* und einem *Interpreter*. (Man merkt sogleich: Auch Produktionssysteme sind Kinder der Informatik.)

Produktionsregeln haben den Charakter von ‚bedingten Aktionen', die aus einer Bedingung und einer (auszulösenden) Aktion bestehen: Wenn X, dann tue Y! (zum Beispiel „Wenn du das letzte Wort eines Satzes geschrieben hast, setze einen Punkt!") – Die *Datenbasis* enthält die Informationen, die darüber entscheiden, ob die Wenn-Bedingung einer Produktionsregel vorliegt oder nicht. Die durchgeführten Aktionen können die Datenbasis ändern. (Eine bedingte Aktion kann zum Beispiel darin bestehen, Information in der Datenbasis zu löschen.) – Der *Interpreter* kontrolliert den Ablauf des Gesamtgeschehens. Er entscheidet zum Beispiel, welche Produktionsregel im Augenblick angewendet wird und welche nicht. Da bedingte Aktionen die Bedingungen für andere Aktionen ändern können, ist die Arbeit eines Produktionssystems außerordentlich dynamisch und komplex. (Vgl. zur Einführung Wender, 1992.)

Wir lassen es dahingestellt, wieweit man das bei der Sprachproduktion benötigte Können im Sinne von Produktionssystemen konzipieren kann oder sollte. Wir verwenden diese Modellklasse im gegenwärtigen Zusammenhang nicht. (Wir diskutieren hier auch nicht, wie man sich vorstellen kann, was dem in den theoretischen Modellen der Produktionssysteme Konzipierten auf der Seite der Hirnfunktionen entsprechen könnte.) – Im übrigen ist das Können, welches bei der Sprachproduktion genutzt werden muß, so außerordentlich verschiedenartig, daß nicht absehbar erwartet werden kann, daß alle diese Varianten mit Hilfe einer einzigen theoretischen Auffassung beziehungsweise Modellbildung sinnvoll und praktikabel erfaßt werden können. Man vergleiche in dieser Hinsicht zum Beispiel (a) das Können, welches sich darauf bezieht, in Abhängigkeit von bestimmten Merkmalen der Kommunikationssituation angemessene Varianten von Handlungsaufforderungen zu erzeugen (s. oben Kapitel 4), mit (b) dem Können, das die Anpassung unserer Artikulationsmuskulatur (Zunge, Gaumensegel, Lippen) an die Sprechgeschwindigkeit ermöglicht (vgl. Lindblom, 1982).

SPRECHEN

6.3.3 Konzepte und Wörter

(i) Die DMF-Theorie: Wir haben soeben ausgeführt, daß wir uns bei der Darstellung der Sprachproduktion nicht auf allgemeine theoretische Erörterungen zur Beschaffenheit interner Repräsentationen und zur Natur von Informationsverarbeitungsprozessen einlassen wollen. In unserer Sicht kann man aber die Erzeugung sprachlicher Äußerungen nur dann hinlänglich verstehen, wenn man sich zuvor etwas genauer mit der Beschaffenheit von *Konzepten* und von intern repräsentierten *Wörtern* (beziehungsweise Wortformen) befaßt (vgl. auch Jackendoff, 1991). Das soll jetzt geschehen. Welche Art von Information stellen Konzepte und intern repräsentierte Wörter dar?

Wie wir bereits an mehreren Stellen dieses Buches klargestellt haben (vgl. die Abschnitte 1.2.3 und 2.6), kann man über die Konzepte (als die kleinsten Einheiten unseres Wissens) und über die vom Sprecher intern repräsentierten Wörter beziehungsweise Wortformen die folgenden drei globalen Aussagen treffen (Herrmann, 1985; Mangold-Allwinn, 1993):

– *Konzepte* und intern repräsentierte *Wörter* sind verschiedene psychische Entitäten. Wir fassen beide als *Komplexe aus vernetzten Merkmalskomponenten* (= Marken), also als *Markenkomplexe* (Markenmixturen, ‚Marken-Mixe') auf. Insofern wir diese Markenkomplex-Auffassung auf die beiden getrennten Entitäten der Konzepte und der Wörter gleichermaßen anwenden, ist diese Auffassung *dual*.
– Die Markenkomplexe (Konzepte und Wörter) sind jeweils aus Marken verschiedener Modalität (abstrakt, sensorisch-visuell, motorisch, emotiv-bewertend usf.) zusammengesetzt; die Markenkomplexe der Konzepte und der Wörter sind also *multimodal*.
– Die Markenkomplexe sind (auch) intraindividuell variabel; sie sind zu verschiedenen Zeitpunkten aus unterschiedlichen Merkmalen komponiert; ihre ‚Komposition' kann sich innerhalb ein und desselben Kognitionsvorgangs ändern. Sowohl die Konzeptmarkenkomplexe als auch die Wortmarkenkomplexe sind also *flexibel*.

Die drei Bestimmungen (dual, multimodal, flexibel) haben dazu geführt, den hier zugrunde gelegten theoretischen Ansatz auch als *DMF-Theorie* zu bezeichnen (s. auch oben Abschnitt 2.6).

> Nach der heute in der Kognitions- und Gedächtnispsychologie vorherrschenden Auffassung werden nicht – wie nach der DMF-Auffassung – Wörter von Konzepten, sondern ‚semantische' von ‚graphemisch-phonetischen' Merkmalen von *Wörtern* unterschieden. (Vgl. dazu beispielsweise Johnson-Laird, 1987; Klimesch, 1988.) Die beiden Einteilungen sollten auseinandergehalten werden. Der Kern der DMF-Theorie besteht darin, daß abstrakte, sensorische, motorische und emotiv-bewertende Marken sowohl bei Konzepten als auch bei Wörtern vorkommen. Konzepte können also auch sensorische oder motorische Marken enthalten; Wörter können auch nicht-graphemische und nicht-phonetische Marken enthalten. Was in der Kognitions- und Gedächtnispsychologie überwiegend als ‚graphemisch-phonetische' Merkmale von Wörtern bezeichnet wird, liegt nach der DMF-Theorie in differenzierter Form als sensorisch-visuelle Marken (zum Beispiel vorgestelltes oder wahrgenommenes Schriftbild) oder als sensorisch-auditive Marken (zum Beispiel vorgestellte oder wahrgenommene Lautäußerung) oder als motorische Marken (zum Beispiel vorgestellte oder wahrgenommene Eigenbewegungen beim Sprechen) vor (Herrmann, 1985, S. 76ff.). Den ‚semantischen' Wort-Merkmalen entsprechen nach der DMF-Auffassung weitgehend

abstrakte Wort-Marken (zum Beispiel die Information „aus dem Griechischen stammendes Fremdwort" oder „Nomen"). Neben die diversen Wort-Marken treten zufolge der DMF-Auffassung die Marken der Konzepte, die ebenfalls multimodal sind (Herrmann, 1985, S. 96ff.).

Es sei kurz auf einige *empirische Befunde* hingewiesen, die außerhalb der Sprachproduktionspsychologie entstanden sind und die wir für geeignet halten, die DMF-Theorie zu stützen (vgl. auch Herrmann, 1985, S. 98ff.). (Diese Befunde widersprechen übrigens nicht der obigen Unterscheidung der ‚semantischen' von ‚graphemisch-phonetischen' Merkmalen von Wörtern.) Es zeigt sich durchgängig, daß Konzepte und Wörter aus *Komponenten* bestehen (vgl. schon Rips, Shoben & Smith, 1973): So besteht Einigkeit darüber, daß die perzeptuellen (,wahrnehmungsnahen') Merkmale von Wörtern, also die visuellen, auditiven und motorischen Merkmale, getrennt von den abstrakten beziehungsweise ‚semantischen' Merkmalen im Gedächtnis gespeichert sind (Klimesch, 1988; S. 144; Posner & Carr, 1992; vgl. schon Dölle, 1933). Markenfelder von Wörtern und von Konzepten können voneinander in verschiedener Hinsicht unterschieden werden (s. auch unten). Zum Beispiel gleicht die Ähnlichkeitsstruktur von Farbwörtern bei normalsichtigen Personen der Ähnlichkeitsstruktur ihrer vor allem sensorisch bestimmten Farbkonzepte. Auch Blindgeborene kennen Farbwörter, doch ist die Ähnlichkeitsstruktur dieser Wörter bei ihnen instabil und inkonsistent. Blinden fehlen nämlich die sensorischen Anteile der Farbkonzepte, nach deren Ähnlichkeitsmuster sich die Ähnlichkeitsstruktur der Farbwörter bei Normalsichtigen aufbaut (Shepard & Cooper, 1975).

Viele Experimentalergebnisse zeigen, daß auditive, visuelle und motorische Marken voneinander getrennt gespeichert werden (Engelkamp & Zimmer, 1983; Seymour, 1979; Zimmer, 1985). Innerhalb des sensorisch-visuellen Markenfeldes lassen sich Farb-, Positions- und Formmarken unter anderem dadurch unterscheiden, daß Farb- und Positionsmarken schneller vergessen werden als Formmarken (Jones, 1979). Größenmerkmale von Objekten können intern sowohl abstrakt als auch sensorisch-visuell abgebildet sein (Moyer, 1973).

Je mehr Marken ein Konzept enthält, desto schneller kann es kognitiv verarbeitet werden (vgl. Hoffmann, 1986, S. 68ff.). Auch dieser Befund erweist, daß Konzepte aus Komponenten (Marken) bestehen. Die ‚Komposition' der Konzepte ist inter- und intraindividuell variabel und kontextabhängig: Je nach Kontext kann bei einem Konzept wie KLAVIER einmal die Marke SCHWER und dann wieder die Marke GUT KLINGEND dominant aktiviert sein (Barclay, Bransford, Franks, McCarell & Nitsch, 1974; s. auch oben Abschnitt 2.8). Urteile darüber, wie ‚typisch' Mitglieder einer begrifflichen Kategorie sind – wie ‚typisch' sind Wale für die Kategorie der Säugetiere? –, variieren ebenfalls kontextabhängig (Barsalou, 1982). Wenn Konzepte inter- und intraindividuell unterschiedlich aus Marken ‚komponiert' sein können, so müßten je nach Markenmixtur auch die Urteile über die Ähnlichkeit zweier Konzepte variieren. Dies ist der Fall (Barsalou, 1989; Mangold-Allwinn, 1993). Konzepte werden vom Rezipienten unterschiedlich aus Marken ‚komponiert', je nachdem, in welchem Satzkontext die sie bezeichnenden Wörter auftreten (vgl. Tabossi, 1988). (Zur flexiblen ‚Komposition' von Konzepten vgl. allgemein Goschke & Koppelberg, 1990.)

Der russische Psychologe Luria hat ein Buch über ein ‚Gedächtnisgenie' geschrieben: Der Zeitungsreporter W. Schereschewskij verfügte über eine schier unglaubliche Merkfähigkeit. Er brauchte sich Zahlenkolonnen, Buchstabenfolgen, Wörterlisten, irgendwelche Formeln, Gedichte (auch in fremden Sprachen) und dergleichen nur für zwei oder drei Minuten anzusehen, um sie dann noch nach Jahren (oder gar Jahrzehnten) exakt und fehlerfrei wiedergeben zu können. Wie gelang ihm das? Er hatte eine exorbitante Vorstellungs- oder Einbildungskraft: Zu jeder Zahl, jedem Wort oder jedem Buchstaben fielen ihm sofort ein Bild, ein Klang, ein Geruch, ein Tasteindruck ein, und er konnte sich diese sensorischen Eindrücke bei Bedarf wieder vergegenwärtigen; so reproduzierte er das derart ‚sinnlich' Vorgestellte. Er konnte Buchstaben, Zahlen usf. von den vergegenwärtigten Bildern geradezu ablesen. Wenn er bei diesem Ablesen Zweifel hatte, ob ein Fehler vorlag, stellte er sich den Klang und den Geruch vor, die ihm beim Einprägen in den Sinn gekommen waren. Paßte alles zusammen, so wußte er, daß die Reproduktion richtig war. Manchmal gelangen ihm Erinnerungen nicht, weil er sich während des Einprägens keine günstigen Bilder vorgestellt hatte: Er konnte sich einmal nicht an ein Ei erinnern, weil er es sich in der Einprägungsphase vor einer weißen Wand vorgestellt hatte; jetzt konnte er das Ei nicht ‚sehen' ... (Luria, 1968). – Auch beim Normalen hängt die Merkfähigkeit außerordentlich stark davon ab, wie sehr er oder sie die zu merkende Information sensorisch repräsentieren kann. Der Mensch hat für Bilder, Klänge, Gerüche usf. ein fast grenzenloses Gedächtnis (vgl. auch Bransford, 1979).

Auch diese Sachlage beleuchtet den *multimodalen Charakter* der zu verarbeitenden Information und die Wichtigkeit der unterschiedlichen *sensorischen Marken* für unseren ‚kognitiven Haushalt'.

(ii) Konzepte: Die *Fokusinformation* ist aus deklarativen Wissensbeständen aufgebaut, die wesentlich aus Strukturen von *Konzepten* bestehen. Nehmen wir an, in einer bestimmten Kommunikationssituation verfüge der Sprecher über die Fokusinformation, daß Otto den Fußball köpft. Das gehört zum sprecherseitigen Situationswissen. Die Information, daß Otto den Fußball köpft, setzt sich aus drei *Konzepten* zusammen: KÖPFEN, OTTO, FUSSBALL. Es ist nun wichtig, daß diese gedankliche Struktur nicht den Charakter einer bloßen Summe aus den drei beteiligten Konzepten hat. Es ist nämlich Otto, der den Fußball köpft; es ist selbstverständlich nicht so, daß Otto vom Fußball geköpft wird. Otto ist der Handlungsträger (der Agent, Akteur) der Handlung des Köpfens; der Fußball ist das Objekt des Köpfens. Man kann das auch als *Proposition* schreiben (s. auch oben Exkurs 4.1):

[Prädikat: KÖPFEN (Agent: OTTO, Objekt: FUSSBALL)]

Eine netzwerkartige Darstellung derselben Sachlage zeigt die *Abbildung 6.3*.

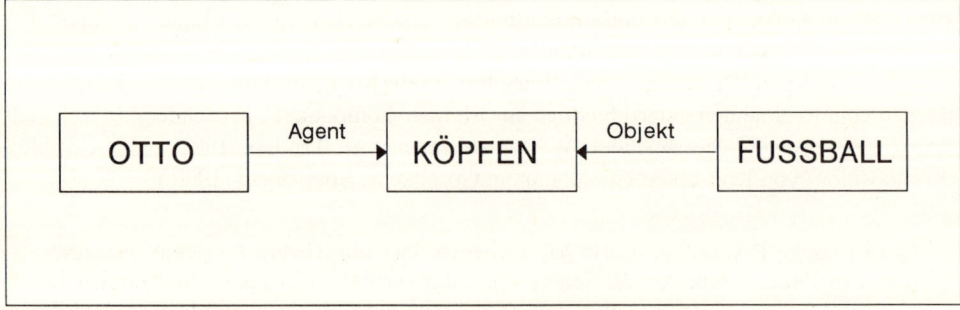

6.3 Die Konzeptstruktur OTTO KÖPFT DEN FUSSBALL als semantisches Netzwerk.

6. ALLGEMEINE THEORETISCHE GRUNDLAGEN

Es erscheint wichtig, daß es sich bei dieser konzeptuellen Struktur nicht um eine Struktur von einzelsprachlichen *Wörtern* handelt, sondern eben um eine *Konzeptstruktur*. Daß wir die Konzepte mit deutschen Wörtern bezeichnen, kommt lediglich daher, daß wir dieses Buch in deutscher Sprache abfassen: Wir schreiben in deutscher Sprache über Konzepte, die als solche keiner einzelnen Sprache angehören. Um zu kennzeichnen, daß es sich um Konzepte beziehungsweise deren Merkmale oder Marken handelt und eben nicht um Wörter, schreiben wir sie in KAPITÄLCHEN. Sprecher verschiedener Sprachen können gegebenenfalls über exakt dieselben Konzeptvarianten verfügen und sie jeweils verschieden in ihrer eigenen Sprache enkodieren.

Greifen wir aus der Konzeptstruktur das *Konzept* FUSSBALL als Beispiel heraus und betrachten wir es für sich allein. Nach der DMF-Theorie ist dieses Konzept (zu einem bestimmten Zeitpunkt t_j) ein *Komplex aus Merkmalen* (Marken), die aus verschiedenen Modalitäten (modalen Markenfeldern) stammen. Zur Erleichterung des Verständnisses des gegenwärtigen Gedankengangs stellen wir die Struktur des Markenkomplexes FUSSBALL in stark vereinfachter und schematisierter Weise dar. *Abbildung 6.4* zeigt so auch nur drei Modalitä-

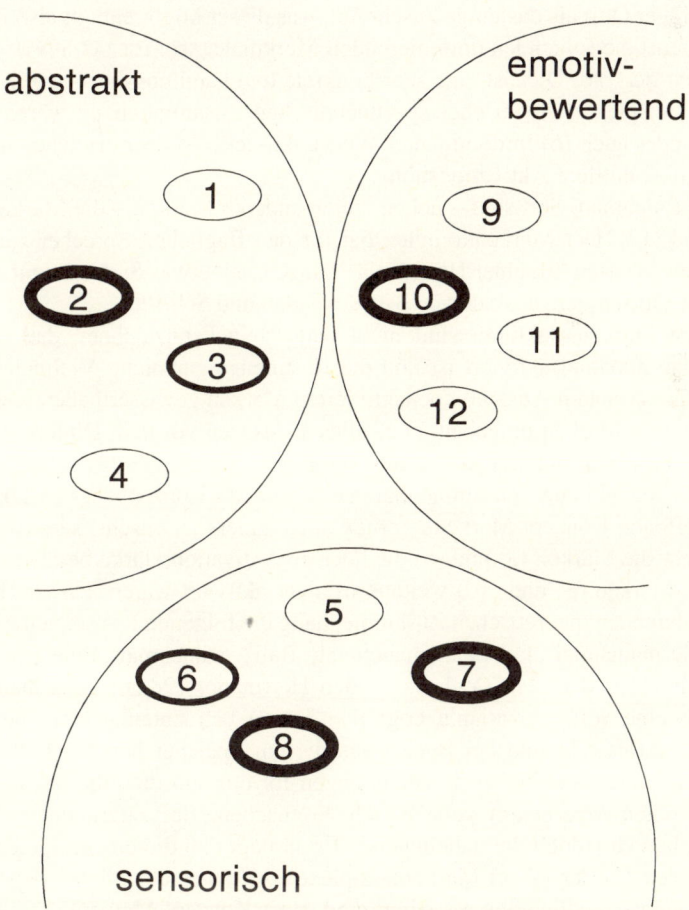

6.4 Schematisierte Darstellung des Konzepts FUSSBALL als temporärer Markenkomplex (vgl. Text).

ten (modale Markenfelder): ein *abstraktes*, ein *sensorisches* und ein *emotiv-bewertendes* Markenfeld. (Wie sehr diese Veranschaulichung aus Darstellungsgründen vereinfacht ist, wird schon ersichtlich, wenn man in Abschnitt 2.6 das Dolch-Beispiel vergleicht.)

Das *abstrakte* Markenfeld möge neben sehr vielen anderen Marken die folgenden Marken enthalten: (1) HÜLLE, (2) SPORTGERÄT, (3) TEUER und (4) PFLANZE. (Zur theoretischen Systematisierung abstrakter Merkmale vgl. Klix, 1992).

Das *sensorische* Markenfeld enthalte als Marken unter sehr vielen anderen (5) SPITZ, (6) SCHWARZ-WEISS GEMUSTERT, (7) HÜPFEND und (8) PRALL-HART.

Das *emotiv-bewertende* Markenfeld enthalte neben sehr vielen anderen Marken (9) EKELHAFT-GLITSCHIG, (10) GEFÜGIG-HANDLICH, (11) SCHWER-BEDRÜCKEND und (12) SCHRILL.

Die Marken (1) bis (12) sind in Abbildung 6.4 den drei Markenfeldern zugeordnet. Die Marken sind verschieden hoch *aktiviert*; dies ist durch Unterschiede der Strichdicke der Marken-Umrandungen symbolisiert.

Man kann dann das zum Zeitpunkt t_i vorliegende Konzept FUSSBALL als das Muster der zum Zeitpunkt t_i hochaktivierten Marken verstehen. Hochaktiviert sind – neben den vielen anderen Marken, die in unserem vereinfachten Beispiel weggelassen wurden – die Marken (2), (7), (8) und (10). Das temporäre Fußballkonzept, das der Sprecher zum Zeitpunkt t_i dem Handlungsträger Otto als dasjenige zuschreibt, was dieser köpft, enthält also im Augenblick (unter anderem) die folgenden dominierenden Merkmale: SPORTGERÄT, HÜPFEND, PRALL-HART UND HANDLICH-GEFÜGIG. Dies ist eine sehr konkrete und handlungsbezogene Konzeptualisierung. Zum Beispiel in einem eher sporttechnischen Zusammenhang wären vielleicht die Marken (3) oder auch (6) in dominanter Weise aktiviert. So aber erreichen die Marken (3) und (6) nur eine mittlere Aktivationshöhe.

Überhaupt nicht aktiviert sind – neben vielen anderen Marken – die Marken (1), (4), (5), (9), (11) und (12). Der Markenkomplex hat für den fraglichen Sprecher zum Zeitpunkt t_i also nichts zu schaffen mit einer Hülle, mit Pflanzen, mit etwas Spitzem, mit der Anmutung des Ekelhaft-Glitschigen, des Schwer-Bedrückenden und Schrillen.

Temporäre Markenstrukturen sind nicht dadurch gekennzeichnet, daß eine definierte Markenmenge maximal aktiviert ist und die Restmenge gar nicht. Vielmehr ist eine Teilmenge von in variablem Ausmaß hochaktivierten Marken gewissermaßen von einem Kranz mäßig aktivierter Marken umgeben. Dies alles sozusagen vor dem Hintergrund einer riesigen Menge momentan minimal aktivierter Marken.

In anderen gedanklichen Zusammenhängen könnte das Konzept FUSSBALL beziehungsweise der betreffende Konzept-Markenkomplex auch anders ‚gemischt' sein, wobei zum Beispiel nunmehr die Marken (3) und (6) die höchste Aktivationsstärke besäßen, während zum Beispiel die Marken (8) und (10) weitaus weniger aktiviert wären. Dieser Hinweis hat im hier interessierenden theoretischen Zusammenhang die folgende Konsequenz: Sprecher nennen Fußbälle manchmal „Fußball", manchmal „Ball", manchmal „Pille", manchmal „Kugel", manchmal „Leder" usf. (Vgl. dazu auch Herrmann, 1982a.) Falls man das Konzept FUSSBALL als eine völlig invariante kognitive Entität betrachten würde, die irgendwo im Langzeitgedächtnis ruht und bei Bedarf aus diesem Speicher hervorgeholt wird, wäre es schwierig, die unterschiedlichen Bezeichnungen für ein und dieselbe Sache (das heißt für einen identischen *Referenten*) verständlich zu machen. Bei Zugrundelegung der DMF-Theorie ergibt sich jedoch die naheliegende Erklärung, daß die einem Sprecher zur Verfügung stehenden Wörter (Wort-Markenkomplexe) mit unterschiedlichen Konzept-Markenkomplexen unterschiedlich eng assoziiert sind. (Der Konzept-Markenkomplex A sei enger mit dem Wort X als mit dem Wort Y assoziiert; beim Konzept-Markenkomplex B verhalte es sich umgekehrt.) Beim Vorliegen unterschiedlicher Konzept-Markenkomplexe ergeben sich *unterschiedliche* Bezeichnungen, wenn sich die Komplexe und Bezeichnungen auch allesamt auf *ein und denselben* ‚Gegenstand in der Welt' (= Referenten) beziehen. Dies ist, neben anderen Vorzügen, die wichtigste sprachpsychologische Funktion, die die DMF-Auffassung bietet. (Wir kommen darauf zurück.)

Die Vorstellung, daß Wissenselemente (Konzepte) wie FUSSBALL in der Form von Konzept-Markenkomplexen vorliegen, wirft die beiden folgenden Probleme auf: das *Identitätsproblem* und das *Merkmalsproblem*.

Beim *Identitätsproblem* handelt es sich, einfach formuliert, um die Frage, wieweit Konzept-Markenkomplexe variieren können, bis man sie nicht mehr als Varianten *desselben* Begriffs auffassen darf. Man kann sich in diesem Zusammenhang fragen, wie angesichts der flexiblen und so überaus unterschiedlichen Markenkomplexe die *Kontinuität* beziehungsweise die *zeitliche Konsistenz* unseres ‚geistigen Haushalts' garantiert werden kann.

Das *Merkmalsproblem* betrifft Tatbestände wie den folgenden: In unserem Beispiel (s. oben Abbildung 6.4) ist SPORTGERÄT eine (abstrakte) Marke, die zusammen mit anderen Marken das Konzept FUSSBALL ausmacht. Bei anderen Gelegenheiten darf man nun damit rechnen, daß SPORTGERÄT ein ‚selbständiges' Konzept ist, welches nunmehr ebenfalls aus Marken besteht. Daran können sich die folgenden Fragen anschließen: Sind Marken ihrerseits Konzepte, die wiederum aus Marken bestehen? Und bestehen die letzteren Marken wiederum aus Marken – ad infinitum? Wie hat man sich überhaupt vorzustellen, daß Marken Begriffe beziehungsweise Begriffe Marken sein können? – Wir gehen nacheinander auf diese beiden Probleme ein und vertiefen dabei zugleich den Einblick in die Erzeugung und Funktion von Marken-Komplexen. (Die Bezeichnung „Merkmalsproblem" bezieht sich auf die im Zusammenhang mit merkmalsgebundenen Konzepttheorien entstandene Diskussion dieses Problems. Es soll insofern nicht irritieren, daß wir über Marken sprechen.)

Zum Identitätsproblem: Muster hochaktivierter Konzept-Marken werden kognitiv weiterverarbeitet. Zum Beispiel sucht der Sprecher Wörter, um die Konzepte zu bezeichnen. Vielleicht sagt er beim Vorliegen des in Abbildung 6.4 dargestellten Markenkomplexes „Ball" oder „Pille". Oder er integriert die Markenkomplexe (Konzepte) in größere kognitive Strukturen. So wurde der Markenkomplex FUSSBALL in unserem Beispiel zum Objektargument einer Proposition, die die Information enthält, daß Otto den Fußball köpft. Oder der Sprecher sucht zum Konzept-Markenkomplex andere Konzept-Markenkomplexe, die er als ihre Ober-, Neben- oder Unterbegriffe, als Teil- oder Eigenschaftsbegriffe auffassen kann (vgl. schon Selz, 1913). Das bedeutet für unser Beispiel FUSSBALL: Ein Oberbegriff von FUSSBALL kann SPORTGERÄT, ein anderer Oberbegriff zum Beispiel SPITZENARTIKEL oder aber LADENHÜTER sein; ein weiterer Oberbegriff kann allenfalls WAS-MAN-AUF-EINE-EINSAME-INSEL-MITNIMMT sein, usf. Welchen Oberbegriff der Sprecher zu FUSSBALL wählt, ist ersichtlich primär davon abhängig, wie der *Markenkomplex* FUSSBALL jeweils genau *beschaffen* ist. (Vgl. auch Mangold-Allwinn, 1993.) – In ähnlicher Weise sind HANDBALL oder aber vielleicht LIEBLINGSPUPPE Nebenbegriffe zu FUSSBALL. Zu den Unterbegriffen könnten JUGENDFUSSBALL, LEDERFUSSBALL oder vielleicht STOFFKNÄUEL, zu den Teilbegriffen NAHT und LOGO, zu den Eigenschaftsbegriffen TEUER, KAPUTT oder RUND gehören, usf. Auch hier wieder richtet sich die ‚Wahl' im wesentlichen nach der genauen *Beschaffenheit des jeweiligen Konzept-Markenkomplexes*, den wir als FUSSBALL bezeichnet haben. (Vgl. dazu auch Hoffmann, 1986; Klix, 1978, 1983; Rey, 1983.)

Es zeigt sich: Unterschiedliche Konzept-Markenkomplexe, auch wenn sie als Varianten eines Konzepts verstanden werden (zum Beispiel FUSSBALL), werden in unterschiedlicher

Weise kognitiv verarbeitet und meist auch unterschiedlich benannt. Zwischen der Beschaffenheit des jeweiligen Konzept-Markenkomplexes und seiner kognitiven Verarbeitung besteht eine enge *Kovariationsbeziehung*, was ersichtlich ‚mentale Ordnung' gewährleistet. Eben diese Kovariation bedeutet aber auch, daß Varianten *eines* Konzepts in systematischer Weise kognitiv *verschieden* verarbeitet werden. Welche Rechtfertigung gibt es dann, trotzdem davon zu sprechen, daß es sich um Varianten *eines* Konzepts handelt?

Diese Frage kann nach unserer Auffassung nur eindeutig beantwortet werden, wenn eine Menge von Konzept-Markenkomplexen als unterschiedliche interne Abbildungen *ein und desselben* Bezugsobjekts, Bezugsereignisses oder Bezugssachverhalts in der ‚Welt' (das heißt eines externen, unabhängig von jeder internen Repräsentation beschreibbaren *Referenten*) gelten kann. Wenn man annehmen darf, daß irgendwo und irgendwann in der ‚Welt' ein bestimmtes, singuläres Ding existiert, welches konsensuell als Fußball gelten kann, und wenn wir gute Gründe dafür haben, daß mehrere Konzept-Markenkomplexe unterschiedliche interne Repräsentationen eben *dieses* Referenten sind, dann kann man diese Markenkomplexe als äquivalent beziehungsweise als Varianten eines Konzepts auffassen, das man – relativ willkürlich – mit dem in Kapitälchen geschriebenen Namen FUSSBALL versehen kann. (Freilich könnte man zum Beispiel auch verabredungsgemäß das künstliche Zeichen „NOS27" oder irgendein anderes verwenden.)

Was aber nun, wenn sich für Mengen von Markenkomplexen keine identifizierbaren Referenten finden lassen? Man denke an ‚abstrakte Begriffe' wie LIEBE, WIRTSCHAFTSWACHSTUM, KONTINGENZ, TECHNISCH ODER TUN? Hier tut man sich schwer, externe Referenten vorzuweisen. Man sollte nun folgende Gesichtspunkte unterscheiden:

Wenn Personen mehrere von ihnen zu unterschiedlichen Zeitpunkten erzeugte Markenkomplexe nachträglich selbst zum Beispiel als (Varianten von) LIEBE *klassifizieren*, so mag dies ein Indikator dafür sein, daß es sich bei den Komplexen tatsächlich um Varianten des Konzepts LIEBE handelt. (Dieser Indikator ist allerdings mit Vorsicht zu betrachten, da Menschen dazu neigen, in der Rückschau mehr Konsistenz in ihr Seelenleben hineinzuinterpretieren, als angemessen ist.)

Ein weiterer Indikator könnte vorliegen, wenn mehrere Markenkomplexe mit ein und demselben Wort verbalisiert oder in genau gleicher Weise anderweitig kognitiv verarbeitet werden. (Doch werden, wie betont, mehrere Markenkomplexe, für die man einen singulären Referenten identifizieren kann, oft in systematischer Weise unterschiedlich benannt. Generell dürften die Benennungen mit der Beschaffenheit von Markenkomplexen variieren. Und außerdem wissen wir, daß man Verschiedenes auch gleich benennen kann. – Und dies ist für andere Arten der kognitiven Verarbeitung von Markenkomplexen ebenfalls zu erwarten.)

> Relativ harmlos erscheint uns die gängige Praxis, eigene Markenkomplexe oder diejenigen, die man bei anderen erkennt oder vermutet, in einer *informellen*, auf bloßem intuitivem *Eindruck* beruhender Weise als *Varianten eines einzigen Konzepts* zu behandeln und dieses Konzept mit einem Begriffsnamen (zum Beispiel LIEBE) zu versehen. Wir selbst setzen diese kommunikative Praxis in diesem Buch durchaus ein und schließen uns damit einem gängigen Vorgehen an.

Strikt betrachtet, stellt sich die Sachlage beim *Fehlen* identifizierbarer Referenten, deren variable interne Abbildung Konzept-Markenkomplexe sind, als schwierig dar: Mengen von aktivierten Markenkomplexen können, wie dargestellt, allenfalls dann als Varianten eines Konzepts interpretiert werden, wenn (1) nachweisbar ist, daß sie kognitiv in gleicher Weise *verarbeitet* (auch benannt) werden oder (2) wenn sie von der betreffenden Person einem bestimmten Konzept *zugeordnet* werden. Dann kann man den Markenkomplexen invariante Teilkomplexe (s. unten) zuerkennen. Soweit diese Sachlage vorliegt oder begründet angenommen werden kann, könnte man sie begriffstheoretisch mit Hilfe der Prototypentheorie (Rosch, 1975) oder der Fuzzy-set-Theorie (Zadeh, 1965) zu analysieren versuchen. (Zur Kategorienbildung s. unten (3).)

Unhaltbar und nutzlos wäre die theoretische Annahme, daß den verschiedenen Markenkomplexen ein irgendwo im Gedächtnis ‚latent' überdauerndes globales Konzept zugrunde liegt; dieses Dauerkonzept werde dann und wann als Ganzes aus dem Gedächtnis abgerufen und durch variable Aufbereitungsmaßnahmen in unterschiedliche Markenkomplexe verwandelt.

Nach der hier vertretenen Auffassung *existieren* Konzepte nur zu bestimmten Zeitpunkten t_i *als* aktivierte Markenkomplexe. Man kann diese Markenkomplexe, wie soeben diskutiert, als Konzepte interpretieren. Dasjenige, mit dessen Hilfe man etwas interpretiert, kann nun schon aus logischen Gründen nicht die (Mit-) Ursache des Interpretierten sein. Die Frage danach, wo sich die Markenkomplexe befinden, wenn sie nicht aktiviert sind (zum Beispiel nicht ‚erlebt' werden), ähnelt der Frage danach, wo sich der Wind befindet, wenn er gerade nicht weht.

Welche kognitiven Strukturen nun aber die Kontinuität und zeitliche Konsistenz unseres ‚geistigen Haushaltes' schließlich dennoch gewährleisten, ergibt sich aus der folgenden Darstellung.

Zum Merkmalsproblem: FUSSBALL kann so aufgefaßt werden, daß dieses Muster aktivierter Marken unter anderem die abstrakte Marke SPORTGERÄT enthält (s. oben). Anders formuliert: Der Fußball wird aktuell so kogniziert, daß er auch das Merkmal des ‚Sportgerätmäßigen' besitzt. In anderen Kontexten kann aber nun diese ‚Sportgerätmäßigkeit' selbst den Charakter eines Konzept-Markenkomplexes haben, wofür wir den Konzeptnamen SPORTGERÄT verwenden. (Vielleicht ergibt sich sogar aus FUSSBALL und SPORTGERÄT *zusammen* eine Proposition, die die Information enthält, der Fußball sei ein Sportgerät.) Hier tritt SPORTGERÄT also einmal als Konzept (= Markenkomplex) und zum anderen als Marke in einem Markenkomplex auf. Sind Marken ihrerseits aus Marken aufgebaut und diese wiederum aus Marken – ad infinitum? Können Marken Teile von Konzepten sein, die wiederum ihre eigenen Teile sein können? Das alles ist zweifellos sehr verwirrend. (Das Merkmalsproblem betrifft übrigens alle Merkmalstheorien der Psychologie und Sprachwissenschaften und nicht nur die DMF-Theorie, auch wenn es nur selten zum Thema gemacht wird. Vgl. unter anderem Bar-Hillel, 1970; Johnson-Laird, Herrmann & Chaffin, 1984; Klimesch, 1988, S. 146ff.)

Wenn wir Anleihe bei der Vorstellung einer *subsymbolischen Informationsverarbeitung* machen (vgl. oben 6.3.2), so läßt sich das Zustandekommen von Markenkomplexen wie folgt skizzieren (vgl. dazu auch Dell, 1986; McClelland & Rumelhart, 1988; Mangold-Allwinn, 1993; Newell, 1973; Schade, 1992): Wir betrachten einen zum Zeitpunkt t_i vorliegenden Markenkomplex als das Ergebnis sehr komplizierter und dynamischer Vorgänge in einem *Konzeptgenerierungsnetzwerk*, das aus *Knoten* und *Verbindungen* zwischen den Knoten besteht. Jeder Knoten ist bei weitem nicht mit allen übrigen Knoten verbunden; man spricht hier auch von einer niedrigen Konnektivität. Die Knoten kann man sich so vorstellen, daß sie in variablem Ausmaß *aktiviert* sind.

Es gibt zwei Arten von *Verbindungen* zwischen Knoten: Wenn eine *exzitatorische* Verbindung vorliegt, so breitet sich die Aktivation eines Knotens auf den mit ihm verbundenen Knoten aus. Liegt eine *inhibitorische* Verbindung vor, so bewirkt die Aktivation eines

Knotens eine Aktivationssenkung (Hemmung) des mit ihm verbundenen Knotens. Die augenblickliche Aktivation eines Knotens (sieht man von einer ohnedies zu unterstellenden Ruheaktivation ab) resultiert aus dem Insgesamt der exzitatorischen (aktivierenden) und inhibitorischen (hemmenden) Einflüsse (Inputs), die der Knoten in einem Zeitintervall von denjenigen Knoten erhalten hat, die mit ihm verbunden sind.

Die *Verbindungen* zwischen Knoten lassen sich als *längerfristig konstant* betrachten; sie können durch Lernprozesse verändert werden. Dies ist das *Fundament für die Kontinuität und zeitliche Konsistenz unseres ‚geistigen Haushalts'*, von dem zuvor die Rede war.

Die Knoten des Netzwerkes lassen sich als in Schichten oder Ebenen organisiert auffassen, was wir hier nicht weiter erörtern können (vgl. beispielsweise Mangold-Allwinn, 1993; s. unten 9.4.3). Es gibt aber je eine ‚äußere' Schicht von *Eingangsknoten* und *Endknoten*.

Die *Eingangsknoten* des Konzeptgenerierungsnetzwerkes sind auf die modalen *Markenfelder* aufgeteilt; diese Markenfelder lassen sich nach der soeben dargestellten Modellvorstellung als disparate Teilmengen von Eingangsknoten interpretieren. Die Markenfelder ‚enthalten' dann keine fertigen Marken, sondern stellen die Quellen dar, aus denen die Erzeugung von Marken (und Konzepten) entspringt: Wenn *Eingangsknoten* in variabler Weise aktiviert werden, so setzt von ihnen aus im Netzwerk ein variables, überaus komplexes Spiel der Aktivations- und Hemmungsausbreitung von Knoten zu Knoten ein; Knoten empfangen – zeitlich parallel – über ihre Verbindungen mit anderen Knoten Aktivationszuwachs oder Hemmung und beeinflussen ebenso den Aktivationszuwachs oder die Hemmung anderer Knoten, usf. Wichtig ist, daß dieses außerordentlich komplexe Geschehen verschieden verläuft, wenn unterschiedliche Eingangsknoten (unterschiedlich stark) aktiviert wurden. (Dies bei konstanten *Verbindungen* zwischen Knoten.)

Schließlich erhalten auch die *Endknoten* bestimmte Aktivationsstärken. (Durch entsprechende Knotenverbindungen können Endknoten zu organisierten *Knotenbündeln* zusammengeschlossen sein.) Auf der Ebene der Endknoten entstehen variable *Muster von Aktivationen*. Diese Muster sind durch die Einzelaktivationsstärken der Endknoten definiert. Das jeweilige Aktivationsmuster der Endknoten stellt die *spezifische Information* dar, die das Konzeptgenerierungsnetzwerk ‚nach außen' abgibt; diese Information kann von anderen Instanzen des informationsverarbeitenden Systems weiterverarbeitet werden.

Das *Muster* aus Aktivationen von Endknoten (oder von organisierten Bündeln von Endknoten) verstehen wir als das zum Zeitpunkt t_i vorliegende *Konzept* (= Markenkomplex). Die Einzelaktivationen von (Bündeln von) Endknoten, aus denen und deren Relationen das Aktivationsmuster besteht, verstehen wir als die zum Zeitpunkt t_i aktivierten *Marken* (dieses Konzepts). – Nach dieser theoretischen Vorstellung ist es ein *Muster* von Aktivationen, in dem sich Dinge, Ereignisse und Sachverhalte intern repräsentieren beziehungsweise das dem System die spezifische Information über sie zur Verfügung stellt. Die spezifische Information ist also auf eine Mehrheit von Knoten *verteilt* (vgl. dazu auch Schade, 1988).

Die soeben dargestellten Zusammenhänge werden in *Abbildung 6.5* als Modellskizze zusammengefaßt.

Nach dieser derart skizzierten Vorstellung – bei der wir Anleihen bei Modellen der subsymbolischen Informationsverarbeitung gemacht haben – wird dasjenige, was wir als das Konzept FUSSBALL und als die abstrakte Marke SPORTGERÄT interpretieren (und mit entsprechenden Namen belegen), *nicht* als intern repräsentiertes *Symbol* von Dingen, Ereignissen oder Sachverhalten der uns umgebenden ‚Wirklichkeit' verstanden. Wir haben auch nicht unterstellt, daß solche Symbole intern nach bestimmten Regeln manipuliert werden (Fodor, 1987).

6. ALLGEMEINE THEORETISCHE GRUNDLAGEN

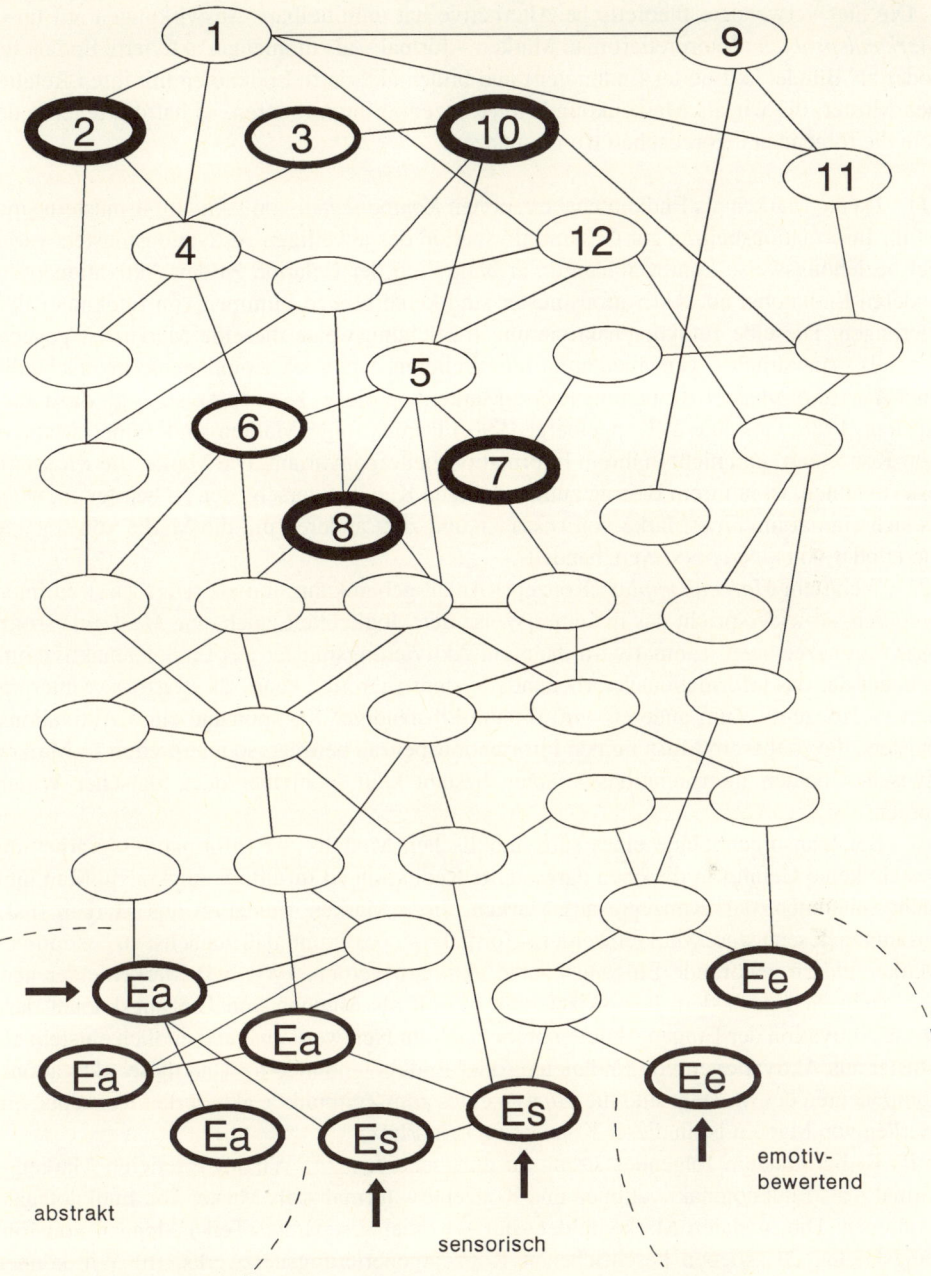

6.5 Schematische Darstellung des Konzeptgenerierungsnetzwerks. Die Eingangsknoten sind modalitätsspezifisch mit Ea, Es beziehungsweise Ee bezeichnet; die Pfeile zeigen auf aktuell aktivierte Eingangsknoten. Die Endknoten sind mit den Zahlen 1 bis 12 bezeichnet (vgl. Abbildung 6.4). Die Strichdicke der Endknoten illustriert ihre variable Aktivationsstärke: 2, 7, 8 und 10 sind sehr stark aktiviert; 3 und 6 sind leicht aktiviert; 1, 4, 5, 9, 11 und 12 sind nicht aktiviert (vgl. Text).

Die hier verwendete theoretische Alternative hat unmittelbare Auswirkungen auf unser *Merkmalsproblem*: Interpretiert man Marken – formal – als momentan aktivierte Endknoten (oder als Bündel aktivierter Endknoten) und bilden aktivierte Endknoten mit ihren Relationen Muster, die wir als Markenkomplexe (Konzepte) interpretieren, so hat das unter anderem die folgenden theoretischen Konsequenzen:

(1) Da die Marken als Endknotenaktivationen *Komponenten* von Aktivationsmustern sind, ist ihr Informationsbeitrag zur Gesamtinformation des jeweiligen Aktivationsmusters variabel beziehungsweise kontextabhängig; er hängt von der Relation zu den Aktivationen der anderen Endknoten ab. Aktivationsmuster sind keine bloßen Summen von Endknotenaktivierungen. Dieselbe Endknotenaktivierung (beziehungsweise dieselbe Marke) ist gegebenenfalls – inhaltlich – verschieden zu interpretieren, wenn sie Komponente unterschiedlicher *Aktivationsmuster* (beziehungsweise Markenkomplexe, Konzepte) ist. (Vgl. dazu auch Epstein, 1988; Goschke & Koppelberg, 1990.) Daraus folgt: Marken sind immer ‚Marken-von-Konzepten' und nicht in ihrem Informationsbeitrag invariant. Die Marke, die wir SPORTGERÄT nennen, ist in ihrem Beitrag zum jeweiligen Konzept verschieden zu beurteilen, wenn es sich einmal um eine Marke von FUSSBALL und zum anderen um die Marke von SCHACHBRETT oder von KUNSTTURNMATTE handelt.

(2) Wenn ein *Markenkomplex* (Konzept) Anlaß geben kann, ihn als SPORTGERÄT zu interpretieren, so widerspricht das in keiner Weise der Möglichkeit, auch eine *Marke* als SPORTGERÄT zu bezeichnen. Einmal wird dann ein Aktivierungsmuster aus Endknotenaktivierungen, auf das das informationsverarbeitende System zugreifen kann, als SPORTGERÄT interpretiert (= Konzept). Zum anderen wird die ‚unselbständige' Komponente eines Aktivationsmusters, die zu diesem Muster einen Informationsbeitrag beiträgt, so interpretiert (= Marke). Zwischen beiden Interpretationsvarianten besteht kein sachlicher oder logischer Widerspruch.

(3) Bei Inanspruchnahme eines subsymbolischen Modells der Informationsverarbeitung besteht keine Gefahr, in die oben dargestellte Reduktion ad infinitum zu geraten. Man muß nicht annehmen, daß Konzepte aus Marken, diese Marken wiederum aus Marken (usf.) zusammengesetzt sind: Marken werden – formal – so bestimmt, daß zunächst zu bestimmten Markenfeldern gehörende Eingangsknoten aktiviert werden. (Was wir Markenfelder nennen, stellt sich nach dem hier skizzierten Modell als Mengen von Eingangsknoten dar.) Diese Aktivation der Eingangsknoten breitet sich im Netzwerk aus, und endlich entsteht ein Muster aus Aktivationen von Endknoten (oder Endknotenbündeln). Und diese Aktivationskomponenten des Musters sind die *Marken* eines zum Zeitpunkt t_i aktivierten Konzepts. Für Marken von Marken ist in dieser Konzeption kein Platz.

Es ist bei alledem folgendes streng zu unterscheiden: (a) Wir interpretieren Marken – formal – als Endknotenaktivationen und Konzepte – formal – als Muster von Endknotenaktivationen. Die modalen Markenfelder sind – formal – separate (Teil-) Mengen von Eingangsknoten des soeben beschriebenen Konzeptgenerierungsnetzwerks. (b) Wir können – unter den weiter oben besprochenen Vorbehalten – müssen aber nicht – eine Marke – inhaltlich-symbolisch – als SPORTGERÄT (oder dergleichen) und ein Konzept entsprechend als FUSSBALL (oder dergleichen) *interpretieren* (und sie mit Marken- und Konzeptnamen versehen). (c) Die Gesichtspunkte (a) und (b) müssen voneinander unterschieden werden. Beide Gesichtspunkte sind ferner davon zu unterscheiden, ob und wie Konzepte (Markenkomplexe, Aktivationsmuster) vom Sprecher bei der Sprachproduktion *einzelsprachlich verschlüsselt* (enkodiert) werden. Das von uns – inhaltlich-symbolisch – als FUSSBALL interpretierte

Konzept kann zum Beispiel von einem französischen Sprecher in einer bestimmten Kommunikationssituation mit dem Wort „ballon" verbalisiert werden. (d) Nicht die Marken werden bei der Sprachproduktion einzelsprachlich enkodiert. Das bei der Sprachproduktion Enkodierte sind Konzepte (Markenkomplexe, Aktivationsmuster), nicht aber ‚Marken-von-Konzepten'. Soll in unserem Beispiel SPORTGERÄT verbalisiert werden, so muß ein entsprechendes *Konzept* (beziehungsweise ein entsprechendes Muster aus Endknotenaktivierungen) vorliegen. (Wir werden zeigen, daß in diesem Sinne zwar auf ganze Konzept-Markenkomplexe (= Aktivationsmuster) zugegriffen wird und nicht auf einzelne Konzeptmarken, daß aber die Information, die in einzelnen *Wort*-Marken steckt, zur Grundlage spezifischer Verarbeitungsprozeduren werden kann (vgl. Kapitel 9).)

Indem wir uns mit dem Identifikations- und Merkmalsproblem befaßt haben, haben wir zugleich in möglichster Vereinfachung und Kürze zusätzliche Vorstellungen zum Aufbau von Konzepten dargestellt. Für das Verständnis des Sprachproduktionsprozesses sind indes nicht alle hier aufgeführten Einzelheiten erforderlich. Von vordringlicher Wichtigkeit ist aber der folgende Gedankengang: Zum Zwecke der Regulation des Sprechersystems werden Sprachäußerungen erzeugt. Dieser Produktionsvorgang stellt sich wesentlich als die Verwendung beziehungsweise Verarbeitung von Information (unterschiedlicher Art) dar. Ein Blick auf die Feinstruktur der Sprachproduktion führt zu der Vorstellung flexibler multimodaler Konzepte beziehungsweise Markenkomplexe. Die DMF-Auffassung betrifft die schnell wechselnde Gewinnung von Konzepten als zeitweilige Mixturen von multimodalen Marken. Das heißt aber, daß nicht alle unzähligen Begriffe und Begriffsnuancen, die wir im Laufe unseres Lebens mental repräsentieren und kognitiv verarbeiten, als *separate Entitäten* aufgefaßt werden müssen, die allesamt ihren Speicherplatz im Langzeitspeicher beanspruchen. Eine solche, dem allgemeinen Ökonomieprinzip widersprechende Vorstellung kann mit der DMF-Theorie vermieden werden. Vor allem erklären die unterschiedlichen Markenmixturen, die ein und dasselbe ‚Ding in der Welt' (einen Referenten) intern repräsentieren können, daß und wie der eine Referent in systematischer Weise (situationsspezifisch) unterschiedlich verbal enkodiert (benannt) zu werden pflegt. Dies wird noch deutlicher, wenn wir uns den *Wörtern* zuwenden.

Zuvor bedarf es noch einer Anmerkung: Konzepte sind das Ergebnis der *Kategorisierung* von Ereignissen in unserer Umwelt. Beim Wahrnehmen und Erkennen von Dingen bilden und verwenden wir *Invarianten*. Lernen ist immer auch das Finden (oder Erfinden) von Invarianten und Kategorien. Die Ähnlichkeit ist eine Grundkategorie unseres geistigen Lebens. Wir vermögen zu unseren Konzepten Ober-, Unter- und Nebenbegriffe zu bilden; usf. Mit einem Wort: Der Mensch hat die fundamentale Eigenschaft, ‚für gleich halten' zu können. Diese Grundüberzeugung aller Humanwissenschaften erscheint uns unangreifbar. (Vgl. zur Einführung auch Damasio & Damasio, 1992; Klivington, 1992; Klix, 1992; Rock, 1985.)

Die hier vorgetragene DMF-Auffassung widerspricht dieser Grundüberzeugung nicht: Auch wenn dasjenige, was man ein Konzept nennt, ein *aktuell* auf kurze Dauer *generierter* Konzept-Markenkomplex ist und wenn man sich den geschilderten Schwierigkeiten gegenübersieht, mehrere Konzept-Markenkomplexe als Varianten genau eines ‚Konzepts' zu *verstehen*, so ist damit doch nicht bestritten, daß die Kategorisierung beziehungsweise die Bildung und Verwendung von Invarianten zu den wesentlichen Leistungen unseres psychophysischen Systems gehören. Es würde nun die hier beabsichtigte Darstellung der Psychologie der *Sprachproduktion* sprengen, wenn wir die Erörterung von Wahrnehmungs-, Lern- und Denkvorgängen als

Kategorisierungsprozesse einbezögen. Man kann jedenfalls Kategorisierungsvorgänge, Invariantenbildungen und -verwendungen usf. theoretisch auch so bestimmen, daß Konzepte nicht als im Langzeitspeicher ‚ruhende' Entitäten aufgefaßt werden müssen: Die Sachlage, daß mehrere generierte Konzept-Markenkomplexe de facto ähnlich *sind* beziehungsweise daß sie *invariante Teilmuster* beziehungsweise *Schnittmengen* von Endknotenaktivierungen *enthalten*, läßt sich ohne Schwierigkeit netzwerktheoretisch beschreiben. Daß das kognitive System solche Ähnlichkeiten und Invarianten *verwendet*, läßt sich ebenfalls (unter anderem über invariante Aktivationsausbreitungswege) begründen. Solche Invarianzen der Aktivationsausbreitung kann man sich als gelernt vorstellen. Und daß die Ähnlichkeit oder die Invarianz als solche *kognitiv repräsentiert* werden kann, ist so zu verstehen, daß unser komplexes und reflexives System eben auch Konzept-Knotenkomplexe generieren kann, die man als kognitive Abbildungen von Ähnlichkeiten zwischen Dingen, als Feststellung von Invarianzen und dergleichen interpretieren kann: „Heiterkeit und Lämmerwölkchen haben viel gemeinsam." – Es bleibt festzuhalten: Kategorisieren beziehungsweise Invarianzen bilden und verwenden zu können, erfordert nicht, daß irgendwo in einem Langzeitspeicher mehr oder minder ähnliche oder gleiche Konzepte ‚ruhen'.

(iii) Wörter: Intern repräsentierte Wörter können (wie die Konzepte) als multimodale Markenkomplexe aufgefaßt werden. Doch ist sogleich auf die folgenden Unterschiede hinzuweisen: So ist die visuelle Vergegenwärtigung eines Apfels etwas anderes als die visuelle Vergegenwärtigung des auf einer Wandtafel mit roter Kreide geschriebenen Wortes „Apfel". Zum Konzept APFEL gehört in der Regel die abstrakte Marke FRUCHT. Zum Wort „Apfel" gehört die abstrakte Marke NOMEN. Usf. Von den Konzepten unterscheiden sich die Wörter aber auch dadurch, daß sie wesentlich durch Marken aus Markenfeldern bestimmt sind, die es bei den Konzepten so gar nicht gibt: Dabei handelt es sich um die *phonetisch-metrischen* (auch graphemisch-orthographischen) Markenfelder. Wesentliche Merkmale von Wörtern sind Silben, Phoneme, Laute, die Betonung usf. Die *phonetisch-metrischen Markenfelder* haben überwiegend einen motorischen und auch sensorisch-auditiven Charakter. Insofern sind sie eng mit den motorischen und sensorisch-auditiven Feldern von Konzept-Marken verwandt. Die Silben und Phoneme, aus denen Wörter aufgebaut sind, ihre Betonung usf. geben generell eher Informationen darüber her, was zu *tun* ist, als was man sich vorstellt oder gar was man denkt oder fühlt: Die Strukturen der Marken aus phonetisch-motorischen Markenfeldern ähneln spezifischen *motorischen Programmen*, die man als Vorgaben für das Aussprechen (oder auch das Aufschreiben) verstehen kann. (Zu motorischen Programmen vgl. auch allgemein Engelkamp, 1990.)

> Daß Wort-Marken auch sensorisch-visuell sein können, zeigt sich darin, daß die meisten Menschen Buchstabenfolgen wie „nähmlich" einfach *ansehen*, daß mit ihnen etwas nicht stimmt (sie sind orthographisch falsch). Bei der *Äußerungsproduktion*, die hier im Mittelpunkt steht, dominieren jedoch nicht die sensorisch-visuellen, sondern die motorischen wie aber auch die sensorisch-auditiven Marken. (So kann man in sich hineinhören und sich vorstellen, wie das Wort klingen wird, das man noch gar nicht ausgesprochen hat.)

Wie mehrfach betont, bestehen Wörter aber nun keineswegs nur aus phonetisch-metrischen Marken. So enthalten intern repräsentierte Wörter auch Information über die mögliche grammatische Rolle, die sie im Satz einnehmen können. Das Wort „Apfel" kann sowohl zum Satzsubjekt als auch zu einem Satzobjekt werden; man kann es deklinieren. Man kann

6. ALLGEMEINE THEORETISCHE GRUNDLAGEN

es aber nicht konjugieren, es kann nicht als Verb auftreten. Diese Information über Verwendungsrestriktionen muß in der internen Wortrepräsentation ebenfalls vorliegen. Kein Wortmerkmal schreibt andererseits vor, daß „Apfel" immer Satzsubjekt sein müßte; das Wort kann zum Beispiel auch ein Satzobjekt sein. Ob „Apfel" zum Satzsubjekt wird, liegt nicht im Wort selbst beschlossen; daß es aber nicht als Verb auftreten kann, gehört zu seinen inhärenten Merkmalen. Die grammatische Information stellt sich als Wortmarken *abstrakter Modalität* dar.

Wort-Markenkomplexe können auch hochaktivierte *emotiv-bewertende* Marken enthalten. Nach dem Gefühl beider Autoren dieses Buches klingt „Napoli" schön; „Naples" (gesprochen: ['neiplz]), also der englische Name derselben Stadt, klingt für uns häßlich – was immer sich dahinter verbergen mag. (Zu multimodalen Marken von *Wörtern* vgl. auch oben 2.6.)

Es mag hier dahingestellt sein, ob und wieweit Menschen überhaupt *Wort*repräsentationen erzeugen können, an denen phonetisch-metrische Marken nicht oder kaum beteiligt sind. Wie es sich damit auch immer verhalten mag: Im Zuge der *Sprachproduktion* sind die phonetisch-metrischen Wortmerkmale generell stark aktiviert.

Die Wichtigkeit der nicht-phonetischen und nicht-metrischen Merkmale von Wörtern tritt besonders hervor, wenn beim Aufbau von Wort-Markenkomplexen, das heißt von Mustern aus hochaktivierten Wortmarken, Schwierigkeiten entstehen. Das Phänomen der *erschwerten Wortfindung* ist allbekannt (vgl. Herrmann, 1992b). Soweit man unterstellen darf, daß die gestörte, erschwerte Erzeugung von Wort-Markenkomplexen strukturell ähnlich verläuft wie die Wortsuche unter üblichen, ungestörten Bedingungen, zeigt die Analyse von Wortsucheprotokollen, daß es sich beim Aufbau von multimodalen Wort-Markenkomplexen um ein *dynamisches Zusammenspiel von Marken unterschiedlicher Modalität* und nicht um den bloßen Aufruf von Laut- oder Buchstabenfolgen handelt, die irgendwo im Langzeitspeicher ‚ruhen'.

Betrachten wir als Beispiel das folgende – authentische – Wortsucheprotokoll. Jemand sucht den Namen eines in Deutschland sehr bekannten ehemaligen Fußballschiedsrichters:
„Köhnlechner, Kiepenheuer, die Namen sind zu lang. Vielleicht hat der Name zwei Silben? Es handelt sich aber wie bei Köhnlechner um einen Herkunftsnamen. So etwas wie eine Stadt. Aber nicht wie sonst hat der Name hinten ein -er. So etwas wie Eupen oder Malmédy. Der Mann stammt aus dem Rheinland und arbeitet in Bonn. Auch der Name hat etwas Rheinisches, wenn man das weit genug nimmt. Vielleicht ist es auch die Eifel oder das Bergische Land. Wenn man in den Atlas guckt, kann man die Stadt vielleicht in Westdeutschland finden. Königswinter ist zu lang. Aber vielleicht fängt der Name mit K an. Wohl doch zwei Silben? Schoppenstedt ist es natürlich nicht – zu lang und das liegt ja auch irgendwo in Norddeutschland. Weisweiler ist es auch nicht. Das war der berühmte Trainer, und der Name endet auf -er. Der Name ist doch irgendwie härter als Weisweiler. Eher so etwas wie Kroppenstedt. Ein paar harte Konsonanten dabei. – Es war alles falsch: Der Schiedsrichter heißt Eschweiler." (Dauer: etwa 6 Minuten.) – *Anmerkung:* Der Name der Stadt Eschweiler endet auf -er, die Stadt liegt bei Aachen.

Wir haben es hier mit einem komplexen Zusammenspiel unterschiedlicher Wortmerkmale zu tun, wobei diese Merkmale keineswegs allesamt phonetisch-metrisch sind. Die Wortsuche beginnt zwar mit der Nennung von Namen, die dem gesuchten Namen ähnlich sind, was die Silbenzahl, den Betonungsverlauf und die Endung (-er) betrifft. Das sind zweifellos phonetisch-metrische Merkmale. Allerdings haben

„Köhnlechner", „Kiepenheuer" und der gesuchte Name „Eschweiler" eine nur schlecht beschreibbare gemeinsame ‚Klangphysiognomie', sie vermitteln eine ähnliche Gefühlsanmutung. Generell kennzeichnet die Klangphysiognomie ein Wort oder einen Namen nicht nur als einen auditiven oder visuellen ‚Gegenstand', sondern auch die emotionale Zuwendung des Sprechers zu diesem Wort. Man könnte vielleicht sagen: In der Klangphysiognomie zeigt sich, wie dem Proponenten das Wort schmeckt. (Man kann sich Wörter auf der Zunge zergehen lassen.)

Bei der Suche nach dem Namen „Eschweiler" werden jedoch nicht nur phonetischmetrische Merkmale und allenfalls die Klangphysiognomie, sondern auch abstrakte Merkmalskomplexe in Anspruch genommen. So wird erwogen, ob der gesuchte Name für den Schiedsrichter ein Herkunftsname sei, daß er also auf eine geographische Herkunft verweise. Der Proponent meint sogar irrtümlicherweise, daß es sich hier um einen Herkunftsnamen ohne die Endung -er handele. (Dies führt ihn ersichtlich stark in die Irre.)

Während der Suche verknüpft sich die ‚rheinische' Beschaffenheit des Namensträgers (Konzepts) mit der Sachlage, daß der Herkunftsname wahrscheinlich selbst auf das Rheinland verweist. Daneben spielen noch, wenn auch offensichtlich erfolglos, Qualitäten wie „Härte" und „Weichheit" eine Rolle, wobei es sich wohl eher um emotiv-bewertende als um sensorische Merkmale handelt.

Wie das Suchprotokoll zeigt, kommen beim Aufbau des gesuchten Wort-Markenkomplexes „Eschweiler" Marken der unterschiedlichsten Modalität ins Spiel. Während des gesamten Prozesses hat man nicht den Eindruck, daß sich der Suchende auf einem geraden Pfad zum Ziel befindet. Keine Aussage des Suchenden ist als ein fester Punkt aufzufassen, den er beim sequentiellen Fortschreiten zum Ziel bereits erreicht hat. An keiner Stelle des Protokolls hat man den Eindruck, daß der Suchende über ein ‚unvollständiges Wissen' verfügt, das zwar bereits mit der Wahrheit übereinstimmt, aber noch ergänzungsbedürftig ist. Kein im Protokoll genanntes Merkmal irgendeiner Modalität führt allein dazu, daß der Name endlich verfügbar ist. Auch das vor dem Zusammenschluß der Merkmale zum gesuchten Wort an letzter Stelle genannte Merkmal war für den schließlichen Erfolg nicht bestimmend. Und trotzdem war in diesem Augenblick, so läßt sich vermuten, die gesamte Konstellation von Aktivationen und Hemmungen im Netzwerk bereits in einem Zustand, der zur Stabilisierung des Wort-Markenkomplexes „Eschweiler" führte: Viele Einzelaktivationen und Hemmungen resultierten in derjenigen Merkmalskonstellation (Muster von Endknotenaktivationen), die vom System als zum Konzept ESCHWEILER passend bewertet wurde. – Das Beispiel einer erschwerten Wortfindung gibt Einblick in ein komplexes und dynamisches Aktivations- und Hemmungsgeschehen in einem Wortgenerierungsnetzwerk und kann nicht als ein ‚linearer' Suchprozeß verstanden werden, bei dem zudem nur phonetische und metrische Merkmale eine Rolle spielen.

Auch im soeben dargestellten Beispiel ist das gefundene Wort ein Wort-Markenkomplex, der zu einem bereits aktivierten Konzept-Merkmalskomplex ‚paßt'. Bevor wir diesen Gesichtspunkt noch etwas weiterverfolgen, sei folgendes hervorgehoben: Bei der Erzeugung gesprochener *Äußerungen* dominieren in der Regel Wort-Marken *phonetisch-metrischer Art*, also Informationen über Silben, Phoneme, über die Betonung usf.

Trotz gewisser Bedenken verwenden wir das Wort „phonetisch" (und nicht „phonemisch") als Adjektiv zu „Phonem", weil das in der Kognitions- und Sprachpsychologie so üblich ist. Phoneme sind ‚abstrakte' Klassen von Lauten; sie enthalten keine Information über die Phonation und Artikulation. (Vgl. auch oben Abschnitt 1.2.) Bei der Produktion sprachlicher Äußerungen gehören erzeugte *Phoneme* (= aktivierte phonetisch-metrische Wort-Marken) neben anderen Informationen zu den *Vorgaben* für eine nachgeordnete *Artikulationsinstanz*, die die *Aussprache* beziehungsweise prosodisch modulierte *Lautfolgen* erzeugt.

Was die Möglichkeit betrifft, unterschiedliche multimodale Mixturen von Wort-Marken im Kontext der *Sprachproduktion* zu erzeugen, so ist diese Möglichkeit durch die Aufgabe, *auszusprechende* Wörter zu finden (oder besser: zu erzeugen), stark eingeschränkt. Was man bei der Sprachproduktion vordringlich braucht, sind einerseits Informationen, welche die *möglichen grammatischen Rollen* des Wortes festlegen (s. oben), und andererseits Vorgaben für die Erzeugung der *Aussprache* des betreffenden Wortes durch eine Artikulationsinstanz; diese umfassen die Silbenstruktur, die Phonemfolge, die Betonung, die Einbettung in die Gesamtprosodie eines Satzes usf. Ist ein Wort-Markenkomplex einmal generiert, so sind emotiv-bewertende, abstrakte, aber nicht grammatische, und auch sensorisch-visuelle Marken in der Regel nicht sehr hoch aktiviert. Während der *Erzeugung* dieses Wort-Markenkomplexes spielen diese Modalitäten, wie schon die erschwerte Wortfindung zeigt, aber ersichtlich eine große Rolle. Dies gilt besonders auch für die *nicht-erschwerte* Erzeugung beziehungsweise Findung *seltener Wörter* und auch vieler *Namen*. Wenn man zudem Wörter erzeugt, *ohne* ihre Aussprache vorbereiten zu wollen, gewinnen nicht-phonetische und nicht-metrische Marken generell eine höhere Aktivität als im zuvor besprochenen Fall.

Es gibt *Gefühlsqualitäten*, die einzelnen Lauten und ganzen Wörtern beziehungsweise Lautfolgen anhaften und die nicht durch die jeweilige Wortbedeutung vermittelt werden; sie treten auch bei unbekannten Wörtern oder Nichtwörtern auf. So tragen Laute wie [a] oder [i] oder [t] und Lautfolgen wie „maluma" oder „mesic" (gesprochen: ['měsitʃ] für den Durchschnittssprecher des Deutschen keinerlei (semantische) Bedeutung; sie sind nicht fest mit irgendeinem Konzept verknüpft. Und dennoch läßt sich zeigen, daß viele Menschen zum Beispiel [a] gefühlsmäßig eher als groß und nicht so sehr als klein bewerten und daß es sich bei [i] umgekehrt verhält. Für die beiden Verfasser dieses Buches mutet das ausgesprochene Wort „maluma" rund, saftig und weich an, das ausgesprochene Wort „měsic" wird als eher schmal, dröge und hart empfunden. Beide Lautfolgen hatten (im semantischen Sinne) für die Verfasser keinerlei Bedeutung, als sie diese Urteile abgaben. (Das uns unbekannte – tschechische – Wort „měsic" bedeutet in Wahrheit Mond; „maluma" ist tatsächlich ein Nichtwort.) Heutige Versuchspersonen können transkribierte Wörter des Sumerischen – einer seit 4000 Jahren nicht mehr gesprochenen Sprache – überzufällig treffsicher daraufhin beurteilen, ob es sich bei diesen Wörtern um den damaligen Hauptdialekt oder aber um die damalige Frauensprache handelt. Die (richtig) der Frauensprache zugeordneten Wörter erscheinen den Versuchspersonen ‚weicher', ‚klangvoller', ‚geschmeidiger', ‚dunkler' und ‚voller' als die zum Hauptdialekt gehörenden Wörter (Langenmayr, 1993). Es sei daran erinnert, daß auch bei unserem Eschweiler-Beispiel Qualitäten wie weich und hart eine Rolle spielten. Es erscheint unbestreitbar, daß die Gefühlsqualitäten von Lauten und Lautfolgen eine nicht geringe intraindividuelle Stabilität besitzen. Wie es um die interindividuelle Stabilität (also den Konsens zwischen verschiedenen Personen) bei solchen Gefühlsqualitäten bestellt ist und wie man sich das Zustandekommen der Qualitäten zu erklären hat, ist umstritten (vgl. auch Ertel, 1969; Taylor, 1963).

(iv) Konzept-Wort-Passungen: Bei der erschwerten Wortfindung ist das Konzept verfügbar; der Wort-Markenkomplex, mit dem das Konzept verbalisiert werden soll, fehlt aber noch. Der umgekehrte Fall liegt vor, wenn sich im Arbeitsspeicher ein Wort-Markenkom-

plex befindet, der an kein Konzept anschließbar ist. (Es handelt sich dann entweder um ein Nicht- beziehungsweise Pseudo-Wort, zu dem es gar kein Konzept gibt, oder einfach um ein Wort, dessen Bedeutung die betreffende Person nicht kennt.) Was nun die *Sprachproduktion* betrifft, so verfügen ‚kompetente' Sprechersysteme über die Fähigkeit, zu vorliegenden Konzepten durchgängig Wörter beziehungsweise Wortformen zu bilden. (Daß dieser Vorgang erschwert sein kann, haben wir erörtert; manchmal gelingt er auch gar nicht.) Die Erzeugung von Wortformen bei gegebenem Konzept-Markenkomplex wird bei der Darstellung des Enkodiermechanismus (s. unten Kapitel 9) genauer besprochen werden. Hier sei nur auf den folgenden Gesichtspunkt hingewiesen: Für die Herstellung von Konzept-Wort-Paaren bestehen – vereinfacht dargestellt – zwei Möglichkeiten: die *obere Passung* und die *untere Passung*.

Die obere Passung: Bereits im Bereich der *Zentralen Kontrolle*, also bei der Bereitstellung und kognitiven Verarbeitung von *deklarativem Wissen* (s. oben), können sich generierte Konzepte mit passenden Wort-Markenkomplexen zusammenschließen. Man kann sich das vereinfacht so vorstellen, daß zum Beispiel das als Fokusinformation vorliegende Konzept FUSSBALL bereits seine – zum Beispiel englische – Benennung „football" *einschließt*; der Wort-Markenkomplex ist hier in den Konzept-Markenkomplex integriert. Beides zusammen nennen wir einen *Gesamtkomplex*.

> Eine ‚technische' Zwischenbemerkung, die man auch getrost überschlagen mag: Nach den Modellen subsymbolischer Informationsverarbeitung, bei denen wir hier Anleihe gemacht haben, und auch unter anderen theoretischen Vorgaben benötigt die Suche nach dem passenden Wort eine ‚Adresse': Wo soll der Wortgenerierungsvorgang ansetzen? Die Ausgangsinformation für die Wortgenerierung ist das jeweils vorliegende Konzept, das heißt ein bestimmtes Muster von Endknotenaktivierungen des Konzeptgenerierungsnetzwerks. Diese Information aktiviert ein Muster von *Eingangsknoten des Wortgenerierungsnetzwerks*, wobei die Eingangsknoten zu Markenfeldern, also zu modalitätsspezifischen Teilmengen von Eingangsknoten, gehören. Die Aktivierung bestimmter Eingangsknoten des Wortgenerierungsnetzwerks durch das jeweils vorliegende Aktivationsmuster auf der Endknotenebene des Konzeptgenerierungsnetzwerks kann man unter Voraussetzung unterschiedlicher Modellvorstellungen konzipieren. Im gegenwärtigen Zusammenhang genügt es, sich in der bereits dargestellten Weise vorzustellen, daß zwischen *unterschiedlichen* (Klassen von) Aktivationsmustern auf der Endknotenebene des Konzeptgenerierungsnetzwerks und Mustern aktivierter Eingangsknoten des Wortgenerierungsnetzwerks *unterschiedliche, aber jeweils feste assoziative Verbindungen* bestehen. Dies nach folgendem Muster: Das Aktivationsmuster A aktiviert das Eingangsknotenmuster X, aber nicht das Eingangsknotenmuster Y; beim Aktivationsmuster B verhält es sich umgekehrt, usf.

Es ist nicht zu bezweifeln, daß Menschen über weite Strecken höchst abstrakt und unanschaulich denken, also Konzepte verarbeiten können, ohne daß diese Konzepte hochaktivierte *Wort*-Merkmale enthalten (vgl. schon Külpe, 1912; vgl. auch Bühler, 1907/1908). Das Denken ist ja keineswegs das Herstellen von intern repräsentierten Wortfolgen. Wir können auch Konzepte kognitiv verarbeiten, für die uns die betreffenden Worte ganz fehlen: „Und unten rechts müssen wir das Ding einbauen, ich weiß nicht, wie das heißt . . ." Oder: „Ich weiß gar nicht, wie mir heute ist. Ich kann das gar nicht beschreiben." Es dürfte Konzepte geben, die so ‚privat' sind, daß man keine Worte dafür hat (vgl. aber aus sprachphilosophischer Sicht auch Wittgenstein, 1984). Wieviele genau unterscheidbare Gerüche, wieviele subtile Gefühlsnuancen können wir nicht benennen!

Alle diese Sachverhalte haben gemeinsam, daß dann im Arbeitsspeicher kein Gesamtkomplex, sondern lediglich ein Konzept-Markenkomplex besteht. Daneben gibt es selbstverständlich den häufigen Fall, daß unsere gedanklichen Strukturen *Gesamtkomplexe aus Konzepten und dazu passenden Wörtern* enthalten. Die Wortanteile dieser Gesamtkomplexe können sogar sehr dominant aktiviert sein. Besonders beim nicht-alltäglichen, rhetorischen Sprechen, bei einschüchternden Redestrategien usf. planen wir das *Was* unseres Sprechens bereits von Anfang an *unter Berücksichtigung verbaler Anteile*. Immer wenn Sprecher ihre Rede ‚inszenieren', wenn sie geradezu mit ihrem sprachlichen ‚Auftritt' eine ‚Vorführung' veranstalten (Bauman, 1986; Nothdurft, 1993), planen und kalkulieren sie nicht nur dasjenige, was verbalisiert werden soll, sondern eben auch die Formulierungen selbst. Daß wir etwas mit einem Kraftausdruck würzen wollen oder daß wir über etwas sprechen wollen, das so ‚vornehm' ist, daß es nur durch Fremdwörter ausgedrückt werden kann, daß wir ein Gedicht mit Endreimen drechseln, beruht auf der Möglichkeit von ‚wortnahen' Planungsprozessen, die schon ganz zu Beginn des Sprachproduktionsprozesses auf der Ebene der Zentralen Kontrolle anzusetzen sind. Und so können die zu bestimmten Konzepten gehörenden Wörter schon *vorweggenommen aktiviert* sein, bevor (oder ohne daß) der Sprecher überhaupt in die einzelsprachliche Enkodierung eintritt.

Es ist leicht zu verstehen, daß die Wortfindung während der eigentlichen Enkodierung (im Enkodiermechanismus) stark vereinfacht ist, wenn bereits auf der Ebene der Zentralen Kontrolle Wort-Markenkomplexe als Komponenten von Gesamtkonzepten erzeugt wurden. Diese Wort-Markenkomplexe sind dann bereits ‚vorgeheizt' oder ‚vorgewärmt', wenn sie auf der nachgeordneten Verarbeitungsebene des Enkodierens benötigt werden. Diese ‚Vorheizung' (engl. „*priming*") bedeutet im Kontext subsymbolischer Informationsverarbeitung folgendes: Wenn bei der späteren Worterzeugung im *Enkodiermechanismus* Muster von Endknotenaktivierungen des Wortgenerierungsnetzwerks erzeugt werden, so ist die Aktivation der dabei beteiligten Endknoten im hier betrachteten Fall bereits erhöht; diese Endknoten sind *voraktiviert*. So wird denn auch bei der Worterzeugung im Enkodiermechanismus die erforderliche Aktivationshöhe des zu generierenden Wort-Markenkomplexes schneller als ohne Voraktivation erreicht. Anders formuliert: Die Wortfindung im Enkodiermechanismus geschieht schneller, wenn man sich zuvor schon, unter Verbrauch von Aufmerksamkeit, das anschließend erzeugte Wort ‚vorgestellt' beziehungsweise ‚vergegenwärtigt' hat. (Das läßt sich empirisch belegen. Vgl. zum ‚Priming' auch Engelkamp, 1985; Glaser & Düngelhoff, 1984; Goldinger, Luce & Pisoni, 1989; Seymour, 1979; Stemberger, 1990; Tulving & Schacter, 1990; Zimmer, 1985.)

> Das *Standardexperiment* zur Untersuchung der *Voraktivation* (Priming) sieht wie folgt aus: Versuchspersonen reagieren möglichst schnell auf einen Reiz (Zielreiz, *Target*). Das Target kann ein Wort, eine Bildschirmgraphik oder dergleichen sein. Die Reaktion besteht zum Beispiel in der Benennung eines Bildes beziehungsweise einer Graphik, in dem Urteil darüber, ob eine auf dem Bildschirm gezeigte Buchstabenfolge entweder ein Wort (der jeweiligen Einzelsprache) oder ein Nicht-Wort ist, usf. Die Reaktionszeit wird jeweils gemessen. Zu einem definierten Zeitpunkt vor der Exposition des Targets wird ein Vorreiz dargeboten: der *Prime*. Auch hierbei kann es sich um ein Wort, ein Bild oder dergleichen handeln. Variiert wird unter anderem die *Ähnlichkeit* zwischen Prime und Target, wobei es sich um ‚begriffliche', um ‚anschaulich-visuelle' Ähnlichkeit oder um andere Ähnlichkeitsaspekte handeln kann.

Wenn das Wort „Messer" den Prime und das Wort „Gabel" das Target bilden, handelt es sich um ‚begriffliche' Ähnlichkeit. Verwendet man als Prime die Graphik eines Schweizer Käses und als Target die Graphik eines Rades, so mögen beide ‚anschaulich-visuell' ähnlich sein. Entsprechend sind „Auto" und „Gabel" oder die Graphik einer Sense und die Graphik eines Rades weniger ähnlich. (Prime und Target müssen nicht notwendigerweise derselben Darbietungsmodalität – Wort, Graphik etc. – angehören.)

Unterstellt man eine Voraktivation von Konzepten, so führt das zu der Voraussage, daß die Zeit für die Reaktion auf das Target kürzer ist, wenn dem Target ein ähnlicher Prime vorausgeht, als wenn auf das Target ohne vorherige Darbietung eines Primes oder bei Darbietung eines unähnlichen Primes zu reagieren ist. Die *Reaktionszeit* sinkt mit zunehmender *Ähnlichkeit* von Prime und Target. Dieser *Priming-Effekt* kann so interpretiert werden, daß mit der Wahrnehmung des Prime das zugehörige Prime-Konzept (zum Beispiel MESSER) aktiviert und das mit ihm exzitatorisch verbundene Target-Konzept (zum Beispiel GABEL) voraktiviert werden. Die Aktivation breitet sich also vom Prime-Konzept nach Maßgabe der Ähnlichkeit auf andere Konzepte, und damit auch auf das Target-Konzept, aus. Ist das Target-Konzept durch die vorherige Aktivation des Prime-Konzepts voraktiviert, so sind Reaktionen (Benennungen, Beurteilungen und dergleichen) erleichtert, für die die Aktivation des Target-Konzepts Voraussetzung ist; die Reaktionszeit sinkt. (Für typische Priming-Experimente vgl. Egel, Pobel & Herrmann, 1986; Huttenlocher & Kubicek, 1983; Moch, 1985; für eine eingehende Methodenanalyse s. Glaser & Düngelhoff, 1984; vgl. auch oben 3.5.3.)

In einer nicht mehr überschaubaren Fülle von Priming-Experimenten sind die Primes, die Targets, die Darbietungszeit und die Zeit zwischen Prime und Target (die sogenannte ‚stimulus onset asynchrony', kurz ‚SOA') variiert worden. Man stieß dabei auch auf die Grenzen dieser Methodik. Es zeigte sich auch, unter welchen Bedingungen die Zeit für die Reaktion auf das Target nicht verkürzt (oder sogar verlängert) ist. Kein Zweifel kann darüber bestehen, daß bei der Aktivation von Konzepten andere Konzepte voraktiviert werden und daß die Intensität der Voraktivation mit diversen Aspekten der Ähnlichkeit beider Konzepte steigt.

Da auf der Ebene des einzelsprachlichen Enkodierens, wie betont, vor allem die phonetisch-metrischen Merkmale der Wörter benötigt werden und Verwendung finden, ist der förderliche Effekt der ‚Vorheizung' eher gering, wenn die phonetischen und metrischen Wort-Marken als Komponenten des Gesamtkomplexes nur wenig aktiviert wurden. (Vielleicht war im Arbeitsspeicher ein Konzept (Konzept-Markenkomplex) lediglich mit *abstrakten* Wort-Marken (zum Beispiel GRIECHISCHES FREMDWORT) verknüpft.) Umgekehrt profitiert die einzelsprachliche Wortfindung im Enkodiermechanismus in starkem Maße, wenn schon auf der Ebene der Zentralen Kontrolle in einem Gesamtkomplex aus Konzept und Wort *phonetische und metrische Merkmale* wesentlich integriert sind. (Vielleicht war zum Beispiel in das Konzept MUTTER der *Wortklang* „Mama" schon eng integriert.)

Da die auf der Ebene der Zentralen Kontrolle erzeugten Konzepte auch Teil des Protoinputs und dann des Enkodierinputs werden können, ist es im Extrem denkbar, daß dem Enkodiermechanismus eine interne Wortrepräsentation mit annähernd *kompletten Informationen* phonetisch-metrischer Art als Teil des Inputs zugeführt wird: Der Enkodierinput kann fast fertiggeplante Wörter beziehungsweise Wortformen enthalten. Man kann zum Beispiel lange, mühsam und unter Verwendung großer Aufmerksamkeit überlegt haben, ein ganz bestimmtes Wort zu verwenden; dieses wird dann *Teil des Enkodierinputs*. Der Enkodierinput besteht – generell betrachtet – aus Strukturen von Konzepten, die (als Gesamtkomplexe) *in variablem Ausmaß* Wort-Marken enthalten. (Wenn es sich dabei um phonetische und metrische Marken handelt, ist die Wortgenerierung im Enkodiermechanismus zweifellos stark erleichtert.)

Die untere Passung: Als untere Passung bezeichnen wir die bereits genannte Findung beziehungsweise Erzeugung einzelsprachlicher Wörter im Enkodiermechanismus, wobei die Wörter in der Regel zu den Konzepten passen, die Teil des *Enkodierinputs* sind. Die für diese Operation zur Verfügung stehenden Möglichkeiten sind, wie weiter oben ausgeführt (s. 6.2.3), schon durch die *Enkodiereinstellung* beschränkt. Unter bestimmten Einstellungen fällt die Generierung von Wörtern ganzer Teilcodes (zum Beispiel aller Dialektwörter) weg. Die Erzeugung von Wörtern, die zu den konzeptuellen Teilen des Enkodierinputs passen, gestaltet sich in der schon dargestellten Weise variabel: Sie ist unterschiedlicher Natur, wenn das zu verbalisierende Konzept des Enkodierinputs entweder keinerlei Wortinformation enthält, wenn es also den Charakter eines ‚reinen' Konzept-Markenkomplexes (ohne Wort-Marken und insbesondere ohne phonetische und metrische Wort-Marken) besitzt oder aber wenn ein Gesamtkomplex mit starkem verbalem Anteil, das heißt ein mit starken verbalen Vorgaben versehenes Konzept, einzelsprachlich verschlüsselt werden soll. (Ein Extremfall liegt, wie beschrieben, vor, wenn der Enkodierinput ein in die sprachliche Äußerung einzubauendes Wort bereits geradezu ‚fertig' enthält.) Generell darf man annehmen: (a) Ein ‚verbalnahes' Nachdenken und Planen auf der obersten *Kontrollebene* und (b) Einzelteile des *Enkodierinputs*, in denen phonetisch-metrische Merkmale bereits hochaktiviert sind, erleichtern die Bereitstellung von einzelsprachlichen Wörtern zum Zwecke ihrer grammatischen Aufbereitung und Einbindung und vielleicht sogar die Programmierung ihrer nachfolgenden Aussprache.

Daß die Fälle (a) und (b) auseinandergehalten werden sollten, ergibt sich aus folgendem: Als Fokusinformation können konzeptuelle Gesamtkomplexe mit starkem Wort-Anteil vorliegen, die aber nicht Teil des *nächsten* Enkodierinputs werden. Enthalten sie ähnliche phonetisch-metrische Wort-Merkmale wie ein Konzept, welches als *nächstes* enkodiert werden soll, so kann dies zu typischen *Verwechslungen* führen: Einer der beiden Verfasser dieses Buches wollte in einer Ansprache ausdrücken, daß er schon in seiner frühen Jugend ein *Leser* der Werke von NN gewesen sei. Im Anschluß daran wollte er dann darauf zu sprechen kommen, NN sei im Laufe der Zeit sein *Lehrer* geworden. Daraus wurde dann die etwas peinliche Äußerung: „Schon in meiner Jugend war ich NN's Lehrer."

Hätte der Sprecher (ebenfalls im Sinne einer Freudschen Fehlleistung) statt „Leser" und „Lehrer" die Wörter „Lehrer" und „Schüler" verwechselt, so wären in diesen Sprechfehler kaum *Wort-Marken* involviert; denn die beiden *Konzepte* LEHRER und SCHÜLER enthalten zwar (abstrakt-begrifflich) gegensätzliche beziehungsweise komplementäre Konzeptmerkmale, aber nur wenige gemeinsame phonetisch-metrische Merkmale der zugeordneten *Wörter*. Hätte der Versprecher andererseits darin bestanden, daß der Sprecher statt „Lehrer" etwa „Rehrer" gesagt hätte, dann wäre dies nicht auf einen störenden konzeptuellen Einfluß zurückzuführen, sondern ein Versehen bei der phonetischen Kodierung im *Enkodiermechanismus*. Wenn aber im gegenwärtigen Fall statt „Leser" das Wort „Lehrer" ausgesprochen wird, wobei erst danach vom Lehrer die Rede sein sollte, so stören sich hier ersichtlich zwei im Fokusspeicher befindliche *Gesamtkomplexe*, die dadurch ausgezeichnet sind, daß sie *viele gemeinsame phonetisch-metrische (Wort-) Merkmale* besitzen.

Auch dieses Beispiel zeigt, daß man bei der unteren Passung Einflüsse in Rechnung stellen muß, die von der ‚Vorheizung' von Gesamtkomplexen auf der Ebene der Zentralen Kontrolle ausgehen, wie andererseits Wort-Marken und insbesondere phonetisch-metrische

Marken, die dem Enkodierinput über den Protoinput zugeführt werden, dort die Bereitstellung von Wörtern und Wortformen sehr erleichtern (oder schon partiell vorwegnehmen).

> Die Verwechslungen von der Art „Lehrer" und „Leser" sind zu markant und kommen zu häufig vor, als daß man ignorieren sollte, daß es sich dabei auch um ‚Freudsche Fehlleistungen' handelt (Freud, 1904). Zur Zeit der Abfassung unseres Buches sagte eine bekannte Sportkommentatorin im Fernsehen: „X hatte sich in der Halle angesaut, um sich das Spiel anzuschauen." Sicherlich wirkt hier ein später verwendetes Wort („anzuschauen") auf ein früheres Wort („angesagt") ein und führt so zu einer Kontamination („angesaut"). Doch ist auch hier zu fragen, ob diese Phänomenbeschreibung ausreicht. Drückt sich hier nicht auch eine besondere Einschätzung beziehungsweise Bewertung des X durch die Sprecherin aus? Ist dieser Versprecher lediglich auf der Ebene der Phonemfolgen oder Wortformen oder auch nur auf der Ebene von ‚Wortbedeutungen' zu interpretieren? – Es muß eingeräumt werden, daß die heutige Sprachpsychologie kein Interesse an der sachgemäßen Untersuchung solcher Fragen erkennen läßt. Wir bedauern das.

Man beachte, daß der Enkodiermechanismus *alle* phonetischen und metrischen Informationen bereitstellen muß, die zusammen mit anderen Vorgaben die angemessene *Aussprache* des betreffenden Wortes ermöglichen. (Auf gewisse Vorbehalte gegen diese Annahme gehen wir hier nicht ein.) Auch wenn auf dem Wege der oberen Passung bereits ein Gesamtkomplex entstanden ist, der dann auch Teil des Enkodierinputs wird, ist es – genauer betrachtet – doch nicht so, daß dieser Komplex bereits strikt alle phonetischen und metrischen Informationen enthält, die der Enkodiermechanismus für eine korrekte und situationsangemessene *Aussprache* benötigt. Dem Enkodiermechanismus – wie selbstverständlich auch der nachgeordneten Artikulationserzeugung – bleibt immer zumindest eine *Restaufgabe*. Auch wenn im Enkodierinput annähernd alle phonetisch-metrische Information enthalten ist, was einen ganz seltenen Extremzustand darstellt, so muß doch aus dieser Information über Silben, Phoneme, die Betonung des Wortes usf. eine Abfolge von Maßgaben für die sequentielle Erzeugung einer Lautfolge durch eine Artikulationsinstanz werden.

Der Vollständigkeit halber sei hinzugefügt, daß der Enkodiermechanismus nicht nur Wörter beziehungsweise Wortformen im Sinne der unteren Passung produziert. Die Erzeugung von Wörtern, die lediglich grammatische Funktion haben (Funktionswörter wie „so", „dem" usf.), läßt sich kaum oder gar nicht im Sinne einer Konzept-Wort-Passung interpretieren.

Was die Passung von Konzept und Wort betrifft, so sei noch einmal der sprachpsychologische Gesichtspunkt hervorgehoben, der den Zusammenhang von Konzepten und Wörtern (Wortformen) betrifft: Es gibt nicht schlechthin Konzepte, denen bestimmte Wörter zugeordnet sind. Was man üblicherweise ein Konzept nennt, entpuppte sich als situationsspezifisch variabel erzeugter Konzept-Markenkomplex. Die Passung von Konzept-Markenkomplex und Wort beziehungsweise Wortform erfolgt einerseits dadurch, daß sich auf der Ebene der Zentralen Kontrolle ein Konzept-Markenkomplex mit einem Wort-Markenkomplex zu einem Gesamtkomplex zusammenschließt. Zum anderen werden im Enkodiermechanismus zu Konzept-Markenkomplexen, die Teil des Enkodierinputs sind, einzelsprachliche Wörter beziehungsweise Wortformen generiert. Diese obere und untere Passung treten häufig gemeinsam auf. Die obere Passung erleichtert im allgemeinen die Arbeit des Enkodiermechanismus, es können aber, wie gezeigt, auch Störungen und daraus resultierende Sprechfehler entstehen. Sowohl für die obere als auch für die untere Passung gilt: Die Beschaffenheit des

Konzept-Markenkomplexes entscheidet jeweils, welcher Wort-Markenkomplex am besten zu ihm paßt. Die theoretische Unterstellung flexibler und variabler Markenkomplexe wird den überaus nuancierten Phänomenen der *Wortwahl* in unserer Sicht sehr viel besser gerecht als die Vorstellung, es gebe so etwas wie feste Konzepte, die mit bestimmten Wörtern mehr oder minder fest assoziiert sind (vgl. auch Kiefer, Barattelli & Mangold-Allwinn, 1993).

Beziehen sich unterschiedliche Konzept-Markenkomplexe auf ein und dasselbe ‚Ereignis in der Welt' (auf einen Referenten) und erzeugt der Sprecher in Hinblick auf *denselben* Referenten unterschiedliche Bezeichnungen (z.B. „Fußball" – „Pille"; „Fernseher" – „Glotze"; „Scheibe" – „Rad"; „Platte" – „Scheibe"; „Polizist" – „Bulle"; „Bavaria" – „mein Bayernland"), so können wir solche Unterschiede bei der Verbalisierung derselben Sache auf nuancierte Differenzen zwischen *Konzept-Markenkomplexen* zurückführen. Da sich diese Markenkomplexe sehr schnell ändern können, kann so auch verständlich gemacht werden, daß Bezeichnungen bisweilen *während ein und desselben Diskurses* in bestimmter Weise wechseln. – Daß die Ersetzung der theoretischen Vorstellung von stabilen, die Zeit im Speicher überdauernden Konzepten durch eine theoretische Konzeption, bei der multimodale und äußerst flexible Markenkomplexe ad hoc erzeugt werden, wenn sie das System benötigt, nicht nur für die Theorie der Sprachproduktion wichtig ist, kann hier nicht mehr ausgeführt werden. Es dürfte aber zum Beispiel ohne weiteres einsichtig sein, daß die kognitive Verarbeitung von *Konzept-Markenkomplexen*, deren sensorische Anteile in ihrer Aktivationshöhe dominieren, in anderen *Situationen* auftritt, eine andere *Struktur* aufweist und andere *Ergebnisse* zeitigt als die Verarbeitung von Konzept-Markenkomplexen mit dominierenden Marken aus dem abstrakten Markenfeld. (Dasselbe gilt entsprechend für die Dominanz emotiv-bewertender Marken. Vgl. auch Hoffmann, 1986; Johnson-Laird, 1987.)

6.3.4 Zusammenfassung

Die vorstehenden Abschnitte könnten als vergleichsweise abstrakt und schwierig empfunden werden. Für das Verständnis der nachfolgenden Teile dieses Buches dürfte die Berücksichtigung der folgenden Gesichtspunkte genügen:

– Um das Sprechersystem durch die Erzeugung sprachlicher Äußerungen regulieren zu können, muß Information unterschiedlicher Art verarbeitet werden.
– Die bei der Sprachproduktion zu verarbeitende Information kann – sehr grobkörnig – in drei Klassen eingeteilt werden: (a) *deklaratives Wissen* (zum Beispiel Wissen über den Partner, Wissen über Normen des gesellschaftlichen Verkehrs); (b) *dekomponierbares Können*: Fertigkeiten, die häufig durch Übung aus vorherigem Wissen entstanden sind und die man introspektiv weitgehend erschließen kann (zum Beispiel die automatisierte Verwendung von Grußformeln, Anreden usf.); (c) *nicht-dekomponierbares Können*: Diese Fertigkeiten sind der Introspektion nicht zugänglich, sie können meist nicht auf vorgängiges Wissen zurückgeführt werden (zum Beispiel die Erzeugung von Passivsätzen im Deutschen, wobei der Sprecher die Regeln, nach denen die Passivierung verläuft, zu keinem Zeitpunkt angeben könnte). (Verwirrenderweise werden solche Fertigkeiten oft auch als ‚implizites Wissen' bezeichnet. Vgl. dazu Weinert, 1991.)
– Im gegenwärtigen Zusammenhang lassen wir offen, ob beziehungsweise wieweit interne Repräsentationen einen analogen oder aber einen digitalen Charakter haben. Bei unserer Darstellung verwenden wir je nach Problemzusammenhang sowohl eine ‚analoge' als

auch eine ‚digitale' Redeweise. Dasselbe gilt für die Unterscheidung ‚symbolischer' und ‚subsymbolischer' Prozesse (beziehungsweise Repräsentationen), wobei wir Modelle subsymbolischer Informationsverarbeitung favorisieren. So haben wir auch bei der etwas strikteren Darstellung von Konzepten und Wörtern als multimodale und flexible Marken-Mixturen in starkem Maße auf subsymbolische Modellbildungen Bezug genommen. Dies, weil sich dieses Problem in unserer Sicht mit den Mitteln der Netzwerkkonzeption am besten darstellen läßt. (Damit ist aber nicht dazu Stellung genommen, ob beziehungsweise wieweit unser Seelenleben ‚in Wahrheit' als symbolisch oder subsymbolisch aufgefaßt werden muß.)

– Trotz unseres Verzichts auf eine eingehende Erörterung der heute gängigen Theorien zu Informationsverarbeitungsprozessen und zu internen Repräsentationen mußte das Verhältnis von Konzepten und Wörtern beziehungsweise Wortformen eingehender betrachtet werden. Dies schon deshalb, weil sonst nicht hinlänglich dargestellt werden kann, daß gleiche Bezugsobjekte beziehungsweise Bezugsereignisse in der Außenwelt (= Referenten) situationsspezifisch unterschiedlich benannt zu werden pflegen.

– Zu den wichtigsten Elementen der Sprachproduktion gehören temporäre Koaktivationsmuster von multimodalen Marken, die wir als Markenkomplexe bezeichnen. Als solche multimodale und flexible Markenkomplexe betrachten wir sowohl Konzepte als auch Wörter, die wir strikt voneinander trennen. Die Vorstellung von *multimodalen* und *flexiblen* Markenkomplexen ist insofern *dual*. (Das motiviert die Bezeichnung DMF-Theorie.)

– Konzepte und Wörter können sich (im Sinne der oberen Passung) schon auf der Ebene der Zentralen Kontrolle zu Gesamtkomplexen zusammenschließen. Die untere Passung besteht darin, daß für Konzepte beziehungsweise für Gesamtkomplexe (als Teile des Enkodierinputs) im Enkodiermechanismus einzelsprachliche Wörter (Wort-Markenkomplexe mit dominanter Aktivation phonetisch-metrischer Marken) erzeugt werden. Hierbei muß – im Extrem – ein passender Wort-Markenkomplex ohne jede Voraktivierung aufgebaut werden. Oder es muß – im anderen Extrem – ein als Teil eines Gesamtkomplexes bereits voraktivierter Wort-Markenkomplex insbesondere in Hinsicht auf phonetisch-metrische Marken sozusagen vervollständigt werden.

– Zwischen Konzept-Markenkomplexen und Wort-Markenkomplexen bestehen erlernte Assoziationen (Verbindungen). Derjenige Wort-Markenkomplex wird zur Passung herangezogen, der mit dem vorliegenden Konzept-Markenkomplex am stärksten assoziiert ist.

In diesem Kapitel war von der *Systemregulation* mit Hilfe sprachlicher Äußerungen, von einer vorbereitenden Übersicht über die *Grundbausteine* der Sprachproduktion und zuletzt von verschiedenen Arten des *Wissens* beziehungsweise der *Information* die Rede. Nach diesen theoretischen Grundlegungen erscheint es uns nun relativ leicht möglich, den Vorgang der Sprachproduktion mit Hilfe der Betrachtung der wichtigsten Systembausteine und ihres (variablen) Zusammenspiels im einzelnen zu behandeln.

7.

Die Zentrale Kontrolle

7.1 Zur Gliederung des Sprachproduktionsprozesses

Im Abschnitt 6.2 haben wir die Grobstruktur des Sprachproduktionssystems vorgestellt. Dabei wurde die Erzeugung von Sprachäußerungen nicht als ein ungegliederter Gesamtvorgang, sondern als ein gegliedertes Prozeßgeschehen beschrieben. Die neuere Sprachpsychologie ist dadurch charakterisiert, daß das Ergebnis der theoretischen Gliederung des Spracherzeugungsprozesses immer wieder in *Dreiteilungen* bestand.

Einige *Beispiele*: Der Linguist Chafe (1976) unterstellt, daß Menschen ihr Wissen von der Welt in Form von Propositionen (s. oben Exkurs 4.1) im Gedächtnis speichern. Die Konfiguration dieses Weltwissens nennt er (1) *Semantische Struktur*. Will ein Sprecher Teile der Semantischen Struktur sprachlich mitteilen, so muß er das im Gedächtnis simultan vorliegende Wissen linearisieren, also in eine Reihenfolge bringen. So entsteht dasjenige, was er (2) *Oberflächenstruktur* nennt. Anschließend wird die Oberflächenstruktur in eine Abfolge von sprachlichen Zeichen (Phonemen) umgesetzt. Das Resultat ist (3) die *Phonetische Struktur*.

Schlesinger (1977) läßt die Sprachproduktion (1) mit der *Kognitiven Struktur* beginnen. Es handelt sich um dasjenige, was der Sprecher gerade beachtet und worüber er reden will. Die Kognitive Struktur besteht aus nichtsprachlichen Elementen und Relationen. Ein Teil der Elemente und Relationen der kognitiven Struktur wird (2) in *I-Markers* (= Intention-Markers) überführt. Vereinfacht gesprochen, enthalten I-Markers sowohl Propositionen als auch einzelsprachliche Information. Sie sind Bindeglieder zwischen dem Gedanklichen und Sprachlichen. Auf der Basis der I-Markers wird durch Anwendung von sogenannten Realisationsregeln (3) die *Verbale Äußerung* erzeugt. Die Realisationsregeln beziehen sich sowohl auf die Wortfindung als auch auf die Erzeugung syntaktischer und morphologischer Strukturen, auf die Intonation und auf die phonetisch-artikulatorische Beschaffenheit der Äußerung.

Butterworth (1980) geht ebenfalls (1) von einem *Semantischen System* aus, welches noch keinen einzelsprachlichen Charakter hat; es ist propositional organisiert. Die Informationen des Semantischen Systems werden (2) an das *Lexikalische, Syntaktische und Prosodische System* weitergegeben. Hier werden die nichtsprachlichen Einheiten des Semantischen Systems Wörtern zugeordnet, diese werden nach grammatischen Regeln organisiert, und es wird ein Intonationsmuster der Äußerung festgelegt. Dieses Zwischenergebnis der Sprachproduktion wird dann einer Art von phonologischer Montage unterzogen und (3) an ein *Phonetisches System* übergeben, welches die beabsichtigte Sprachäußerung Phonem für Phonem abarbeitet und (mit Hilfe eines Artikulatorischen Systems) in Muskelbewegungen der Sprechapparatur umsetzt. – Das Modell von Butterworth ist bei weitem komplizierter, als es hier skizziert wird.

Auch alle anderen uns bekannten Theorieentwicklungen zur Sprachproduktion neigen zu solchen – freilich unterschiedlichen – Dreiteilungen. So unterscheidet zum Beispiel Levelt (1989) das Konzeptualisieren, das Formulieren und das Artikulieren. Es besteht eine generelle Tendenz, den Sprachproduktionsprozeß in einem vorsprachlichen Bereich des ‚Gedanklichen', ‚Kognitiven' beginnen zu lassen (Semantische Struktur, Kognitive Struktur, Semantisches System, Konzeptualisieren). Auf einer mittleren Ebene wird dieses Vorsprachliche – wie auch immer – ‚versprachlicht' (Oberflächenstruktur, I-Marker, Lexikalisches, Syntaktisches und Prosodisches System, Formulieren). Bezüglich dieser mittleren Ebene der Sprachproduktion dürften die größten Unterschiede zwischen den einzelnen Theoriebildungen bestehen. Wieder etwas mehr Einvernehmen besteht über die letzte Stufe der Sprachäußerungsproduktion, die Erzeugung einer Folge von Phonemen beziehungsweise Lauten (Phonetische Struktur, Verbale Äußerung, Phonetisches und Artikulatorisches System, Artikulation).

Interessanterweise lassen alle genannten Autoren ihre theoretische Konzeptualisierung erst beginnen, wenn bereits festliegt, *daß* überhaupt und – meist – *worüber* gesprochen wird. Wir meinen, daß dies ein zu später Einstiegspunkt der Theoriebildung ist. Theorien der Äußerungsproduktion sollten in unserer Sicht auch Beiträge zur Erklärung liefern, unter welchen Bedingungen überhaupt gesprochen wird. – Es ist leicht ersichtlich, daß eine Regulationstheorie der Sprachproduktion Ansatzpunkte für diese Erklärung bietet: Im Fokusspeicher repräsentierte Ist-Soll-Differenzen des Sprechersystems sind notwendige Bedingungen für den *Start* der Sprachproduktion.

Die genannten Sprachproduktionstheorien stammen zum Teil von Linguisten, zum Teil von Psychologen. Demnach sind sie auch unterschiedlich leicht mit anderen theoretischen Konzeptionen der *Psychologie* vermittelbar (vgl. dazu auch Herrmann, 1985). Aus allgemeinen methodologischen Gründen sollten Sprachproduktionstheorien nicht nur dem allgemeinen, gut gesicherten Wissensstand der Psychologie *nicht widersprechen*; vielmehr sollten Sprachproduktionstheorien auch leicht in generelle Theoriebildungen der Psychologie *eingeordnet* werden können. Wir selbst versuchen, die hier dargestellte Theorie einerseits mit der heute in weiten Teilen der Psychologie dominierenden Theorie der Handlungskontrolle, zum anderen mit modernen Aufmerksamkeitstheorien und drittens mit den Grundlagen der Gedächtnis- und Kognitionspsychologie zu vermitteln (s. Kapitel 6).

Die genannten Sprachproduktionstheorien lassen sämtliche Schnittstellen zwischen der Äußerungsproduktion und der Produktion *nichtsprachlicher* Verhaltenskomponenten (Mimik, Gestik, Körperhaltung usf.) vermissen. In dieser Beziehung ist auch die hier vorgelegte Theorie gewiß nicht hinreichend ausgebaut. Immerhin ergeben sich theoretische Ansätze (und empirische Befunde) für die Behandlung dieses Schnittstellen-Problems (s. auch oben 2.1 und 4.8; vgl. zur vorstehenden Argumentation auch Herrmann, 1982a, 1985; Winterhoff-Spurk, 1983).

Im Anschluß an frühere Versionen einer Theorie der Sprachproduktion (vgl. Herrmann, 1982a, 1985), für die sich die Bezeichnung „Mannheimer Modell" herausgebildet hat, besteht auch für uns der Sprachproduktionsprozeß aus *drei Stufen* oder *Ebenen*, denen (als theoretische Konstrukte) *drei Subsysteme des Sprachproduktionssystems* zugeordnet sind:

- Zentrale Kontrolle (Fokusspeicher, Zentrale Exekutive),
- Hilfssysteme,
- Enkodiermechanismus.

Dieses und die beiden folgenden Kapitel dienen der detaillierten Darstellung dieser drei Subsysteme. Im vorliegenden Kapitel wird die *Zentrale Kontrolle* behandelt. Die Zentrale Kontrolle besteht – regulationstheoretisch – aus Information über den Ist- und den Soll-Zustand des Systems und aus Vorrichtungen für den Ist-Soll-Vergleich und die Erzeugung von Operationen, die geeignet sind, den Ist-Zustand dem Soll-Zustand anzugleichen. Die *Fokusinformation* repräsentiert den Ist- und Soll-Zustand des Systems. Die *Zentrale Exekutive* hat die Funktion des Reglers, in dem Ist-Soll-Differenzen diagnostiziert werden, und auch Funktionen des Stellorts (Effektors), der für die Planung und Durchführung von Operationen zur Ist-Soll-Angleichung verantwortlich ist (vgl. auch oben 6.1.2). – Weiter unten werden wir die Zentrale Kontrolle zusätzlich als *Arbeitsspeicher* betrachten, wobei die Fokusinformation den deklarativen und die Zentrale Exekutive den operativen Teil dieses ‚aktiven' Speichersystems ausmachen.

7.2 Die Fokusinformation

7.2.1 Ein Beispiel zur Einführung

Beginnen wir mit einem minimalistischen *Beispiel* (vgl. Herrmann & Grabowski, 1992):

„Siebafuffzig."

Diese Äußerung stammt von der Inhaberin eines kleinen Geschäfts im Schwäbischen, die einer Stammkundin eine Strumpfhose verkauft. Der Äußerung ging unmittelbar die Frage der Kundin voraus:

„Wieviel kostet diese Strumpfhose?"

Die Äußerung der Geschäftsinhaberin sei unter anderem wie folgt zustande gekommen: Die Sprecherin hat das Handlungsziel, einer Kundin auf Wunsch eine Strumpfhose zu verkaufen, sie hat von der Kundin, einer Stammkundin, und deren momentanen Erwartungen ein bestimmtes Bild, sie kennt die Konventionen beim Umgang mit Kunden, die in ihrem Einzelhandelsgeschäft gelten, sie kennt ihre Waren, deren Preise usf.
  Dieses Wissen bezieht sich nicht auf das *Wie* des Sprechens und Kommunizierens im einzelnen. Auf der Basis dieses Wissens allein könnte die Äußerung in einer anderen Sprache, in einem anderen Dialekt oder in der Standardsprache, unter Verwendung vielfältiger grammatischer Formen und unter Verwendung unterschiedlicher Wörter realisiert worden sein. Die Geschäftsinhaberin hätte zum Beispiel auch sagen können: „Der Preis der Strumpfhose beträgt sieben Mark fünfzig." Oder wenn wir uns die Szene in England denken, hätte die Äußerung lauten können: „It's seven fifty."

Hätte die Sprecherin das Handlungsziel, die Kundin zu kränken und zum Verlassen des Ladens zu veranlassen, so wäre die Äußerung „Die Strumpfhose können Sie doch überhaupt nicht bezahlen, und für so etwas sind Sie sowieso viel zu alt." möglicherweise gut geeignet gewesen. Hätte die Ladeninhaberin bestimmte Erwartungen der Kundin falsch eingeschätzt, so hätte sie vielleicht gesagt: „Ja, das ist ein besonders gutes Beispiel für den Verdrängungswettbewerb in der deutschen Textilindustrie. Sehen Sie mal, der Preis dieser Strumpfhose ist gegenüber dem letzten Jahr um nicht weniger als 15 Prozent gesunken . . ." Diese Äußerung könnte in einem anderen Gesprächskontext durchaus angemessen sein; sie entspricht aber weder der hier unterstellten Partnererwartung noch den Konventionen, die in Einzelhandelsgeschäften gelten. Freilich können Partnererwartungen und Konventionen auseinanderklaffen: So könnte die Antwort der Sprecherin „Siebafuffzig." zwar den geltenden Konventionen entsprechen, der Partnererwartung aber nicht. Dies zum Beispiel dann, wenn die Stammkundin von der Geschäftsinhaberin eine Antwort der folgenden Art *erwartet* hätte: „Ich geb's Ihnen ein bißchen billiger, sagen wir fünf Mark." Hätte nun die Geschäftsinhaberin diese partnerseitige Erwartung ihrerseits antizipiert und richtig eingeschätzt, so hätte sie nicht nur lakonisch: „Siebafuffzig." gesagt, sondern sich vielleicht wie folgt salviert: „Ich würde es Ihnen ja gern ein bißchen billiger lassen, aber ich muß leider sieben Mark fünfzig dafür verlangen, weil . . ." Hätte die Geschäftsinhaberin mangelhafte Kenntnisse bezüglich ihrer Waren und der Warenpreise, so hätte sie möglicherweise einen anderen Betrag – sagen wir sechs Mark – verlangt.

Es zeigt sich, daß genau die Äußerung „Siebafuffzig" nur deshalb zustande kommt, weil sprecherseitig eine ganze Reihe von *Voraussetzungen* vorliegt, die nicht bereits das Wie des Sprechens im einzelnen betreffen, aber doch *notwendige Bedingungen* dafür hergeben, daß überhaupt gesprochen wird und daß die resultierende Äußerung bestimmte Merkmale hat. Alle am Beispiel erläuterten Gesichtspunkte (und andere mehr) verweisen auf das *deklarative Wissen*, das als *Fokusinformation* bei der Sprecherin vorliegt, wenn sie „Siebafuffzig" erzeugt. – Wie läßt sich diese Fülle von notwendigen deklarativen Wissensvoraussetzungen ordnen?

7.2.2 Zur Klassifikation der Fokusinformation

Der sich ständig ändernde Inhalt des Fokusspeichers, die Fokusinformation, läßt sich anhand von drei Klassifikationsgesichtspunkten einteilen:

- Ist-Komponenten vs. Soll-Komponenten,
- situationsübergreifend vs. situationsspezifisch,
- selbstbezogen vs. partnerbezogen vs. drittbezogen.

(1) Ist-Komponenten vs. Soll-Komponenten: Die Einteilung der Fokusinformation in Ist- und Soll-Komponenten ergibt sich unmittelbar aus dem von uns erläuterten Regulationsprinzip. Die Zentrale Exekutive benötigt als Datenbasis Informationen über den Ist-Zustand und über den Soll-Zustand des Sprechersystems. Beide Arten deklarativer Information müssen im Fokusspeicher bereitgehalten werden. Was unsere schwäbische Geschäftsinhaberin betrifft, so gehören zum Beispiel ihre Einschätzungen von Kundenerwartungen zu den Ist-Komponenten. (Wir haben schon darauf hingewiesen, daß die Einschätzung des Partners und der Situation dem (Ist-) Zustand des *Sprechers* zuzurechnen ist.) Zu den Soll-Kompo-

nenten gehören unter anderem das situationsspezifische Handlungsziel der Geschäftsinhaberin sowie Verhaltensregeln, die sich aus der Erfüllung von Konventionen ergeben.
(2) Situationsübergreifende vs. situationsspezifische Fokusinformation: Das Sprechersystem benötigt für seine Regulation deklarative Information, die sich sowohl auf die aktuelle Kommunikationssituation als auch auf situationsübergreifende Wissensbestände bezieht. Das Handlungsziel, dieser Kundin eine bestimmte Ware zu verkaufen, ist sicherlich ebenso situationsspezifisch wie Einschätzungen dessen, was der Partner soeben erwartet, was er als nächstes tun wird, usf. Das generelle Wissen über die Welt, Komponenten des Partnermodells, die sich eher auf überdauernde Dispositionen des Partners beziehen, aber auch normative Überzeugungen, Rationalitätsmaximen und das generelle Selbstkonzept des Sprechers sind zweifellos situationsübergreifend.
(3) Selbst- vs. partner- vs. drittbezogene Fokusinformation: Bei der Fokusinformation kann es sich um deklarative Repräsentationen von Zuständen oder Eigenschaften des Sprechers selbst handeln. Oder Fokusinformation kann sich auf den Partner beziehen. Oder es kann sich um Information handeln, die weder Merkmale des Sprechersystems selbst noch des Partners, sondern etwas Drittes betrifft. Dabei kann es sich sowohl um Komponenten der gegenwärtigen Kommunikationssituation als auch um situationsübergreifende Wissensbestände handeln. Was zum Beispiel die Geschäftsinhaberin über ihre Ware weiß, gehört zur drittbezogenen Fokusinformation. Einschätzungen, die sich auf die Kundin beziehen, sind ersichtlich partnerbezogen.

Wir behandeln, wie mehrfach hervorgehoben, die Sprachproduktion unter dem Gesichtspunkt der Regulation des Sprechersystems. Da die Sprachproduktion notwendigerweise einen Sprecher erfordert, und da Äußerungen in den meisten Fällen – und diesen Fällen gilt unsere bevorzugte Betrachtung – an einen (oder mehrere) Partner gerichtet sind, wird unmittelbar einsichtig, warum wir die Fokusinformation hinsichtlich ihrer Sprecher- und Partnerbezogenheit gliedern.

Drittbezogene Fokusinformation ist demgegenüber eine Art ‚Restklasse' von Informationen, die sich auf alles bezieht, was weder Sprecher noch Partner betrifft, kurz: die Welt. Der situationsspezifische Teil der Welt ist die Situation selbst, in der sich Sprecher und Partner befinden. Wir nennen Fokuskomponenten, die sich auf situationsübergreifende drittbezogene Informationen beziehen, deshalb im folgenden *weltbezogen*, Fokuskomponenten, die sich auf situationsspezifische drittbezogene Informationen beziehen, *situationsbezogen*. Sowohl „Welt" als auch „Situation" sind dabei – aus den genannten Gründen – so definiert, daß Sprecher und Partner nicht Teil der Welt oder der Situation sind, sondern separat behandelt werden.

Was die *Selbstbezogenheit* der Fokusinformation betrifft, so erscheint die folgende Klarstellung erforderlich: Alle Fokuskomponenten sind Informationen, die im Sprechersystem repräsentiert sind. Insofern beziehen sie sich trivialerweise auf den Sprecher. Was ist dann unter partner- und drittbezogener Information zu verstehen? Alle Ist-Komponenten kann man paraphrasieren als „Im Sprechersystem ist repräsentiert: X ist der Fall."; entsprechend kann man alle Soll-Komponenten paraphrasieren als „Im Sprechersystem ist repräsentiert: X soll der Fall sein." Der ‚Träger' der Repräsentation ist immer der Sprecher. Die Unterscheidung zwischen selbst-, partner- und drittbezogenen Informationen betrifft den Sachverhalt, der an der mit „X" bezeichneten Stelle steht. Handelt X vom Sprecher selbst (besetzt der Sprecher in der propositionalen Notation von X eine Argumentstelle), so handelt es sich um selbstbezogene Fokusinformation. Sagt X etwas über den Partner aus, handelt es sich um partnerbezogene Fokusinformation. Betrifft X einen sonstigen Sachverhalt in der Welt oder in der jeweiligen Situation, so handelt es sich um drittbezogene Fokusinformation. Für mögliche Inhalte dieser Teilklassen der Fokusinformation werden wir bei der anschließenden Diskussion der einzelnen Komponenten konkrete Beispiele anführen.

Durch vollständige Kombination der drei genannten Einteilungsgesichtspunkte erhalten wir ein Klassifikationssystem, in das wir zwölf verschiedene Klassen von Komponenten der Fokusinformation einordnen können. Die folgende Aufstellung gibt eine *Übersicht* über diese Komponenten, die wir dann nacheinander kurz charakterisieren.

Für die Kurzkennzeichnung der einzelnen Fokuskomponenten verwenden wir dabei die folgenden Kürzel: Die Unterscheidung zwischen Ist- und Soll-Komponenten wird durch ein der jeweiligen Komponente nachgestelltes, hochgestelltes „IST" beziehungsweise „SOLL" getroffen. Situationsspezifische Komponenten werden mit einem tiefgestellten „SS", situationsübergreifende Komponenten mit einem tiefgestellten „SÜ" markiert. Selbstbezogene Information kennzeichnen wir mit „SPR" (für Sprecher), partnerbezogene Information mit „PAR", situationsbezogene mit „SIT" und weltbezogene mit „WEL". (Aus unseren obigen Ausführungen zu ‚Situation' und ‚Welt' folgt, daß SIT nur in Kombination mit SS und WEL nur in Kombination mit SÜ vorkommt; aus Gründen der Systematik behalten wir diese – in diesen beiden Fällen doppelte – Kodierung bei.) Um hervorzuheben, daß es sich bei den einzelnen Kategorien um Teilmengen der Fokusinformation handelt, die nicht alle in jeder einzelnen Sprachproduktionssituation mit mindestens einem Informationselement besetzt sein müssen, die aber auch mehrere Informationselemente umfassen können, werden die Kategorien in Mengenklammern notiert.

FOKUSINFORMATION

(a) Ist-Komponenten der Fokusinformation
    (aa) situationsspezifisch
        (aaa) *selbstbezogen:* $\{(SPR_{SS})^{IST}\}$
        (aab) *partnerbezogen:* $\{(PAR_{SS})^{IST}\}$
        (aac) *situationsbezogen:* $\{(SIT_{SS})^{IST}\}$
    (ab) situationsübergreifend
        (aba) *selbstbezogen:* $\{(SPR_{SÜ})^{IST}\}$
        (abb) *partnerbezogen:* $\{(PAR_{SÜ})^{IST}\}$
        (abc) *weltbezogen:* $\{(WEL_{SÜ})^{IST}\}$

(b) Soll-Komponenten der Fokusinformation
    (ba) situationsspezifisch
        (baa) *selbstbezogen:* $\{(SPR_{SS})^{SOLL}\}$
        (bab) *partnerbezogen:* $\{(PAR_{SS})^{SOLL}\}$
        (bac) *situationsbezogen:* $\{(SIT_{SS})^{SOLL}\}$
    (bb) situationsübergreifend
        (bba) *selbstbezogen:* $\{(SPR_{SÜ})^{SOLL}\}$
        (bbb) *partnerbezogen:* $\{(PAR_{SÜ})^{SOLL}\}$
        (bbc) *weltbezogen:* $\{(WEL_{SÜ})^{SOLL}\}$

(aaa) Bei der selbstbezogenen, situationsspezifischen Ist-Komponente $\{(\text{SPR}_{ss})^{\text{IST}}\}$ handelt es sich um das *Selbstmodell* des Sprechers, um die interne Repräsentation der aktuellen Systemzustände. Diese Komponente der Fokusinformation ist beim Sprechen stets vorhanden. Sie umfaßt die Menge der Informationen, die der Sprecher bezüglich seiner eigenen Befindlichkeit in der aktuellen Kommunikationssituation besitzt. Vielleicht fühlt er sich unsicher oder aber souverän; er vermeint, das Gespräch zu kontrollieren, oder er sieht sich ‚in die Ecke gedrängt'. Er hat und verwendet Informationen darüber, ob beziehungsweise wieweit er über ein bestimmtes Wissen, über bestimmte sprachliche Mittel und dergleichen *verfügt*. Zum Selbstkonzept des Sprechers gehört es demnach auch, in ‚reflexiver' Weise zu wissen oder zu vermuten, ob und wieweit er selbst etwas weiß. Zum Selbstmodell gehört auch das Wissen darüber, was der Sprecher in der Situation bereits gesagt hat; auf dieses besondere ‚Vorhalten' der eigenen äußerungsbezogenen Verhaltensweisen werden wir noch gesondert eingehen. Je nach Gesprächsverlauf kann sich das momentane Selbstmodell unter Umständen schnell ändern.

(aab) Das, was der Sprecher über den Partner weiß oder annimmt, kann man als *Partnermodell* bezeichnen. Zu dieser situationsspezifischen Kategorie $\{(\text{PAR}_{ss})^{\text{IST}}\}$ gehören alle Informationen, die der Sprecher über Partnermerkmale hat, die sich auf die gegenwärtige Kommunikationssituation beziehen, die also nicht überdauernd, transsituativ oder dispositionell genannt werden können. (Der Ausdruck „Partner" steht hier und an allen anderen Stellen generell für männliche und weibliche Partner beziehungsweise Partnerinnen wie auch für Partnermehrheiten.) $\{(\text{PAR}_{ss})^{\text{IST}}\}$ schließt ein, wie der Partner – immer in der Sicht des Sprechers! – die gegenwärtige Situation auffaßt, was er in dieser Situation erwartet, was er vom Sprecher erwartet, was er meint, was der Sprecher erwartet, usf. Zu $\{(\text{PAR}_{ss})^{\text{IST}}\}$ gehört auch, was der Partner bezüglich der gegenwärtigen Situation zu tun vermag (oder nicht): Der Partner hat bezüglich der gegenwärtigen situativen Anforderungen ‚physische', ‚mentale', ‚soziale' Möglichkeiten. Zu manchem ist der Partner bereit, zu manchem nicht. Der Partner hat selbst Handlungsziele, die sich auf die gegenwärtige Situation beziehen. Gegebenenfalls kann der Sprecher dem Partner sehr komplizierte gedankliche Strukturen unterstellen; zum Beispiel MEIN PARTNER WILL, DASS ICH WEISS, DASS ICH ETWAS TUE, WEIL MEIN PARTNER ES WILL. (Vgl. Herrmann, 1985, S. 196f.) Auch das situationsspezifische Partnermodell hat äußerungsbezogene Anteile; der Sprecher verfügt über Informationen darüber, was der Partner in der Situation schon gesagt hat beziehungsweise in welcher Weise (in welchem Ton, mit welcher Wertung etc.) er etwas gesagt hat.

> Bei der Fokusinformation beziehungsweise ihren Komponenten handelt es sich um ‚geistige Inhalte'; dies kennzeichnen wir – wie auch bei Konzepten und Propositionen – durch die Schreibweise in Kapitälchen. Sprachliche Äußerungen auf der Basis von Fokuskomponenten werden demgegenüber in Anführungszeichen geschrieben.

(aac) Das *Situationswissen* $\{(\text{SIT}_{ss})^{\text{IST}}\}$ ist eine Sammelkategorie für alle Informationen, die zu den situationsspezifischen Ist-Komponenten der Fokusinformation gehören, aber nicht sprecher- oder partnerbezogen sind. Das betrifft alles, was der Sprecher in der gegebenen Kommunikationssituation (außer dem Partner) wahrnimmt. Wenn der Sprecher sieht, daß ein Fenster geöffnet ist, wird er seinen Partner nicht bitten, das Fenster zu öffnen (s. oben 4.3). Zum Situationswissen gehören wesentliche Aspekte der Wahrnehmung, die wir im Zusammenhang mit der Objektbenennung und mit dem Sprechen über Raum erörtert haben. (Wie ein Sprecher ein Objekt benennt, hängt beispielsweise wesentlich davon ab, im Kontext welcher anderen Objekte er es sieht; s. oben 2.3.)

(aba) Ebenso wie das Partnermodell ist das Selbstmodell geteilt. Neben das situationsspezifische Selbstmodell tritt das situationsübergreifende *Selbstmodell* $\{(\text{SPR}_{S\ddot{U}})^{\text{IST}}\}$. Diese Komponente der Fokusinformation umfaßt alle Informationen, die das Sprechersystem – über die augenblickliche Kommunikationssituation hinausgehend – von sich selbst besitzt. Auch bei der Planung des eigenen Sprechens kann man nicht von seinen eigenen situationsübergreifenden Eigenschaften, Attitüden, seiner generellen Leistungsfähigkeit usf. absehen (vgl. auch oben 6.1.3). Zum Beispiel müssen Sprecher kalkulieren, wie sie erfahrungsgemäß auf Folgen reagieren, die aus ihren eigenen Sprachäußerungen erwachsen. So mag man zum Beispiel von sich selbst wissen, daß man gern mit starken Worten Streitgespräche beginnt, aber bei entsprechender Gegenwehr des Partners ungeschickt agiert. Oder – ein ganz einfaches Beispiel – man spricht in betonter Weise akzentuiert und deutlich, weil man weiß, daß man keine weittragende Stimme hat.

(abb) Der situationsübergreifende Teil des *Partnermodells* $\{(\text{PAR}_{S\ddot{U}})^{\text{IST}}\}$ umfaßt die Zustände und Eigenschaften, die der Sprecher dem Partner situationsübergreifend zuschreibt. Es gibt viele Kommunikationszusammenhänge, in denen der Sprecher zumindest zu Beginn *nur* auf solche situationsübergreifende partnerbezogene Information zurückgreifen kann. Dies besonders dann, wenn er seinen Partner (noch) gar nicht persönlich kennt. Das Extrem läge darin, daß der Sprecher lediglich weiß, daß es sich bei seinem Partner um einen Menschen handelt. Vielleicht weiß er außerdem noch, welche einzelsprachliche Kompetenz dieser Mensch besitzt, und vielleicht erkennt er noch, daß es sich um einen Mann oder um eine Frau oder ein Kind handelt. (Man denke an Telefonate, bei denen man den Partner nicht kennt.) Häufig beschränkt sich die (darüber hinausgehende) Information auf *Rollenmerkmale* des Partners: Es handelt sich um einen Busschaffner, um die Verkäuferin in einer Bäckerei, um einen Studenten, um einen orientalisch aussehenden Gastarbeiter, usf. Die $\{(\text{PAR}_{S\ddot{U}})^{\text{IST}}\}$-Bedingungen haben, wie man sich leicht denken kann, einen erheblichen Einfluß auf die Sprachproduktion – erst recht bei Partnern, deren Vorlieben, Gewohnheiten, Einstellungen etc. man gut kennt (vgl. auch unten 11.5).

(abc) Das *Weltwissen* $\{(\text{WEL}_{S\ddot{U}})^{\text{IST}}\}$ wird hier so verstanden, daß es sich um situationsübergreifende Ist-Komponenten der Fokusinformation handelt, die drittbezogen sind. (Wir haben an anderen Stellen dieses Buches den Ausdruck „Weltwissen" im Einklang mit der heute gängigen Wortverwendung in einem bei weitem weniger spezifischen Sinne gebraucht.) Weltwissen – als spezifische Fokuskomponente – ist eine Sammelkategorie für das deklarative Wissen des Sprechers, das transsituativ ist, das Ist-, aber nicht Soll-Komponenten der Fokusinformation betrifft und das weder auf den Sprecher selbst noch auf den Partner bezogen ist. Hierbei kann es sich sowohl um ‚semantische' Wissensstrukturen handeln als auch um ein Wissen, das man häufig als „Tatsachenwissen" bezeichnet. Unter Tatsachenwissen versteht man, simplifiziert gesagt, alles Wissen über Sachverhalte, ‚die auch anders sein könnten'. (Von komplizierten begriffstheoretischen Fragen, die sich hier stellen könnten, sehen wir ab; vgl. auch Kripke, 1981.) Daß das Heimatdorf von Ottos Vater 3 500 Einwohner hat, ist eine Tatsache, die ich kennen kann, die aber auch ‚anders sein könnte'. ‚Semantisches' Wissen hat starke deduktive beziehungsweise ‚notwendige' Anteile: Wenn man bestimmte Vorannahmen akzeptiert, ergeben sich Wissenselemente in notwendiger Weise als Folgen dieser Voraussetzungen. In diesem Sinne kann ich wissen, daß 9 die Quadratzahl von 3 ist; dies kann bei Voraussetzung entsprechender mathematischer Prämissen nicht anders sein. Ich kann wissen, daß der Wal ein Säugetier ist. Dies ist dann vielleicht nicht eine bloße, mehr oder minder zufällige Tatsache, sondern folgt für mich aus naturwissenschaftlichen Voraussetzungen. Es muß nicht erläutert werden, daß in unser Sprechen (sei

es als Voraussetzung, sei es als explizite Thematisierung) ständig Weltwissen einfließt. Das gilt zum Beispiel für das Argumentieren (s. oben 6.1.1). Beim Argumentieren bezieht man sich ja explizit auf etwas *allgemein* Geltendes oder Wahres.

Bevor wir uns der Besprechung der Soll-Komponenten der Fokusinformation zuwenden, bedarf es der folgenden *Zwischenbemerkung*: Situationsspezifische *Handlungsziele* können sich auf den Sprecher selbst, auf den Partner oder auf Drittes beziehen. Zum anderen kann der Sprecher als Teil seines deklarativen Wissens über *Standards* (Soll-Werte) verfügen, die sich auf den Sprecher selbst, auf den Partner oder auf Drittes beziehen, die aber *keine Zielvorgabe* enthalten. Das Vorliegen von Zielen beim Sprecher unterstellen wir generell nur, wenn er die Realisierung des im Soll-Wert repräsentierten Zustands für hinreichend wahrscheinlich beziehungsweise für nicht ganz unwahrscheinlich oder gar unmöglich hält. So *will* zum Beispiel der Sprecher im allgemeinen nur, daß sein Partner das Fenster öffnet, wenn der Partner dies mutmaßlich tun kann und will (vgl. oben 4.3). Allgemein kann man nur wollen, daß das Fenster offen ist, wenn man einige Realisierungschancen dafür voraussetzt. Wenn man aber nicht das *Ziel* hat – und damit nicht *will* –, das Fenster möge offen sein oder der Partner möge das Fenster öffnen, so kann man dennoch das Offensein des Fensters als *Soll-Wert* kognizieren. Man *wünscht* es sich, ohne es wollen zu können. So kann man zum Beispiel (in einem voll-klimatisierten Hotelzimmer) sagen: „Ich hätte gern, daß das Fenster jetzt geöffnet ist, doch weiß ich natürlich, daß das nicht geht." Manches wünscht der Mensch, was er nicht will beziehungsweise wollen kann (vgl. auch Heckhausen, Gollwitzer & Weinert, 1987; sowie aus linguistischer Sicht Weinrich, 1993, S. 289ff.). Und manches *soll* oder *muß* der Mensch tun, was er weder wünscht noch will. Standards ohne Zielcharakteristik betreffen also die Bereiche des Wünschens (ohne zu wollen) und des Sollens beziehungsweise Müssens.

In dieser Weise können wir situationsspezifische Soll-Werte (Standards) unterstellen, die entweder *Zielcharakteristik* oder *keine Zielcharakteristik* haben. Dasselbe gilt für situationsübergreifende Soll-Werte: Man kann auch diese, auf den Sprecher, den Partner oder auf die ‚Welt' bezogenen Standards entweder in der Art von (übergeordneten) Zielen oder ohne Zielcharakteristik kognizieren. Was die Standards ohne Zielcharakteristik betrifft, so dient das Sprechen auch hier dazu, die gegebene Situation des Sprechers an diese Soll-Werte anzugleichen. Das entspricht unserer generellen Regulationsauffassung. So kann das Sprechen eine ‚Stelloperation' sein, die den Ist-Zustand an den Soll-Zustand anzugleichen versucht, nicht weil der Sprecher dies will, sondern weil er es muß oder soll. Dies ist der Bereich der Erfüllung von *Konventionen*, von denen bereits die Rede war (s. oben 6.1.2) und auf die wir noch gesondert eingehen werden (s. unten 7.2.3). Sprechen als Mittel zur Ist-Soll-Angleichung kann beim Fehlen von Zielcharakteristik auch unterstellt werden, wenn folgende Sachlage vorliegt: Der Sprecher weiß, daß er einen von ihm präferierten Zustand nicht erreichen kann. Deshalb macht er sich die Erreichung dieses Zustands auch nicht zum Ziel. Dennoch nimmt sein Sprechen auf diese Sachlage Bezug, weil er damit versucht, die Situation zu bewältigen, auch ohne den Zustand realisieren zu können. (Der variable Umgang mit unerreichbaren Soll-Zuständen ist Thema von Theoriebildungen in der Klinischen Psychologie; vgl. dazu Kohlmann, 1990.) Zuweilen kann eine erfolgreiche Systemregulation (!) darin bestehen, den unerreichbaren Soll-Zustand (wenigstens) zu *formulieren*: „Wish you were here!" Solche Äußerungen selbst wie auch gegebenenfalls geeignete Partnerreaktionen nähern hier Ist- und Soll-Zustand des Sprechersystems einander an.

Eine Annäherung von Ist- und Soll-Wert kann nicht nur dadurch erfolgen, daß Sprecher, Partner oder die Situation so ‚manipuliert' werden, daß ihre Repräsentation im Fokus (als Ist-Wert) einem (stabilen) Soll-Wert entspricht. Vielmehr kann der Soll-Wert gewissermaßen auch dem (unabänderlichen) Ist-Wert angeglichen werden: Man findet sich mit bestimmten Sachverhalten ab oder gibt sich auch ‚mit weniger zufrieden'. Hier kann, wie erwähnt, allein das Aussprechen des Soll-Werts Abhilfe schaffen: Wenn man den Liebsten gern im Arme hielte, aber mit ihm im fernen Kongreßort nur telefonieren kann, dann bringt es das kognitive (und emotionale) System ins Gleichgewicht, wenn man ihm wenigstens sagen kann, daß man ihn vermißt. - In psychologisch durchaus treffender und zugleich unüberbietbar banaler Weise kann sogar die Operettenliteratur ein Lied von der Ist-Soll-Angleichung unter erschwerten Bedingungen singen: „Glücklich ist, wer vergißt, was nicht mehr zu ändern ist." („Die Fledermaus", Text von K. Haffner & R. Genée.)

(baa) Zu den *situationsspezifischen selbstbezogenen Standards* $\{(\text{SPR}_{SS})^{\text{SOLL}}\}$ gehören die situationsspezifischen Handlungsziele, soweit sie auf den Sprecher selbst bezogen sind: ICH WILL, DASS ICH HIER DAS LETZTE WORT BEHALTE. – ICH WILL, DASS MIR WARM IST. – Selbstbezogene Standards, die sich auf eine bestimmte Situation beziehen, ohne Zielcharakteristik zu besitzen, können zum Beispiel darin bestehen, daß man es zwar für das Beste hält, die gegenwärtige Verhandlungssituation durch ein Machtwort zu beenden, dies aber nicht anzielt, weil Machtverhältnisse, die Normen des gesellschaftlichen Umgangs oder dergleichen es von vornherein verbieten. So kann man vielleicht sagen: „Nachdem ich hier doch nicht selbst entscheiden kann, was mir zwar das liebste wäre, möchte ich wenigstens ..." Zu den situationsspezifischen Selbststandards gehört weiterhin die große Klasse von Forderungen, die sich aus *Konventionen* ergeben (s. unten 7.2.3): ICH MUSS JETZT DEN ALTEN HERRN DORT GRÜSSEN.

(bab) Situationsspezifische Partnerstandards $\{(\text{PAR}_{SS})^{\text{SOLL}}\}$ verstehen sich analog zu den situationsspezifischen Selbststandards. Die partnerbezogenen Handlungsziele nehmen bei der Planung des Sprechens eine ganz dominante Rolle ein. Man spricht eben sehr häufig, weil man will, daß der Partner etwas bestimmtes tut (oder unterläßt). Auch diese Handlungsziele wird man nur dann etablieren, wenn man weiß (oder zu wissen meint), daß der Partner das von ihm Gewünschte kann und zumindest mit einer hinreichenden Wahrscheinlichkeit auch auszuführen bereit ist. – Partnerstandards ohne Zielcharakteristik mögen zum Beispiel darin gelegen sein, daß man es vorzieht, der späte Gast möge sich doch bitte bald verabschieden, daß man dies aber nicht zu seinem Ziel machen kann, weil es sich etwa um einen redseligen Vorgesetzten handelt, vor dem man sich fürchtet. Oder der Partner soll etwas tun, weil es den Konventionen entspricht, ohne daß dies den Zielen des Sprechers oder auch des Partners entspricht: „Du mußt jetzt gehen, wenn ich es auch lieber hätte, wenn du bliebest." – „Du sollst jetzt gehen, ob du willst oder nicht."

(bac) Situationsstandards $\{(\text{SIT}_{SS})^{\text{SOLL}}\}$ betreffen Soll-Komponenten, die sich weder auf den Sprecher noch auf den Partner, sondern auf etwas Drittes beziehen. In der jetzigen Situation soll zum Beispiel das Fenster geschlossen sein. Oder die Leute sollten sich während der gegenwärtigen Musikdarbietung viel leiser verhalten, als sie es tun.

(bba) Zur Fokusinformation gehören *situationsübergreifende Selbststandards* $\{(\text{SPR}_{SU})^{\text{SOLL}}\}$. Hierbei mag es sich um situationsübergreifende Handlungsziele handeln. Zum Beispiel kann man in einer bestimmten Situation das situationsübergreifende Ziel verfolgen, sich in der korrekten standardsprachlichen Aussprache zu vervollkommnen. Es gibt aber auch situationsübergreifende Selbststandards ohne Zielcharakteristik: So möchte der Sprecher gern mit

voller und tragender Stimme sprechen können, doch weiß er, daß ihm die dazu erforderliche stimmliche Ausstattung fehlt. Oder jemand hat ein ‚Ichideal‘, zu dem das völlige Fehlen jeglicher Schüchternheit gehört. Doch mag sie oder er längst eingesehen haben, die Schüchternheit nicht ablegen zu können. Sie oder er mag sogar erfahren haben, daß jeder Versuch, auf die Überwindung der Schüchternheit als Ziel hinzuarbeiten, die Sache nur verschlimmert. (Man kann sich leicht vorstellen, daß auch solche Komponenten der Fokusinformation spezifische Äußerungen veranlassen.)

(bbb) Zu den *situationsübergreifenden Partnerstandards* $\{(PAR_{sü})^{SOLL}\}$ gehören zum einen auf den Partner bezogene (übergeordnete) Handlungsziele, wie zum Beispiel, diesen an sich heranzuziehen, seine Freundschaft zu erhalten, ihn vom Trinken abzuhalten oder ihm Manieren beizubringen. Entsprechende Standards ohne Zielcharakteristik beziehen sich auf Vorstellungen darüber, wie der Partner – über die jeweilige Situation hinaus – sein sollte, ohne daß der Sprecher sich das Ziel setzt, diesen Soll-Zustand zu erreichen: „Natürlich hätte ich es gern, wenn du mich häufiger besuchen könntest, doch weiß ich natürlich, daß das nicht geht."

(bbc) *Weltstandards* $\{(WEL_{sü})^{SOLL}\}$ sind allgemeine Vorstellungen des Sprechers, wie Klassen von Situationen oder gar das ganze ‚Dasein‘ beschaffen sein sollten. Es gibt Handlungsziele, die sich auf entsprechende Verbesserungen beziehen. So mag jemand etwas sagen, weil er das generelle Ziel verfolgt, die Hundesteuer abzuschaffen, mehr Freundlichkeit in die Welt zu bringen oder das Volleyballspiel zu fördern. Weltstandards ohne Zielcharakteristik sind nicht schwer zu finden. Hier handelt es sich um Soll-Zustände, die man nicht zu seinem Ziel erhebt, weil man weiß, daß sie nicht erreichbar sind oder daß man selbst sie nicht realisieren kann: Auf der Welt soll Frieden herrschen! Und hierhin gehören alle generellen Standards menschlicher Interaktion: die Konventionen.

Wir fassen die soeben unterschiedenen Klassen von *Fokuskomponenten* wie folgt zusammen:

FOKUSKOMPONENTEN

(aaa)	Situationsspezifisches Selbstmodell	$\{(SPR_{ss})^{IST}\}$
(aab)	Situationsspezifisches Partnermodell	$\{(PAR_{ss})^{IST}\}$
(aac)	Situationswissen	$\{(SIT_{ss})^{IST}\}$
(aba)	Situationsübergreifendes Selbstmodell	$\{(SPR_{sü})^{IST}\}$
(abb)	Situationsübergreifendes Partnermodell	$\{(PAR_{sü})^{IST}\}$
(abc)	Weltwissen	$\{(WEL_{sü})^{IST}\}$
(baa)	Situationsspezifische Selbststandards	$\{(SPR_{ss})^{SOLL}\}$
(bab)	Situationsspezifische Partnerstandards	$\{(PAR_{ss})^{SOLL}\}$
(bac)	Situationsstandards	$\{(SIT_{ss})^{SOLL}\}$
(bba)	Situationsübergreifende Selbststandards	$\{(SPR_{sü})^{SOLL}\}$
(bbb)	Situationsübergreifende Partnerstandards	$\{(PAR_{sü})^{SOLL}\}$
(bbc)	Weltstandards	$\{(WEL_{sü})^{SOLL}\}$

7.2.3 Konventionen

Bei unserer Darstellung der Soll-Komponenten der Fokusinformation haben wir Soll-Werte mit Zielcharakteristik von Soll-Werten ohne Zielcharakteristik unterschieden. Eine besondere Quelle, aus der sich Soll-Werte speisen, sind die *Konventionen*. Die von uns hier behandelten Konventionen sind vom Sprecher gekannte situationsübergreifende soziale Regelungen, die das Verhalten von Sprechern und Partnern leiten. Äußert sich ein Sprecher, um einer solchen Konvention zu genügen (und damit eine Ist-Soll-Diskrepanz zu minimieren), so tut er dies nicht, um ein selbstgewähltes Ziel zu erreichen. Man tut dann etwas, weil man es tun soll oder muß, nicht weil man es will oder wünscht. Die hier interessierenden Konventionen betreffen also Standards ohne Zielcharakteristik. So soll man wiedergrüßen, auch wenn man dies nicht will. Grüßt man nunmehr wieder, so hat man eine Konvention befolgt, aber nicht sein Ziel erreicht (vgl. auch oben 6.1.2). Selbstverständlich verfolgen Sprecher häufig Ziele, die zugleich die Befolgung einer Konvention implizieren. Man kann einer älteren Dame seinen Platz anbieten wollen und alles tun, damit sie ihn erhält, und damit zugleich die Konvention erfüllen, daß man alten Menschen seinen Platz anbieten soll. In diesem Falle handelt es sich um eine Zielhandlung und nicht um eine Handlung, die man ausführt, *um* einer Konvention zu genügen.

Welche Rolle spielen Konventionen speziell für die Sprachproduktion? Hier sind vor allem zwei Fälle zu unterscheiden. (1) Eine Konvention gebietet ein bestimmtes *nicht-sprachliches* Verhalten bei Vorliegen bestimmter Randbedingungen (s. unten). Der Konvention wird also nicht direkt durch die Sprachproduktion Genüge getan, doch kann das Hervorbringen einer sprachlichen Äußerung durch das Vorliegen einer solchen Konvention im Fokus (mit)bestimmt sein. So kann die im Sprecherfokus aktualisierte Konvention MÄNNER SOLLEN FRAUEN IN DEN MANTEL HELFEN zusammen mit den repräsentierten Ist-Werten, daß es sich beim Sprecher um einen Mann und beim Partner um eine Frau handelt, dazu führen, daß der situationsspezifische *selbstbezogene* Soll-Wert $\{(\text{SPR}_{SS})^{\text{SOLL}}\}$ ICH SOLL DEM PARTNER IN DEN MANTEL HELFEN etabliert wird. Dieser Sachverhalt im Fokus kann auch die Produktion einer Äußerung steuern: „Darf ich Ihnen behilflich sein?" oder aber auch: „Entschuldigung, jetzt war ich so unaufmerksam, Ihnen nicht einmal in den Mantel zu helfen." – Dieselbe Konvention kann, zusammen mit den Ist-Werten, daß es sich beim Sprecher um eine Frau und beim Partner um einen Mann handelt, zur Etablierung eines *partnerbezogenen* Soll-Wertes $\{(\text{PAR}_{SS})^{\text{SOLL}}\}$ führen: DER PARTNER SOLL MIR IN DEN MANTEL HELFEN. In diesem Fall wird die Sprecherin die Ist-Soll-Angleichung vielleicht mit den Worten „Können Sie mir mal behilflich sein." zu befördern versuchen. (2) Konventionen beziehen sich auf *sprachliches* Verhalten zwischen Sprecher und Partner. Solche äußerungsbezogenen Konventionen können direkt durch die Produktion einer Äußerung befolgt werden. *Indem* man „Guten Tag." sagt, befolgt man die Konvention wiederzugrüßen, wenn man gegrüßt wurde. *Indem* man sagt: „Entschuldigen Sie die Störung.", befolgt man die Konvention, sich zu entschuldigen, wenn man jemanden stört. Äußerungen, mit denen man sprachliche Konventionen befolgt, sind Sprechakte, die in Abschnitt 4.1 ausführlich erläutert wurden.

Konventionen und besonders konventionale Regeln für die *sprachliche Kommunikation* können im einzelnen wie folgt charakterisiert werden (vgl. auch Geiger, 1964; Hart, 1961; Herrmann, 1982b): Zwischen einer Klasse von Kommunikationssituationen K und dem Verhalten von Personen V besteht eine Wenn-dann-Beziehung:

Wenn K, dann V!

7. DIE ZENTRALE KONTROLLE

Das Ausrufungszeichen verweist auf die Sachlage, daß „Wenn K, dann V" wie folgt zu lesen ist: „Wenn K, dann *soll/muß* V erfolgen." Oder: „Wenn K, dann ist V *geboten*."

Diese Formulierungen (Sätze) sind logisch und sprechakttheoretisch (s. oben 4.1) nicht als *deskriptiv* beziehungsweise *repräsentierend*, sondern als *normativ* beziehungsweise *deontisch* zu verstehen: In diesen Sätzen wird nichts beschrieben oder dargestellt, wie das etwa bei der Aussage „Wenn es regnet, wird man naß." der Fall ist. Mit dem Satz „Wenn man gegrüßt wird (= K), dann soll/muß man wiedergrüßen (= V)." wird eine Norm, ein Gebot, formuliert: Wenn K vorliegt, ist V gefordert, geboten, V hat zu erfolgen. Ausdrücke wie „geboten" oder auch „verboten" nennt man in der Logik „deontische Operatoren" (vgl. zur Einführung von Kutschera, 1973). Die Modalverben „sollen" und „müssen" verweisen auf den normativen beziehungsweise deontischen Charakter der Konventionen (Weinrich, 1993). – Zum normativen Charakter aller Konventionen ist zu beachten, daß die – psychologische – Frage, ob jemand eine Konvention kennt, akzeptiert, anwendet, übertritt usf., keine normative Frage (‚quaestio iuris'), sondern eine Frage der Tatsachen (‚quaestio facti') ist. Der Satz „Otto weiß, daß er wiedergrüßen soll." ist kein normativer, sondern ein deskriptiver Satz.

Die auf sprachliches Verhalten bezogene Situationsklasse K schließt Sprecher X und Partner Y ein. Das gesollte Verhalten V ist das Verhalten von Sprechern X, das sich an Partner Y richtet. Generell gilt hierbei, daß X der Akteur der Normerfüllung und Y der Nutznießer oder der ‚Empfänger' der Normerfüllung ist (vgl. Geiger, 1964). Betrachten wir einen Sprecher, so kann sich dieser selbst als X und seinen Partner als Y identifizieren. Der von uns betrachtete Sprecher kann aber unter Umständen (etwa in einem Gespräch) seinen Partner auch als Sprecher X und sich selbst als Partner Y identifizieren. Im ersten Fall soll er dann selbst etwas in Hinblick auf seinen Partner tun (sagen, usf.). Im zweiten Fall soll sein Partner etwas tun (sagen, usf.), das sich an ihn richtet. Ein Beispiel für den erstgenannten Fall ist: Ich soll mich bei meinem Partner entschuldigen. Ein Beispiel für den zweitgenannten Fall ist: Mein Partner soll sich bei mir entschuldigen. Sprecher können also aus Konventionen, die auf die sprachliche Kommunikation bezogen sind, *selbstbezogene* oder *partnerbezogene* Soll-Werte gewinnen.

Wenn jemand eine konventionale Regel *kennt*, so *unterstellt* er, daß ein Sprecher X beim Vorliegen einer Kommunikationssituation K (einschließlich X und Y) bezüglich des Partners Y unter Normalbedingungen das gesollte Verhalten V zeigt. Erkennt man andere Kommunikationsteilnehmer als in der Situation K befindlich, so *erwartet* man bei ihnen ein Verhalten, welches dem gesollten Verhalten V entspricht. Liegt K vor und stimmt das tatsächliche Verhalten eines Kommunikationsteilnehmers nicht mit dem gesollten Verhalten V überein, so *erwartet* man (eventuell mit variabler Wahrscheinlichkeit) entsprechende Sanktionen oder fühlt sich selbst zu Sanktionen legitimiert. Ein Sprecher ist also in der Lage, beim Vorliegen von K *tatsächliche Verhaltensweisen* mit dem gesollten Verhalten V zu *vergleichen* und daraus zu ersehen, ob die betreffende Konvention eingehalten oder übertreten wurde. Bei alledem kann der Sprecher, wie schon erörtert, sich selbst oder den Partner als X identifizieren; in einem Gespräch kann der Sprecher seinen Partner als einen Sprecher kognizieren, der bestimmten Konventionen unterworfen ist. Der von einem Sprecher gekannte Zusammenhang zwischen K und V stellt also so etwas wie ein *Muster* dar, das das eigene Verhalten oder die Erwartungen bezüglich des Partnerverhaltens steuert und nach dem fremdes und eigenes tatsächliches Verhalten beurteilt wird (Herrmann, 1985, S. 31ff.,

277f.). (Daß Sprecher konventionale Regeln auch in kalkulierter Weise übertreten können, haben wir schon diskutiert; vgl. oben 6.1.3.)

Wie hat man sich Konventionen als Quellen für die Sollwert-Generierung vorzustellen? Eine Konvention ist zuerst einmal ein vom Sprecher *gekannter, situationsübergreifender* Sachverhalt, nach dem bei Vorliegen bestimmter Bedingungen ein bestimmtes Verhalten gesollt ist; mithin gehören Konventionen zu den Weltstandards. Sie betreffen nicht situationsübergreifende Standards für den jeweiligen Sprecher oder den jeweiligen Partner, sondern *allgemeine* Normen, Bräuche, Sitten oder dergleichen. Nach unserer Klassifikation der Fokusinformation bilden Konventionen also eine Teilmenge der Kategorie $\{(\text{WEL}_{\text{SO}})^{\text{SOLL}}\}$.

Konventionen als Weltstandards, das heißt als eine Teilklasse der Soll-Komponenten der Fokusinformation, können die Sprachproduktion in unterschiedlicher Weise beeinflussen. Zum Beispiel kann ein Sprecher das Handlungsziel haben, über Konventionen zu berichten: „In Japan darf man nie etwas direkt verneinen." Auch diese (vom Sprecher gekannte) Konvention hat als solche den Charakter eines (kulturspezifischen) Weltstandards. Sie wird in diesem Beispiel aber nicht zu einem Soll-Wert des Sprechersystems, der die Sprachproduktion steuert; Soll-Wert ist hier das Handlungsziel des Sprechers, über eine Konvention zu berichten. (Das partnerbezogene Handlungsziel, der Partner solle die Konvention kennen, über japanische Verneinungskonventionen Bescheid wissen, etc., mag als partnerbezogener Soll-Wert hinzukommen.)

Sprecher können gekannte Konventionen gegen ihre Handlungsziele abwägen und dann ein Handlungsziel, das der Konvention widerspricht, zum Soll-Wert machen und durch ihr Sprechen diesen Soll-Wert zu erreichen versuchen. Hier wird die Konvention gerade nicht zur Basis der Sollwert-Generierung; sie kam aber im Vorfeld des Abwägens ins Spiel. (Daneben gibt es Fälle, bei denen sich das eigene Handlungsziel zwar gegen die vergegenwärtigte Konvention durchsetzt, aber die beim Abwägen ‚unterlegene' Konvention die Sprachproduktion dennoch mitsteuert: „Ja, ich weiß, Überholen am Berg, aber fahr doch endlich an dem Laster vorbei!")

Wir sehen, daß das bloße Vorhandensein einer Konvention als Soll-Komponente der Fokusinformation nicht ausreicht, um daraus einen aktuellen Soll-Wert zu generieren, der das Sprachverhalten steuert. Konventionen als Fokuskomponenten können dann zur Grundlage der Sollwert-Generierung werden, wenn sie in spezifischer Weise mit anderen Fokuskomponenten interagieren. Wir betrachten hier den häufigen Fall, daß vom Sprecher gekannte Konventionen die kognitive Grundlage für die Etablierung *situationsspezifischer Selbststandards* und *situationsspezifischer Partnerstandards* bilden. Diese können dann zum aktuellen Soll-Wert der sprachlichen Regulation des Sprechersystems, also der Sprachproduktion werden (vgl. unten 7.3.1). Hierbei wird eine Konvention als Soll-Komponente der Fokusinformation mit anderen Fokuskomponenten wie folgt in Beziehung gesetzt: Wenn der Wenn-Teil der jeweiligen Konvention – also die konventionsspezifischen Ausprägungen der Situation K, des Sprechers X und des Partners Y – mit den ebenfalls im Fokus repräsentierten situationsspezifischen selbst-, partner- und situationsbezogenen Ist-Komponenten übereinstimmt, dann tritt die Konvention in der vorliegenden Situation sozusagen ‚in Kraft': Der Dann-Teil wird – sofern keine besonderen weiteren Bedingungen vorliegen – in der gegebenen Situation als Soll-Wert des Sprechersystems aktiviert. Je nachdem, ob die Konvention etwas über das Gebotensein des Sprecherverhaltens, des Partnerverhaltens oder des Verhaltens von Dritten in der Situation aussagt, wird ein selbst-, ein partner- oder ein drittbezogener Soll-Wert etabliert. (Aus Raumgründen gehen wir auf das Verbotensein und das Erlaubtsein von Verhalten V hier nicht ein.)

7. DIE ZENTRALE KONTROLLE

Soll-Werte von der Art der *situationsspezifischen Selbststandards* $\{(SPR_{ss})^{SOLL}\}$ werden nach allem wie folgt aus gekannten Konventionen generiert (für Partnerstandards gilt, bei vertauschten X- und Y-Rollen, dasselbe Schema):

I. Wenn Kommunikationssituation K mit den Einzelbedingungen $B_1 \ldots B_n$ vorliegt, dann muß/soll X gegenüber Y das Verhalten V zeigen (= Weltstandard).

II. K mit $B_1 \ldots B_n$ liegt vor (= Situationswissen).
Der Sprecher ist ein X (= situationsspezifisches Selbstmodell).
Der Partner ist ein Y (= situationsspezifisches Partnermodell).

III. Aus I. und II. folgt:
Der Sprecher muß/soll gegenüber dem Partner das Verhalten V zeigen (= situationsspezifischer Selbststandard).

Die Fokusinformation, die der Produktion einer Äußerung zugrunde liegt, steht hier also nicht ‚auf einen Schlag' bereit. Vielmehr rufen sich einzelne Fokuskomponenten wechselseitig hervor. So mag ein Mann kognizieren, daß er sich anschickt, zusammen mit seiner Frau ein Restaurant zu verlassen; er repräsentiert also Fokuskomponenten der Teilklassen $\{(SPR_{ss})^{IST}\}$, $\{(PAR_{ss})^{IST}\}$ und $\{(SIT_{ss})^{IST}\}$. Das kann dazu führen, daß die Konvention, nach der ein Mann einer (ihn begleitenden, nicht: jeder) Frau beim Verlassen eines Restaurants in den Mantel helfen soll, als situationsübergreifende Soll-Komponente (= Weltstandard) per Assoziation ebenfalls aktiviert wird: WENN MÄNNER UND SIE BEGLEITENDE FRAUEN (UNTER DEN BEDINGUNGEN $B_1 \ldots B_N$) RESTAURANTS, THEATER ... VERLASSEN, DANN SOLLEN MÄNNER DEN SIE BEGLEITENDEN FRAUEN IN DEN MANTEL HELFEN. Da nun der Wenn-Teil dieser Konvention durch die situationsspezifischen Ist-Komponenten erfüllt ist, mag sich – sofern keine besonderen weiteren Bedingungen vorliegen – ergeben, daß der Dann-Teil der Konvention als aktueller Soll-Wert $\{(SPR_{ss})^{SOLL}\}$ für das Regulationsgeschehen vorliegt. Der Vergleich dieses Soll-Werts ICH SOLL DER PARTNERIN IN DEN MANTEL HELFEN mit dem Ist-Wert ICH HABE DER PARTNERIN NOCH NICHT IN DEN MANTEL GEHOLFEN führt zur Auslösung spezifischer Stelloperationen zur Ist-Soll-Angleichung. Hat der Mann der Frau in den Mantel geholfen und ist dies wiederum als selbstbezogene Ist-Komponente im Fokus repräsentiert, führt der Vergleich zwischen dem situationsspezifischen Ist-Wert und dem konventionsgeleiteten Soll-Wert zu der Bewertung, daß die Konvention erfüllt wurde: Das System wurde erfolgreich reguliert. – Es kann angenommen werden, daß der Soll-Wert im Strom der sich ständig ändernden Fokusinformation anschließend gelöscht wird. (Es wird wiederum deutlich, daß unser Regulationsmodell ein allgemeines, auch nicht-sprachliche Verhaltensweisen umfassendes Modell der Verhaltensregulation ist, das wir im Kontext der Erörterung der Sprachproduktion jedoch speziell für das Hervorbringen sprachlicher Verhaltensweisen ausformulieren.)

Konventionen unterscheiden sich stark in Hinsicht auf ihren Geltungsbereich beziehungsweise auf die Mächtigkeit der Menge der Situationen K: Konventionen mit großem Geltungsbereich liegen im Fokus quasi permanent als Soll-Komponente vor. So mag eine ‚gute Erziehung' dazu führen, daß die Maxime, prinzipiell immer höflich zu sein, in so gut wie jeder Situation, in der nur irgendein anderer Mensch anwesend ist, als Leitmaxime wesentlicher Bestandteil des Sprecherfokus wird. Wir haben eher den Fall im Auge, daß Konventionen mit spezifischerem Geltungsbereich zur Grundlage der Generierung situationsspezifischer Sprecher- oder Partnerstandards werden.

Neben demjenigen, was der Sprecher will (= Handlungsziele), sind es also vor allem die Konventionen, deren aktivierte Dann-Teile als dominante Soll-Komponenten der Fokusinformation die Sprachproduktion als regulatives Geschehen bestimmen. Wir merken an, daß die gegenwärtige theoretische Psychologie die Konventionengeleitetheit des menschlichen Handelns im allgemeinen unterschätzt (vgl. aber beispielsweise schon Wundt, 1911, S. 160f.). Nicht nur die Planung von Sprachäußerungen, sondern alle komplexen Kognitions-, Problemlösungs- und Entscheidungsprozeduren erfolgen aber so, daß konventionale Regeln von der Art „Wenn Situation K, dann Verhalten V!" als Muster oder Standard aktiviert sind und daß V mit dem tatsächlichen (eigenen oder fremden) Verhalten in Situationen K verglichen wird. Jedenfalls ist dies für die Sprachproduktion essentiell: Wie weiter oben an einigen Beispielen verdeutlicht, spricht man überhaupt und spricht man in bestimmter Weise, nicht nur weil man eigene Handlungsziele erreichen will, sondern weil man Konventionen gehorcht. Ein Beispiel unter vielen haben wir im Zusammenhang mit der Raumlokalisation genannt: Wenn man gegenüber höheren Vorgesetzten partnerbezogen lokalisiert, so signalisiert man damit, daß man eine bestimmte Konvention befolgt; denn man *soll* es ‚dem Vorgesetzten leichtmachen' (vgl. oben 3.3.3).

7.2.4 Das Kommunikationsprotokoll

Wir haben bei den Darstellungen des situationsspezifischen Selbst- und Partnermodells (s. oben 7.2.2) hervorgehoben, daß diese auch Informationen über das vom Sprecher beziehungsweise vom Partner *schon Gesagte* umfassen. Dieser Sachverhalt wird innerhalb der Linguistik viel beachtet, in der Sprachpsychologie aber bislang nur unzureichend behandelt. Äußerungsbezogene Anteile der Komponenten $\{(SPR_{SS})^{IST}\}$ und $\{(PAR_{SS})^{IST}\}$ kann man als *Kommunikationsprotokoll* zusammenfassen. Im Kommunikationsprotokoll hält der Sprecher den bisherigen Verlauf der sprachlichen Kommunikation fest. Er schreibt diese sequentiellen Informationen wie in einem Tagebuch fort. Dazu bedarf es einiger Erläuterungen.

Die Information über den Wortlaut der eigenen und partnerseitigen Sprachäußerungen wird zunächst ohne jeden Aufmerksamkeitsaufwand fortlaufend und in richtiger Reihenfolge im Bereich der *Hilfssysteme* gespeichert und schnell wieder gelöscht (s. Kapitel 8; vgl. dazu auch Baddeley, 1990; Gathercole & Baddeley, 1993). Die Verweildauer dieser ‚Wortlautinformation' im Hilfssystemspeicher ist kurz und in ihrer genauen Länge wissenschaftlich umstritten (Graesser & Mandler, 1975; Hjelmquist, 1984; Luther & Fenk, 1984; Sachs, 1967). Während des Verweilens der ‚Wortlautinformation' im Hilfssystemspeicher kann auf der Ebene der *Zentralen Kontrolle* zweierlei geschehen:

(1) Der schnell vergessene Wortlaut der eigenen und fremden Sprachäußerungen wird von zentralen kognitiven Instanzen in eine fortlaufende Dokumentation dessen umgewandelt, was man selbst und der Partner mit dem Gesagten nacheinander *gemeint* beziehungsweise *intendiert* hat. Die Rekodierung des Gesagten in das Gemeinte wird sprachpsychologisch üblicherweise als Teil der *Sprachrezeption* behandelt. (Insofern *rezipiert* man auch seine *eigenen* Äußerungen.) Wie auch immer man diesen Sachverhalt theoretisch betrachten mag (vgl. Herrmann, 1985, S. 177ff.), so entsteht jedenfalls ein fortgeschriebenes und sequenziertes ‚Sinnprotokoll', das Teil der *Fokusinformation* ist und erheblich länger als das ‚Wortlautprotokoll' verfügbar bleibt. (Im Zuge einer einheitlichen Systematik subsumieren wir dieses Sinnprotokoll unter die selbst- und partnerbezogenen Ist-Informationen, zumal

der Sprecher die eigenen und die partnerseitigen Gesprächsbeiträge in der Regel gut auseinanderzuhalten vermag.) Auf diese Weise kann man sich zum Beispiel über den gesamten Gesprächsverlauf hinweg aggressiv-ironische Absichten des Partners merken, deren wortwörtliche Manifestation man aber schon vergessen hat. Man behält, auf welches Thema der Partner empfindlich reagiert hat, an welchen Stellen des Gesprächs man selbst ‚ein schwaches Bild' abgegeben hat, usf.

(2) Teile des kurzzeitig gespeicherten ‚Wortlautprotokolls' können gleichsam in den Fokusspeicher kopiert und dort als Fokusinformation bereitgehalten werden. Zuweilen ist es für die eigene Sprachproduktion wichtig, sich explizit vergegenwärtigen zu können, was man selbst oder der Partner *genau* gesagt hat: „Sie haben doch eben selbst gesagt: ‚. . .'."

Man kann *zusammenfassen*: Die fortdauernde Anfertigung des Kommunikationsprotokolls ist vordringliche Aufgabe der Hilfssysteme. Zur Information im Fokusspeicher (im Rahmen der äußerungsbezogenen Anteile von $\{(SPR_{SS})^{IST}\}$ und $\{(PAR_{SS})^{IST}\})$ wird das Kommunikationsprotokoll dadurch, daß (1) das ‚Wortlautprotokoll' in ein ‚Sinnprotokoll' rekodiert wird, welches als situationsspezifische Ist-Komponente der Fokusinformation bereitliegt, und daß (2) Teile des ‚Wortlautprotokolls' zum weiteren Gebrauch in den Fokusspeicher kopiert werden.

7.2.5 Zur Kompatibilität mit anderen Klassifikationen der Fokusinformation

Diesen Abschnitt kann man ohne Nachteil für das Verständnis des Nachfolgenden überschlagen. – Bei den zwölf von uns unterschiedenen Komponenten der Fokusinformation – zuzüglich der besonderen Rolle der Konventionen und des Kommunikationsprotokolls – handelt es sich um notwendige Bedingungen der Sprachproduktion, die man *Fokusbedingungen der Sprachproduktion* nennen kann. Die von uns hier vertretene Theorie der Sprachproduktion stellt in mancher Hinsicht eine Erweiterung und – wie wir hoffen – Verbesserung früherer Versionen dar. Für die Klassifikation der Fokusinformation liegen frühere Fassungen und Anwendungsbeispiele vor (zum Beispiel Grabowski, Herrmann & Pobel, 1990; Grabowski-Gellert, 1989; Herrmann, 1982a, 1985), gegenüber denen die oben dargelegte Einteilung in unserer eigenen Sicht als Verfeinerung und verbesserte Systematisierung auf der Basis zwischenzeitlicher empirischer und theoretischer Entwicklungen zu sehen ist. Wir wollen im folgenden – in aller Kürze – darlegen, wie diese früheren Komponenten mit der obigen Klassifikation vereinbar sind.

(i) EPID-Bedingungen: In der in Herrmann (1985) niedergelegten Fassung des ‚Mannheimer Modells der Sprachproduktion' sind die EPID-Bedingungen die im Fokus repräsentierten Informationen, die die Sprachproduktion auslösen. Die Untergliederung der Fokusinformation in die Komponenten E, P, I und D findet sich in der oben (7.2.2) dargelegten verfeinerten Klassifikation wie folgt wieder:

– *E-Bedingungen* wurden als Repräsentationen der sprecherseitigen *Handlungsziele* definiert, wobei aber nicht unterschieden wurde, ob diese Ziele selbst-, partner- oder drittbezogen, situationsspezifisch oder situationsübergreifend sind. Ihnen entspricht die Vereinigungsmenge aller Soll-Komponenten mit Zielcharakteristik. Soll-Werte ohne Zielcharakteristik, die sich nicht auf der Grundlage von Konventionen ergeben, fanden in den EPID-Bedingungen keine Berücksichtigung.

- *P-Bedingungen* wurden als Repräsentation der *partnerseitigen Voraussetzungen* definiert, wobei nicht unterschieden wurde, ob diese Voraussetzungen situationsspezifischer oder situationsübergreifender Natur sind. Ihnen entspricht die Vereinigungsmenge der Komponenten $\{(PAR_{SS})^{IST}\}$ und $\{(PAR_{SU})^{IST}\}$.
- *I-Bedingungen* wurden als Repräsentation der *Wissensvoraussetzungen* des Sprechers definiert, soweit sie sich nicht auf den Partner oder auf Konventionen beziehen. Zu den I-Bedingungen wurde auch die *Selbstrepräsentation* des Systems gerechnet. Ihnen entspricht die Vereinigungsmenge der Komponenten $\{(SPR_{SS})^{IST}\}$, $\{(SPR_{SU})^{IST}\}$, $\{(SIT_{SS})^{IST}\}$ und $\{(WEL_{SU})^{IST}\}$.
- *D-Bedingungen* wurden als Repräsentation der vom Sprecher gekannten und für die Ist-Soll-Regulation wirksamen *Konventionen* definiert. Ihnen entsprechen die Fokusbedingungen, die in Abschnitt 7.2.3 ausführlich diskutiert wurden, also die konventionenbezogene Teilklasse der Komponente $\{(WEL_{SU})^{SOLL}\}$.

(ii) Das kognitive Schema AUFF: Das Schema AUFF (Herrmann, 1982a) wurde in Kapitel 4 als spezifisches Ausprägungsmuster von Fokusbedingungen bei der Produktion von Handlungsaufforderungen vorgestellt. Wir haben in diesem Zusammenhang bereits darauf hingewiesen, daß sich äußerungsklassenspezifische Ausformulierungen und allgemeinere theoretische Konzeptionen im Forschungsprozeß immer wieder wechselseitig beeinflussen. AUFF kann man im Kontext unserer sprachpsychologischen Arbeiten als erste Klassifikation der Fokusinformation am Beispiel des Aufforderns betrachten, die in ihrer verallgemeinerten Version zu den EPID-Bedingungen führte. Die einzelnen Komponenten von AUFF, wie sie in Abschnitt 4.3 vorgestellt wurden, lassen sich der oben (7.2.2) dargelegten Fokusklassifikation wie folgt zuordnen.

- Die AUFF-Komponente (1) „Der Sprecher präferiert das Vorliegen eines Zustands gegenüber dem Nicht-Vorliegen eines Zustands." ist den Ist-Werten zuzuordnen; dieser kann sowohl situationsspezifisch als auch situationsübergreifend sein. Der präferierte Zustand kann, soweit nicht andere Fokuskomponenten hinzukommen (s. unten), zur Etablierung eines Soll-Werts ohne Zielcharakteristik führen; je nach dem ‚Träger' dieses Zustands handelt es sich um einen selbst-, partner- oder drittbezogenen Soll-Wert: Etwas wird gewünscht.
- Die AUFF-Komponente (2) „Der präferierte Zustand liegt nicht vor." ist, je nachdem, worauf sich dieser Zustand bezieht, den selbst-, partner- oder drittbezogenen, in jedem Fall situationsspezifischen Ist-Werten zuzuordnen.
- Die AUFF-Komponente (3) „Der Sprecher will, daß der präferierte Zustand besteht." ist den Soll-Werten mit Zielcharakteristik zuzuordnen; diese können – je nach Inhalt des Gewollten – selbst-, partner- oder drittbezogen, situationsspezifisch oder -übergreifend sein. Im Vergleich der Komponenten (1) und (3) zeigt sich noch einmal der Unterschied zwischen Soll-Werten mit und ohne Zielcharakteristik. Die bloße Präferierung eines Zustands führt allenfalls zur Etablierung eines Soll-Werts ohne Zielcharakteristik; kommt das sprecherseitige Wollen und die Unterstellung einer hinreichenden Realisierungschance hinzu (vgl. (4), (5)), so wird ein zielgerichteter Soll-Wert aktiviert. (Man kann annehmen, daß Soll-Werte mit Zielcharakteristik gegenüber Soll-Werten ohne Zielcharakteristik dominant sind.)
- Die Komponenten (4) und (5), die sich auf die sprecherseitigen Unterstellungen des Könnens und der Bereitschaft des Partners zur Ausführung der gewünschten Handlung

beziehen, sind den situationsspezifischen oder situationsübergreifenden, partnerbezogenen Ist-Komponenten $\{(PAR_{SS})^{IST}\}$ beziehungsweise $\{(PAR_{SÜ})^{IST}\}$ zuzuordnen.
– Die Komponente (6) „Der Sprecher will, daß der Partner die gewünschte Handlung ausführt." ist den partnerbezogenen, situationsspezifischen Soll-Werten $\{(PAR_{SS})^{SOLL}\}$ zuzuordnen.
– Die Komponente (7), nach der der Sprecher eine soziale Regel unterstellt, die eine Klasse von Personen gegenüber einer anderen Klasse von Personen zum Auffordern legitimiert, betrifft eine vom Sprecher gekannte Konvention und ist als solche Teil der situationsübergreifenden Weltstandards $\{(WEL_{SÜ})^{SOLL}\}$.
– Die Komponente (8), nach der der Sprecher zu dem in der Konvention aus Komponente (7) legitimierten Personenkreis gehört, ist den situationsspezifischen oder -übergreifenden, selbstbezogenen Ist-Werten $\{(SPR_{SS})^{IST}\}$ beziehungsweise $\{(SPR_{SÜ})^{IST}\}$ zuzuordnen.
– Die Komponente (9), nach der der Partner zu dem Personenkreis gehört, dem gegenüber der Sprecher gemäß der Konvention aus Komponente (7) legitimiert ist, ist den situationsspezifischen oder -übergreifenden, partnerbezogenen Ist-Werten zuzuordnen (s. oben Komponenten (4) und (5)).
– Liegen im Fokus die entsprechenden selbst- und partnerbezogenen Einträge vor, die die Konvention in dieser Situation ‚einsetzen', so wird der Teil der Konvention, der das vom Partner Gesollte spezifiziert, als situationsspezifischer, partnerbezogener Soll-Wert ohne Zielcharakteristik aktiviert: Der Partner ist auf der Grundlage der Konvention zur Ausführung der gewünschten Handlung verpflichtet – beziehungsweise auch verpflichtbar. Nach Komponente (10) *will* der Sprecher den Partner nun auch verpflichten; dies erscheint ihm durch die Produktion einer Aufforderung realisierbar. Somit wird durch Komponente (10) das vom Partner Gesollte zu einem Soll-Wert $\{(PAR_{SS})^{SOLL}\}$ *mit* Zielcharakteristik.

Insgesamt zeigt sich, daß die Fokusklassifikationen nach EPID und nach AUFF mit der hier vorgestellten Fokusstruktur vereinbar sind; da Ist-Soll-Differenzen der zentrale Motor von Regulationsprozessen sind, trägt die verbesserte Strukturierung vor allem der Soll-Komponenten in unserer Sicht dazu bei, das Regulationsgeschehen bei der Sprachproduktion theoretisch weit differenzierter zu rekonstruieren, als dies bislang möglich war. Zusammen mit der Unterscheidung zwischen situationsspezifischen und situationsübergreifenden Komponenten wird auch deutlich, daß Sprachproduktionsprozesse in der Regel nicht durch die Angleichung *eines* Ist-Werts an *einen* Soll-Wert motiviert sind, sondern daß es sich vielmehr ganz überwiegend um eine komplexe Ist-Soll-Struktur handelt, in der die einzelnen Komponenten einander ergänzen, sich aber auch allenfalls sogar widersprechen können. Situationsspezifische Soll-Werte sind oft im Zusammenhang mit *übergeordneten*, situationsübergreifenden Soll-Werten zu sehen: Ein unsicherer Vorgesetzter äußert eine Aufforderung vielleicht nicht nur, weil er will, daß der Partner die gewünschte Handlung ausführt, sondern weil er ihm bei dieser – wie auch bei jeder anderen – Gelegenheit vermitteln möchte, daß er die Rolle des Vorgesetzten innehat. In unseren Ausführungen zur Objektbenennung (s. oben 2.8) haben wir auch bereits Beispiele angeführt, in denen mehrere Sprecherziele einander *nebengeordnet* sind. Schließlich können sich beispielsweise konventionsbasierte Soll-Werte ohne Zielcharakteristik mit Soll-Werten mit Zielcharakteristik *widersprechen*: Der Sprecher soll zwar wiedergrüßen, hat sich aber vorgenommen, diese Person nicht mehr zu grüßen. Auch ‚Double-bind-Situationen' (vgl. Watzlawick, Beavin & Jackson, 1990) lassen sich in dieser Weise als von ihrer Bedeutsamkeit her gleichrangige, aber widersprüchliche Soll-Werte rekonstruieren, die in einer Situation wirksam werden und bei denen die Annäherung an jeweils einen Soll-Wert die Diskrepanz zum jeweils anderen Soll-Wert vergrößert, was eine letztlich erfolgreiche Systemregulation bei gegebener Fokusinformation im Extrem unmöglich macht. Wie soll sich beispielsweise jemand spontan und authentisch verhalten, wenn er immer darauf achten soll, wie sein Verhalten auf andere wirkt?

7.2.6 Der Fokusspeicher

Wir haben die soeben im einzelnen besprochene Fokusinformation bisher als den laufend wechselnden Inhalt eines Fokusspeichers betrachtet (vgl. Herrmann & Grabowski, 1992). Diesen theoretischen Gesichtspunkt stellen wir jetzt etwas genauer dar.

Man kann das menschliche Gedächtnis als in mehrere Substrukturen geteilt konzipieren (vgl. dazu Kluwe, 1992). Soweit es im gegenwärtigen Zusammenhang interessiert, unterscheidet man einen *Langzeitspeicher* von einem *Arbeitsspeicher* (Baddeley, 1990). So betrachtet, kann man den Fokusspeicher mit dem Arbeitsspeicher des menschlichen Informationsverarbeitungssystems in theoretische Beziehung setzen.

Der *Arbeitsspeicher* hat eine begrenzte Kapazität. Die Operationen, die an den Inhalten des Arbeitsspeichers durchgeführt werden, verbrauchen viel Aufmerksamkeit. Der Arbeitsspeicher erhält seine Inhalte (vermittelt durch vorbereitende Prozesse) aus der im Augenblick wahrgenommenen Systemumgebung oder aus dem Langzeitspeicher. Der Arbeitsspeicher ist der Ort des ‚bewußten‘ und ‚absichtsvollen‘ Erkennens, der Denkvorgänge, der Problemlösungsversuche, der kognitiven Planungen und Entscheidungsprozesse. Der Arbeitsspeicher kann Teile seiner Aktivitäten an Hilfssysteme (‚Sklavensysteme‘) delegieren. Die Hilfssysteme arbeiten automatisch und verbrauchen keine oder nur wenig Aufmerksamkeit. Der Arbeitsspeicher ist ‚aktiv‘: Er enthält *deklarative* (datenförmige) Informationsstrukturen, über denen kognitive *Operationen* ausgeführt werden.

Der *Fokusspeicher* kann nun als der *deklarative Teil des Arbeitsspeichers* betrachtet werden, während der operative Teil des Arbeitsspeichers mit der Zentralen Exekutive übereinkommt. Dem Arbeitsspeicher als Ganzem entspricht also die gesamte *Zentrale Kontrolle*, die aus dem Fokusspeicher und der Zentralen Exekutive besteht.

Der Arbeitsspeicher ist während der Wachzeit des Menschen ständig in Aktion. In ihm wird das Handeln ständig kontrolliert. Von Zeit zu Zeit wird es nötig, das Handeln in Form der *Sprachproduktion* zu vollziehen. In diesem Fall wird der *Datenteil des Arbeitsspeichers* von für das Sprechen irrelevanter Information geleert; die für die Spracherzeugung relevante Information (= Fokusinformation) wird erzeugt und im Detail bereitgestellt. Der Arbeitsspeicher kann Information, die für die Gesprächsbeteiligung und die Sprachproduktion benötigt wird, mit anderer Information, die für andere *aufmerksamkeitskonsumierende* Tätigkeiten erforderlich ist, aus Kapazitätsgründen oft nicht zeitgleich verarbeiten. Man kann sich nicht gleichzeitig unterhalten *und* die Zeitung lesen oder eine mathematische Aufgabe lösen oder beim Autofahren eine Adresse suchen – soweit die letzteren Aufgaben in erheblichem Maße Aufmerksamkeit verbrauchen. Man kann also formulieren: Der *Fokusspeicher* ist der deklarative (Daten-) Teil des Arbeitsspeichers, soweit seine Inhalte (= Fokusinformation) für die *Sprachproduktion* verwendet werden. In welcher Weise die Fokusinformation vom operativen beziehungsweise prozeduralen Teil des Arbeitsspeichers verarbeitet wird, wird bei der Besprechung der Zentralen Exekutive erörtert werden.

Fahren wir in dieser Betrachtungsweise fort, so ergibt sich auch, daß nicht alle Fokusinformation simultan im Fokusspeicher vorliegen kann. Auch dies würde die Kapazität eines Arbeitsspeichers bei weitem übersteigen. Die Fokusinformation liegt nur zum Teil als *Speicherinhalt* im Arbeitsspeicher vor. Der andere Teil der Fokusinformation steht im *Langzeitspeicher* in ‚vorgeheiztem' Zustand (vgl. oben 6.3.3) bereit. Der Arbeitsspeicher selbst enthält aber Informationselemente, mit denen gewissermaßen auf die ‚Adressen' der im Langzeitspeicher bereitgehaltenen Information ‚gedeutet' wird. (Der Fokusspeicher hat nach dieser Vorstellung eine Pointer-Struktur; vgl. Ericsson & Simon, 1980.) In einem anderen Gleichnis gesprochen: Der Arbeitsspeicher, als Ausleihe einer Bibliothek betrachtet, enthält zum Teil selbst die zu verleihenden Bücher, zum Teil aber auch nur die Karteikarten, die die Identifikation anderer Bücher ermöglichen, welche noch im Bücherarchiv gelagert sind.

Wie betont, wechselt der Inhalt des Fokusspeichers dauernd. Dies schon deshalb, weil laufend Information per Wahrnehmung aufgenommen und in den Fokusspeicher integriert wird. Die stete Änderung der Fokusinformation kommt aber auch dadurch zustande, daß der Sprecher auch während der Kommunikation nicht nur Äußerungen plant und ausführt, sondern auch nachdenkt, abwägt, sucht usf., also seine *allgemeinen* kognitiven Tätigkeiten ausübt. Wie schon im Hinblick auf die Konventionen dargestellt (s. oben 7.2.3), kann jemand sein Handlungsziel gegen eine diesem Ziel widersprechende Konvention abwägen. Dies kann dazu führen, daß das Handlungsziel geändert oder daß die kognizierte Konvention aus dem Mittelpunkt der Aufmerksamkeit gedrängt wird. So ändert sich Fokusinformation, indem sie durch kognitive Vorgänge manipuliert wird, die selbst aber noch nicht zur Sprechplanung gehören. Fokusinformation ändert sich zum Beispiel auch, wenn auf der Basis kognizierter Ist-Komponenten per Assoziation eine Konvention aktiviert wird und mit Hilfe dieser Konventionsvergegenwärtigung ein situationsbezogener Selbststandard generiert wird. – Wir werden zeigen, daß sich die Zentrale Exekutive auf die Fokusinformation stützt, die zu einem Zeitpunkt t im Fokusspeicher vorliegt. Dies bedeutet aber nicht, daß sich dieses Informationsgefüge nicht ständig ändert und entwickelt.

Konzipiert man die Fokusinformation als den deklarativen Inhalt eines Arbeitsspeichers, so ergeben sich einige Probleme, von denen hier eines kurz angesprochen werden soll.
Wie ist die Arbeitsspeicher-Auffassung der Zentralen Kontrolle mit unseren Ausführungen zur Konzept- und Wortgenese zu vermitteln? Dort wurde argumentiert, daß Konzepte oder Wörter (und auch andere kognitive Elemente und Strukturen) nicht in einem Langzeitspeicher ‚ruhen' und dort zum Zwecke der kognitiven Verarbeitung herausgeholt werden. Konzepte und Wörter (und andere kognitive Strukturen wie zum Beispiel Propositionen) werden nach der dort vorgestellten Auffassung immer im Augenblick generiert (erzeugt).
Wir nehmen an, daß sich beide theoretische Vorstellungen nicht strikt widersprechen. Es handelt sich vielmehr um unterschiedliche theoretische Rekonstruktionsweisen desselben Sachverhalts. (Wir haben auf diese Sachlage schon weiter oben hingewiesen; s. 6.3.2.) Nach der *Netzwerkvorstellung* beziehungsweise der Annahme *subsymbolischer Informationsverarbeitung* besteht überhaupt kein Anlaß, einen Langzeitspeicher von einem Arbeitsspeicher zu unterscheiden (vgl. auch Rumelhart, Smolensky, McClelland & Hinton, 1986). In riesigen Strukturen von Netzwerken können, so wie von uns dargestellt, Informationsmuster erzeugt werden, die wir als Konzepte und Wörter interpretiert haben. (Auch andere kognitive Strukturen können so generiert werden.) Nach dieser Vorstellung besteht kein abgegrenzter Arbeitsspeicher, der

als irgendwo lokalisiert gedacht werden könnte. Vielmehr sind zu jedem Zeitpunkt irgendwo bestimmte Teile der gesamten Netzwerkstruktur aktiv und erzeugen in der oben dargestellten Weise konzeptuelle und andere Information. Die *Menge dieser Netzwerkaktivitäten* – wo auch immer sie stattfinden – könnte man unter dem Ausdruck „Arbeitsspeicher" zusammenfassen. Danach ist der Arbeitsspeicher nicht im Sinne einer Gefäß-Metapher zu verstehen; der Ausdruck „Arbeitsspeicher" kennzeichnet dann nichts anderes als die Menge derjenigen Netzwerkaktivitäten, die in der Erzeugung von Wörtern, Konzepten und dergleichen resultieren. Und die Fokusinformation ist eine Menge von zum Zeitpunkt t erzeugten Aktivationsmustern auf der Endknotenebene von Netzwerken. Diese Aktivationsmuster tragen die spezifische Information, die wir als das deklarative Wissen interpretieren können, welches für die Sprachproduktion benötigt wird. Ein Teil der beteiligten Endknoten ist schon hinreichend hoch aktiv (– was wir als Inhalt des Fokusspeichers beschrieben haben). Ein anderer Teil ist lediglich ‚vorgeheizt' (– was wir als Bereitstellung im Langzeitspeicher beschrieben haben).

So wie wir die Dinge in diesem Buch betrachten, ergibt sich aus den beiden genannten Grundauffassungen – zumindest soweit es sich um den hier behandelten Problemkomplex handelt – also kein Widerspruch: Als wir die Genese von Konzepten und Wörtern erörterten, erwies sich eine Darstellung als nützlich, die sich an subsymbolische Modelle der Informationsverarbeitung anschließt. Bei der Darstellung der Fokusinformation vereinfacht sich die Sachlage sehr, wenn man die Speicher-Metapher benutzt, den Langzeitspeicher und den Arbeitsspeicher unterscheidet und die Fokusinformation als Speicherinhalt begreift. In dieser Form läßt sich der hier zu besprechende Tatbestand zumindest leichter und sparsamer darstellen. Es wäre aber auch im Grundsatz möglich, alles, was über die Sprachproduktion und insbesondere auch über die Zentrale Kontrolle ausgesagt wird, weitaus umständlicher und weniger anschaulich mit Hilfe subsymbolischer Vorstellungen zur Aktivation, Aktivationsausbreitung usf. zu formulieren.

Wir *fassen* die wichtigsten Ergebnisse der soeben geführten Diskussion wie folgt *zusammen*: Man kann die Fokusinformation als die sich ständig ändernden Daten in einem Arbeitsspeicher betrachten, wobei ein Teil der Information im Arbeitsspeicher ‚enthalten' ist, während auf andere Daten, die im Langzeitspeicher ‚vorgeheizt' sind, zugegriffen werden kann. Über diesen Daten im Fokusspeicher werden (auch) kognitive Prozeduren durchgeführt, die wir unter dem Ausdruck „Zentrale Exekutive" zusammenfassen und die den operativen beziehungsweise prozeduralen Teil des Arbeitsspeichers ausmachen. Der deklarative Teil des Arbeitsspeichers (Fokusinformation) und der operative beziehungsweise prozedurale Teil (Zentrale Exekutive) funktionieren gemeinsam nach dem *Prinzip des Regelkreises*.

7.3 Die Zentrale Exekutive

7.3.1 Prinzipien der Zentralen Exekutive

Man kann die Zentrale Exekutive als den operativen beziehungsweise den prozeduralen Teil des menschlichen Arbeitsspeichers betrachten, soweit sich die Tätigkeit des Arbeitsspeichers auf die Sprachproduktion bezieht. Wie bereits erläutert, enthält die Zentrale Exekutive das Können beziehungsweise die Fertigkeiten, beim Vorliegen eines spezifischen Ist-Zustands und eines spezifischen Soll-Zustands im Wege der Erzeugung sprachlicher Äußerungen für eine Ist-Soll-Angleichung zu sorgen. In der Terminologie des Regelkreises (s. oben 6.1): Die Zentrale Exekutive ist der Regler, sie wertet Ist- und Soll-Größen aus und informiert nachgeordnete Subsysteme (vgl. ‚Input-Stellgrößen') über durchzuführende Operationen. Zum Teil übernimmt die Zentrale Exekutive – regelungstechnisch – auch die Funktionen des Stellorts beziehungsweise des Effektors.

Nach welchem Prinzip arbeitet die Zentrale Exekutive – und wie unterscheidet sie sich von anderen operativen Subsystemen des Arbeitsspeichers, die *nichtsprachliches* Handeln planen und überwachen? (Ein anderes operatives Subsystem ist zum Beispiel für die Sprachrezeption verantwortlich.) Dieses Prinzip läßt sich wie folgt bestimmen:

Im *Fokusspeicher* besteht zur Zeit t eine spezifische *Informationskonstellation IK*. (IK kann auch das Ergebnis komplexer kognitiver Prozesse im Fokusspeicher zur Zeit t−1 sein.) IK ist durch bestimmte Ist-Komponenten und bestimmte Soll-Komponenten der Fokusinformation und durch einen Mindestbetrag an *Unterschiedlichkeit* zwischen diesen Ist- und Soll-Komponenten definiert. IK liegt also vor, wenn der in der Fokusinformation repräsentierte Ist-Zustand des Sprechersystems vom Soll-Zustand über einen Grenzbetrag hinaus abweicht. Das Können beziehungsweise die Fertigkeit der Zentralen Exekutive besteht nun darin, IK zu *erkennen* und beim Vorliegen von IK spezifische *Sprachproduktionsoperationen SPO* routinemäßig abzurufen oder sie mit variablem Aufwand zu generieren:

IK → SPO

Abstrakt gesprochen, besteht also die Leistung der Zentralen Exekutive in der ‚bedingten Aktion': „Wenn IK gegeben, dann finde und starte SPO!" Dies geschieht entweder durch den direkten Abruf *erlernter* Regeln von der Art „IK_i → SPO_j" aus dem Langzeitspeicher. Oder SPO_j muß angesichts der Beschaffenheit von IK_i ad hoc *geplant* werden (vgl. dazu auch oben 6.1.3: Programmkontrolle). SPO besteht vor allem darin, im deklarativen Teil des Arbeitsspeichers (= Fokusspeicher) bestimmte *Fokusinformation* auszuwählen (zu *seligieren*), sie *aufzubereiten* sowie – in der Regel – verschiedene Selektions- und Aufbereitungsoperationen nacheinander in einer bestimmten Reihenfolge (*linearisiert*) durchzuführen. Das Ergebnis dieser Operationen wird an nachgeordnete Systemkomponenten des Sprechersystems weitergeleitet:

IK → Selektion & Aufbereitung & Linearisierung von Fokusinformation

Die weitergeleitete Information ist der *Protoinput* (s. oben 6.2). (Wie schon dargestellt und weiter ausgeführt werden soll, hat die Zentrale Exekutive noch weitere Aufgaben.)

Wenn die Ist-Soll-Abweichung im Fokusspeicher einen Grenz- beziehungsweise Mindestbetrag nicht übersteigt, liegt nach der obigen Definition IK nicht vor. Dann wird keine Sprachproduktion gestartet; das Vorliegen von IK ist für die Sprachproduktion also eine notwendige Bedingung.

Um eines von vielen Beispielen zu nennen: Mädchen verwenden in Konfliktgesprächen vorhersagbar unterschiedliche Argumentationen, wenn es sich um unterschiedliche Partnerkategorien ($\{(PAR_{SS})^{IST}\}, \{(PAR_{SÜ})^{IST}\}$) handelt (Streit mit Mutter vs. Streit mit Freundin; vgl. Hofer & Pikowsky, i. Dr.; Pikowsky, 1992.) Die *Regeln*, nach denen beim Vorliegen von IK Sprachproduktionsoperationen SPO im Gedächtnis abgerufen oder mit Hilfe von zum Teil erheblichem Planungsaufwand ermittelt werden, sind üblicherweise Teile von komplexen *Regelstrukturen*. Wir haben diese Komplexität des Zusammenhangs von IK und SPO im Zusammenhang von Handlungsaufforderungen eingehend erörtert (s. oben 4.6). Eine Regel aus diesem Regelgefüge kann zum Beispiel wie folgt expliziert werden:

R: [Das situationsspezifische Partnermodell $\{(PAR_{SS})^{IST}\}$ weist das Merkmal „geringe Bereitschaft zur Ausführung der vom Sprecher gewollten Handlung" auf, und eine vom Sprecher gekannte Konvention (als Element von $\{(WEL_{SÜ})^{SOLL}\}$) zusammen mit dem situationsübergreifenden Selbst- und Partnermodell $\{(SPR_{SÜ})^{IST}\}$ und $\{(PAR_{SÜ})^{IST}\}$ ergibt das Merkmal „hohe Befugnis, den Partner zur Handlung H aufzufordern": Dann generiere eine *nachdrückliche* und *direkte* Aufforderung an P, H zu tun!] (Vgl. dazu Herrmann, 1982a; Herrmann & Hoppe-Graff, 1988.)

Die Anwendung dieser Regel kann konkret wie folgt aussehen: In der S-Bahn sind alle Sitze besetzt. Die Sprecherin, eine ältere Frau, steht; ein Halbwüchsiger sitzt, grinst und guckt die Frau provozierend an. Diese kennt und akzeptiert die Konvention, daß junge (gesunde, etc.) Leute älteren Leuten ihren Sitzplatz anzubieten haben; sie ist alt und er ist jung. Sie kogniziert, daß der Junge nicht bereit ist, ihr seinen Sitzplatz anzubieten. So fordert sie ihn sehr *nachdrücklich und direkt* auf, seinen Sitzplatz für sie frei zu machen. – Damit diese Aufforderung zustande kommt, müssen aber selbstverständlich viele *weitere* Fokusbedingungen vorliegen. Die aktuelle Informationskonstellation IK umfaßt in Wahrheit viele vernetzte Informationen, die generell aus allen Kategorien von Fokuskomponenten stammen: Will die Frau überhaupt sitzen? Wie lange dauert die Fahrt? Traut sie sich, die Aufforderung auszusprechen? Usf. – Auch bei der soeben als Beispiel herangezogenen Regel handelt es sich also um eine Komponente einer komplexen Regelstruktur.

Wir haben bereits betont (s. oben 6.2), daß die Sprachproduktion ganz überwiegend *fragmentarisch* erfolgt (vgl. auch Exkurs 1.4). Wir können jetzt formulieren: Die Informationskonstellation IK ändert sich oft ganz schnell dadurch, daß der Sprecher sein eigenes Sprachprodukt überwacht, es sogleich verwirft und dabei auch Rückmeldungen seines Partners berücksichtigt. Und so ändern sich sehr rasch die Voraussetzungen der Sprachproduktionsoperatoren SPO; die jeweils simultan abgerufenen oder generierten Operationen betreffen somit zumeist weit weniger als die Erzeugung einer vollständigen Äußerung. (Dies schon deshalb, weil die aufmerksamkeitskonsumierende Zentrale Kontrolle nur über eine beschränkte kognitive Kapazität verfügt.) Folglich bestehen Sprachäußerungen sehr häufig aus einer Abfolge von mehr oder minder gut verklebten Fragmenten der Sprechplanung mit den für die Alltagssprache charakteristischen Brüchen, Neuansätzen usf. (vgl. auch Foppa, 1990).

Ein gewisser theoretischer Pfiff liegt in dem Tatbestand, daß Teile der Fokusinformation einerseits *Auslöser* von SPO sind. Andererseits sind sie aber auch das *Objekt* von SPO. Betrachten wir wieder einen konkreten Fall: Neben einer größeren Menge anderer Ist- und Soll-Komponenten sei die Fokusinformation aktiviert, daß der Sprecher friert. Die gesamte Informationskonstellation IK, deren Teil diese Information darstellt, führt angenommenermaßen dazu, daß der Sprecher eine Sprachäußerung plant, die den Partner dazu bringen soll, das Fenster zu schließen. Unter den gegebenen Umständen IK generiert der Sprecher eine ganz indirekte Handlungsaufforderung. Er verbalisiert den Tatbestand, daß er friert. Der Protoinput für nachgeordnete Sprachproduktionsteilsysteme kann propositional dann wie folgt geschrieben werden: [Prädikat: FRIEREN (Erfahrender: SPRECHER)].

Und der Sprecher sagt dann allenfalls, nachdem auf der Ebene der Hilfssysteme über die Hinzufügung nicht-propositionaler Redeelemente (s. oben 1.2.3) entschieden wurde: „Ei, ich friere aber schrecklich!" – Diese Aufforderungsvariante ist also einerseits unter anderem durch die im Arbeitsspeicher vorliegende Information, daß der Sprecher friert, *ausgelöst* worden. Und zum anderen *enthält* sie den Tatbestand, daß der Sprecher friert. Pauschal kann man sagen: Der Sprecher spricht über das, was sein Sprechen auslöst.

Wenn es sich nicht um die Erzeugung von Sprachäußerungen handelt, generieren Menschen ihr Handeln sehr oft auf andere Weise. Wird auch hier das Handeln durch (allerdings andersartige) Informationskonstellationen IK ausgelöst, so besteht das Handeln doch meist nicht darin, in rückbezüglicher Weise Teile von IK zum Gegenstand des Handelns zu machen. Wenn es klingelt, so ist im allgemeinen nicht die Klingel der Gegenstand unseres Handelns; vielmehr machen wir zum Beispiel die Tür auf. Hier ist das Handeln nicht auf die Klingel rückbezogen, sondern durch die Klingel lediglich ausgelöst. Allerdings gibt es auch nicht selten Rückbezüglichkeiten im nichtsprachlichen Bereich. Wenn ich Teig knete, eine lästige Fliege abwehre oder meine Nase kratze, so löst der jeweilige Zustand des Dings mein Handeln aus, und mein Handeln richtet sich auf das Ding, welches mein Handeln ausgelöst hat. – Man kann es so formulieren, daß der Sprecher mit seiner Sprechplanung die *Bedingungen* seines Sprechens kognitiv manipuliert.

Nach dem Regelkreisprinzip wird die Tätigkeit der Zentralen Exekutive von einer spezifischen Ist-Soll-Differenz (innerhalb der Fokuskomponenten) *ausgelöst*. Diese Ist-Soll-Differenz ist ihrerseits das Ergebnis von Operationen im Arbeitsspeicher, die vor Beginn der Sprachproduktion abgelaufen sind. Es kann sich dabei sowohl um Wahrnehmungsergebnisse als auch um Ergebnisse von Erinnerungsvorgängen, Denkresultate usf. handeln. Jemand sieht zum Beispiel eine Person auf sich zukommen, die er zu grüßen hat. Oder jemandem fällt ein, daß er seinen Partner nach einer bestimmten Sache fragen wollte. Oder jemand denkt sich aus, daß es nützlich sei, einer Person etwas zu berichten. Oder jemand will seinem Partner widersprechen. Usf. So liegt die Vorstellung nahe, daß auf diese Weise zunächst eine minimale Menge von Fokusinformation aktiviert wird, welche aber ausreicht, die Zentrale Exekutive zu aktivieren. Deren Tätigkeit besteht unter anderem auch darin, *zusätzliche Fokusinformation bereitzustellen*, um nicht nur überhaupt, sondern in *bestimmter Weise* sprechen zu können (vgl. dazu auch Graesser, Gordon & Sawyer, 1979).

Ein *Beispiel*: Im Wege der Sprachrezeption nimmt die Sprecherin plötzlich wahr, daß sie von einer Person, die hinter ihr steht, gegrüßt wird. Daß sie sich rasch umdreht und sich dem Partner zuwendet, ist noch nicht Teil der Sprachproduktion. Zunächst sind mit dem partnerseitigen Gruß einige situationsspezifische Ist-Komponenten der Fokusinformation sowie eine Gruß-Konvention aktiviert worden, die zusammen zur Etablierung eines Soll-Wertes

{(SPR^SS)^SOLL} führen. Dies genügt, die Zentrale Exekutive zu ‚starten'. Die Aufmerksamkeit richtet sich auf die Kommunikationssituation. Der Arbeitsspeicher wird von irrelevanter Information geleert. Die Sprecherin wird also etwas sagen. Der erste Schritt der Sprachproduktion besteht darin, daß durch Operationen der Zentralen Exekutive weitere Fokuskomponenten aktiviert und damit bereitgestellt werden: Handelt es sich um einen Bekannten? Wie steht es mit der Rolle und dem Status des Bekannten? Usf. Erst so entsteht die komplette Informationskonstellation IK. Diese mag dann dazu führen, daß die Sprecherin schließlich sagt: „Ach, haben Sie mich erschreckt, Opa Schulze! Auch Ihnen einen schönen Tag."

Man kann die Tätigkeit der Zentralen Exekutive in fünf Hauptklassen unterteilen. Diese *Tätigkeitsklassen der Zentralen Exekutive* sind folgende:

– Komplettierung der Fokusinformation,
– Einstellung des Enkodiermechanismus,
– Manipulation der Fokusinformation: Selektion, Aufbereitung, Linearisierung,
– Einstellung der Hilfssysteme,
– Überwachen der Sprachproduktion.

Über die *Komplettierung der Fokusinformation* haben wir soeben berichtet. Denselben Vorgang kennt man bei der kognitiven Aktivation von Schemata oder Skripts. Es genügen meist wenige Informationen, um ein bestimmtes Schema oder Handlungsskript auszulösen. Mit der Schema- oder Skriptaktivierung erfolgt eine aktive Vervollständigung der benötigten Information. Beispielsweise genügen beim Betreten eines Lokals geringe Hinweise, um entweder das Selbstbedienungs-Skript oder das Skript für das Verhalten in traditionellen Restaurants zu aktivieren. Nehmen wir an, das Selbstbedienungs-Skript werde aktiviert. Dies führt dann dazu, sozusagen noch einmal genauer hinzuschauen und zu prüfen, ob tatsächlich alle Voraussetzungen dafür erfüllt sind, daß es sich um eine Selbstbedienungsgaststätte handelt. Diese *Komplettierung* der Information, die für das situationsgerechte Handeln benötigt wird, findet man also nicht nur bei der Sprachproduktion (vgl. zum Beispiel Graesser, Robertson & Anderson, 1981).

Von der *Einstellung des Enkodiermechanismus* war bereits die Rede (vgl. oben 6.2.3).

Der *Selektion, Aufbereitung und Linearisierung* wenden wir uns anschließend im einzelnen zu.

Die *Einstellung von Hilfssystemen* spielt insbesondere bei der Reiz-Steuerung der Sprachproduktion eine Rolle (s. oben 6.1.4). Hilfssystemeinstellungen kommen aber auch bei der Schema- und Ad hoc-Steuerung in Betracht. Zum Beispiel bringt es die Anwendung eines Märchen-Schemas mit sich, daß bestimmte Strategien der Herstellung von Textkohärenz realisiert werden. Auf der Ebene der Hilfssysteme wird also eine bestimmte Operationsklasse aktiviert, die anderen werden desaktiviert beziehungsweise gehemmt. (Vgl. zu Märchen-Schemata auch Propp, 1972; Stein & Glenn, 1979.)

7.3.2 Zum Überwachen

Das Überwachen haben wir schon mehrmals als eine wesentliche Tätigkeit der Zentralen Kontrolle bezeichnet. Systeme, die nach dem allgemeinen Regelkreisprinzip arbeiten, sind geradezu durch die Überwachung beziehungsweise die Kontrolle der eigenen Tätigkeit(en) definiert (vgl. auch Exkurs 6.1); solche Systeme können nicht ohne das Vorhandensein einer

Kontrollkomponente gedacht werden. Doch sollen die folgenden vier Gesichtspunkte unterschieden werden:

(1) Auch während der Sprachproduktion ist die *generelle* – nicht nur auf das Sprechen bezogene – Handlungskontrolle des Menschen in Kraft. Denk- und Entscheidungsresultate, ausgeführte Handlungen usf. werden ständig anhand von Rationalitätskriterien, bezüglich ihrer logischen und sachlichen Richtigkeit, aber auch in ethisch-moralischer Hinsicht und nach ähnlichen Kriterien beziehungsweise Standards überwacht. Dies erfolgt unabhängig davon, ob der Mensch spricht oder nicht. So können sich Sprecher korrigieren, wenn sie erkennen, daß ihre Äußerung (wie auch immer) aus der Enkodierung inakzeptabler *Gedanken* entstanden ist: „Fritz ist mein Schwager zweiten Grades. – Nein, warten Sie mal: Er ist der Sohn meiner Cousine, also mein Neffe, mein Neffe zweiten Grades."

Ein Nebengedanke: Wir meinen, Gründe für die Annahme zu haben, daß es nicht wenige Menschen gibt, die zumal beim öffentlichen Reden die generelle Rationalitätskontrolle herunterzuschalten pflegen. Ihre Sprachproduktion besteht dann in der Erzeugung von eloquent vorgetragenem, aber banalem, gehaltfreiem und unsinnigem Sprachgeklingel. Ein erfundenes Beispiel: „Diese unsere machtvolle Zukunftsbestimmung muß in subtilste Schicksalsbewältigung münden. Und ich möchte meinen und hier und jetzt ganz deutlich, meine Damen und Herren, sagen: Unsere unerschütterliche Kulturerhellung konstituiert ganz wesentlich die tiefste Geistesgewißheit." – Wir finden, daß wir mit dieser parodistischen Konstruktion nur wenig übertreiben.

Wir erinnern daran (vgl. oben 6.1.3), daß Carver & Scheier (1982) als verschiedene Kontrollebenen die Programmkontrolle, die Prinzipienkontrolle und die Systemkonzeptkontrolle unterscheiden. Diese Unterscheidung bedeutet im gegenwärtigen Zusammenhang folgendes: Die Programmkontrolle, soweit sie hier interessiert, bezieht sich auf die generelle Arbeit der Zentralen Kontrolle überhaupt; diese plant die Äußerungen, wählt zwischen Alternativen, sucht nach kommunikativen Lösungen, verfolgt die Auswirkungen vorangegangener Entscheidungen und verbraucht bei alledem viel Aufmerksamkeit. Die Prinzipienkontrolle und die Systemkonzeptkontrolle gehören zur allgemeinen Handlungskontrolle und sind regelmäßig an der Sprachproduktion beteiligt. Die Prinzipienkontrolle steht in enger theoretischer Beziehung zu den Weltstandards, die wir als Konventionen ausführlich besprochen haben; die Systemkonzeptkontrolle erfolgt beispielsweise in bezug auf situationsübergreifende selbstbezogene Standards.

(2) Die aus der eigenen Sprachproduktion resultierenden Äußerungen bewirken in der Regel in der situativen *Umgebung* des Sprechers Änderungen, die von ihm registriert werden und dann als *neue*, situationsspezifische Ist-Komponenten der Fokusinformation (Partnermodell $\{(PAR_{ss})^{IST}\}$, Situationswissen $\{(SIT_{ss})^{IST}\})$ vorliegen. Die Zentrale Exekutive bringt diesen neuen Ist-Zustand mit Soll-Komponenten der Fokusinformation in Beziehung und generiert auf dieser Basis *neue* Protoinputs und damit auch *neue* Äußerungen; allenfalls erzeugt das Sprechersystem zugleich auch *neue* nicht-verbale Verhaltensweisen. Usf. – Aus der neuen Information kann allerdings auch folgen, daß der Sprecher schweigt.

(3) Die aus der eigenen Sprachproduktion resultierenden Äußerungen werden im *Hilfssystemspeicher* als ‚Wortlautprotokoll' registriert. Über dieser Information arbeiten in automa-

tisierter Weise an sprachlichen Kriterien orientierte Kontroll- und Korrekturroutinen. Wie berichtet (s. oben 7.2.4), können Teile des jeweils im Hilfssystemspeicher kurzzeitig enthaltenen ‚Wortlautprotokolls‘ (vgl. Sachs, 1967) in den Fokusspeicher kopiert werden. Außerdem wird das ‚Wortlautprotokoll‘ fortlaufend in ein ‚Sinnprotokoll‘ verwandelt und der Fokusinformation hinzugefügt. Damit ergeben sich unterschiedliche *Kontrollzustände*, von denen nicht alle die Kontrolle des eigenen Sprechens *auf der Ebene der Zentralen Kontrolle* betreffen:

– Zu den Tätigkeiten der Hilfssysteme gehört zum Beispiel die Generierung des sprachlichen *Modus* (s. unten 8.4.5). Der Modus realisiert sich in Sprachen wie dem Deutschen vor allem in Modalverben wie „können", „dürfen" oder „müssen" (vgl. Weinrich, 1993). Nehmen wir an, daß der Sprecher sagt: „Dazu mußte sie keinen Kommentar geben." Nach den Soll-Werten des Sprechers wäre aber richtig gewesen: „Dazu durfte sie keinen Kommentar geben." Die anomale Äußerung sei Teil des ‚Wortlautprotokolls'. Der Mangel wird auf der Ebene der Hilfssysteme aber nicht erkannt. Das Protokoll wird auch nicht in den Fokusspeicher kopiert. Der Fehler bleibt also unkorrigiert.
– Der Mangel wird auf der Ebene der Hilfssysteme identifiziert. Das Protokoll wird wiederum nicht in den Fokusspeicher kopiert. Der Fehler wird automatisch und ohne Aufmerksamkeitseinsatz korrigiert. („Dazu mußte durfte sie keinen Kommentar geben.").
– Ein offenkundig seltenerer Fall: Auf der Ebene des Hilfssystems wird der Mangel nicht erkannt. Das Protokoll wird aber in den Fokusspeicher kopiert und der Fehler nachträglich beachtet und korrigiert. („Dazu mußte sie keinen Kommentar geben, fragte aber – was sag ich da eigentlich – durfte sie keinen Kommentar . . .")
– Auf der Ebene der Hilfssysteme wird ein Mangel identifiziert und automatisch korrigiert. Außerdem wird das ‚Wortlautprotokoll' in den Fokusspeicher kopiert. Dann kann der Fehler auch nachträglich beachtet und kommentiert werden. („Dazu mußte durfte sie keinen Kommentar geben, fragte aber – mein Gott, ich verspreche mich heute dauernd.")
– Schließlich kann darüber hinaus die Korrektur beim ‚Sinnprotokoll' ansetzen, wobei nicht mehr die Fehler des Wortlauts, sondern ‚Sinnfehler' oder andere Fehler der konzeptuellen Ebene korrigiert und allenfalls kommentiert werden. („Ich glaube, ich bin heute abend nicht ganz bei der Sache." Oder: „Ich glaube, das war eben ein bißchen zu ironisch.")

(4) Von der Fehlerüberwachung im *Enkodiermechanismus* wird in Kapitel 9 berichtet werden.

Wir fassen die vier genannten Kontrollaspekte zusammen:

(1) Generelle Handlungskontrolle;
(2) Kontrolle als Bewertung neuer Fokusinformation, die aus eigenen Äußerungen resultiert;
(3) Kontrolle als Verarbeitung des Wortlaut- und Sinnprotokolls auf der Ebene der Hilfssysteme und der Zentralen Kontrolle;
(4) Fehlerüberwachung im Enkodiermechanismus.

Auch bei der Betrachtung der soeben aufgeführten Gesichtspunkte zeigen sich die *multiple Kontrolle* des Sprechersystems und das Zusammenspiel mehrerer Kontrollebenen.

Man darf annehmen, daß die Regeln und Prinzipien, die der *Bewertung* von rezipierten partnerseitigen Sprachäußerungen dienen, auch bei der multiplen Prüfung der *eigenen* Sprachäußerungen verwendet werden. Die Überwachung der eigenen Sprachäußerungen ist dann eine spezifische Variante der Sprachrezeption (vgl. dazu auch Herrmann, 1985, S. 191ff.; Levelt, 1983, 1989). Die Annahme, daß die Überwachung der eigenen Sprachäußerungen und die Rezeption fremder Äußerungen weitgehend nach denselben Regeln und Prinzipien erfolgen, erscheint auch unter funktionalistischen Gesichtspunkten plausibel: Warum hätten während der Phylogenese der Sprachverwendung für die Rezeption von Fremdäußerungen und die Überwachung von Eigenäußerungen zwei getrennte und verschieden arbeitende Teilsysteme entstehen sollen? Eine solche ‚Konstruktion' wäre weitaus störanfälliger und somit evolutionär unvorteilhaft.

7.3.3 Zur Selektion der Fokusinformation

Daß auf der Basis der jeweiligen Informationskonstellation IK im Fokusspeicher bestimmte *Teile* der Fokusinformation zum Zwecke der Sprachproduktion *ausgewählt* (seligiert) werden, wurde bereits erörtert und in früheren Teilen dieses Buches anhand empirischer Untersuchungen verdeutlicht. Wir weisen hier nur noch einmal auf die unterschiedlichen Konzepte hin, die in Abhängigkeit von der jeweiligen Kommunikationssituation für die *Benennung* ausgewählt werden, sowie auf die ebenfalls situationsspezifische Auswahl von *Handlungsaufforderungen* (vgl. die Kapitel 2 und 4). Sieht sich der Sprecher zum Beispiel in einer Hundeschau einer Vielzahl verschiedener Hunderassen gegenüber und gehört es zu seinem Partnermodell, daß sein Gegenüber ein kynologischer Experte ist, so wird er einen bestimmten Hund wahrscheinlich nicht einfach „Hund" nennen. Er wird als Teil seines Weltwissens $\{(\text{WEL}_{S0})^{\text{IST}}\}$ vielleicht mehrere Konzepte von der Art HUND, RÜDE, BOXER, BOXERRÜDE usf. aktiviert haben. Zum Zwecke der Objektbenennung *seligiert* er nun mutmaßlich nicht das Konzept HUND, sondern (wenn weitere spezifische Fokuskomponenten vorliegen) vielleicht das Konzept BOXERRÜDE. Handelt es sich um einen Engländer, so *benennt* er den fraglichen Hund dann als „male boxer"; als Deutscher sagt er wahrscheinlich „Boxerrüde".

Auch bei der *Handlungsaufforderung* verbalisiert der Sprecher nicht alle Informationselemente, die sich im Fokusspeicher befinden (s. oben 4.3). Vielmehr wählt er auch hier aus. So mag der Sprecher vielleicht unter der Bedingung, daß er seine Legitimation zur Aufforderung als hoch und die Bereitschaft des Partners als gering einschätzt, im Fokusspeicher diejenige Information *auswählen*, die sich auf die Konvention bezieht, aus der – zusammen mit einem ‚passenden' Selbst- und Partnermodell – die Legitimation resultiert. Dann sagt er vielleicht: „Ich kann von Ihnen verlangen, daß Sie als Untermieter nicht jede Nacht bis drei Uhr Klarinette spielen." Er sagt nicht außerdem noch, daß er es nachts lieber still als laut hat, daß er weiß, daß der Untermieter Klarinette spielt, daß er selbst der Hauptmieter ist, daß er will, daß der Untermieter nachts nicht Klarinette spielt, usf.

> Die Selektion von Fokusinformation gehorcht dem Prinzip, daß man bei weitem nicht alles sagt, was man mit dem Gesagten meint (vgl. auch Hörmann, 1976). Was man sagt, hat immer die gesamte Informationskonstellation IK im Fokusspeicher zur Voraussetzung. IK als *Ganzes* ist eine notwendige Bedingung dafür, daß etwas Bestimmtes in bestimmter Weise geäußert wird, doch nie wird IK als Ganzes verbalisiert. Wir sprechen in diesem Zusammenhang auch vom *Pars-pro-toto-Prinzip* (Herrmann, 1982a).

Dieses Prinzip läßt sich zum Beispiel an den Varianten der Handlungsaufforderung leicht veranschaulichen: Offensichtlich ist es möglich, dem Partner das Gemeinte zu vermitteln, indem man weniger sagt als das Gemeinte. Sage ich zum Beispiel: „Es wäre schön, wenn das Fenster geschlossen wäre.", so *meine* ich dies und noch einiges andere: daß ich will, daß das Fenster geschlossen ist, daß ich will, daß der Partner das Fenster schließt, daß ich mich dafür befugt halte, dies vom Partner zu verlangen, usf. Ich sage aber eben nur einen Teil dessen, was ich meine. Dennoch ist es nun keineswegs beliebig, *welchen* Teil des Gemeinten man verbalisiert. Mit der *Auswahl des Gesagten* wirft man auf das Gemeinte sozusagen ein besonderes Licht. Man moduliert oder spezifiziert das Gemeinte, *indem* man einen *bestimmten* Teil des Gemeinten in Worte faßt. – Dieser Sachverhalt ist für die zwischenmenschliche Interaktion von erheblicher Bedeutung. Die ‚Dialektik' von Gesagtem und Gemeintem ist die Quelle der vielen sprachlichen, rhetorischen, stilistischen usf. Nuancen, die ganz wesentlich die Einzigartigkeit sprachlicher Kommunikation zwischen Menschen ausmachen. (Eine Sprachpsychologie, die diese Nuancen nicht erkennt und sich nicht um ihre theoretische Konzeptualisierung bemüht, muß als mangelhaft betrachtet werden.)

Wenn jemand meint, der Partner habe sie belogen, der Partner habe sich in Wahrheit mit seiner Freundin Ulla getroffen, er habe aber eine entsprechende Frage verneint, so kann sich dies in der Äußerungsproduktion außerordentlich unterschiedlich ausdrücken:

„Du hast dich doch mit Ulla getroffen."
„Ich weiß, daß du dich doch mit Ulla getroffen hast."
„Du hast meine Frage danach, ob du dich mit Ulla getroffen hast, verneint."
„Du hast mich belogen."
„Ich weiß, daß du mich belogen hast."
Usf.

Es ist ganz offensichtlich, daß diese unterschiedlichen Pars-pro-toto-Verbalisierungen ganz unterschiedliche Wirkungen auf den Partner und auf die Beziehung zwischen Sprecher und Partner haben können. Es geht jedesmal um ‚dasselbe', aber ebenso wichtig sind die Unterschiede der ‚Diktion'. Welche dieser Nuancen vom Sprecher produziert wird, hängt wiederum vom *Insgesamt* der Fokusinformation (IK) ab. (Man vergleiche in diesem Zusammenhang auch die unterschiedlichen Antwortellipsen, die in bezug auf ein und dieselbe Frage erzeugt werden können; s. oben 1.2.3).

7.3.4 Zur Aufbereitung der Fokusinformation

Für die Herstellung des *Protoinputs* muß von der Zentralen Exekutive häufig nicht nur Fokusinformation ausgesucht (und aneinandergereiht) werden. Meist ist es auch erforderlich, die seligierte Fokusinformation *aufzubereiten*. Unter dieser Kategorie sind sehr unterschiedliche Sachverhalte zusammengefaßt (vgl. auch allgemein Aebli, 1981).

Einige *Beispiele*: Will der Sprecher seinem Partner etwas mitteilen, zugleich aber seine negative Einschätzung des Mitgeteilten ironisch zu erkennen geben, so kann er zum Beispiel das Konzept SCHLECHT in das Konzept GUT umwandeln. Er sagt dann vielleicht: „Mein lieber Müller, Sie haben da mal wieder eine ganz tolle Klausurarbeit geschrieben." (Oder in modernerer Version: „Henning, deine Klausur war wieder klasse.") – Jemand will über eine Anzahl verschiedener Obstsorten berichten (Äpfel, Birnen, usf.). Er subsumiert die betreffenden Konzepte unter einen Oberbegriff (Obst) und macht das Ergebnis dieses Abstraktionsvorgangs zur Grundlage seiner Sprachäußerung. – Jemand vergegenwärtigt sich, daß er von seinem Partner DM 10.– zu bekommen hat. Angesichts der kommunikativen Gesamtsituation und seines besonderen Handlungsziels sagt er aber, er habe DM 20.– zu bekommen. – Jemand bemerkt im Gespräch über eine Kostenabrechnung, daß ihm Kosten für acht Flaschen Wein entstanden sind. Außerdem erinnert er sich, daß jede Flasche Wein DM 9.– kostet. Er sagt, ihm seien Kosten von DM 72.– entstanden. Die Voraussetzung für diese Angabe war also die Lösung einer kleinen Kopfrechenaufgabe. – Jemand erinnert sich an eine bestimmte Raumkonstellation und nimmt dabei selbst einen bestimmten (egozentrischen) Blickpunkt ein (s. oben 3.1.1). Er generiert aber eine partnerbezogene Objektlokalisation. Dies impliziert, daß er eine mentale Rotation durchführt. Und so ergibt es sich beispielsweise, daß das Objekt A nicht (egozentrisch) *rechts* vom Objekt B, sondern (partnerbezogen) *vor* dem Objekt B lokalisiert ist. Statt „rechts von" verbalisiert der Sprecher dann „vor". Hierbei handelt es sich nicht erst um einen unterschiedlichen Wortgebrauch, sondern um eine bereits auf der Ebene der Zentralen Kontrolle durchgeführte Transformation, bei der das *Konzept* RECHTS durch das *Konzept* VOR ersetzt wurde.

Man kann die Vielfalt unterschiedlicher *Aufbereitungen* (in starker Vereinfachung und mit einer gewissen Vorläufigkeit) wie folgt klassifizieren:

– Ersetzung auf gleicher semantischer Ebene (Transformation, Deduktion);
– Ersetzung auf geänderter semantischer Ebene (Abstraktion, Komplexion, Differenzierung).

Die Aufbereitung von Fokusinformation kann als die Ersetzung vorhandener Informationselemente durch andere Informationselemente verstanden werden. Die Art der Ersetzung kann dabei stark variieren. Hierbei kann man zunächst einmal wie folgt unterscheiden: Informationselemente (insbesondere Konzepte) können danach unterschieden werden, ob sie, wie wir uns ausdrücken wollen, auf gleicher oder unterschiedlicher semantischer Ebene angeordnet sind. APFEL und BIRNE sind nebengeordnet; sie liegen insofern auf gleicher semantischer Ebene. Dasselbe gilt für GUT und SCHLECHT. Auch die Relationskonzepte RECHTS und VOR sind einander semantisch nicht unter- oder übergeordnet. Und wenn man eine arithmetische Summe bildet, so kann man die Summe und die Summanden ebenfalls als semantisch gleichstufig betrachten. Demgegenüber liegen APFEL und OBST auf unterschiedlichen semantischen Ebenen. Dasselbe gilt zum Beispiel für MANTEL und ROTER MANTEL. Bei starker Dehnung der Wortbedeutung von „semantisch" können wir – aus Gründen der begrifflichen Sparsamkeit – an dieser Stelle auch die folgende Variante unterbringen: Sogenannte Komplexionen, also der Übergang von den Teilen zum Ganzen, dessen Teile sie sind, werden von uns hier ebenfalls als Ersetzung auf geänderter semantischer Ebene verstanden, zum Beispiel DACH und HAUS. – Insofern ergibt sich eine zweigliedrige Grobeinteilung: Ersetzungen von Informationselementen auf gleicher vs. geänderter semantischer Ebene. Jede dieser beiden Teilklassen der Aufbereitung von Fokusinformation umfaßt verschiedenartige Tatbestände. Wir gehen sie kurz nacheinander durch:

Transformation: Beispiele dafür waren die ironische Umkonzeptualisierung von SCHLECHT IN GUT und die lügnerische Ersetzung von DM 10.– durch DM 20.–. Die Mitteilung des Gegenteils dessen, was eigentlich gemeint ist, ist eines der häufigsten und wirkungsvollsten

Mittel der Ironie (vgl. dazu Groeben & Scheele, 1984). Lügen sind das Ergebnis von aufmerksamkeitskonsumierenden Operationen auf der Ebene der Zentralen Kontrolle; sie sind im Unterschied zum bloßen Irrtum ‚absichtlich' (vgl. Reason, 1990). Auch bei der Lüge wird das Gewußte durch etwas anderes, partiell auch durch sein Gegenteil, ersetzt. – Eine ganz andere Art von Transformation haben wir bei der Ersetzung von RECHTS durch VOR kennengelernt. Jeder ‚Perspektivenwechsel', nicht nur die Blickpunktverschiebung beim Sprechen über Raum (vgl. dazu auch Graumann, 1992), kann, soweit es sich um die Erzeugung sprachlicher Äußerungen handelt, als eine Transformation aufgefaßt werden. Dazu gehört zum Beispiel, daß man einen als Fokusinformation vorliegenden konzeptuellen Gesamtkomplex (s. oben 6.3.3) mit starkem verbalen Anteil kalkuliert durch einen anderen Gesamtkomplex ersetzt und diesen dann verbalisiert, weil man sich angesichts des jeweiligen Partners und der kommunikativen Gesamtsituation bessere Handlungsergebnisse verspricht. So vergegenwärtigt man sich beispielsweise das Konzept FREIHEITSKÄMPFER, ersetzt dieses aber aus opportunistischen Rücksichten durch TERRORIST und spricht dann auch zum Beispiel von der „Gefangennahme von Terroristen". Andere Folgen der ‚Perspektivenübernahme' sind zum Beispiel die Umwandlung eines Konzeptes, das sich auf die eigene Landeswährung bezieht, in dasjenige, welches der Landeswährung des Partners entspricht, oder (etwa bei einem interkontinentalen Telefongespräch) die Ersetzung der eigenen Ortszeit durch die Ortszeit des Partners.

Zur terminologischen Klarstellung: Der Ausdruck „Transformation" bezieht sich im Zusammenhang mit der soeben erörterten Aufbereitung der Fokusinformation auf ganz andere Prozesse als im Zusammenhang mit dem Transformationengenerator als Teil der Hilfssysteme (vgl. unten 8.4.2).

Deduktion: Wir wollen diesen Ausdruck nicht im engen Sinne der formalen Logik verwenden, sondern generell als die Ableitung oder Abschätzung auf der Basis vorliegender Fokusinformation. Wenn jemand feststellt, daß ihm Kosten für acht Flaschen Wein entstanden sind, und wenn er sich daran erinnert, daß jede Flasche DM 9.– kostet, so kann er aus diesen beiden Informationselementen ein neues Konzept ableiten: Die Gesamtkosten betragen DM 72.–. Oder wenn der Sprecher weiß, daß es sich bei Otto um den Bruder von Erika handelt und diese die Tante von Inge ist, so kann er das Konzept ONKEL deduzieren. An die Stelle des strikten Deduzierens treten häufig bloße Schätzungen. In einem früheren Beispiel schätzte der Sprecher auf der Basis seiner Erinnerungen ab, wie groß die Menge einer Zutat in einem Kochrezept anzusetzen sei. – Generell sind also im Rahmen der Planung sprachlicher Äußerungen nicht selten kleine ‚Aufgaben' zu bewältigen.
Abstraktion: Mit der Abstraktion wenden wir uns der Teilklasse der Ersetzungen bei geänderter semantischer Ebene zu. Wenn dem Sprecher Äpfel, Birnen, Kirschen, Pflaumen und eine Fülle anderer Obstsorten vor Augen treten, so vereinfacht er diese Sachlage möglicherweise durch die abstrahierende Bildung eines neuen Konzepts OBST, welches er dann zur Grundlage seiner Verbalisierung macht. Es gibt unterschiedliche Anlässe, die semantische Ebene ‚nach oben' zu wechseln und Oberbegriffe zu erzeugen (und sprachlich zu enkodieren; s. oben 2.7).
Komplexion: Sprecher vereinfachen ihre kognitive Situation nicht nur dadurch, daß sie eine Mehrzahl von Konzepten durch dasjenige Konzept ersetzen, welches den Oberbegriff bildet (= Abstraktion). Vielmehr kann man auch Teile durch das Ganze ersetzen (vgl. auch Dörner, 1987). Vielleicht weiß der Sprecher, daß sich Otto am rechten Zeigefinger verletzt hat.

Dennoch verbalisiert er das Konzept HAND: „Otto hat sich an der Hand verletzt." Oder man vereinfacht die Kommunikation, indem man nicht SOFA, KACHELTISCH, SESSEL und SESSEL nacheinander verbalisiert, sondern stattdessen das Konzept SITZECKE sprachlich enkodiert. (Hier wird kein echter Oberbegriff gebildet, sondern mehrere Objekte werden als Teile eines Ganzen aufgefaßt, und dieses Ganze wird benannt.) Einen elementaren Grenzfall der Komplexion stellt das von Sprechern ständig verwendete Mittel des ‚Zusammenzählens' dar: Wenn wir ein Konzept SESSEL, ein anderes Konzept SESSEL usf. intern repräsentieren, so bilden wir das Konzept SESSEL mit einer abstrakten Marke MEHRHEITLICHKEIT und verbalisieren es (etwa in Form von „die Sessel").

Differenzierung: Differenzierungen können zunächst als ‚umgekehrte Abstraktion' auftreten. Vielleicht stellt man sich bei einer Urlaubsschilderung das Nashorn vor, das man gesehen hat. Man verbalisiert aber nicht einfach das Konzept NASHORN, sondern spezifiziert unter Abruf zusätzlichen deklarativen Wissens NASHORN zum Konzept SPITZMAUL-NASHORN. Es gibt daneben Differenzierungen, die als ‚umgekehrte Komplexionen' verstanden werden können. Hierbei handelt es sich um Pars-pro-toto-Konzepte, die zur sprachlichen Bezugnahme auf Teile führt, wenn man das Ganze meint. Zum Beispiel vereinfacht man für sich und den Partner die kommunikative Situation, indem man beim Vorliegen schlecht definierter Gesprächsgegenstände deren ‚unwichtige' Teile außer acht läßt und sich auf das ‚wichtigste' Teilkonzept beschränkt: Statt zum Beispiel über die unübersichtliche Gruppe aller derer zu reden, die an Lehre und Unterricht an Hochschulen beteiligt sind, thematisiert man lediglich das Konzept PROFESSOR. Differenzierungen spielen, wie leicht ersichtlich, insbesondere bei der Objektbenennung eine wesentliche Rolle (s. oben Kapitel 2). Der Sprecher richtet beispielsweise seine Aufmerksamkeit auf ein bestimmtes Buch. Da er möchte, daß der Partner weiß, welches Buch er meint, und weil mehrere Bücher im gemeinsamen Wahrnehmungsfeld von Sprecher und Partner vorhanden sind, ersetzt der Sprecher das anfänglich aktivierte Konzept BUCH beispielsweise durch GELBES TASCHENBUCH.

Pars-pro-toto-Konzepte kommen auch beim redensartlichen (nicht-propositionalen) Sprechen oft zur Anwendung. So sagt man etwa: „Er zählte gerade siebzehn *Lenze*."

Zusammenfassend sei festgehalten, daß eine wichtige Aufgabe der Zentralen Exekutive darin liegt, Komponenten der Fokusinformation nicht lediglich unverändert zu seligieren und als solche an die nachgeordneten Systemkomponenten weiterzugeben, sondern daß es häufig notwendig ist, die Fokusinformation zuvor zu ändern. Wir haben die Varianten dieser Aufbereitung als unterschiedliche Arten der Ersetzung von Elementen der vorliegenden Fokusinformation durch andere Informationselemente beschrieben.

Der Tatbestand der Aufbereitung macht deutlich, daß das Sprechen etwas ganz anderes ist als das Verbalisieren des Erinnerten. Daraus läßt sich eine methodologische Stellungnahme zur Gedächtnispsychologie gewinnen: Es gehört zu einer der üblichen Methoden der Gedächtnispsychologie, bei Versuchspersonen abzuprüfen, was sie behalten haben, indem man sie das Behaltene verbalisieren läßt. Aus der Sicht der Sprachpsychologie ist dies nur vertretbar, wenn man strikt zu kontrollieren in der Lage ist, was aus den resultierenden Versuchspersonenäußerungen Ergebnis des *Behaltens* und was Ergebnis der *Aufbereitung* (und der vorhergehenden Selektion) ist (vgl. oben 5.5 sowie Bransford, 1979; Herrmann, 1986). – Generell gilt: Die gedanklichen Grundlagen des Sprechens dürfen nicht mit den Inhalten des Langzeitspeichers verwechselt werden. (Zur genaueren Ausführung dieser Unterscheidung vgl. Herrmann, i. Dr.)

7.3.5 Zur Linearisierung der Fokusinformation

Die seligierte und aufbereitete Fokusinformation bildet den Protoinput, der mit Hilfe von Hilfssystemen weiterverarbeitet und (als Enkodierinput) dem Enkodiermechanismus zur einzelsprachlichen Verschlüsselung zugeführt wird. Eine wesentliche Aufgabe der Zentralen Exekutive besteht nun darin, aus der seligierten und aufbereiteten Fokusinformation ein geordnetes Nacheinander herzustellen, das heißt, den Protoinput zu *linearisieren*. Da wir im Zusammenhang mit dem Sprechen über Raum sprachpsychologische Aspekte des Linearisierens bereits ausführlich erörtert haben, können wir uns hier kurz fassen. (Vgl. dazu auch Levelt, 1982; Linde & Labov, 1985.)

Es soll noch einmal hervorgehoben werden, daß die Linearisierungsoperationen der Zentralen Exekutive *hierarchisiert* zu denken sind: Gegebenenfalls kann auf der Ebene der Zentralen Kontrolle die *Gesamtplanung* eines Gesprächs, einer längeren Rede usf. vorgenommen werden, wobei auch Vorgaben für die Reihenfolge größerer Gesprächs- beziehungsweise Redeteile erzeugt werden. Vielleicht will man bei einer Ansprache nicht gleich zur Sache kommen, vielleicht stellt man den üblichen ‚Eingangswitz' an den Anfang. Oder man beginnt mit einer Captatio benevolentiae; man sucht sich zunächst einmal das Wohlwollen des Partners oder der Partner zu sichern, indem man beispielsweise das Publikum lobt und sich selbst ironisierend kleinmacht. Vielleicht plant man, die eigene Rede mit einem bestimmten Gedicht zu beenden. Oder man kann den Entschluß fassen, im kommenden Gespräch bestimmte Dinge ‚zum Schluß noch einmal deutlich hervorzuheben'. Quasthoff (1980) hat zum Beispiel eindrucksvoll aufgewiesen, wie bestimmte Erzählungen eine strategische Bedeutung im Kontext von Sozialamtsgesprächen gewinnen können. – Es kann also eine *Globalplanung* für die Abfolge von Gesprächs- und Redeteilen geben. Ersichtlich verlaufen aber viele Gespräche so, daß solche Globallinearisierungen überhaupt nicht sinnvoll wären und durchgehalten werden könnten. Häufig ist die Abfolge eines Gesprächs die gemeinsame Leistung der Gesprächsteilnehmer, die von keinem einzelnen Gesprächsteilnehmer hätte vorausgeahnt und vorausgeplant werden können (vgl. dazu auch Foppa, 1990).

Sozusagen unterhalb dieser Globalplanung müssen selbstverständlich die *kleineren Äußerungseinheiten* linearisiert werden. Das beginnt mit der Einleitung eines Telefongesprächs (vgl. Berens, 1981), betrifft Sequenzen von Gesprächselementen wie „Vorschlag – Ablehnung des Vorschlags – revidierter Vorschlag – . . ." oder „Bitte um Ratschlag – Ratschlag – Danksagung" (vgl. auch Wunderlich, 1980). Aber auch beim monologischen Sprechen sind genaueste Linearisierungen erforderlich. Man kommt ja nicht darum herum, daß man dasjenige, was man meint und sagen will, immer nur nacheinander sagen kann. Aus der simultan vorliegenden und sich ständig ändernden Fokusinformation muß die strikte Sukzession der Elemente des Protoinputs beziehungsweise des Enkodierinputs werden (Chafe, 1976).

> Mit der Linearisierung von Äußerungskomponenten transportiert der Sprecher feinste, den Rapport (Vukovich, 1986) mit dem Partner beeinflussende Gefühlsnuancen. So sind zum Beispiel wirkungsvolle Komplimente streng an das richtige Nacheinander ihrer Komponenten gebunden. Das folgende Kompliment dürfte eindrucksvoll sein (Vukovich, 1989, S. 206):
> „Du beschleunigst nicht zu plötzlich, du bremst nicht zu schnell ab. Du hast ein Gefühl fürs Auto. Es ist angenehm, mit dir zu fahren. Du chauffierst souverän."
> Das Kompliment ‚kommt ganz anders an', wenn man die Reihenfolge der Komponenten durcheinanderbringt:

7. DIE ZENTRALE KONTROLLE

„Du chauffierst souverän. Du bremst nicht zu schnell ab. Es ist angenehm, mit dir zu fahren. Du hast ein Gefühl fürs Auto. Du beschleunigst nicht zu plötzlich."
Diese Äußerung dürfte eher töricht und unbeholfen oder auch etwas konfus wirken. Dieser Effekt beruht allein auf der Komponentenreihung.

Linearisierungen gehen leicht vonstatten, wenn die zu verbalisierenden Redegegenstände eine *interne Zeitstruktur* besitzen. Das gilt zum Beispiel für das erzählende Berichten, das einen Film oder ein Fußballspiel betrifft. Beide haben eine interne Zeitstruktur, einen ‚natürlichen' Anfang und ein ‚natürliches' Ende. Instruiert man jemanden über einen Weg, den dieser zurückzulegen hat, so verhält es sich entsprechend: Man beginnt mit der derzeitigen Raumposition des Partners und endet bei dessen Zielregion (Klein, 1979). Doch darf nicht vergessen werden, daß (beim Vorliegen bestimmter Fokusinformationen) von der ‚natürlichen Reihenfolge', die durch die interne Zeitstruktur des Redegegenstands vorgegeben ist, abgewichen werden kann (s. auch Kapitel 5). So kann man zuerst den dramatischen Höhepunkt eines Ereignisses erzählen und dann erst, wie es dazu kam. (Dies ist ein nicht unwesentliches stilistisches Mittel, welches von geschickten Rednern und Schreibern sehr häufig verwendet wird.)

Häufig hat der Redegegenstand keine interne Zeitstruktur. Wie sich Sprecher dann aus der Affaire ziehen, war Gegenstand großer Teile von Kapitel 3. Man beachte in diesem Zusammenhang drei Gesichtspunkte:

(1) Die Linearisierung kann durch Wie-Schemata vorgegeben sein. Die meisten Menschen beschreiben eine Wohnung nicht in willkürlicher Abfolge, sondern beginnen an der Wohnungstür und arbeiten entweder rechts- oder linksherum die Zimmer nacheinander ab (vgl. Linde & Labov, 1985; Talmy, 1983). Hier kann ein Sprecher durch Verwendung von Linearisierungsregeln, die im Wie-Schema für das Sprechen über Wohnungen festgelegt sind, leicht eine Reihenfolge von Äußerungskomponenten herstellen. (Auf Wie-Schemata gehen wir anschließend separat ein.)

(2) Eine wichtige Rolle spielt das *Nacheinander*, mit dem der Sprecher den Redegegenstand *kennengelernt* hat (= Genese-Effekt, vgl. oben 3.5).

(3) Manche räumliche Konstellationen, über die gesprochen werden soll, enthalten *Verzweigungspunkte*: Wenn man zum Beispiel über das Aussehen einer großen Wohnung berichtet, so können irgendwo in der Wohnung nach rechts und links zwei Seitentrakte abgehen, die verschieden lang sind. Welchen dieser beiden Seitentrakte soll man zuerst beschreiben? Einige Ergebnisse sprachpsychologischer Experimente sprechen für den folgenden Effekt: Gehen von einem Verzweigungspunkt ein ‚kurzer Ast' und ein ‚langer Ast' ab, so wird zunächst der ‚kurze Ast' verbalisiert. Dies deshalb, weil die Beschreibung des ‚kurzen Astes' weniger Zeit benötigt, wodurch der Verzweigungspunkt weniger lange im Arbeitsspeicher festgehalten werden muß. Diese Zeitersparnis betrifft sowohl den Sprecher als auch den Partner. Es handelt sich also um ein Phänomen der kognitiven Ökonomie des Arbeitsgedächtnisses (vgl. Levelt, 1981).

Die Linearisierung auf der Ebene der Zentralen Kontrolle darf selbstverständlich nicht mit Linearisierungsvorgängen verwechselt werden, die bei der *einzelsprachlichen Enkodierung* im Enkodiermechanismus ablaufen (vgl. dazu Kapitel 9).

7.3.6 Wie-Schemata

Im Verlaufe unserer bisherigen Darstellung haben wir mehrmals auf die Funktion von Wie-Schemata und ihre Abgrenzung zu Was-Schemata hingewiesen und dies anhand einer Reihe empirischer Untersuchungen veranschaulicht (vgl. oben Exkurs 3.1 sowie Abschnitt 5.3). In Was-Schemata strukturieren sich *deklarative* Teile unseres Wissens über die Wirklichkeit, die wir sehr gut kennen und die wir für unser Handeln sehr häufig benötigen. Die kognitive Verarbeitung der Was-Schemata funktioniert im allgemeinen problemlos und ist nur in geringem Maße aufmerksamkeitskonsumierend. Es sei nur an das schematisierte Wissen über Restaurants, Kücheneinrichtungen, Fußballspiele, Arztbesuche, Universitätsvorlesungen und vieles andere erinnert, *worüber* geredet werden kann (vgl. auch Herrmann, Kilian, Dittrich & Dreyer, 1992). Die Zentrale Exekutive seligiert dieses deklarative Wissen als situationsübergreifende und (überwiegend) drittbezogene *Ist-Komponente der Fokusinformation*, also als *Weltwissen* $\{(\text{WEL}_{\text{SÜ}})^{\text{IST}}\}$.

Wie-Schemata beziehen sich auf den operativen beziehungsweise prozeduralen Aspekt der Sprachproduktion. In ihnen ist unser (weitgehend dekomponierbares) *Können* bei der Herstellung bestimmter Texte, Diskurse, verbaler Darstellungsmodalitäten und dergleichen gespeichert. Wie-Schemata bestimmen, kurz formuliert, mit, *wie* geredet wird. So gibt es Wie-Schemata für das *Beschreiben* von Personen (Wintermantel & Christmann, 1983), für das *Beschreiben* von Wohnungen (Linde & Labov, 1985), für das *Erzählen* von Märchen (Stein & Glenn, 1979; Hoppe-Graff & Schöler, 1981), usf. Es muß also, wie schon mehrfach betont wurde, beachtet werden, daß unser schematisiertes beziehungsweise standardisiertes Wissen beispielsweise über das Aussehen und Funktionieren von Wohnungen nicht mit unserem schematisierten und standardisierten Können verwechselt werden darf, welches sich auf das Beschreiben von Wohnungen bezieht.

Als Wie-Schemata verstehen wir *Strukturen von Regeln*, nach denen vergleichsweise große Mengen an Fokusinformation seligiert, aufbereitet und linearisiert werden. Es handelt sich um so etwas wie *Ablaufprogramme*, die die Selektion, Aufbereitung und Linearisierung von Fokusinformation steuern (s. auch Rumelhart, Smolensky, McClelland & Hinton, 1986). Dieser prozedurale Charakter von Wie-Schemata hat dazu geführt, daß man zum Beispiel bei den Ablaufprogrammen für Geschichten von ‚Geschichtengrammatiken' spricht (vgl. unter anderem Thorndyke, 1977).

Der Unterschied zwischen Was-Schemata und Wie-Schemata läßt sich besonders klar am Beispiel der *Kochrezepte* darstellen: Zwar sind die Ablaufschemata für die Verbalisierung von Kochrezepten hierzulande im Laufe der Zeit weniger einheitlich und weniger strikt geworden, doch ist zumindest das klassische Kochrezept als Wie-Schema sehr stark standardisiert: Am Anfang ist über alle Zutaten zu berichten, die bei der Herstellung des Gerichts benötigt werden. Die Zutaten sind mit Mengenangaben zu versehen. Die Reihenfolge der Zutatenangaben entspricht nicht der Reihenfolge ihrer Verwendung beim Kochvorgang. Diese Reihenfolge richtet sich vielmehr nach anderen systematischen Gesichtspunkten: Die für das jeweilige Gericht charakteristischen, häufig auch mengenmäßig dominierenden, zumeist auch teuersten Zutaten stehen am Beginn. Die Zutaten für Beilagen, Gewürze usf. bilden den Schluß der Zutatenliste. Erst wenn alle Zutaten (mit Mengenangaben) genannt sind, wird – überwiegend chronologisch – der Zubereitungsvorgang beschrieben. (Besondere Beschreibungsprobleme bestehen, wenn Teiltätigkeiten des Kochens parallel auszuführen sind. Denn dieses zeitliche Nebeneinander muß selbstverständlich ebenfalls linearisiert werden.)

Man muß dabei in der Regel nicht so weit gehen wie Koch (1992, S. 322), der versuchte, einem ‚dummen‘, von jeglichem Handlungsvorwissen notgedrungen unbeleckten Computer beizubringen, wie man ein Ei kocht, um aus diesem ‚Wissen‘ automatisch ein Kochrezept zu generieren. (Solche Vorhaben laufen bezeichnenderweise unter dem Ansatz der ‚Künstlichen Intelligenz‘!) Das Wasser kocht bereits, und wir geben einen Ausschnitt aus einer möglichen, automatisch generierten Kochanweisung: »Zum Kühlschrank gehen, Ei herausnehmen. Zur Besteckschublade gehen, Eßlöffel herausnehmen. Eßlöffel mit konvexer Seite nach unten drehen. Ei auf Eßlöffel legen, so daß Längsachse des Eis parallel zur Längsachse der Löffelwölbung. Zum Herd gehen. Löffel mit Ei möglichst waagerecht in Topf senken. Wenn Topfboden erreicht, Löffel langsam schräger halten – Winkelgeschwindigkeit etwa 10°/sec – bis Ei vom Löffel abrollt. . . .« Man kann diesem absurden Beispiel entnehmen, wie viele selbstverständliche Voraussetzungen der Produzent eines – mündlichen oder schriftlichen – Textes eigentlich trifft. Das partnerseitige Bewußtsein geeignet zu modifizieren, heißt in vielen Fällen auch, sehr viele Informationsbestandteile *nicht* zu versprachlichen; wir sprechen, wie oben dargestellt, pars pro toto. Wir würden wohl kaum auf die Idee kommen, jemandem zu sagen, wie man den Löffel halten muß, um ein Ei darauf zu transportieren, das schließlich gekocht werden soll; dennoch wissen wir es natürlich. Ein Kochrezept zu formulieren, eine Bauanleitung zu geben, etc. heißt also nicht nur, die geeignete Information auszuwählen und anzuordnen, sondern auch, beim Partner viel vorauszusetzen und es dementsprechend wegzulassen.

Die aus den inhaltlichen und strukturellen Vorgaben resultierende Verbalisierung eines Kochrezepts ist zum Beispiel von einem exakten *Bericht* über die tatsächliche Zubereitung des Gerichts, auf das sich das Kochrezept bezieht, sehr verschieden. Der Bericht lehnt sich in der Regel an die interne Zeitstruktur des Kochereignisses an. Demnach werden Zutaten erst thematisiert, wenn sie verwendet werden. Soweit Mengenangaben überhaupt auftreten, handelt es sich um Schätzungen, die der Berichtende nach seinem Wahrnehmungseindruck vom Kochvorgang abgibt. Während beim Kochrezept Mengenangaben nicht fehlen dürfen, kann ein Bericht über die Anfertigung des betreffenden Gerichts auf genaue (numerische) Mengenangaben verzichten. – In beiden Fällen handelt es sich um das *gleiche* Was beziehungsweise Worüber. Verschieden ist bei der Verbalisierung des Kochrezepts und einem genauen Bericht über die Anfertigung des Gerichts das *Wie-Schema*, der Ablaufplan, nach dem Fokusinformation seligiert, aufbereitet und linearisiert wird (vgl. dazu auch Herrmann, 1985, S. 218ff.).

Standardisierte Ablaufprogramme haben den offensichtlichen Vorteil, das Sprechersystem zu entlasten. Im Lichte bestimmter Ist-Soll-Abweichungen der Fokusinformation ‚startet‘ die Zentrale Exekutive ein bestimmtes Ablaufprogramm (Wie-Schema). Der Ablauf erfolgt dann weitgehend automatisiert und verbraucht wenig Aufmerksamkeit (die somit anderweitig verwendet werden kann). Auf der Ebene der Zentralen Kontrolle wird der Ablauf lediglich überwacht (s. oben 7.3.2). Falls Fehler auftreten, der Ablauf stockt, usf., zieht die Zentrale Exekutive die Herstellung von Protoinputs sozusagen wieder an sich heran. (Während der Ablauf der Sprachproduktion zuvor *schema-gesteuert* war, wird sie dann wieder in eine *Ad-hoc-Steuerung* überführt; s. dazu oben 6.1.4.)

Wie-Schemata sind nach allem Strukturen von Regeln für die Herstellung von Proto- beziehungsweise Enkodierinputs. Diese Regeln bestimmen, welche Elemente der im Fokusspeicher vorliegenden Informationskonstellation IK in welcher Abfolge ausgewählt und allenfalls aufbereitet werden. Ein weiteres Beispiel: Sprecher aus unserer Kultur haben in stark konventionalisierter und verbindlicher Weise gelernt, wie man *Märchen* erzählt. Das kann man schon daran erkennen, daß Kinder, denen man Märchen erzählt, sogleich protestieren oder es doch wenigstens schnell bemerken, wenn ihre Erwartungen zum ‚Ablauf' von Märchen nicht erfüllt werden. Dies auch dann, wenn das erzählte Märchen diesen Kindern *unbekannt* ist. Zum Beispiel kann ein Märchen nicht darin bestehen, daß der Sprecher einen ‚Helden' einführt und ihn dann eine Reihe von Witzen erzählen läßt. Kinder bemerken in solchen Fällen sehr schnell, daß es sich hierbei dann gar nicht um ein Märchen handelt – die Witze mögen sie durchaus goutieren (vgl. auch Aebli, 1981, S. 162ff.).

Märchen beginnen mit der Schilderung von ‚Umständen' (Setting): „Es war einmal ein König. Der hatte drei häßliche Töchter. . . ." Dann wird eine Thematik geschildert. Zum Beispiel handelt es sich darum, daß der König für seine Töchter standesgemäße Ehemänner sucht. Dann kommt es zu irgendwelchen ‚Komplikationen' (plot) und schließlich zu einer ‚Lösung' (resolution). Das Setting umfaßt jeweils Personen, einen Ort und eine Zeit, aus dem Thema entwickelt sich die Gesamthandlung. Die Komplikation wird entweder in einer einzigen Episode oder – meist – in einer Folge von Episoden erzählt. Diese Episoden enthalten Unterziele des einheitlichen Oberziels des gesamten Märchens, Versuche der Zielerreichung und deren Ergebnisse (vgl. Thorndyke, 1977).

Wie auch immer ein solches Märchen ‚inhaltlich' aussehen mag, welche deklarative Wissensstruktur also *als* Märchen verbalisiert werden soll: Die Verbalisierung muß – soll es sich um ein Märchen handeln – dem skizzierten Ablaufplan entsprechen. Dieser regelt, wovon nacheinander die Rede sein soll, was verbalisiert und was nicht verbalisiert werden soll, und – wenn der ‚Märcheninhalt' nicht als fertiges deklaratives Wissen bereitliegt – in welcher Weise Informationselemente aufbereitet werden müssen.

Um die Grundstruktur von Wie-Schemata beziehungsweise standardisierten Abläufen beim Sprechen über Dinge, Ereignisse oder Sachverhalte zu erforschen, hat man häufig zur Methode der *Textzusammenfassung* gegriffen: Man läßt Versuchspersonen Texte zusammenfassen und arbeitet im Vergleich von Originaltext und Zusammenfassung Strukturelemente der jeweiligen ‚Textgrammatik' heraus. Welches sind zum Beispiel die obligatorischen Komponenten eines Märchens? Was verbindet ihre Teile? Wie wird also Textkohärenz hergestellt? (Vgl. Aebli, 1981; van Dijk & Kintsch, 1975.)

Wir haben schon darauf hingewiesen, daß die Zentrale Exekutive beim ‚Start' eines Wie-Schemas häufig nachgeordnete Hilfssysteme *einstellt*. Zum Beispiel dürfte die Strategie, mit der beim Erzählen von Märchen die Textkohärenz hergestellt wird, keineswegs beliebig sein. Soweit es sich beim Märchenerzählen um die Erlebnisse und Handlungen eines ‚Helden' handelt, steht die Topic-comment-Strategie im Vordergrund.

Das Märchenschema läßt leicht erkennen, daß beim Sprechen zumeist eine bestimmte ‚semantische Ebene' benutzt werden muß. Die verbalisierten Konzepte dürfen weder zu abstrakt noch aber auch zu differenziert sein. Gegebenenfalls muß die Fokusinformation durch die Aufbereitungsvarianten der *Differenzierung* oder der *Abstraktion* geändert werden. Märchen können nicht beginnen: „Irgendwann hat sich mal etwas ereignet." Das wäre viel zu abstrakt. Es kann aber auch nicht beginnen: „Es gab da einen 47 Jahre alten Vorwerkverwalter des Grafen Doelle zu Gandersheim." Das wäre viel zu differenziert.

Ablaufschemata für Märchen bilden insofern ein Extrem, als sie die Selektion, Aufbereitung und Linearisierung besonders strikt festlegen. Andere erlernte Wie-Schemata lassen in dieser Hinsicht sehr viel mehr ‚freie Lücken'. Diese müssen, wie bereits an anderer Stelle

7. DIE ZENTRALE KONTROLLE

ausgeführt (s. oben 5.5.3), ausgefüllt werden. Bei der Ausfüllung dieser Lücken kann man allenfalls wiederum Wie-Schemata verwenden. So schreibt wohl jedes Wie-Schema, nach dem Wohnungen beschrieben werden, vor, daß man auch auf die Küche zu sprechen kommen muß. Wie man aber diese Küche im einzelnen beschreibt, gehört nicht zum Wohnungsbeschreibungsschema (vgl. Graesser, Gordon & Sawyer, 1979; Graesser, Robertson & Anderson, 1981; Linde & Labov, 1985). Möglicherweise verfügt man aber auch über ein Wie-Schema für die Beschreibung von Küchen. Dieses kann jetzt eingesetzt werden. Oder man verfügt nicht über ein solches Schema und muß dann auf der Basis seines Weltwissens und allenfalls seines Situationswissens ($\{(\text{WEL}_{SU})^{IST}\}$, $\{(\text{SIT}_{SS})^{IST}\}$) die vom Wohnungsbeschreibungsschema offengelassenen Lücken durch Ad hoc-Planung von Äußerungsteilen schließen. Je ‚lückenhafter' Wie-Schemata sind, um so mehr Aufmerksamkeit ist naturgemäß beim jeweiligen Ablauf aufzuwenden.

Unter gedächtnispsychologischen Gesichtspunkten führt die Unterscheidung von Fokusinformation und Zentraler Exekutive und speziell von *Was- und Wie-Schemata* zu der folgenden Konsequenz: Die Regeln, nach denen die Zentrale Exekutive (schematisch oder ad hoc) auf der Grundlage der jeweils im Fokusspeicher befindlichen Informationskonstellation IK Protoinputs verfertigt und ihre übrigen Tätigkeiten (zum Beispiel die Enkodiereinstellung) ausübt, sind in einem *Langzeitspeicher* repräsentiert. (Auch diesen Speicher kann man sich als Netzwerk vorstellen.) Der Speicher für die *Regeln*, nach denen die Zentrale Exekutive arbeitet (einschließlich der Wie-Schemata), sollte theoretisch vom *deklarativen* Langzeitspeicher, dem die Fokusinformation zum größten Teil entstammt, unterschieden werden. Der *deklarative* Langzeitspeicher (beziehungsweise das betreffende Netzwerk)

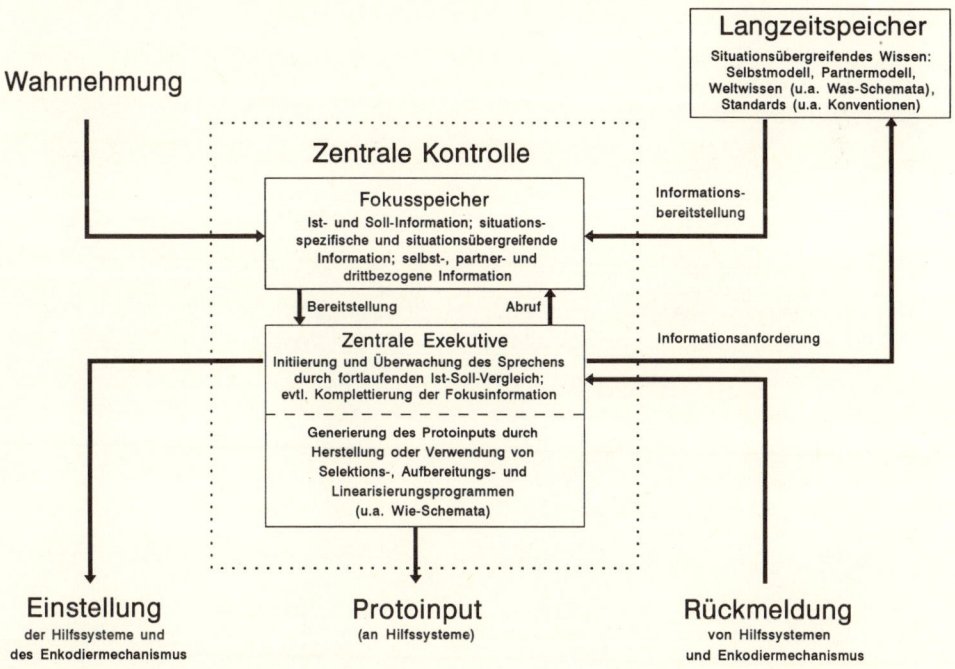

7.1 Funktionen der Zentralen Kontrolle.

dient nicht nur dem Sprechen und – generell – der interpersonalen Interaktion. Der Speicher für die *Regeln*, von dem soeben die Rede war, ist Teil des *speziellen* Werkzeugs, mit dessen Hilfe wir sprechen, kommunizieren, interagieren.

7.3.7 Zusammenfassung

Die Funktionen der *Zentralen Kontrolle* werden zum Abschluß zusammenfassend in der *Abbildung 7.1* veranschaulicht. Nach unseren vorstehenden Ausführungen dürfte diese Modellskizze aus sich selbst heraus verständlich sein.

Das *generelle Regulationsprinzip* des Sprechens läßt sich wie folgt formulieren: Sprecher versuchen, ihren Ist-Zustand an einen Soll-Zustand anzugleichen, also ein aktuelles, situationsspezifisches Handlungsziel zu erreichen oder eine Konvention zu erfüllen. Dies tun sie, indem sie unter Berücksichtigung vielfältiger Wissensbestände (der Fokusinformation) mit Hilfe des Sprechens geeignete Bewußtseinsänderungen (und oft zugleich Verhaltensänderungen) ihres Partners zu erreichen suchen. Hierbei berücksichtigen sie in der Regel gekannte Konventionen, situationsübergreifende Handlungsziele und erwartete Nebenwirkungen. Das Sprechen muß *instrumentell* (zielführend) sein. Es muß in der Regel für den Partner *informativ* sein. Und das jeweilige Handlungsziel oder die jeweilige Konventionenerfüllung werden – ceteris paribus – unter *geringstem Kraftaufwand* angezielt.

8.

Die Hilfssysteme

8.1 Einführung

Hilfssysteme stellen denjenigen Teil des Sprachproduktionssystems dar, in dem der *Protoinput* bearbeitet und als *Enkodierinput* dem Enkodiermechanismus zugeleitet wird. Die Bearbeitung des Protoinputs ist außerordentlich vielfältig und erfolgt auf der Basis weiterer Informationen, die die Hilfssysteme von der Ebene der Zentralen Kontrolle erhalten. Der zur Bearbeitung anstehende Protoinput kann bei Schema-Steuerung von einem Ablaufprogramm generiert worden sein, das wir als Wie-Schema kennengelernt haben. Oder der Protoinput ist bei Ad hoc-Steuerung in der Zentralen Exekutive ‚Stück für Stück' zusammengestellt worden. Bei Reizsteuerung der Sprachproduktion kann der Protoinput aber auch aus der Information über die (letzte) sprachliche Äußerung des Partners bestehen, so wie diese vom Sprechersystem kognitiv verarbeitet wurde.

Bei den Hilfssystemen wie beim Enkodiermechanismus handelt es sich um Subsysteme, die weitgehend *autonom* arbeiten können. Doch kann die Zentrale Kontrolle in diese Autonomie eingreifen; die Zentrale Kontrolle kann zum Teil selbst detaillierteste Kontroll- und Ausführungstätigkeiten an sich heranziehen. So kann man sogar, wenn dies auch eher selten der Fall ist, die Wahl einer Wortfolge, eines einzelnen Wortes, einer bestimmten Wortbetonung, die Dehnung einer einzigen Silbe und dergleichen explizit und mit gedanklichem Aufwand planen. In der Regel sind aber Wortreihung, Wortwahl, Wortbetonung usf. stark automatisiert.

Wie schon weiter oben dargestellt (s. 7.3.1), werden Hilfssysteme von der Zentralen Exekutive *eingestellt*. Diese Einstellung übertrifft in ihrer zeitlichen Erstreckung die einzelnen Protoinputs. So kann ein Hilfssystem – über einen größeren Äußerungsabschnitt hinweg – zum Beispiel darauf eingestellt sein, das Nacheinander einer Raumbeschreibung unter Einsatz des generischen Wanderers (s. oben 3.1.2) aufzubereiten. (So entsteht dann ein Enkodierinput, der einer dynamischen Lokalisationssequenz entspricht; s. oben 3.5.2.)

8.2 Ein Ausgangsbeispiel

Wir erinnern an die schwäbische Ladeninhaberin, die sich im Zusammenhang mit dem Verkauf einer Strumpfhose äußerte. Sie sagte:

„Siebafuffzig."

Diese Äußerung war die Antwort auf die Frage der Kundin nach dem Preis (s. oben 7.2.1). Wie wir dargestellt haben, hätte die Antwort – je nach der Informationskonstellation IK im Fokusspeicher – sehr unterschiedlich ausfallen können. Wir setzen aber nunmehr voraus, daß auf der Ebene der Zentralen Exekutive der folgende *Protoinput* erzeugt worden ist:

[ATTRIBUTION(STRUMPFHOSE, PREIS) & QUANTIFIKATION(PREIS, SIEBEN.FÜNFZIG.DM)]

Es handelt sich hier um ein Gefüge von zwei Propositionen, die keine prädikativen, sondern modifizierende Propositionen sind (vgl. dazu Exkurs 4.1): Hier werden keine Argument-Konzepte einem Prädikat-Konzept zugeordnet. (Es gibt also beispielsweise kein Agent-, Objekt- oder Erfahrender-Argument.) Vielmehr wird (1) dem Konzept STRUMPFHOSE ein *Merkmalskonzept* attribuiert: PREIS.

Man hätte den propositionalen Zusammenhang von STRUMPFHOSE und PREIS auch wie folgt schreiben können: [HAT.EIN(STRUMPFHOSE, PREIS)]. Der Ausdruck HAT.EIN (englisch HASA) ist die Bezeichnung für das Prädikat, das einem Konzept ein Merkmal zuschreibt. (Vgl. zur Merkmalsrelation auch Klix, 1978; zu partitiven Propositionen s. oben Exkurs 4.1.)

Das Merkmalskonzept PREIS wird (2) quantifiziert: Das Konzept PREIS wird mit dem *Quantum-Konzept* (Größe) SIEBEN.FÜNFZIG.DM in Beziehung gesetzt.

Dieser Protoinput kann in sehr unterschiedlicher Weise auf der Ebene der Hilfssysteme bearbeitet und so auch zu sehr unterschiedlichen Enkodierinputs transformiert werden. Man könnte annehmen, daß die Hilfssysteme den propositionalen Protoinput sozusagen unverändert passieren lassen; der Enkodierinput wäre dann ebenso beschaffen wie der Protoinput. Dann wäre es dem *Enkodiermechanismus* überlassen, zu dem Propositionsgefüge das passende Satzschema und die passenden Wörter (Wortformen) zu generieren. Es stellt sich die Frage, ob aus dem obigen Enkodierinput zum Beispiel die Äußerung

„Die Strumpfhose kostet sieben Mark fünfzig."

oder aber die Äußerung

„Der Preis der Strumpfhose beträgt sieben Mark fünfzig."

wird. Wir werden bei der Behandlung des Enkodiermechanismus (Kapitel 9) darauf zu sprechen kommen, daß die Wahl eines grammatischen Schemas unter anderem stark davon abhängt, welches *Verb* generiert wird. Wie die beiden Beispiele zeigen, gehen die Verben „kosten" und „betragen" mit verschiedenen grammatischen Schemata einher und bedingen damit auch unterschiedliche Wortgenerierungen. (Bei „kosten" wird das Wort „Preis" gar nicht erzeugt.)

Nun wäre der Enkodiermechanismus ersichtlich überfordert, wenn er ohne weitere Vorgaben zwischen der Erzeugung unserer beiden Beispieläußerungen entscheiden müßte. Die erforderlichen Erzeugungsvorgaben können aus der Ebene der Zentralen Kontrolle oder der Ebene der Hilfssysteme stammen:

Das Sprechersystem könnte durch entsprechende Lernvorgänge zwischen den Propositionen [ATTRIBUTION(X, PREIS)] und dem Verb „kosten" eine enge *Assoziation* etabliert haben; bei Preiszuschreibungen wird dann im Sinne einer Gewohnheit das Wort „kosten" verwendet. Die Assoziation der Preiszuschreibungen mit „betragen" möge entsprechend gering sein. Es kann also die Gewohnheit bestehen, Propositionen von der Art [ATTRIBUTION (X, PREIS)] unter Verwendung des Verbs „kosten" zu verbalisieren. Außerdem ist es möglich, daß das Sprechersystem zum Zeitpunkt t die soeben generierte Proposition [ATTRIBUTION(STRUMPFHOSE, PREIS)] im Wege oberer Passung mit dem Wort-Markenkomplex „kosten" zu einem aktuellen *Gesamtkomplex* verschmolzen hat.

In beiden Fällen ist bereits auf der Ebene der *Zentralen Kontrolle* vorbestimmt, daß das Verb „kosten" (und nicht „betragen") generiert werden wird: Im Falle der momentanen Gesamtkomplexbildung ist „kosten" Teil des Proto- und Enkodierinputs. Im Falle der Gewohnheitsbildung wird beim Vorliegen des Enkodierinputs, der die Proposition [ATTRIBUTION(STRUMPFHOSE, PREIS)] enthält, „kosten" und nicht „betragen" generiert, auch wenn kein durch obere Passung entstandener Gesamtkomplex vorliegt.

Die Vorgabe an den Enkodiermechanismus, entweder „kosten" oder „betragen" zu generieren, kann auch auf der Ebene der *Hilfssysteme* erzeugt werden. Nehmen wir (etwas unrealistisch) an, daß das Sprechersystem weder per Assoziationsbildung noch durch momentane obere Passung beim Vorliegen der Proposition [ATTRIBUTION(STRUMPFHOSE, PREIS)] „kosten" oder „betragen" präferiert. Beide Wörter haben die gleiche Generierungschance. Dann kann eine Verbgenerierungsvorgabe dadurch entstehen, daß es sich – wie bei unserem Ausgangsbeispiel – um die *Antwort* auf eine Frage handelt. Der Partner hatte gefragt: „Wieviel kostet diese Strumpfhose?" Es gehört, wie wir noch ausführen werden, zu einem ‚kohärenten' Gesprächsbeitrag, daß auch bezüglich der Formulierungsweise auf vorhergehende Gesprächsteile Bezug genommen wird. Also wird der Sprecher die vom Partner ‚angebotene' Verbwahl – hier: „kosten" – aufgreifen und die zu verbalisierende Proposition mit Hilfe eben dieses Verbs verbalisieren: „Die Strumpfhose kostet sieben Mark fünfzig."

Wenn wir noch hinzunehmen, daß die Ladeninhaberin die professionelle Gewohnheit haben kann, Preiszuschreibungen mit Hilfe des Verbs „kosten" zu enkodieren, so ist zu erwarten, daß im Falle der Produktion eines vollständigen Satzes der soeben genannte Satz erzeugt wird und die Äußerung „Der Preis der Strumpfhose beträgt sieben Mark fünfzig." vermieden wird. – Doch sagt die Ladeninhaberin angenommenerweise gar nicht: „Die Strumpfhose kostet sieben Mark fünfzig.", sondern:

„Siebafuffzig."

Dies hat den Grund, daß es sich eben um die Antwort auf eine Frage handelt, und daß Antworten, wie schon erläutert (s. oben 1.2.3), überwiegend die Form von *Antwortellipsen* haben. Dies ist in unserem Beispiel offensichtlich der Fall.

Die Regeln, nach denen – im Deutschen – Antwortellipsen gebildet werden können beziehungsweise nach denen man entscheiden kann, welche Ellipse adäquat oder inadäquat ist, sind in der Linguistik in mehrfachen Anläufen immer wieder eingehend analysiert worden. Eine vollständige Regelliste dieser Art existiert bisher aber nicht. (Vgl. dazu insbesondere Dietrich, 1991; Klein, 1984.)

Was unser gegenwärtiges Beispiel betrifft, so muß man für die Beurteilung der adäquaten Ellipsenbildung beachten, daß die Kundin gefragt hat, was die Strumpfhose kostet. Die Kundin brachte also die Konzepte STRUMPFHOSE und PREIS und die Attributionsrelation dieser beiden Konzepte von sich aus ins Spiel. Daß die Strumpfhose einen Preis hat, setzt sie mit ihrer Frage voraus; sie ‚präsupponiert' diesen Sachverhalt (vgl. Engelkamp & Zimmer, 1983). Ihre Frage bezieht sich vielmehr auf die Quantifikation des Preises. Man könnte das, was die Kundin von der Ladeninhaberin wirklich wissen will, wie folgt schreiben:

[? QUANTIFIKATION(PREIS)]

Auf dieses ‚Informationsdefizit' muß sich die Antwort beziehen, und sie braucht sich auch nur auf dieses ‚Defizit' zu beziehen. So betrachtet, könnte die Ladeninhaberin etwa sagen: „Der Preis beträgt sieben Mark fünfzig." oder: „Das kostet sieben Mark fünfzig." oder: „Das macht sieben Mark fünfzig." Da aber die Kundin nach dem Betrag gefragt hat, genügt es auch, eben nur diesen Betrag zu nennen. Daß die verbalisierte Größe, das Quantum, als Verbalisierung des Ergebnisses einer Quantifikation des Preises zu verstehen ist, kann von der Sprecherin ebenfalls vorausgesetzt (das heißt präsupponiert) werden. (Was sollte „Siebafuffzig." sonst bedeuten?) Es ergibt sich: Nur das Konzept SIEBEN.FÜNFZIG.DM muß sprachlich verschlüsselt werden; alle übrigen Teile des Protoinputs können ‚ungesagt' bleiben. Diese Reduktion ist das Ergebnis der Tätigkeit desjenigen Hilfssystems, welches Antwortellipsen generiert.

Wir müssen an dieser Stelle auf eine Komplikation hinweisen: Der von uns unterstellte *Protoinput* sah bei unserem Beispiel wie folgt aus:

[ATTRIBUTION(STRUMPFHOSE, PREIS) & QUANTIFIKATION(PREIS, SIEBEN.FÜNFZIG.DM)]

Als *Enkodierinput* ergab sich vorläufig:

[SIEBEN.FÜNFZIG.DM]

Im Wege der Bildung einer Antwortellipse hätte dieser Enkodierinput auch generiert werden können, wenn der *Protoinput* lediglich aus der zweiten (Teil-) Proposition des obigen Protoinputs bestanden hätte:

[QUANTIFIKATION(PREIS, SIEBEN.FÜNFZIG.DM)]

Da wir über die kognitiven Prozesse, die bei der Ladeninhaberin abliefen, keine weiteren Informationen besitzen, können wir nicht wissen, wie der auf der Ebene der Zentralen Kontrolle erzeugte Protoinput tatsächlich aussieht. Wieweit hat die Sprecherin Fokusinformationen seligiert? Hat sie auch die Information [ATTRIBUTION(STRUMPFHOSE, PREIS)] als Teil des Protoinputs seligiert, oder hat sie nur die Quantifikations-Proposition als Protoinput erzeugt? Wir ziehen die Vorstellung vor, daß die Sprecherin das Gefüge aus beiden (Teil-) Propositionen als Protoinput generiert hat. Dies schon deshalb, weil die geplante Antwort durchaus auch hätte lauten können: „Die Strumpfhose kostet sieben Mark fünfzig." Und in diesem Falle wäre das Konzept STRUMPFHOSE mitverbalisiert worden. Im Falle des reduzierten Protoinputs, bei dem nur PREIS und SIEBEN.FÜNFZIG.DM in eine Quantifikationsrelation gebracht worden wären, hätte schon auf der Ebene der *Zentralen Kontrolle* geplant und entschieden werden müssen, daß das Konzept STRUMPFHOSE *nicht* verbalisiert wird. Und dies ist extrem unwahrscheinlich. Also kann für den gegenwärtigen Fall vorausgesetzt werden, daß der Protoinput aus den beiden genannten (Teil-) Propositionen besteht.

Der resultierende Enkodierinput, der vorerst lediglich aus dem Konzept SIEBEN.FÜNFZIG.DM bestand, kann unter Verwendung der schwäbischen Mundart so enkodiert werden, daß dabei ein *nicht-flektiertes* Wort entsteht; „siebafuffzig" ist weder durch eine Vorsilbe noch durch eine Endung noch sonstwie ‚abgewandelt'. Das Wort hat so zum Beispiel auch keine Kasus-Markierung. Und dennoch steht das Wort „siebafuffzig" im Akkusativ, wenn man sich „kosten" als Verb hinzudenkt. (Man vergleiche: „Das kostet mich *den* letzten Nerv.") Bei vielen anderen Antwortellipsen muß dem Enkodiermechanismus durchaus vorgegeben werden, welche Kasusendung (oder welche andere Flexion) zu erzeugen ist: „Was kostet dich das?" – „*Den* letzten Nerv." Daraus ergibt sich, daß der Enkodiermechanismus Information über die *sprachliche Verarbeitung der Input-Konzepte* benötigt. Diese sprachspezifische Zusatzinformation muß entweder in der Vorgabe eines grammatischen Schemas bestehen, in das das zum Input-Konzept passende Wort an einer bestimmten Stelle einzuordnen ist. Oder die Flexion folgt aus dem Verb, welches bei der Satzerzeugung zu wählen ist, und der Satzrolle, die zufolge dieser Verbwahl das zum Konzept passende Wort erhält (vgl. auch unten 9.4.1).

Betrachten wir diese Möglichkeiten genauer. Falls der vom Sprechersystem erzeugte *Enkodierinput* die folgende Information enthält:

[SIEBEN.FÜNFZIG.DM & grammatisches Schema: S-P-(O_{Akk1})-O_{Akk2} & $\rightarrow O_{Akk2}$],

ergibt sich klar, daß das zum Konzept SIEBEN.FÜNFZIG.DM zu generierende Wort im Akkusativ steht. Der Enkodierinput enthält nämlich die Information, daß ein bestimmtes (im Deutschen übrigens nur im Zusammenhang mit sehr wenigen Verben verwendetes) grammatisches Schema zu starten ist, welches mit dem Satzsubjekt (S) beginnt, dem das Prädikat (P) folgt, das dann gegebenenfalls (fakultativ) mit einem (ersten) Akkusativobjekt (O_{Akk1}) fortgesetzt wird und das mit einem (zweiten) Akkusativobjekt (O_{Akk2}) endet. (Es entstehen also Äußerungen wie „Das kostet den Otto viel Geld." oder „Das kostet viel Geld.") Weiter enthält der Enkodierinput die Information, daß das zum Konzept SIEBEN.FÜNFZIG.DM zu erzeugende Wort die Satzrolle des zweiten Akkusativobjekts (O_{Akk2}) besitzt. Beim Vorliegen dieser Informationen erzeugt der Enkodiermechanismus dieses Wort im Akkusativ. (Im gegenwärtigen Fall ist, wie erwähnt, der Akkusativ allerdings nicht sprachlich gekennzeichnet, weil Zahlwörter wie „siebafuffzig" unflektiert bleiben.)

> Wir merken an, daß statt des hier verwendeten, eher seltenen Schemas, das zwei Akkusativobjekte enthält, von vielen Sprechern des Deutschen das häufige S-P-O_i-O_d-Schema benutzt wird; hier steht das erste (indirekte) Objekt O_i im Dativ, das zweite (direkte) Objekt O_d im Akkusativ. Ein entsprechender Satz lautet dann: „Das kostet *mir* den letzten Nerv." Diese Schemaverwendung entspricht nicht unseren schulischen Normen. Eine solche – charakteristische – Normabweichung entspricht aber dem generellen Prinzip, Unübliches (fälschlich) durch Übliches zu ersetzen (vgl. dazu schon Bartlett, 1932). Da sich sprachliche Normvorgaben und die tatsächliche

Sprachverwendung immer wieder gegenseitig beeinflussen und verändern – die Sprachverwendung berücksichtigt die Normen, *und* die Grammatik reflektiert die übliche Verwendung –, ist die sprachliche Bewertung solcher Äußerungen keine Frage der absoluten Kriterien „richtig" oder „falsch", sondern richtet sich nach übergreifenden Prinzipien wie beispielsweise der Gewichtung sprachlicher Traditionen gegenüber der Offenheit für Veränderungen. (Zur linguistischen Diskussion der seltenen Verben im Deutschen, die zwei Akkusativobjekte nach sich ziehen, vgl. Plank, 1987.)

Falls auf der Ebene der Hilfssysteme kein grammatisches Schema vorgegeben wird und falls, anders als in unserem Beispiel, auch kein Verb in hohem Maße voraktiviert ist, kann erst im Enkodiermechanismus entschieden werden, welches von mehreren möglichen Verben generiert wird. Und dieses Verb muß erst vorliegen, bevor entschieden werden kann, welche Flexionsform das Wort erhält, durch das ein bestimmtes Input-Konzept verbalisiert werden soll. Betrachten wir folgendes Beispiel: Ein und derselbe Protoinput möge durch die drei folgenden Äußerungen verbalisiert werden können:

„Sie lehrt den Studenten das Küssen."
„Sie unterrichtet den Studenten im Küssen."
„Sie bringt dem Studenten das Küssen bei.

Je nach *Verbwahl* wird das Konzept STUDENT entweder durch ein Wort im Dativ oder im Akkusativ enkodiert. (Auch wird entsprechend das Konzept KÜSSEN sprachlich unterschiedlich behandelt.) Falls der Enkodierinput in diesem Falle keine Vorgaben enthält, muß im Enkodiermechanismus zuerst dasjenige Verb generiert werden, das zum *Konzept* UNTERRICHTEN am besten paßt beziehungsweise mit dem vorliegenden Konzept-Markenkomplex am engsten assoziiert ist. Je nach Verbgenerierung wird dann (unter Beachtung des zu verbalisierenden Enkodierinputs) ein grammatisches Schema gestartet. Und erst im Rahmen dieses Schemas erhält zum Beispiel das Wort „Student" einen bestimmten Kasus. Bei der Verbwahl „lehren" wird übrigens dasselbe (im Deutschen sehr seltene) Schema S-P-(O_{Akk1})-O_{Akk2} gestartet wie in unserem Beispiel mit dem Verb „kosten".

Kommen wir nach diesen Erörterungen abschließend zu unserem Ausgangsbeispiel zurück:

Wir haben vorausgesetzt, daß der *Protoinput* wie folgt aussah:

[ATTRIBUTION(STRUMPFHOSE, PREIS) & QUANTIFIKATION(PREIS, SIEBEN.FÜNFZIG.DM)]

Auf der Ebene der Hilfssysteme wurde bei gegebenem Protoinput eine Antwortellipse gebildet. Nur das Konzept SIEBEN.FÜNFZIG.DM wird verbalisiert. Da auf die Partnerfrage: „Was kostet diese Strumpfhose?" geantwortet wird, sind für die Antwort das Verb „kosten" und das zugehörige grammatische Schema vorgegeben. In diesem Schema hat, wie dargestellt, das Konzept SIEBEN.FÜNFZIG.DM die Rolle des (zweiten) Akkusativobjekts. Man kann dann (s. oben) den entstandenen *Enkodierinput* wie folgt schreiben:

[SIEBEN.FÜNFZIG.DM & S-P-(O_{Akk1})-O_{Akk2} & $\to O_{Akk2}$]

Da der Enkodiermechanismus gleichsam als gehorsamer Idiot jeden erzeugten Enkodierinput nach einzelsprachlichen Standardregeln in eine Phonemsequenz umwandelt, hätte er jede – auch inadäquate – Antwortellipse oder jeden anderen Enkodierinput ‚klaglos' versprachlicht. So ergibt sich zwingend die theoretische Forderung, daß zwischen der Verfertigung des Protoinputs und der Versprachlichung im Enkodiermechanismus eine Systemebene anzusetzen ist, die zwischen dem Protoinput und dem Enkodierinput vermittelt. Und weiter zeigt sich, daß diese vermittelnde Ebene der Hilfssysteme Informationen über die jeweils verwendete Sprache verlangt. In unserem Beispiel verwendet ein Hilfssystem offensichtlich Regeln für die Ellipsenbildung im Deutschen (vgl. auch Schlesinger, 1977).

Es spricht nichts dafür, daß die jeweilige Antwortellipse bereits auf der Ebene der Zentralen Kontrolle geplant wird. Die Sprecherin unseres Beispiels generierte auf der zentralen Kontrollebene unter Einsatz des ‚Verkaufsschemas' den Äußerungsinhalt, daß der Preis der Strumpfhose 7,50 DM beträgt. Das ist dasjenige, wovon die Rede ist. Trotz der anzunehmenden Routinisierung des Verkaufsverhaltens der Ladeninhaberin benötigt die Erzeugung dieses Protoinputs ein Mindestmaß an Aufmerksamkeit. Die Umwandlung des Protoinputs in den Enkodierinput erfolgt hingegen automatisch unter Verwendung der Information über die Kundenfrage, die auf der Ebene der Hilfssysteme im Kommunikationsprotokoll vorliegt (s. oben 7.2.4). Erfahrungsgemäß können Sprecher über ihre Ellipsenbildungen kaum Rechenschaft ablegen. Sie planen nicht absichtlich und wissen nicht, daß sie in ihren Äußerungen Konzepte beziehungsweise Konzeptgruppen weggelassen haben oder welche dies sind oder nach welchen Regeln die Weglassungen erfolgen. Der Sprecher im Alltag empfindet seine elliptische Äußerung – mit Recht! – als eine vollständige Äußerung. Dennoch stellen elliptische Äußerungen das Ergebnis von *regelgeleiteten* Streichungen von Teilen des Protoinputs auf der Ebene der Hilfssysteme dar. So erhält denn auch der Enkodierinput der Sprecherin unseres Beispiels einen zugleich verkürzten und ergänzten Enkodierinput und nicht einen solchen, der dem Protoinput gleich ist.

8.3 Allgemeines zu den Hilfssystemen

In dem soeben dargestellten Beispiel sind schon einige basale Merkmale der Hilfssysteme der Sprachproduktion sichtbar geworden. Wir besprechen einige dieser Grundbestimmungen im Zusammenhang und wenden uns dann der Frage zu, über welche Informationen (Input-Informationen) die Hilfssysteme verfügen, um den Protoinput in den Enkodierinput verwandeln zu können. Schließlich machen wir einen theoretischen Vorschlag zur Binnengliederung der Ebene der Hilfssysteme.

Bei der psychologischen Theoriebildung der Sprachproduktion ist immer wieder auf die folgende *Unterbestimmtheitsthese* hingewiesen worden (Herrmann, 1985, S. 247ff; vgl. auch Levelt, 1989; Schlesinger, 1977): Setzen wir voraus, daß wir das Ergebnis der Planungsprozesse auf der Ebene der Zentralen Kontrolle, also den als Proposition oder Propositionsstruktur beschreibbaren Protoinput kennen, und nehmen wir weiterhin an, daß wir alle einzelsprachlichen Regeln kennen, die der Sprecher bei der Umwandlung dieser Propositionen in eine einzelsprachliche Äußerung verwenden kann, so sind wir dennoch nicht in der Lage, die genaue Beschaffenheit der resultierenden Sprachäußerung vorherzusagen. (Vgl. zur linguistischen Diskussion dieses Sachverhalts von Stutterheim & Carroll, 1993.)

Ein Beispiel dafür haben wir im Zusammenhang mit dem Zustandekommen der Äußerung „Siebafuffzig." gegeben. Die Tatsache, daß eben nur ein bestimmtes Konzept und nicht die Gesamtproposition verbalisiert wird, bleibt bei bloßer Betrachtung der Ebenen der Zentralen Kontrolle und des Enkodiermechanismus *unterbestimmt*. Man könnte auch so formulieren: Die Hilfssysteme sagen dem Enkodiermechanismus, was er außer dem Protoinput beachten muß. Wir wollen diesen Sachverhalt etwas strikter fassen: Hilfssysteme können den Protoinput in unterschiedlicher Weise *markieren* oder ihn – im Extrem – *unmarkiert* passieren lassen. Bleibt der Protoinput unmarkiert, so verwendet der Enkodiermechanismus seine Standardregeln; er arbeitet dann unter Default-Bedingungen. Man darf jedoch auch annehmen, daß der Enkodiermechanismus nicht beim Vorliegen eines jeden Enkodierinputs hinreichende Standardprozeduren besitzt, die beim Fehlen von Markierungen eine und nur eine Standard-Äußerung ergeben. Wahrscheinlich ist der Enkodiermechanismus insofern selbst unterbestimmt und benötigt unter einigen Gesichtspunkten *notwendigerweise* markierte Enkodierinputs. (Vgl. dazu unsere Anmerkungen zur Wortstellung im Deutschen in Abschnitt 1.2.3.)

Die Hilfssysteme sind, wie schon betont, zum Teil auf einzelsprachenspezifische Regeln angewiesen. Hilfssysteme arbeiten so, wie man eine Einzelsprache erlernt hat. Dennoch ist die Arbeit der Hilfssysteme keineswegs vollständig durch einzelsprachenspezifische Regeln determiniert. Vorgaben der Einzelsprache und nichtsprachliche Vorgaben spielen auf der Ebene der Hilfssysteme in einer außerordentlich subtilen und bis heute keineswegs bis ins einzelne aufgeklärten Weise zusammen. (Beispiele dafür werden wir im folgenden geben.)

Während sich Was- und Wie-Schemata auf bestimmte, meist eng umgrenzte *Bereiche der Wirklichkeit* beziehen, arbeiten die Hilfssysteme in viel stärkerem Ausmaß unabhängig von bestimmten Themen. Die Wirklichkeitsbereiche nennt man häufig ‚Domänen'; insofern ist die Tätigkeit der Hilfssysteme ganz überwiegend *domänenunabhängig*. Viele Teiltätigkeiten der Hilfssysteme treten beim Sprechen geradezu ubiquitär auf; ihre Resultate finden sich in so gut wie allen menschlichen Sprachäußerungen. Das gilt zwar nicht für die Antwortellipsen, aber für Ellipsen generell (Klein, 1984). Andere Beispiele sind die Herstellung der sprachlich manifestierten Kohärenz von Äußerungen und die bei jeder Sprachproduktion zumindest in den indoeuropäischen Sprachen erforderliche Auswahl der Satzart, des Tempus und des Modus (vgl. Lyons, 1989).

> Vergleicht man die Zentrale Kontrolle mit den Hilfssystemen, so arbeitet die Zentrale Kontrolle eher *domänenabhängig*, die Hilfssysteme arbeiten eher *domänenunabhängig*. Mit dieser theoretischen Gegenüberstellung darf man das folgende Gegensatzpaar nicht verwechseln: Die Zentrale Kontrolle (vor allem bei Schema-Steuerung, s. oben 6.1.4) tendiert eher zu *globaler Kontrolle*; die Zentrale Kontrolle plant und überwacht Merkmale von produzierten Äußerungen, die im Extrem diese Äußerungen als Ganze betreffen oder jedenfalls relativ weit über die ganze Äußerung hinweg erstreckt sind (zum Beispiel die Planung einer Wegebeschreibung oder die Überwachung eines Grußrituals). Nur unter speziellen Umständen zieht die Zentrale Kontrolle Detailplanungen an sich heran. Den Hilfssystemen obliegt hingegen die *lokale Kontrolle* der Äußerungsproduktion ‚vor Ort', ihre Tätigkeit betrifft die Äußerungsdetails (also etwa die Bestimmung des Satztempus und der Wortreihung). – Tendenziell kann man also wie folgt gegenüberstellen (vgl. Herrmann & Grabowski, 1992):
>
> *Zentrale Kontrolle:* domänenabhängig, globale Kontrolle;
> *Hilfssysteme:* domänenunabhängig, lokale Kontrolle.

8. DIE HILFSSYSTEME

Die Hilfssysteme arbeiten *zeitlich parallel* und *interaktiv*. So mag ein Protoinput von einem Hilfssystem so markiert werden, daß er an vorhergehende Äußerungsteile sprachlich optimal angebunden wird, während zeitgleich ein anderes Hilfssystem die Satzart ermittelt. Das Hilfssystem, welches die Äußerungskohärenz herstellt, beeinflußt nun dasjenige System, welches die Satzart ermittelt – und umgekehrt. So kann die Satzart nach der Maßgabe ausgewählt werden, eine Äußerung kohärent zu machen (s. oben 3.2.1); unterschiedliche Satzarten erfordern andererseits aber verschiedene Operationen der Kohärenzherstellung. Die resultierenden Markierungen des Enkodierinputs sind also das Ergebnis interaktiver und paralleler Verarbeitung der Information, die im Protoinput vorliegt.

Es sei daran erinnert, daß auch die Hilfssysteme *Regelsysteme* sind. Das Ergebnis der Tätigkeit eines Hilfssystems wird per Rückkopplung kontrolliert; Ist-Werte werden laufend an Soll-Werte angeglichen. Damit stellt sich die Interaktion zwischen einzelnen Hilfssystemen so dar, daß die *Ergebnisse* der Tätigkeit des einen Hilfssystems (= Stelloperation) als *Störgröße* die Operation (= Stelloperation) des anderen Hilfssystems beeinflußen – und umgekehrt (s. dazu oben 6.1).

Wir fassen wie folgt zusammen: Hilfssysteme arbeiten nach dem allgemeinen Prinzip des Regelkreises. Ihre Tätigkeit erfolgt parallel und interaktiv. Hilfssysteme arbeiten partiell nach einzelsprachenspezifischen Regeln. Die Tätigkeit der Hilfssysteme ist domänenunabhängig; ihnen obliegt die lokale Kontrolle der Äußerungsproduktion. Die Hilfssysteme verwandeln den Protoinput in den Input für den Enkodiermechanismus, wobei dieser Enkodierinput markiert wird. Beim Fehlen solcher Markierung arbeitet der Enkodiermechanismus – soweit möglich – nach Default-Bedingungen.

Welche *(Input-) Information* haben die Hilfssysteme zur Verfügung? Nach den bisherigen Erörterungen kann diese Frage wie folgt beantwortet werden:

– *Protoinput:* Der Protoinput enthält zwei Arten von Information: (1) Konzepte liegen als Komplexe (Mixturen) aus unterschiedlich hoch aktivierten, multimodalen Marken vor. (Dies haben wir eingehend erörtert.) Es sei daran erinnert, daß es sich bei den Konzepten in der Regel um *Gesamtkomplexe* handelt (s. oben 6.3.3), die bereits im Wege oberer Passung Wort-Marken enthalten. – (2) Der Protoinput enthält Information darüber, in welcher propositionalen Beziehung die Markenkomplexe beziehungsweise Gesamtkomplexe (= Konzepte) zueinander stehen (zum Beispiel Prädikat, Agent-Argument, Merkmalskonzept) beziehungsweise welche propositionale Rolle sie in (prädikativen) Propositionen einnehmen. Ein Protoinput ist, wie sich schon bei unserem Eingangsbeispiel zeigte, nicht nur eine Menge von Konzepten; er hat eher den Charakter von ‚Gedanken' oder ‚Aussagen'. In der Regel sind Protoinputs *Gefüge von Propositionen*.
– *Kommunikationsprotokoll:* Die Hilfssysteme sind häufig darauf angewiesen, auf vorausgegangene Redeteile des Sprechers oder auf Äußerungen des Partners (oder sogar auf Äußerungen Dritter) zurückzugreifen. Diese Information liegt im Hilfssystemspeicher als Kommunikationsprotokoll (‚Wortlautprotokoll') vor (s. oben 7.2.4). Wir haben schon gezeigt, daß beispielsweise die Antwortellipse nur gebildet werden kann, wenn die entsprechende Frage des Partners als Information verfügbar ist.
– *Hilfssystem-Einstellung:* Es wurde schon dargestellt (s. oben 7.3), daß die Zentrale Exekutive, häufig nach den Erfordernissen eines Wie-Schemas, bestimmte Hilfssysteme in ihrer Funktion zeitweilig festlegt. Diese Beeinflussung der Hilfssysteme geht zeitlich

über die Generierung einzelner Protoinputs hinaus; es handelt sich um inputübergreifende Parameter-Einstellungen. Wird zum Beispiel das Wie-Schema einer Fußballreportage gestartet, so aktiviert die Zentrale Exekutive in der Regel ein Hilfssystem, welches eine bestimmte Kohärenzstrategie, meist die Topic-comment-Strategie, generiert; konkurrierende Hilfssysteme werden desaktiviert.

Auf der Basis dieser heterogenen Informationen und des Könnens, welches in die Hilfssysteme ‚eingebaut' ist, wird somit der (markierte) Enkodierinput hergestellt.

8.4 Die Binnenstruktur der Ebene der Hilfssysteme

Diese Binnenstruktur kann sehr unterschiedlich konzipiert werden. Die Ebene der Hilfssysteme läßt sich nach unserem Vorschlag in fünf Substrukturen einteilen, die anschließend in kompakter Form einzeln dargestellt werden sollen:

- Speicher für das Kommunikationsprotokoll,
- Transformationengenerator,
- Kohärenzgenerator,
- Emphasengenerator,
- Satzart-Tempus-Modus-Generator (STM-Generator).

Der Transformationen- und der Kohärenzgenerator bearbeiten vergleichsweise ausgedehnte (Teile von) Protoinputs. Etwas genauer formuliert, arbeiten diese Generatoren über Datenmengen, deren Erstreckungsgrad die Satzgrenzen meist überschreitet. Der Emphasengenerator arbeitet hingegen mit geringerer Korngröße. Der STM-Generator legt den grammatischen Rahmen für Satzteile, Sätze beziehungsweise Satzgefüge fest.

8.4.1 Der Speicher für das Kommunikationsprotokoll

Dieser Protokollspeicher wurde andernorts bereits erörtert (s. oben 7.2.4). Eine neuerliche Darstellung erscheint uns nicht erforderlich.

8.4.2 Der Transformationengenerator

Der Transformationengenerator greift unter Verwendung des Kommunikationsprotokolls auf die Äußerungen des Partners (oder allenfalls auch auf Äußerungen Dritter) zurück (vgl. auch allgemein Bock, 1986). Einen solchen Rückgriff haben wir bereits am Beispiel der Verfertigung von *Antwortellipsen* erörtert. Bei der Antwortellipse wird der Protoinput sozusagen an die Frage des Partners adaptiert. Nach speziellen Tilgungsregeln werden dem Protoinput Komponenten (Konzepte) entzogen, wobei die Art der Tilgung vom Inhalt und von der sprachlichen Form der Partnerfrage abhängt.

8. DIE HILFSSYSTEME

Eine wesentliche Aufgabe der Hilfssysteme, die zum Transformationengenerator gehören, besteht außerdem in der Realisation der *reizgesteuerten* Sprachproduktion: Erinnern wir uns (s. oben 7.3), daß die Zentrale Exekutive die Sprachproduktion an die Ebene der Hilfssysteme delegieren kann; es ist jetzt klar, daß es sich dabei speziell um den Transformationengenerator handelt.

Sowohl bestimmte Wörter beziehungsweise Wortgruppen als auch bestimmte grammatische Konstruktionen treten bei Sprechern gehäuft auf, wenn eben diese Wörter und grammatischen Schemata zuvor vom Partner (oder vom Sprecher selbst) verwendet worden waren (Bock & Loebell, 1990; Levelt, 1992). Hierbei handelt es sich nicht um die Wahl von Wörtern und grammatischen Alternativen, die sich als Folge der kognitiven Tätigkeit der Zentralen Kontrolle ergeben. Sie sind vielmehr das Resultat des Kommunikationsprotokolls und des Transformationengenerators. Hier werden also die Wörter und grammatischen Schemata erst auf der Ebene der Hilfssysteme ‚gewählt'.

Daneben gibt es selbstverständlich noch die Gewohnheit von Sprechern, bestimmte Lieblingsausdrücke – und allenfalls auch bevorzugte grammatische Alternativen – zu benutzen (s. oben 8.2). Es handelt sich bei den Lieblingsausdrücken um das Ergebnis von Lernvorgängen, die unter anderem in besonders starken Assoziationen zwischen mehreren Konzept-Markenkomplexen und jeweils demselben – deshalb oft verwendeten – Wort-Markenkomplex resultieren.

Partneräußerungen werden benutzt, um sie – im Extrem – zu wiederholen oder ihren Inhalt zwar fast unverändert zu lassen, aber doch zu berücksichtigen, daß es nunmehr der Sprecher und nicht der Partner ist, der die Äußerung manifestiert. Die partnerseitige Äußerung kann darüber hinaus in unterschiedlicher Weise paraphrasiert und elaboriert werden (vgl. auch Foppa, 1990).
Der zweite Teil der Doublette

„Guten Morgen!" – „Guten Morgen!"

ist eine inhaltliche und wortwörtliche Wiederholung des ersten Teils. Im folgenden Beispiel bleibt der Inhalt der Partneräußerung im wesentlichen erhalten, doch wird berücksichtigt, daß der Sprecher gewechselt hat:

„Sie sind gestern im Kino gewesen." – „Ich bin gestern im Kino gewesen."

Paraphrasen ändern den Gehalt des Paraphrasierten kaum, bringen ihn aber in eine neue Form:

„Der Wind weht heute aber stark." – „Ja, es ist beinahe stürmisch heute."

Elaborationen fügen der Partneräußerung thematisch verwandte Inhalte hinzu, ohne das Gespräch jedoch durch wirklich neue Gesichtspunkte weiterzuführen. Selbst in engagiert geführten, konflikthaltigen Gesprächen kommen solche Sequenzen inhaltlich gleicher Äußerungen vor (Hofer, Pikowsky, Fleischmann & Spranz-Fogasy, 1993). Es gehört zu den Leistungen des Transformationengenerators, die zu produzierende Äußerung so auf den Wortlaut der Partneräußerung abzustimmen, daß auch auf der Ebene der *Formulierung* ein zusammenhängendes Gespräch (Gesprächs-Kohäsion) entsteht. Man beachte die Anknüpfung „Ja, Borussia" im nächsten Beispiel:

„Borussia hat heute ziemlich mies gespielt." – „Ja, Borussia das war eine ziemliche Pleite. Ich weiß gar nicht, was heute los war. Es war heute irgendwie nicht ihr Tag."

Durch bloßes Transformationenmanagement auf der Basis partnerseitiger Äußerungen kann der Sprecher das Gespräch nicht wirklich weiterführen und ihm keine ‚neuen Wendungen' geben. Eine thematische Weiterentwicklung des Gesprächs (vgl. auch Klein & von Stutterheim, 1987; Kohlmann, Scharnhorst, Speck & von Stutterheim, 1989; von Stutterheim & Klein, 1989) ist nur im Wege der Schema-Steuerung und insbesondere durch die Ad hoc-Steuerung möglich (s. oben 6.1.4). Andererseits kann der Sprecher Äußerungen seines Partners zum Ausgangspunkt wohlkalkulierter Rückformulierungen machen; in anteilnehmender Weise wiederholt er das Wesentliche der Partneräußerung (oft die Äußerung von Emotionen), um damit zum Beispiel Zeit für eine substantiierte Antwort zu finden, um den Rapport zum Partner aufrechtzuerhalten, usf. Hier wird der unmittelbare Rückgriff auf die letzte Partneräußerung nicht ohne Aufmerksamkeitsverbrauch, sondern kalkuliert, *ad hoc* formuliert (Vukovich, 1986). In solchen Rückformulierungen manifestiert sich keine reizgesteuerte Sprachproduktion, sondern oft sogar absichtsvolle Rhetorik.

Eine besondere Leistung des Transformationengenerators liegt in der beiläufigen Reaktion des Sprechers auf Nichtverstehenssignale, Nichtakzeptierungssignale und andere ‚Einwürfe', die der Partner während der Sprecheräußerung produziert (vgl. dazu auch Marková & Foppa, 1990; Käsermann, 1991). Auch wenn sich der Sprecher durch Partnersignale wie „wie?", „aber!", „na, na!" oder „tze, tze" nicht aus dem Konzept bringen läßt und seine Äußerungsplanung unbeirrt weiterrealisiert, pflegt er auf solche Signale doch zu reagieren. Er kann nach dem Empfang von „na, aber!" gegebenenfalls lauter und schneller sprechen, er kann stärker akzentuieren, er kann auch eine abweisende Handbewegung machen und vieles mehr. (Dies alles übrigens oft nur, um sich nicht unterbrechen zu lassen.) Die Adaptation an die genannten Partnersignale erfolgt überwiegend mit nur geringem Aufmerksamkeitsverbrauch; der Sprecher bemerkt seine eigenen Reaktionen oft überhaupt nicht. Wiederum ist es die Ebene der Hilfssysteme, die die Anpassung der Äußerung besorgt. (Der Enkodiermechanismus wie auch der Artikulationsgenerator sind lediglich zum Vollzug, nicht aber zur Auswahl der adaptiven Reaktionen geeignet.)

Clark & Schunk (1980) haben Äußerungspaare folgender Art untersucht:

„Können Sie mir Ihren Namen sagen?" – „Ja, ich heiße Otto Müller."

Hier sorgt der Transformationengenerator dafür, daß zusätzlich zur Verbalisierung des Protoinputs, der sich auf die Namensangabe bezieht, noch das Wort „ja" geäußert wird. Die Generierung von „ja" erfolgt wiederum ohne Aufmerksamkeitsverbrauch. Sie dient insofern der Herstellung von Gesprächskohärenz, als die Formulierung des Partners sozusagen beim Wort genommen wird: Der Sprecher kommt nicht nur der Aufforderung nach, seinen Namen zu nennen, sondern er knüpft auch an die Form an, in der die Aufforderung des Partners vorliegt. Es handelt sich um eine *Wunschfrage*: „Können Sie . . .?" Diese Frage wird beiläufig bejaht. Mit dieser Bejahung wird wiederum in subtiler Weise auf die vorgängige Partneräußerung in einer Weise Bezug genommen, die nicht bereits im Protoinput vorgegeben war.

8.4.3 Der Kohärenzgenerator

Die Grundaufgabe des Sprechens, das Bewußtsein des Partners zielführend zu modifizieren, kann nur erreicht werden, wenn die zu diesem Zwecke produzierten Äußerungen hinreichend kohärent, also sozusagen durch ein ‚geistiges Band' zusammengehalten sind. Die durch das Sprechen erzeugten Eingriffe in das Bewußtsein des Partners müssen den Charakter einer fortlaufenden Bewußtseins- oder Aufmerksamkeitslenkung haben. Die Aufmerksamkeit des Partners muß fixiert werden können, und der Sprecher muß das Partnerbewußtsein von einem gedanklichen Inhalt zum anderen führen (vgl. dazu auch Schnotz, 1993).

Falls der Kohärenzgenerator den Protoinput unbearbeitet passieren läßt, besteht der fortlaufend erzeugte Enkodierinput aus Propositionen, die vom Enkodiermechanismus sozusagen Stück für Stück in Sätze oder Äußerungsteile der jeweiligen Einzelsprache verwandelt werden. Der Enkodiermechanismus arbeitet hier also wiederum unter Default-Bedingungen. Häufig dürfte der Partner zwar auch unter diesen Voraussetzungen in der Lage sein, das Gesagte und vom Sprecher Gemeinte zu verstehen. Die Aneinanderreihung von Äußerungsteilen ohne Kohärenzmanagement kann aber bisweilen zum Kommunikationshindernis werden. Solche ohne Kohärenzmanagement ‚addierten' Äußerungsteile wirken übrigens nach den sprachlichen Intuitionen des durchschnittlichen Sprachverwenders auffällig, unbeholfen – und nicht sehr kooperativ (vgl. auch Grice, 1979; s. oben 4.2). Ein Beispiel:

„Der Verteidiger Schulz spielt den Fußball dem Mittelstürmer Schmidt zu. Der Mittelstürmer Schmidt nimmt den Fußball an. Der Mittelstürmer Schmidt dribbelt mit dem Fußball an der rechten Seitenlinie entlang. Der Libero Müller läuft auf den Mittelstürmer Schmidt zu. Der Libero Müller stößt den Mittelstürmer Schmidt um. Der Mittelstürmer Schmidt springt auf. Der Fußball liegt vor den Füßen des Mittelstürmers Schmidt. Der Mittelstürmer Schmidt dribbelt an der Seitenlinie entlang. Der Libero Müller läuft hinter dem Mittelstürmer Schmidt her . . ."

Die Bezugnahmen auf Dinge, Ereignisse und Sachverhalte in der Wirklichkeit sind in dieser (erfundenen) Äußerung ziemlich eindeutig. Dennoch wirkt der Text schlecht und liest sich schwer. Der Text lenkt unsere Aufmerksamkeit keineswegs optimal von einem Gesichtspunkt zum anderen. Außerdem mutet uns das Gelesene unbeholfen an; wir könnten nie glauben, daß es sich um die tatsächliche Äußerung beispielsweise eines Sportreporters handelt.

Der Text könnte in ganz unterschiedlicher Weise verbessert werden. Wenn das Kohärenzmanagement lediglich (1) in einigen *Pronominalisierungen*, (2) wenigen *nominalen Vereinfachungen*, (3) einer *Passivierung* und (4) je einer *grammatischen Subordination* (Nebensatzbildung) und *Und-Verknüpfung zweier Hauptsätze* besteht, so ergibt sich ein ganz akzeptabler Text:

„Der Verteidiger Schulz spielt den Fußball dem Mittelstürmer Schmidt zu. Schmidt nimmt den Ball an. Er dribbelt mit dem Ball an der rechten Seitenlinie entlang. Er wird vom Libero Müller, der auf ihn zuläuft, umgestoßen. Er springt auf. Der Ball liegt vor seinen Füßen, und er dribbelt an der Seitenlinie entlang. Müller läuft hinter ihm her . . ."

Durch weitere kleine Zusätze und Änderungen könnte der Text leicht noch bei weitem flüssiger und kohärenter werden. Im gegenwärtigen Zusammenhang interessiert uns die

Herstellung einer adäquaten Aufmerksamkeitslenkung, die der Sprecher dem Hörer zuteil werden läßt. Durch *Pronominalisierung* (aus „Mittelstürmer Schmidt" wird „er") wird aus dem Nacheinander isolierter Sätze ein satzübergreifendes Sprachgebilde (vgl. unter anderem Osgood, 1971). Pronomina wie „er" signalisieren eben, daß nicht von einem neuen Konzept, sondern von einem bereits im Bewußtsein vorliegenden die Rede ist. (Die sprachliche Bezugnahme auf im Diskurs bereits Eingeführtes nennt man „Anapher"; vgl. oben 1.2.3.) Ähnliches gilt für *nominale Vereinfachungen* (aus „Mittelstürmer Schmidt" wird „Schmidt", aus „Fußball" wird „Ball"). Nachdem der Partner weiß, daß es sich um einen Fußball handelt, signalisiert die nachfolgende Bezeichnung „Ball", die ohne die vorhergehende Nennung „Fußball" allenfalls unterbestimmt oder mehrdeutig wäre, daß es sich immer noch um dasselbe Referenzobjekt handelt. (Wir haben diesen Übergang von spezifischen zu allgemeinen Benennungen schon in Abschnitt 2.7 erläutert.) Auch dies erzeugt Kontinuität und Flüssigkeit. Die *Passivierung* erlaubt es in der bereits andernorts dargestellten Weise (s. oben 6.2.2), die Aufmerksamkeit des Lesers weiterhin beim Mittelstürmer Schmidt zu halten: Er ist es, dem etwas geschieht (= Topic), er wird von Müller umgestoßen. Müller spielt in der gesamten Geschichte eben nur eine Nebenrolle. Dies wird auch dadurch dokumentiert, daß die Information, daß Müller auf Schmidt zuläuft, sozusagen degradiert wird; sie wird in einen Nebensatz verbannt (= Subordination). Die Und-Verbindung zweier Sätze dient schließlich ebenfalls der Herstellung der ein zusammenhängendes Verständnis der Äußerungen erleichternden Kohärenz.

Es wird deutlich, daß es sich bei dem von uns modifizierten Text um einen bearbeiteten Protoinput handelt, der seine Bearbeitung nach den Regeln der *Topic-comment-Strategie* erhielt (s. auch oben 3.2.1). Vorwegnehmend sei erwähnt, daß die Befehle an den Enkodiermechanismus, die sich auf die Bildung von Passiv- und Nebensätzen beziehen, nicht zu den genuinen Aufgaben derjenigen Hilfssysteme gehören, die den Kohärenzgenerator bilden. Dafür ist der STM-Generator zuständig. Der STM-Generator erhält vom Kohärenzgenerator sozusagen den Auftrag, am Enkodierinput eine entsprechende Markierung anzubringen (vgl. dazu auch Bock, 1986). (Dies ist ein Beispiel für die Interaktion zwischen mehreren Hilfssystemen.)

Bei der *Topic-comment-Struktur* hat ersichtlich ein Agent-Argument die größte Chance, zum Topic zu werden. (Unser Beispiel zeigt das.) Doch enthalten nicht alle propositional strukturierten Protoinputs überhaupt Agent-Argumente. Sprecher (zumindest des Deutschen) tendieren generell dazu, Dinge, Ereignisse oder Sachverhalte, die das jeweilige Thema bilden und über die etwas ausgesagt wird, zum Topic zu machen und die Wörter für die betreffenden Konzepte als Satzsubjekte an den Anfang der Sätze zu stellen. Dasjenige, was über die Dinge, Ereignisse oder Sachverhalte ausgesagt wird, bildet dann die Comments und steht als Objekt oder als ein anderer Satzteil hinter dem Verb:

„Der Baum schläft im tiefen Winter. Er träumt davon, sich den Sonnenstrahlen des Frühlings entgegenzurecken. Er wird noch lange träumen müssen."

Der Baum ist sicherlich nicht als Agent-Argument dieser Propositionen charakterisierbar; eher ‚erfährt' er das Schlafen und das Träumen, er ist ein ‚Erfahrender-Argument' dieser Prädikate. Ähnliches gilt für den folgenden Kurztext:

„Indien ist ziemlich dreieckig. Es ist vom Indischen Ozean umflossen. Es hat im Norden den Himalaja."

Auch hier bleibt ein Konzept (INDIEN) das Topic; zu Indien werden mehrere Feststellungen getroffen, Indien ist das Thema, Indien beherrscht sozusagen die Szene. Doch kann das Konzept INDIEN nicht als Agent-Argument verstanden werden. – Es ergibt sich: Die Topic-Rolle (bei wechselnden Comments) erhalten üblicherweise die Akteure von Handlungen (Agent-Argumente), doch auch die anderen Konzepte, die der Sprecher zu seinem Thema macht, die Gegenstand des von ihm Besprochenen oder Erzählten sind, über die er etwas aussagen will. Und welche Konzepte das sind, entscheidet sich auf der Ebene der Zentralen Kontrolle.

Wieweit der Kohärenzgenerator in den Ablauf der Erzeugung der Enkodierinputs eingreifen muß, hängt nicht zuletzt davon ab, in welcher Weise die von der Zentralen Exekutive vollzogene Anfertigung des Protoinputs thematisch fortschreitet (vgl. auch von Stutterheim & Klein, 1989): Kommt zum Beispiel ein und dasselbe Konzept in mehreren aufeinander folgenden Propositionen vor, so kann dieses Konzept von der zweiten Proposition ab pronominalisiert werden, selbst wenn es, wie im folgenden Text, im Verlauf der Äußerung von der Objekt-Rolle in die Agent-Rolle ‚wandert'. Danach muß sich das betreffende Pronomen lediglich wiederholen. Spezifische Markierungen, die das Fortschreiten des Themas anzeigen, sind nicht erforderlich:

„Der Tourist sah in der Ferne ein Nashorn. Es war außerordentlich dick und sah gefährlich aus. Es beachtete den Touristen aber gar nicht und fraß still vor sich hin. Es richtete dann die Ohren auf den Fremden aus und ..."

Hier ist lediglich vom Nashorn die Rede, die ‚Gedankenführung' ist auch ohne aufwendiges Kohärenzmanagement leicht in Worte zu fassen. Im wesentlichen genügt die Pronominalisierung („es"), um das Bewußtsein des Partners in zielführender Weise zu lenken. Ist der Protoinput aber so beschaffen, daß die Aufmerksamkeit des Partners plötzlich vom Nashorn weg auf ein *anderes Bezugsobjekt* gerichtet werden soll, so muß im einfachsten Fall das ‚neue' Bezugsobjekt nominal (durch ein Nomen) versprachlicht werden. Der ‚Themawechsel' kann aber auch noch viel nachhaltiger markiert werden:

„Es war niemand anders als der Reiseleiter, der plötzlich sagte: „...'."

Spaltsätze von der Art „Es war sie, die ...", „Was sie betrifft, so ..." und dergleichen sind besonders starke Mittel, um die Aufmerksamkeit des Partners auf Neues zu lenken (vgl. auch Fletcher, 1985; Hornby, 1974; Schnotz, 1988).

Innerhalb der Sprachpsychologie und Psycholinguistik hat man genau untersucht, von welchen Voraussetzungen es abhängt, daß man Pronominalisierungen zur Verbesserung der Textkohärenz einsetzen kann (vgl. auch Sanford & Garrod, 1981). Ein Beispiel (vgl. Schnotz, 1988, S. 323ff.):

„Hans nahm seine Tasche, sie war aus Leder."

Hier kann im zweiten Satz das Wort „Tasche" durch „sie" ersetzt werden; der Bezug ist eindeutig. Betrachten wir folgendes Gegenbeispiel:

„Hans nahm seine Tasche. Dann verließ er das Haus und stieg in den Autobus. Sie war aus Leder."

Dieser Kurztext erscheint nicht akzeptabel. Interessanterweise kann sich auch hier das Pronomen „sie" nur auf die Tasche beziehen, denn kein anderes Nomen ist ein Femininum. Trotz dieser formalen Eindeutigkeit klingt der Text falsch, weil nach der Erstnennung der Tasche ein *Themenwechsel* stattgefunden hatte: Es ging jetzt darum, daß Hans das Haus verließ und in den Autobus stieg. Die Aufmerksamkeit des Partners ist nicht mehr bei der Tasche, sondern beim Autobus. Die Tasche befindet sich, wie Schnotz formuliert, nicht mehr im ‚Suchbereich' des Partners; der Anschluß des Pronomens „sie" an das früher thematisierte Konzept TASCHE gelingt nicht ohne weiteres.

Ein wichtiges Mittel für die Herstellung von Äußerungskohärenz besteht bei Sprachen wie dem Deutschen in der spezifischen Verwendung von *Wortreihenfolgen*. (Zu Wortstellungen vgl. allgemein Braunmüller, 1987.) Wir haben schon ausführlich dargestellt (s. oben 1.2.3), daß in Sprachen wie dem Deutschen die Wortreihenfolge nur wenig festliegt. Falls der Kohärenzgenerator im Enkodierinput nicht markiert, welche Wortreihenfolge gewählt werden soll, so arbeitet der (auf die deutsche Sprache eingestellte) Enkodiermechanismus unter Default-Bedingungen: Bei einfachen Aussagesätzen kommt zunächst das Satzsubjekt, dann das Prädikat und schließlich das Satzobjekt: „Otto liebt Anna." (Zur Frage der Standardreihenfolge von Adjektiven in Nominalphrasen vgl. Pechmann, 1989.)

Es ist leicht, von der Standardreihenfolge der Wörter abzugehen. So wird im Deutschen Textkohärenz besonders häufig durch den Dann-Anschluß und eine *Inversion* (Platzvertauschung) von Prädikatswort (Verb) und Subjekt (Nomen) hergestellt:

„Ich war im Kino. Dann *ging ich* Zigaretten kaufen. Dann *habe ich* noch ein Bier getrunken. Dann . . ."

Diese Dann-Anbindung finden wir auch, wie dargestellt, im Zusammenhang mit dem *generischen Wanderer* (s. oben 3.1.2). Auch der Einsatz des generischen Wanderers dient der Kohärenzerzeugung und erfolgt, wie schon betont, unter Beachtung strikter Regeln. So kann man beispielsweise sagen:

„Wenn man rechts um die Ecke kommt, ist auf der linken Seite das Papiergeschäft. Dann kommt der Metzger."

Man kann aber nicht sagen:

„Wenn man rechts um die Ecke kommt, ist auf der linken Seite das Papiergeschäft. Der Metzger kommt dann."

Raumbeschreibungen, bei denen der generische Wanderer verwendet wird, müssen auch nach der Regel produziert werden, daß die Beschreibungen nie mit einer Handlung des Wanderers *aufhören* können:

„Wenn man rechts um die Ecke kommt, ist auf der linken Seite das Papiergeschäft. Hier dreht man sich nach rechts."

Nach einem solchen *Schluß* würde der Partner sogleich „Na und?" sagen. – In solcher Weise ist auch der Einsatz des generischen Wanderers nuanciert geregelt. Die Erzeugung regelgerechter Enkodierinputs und ihre Überwachung erfolgen auch hier auf der Ebene der Hilfssysteme.

Wir haben nur einen kleinen Teil möglicher Tätigkeiten derjenigen Hilfssysteme genannt und kurz erläutert, die für das Kohärenzmanagement verantwortlich sind. Die resultierenden Markierungen des Enkodierinputs sind nicht die Aufgabe der den Protoinput erzeugenden Zentralen Exekutive; ohne solche Markierungen arbeitet der Enkodiermechanismus unter Default-Bedingungen. Äußerungen, die unter Default-Bedingungen zustande kommen, lenken die Aufmerksamkeit des Partners nur unvollkommen und werden von diesem oft als anomal und auffällig bewertet.

8.4.4 Der Emphasengenerator

Der Emphasengenerator greift jeweils auf kleinere Teile des Protoinputs zurück und garantiert, wenn man so will, Würze und Lebendigkeit des Sprechens. Diese Würze und Lebendigkeit würde beim bloßen Sprechen unter Default-Bedingungen empfindlich vermißt werden. Auch durch das Emphasenmanagement wird die Aufmerksamkeit des Partners gelenkt: So zeigen zum Beispiel *Betonungen*, die von der Standardbetonung des Deutschen abweichen, dem Partner in besonders deutlicher Weise, welches Konzept der Sprecher vom Partner beachtet wissen will: „Dein Mann hat *das* gesagt?"

Nach der Standardbetonung würde der Satzakzent auf dem Wort „Mann" liegen; jetzt ist als Ergebnis der Tätigkeit des Emphasengenerators das Pronomen „das" dominant betont worden. Denkt man sich den entsprechenden Gesprächskontext hinzu, so kann man leicht erkennen, welch starkes Mittel für die Beeinflussung des Partnerbewußtseins die von den Default-Bedingungen abweichenden Betonungen darstellen. Oder man lege bei dem Satz „Zwei Jünger gingen nach Emmaus." (Lukas 24, 13–31) den Satzakzent nicht auf „Emmaus", sondern auf irgendein anderes Wort: Die Wirkung ist katastrophal, zum Teil blasphemisch. (Es sei an die bekannte Persiflage des Komikers Otto Waalkes erinnert, in der er das ‚Wort zum Sonntag' am Beispiel der Sentenz „Theo, wir fahr'n nach Lodz." genau mit den hier beschriebenen Mitteln karikiert.) – Von ähnlicher Wichtigkeit ist die Gestaltung der Sprechmelodie, der Pausen usf. – also aller Komponenten der Prosodie, soweit diese nicht unter Default-Bedingungen erzeugt wird (vgl. Ferreira, 1993). Wir haben schon auf die Wirkung hingewiesen (s. oben 4.8.1), die dadurch erreichbar ist, daß man zum Beispiel Imperative wie eine Frage ausspricht. Und die Wirkung ‚bedeutungsvoller Pausen' ist ohnedies allgemein bekannt.

Wenn man Sachverhalte verneinen will, kann man im Deutschen Negationssätze bilden, bei denen der Negationspartikel „nicht" an verschiedenen Stellen im Satz plaziert ist (vgl. Stickel, 1970). Hörmann (1971) hat in einer bekannt gewordenen Untersuchung gezeigt, daß und wie sich solche Wortstellungsunterschiede auf die kognitive Verarbeitung der Äußerungen durch den Partner unterschiedlich auswirken. Betrachten wir die folgenden Beispiele. Der Satz „Der Hund hat den Knochen gestohlen." kann wie folgt verneint werden:

(a) „Nicht der Hund hat den Knochen gestohlen."
(b) „Der Hund hat nicht den Knochen gestohlen."
(c) „Der Hund hat den Knochen nicht gestohlen."

Die Versionen (a), (b) und (c) ordnen die negierende Emphase unterschiedlichen Konzepten beziehungsweise unterschiedlichen propositionalen Komponenten zu: Bei Version (a) wird der Hund als ‚Täter' verneint; irgendwer hat durchaus den Knochen gestohlen – nicht aber der Hund. Version (b) verneint den Knochen als gestohlenes Objekt; der Hund hat durchaus irgend etwas gestohlen – nicht aber den Knochen. Was aber wird in Version (c) verneint? Insofern es sich um die Default-Bildung der Verneinung einer Aussage handelt, wird der gesamte Sachverhalt, die gesamte Proposition, nicht aber nur ein Teil derselben negiert; es ist nicht wahr, daß der Hund den Knochen gestohlen hat. Version (c) enthält insofern, Hörmann zufolge, weniger Information als die Versionen (a) und (b). Die Verneinung trifft sozusagen nicht den Punkt, ‚das Ganze' wird negiert.

> Version (c) kann auch so verstanden werden, daß der Hund sehr wohl etwas mit dem Knochen getan hat, was man aber nicht als „stehlen" bezeichnen sollte: „Der Hund hat den Knochen nicht gestohlen ... sondern sich einfach genommen." In diesem Fall muß der Sprecher im Negationssatz die Verbalisierung des STEHLENS besonders betonen. Da Hörmann in seiner Untersuchung mit schriftlich vorgegebenen Sätzen arbeitete, kommt für den Rezipienten nur die Stellung des Negationspartikels, nicht aber die mögliche selektive Betonung eines der beteiligten Konzepte als Indikator des speziell Gemeinten in Frage. Für das Verstehen der Version (c) ist das die allgemeine Verneinung der gesamten Aussage.

Daß es sich bei den drei Versionen um Äußerungen handelt, die vom Partner verschieden rezipiert und kognitiv verarbeitet werden, hat Hörmann nachgewiesen: Die Variante (c) wird genauer im Gedächtnis behalten als die Versionen (a) und (b). Wenn Versuchspersonen zuvor die Versionen (a) oder (b) wahrgenommen haben, erinnern sie überzufällig häufig fälschlich die Version (c); so gut wie nie erinnern die Versuchspersonen die Version (a) oder (b), wenn sie die Version (c) wahrgenommen haben. Im Alltag wird Version (c) bei weitem häufiger verwendet als die Versionen (a) und (b). – Hörmann interpretiert diese Befunde so, daß die Versionen (a) und (b) mehr Information als die Version (c) enthalten. Deshalb sind die Versionen (a) und (b) schwieriger als Version (c) zu verstehen, im Gedächtnis zu speichern, zu erinnern und wieder zu produzieren. Und die schwierigeren Versionen werden beim Erinnern fälschlich durch die leichtere ersetzt.

Der Unterschied des Informationsgehalts der Sätze und seine Folgen auf seiten des Partners ergeben sich nicht einfach aus der Verneinung einer Proposition, sondern aus der *durch die Wortstellung realisierten negierenden Emphase*, die entweder auf einer propositionalen Komponente oder auf der Gesamtproposition liegt. Wie die Stellung des Negationspartikels im Satz mit der Emphasenverteilung regelhaft zusammenhängt, ist von Einzelsprache zu Einzelsprache verschieden; viele Sprachen erlauben gar nicht die im Deutschen möglichen Positionen des Negationspartikels im Satz. Es handelt sich hier um einzelsprachenspezifische Regeln, nach denen ein grammatisches Merkmal (Wortstellung) mit einem spezifischen Sprecherziel (Aufmerksamkeitslenkung des Partners auf propositionale Komponenten) verknüpft ist. Schon deshalb kann aber die Partikel-Position im Satz nicht auf der Ebene der Zentralen Kontrolle generiert werden. Im übrigen ist der Zusammenhang von Negationsemphase und Partikelstellung dem Durchschnittssprecher des Deutschen nicht bekannt. Hier handelt es sich um ein hochautomatisiertes Können (s. oben 6.3), das nicht auf ehemaligem deklarativem Wissen beruht. Da auch der Enkodiermechanismus die Partikelstellung nicht festlegen kann – alle drei Versionen sind sprachlich korrekt –, erweist sich die Plazierung des Negationspartikels im Satz als Leistung des Emphasengenerators. Wird vom Protoinput nämlich die besondere Markierung eines zu negierenden Konzepts vorgegeben (die Zentrale Kontrolle bestimmt, was als Voraussetzung (Präsupposition) sozusagen nicht mehr zur Diskussion steht: Jemand hat den Knochen gestohlen beziehungsweise der Hund hat irgend etwas gestohlen), kann auf der Ebene der Hilfssysteme entweder diese Besonderheit unter Heranziehung von Default-Operatoren nicht weiter beachtet werden: Es resultiert Version (c). Oder die Markierung wird durch die spezifische Wortstellung des Negationspartikels ‚umgesetzt'; dies leistet der Emphasengenerator: Es resultieren die Versionen (a) oder (b) im Rahmen der allgemeinen Default-Bildung S-P-O. Oder der STM-Generator (s. unten 8.4.5) ‚reißt' die Berücksichtigung der Markierung ‚an sich' und seligiert beispielsweise grammatische Schemata für Spaltsätze, die zu dem, was der Emphasengenerator durch die Plazierung des Partikels zuwege bringt, eine Alternative bilden: „Es ist nicht der Hund, der den Knochen gestohlen hat." wäre eine Paraphrase zu Version (a); „Es ist nicht der Knochen, den der Hund gestohlen hat." kann als Entsprechung zu Version (b) gelten. In diesem Fall ‚arbeitet' der STM-Generator die spezifischen Vorgaben ‚ab', ohne daß besondere Eingriffe seitens des Emphasengenerators notwendig werden; in den Spaltsätzen steht der Negationspartikel in Default-Stellung. Wir sehen wiederum, daß die Komponenten der Hilfssysteme stark untereinander vernetzt sein müssen.

Das Emphasenmanagement besorgt nicht nur die Prosodiemarkierung des Enkodierinputs und spezifische Festlegungen der Wortstellung. Diese Hilfssysteme sind es auch in erster Linie, die die *Beimischung nicht-propositionaler Redeteile* (s. oben 1.2.3) steuern. Zum Emphasenmanagement gehören das Einstreuen vielfältiger *Abtönungspartikeln* sowie auch momentane Abweichungen von der *Einstellung des Enkodiermechanismus*, also beispielsweise Abweichungen vom Sprach-Code. Bekommt der Emphasengenerator von der Ebene der Zentralen Kontrolle den betreffenden ‚Auftrag', so kann er plötzliche, vielleicht mit Einschüchterungsabsicht unternommene drastische Absenkungen des Sprachschichtniveaus manifestieren. Das kann dann zum Beispiel zur Wahl ordinärer Verbalisierungen führen. Auch werden bestimmte Sprecherabsichten dadurch unterstützt, daß möglicherweise plötzlich geflüstert wird. Oder der Sprecher signalisiert Vertraulichkeit, indem er dialektale Formen verwendet, usf. Nachdem der Enkodiermechanismus auf bestimmte Sprachschichthöhen, eine bestimmte Lautstärke, vielleicht auf die Standardsprache eingestellt ist, bedeutet also das Emphasenmanagement, daß punktuell von diesen Einstellungen *abgewichen* werden muß. Entsprechende Markierungen des Enkodierinputs sind erforderlich.

Zum Emphasenmanagement gehören erzählerische *Ausschmückungen und Inszenierungen*, bei denen die genannten und andere sprachliche Mittel in bunter Kombination angewandt werden können (vgl. auch Bauman, 1986). So mag ein Sprecher bei einem Gespräch unter vier Augen mit einem Partner, mit dem zwar Ranggleichheit, zu dem aber eine erhebliche soziale Distanz besteht, eine Äußerung der folgenden Art produzieren:

„Ja, und damit komme ich nun auch auf Herrn Mayer zu sprechen. Also da kann ich nur vertraulich sagen: Das ist ein [Pause, geflüstert] ein bescheuerter Armleuchter. [Wieder mit normaler Lautgebung] Verzeihung!"

Der Wechsel zum Flüstern und wieder zurück, das Adjektiv und das Nomen, die bei der Bezugnahme auf Herrn Mayer gewählt wurden, und die Prosodie, die man sich zu dieser Äußerung hinzudenken mag, haben eine gemeinsame Wirkung, die über die Proposition im Protoinput, die sich auf Herrn Mayer bezieht, erheblich hinausgeht. Hier wird von seiten der Zentralen Exekutive der Emphasengenerator sozusagen auf volle Kraft geschaltet. Ohne dieses Emphasenmanagement hätte der Enkodiermechanismus die Proposition, daß Herr Mayer dümmlich und unangenehm ist, vielleicht einfach nur in die folgenden schlichten Worte gefaßt:

„Damit komme ich auf Herrn Mayer zu sprechen. Das ist ein dümmlicher und unangenehmer Mensch."

Zwischen diesen beiden Varianten der Verbalisierung bestehen hinsichtlich der Steuerung des Partnerbewußtseins selbstverständlich riesige Unterschiede.

Schließlich dürfte auch die enge Abstimmung mit *nicht-vokalen Äußerungskomponenten* wie der (äußerungsbegleitenden) Gestik und Mimik wesentlich zu den Aufgaben des Emphasengenerators gehören. Viel spricht dafür, daß es sich dabei zu einem erheblichen Anteil um angeborene Verhaltensprogramme handelt (Eibl-Eibesfeld, 1985). Angeborene vokale und nicht-vokale Signale des Kleinkinds scheinen schon mit der Geburt Kommunikationsprozesse in Gang zu setzen, aus denen sich im Laufe der Zeit und schrittweise die (auch) sprachliche Kommunikation entwickelt (Ainsworth & Bowlby, 1991; Bruner, 1990; Goldin-Meadow, Alibali & Church, 1993). Wie wir schon mehrfach erwähnt haben (s. oben 1.3 und 4.8), hängt die Beschaffenheit von Äußerungen auf Dimensionen wie der Höflichkeit oder Direktheit beziehungsweise die allgemeine ‚Wirkung' einer Äußerung, die ‚en passant' zum Ausdruck gebrachte Haltung des Sprechers zum Gesagten und zum Partner, usf. entscheidend von der Interaktion zwischen verbalen und nonverbalen Verhaltenskomponenten ab (Grabowski-Gellert & Winterhoff-Spurk, 1988b). Oft ist es – neben dem Betonungsverlauf einer Äußerung – nur ein begleitendes oder aber fehlendes Lächeln, das dieselbe verbale Äußerung für den Partner das eine Mal zu einer massiven Mißfallensbekundung des Sprechers, das andere Mal zum scherzhaft und liebevoll vorgebrachten Anflug eines Tadels macht (vgl. Winterhoff-Spurk, 1983). Sprecher machen ‚ein böses Gesicht', um zu verdeutlichen, daß sie es ernst meinen; oder sie berühren den Partner kurz am Oberarm, um zu zeigen, daß sie es freundschaftlich meinen. (Dieses ‚Spiel auf allen Kanälen' kann man natürlich auch einsetzen, um sich gegen mögliche Proteste des Partners als Reaktion auf das Gesagte zu immunisieren.) Da allein die Rekonstruktion des verbalen Anteils der Sprachproduktion, wie im bisherigen Verlauf unserer Ausführungen deutlich geworden sein dürfte, sehr komplexe Erörterungen erfordert, wird die Interaktion mit den nonverbalen Äußerungsanteilen in Sprachproduktionstheorien generell bestenfalls am Rande behandelt (Winterhoff-Spurk & Grabowski-Gellert, 1987b); auch wir müssen diese Einschränkung bei unserer Darstellung in Kauf nehmen. Die Entscheidung, ob in einer vorliegenden Situation überhaupt gesprochen wird oder ob sich der ‚potentielle Sprecher' anderer Verhaltensweisen bedient, um einen Soll-Zustand zu erreichen, wird – nach Auswertung entsprechender Informationen – auf der Ebene des Arbeitsspeichers getroffen. Die Abstimmung der vielen an der Kommunikation beteiligten Komponenten, von dem räumlichen Abstand, den der Sprecher zum Partner einnimmt, über den Gesichtsausdruck, das Aufnehmen oder Vermeiden von Blickkontakt zum Partner, das Agieren der Hände, bis zur Lautstärke der Äußerung, der Betonungsgebung und schließlich der Genese einer speziellen verbalen Formulierung, dürfte jedoch im wesentlichen auf der Ebene der Hilfssysteme durch die Tätigkeit des Emphasengenerators geleistet werden.

8.4.5 Der STM-Generator

Sprecher können mit ihren Äußerungen zum Beispiel ausdrücken, daß der Partner den propositionalen Zusammenhang zwischen Konzepten entweder als Feststellung oder als Frage oder als Befehl auffassen soll:

„(Ich sehe:) Du öffnest das Fenster." (Feststellung)
„Öffnest du das Fenster?" (Frage)
„Öffne das Fenster!" (Befehl)

Propositionale Konzeptverbindungen können auch daraufhin markiert sein, zu welchen *Zeiten* Ereignisse stattfinden oder beendet sind (und allenfalls in welchem Verhältnis diese Ereigniszeit und die Zeit, in der über die Ereignisse gesprochen wird, zueinander stehen):

„Du öffnetest das Fenster."
„Du wirst das Fenster geöffnet haben."
„Du hattest das Fenster geöffnet."
Usf.

Bei Feststellungen zum Beispiel kann der Sprecher dem Partner mit sprachlichen Mitteln seine *Einstellung zum Gesagten* mitteilen. Bei dem Gesagten kann es sich beispielsweise um etwas in der Sicht des Sprechers Notwendiges oder Mögliches handeln:

„Du mußt das Fenster öffnen."
„Du kannst das Fenster öffnen."

Innerhalb der Sprachwissenschaften besteht keine Einmütigkeit darüber, wie die soeben skizzierten Varianten genau voneinander abzugrenzen und theoretisch zu begründen sind. (Vgl. dazu unter anderem Dietrich, 1992; Lyons, 1983; Motsch & Pasch, 1987; Weinrich, 1993). Ohne die Kompetenz und den Ehrgeiz, einen linguistischen Beitrag zu diesem Problem zu leisten, und ohne Anspruch auf vollständige Erfassung aller grammatischen Möglichkeiten unterteilen wir hier wie folgt: Protoinputs können je nach Sprecherziel und Kommunikationssituation (1) mit Hilfe verschiedener *Satzarten* verbalisiert werden (Aussagesätze, Fragesätze, Imperative; vgl. oben 4.2). Die im Protoinput enthaltenen propositionalen Konzeptgefüge können (2) mit Hilfe eines unterschiedlichen *Tempus* (beziehungsweise mit einer Kombination unterschiedlicher Tempora) verbalisiert werden. Und das Gesagte kann (3) in unterschiedlichem *Modus* (des Müssens, Sollens, Dürfens, Könnens etc.) geäußert werden. Wir unterstellen, daß das Sprechersystem für entsprechende Markierungen des Enkodierinputs über Hilfssysteme verfügt, die wir als Satzart-Tempus-Modus-Generator beziehungsweise kurz als *STM-Generator* bezeichnen wollen. (Wir weisen noch einmal darauf hin, daß die Unterscheidung von Satzart, Modus und Tempus linguistisch keineswegs einheitlich beurteilt wird.)

Bis heute ist es nicht geklärt (vgl. zum Beispiel Levelt, 1989; Wilson & Sperber, 1988), wieweit Informationen über Satzart, Tempus und Modus bereits auf der Ebene der Zentralen Kontrolle generiert und damit als schon im *Protoinput* enthaltene Information an den Enkodierinput weitergeleitet wird. Betrachten wir das folgende Propositionsgefüge:

[NOTWENDIG (ÖFFNEN (OTTO, FENSTER))]

Diese propositionale Verknüpfung von Konzepten besagt, daß es notwendig ist, daß Otto das Fenster öffnet. Die resultierende Sprachäußerung mag dann lauten:

„Otto muß das Fenster öffnen."

Hier scheint das Propositionsgefüge des *Protoinputs* noch nicht als Information für den Enkodiermechanismus auszureichen, der dann den Protoinput in die genannte Äußerung verwandelt. Bei unverändertem Protoinput könnte die Äußerung auch lauten:

„Otto hat das Fenster zu öffnen."

oder:

„Otto sollte das Fenster öffnen."

Ähnlich verhält es sich bei der Verbalisierung des folgenden Protoinputs:

[ERLAUBT (ÖFFNEN (OTTO, FENSTER))]

Hier generiert der Enkodiermechanismus vielleicht eine der folgenden Äußerungen:

„Otto darf das Fenster öffnen."
„Otto kann das Fenster ruhig öffnen."
„Es spricht nichts dagegen, daß Otto das Fenster öffnet."

Generell darf man, wie die Beispiele zeigen, wohl annehmen, daß die genaue ‚Ausgestaltung' der Äußerung auch in der hier interessierenden Hinsicht nicht bereits im Protoinput vollständig festgelegt ist. Der STM-Generator erzeugt auf der Basis des in unserem Beispiel im Protoinput enthaltenen Konzepts NOTWENDIG oder ERLAUBT in Abhängigkeit von der jeweiligen *Einzelsprache* unterschiedliche Modus-Markierungen des Enkodierinputs.

Bei der Verwendung von Modalverben (modalen Hilfsverben) bestehen besonders für Übersetzer beziehungsweise für das Reden in einer Fremdsprache große Schwierigkeiten. Modalausdrücke lassen sich beispielsweise – nach einer Klassifikation von Miller (1993) – nach den Kategorien MÖGLICH/ERLAUBT, NOTWENDIG/VERBINDLICH und VORAUSSAGEND/GEWOLLT unterscheiden; dabei können diese Modalitäten ihren Ursprung in einer deontischen Regel oder Norm (ERLAUBT, VERBINDLICH, GEWOLLT) oder auch in einer ‚Theorie' des Sprechers über die Welt der Tatsachen (MÖGLICH, NOTWENDIG, VORAUSSAGEND) haben. Die Äußerung „Du mußt zur Kirche gehen." kann zum Beispiel sowohl zum Ausdruck bringen, daß der Partner in einer ethischen oder anderweitig verbindlichen Verpflichtung zum Besuch des Gottesdienstes steht, als auch, daß der Sprecher eine ‚Theorie' über das übliche Verhalten des Partners hat, nach der dieser beispielsweise sonntags um zehn Uhr zur Kirche zu gehen pflegt. Die Äußerung „Er kann noch nicht gehen." kann sowohl im Sinne von „Er ist (noch) nicht fähig zu gehen." als auch im Sinne von „Er darf noch nicht gehen." gemeint sein. „Er darf noch nicht gehen." wiederum wird aber nicht nur in diesem verpflichtenden Sinne gebraucht, sondern kann auch eine bloße Willensbekundung des Sprechers sein, im Sinne von „Er soll noch nicht gehen.". Diese Nuancen können Sprecher in einer Fremdsprache nur sehr schwer erlernen. Zusätzliche Erschwerung bringt die Verwendung der Negation: „He can go." und „He must go." bedeuten im Englischen etwas eindeutig Verschiedenes („Er kann gehen." vs. „Er muß gehen."). In verneinter Form steht dagegen sowohl „He cannot go." als auch „He must not go." für die Aussage, daß der Angesprochene nicht gehen darf, mithin noch bleiben soll beziehungsweise muß. Wir weisen aber noch einmal darauf hin, daß die Beschrei-

8. DIE HILFSSYSTEME

bung und Kategorisierung des Modalsystems bislang insgesamt nicht einvernehmlich geklärt werden konnte.

Besonders deutlich wird die Aufgabe des STM-Generators bei der Tempuswahl beziehungsweise bei der Abstimmung unterschiedlicher Tempora aufeinander, die ganz stark von einzelsprachlichen Regelungen abhängig sind. Will ein deutscher Sprecher ausdrücken, daß er morgen Zigaretten rauchen wird, so kann er sich unter anderem einer der folgenden Äußerungen bedienen:

„Ich werde morgen Zigaretten rauchen."
„Ich rauche morgen Zigaretten."

Im Deutschen muß die Zukunft der Ereignisse nicht mit einem sprachlichen Futurum gekennzeichnet werden. Bekanntlich ist dies im Englischen ganz anders (s. oben 1.2.3). Der Präsens-Satz:

„I smoke cigarettes."

kann nicht nur nicht auf ein zukünftiges Ereignis bezogen sein, er kann sich nicht einmal auf ein gegenwärtiges (aktuelles) Einzelereignis beziehen, das im Englischen die Verlaufsform erfordert: „I am smoking a cigarette." (Es bleibt nur die Verwendung für ein zeitlich überdauerndes Geschehen, so daß ein einfaches Präsens im Englischen zusammen mit „tomorrow" mit den Tempuskonventionen des Englischen gar nicht in Einklang stehen *kann*.) Die Wahl zwischen mehreren möglichen Varianten im Deutschen und entsprechende Unterschiede zwischen dem Deutschen und dem Englischen können wohl am besten erklärt werden, wenn man auch hier als Vermittler zwischen der Herstellung von ‚sprachunabhängigen' Protoinputs und der Tätigkeit des Enkodiermechanismus eine vermittelnde Ebene unterstellt: den STM-Generator. Dasselbe gilt für die Wahl der Satzarten. So kann man im Deutschen zum Beispiel die Frage danach, ob es zieht, sowohl unter Verwendung des *grammatischen Schemas* für einen Fragesatz als auch für einen Aussagesatz verbalisieren:

„Zieht es?"
„Es zieht?"

Der zweite Satz, der *grammatisch* die Form eines Aussagesatzes hat, erhält, soll er dem Sprecher zur Informationssuche dienen, die *Prosodie* eines Fragesatzes. Die Auswahl zwischen beiden Möglichkeiten wie überhaupt die Kombination eines grammatischen Aussage-Schemas mit einer Frageintonation können nicht dem Enkodiermechanismus zugeschrieben werden. Auch hier muß zwischen der im Protoinput festgelegten Frageabsicht und der Verbalisierungstätigkeit des Enkodiermechanismus der STM-Generator als vermittelnde Instanz unterstellt werden.

Wahrscheinlich verarbeitet der Enkodiermechanismus einlaufende Enkodierinputs, wenn er keine entsprechenden Markierungen vom STM-Generator erhält (= Default-Bedingungen), als einfachen Aussagesatz im Präsens und Indikativ (vgl. Lyons, 1989, S. 311). Davon abweichende Wortreihenfolgen (wie zum Beispiel beim Fragesatz), abweichende Verbflexionen und/oder Hilfsverben (wie bei der Kennzeichnung vom Tempora und Modi) sind das Ergebnis der spezifischen Markierung des Enkodiermechanismus durch den STM-Generator.

Was die *Tempora* betrifft, so schließen wir uns der Auffassung Weinrichs (1985) und anderer an, wonach die Tempuswahl keineswegs für jede Proposition oder jedes kleinere Propositionsgefüge des Protoinputs separat entschieden werden muß. Zumindest was das Tempus betrifft, scheint es eher so zu sein, daß die Zentrale Exekutive über weite Teile des Gesprächs beziehungsweise der Sprachäußerung hinweg den STM-Generator auf bestimmte Tempus-Varianten *einstellt*. Durch diese STM-Einstellung werden die Enkodierinputs dann einheitlich in Hinsicht auf die Tempora markiert. Weinrich unterscheidet insbesondere zwei Typen des Sprechens, die sich in unterschiedlicher Tempuswahl realisieren: das *erzählende* und das *besprechende* beziehungsweise *darstellende* Sprechen. Der Autor ist der Auffassung, daß die Wahl des Präsens und des Futur beim besprechenden beziehungsweise darstellenden Reden dem Gesprächspartner signalisiert, mit Engagement zuzuhören und sich ‚angesprochen' zu fühlen. Hier geht es um Dinge, die in der Gegenwart oder Zukunft ablaufen, die also vom Partner noch kontrollierbar oder sogar beeinflußbar sind. (Beim Reden über tatsächlich Vergangenes wird das ‚szenische Präsens' oft an Stellen eingesetzt, die besonders spannend wirken sollen. Die mit dem Präsens verbundene Unmittelbarkeit der Ereignisse kann also auch gezielt als Stilmittel ‚vorgegaukelt' werden, um beispielsweise bestimmte Teile eines vergangenen Ereignisses besonders hervorzuheben.) Beim Erzählen hingegen, welches besonders durch Imperfekt und Perfekt markiert ist, handelt es sich nicht mehr um Ereignisse, die noch verändert werden könnten. Hier kann der Partner dem Gesagten sozusagen in Gelassenheit lauschen. Nach Weinrich steuert die Tempuswahl also in besonderer Weise die Aufmerksamkeit und das Interesse beziehungsweise das Engagement und das Betroffensein des Partners. Wir können im Rahmen unserer eigenen Theoriebildung hinzusetzen, daß der Plan, den Partner in der einen oder anderen Weise ‚anzusprechen', Sache der Zentralen Kontrolle ist und daß die Zentrale Exekutive den STM-Generator jeweils entsprechend ‚schaltet'. – Weinrich (1993) ist übrigens der Auffassung, daß auch die Satzmodalität und der Modus das ‚Interesse' des Partners steuern. Will der Sprecher den Partner dazu einladen, eine Situation zu verändern, so verwendet er den Imperativ. Dies auch dann, wenn es um die ‚innere Situation' des Partners geht: „Stellen Sie sich vor . . .!" Diese besondere Einladung fehlt selbstverständlich bei der bloßen Feststellung.

Halten wir fest: Der STM-Mechanismus markiert den Enkodierinput je nach der verwendeten Einzelsprache auf unterschiedliche Art und Weise. Satzart, Tempus und Modus werden im Deutschen insbesondere durch Varianten der Wortreihenfolge, der Verbflexion und der Hinzufügung von Hilfs- beziehungsweise Modalverben realisiert. Im Zusammenhang mit unserem Ausgangsbeispiel war schon von *grammatischen Schemata* die Rede (s. oben 8.2). Man kann sich die Satzart-, Tempus- und Modusmarkierung von Enkodierinputs als den Befehl des STM-Generators an den Enkodiermechanismus vorstellen, ein bestimmtes grammatisches Schema oder eine bestimmte Kombination von grammatischen Schemata zu verwenden oder zumindest bestimmte Schemata *nicht* zu verwenden.

Grammatische Schemata bestimmen unter anderem (s. unten 9.4), welche *Form* (Flexionsform) die zum Zwecke der Verbalisierung von Konzepten des Enkodierinputs erzeugten *Wörter* erhalten, welche *Funktionswörter* zu generieren sind und in welche *Reihenfolge* die erzeugten Wörter gebracht werden (vgl. auch Bresnan, 1982). Soll der deutsche Satz „Der Autor streicht den Satz durch." gebildet und dabei ein S-P-O-Schema verwendet werden, so determiniert dieses Schema erstens, daß das Wort „Autor" die Nominativform erhält; das Wort „durchstreichen" wird geteilt (man spricht hier von der Verbklammer), und der Teil „streichen" tritt in der Form „streicht" auf; das Wort „Satz" erscheint im Akkusativ. Zweitens werden die Funktionswortformen „der" und „den" erzeugt. Und alle diese Wortformen werden drittens in die angegebene Reihenfolge gebracht. Die ‚Einfügung' der erzeugten Wörter in das jeweilige Schema erfolgt unter anderem nach Maßgabe abstrakter (grammatischer) Marken, die das Wort selbst aufweist (zum Beispiel NOMEN); diese Marken enthalten die Information über die mögliche grammatische Rolle, die das Wort einnehmen kann. Ein erzeugtes Wort, das die abstrakte Marke VERB aufweist, kann nicht die Rolle eines Satzsubjekts einnehmen; das kann nur ein Nomen.

> Man muß, wenn man noch die Konzepte hinzunimmt, folgende vier Sachverhalte auseinanderhalten: (1) *Konzepte* (Konzept-Markenkomplexe) haben abstrakte *Marken* von der Art SINGULÄRES.DING (zum Beispiel ein bestimmter Fußball), FIKTIV (zum Beispiel Alices Wunderland) und dergleichen. (2) Die Konzepte können in prädikativen Propositionen *propositionale Rollen* einnehmen: zum Beispiel Prädikat, Agent-Argument, Objekt-Argument. (3) *Wörter* (Wort-Markenkomplexe) enthalten abstrakte (grammatische) *Marken*, welche Merkmale von der Art NOMEN oder FEMININUM oder SINGULAR repräsentieren. (Durch eine Teilmenge der Marken ist die *Wortart* bestimmt (NOMEN, VERB, PRÄPOSITION, usf.).) (4) Einige Wort-Marken bestimmen, welche *grammatische Rolle* die Wörter *im Satz* einnehmen können; zu den grammatischen Rollen gehören das Satzsubjekt, das Prädikat, das direkte und das indirekte Objekt. – Man darf also weder propositionale Rollen mit grammatischen Rollen noch Konzepte (zum Beispiel singuläre Dinge) mit ihren propositionalen Rollen (zum Beispiel Agent-Argument) oder Wörter (zum Beispiel Nomen) mit ihren grammatischen Rollen (zum Beispiel Satzsubjekt) verwechseln.

Ein grammatisches Schema im Deutschen kann beispielsweise die Struktur P-S-O besitzen; erst kommt das Prädikatswort (Verb), dann das Satzsubjekt (Nomen), dann das Satzobjekt (Nomen): „Liebt Otto Anna?" Bei dem grammatischen Schema S-P-O_i-O_d steht das Satzsubjekt am Anfang, gefolgt vom Prädikat, dann folgen das indirekte und das direkte Objekt: „Der Hund stahl dem Koch ein Ei." Das im Deutschen seltene Schema S-P-O_{akk1}-O_{akk2} haben wir oben (8.2) schon ausführlich erörtert. Ein anderes grammatisches Schema repräsentiert Modalverbkonstruktionen der Art S-müssen-O-P; auf das Satzsubjekt-Nomen folgt das Modalverb „müssen" in spezifizierter Flexion, dann folgt das Satzobjekt-Nomen und dann als Prädikat das Verb (im Infinitiv): „Otto mußte den Kuchen holen." Wieder andere grammatische Schemata dienen der Verwendung bestimmter Tempora: S-haben-O-P bedeutet, daß auf das Satzsubjekt-Nomen die zu diesem passende Flexionsform des Hilfsverbs „haben" folgt, dann folgt das Objekt-Nomen und dann als Prädikat die zugehörige Perfektform des Verbs: „Otto hat das Butterbrot geschmiert." – Es gehört ersichtlich zu den Aufgaben des Enkodiermechanismus, solche grammatischen Schemata abzuarbeiten und sie dabei mit geeigneten Wörtern beziehungsweise Wortformen zu ‚füllen'". Viele grammatische Schemata enthalten, wie wir gesehen haben, obligatorisch zu verwendende Wörter (beispielsweise „müssen", „haben"), die jedoch in variabler Weise zu flektieren sind, oder lassen allgemein an bestimmten Stellen nur eine kleine Menge möglicher Wörter zu (zum Beispiel die Verben „lehren" und „kosten" als Verb im Schema S-P-O_{akk1}-O_{akk2}; zum ‚Füllen' der grammatischen Schemata vgl. unten 9.4). *Welche* grammatischen Schemata der Enkodiermechanismus aber jeweils zu verwenden hat, muß ihm vom STM-Generator gewissermaßen befohlen oder erlaubt werden. Oder – worauf schon hingewiesen wurde – erst die Verbgenerierung im Enkodiermechanismus legt (unter Beachtung des Enkodierinputs) das einzusetzende grammatische Schema fest. Es zeigt sich: Die Grammatik einer Sprache entscheidet selbst nicht darüber, welche erlaubte grammatische Variante jeweils realisiert wird.

8.5 Schlußbemerkung

Wir weisen noch einmal darauf hin, daß wir die Tätigkeit der Hilfssysteme als parallel und interaktiv verstehen. Die verschiedenen Generatoren könnten – einzeln betrachtet – Markierungen des Enkodierinputs produzieren, die untereinander nicht vereinbar sind. Würden alle diese Markierungen dem Enkodierinput beigefügt, so wäre der Enkodiermechanismus nicht imstande, alle diese Befehle zugleich auszuführen, weil sie sich widersprechen. So vertragen sich nicht alle einzelnen Maßnahmen zur Kohärenzherstellung oder zur Generierung bestimmter Emphasen mit der Entscheidung über Satzart, Tempus und Modus. So mag man über etwas Vergangenes erzählen und dabei ein räumliches Ambiente mit Hilfe des generischen Wanderers beschreiben wollen. Die Ereigniszeit spricht dann für das Imperfekt, der generische Wanderer verlangt aber ein atemporales Präsens (s. oben 3.1.2). Es muß abgeglichen werden, ob vom Ambiente im Imperfekt erzählt oder unter Verwendung des generischen Wanderers im Präsens gesprochen wird. Ein anderes Beispiel: Die Aneinanderreihung von Imperativsätzen kann nicht mit denselben kohärenzgenerierenden Mitteln (Anaphern) versehen werden wie aneinandergereihte Aussagesätze. Usf.

Angesichts der Gefahr, daß auf der Ebene der Hilfssysteme widersprüchliche Markierungen des Enkodierinputs erzeugt werden, könnte man sich vorstellen, daß es eine ‚Clearing-Stelle' gibt, welche für die Beseitigung entsprechender Mängel verantwortlich ist. Schon aus Gründen der theoretischen Sparsamkeit unterstellen wir eine solche übergeordnete Stelle

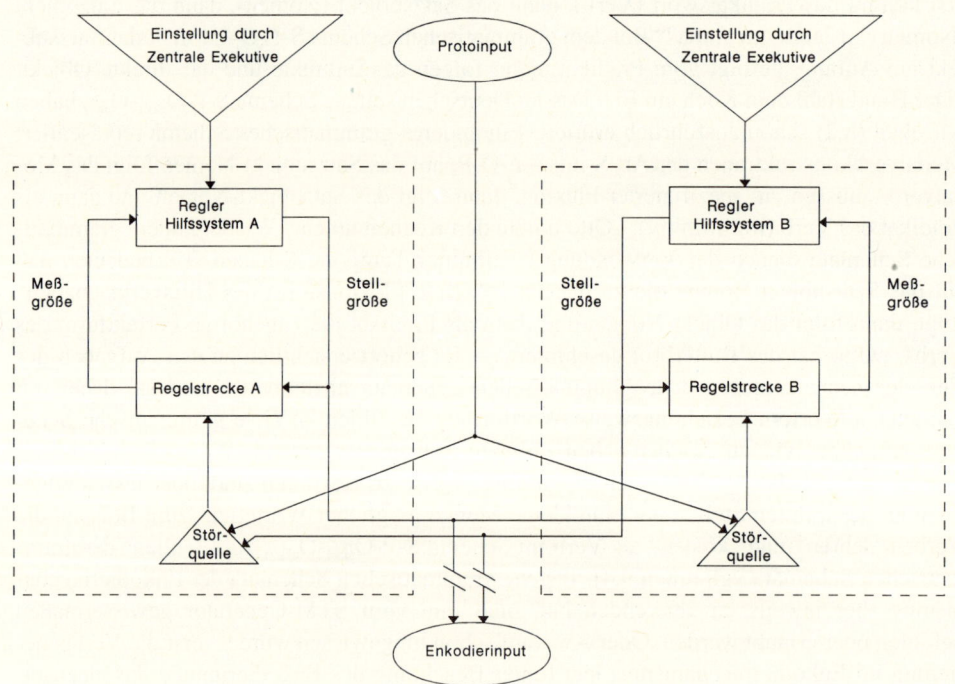

8.1 Zwei parallele, vernetzte Regelkreise als einfaches Modell des Zusammenspiels mehrerer Hilfssysteme bei der Erzeugung des Enkodierinputs.

nicht. Sie ist auch nicht erforderlich, weil, wie dargestellt, die Hilfssysteme die Ergebnisse ihrer Stelloperationen als Störgrößen an andere Hilfssysteme weitergeben: Enkodierinputmarkierungen, die von anderen Hilfssystemen kommen und der von einem Hilfssystem erzeugten Markierung widersprechen, wirken dort als Störgröße und führen das Hilfssystem dazu, die selbsthergestellte Enkodierinputmarkierung (Stellgröße) zu ändern, weil ihr Ist-Zustand sonst nicht mit der Sollgröße übereinstimmt. (Eine vereinfachte Illustration dieser Regelungsstruktur gibt Abbildung 8.1.) Dieser Vorgang wiederholt sich in vielen Hilfssystemen, bis endlich ein Gesamtzustand sich nicht widersprechender Markierungsproduktion erreicht ist. Wegen der zeitlichen Parallelität aller Hilfssystemtätigkeiten ist diese interaktive Herstellung nicht-widersprüchlicher Enkodierinputmarkierungen sehr schnell erreichbar. Ein oberster Entscheider, der die möglichen Widersprüche ausmerzt, muß nicht unterstellt werden. (Die Widerspruchsvermeidung ohne die Annahme von Kontrollstrukturen wird heute zuweilen unter dem Stichwort der „constraint satisfaction" behandelt; vgl. auch Kintsch, 1988; Mangold-Allwinn, Barattelli & Koelbing, 1992; von Stutterheim & Carroll, 1993.)

Im übrigen muß in Erinnerung gerufen werden, daß die übliche Produktion von Sprachäußerungen keineswegs so perfekt, konsistent und widerspruchsfrei ist, wie das in manchem Lehrbuch der (Psycho-) Linguistik erscheinen mag. Man vergleiche dazu noch einmal unseren Exkurs 1.4. Es ist nicht nur so, daß der kontinuierliche Aufbau des Protoinputs auf der Ebene der Zentralen Kontrolle zu gedanklichen Brüchen, zu Mängeln des Zusammenhangs, zu Revisionen, Neuansätzen und anderen Anomalien führt. Auch auf der Ebene der Hilfssysteme, wo sehr unterschiedliche Tätigkeiten wie die Transformation von Partneräußerungen, die Kohärenz der eigenen Äußerungen, das ‚Würzen' des Gesagten und die Wahl von Satzart, Tempus und Modus unter einen Hut zu bringen sind, bleiben häufig Widersprüche zwischen Markierungen des Enkodierinputs bestehen. (Auch der Enkodierinput selbst arbeitet nicht fehlerlos; s. unten 9.6.1.) Das Ergebnis ist nichts anderes als die Realität unserer Alltagsäußerungen, so wie wir sie ständig beobachten und registrieren können.

9.

Der Enkodiermechanismus

9.1 Unser Ausgangsbeispiel

Zum letzten Mal begegnen wir der Äußerung jener schwäbischen Geschäftsinhaberin, die die Frage ihrer Kundin nach dem Preis einer Strumpfhose beantwortet. Zuvor haben wir dargestellt (s. oben 8.2), wie – in stark vereinfachter Fassung – der *Enkodierinput* beschaffen ist, aus dem der Enkodiermechanismus die betreffende Äußerung erzeugt. Dem Enkodiermechanismus ist ein grammatisches Schema S-kosten-O_{akk1}-O_{akk2}, das Konzept SIEBEN.FÜNFZIG.DM und die Satzrolle dieses Konzepts (O_{akk2}) vorgegeben. Für den Enkodiermechanismus besteht generell die Aufgabe, zum Konzept das passende Wort oder die passenden Wörter zu generieren, sie an der richtigen Stelle dieses Schemas ‚einzufüllen', sie allenfalls regelgerecht zu flektieren und schließlich auf der Basis aller dieser Informationen Vorgaben für Aussprachebefehle zu erzeugen.

Nehmen wir an, daß die Sprecherin sowohl ihre schwäbische Mundart als auch das Standarddeutsch beherrscht. Dann stehen mehrere Möglichkeiten für die Verbalisierung des Konzepts SIEBEN.FÜNFZIG.DM zur Verfügung. Nun haben wir bereits angenommen, daß der Enkodiermechanismus der Sprecherin angesichts der kommunikativen Gesamtsituation auf die schwäbische Mundart *eingestellt* ist. Im Wortgenerierungsnetzwerk ist demzufolge das Teilnetzwerk für die Generierung der standarddeutschen Varianten desaktiviert. Nehmen wir an, daß für die Verbalisierung mit Hilfe des Schwäbischen die beiden folgenden Varianten in Frage kommen:

„Siebafuffzig."
„Sieba Mark fuffzig."

Welche dieser beiden Varianten gewählt wird, richtet sich nach der Enge der assoziativen Verbindung zwischen dem vorliegenden Konzept-Markenkomplex SIEBEN.FÜNFZIG.DM und jeder der beiden Varianten. Dabei ist es denkbar, daß die Sprecherin im Sinne einer Gewohnheitsbildung eine der beiden Varianten bevorzugt. Unterstellen wir angesichts des Fehlens weiterer Informationen über die Sprecherin, daß es sich bei „Siebafuffzig." um diejenige Variante handelt, die von der schwäbischen Geschäftsinhaberin als Verbalisierung entsprechender Konzepte in der Regel präferiert wird.

Nach dem Standardverfahren der Satzbildung muß nun „siebafuffzig" an der richtigen Stelle des aktivierten grammatischen Schemas S-kosten-O_{akk1}-O_{akk2} eingesetzt werden. Unter dieser Maßgabe gehört „siebafuffzig" in die O_{akk2}-Position. Da es sich aber um eine Antwortellipse handelt, fehlen das Satzsubjekt, das Verb und auch das erste Akkusativobjekt, und so besteht der ganze Satz lediglich aus dem verbalisierten, eine Maßangabe treffenden Objekt zu „kosten". Im Unterschied zum üblichen Verfahren ist es auch nicht notwendig, das Wort „siebafuffzig" zu flektieren, also zum Beispiel eine bestimmte Endung zu generieren. Wenngleich „siebafuffzig" eigentlich im Akkusativ steht, wird dies nicht sprachlich markiert.

Danach liegt die zu verbalisierende *Phonemfolge* des Wortes „siebafuffzig" fest, deren phonetische Umsetzung man wie folgt transkribieren kann:

[ziːbə fʊftsɪk]

Diese *Phonemfolge* ist von *Zusatzinformationen* begleitet: Informationen über die *Segmentierung* (die Teilung in Silben und dergleichen), die *Betonung* von Silben und über andere *prosodische* Merkmale, aber auch über die durch die Enkodiereinstellung determinierte *Stimmführung* und ähnliches. (Zum Beispiel brüllt die Ladeninhaberin ihre Antwort nicht laut heraus.) Die erzeugte Phonemfolge nebst Zusatzinformation ist der *Output des Enkodiermechanismus*. Der Output (ko-)determiniert eine nachgeordnete *Artikulationsinstanz* (den Artikulationsgenerator), die aufgrund der Vorgaben des Enkodiermechanismus *prosodisch modulierte Lautfolgen* generiert. Von dieser Artikulationsinstanz beziehungsweise von der Lauterzeugung oder ‚Aussprache' des Gesagten wird in diesem Buch nicht die Rede sein. (Vgl. dazu Abschnitt 1.2.1 sowie Calvert, 1980; Ladefoged, 1967; Levelt, 1989; Stevens, 1983.)

Verfolgt man die ‚Biographie' der schlußendlich ausgesprochenen Äußerung der Ladeninhaberin, so begann dieser ‚Lebenslauf' im Bereich der Fokusinformation. Wir hoffen, ein – zwar immer noch vereinfachtes – Bild davon gezeichnet zu haben, wie vielgliedrig die Sprachproduktion ist. Eine theoretische Nachzeichnung dieses Prozesses hat damit zu beginnen, daß und warum überhaupt eine Äußerung produziert wird, und sie endet an der Schnittstelle zur Psychophysiologie von Phonation und Artikulation. Sprachproduktionstheorien, die sich entweder nur auf der Ebene der Zentralen Kontrolle oder nur auf der Ebene des Enkodiermechanismus aufhalten, greifen in jedem Fall zu kurz. Wie sich gezeigt haben dürfte, kann derjenige, der sich lediglich für den Enkodiermechanismus interessiert, nicht für sich reklamieren, daß er immerhin einen Teilprozeß untersucht hat und zu begreifen gedenkt. Denn die Tätigkeit des Enkodiermechanismus hängt zu einem großen Teil von der Enkodiereinstellung und von der genauen Beschaffenheit des Enkodierinputs ab. Insofern ist ein hinreichendes Verständnis auch des Enkodiermechanismus nur möglich, wenn man die Stufen der Sprachproduktion auf der Ebene der Zentralen Kontrolle und der Hilfssysteme mit in Rechnung stellt.

9.2 Zur Wortgenerierung

Im Hinblick auf die Wortgenerierung im Enkodiermechanismus können wir uns kurz fassen, weil dieser Teilvorgang der Sprachproduktion bereits eingehend erörtert wurde (s. oben 6.3.3). Die den Enkodierinput bildenden Konzepte können als multimodale Markenkomplexe beziehungsweise als Aktivationsmuster im Endknotenbereich des Konzeptgenerierungsnetzwerkes verstanden werden. Der Konzept-Markenkomplex beziehungsweise das Konzept-Aktivationsmuster startet die Tätigkeit des *Wortgenerierungsnetzwerkes*. Varianten von Konzept-Markenkomplexen sind mit Varianten von Wort-Markenkomplexen in unterschiedlicher Stärke assoziiert. Anders formuliert: Unterschiedliche Konzept-Markenkomplexe stoßen das Wortgenerierungsnetzwerk in unterschiedlicher Weise an, so daß unterschiedliche *Wort-Markenkomplexe* generiert werden. Wenn beim Vorliegen eines Konzept-Markenkomplexes mehrere Wortgenerierungen angestoßen werden, so hängt die Wahrscheinlichkeit, welcher Wort-Markenkomplex am höchsten aktiviert und damit für die Sprachproduktion ausgewählt wird, ebenfalls von der genauen Beschaffenheit des Konzept-Markenkomplexes ab. Gehört zum Beispiel der Konzept-Markenkomplex FUSSBALL zum Enkodierinput, so ist es denkbar, daß die Wort-Markenkomplexe „Ball", „Kugel" und „Leder" zeitlich parallel erzeugt werden. Die genaue Beschaffenheit der Konzeptvariante FUSSBALL kann dann dazu führen, daß zum Beispiel der Wort-Markenkomplex „Ball" stärker aktiviert wird als die beiden Konkurrenten (und daß die Erzeugung von „Ball" die Erzeugung von „Kugel" und „Leder" sogar aktiv hemmt; vgl. auch Pobel, 1991). Somit ist dann zu dem Input-Konzept FUSSBALL das Wort „Ball" generiert worden.

Innerhalb der Sprachpsychologie wird das Problem diskutiert (vgl. Levelt, 1992), warum man nicht immer, wenn man „Katze" sagen kann, auch „Tier", „Lebewesen" (usf.) sagen kann – oder tatsächlich sagt. Diese etwas eigentümliche Frage erhebt sich vor dem Hintergrund der Überlegung, daß alle begrifflichen Merkmale, die die Konzepte TIER, LEBEWESEN usf. besitzen, auch im Konzept KATZE enthalten sind: Alles, was man über ein Tier (usf.) sagen kann, kann man auch über eine Katze sagen; denn sie ist ja ein Tier. Und so müßte man zum Konzept KATZE auch das Wort „Tier" generieren können oder tatsächlich generieren. – Diese Problemstellung kann nur im Kontext von Theoriebildungen als sinnvoll beurteilt werden, die sich von der hier dargestellten Konzeption stark unterscheiden. Nach unseren Überlegungen stellt sich das Problem nicht. Wie gesagt: Konzept-Markenkomplexe sind mit Wort-Markenkomplexen in variablem Ausmaß assoziiert; bei gegebenem Konzept-Markenkomplex wird derjenige Wort-Markenkomplex zur Enkodierung herangezogen, der mit ihm am engsten assoziiert ist. So können beim Vorliegen verschiedener, aber ähnlicher Konzept-Markenkomplexe zum Beispiel die Wörter „Katze", „Schmusekatze", „Mausikatzi" oder „Muschi" – oder allenfalls auch „Tier" erzeugt werden. Letzteres ist aber wohl extrem unwahrscheinlich. (Vielleicht ist „Tier" der Name (!) einer bestimmten Katze, oder nebengeordnete Sprecherziele (s. oben 2.8) lassen es geboten erscheinen, den Partner besonders darauf hinzuweisen, daß es sich bei dem benannten Wesen um ein Tier und nicht um einen Menschen oder einen Gegenstand handelt.) „Tier" hat indes keinerlei Chance, allein deshalb generiert zu werden, *weil* TIER der Oberbegriff von KATZE ist. – Im übrigen haben wir Wortwahlen auf unterschiedlichen begrifflich-semantischen Niveaus und ihre Bedingungen ausführlich im Kapitel 2 besprochen.

Bei dieser Gelegenheit eine *Zwischenbemerkung*: Die soeben gestellte Frage, warum man, wenn man „Katze" sagen kann, nicht auch immer zum Beispiel „Tier" sagen kann, hat zur Grundlage, daß KATZE alle semantisch-begrifflichen Merkmale (‚semantic features') besitzt, die TIER besitzt – und einige Merkmale mehr. Daraus würde folgen: Oberbegriffe haben weniger semantisch-begriffliche Merkmale als ihre Unterbegriffe. (Zur Kritik an dieser begriffstheoretischen Merkmalsauffassung vgl. unter anderem Bar-Hillel, 1970; Herrmann & Deutsch, 1976, S. 174 ff.) Hier sei lediglich darauf hingewiesen, daß wir keineswegs annehmen, daß ein Konzept-Markenkomplex KM 1, den man unter dem Gesichtspunkt logischer Über- und Unterordnung als Oberbegriff zu einem anderen Konzept-Markenkomplex KM 2 bestimmt, aus einer geringeren Menge von *Marken* als KM 2 komponiert sein muß. Auch Konzept-Markenkomplexe, die man als sehr ‚abstrakt', als in einer gedachten Begriffshierarchie ‚oben' lokalisiert beurteilen mag, können unter den jeweils vorliegenden Umständen sehr *markenreich* sein. Man muß dabei nicht an meditative Techniken denken, mit deren Hilfe kognitive Inhalte, die in rationalistischer Sicht sehr abstrakt sind, einen außerordentlichen erlebnismäßigen Reichtum erlangen. Auch im alltäglichen Kognitionsgeschehen kann zum Beispiel TIER gegebenenfalls eine sehr viel markenreichere mentale Repräsentation sein als KATZE.

Die Generierung eines Wortes wird begünstigt, wenn zum Beispiel das Input-Konzept FUSSBALL bereits auf der Ebene der Zentralen Kontrolle im Wege der oberen Passung zu einem *Gesamtkomplex* verknüpft wurde. Falls dieser Gesamtkomplex schon phonetische Wort-Marken enthält, die eher dem Wort „Ball" als den Wörtern „Kugel" oder „Leder" entsprechen, so ist die Erzeugung des Wortes „Ball" schon so weit vorgebahnt, daß die konkurrierenden Wörter keine Generierungschance besitzen. Die zum Wort „Ball" gehörenden phonetischen Wort-Marken sind dann schon zu Beginn des Worterzeugungsprozesses voraktiviert.

Wie dargestellt, spielen bei der *Erzeugung* von Wort-Markenkomplexen alle multimodalen Wort-Marken in dynamischem Zusammenspiel eine wechselnde Rolle. Wir haben das am Beispiel der erschwerten Wortfindung verdeutlicht (s. oben 6.3.3). So darf man sich zum Beispiel vorstellen, daß das Input-Konzept FUSSBALL sehr stark aktivierte emotiv-bewertende und sensorisch-visuelle Konzept-Marken enthalten kann. Es können nun gerade Marken dieser Art sein, die die Generierung eines bestimmten Wortes primär beeinflussen. Und dies, indem sie emotiv-bewertende Wortmarken (zum Beispiel die Klangphysiognomie eines Wortes) aktivieren. So kann dann zum Beispiel das Wort „Pille" entstehen.

Während nach allem bei der *Erzeugung* von Wort-Markenkomplexen nicht-phonetische und nicht-metrische Marken eine bedeutsame Rolle spielen können, sind die *resultierenden Wort-Markenkomplexe* durch die dominante Aktivierung ihrer phonetisch-metrischen Marken charakterisiert. Dies gilt zumindest, wenn die Wortgenerierung der *Produktion von Sprachäußerungen* dient. Es ergibt sich: Die Wortgenerierung, die zu einem Input-Konzept paßt (= untere Passung), resultiert in Wortmarken-Komplexen (beziehungsweise in Aktivationsmustern auf der Endknotenebene des Wortgenerierungsnetzwerkes) mit *dominant aktivierten phonetischen und metrischen Marken*.

9.3 Zum Netzwerkmodell der Wortfolgengenerierung

In den letzten Jahren sind mehrere *Modelle subsymbolischer Informationsverarbeitung* (Konnektionistische Netzwerkmodelle) entstanden, mit deren Hilfe die Arbeit des Enkodiermechanismus überzeugend beschrieben werden kann. Unsere eigene theoretische Auffassung hat diesen Netzwerkmodellen viel zu verdanken. (Vgl. Berg, 1988, 1990; Dell, 1986, 1988; Eikmeyer, 1989; Eikmeyer, Kind, Laubenstein, Lisken, Polzin, Rieser & Schade, 1991; MacKay, 1987; Mangold-Allwinn, 1993; Schade, 1987, 1988, 1990, 1992; Stemberger, 1985.) Im gegenwärtigen Zusammenhang können wir uns nur auf einige Gesichtspunkte dieser Modellbildungen beziehen. Außerdem werden wir die dort erarbeiteten theoretischen Vorstellungen, soweit wir sie hier verwenden, in unser generelles Produktionsmodell integrieren. Das bedeutet auch, daß wir einige Details uminterpretieren und mit unserer eigenen Terminologie versehen.

Liegt ein Wort (als Wort-Markenkomplex beziehungsweise als Aktivationsmuster) im Enkodiermechanismus vor, so sind, wie soeben betont, seine phonetisch-metrischen Marken dominant aktiviert. Diese dominante Aktivation kann wie folgt genauer beschrieben werden: Der Wort-Markenkomplex enthält (unter anderem) auditive, motorische und allenfalls auch visuelle Marken, die die *Wortform als Ganzes* betreffen, aber auch Information über die *Silben*, aus denen das Wort zusammengesetzt ist, über *Silbenteile* (Silbenanfang, Silbenkern, Silbenende) sowie über die einzelnen *Phoneme*, das heißt über die Klassen von Lauten, die nachfolgend im Artikulationsgenerator zu realisieren sind. (Zum Unterschied zwischen Phonemen und Lauten vgl. auch oben 1.2.2.)

Die hierarchische Gliederung der phonetisch-metrischen Wort-Marken kann man sich am Beispiel des Wortes „Fußball" anhand *Abbildung 9.1* veranschaulichen.

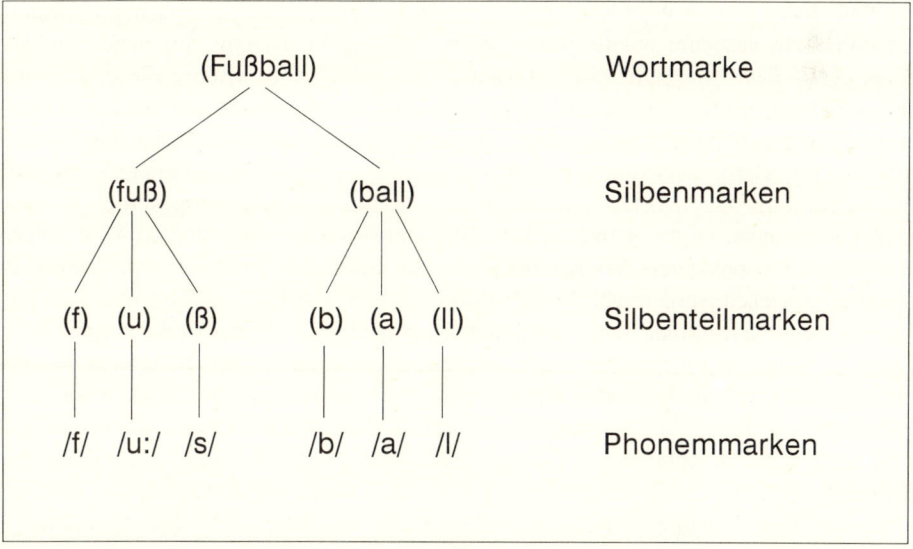

9.1 Hierarchische Gliederung der phonetisch-metrischen Wortmarken am Beispiel des Wortes „Fußball" (vgl. Schade, 1990). Zur Leseerleichterung werden hier und in Abbildung 9.2 die Ebenen bis zu den Silbenteilen in schriftsprachlicher Notation dargestellt.

Allgemein besteht eine Silbe mindestens aus einem Vokal (dem Silbenkern oder Nukleus), dem ein oder mehrere Konsonanten vorangestellt (Silbenanfang oder auch Onset) oder nachgestellt (Silbenende) sein können. Im Falle des einsilbigen Wortes „Strumpf" enthält der Onset also die Phoneme /ʃ/, /t/ und /r/; der Nukleus ist das /u/; das Silbenende besteht aus /m/, /p/ und /f/. Selbstverständlich können Wörter nur aus einer Silbe bestehen (zum Beispiel „Berg"), und nicht alle Silben bestehen aus allen drei genanten Silbenteilen (zum Beispiel „ge-").

Man muß also beachten, daß die phonetisch-metrische Information, die ein Wort enthält, als Information über die Wortform als Ganze, über Silben, über Silbenteile und über Phoneme vorliegt. Ist ein Wort (als Markenkomplex) aktiviert, so sind die Silben, deren Teile und die Phoneme *simultan* beziehungsweise zeitlich *parallel* mit der Wortform aktiviert. Falls man annehmen will, daß Wörter aus Silben, Silben aus Silbenteilen und Silbenteile aus Phonemen *bestehen*, so muß man also berücksichtigen, daß bei der Generierung eines Wortes die Phoneme sowohl einzeln als auch als Elemente von Silbenteilen als auch als Elemente von Silben und auch als Elemente von Wörtern repräsentiert sind. Halten wir fest: Die phonetische und metrische Information eines Wortes ist *multipel* – in Form verschiedener *Markentypen* – repräsentiert; es gibt den phonetisch-metrischen Markentyp, der das *Wort als Ganzes* charakterisiert; es gibt den phonetisch-metrischen Markentyp der *Silben*, der *Silbenteile* und der *Phoneme*. Diese Auffassung wird besonders durch empirische Ergebnisse gestützt, die aus der Analyse von *Sprechfehlern* gewonnen wurden. Auf diese Sachlage werden wir, um an dieser Stelle den Gedankengang nicht zu unterbrechen, weiter unten (9.6.1) zu sprechen kommen.

Was den phonetisch-metrischen Markentyp betrifft, der das Wort *als Ganzes* charakterisiert, so lassen sich zwei theoretische Vorstellungen unterscheiden, zwischen denen einstweilen noch nicht eindeutig entschieden werden kann: (1) Es handelt sich *lediglich* um phonetisch-metrische Marken. Zum Markenmix des Wortes gehört Information, die lediglich die visuelle, auditive und sprechmotorische (und allenfalls die schreibmotorische) Beschaffenheit des *ganzen* Wortes betrifft. (2) Oder dieser phonetisch-metrischen Information ist Information aus dem emotiv-bewertenden Markenfeld beigemischt; dann gehört die *Klangphysiognomie* wesentlich zur phonetisch-metrischen Information, die das Wort als Ganzes betrifft, hinzu. – Es sei in diesem Zusammenhang an die zahlreichen Nuancen erinnert, mit denen Wörter (bei gleicher Betonung und Silbensegmentierung) nicht nur von guten Schauspielern, sondern auch im Alltag ausgesprochen werden können. So mag zum Beispiel ein warnendes Wort beiläufig oder herrisch oder flehentlich ausgesprochen werden. In solchen Nuancen zeigt sich in hohem Maße die emotionale Einbettung des vom Sprecher Gesagten. – Entsprechende Vorstellungen können auch zum Markentyp der Silben und Phoneme entwickelt werden (vgl. Ertel, 1969).

Im *Wortgenerierungsnetzwerk* lassen sich die einzelnen Vertreter (‚tokens') der soeben genannten phonetisch-metrischen Markentypen als Netzwerkknoten beziehungsweise als Knotenbündel (auf der Endknotenebene des Netzwerkes) darstellen. Wenn man (1) die Markentypen jeweils – in schematischer Vereinfachung – als einzelne Knoten darstellt, wenn man (2) ihre in Abbildung 9.1 gewählte hierarchische Anordnung beibehält und wenn man (3) die während der Sprachproduktion nacheinander aktivierten Knoten von links nach rechts (das heißt gemäß einem von links nach rechts verlaufenden Zeitpfeil) anordnet, so entsteht eine *Netzwerkdarstellung*, wie sie *Abbildung 9.2* zeigt.

In Abbildung 9.2 sind die zu einer Wortrepräsentation gehörenden phonetisch-metrischen Knoten durch einfache und durch doppelte Linien untereinander verbunden (vgl. Schade,

9. DER ENKODIERMECHANISMUS

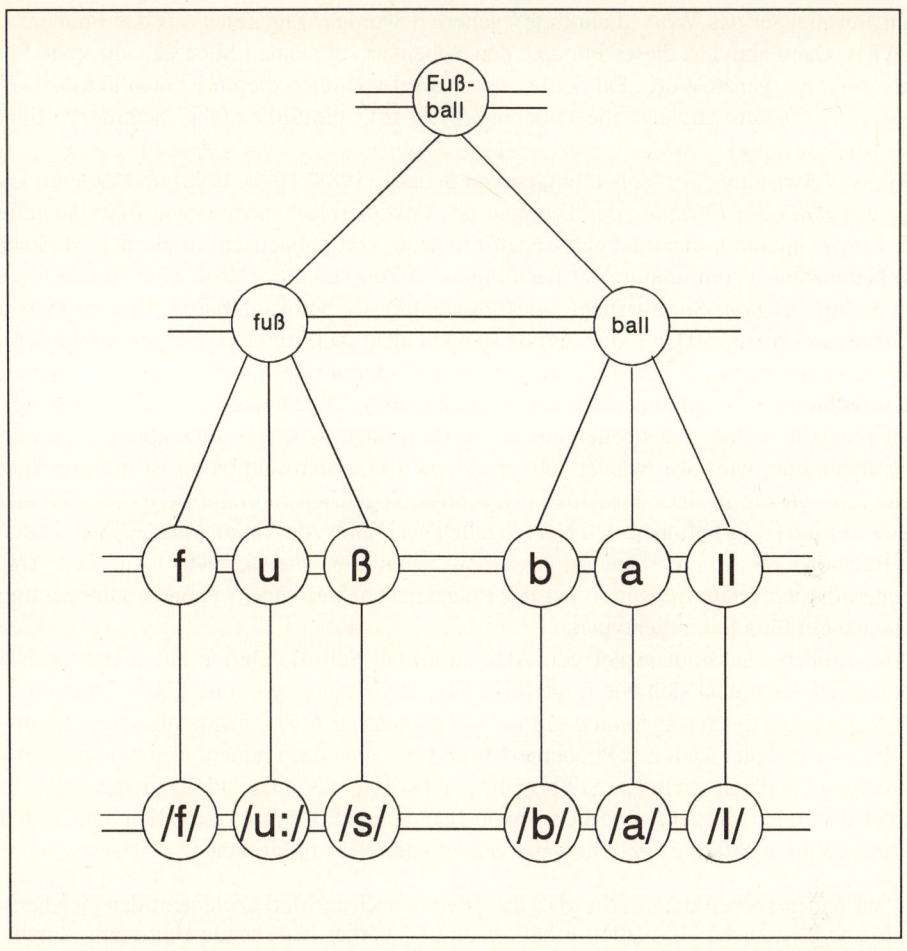

9.2 Netzwerkdarstellung phonetisch-metrischer Marken am Beispiel von „Fußball" (vgl. Schade, 1990); vgl. Text.

1990): Zwischen Knoten *verschiedener* Ebene findet man einfache, zwischen Knoten *gleicher* Ebene findet man Doppellinien. Einfache Linien symbolisieren *exzitatorische Knotenverbindungen*, Doppellinien symbolisieren *inhibitorische Knotenverbindungen*. Diese Unterscheidung haben wir bereits erörtert (s. oben 6.3.3). Man kann die folgenden *theoretischen Annahmen* formulieren (vgl. auch McClelland & Rumelhart, 1981, 1986):

- Zu einem Zeitpunkt t_i der Sprachproduktion *aktivieren* sich die phonetisch-metrischen Marken des Wortes, seiner Silben, seiner Silbenteile und seiner Phoneme (wie in Abbildung 9.2) wechselseitig (= vertikale Exzitation).
- Zu einem Zeitpunkt t_i der Sprachproduktion *hemmen* die phonetisch-metrischen Marken des Wortes die phonetisch-metrischen Marken anderer Wörter und werden von ihnen gehemmt. Ebenso hemmen sich die Silbenmarken gegenseitig. Dieselbe wechselseitige Hemmung gilt für die Silbenteilmarken und Phonemmarken (= horizontale Inhibition).

Zum Beispiel sei das Wort „Fahrkarte" generiert worden. Zur Zeit t_i sei das Phonem /a:/ aktiviert. Dann aktiviert dieses Phonem den Silbenkern der ersten Silbe „a", die erste Silbe „fahr" und das ganze Wort „Fahrkarte" – und wird von allen diesen Knoten aktiviert. Das Phonem /a:/ hemmt zugleich die Phoneme /f/, /r/ usf., die Silbe „fahr" hemmt die Silben „kar" und „te", usf.

Unter Verwendung der Vorstellungen von Schade (1988, 1990, 1992) und anderen kann man den *zeitlichen Fortgang* der Tätigkeit des Enkodiermechanismus wie folgt darstellen: Die zum Zeitpunkt t_i maximal aktivierten Elemente von phonetisch-metrischen Markentypen hemmen sich zum unmittelbar nachfolgenden Zeitpunkt t_{i+1} selbst. Man spricht hierbei von *Selbstinhibition*. So unterliegt jedes Phonem P_i der Selbstinhibition. War es maximal aktiviert, so hemmt es sich selbst und ist so auch nicht mehr in der Lage, das *nachfolgende* (bereits voraktivierte) Phonem P_{i+1} zu hemmen. Dadurch (und durch andere Netzwerkeinflüsse) wird nun P_{i+1} maximal aktiviert (s. auch unten). Das Phonem P_{i-1}, das P_i vorausging und ebenfalls schon selbstgehemmt ist, verliert inzwischen bereits etwas von seiner Selbstinhibition, wird also wieder stärker aktiviert: Die Selbstinhibition ist nur von kurzer Dauer. Sie gleicht in ihrer Struktur kurzen physiologischen *Refraktärperioden*. (Während dieses Zeitintervalls befinden sich Nervenzellen nach ihrer Aktivation kurzzeitig im Zustand der Ruhe und können nicht neu erregt werden (Schmidt & Thews, 1990).) Auf diese Weise wandert die *maximale Aktivation* auf der Phonemebene von einem Phonem zum nächsten. Dasselbe gilt für alle Markentypen.

Das zeitliche Zusammenspiel von Aktivation und Selbstinhibition auf mehreren Netzwerkebenen kann man sich wie folgt vorstellen: Der Knoten auf einer Ebene inhibiert sich selbst, nachdem der *letzte Knoten auf der nächstunteren Ebene* maximal aktiviert worden ist: Ist zum Beispiel nach den Phonemen /f/ und /a:/ auch das Phonem /r/ maximal aktiviert worden, so inhibiert sich die Silbe „fahr" selbst. Ist das letzte Phonem der Silbe „te" maximal aktiviert worden, so verliert entsprechend diese Silbe ihre Aktivation, und auch das gesamte Wort „Fahrkarte" unterliegt der zeitweiligen Selbstinhibition.

> Wir haben soeben dargestellt, daß das jeweils nächste Markenelement der gleichen Ebene zusätzliche Aktivation erhält, wenn die vorher bestehende Hemmung durch das vorhergehende Element, das sich selbst inhibiert, aufhört. Man erinnere sich in diesem Zusammenhang: Die Aktivationshöhe eines Knotens ist eine Funktion des Gesamtbetrags aus Einzelaktivationen, die der Knoten von benachbarten – mit ihm exzitatorisch verbundenen – Knoten erhält, *abzüglich* der Hemmungen (!), die er von benachbarten – mit ihm inhibitorisch verknüpften – Knoten empfängt.

Wenn das Phonem P_i selbstinhibiert ist, verliert es seinen inhibitorischen Einfluß auf das Phonem P_{i+1}. Außerdem kann P_i zum Beispiel das letzte Element eines Silbenteils ST_j sein. Dann unterliegt auch dieser Silbenteil ST_j der Selbstinhibition. ST_j hemmt dann nicht mehr den nächsten Silbenteil ST_{j+1}. Demzufolge erhält ST_{j+1} mehr Aktivation. Da aber ST_{j+1} und P_{i+1} untereinander exzitatorisch verknüpft sind, wird P_{i+1} auf diesem Wege noch einmal zusätzlich aktiviert. Und solche Effekte treten auf jeder Netzwerkebene auf. Man sieht: Durch komplexe Vorgänge der Selbstinhibition und Aktivation wandert die maximale Aktivation von Phonem zu Phonem, von Silbenteil zu Silbenteil, von Silbe zu Silbe und von Wort zu Wort. So entstehen *Wortfolgen*.

Von denjenigen Wörtern, Silben usf., die nicht der augenblicklichen Selbstinhibition unterliegen, haben diejenigen Wörter (nebst Silben usf.) die höchste Chance, als nächste aktiviert zu werden, die bereits am höchsten *voraktiviert* sind (s. oben 6.3.3). Die Höhe der

9. DER ENKODIERMECHANISMUS

Voraktivation von Aktivationsmustern auf der Endknotenebene des Wortgenerierungsnetzwerkes richtet sich nach Gesichtspunkten, die wir bereits kennengelernt haben:

(1) Dasjenige Wort ist am höchsten voraktiviert, dessen zugehöriges Konzept *nach Maßgabe der Erzeugung des Protoinputs und des Enkodierinputs* als nächstes zur Verbalisierung ansteht.
(2) Dasjenige Wort ist am höchsten voraktiviert, dessen zugehöriges Konzept ein *Gesamtkomplex* ist, dessen phonetisch-metrische Wortmarken am höchsten voraktiviert sind (s. oben 6.3.3).
(3) Dasjenige Wort ist am höchsten voraktiviert, das nach Maßgabe des momentan aktivierten *grammatischen Schemas* (s. unten 9.4) als nächstes zur Verwendung ansteht.

Die Voraktivierung von Wörtern ist also mehrfach determiniert. Es spricht viel dafür, daß sich das grammatische Schema (Determinante 3) überwiegend gegen die Determinanten 1 und 2 durchsetzt. Es erscheint aber auch plausibel, daß sich nach den Determinanten 1 oder 2 bevorzugte Wörter sozusagen vordrängen können und so gegebenenfalls zu grammatischen Anomalien führen: Dasjenige Wort, das im Wege *oberer Passung* bereits voraktiviert ist (Determinante 2), oder dasjenige Wort, das im Nacheinander der Erzeugung des *Protoinputs* und *Enkodierinputs* weiter vorn plaziert ist (Determinante 1), können sich gegen die Maßgaben eines grammatischen Schemas (Determinante 3) nach vorn drängen.

Durch obere Passung oder durch die Tätigkeit des Emphasengenerators (s. oben 8.4.4) können konzeptuelle Gesamtkomplexe so stark voraktiviert sein (Determinante 2), daß sie entgegen den Vorgaben eines grammatischen Schemas oder sozusagen an diesem vorbei nach vorn rücken:

Impulsiv:
„Miststück, das du bist!"
„Dich Luder, wenn ich kriege, kannst du was erleben."
Feierlich:
„Bildung, das ist eines der heute am meisten vermißten . . ."
„Schwertun wir uns mit freudiger Gewissensbesinnung . . ."

Wir halten fest: Im Wege der *Selbstinhibition* macht ein Wort (nebst seinen Silben-, Silbenteil- und Phonemmarken) dem nächsten Wort (nebst dessen Silben-, Silbenteil- und Phonemmarken) sozusagen Platz, indem es die Kraft verliert, auf Knoten, mit denen es inhibitorisch verknüpft ist, inhibitorisch zu wirken. Das jeweils bereits am höchsten voraktivierte Wort profitiert davon am meisten und wird als nächstes aktiv. Auf diese Weise entstehen *Wortfolgen*.

9.4 Zum grammatischen Schema

Die Darstellung theoretischer Vorstellungen zur Funktion grammatischer Schemata ist für das Verständnis der einzelsprachlichen Enkodierung insofern wichtig, als Äußerungen nach der übereinstimmenden Auffassung von Linguisten und Sprachpsychologen nicht einfach Phonemfolgen oder auch Wortfolgen sind; sie werden vielmehr primär nach Bildungsprinzipien erzeugt, die man generell als grammatische Regeln bezeichnet. Sprachäußerungen zeichnen sich also durch Grammatikalität aus (s. oben 1.2.3). Dies gilt unbeschadet der Sachlage, daß Alltagsäußerungen zum Teil in erheblichem Maße von der ‚Schulgrammatik' abweichen und daß dies wissenschaftlich oft nicht hinreichend berücksichtigt wird.

Trotz unserer Bemühungen, den grammatischen Aspekt der einzelsprachlichen Enkodierung möglichst leicht faßbar, durch viele Beispiele veranschaulicht und unter Weglassung von alternativen Auffassungen und technischen Details darzustellen, ist die Lektüre der folgenden Abschnitte nicht ganz leicht. Zuerst (9.4.1) erinnern wir an die Wortbildung als Kombination aus freien und gebundenen Morphemen und als Wortformgenese ‚im Ganzen'. Auf beiderlei Weise kann man die Entstehung flektierter Wortformen verständlich machen. Nach dieser Vorbereitung stellen wir grammatische Schemata als eine Art von Schaltplänen dar und verdeutlichen das am Beispiel der Pluralbildung (9.4.2). Den theoretischen Kern dieses Abschnitts bildet eine netzwerktheoretische Modellvorstellung (9.4.3), nach der wir die Schaltpläne als Aktivationsmuster von Plan-Knoten des Wortgenerierungsnetzwerks konzipieren. Abschließend (9.4.4) beschreiben wir die Verwendung grammatischer Schemata anhand eines ausführlichen Beispiels.

9.4.1 Zur Erzeugung flektierter Wortformen

Wir müssen an eine kleine Komplizierung erinnern, von der wir aus Gründen der Vereinfachung zeitweilig abgesehen haben: Wörter bestehen aus lexikalischen und grammatischen *Morphemen*, die frei oder nur in Verbindung mit anderen Morphemen stehen können: Im Wege *unterer Passung* generiert der Enkodiermechanismus zu entsprechenden Input-Konzepten häufig *lexikalische Morpheme*. „Fußball" besteht aus den freien Morphemen „Fuß" und „Ball". Das Wort „Leder" besteht nur aus dem freien Morphem „Leder". Aber das Wort „bringen" besteht aus dem lexikalischen Morphem „bring" und dem grammatischen gebundenen Morphem „-en". (Weitere Beispiele finden sich oben unter 1.2.3.)

Mit Hilfe der grammatischen Schemata werden Wortformen aus den genannten Arten von Morphemen kombiniert. Diese Wortformen, aber auch Wörter und Wortgruppen, die im Wortgenerierungsnetzwerk als Ganze generiert werden, werden in eine vorgegebene Reihenfolge gebracht. Bei dieser Reihung von Wortrepräsentationen handelt es sich nicht um immer gleiche Sachverhalte:

Wie soeben festgestellt, werden häufig zum entsprechenden Input-Konzept passende *lexikalische Morpheme* erzeugt (zum Beispiel „Fußball", „bring") und mit Hilfe ebenfalls generierter *gebundener grammatischer Morpheme* zu Wortformen *kombiniert*, wobei die Morphemkombinationen zum ‚Ausfüllen' des grammatischen Schemas erforderlich sind beziehungsweise ins Schema ‚passen'. Im einfachsten Falle muß das lexikalische Morphem eine Vorsilbe und/oder eine Endung erhalten. So kann zum Beispiel „bring" durch „-t" ergänzt beziehungsweise vervollständigt werden; es entsteht die Wortform ‚bringt'.

9. DER ENKODIERMECHANISMUS

Wir haben soeben (und auch schon zuvor) die übliche Metapher verwendet, daß Wörter eine bestimmte (morphologische) Form haben müssen, um in das jeweilige grammatische Schema zu ‚passen'; das Schema muß mit geeignet geformten Wörtern ‚ausgefüllt' werden. Dies ist eine Variante der auch oft im Alltag verwendeten *Schlüssel-Schloß-Metapher*. Wie dies im Rahmen unserer Netzwerkvorstellung zu verstehen ist, werden wir im folgenden erörtern. Hier nur soviel: Grammatische Schemata sind so etwas wie *Schaltpläne*, nach denen die Aktivationshöhe von Knoten im Wortgenerierungsnetzwerk momentan beeinflußt wird; zum Beispiel hat dann ein Morphem eine sehr hohe Chance, als nächstes maximal aktiviert (erzeugt) zu werden; andere Morpheme verlieren zugleich zeitweilig ihre Generierungschance.

Neben den bisher betrachteten einfachen Fall treten in Sprachen wie dem Deutschen sehr häufig morphologische *Änderungen*, die am *lexikalischen* Morphem anzubringen sind. So wird zum Beispiel das Wort „brächte" produziert. Für die Interpretation dieses Sachverhalts bieten sich grundsätzlich die beiden folgenden Möglichkeiten an: (1) Das Wortgenerierungsnetzwerk produziert von vornherein lexikalische Morpheme wie „bräch"; diese entstehen, wenn der Enkodierinput bereits entsprechende Markierungen enthält. So könnte man sich vorstellen, daß der STM-Generator am Enkodierinput eine Markierung angebracht hat, die den konjunktivischen Modus ‚ansteuert', also von vornherein nicht zur Generierung von „bring", sondern zur Generierung von „bräch" führt. – (2) Die alternative Auffassung besteht darin, daß das Wortgenerierungsnetzwerk immer nur das lexikalische Morphem „bring" produziert und die Umwandlung von „bring" in „bräch" durch komplizierte, von grammatischen Schemata gesteuerte *Umwandlungsprozesse* zustande kommt. Diese Umwandlungsprozesse wären ebenfalls netzwerktheoretisch zu konzipieren.

Unseres Wissens gibt es bisher keine empirischen Ergebnisse, die zweifelsfrei zwischen beiden Möglichkeiten entscheiden lassen (vgl. auch Levelt, 1989). Wir neigen eher dazu, die erste Alternative (primäre Produktion von „bräch" durch das Wortgenerierungsnetzwerk) zu favorisieren: Im Enkodiermechanismus wird wohl generell im Zweifel nicht zuerst erzeugt und dann umgewandelt, wie dies gleichwohl von traditionellen Theorien der Sprachproduktion nahegelegt wird.

Einzelsprachen unterscheiden sich danach, mit welcher Häufigkeitsverteilung ihre lexikalischen Morpheme frei oder gebunden auftreten können. In der vergleichsweise flexionsarmen englischen Sprache, an deren Beispiel die meisten sprachproduktionspsychologischen Vorstellungen – vor allem in der Tradition von Grammatiktheorien (zum Beispiel Chomsky, 1973a,b) – entwickelt wurden, kann so ziemlich jedes lexikalische Morphem frei stehen. (Daß dies zu Lasten der Flexibilität bei der Wortstellung geht, haben wir bereits in Abschnitt 1.2.3 erörtert.) Daher dürfte die Wortgenerierung unter dem Aspekt der morphologischen Komposition eher in unzureichender Differenzierung behandelt worden sein. (Dies gilt nicht für die anthropologisch orientierten Sprachwissenschaftler, die die Vielfalt möglicher Sprachsysteme auch durch die Berücksichtigung seltener und entlegener Sprachen besonders akzentuiert haben; vgl. zum Beispiel Brown & Levinson, 1992.) Im Deutschen jedenfalls setzen sich beispielsweise die Verbformen generell notwendigerweise aus einem gebundenen lexikalischen Morphem (dem ‚Wortstamm') und einem oder mehreren gebundenen grammatischen Morphemen zusammen.

Neben Wortformen, die aus mehreren Morphemen kombiniert beziehungsweise bei denen freie und/oder gebundene Morpheme hintereinandergestellt werden, gibt es viele Morpheme und Wortformen, die *ohne Zweifel* als Ganze erzeugt werden. Wie sollte aus dem Singular „Onkel" der Plural „Onkel" oder aus dem Singular „Bach" der Plural „Bäche" oder aus dem Singular „Sand" der Plural „Sande" *hergeleitet* werden? In allen diesen Fällen generiert der Enkodiermechanismus nicht zuerst das Wort beziehungsweise das lexikalische (in den genannten Beispielen: freie) Morphem im Singular und ergänzt oder vervollständigt es durch gebundene Morpheme oder wandelt es entsprechend ab; alle diese Pluralformen müssen vielmehr (neben der Singularform) als selbständige Wortformen generiert werden. (Davon kann jeder, der Deutsch als Fremdsprache lernt, ein Lied singen.)

Generell dürfte im Deutschen die *Verbflexion* eher noch als etwa die Pluralbildung durch die Kombination von lexikalischem Morphem (Verbstamm) und gebundenen (Flexions-) Morphemen realisiert werden: „ich *bring*e", „du *bring*st", „sie *bring*t" usf. Allerdings ist es wiederum undenkbar, daß der Durchschnittssprecher aus dem zuvor produzierten Morphem „bring" die Vergangenheitsstammform „brach" nach einer gekannten *Regel* herleiten könnte; „brach" muß er vielmehr wiederum unabhängig von „bring" erzeugen können. Die einzelnen Vergangenheitsformen können dann aber wieder durch Kombination mit Flexions-Morphemen generiert werden: „ich *brach*te", du *brach*test", „sie *brach*te" usf. Wir erinnern daran, daß das Deutsche von unregelmäßigen (‚starken') Verben dominiert ist, wenn man die Häufigkeit des Gebrauchs im Alltag und nicht den Anteil von unregelmäßigen Verben im Lexikon zugrunde legt. Die regelmäßigen Verben im Deutschen lassen sich durch einfache Morphemkombinationen erzeugen: „ich *sag*e", „ich *sag*te", „ich habe ge*sag*t" usf. Wenn man jedoch nur die Reihen „ich *red*e", „ich *red*ete", „ich habe ge*red*et" und „ich *argumentier*e", „ich *argumentier*te", „ich habe *argumentier*t" daneben hält, kann man sich leicht fragen, was im Deutschen eigentlich regelmäßige Verben sind. Kleine Kinder versuchen beim Erlernen des Deutschen immer wieder, Regeln zur Bildung von Vergangenheitsformen und ähnliche Regeln mit einigermaßen erheblichem Geltungsbereich zu finden; sie scheitern dabei kläglich und erlernen dann alle die ‚Ausnahmen', die die Wirklichkeit der deutschen Sprache ausmachen. (Vgl. dazu auch Deutsch, 1981; Szagun, 1991.)

Im Enkodiermechanismus werden nach Maßgabe grammatischer Schemata auch Wörter erzeugt, die als freie grammatische Morpheme beschrieben werden und denen *kein Input-Konzept* entspricht. Das gilt für die bereits genannten *Funktionswörter* wie „mit", „des" oder „so". Diese Funktionswörter wie auch die *gebundenen grammatischen Morpheme* verdanken ihre Generierung jeweils allein dem verwendeten *grammatischen Schema*; sie bilden per se keine Versprachlichung von Enkodierinput-Konzepten. Funktionswörter (wie zum Beispiel Artikel, Hilfsverben usf.), die ihre Erzeugung allein dem betreffenden grammatischen Schema verdanken, dürften mit der Aktivierung des Schemas sogleich hoch voraktiviert sein. Dies würde erklären, daß Sprecher vor Funktionswörtern seltener zögern und Pausen machen als vor Wörtern, mit denen Input-Konzepte enkodiert werden (Martin & Strange, 1968).

Es wird meist vergessen, daß eine wichtige Aufgabe des Enkodiermechanismus darin besteht, nach ‚Anweisung' des Emphasengenerators geeignete Partikeln („bitte", „gewissermaßen" und dergleichen) und ganze *nicht-propositionale Redeteile* (s. oben 1.2.3) bereitzustellen. Alle diese Wörter und Wortgruppen werden, wie schon dargestellt, nicht aus einzelnen freien und gebundenen Morphemen ‚montiert'.

Ob nun nach Maßgabe eines grammatischen Schemas zum jeweiligen Input-Konzept das passende lexikalische Morphem generiert und gegebenenfalls abgewandelt oder durch gebundene Morpheme ergänzt wird oder ob zu Input-Konzepten passende Wortformen als

Ganze erzeugt werden oder ob aus Gründen der grammatischen Fügung oder zum Zwecke der Emphase Funktionswörter, Partikeln, Redensarten und dergleichen produziert werden: Das grammatische Schema sorgt unter anderem für eine bestimmte *Reihenfolge der Wortgenerierung*.

9.4.2 Grammatische Schemata als Schaltpläne

Grammatische Schemata sind so etwas wie *Schaltpläne* im Wortgenerierungsnetzwerk. Durch geordnete Schaltvorgänge wird die Aktivation von Knoten für kurze Zeit abgeändert. Dadurch wird die Wahrscheinlichkeit, daß bestimmte Morpheme, Wörter oder Wortgruppen als nächste generiert beziehungsweise maximal aktiviert werden, stark beeinflußt. Auf den zuvor erörterten Prozeß der Erzeugung von Wortfolgen *lagert sich ein ‚grammatischer Prozeß' auf*, der die exzitatorische und inhibitorische Wirkung von Knoten zeitweilig modifiziert. Die nach dem Schaltplan gesteuerte sukzessive Modifikation der Exzitations- und Inhibitionsverhältnisse im Wortgenerierungsnetzwerk führt im einzelnen zu folgenden *Resultaten*: (1) Die Generierungschance von freien Morphemen beziehungsweise Wortformen, Wortgruppen usf. wird stark erhöht oder aber blockiert. (2) Es werden Wort-Markenkomplexe erzeugt, die sonst nicht erzeugt worden wären (Funktionswörter, gebundene Morpheme). (3) Diese Vorgänge sind zeitlich organisiert, womit geordnete Folgen der Genese von Morphemen, Wörtern oder Wortgruppen entstehen. Wir werden diese theoretische Annahme von *Schaltplänen* zunächst anhand der *Pluralbildung* erläutern und sie dann netzwerktheoretisch *konkretisieren*.

Quantitätsbestimmungen verschiedener Art, die sich auf *Konzepte* beziehen, welche zur Verbalisierung anstehen, sind bereits Teil des Enkodierinputs. Sie müssen nicht erst auf der Ebene des Enkodiermechanismus ‚gefunden' werden. Ob zum Beispiel der Konzept-Markenkomplex KOHLE im Sinne eines bestimmten einzelnen Gegenstands, einer Mehrheit einzelner Gegenstände, als Masse oder als ‚abgetrennter' Teil einer Masse verbalisiert werden soll (vgl. „eine Kohle", „vier Kohlen", „die Kohle", „zwei Stücke Kohle"), gehört bereits zum Enkodierinput (s. auch oben 8.4). Spezifische Marken des Input-Konzepts oder Markierungen am Enkodierinput liefern die für den Enkodierinput geeigneten Informationen. Liegt zum Beispiel mit dem Enkodierinput die Information vor, daß es sich um *mehrere einzelne Gegenstände* handelt, so wirkt sich das in spezifischer Weise auf den *Schaltplan* des jeweiligen grammatischen Schemas aus: Gebundene Morpheme und Wortformen, zu deren abstrakten Marken das Plural-Merkmal gehört, werden stark voraktiviert, diejenigen mit Singular-Merkmal werden inhibiert. (So erhalten etwa Morpheme wie „-en" als Verb-Endung, „-e" als Pluralendung des Nomens, „die" als Artikelform im Plural, „sind" als Pluralform eines Hilfsverbs und dergleichen eine stark erhöhte Generierungschance.)

> Es spricht viel dafür, daß die Pluralform des *Nomens* im Deutschen kaum durch die Generierung des freien lexikalischen Stamm-Morphems plus die Generierung des jeweils geeigneten Plural-Morphems erzeugt wird. Auf diesen Tatbestand haben wir wiederholt hingewiesen. Die Pluralbildung im Deutschen ist dazu, wie wir gezeigt haben, viel zu unregelmäßig. Im allgemeinen scheint es sich vielmehr so zu verhalten, daß für Singular und Plural zwei alternative Wort-Markenkomplexe als Ganze erzeugt werden können. Einer dieser Komplexe enthält die abstrakte (grammatische) Marke SINGULAR, der andere PLURAL. Das gilt zum Beispiel für „Sand" und „Sande".

Erhält der Enkodiermechanismus nun Information über das Mehrzahlige beziehungsweise eine Pluralisierungsanweisung, so wird der Schaltplan des jeweils verwendeten grammatischen Schemas so eingestellt, daß Wörter mit Plural-Marke aktiviert und Wörter mit Singular-Marke gehemmt werden: „Sande" wird – als ganzes Wort – aktiviert. (Wenn ein deutscher Sprecher zu den vielen gehört, die den Plural von „Sand" nicht kennen, so kann er „Sande" nicht als ganzes Wort generieren. Er kann es aber auch nicht aus „Sand" durch die Kombination mit einem Plural-Morphem kombinieren; denn er weiß nicht, welche der vielen deutschen Pluralendungen er wählen soll und welche Abwandlungen am freien Morphem beziehungsweise am Singular-Wort erforderlich sind: „Sände", „Sanden" oder „Sands"?)

Beim Fehlen der benötigten Pluralform wie auch bei anderen Verbalisierungsschwierigkeiten entsteht im Vollzug der Äußerungserzeugung ein ‚Wortlautprotokoll' mit anomalen Merkmalen: Der Produktionsstrom ist unterbrochen. Das ist der Auslöser für die Ad hoc-Steuerung auf der Ebene der Zentralen Kontrolle. Es werden Auswege geplant. Entweder wird der Gedankengang so umgestaltet, daß die Konzeptverbalisierung mit dem (nicht verfügbaren) Pluralwort unterbleiben kann. Oder der Sprecher versucht die Erzeugung der fehlenden Pluralform auf dem Wege der *Analogiebildung* (zum Beispiel „Wand – Wände" → „Sand – Sände"). Im Deutschen gehen diese Analogiebildungen oft schief.

9.4.3 Grammatische Schemata als Aktivationsmuster von Plan-Knoten

Was bisher als *Schaltplan* bezeichnet wurde, kann man im Kontext von Netzwerktheorien wie folgt konkretisieren (vgl. auch Herrmann, 1985, sowie Elman, 1990; Hinton & Anderson, 1981; Jordan, 1986; Strube, 1984).

Rekapitulieren wir zunächst: Netzwerkknoten empfangen Aktivation und Hemmung von anderen Knoten, mit denen sie (exzitatorisch oder inhibitorisch) verbunden sind, und geben Aktivation und Hemmung in entsprechender Weise an andere Knoten ab. Der *Aktivationsbetrag* a_i eines Knotens K zum Zeitpunkt t_i ergibt sich aus der Summe der exzitatorischen Impulse, abzüglich der inhibitorischen Impulse, die K zum vorhergehenden Zeitpunkt t_{i-1} von seinen mit ihm verbundenen ‚Nachbarn' erhalten hat. Bei genauerer Betrachtung geht in den Aktivationsbetrag a_i des Knotens K zum Zeitpunkt t_i noch der Aktivationsbetrag a_{i-1} von K zum *vorhergehenden* Zeitpunkt t_{i-1} ein: Die zum Zeitpunkt t_i erhaltenen exzitatorischen und inhibitorischen Impulse wirken sich auf den Aktivationsbetrag a_i von K unterschiedlich aus, wenn der Aktivationsbetrag a_{i-1} von K zum Zeitpunkt t_{i-1} jeweils ein anderer war. Und der Aktivationsbetrag eines Knotens ändert sich nach Auffassung der meisten Netzwerktheoretiker auch ohne den Empfang aktivierender oder hemmender Impulse; man nimmt eine spontane und langsame Desaktivation von Knoten bis zum Erreichen einer Minimalaktivation (Ruheaktivation) an, die aber nicht mit der punktuell von maximaler Aktivation ausgelösten plötzlichen Selbstinhibition (s. oben) verwechselt werden darf. *Es ergibt sich*: Die Berechnung des Aktivationsbetrags a_i von K zum Zeitpunkt t_i ist etwas komplizierter, als wir das hier aus Gründen der Vereinfachung dargestellt haben. (Wir können im Zusammenhang der gegenwärtigen Argumentation die genaue netzwerkmodellspezifische Berechnung von a_i auf sich beruhen lassen; zur Berechnung von a_i vgl. beispielsweise McClelland & Rumelhart, 1981, 1986; Schade, 1992.)

Der exzitatorische oder inhibitorische *Einfluß*, den der Knoten K auf einen mit ihm verbundenen Knoten K' ausübt, hängt von der augenblicklichen *Aktivationshöhe* a_i von K

9. DER ENKODIERMECHANISMUS

ab. – Man erinnere sich: Wenn ein Knoten per Selbstinhibition nur noch geringe Aktivation besitzt, so kann er die mit ihm inhibitorisch verbundenen Knoten nicht mehr hemmen.

Man kann nun die folgende zusätzliche *Modellvorstellung* entwickeln: Einige Knoten im Inneren des Netzwerks (sogenannte ‚hidden units'), die also weder der Ebene der Eingangsknoten noch der Ebene der Endknoten angehören, erhalten ihre Aktivationshöhe a_i nicht nur im Zuge der Aktivations- und Hemmungsausbreitung, die auf der Ebene der Eingangsknoten beginnt; sie erhalten sie nicht nur in der bisher berichteten Weise von ihren ‚Nachbarn'. Vielmehr erhalten sie *zusätzliche* Aktivation oder Hemmung von Knoten, die einem *Planbereich* angehören. Diese Knoten nennen wir *Plan-Knoten*. Man betrachte dazu die Veranschaulichungsskizze in *Abbildung 9.3* (vgl. dazu Jordan, 1986).

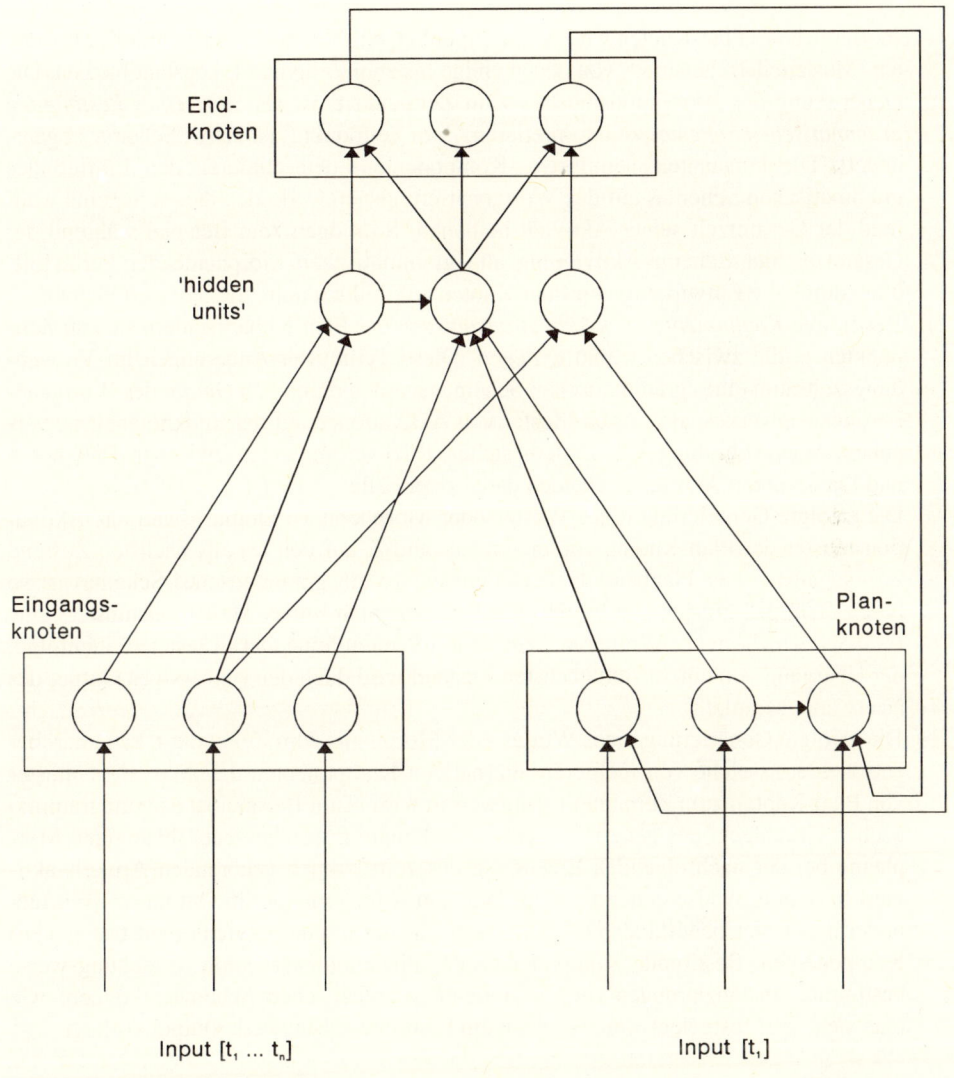

9.3 Plan-Knoten im Wortgenerierungsnetzwerk (Veranschaulichungsschema); vgl. Text.

Plan-Knoten sind mit ‚hidden units' exzitatorisch oder inhibitorisch verbunden und beeinflussen deren Aktivationshöhe a_i so, daß bei *gleicher* Aktivierung von Eingangsknoten *unterschiedliche* Aktivationsmuster auf der Endknotenebene entstehen können. Man kann sich beispielsweise vorstellen, daß durch die Plan-Knoten einige Knoten im Netzwerkinneren aktiviert werden, wodurch über inhibitorische Verbindungen diejenigen Endknoten, deren Aktivation wir als Genese von Singular-Morphemen interpretieren können, desaktiviert werden. Entsprechend werden alle Plural-Morpheme zugleich stark aktiviert. Das bedeutet: Durch ein bestimmtes *Aktivationsmuster im Planbereich* wird die Pluralbildung verursacht. (Entsprechend würde ein anderes Muster der Planknotenaktivation die Bildung des Singular ergeben, usf.)

Spezifische Aktivationsmuster der Plan-Knoten und damit unterschiedliche Arten der Netzwerkbeeinflussung können wie folgt zustande kommen:

(1) Im Bereich der Plan-Knoten wird zum Zeitpunkt t_1 ein Aktivationsmuster mit Komponenten (Musterteilen) generiert, von denen einige bis zum Zeitpunkt t_n konstant bleiben. Die Generierung des Aktivationsmusters zum Zeitpunkt t_1 ist als *Start eines bestimmten grammatischen Schemas* zu interpretieren. Zum Zeitpunkt t_n ist dieses Schema ‚abgcarbeitet'. Die konstanten Teilmuster (Komponenten) determinieren den Einfluß des grammatischen Schemas auf das Wortgenerierungsnetzwerk, den dieses Schema während der Gesamtzeit seiner Aktivität beibehält. So mögen zum Beispiel während der Gesamtzeit der Schema-Aktivierung alle grammatischen Morpheme der Perfektbildung durch die Einwirkung von Plan-Knoten auf ‚hidden units' desaktiviert bleiben.

(2) Bestimmte *Komponenten des Aktivationsmusters* der Plan-Knoten ändern sich zu Zeitpunkten t_i, die zwischen t_1 und t_n liegen. Diese Teilmuster-Änderungen im Verwendungszeitraum eines grammatischen Schemas werden durch den *Output* des Wortgenerierungsnetzwerkes, also durch Muster von Aktivationen auf der Endknotenebene veranlaßt. Wie Abbildung 9.3 zeigt, bestehen Rückverbindungen zwischen Endknoten und Plan-Knoten. Wir unterscheiden dabei zwei Fälle:

(2a) Die erfolgte Generierung eines Wortes oder Morphems (= Output) kann das Aktivationsmuster der Plan-Knoten von einem Zustand Z_j auf den jeweils nächsten Zustand Z_{j+1} ‚schalten'. Der Planbereich (beziehungsweise ein grammatisches Schema) ist so beschaffen, daß hinsichtlich bestimmter Komponenten seines Aktivationsmusters eine *feste Sequenz* besteht. Aktivierungszustände folgen aufeinander in fester Reihenfolge; der Übergang von einem zum nächsten Zustand wird duch den sukzessiven Output des Netzwerks veranlaßt.

(2b) Die erfolgte Generierung eines Wortes oder Morphems zum Zeitpunkt t_i kann darüber entscheiden, welche von mehreren alternativen Komponenten das Aktivationsmuster von Plan-Knoten zum Zeitpunkt t_{i+1} aufweisen wird. Zum Beispiel ist es vom grammatischen Geschlecht des generierten Nomens abhängig, welche genusabhängigen Morpheme bei der nachfolgenden Erzeugung des zum Nomen gehörenden Artikels aktiviert beziehungsweise gehemmt sind. Die Genus-Information im Output des Wortgenerierungsnetzes bewirkt also ein Aktivationsmuster mit definierten (genusbezogenen) Komponenten. Bestimmte Komponenten der Planknotenaktivation (beziehungsweise bestimmte ‚Instanzierungen' des jeweiligen grammatischen Schemas) können, wie man sieht, erst festgelegt werden, wenn ein bestimmter Netzwerk-Output vorliegt.

9. DER ENKODIERMECHANISMUS

Man kann zusammenfassend formulieren: Grammatische Schemata lassen sich als Aktivationsmuster von Plan-Knoten des Wortgenerierungsnetzwerks interpretieren, wobei diese Aktivationsmuster konstante und im Aktivationsverlauf änderbare Komponenten aufweisen: Einige Komponenten des Planknoten-Aktivationsmusters bleiben während der gesamten Schema-Anwendung *unverändert* (= (1)). Andere Komponenten sind Elemente einer *festen* Merkmalssequenz, die per Output-Rückmeldung (vgl. die exzitatorische oder inhibitorische Verbindung von Endknoten und Plan-Knoten) *nacheinander* ‚aufgerufen' werden (= (2a)). Wieder andere Komponenten werden aus einer Menge *alternativer* Komponenten durch die Output-Rückmeldung *seligiert* (= (2b)).

Ein Beispiel für während des Verlaufs *invariante Komponenten* kann in der durchgängigen Hemmung aller ‚hidden units' liegen, die zur Generierung von bestimmten Tempus-Morphemen führen. – *Feste Komponentensequenzen* sind für die schemaspezifische Wortreihenfolge verantwortlich. – Die durch einen bestimmten Wort- oder Morphem-Output evozierte *Komponentenselektion* dient besonders der grammatischen Koordination: Wenn zum Beispiel ein Nomen als Satzsubjekt im Plural generiert wurde, determiniert diese Sachlage die Aktivation oder Hemmung vieler grammatischer Morpheme; dies betrifft die Artikelwahl, die Flexion von koordinierten Adjektiven, aber auch die Verbflexion.

Grammatische Schemata können nach allem so verstanden werden, daß Wortgenerierungsnetzwerke mit einem Planbereich (das heißt mit einer Menge von Plan-Knoten) ausgestattet sind. Einem grammatischen Schema entspricht ein Planknoten-Aktivationsmuster mit invarianten, mit in fester Sequenz wechselnden und mit erst im Verlauf seligierten Teilmustern (Komponenten). Die Aktivierung beziehungsweise der Start eines grammatischen Schemas kann als Aktivation einer Teilmenge von Plan-Knoten im Planbereich und als simultane Desaktivierung der Restmenge von Plan-Knoten konzipiert werden. Wie wird ein solches Aktivationsmuster im Planbereich evoziert? Welcher Input zum Zeitpunkt t_1 startet also das jeweilige grammatische Schema?

Wir stellen vier interagierende *Inputarten* in Rechnung:

– Der auf der Ebene der Hilfssysteme *markierte Enkodierinput* schreibt bestimmte grammatische Schemata vor oder schließt mindestens bestimmte grammatische Schemata aus. Zum Beispiel pflegen viele Transformationen von Partneräußerungen auf der Hilfssystemebene so zu erfolgen, daß damit das grammatische Schema der zu produzierenden Äußerung bereits festliegt: Die Partneräußerung „Den liebt sie aber sehr." kann so transformiert werden, daß bei der zu erzeugenden Äußerung ein O-P-S-Schema obligatorisch ist: „Ja, den liebt sie wirklich." – In vielen Fällen schließt die propositionale Beschaffenheit des Enkodierinputs bestimmte grammatische Schemata aus. So erlauben zum Beispiel nicht-prädikative Propositionen von der Art [IST.EIN (FRITZ, DUMMKOPF)] kein Passiv-Schema; die zu erzeugende Äußerung kann kein Passivsatz sein. Es sind aber Verbalisierungen mit Hilfe mehrerer erlaubter grammatischer Schemata möglich: „Fritz ist ein Dummkopf.", „Fritz hat die Eigenschaft, ein Dummkopf zu sein.", „Ein Dummkopf ist er.", etc.

– Aus der Sachlage, daß für die ‚Wahl' des jeweiligen grammatischen Schemas seitens des Enkodierinputs mehr als eine Option bestehen kann, ergibt sich die Forderung, mindestens eine weitere Selektionsquelle zu unterstellen. Wir meinen, daß über die Einsetzung eines grammatischen Schemas auch das im Zuge der Wortgenerierung erzeugte *Verb* entscheidet. (Zur Verbdominanz s. auch Chomsky, 1973b; Fillmore, 1971; Klix, 1992.) Die Äußerung „Die Strumpfhose kostet sieben Mark fünfzig." wird unter Einsatz eines anderen grammatischen Schemas produziert als die Äußerung „Der Preis der Strumpfhose beträgt sieben Mark fünfzig". Die Beschaffenheit des Enkodierinputs kann bestimmen, ob das Verb „kosten" oder „betragen" generiert wird, und nach dieser Wortwahl richtet sich dann das zu verwendende grammatische Schema. Möglicherweise ist bereits im Wege oberer Passung (vgl. oben 6.3.3) eines der beiden Verben so stark voraktiviert, daß nur noch das diesem Verb zugeordnete grammatische Schema zum Zuge kommen kann. Oder die Verb-Auswahl erfolgt – bei fehlender Markierung des Enkodierinputs – erst im Enkodiermechanismus durch die Entscheidung zwischen zwei Verb-Konkurrenten, von denen eines am engsten mit dem Konzept-Markenkomplex assoziiert ist. Und diese Entscheidung ist dann Voraussetzung für die ‚Wahl' eines grammatischen Schemas.

Generierte *Verben* bilden also eine Inputart für den Planbereich und können dort dasjenige Planknoten-Aktivationsmuster erzeugen, das angesichts des generierten Verbs in Frage kommt. – Nachdem das Verb im Deutschen fast nie das erste Wort im Satz ist, zeigt sich übrigens bereits hier, daß bei der Wortfolgenproduktion das zuerst generierte Wort keineswegs immer das zuerst ausgesprochene sein muß. Wir kommen sogleich darauf zurück.

– Mit der Verwendung eines grammatischen Schemas können *nachfolgende* grammatische Schemata mitausgelöst werden. So ruft zum Beispiel das häufige Nebensatzschema Konjunktion-S-O-P das nachfolgende Hauptsatzschema P-S-O auf: „Seitdem ich Geld verdiene, liebst du mich." Jeweils vorausgehende grammatische Schemata enthalten also oft markante *Auslösewörter* von der Art der Konjunktionen („wenn", „solange", „seitdem" usf.). Sprecher verfügen über starke assoziative Verknüpfungen zwischen Auslösewort und *nachfolgendem* grammatischem Schema. So werden mit der Generierung beispielsweise von „solange" (im vorausgestellten Nebensatz) nachfolgende Hauptsatzschemata wie P-S-O, P-S-Adverb oder dergleichen bereitgestellt: „Solange es regnet, bleibe ich hier." (In diesen Fällen sind das Satzsubjekt und das Prädikat vertauscht (invertiert).) An die Stelle einzelner Auslösewörter können auch andere Schema-Auslöser treten, zum Beispiel feststehende Floskeln, zum Teil als nicht-propositionale Redeteile: „Was X betrifft, so . . .", „Also der Otto, . . .", „Mit Sicherheit . . .".

Relativsätze haben die Eigenart, oft in Hauptsätze eingebettet zu werden; der Hauptsatz ist dann gewissermaßen durch den Relativsatz unterbrochen: „Otto, der den Mann sah, rief die Polizei." Dies impliziert aber, daß im Planknotenbereich während eines Zeitintervalls mehrere grammatische Schemata zugleich realisiert werden können. So muß in unserem Beispiel der ‚Rest' des Hauptsatzes nach der Realisierung des Relativsatzes ‚nachgeliefert' werden. Wie Teile der Abarbeitung eines grammatischen Schemas während der Realisierung eines anderen Schemas ‚aufgeschoben' und dann ‚nachgeliefert' werden können, ergibt sich aus netzwerktheoretischen Annahmen, über die wir im nächsten Abschnitt (9.4.4) im Zusammenhang mit der Zeitfolge der Generierung von Nomen und Artikel kurz berichten werden.

Ein grammatisches Schema, zum Beispiel ein Relativsatz-Schema, kann mehrmals nacheinander angewendet werden: „Otto, der die Frau sah, die das Fahrrad stahl, rief die Polizei." Die mehrmals angewendeten Schemata können zudem noch verschachtelt sein: „Otto, der die Frau, die das Fahrrad stahl, sah, rief die Polizei." Eine solche Konstruktion ist allerdings häufig das Ergebnis der Ad hoc-Steuerung der Sprachproduktion eines Linguisten, der damit die ‚Rekursivität' der Sprache demonstrieren will. In Spontanäußerungen des Alltags sind solche ‚Satzschachteln' nur selten zu finden. Im Alltag formuliert man eher wie im vorangegangenen Beispiel; man reißt den ersten Relativsatz nicht auseinander, sondern reiht die beiden Relativsätze aneinander. Sowohl die Einbettung eines Teilsatzes in einen anderen als auch die wiederholte Verwendung desselben grammatischen Schemas als auch die Kombination aus beidem folgen den generellen Prinzipien, wie sie hier dargestellt wurden. – Es ist übrigens bis heute nicht entschieden, ob komplexe Satzschachtelungen überhaupt allein im Enkodiermechanismus erzeugt werden können oder ob hier die Zentrale Kontrolle sozusagen das Kommando an sich reißt und diese sprachlichen Konstruktionen unter Aufmerksamkeitsverbrauch und unter Rückgriff auf das Kommunikationsprotokoll Schritt für Schritt verfertigt.

– Es sei nochmals hervorgehoben, daß die Beschaffenheit des Enkodierinputs unterbestimmt lassen kann, welches grammatische Schema einzusetzen ist. Wenn auch die Erzeugung des Verbs mehrere Arten von grammatischen Schemata erlaubt oder wenn die genannten Wort-Schema-Assoziationen nicht anwendbar sind, ergibt sich die Frage, wie der Enkodiermechanismus auf diese Sachlage reagiert. Wir haben schon erwähnt, daß wir unterstellen, daß beim Vorliegen von *Default-Bedingungen* in Abhängigkeit von der verwendeten Einzelsprache ein bestimmtes grammatisches Schema ‚auf Verdacht' eingesetzt wird. Im Deutschen dürfte es sich dabei um das S-P-O-Schema handeln.

9.4.4 Ein abschließendes Beispiel

Wir veranschaulichen den Einsatz *grammatischer Schemata* zusätzlich an einem einfachen *Beispiel*.

Nehmen wir an, daß unter Default-Bedingungen ein *S-P-O-Schema* aktiv ist. Die zu verbalisierende Proposition sei die folgende:

[Prädikat: FANGEN (Agent: TORWART, Objekt: FUSSBALL)]

Dieser Enkodierinput sei in mehrfacher Weise *markiert*. Wir nennen hier nur die folgenden Markierungen: Es handelt sich um ein Ereignis, das in der Gegenwart geschieht. Es handelt sich um eine bloße Feststellung. Die Feststellung bezieht sich auf einen bestimmten singulären Torwart und auf einen bestimmten singulären Fußball (= definite nominale Referenz).

Eine adäquate deutschsprachige Äußerung kann nun erst erzeugt werden, wenn dasjenige Wort generiert ist, welches zum Input-Konzept TORWART paßt. Dann erst ist nämlich klar, wie das erste Wort des Satzes zu lauten hat: „der", „die" oder „das"? Man mag zwar annehmen, daß beim Vorliegen des S-P-O-Schemas sozusagen im Zweifel vielleicht das Wort „der" als Artikel erzeugt werde, doch erscheint dies zweifelhaft (vgl. auch Kempen & Hoenkamp, 1987). Warum sollte man auf Verdacht nicht „die" oder „das" erzeugen, zumal keines der drei grammatischen Geschlechter im Deutschen mit Abstand überwiegt? Im Englischen erscheint es leichter, im vorliegenden Fall als erstes Wort „the" auf Verdacht zu erzeugen, weil es keine grammatische Genusunterscheidung gibt und die Artikel somit nur nach ihrer Bestimmtheit oder Unbestimmtheit unterschieden werden (was im Enkodierinput bereits markiert ist).

Wieweit zeitlich früher auszusprechende Wörter früher generiert werden, hängt von der jeweiligen Einzelsprache und auch von der jeweiligen Art des grammatischen Schemas ab. Im vorliegenden Fall kann der Artikel „der" erst für die Aussprache bereitgestellt werden, nachdem das Wort „Torwart" (und damit das grammatische Geschlecht) ausgewählt war. Man kann sich das wie folgt vorstellen: Der Artikel „der" kann erst – in Konkurrenz zu

„die", „das" usf. – seine für die Aussprache erforderliche Aktivationshöhe erreichen, nachdem das Wort „Torwart" im Zuge seiner Genese einen hinreichend hohen, die mit ihm konkurrierenden Nomina („Schlußmann" usf.) übertreffenden Aktivationsbetrag erhalten hat. Da nun aber dem grammatischen Schema zufolge zuerst „der" und dann erst „Torwart" *auszusprechen* sind, wird zunächst „der" schnell stärker aktiviert und erhält so seine maximale Aktivationshöhe. Damit *überholt* der Artikel „der" das Nomen „Torwart" in Hinsicht auf die Aktivationshöhe. „Torwart" wird durch das stark aktivierte Wort „der" zeitweilig gehemmt. Erst nachdem „der" maximal aktiviert war und demzufolge der Selbstinhibition unterliegt, erhält nunmehr „Torwart" seine maximale Aktivation. Man kann diesen Vorgang kurz so kennzeichnen, daß „der" erst generiert werden kann, nachdem „Torwart" generiert wurde, daß aber die Reihenfolge der Aussprache nicht mit der Generierungsreihenfolge übereinstimmt.

Betrachten wir genauer, warum die Äußerung den Artikel „der" (und nicht zum Beispiel die Formen „ein", „die" oder „den") erhält: (1) Der Artikel ist ein *bestimmter Artikel* im *Singular*. Wie vermerkt, enthält der Enkodierinput die Markierung, daß es sich bei TORWART um ein einzelnes, singuläres Objekt handelt, auf das im Sinne definiter nominaler Referenz Bezug genommen wird. (Diese Festlegung ist das Ergebnis der Tätigkeit des STM-Generators, der gegebenenfalls mit dem Kohärenzgenerator interagiert haben kann.) (2) Der Artikel steht im *Nominativ*. Nach dem aktivierten grammatischen S-P-O-Schema befindet sich der Erzeugungsprozeß ganz am Anfang, das heißt in der Phase, in der das Satz-Subjekt erzeugt wird (= S-Phase). Das bereits erzeugte Nomen „Torwart" liegt ebenfalls im Nominativ vor; bei der Realisierung der S-Phase sind – im Wege der Aktivation im Planknotenbereich – nur Wortformen im Nominativ hochaktiviert. (3) Der Artikel ist ein *Maskulinum*. Nachdem das Wort „Torwart" mit der entsprechenden grammatischen Marke generiert wurde, ist nur der Artikel mit diesem grammatischen Geschlecht hoch aktiviert. – Damit ist die Artikelform „der" bestimmt; sie ist maximal aktiviert.

Nach dem Schaltplan des grammatischen Schemas kommt, wie man sieht, zur Erzeugungszeit t_i nur der Artikel „der" infrage. Andere ‚konkurrierende' Wortformen sind gehemmt. Um es zu wiederholen: Daß es sich um einen bestimmten Artikel im Singular handelt, ist durch die Beschaffenheit des *Enkodierinputs* determiniert. Daß es sich um den Nominativ handelt, ist durch die *feste Teilmustersequenz des grammatischen Schemas* bestimmt; der schemagesteuerte Generierungsprozeß befindet sich in einer Phase, die nur diesen Kasus zuläßt. Und daß es sich um das Maskulinum handelt, beruht auf einer schemaspezifischen *Komponentenselektion*, die erst erfolgen konnte, nachdem die Information über das grammatische Geschlecht des *erzeugten Nomens* vorlag. – Es wird hier bereits deutlich, daß schon ein einfaches grammatisches Schema wie das S-P-O-Schema einen komplizierten Sachverhalt darstellt. Die Wortformgenerierung ist *multipel determiniert*: Partiell ist sie von der Beschaffenheit des grammatischen Schemas abhängig, wobei die Vorgaben des grammatischen Schemas wiederum zum Teil von vornherein festliegen (zum Beispiel Nominativformen in der S-Phase), zum Teil aber erst beim Vorliegen von Information nach erfolgter Wortformgenese realisiert (‚instanziert') werden. Zum Teil beruht sie auf Eigenarten des Enkodierinputs.

Daß bei der Erzeugung von Nominalphrasen, also etwa bei der Produktion des S- oder O-Teils von S-P-O-Schemata, zuerst das Nomen und dann erst der Artikel (oder auch das zum Nomen gehörende Adjektiv) generiert werden, läßt sich experimentell erhärten (Friederici, 1993): Versuchspersonen sollen gezeichnete Objekte möglichst schnell benennen (zum Beispiel „das rote Haus"). Man kann die Benennungsreaktion durch die Exposition von

Störreizen verzögern. Es zeigt sich, daß Störreize, die die Generierung der *Nomina* beeinträchtigen, nur wirksam werden, wenn sie in einer sehr frühen Phase des Benennungsprozesses appliziert werden. Andererseits wird die *Artikelwahl* nur gestört, wenn die für die Artikelgenerierung spezifischen Störreize in einer späteren Phase des Benennungsprozesses exponiert werden. (Auch die Beeinträchtigung der Adjektivgenese beginnt später als diejenige der Nomengenese.) Man kann aus den Befunden schließen, daß bei der Produktion einer Objektbenennung die Nomen-Genese der Artikel- und der Adjektivgenese vorausgeht (vgl. auch Schriefers, 1992, 1993).

Nach dem S-P-O-Schema sind die Plan-Knoten des Wortgenerierungsnetzwerkes so aktiviert, daß nach maximaler Aktivation des Wortes „Torwart", das die grammatische Rolle des Satzsubjekts einnimmt, als nächstes das dem *Prädikat* entsprechende Wort (beziehungsweise das entsprechende lexikalische und grammatische Morphem) stark voraktiviert wird. Dabei handelt es sich im Deutschen zumeist um Verben und Auxiliare (,Hilfsverben'); andere Wortarten werden gehemmt. (Wegen der Markierung der Ereignisgegenwart im Enkodierinput sind in unserem Beispiel die tempusanzeigenden Auxiliare ebenfalls desaktiviert.) Nehmen wir an, der Enkodierinput enthalte eine entsprechende Emphasenmarkierung oder aber das Input-Konzept des Prädikats sei im Wege oberer Passung bereits stark mit dem Wort „grapschen" verknüpft. Dann sind das lexikalische Morphem „grapsch" und das grammatische Morphem „-t" hoch voraktiviert. Letztgenanntes Morphem erhält, wie berichtet, seine Voraktivierung auch durch die vorherige Artikel- und Nomenwahl, die – neben der dritten Person – den Singular anzeigt. Die exzitatorischen und inhibitorischen Vorgänge im Netzwerk, die durch ein grammatisches Schema bewirkt werden, haben, wie betont, nicht zuletzt *koordinierende* Aufgaben: Die Kombinierbarkeit von grammatischen Morphemen ist somit ersichtlich stark eingeschränkt. So fordern Morpheme, mit deren Hilfe das (nicht den Sprecher oder den Angesprochenen bezeichnende) Subjekt-Nomen des Satzes als Singular ausgewiesen ist, daß nun auch das Prädikatswort (Verb) mit Hilfe eines entsprechenden Morphems seine Singular-Form (der dritten Person) erhält, usf. Nur dieses gebundene Morphem kommt im Augenblick für die Generierung in Frage. (Es soll hier aber offenbleiben, ob „grapscht" nicht auch als ganze Wortform generiert werden kann.)

Nachdem die Wortform *„grapscht"* maximal aktiviert und dann per Selbstinhibierung desaktiviert ist, erreicht der Prozeß der Äußerungsgenerierung den O-Teil des S-P-O-Schemas. Hier sind diejenigen Artikel am stärksten voraktiviert, die den Akkusativ repräsentieren: „den", „die" und „das". (Das liegt an der festen Merkmalssequenz von Planknoten-Aktivationsmustern, die wir als S-P-O-Schema interpretieren: Das nun zu realisierende direkte Satzobjekt fordert den Akkusativ.) Wie schon erörtert, ist auch hier die Wahl zwischen den Alternativen erst möglich, wenn das grammatische Geschlecht des zugehörigen Nomens vorliegt. (Das dürfte allerdings nur dann gelten, wenn der Enkodierinput an der Objektstelle – wie oben dargestellt – das Konzept eines singulären Gegenstands enthält; die Akkusativform pluralis lautet für alle grammatischen Genera „die".) Auch hier muß zum Input-Konzept FUSSBALL ein passendes Wort gefunden werden, bevor der Artikel generiert werden kann. Der Konzept-Markenkomplex von FUSSBALL sei so beschaffen, daß mit ihm das Wort „Leder" am stärksten assoziiert ist (s. oben 6.3.3). Zu den grammatischen Marken von „Leder" gehört die Information, daß es sich um ein grammatisches Neutrum handelt. So wird der Artikel *„das"* seligiert. Wie dargestellt, wird schließlich *„Leder"* als letztes Wort des Satzes in die durch das S-P-O-Schema determinierte Wort-, Silben-, Silbenteil- und Phonemfolge aufgenommen.

Das Ergebnis des Vorgangs lautet also:

„Der Torwart grapscht das Leder."

Der durch das S-P-O-Schema determinierte Erzeugungsprozeß ist schematisch in Abbildung 9.4 zusammengefaßt.

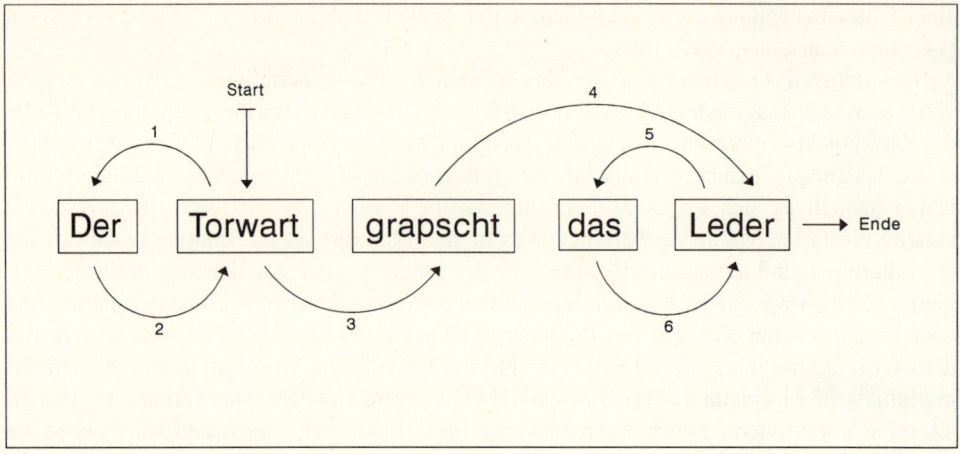

9.4 Die Erzeugung des Satzes „Der Torwart grapscht das Leder." als fortschreitender Aktivationsprozeß, der durch ein S-P-O-Schema determiniert ist. Die Zahlen bezeichnen die Reihenfolge der Aktivierungsmaxima, gesteuert durch die Plan-Knoten des Wortgenerierungsnetzwerks.

9.5 Zur Vorbereitung von Aussprachebefehlen

Die bereits dargestellte Erzeugung von Wort-, Silben-, Silbenteil- und Phonemfolgen ist so zu verstehen, daß Phoneme, Silbenteile, Silben und Wörter jeweils nur für sehr kurze Zeit maximal aktiviert sind. Dann unterliegen sie der Selbstinhibition. Auf den Ebenen der unterschiedlichen *Marken-Typen* verläuft diese schnelle Aktivationswanderung mit unterschiedlicher Frequenz. Es ist immer nur ein Phonem maximal aktiviert. Die Silbenteile sind stets so lange aktiviert, bis das letzte Phonem aktiviert ist; die Silben behalten ihre Aktivation, bis der letzte Silbenteil seine maximale Aktivation hatte; das Wort bleibt aktiviert, bis die letzte Silbe ihre Aktivation verliert. Da diese mehrschichtige Aktivationswanderung die spezifische Information für den *Artikulationsgenerator* darstellt, muß die für die Aussprache erforderliche Information, soweit sie in den Wortfolgen liegt, ‚on-line' im Aktivationsverlauf abgegriffen werden. Erfolgt die Spracherzeugung (zum Beispiel im Zustand äußerster Erregung) zu schnell, so kann die Generierung von Aussprachebefehlen der schnellen Aktivationswanderung nicht folgen, und der Sprecher verhaspelt sich, verschluckt Teile seiner Rede, usf. (vgl. Dell, 1986). Daß es sich bei der ‚Umsetzung' von Phonemen in Laute ohnedies nicht um eine Stück-für-Stück-Enkodierung handelt, wurde schon besprochen (s. oben 1.2.2).

9. DER ENKODIERMECHANISMUS

Die Funktionen der *mehrfachen Repräsentation der phonetisch-metrischen Wort-Marken*, das heißt die Existenz von Marken-Typen für das ganze Wort, für Silben, Silbenteile und Phoneme, werden besonders bei der Betrachtung der lautlichen Realisierung geeigneter *Segmentierungen* und *Betonungen* durch den Artikulationsgenerator deutlich. Nehmen wir an, ein Betrieb stellt Metallnachbildungen des berühmten mittelalterlichen Abtes eines benachbarten Klosters her, die in einem letzten Arbeitsgang mit einem Lappen glänzend gerieben werden müssen. Auf Nachfrage eines Mitarbeiters gibt der Vorgesetzte eine entsprechende Anweisung. Bestünde die Information, auf die bei der Ausspracheerzeugung zurückgegriffen wird, nur aus Elementen der Phonemebene, so wäre nicht klar, wie zum Beispiel die Phonemfolge

/a/,/p/,/t/,/r/,/a/,/ɪ/,/b/,/e/,/n/

auszusprechen ist. Erst die simultan aktivierte *Silbenebene* gibt dem Vorgesetzten die Handhabe dafür, auf die Frage des Angestellten „Was sollen wir als Nächstes tun?" die oben genannte Phonemfolge zusammen mit der jeweils geeigneten (silbenbezogenen) Segmentierung artikulatorisch nicht als „ab-treiben", sondern als „abt-reiben" zu realisieren. (Dazu wird im Artikulationsgenerator etwa der Laut [t] in jeweils verschiedener Weise mit den Umgebungslauten verknüpft, die Zeitverhältnisse beim Verschluß und der Wiederöffnung der Mundhöhle für die ausströmende Luft bei der Artikulation der Laute [p] und [t] sind unterschiedlich, etc.)

Auch die Information über die *Betonung* von Wörtern ist eine Frage der Silbenebene. Wenn ein Autofahrer auf nachtdunkler Straße einen Fußgänger erblickt und den Beifahrer fragt: „Soll ich ihn ...?", so ist es äußerst erheblich, ob sein Artikulationsgenerator die Phonemfolge /ʊ/,/m/,/f/,/a:/,/r/,/e/,/n/ mit Betonung auf der ersten oder mit Betonung auf der zweiten Silbe realisiert. Bloße *Phonemfolgen* geben also nicht die hinreichende Information dafür her, eine phonetisch angemessene sprachliche Äußerung zu produzieren.

Wir mußten unsere Beispiele für unsere Zwecke erst etwas mühsam konstruieren. Auch die Sätze „Um ihre Liebe zu erlangen [er-'lan-gen], besucht er sie in Erlangen ['Er-lan-gen]." (zur Illustration des Betonungsproblems) und „Herr Erlanger [Er-lan-ger] wohnt am Erlanger [Erl-an-ger]." (zur Illustration des Segmentierungsproblems) sind gewiß nicht aus dem Leben gegriffen. Obwohl es eine ganze Reihe weiterer strukturäquivalenter Beispiele gibt, muß doch in Rechnung gestellt werden, daß in einer Einzelsprache solche artikulatorisch sehr engen Nachbarschaften in der Regel fehlen. Es besteht innerhalb von Silben insofern Redundanz, als bei weitem nicht alle möglichen Phonemkombinationen realisiert werden, und diese Redundanz hilft vermeiden, daß schon kleine Abweichungen größere Auswirkungen nach sich ziehen. So können am Silbenende (Reim) auf ein /p/ beispielsweise nur /f/ („Kopf"), /s/ („Raps") oder /t/ („Abt") folgen; jeder andere Konsonant oder ein Vokal, der auf ein /p/ (an nach-vokalischer Silbenstelle, nicht als Silben-Onset) folgt, impliziert sofort das Vorliegen einer Silbengrenze.

Wir haben schon zuvor darauf hingewiesen, daß die artikulatorische Verfertigung von Sprachäußerungen nicht nur von der Information abhängig ist, die aus den erzeugten Wort-, Silben- und Phonemfolgen abgegriffen werden kann. Generelle Enkodiereinstellungen (zum Beispiel die Einstellung auf ‚offizielles' Sprechen, auf lautes Sprechen usf.), die kognitive Repräsentation der letzten Äußerung des Partners und viele andere Einflußgrößen wirken auf den Artikulationsgenerator und damit auf die Aussprache des Enkodierresultats ein.

Es ist im einzelnen nicht immer leicht, genau anzugeben, welche Merkmale der schlußendlich entstehenden Lautfolge der Arbeit des Artikulationsgenerators oder aber der des Enkodiermechanismus zu verdanken sind (Lindblom, 1982). Der Enkodiermechanismus liefert dem Artikulationsgenerator Phonemfolgen nebst anderen Informationen; Phonemfolgen sind die Information, die sich auf sprachspezifische *Klassen* von Lauten bezieht. Wie kompliziert die Verhältnisse sind, zeigt jeder Blick auf den ‚Akzent' von Ausländern oder von Dialektsprechern und das Umschalten zwischen Dialekt und Standardsprache (vgl. Bühler, 1934, S.44 ff.):

Deutsche Dialekte haben zunächst einmal ein in variablem Ausmaß anderes *Phoneminventar* als das Standarddeutsche. Im Schwäbischen sind das offene „a" /a/ und ein nasaliertes „a" /ã/ verschiedene Phoneme, die bedeutungsdifferenzierend (‚diakritisch') sind. (Beispielsweise bedeutet die Lautfolge [na:] „hinunter", die Lautfolge [nã:] „hin".) Im Standarddeutschen findet sich dieser phonemische Kontrast nicht. Ist also der Enkodiermechanismus auf einen Dialekt eingestellt, so produziert er (partiell) andere Phoneme als bei der Einstellung auf Standarddeutsch. Und so erhält der Artikulationsgenerator auch andere Aussprachebefehle.

Zum anderen generiert der Artikulationsgenerator des Dialektsprechers und auch des Ausländers, der das Deutsche mit ‚Akzent' spricht, andere *Laut-Exemplare* (Lautelemente) einer Lautklasse (= Phonem), so wie diese im Enkodiermechanismus bereitgestellt worden ist. In seinem eigenen Dialekt und – fast immer – im Standarddeutschen realisiert so der Sachse das Phonem /u:/ sehr stark gerundet mit nach vorne verschobener Zungenstellung (in Richtung auf den Laut [y]) und unnachahmlich gequetscht. Der Bewohner des Westerwaldes artikuliert das Phonem /r/ in einer nur schwer erlernbaren ‚gerollten' Lautvariante des „Zungen-R", usf. Man erkennt auch manchen Ausländer daran, daß er die Phonembildung des Deutschen zwar völlig beherrscht, daß aber sein Artikulationsgenerator bei gegebenem Phonem eine Lautvariante dieses Phonems erzeugt, die seiner Erstsprache, aber nicht dem Standarddeutschen entspricht (zum Beispiel die ‚amerikanische' Lautvariante des Phonems /r/). – Man sieht: Bei der Erstellung der prosodisch modulierten Lautfolge wirken der Enkodiermechanismus und der Artikulationsgenerator in diffiziler Weise zusammen.

9.6 Sprechfehler und Assoziationen

9.6.1 Sprechfehler

Wie oben (7.2.4) erörtert, wird die produzierte Sprachäußerung ‚im Wortlaut' für relativ kurze Zeit in einem Speicher auf der Ebene der Hilfssysteme festgehalten. Wie Berg (1986), Schade (1990) und andere betonen, läßt sich aber immer wieder feststellen, daß die Sprecher (drohende) Sprechfehler bereits *während* des Produktionsprozesses und nicht erst nach erfolgter Äußerung bemerken. Die Autoren weisen darauf hin, daß subsymbolische Netzwerkmodelle in der Lage sind, diesem Sachverhalt gerecht zu werden, während Modelle der Symbolmanipulation diese Schnelligkeit der Fehlererkennung nicht erklären können (vgl.

9. DER ENKODIERMECHANISMUS

dazu aber auch Levelt, 1989). Im Rahmen der hier dargestellten Netzwerk-Auffassung kann man sich das *Zustandekommen* von Sprechfehlern und ihre *Erkennung* (während der Produktion) wie folgt vorstellen (vgl. dazu insbesondere Schade, 1990, 1992).

Wie Berg (1988, 1990) anhand einer sehr großen Sammlung von Sprechfehlern gezeigt hat, werden etwa 90 Prozent der Fehler sogleich bemerkt und sofort korrigiert. Sprechfehler kommen – etwas vereinfacht formuliert – dadurch zustande, daß die Aktivationswanderung auf den verschiedenen Markentyp-Ebenen ihre zeitliche Koordination verliert: Eine der vielen unterschiedlichen Fehlerarten besteht zum Beispiel darin, daß die phonetisch-metrischen Marken eines Wortes, einer seiner Silben und eines Silbenteils maximal aktiviert sind, während auf der Phonemebene bereits ein Phonem aktiviert ist, welches erst zum nächsten Wort gehört, also mit der Aktivation noch nicht ‚an der Reihe ist'. Man spricht hier von *Antizipationsfehlern*. Handelt es sich zum Beispiel um die Wortfolge

„... Gewicht bestand ...",

so kann sich das erste Phonem /b/ von „bestand" vordrängen, und es entsteht die fehlerhafte Verbalisation

„... Bewicht bestand ...".

Besonders häufig sind sogenannte *Kontaminationsfehler*, bei denen bei der Generierung von Wortfolgen *zwei* Kandidaten für die nächste Silbe, das nächste Wort oder die nächste Wortgruppe voraktiviert sind und der Sprechfehler darin besteht, Teile der beiden Kandidaten zu einem fehlerhaften Gemisch zusammenzubringen. So mögen als nächstes Wort sowohl „öfter" als auch „häufiger" in Frage kommen. Sind bei der Wortgenese zum Beispiel die gebundenen Morpheme „öft-" und „-ig" in gleicher Weise maximal voraktiviert, so kann – zusammen mit dem Steigerungsmorphem „-er" – das fehlerhafte Wort „öftiger" entstehen. In gleicher Weise kann aus „Gegensätze" und „Widersprüche" das Wort „Gegensprüche" werden, usf. Je kleiner die kontaminierten Einheiten sind, umso besser wird der Fehler erkannt. Sprecher korrigieren sich bei Versprechern, die mit der Kontamination von Phonemen oder Silben einhergehen, häufiger als bei Sprechfehlern auf der Wortebene von der Art „Gegensprüche" (Schade, 1990, S. 22).

Die Sprachproduktion im Enkodiermechanismus ist, wie wiederholt hervorgehoben, hochautomatisiert. Kontrolliert werden auf der Ebene der Zentralen Kontrolle die Endprodukte, also die Sprachäußerungen, nicht aber die Prozesse, die im Enkodiermechanismus ablaufen. Doch werden, wie soeben berichtet, sehr viele Sprechfehler sehr schnell erkannt und korrigiert, auch wenn sie keinerlei Einfluß auf die ‚semantische' Verständlichkeit der Äußerung haben. Je eher es sich um Sprechfehler auf der Phonemebene handelt, um so weniger führen sie in der Regel den Partner ‚semantisch' in die Irre. So werden Kommunikationspartner wohl kaum Verständnisschwierigkeiten bekommen, wenn der Sprecher fälschlich „das Bewicht" statt „das Gewicht" sagt; das versteht man durchaus. Etwas anders verhält es sich aber schon, wenn man als Rezipient einer Sprachäußerung das Wort „Gegensprüche" hört. Ist das ein neuartiges Wort? Hat sich der Sprecher lediglich versprochen? Will er damit in lustig-ironischer Weise zu dem, was er sagt, Stellung nehmen? – Es erscheint schon eigenartig, daß fast alle phonemnahen Versprecher sofort erkannt und korrigiert werden, wenngleich sie am wenigsten verständniserschwerend sind, und daß Versprecher, bei denen größere sprachliche Einheiten vertauscht beziehungsweise kontaminiert werden, am schlechtesten vom Sprecher erkannt und von ihm repariert werden. Und es sind diese Fehler, die am ehesten das Verständnis stören.

Diese Überlegung spricht dafür, daß es eine automatische Fehlererkennung und Fehlerkorrektur im Enkodiermechanismus gibt, die nicht der Überwachung durch die Zentrale Kontrolle unterliegt. Wie könnten diese Kontrollmechanismen beschaffen sein?

Berg (1986), Schade (1990) und andere machen dazu in voneinander etwas verschiedener Weise den folgenden Vorschlag: Wenn die Aktivationswanderung so verläuft, wie wir das in groben Zügen dargestellt haben, so müssen bei der maximalen Aktivation eines Phonems die Silbenteile, die Silbe und das Wort, zu denen es gehört, simultan maximal aktiviert sein. Ebenso muß das Wort maximal aktiviert sein, dessen Silbe maximal aktiviert ist, usf. Blicken wir auf Abbildung 9.2, so müssen auch dort, jeweils in senkrechter Richtung über die Markentyp-Ebenen hinweg, alle miteinander exzitatorisch verbundenen Knoten gleichzeitig maximal aktiviert sein. Anders formuliert: Soll *„Kohärenz"* vorliegen (vgl. auch Schade, Langer, Rutz & Sichelschmidt, 1991), so muß der auf einer Ebene zur Zeit t_i maximal aktivierte Knoten mit denjenigen Knoten der anderen Ebenen exzitatorisch verknüpft sein, die zum Zeitpunkt t_i ebenfalls am höchsten aktiviert sind. Für die Erkennung von Sprechfehlern muß man sich dann nur vorstellen, daß es einen automatisch arbeitenden *Monitor* gibt, der sofort das *Fehlen von Kohärenz* anzeigt. Dies wäre zum Beispiel dann der Fall, wenn das zum Zeitpunkt t_i höchstaktivierte Phonem kein Phonem der zum Zeitpunkt t_i höchstaktivierten Silbe ist. Auf diese Weise würde zum Beispiel (bei der Produktion des Wortes „Gewicht") bei simultaner maximaler Aktivation des Phonems /b/ und der Silbe „ge" gewissermaßen Alarm geschlagen. Der Produktionsprozeß könnte sogleich unterbrochen und korrigiert werden, sogar bevor noch das Wort „Bewicht" *ausgesprochen* worden wäre.

> Die Ebene der *Silbenteile* (zwischen den Ebenen der Silben und Phoneme) kommt nicht in allen subsymbolischen Netzwerkmodellen vor. Wir berücksichtigen sie, weil man sonst einen spezifischen Sprechfehlertyp nicht erklären könnte, den *Silbenanfangseffekt* („initialness effect"; vgl. dazu Shattuck-Hufnagel, 1987, sowie oben 1.2.2). Der Effekt besteht darin, daß Konsonanten, die den Silbenanfang bilden, bei weitem häufiger in Sprechfehler involviert sind als Konsonanten, die das Silbenende bilden. So sagt man statt „leer und hohl" häufiger „heer und lohl" als „leel und hohr". Diese Asymmetrie legt es nahe, Silben nicht einfach aus Phonemen bestehend, sondern in *Silbenteile* zergliederbar aufzufassen. Schade & Eikmeyer (1990) bieten eine Erklärung des Effekts im Rahmen ihres subsymbolischen Netzwerkmodells an.

Die Erklärung von Sprechfehlern durch Inkohärenz ist nicht ohne weiteres auf Sprechfehler anwendbar, bei denen ganze, für sich stehende Wörter vertauscht werden. Sagt man „Die Milo von Venus" statt „die Venus von Milo" (Meringer & Mayer, 1895), so geht es wohl nicht um eine Kohärenzverletzung im genannten Sinne. Dasselbe gilt zum Beispiel für den Fehler, der einem der Autoren unterlaufen ist: „Ich schließe mit einer kurzen Vorlesung die Zusammenfassung." Sowohl bei „Milo" und „Vorlesung" als auch bei „Venus" und „Zusammenfassung" sind die Wörter und ihre Silben, Silbenteile und Phoneme offensichtlich jeweils zur selben Zeit maximal aktiviert worden; insofern liegt Kohärenz vor. Es muß sich hier also um eine andere Art von Sprechfehlern handeln. Wir nehmen an, daß diese Fehlerart kein Gegenstand der automatischen Korrektur im *Enkodiermechanismus* ist. Wie weiter oben (7.3.2) dargestellt, dürfte dieser Sprechfehler vielmehr anhand des ‚Wortlautprotokolls' auf der Ebene der Zentralen Kontrolle (‚autoakustisch') erkannt werden. Dies impliziert aber auch, daß Fehler wie „Milo von Venus" vom Sprecher nicht so oft erkannt werden wie Fehler von der Art „Bewicht" oder „blaues Blauklötzchen": Die Fehlererkennung auf der Ebene der Zentralen Kontrolle ist aufmerksamkeitskonsumierend und kann durch Aufmerksamkeitsfixierung auf andere Inhalte unterbleiben; die Fehlererkennung durch den Kohärenz-Monitor im Enkodiermechanismus erfolgt automatisch und ist damit ohne Aufmerksamkeitsverbrauch.

Das Wortgenerierungsnetzwerk ist ein System, in dem sich Aktivation und Hemmung in kompliziertester Weise ausbreiten. Das Aktivationsmuster, das auf der Endknotenebene jeweils am stärksten aktiviert ist, setzt sich durch; auf dieses Muster greift der Artikulationsgenerator zu. Netzwerkmodelle können nach unserer Auffassung leicht erklären, warum es dabei zu *Fehlern* kommen kann. Die ablaufenden exzitatorischen und inhibitorischen, von Knoten zu Knoten verlaufenden Prozesse sind außerordentlich schnell, zahlreich, erfolgen parallel und können bei auch nur geringen Desynchronisationen, Intensitätsschwankungen der weitergegebenen Aktivation usf. dazu führen, daß von zwei hoch voraktivierten Mustern im entscheidenden Augenblick das falsche dominiert. Es sind nach der Netzwerkauffassung gerade die kleinen Abweichungen, die zu größeren Fehlern führen können.

Die positive Seite der Wortgenerierung im Netzwerk liegt darin, daß beim Ausfall von Netzwerkteilen nicht der gesamte Prozeß der Konzept- und Wortbildung unterbrochen ist. Auch dann können immer noch Konzepte und Wörter generiert werden, wenn auch allenfalls fehlerbehaftet und mit erheblicher ‚Konturunschärfe' der resultierenden Aktivationsmuster. Insofern sind Netzwerke außerordentlich *kompensatorisch* und *robust* (vgl. dazu Herrmann, 1985, S. 65f.; McClelland & Rumelhart, 1986).

Wir haben bereits erwähnt, daß es besonders die Analyse von Sprechfehlern ist, die die Brauchbarkeit von Netzwerkmodellen bei der theoretischen Konzipierung der Sprachproduktion unter Beweis stellt. Im Anschluß an Dell (1988) führen wir einige psychologische Sachverhalte an, die man mit Hilfe von Netzwerkmodellen beschreiben oder auch vorhersagen kann und die sich durch die Analyse von Sprechfehlern empirisch stützen lassen:

— Netzwerkmodelle haben unter anderem zur Voraussetzung, daß Wörter voraktiviert werden können. Das (meßbare) Phänomen der Voraktivation ist innerhalb der Psychologie seit langem bekannt (Lashley, 1951). Es zeigt sich bei der Wortgenese (unter anderem) in Antizipationsfehlern.
— Phoneme werden nicht beliebig verwechselt. So werden Phoneme, die am Silbenanfang stehen, so gut wie nie mit Phonemen am Silbenende vertauscht. Auch dieser Tatbestand ist ohne Schwierigkeiten im Kontext der Netzwerkmodelle beschreibbar.
— Phoneme sind wichtige Enkodiereinheiten. Wie ausgeführt, werden einzelne Phoneme besonders häufig mit einzelnen Phonemen verwechselt.
— Netzwerkmodelle unterstellen die Selbstinhibition soeben verwendeter phonetisch-metrischer Marken. Man kann diese Annahme zum Beispiel auf der Ebene der Phoneme im Wege der Sprechfehleranalyse wie folgt erhärten: Wenn zum Beispiel „hohl und leer" beim Sprechen fälschlicherweise zu „lohl und heer" wird, so ist das Phonem /l/ zu früh generiert worden. Dies kann als Effekt der Voraktivation interpretiert werden. Eine *bloße* Voraktivation hätte aber zu „lohl und leer" geführt. Bei „lohl und heer" (= Vertauschung) tritt /h/ außerdem an die Stelle von /l/, nachdem /l/ soeben fälschlicherweise generiert worden war und somit nunmehr *inhibiert* ist (Dell, 1988, S. 133).
— Wir haben bislang noch nicht darauf hingewiesen, daß Sprechfehler häufiger bei seltenen als bei oft verwendeten Wörtern auftreten. Dies läßt sich über die variable Stärke der

exzitatorischen Verbindungen interpretieren. Auch der Tatbestand, daß bei Fehlern auf der Phonemebene unverhältnismäßig viele ‚sinnvolle' Wörter (statt ‚sinnfreier' Phonemfrequenzen) entstehen, wird über das Konzept der Verbindungsstärken zwischen Knoten erklärt, indem man exzitatorische Verbindungen der Phoneme zu Silben und Wörtern, deren Bestandteil sie sind, unterstellt.
- Nach Dell (1988) führen Netzwerkmodelle zu spezifischen Voraussagen beispielsweise über den Zusammenhang zwischen der Sprechgeschwindigkeit und der Art der produzierten Sprechfehler. Unter anderem spielt dabei die Sachlage eine Rolle, daß im Kontext von Netzwerkmodellen Phonemvertauschungen (zum Beispiel im Unterschied zu den Antizipationsfehlern) *zwei* Fehler umfassen; im Gegensatz zu „lohl und leer" als Antizipationsfehler sind bei dem Vertauschungsfehler „lohl und heer" zwei Phoneme fehlerhaft generiert worden. Die Auftretensfrequenz von Vertauschungen ist so auch stärker als die Häufigkeit anderer Sprechfehlerarten erhöht, wenn irgendwelche Bedingungen bestehen, die das Sprechen erschweren (zum Beispiel eine hohe Sprechgeschwindigkeit). (Wir können die exakte Ableitung dieses Effekts hier nicht ausführlich referieren; vgl. Dell, 1986.)

Die von Dell stammende Zusammenstellung (und andere Darstellungen bei Schade und anderen Autoren) vermitteln den überzeugenden Eindruck, daß eine Vielzahl sich ergänzender Argumente vorliegt, die die Brauchbarkeit von Netzwerkmodellen bei der Theoriebildung zur Sprachproduktion erhärten.

Ein abschließendes Wort zur Sprachpsychologie der Sprechfehler: Wir haben soeben selbst gezeigt, daß und wie man die Analyse von Sprechfehlern für die Stützung oder Infragestellung theoretischer Auffassungen nutzen kann. Doch erscheint es uns bedauerlich, daß Sprechfehler im Rahmen heutiger Sprachpsychologie fast nur für diese Zwecke zum Thema gemacht werden; sie sind fast nur insofern interessant, als sie für theoretische Argumente verwendet werden können. Und doch ist der Phänomenbereich der Sprechfehler viel weiter und reicher und bedarf auch ganz anderer theoretischer und methodischer Zugangsweisen, als dies heute überwiegend den Anschein hat. Auf das in der modernen Psychologie ignorierte und ungelöste Problem der ‚Fehlleistungen' haben wir bereits hingewiesen (s. oben 6.3.3). Man bedenke auch, daß Sprechfehler als eine besondere Art von *Handlungsfehlern* verstanden werden können: Sprechen kann als eine besondere Art des menschlichen Handelns aufgefaßt werden (Hörmann, 1976), und unser Handeln ist fehlerbehaftet (Heckhausen, 1987; Reason, 1990). So kann auch ein Sprechfehler als Handlungsfehler interpretiert werden. Beispielsweise unterliegt wohl jeder Mensch Effekten ‚psychischer Starrheit' (Luchins, 1947); er entlastet sich dadurch, daß er erfolgreiche Verhaltensweisen automatisiert und sie ‚gedankenlos' auch dort einsetzt, wo alternative Verhaltensweisen einfacher und richtiger wären. Diese menschliche Eigenart finden wir auch im Bereich sprachlichen Handelns. Nun wäre es empfehlenswert, Sprechfehler unter dem Aspekt psychischer Starrheit zu untersuchen, und diese Empfehlung gilt auch für andere Arten von sprachlichen Handlungsfehlern. Generell sollten fehlerhafte ‚sprachliche Inhalte' wieder ebensoviel wissenschaftliche Aufmerksamkeit erfahren wie die fehlerhafte Silben-, Phonem- oder Lautbildung.

9.6.2 Assoziationen

Es verbleibt ein Problem, welches durch die Annahme zustande kommt, daß sich phonetisch-metrische Marken nach ihrer maximalen Aktivierung kurzzeitig selbst inhibieren. Während der *Selbstinhibition* sind die fraglichen Knoten nur schwach aktiviert, und sie verlieren ihre Fähigkeit, benachbarte Knoten ihrerseits zu aktivieren oder auch (bei inhibitorischer Verknüpfung) zu hemmen. (Wir haben das dargestellt.) Wie verträgt sich diese Vorstellung damit, daß ähnliche oder in zeitlicher Nachbarschaft kognitiv verarbeitete Konzepte oder Wörter in der Lage sind, *sich gegenseitig zu aktivieren* – sich quasi gegenseitig ins Bewußtsein zu holen?

Die Vorstellung, daß sich in zeitlicher Nachbarschaft verwendete Konzepte und Wörter gegenseitig aktivieren und ‚ins Bewußtsein ziehen', nennt man das *Kontiguitätsprinzip*. Es ist das Herzstück der klassischen *Assoziationstheorie* (vgl. bereits Locke, 1689; sowie Strube, 1984). Wenn man an Vater denkt, so denkt man auch an Mutter, wenn man an Rhein denkt, denkt man auch an Wein, usf. (Auch Gegensätze sind miteinander eng assoziiert: klein – groß.) Vater – Mutter, Rhein – Wein, klein – groß bilden Paare von Alternativen des Denkens und auch der Sprachproduktion. So kann man entweder sagen: „Heute kommt meine Mutter." oder: „Heute kommt mein Vater." Man kann daran denken, daß das Ding groß ist oder daß es klein ist. Man kann einen Satz bilden, in dem „Rhein" das Satzsubjekt bildet, und man kann dasselbe mit dem Wort „Wein" tun. Das Verhältnis zwischen den Elementen der Paare ist hier ein solches von Alternativen beziehungsweise der gegenseitigen Ersetzbarkeit. Man spricht hier auch von einer *paradigmatischen Beziehung* der Elemente solcher Paare.

Eine andere Beziehung zwischen Elementen besteht darin, daß sie mit großer Wahrscheinlichkeit *nacheinander* in einem Satz (oder auch in einem Gedankengang) vorkommen können. In dieser Weise mag für ein Kind „Vater" mit „schimpft mit mir" verbunden sein. Das gleiche gilt für „der Kahn stößt an" und „das Ufer". Diese Verknüpfung nennt man *syntagmatisch* (vgl. Riegel, 1970).

Betrachten wir das soeben vorgestellte Modell der Produktion von Wortfolgen (s. Abbildung 9.4), so bestehen *inhibitorische Verknüpfungen* zwischen den auf einer Markenfeld-Ebene liegenden Knoten. Diese Knoten sind nach der soeben getroffenen Unterscheidung miteinander *syntagmatisch* verknüpft. In unserem Beispielsatz

„Der Torwart grapscht das Leder."

hemmen sich zum Beispiel die Wörter „der" und „Torwart" oder „grapscht" und „das"; ebenso stehen die Silben „tor" und „wart" oder „le" und „der" in inhibitorischer Beziehung zueinander. Erst im Zustand der Selbstinhibition verliert ein zuvor maximal aktiviertes Element die Kraft, andere mit ihm *syntagmatisch* verbundene (auf derselben Ebene liegende) Elemente zu hemmen. Die Sachverhalte, daß Elemente miteinander syntagmatisch *assoziiert* sind und daß sich eben diese Elemente *inhibieren*, scheinen einander zu widersprechen.

Der Tatbestand, daß *paradigmatisch* zusammengehörende Konzepte oder Wörter einander *aktivieren* und daß zum Beispiel die Aktivierung eines Elementes die mit ihm paradigmatisch verknüpften Elemente voraktiviert, steht nicht mit den inhibitorischen Tatbeständen in Konflikt, die soeben angesprochen wurden. Wenn zum Beispiel „grapscht" die Wörter „das Leder" (zunächst) *inhibiert*, so widerspricht dies nicht der Sachlage, daß „grapscht" die mit ihm *paradigmatisch* assoziierten Wörter „fängt", „hält" und dergleichen *aktiviert*. (In vielen Experimenten ist die paradigmatische Aktivierung nachgewiesen worden; vgl. dazu Briand, den Heyer & Dannenbring, 1988; Brown, Neblett, Jones & Mitchell, 1991; Goldinger, Luce & Pisoni, 1989.)

Es bleibt dann zu überlegen, ob ein Widerspruch zwischen der im gegenwärtigen Sprachproduktionsmodell vorausgesetzten *Inhibition* mit der Assoziation beziehungsweise der gegenseitigen *Aktivierung* von *syntagmatisch* miteinander verbundenen Konzepten oder Wörtern steht (vgl. unter anderem Levelt & Kelter, 1982).

Hören wir

„Der Kahn stößt an . . .",

dann fällt uns mit relativ hoher Wahrscheinlichkeit die Fortsetzung

„. . . das Ufer"

ein. Der erste Teil des Satzes verleiht, während er produziert wird, den Wörtern „das Ufer" eine starke *Voraktivation*.

> Solche Tatbestände kann man leicht durch experimentelle Satzergänzungstests nachprüfen. Man gibt erste Teile von Sätzen vor und prüft, wieweit Versuchspersonen die betreffenden Sätze in gleicher Weise ergänzen. Gehäufte gleichartige Ergänzungen sprechen für eine starke syntagmatische Assoziation.

Nach dem hier dargestellten Produktionsmodell sollte aber bei der Erzeugung des Satzes zwischen den einzelnen Wörtern (nebst Silben, Silbenteilen und Phonemen) eine zeitweilige wechselseitige *Hemmung* bestehen.

Eine genauere Betrachtung zeigt, daß ein solcher Widerspruch nicht vorhanden ist. Auf der *konzeptuellen* Ebene (im Enkodierinput) kann zwischen KAHN, STOSSEN und UFER eine erhebliche syntagmatische Assoziation unterstellt werden. Das bedeutet, daß bei der Generierung des zum Input-Konzept STOSSEN gehörenden Wortes „stoßen" bereits zum Input-Konzept UFER das passende Wort zu generieren begonnen wird und daß „Ufer" zu dieser Zeit schon erheblich voraktiviert ist. (Es mag uns bereits auf der Zunge liegen.) Ist es so weit voraktiviert, daß es sich in der Wortreihenfolge fehlerhaft nach vorne drängt, so mag der Sprecher sogar sagen:

„Der Kahn uft äh stößt an das Ufer."

Im Regelfall geschieht das jedoch nicht, eben weil im Wege wechselseitiger Hemmung „Ufer" so lange in Hinsicht auf seine Aktivation ‚niedergehalten' wird, bis es aktuell gebraucht wird. Bei aller Voraktivation gewinnt es erst in dem Augenblick die hinreichende Aktivationsstärke, in dem das Wort, welches zuvor maximal aktiviert war, durch *Selbstinhibition* die Kraft verliert, zum Beispiel „Ufer" zu hemmen.

Es zeigt sich nach allem, daß die auf jeder Markentyp-Ebene verlaufende (‚laterale') *Hemmung* zwischen syntagmatisch miteinander verbundenen Sprachelementen nicht den Tatbestand berührt, daß es auch zwischen syntagmatisch miteinander verbundenen Elementen *Aktivationsausbreitung* (also enge Assoziation) geben kann. (Von der Assoziation paradigmatisch verknüpfter Konzepte oder Wörter ist das hier dargestellte Produktionsmodell, wie ausgeführt, ohnedies nicht tangiert.)

Eine Anmerkung zum Schluß: Wie dargestellt, geben subsymbolische Netzwerkmodelle der stark improvisatorischen und fehlerbehafteten Natur des alltäglichen Sprechens genügend Raum. Leute sprechen nicht so wie gute Linguisten. Wir erinnern in diesem Zusammenhang noch einmal an unsere Beispiele im Exkurs 1.4. Die Abweichung des tatsächlichen Sprechens von der ‚schulischen Norm' kommt einmal dadurch zustande, daß Sprecher, wie wir gesehen haben, ihre Äußerungen nur zum Teil durch die korrekte Flexion von Wörtern und anhand grammatisch vorgeschriebener Wortfolgen nach den Leitlinien der Grammatik realisieren. Sprecher generieren sehr oft sprachliche Fertigteile und setzen sie nach der Vorgabe grammatischer Schemata, die keineswegs immer ganze Sätze oder Satzgefüge umgreifen, zusammen. So beginnen sie mit der Realisierung eines ersten Schemas, fügen ein zweites Schema an, wobei es schon einen Bruch geben kann. Nur unter Einsatz großer Aufmerksamkeit (auf der Ebene der Zentralen Kontrolle) werden komplizierte Sätze im Zustand der Ad hoc-Steuerung derart als Ganze vorgeplant, daß schon das letzte Wort antizipiert ist, wenn man das erste auszusprechen beginnt.

Ein allseits bekanntes Beispiel stellt in diesem Zusammenhang im Deutschen die bereits genannte Verbklammer dar. Was es damit auf sich hat, erfährt man, wenn man den vorstehenden Satz anschaut: Das Prädikat des Satzes war durch das Verb „darstellen" realisiert. Nach den Regeln des Deutschen mußte es in die Teile „stellt" und „dar" geteilt werden. Zwischen „stellt" und „dar" stehen in diesem Satz neun Wörter. Der zweite Teil des Verbs und seine Position mußten bereits vorausgeplant sein, als wir den ersten Teil des Verbs niederschrieben, sonst wäre kein korrekter Satz daraus geworden. Hier war es also nötig, beim Schreiben den Gesamtplan des Satzes – das betreffende grammatische Schema – simultan im Kopf zu haben.

Eine solche exakte Gesamtplanung komplexer grammatischer Schemata ist aber bei der *gesprochenen Sprache* keineswegs die Regel. Hier verfährt der Sprecher, wie schon oben (in Kapitel 1) ausgeführt, impulsiv, additiv, improvisatorisch, fehlerbehaftet, sich korrigierend, immer wieder neu ansetzend und Fertigteile verklebend. Enkodierinputs werden ‚on-line' verarbeitet; auf den Output des Enkodiermechanismus wird vom Artikulationsgenerator ‚on-line' zugegriffen. Eine asynchrone Aktivationswanderung auf verschiedenen Markentyp-Ebenen (mangelnde Kohärenz) und lokale Anomalien von Exzitation und Inhibition sind unvermeidbar. Andere Fehlerquellen kommen hinzu.

9.7 Resümee

Fassen wir einige Gesichtspunkte der Tätigkeit des *Enkodiermechanismus* zusammen:

- Bei der *Erzeugung* von Wörtern (Wort-Markenkomplexen) spielen nicht nur die phonetisch-metrischen Marken, sondern viele *multimodale Marken* eine Rolle. Im Wege unterer Passung werden zu Input-Konzepten geeignete Wörter generiert. Welche Wörter dies sind, hängt auch von spezifischen Markierungen des Enkodierinputs ab, die dieser von der Ebene der Hilfssysteme erhält.

- Die bei der Sprachproduktion resultierenden Wörter – in ihrem ‚Endzustand' – sind durch eine starke *Dominanz ihrer phonetisch-metrischen Marken* charakterisiert. Diese Marken gehören unterschiedlichen *Marken-Typen* an: phonetisch-metrische Marken, die das ganze Wort betreffen, Silben-Marken, Silbenteil-Marken und Phonem-Marken. Die Phoneme, die Silbenteile, zu denen die Phoneme gehören, die Silben, zu denen die Silbenteile gehören, und das Wort, zu dem die Silben gehören, aktivieren sich gegenseitig. Phoneme hemmen vorhergehende und ihnen nachfolgende Phoneme. Dasselbe gilt für Silbenteile, Silben und Wörter.
- Eine phonetisch-metrische Marke wird maximal aktiviert, wenn sie entsprechend *voraktiviert* ist und wenn die auf derselben Ebene vorher maximal aktivierte Marke der *Selbstinhibition* unterliegt. (Dann hat diese Marke nicht die Kraft, ihre inhibitorische Wirkung zu entfalten.) Eine Marke bleibt so lange maximal aktiviert, bis die letzte Marke der nächsttieferen Ebene ihre maximale Aktivation verliert, wobei diese Marke der nächsttieferen Ebene mit ihr exzitatorisch verbunden ist. Dann unterliegt die Marke der Selbstinhibition. Durch diesen Vorgang wandert die maximale Aktivation auf jeder Ebene der Marken-Typen von Phonem zu Phonem, von Silbenteil zu Silbenteil, von Silbe zu Silbe und von Wort zu Wort. Auf diese Weise entstehen *Wortfolgen* (die zugleich Silben- und Phonemfolgen sind).
- Dieser Prozeß wird durch *grammatische Schemata* moduliert. Grammatische Schemata ändern den Aktivationsbetrag von Knoten des Wortgenerierungsnetzwerks, wodurch die Reihenfolge der maximalen Aktivierung von Wörtern (und Wortgruppen) und von lexikalischen und grammatischen Morphemen determiniert wird. Auf diese Weise entstehen *grammatisch geregelte* Wortfolgen. Grammatische Morpheme werden nur aufgrund der Schaltungen eines grammatischen Schemas erzeugt. Die Abwandlung beziehungsweise Flexion von Wörtern, die auch eine Aufgabe der grammatischen Schemata ist, ergibt sich zum einen durch die Kombination von lexikalischen und grammatischen Morphemen. Außerdem werden nach Vorgabe des grammatischen Schemas flektierte Wortformen als Ganze erzeugt. Es ist bis heute theoretisch nicht hinreichend geklärt, ob es daneben komplizierte Prozesse der Umwandlung lexikalischer Phoneme im Wortgenerierungsnetzwerk gibt. – Wir haben grammatische Schemata als *Aktivationsmuster im Planknotenbereich* des Wortgenerierungsnetzwerks konzipiert.
- Die erforderliche Information für die Erzeugung der *Phonation und Artikulation* einer Sprachäußerung wird vom Artikulationsgenerator ‚on-line' von der wandernden Maximalaktivation der Knoten abgegriffen. Hierzu ist es erforderlich, daß die maximale Aktivation nicht nur auf der Phonemebene fortschreitet; die Befehlsinstanz für die *Aussprache* benötigt – neben anderer Information – phonetisch-metrische Information auf der Ebene der Silbenteile, der Silben und des Wortes.
- Es spricht viel dafür, daß *Sprechfehler* nicht immer erst erkannt und korrigiert werden, wenn sie durch die Aussprache realisiert und der Zentralen Kontrolle rückgemeldet worden sind. Sie dürften vielmehr zum Teil bereits während des Enkodierprozesses identifiziert werden. Solche Sprechfehler bestehen darin, daß die maximale Aktivation von Marken auf unterschiedlichen Ebenen von Marken-Typen (Phonemen, Silben usf.) nicht hinreichend synchronisiert ist. So werden Phoneme, Silben etc. fälschlich vorweggenommen, vertauscht, kontaminiert usf. Je mehr diese Fehler auf niedrig liegenden Marken-Ebenen anzusetzen sind, um so eher werden sie erkannt und um so häufiger werden sie korrigiert.

9. DER ENKODIERMECHANISMUS

- Im Enkodiermechanismus werden Ist-Zustände anhand einer Führungsgröße (der ‚Kohärenz') laufend überwacht und gegebenenfalls unterbrochen und korrigiert. Das bestätigt, daß sich die Sprachproduktion auf *jeder* Prozeßebene als *Systemregulation* bestimmen läßt. Wie bereits dargestellt, bildet der Enkodiermechanismus zusammen mit den Hilfssystemen und der Zentralen Kontrolle ein hierarchisches Regulationssystem. Alle Phasen des Sprachproduktionsprozesses dienen gemeinsam dazu, Ist-Zustände des Sprechers an Soll-Zustände anzugleichen.
- Die Wanderung der Maximalaktivation von einer Marke zur nächsten Marke (gleicher Ebene) wird unter anderem durch die wechselseitige Hemmung von Marken gleicher Ebene und durch die Selbstinhibition von Marken erklärt. Diese theoretische Auffassung widerspricht nicht dem Tatbestand der *syntagmatischen Assoziation*.

Der Enkodiermechanismus ist ein bis heute nur unzureichend durchdrungener schwarzer ‚Kasten', eine ‚Blackbox' (vgl. auch Herrmann, 1985, S. 257ff.). Die Aufdeckung seiner internen Struktur kann nur anhand von vielen und mühsam erarbeiteten Ergebnissen der experimentellen Prozeßforschung, aber auch durch Plausibilitätsüberlegungen vorangebracht werden. Die heute übliche und auch von uns herangezogene Analyse von Sprechfehlern gehört zu den Plausibilitätsüberlegungen. Dasselbe gilt zum Beispiel für die weiter oben angeführte Vorstellung, daß der Artikulationsgenerator nicht mit der Information auskommen kann, die in der erzeugten Phonemfolge steckt. Zu den empirischen Befunden gehören zum Beispiel die Analysen der erschwerten Wortfindung (vgl. Herrmann, 1992b), aber auch im engeren Sinne experimentelle Ergebnisse, wie sie zum Beispiel zur Voraktivierung in geradezu riesigem Ausmaß vorgelegt wurden (vgl. dazu unter anderem Dell, 1986; Engelkamp, 1985; Schvaneveldt & McDonald, 1981; Seymour, 1979; Zimmer, 1985).

Wir sind weit davon entfernt, mit hinreichender Sicherheit behaupten zu können, daß bestimmte theoretische Modellvorstellungen richtig und andere eindeutig falsch sind. Viele empirische Befunde und Plausibilitätsüberlegungen lassen sich mit mehr als einer Modellvorstellung vereinbaren. Fast für jede von ihnen kann man ‚passende' Experimentalbefunde und Plausibilitätsüberlegungen heranziehen (und andere, weniger geeignete beiseite lassen). Aus realistischer Sicht halten wir es für erforderlich, eine bestimmte Modellvorstellung als eine *begründete Möglichkeit* der Beschreibung und Erklärung der Tätigkeit des Enkodiermechanismus anzubieten. Die Frage kann immer nur lauten, wie *nützlich* ein Beschreibungs- und Erklärungsmodell für die Arbeit am Problem der Sprachproduktion ist. Die Wahl des theoretischen Modells, die von Wissenschaftlern getroffen wird, richtet sich immer auch nach dem Erkenntnisinteresse und den allgemeinen Vorstellungen zum Funktionieren unseres Seelenlebens. Angesichts unseres allgemeinen sprachpsychologischen Wissensstands scheint uns ein theoretischer Pluralismus und ein ‚Nützlichkeitswettstreit' zwischen Modellen dem Anspruch vorzuziehen zu sein, die eigene theoretische Auffassung sei ‚wahr' und diejenige der anderen sei ‚falsch'. (Zur Funktion von Theorien und Modellen bei der wissenschaftlichen Tätigkeit vgl. auch Herrmann, 1992d.)

10.
Die Varianten der Sprachproduktion und das Zusammenspiel der Subsysteme

Das Sprachproduktionssystem ist ein hierarchisch geordnetes Gefüge von verknüpften Subsystemen, die allesamt als regulierte Systeme gekennzeichnet werden können. Die hierarchische Anordnung der Subsysteme ergibt sich zum einen aus der Abfolge von Teilprozeduren der Äußerungsproduktion und zum anderen unter dem Gesichtspunkt des Aufmerksamkeitsbedarfs.

Der Prozeß der Äußerungserzeugung beginnt auf der Ebene der Zentralen Kontrolle. Dieses Subsystem läßt sich als aktiver Arbeitsspeicher auffassen. Sein (deklarativer) Datenteil ist im Fokusspeicher realisiert; der operative Teil ist die Zentrale Exekutive. Die Zentrale Kontrolle erhält ihren Informationsinput sowohl durch Wahrnehmungsvorgänge als auch durch Informationsabruf aus dem Langzeitgedächtnis.

Die Ebene der Hilfssysteme ist derjenige Teil des Sprachproduktionssystems, der den von der Zentralen Kontrolle erzeugten Protoinput für die einzelsprachliche Enkodierung vorbereitet. Hilfssysteme wählen grammatische Schemata aus, sie determinieren Satzarten, das Tempus und den Modus des Gesprochenen, sie sorgen für die Textkohärenz und die geeignete Emphase, und sie transformieren Merkmale von Partneräußerungen in Merkmale der eigenen Rede. Ihr Aufmerksamkeitsbedarf ist viel geringer als derjenige der Zentralen Kontrolle. Andererseits wäre der Enkodiermechanismus ohne die Hilfssysteme nicht in der Lage, aus der konzeptuell-propositionalen Information des Protoinputs eine einzelsprachliche Äußerung zu generieren. Im Enkodiermechanismus werden schließlich auf der Basis des (markierten) Enkodierinputs grammatisch geregelte und prosodisch modulierte Phonemfolgen hergestellt, die den Input für den Artikulationsgenerator darstellen, mit dessen Tätigkeit die Produktion von Sprachäußerungen zu ihrem Ende kommt.

Schon bei der Besprechung allgemeiner Grundlagen der Sprachproduktion (vgl. oben 6.1) und bei vielen anderen Gelegenheiten haben wir betont, daß das Zusammenspiel der auf unterschiedlichen Hierarchieebenen angeordneten Prozeßbausteine der Sprachproduktion nicht immer gleich ist. Das Homogenitätspostulat, nach dem das Sprechen immer auf gleiche Weise erfolgt, ist eine grobe Vereinfachung. Es erscheint zumindest nicht nützlich, weil bei einer solchen Auffassung strukturell verschiedene Varianten der Sprachproduktion in ihrer Beachtung eingeebnet werden.

Das Zusammenspiel der Prozeßebenen wurde von uns – theoretisch vereinfacht und idealisiert – in drei markante *Prozeßklassen* (Zustände) eingeteilt. Dabei wurde hervorgehoben, daß es sich dabei tatsächlich um 'reine Fälle' handelt und daß das alltägliche Sprechen meist Mischformen aus diesen Zuständen und den häufigen Übergang von einem zum anderen Zustand enthält.

Unter Hinweis auf unsere obigen Ausführungen beschränken wir uns darauf, die drei markanten Zustände in Form von Ablaufschemata zusammenzufassen (*Abbildungen 10.1, 10.2 und 10.3*).

10. DIE VARIANTEN DER SPRACHPRODUKTION

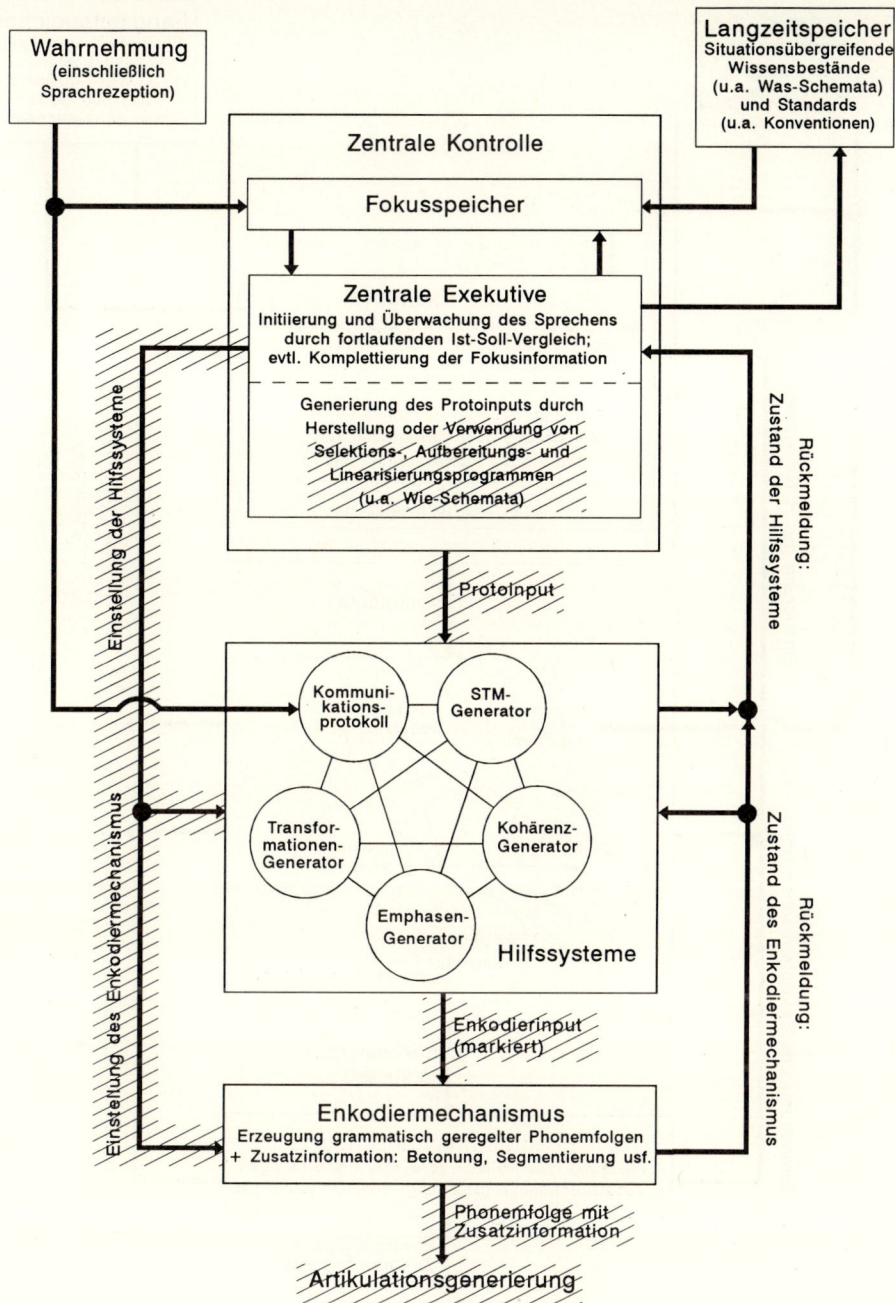

10.1 Die *Schema-Steuerung* ist dadurch charakterisiert, daß die Zentrale Exekutive ein Wie-Schema aufruft, welches die Selektion, Aufbereitung und Linearisierung der Fokusinformation steuert. Die Zentrale Exekutive überwacht diesen Vorgang und kann jederzeit auf Ad hoc-Verarbeitung umschalten. Sie steuert die Ausfüllung von ‚Leerstellen'. Je nach Wie-Schema werden sowohl Hilfssysteme als auch der Enkodiermechanismus eingestellt. – Diese und die folgenden Abbildungen heben die jeweils dominant involvierten Teilprozesse beziehungsweise Teilmechanismen durch Schraffur hervor; das bedeutet nicht, daß die in der Abbildung nicht hervorgehobenen Instanzen und Prozesse ausgeschaltet wären.

425

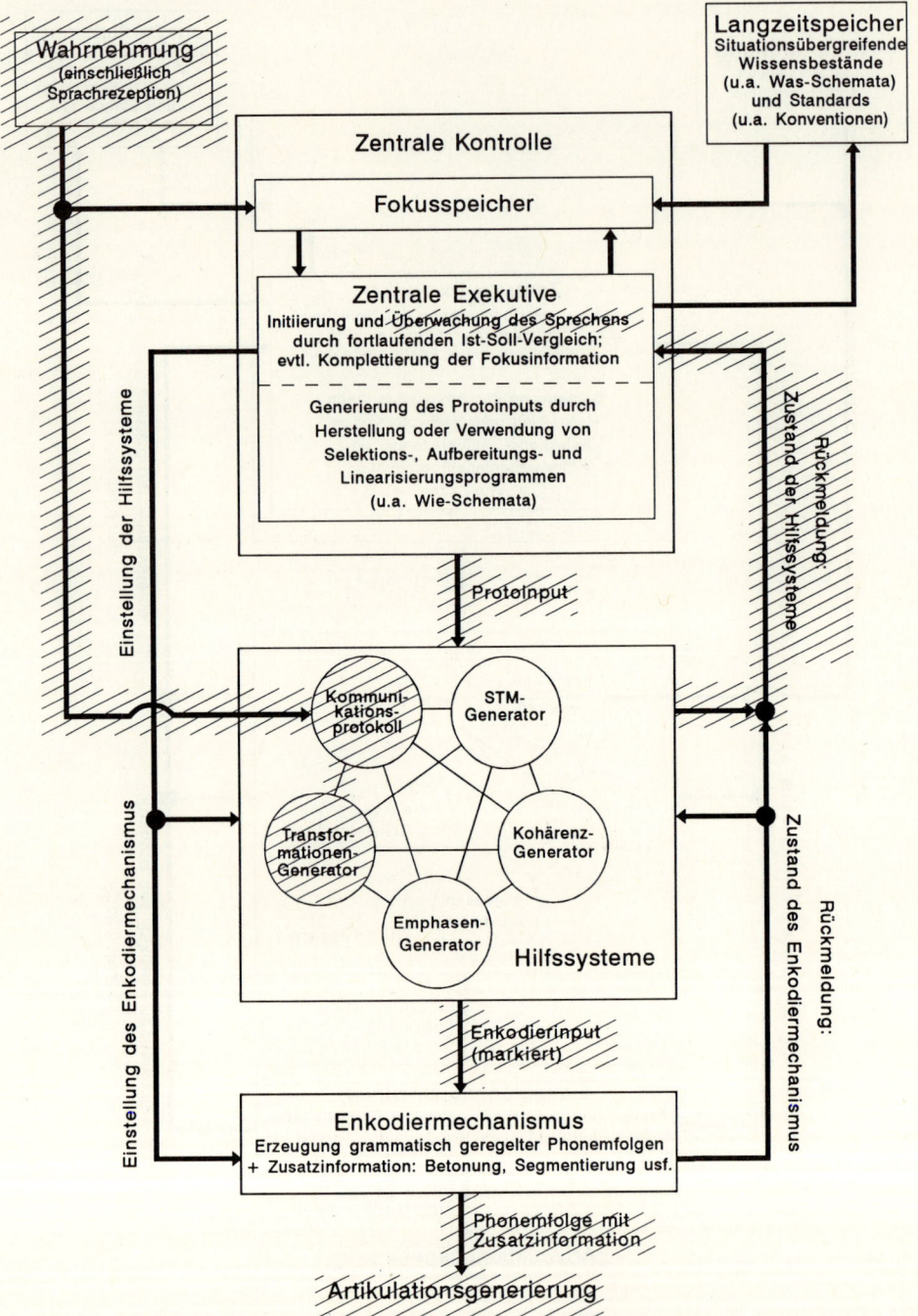

10.2 Bei der *Reiz-Steuerung* delegiert die Zentrale Exekutive die Regulationsaufgaben weitgehend an das Kommunikationsprotokoll und den Transformationengenerator. Die Zentrale Exekutive begnügt sich hier primär mit der Einstellung der Hilfssysteme und der Überwachung des Prozeßablaufs. Ähnlich wie bei der Schema-Steuerung kommt die Zentrale Kontrolle für die Ausfüllung von ‚Leerstellen' auf, die bei der Transformation partnerseitiger Äußerungen in einen Enkodierinput entstehen.

10. DIE VARIANTEN DER SPRACHPRODUKTION

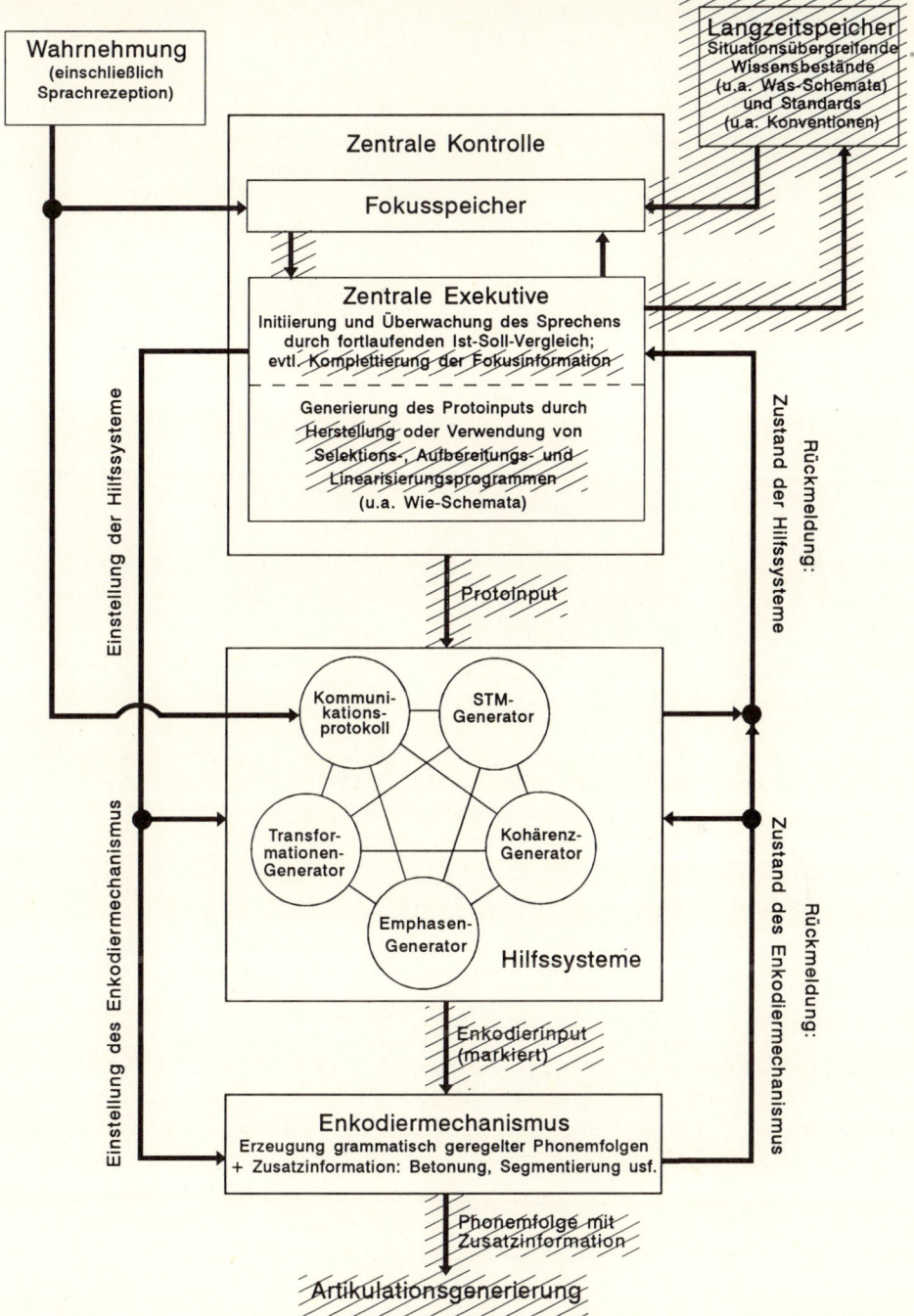

10.3 Bei der *Ad hoc-Steuerung* müssen Selektions-, Aufbereitungs- und Linearisierungsprogramme hergestellt werden, ohne daß die Sprachproduktion nach einem vorhandenen Wie-Schema verläuft noch (wie bei der Reiz-Steuerung) an den Transformationengenerator delegiert werden kann. Bei dieser Stück-für-Stück-Herstellung des Protoinputs muß laufend auf situationsübergreifende Wissensbestände im Langzeitspeicher zurückgegriffen werden.

IV.

Sprachpsychologie in Praxisfeldern

Der Leser oder die Leserin hat im Teil III dieses Buches eine Regulationstheorie der Sprachproduktion kennengelernt. Nun mag ihn oder sie interessieren, welche Folgen eine solche theoretische Rekonstruktion des Spracherzeugungsgeschehens für Problemformulierungen und Problembearbeitungen außerhalb der sprachpsychologischen Grundlagenforschung hat. Gewinnt man also – so könnte man fragen – unter der Perspektive der von uns vorgestellten Auffassungen *Alltagsproblemen*, mit denen es der psychologische Laie und auch der in (nicht-forschender) Berufspraxis tätige Psychologe, Linguist, Sozialwissenschaftler zu tun haben, neue Seiten ab? Wir meinen, daß das so ist.

Viele einschlägige Alltagsprobleme werden nicht nur vom Laien – was verständlich ist –, sondern auch von Psychologen und ihren Nachbarwissenschaftlern – was eher erstaunen sollte – ganz ohne Kenntnisnahme der sprachpsychologischen Forschungsresultate wahrgenommen, beurteilt und behandelt. Das gilt für die Lebens- und Tätigkeitsbereiche von Klinik und Gesundheit ebenso wie für die Bereiche von Schule und Erziehung oder von Arbeit und Beruf. Wenn schon der bestimmende Einfluß der psychologischen Grundlagenforschung auf das Laienverständnis und auf das Berufshandeln von Psychologen und ihren beruflichen Nachbarn ohnedies eher mäßig ist, so gilt das ganz besonders für den Einfluß sprachpsychologischer Erkenntnisresultate. Wir beabsichtigen nicht, darüber unser Bedauern auszubreiten. Vielmehr wollen wir in aller Kürze, ohne Anspruch auf umfassende Problembehandlung und in ganz willkürlicher Auswahl, im Teil IV dieses Buches aufweisen, welche Folgen sich im Lichte der Regulationstheorie der Sprachproduktion für zwei voneinander völlig verschiedene Alltagsphänomene ergeben können: Was gewinnt man für das Verständnis des Zweitsprachenerwerbs und seine Optimierung (Kapitel 11) sowie für das Verständnis des Umgangs mit Telefon und Anrufbeantworter (Kapitel 12), wenn man die Regulationstheorie des Sprechens als ‚Hintergrundtheorie' verwendet? (Vgl. auch Herrmann, 1992d.)

11.
Der Zweitsprachenerwerb aus sprachpsychologischer Sicht

11.1 Das Problem

Der Erwerb von Zweitsprachen ist ein vielschichtiger, uneinheitlicher und bis heute wissenschaftlich noch längst nicht hinreichend durchschauter Vorgang, dessen Erforschung ohnedies nur bei intensiver Zusammenarbeit mehrerer Wissenschaften Erfolg verspricht (vgl. zum Zweitsprachenerwerb allgemein Butzkamm, 1989; Doyé, Heuermann & Zimmermann, 1988). Wissenschaftliche Beiträge zum Zweitsprachenerwerb liegen insbesondere aus verschiedenen Arbeitsrichtungen der Linguistik, der Erziehungswissenschaft (einschließlich einzelner Fachdidaktiken), der Sprachpsychologie und der Sprachsoziologie vor. Darüber hinaus dürfen nicht die wertvollen Befunde vergessen werden, die von Praktikern des Zweitsprachenunterrichts gewonnen wurden. Nicht zuletzt auch durch die Beiträge dieser Praktiker ist es deutlich geworden, wie stark der Zweitsprachenerwerb zum einen von der zu erwerbenden Sprache ($= L_2$) und zum anderen von der Erstsprache beziehungsweise Ausgangssprache ($= L_1$) beeinflußt ist (Carroll & Dietrich, 1985; Klein, 1992b). Trotz dieser einzelsprachenspezifischen Verschiedenartigkeit von Erwerbsprozessen kann aber doch davon ausgegangen werden, daß es allgemeine Strukturen des Zweitsprachenerwerbs gibt, die generell auftreten und somit die einzelsprachenspezifischen Unterschiede übergreifen. – Nur mit diesen allgemeinen Strukturen können wir uns hier befassen.

Der genuin interdisziplinäre Charakter der Erforschung des Zweitsprachenerwerbs macht es einsichtig, daß wir dieses Phänomen auch nicht in Ansätzen umfassend, sozusagen flächendeckend abhandeln können. Wir betrachten es einerseits ohnedies nur aus *sprachpsychologischer Perspektive* und andererseits nur unter *ausgewählten Gesichtspunkten*, die sich aus den in diesem Buch dargestellten empirischen Ergebnissen und theoretischen Überlegungen ergeben. Es erscheint uns jedoch nützlich, einige der von uns für wichtig gehaltenen theoretischen Annahmen, wie wir sie in den vorstehenden Kapiteln erörtert haben, daraufhin zu befragen, welche Folgerungen sich aus ihnen für sprachpsychologische Vorstellungen zum Zweitsprachenerwerb ergeben: Sprachpsychologische Befunde und Theoriebildungen können auch für die Theorie des Zweitsprachenerwerbs nicht folgenlos sein.

Die Beschäftigung mit dem Zweitsprachenerwerb stellt uns vor eine Sachlage, die wir bisher in diesem Buch noch nicht zu berücksichtigen hatten: Wissenschaftliche Annahmen zum Zweitsprachenerwerb verlassen sehr schnell den Bereich der Tatsachenerkenntnis, der

Erkenntnis von Sachverhalten, so wie sie *sind*, und erreichen den Bereich des *Sollens*: der Normen und Ziele. Es genügt nicht zu wissen, wie man de facto Zweitsprachen erwirbt, welche Prozesse dabei ablaufen, wie diese Prozesse von Einflüssen verschiedenster Art modifiziert werden, usf. Vielmehr etabliert man (auf der Basis solcher empirischer Erkenntnisse) immer wieder auch Vorstellungen darüber, wie Zweitsprachen erworben werden *sollten*, welche legitimierten Ziele ein Zweitsprachenunterricht zu haben *hat*, usf. (Daran pflegen sich dann sogleich Überlegungen darüber anzuschließen, wie die betreffenden Normen erfüllt beziehungsweise die betreffenden Ziele erreicht werden können.)

In der Tradition der Sprachpsychologie wie der psychologischen Grundlagenforschung überhaupt sind auf Normen und auf die Verbesserung gegebener Umstände gerichtete wissenschaftliche Anstrengungen nicht eben häufig anzutreffen. Sprachpsychologie bezieht sich, wie die psychologische Grundlagenforschung überhaupt, primär auf Tatsachenerkenntnisse und nicht darauf, wie die Dinge sein sollten (vgl. unter anderem Herrmann, 1979, S. 181ff.). Diese Zurückhaltung gegenüber normativen Fragen läßt sich kaum beibehalten, wenn man sich mit dem Zweitsprachenerwerb befaßt. Zumindest soweit dieser Zweitsprachenerwerb im Kontext des Unterrichts erfolgt (s. unten 11.3), wird es immer auch darum gehen, welches realistische Ziel sich Lernende setzen oder ihnen gesetzt wird. Und die unterrichtlichen Mittel für die Erreichung eines solchen Ziels stehen dann ebenfalls zur Diskussion.

Man sollte aber, wenn man sich auf Ziel- und Normfragen einläßt, nicht den inzwischen allgemein bekannten Sachverhalt vergessen, daß man Ziele oder Normen nicht aus der Erkenntnis von Tatsachen in striktem Sinne ableiten (deduzieren) kann (vgl. dazu auch Albert, 1982; Bunge, 1967). Zum Vergleich: Keines der unzählig vielen Ergebnisse der Erforschung elterlicher Erziehungsstile und Erziehungsziele (vgl. dazu Schneewind & Herrmann, 1980) kann die Basis dafür hergeben, strikt zu deduzieren, daß es zum Beispiel besser ist, nicht-aggressive Menschen heranzubilden. Ob man aggressive oder nicht-aggressive Menschen haben *will* oder *soll*, wird oft nicht unentschieden bleiben können. Man kann die entsprechende Normsetzung aber nicht aus der Erkenntnis von Erziehungstatsachen herleiten und dadurch rechtfertigen.

Zur Vermeidung zweier Mißverständnisse:

(1) Man mag zum Beispiel entweder die Norm der Friedfertigkeit oder die Norm der Aggressivität (beziehungsweise auch der soldatischen Tugenden, der Durchsetzungsfähigkeit oder dergleichen) als eine von zwei konträren Zielsetzungen der Erziehung *setzen* oder *behaupten* und allenfalls zu legitimieren versuchen. *Oder* man kann *untersuchen*, welche dieser beiden konträren Normen Menschen setzen oder behaupten und zu legitimieren versuchen, warum sie das tun, wie sie es begründen, usf. Aussagen über Normen sind danach zu unterscheiden, ob mit diesen Aussagen (a) Normen etabliert (gesetzt) werden oder ob mit ihnen (b) Normsetzungen beschrieben oder auch erklärt werden sollen. Im ersten Falle handelt es sich um ‚normative Aussagen': „Du sollst friedfertige Menschen heranbilden!" Im zweiten Falle um ‚deskriptive Aussagen': „E. A. Doelle fordert, man solle soldatische Menschen heranbilden." – Wir beabsichtigen im Zusammenhang unserer gegenwärtigen Argumentation auch ‚normative Aussagen': Welche Normen und Ziele sollen für den Zweitsprachenerwerb gelten oder auch nicht gelten? (Es geht also nicht (nur) darum, welche Normen und Ziele zum Zweitsprachenerwerb zur Zeit tatsächlich gesetzt werden.)

(2) Wenn sich *Wissenschaftler* mit Normsetzungen befassen, dann sind sie ebensowenig wie alle anderen Leute in der Lage, ihre Vorstellungen zum Beispiel über den ‚richtigen'

Zweitsprachenerwerb aus gesicherten wissenschaftlichen Erkenntnissen oder sonstwie strikt zu deduzieren. Diese Sachlage darf aber nicht damit verwechselt werden, daß man wissenschaftliche Erkenntnisse und Überlegungen dazu benutzen kann, Vorschläge für die Ziel- und Normenbildung im Bereich des Zweitsprachenerwerbs *argumentativ zu begründen* (vgl. Toulmin, 1975). Die wissenschaftliche Tatsachenerkenntnis einschließlich der wissenschaftlichen Theoriebildung liefert für Normsetzungen sozusagen ‚gute Gründe' – nicht mehr und nicht weniger. Außerdem darf darauf hingewiesen werden, daß wissenschaftliche Tatsachenerkenntnis zumindest dazu führen kann, daß sich mehrere Normsetzungen als miteinander unverträglich erweisen. Wieder ein Vergleichsbeispiel: Setzen wir voraus, daß die Erziehungsstilforschung gut gesicherte Erkenntnisse darüber besitzt, daß der Leistungsehrgeiz junger Menschen in hohem Maße davon abhängt, daß die Erzieherrollen der beiden Eltern ungleich sind: Der Vater wirkt eher als Vorbild für den Leistungsehrgeiz, und die Mutter fördert den Leistungsehrgeiz durch ‚instrumentelle Erziehung'. Eltern, die mit möglichst stark aneinander angeglichenen Erzieherrollen (‚equalitär') erziehen, haben unter sonst gleichen Bedingungen weniger leistungsehrgeizige Kinder (vgl. unter anderem Bronfenbrenner, 1961). – Falls dies stimmt, kann strikt *gefolgert* werden, daß die beiden Erziehungsziele „Kinder sollen einen großen Leistungsehrgeiz erwerben/haben!" und „Eltern sollen ihre Kinder equalitär erziehen!" nicht vereinbar sind. Soweit die genannten Forschungsbefunde Gültigkeit beanspruchen können, kann also das Vertreten *beider* Normen als irrational erwiesen werden (vgl. dazu auch Albert, 1968). Das Beispiel zeigt, daß Wissenschaften für Normsetzungen oder deren Ablehnung ‚gute Gründe' beibringen können – und gegebenenfalls im Bereich normativer Aussagen sogar logische Ableitungen anzubieten in der Lage sind. Und das gilt auch für Ziele und Normen, die sich auf den Zweitsprachenerwerb beziehen.

Wir werden in diesem Kapitel die Auffassung vertreten, daß das Ziel, den Lernern einer Zweitsprache die Kompetenz zu vermitteln, in dieser Zweitsprache unendlich viele (beliebige) wohlgeformte Sätze zu bilden, unrealistisch und psychologisch nur schlecht begründbar ist. Wir werden dieser Norm- beziehungsweise Zielsetzung unsere eigene normative Vorstellung entgegenstellen, so wie sie sich aus unseren zuvor dargestellten theoretischen Annahmen begründen läßt. Die Begründung unserer eigenen Normvorstellung liegt also in der Anwendung einer Reihe unserer zentralen theoretischen Auffassungen zur Sprachproduktion auf das Phänomen des Zweitsprachenerwerbs. Wir werden argumentieren: Zweitsprachensprecher sollen dasjenige, was sie bezüglich einer Zweitsprache erworben haben beziehungsweise erwerben konnten, möglichst optimal für die Angleichung ihrer Ist-Zustände an ihre Soll-Zustände einsetzen können. Zweitsprachensprecher sollen dasjenige, was sie von der Zweitsprache kennen und zu beherrschen gelernt haben, *zusammen* mit ihren anderen Verhaltensressourcen und all dem, was sie außerdem noch über Kommunikationssituationen wissen, möglichst geschickt verwenden können, um das *Bewußtsein ihres Partners in der jeweiligen Kommunikationssituation zielführend zu ändern*. Der im Unterricht vollzogene Zweitsprachenerwerb soll darüber hinaus die Vorteile ausschöpfen, die dieser Erwerb gegenüber dem ‚natürlichen', ‚spontanen' Zweitsprachenerwerb besitzt – und im übrigen den unterrichtlichen Erwerbsprozeß dem ‚natürlichen' Erwerbsprozeß möglichst angleichen. – Wir werden diese Vorstellungen im folgenden erläutern und begründen.

11.2 Thematische Abgrenzungen

Für die nachfolgende Argumentationslinie erscheint es uns wichtig klarzumachen, wovon die Rede sein soll und wovon nicht. Richards (1978) unterscheidet das Erlernen einer ‚foreign language' vom Erwerb einer ‚second language'. Das Ziel, eine *‚foreign language'* zu erlernen, besteht *nicht* darin, in Alltagssituationen mit Hilfe dieser Sprache selbständig und spontan mit Partnern zu kommunizieren. Etwa das Altgriechische erlernt man vielmehr, um vielleicht philosophische Texte lesen und verstehen zu können. Oft erlernen Schüler eine ‚foreign language' aber auch nur deshalb, weil sie ein Schulzeugnis beziehungsweise eine Schulnote benötigen, die ihnen die Zulassung zu ihrem weiteren Bildungsweg eröffnet. Das ist zum Beispiel in Deutschland beim Lateinlernen der Fall; wenn man bestimmte Universitätsfächer studieren will, muß man ein Latein-Zeugnis vorweisen – auch wenn man später, bei seiner beruflichen Arbeit, tatsächlich ohne Lateinkenntnisse auskommt.

Die *‚second language'* erwirbt man hingegen, um im Alltag kommunizieren zu können. Unsere gegenwärtigen Ausführungen betreffen ausschließlich den Erwerb einer ‚second language'.

Der Mensch hat die erstaunliche Fähigkeit, die verschiedensten Kodes, Schriftsysteme und Sprachen zu erlernen. So kann er das Morse-Alphabet lernen, er kann Programmiersprachen lernen, er kann aber auch ‚tote' Sprachen wie Latein, Altgriechisch, Sanskrit oder Altprovencalisch lernen, er kann Schriftsysteme wie die Hieroglyphen oder die Keilschrift erlernen. Alles dies sind aber keine sprachlichen Mittel oder Werkzeuge, mit denen man heute spontan im Alltag mit Gesprächspartnern *kommuniziert* (vgl. auch schon Bühler, 1934). Man kann diese Kodes, Sprachen und Schriftsysteme auch nicht lernen, *indem* man kommuniziert. Alle diese Kodes, Sprachen und Schriftsysteme sind nicht der Gegenstand unserer nachfolgenden Ausführungen.

Die *Zweitsprachen* (= ‚second languages'), mit denen wir uns hier befassen, sind für eine große Menge von Menschen (für die jeweiligen ‚native speakers') Erstsprachen. Mit diesen Sprachen wird im Alltag kommuniziert. Und man kann diese Sprachen – als Ausländer – *grundsätzlich* auch ohne Schulunterricht erlernen, indem man im Alltag zu kommunizieren versucht. Wir denken dabei an Sprachen wie Englisch, Italienisch oder Japanisch. Kinder, die im sprachfremden Ausland aufwachsen (Felix, 1978), aber auch Gastarbeiter, Internierte, Kriegsgefangene usf. zeigen uns oder haben uns gezeigt, daß man diese Sprachen – zumindest bis zu einem gewissen Grad und oft ohne das Erlernen der Schrift – auch ganz ‚natürlich', ‚spontan', ‚auf der Straße', also ohne Schulunterricht erwerben kann (vgl. Perdue & Klein, 1992). Um den Erwerb solcher Sprachen geht es uns, doch beschränken wir uns auf das *institutionalisierte*, in Schulen, Kursen oder dergleichen stattfindende Zweitsprachenlernen; wir behandeln also den ‚intentionalen Zweitsprachenerwerb' im Unterricht. Nach den Einschränkungen, die wir für dieses Buch getroffen haben, können wir nicht auf den Erwerb des Schreibens und Lesens (der ‚Schriftlichkeit') eingehen. Es handelt sich also hier nur um den *mündlichen Zweitsprachenerwerb im Unterricht*.

Bei unseren nachfolgenden Ausführungen denken wir an Zweitsprachenlerner mindestens im *Schulalter*, auch an *Jugendliche* nach der Pubertät und an Studenten, nicht aber an Kinder im Vorschulalter, die eine Zweitsprache fast parallel zu ihrer Erstsprache erwerben, die also zum Beispiel bei einer Privatlehrerin Englisch lernen, während sie ihre japanische Muttersprache noch längst nicht vollständig beherrschen. (Auch mit dem Bilingualismus werden wir uns hier nicht befassen; vgl. dazu auch Oksaar, 1977.)

11.3 Einige Überlegungen zu realistischen Zielsetzungen beim Zweitsprachenerwerb

Die institutionellen Bedingungen des Zweitsprachenerwerbs, also die unterrichtlichen Voraussetzungen, die dem Zweitsprachenlerner geboten werden können, sind bekanntlich von Land zu Land und auch innerhalb der Länder außerordentlich verschieden. Man kann aber, zumal wenn man über unsere eigenen Landesgrenzen hinausschaut, mit guten Gründen unterstellen, daß die institutionellen Möglichkeiten, die dem durchschnittlichen Zweitsprachenlerner geboten werden (können), im allgemeinen recht bescheiden sind. Sie geben vor allem nicht die Grundlage dafür her, als Ziel des Fremdsprachenunterrichts jene schon genannte Kompetenz zu proklamieren, *in der Zielsprache (der Zweitsprache L_2) in kreativer Weise beliebig viele wohlgeformte Sätze bilden und solche Sätze unbeschränkt verstehen zu können* (s. auch Herrmann, 1990c).

Fremdsprachenlehrerinnen und Fremdsprachenlehrer können weder etwas an der biopsychischen Beschaffenheit ihrer Lerner noch viel an den institutionellen und materiellen Bedingungen ihres Fremdsprachenunterrichts ändern. Zumindest sind ihnen große und tiefgreifende Verbesserungen verwehrt, mögen sie auch hier und da mit Klugheit und Geschick unter den vorgegebenen Bedingungen kleinere Optimierungen vornehmen können. Zum Beispiel sind Menschen generell so beschaffen, daß sie nach Eintritt in die Pubertät eine Fremdsprache nicht mehr völlig akzentfrei sprechen lernen (vgl. Lenneberg, 1972). Auch die Schulform, die Klassengröße und die unterrichtstechnologische Ausstattung sind so etwas wie konstante Größen, mit denen die Lehrenden ohne große Änderungschancen zurechtkommen müssen. Und dies alles sollte selbstverständlich Folgen für die Etablierung von Lehrzielen beziehungsweise von Unterrichtsaufgaben des Fremdsprachenunterrichts haben. Es besteht generell das Problem der *Kompatibilität* von Lehrziel und Lernbedingungen.

Nach unseren Erfahrungen machen es sich viele Planer des Fremdsprachenunterrichts und diejenigen, die den Unterricht zu realisieren haben, deshalb schwer, weil sie – oft stillschweigend und zu wenig reflektiert – eine *fehlerhafte Zielperspektive* verwenden. Für verfehlt halten wir die Zielperspektive des Chomskyanischen Kompetenzkonzepts. (Vgl. Chomsky, 1973a,b; Corder, 1967; Seliger, 1987; und viele andere. Man beachte auch etwa die unterschiedlichen Positionen bei Butzkamm, 1989; Felix, 1978; und Klein, 1992b.) Das Chomskyanische Kompetenzkonzept geht auf den bedeutenden Sprachwissenschaftler Noam Chomsky zurück, der in unserer Sicht die Entwicklung der Sprachwissenschaften in geradezu epochaler Weise positiv beeinflußt hat und nach wie vor positiv beeinflußt, der aber auch die wissenschaftliche Entwicklung der Sprachpsychologie nachhaltig behinderte (vgl. dazu unter anderem Engelkamp, 1974; Hörmann, 1976). Die sprachliche Kompetenz im Sinne von Chomsky ist nichts anderes als eben die Fähigkeit, *beliebig („unendlich") viele wohlgeformte Sätze einer Sprache bilden (und alle diese Sätze auch verstehen) zu können*, von der schon wiederholt die Rede war. Bei der Definition dieser Kompetenz stehen die Beherrschung grammatischer Regeln und ein hinlänglicher Wortschatz im Vordergrund. Weiterhin geht es um die Beherrschung von Ausspracheregeln und allenfalls noch um die Beherrschung von Sprachverwendungsregeln. (Damit ist zum Beispiel gemeint, unter welchen Bedingungen man im Englischen das ‚past tense' verwenden darf; s. dazu oben 1.2.3.)

Das Chomskyanische Kompetenzkonzept ist eine unmittelbare Konsequenz aus Chomskys (früher) *Sprachtheorie* (1965, 1972). Nach dieser Vorstellung eignet sich ein Mensch, der Sprache lernt, ein System von Regeln an, die es ihm erlauben, ‚Bedeutung' und Laute zu verbinden. Mit diesen Regeln können Sprecher einer Sprache beliebig viele neue Äußerungen hervorbringen. Der Mensch bringt ererbtermaßen die Fertigkeit mit auf die Welt, die sprachlichen Grundstrukturen und Regeln von Einzelsprachen zu erwerben. Mit Hilfe dieser *Erwerbskompetenz* analysiert der Mensch die Sprache, wie sie um ihn herum ständig gesprochen wird; er extrahiert aus dem Gehörten Hypothesen darüber, nach welchen Regeln gesprochen wird. So entsteht langsam ein System von erkannten Regeln, nach denen alle möglichen Lautfolgen der betreffenden Sprache produziert werden (Szagun, 1991, S. 43ff.).

Zu dem ‚Sprachwissen', das der Mensch gar nicht erst erwerben muß, sondern angeborenermaßen mit auf die Welt bringt, gehört nach Chomsky (1973b) unter anderem, daß alle Sprachen aus Konsonanten und Vokalen bestehen, daß es in jeder Sprache Sätze gibt, die aus Nominal- und Verbalphrasen bestehen, und daß Wörter grammatische Rollen wie Satzsubjekt, Prädikat usf. innehaben können. Mit Hilfe dieser und anderer angeborener Wissensressourcen ist der Mensch, wie dargestellt, in der Lage, komplizierte Regelstrukturen der jeweils erworbenen Einzelsprache zu finden, selbst wenn die in der sprachlichen Umgebung *gehörten* Äußerungen nicht regelkonform sind (!).

Wir müssen diese auf die genetische Präformierung des Spracherwerbs angelegte Theorie (= nativistische Erwerbstheorie) nicht diskutieren. Wir müssen auch nicht erörtern, daß Chomsky und die von ihm beeinflußten Sprachwissenschaftler unterstellen, daß der Spracherwerb unabhängig von der generellen kognitiven Entwicklung des Menschen verläuft und die ‚Sprachverwendung' auch beim Erwachsenen ein vom übrigen kognitiven Gesamthaushalt des Menschen getrenntes Funktionssystem darstellt (vgl. dazu auch Fodor, 1983). Und außerdem können wir hier nicht eine Unterscheidung erörtern, die dem sprachpsychologischen Denken außerordentlich fernliegt: Chomsky unterscheidet die ‚Sprachkompetenz' des Menschen als ein auf angeborenen Mechanismen beruhendes ‚Vermögen' vom tatsächlichen sprachlichen Verhalten, der sogenannten Sprachperformanz. Diese vermögenstheoretische Zweistufigkeit bei der Entwicklung von Sprachtheorien ist bis heute weiten Teilen der Linguistik eigen. Zum Beispiel unterscheidet man die ‚eigentliche' semantische Bedeutung von Wörtern, deren Kenntnis ein Teil der Sprachkompetenz ist, von der ‚konzeptuellen' Bedeutung, die nicht das Ergebnis von Sprachwissen, sondern von Weltwissen ist. Bei der tatsächlichen Sprachverwendung wird die ‚reine' semantische Wortbedeutung konzeptuell modifiziert. Die semantische Bedeutung von Wörtern einer Sprache ist invariant, die im Sprachverhalten manifestierte Bedeutung variiert im Sinne des sprecherseitigen Weltwissens (vgl. dazu Bierwisch & Lang, 1987; Lang, Carstensen & Simmons, 1991; Wunderlich & Herweg, 1991). Eine solche Kompetenz-Performanz-Unterscheidung ist mit der sprachpsychologischen Theoriebildung, wie sie zum Beispiel in diesem Buch dargestellt ist, unvereinbar. (Zur Kritik vgl. Bruner, 1987; Hörmann, 1976; vgl. auch Herrmann, 1982a, S. 2ff.)

Unter Chomskyanischer Zielperspektive sind in unserer Sicht im Unterrichtsalltag fast überall auf der Welt Mißerfolg und Unzufriedenheit vorprogrammiert. Die Resultate des durchschnittlichen faktischen Zweitsprachenunterrichts sind dann zur Lebensfristung als ‚defizienter Modus', als ‚Schwundstufe' oder dergleichen verurteilt; denn eine solche Kompetenz kann im allgemeinen auch nicht in Annäherung in der zur Verfügung stehenden Zeit und angesichts der Unterrichtsbedingungen und der Eigenschaften der Lernenden erreicht werden. Eine solche Zielsetzung kann sogar als irrational verstanden werden, weil man nun einmal nicht wollen soll, was man nicht kann (Albert, 1968). Nach unserer Auffassung taugt die Chomskyanische Zielperspektive nicht als Vorlage für die Bestimmung des Unterrichtsziels beim Zweitsprachenerwerb. Dies einmal aus dem Grunde, den wir soeben genannt haben. Zum anderen verträgt sich die Chomskyanische Kompetenzkonzeption nicht damit, wie das Sprechen und das Sprachverstehen und ihr Erwerb ‚funktionieren'. Man erinnere sich in diesem Zusammenhang an unsere Darstellung, warum und wie Menschen miteinander sprechen und welche Voraussetzungen gegeben sein müssen, damit sie die Bewußtseinsinhalte ihrer Partner so beeinflussen können, daß sie ihre eigene Ist-Lage an ihre Soll-Lage angleichen können.

Was die Chancen für die Erreichung einer Chomskyanischen Kompetenz im Zweitsprachenunterricht betrifft, so betrachte man als beliebig herausgegriffenes *Beispiel* den Deutschunterricht in Japan. (Wir beziehen uns dabei in erster Linie auf die Studien von de La Trobe & Streb (1985), Reinelt & Marui (1990), Sugitani (1986) sowie auf den Sammelband „Deutschunterricht in Japan" (1991).) Dabei werfen wir unseren Blick nur auf den Deutschunterricht im allgemeinbildenden Bereich japanischer Universitäten, also nicht auf den Deutschunterricht an Fachschulen verschiedener Art oder im Rahmen der Fachgermanistik. Der Deutschunterricht ist hier – nach Englisch – als zweite Fremdsprache, und zwar als zwei- bis viersemestriges Wahlpflichtfach, institutionalisiert.

Die Studierenden haben in ihrer Schulzeit und auch beim Erlernen der ersten Zweitsprache (Englisch) im allgemeinen nur Frontalunterricht (lehrerseitige Übersetzung ins Japanische, Grammatikerklärung und dergleichen) kennengelernt. Pauschal formuliert, erinnern die Fremdsprachenstudenten in ihrem Lernverhalten an westliche Sekundarschüler von eher konservativem Zuschnitt. Sie verwirklichen ihre Teilnehmerrolle im Sprachunterricht günstigenfalls durch zumeist nonverbal signalisierte Aufmerksamkeit, durch Mitschreiben oder dergleichen. Spontane Schüleraktivitäten, nicht-reaktive Beteiligung am Unterricht, Schülerfragen, schülerseitige Anregungen, Seminardiskussionen (im weiteren Sinne) usf. kann der Lehrende aufgrund der heutigen japanischen Schulsozialisation kaum erwarten. Nach der erlernten Rollenerwartung lehrt der japanische Lehrer ‚vorn', der im Unterricht rezeptiv aufmerksame Schüler dokumentiert seine variablen Lernleistungen fast ausschließlich im ‚Test'. Der Lernerfolg eines Studierenden ist primär im ‚Schein' (das heißt in einem Leistungsnachweis oder Zertifikat) definiert.

Die Realisation der in Japan gesellschaftlich definierten Schülerrolle in der Unterrichtssituation und damit das stete Zusammenspiel mit dem Lehrer und den anderen Schülern bei der Herstellung von Entgegenkommen, Kooperation, sicheren Erwartbarkeiten, von Üblichkeit und Normalität sind für den japanischen Studierenden ebenso wichtig und bisweilen wichtiger als zum Beispiel das Erlernen einer Zweitsprache (vgl. dazu auch Doi, 1982). Wieweit man insofern ein ‚guter Schüler' ist, hat auch sehr großen Einfluß darauf, im Zweitsprachenunterricht ‚durchzukommen'. Japanische Schüler verhalten sich, wie betont, im Deutschunterricht von vornherein so, wie sie es aus ihrem bisherigen Unterricht in Schule und Hochschule gewöhnt sind. So kann der Zweitsprachenlehrer nicht erwarten, daß der Schüler in der Regel auf Lehrerfragen antwortet. Übungen in ‚real speech' im Unterschied zu ‚drill speech', also ein in der mehr oder minder rudimentären Lernervarietät der Zweitsprache geführtes Gespräch über Sachthemen (vgl. Butzkamm, 1989; Hawkins, 1987), sind im allgemeinen in einer japanischen Lehrveranstaltung nicht zu verwirklichen. Für den Unterricht in Gruppen sind japanische Studierende kaum geeignet (vgl. dazu auch Schwerdtfeger, 1985). In Japan können Lehrer von ihren Schülern bisher auch kaum verlangen, daß sie etwas aus der letzten Stunde behalten oder inzwischen anzuwenden gelernt haben; die sogenannte Progressionskategorie, also die begründete Erwartung des Lehrenden, auf den Ergebnissen der jeweils früheren Schulstunde ‚aufbauen' zu können, ist hier nicht ohne weiteres anwendbar.

Diese kursorische und vergröbernde – vielleicht auch hier und da sogar verzerrende – Skizze dürfte genügen, um deutlich zu machen, daß viele generelle Konzepte der Zweitsprachendidaktik wie auch viele konkrete unterrichtliche Maßnahmen als Möglichkeiten für den Zweitsprachenunterricht in Japan entfallen, auch wenn sie als solche außerordentlich begrüßenswert wären. Worum es uns hier allein geht, ist die Folgerung, daß es unter den gegebenen Bedingungen keinem Lehrenden möglich ist, den japanischen Studierenden auch nur in Annäherung die Chomskyanische Kompetenz zu vermitteln, beliebig viele, nach Wortwahl, Grammatik, Aussprache usf. fehlerfreie (oder auch nur fehlerarme) Sätze kreativ produzieren zu können. Soweit dies aber das Standardlehrziel für den Fremdsprachenunterricht ist, bleibt seine Umsetzung im Deutschunterricht in Japan aus Strukturgründen notgedrungen defizitär. Es sei hinzugefügt, daß Deutschlehrer in Japan mit Erfolg zeigen, daß auch ohne ein Chomskyanisches Kompetenzideal in einer lernerzentrierten Weise erfolgreich unterrichtet werden kann und wie man effektive unterrichtliche Verbesserungen planen und erproben kann.

Die interessierten Leserinnen und Leser mögen im Vergleich zu den kurzen Ausführungen über die Unterrichtsverhältnisse an japanischen Hochschulen selbst erwägen, ob die Unterrichtssituation zum Beispiel in Deutschland ungleich besser ist und wie es hierzulande mit der Realisierbarkeit des Chomskyanischen Kompetenzideals steht. Wir wollen keinen Zweifel darüber lassen, daß die Unterrichtsbedingungen des Zweitsprachenunterrichts an Schulen und Hochschulen hierzulande günstiger zu beurteilen sind, daß aber selbst hier die erreichbare Zielnähe zum Kompetenzideal als außerordentlich fragwürdig beurteilt werden muß.

11.4 Was sollte man lernen, wenn man eine Zweitsprache lernt?

Der Aufwand für den intentionalen Erwerb einer Zweitsprache im Unterricht ist generell recht hoch; der Lerner hat viel Arbeit und Fleiß zu investieren; der Zeitaufwand wirkt sich auf das Zeit-Budget des Lernenden in wichtigen Lebensjahren nicht unerheblich aus. Wir meinen, daß weitgehende Übereinstimmung darin besteht, daß schon aus diesen Gründen der Zweitsprachenerwerb nicht allein ein Mittel sein sollte, durch bestandene Prüfungen beziehungsweise Leistungsnachweise verbesserte *Karrierechancen* zu erhalten. Neben das ‚Schein'-Ziel sollte vielmehr die Zielsetzung treten, mit Hilfe der erlernten Zweitsprache tatsächlich *frei kommunizieren zu können* (vgl. dazu auch unter anderem Butzkamm, 1989; Klein, 1992b).

Im Sinne der in diesem Buch dargestellten Auffassungen zur Sprachproduktion bedeutet die Zielsetzung, frei kommunizieren zu können, daß dies auch im Grundsatz möglich ist, wenn man *keinen einzigen Satz* der Zweitsprache fehlerfrei zu formulieren in der Lage ist. Je nach Kommunikationssituation kann zielführend kommuniziert werden, wenn man nur wenige, oft auch falsche grammatische Regeln kennt, wenn der Wortschatz gering und die Aussprache schlecht ist. Der Bedarf an Beherrschung der Zweitsprachengrammatik, an Größe des Wortschatzes und an Aussprachegüte richtet sich nach der *Art der zu bewältigenden Kommunikationssituation*. In die *Zielsetzung für den Zweitsprachenunterricht* muß, wie sich hier zeigt, eine Angabe zur *Klasse der Kommunikationssituationen* eingebracht werden, die mit Hilfe dessen, was man von der Zweitsprache lernt, angegangen und bewältigt werden können. So mag ein Unterrichtsziel darin bestehen, selbständig als Tourist im Ausland reisen und über handfeste ‚lebensweltliche' Sachverhalte Informationen geben und einholen zu können. Ein anderes Unterrichtsziel mag wesentlich anspruchsvoller sein; hier könnte man erwarten wollen, daß der Lerner nach erfolgreichem Unterrichtsabschluß mit Hilfe der erlernten Zweitsprache wissenschaftlich argumentieren und disputieren und derart Kommunikationssituationen beherrschen kann, bei denen es nicht um die Bezugnahme auf das ‚lebensweltliche' Hier und Jetzt geht, sondern um abstrakte Tatbestände. Zwischen diesen beiden Zielsetzungen sind viele Übergänge und Zwischenformen zu vermuten. Wer unterrichtliche Ziele setzt, muß sagen, was er in dieser Hinsicht meint.

Unterrichtsziele sollten so gesetzt werden, daß – entsprechend der jeweils angezielten Klasse von Kommunikationssituationen – ein tatsächlicher Unterrichtserfolg angepeilt werden kann, der *nicht hinter dem Ideal des freien Kommunizierenkönnens zurückbleibt*: Der durchschnittliche Lerner soll – bezüglich einer *bestimmten Klasse von Kommunikationssituationen* – in unverkürzter Weise mit Hilfe dessen, was er von der Zweitsprache erwirbt, selbständig und frei kommunizieren können. Dann ist das Lehrziel *voll und ganz* erreicht. (Und dies nicht als Realisierung Chomskyanischer Kompetenz.)

Es muß nicht betont werden, daß es für jede Kommunikation in einer Zweitsprache erwünscht ist, daß der Sprecher eine gute Aussprache hat, daß er die notwendigen Wörter kennt und daß er grammatisch möglichst fehlerfrei und den Sprachverwendungsregeln entsprechend Sätze bilden kann. Das ist trivial. Und es ist nur die halbe Wahrheit. Wenn man sich in einer Kommunikationssituation befindet, wenn man sich mit seinem Kommunikationspartner verständigen und damit ein Kommunikationsziel erreichen will, so kommt es *nicht* – im Sinne der Chomsky-Schule – darauf an, in der Zweitsprache unbegrenzt viele wohlgeformte Sätze bilden zu können. Vielmehr muß man dann – wie rudimentär auch immer – die jeweils *eine*, kontextspezifisch *passende*, *treffende* Äußerung bilden können.

Das selbständige Kommunizieren mit Hilfe einer Zweitsprache erfordert einerseits *mehr* als die Beherrschung der Grammatik, des Vokabulars, der Ausspracheregeln und der Sprachverwendungsregeln einer Sprache. Wer in diesem Sinne *nur* das Sprachsystem der Zweitsprache beherrschte, wäre für die zwischenmenschliche Kommunikation noch nicht geeignet. (Wir kommen darauf zurück.) Das selbständige Kommunizierenkönnen erfordert aber zugleich auch *weniger* als die Beherrschung eines Sprachsystems. Wie wir sehen, kann man nämlich bereits – oder auch für immer – in einer Zweitsprache durchaus erfolgreich kommunizieren, ohne beliebig viele fehlerfreie Sätze in dieser Zweitsprache produzieren zu können. Schon das Sprechen in sehr unvollkommenen Lernervarietäten, auch von ‚Pidgin' (also einer rudimentären und reduzierten, aber innerhalb einer Gruppe verfestigten und zeitlich überdauernd verwendeten Varietät, wie sie etwa Gastarbeiter in der ihnen fremden Sprache zur Bewältigung der ‚Schnittstellen' zwischen ihrer eigenen und der ihnen fremden Kultur entwickeln) oder dergleichen, die vielfältigen rudimentären Mischformen aus der Erstsprache und der Zielsprache (Zweitsprache), das heißt die verschiedenen ‚Interlanguages' (Selinker, 1972), all dies ermöglicht schon ein durchaus erfolgreiches Kommunizieren. Dies allerdings nur, wenn man neben der unvollkommenen Beherrschung des Sprachsystems einer Zweitsprache vieles andere kann, was zum Kommunizieren erforderlich ist. (Auch darauf kommen wir zurück.)

Über die Dinge des täglichen Lebens, die ‚Lebenswelt' – zum Beispiel Nahrung kaufen, nach dem Weg fragen, usf. – kann man sich als Lerner einer Zweitsprache schon sehr bald mit Hilfe seiner unvollkommenen und ganz bescheidenen Mittel verständigen. Hier spricht man über Dinge, auf die man auch zeigen kann, hier kann man sich mit Gestik und Mimik behelfen, die Situationen sind so beschaffen, daß man fast schon erraten kann, was der jeweilige Partner sagen möchte, usf. (vgl. auch Bühler, 1934: „Zeigfeld der Sprache"). Sprechen wir jedoch mit unserem Partner in der Zweitsprache über die Welt des ‚Hörensagens', wobei wir nicht mehr auf das ‚Naheliegende', auf die Dinge in unserer physischen Umgebung nonverbal verweisen können, oder sprechen wir sogar über die abstrakte Welt der Wissenschaft, der Politik oder dergleichen, dann benötigen wir einen viel größeren Wortschatz und viel anspruchsvollere grammatische Fertigkeiten.

In der alltäglichen Sprechsituation spielt übrigens die linguistische Kategorie des *Satzes* eine viel geringere Rolle, als manche Sprachwissenschaftler und Philologen meinen. Daß eine für den Sprecher instrumentelle Äußerung aus Sätzen und noch dazu aus wohlgeformten Sätzen besteht, ist als Faktum und als Norm so etwas wie ein Sonderphänomen. Daß Äußerungen gerade deshalb für den Sprecher zielführend und konventional erlaubt sind, weil sie aus wohlgeformten Sätzen bestehen, findet man fast nur in besonderen, weitgehend ritualisierten Situationen, beispielsweise bei feierlichen Ansprachen, Predigten, Vorlesungen, akademischen Diskursen, Fernsehnachrichten usf. Was überall auf der Welt in jedem Augenblick an Sprache realisiert wird, besteht insgesamt nur zu einem eher unbedeutenden Teil aus wohlgeformten Sätzen – und ist dennoch in der Regel instrumentell und informativ.

Gibt es so etwas wie eine natürliche Tendenz von Zweitsprachenlernern, möglichst bald wohlgeformt zu sprechen oder gar die Wohlgeformtheit als Lernziel neben oder vor den kommunikativen Erfolg zu stellen? Perdue & Klein (1992; vgl. auch Perdue, 1984) haben viele erwachsene Zweitsprachenlerner in Längsschnittstudien untersucht, die Sprachen wie Niederländisch, Englisch, Französisch oder Deutsch ohne Veranlassung oder Förderung durch den Zweitsprachenunterricht erwarben. Sie alle sprachen bald eine ‚Grundvarietät' („basic variety") der jeweiligen Zweitsprache, bei der man fast ohne Flexion auskommt, die überhaupt grammatisch völlig unzureichend ist, die aber schon in erstaunlich hohem Maße die Bewältigung kommunikativer Aufgaben ermöglicht. Einige Lerner blieben bei dieser Grundvarietät stehen, andere entwickelten sich weiter, indem sie ihre Äußerungen schrittweise an die Morphologie und Syntax der Zielsprache anglichen. Diese Weiterentwicklung über das Niveau der Grundvarietät hinaus hing in hohem Maße davon ab, welche Einstellung die Lerner dem *Land* gegenüber hatten, in dem die zu lernende Sprache gesprochen wird, und wie sehr sie an intensiverer *Kommunikation mit den ‚native speakers'* interessiert waren. Als wichtig erwies sich die kommunikative *Risikobereitschaft* der Lerner, also ihr Mut, sich sozusagen Hals über Kopf in ungewohnte Kommunikationssituationen zu stürzen.

Es ergibt sich: (1) Bei erwachsenen Zweitsprachenlernern, die eine Zweitsprache nicht im Unterricht erlernen, läßt sich keine primäre Tendenz zur Erreichung der grammatischen Wohlgeformtheitsnorm finden; primäres Lernziel ist das Kommunizierenkönnen auf basalem Niveau. (2) Soweit es nicht bei diesem basalen Niveau bleibt, geht eine sekundäre Tendenz in Richtung auf Wohlgeformtheit; sie hängt in erster Linie von Einstellungs- und Motivationsfaktoren ab, nicht zuletzt vom Mut, in der unzureichend beherrschten Zweitsprache in ungewohnten Situationen zu kommunizieren.

Sprecher bemühen sich ersichtlich, wohlgeformte Sätze zu erzeugen, wenn dies ihrer Zielsetzung und der von ihnen geforderten Normenrealisation entspricht. Das nächstliegende Beispiel dafür ist der *traditionelle schulische Sprachunterricht selbst*. Dieser Tatbestand ist aber wohl nicht dazu geeignet, das zuvor Ausgeführte zu relativieren. Wir haben betont, daß die Ansprüche an die Wohlgeformtheit von Sätzen beziehungsweise generell an die sprachliche Qualität von Äußerungen mit dem variablen Situationskontext und den sprecherseitigen Zielsetzungen variieren. Die ‚Wohlgeformtheit' ist so etwas wie eine gesellschaftliche Konvention (s. oben 7.2.3), die in bestimmten Kulturen beim Vorliegen bestimmter Klassen von Kommunikationssituationen möglichst gut erfüllt werden muß. (Wie gesagt: Am striktesten wird die Befolgung der Konvention, man möge wohlgeformt sprechen, im traditionellen Sprachunterricht selbst gefordert.) Man kann zusammenfassend formulieren: Beim Erlernen einer Zweitsprache muß das Chomskyanische Kompetenzideal um so eher verwirklicht werden, je mehr sich das Lernziel des freien Kommunizierens auf die Kommunikationssituationen bezieht, wie sie der Fachlinguist dieser Zweitsprache oder der traditionelle Zweitsprachenlehrer zu bewältigen haben. Im Alltag spielt Chomskyanische Kompetenz eine viel geringere oder fast gar keine Rolle.

11.5 Zur Konventionsgeleitetheit des Sprechens

Wenn man hierzulande ein Brot kaufen möchte, so sagt man beispielsweise zum Bäcker: „Ich hätte gern ein Brot." Demgegenüber wäre die Äußerung „Ich Brot" grammatisch völlig falsch und sprachstrukturell primitiv. Im Unterricht wäre mancher Zweitsprachenlehrer über diese Äußerung eines Schülers entsetzt. – Wenn nun aber ein Gastarbeiter in Deutschland zum Bäcker sagt: „Ich Brot.", so versteht der Bäcker sofort, daß er ein Brot haben möchte. Der Gastarbeiter wird zum Beispiel nicht so verstanden, daß er ein Brot sei. Er bekommt das Gewünschte und hat somit erfolgreich kommuniziert (vgl. zu diesem Beispiel Klein, 1992b; s. auch Herrmann, 1992c). Hier ist die erfolgreiche Kommunikation wiederum nicht identisch mit der Erfüllung von Sprachnormen. Hat der Gastarbeiter aber dadurch, daß er so spricht, wie er spricht, *andere* Konventionen übertreten? Wird er zum Beispiel als Sprecher einer sehr unzureichenden Varietät des Deutschen diskriminiert, lacht man über ihn, erhält er das Brot vielleicht doch nicht, eben weil er so spricht? – Das ist gewiß ein weites Feld und eine delikate Fragestellung obendrein. Zumindest hierzulande kann nicht ausgeschlossen werden, daß der Gastarbeiter, von dem hier die Rede ist, (auch in der betreffenden Bäckerei) diskriminiert wird – dies aber nicht, *weil* er „Ich Brot" *gesagt* hat oder dies nicht verstanden worden wäre.

Betrachten wir die Sachlage etwas genauer: Zunächst müssen wir uns der Tatsache stellen, daß man unter Umständen durchaus erfolgreich *kommunizieren* kann, ohne daß der Partner *versteht*, was man *sagt*. Es ist lediglich erforderlich, daß der Partner versteht, was man *meint* (vgl. Hörmann, 1976). Wenn man ohne Kenntnis der Landessprache in einem Basar zu feilschen beginnt, kann man unter Umständen den gewünschten Gegenstand zu einem zufriedenstellenden Preis erwerben, ohne daß der Händler ein Wort davon versteht, was man sagt. (Der Händler versteht den Sprecher anhand anderer Verhaltensmerkmale.) Die unproblematische Situationsbewältigung ohne partnerseitiges Verstehen des Gesagten findet man weitgehend dort, wo bei der Kommunikation Was- und Wie-Schemata eingesetzt werden können (vgl. oben 7.3.6).

Jemand befindet sich in einem Restaurant im Ausland und hat das Ziel, ein Essen zu erhalten. Er kennt die Landessprache überhaupt nicht. Er verfügt aber über ein ‚Restaurant-Skript' (vgl. Bower, Black & Turner, 1979; Schank & Abelson, 1977). Und er setzt voraus, daß er dieses Skript auch in diesem ausländischen Restaurant erfolgreich anwenden kann. Auf der Speisekarte findet er den Namen eines Gerichts, das ihm bekannt vorkommt. Jemand, den er als Kellner identifiziert, nähert sich ihm und sagt etwas für ihn völlig Unverständliches. Dennoch weiß der Gast, da er Restaurants kennt, daß der Kellner nach den Wünschen des Gastes gefragt beziehungsweise um Bestellung gebeten hat. (Die Intonationsweise der Äußerung und anderes mögen dieses Wissen verstärkt haben.) Nun sagt der Gast etwas in seiner eigenen Sprache, die wiederum der Kellner nicht versteht, und zeigt dabei auf die geeignete Stelle der Speisekarte. Nach einer Weile erhält er das gewünschte Essen. Auch dies ist die gelungene Bewältigung einer Kommunikationssituation, die allein auf der Basis des Wissens über Restaurants erfolgt.

Es sei noch darauf hingewiesen, daß die Verständigung zwischen Gast und Kellner besser funktionieren dürfte, wenn beide etwas für den jeweiligen Partner Unverständliches *sagen*, als wenn sie gar nichts sagen. Zum Restaurant-Skript gehört nämlich der Austausch sprachlicher Äußerungen. Und soweit dieser Austausch erfolgt, sind beide Kommunikationsteilnehmer sicherer, daß sie nach ihrem Skript erfolgreich handeln können.

Übrigens hätte der Gast allenfalls sein Essen nicht bekommen, wenn sein heimatliches Restaurant-Skript in diesem ausländischen Restaurant nicht anwendbar gewesen wäre. Ein Beispiel: Während man sich in Deutschland nach dem Betreten eines Restaurants seinen Tisch sucht, ist dies in vielen anderen Ländern verpönt. Hier muß man warten, bis einem der Kellner einen Tisch zuweist. Schon an dieser Stelle hätte es ein durchgreifendes Mißverständnis geben können, welches vielleicht zur Folge gehabt hätte, daß der Gast auf sein Essen in diesem Restaurant verzichtet hätte. Und dies wäre keine Frage mangelnder Sprachfertigkeit, sondern mangelnder Kenntnis einer *gesellschaftlichen Norm* (Konvention) gewesen, die sich auf das Verhalten in Restaurants bezieht. Der Fehler wäre hier im Bereich der Fokusinformation ($\{(\text{WEL}_{S0})^{\text{SOLL}}\}$; vgl. 7.2.2) zu suchen.

Wir haben bisher festgestellt, daß Sprecher ihr kommunikatives Handlungsziel unter bestimmten Bedingungen durchaus erreichen können, wenn sie die betreffende Zweitsprache überhaupt nicht verwenden und somit nicht *verstanden* werden kann, was sie *sagen*. Und das Beispiel „Ich Brot" zeigt überdies, wie gering die Ansprüche an sprachliche Qualität sein können, um in geglückter Weise kommunizieren zu können. Defiziente Äußerungen werden im allgemeinen partnerseitig verstanden. Ein anderes Problem ergibt sich aber daraus, daß defiziente Äußerungen des Sprechers vom Partner *als abweichend erkannt und bewertet werden*. Das Sprechen drückt immer auch etwas über den *Sprecher* aus (Bühler, 1934), und die Fehlerhaftigkeit des Sprechens ist ein vom Partner zu interpretierendes *Symptom*.

Sprecher rechnen im allgemeinen ein, daß der Partner aktuelle Vorstellungen von ihren Zielen und kognitiven Ressourcen hat. So wissen Sprecher im allgemeinen, wann sie als Ausländer, Fremder oder dergleichen gelten, woran Partner je nach Gegebenheit Ausländer, Fremde usf. erkennen, wie sehr Partner bei Ausländern spezifisch abweichende sprachliche

11. DER ZWEITSPRACHENERWERB

Äußerungen erwarten und tolerieren, usf. (Zum Beispiel sind Japaner oft geradezu verstört, wenn sie einen Fremden perfekt japanisch sprechen hören; vgl. Hijiya-Kirschnereit, 1988.)

In der Regel ist es nicht das partnerseitige Erkennen der Abweichung von sprachlichen Normen, das für den Sprecher zu kommunikativen Problemen führt. Vielmehr entscheidet der *auch* in sprachlichen Äußerungen manifestierte und vom Partner erkannte Tatbestand, daß der Sprecher *überhaupt* Ausländer, Fremder oder dergleichen ist, darüber mit, wie es um dessen Chancen für die erfolgreiche Bewältigung einer Kommunikationssituation bestellt ist. Und dies ist wiederum keine Frage der ‚Sprache', sondern von kulturellen Konventionen, von Mentalitäten, besonderen Umständen usf., deren sprecherseitige Kenntnis sich als eine der wichtigsten Bedingungen für die Erreichung von kommunikativen Zielen darstellt. Überhaupt als Ausländer, als Fremder oder dergleichen zu gelten, als solcher erkannt zu sein, kann bestimmte Handlungsziele gegebenenfalls unerreichbar machen. Es kann zum Zwecke der Zielerreichung *spezifische* sprecherseitige Operationen möglich oder erforderlich machen. Usf. Aus dieser Sachlage kann sich für den Sprecher einer defizitären Zweitsprache sowohl ein kommunikativer *Bonus* wie aber auch – bei anderer konventionaler Sachlage – ein ebensolcher *Malus* ergeben.

Häufig ergeben sich für Ausländer angesichts ihrer bescheidenen sprachlichen Mittel geradezu *Schutzzonen*, in denen sie seitens ihrer Partner eine besondere Toleranz auch gegenüber *sozialen* Abweichungen genießen. Ausländer signalisieren ihrem Partner (auch) durch die Art ihres Sprechens, daß sie in Hinsicht auch auf nicht-sprachliche gesellschaftliche Normsetzungen in starkem Ausmaß sozusagen ‚schuldunfähig' sind. Es können sich aber, wie jeder weiß, auch Nachteile ergeben, die sich immer wieder aus der folgenden Sachlage herleiten lassen: Die Aussprachemängel, die morphosyntaktischen Fehler, der reduzierte Wortschatz usf. werden vom Partner erkannt und meist ohne Schwierigkeiten toleriert. Bisweilen werden jedoch sprecherseitige Unzulänglichkeiten in der Beherrschung von *Sprachverwendungsregeln* und *kommunikativen Konventionen* vom Partner nicht als solche erkannt. Bei Übertretung eben dieser Regeln durch den Sprecher kommt es auf der Seite des Partners zu einem *scheinbaren* Verstehen des Sprechers, aus dem nun gerade kommunikative Probleme folgen, die wir sogleich erläutern werden. Nachdem der Sprecher also häufig in für ihn günstiger Weise *aufgrund* seiner defizitären sprachlichen Fertigkeiten in eine Schutzzone der Toleranz gerät, kann dieser Vorteil wieder dadurch aufgehoben werden, daß er die genannten Sprachverwendungsregeln und Kommunikationsnormen nicht beherrscht und dies vom Partner nicht erkannt wird.

Ein kleines und eher harmloses Beispiel haben wir bereits an einer anderen Stelle dieses Buches (s. oben 1.2.4) genannt: In einem deutschen Restaurant ißt ein Japaner ein Tellergericht nur zum Teil auf. Der Kellner sagt routinemäßig: „Hat es Ihnen nicht geschmeckt?" Der Japaner erwidert laut: „Nein." Der Kellner zeigt sich verärgert und geht, der Japaner versteht die Situation nicht und erstarrt. (Die Verwendung von „ja" und „nein" ist im Japanischen bei Antworten auf verneinte Fragen anders als im Deutschen; vgl. Nagatomo, 1986.) Der Kellner *und* der Japaner scheitern hier kommunikativ am mangelnden Wissen über die kulturelle Unterschiedlichkeit von Sprachverwendungsregeln (vgl. dazu auch Dittmar, 1973; Dröse, 1982).

Betrachten wir eine Deutsche, die Japanisch lernen will. Es zeigt sich schnell, daß dieses Lernen nicht nur im Erwerb eines Wortschatzes, komplizierter grammatischer Regeln und der entsprechenden Ausspracheregeln bestehen kann. Das Japanische ist ein außerordentlich komplexes und fein differenziertes Sprachsystem im Hinblick auf die Markierung sozialer Relationen. Der Sachverhalt, daß das Buch alt ist, kann in ungefähr zehn verschiedenen

Sprachvarianten ausgedrückt werden. Jede dieser Varianten markiert für den Japaner und die Japanerin in klar erkennbarer Weise bestimmte soziale Beziehungen zwischen dem Sprecher und dem Partner. Es gibt aber keine einzige sprachliche Variante, mit der der Sachverhalt, daß das Buch alt ist, völlig unter Absehung von der sozialen Relation von Sprechern und Partnern, also sozusagen sozial neutral, ausdrückbar ist. Die sprachliche Markierung der sozialen Sprecher-Partner-Relation ist also *nicht dispensierbar*. Soziative als Pronominalformen für den Sprecher, den Partner und Dritte – „meine dumme Meinung", „Ihr ehrenwerter Hut", „sein werter Rettich" usf. –, viele Höflichkeitsverben, passivische und kausative Satzkonstruktionen, negative Satzformulierungen, zahlreiche Anrede- und Selbstbenennungsformen und vieles andere markieren das soziale Beziehungsgeflecht, in dem jemand über etwas zu jemandem spricht. Welche dieser mannigfaltigen Sprachvarianten der Sprecher jeweils zu wählen hat, richtet sich im wesentlichen nach den folgenden sozialen Relationsklassen: männlich vs. weiblich, älter vs. jünger, vorgesetzt vs. gleichgestellt vs. untergeben, sowie zur eigenen Gruppe gehörig vs. nicht dazu gehörig. So hat man zum Beispiel nicht weniger als sieben Hilfsverben zur Verfügung, um angemessen auszudrücken, daß man jemandem eine Tasse Tee reicht oder sie von jemandem erhält. Japaner kennen etwa 30 strikt zu differenzierende Kombinationen von Anreden des Partners und Benennungen der eigenen Person.

Es kommt hinzu, daß die deutsche Lernerin des Japanischen eine japanische Sprachvariante einzusetzen lernen sollte, die oft – mit einiger Übertreibung – als Frauensprache bezeichnet wird. Immerhin verwenden nur Frauen bestimmte Postpositionen und Interjektionen sowie bestimmte Bezeichnungen für Dinge. Frauen verwenden andere Intonationsmuster als Männer. Nur ihnen sind bestimmte Anreden und Selbstbenennungen vorbehalten. Nach japanischer Selbstinterpretation erscheint die Frau mit dieser Sprachmodalität als ‚gute Frau'. Frauen, die diese Sprachvariante nicht beherrschen oder nicht verwenden, diskriminieren sich damit ebenso wie Männer, welche die Frauensprache benutzen. (Letztere geben sich damit als homosexuell zu erkennen.) – Auch wer nur wenige grammatische Schemata des Japanischen anzuwenden gelernt hat und wer japanische Wörter sozusagen nur auf Touristenniveau kennt, ist bereits gehalten, zumindest die *schlimmsten kommunikativen Fehler*, von denen hier die Rede ist, zu vermeiden (vgl. auch Hijiya-Kirschnereit, 1983; Nagatomo, 1986; Niyekawa, 1984).

Man denke auch an die unwissentliche Übertretung von *Kommunikationsnormen*, die man nicht mehr im engeren Sinne als Sprachverwendungsregeln betrachten darf: Welche Anrede muß man zum Beispiel verwenden? Welche Titel sind gebräuchlich? In Deutschland empfindet es ein Universitätsassistent im allgemeinen heutzutage als blanke Ironie, wenn ihn ein Student mit „Herr Doktor" anredet. – Oder: Wenn man sich in Deutschland intensiv entschuldigt, obwohl man irgendein Versehen gar nicht verursacht hat, gilt man als heuchlerisch und unehrlich. – Oder: Junge Mädchen, die sich in Deutschland sehr aktiv und temperamentvoll an einem Gespräch mit Männern beteiligen und auch selbst bisweilen ein neues Gesprächsthema anschneiden, gelten eher als intelligent, lebhaft, emanzipiert und modern und sind damit weithin hochgeachtet. Mädchen, die hingegen immer nur lächeln und kaum etwas sagen, gelten in Deutschland bei vielen Kommunikationspartnern eher als dumm oder neurotisch. – Oder: Zuviele sprachliche Höflichkeitsfloskeln machen den Sprecher in Deutschland verdächtig. In Goethes „Faust" heißt es: »Im Deutschen lügt man, wenn man höflich ist.« Sagt man zu einem deutschen Gesprächspartner: „Ich rufe dich an." oder: „Wir gehen zusammen aus.", so verläßt sich der Deutsche im allgemeinen darauf; in anderen Ländern handelt es sich oft nur um eine unverbindliche freundliche Geste (vgl. Thomas,

1993). Alle diese Kommunikationsnormen und viele andere müssen von *Ausländern* erlernt werden, wenn sie die entsprechenden Kommunikationssituationen in Deutschland erfolgreich bewältigen wollen. (Zur argumentativen Redlichkeit und den damit zusammenhängenden Normsetzungen vgl. Groeben, Nüse & Gauler, 1992.)

Man kann generell formulieren: Einheimische pflegen ganz überwiegend außerordentlich *tolerant* gegenüber morphosyntaktischen Fehlern, einem beschränkten Wortschatz und Ausspracheanomalien ausländischer Sprecher zu sein. Sie sind im allgemeinen *intolerant* gegenüber Verletzungen von Sprachverwendungsregeln und kommunikativen Normen. Hier besteht nämlich bei fast allen Menschen das folgende *ethnozentrische Vorurteil*: Man erwartet, daß überall in der Welt die gleichen Kommunikationsnormen gelten. Für die Übertretung der eigenen Kommunikationsnormen, die man für *universell* hält, macht man also den ausländischen Sprecher verantwortlich: Ihm wird Dummheit, Unerzogenheit, Frechheit, ‚fehlende Kultur' und ähnliches attribuiert. (Im engeren Sinne sprachliche Defizite werden demgegenüber dem ausländischen Sprecher im Alltag kaum oder gar nicht nachgetragen.) – Groeben, Nüse & Gauler (1992) konnten für die Kommunikation in der Erstsprache bei Deutschen nachweisen, daß kommunikative Normenübertretungen auch dann stark sanktioniert werden, wenn dem Sprecher keine Absicht zugeschrieben wird.

> Ein tragisches Extrembeispiel: In den USA ist es strikt verboten, fremde Grundstücke zu betreten. Viele Grund- und Hausbesitzer haben keine Skrupel, ihren Besitz mit der Waffe in der Hand auch gegen harmlose und unwissende ‚Eindringlinge' zu verteidigen. Das Recht steht auf ihrer Seite. Ein japanischer Austauschschüler von sechzehn Jahren wollte sich nach einer Adresse erkundigen und betrat ein fremdes Grundstück. Der Eigentümer hielt ihn für einen Einbrecher. Der Austauschschüler starb an seiner Unkenntnis amerikanischer Mentalität und daran, daß er nicht wußte, was man tun muß, wenn jemand „Freeze!" ruft. „Freeze!" heißt etwa „Keine Bewegung!". Und wenn man sich nach diesem Zuruf weiter auf den Rufenden zubewegt, so pflegt dieser zu schießen. Der Hausbesitzer wurde von der Anklage, den Austauschschüler ermordet zu haben, freigesprochen (Mannheimer Morgen, 26./27.6.93).

Es folgt für das *Erlernen einer Zweitsprache*: Wenn das Lehrziel in der freien Kommunikation in bestimmten Klassen von Kommunikationssituationen besteht (s. oben), dann sollte der Lerner schnellstmöglich in Grundzügen die Kommunikationsnormen, die sich auf diese Klasse von Kommunikationssituationen beziehen, kennen und realisieren lernen. Er sollte ihre Realisierung einüben. Das gilt vor allem für die Kommunikationsnormen, die in den Ländern, in denen die fragliche Zweitsprache gesprochen wird, am stärksten von den eigenen Normen abweichen. Der Gewinn ausreichender *kommunikativer Kompetenz* erscheint nun aber kaum möglich, wenn der Lerner lediglich einige Bücher liest oder an etwas Unterricht in ‚Landeskunde' teilnimmt, obwohl auch dies keine schlechten Hilfsmittel sein mögen. Bisweilen werden gleich zu Beginn eines Auslandsaufenthalts ‚kommunikative Überlebenskurse' für die Bewältigung der wichtigsten Situationen (Einkaufen, Busfahren etc.) und für die landestypische Gestaltung von Interaktionen (Verhalten in Kneipen; das Schlangestehen in England; etc.) angeboten; möglicherweise hätte die Teilnahme an einem solchen Kurs dem japanischen Austauschschüler das Leben gerettet. Die beste Möglichkeit, sich in die neuen Kommunikationsstandards einzuleben, ist oder wäre selbstverständlich das häufige Gespräch mit ‚native speakers' in Alltagssituationen. Noch besser ist oder wäre es, wenn der Lerner mit diesen ‚native speakers' über seine Übertretungen von Kommunikationsnormen auch offen und unbefangen ‚metakommunikativ' reden kann. Das notwendige

‚Gefühl' für das kulturspezifische Benehmen der Einheimischen, für ihre Sitten, Verbote und Gebote, entwickelt man am ehesten, wenn man mit den Einheimischen *in realen Situationen interagiert*. (Und so erlernt man auch am leichtesten die Grundlagen ihrer Sprache!) Die Konsequenzen für jeden Zweitsprachenunterricht liegen auf der Hand, auch wenn der Kontakt mit ‚native speakers' aus Mangel an Gelegenheit nicht herstellbar ist.

11.6 Wissenserwerb und Fertigkeitsaufbau beim Zweitsprachenlernen

Butzkamm (1989) empfiehlt den Zweitsprachenlehrern, auch im Klassenzimmer soviel wie möglich über Sachthemen zu sprechen. Zum Beispiel der Englischlehrer sollte – so Butzkamm – so oft wie möglich vergessen, daß er Englisch lehrt; vielmehr sollte er mit den Schülern ernsthafte Gespräche über ernsthafte Angelegenheiten führen – in englischer Sprache. Nach Hawkins (1987) sollte in der Schule die notwendige ‚drill speech' möglichst oft durch ‚real speech' ergänzt werden, auch wenn sich die Schüler zunächst nur mit ihrer ganz rudimentären Lernervarietät am Gespräch beteiligen können. Wenn das Ziel des Zweitsprachenunterrichts ‚real speech' ist, so kann man dieses Ziel auch nur mit hinreichender Praxis in ‚real speech' erreichen. Eine hoch erwünschte, aber ersichtlich nicht oft erreichbare Radikalisierung dieses Ansatzes ist natürlich die möglichst häufige Gelegenheit, ‚real speech' (im Unterricht oder auch außerhalb desselben) im Gespräch mit *native speakers* zu verwirklichen. – Diese Empfehlung von seiten der Fremdsprachenpädagogik kann unter sprachpsychologischen Gesichtspunkten nur unterstützt werden.

> Eine seit langem gängige und vielfach praktizierte Maßnahme ist in dieser Hinsicht der zeitlich begrenzte Austausch von Schülern verschiedener Länder. Die damit zumeist verbundene Unterbringung in einer Gastfamilie soll die Möglichkeit zum Gespräch mit ‚native speakers' erhöhen oder gar erzwingen. Dennoch berichten Austauschschüler oft von einem nur mäßigen Fortschritt ihrer Kommunikationsfähigkeit. Das mag daran liegen, daß die Schüler den Vormittag in der gastgebenden Schulklasse verbringen, wo sie sich weitgehend passiv verhalten oder wegen ihrer geringen Verstehenskompetenz sogar passiv verhalten müssen. Die Freizeit wird dann bevorzugt mit anderen Schülern des Austauschprogramms verbracht, mit denen man sich natürlich besser in der eigenen, gut beherrschten Sprache unterhält. (Wer wollte das Aufsuchen der Bezugsgruppe angesichts der Heimweh- und Unsicherheitsgefühle in der Fremde nicht verstehen.) In den Unternehmungen mit der gastgebenden Familie läßt diese den Austauschschüler dann auch nicht ‚im Regen stehen', sondern nimmt ihm gern und mit freundlicher Absicht die Lösung sozialer und kommunikativer Aufgaben ab, kauft für ihn das Busticket, begleitet ihn, etc. Viele Chancen zur aktiven kommunikativen Auseinandersetzung mit Situationen und die damit verbundenen Möglichkeiten des Erwerbs und der Verfeinerung der kommunikativen Kompetenz bleiben somit ungenutzt. Man sieht: Das Ausprobieren von ‚real speech' in ‚real situations' erfordert Mut und den Willen, sich allein ‚durchbeißen' zu wollen (was dann in den meisten Fällen auch gelingt). Den Mut und den Willen wird ein Zweitsprachenlerner um so eher aufbringen und einsetzen, je mehr er sich seiner Ziele bewußt ist, die er erreichen möchte, und je wichtiger diese Ziele für ihn sind.

11. DER ZWEITSPRACHENERWERB

Wir nennen ohne ausführliche Begründung im einzelnen zwei gesicherte Sachverhalte zum *Wortschatzerwerb*: (1) Wörter können am besten gelernt und behalten werden, wenn sie in wechselnden Realsituationen und variablen Redekontexten möglichst oft rezipiert und produziert werden (Bransford, 1979; Tulving & Donaldson, 1972). Dieses ‚Lernen durch Verwenden' (vgl. auch ‚learning by doing'; Kluwe, Misiak, Ringelband & Heider, 1986) ist dem immer noch überwiegenden – und in Grenzen durchaus angemessenen – Erlernen von Listen von Wortpaaren (= Vokabellernen) ersichtlich vorzuziehen. Beim ‚Lernen durch Verwenden' bilden sich wegen der immer wieder wechselnden Verwendungskontexte die erforderlichen Assoziationen zwischen Konzept-Markenkomplexen und Wort-Markenkomplexen am nachhaltigsten heraus (s. oben 6.3.3), die, wie wir gezeigt haben, die notwendigen Voraussetzungen für die ‚richtige Wortwahl' sind. (2) Die Entwicklung des Wortgenerierungsnetzwerkes, das in der Ausbildung und Änderung aktivierender und hemmender Verbindungen zwischen Knoten besteht, ist nicht darauf angewiesen, daß die während des Lernvorgangs auftretenden Falschgenerierungen von Wörtern beziehungsweise Wortformen jedesmal sofort mit einer expliziten *Korrektur* beantwortet werden. – Kinder lernen ihre Erstsprache ja auch, ohne daß alle ihre sprachlichen Anomalien sofort berichtigt werden (vgl. dazu auch Deutsch, 1981). Die situations- und kontextspezifische Generierung von Wörtern beziehungsweise Wortformen verbessert sich auch, wenn die Partner den jeweiligen Wortbestand systematisch richtig anwenden und wenn der falsche Wortgebrauch in sozusagen natürlicher Weise im Gespräch korrigiert wird. (Zum impliziten Lernen vgl. generell Hoffmann, 1993; s. auch oben 6.3.1.)

Nun ist es ja für ein erfolgreiches Kommunizieren in alltäglichen Situationen ohnedies nicht erforderlich, sehr viele Wörter generieren und aus ihnen durch morphologische Abwandlung und syntaktische Verknüpfung beliebig viele, völlig regelgerechte und fehlerfreie Sätze konstruieren zu können. Da aber ein großer Wortschatz und die sichere Beherrschung vieler grammatischer Regeln nur von Vorteil sein können, sollte die passende Wortgenerierung – insbesondere im Kontext von ‚real speech' – optimiert und stabilisiert werden, und die grammatischen Fertigkeiten sollten ebenfalls möglichst weitgehend entwickelt werden. Was aber nicht geschehen sollte, ist die Zerstörung des Diskurses, an dem sich der Lerner mit hoher Motivation, bisweilen mit spielerischem Vergnügen, wenn auch mit vielleicht ganz unzureichenden sprachlichen Mitteln beteiligt. Ein solcher Diskurs pflegt bekanntlich durch ungeschicktes lehrerseitiges Korrigieren schnell zum Erliegen zu kommen. Auch im Unterricht sollte toleriert werden, daß sprachliche Anomalien unerheblich sind, solange sich der Lerner im Gespräch verständlich machen kann. Unterbrechungen des Sprechflusses, zumal wenn sie der Lehrer beim Auftauchen von Fehlern nur deshalb nicht unterdrücken kann, weil er Abweichungen von der ‚Wohlgeformtheit' nicht erträgt, haben häufig eine katastrophale Konsequenz: Sie induzieren *Sprechangst* (vgl. Kriebel, 1984).

Wenn Zweitsprachenlerner zwar (zumal schriftliche) Vokabeltests und auch Grammatiktests bestehen und wenn sie beim Vorlesen zweitsprachlicher Texte gute Noten bekommen, so ist dies bei Unterstellung des Lernziels des freien Kommunizierenkönnens selbst noch kein Erfolg. Und ein solcher Erfolg wird kaum noch zu erwarten sein, wenn der Zweitsprachenunterricht selbst eine Sprechangst produziert hat, die das freie Sprechen in außerschulischen Kommunikationssituationen unmöglich macht oder stark erschwert. Generell kann man formulieren: Der Aufbau der Kompetenz, in bestimmten Klassen von Kommunikationssituationen frei und selbständig zu kommunizieren, darf nicht durch diskurszerstörende und sprechangstinduzierende Korrekturstrategien gefährdet werden, selbst wenn diese nachweislich die Rate der Wortwahlfehler oder Grammatikfehler zu senken geeignet wären.

SPRECHEN

Das *Erlernen grammatischer Regeln* ist unter dem Gesichtspunkt des Kommunizierenkönnens etwas anderes als der Erwerb von deklarativem Wissen (s. oben 6.3.1). Mit deklarativem ‚Wissen-daß' kann man zwar Sätze *konstruieren*; mit seiner Hilfe können Altphilologen altgriechische Sätze oder Sanskrit-Sätze in eine fehlerlose Form bringen. Kommunizierenkönnen bedeutet hingegen, daß man Sätze eben nicht bewußt und absichtlich ‚Wort für Wort' konstruiert, sondern daß man die Regeln spontan, beiläufig, ‚automatisch', unbewußt anzuwenden gelernt hat – und seien es zunächst auch nur wenige Regeln der Zweitsprache, wobei man diese Regeln vielleicht noch übergeneralisiert oder sonst fehlerhaft anwendet (vgl. dazu auch Corder, 1967; Krashen, 1981; Perrig, 1990; Reber, 1989). Es ist nicht unumstritten, ob man beim Erwerb einer Sprache überhaupt grammatische Regeln lernen oder aber die Selbstorganisation eines assoziativen Netzwerks vollziehen muß (vgl. Elman, 1990). Das Kommunizierenlernen bedeutet jedenfalls immer den Erwerb von *Fertigkeiten*, nicht den Erwerb eines bloßen Bestandes an deklarativem Wissen. Wie wir in diesem Buch ausführlich dargestellt haben, ist das Sprechen ein kompliziertes, fein abgestimmtes *Operieren* mit Sprachelementen, das der bewußten Reflexion in großem Ausmaß unzugänglich ist.

Sätze zu bilden, ist dem Klavierspielen ähnlich. Auch beim Klavierspielen muß man durchaus den ‚Fingersatz' probieren und jeweils mit einer Hand schwierige ‚Läufe' üben, bevor man sich mit der Aufführung eines Stückes hervorwagen kann. So ist es auch beim Zweitsprachenerwerb. Das bedeutet, daß das Auswendiglernen von Vokabeln und der grammatische Drill im Unterricht bei richtiger Dosierung und Plazierung durchaus angebracht sind. Solange dabei keine Sprechangst produziert und vom eigentlichen Lehrziel der Etablierung des Kommunizierenkönnens abgewichen wird, sind diese unterrichtsdidaktischen Maßnahmen, zumal wenn sie geschickt motiviert und ohne übertriebenen Zwang durchgeführt werden, sinnvoll und notwendig. Aber dabei darf es nicht bleiben. Man ist nur dann ein guter Klavierspieler, wenn man beim Vortrag eines Konzertes den jeweiligen ‚Fingersatz', die schwierigen ‚Läufe' usf. völlig unbewußt und ohne Nachdenken manifestieren kann. Es ist ja sogar so, daß man mit hoher Wahrscheinlichkeit gerade dann einen Fehler macht, wenn man zuviel an einen schwierigen Lauf denkt. – Übrigens ist, soweit Fremdsprachenlerner ein *deklaratives* Wissen über grammatische Regeln benötigen, ein *selbsttätiges* Entdecken sprachlicher Regelmäßigkeiten in unterschiedlichen sprachlichen Kontexten ersichtlich dem schulischen Drill vorzuziehen (vgl. Klauer, 1993).

Ein anderer Vergleich (Butzkamm, 1989): Beim Zweitsprachenerwerb ist es wie beim Theater. Eine Theatertruppe kann noch so viele einzelne Szenen probieren. Erst bei der Premiere, mit der Aufführung des ganzen Stücks vor dem Publikum, erreicht sie ihr Ziel, auf das sie hingearbeitet hat. – Eine Fertigkeit erwirbt man nur, wenn man das Gewußte unbewußt werden läßt, wenn man lernt, es ‚automatisch' anzuwenden. Und dies führt uns wieder auf die Empfehlung zurück, möglichst oft ‚real speech' zu versuchen, den Lerner möglichst viel in Realsituationen zu bringen. Der durchaus auch erforderliche grammatische Drill im Unterricht führt selbst noch nicht zur Entwicklung der unbewußten Fertigkeit der freien und situationsangemessenen Satzerzeugung.

Der Grammatik-Drill sollte im Fremdsprachenunterricht nur einen vorbereitenden und ergänzenden Charakter haben. Für den Fremdsprachenlehrer wird es oft das beste sein, wenn er bei seinen Schülern eine optimale ‚*Balance*' zwischen dem spontanen Sprechenkönnen einerseits und der *Selbstüberwachung* durch erlerntes (deklaratives) Grammatikwissen andererseits herstellt. (Vgl. zum Beispiel Krashen, 1981; zum Zusammenspiel von beiläufigem (‚implizitem') Lernen und der Lenkung der Aufmerksamkeit auf den Lernstoff vgl. auch Hoffmann, 1993; Reber, 1989.)

11. DER ZWEITSPRACHENERWERB

Wir wissen, daß die Zentrale Kontrolle ‚bei Bedarf' Tätigkeiten, die in der Regel von den Hilfssystemen oder vom Enkodiermechanismus automatisch durchgeführt werden, sozusagen an sich heranziehen kann. Diese *Ad hoc-Steuerung* kann sich, wie ausgeführt (s. oben 6.1.4), bis zur Bildung einzelner Phoneme und Silben erstrecken. Man kann auch in seiner eigenen Muttersprache Sätze ebenso ‚konstruieren', wie dies der besagte Sanskrit-Forscher tut. Und das kann der Sprecher sicherlich um so besser, je mehr er über die eigene Sprache *weiß*. Insofern kann auch deklaratives Wissen über die grammatischen Regeln der Zweitsprache hilfreich sein, sobald und soweit Sätze oder Satzphrasen der Zweitsprache Wort für Wort konstruiert werden sollen oder müssen. Wenn die spontane, von vornherein als Fertigkeit vollzogene Konstruktion von zweitsprachlichen Sätzen in Schwierigkeiten gerät und stockt, ist die ‚Hilfe von oben', also der Ad hoc-Einsatz von deklarativem Zweitsprachenwissen, sicherlich von Vorteil. Mit Hilfe dieses Wissens können auch Fehler und Mängel des spontanen Sprechens bemerkt und durch Selbstkorrektur getilgt werden (s. oben 7.3.2).

Wenn das Sprechen als automatisierte Fertigkeit und der zeitweilige Eingriff der Zentralen Kontrolle in ‚Balance' stehen, ist dies nach allem erwünscht. Es sollte aber beachtet werden, daß die Ad hoc-Steuerung durch die Zentrale Kontrolle über die Ausübung der – vielleicht noch geringen – spontanen Fertigkeit des Sprechens nicht zuviel Übergewicht erhalten darf. Sonst nämlich internalisiert der Zweitsprachenlerner die von uns zuvor besprochenen Wohlgeformtheitsstandards und hindert sich damit selbst beim weiteren Aufbau seiner Fähigkeit, frei zu kommunizieren, verliert seine Unbefangenheit und treibt sich selbst in die Sprechangst. Auch der Lerner selbst muß es ertragen, zunächst nur mit ganz defizitären sprachlichen Mitteln – aber möglichst erfolgreich! – Kommunikationssituationen zu bewältigen. Die Devise „Augen zu und durch!" ist auch für den Lerner auf sehr rudimentärem Lernniveau eine nicht zu verachtende Maxime.

> Um es pointiert darzustellen: Wenn ein Zugreisender den Bahnsteigschaffner in der ihm fremden Sprache fragen möchte, ob der gerade abfahrende Zug auch in dem Ort hält, in den der Reisende gelangen will, so hat er die Situation erfolgreich bewältigt, wenn es ihm irgendwie gelingt, sich verständlich zu machen, und sei es auch nur durch die mit Frageintonation gesprochenen Worte „Zug Bodelshausen?". Beim nächsten Mal kann er vielleicht schon ein – wenngleich unkonjugiertes – Verb hinzunehmen und fragen „Zug halten Bodelshausen?", womit er bereits die Grundzüge eines grammatischen S-P-O-Schemas realisiert hätte. Denkt der Reisende jedoch erst darüber nach, welches Verb im Deutschen das Stehenbleiben von Fahrzeugen ausdrückt, welche morphologische Realisation die dritte Person Singular erfordert und welche Wortreihenfolge deutsche Fragesätze fordern, so bringt die Zentrale Kontrolle unter Hinzuziehung und Verbindung aller entsprechenden Wissensressourcen vielleicht sogar die Äußerung „Hält der Zug in Bodelshausen?" zustande – nur ist der Zug dann schon abgefahren.

Die Frage nach der optimalen Balance zwischen dem spontanen Sprechenkönnen einerseits und der Selbstüberwachung durch erlerntes Grammatikwissen andererseits betrifft, wie man sieht, die folgende Abwägung: Wenn man frühzeitiges Kommunizierenkönnen auch mit geringen sprachlichen Mitteln in den Vordergrund des Unterrichts stellt, kann sich eine zu strenge Selbstüberwachung anhand erlernter grammatischer Regeln als kontraproduktiv erweisen. Die Steuerung und Kontrolle mit Hilfe dieses deklarativen Wissens kann punktuell hilfreich sein, sie kann aber auch in der besagten Weise die Spontaneität zerstören und die Sprechangst fördern. Unter der Lehrzielsetzung der Erzeugung möglichst vieler wohlgeformter Sätze sieht die Sache selbstverständlich anders aus: Dann sollte der Selbstüberwachung durch erlerntes Grammatikwissen ein sehr hoher Stellenwert eingeräumt werden, auch wenn dabei die Spontaneität der vielleicht sprachlich noch ganz mangelhaften, aber dennoch erfolgreichen Beteiligung an der Kommunikation reduziert oder verunmöglicht wird. – Wir haben uns hier für die erste Alternative ausgesprochen.

Wir fügen noch hinzu, daß das unmittelbare Korrigieren, dessen Gefahren wir schon im Zusammenhang mit dem Aufbau des Wortschatzes dargestellt haben, auch beim Erlernen der *grammatischen Fertigkeiten* als ungünstig betrachtet werden muß. Der Aufbau grammatischer Schemata (s. auch oben 9.4 sowie Weinert, 1991) ist die simultane Etablierung von vielen aktivierenden und hemmenden Verbindungen zwischen Knoten im Planbereich des Wortgenerierungsnetzwerkes. Um ein grammatisches Schema zu erwerben, muß eine komplexe Struktur solcher Verbindungen aufgebaut werden. Nachdem man ein grammatisches Schema gelernt hat, kann man sich so verhalten, wie dies einer grammatischen Regel entspricht. Diese grammatische Regel muß man aber nie *gekannt* haben (vgl. auch oben 6.3.1). Die insofern regelgerechte Anwendung grammatischer Schemata hat einen systemischen, strukturellen Charakter; im Wortgenerierungsnetzwerk wird nicht zuerst eine erste Knoten-zu-Knoten-Verbindung etabliert, dann die nächste, usf. Beim Erlernen eines grammatischen Schemas handelt es sich vielmehr um die simultane Organisation eines ganzen Netzwerkteiles. Dies allein macht es schon wenig wahrscheinlich, daß die sofortige, sozusagen punktuelle Korrektur eines Grammatikfehlers durch den Lehrer für den Aufbau des grammatischen Schemas besonders hilfreich sein könnte. Der Erwerb grammatischer Schemata ist etwas völlig anderes als das Erlernen einzelner richtiger Antworten.

Lerner der Erst- wie der Zweitsprache wenden neu aufgebaute grammatische Schemata oft zunächst auch in Fällen an, in denen das nach den Normen der Sprache nicht richtig ist: Sie *übergeneralisieren* die Anwendung der neu erworbenen Prozeduren. Doch finden die Lerner sogar von allein, *ohne* ausdrückliche Korrektur durch andere, Auswege aus einer solchen übergeneralisierten Verwendung neu erworbener kognitiver Prozeduren (vgl. dazu MacWhinney, 1987; Pinker, 1984.) Das alles zeigt, daß auch beim Erwerb der Grammatik das ‚Lernen durch Verwenden' im Vordergrund stehen sollte.

Im übrigen haben wir ausführlich dargestellt, daß es keineswegs genügt, daß der Enkodiermechanismus über die erforderlichen grammatischen Schemata verfügt. Das Sprechersystem braucht *Hilfssysteme*, die dem Enkodiermechanismus vorgeben, welches grammatische Schema in der jeweiligen Kommunikationssituation verwendet oder nicht verwendet werden soll. Der Aufbau zweitsprachenspezifischer Hilfssystemfunktionen ist ersichtlich schwieriger als der Aufbau eines elementaren Wortschatzes und einer Reihe grammatischer Schemata. Die Hilfssysteme sind der funktionale Bereich der sprachlichen *Verwendungsregeln*: Wie zum Beispiel greift man die letzte Partneräußerung auf und führt sie in kohärenter Weise fort? Wie stellt man in der Zweitsprache Textkohärenz her? Wie setzt man Emphasen, die in einer Zweitsprache gegebenenfalls ganz anders realisiert werden müssen als in der eigenen Sprache? (Zum Beispiel kann man im Deutschen die Aufmerksamkeit des Partners sehr leicht durch Änderungen der Wortstellung lenken. Das kann man zum Beispiel im Englischen, wo die Wortstellung sehr stark fixiert ist, nicht.) Und wie kann man angesichts dessen, was man meint, das richtige Tempus und den richtigen Modus auswählen? (Auch hier bestehen zum Beispiel für das Englische ganz andere Verhältnisse als für das Deutsche; vgl. auch oben 1.2.3.) – Diese Fertigkeiten erwirbt der Lerner zum großen Teil de facto nur unzureichend, und diejenigen zweitsprachenspezifischen Hilfssystemfunktionen, die er erwirbt, erwirbt er relativ langsam und nur nach großer Übung in ‚*real speech*'. Man kann allgemein sagen: Mag man grammatische Schemata und die Etablierung eines Wortschatzes noch in erheblichem Maße durch Drillmaßnahmen im Unterricht fördern können, so ist der Aufbau *zweitsprachenspezifischer Hilfssystemfunktionen* auf diese Weise kaum voranzubringen. Diese Funktionen auszubilden und zu üben, erfordert im besonderen Maße das ‚Lernen durch Verwenden'.

Wir verdeutlichen die Wichtigkeit derjenigen Instanzen der Sprachproduktion, die dem Enkodieren vorgeordnet sind, für das Erlernen einer Zweitsprache an einem extremen Beispiel. In Mexiko (Tenejapa) lebten zu Beginn der Neunzigerjahre etwa 15 000 Maya-Indianer, die die Sprache Tzeltal sprechen. Es gibt noch Tenejapa-Indianer (vor allem Frauen und ältere Männer), die einsprachig sind und die Landessprache Spanisch nicht beherrschen. (Wir übernehmen diese ethnographischen und die nachfolgenden linguistischen Informationen einer Darstellung von Brown & Levinson, 1992). Wir betrachten hier die Leistung, die ein Tzeltal sprechender Indianer zu erbringen hat, wenn er Spanisch als *Zweitsprache* erwirbt. Hierbei beschränken wir uns auf einen kleinen Ausschnitt: Was muß gelernt werden, um spanische *Raumreferenzen* verstehen und erzeugen zu können?

So etwas wie bloßes Vokabellernen kommt beim Erlernen der Raumreferenzen nicht in Frage, weil ‚westlichen' Wörtern wie „rechts" und „links" keine Wörter in Tzeltal entsprechen. Tenejapa-Indianern fehlt es nämlich völlig an den *Konzepten*. Zwar können sie die rechte und die linke Hand des Menschen (und andere paarig angelegte *Körperteile* beim Menschen und allgemein bei Lebewesen) unterscheiden und haben auch die Wörter dafür. Doch verwenden sie diese Wörter nicht, um die rechte oder linke *Seite* des Körpers zu bezeichnen, sie kognizieren den Körper gar nicht als in eine rechte und linke Seite geteilt. Erst recht bringen sie die Dinge ihrer *Umwelt* nicht nach den Richtungsmerkmalen RECHTS und LINKS in räumliche Beziehung zueinander. Zwar können sie, wenn zwei Personen nebeneinander stehen, sagen, daß die eine bei der rechten Hand der anderen steht, doch verstehen sie dann als rechte Hand keine räumliche Region, sondern einen bestimmten Körperteil.

Wenn sie Dinge verorten wollen, benutzen sie als konzeptuelle Hauptkategorien BERGAUF, BERGAB und QUER (zu der Bergauf-Bergab-Erstreckung). Das Tenejapa-Land fällt nämlich durchgängig vom hochgelegenen Süden zum niedrig gelegenen Norden ab. Interessanterweise unterscheiden die Tzeltal-Sprecher nicht Ost und West, sondern fassen beides zu QUER zusammen. Es gibt also eine ‚Dreiweg-Unterscheidung' nach Nord, Süd und Ost/West. Das ‚westliche' quasi-euklidische Koordinatensystem mit einer sagittalen und einer frontparallelen Achse ist ihnen im Zusammenhang mit der Raumreferenz fremd. Sie verwenden aber für die sprachliche Verortung von Dingen im Raum auch den Punkt, an dem die Sonne aufgeht, Bergspitzen und andere markante Landmarken. So sagen sie: „Er beugt den Arm bergauf [= in Bergauf-Richtung]." – „Die Arme sind in Richtung auf die Turuwit-Berge gestreckt." – „Seine rechte Hand [= Körperteil] ist bergab plaziert." – Usf.

Schon diese grobe und unvollständige Skizze dürfte als Begründung dafür ausreichen, daß der spanischlernende Tenejapa-Indianer viel mehr als nur Wörter von der Art „links" oder „rechts" lernen muß. Zunächst muß er nicht weniger als eine alternative *Raumkonzeption* verstehen lernen, in der Konzepte wie RECHTS und LINKS überhaupt erst ihren Sinn gewinnen. Der Lerner muß so unter anderem auch erst die *konzeptuelle* Struktur erwerben, die Dreipunktlokalisationen (s. oben 3.1.1) wie „von mir aus rechts" oder „links vom Baum" zugrunde liegen. Die situationsspezifische *Verwendung* der (ebenfalls zu erlernenden) spanischen *Vokabeln* wird erst möglich, wenn der Lerner die ‚westliche' (quasi-euklidische) Raumkonzeption zu verstehen gelernt hat.

Will nach allem der Tenejapa-Indianer mit Hilfe der spanischen Sprache über Raum sprechen können, so wird er sich zunächst die kognitiven Grundlagen für die Aktivierung der erforderlichen *Fokusinformation* (= Weltwissen) verschaffen müssen. Er muß lernen, Propositionen wie

[LINKS VON (intendiertes Objekt: TASCHE, Relatum: BAUM)]

zu generieren. Zweitens wird er für die Verbalisierung der für ihn neuen Raumkonzeption geeignete Wörter nebst den zugehörigen grammatischen Schemata erwerben müssen. (Im Deutschen beispielsweise steht das Relatum bei Ortsangaben im Dativ: „rechts von *dem* Baum".) Und drittens muß er *Hilfssysteme* auf- oder umbauen, die ihm zum Beispiel den Gebrauch des generischen Wanderers und die Erzeugung anderer Arten von dynamischen Lokalisationssequenzen ermöglichen (s. oben 3.5.4).

Der hier unterstellte, zugegebenermaßen extreme Zweitsprachenerwerb (der im umgekehrten Fall, in dem der Sprecher einer indoeuropäischen Sprache Tzeltal erlernen will, natürlich dieselben Probleme aufwirft) dürfte deutlich machen, daß und wie der Erwerb einer Zweitsprache nicht nur eine Sache des *Enkodiermechanismus* ist. Die *Hilfssysteme* sind stets und *Fokuskomponenten* von der Art des Weltwissens sind bisweilen am Zweitsprachenerwerb beteiligt.

11.7 Zum Kontrastieren

Der Zweitsprachenlerner, den wir hier betrachten, hat seine *Erstsprache* bereits ganz oder fast ganz gelernt. Nach Butzkamm (1989) ist der Zweitsprachenerwerb insofern eher der *Umbau* einer schon zuvor vorhandenen Sprach- und Kommunikationsfertigkeit als ein völliger *Neubau*. Lerner knüpfen an ihr muttersprachliches Können an, wenn sie die Zweitsprache erwerben (vgl. auch Klein, 1992b). Und sie wissen schon, was Sprache überhaupt ist, daß (und wie) man über Sprache und Kommunikation *sprechen* kann, usf. Zweitsprachenlerner der hier betrachteten Art haben also schon erhebliche metasprachliche und metakommunikative Fähigkeiten, die kleineren Kindern fehlen. Die Möglichkeit, auf generelles Sprach- und Kommunikationswissen und auf die eigene Muttersprache zurückgreifen zu können, verschafft den älteren Zweitsprachenlernern gegenüber den sehr jungen Lernern einige Vorteile (Genesee, 1987; vgl. aber auch Felix, 1978). – Auf die andersgearteten deutlichen Vorteile, eine Zweitsprache in möglichst jungen Jahren, am besten schon als Kleinkind, zu lernen, können wir hier nicht eingehen.

Ältere Zweitsprachenlerner erwerben ihr zweitsprachliches Wissen und Können zum Teil durch das *Vergleichen* und *Kontrastieren* der zu lernenden Zweitsprache (L_2) mit ihrer Erstsprache (L_1). (Die sogenannte Kontrastive Grammatik kann hierbei ein wichtiges Hilfsmittel sein; vgl. Moser, 1970.) Es gibt aber auch Nachteile des Vergleichens und Kontrastierens, auf die zum Beispiel Klein (1992b) hinweist: Wenn man die Zweitsprache zu sehr aus der Sicht der Erstsprache – e contrario – betrachtet, bleibt man beim *fortgeschrittenen* Spracherwerb leicht stecken; der Lernprozeß stagniert auf ziemlich hohem Niveau, man kommt zuletzt nicht weiter voran. Oft bemerkt man dann nicht die subtilen Eigentümlichkeiten, die die Zweitsprache von der Erstsprache trennen. Dies deshalb, weil man auf deutliche Kontraste eingestellt ist. Und man hat auch Schwierigkeiten, die zweitsprachigen Fertigkeiten vollständig zu automatisieren. Man erkennt dies an den besonderen systematischen Fehlern, die auch weit fortgeschrittene Zweitsprachensprecher kaum loswerden.

Hierzu ist im Zusammenhang unserer gegenwärtigen Argumentation zu sagen, daß wir den Lerner, der so weit fortgeschritten ist, daß das Kontrastieren ihm merklich schadet, angesichts des alltäglichen Sprachunterrichts im allgemeinen ausklammern dürfen. Im gegenwärtigen Zusammenhang ist es wichtig, daß man ein *oberes* und *unteres Kontrastieren* unterscheiden kann:

Oberes Kontrastieren ist das Gegenüberstellen struktureller Eigenschaften der Erst- und Zweitsprache als *deklaratives Wissen* auf der Ebene der Zentralen Kontrolle; der Lerner kann sich auf dieser aufmerksamkeitskonsumierenden Ebene vergegenwärtigen, worin sich zum Beispiel die Tempusregeln des Deutschen und des Französischen unterscheiden. Solche Vergegenwärtigungen dürften um so hilfreicher sein, je mehr die Regeln von L_1 und L_2 deutlich voneinander abweichen. Wenig fortgeschrittene Lerner werden hingegen durch die bewußte Aufmerksamkeitszuwendung auf *minimale* L_1-L_2-Unterschiede im Aufbau ihrer Grundfertigkeit in L_2 nur gestört.

Unteres Kontrastieren geschieht nicht überlegt, nicht bewußt und nicht absichtlich. Der Lerner, der eine noch sehr frühe und wenig entwickelte Lerner-Varietät der Zweitsprache produziert, übersetzt oft erstsprachliche grammatische Strukturen und andere Merkmale der eigenen Sprache direkt in die Zweitsprache: „How goes it you?" Hier kontrastiert er *nicht* – im Gegenteil! Er kann aber auch in bezug auf seine Erstsprache kontrastieren, indem er zum Beispiel eine bestimmte Wendung, ein bestimmtes grammatisches Schema, das nicht L_1, sondern nur L_2 entspricht, ohne jede Reflexion *übergeneralisiert* und auch dort benutzt, wo es der ‚native speaker' nicht benutzen würde. Dies, soweit die Lerner solche Versionen als ‚typisch' für L_2, nicht aber für L_1 empfinden. So berichtet Felix (1978, S. 55ff.) über natürliche Zweitspracherwerbsprozesse bei Kindern. Diese durchliefen beim Deutschlernen die Phase, in völlig überstrapazierter Weise das grammatische Schema „Das ist N." zu verwenden. Soweit sie dieses Schema als ‚typisch deutsch' empfanden, lag eine untere Kontrastierung vor.

Beim unteren Kontrastieren handelt es sich nicht um einen ‚bewußten' Vergleich zwischen zwei Sprachsystemen, sondern um die zeitweilige oder auch dauernde ‚automatische' Manifestation zweitsprachlicher Äußerungen, die als forcierte Kontrastierung zu entsprechenden muttersprachlichen Äußerungen aufgefaßt werden können. Diese untere Kontrastierung findet man auch im Bereich der Aussprache: Hier wird dann zum Beispiel das Englische nicht – wie üblich – zunächst unter Beibehaltung der Aussprachegewohnheiten der Muttersprache manifestiert; vielmehr wendet der Lerner dann in forcierter und oft fehlerhafter Weise *charakteristische* Aussprachemerkmale der Zielsprache an, so wie er sie rezipiert.

> Ein strukturell verwandtes Phänomen *innerhalb* der Erstsprache ist die Hyperkorrektion (Henn, 1978; Löffler, 1982): Will ein Dialektsprecher in vornehmster Weise hochdeutsch sprechen, so übertreibt er bisweilen den Kontrast zu seinem Dialekt. Heißt es in seinem Dialekt „Kirsche" statt (standarddeutsch) „Kirche", so sagt der Sprecher dann, wenn er hochdeutsch spricht, fälschlich „Kirche", wenn er die Kirsche meint. Das Phonem /ʃ/ markiert für manchen (zum Beispiel südhessischen) Sprecher dialektales Sprechen. Das Phonem wird dann – kontrastiv – beim ‚hochdeutschen' Sprechen auch dort vermieden, wo es hingehört.

Nach unserer Auffassung sollte man sowohl das obere als auch das untere Kontrastieren nur wenig zu beeinflussen versuchen. Es handelt sich hierbei um Eigenschaften lernender Systeme, die man als Lehrer im allgemeinen hinnehmen sollte. Es ist auch hier davor zu warnen, durch oberes Kontrastieren zu stark in den spontanen Ablauf der zweitsprachlichen Äußerungsproduktion des Lerners eingreifen zu wollen. Und was die Aussprache betrifft, so sind weder der ausgeprägte erstsprachliche Akzent noch auch die forcierte Akzentkontrastierung im allgemeinen gravierend, soweit dadurch die Kommunikation nicht beeinträchtigt wird. (Wenn sich ein Lerner per unterer Kontrastierung einen scheinbar ‚überamerikanischen' Akzent angewöhnt, so wird er diesen schnell wieder ablegen, wenn er die Reaktionen von fortgeschrittenen Lernern oder von ‚native speakers' erfährt. Oder dieser kontrastive ‚Superakzent' schleift sich im Laufe der Zeit auch ohne solche Rückmeldungen zu einer relativ guten Annährung an die Aussprachenormen der Zielsprache ab.)

Wir haben im Abschnitt 9.5 kurz darauf hingewiesen, daß sich Sprachen zum einen dadurch unterscheiden, daß sie verschiedene sprachspezifische *Phoneminventare* enthalten. (Im Englischen, nicht aber im Deutschen gibt es das Phonem / ð /.) Und zum anderen erzeugt der Artikulationsgenerator bei gleichem vom Enkodiermechanismus vorgegebenem Phonem unterschiedliche *Lautvarianten* (Lautexemplare). (Man denke an die charakteristische ‚amerikanische' Lautrealisation des Phonems /r/.) Das Zweitsprachenlernen betrifft – neben anderem – sowohl den Enkodiermechanismus als auch den Artikulationsgenerator. Ein im Wege des unteren Kontrastierens zeitweilig erzeugter ‚Superakzent' ist vor allem die Folge einer ‚übersteuerten' Einstellung des *Artikulationsgenerators*.

11.8 Fazit

In Anwendung einiger empirischer Befunde zur Sprachproduktion und auf der Basis der zuvor in diesem Buch dargestellten theoretischen Überlegungen stellen wir einige Gesichtspunkte vor, die bei der Zieldiskussion zum institutionell vermittelten Zweitsprachenerwerb Beachtung finden sollten. Wir haben schon betont, daß eine ausgewogene und flächendeckende Erörterung des Gesamtphänomens des Zweitsprachenerwerbs nicht unsere Absicht sein kann. Es handelt sich hier nur um die Anwendung einiger zuvor erarbeiteter Ergebnisse und Vorstellungen zur Produktion von Äußerungen auf dieses Sachgebiet. Die folgenden Gesichtspunkte seien noch einmal hervorgehoben:

– Die Äußerungsproduktion dient allgemein dazu, je nach kommunikativem Handlungsziel und situativer Gegebenheit Bewußtseinsinhalte und auch das Handeln des Kommunikationspartners so zu beeinflussen, daß dadurch der Ist-Zustand des Sprechers optimiert, also an den von ihm repräsentierten Soll-Zustand angeglichen wird. Das Sprechen ist insofern ein Mittel, Kommunikationssituationen zu bewältigen. Betrachtet man den Zweitsprachenerwerb, so sollte dieses Prinzip die Grundlage für die Zielbestimmung des Zweitsprachenunterrichts abgeben: Dann hat der Zweitsprachenunterricht die Aufgabe,

11. DER ZWEITSPRACHENERWERB

Lerner in die Lage zu versetzen, Kommunikationssituationen unter Zuhilfenahme zweitsprachiger Kenntnisse und Fertigkeiten zu bestehen.
- Eine solche Zielsetzung ist realistisch, weil sie auch unter den herrschenden, zumeist ungünstigen Umständen realisierbar ist, unter denen Zweitsprachenlehrer und -lehrerinnen überall in der Welt zu arbeiten haben. Das Lehrziel ist realistisch, weil der Lerner selbst bei geringen Ausbildungsressourcen dazu befähigt werden kann, eine begrenzte Menge wichtiger Kommunikationssituationen mit rudimentären zweitsprachigen Mitteln zu bewältigen. Mit der Verbesserung der Verhältnisse kann die Menge angezielter Kommunikationssituationen beliebig vergrößert und die Lerner-Varietät der Zweitsprache an deren Normen immer mehr angeglichen werden. In jedem Fall aber müssen tatsächliche Unterrichtserfolge nicht hinter einem Ausbildungsideal zurückbleiben, welches de facto nicht zu erreichen ist.
- Das in weiten Kreisen vorherrschende Lehrziel, den Lerner dazu zu bringen, beliebig viele wohlgeformte Sätze der Zweitsprache zu produzieren (und beliebig viele Sätze der Zweitsprache zu verstehen), führt dazu, daß der tatsächliche Unterrichtserfolg unter den gegebenen institutionellen Bedingungen und angesichts persönlicher Merkmale der Lerner gegenüber dieser Idealvorstellung den Charakter einer ‚Schwundstufe' erhält. Man soll nicht wollen, was man nicht kann. Im übrigen hat die Sprachproduktion – funktional betrachtet – ohnedies nicht die primäre Aufgabe, wohlgeformte Sätze zu erzeugen.
- Jede Sprachproduktion in realen Situationen gehorcht entweder kulturabhängigen Kommunikationsregeln, oder sie verletzt diese Regeln. Soll die Sprachproduktion der Kommunikation dienen, so ist dieser Sachverhalt wesentlich in Rechnung zu stellen.
- Die Bewohner eines Landes sind gegenüber Fremden, die ihre Sprache als Zweitsprache sprechen, – von Ausnahmen abgesehen – tolerant, soweit die Fremden sprachstrukturelle Fehler machen. Sie sind oft intolerant, wenn die Fremden gegen Kommunikationsnormen verstoßen. (Nach ihrem ‚Laienverstand' sind die eigenen Kommunikationsnormen ‚selbstverständlich' und universell.)
- Die variable Beherrschung des zweitsprachigen Wortschatzes und der zweitsprachigen Grammatik hat von Anfang an den Charakter einer automatisierten *Fertigkeit*. Deklaratives Wissen zu Wortschatz und Grammatik der Zweitsprache kommen jedoch hinzu. Dieses Wissen hat bei den von uns betrachteten Lernern immer auch den Charakter des Vergleichs mit der und des Kontrasts zur Erstsprache. Der Einsatz des deklarativen Wissens bei der Produktion zweitsprachiger Äußerungen kann punktuell vorteilhaft sein. Primär bleibt aber das zweitsprachige Sprechen als automatisierte Fertigkeit, deren Aufbau von Anfang an nicht durch eine zu starke Betonung der deklarativen Anteile gestört werden darf.
- Die Ermutigung zur Teilnahme des Schülers an freien Kommunikationen ist viel wichtiger als die sofortige Ausmerzung einzelner sprachstruktureller Fehler. Die sprachlichen Fertigkeiten werden ohnedies so gelernt, daß Einzelkorrekturen keine bedeutsame Wirkung auf den gesamten Lernerfolg haben. Eine zentrale Unterrichtsaufgabe besteht darin, *Sprechangst* zu vermeiden.
- Bei der Bewältigung kommunikativer Alltagssituationen ist es nicht erforderlich, zweitsprachige Äußerungen ohne sprachstrukturelle Fehler zu produzieren. Der Anspruch, den man beim Zweitsprachenerwerb an ein hohes sprachstrukturelles Niveau stellt, sollte sich danach richten, auf welche *Klasse von kommunikativen Situationen* der Lerner vorbereitet werden soll. Wohlgeformtheit kann kein Selbstzweck sein.

12.
Telefon und Anrufbeantworter

12.1 Kommunikationskanäle und Kommunikationsmedien

Wir haben schon mehrfach auf den folgenden Sachverhalt hingewiesen (vgl. unter anderem die Abschnitte 1.3 und 4.8): Bei dem Versuch, die Bewußtseinsinhalte des Partners mit Hilfe der Sprachproduktion zu modifizieren, erzeugen Sprecher nicht nur eine Folge von Lauten; sie geben diesen Lauten auch unterschiedliche Lautstärke, variieren die Tonhöhe, blicken den Partner an oder nicht, legen einen ‚kritischen' oder ‚fröhlichen' Gesichtsausdruck an den Tag, gestikulieren, treten näher an den Partner heran, lehnen sich im Stuhl zurück, usf. Dieses Insgesamt an partnerbezogenen Verhaltensweisen wird in der Psychologie, sofern es zwischen zwei oder mehreren Personen wechselseitig erfolgt, auch mit dem Begriff „soziale Interaktion" bezeichnet (vgl. oben 6.1.1). Der Mensch stimmt die verschiedenen Verhaltensaspekte in der Regel sehr fein aufeinander ab; kleine Veränderungen beispielsweise im Gesichtsausdruck, im Tonfall oder auch nur in der Körperhaltung haben auf den Partner – bei jeweils gleicher Wortwahl – oft große Wirkung.

Man kann das an der Sprachproduktion beteiligte Verhaltensrepertoire in vier Gruppen einteilen (Scherer, 1979): *Verbal-vokale* Äußerungskomponenten sind die durch Sprachlaute produzierten sprachlichen Einheiten (Phoneme, Wörter, Sätze). *Nonverbal-vokale* Äußerungsweisen sind die an die Lautproduktion gebundenen ‚Begleiterscheinungen' des Sprechens, also beispielsweise die Tonhöhengebung, die Lautstärke, die Betonung und der Wechsel zwischen Sprechen und Sprechpausen. *Verbal-nonvokale* Äußerungselemente umfassen die Klasse der schriftlich produzierten sprachlichen Einheiten. Zu den *nonverbal-nonvokalen* Ausdruckskomponenten gehören schließlich alle sonstigen Verhaltensweisen, zum Beispiel die Mimik und die Gestik.

Wenn wir das generelle Zusammenspiel der Verhaltenskomponenten beim Sprechen betonen, so setzen wir in der Regel voraus, daß die Kommunikationssituation, in der sich Sprecher und Partner befinden, so beschaffen ist, daß sich die beiden Beteiligten wechselseitig hören und sehen können. Dann können alle vier genannten Klassen von Ausdruckskomponenten vom Sprecher produziert *und* vom Hörer rezipiert werden. Vor allem die situationsspezifischen Komponenten des sprecherseitigen Partnermodells $\{(PAR_{ss})^{IST}\}$ (s. oben

7.2.2) entstehen überwiegend auf der Grundlage dessen, was der Sprecher vom Partner sieht und hört; und ein ganz ‚selbstverständlicher' Informationsbestandteil im Fokusspeicher des Sprechers ist die Annahme, der Partner könne auch ihn hören und sehen. Situationen, in denen dies auf natürliche Weise möglich ist, in denen sich also Sprecher und Partner zum selben Zeitpunkt am selben Ort befinden, sich anfassen können, etc., werden „Face-to-face-Situationen" genannt; sie werden vielfach als die wichtigsten, genetisch und historisch primären Kommunikationsbedingungen bezeichnet (zum Beispiel Wunderlich, 1976). Die allgemeinen Kommunikationsbedingungen zwischen Sprecher und Partner können aber in mehrfacher Hinsicht variieren (vgl. Dimter, 1981), wobei vokale und non-vokale, verbale und non-verbale Verhaltenskomponenten jeweils nur selektiv zum Einsatz kommen.

(a) Das Sehen und das Hören sind Sinnesleistungen des Menschen, die keinen direkten körperlichen Kontakt mit dem Wahrgenommenen erfordern. Vielmehr werden die hörbaren und sichtbaren Komponenten des Verhaltens durch die atmosphärische Luft als Träger der produzierten Schallwellen und durch das reflektierte Licht zum Rezipienten transportiert. Man spricht hier auch vom *akustischen* beziehungsweise *optischen Kommunikationskanal*. Diese beiden physikalischen Systeme (und auch die entsprechenden Sinnesysteme des Menschen, die zu den sogenannten Fernsinnen zählen) haben höchst unterschiedliche Eigenschaften. Kommunikations- und Sprachproduktionssituationen können deshalb hinsichtlich der Möglichkeiten, die unterschiedlichen Äußerungskomponenten zielführend zu verwenden, ganz verschiedene Charakteristika aufweisen (vgl. Rutter, 1984): Im Dunkeln kann man sich zwar hören, aber nicht sehen; unter Wasser kann man sich sehen, aber nur sehr schlecht hören; wenn man sich in verschiedenen Räumen einer Wohnung befindet, kann man sich hören, aber nicht sehen; durch die Glaswand im Abfertigungsbereich eines Flughafens kann man sich zuwinken, aber nicht miteinander sprechen; bei großem Lärm kann man schreiben, lesen und sprechen, aber nicht Gesprochenes verstehen; im Dunkeln kann man sprechen und hören, aber kaum leserlich schreiben und erst recht nicht lesen; usf.

(b) Sprachproduktionssituationen können sich danach unterscheiden, ob die Kommunikationskanäle den Beteiligten symmetrisch zur Verfügung stehen oder nicht. Die Kundin beim Friseur, deren Kopf unter der Trockenhaube steckt, kann der Friseuse etwas erzählen, diese kann aber nichts erwidern (zumindest nichts, was die Kundin verstehen kann). Wir können durch die geschlossene Wohnungstür mit einem Vertreter sprechen und ihn durch den Türspion sehen, er uns aber nicht.

(c) Ein Ziel der technologischen Entwicklung bestand und besteht darin, die Beschränkungen der natürlichen physikalischen Kommunikationsbedingungen aufzuheben. Die zu diesem Zwecke entstandenen Neuerungen nennt man *Kommunikationsmedien*. Bei ihnen geht es im Grunde um zwei Probleme: (1) die Notwendigkeit aufzuheben, daß sich die an der Kommunikation Beteiligten am selben *Ort* befinden; (2) die Notwendigkeit aufzuheben, daß Sprecher und Partner zum selbem *Zeitpunkt* in die Kommunikation involviert sind.

> Die Beschäftigung mit Kommunikationsmedien war in der Psychologie und in den Sozialwissenschaften lange Zeit fast ausschließlich auf das Phänomen der *Massenmedien* (Zeitung, Fernsehen, Rundfunk) beschränkt, bei denen die Sprachproduktion einer oder weniger Personen für viele Rezipienten zugänglich gemacht wird (vgl. Kunczik, 1977; Merten, 1977). Wir beschränken uns demgegenüber hier auf die Individualkommunikation, also auf die private, nicht-öffentliche Sprachproduktion gegenüber individuell identifizierten Partnern. Wir behandeln auch nicht die mediatisierten Informationsdienste, Konferenzsysteme und Lehreinrichtungen (vgl. dazu Rutter, 1987).

12. TELEFON UND ANRUFBEANTWORTER

Die Unabhängigkeit der Kommunikation von der Voraussetzung, daß sich Produzent und Rezipient zur gleichen Zeit am gleichen Ort aufhalten (= zeitliche und räumliche *Kopräsenz*), wird durch die portable *Konservierung* des Sprachproduktionsresultats erreicht. Hier gelang der Menschheit mit der Erfindung der Schrift der große Durchbruch (vgl. Miller, 1993). Die Konservierung mündlicher Sprachproduktion gestaltete sich schwieriger und erforderte einige weitere Jahrtausende: Zuerst wurden (von Philipp Reis im Jahre 1861; Alexander G. Bell im Jahre 1872; Thomas A. Edison im Jahre 1877; David E. Hughes, 1878) immer bessere Vorrichtungen geschaffen, Schallwellen in ein transportables, allerdings flüchtiges Medium (elektrische Schwingungen) umzuwandeln und wieder zurückzugewinnen. Mit diesen Vorrichtungen konnte zwar der Raum, aber noch nicht die Zeit überbrückt werden. Mit dem von Edison 1878 gebauten Phonographen, dem Vorläufer des Grammophons, konnte der Schwingungsverlauf aber schließlich mit Hilfe gravierter Wachswalzen erhalten und zu einem *späteren* Zeitpunkt wieder in Schallwellen umgewandelt werden. Heute kennen wir eine Reihe technischer Möglichkeiten, Gesprochenes zu konservieren (Schallplatten, magnetisierte Tonträger und schließlich digitalisierte Datensätze).

Die vielen Koordinationsleistungen, die das Zusammenleben zwischen Menschen erfordert, lassen die Aufhebung der räumlichen oder der zeitlichen Kopräsenz zwischen Sprachproduzent und -rezipient in verschiedenen Situationen unterschiedlich wichtig werden (vgl. Winterhoff-Spurk, 1989). Für die Überwindung der Zeit am selben Ort beispielsweise genügt das Aufstellen eines (nicht sofort wieder gestohlenen) Hinweisschildes. Die Überwindung der räumlichen Distanz bei beliebigen Zeitressourcen gelingt (falls die Postleitzahl stimmt) mit Hilfe von Briefen; dies war vor aller materieller Konservierung der Sprache auch schon (und ist auch heute noch) durch mündliche Übermittlung, zum Beispiel durch Boten, möglich, wobei jedoch die Authentizität der Botschaft oft nicht erhalten bleibt. Besonders wichtig sind Situationen, in denen sprachliche Äußerungen an einem Ort produziert und sehr schnell an einem anderen – weiter, als die Stimme trägt, entfernten – Ort rezipiert werden sollen, in denen die etwa *gleichzeitige* Involviertheit der Beteiligten also erhalten bleiben soll. (Auch Schallwellen und sogar das Licht erfordern für ihre Ausbreitung Zeit, so daß die Produktion und die Rezeption von Sprache selbst in Face-to-face-Situationen oder sogar, wenn man jemandem beim Schreiben zuschaut, nicht im engen Sinne gleichzeitig, aber mit vernachlässigbarer Latenz erfolgen.) Dazu haben sich die Menschen einiges einfallen lassen; die frühen Lösungsansätze für dieses Problem haben gemeinsam, daß zwischen den Beteiligten Zeichensysteme vereinbart wurden, die unter den jeweiligen Bedingungen geeignet zum Einsatz kommen können.

Ein allgemeines theoretisches Modell der Funktionsweise solcher Kommunikationseinrichtungen hat die Nachrichtentechnik entwickelt (Shannon & Weaver, 1976); es ist als „Klassisches Kommunikationsmodell" bekannt worden (vgl. *Abbildung 12.1*). Danach verfügt ein Nachrichtenproduzent (Sender) über einen Bedeutungsvorrat, über einen Zeichenvorrat und über Zuordnungsregeln der Zeichenelemente zu den Bedeutungselementen (einen ‚Kode'). Er will eine Sequenz von Bedeutungselementen (die ‚Botschaft') übermitteln; dazu wandelt er sie mit Hilfe der Zuordnungsregeln in eine Zeichensequenz um. Dieser Vorgang wird „Enkodieren" genannt. Die Zeichenfolge wird als Signal über eine Kanalstrecke gesendet; diese unterliegt jedoch auch Störeinflüssen. Der Empfänger entschlüsselt („dekodiert") das Signal, indem er die erhaltene Zeichenfolge anhand seiner Zuordnungsregeln in die korrespondierende Bedeutungssequenz umwandelt. Die Kommunikation gelingt nach diesem Modell, wenn Sender und Empfänger über (annähernd) denselben Vorrat an Bedeutungen, Zeichen und Zuordnungsregeln verfügen und wenn das Signal ‚unterwegs' nicht zerstört wird.

> Wir haben andernorts ausführlich erörtert (vgl.Grabowski, Herrmann & Pobel, 1990; Herrmann, 1985; s. oben 1.2.4), daß dieses Modell kaum geeignet ist, die Vorgänge beim Sprechen zu charakterisieren. Es dürfte bei der Lektüre der vorangegangenen Kapitel deutlich geworden sein, daß die Modifikation des Partnerbewußtseins durch Sprachproduktion weit mehr – und zum Großteil etwas völlig anderes – ist als das Übermitteln kodierter Bedeutungselemente. Für die vorliegenden Zwecke der Diskussion einiger Möglichkeiten, über die räumliche Distanz hinweg zu kommunizieren, reicht dieses Modell jedoch hin.

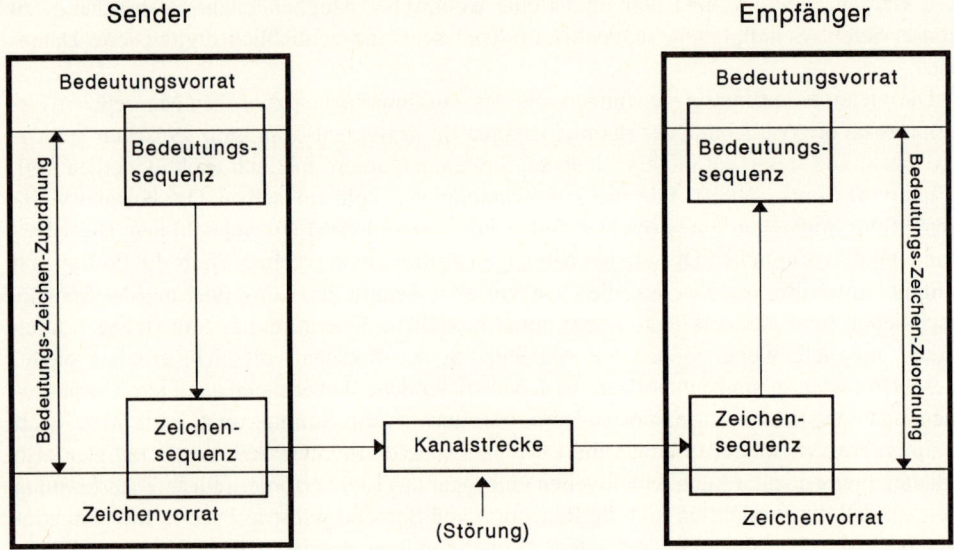

12.1 Das Klassische Kommunikationsmodell.

Wir diskutieren in aller Kürze einige Kommunikationssysteme, die es erlauben, produzierte Äußerungen dem Partner sehr schnell zugänglich zu machen:

- *Rauchzeichen:* Rauchzeichensignale nutzen den natürlichen optischen Kommunikationskanal; sie können über eine große, gleichwohl begrenzte Entfernung hinweg gesehen werden. Sie setzen voraus, daß Sender und Empfänger vereinbart haben, welche Sequenz von Rauchwolken mit welcher Nachricht korrespondiert; es können nur solche Nachrichten gesendet werden, für die ein Kode existiert. (Es wird notgedrungen nur sehr wenige verschiedene kodierbare Nachrichten geben.) Die Signalproduktion ist sehr aufwendig, die Kanalstrecke ist sehr störanfällig gegen Wind, Regen, Dunkelheit etc. Die Übermittlung gelingt nur, wenn der Empfänger ‚zufällig' zum Himmel sieht; der Sender kann dem Empfänger das Eintreten in die Kommunikation nicht ankündigen. Es sind Frage-Antwort-Sequenzen und sogar gleichzeitiges Senden möglich.

- *Trommeln:* Trommelsignale nutzen den natürlichen akustischen Kommunikationskanal; sie können über eine große, gleichwohl begrenzte Entfernung hinweg gehört werden. Da die Intensität eines Geräuschs mit zunehmender Entfernung abnimmt und der Mensch relative Unterschiede der Lautstärke und der Tonhöhe bei geringer Reizintensität nur schlecht wahrnehmen kann, muß die Nachricht in Rhythmus und Frequenz der Schläge kodiert werden. Die Signalstrecke ist störanfällig gegen andere Geräusche; Windrichtung und Wetterverhältnisse beeinträchtigen die Reichweite dieses Mediums. Die akustischen Zeichen erreichen den (wachen, hörfähigen) Empfänger immer. Es sind Frage- und Antwort-Sequenzen möglich, allerdings kein gleichzeitiges Senden.
  Rauchzeichen und Trommelsignale können auch zwischen nicht-alphabetisierten Kommunikationsteilnehmern beziehungsweise sogar in nicht-schriftlichen Kulturen gesendet werden; es genügt die Vereinbarung fester Reiz-Bedeutungs-Korrespondenzen (vgl. dazu auch Bühler, 1934). (Dabei wird es allerdings, wie erwähnt, bei einem Wortschatz geringen Umfangs bleiben.) Im übrigen wäre es angesichts der starken Störanfälligkeit beider Kommunikationsweisen eher unwahrscheinlich, daß es gelingt, zwischen 20 und 30 Zeichen eines Alphabets voneinander unterscheidbar zu verschlüsseln. (Und außerdem sind nicht alle Schriftsysteme alphabetisch und erlauben damit den Aufbau von Äußerungen als Kombination sehr weniger unterschiedlicher Elemente; vgl. oben Exkurs 1.2.)
- *Winken:* Zur gegenseitigen Verständigung zwischen Schiffen wurden Winkeralphabete entwickelt; dabei handelt es sich um Eins-zu-eins-Zuordnungen von Schriftzeichen (Buchstaben und Ziffern) zu Positionen zweier Flaggen, die der Äußerungsproduzent in Händen hält. Dieses Kommunikationssystem wurde verwendet, wenn es aus Sicherheitsgründen nicht möglich war, sich auf Hörweite zu nähern. Die Kommunikationsteilnehmer müssen sich aber in Sichtweite befinden. Der Einsatz dieses Mediums macht nur dort Sinn, wo die räumliche Distanz zwischen Produzent und Rezipient nicht – was viel einfacher wäre – durch Bewegung (aufeinander Zugehen) so verringert werden kann, daß normale mündliche Kommunikation möglich ist. Wenn Produzent und Rezipient über denselben Kode verfügen, kann alles gesendet werden, was auch geschrieben werden kann. Allerdings gibt es verschiedene Kodiersysteme, beispielsweise das Deutsche Winkeralphabet und das Internationale Winkeralphabet, in denen dieselben Flaggenpositionen für jeweils andere Buchstaben stehen. (Die Position „rechter Arm senkrecht nach oben und linker Arm schräg nach unten" steht beispielsweise im deutschen Kode für ein „L", im internationalen für ein „V".) Es sind Frage-Antwort-Sequenzen möglich und auch gleichzeitiges Senden, sofern die Prozesse der Enkodierung und Dekodierung der Signale bei den Beteiligten so automatisiert sind, daß die Aufmerksamkeitsressourcen nicht erschöpft werden.
- *Morsen:* Das Morsen bedient sich keines natürlichen Kommunikationskanals; vielmehr muß ein solcher künstlich hergestellt werden (Kupferdraht). Unter der Voraussetzung, daß eine geeignete Kanalstrecke bereitsteht, unterliegt das Morsen praktisch keiner Entfernungsbegrenzung. Da es sich auch hier um eine eindeutige Abbildung der Buchstaben, Ziffern und Satzzeichen einer Schriftsprache in einen Kode handelt, kann alles gemorst werden, was auch geschrieben werden kann; es wurde sogar ein Kode für die Hervorhebung bestimmter Teile einer Nachricht (Unterstreichung) vereinbart. Der Kode besteht aus Sequenzen zweier diskreter Elemente („lang" – „kurz"). Da sowohl der Unterschied zwischen diesen Elementen als auch die Sequenz der Elemente auf der Kanalstrecke erhalten bleiben, ist die Sicherheit der Signalübertragung vergleichsweise

hoch. Die ankommenden Signale können entweder abgehört oder von einem Lochstreifen (oder einer ähnlichen optischen Konservierung) abgelesen werden. Zur Wahrnehmung der gesendeten Signale ist allerdings – anders als bei den zuvor genannten Kommunikationsweisen – ein spezielles Endgerät nötig. Es sind Frage-Antwort-Sequenzen möglich, aber in der Regel kein gleichzeitiges Senden beider Beteiligter. (Die Kanalstrecke ist zwar in beide Richtungen, aber zu einem Zeitpunkt immer nur in eine Richtung durchlässig; gleichzeitiges Senden erfordert deshalb mehrere Morsesysteme.) Man kann mit Hilfe von Morsezeichen auch bereits vorhandene schalleitende Gegenstände ohne alle technische Einrichtung (per ‚Klopfzeichen') zur Kommunikation benutzen (Heizungsrohre etc.). Der Morsekode ist also nicht an einen speziellen Kommunikationskanal gebunden; er gewinnt seinen Reichweitenvorteil aber erst durch die Umsetzung in elektrische Impulse. Dem Prinzip des Morsens folgen alle Weiterentwicklungen im Bereich der Telegraphie, also der Fernübertragung von Schriftzeichen. Konnte man mit geübter Hand etwa 100 Schriftzeichen pro Minute übermitteln, schafften Schreibautomaten, bei denen die Umsetzung von Schriftzeichen in den elektrischen Kode automatisch erfolgt, schnell ein Vielfaches davon. Die Idee, einzelne Zeichen in Sequenzen binärer Zustände (beim Morsetelegraphen: Stromkreis geschlossen – Stromkreis nicht geschlossen) zu kodieren, lebt bis heute – hinzugekommen sind die Taktung und Bündelung der Impulse – im Prinzip der Digitalisierung fort.

Die Leistungen aller genannten Kommunikationsweisen gehen weit über das, was im Klassischen Kommunikationsmodell nachgebildet wird – nämlich den Transport von Bedeutungen in den Kopf des Empfängers – hinaus; man kann mit ihnen warnen, etwas versprechen, sich selbst darstellen, den Partner verpflichten oder zum Lachen bringen und vieles andere mehr; kurz: das Partnerbewußtsein modifizieren und – durch Sprechhandlungen – die Welt anders werden lassen, als sie es vorher war. Dennoch weisen die genannten Medien – das eine mehr, das andere weniger – gegenüber dem direkten mündlichen Kontakt viele Einschränkungen auf: Sie erlauben schon deshalb nur die Übermittlung bestimmter Inhalte, weil sie nicht vertraulich, sondern auch von Unbefugten zu empfangen sind; sie sind sehr störanfällig; sie setzen unbeeinflußbare Gegebenheiten wie Helligkeit, Stille, klare Sicht etc. voraus; sie verlangen von Sender und Empfänger die Beherrschung eines Kodes, der nicht der natürlichen Sprache entspricht; sie können in der Regel nicht in beide Richtungen gleichzeitig benutzt werden.

Die Erfindung des *Fernsprechers* erleichterte die Kommunikation zum selben Zeitpunkt über große Entfernungen hinweg in entscheidender Weise. Hier können Menschen, ohne etwas Neues dazulernen oder etwas Besonderes beherrschen zu müssen, genau das tun, was sie sonst auch tun: sprechen. Das Wort „*Telefon*" bezeichnet eigentlich nur die Endgeräte der Kanalstrecke; es wird aber auch – wie wir es im folgenden tun werden – zur Bezeichnung des gesamten Kommunikationsmediums verwendet.

Nach einer kurzen historischen und technischen Erläuterung werden wir in Abschnitt 12.2 diskutieren, welche Komponenten des Sprachproduktionsprozesses beim Telefonieren eine besondere Rolle spielen (und welche nicht). Dann (12.3) erörtern wir das Aufnehmen und Beenden des sprachlichen Kontakts am Telefon unter dem Aspekt von Ablaufschemata der Sprachproduktion (vgl. oben Kapitel 10). Wir schließen unsere Darstellung mit einigen Bemerkungen zur Sprachpsychologie des Anrufbeantworters (12.4).

Das Telefon wurde, wie es der rasanten technologischen Entwicklung im vorigen Jahrhundert entspricht, mehrmals unabhängig voneinander erfunden. Seine Erfindung setzte die erwähnte Möglichkeit voraus, das komplexe Schallmuster des Sprechens so zu transformieren, daß die Struktur der physikalischen Reizkonfiguration erhalten bleibt. Und dieses transformierte Muster mußte transportiert und daraus ein erkennbares Schallmuster zurückgewonnen werden. Dies gelang zuerst Philipp Reis 1861 in Frankfurt. Durchgesetzt hat sich jedoch erst Alexander Graham Bells Patentierung im Jahre 1876 (zeitlich parallel hatte E. Gray annähernd dasselbe erfunden), die er mit der Gründung der Bell Telephone Company im darauffolgenden Jahr erfolgreich vermarkten konnte. Bell war von Hause aus nicht Naturwissenschaftler, sondern Taubstummenlehrer und später Professor für Stimmphysiologie an der Universität Boston und kam von daher zur Beschäftigung mit sprachbezogenen Schallschwingungen. Durch die Verwendung des von Thomas A. Edison im Jahre 1877 erfundenen Kohlemikrophons wurde Bells Erfindung auch für große Entfernungen brauchbar.

Sieht man einmal davon ab, daß durch drahtlose Funkübertragung die Telefonendgeräte nicht mehr ortsfest sein müssen und den Beteiligten somit Bewegungsfreiheit erlauben und daß durch die Digitalisierung der Signale andere (und weniger störungsempfindliche) Kanalstrecken als elektrische Leitungen verwendet werden können, ist das Grundprinzip des Fernsprechens seitdem dasselbe geblieben: Beim Sprechen treffen die Schallwellen auf die Membran eines Mikrophons und regen diese zum Schwingen an. Im Fall des sehr häufig eingesetzten Kohlekörnermikrophons liegt zuerst Gleichstrom an; durch die Membranschwingungen ändert sich der Übergangswiderstand zwischen der Membran und den dahinter befindlichen Kohlekörnern, und es entsteht ein Wechselstrom (Sprechstrom). (Bei anderen Mikrophontypen kann der Sprechstrom auf andere Weise entstehen.) Dieser verändert das Magnetfeld eines beim Empfänger im Telefonhörer befindlichen Dauermagneten im gleichen Takt; das versetzt eine Membran aus Metall in Schwingungen, die schließlich als Schallwellen das Ohr des Empfängers erreichen. In einem Telefonhörer heutiger Bauart sind auf der einen Seite ein Mikrophon, auf der anderes Seite ein Magnet mit Metallmembran eingebaut, so daß die Schallwellenübertragung in beide Richtungen verlaufen kann. (Wie es gelingt, durch Wählen jeweils eine bestimmte Verbindung zu schalten, muß im Zusammenhang mit der Diskussion des Telefons als Kommunikationsmedium hier nicht interessieren; vgl. Trautmann, 1973.)

12.2 Sprachproduktion am Telefon

12.2.1 Situative Voraussetzungen

Sprechen ist eine von mehreren möglichen Verhaltensweisen, um ein Ziel zu erreichen. Jemand spricht überhaupt nur dann, wenn ihm nach seiner momentanen Situationsauffassung (der im kognitiven System repräsentierten Informationskonstellation) das Sprechen instrumentell (zielführend) erscheint. Ein beim kommunikativen Sprechen notwendiger Bestandteil dieser Situationsauffassung ist das Vorhandensein eines Partners, an den eine Äußerung gerichtet werden kann: Wer sich allein in seiner Wohnung befindet, kann das Ziel, ein momentan im Kühlschrank befindliches Getränk zu konsumieren, nicht durch die Produktion einer Aufforderung (und in diesem Zusammenhang auch einer Objektbenennung) erreichen – er muß es sich schon selbst holen. Das Telefon dient dazu, die Menge der Situationen zu erweitern, in denen Sprachproduktion zielführend sein kann. Der Sprecher kann nun beispielsweise den Partner über etwas informieren, etwas loswerden, das ihn bedrückt, etwas für die Beziehung zum Partner tun, etc., auch wenn dieser nicht unmittelbar anwesend ist. Er kann dies nur unter der Voraussetzung, daß der Partner erreichbar sowie willens und in der Lage ist, dem Sprecher überhaupt zuzuhören. (Diese Voraussetzung gilt aber ebenso in nicht-medialen Situationen; auch hier kann der Partner durch anderweitige Inanspruchnahme den Sprecher ‚überhören', er kann einfach den Raum verlassen und dergleichen mehr.) Da in unserem Land und generell in der westlichen Welt weit über 90 Prozent der Bevölkerung (vgl. Maschke, 1989) dort, wo sie sich jeweils aufhalten (sei es zu Hause oder am Arbeitsplatz), normalerweise telefonisch erreichbar sind, ergeben sich auch praktisch keine Einschränkungen dahingehend, daß nur Ziele, die sich auf bestimmte Personen richten, am Telefon verfolgt werden könnten.

In vielen Fällen kann der Sprecher bei der Gestaltung der allgemeinen Kommunikationsbedingungen – immer unter der Voraussetzung, daß er mit dem Partner in eine gleichzeitige und mündliche Interaktion treten will (und nicht etwa einen Brief schreibt oder eine Tonkassette bespricht und dem Partner zusendet) – zwischen mehreren Alternativen wählen. Hier bietet das Telefon eine zusätzliche Option, aber keine prinzipielle Veränderung der Sachlage. Jemand kann einem Partner, der sich in einem anderen Raum der Wohnung befindet, zurufen: „Wo ist denn wieder der Büchsenöffner?" Er kann sich aber auch zum Partner hinbegeben und ihn von Angesicht zu Angesicht fragen. (Er könnte auch auf einen Zettel schreiben: „Wo ist der Büchsenöffner?" und diesen dem Partner wortlos überreichen.) Man kann seinen Nachbarn anrufen und ihn bitten, mit etwas Mehl auszuhelfen; man kann aber auch an dessen Wohnungstür klingeln. Man kann einen Freund in Amerika anrufen und ihm zum Geburtstag gratulieren; man kann im Extrem aber auch hinfliegen und ihm seine Glückwünsche persönlich übermitteln. Die sprecherseitige Wahl des Telefons als Kommunikationsmedium hängt unter anderem von den folgenden Gesichtspunkten ab (vgl. auch Henning & Huth, 1975):

- *Absolute Einschränkungen:* In manchen Situationen kann der Sprecher ein Ziel auf dem Wege der mündlichen Sprachproduktion überhaupt nur durch die Benutzung des Telefons erreichen. Ein frisch Operierter kann den Partner, mit dem er sprechen möchte, nicht direkt aufsuchen; ein Arbeitnehmer darf in der Regel während der Arbeitszeit das Gelände nicht verlassen, um einem Freund etwas mitzuteilen oder eine Verabredung zu treffen. In solchen Fällen, in denen der Sprecher an einen bestimmten Ort gebunden ist, an dem sich aber nicht der Partner aufhält, steht es dem Sprecher nicht alternativ frei, eine Face-to-face-Situation mit dem Partner herzustellen.
- *Ökonomie der Systemregulation:* Der häufigste Fall, der zur Wahl des Telefonierens führt, dürfte darin liegen, daß es für den Sprecher auf diese Weise weniger aufwendig ist, sein Ziel zu erreichen. Das Ziel, einem Freund in Amerika mündlich zum Geburtstag zu gratulieren, wird ein Sprecher in der Regel nicht so realisieren, daß er hinfliegt und seinen Glückwunsch persönlich übermittelt; andere Ziele (zum Beispiel die Erhaltung der Zeit- und Geldressourcen) dürften mit dieser Art der Zielverfolgung konfligieren. Hier führt das Telefonieren zu einem Zugewinn an möglichen Kompromißlösungen bei der allgemeinen Systemregulation. Eine solche Ermöglichung oder Vereinfachung der Zielerreichung kann aber auch mit Einschränkungen an anderer Stelle verbunden sein. Wenn jemand beispielsweise wissen möchte, ob ein Museum, das er am Wochenende

gern besuchen möchte, dann auch geöffnet hat, so kann er dort hingehen und die Öffnungszeiten von einer Hinweistafel ablesen. Dies kann er zu jedem beliebigen Zeitpunkt, Tag und Nacht, tun. Wenn er sich diesen Weg ersparen möchte und sein Ziel vermittels des Telefons durch Sprachproduktion zu erreichen sucht, muß er dies zu Zeiten tun, in denen öffentliche Einrichtungen gewöhnlich besetzt sind. Insgesamt verringert das Telefonieren auch das Risiko, die Investitionen, die ein Sprecher einbringt, um den mündlichen Kontakt zu einem Kommunikationspartner herzustellen, ‚in den Sand zu setzen': Jemanden anzurufen ist viel weniger aufwendig als jemanden aufzusuchen; deshalb ist es auch weniger ‚schlimm', wenn man jemanden telefonisch nicht erreicht, als wenn man sich eigens an einen anderen Ort begeben hat und dann vor verschlossenen Türen steht.

- *Konventionen:* Es gibt Konventionen darüber, wann, unter welchen Umständen und in welcher ‚Verfassung' es für einen Sprecher nicht geboten ist, eine Face-to-face-Situation mit einem Partner herzustellen. Man geht nicht, gerade aus dem Bad kommend und nur mit einem Handtuch bekleidet, zum Nachbarn und bittet ihn um etwas Mehl. Man sucht Menschen, mit denen man nicht sehr eng befreundet ist, nicht am späteren Abend oder am Sonntagvormittag in ihrer Wohnung auf, um ihnen etwas mitzuteilen oder sie etwas zu fragen. Das Telefonieren stellt in solchen Situationen keine (oder zumindest eine weniger erhebliche) Regelverletzung dar.
- *Zwischenziele:* Das Telefonieren kann dazu dienen, ein Ziel, das man mit Hilfe der mündlichen Sprachproduktion verfolgen will, zwar nicht schon zu erreichen, aber der Zielerreichung wenigstens näherzukommen. Dies geschieht, indem der Sprecher beim Telefonieren das Zustandekommen einer geeigneten Kommunikationssituation befördert. Er kann den Partner bitten, herzukommen oder sich mit ihm an einem bestimmten Ort zu treffen, um in der so entstandenen Face-to-face-Situation mit ihm sprechen zu können.
- *Instrumentalität:* Für bestimmte Ziele, die ein Sprecher mit Hilfe der mündlichen Sprachproduktion erreichen will, sind das Telefon und die Face-to-face-Kommunikation unterschiedlich geeignet. Das gilt besonders für Ziele, bei deren Verfolgung neben der Produktion vokaler Sprachelemente auch nonverbal-nonvokale Äußerungskomponenten eine wichtige Rolle spielen. (Wir kommen auf den Aspekt der ausschließlichen Übertragung vokaler Verhaltensweisen am Telefon noch ausführlich zurück.) So wird ein Sprecher bei seiner Liebeserklärung an einen Partner (zumindest beim ersten Mal) nur selten das Telefon wählen, weil eben zu einer wirkungsvollen Liebeserklärung neben der Produktion verbaler Äußerungen unter anderem auch ein bestimmtes Verhalten der Augen (und gegebenenfalls der Hände) gehört. ‚Schwierige' Gespräche verschiedenster Art, unangenehme Mitteilungen etc. wird ein Sprecher nicht am Telefon initiieren, wenn er die Art seiner Gesprächsführung am Insgesamt der Partnerreaktion orientieren oder dem Partner ‚leibhaftig' zur Seite stehen will. In anderen Fällen wird der Sprecher bei der Produktion von Äußerungen, die für ihn selbst unangenehm oder schwierig sind, vielleicht gerade das Telefon wählen, um den nonverbalen Partnerreaktionen nicht ausgesetzt zu sein oder von der Verfolgung seines Ziels nicht abgebracht zu werden: „Wenn du mich so lieb anschaust, dann kann ich dir gar nicht mehr böse sein."
- *Neben- und übergeordnete Ziele:* Der Partner weiß im allgemeinen um die alternativen Möglichkeiten des Sprechers, mündlich mit ihm zu kommunizieren. Deshalb kann der Sprecher manche Ziele allein dadurch verfolgen, *daß* er einen bestimmten Kommunikationskanal wählt. Der Sprecher, der einem Freund eben nicht telefonisch zum Geburts-

tag gratuliert, sondern ihn persönlich aufsucht, gratuliert nicht nur, sondern bringt auch zum Ausdruck, daß er ihn besonders wertschätzt. Die Angestellte, die eine dienstliche Angelegenheit nicht über das Haustelefon erledigt – obwohl das hinreichend wäre und der Partner das auch weiß –, sondern sich zu der beteiligten Mitarbeiterin hinbegibt, zeigt ihr damit, daß sie sie gut leiden kann, gern mit ihr redet, etc. – oder nimmt sich dadurch einfach nur eine Pause. Andererseits ermöglicht das Telefonieren zuweilen, vielleicht eher als die Herstellung einer Face-to-face-Situation, unter einem Vorwand Kontakt zum Partner herzustellen oder auch gegebenenfalls zu kontrollieren, ob sich der Angesprochene zu Hause oder an einem bestimmten Ort befindet.

Wir fassen vorläufig zusammen: Das Telefonieren bietet die Möglichkeit, mit Partnern zu kommunizieren, die sich an einem anderen Ort befinden als der Sprecher. Damit erweitern sich die Möglichkeiten, Ziele mit Hilfe der mündlichen Sprachproduktion zu verfolgen. Vor allem kann ein Sprecher Situationen, in denen die Sprachproduktion infolge der gleichzeitigen Involviertheit eines Partners in das kommunikative Geschehen – und sei es nur als passiver Rezipient – überhaupt erst instrumentell sein kann, vermittels des Telefons herstellen beziehungsweise leichter herstellen, als wenn die mündliche Sprachproduktion nur in Face-to-face-Situationen erfolgen könnte. Die allseitige und leichte Verfügbarkeit des Telefons darf allerdings nicht darüber hinwegtäuschen, daß es uns – allerdings in aufwendigerer Weise und unter Zeitverlust – in vielen Fällen auch freistünde, eine Kommunikationssituation dadurch herzustellen, daß wir den Partner aufsuchen. Die Möglichkeit, beim Telefonieren Ziele durch Sprachproduktion zu verfolgen und dabei auch andere Ziele (zum Beispiel die Wahrung der eigenen Zeitressourcen) zu berücksichtigen, dürfte jedenfalls dazu führen, daß auch Ist-Soll-Abweichungen geringeren Ausmaßes überhaupt sprachproduktionsbezogene Regulationsvorgänge auslösen.

Insofern spricht nichts für die drohende Vereinsamung des Menschen durch die ‚Neuen Medien', wie sie von einigen Warnern gezeichnet wird (zum Beispiel von Hentig, 1984; vgl. dazu Grabowski-Gellert, 1985a). Das Telefon zumindest ist nach unserer bisherigen Darstellung eine äußerst kommunikationsfördernde und -erleichternde Einrichtung. Gleichwohl führt diese Einrichtung inzwischen schon in manchen Situationen dazu, daß man rechtfertigen muß, warum man eine Face-to-face-Situation herstellt – beispielsweise jemanden unangemeldet besucht – und nicht das Telefon wählt.

12.2.2 Fokusinformation

Ist die im Sprechersystem kognitiv repräsentierte Informationskonstellation in einer telefonischen Sprachproduktionssituation anders beschaffen als in Face-to-face-Situationen? Wir haben im voranstehenden Abschnitt schon darauf hingewiesen, daß sich manche *Sprecherziele* am Telefon weniger gut, andere sogar besser verfolgen lassen. Dabei handelt es sich aber eher um Ausnahmefälle; wenn Ist-Soll-Abweichungen auf dem Wege der mündlichen Sprachproduktion verringert werden können, dann gilt dies im allgemeinen für die Face-to-face-Kommunikation und die telefonische Kommunikation gleichermaßen. Durch das Wissen um die Möglichkeit, momentan nicht anwesende Partner anrufen zu können – wir rechnen dieses Wissen dem allgemeinen Weltwissen $\{(\text{WEL}_{\text{SU}})^{\text{IST}}\}$ zu –, vergrößert sich die

Menge der Ziele, die ein Individuum durch Sprachproduktion erreichen kann, ohne auf andere, vielleicht anstrengendere oder allgemein aufwendigere Verhaltensweisen zurückgreifen zu müssen. Auch können Soll-Werte ohne Zielcharakteristik („Wie gerne würde ich jetzt mit dir sprechen.") infolge der Realisierungschance, die sich durch die Verfügbarkeit des Telefons ergibt, zu Soll-Werten mit Zielcharakteristik (Zielen) werden.

Wir haben ebenfalls schon darauf hingewiesen, daß für das Herstellen von kommunikativen Situationen am Telefon zum Teil andere *Konventionen* gelten oder bestimmte Konventionen nicht gelten. Über die oben genannten Beispiele hinaus sind beim Telefonieren viele derjenigen Konventionen außer Kraft gesetzt, die sich darauf beziehen, unter welchen Umständen man jemanden ansprechen und dadurch vielleicht stören darf. In Face-to-face-Situationen obliegt es normalerweise dem Sprecher, anhand des aktuellen partnerseitigen Tuns einzuschätzen, ob das Aufnehmen sprachlichen Kontakts in der momentanen Situation für den Partner zumutbar (oder vielleicht sogar von ihm erwünscht) ist oder aber eine unerlaubte Störung darstellt. Partner, die gerade essen, konzentriert arbeiten, sich mit jemand anderem unterhalten oder anderweitig in Anspruch genommen sind, sind durch Konventionen vor Störungen geschützt; zumindest wird sich der Sprecher erst einmal für die Störung entschuldigen oder fragen, ob er sich sprachlich an den Partner wenden darf. (Bei hoher sprecherseitiger Dringlichkeit dürfen solche Konventionen auch ohne Sanktionsgefahr übertreten werden; das gilt aber für Konventionen generell.) Der Anrufer am Telefon ist von der Berücksichtigung der aktuellen partnerseitigen Befindlichkeit dispensiert, insofern er nicht wissen kann, ob sich der Partner in einem kommunikationsbereiten Zustand befindet oder nicht. Wir verdeutlichen dies an einem Beispiel: Ein Student, der an der Bürotür einer Universitätsassistentin anklopft, wird, wenn er nicht hereingebeten wird, nicht fortwährend weiterklopfen – zumindest, wenn er über gute Manieren verfügt. Oder er hat die Tür geöffnet, sieht, daß sich die Assistentin im Gespräch mit jemand anderem befindet, und wartet. Ruft er jedoch in ihrem Büro an, so läßt er das Telefon selbstverständlich mehrere Male klingeln, da er nicht wissen kann, ob sie vielleicht gar nicht anwesend ist (in diesem Fall könnte das fortwährende Klingeln auch nicht stören), ob sie sich zwar in Kommunikationsbereitschaft, aber gerade am anderen Ende des Raumes befindet oder ob die sprachliche Kontaktaufnahme für sie eine Störung bedeuten würde. Die sprecherseitige Unkenntnis der momentanen Partnerlage verschafft dem Sprecher am Telefon oft sogar Vorrang gegenüber anderen Personen, die sich am Ort des Partners befinden. (Es ist eine andere Frage, die wir hier nicht erörtern können, warum es den meisten Menschen nicht gelingt, sich gegen die durch das Klingeln des Telefons angekündigte Kommunikationsabsicht eines Sprechers vorzusehen, indem sie die Klingel leiser stellen, den Stecker aus der Buchse ziehen oder einfach nicht abheben, obwohl sie es als Störung empfinden, in der momentanen Situation ‚angesprochen' zu werden.)

Allgemeine Konventionen, die auch für das Telefonieren gelten, betreffen die Zeitpunkte der Kontaktaufnahme. Man ruft nicht beliebige Personen mitten in der Nacht an oder an einem arbeitsfreien Tag sehr früh am Morgen; hier sind – wie erwähnt – die erlaubten Zeiten für das Telefonieren aber großzügiger bemessen als für das unmittelbare Aufsuchen eines Partners. Wenn der Sprecher situationsübergreifend weiß, daß für einen bestimmten Partner oder allgemein für Menschen im Lebensrhythmus unserer Kultur zu bestimmten Uhrzeiten (an bestimmten Tagen) eine Kontaktaufnahme mit einer Störung verbunden ist, so muß er dies – im Sinne einer Konvention – auch beim Telefonieren berücksichtigen. (Zum Beispiel galt es in den vergangenen drei Jahrzehnten in weiten Kreisen der deutschen Bevölkerung als unerhört, samstags während der Ausstrahlung der ARD-Sportschau anzurufen.)

Hinsichtlich der Inhalte telefonischer Äußerungen gilt die Konvention, persönliche und vertrauliche Mitteilungen von größter Wichtigkeit nicht telefonisch zu übermitteln. Man bekommt als Patient die Diagnose einer entscheidenden Untersuchung face-to-face oder allenfalls schriftlich mitgeteilt, aber nicht telefonisch. Es wird als Mißachtung des Partners empfunden, wenn sich der Sprecher durch die Wahl des Telefons der Verpflichtung auch nur potentiell entzieht, die Reaktion des Partners ‚aufzufangen'.

Die Ausführungen zu den Konventionen implizieren, daß der Sprecher beim Telefonieren über ein eingeschränktes *Partner- und Situationswissen* ($\{PAR_{ss})^{IST}\}, \{SIT_{ss})^{IST}\}$) verfügt. Er kennt zwar seine eigene momentane Lage, nicht aber die des Partners und dessen situative Umstände generell. In einer Face-to-face-Situation kann er zum Partner beispielsweise sagen: „Schreib dir das mal auf." oder: „Hol dir mal was zu schreiben." – Der Sprecher sieht, ob der Partner ein Schreibgerät zur Hand hat oder nicht. Der telefonierende Sprecher muß situationsspezifische Bedingungen am Ort des Partners erfragen, wenn sie für den Fortgang seiner Äußerungsproduktion eine Rolle spielen: „Hast du grad was zu schreiben?"

Gegenüber Face-to-face-Situationen zusätzliche situationsbezogene Wissenskomponenten beziehen sich auf die mit dem Telefonieren verbundenen Kosten. Die Maxime „Faße dich kurz!", die früher einmal gewährleisten sollte, daß möglichst viele Personen das Telefon überhaupt nutzen können, hat sich mit der allseitigen Verfügbarkeit des Telefons und mit der zunehmenden Nutzung des Telefons auch für private Alltagskontakte ‚ohne besonders wichtigen Anlaß' erübrigt; wir werden heute durch Werbung sogar ermuntert, das Telefon möglichst ausgiebig zu benutzen. Sprecher und Partner wissen jedoch, daß je nach Anrufzeit und Entfernung Gebühren unterschiedlicher Höhe für die Bereitstellung des Kommunikationskanals erhoben werden; dieses Wissen bestimmt zuweilen das Was und Wie der Sprachproduktion am Telefon mit: „Ich wollte dir nur kurz sagen, daß ich meine Prüfung bestanden habe. Ich rufe dich nach sechs Uhr noch einmal an." – „Erzähl mir das, wenn wir uns sehen, sonst wirds zu teuer."

Das Telefonieren unterscheidet sich von der Sprachproduktion gegenüber einem auch räumlich anwesenden Partner dadurch, daß der Sprecher an seinem Partner nur vokale Verhaltensweisen wahrnehmen kann und daß er weiß, daß dies umgekehrt auch für den Partner in bezug auf den Sprecher gilt. Welche Auswirkungen ergeben sich daraus für die sprecherseitige Repräsentation des *Partnermodells*? Dazu betrachten wir zuerst die situationsübergreifenden Anteile $\{(PAR_{SU})^{IST}\}$ des Partnermodells. Ist der Partner dem Sprecher bekannt, so gilt beim Telefonieren dasselbe wie in Face-to-face-Situationen: Der Sprecher weiß, mit wem er es zu tun hat und welche Unterstellungen bezüglich partnerseitiger Eigenschaften, Erfahrungen, Fähigkeiten, Vorlieben, Bereitschaften, Wissensbestände etc. gerechtfertigt sind. Aber auch, wenn es sich beim Partner um einen bis dato Fremden handelt, bestehen weitestgehend keine anderen Bedingungen als in Face-to-face-Situationen (vgl. oben 7.2.2). Da der Sprecher weiß, wo beziehungsweise bei wem er anruft, stehen ihm beispielsweise Informationen über Rollenmerkmale des Partners zur Verfügung: Er weiß, daß es sich um einen Sachbearbeiter, um den Mitarbeiter in einem Büro, um einen Vermieter, um jemanden aus dem Sprechstundenteam einer Arztpraxis handelt. Sehr viele der Informationen, die der Sprecher sonst daraus bezieht, daß er den Partner sieht, erschließen sich auch aus nonverbal-vokalen Schlüsselreizen (vgl. Scherer & Giles, 1979): Man erkennt auch am Telefon, ob es sich beim Partner um einen Mann, eine Frau oder ein Kind handelt; man kann das Alter des Partners einschätzen (Helfrich, 1979); man erkennt, ob es sich um einen Muttersprachler handelt oder nicht, ob der Partner eher aus Nord- oder aus Süddeutschland stammt, ob er ein Bayer, ein Schwabe oder ein Sachse ist; man erhält einen

Eindruck davon, ob der Partner selbstbewußt und bestimmt oder unsicher und zögernd auftritt. Man erhält beim Telefonat mit einem Fremden keine Aufschlüsse über dessen Körpergröße, ob er eine Brille trägt, welche Hautfarbe er besitzt, ob er – falls es sich um einen Mann handelt – einen Bart trägt, ob es sich um einen gutaussehenden oder eher um einen optisch unscheinbaren Menschen handelt, welche Haar- und Augenfarbe er hat. (Aber wer unter den Leserinnen und Lesern hätte nicht schon einmal höchst vergnüglich mit einer Stimme geflirtet?) Wenn wir uns erinnern, welche Partnermerkmale sich in den Kapiteln zur Objektbenennung, zum Sprechen über Raum, zum Auffordern und zum Reden über Ereignisse als die für die Sprachproduktion entscheidenden herausgestellt haben, so sind diese letztgenannten, dem Telefonierenden verborgenen Partnereigenschaften nicht darunter.

Was die situationsspezifischen Anteile des Partnermodells $\{(PAR_{ss})^{IST}\}$ anbelangt, so hat der Sprecher am Telefon nur wenig Information über die aktuelle äußere Situation, in der sich der Partner – sei es ein Bekannter oder ein Fremder – befindet. (Der Sprecher kann beispielsweise unterstellen, daß sich der Partner an dem Ort aufhält, an dem sich das Telefon befindet, und daß er nur eine Hand frei hat; er hört, ob es an dem Ort betriebsam oder ruhig zugeht, nimmt gegebenfalls die Stimmen anderer Menschen wahr; er weiß nicht, was der Partner gerade zuvor getan hat, ob er ‚ausgehfertig' ist oder im Schlafanzug herumläuft, ob er sitzt oder steht, etc.) Der innere Zustand des Partners, vor allem hinsichtlich seiner aktuellen Emotionen, ist anhand akustischer Eindrücke hingegen sehr gut erschließbar. So haben schon Davitz & Davitz (1959) einige Sprecher sinnfreies Material, nämlich die Buchstaben des Alphabets, so aufsagen lassen, daß darin verschiedene Emotionen zum Ausdruck kommen. Sie fanden heraus, daß andere Personen die jeweilige Gefühlshaltung allein anhand der Stimmqualität weit überzufällig erkennen konnten, besonders die Gefühle des Ärgers, der Angst, der Traurigkeit und der Fröhlichkeit (vgl. auch Brown & Bradshaw, 1985; Frick, 1986; Scherer, 1986; Scherer, Koivumaki & Rosenthal, 1972). Selbst die aktuelle Mimik eines Sprechers, ob er beispielsweise lächelt oder ernst dreinschaut, schlägt sich in für den Partner erkennbaren nonverbal-vokalen Eindrücken nieder (Fónagy, 1967). Sozialpsychologische Untersuchungen zur Personenwahrnehmung, zur Eindrucksbildung und zur personenbezogenen Merkmalsattribution konnten insgesamt ebenfalls keine schlüssigen Befunde zur Überlegenheit visueller und akustischer gegenüber ausschließlich akustischer Information gewinnen (vgl. Rutter, 1987; Williams, 1977).

Der differenzierte Aufbau des Partnermodells beim Sprecher erleidet also durch den Wegfall des optischen Kanals beim Telefonieren weitaus weniger Einbußen, als man gemeinhin vermutet (zu dieser Vermutung s. Argyle, 1978; Cook, 1979). Das wird auch in der Tatsache deutlich, daß für das Bildtelefon, dessen technische Voraussetzungen seit einigen Jahren geschaffen sind, offenbar kein Bedarf besteht und daß kommunikative Abläufe am Bildtelefon – sieht man einmal von speziellen Arbeitszusammenhängen ab, die das Zeigen auf technische Zeichnungen oder Werkstücke erfordern – nicht besser gelingen als bei der üblichen nur-akustischen Telefonkommunikation (Grabowski-Gellert & Harras, 1988; Williams, 1977).

12.2.3 Protoinput und Enkodierinput

Im voranstehenden Abschnitt 12.2.2 wurde deutlich, daß sich die sprecherseitige Fokusinformation – die Auslösebedingungen von Sprachproduktionsprozessen – beim Telefonieren nur unwesentlich von den Informationen unterscheidet, die dem Sprecher in Face-to-face-

Situationen zur Verfügung stehen. Wir haben zu Beginn unserer Diskussion bereits erwähnt, daß das Telefon sich gegenüber allen anderen Kommunikationsmedien gerade dadurch auszeichnet, daß es dem Benutzer das ermöglicht, was er auch sonst tut: nämlich zu sprechen. Zusammengenommen lassen diese beiden Feststellungen darauf schließen, daß die Sprachproduktion am Telefon – da sie unter sehr ähnlichen Auslösebedingungen und in derselben Verhaltensmodalität, dem Sprechen, erfolgt – auch weitgehend unter Einsatz derselben Prozesse erfolgt, die die Generierung des Protoinputs und des Enkodierinputs steuern. Proto- und Enkodierinput sind demnach auch beim Telefonieren weitgehend durch die im Sprechersystem repräsentierte *Fokusinformation* bestimmt – wir haben im Teil II dieses Buches viele Beispiele für solche Zusammenhänge angeführt –, nicht aber durch die Tatsache, *daß* die Sprachproduktion am Telefon (und nicht in einer Face-to-face-Situation) erfolgt.

Wir werden im Abschnitt 12.3 gesondert darauf eingehen, wie Sprecher und Partner es am Telefon bewerkstelligen, den sprachlichen Kontakt aufzunehmen, sich wechselseitig zu identifizieren und ein Gespräch auch wieder zu beenden; dafür haben sich am Telefon besondere Kommunikationsprozeduren (Wie-Schemata) herausgebildet. Nach unserem Modell der Sprachproduktion handelt es sich bei diesen Gesprächsteilen um die Verfolgung von Zielen, die der Systemregulation durch Sprachproduktion immer beigeordnet sind; auch ohne zwischengeschaltetes Kommunikationsmedium muß der Sprecher beispielsweise immer die Aufmerksamkeit des Partners auf sich ziehen, sicherstellen, daß der Partner ihm zuhört, und dem Partner signalisieren, daß aus Sprechersicht die aktuelle Regulation erfolgreich (oder nicht erfolgreich) beendet ist. Das Verfolgen dieser Ziele ist nun durch die Verwendung des Telefons, wie erwähnt, nicht erheblich tangiert. Aber auch die Äußerungsproduktion, die dem eigentlichen Gesprächsthema eines Telefonats gewidmet ist, unterscheidet sich kaum von der Sprachproduktion in Face-to-face-Situationen. Wir illustrieren das an einem experimentelles Beispiel.

Grabowski-Gellert & Harras (1988; vgl. auch Grabowski-Gellert, 1985b) stellten insgesamt 25 Versuchspersonen vor die Aufgabe, eine Partnerin – in allen experimentellen Bedingungen dieselbe Konfidentin des Versuchsleiters, die in einem Rollenspiel als eine gute und hilfsbereite Bekannte der Versuchsperson eingeführt wurde – dazu aufzufordern, sie am nächsten Tag zu einer mit öffentlichen Verkehrsmitteln schlecht erreichbaren Werkstatt zu fahren, in der sich das Auto der Versuchsperson nach einer Reparatur befindet. Diese Aufforderungssituation läßt sich durch die Parameterausprägungen DRIN+ & BER+ & LEG+ & KÖN? kennzeichnen (vgl. oben 4.5). Die Teilnehmer mußten die Kommunikationsaufgabe entweder face-to-face, per Telefon, per Bildtelefon, per Brief oder mit Hilfe eines ‚interaktiven Bildschirmschreibgeräts' (eines Vorläufers der heutigen ‚electronic mail') bewältigen. Zwischen den mündlichen Bedingungen „face-to-face", „Telefon" und „Bildtelefon" ergaben sich keine Unterschiede hinsichtlich der produzierten Äußerungsmenge, des Äußerungsinhalts, des Äußerungsaufbaus und des Zustandekommens einer zufriedenstellenden Vereinbarung. Diese drei Bedingungen sind also nicht nur gleichermaßen geeignet, das vorgegebene Ziel durch Sprachproduktion zu erreichen, sondern führen auch zu fast gleichen Sprachproduktionsresultaten. (Der Wechsel zu schriftlichen Äußerungen war in diesem Experiment dagegen mit deutlichen Änderungen verbunden.)

Beim Telefonieren ergeben sich neben der weitgehenden Stabilität der Sprachproduktionsprozesse im Vergleich zu Face-to-face-Situationen nun aber doch einige Besonderheiten, die die *Koordination der Produktion vokaler und nonvokaler Äußerungskomponenten* betreffen:

- *‚Überflüssige' Verhaltensweisen:* So wie der Sprecher beim Telefonieren sein situationsspezifisches Partnermodell nicht auf der Basis der aktuellen visuellen Wahrnehmung des Partners und seiner Umgebung anreichern kann, so weiß er auch, daß beim Telefonieren nur die vokalen (hörbaren) Aspekte seines eigenen Verhaltens dem Partner übermittelt werden. Dennoch verzichten Sprecher in der Regel auch am Telefon nicht auf die Produktion nonvokaler Verhaltenskomponenten; sie gestikulieren, zeigen mimische Reaktionen auf die Partneräußerung, ziehen die Schultern hoch, wenn sie etwas nicht wissen, etc. Soweit diese Verhaltensweisen – wie es beispielsweise bei der Mimik der Fall ist – direkten oder indirekten Einfluß auf die Stellung der Artikulationsorgane haben und damit auch zu Veränderungen der stimmlichen Qualität führen (s. oben 12.2.2), erscheint dieses Verhalten sinnvoll. Daß der Sprecher aber beispielsweise die Äußerung seiner Ungewißheit mit einem Schulterzucken begleitet, beim Ausdruck des Überraschtseins die Augen weit öffnet oder in Erregung heftig gestikuliert, bei der Erwähnung von etwas Rundem mit der freien Hand gar einen Kreis in die Luft beschreibt – alles Verhaltenskomponenten, die der Partner nicht wahrnehmen kann –, mag zuerst verwundern. Wir haben diese Verhaltensweisen alle schon einmal bei anderen oder bei uns selber bemerkt und uns gelegentlich auch darüber amüsiert. In unserer Sicht bestätigt dieser Sachverhalt der Produktion ‚überflüssiger' nonvokaler Äußerungskomponenten nur die Annahme der weitgehend automatischen Tätigkeit der *Hilfssysteme*, zu deren Aufgaben auch die Koordination verbaler und nonverbaler Äußerungskomponenten gehört (s. oben 8.4.4). Es ist für die Systemregulation offensichtlich ökonomischer, bei der Sprachproduktion jeweils dieselben Programme zum Einsatz zu bringen und dabei gegebenenfalls auch Verhaltenskomponenten zu erzeugen, die der Zielerreichung in einer bestimmten Situation vielleicht nicht dienlich, aber auch nicht hinderlich sind, als die nonvokalen Verhaltensproduktionen unter Aufmerksamkeitsverbrauch mühsam zu unterdrücken.

Zum Teil sind solche äußerungsbegleitenden Verhaltenselemente im übrigen gar nicht durch den Prozeß der Sprachproduktion veranlaßt, sondern der begleitende Ausdruck eines inneren Zustands, der auch ohne kommunikative Funktion und ohne Anwesenheit eines Partners auftritt. (Das Erleben von Überraschung oder Erschrecken geht immer mit mimischen Reaktionen einher; bei starker Nervosität sind wir ‚zappelig', etc.)

Äußerungsbegleitende nonvokale Verhaltensweisen sind in manchen Telefonsituationen zwar im Hinblick auf die Kommunikation mit dem Partner überflüssig, nicht aber für die auf der Ebene der Zentralen Kontrolle erfolgende Verfertigung des Protoinputs. Zum Beispiel wurde einer der Autoren am Telefon gebeten, den (fast verzweifelten) Partner zu instruieren, seine Krawatte zu binden. Dazu mußte der Sprecher die Herstellung eines Krawattenknotens zuerst mit den eigenen Händen simulieren, damit es ihm überhaupt gelang, einen geeigneten Protoinput zu generieren. Oft bringen wir, wenn wir beispielsweise eine Längenangabe schätzen wollen, Daumen und Zeigefinger in einen entsprechenden Abstand, *bevor* wir zu sprechen beginnen. Nonvokal-nonverbale Komponenten unseres Verhaltens dienen also nicht nur als automatisch erzeugte ‚Beigaben' zum Sprachproduktionsresultat dazu, dem Partner gegenüber etwas zum Ausdruck zu bringen, sondern helfen uns als Sprecher – bar aller kommunikativer Funktion – dabei, uns selbst (zum Beispiel durch die Ausführung motorischer Programme, die Bestandteil eines multimodalen Gesamtkomplexes sind; vgl. oben 6.3.3) etwas besser vor Augen zu führen und dadurch die Zentrale Exekutive bei der Generierung eines geeigneten Protoinputs zu unterstützen. (Uns sind im übrigen keine systematischen Arbeiten zur

Unterscheidung dieser Funktionen nonverbaler Verhaltensweisen beim Sprechen bekannt.)
- *Kompensationen:* Diejenigen nonvokalen Äußerungskomponenten, die entscheidend dazu beitragen, daß der Sprecher mit seiner Gesamtäußerung sein Ziel erreicht (zum Beispiel, daß der Partner versteht, was der Sprecher meint), müssen am Telefon durch geeignete vokale Äußerungselemente kompensiert werden. Am Telefon können wir auf die Frage „Wie groß war denn der Hund, der dich gebissen hat?" nicht dadurch antworten, daß wir eine Hand in einen bestimmten Abstand über dem Boden bringen und sagen: „Etwa so groß." Es gehört zu unserem situationsspezifischen Partnermodell, daß wir wissen, daß der Partner uns nicht sehen kann und es deshalb nicht zielführend ist, auf etwas zu zeigen. (Kindern gelingt es erst von einem bestimmten Alter ab, die Wahrnehmungsbedingungen des Partners bei der eigenen Äußerungsproduktion zu berücksichtigen. Wir haben dies an einem experimentellen Beispiel zur Objektbenennung bereits erwähnt (s. oben 2.1); zur diesbezüglichen Leistungsfähigkeit von Kindern vgl. aber auch Lloyd, 1992.) In dieser Hinsicht muß die Zentrale Exekutive die ‚Aufgabenverteilung' an die Hilfssysteme und an andere, nicht-sprachliche Programme überwachen. Dies gilt auch für die Verwendung bestimmter deiktischer Ausdrücke. Da Sprecher und Hörer gleichzeitig in die Kommunikation involviert sind, ergeben sich für die Produktion temporaler Referenzausdrücke („jetzt", „nachher" usf.) keine Einschränkungen. Sofern der Partner weiß, wo sich der Sprecher befindet, kann auch die lokale Referenz „hier" verwendet werden. Lokale deiktische Ausdrücke, die aber beispielsweise die Blickrichtung des Sprechers implizieren („da drüben", „dort hinten"), können vom Partner nicht verstanden werden; an ihre Stelle muß beim Telefonieren gegebenenfalls eine Raumbeschreibung treten, in die nur solche Voraussetzungen eingehen, über die der Partner verfügt (s. oben 3.3.2).

Durch geeignete vokale Äußerungen müssen am Telefon auch Verhaltensweisen kompensiert werden, die die Instrumentalität der Sprecheräußerung sichern. Rutter (1984) hat in diesem Zusammenhang insbesondere auf die notwendige Unterscheidung von „looking" und „seeing" bei der Kommunikation hingewiesen: „Looking" bezieht sich darauf, ob der Sprecher den Partner anschauen, mit ihm in Blickkontakt treten kann. Wir haben am Beispiel des Aufforderns gezeigt (s. oben 4.8), daß der Blickkontakt instrumentalitätsfördernde Wirkung haben kann. Sprecher, die in einem Experiment über eine Gegensprechanlage kommunizieren sollten, haben ihre Äußerungen in einer ‚schwierigen' Aufforderungssituation (LEG+ & BER?) im Vergleich zu einer Face-to-face-Situation häufiger mit einer komplexen ‚Höflichkeitssyntax' versehen (Grabowski-Gellert & Winterhoff-Spurk, 1988a). (Eine Gegensprechanlage ist im Prinzip ein zu einem Zeitpunkt jeweils nur in eine Richtung durchlässiges Telefon.) Mit dieser komplexen Syntax haben die Sprecher über die Gegensprechanlage vermutlich nonvokale, ‚abschwächende' Signale (zum Beispiel den Blickkontakt) ersetzt; in einer einfachen, unproblematischen Situation (LEG+ & BER+) war dies nicht notwendig (s. oben 4.7.2). „Seeing" – also die Möglichkeit, den anderen und dessen Umgabung zu sehen – ist nach Rutter demgegenüber einer von mehreren Gesichtspunkten des allgemeinen Konzepts der „cuelessness", also der variablen Ausstattung einer Kommunikationssituation mit Hinweisreizen. Reizarme Kommunikationssituationen, die beispielsweise beim brieflichen Kontakt gegeben sind, führen zu einer großen psychischen Distanz zwischen den Beteiligten, die sich wiederum entscheidend auf Inhalt, Struktur und Gelingen der Kommunikation auswirkt (Rutter, 1987, S. 75). Beim Telefonieren sind jedoch infolge der vielfältigen Qualitäten des vokalen Kanals für die psychische Nähe nur geringe Einschränkungen gegeben, so daß die Tatsache. daß zwischen Sprecher und Partner kein optischer Kanal besteht (= „seeing"), kaum ins Gewicht fällt.

- *Kontaktsignale:* Vor allem bei längeren Redebeiträgen vergewissert sich der Sprecher in Face-to-Face-Situationen immer wieder, ob der Partner noch zuhört, aufmerksam ist, versteht, was er sagt. Der Partner signalisiert dies durch Kopfnicken, ‚konzentrierte' Mimik und nicht-propositionale Äußerungen wie „mhm", „ach", „ja", „wirklich?", „nein!", „was du nicht sagst" an geeigneten Stellen der Sprecheräußerung. Beim Telefonieren muß der Partner – und auch der Sprecher, wenn er eine längere Sprechpause macht – regelmäßig auf vokalem Wege zeigen, daß er noch ‚dabei ist' – und damit auch, daß die Leitung noch steht, daß das Kommunikationsmedium funktioniert. Die Hilfssysteme überwachen über das Kommunikationsprotokoll automatisch das Eintreffen solcher Partnersignale. Bleiben sie zu lange aus, so erfolgt eine Rückmeldung an die Zentrale Exekutive. Von diesem Mechanismus kann man sich leicht selbst überzeugen: Enthalten Sie sich, wenn Ihnen am Telefon jemand etwas erzählt, einmal eine Zeit lang jeglicher vokaler Bestätigungssignale; früher oder später wird der Sprecher seinen Redebeitrag durch eine Äußerung der Art „Bist du noch dran?" unterbrechen.
- *Sprecherwechselorganisation:* Es gibt kulturell vereinbarte Regeln, nach denen die an einem Gespräch Beteiligten signalisieren und erkennen, wann ein Sprecher seinen Redebeitrag beendet hat, wann er noch am Wort bleiben möchte, wer als nächster an der Reihe ist, etc. (Sacks, Schegloff & Jefferson, 1974). Das ‚Abgeben' seines Rederechts sowie das Ankündigen der eigenen Redeabsicht erfolgen unter anderem (neben vielen vokalen Indikatoren) durch die Wahl der Körperhaltung: Beispielsweise zeigt der Sprecher durch Zurücklehnen, daß er seiner Äußerung nichts mehr hinzufügen will; durch eine gespannte, vorgebeugte Körperhaltung kündigt der Partner an, daß er als nächster etwas sagen möchte. Beim Telefonieren müssen solche Signale zur Organisation der Gesprächsverteilung auf vokalem Wege erfolgen. So konnten Rutter, Stephenson & Dewey (1981) zeigen, daß am Telefon im Vergleich zur Face-to-face-Kommunikation signifikant mehr Äußerungen mit einer Frageintonation enden (die dem Partner die Rolle des Sprechers zuweist) und daß einem Sprecherwechsel auch signifikant häufiger eine in Frageform intonierte Äußerung vorausgeht. Der ziemlich stabile Befund, daß die Phasen gleichzeitigen Sprechens beider Kommunikationspartner beim Telefonieren signifikant kürzer sind als bei der Face-to-face-Interaktion (Rutter & Stephenson, 1977; Rutter, Stephenson & Dewey, 1981), zeigt, daß die Organisation des Sprecherwechsels von den Beteiligten beim Telefonieren sogar sorgfältiger gehandhabt wird.

Es ergibt sich: Das Telefonieren ist in der Psychologie bislang vergleichsweise selten zum Forschungsgegenstand geworden (Dordick, 1989; Fielding & Hartley, 1989); in der Sozialpsychologie wurden die Leistungen des Telefons im Hinblick auf allgemeine soziale Tatbestände (Gruppenentscheidungen, Attribution von Eigenschaften an Personen, Verhandlungsergebnisse) untersucht, nicht aber im Hinblick auf die Äußerungsproduktion selbst. Die Annahme, daß durch den Wegfall nonvokaler Äußerungskomponenten vermehrt Störungen im Sprachproduktionsprozeß auftreten, weil die Sprecher über keine vokalen Äquivalente verfügen, konnte nicht bestätigt werden (vgl. Beattie, 1981; Beattie & Barnard, 1979; Butterworth, Hine & Brady, 1977; Cook & Lalljee, 1972; Dilley, Lee & Verill, 1971; Höflich, 1989). Insgesamt ist festzustellen, daß die Hilfssysteme die notwendigen Koordinationsleistungen zwischen den einzelnen Äußerungskomponenten einerseits und zwischen dem Sprecher- und Partnerverhalten andererseits auch angesichts der jeweils vorliegenden Kommunikationsbedingungen weitgehend automatisch erbringen.

12.3 Ablaufschemata beim Telefonieren

Im Zusammenhang mit bisherigen wissenschaftlichen Untersuchungen unterschiedlicher Kommunikationsmedien wurde – wir haben das schon angedeutet – ein besonderes Augenmerk darauf gerichtet, wie ein geregelter Kommunikationsablauf zwischen zwei (oder mehreren) Beteiligten initiiert, gestaltet, aufrechterhalten und einvernehmlich beendet wird. Diesbezügliche Forschungsarbeiten wurden vor allem im Rahmen der ethnomethodologisch begründeten Konversationsanalyse durchgeführt. (Für die theoretischen Grundlagen vgl. Bergmann, 1981; s. auch oben 5.2.) Eine wichtige Analyseeinheit bildet hier der ‚Turn'; dabei handelt es sich jeweils um einen Redebeitrag eines Sprechers, der hinsichtlich seiner Funktion für das Gespräch und damit als (sprachliche) Handlung des Sprechers beschrieben wird (vgl. Sacks, Schegloff & Jefferson, 1974; Werlen, 1979). Ein Turn kann beispielsweise die minutenlange Wiedergabe eines Ereignisses sein, aber auch das kurze „Hallo", mit dem der Sprecher den Partner grüßt.

Bevor der Sprecher am Telefon den Teil seiner Äußerung beginnt, der den eigentlichen Grund des Anrufs darstellt, muß er die sozialen und kommunikativen Voraussetzungen dafür schaffen. Dazu gehört, daß der Kommunikationskanal, der Sprecher und Partner verbindet, überhaupt erst realisiert wird, sowie die wechselseitige Identifikation der Beteiligten (Berens, 1981). Das erste, was der Sprecher tut, besteht darin, die Telefonnummer des Partners zu wählen und dadurch zu bewirken, daß dessen Telefon klingelt (brummt, piept, oder was Telefone heutzutage an Geräuschen von sich geben). Damit weiß der Partner – wir setzen für das folgende voraus, daß dieser am Standort des Telefons anwesend ist –, daß sich jemand im Zustand der auf ihn gerichteten Gesprächsbereitschaft befindet. Nun ist der Zug am Partner. Er signalisiert seinerseits Gesprächsbereitschaft, indem er abhebt und ‚sich meldet'. (Oder er tut es nicht, wenn er nicht gesprächsbereit ist. Nur gelingt das, wie erwähnt, den wenigsten; vgl. Lange, 1989; Schafer, 1988.)

> Gesprächs- beziehungsweise Kommunikationsbereitschaft bedeutet hier und im folgenden, daß ein Beteiligter bereit ist, überhaupt in eine sprachliche Interaktion einzutreten. Bereits mit Abheben des Telefonhörers zeigt der Partner diese Bereitschaft. Das muß nicht heißen – wie es die alltägliche Verwendung dieser Begriffe vielleicht nahelegen könnte –, daß der Partner Zeit und Lust für ein längeres Gespräch hat.

Die erste Paarsequenz von Anwählen und Abheben wird in der Literatur als „summons – answer" („Aufmerksamkeit wecken" – „reagieren") bezeichnet (Werlen, 1984). Dann ist die wechselseitige Identifikation der Gesprächspartner erforderlich. Dabei hat der Anrufende schon bestimmte Erwartungen über die Identität des Partners, der Angerufene im allgemeinen jedoch nicht. (Der Anrufende kann sich der Identität des Partners aber auch noch nicht sicher sein; vielleicht hat er sich verwählt, oder es hat sich eine andere als die erwartete

Person gemeldet.) Da beim Telefonieren die Kommunikationspartner oft zum ersten Mal an einem Tag in Kontakt treten und die Konvention gilt, andere Menschen, die man kennt oder mit denen man zu tun hat, beim ersten täglichen Zusammentreffen zu grüßen, erfolgt zudem noch oft eine Gruß-Gegengruß-Sequenz. Schließlich beginnt der Anrufende mit der Einführung seines Themas. (Für eine Übersicht aller Äußerungselemente beim Telefonieren vgl. Mißler, 1991.)

> Die soeben genannten Sequenzen werden wohl beim Telefonieren besonders deutlich, doch sind sie – mutatis mutandis – auch in der natürlichen Konversation üblich und häufig. Sehr oft leiten wir unsere Äußerung auch in einer Face-to-face-Situation mit einem Ankündigungssignal ein („Hör mal!", „du", „Entschuldigung" oder die Nennung des Partnernamens mit Frageintonation: „Helmut?"), und dieser signalisiert im Gegenzug seine (variable) Kommunikationsbereitschaft („Ja?", „Was denn?", „Was ist denn jetzt schon wieder?", „Ich kann grad nicht." oder „Warte mal eben!"). Wenn wir dem Partner nicht bekannt sind, dann stellen wir uns zuerst selbst vor, bevor wir mit unserem Anliegen beginnen. Usf.

Schegloff (1979) hat die Abläufe telefonischer Eröffnungssequenzen anhand einer großen Stichprobe transkribierter Telefongespräche aus dem amerikanischen Sprachraum systematisiert. Dort meldet sich der Angerufene weitgehend standardisiert mit „hello". (Im Italienischen gilt Entsprechendes für „pronto".) Für den nächsten Turn – die initiale Äußerung des Anrufenden – hat Schegloff neun Typen unterschieden, die entweder auf die Selbstidentifikation des Anrufers oder auf die Identifikation des Angerufenen gerichtet sind:

(1) *Gegengruß:* Hier erwidert der Anrufende das partnerseitige „hello" einfach mit einer Grußformel: „hello" – „hello". Wenn sich Anrufer und Partner wechselseitig an der Stimme erkennen, können damit die gegenseitige Identifikation, die Versicherung der Kommunikationsbereitschaft und die Begrüßung schon geleistet sein. Entweder fährt dann der Anrufende direkt mit dem Grund seines Anrufs fort (s. unten Typ 5), oder der Angerufene gibt zu erkennen, daß er den Anrufenden erkannt hat („Oh, Charles, nice to hear you."), oder er weist dem Anrufenden explizit den folgenden Redebeitrag der Themaankündigung zu („Oh, Charles, why do you call me?").

(2) *Vergewisserung der Partneridentität:* Hier äußert der Anrufende nach dem partnerseitigen „hello" den Namen des erwarteten Partners mit Frageintonation: „hello" – „Miss Parsons?" Der Anrufer will zuerst wissen, ob er mit dem gewünschten Partner verbunden ist; gegenüber einer Person, mit der er gar nicht kommunizieren will, ist er auch nicht verpflichtet, sich zu identifizieren. Dieser Eröffnungstyp tritt auf, wenn der Anrufende den Partner nicht an der Stimme erkennen kann oder vielleicht sogar zum ersten Mal mit ihm in Kontakt kommt.

(3) *Nennung des Partnernamens:* Hier hat der Anrufende den Partner erkannt und begrüßt ihn, indem er dessen Namen (mit ausrufender, am Ende in der Tonhöhe sinkender Intonation) nennt: „hello" – „Mommy". Der Angerufene hat dadurch die Gelegenheit, den Anrufer seinerseits an der Stimme zu erkennen.

(4) *Thematisierung des Partnerzustands:* Auch hier hat der Anrufer den Partner erkannt und gibt ihm durch eine Bemerkung zu dessen Zustand die Gelegenheit zur Reidentifikation: „hello" – „Did I waken you, dear?"

(5) *Grund des Anrufs:* Hier erkennt der Sprecher den Partner, nimmt außerdem an, daß dem Partner auch leicht die Identifikation des Anrufers gelingt, und beginnt sofort mit

seinem Anliegen: „hello" – „Hi, are my kids there?" (In diesem Beispiel von Schegloff ist zudem noch ein Gruß vorgeschaltet, ohne damit jedoch einen Sprecherwechsel herbeizuführen.) Diese Art der Eröffnung dürfte vor allem unter guten Bekannten und bei hoher Dringlichkeit des Sprecheranliegens gewählt werden.

(6) *‚Falscher' Partner:* Bei diesem Eröffnungstyp erkennt der Anrufende, daß es sich nicht um den gewünschten Partner handelt. Vor der Selbstidentifikation und einer Begrüßung versucht er, zuerst den Kontakt mit dem ‚richtigen' Gesprächspartner herzustellen: „hello" – „May I speak to Bonnie."

(7) *Selbstidentifikation:* Hier beginnt der Sprecher mit seinem eigenen Namen: „hello" – „Hi Bonnie. This is Dave." (In diesem Beispiel ist wiederum ein Gruß vorgeschaltet.) Dieser Eröffnungstyp setzt voraus, daß der Anrufende den Partners erkannt hat.

(8) *Frage nach der Partneridentität:* Dieser Typ entspricht dem oben genannten Typ 2, wobei der Anrufende explizit fragt, um wen es sich beim Partner handelt: „hello" – „Hello, who's this?"

(9) *‚Witzchen':* Zuweilen treibt der Anrufer mit dem Partner ein Witz- oder Erkennungsspiel, indem er etwas Absurdes sagt oder aber den sich meldenden Partner in Wort und Intonation imitiert: „hello" – „Is this the Communist Party Headquarters?" Diese Art der Eröffnung dürfte privat gut bekannten Personen vorbehalten sein.

In sehr detaillierten Analysen führt Schegloff aus, wie die wechselseitigen Begrüßungs- und Identifikationsformen weitergehen. Unterstellt der Anrufende beispielsweise, daß der Partner ihn an der Stimme erkennen kann (vgl. die Typen 1, 3, 4, 5 und 9), wobei dies dem Partner jedoch faktisch nicht gelingt, so übernimmt der Partner oft nicht den nächsten, ihm zugedachten Turn, und es entsteht eine Pause wechselseitigen Schweigens, die der Anrufende durch weitere Informationen über die eigene Person aufhebt. Der Moment, in dem der eine den anderen erkennt, ist in den meisten Fällen durch eine (gegebenenfalls wiederholte) Grußformel gekennzeichnet. Usf.

Die verschiedenen Eröffnungstypen kommen mit unterschiedlicher Häufigkeit vor. Insgesamt steht bei dem ersten Redebeitrag des Anrufenden die Identifikation des Partners weit häufiger im Vordergrund als die Selbstidentifikation (Schegloff, 1979, S. 45ff.). Bevor der Anrufende sich selbst zu erkennen gibt und sein Anliegen vorträgt, will er sich erst vergewissern, daß er es mit dem richtigen Gegenüber zu tun hat.

Im Deutschen ist dieser erste Schritt der Partneridentifikation dadurch erleichtert, daß der Angerufene üblicherweise seinen Namen nennt. Schematisierte Eröffnungssequenzen eines Telefonats können sich somit von Sprache zu Sprache beziehungsweise von Kultur zu Kultur unterscheiden. Berens (1981) hat anhand einer Stichprobe von 41 telefonischen Gesprächseröffnungen für das Deutsche vier solcher Schemata beschrieben, wobei er die wechselseitige Begrüßung nicht explizit berücksichtigt:

(1) Über 60 Prozent der beobachteten Eröffnungsabläufe bestehen in der Sequenz „Interaktionsaufforderung (Klingeln des Telefons) – Interaktionsbereitschaft + Selbstidentifikation des Angerufenen – Selbstidentifikation + Themenfestlegung des Anrufers"; diese kennzeichnet nach Berens vor allem einmalige Interaktionen und Interaktionen, an denen Vertreter von Institutionen beteiligt sind, wobei die soziale Beziehung auf das für die Klärung eines Themas Notwendigste beschränkt bleibt. Ein Beispiel: „Lehrstuhl Psychologie III, Grabowski." – „Hier ist Beate Müller. Ich rufe an wegen dem Prüfungstermin."

(2) Das zweite Eröffnungsschema entspricht dem unter (1) genannten, wobei der Anrufende auf die Selbstidentifikation verzichtet. Es kann bei einem hohen Bekanntheitsgrad der Beteiligten auftreten, wobei der Anrufende unterstellt, daß der Partner ihn an der Stimme oder am Thema erkennt: „Müller" – „He, Beate, ich dachte, du wolltest mich abholen."

(3) Während sich Personen im institutionellen Rahmen (am Arbeitsplatz, bei Behörden etc.) prinzipiell in ihrem ersten Turn identifizieren, können Privatpersonen auch zuerst nur eine distanzierte Interaktionsbereitschaft kundtun und ihr weiteres Verhalten vom Erkennen und Anerkennen des Anrufers abhängig machen. Der Angerufene kann sich so zumindest teilweise vor unliebsamen Anrufern und auch vor der namentlichen Identifikation gegenüber Fremden schützen. So entstehen Sequenzen der folgenden Art: „Ja, Hallo?" – „Hier ist Otto Schmidt." – „Herr Schmidt, hier ist Beate Müller." – „Ja, ich rufe Sie an wegen Ihrer Wohnungsannonce."

(4) Als viertes Schema wird ein Ablauf beschrieben, der zwischen gut bekannten beziehungsweise befreundeten Interaktanten gewählt wird und die Konstituierung der sozialen Beziehung bei der Kommunikation besonders betont; es besteht aus den Elementen „Interaktionsbereitschaft + Selbstidentifikation" – „Selbstidentifikation + Partneridentifikation" – „Partneridentifikation" – „Themenfestlegung"; zum Beispiel: „Müller hier." – „Hier ist Karl. Beate, schön dich zu hören." – „Ja Karl, das ist ja 'ne Überraschung." – „Ja, ich wollte mal fragen, wie es dir so geht."

Die einzelnen Schritte bei der Festlegung des Gesprächsthemas beschreibt Winskowski (1977); wir übergehen diesen Teil von Telefonaten und kommen auf den Abschluß eines Telefongesprächs zu sprechen. Auch hier hängen die Beteiligten nicht unvermittelt den Hörer ein, sondern produzieren schematische Abläufe der sprachlichen Interaktion: Beendigung des Themas, Resümee und Gruß/Dank (vgl. Clark & French, 1981; Werlen, 1984). Zum Ende eines Gesprächs kündigt zuerst einer der Beteiligten (meistens der Anrufende) die Beendigung des Themas an, zum Beispiel durch „So, ich glaube, das war's.", „So, jetzt muß ich wieder an die Arbeit." oder einfach nur „O.K." Es folgt ein sogenanntes Resümee, in dem das Ergebnis des Gesprächs festgehalten wird („Alles klar?"), die Partner sich der zukünftigen Interaktion versichern („Ruf mich mal wieder an.") oder nur die Zufriedenheit mit dem Gesprächsabschluß signalisieren („prima", „okay", „schön", „also gut"). An dieser Stelle hat jeder der Beteiligten die letzte Gelegenheit, mit einem neuen Thema zu beginnen und das Gespräch fortzusetzen („Ach, was mir noch einfällt ..."). Als dritter Schritt der Gesprächsbeendigung kann sich eine Dankes- oder Grußformel anschließen („Und danke für deinen Anruf." oder „Grüßen Sie bitte auch Ihre Frau von mir."), bevor das Gespräch mit einem wechselseitigen Abschiedsgruß endgültig beendet wird („Auf Wiederhören." oder „Tschüß."), wobei der Wiedergrüßende meistens den Gruß seines Partners wörtlich wiederholt.

Was bedeuten diese Befunde im Lichte unseres Modells der Sprachproduktion? Das Telefonieren ist eine Form der sprachlichen Interaktion, an der alle Arten der Steuerung des Sprachproduktionsprozesses (Schema-, Reiz- und Ad hoc-Steuerung) in sehr differenzierter Weise beteiligt sind. Beide Kommunikationsteilnehmer befinden sich abwechselnd in der Rolle des Sprechers beziehungsweise des Partners. Sprecher verfügen über ein *globales Wie-Schema* der Rahmenstruktur eines Telefonats. Dieses Schema enthält ‚Funktionsstellen' wie beispielsweise die Begrüßung, die Selbst- und Partneridentifikation, das Resümee und den Abschiedsgruß sowie Vorgaben für die Abfolge dieser Äußerungselemente. Hierbei handelt es sich um die schon häufig genannten ‚Leerstellen' von Wie-Schemata. Je nach Gesprächssituation kann das Wie-Schema in einer eher persönlichen oder eher sachlich-distanzierten Variante zum Einsatz kommen. An vielen Stellen sieht dieses Schema vor, daß der *Partner* Äußerungen einer bestimmten Art produziert. Die Erwartungen hinsichtlich der Partneräußerungen sind so stark, daß sogar unverständliche Äußerungen des Partners beispielsweise an der Stelle, an der eine Grußformel des Partners ansteht, als Gruß interpretiert werden (Hess-Lüttich, 1990; Werlen, 1984).

Auf der Basis der allgemeinen schematischen Vorgaben wird die konkrete Verfertigung des Enkodierinputs an vielen lokalen Funktionsstellen (‚Leerstellen') an die reizgesteuerten Automatismen der *Hilfssysteme* delegiert: Während das globale Sprachproduktionsschema sicherstellt, daß der Sprecher den Partner an bestimmten Stellen des Gesprächs grüßt, sich selbst identifiziert, sich verabschiedet etc., hängt es meistens von der im Kommunikationsprotokoll der Hilfssysteme repräsentierten vorangegangenen Partneräußerung ab, mit welcher konkreten Formulierung er den Partner grüßt, wie er seine abschließende Zustimmungsbekundung realisiert, wie er sich verabschiedet, etc. Nur wenn etwa erwartete Partneräußerungen ausbleiben, die Identifikation des Partners nicht gelingt oder der Partner sich im Hinblick auf die Beendigung des Gesprächs nicht schemakonform verhält, wenn also stärkere Abweichungen von dem vorgegebenen Wie-Schema des Telefonierens auftreten, muß die Zentrale Kontrolle ad hoc den weiteren Gesprächsverlauf bis zu einer Stelle im Gespräch planen, an der das Schema die Steuerung wieder übernehmen kann. Das allgemeine Schema der Kontaktherstellung und -beendigung entspricht in vielen Punkten dem allgemeinen kommunikativen Verhaltensschema bei auch räumlicher Kopräsenz. Für das Telefonieren, bei dem sich die Kommunikationspartner ausschließlich akustisch verständigen müssen, stehen jedoch normierte vokale Realisationsweisen der einzelnen Verhaltenselemente dieses Schemas bereit, die zudem markanter sequenziert sind als in Face-to-face-Situationen.

Bei der Behandlung des eigentlichen Gesprächsthemas verläuft die Sprachproduktion am Telefon – mit den wenigen, in Abschnitt 12.2 genannten Besonderheiten – genau so wie in Face-to-face-Situationen. Hier ist die Art der Steuerung durch die Fokusinformation und insbesondere durch das Sprecherziel bestimmt: Die Instruktion an den Partner, wie man eine Krawatte bindet, ist sicherlich ad hoc-gesteuert, eine Wegbeschreibung oder ein Ereignisbericht wird unter starker Beteiligung von einschlägigen Wie-Schemata produziert. Usf. Von der Beendigung der thematischen Äußerungsteile ab verläuft der restliche Teil des Telefonats bis zum Einhängen dann wieder in spezifischer, auf das Telefonieren abgestellter Weise schemagesteuert.

> Man kann sich den Beginn eines Telefongesprächs wie ein Schachspiel vorstellen. Mit den ersten ein, zwei Zügen liegt die Art der Eröffnung, die gespielt wird, fest (ob es sich beispielsweise um eine persönliche oder um eine formale, distanzierte Interaktion handelt). Für die nächsten Züge zur Entwicklung der Figuren bis zu einer für die Eröffnung typischen Stellung (zur Herstellung der notwendigen kommunikativen Situationsbasis durch erfolgreiche Begrüßung und wechselseitige Identifikation) bestehen damit Vorgaben, wobei die konkrete Zugfolge innerhalb der allgemeinen Vorgaben der Eröffnungsstrategie (und der allgemeinen Regeln des Schachspiels) auch durch den jeweils vorangegangenen Zug des Spielpartners bestimmt ist. (Vgl. zum Beispiel in der Paulsen-Variante der sizilianischen Eröffnung 7. 0–0 oder 6. 0–0 je nach 5. . . . Sc6 (Keres – Tal, 1959) beziehungsweise 5. . . . Sf6 (Stein – Portisch, 1962).)

12.4 Anrufbeantworter

Automatische Anrufbeantworter gibt es schon seit mehreren Jahrzehnten. In den letzten Jahren haben sich jedoch – bedingt durch neue Marktstrategien internationaler Konzerne und damit durch die zunehmende Beteilung von Privatpersonen an modernen Kommunikationstechnologien sowie die daraus resultierende Reduktion der Anschaffungs- und Installierungskosten – starke Änderungen in den Nutzungsgewohnheiten ergeben, die derzeit noch andauern. Während wir beim Telefonieren über stabile, konventionell vereinbarte Muster der Gesprächsführung berichten konnten (die sozusagen normierte Garanten für einen gelingenden Kommunikationsablauf darstellen), haben sich bei der Kommunikation mit Hilfe von Anrufbeantwortern ähnlich stabile Gewohnheiten – zumindest im nicht-institutionellen Nutzungsbereich – bislang noch nicht herausgebildet. Der Anrufbeantworter bietet damit die Möglichkeit, die Entwicklung solcher sprachlicher Regularien, ihre Determinanten und das Entstehen ihrer letztendlichen Form zu untersuchen. Von den mit Sprache befaßten Wissenschaften wurde dieses Thema bislang eher selten aufgegriffen – allerdings mit steigender Tendenz (vgl. zum Beispiel Alvarez-Caccamo & Knoblauch, 1992; Dingwall, 1992; Dubin, 1987; Gold, 1991; Mißler, 1991; Sayad, 1985; Schmale, 1988).

Wir diskutieren zuerst einige Funktionen und Nutzungsweisen des Anrufbeantwortes, bevor wir über empirische Befunde zum Zusammenhang zwischen Ansagetext und Mitteilungsbereitschaft bei der ‚Kommunikation' mit Anrufbeantwortern berichten.

> Wir bleiben bei der folgenden Erörterung des Anrufbeantworters im Bereich der kommunikativen mündlichen Sprachproduktion und diskutieren keine alternativen Kommunikationskanäle ähnlicher Funktion wie beispielsweise das Briefeschreiben. Auch behandeln wir den Anrufbeantworter nicht als bloße Einrichtung zum Informationsabruf (wie bei der Zeitansage, dem Reisewetterbericht oder bei ähnlichen Ansagediensten); in dieser Funktion ist er nicht mehr als eine transportable vokale Hinweistafel, die dem Benutzer ‚frei Haus' geliefert wird, wo er sie sich akustisch ‚vor Ohren führen' kann.

Wir erwähnten zu Beginn dieses Kapitels einige technologiehistorische Zwischenschritte bei dem Versuch, die Notwendigkeit der räumlichen und der zeitlichen Kopräsenz der Kommunikationsbeteiligten aufzuheben. Das Telefon hat sich dabei als ein optimales Medium erwiesen, welches die gleichzeitige Involvierung der Gesprächspartner über beliebige Distanzen hinweg unter Verwendung der natürlichen Alltagskompetenz des Sprechens erlaubt. Will jemand telefonisch kommunizieren, so muß er ersichtlich zum einen mit dem Partner eine telefonische Verbindung herstellen können; der Partner muß sich beim angewählten Apparat befinden (oder herbeigerufen werden können). Zum anderen muß der Angerufene, wie dargestellt, gesprächsbereit sein. Was den ersten Punkt betrifft, so können für den Anrufer naturgemäß Probleme entstehen. In der Regel sieht die Sachlage aber so aus, daß der Anrufer erwartet, daß der Partner zu einem bestimmten Zeitpunkt unter einer bestimmten Telefonnummer erreichbar ist beziehungsweise sich in der Umgebung des angewählten Apparats aufhält. (Der Anrufer muß übrigens nicht wissen, wo sich dieser Apparat befindet.) Ist der Partner nicht dort (oder hebt er nicht ab), muß es der Sprecher zu einem späteren Zeitpunkt erneut ‚probieren'. (Das ist immerhin bei rund 20 Prozent der Anrufversuche der Fall; vgl. Lange, 1989.) Für den Sprecher bedeutet das einen nicht erfolgreich abgeschlossenen Versuch der Systemregulation, der das kognitive System belastet: Der Sprecher muß sein Ziel zurückstellen, muß seine Zielverfolgungssequenz reorganisieren, muß seinen Vorsatz, des Telefonat zu führen, im Gedächtnis behalten; er muß zumindest mit einem gegenüber einem Soll-Wert defizitären Ist-Wert ‚leben'. Bei hoher Dringlichkeit kann dies andere, vom Ergebnis des Telefonats abhängige Regulationsvorgänge sogar erheblich blockieren.

Die optimale Lösung des Anwesenheitsproblems ist mit dem mobilen Funktelefon gelungen. Hier ist der Partner an jedem beliebigen Ort – und dazu noch immer unter derselben Nummer – zu erreichen. Allerdings ist diese Einrichtung mit hohen Aufwendungen auf beiden Seiten verbunden: Für den Anrufenden schlägt das Anwählen eines Mobiltelefons mit deutlich erhöhten Kosten zu Buche; für den Angerufenen ist die Anschaffung des Geräts sehr teuer und verlangt zudem den Aufwand, das Gerät permanent mit sich herumzutragen. Und außerdem kann man so ständig erreicht werden, was sicherlich manchen Nachteil mit sich bringt. Die Verfügbarkeit dieser Einrichtung ist zur Zeit in Deutschland einerseits auf einen Personenkreis beschränkt, der aus beruflicher Veranlassung (zum Beispiel bei allen Arten von Dienstleistungen) aus der ständigen Erreichbarkeit Vorteil zieht; andererseits auf Privatpersonen, denen die Dokumentation der permanenten Kommunikationsbereitschaft ein so hohes Anliegen ist, daß sie allen potentiellen Anrufern die Bemühung um Kontaktaufnahme weitestmöglich und durch eigene Vorleistungen abnehmen, was für sie den Nachteil offenkundig überwiegt, der allzeitigen Erreichbarkeit schutzlos gegenüber zu stehen.

Das mobile Funktelefon wird – wie alle bisherigen ‚neuen' Kommunikationseinrichtungen – mit der Zeit leichter und kostengünstiger verfügbar werden und von der momentanen Sondernutzung in den privaten Kommunikationsalltag diffundieren. Zur Zeit ist die gängigste Zwischenlösung für das Problem, mündliche Äußerungen an einen örtlich distanten Partner zu richten, der dort, wo man ihn vermutet, gerade nicht anwesend ist, der automatische *Anrufbeantworter*. Wie ist die Leistung dieser Kommunikationseinrichtung zu beschreiben? Die gleichzeitige, interaktive ‚On-line'-Involvierung von Sprecher und Partner läßt sich damit nicht herstellen. Das Gerät kann aber stellvertretend für den Angerufenen dessen prinzipielle Kommunikationsbereitschaft signalisieren und erlaubt dem Anrufer damit die Trennung der Anwesenheits- von der Bereitschaftsvoraussetzung. Der Anrufbeantworter wird oft als ‚akustischer Briefkasten' bezeichnet. Das ist nur zum Teil richtig. Das Bild stimmt insofern, als Menschen gewöhnlich einen Ort bestimmen, bei dem sich jemand, der eine Nachricht hinterläßt, darauf verlassen kann, daß der Adressat regelmäßig nachsieht (Briefkasten oder Postfach). Und so wie jemand beim Nachhausekommen in seinen Briefkasten schaut, hört er den Anrufbeantworter ab. Es kommt jedoch hinzu, daß der Produzent einer Mitteilung diese nicht erst verschicken muß (er könnte ja auch eine Tonbandkassette besprechen und dem Empfänger zusenden), sondern daß die Äußerungen zum Zeitpunkt ihrer Produktion durch den Sprecher sozusagen schon in den Briefkasten fallen und der Empfänger diese Äußerungen beim Abhören gegebenenfalls sogar in ihrer Entstehung ‚live' nachvollziehen kann. Das Moment der Gleichzeitigkeit ist also dadurch gewahrt, daß die Sprecheräußerungen zum Zeitpunkt ihrer Produktion bereits am potentiellen Aufenthaltsort des Partners vorliegen. Obwohl die Äußerungen des Anrufenden elektromagnetisch gespeichert werden, ist der Anrufbeantworter – wie das Telefonieren allgemein – eher als ein flüchtiges Medium zu charakterisieren, das zwar gesprochene Sprache für eine beliebige Zeit konserviert, das aber von den Nutzungsgewohnheiten her darauf angelegt ist, dem Angerufenen die Äußerungen des Anrufers einmalig zu Gehör zu geben. (Man kann eine Nachricht natürlich mehrmals abhören, aber kennen Sie jemanden, der besprochene Anrufbeantworterkassetten wie Briefe aufbewahrt?)

12. TELEFON UND ANRUFBEANTWORTER

Der Betreiber eines Anrufbeantworters erbringt also eine kommunikative Vorleistung, indem er sich ein entsprechendes Gerät anschafft und dem Anrufer signalisiert: *Auch wenn ich zur Zeit nicht da bin, so bin ich doch bereit, dir zuzuhören.* Kann der anrufende Sprecher dies zur erfolgreichen Systemregulation nutzen? Er kann es nicht, wenn das Ziel seiner Sprachproduktion die interaktive Beteiligung beider Kommunikationspartner erfordert, wie es etwa bei Verhandlungen und Absprachen der Fall ist. Er kann ein Zwischenziel erreichen, indem er dem Angerufenen lediglich mitteilt, daß er mit ihm in sprachlichen Kontakt treten will, und vielleicht noch dazusagt, wann und auf welchem Wege dies am besten möglich ist: „Hier ist Beate. Ruf mich doch bitte unter der Nummer 5153 zurück." Er hat aber tendenziell in den Fällen die Möglichkeit zur Zielerreichung, in denen die Systemregulation auf dem Wege eines monologischen Redebeitrags erfolgen kann: Er könnte dem Partner auf dem Anrufbeantworter eine Wegbeschreibung geben, ihn zu etwas auffordern, ihm eine Begebenheit erzählen, sich entschuldigen, etwas versprechen, sich selbst darstellen, sich ‚mal wieder melden', etc. Und wenn eine zielführende Äußerung den Rahmen der erlaubten Aufsprechzeit überschreitet, so ruft der ‚Anrufbeantworterprofi' auch ein zweites Mal an und setzt die begonnene Äußerung fort. (Mit der Laufzeit der Aufzeichnungskassette ist der maximalen Gesamtdauer der Äußerungsproduktion allerdings eine absolute Grenze gesetzt.)

Diese Möglichkeiten werden aber von vielen Sprechern nicht oder nur ungern genutzt. Lange (1989) berichtet über eine Umfrage, bei der 47,7 Prozent der Befragten angaben, es als unangenehm zu empfinden, auf einen Anrufbeantworter zu sprechen. In einer von uns durchgeführten Umfrage bei 50 Studierenden gaben nur 14 Prozent an, bei der Verbindung mit einem Anrufbeantworter immer die Möglichkeit zu nutzen, eine Nachricht zu hinterlassen; die meisten legen auf und versuchen es zu einem anderen Zeitpunkt noch einmal oder legen sich einen Äußerungstext zurecht, den sie dann bei einem zweiten Anruf aufsprechen (vgl. Mißler, 1991). Über die Gründe für diese geringe Akzeptanz kann bislang nur spekuliert werden; die meisten Erklärungsversuche beziehen sich auf den vom Sprecher wahrgenommenen Zwang zu einer stilistisch einwandfreien Äußerungsproduktion angesichts der Tatsache, daß die Äußerung gespeichert wird, und die damit einhergehende Sprechhemmung (Baumgarten, 1989; Gumpert, 1989; Pütz, 1991). Sicherlich fehlen beim Sprechen auf Band die intermittierenden Kontakt- und Zustimmungssignale des Partners; andererseits sind Sprecher im direkten Gespräch oder am Telefon – zumal gegenüber gut bekannten Partnern – durchaus in der Lage, spontan und ungehemmt zu sprechen, wohl wissend, daß ihre Sprachproduktion nicht immer in druckreife Enkodiervarianten mündet.

Offenbar verfügen derzeit viele Menschen über keine prozeduralen Fertigkeiten oder routinisierten Ablaufschemata, die das sprachliche Verhalten gegenüber einem Anrufbeantworter steuern könnten. Stattdessen versuchen viele, sich am Muster des Briefeschreibens zu orientieren, indem sie sich immer erst eine ‚durchformulierte' Äußerung zurechtlegen wollen; das lassen die zeitlichen Bedingungen in der Anrufbeantwortersituation aber nicht zu. Die Unsicherheit beim Umgang mit einem neuen Kommunikationsmedium hatte auch in den Anfängen des Telefons bestanden, und etliche Angehörige der Geburtsjahrgänge um die Jahrhundertwende haben bis ins Alter das Telefon allenfalls notgedrungen, aber keinesfalls gern benutzt. Der zielführende Umgang mit Anrufbeantwortern scheint demnach eine Frage der Nutzungsfertigkeit zu sein: Diejenigen und nur diejenigen, die sich eine Strategie des Umgangs mit dieser Einrichtung zurechtgelegt oder ein standardisiertes Ablaufschema erworben haben, können diese auch für ihre kommunikativen Ziele nutzen.

Die Probleme im Umgang mit Anrufbeantwortern spiegeln sich nicht nur im Verhalten der Anrufer wider, sondern auch in den Äußerungen, die der Betreiber für potentielle

Anrufer hinterläßt. Hier findet sich derzeit (zumindest im privaten Bereich) eine bunte Vielfalt von Ansagetexten, die von einem knappen „Hier ist der Anschluß . . . Sprechen sie nach dem Piepton." über ausgedehnte technische und kommunikative Erläuterungen („Ich bin zur Zeit leider nicht zu Hause. Sie können mir aber eine Nachricht auf Band hinterlassen. Bitte sprechen Sie nach dem Pfeifton. Vermeiden Sie längere Sprechpausen; das Gerät schaltet nach einer Pause von acht Sekunden automatisch ab. Ihre Nachricht wird abgehört, sobald ich wieder da bin. Ich rufe Sie dann sofort zurück.") bis zu musikalisch unterlegten, mehr oder weniger witzigen Inszenierungen reicht.

Kann der Betreiber eines Anrufbeantworters dem Anrufenden die zielführende Sprachproduktion durch die Beschaffenheit des Ansagetextes erleichtern? Wie kann das geschehen? Für einen geregelten kommunikativen Ablauf sind offenbar diejenigen ‚Funktionsstellen' notwendig, die wir bei unserer Diskussion des schematischen Ablaufs der Eröffnungs- und Beendigungsteile von Telefongesprächen erörtert haben (wechselseitige Begrüßung, Identifikation etc.; vgl. auch Grabowski-Gellert & Harras, 1988). Einige weitere, anrufbeantworterspezifische Elemente wie eine Abwesenheitserklärung („Wir sind zur Zeit leider nicht zuhause."), ein Benutzerhinweis („Sprechen sie nach dem Pfeifton."), eine Aufsprechaufforderung („Bitte hinterlassen sie Ihren Namen und Ihre Telefonnummer.") oder eine Rückrufversicherung („Wir rufen Sie umgehend zurück.") können auf seiten des Angerufenen hinzukommen. Wie beim Telefonieren übernimmt der Angerufene auch beim Anrufbeantworter den ersten Turn. Die Redebeiträge der beiden Beteiligten können beim Anrufbeantworter aber nicht sequentiell verschachtelt werden, da dem Angerufenen und dem Anrufer nur *jeweils eine monologische Gesprächsphase* (der Ansagetext und der Mitteilungstext) zur Verfügung stehen. Schmale (1988) spricht hier von zwei „multi-unit-Turns". (Bei manchen Geräten ist noch eine Endabsage vorgesehen; diese Option hat sich jedoch nicht bewährt, da der Anrufende nach Beendigung seines Redebeitrags gewöhnlich auflegt und nicht erwartet, daß der Anrufbeantworter noch etwas ‚sagt'.)

Es stellt sich demnach die Frage, ob durch eine geeignete strukturelle Beschaffenheit des partnerseitigen Ansagetextes einem Sprecher dazu verholfen werden kann, seine prozedurale *Kompetenz* zur globalen Steuerung *telefonischer* Redebeiträge auch gegenüber einem Anrufbeantworter zum Einsatz zu bringen. „Geeignet" kann hier heißen, daß dem Anrufenden mit dem Ansagetext diejenigen obligatorischen Turns angeboten werden, die er von seinem Partner erwartet.

Diese Frage hat Monika Mißler (1991) in einem aufwendigen Feldexperiment untersucht. Sie konstruierte drei Versionen eines Ansagetextes, die bei zwei Rechtsanwaltskanzleien über einen Zeitraum von sechs Wochen hinweg in den Zeiten, in denen das Büro nicht besetzt war, nach einem zufallsbestimmten Kassettenwechselplan geschaltet wurden.

Version A diente als minimalistischer Kontrolltext und bestand aus den folgenden Elementen:

– Selbstidentifikation: „Hier ist die Kanzlei der Rechtsanwälte NN."
– Aufsprechaufforderung: „Nennen Sie bitte ihren Namen, Ihre Rufnummer und den Anlaß Ihres Anrufs."

In *Version B* wurde die Turnfolge eines persönlichen Telefonats nachgebildet:

– Begrüßung: „Guten Tag."
– Selbstidentifikation (wie oben)

- Phatisches Element: „Wir freuen uns über Ihren Anruf."
- Kooperationsaufforderung: „Bitte legen Sie nicht auf."
- Aufsprechaufforderung (wie oben)
- Dankesformel: „Vielen Dank."
- Schlußgruß: „Auf Wiederhören."

In *Version C* wurde die technische Anrufbeantwortersituation betont:

- Medienhinweis: „Hier ist der Anrufbeantworter ..."
- Selbstidentifikation: „... der Kanzlei der Rechtsanwälte NN."
- Aufsprechaufforderung (wie oben)
- Benutzerhinweis: „Sprechen Sie, nachdem Sie den Signalton gehört haben. Machen Sie keine Pausen von mehr als zwei Sekunden. Sie haben 60 Sekunden Zeit, um Ihre Nachricht zu hinterlassen."
- Sprecherwechselankündigung: „Sprechen Sie jetzt."

Im Experimentalzeitraum gingen insgesamt 325 Anrufe ein. Davon haben 58 Sprecher (= 18 Prozent) die Möglichkeit genutzt, ihr Ziel durch die Produktion von Äußerungen gegenüber einem Anrufbeantworter zu verfolgen. Die Äußerungen dieser Sprecher belegen eindrucksvoll, daß man in einer Anrufbeantwortersituation eine Reihe von Zielen oder zumindest Zwischenziele durchaus erfolgreich verfolgen kann: Ein Kunde sagt einen Termin ab; ein anderer fragt nach bestimmten Informationen; ein Richter antwortet auf einen Brief des Rechtsanwalts und teilt mit, wie er verfahren wird; ein Kunde teilt dem Rechtsanwalt eine Information mit, um die dieser zuvor offenbar gebeten hatte; andere teilen mit, daß sie jetzt in Urlaub fahren und deshalb nicht zu erreichen sind; ein Kollege beschwert sich über eine ausgebliebene Zahlung eines Klienten; ein anderer bestätigt einen Termin; ein Klient möchte auf dem Weg ins Gericht mit dem Auto mitgenommen werden; jemand schildert sein Problem und bittet um Beratung; viele beschreiben den Grund ihres Anrufs und bitten um Rückruf; manche kündigen lediglich ihren erneuten Anruf an; das Landgericht teilt einen Termin mit; ein Klient beschwert sich; usf. In 26 dieser 58 Anrufe hatte der Sprecher sein Ziel erreicht, ohne daß ein weiterer Anruf oder Rückruf erforderlich wäre. Von den 267 Anrufern, die wieder aufgelegt haben, haben also mit Sicherheit etliche vor dem Anrufbeantworter ‚kapituliert', obwohl sie ihr jeweiliges Ziel bei entsprechender situativer Sprachproduktionsfertigkeit durchaus hätten erreichen oder bis zu einem gewissen Grad verfolgen können.

Das Verhältnis von Aufsprechern zu Auflegern ist über alle drei Versionen des Ansagetextes gleichverteilt: Wenn jemand eine Äußerung auf dem Anrufbeantworter hinterläßt, so tut er dies unabhängig von Umfang und Charakteristik des Ansagetextes. Die variable Aufsprechbereitschaft von Anrufern scheint somit in der Tat auf variable Nutzungsfertigkeiten, also auf dispositionelle Unterschiede, zurückzuführen zu sein. Auch sind die durchschnittliche Länge der Äußerungen und die durchschnittliche Anzahl von Funktionseinheiten, aus denen sie sich zusammensetzen, in allen drei Bedingungen gleich. Doch weist die Zusammensetzung der Sprecheräußerungen je nach Ansagetext unterschiedliche Charakteristika auf. Nach der ‚persönlichen' Ansageversion B produzieren signifikant mehr Sprecher eine (kontaktstiftende) Begrüßungsformel als in den beiden anderen Bedingungen. Bei ihren Reaktionen auf den technischen Ansagetext C enden die Sprecher – verglichen mit den beiden anderen Bedingungen – signifikant seltener mit einem Abschiedsgruß, dafür signifikant häufiger mit einer Dankesformel; dies gibt den Äußerungen eine eher formelle Note. Die Selbstidentifikation des Sprechers ist verständlicherweise in allen Äußerungen vorhanden. Außerdem bitten die Sprecher um Rückruf, sagen, worum es geht oder führen ihre Kommunikationsabsicht aus; hier bestehen keine unterschiedlichen Verteilungen zwischen den drei Bedingungen.

Zusammenfassend zeigt sich: Es besteht offenbar (noch) kein etabliertes Schema für die Verfertigung sprachlicher Äußerungen gegenüber einem Anrufbeantworter. Den meisten Menschen gelingt es (noch) nicht oder sie nutzen die Möglichkeit nicht, ihre sprachproduktionsbezogenen Ziele auf diesem Wege zu verfolgen. Der Benutzer scheitert beispielsweise an den zeitlichen Produktionsbedingungen, wenn er versucht, einen ‚akustischen Brief' zu verfertigen. (Es ist anzunehmen, daß mittlerweile jeder weiß, daß es Anrufbeantworter gibt, und ihr Grundprinzip kennt, nach dem zuerst ein Ansagetext kommt, dann ein Piepton, und dann kann der Anrufer etwas sagen, was der Partner später hören kann.) Ein Sprecher kann die Anrufbeantwortersituation aber offenkundig dadurch kommunikativ bewältigen, daß er sein Wie-Schema des Telefonierens zum Einsatz bringt. Dazu muß es ihm jedoch gelingen, die Sequenz seiner Gesprächsbeiträge auch ohne lokale Reizsteuerung zu produzieren; das heißt, in der Produktion seiner eigenen Äußerungsteile dort fortzufahren, wo eigentlich ein Turn des Partners vorgesehen ist. Wer dazu in der Lage ist, ist auch nicht auf eine besondere Struktur des Ansagetextes angewiesen und kommt mit einer Minimalversion genau so gut aus wie mit elaborierten Benutzerhinweisen: Er identifiziert sich, verfolgt das Ziel seines Anrufs und bringt seine Äußerung zu einem geordneten Abschluß. Es gelingt solchen Sprechern offenbar sogar, den Aufbau des Ansagetextes aus entweder eher persönlichen oder aber eher technisch-distanzierten Funktionseinheiten bei der Verfertigung ihrer eigenen Äußerungsteile passend zu berücksichtigen.

Mit einem gewissen Maß an Spekulation ist auf der Basis der berichteten Befunde also anzunehmen, daß die Fähigkeit, sein Anliegen am Telefon auch dann zielführend zu verfolgen, wenn sich nicht der erwartete Partner, sondern dessen Anrufbeantworter meldet, darin besteht, daß es dem Sprecher gelingt (oder durch Erfahrung schon gelungen ist), den schematischen Gesprächsverlauf eines Telefonats, bei dem sich – vor allem in der Eröffnungs- und Abschlußphase – Sprecher- und Partneräußerungen regelhaft abwechseln, in einen *monologischen Partnerbeitrag* (der vom Partner durch den Ansagetext vor aller sprecherseitiger Sprachproduktion bereits vorgeleistet ist) und einen *monologischen Beitrag des Anrufers* zu entflechten, so daß die Steuerung der eigenen Äußerungssequenz auch ohne die intermittierende Repräsentation von Partneräußerungen, aber dennoch anhand der schematischen Vorgaben für die Produktion der eigenen Äußerungselemente erfolgen kann. Ob ein Individuum zu den Sprechern gehört, denen dies gelingt, scheint uns nicht *nur* eine Frage der Erfahrung zu sein: Die Möglichkeit zur Erfahrung ist bei der mittlerweile starken Verbreitung von Anrufbeantwortern allseitig gegeben; wer jedoch immer auflegt, wenn sich ein Anrufbeantworter meldet, kann die Erfahrung gar nicht machen. – Wie beim Erwerb einer Zweitsprache (s. oben 11.6) ist der Verzicht auf die Auseinandersetzung mit einer kommunikativen Herausforderung auch hier das beste Mittel, sich seine Inkompetenz zu erhalten (vgl. Mowrer, 1960).

Literaturverzeichnis

Aebli, H. (1981). *Denken. Das Ordnen des Tuns* (Bd. 2). Stuttgart: Klett-Cotta.
Ainsworth, M. D. S. & Bowlby, J. (1991). An Ethological Approach to Personality Development. *American Psychologist, 46,* 333–341.
Albert, H. (1968). *Traktat über kritische Vernunft.* Tübingen: Mohr.
Albert, H. (1982). *Die Wissenschaft und die Fehlbarkeit der Vernunft.* Tübingen: Mohr.
Allwinn, S. (1988). *Verbale Informationssuche. Der Einfluß von Wissensorganisation und sozialem Kontext auf das Fragen nach Information.* Frankfurt/M.: Lang.
Altmann, H. (1987). Zur Problematik der Konstitution von Satzmodi als Formtypen. In J. Meibauer (Hrsg.), *Satzmodus zwischen Grammatik und Pragmatik* (S. 22–56). Tübingen: Niemeyer.
Alvarez-Caccamo, C. & Knoblauch, H. (1992). 'I Was Calling You': Communicative Patterns in Leaving a Message on an Answering Machine. *Text, 12,* 473–505.
Anderson, J. R. (1983). *The Architecture of Cognition.* Cambridge: Harvard University Press.
Anderson, J. R. (1988). *Kognitive Psychologie. Eine Einführung.* Heidelberg: Spektrum-der-Wissenschaft-Verlagsgesellschaft. (Original erschienen 1980: Cognitive Psychology and Its Implications. New York: Freeman and Company.)
Anderson, R. C. & Pichert, J. W. (1978). Recall of Previously Unrecallable Information Following a Shift in Perspective. *Journal of Verbal Learning and Verbal Behavior, 17,* 1–12.
Anderson, R. C., Shirey, L. L., Wilson, P. T. & Fielding, L. G. (1987). Interestingness of Children's Reading Material. In R. Snow & M. Farr (Hrsg.), *Aptitude, Learning and Instruction* (Vol. 3) (S. 287–299). Hillsdale: Erlbaum.
Argyle, M. (1969). *Social Interaction.* London: Methuen.
Argyle, M. (1978). *The Psychology of Interpersonal Behavior* (3. Aufl.). Harmondsworth: Penguin.
Austin, J. L. (1962). *How to Do Things With Words.* Oxford: Clarendon Press. (Deutsch: 1972. Zur Theorie der Sprechakte. Stuttgart: Reclam.)
Baddeley, A. (1986). *Working Memory.* Oxford: Clarendon Press.
Baddeley, A. (1990). *Human Memory. Theory and Practice.* Hove and London: Erlbaum.
Bäuerle, R. (1985). Pragmatisch-semantische Aspekte der NP-Interpretation. In M. Faust, R. Harweg, W. Lehfeldt & G. Wienold (Hrsg.), *Allgemeine Sprachwissenschaft, Sprachtypologie und Textlinguistik* (S. 121–131). Tübingen: Narr.
Bäumler, G. (1970). Verzögerte Sprachrückmeldung und Interferenzneigung: Überprüfung einer Hypothese. *Zeitschrift für Experimentelle und Angewandte Psychologie, 17,* 357–370.
Ballstaedt, S.-P., Mandl, H., Schnotz, W. & Tergan, S. O. (1981). *Texte verstehen, Texte gestalten.* München: Urban & Schwarzenberg.
Ballstaedt, S.-P., Schnotz, W. & Mandl, H. (1981). Zur Vorhersagbarkeit von Lernergebnissen auf der Basis hierarchischer Textstrukturen. In H. Mandl (Hrsg.), *Zur Psychologie der Textverarbeitung* (S. 251–306). München: Urban & Schwarzenberg.
Bar-Hillel, Y. (1970). *Aspects of Language: Essays and Lectures on Philosophy of Language, Linguistic Philosophy and Methodology of Linguistics.* Amsterdam: North-Holland.

Barattelli, S., Koelbing, H. G. & Kohlmann, U. (1992). *Ein Klassifikationssystem für komplexe Objektreferenzen* (Arbeiten aus dem Sonderforschungsbereich 245 „Sprache und Situation" Heidelberg/Mannheim, Bericht Nr. 46). Universität Mannheim: Lehrstuhl Psychologie III.

Barclay, J. R., Bransford, J. D., Franks, J. J., McCarrell, N. S. & Nitsch, K. (1974). Comprehension and Semantic Flexibility. *Journal of Verbal Learning and Verbal Behavior*, *13*, 471–481.

Barsalou, L. W. (1982). Context-Independent and Context-Dependent Information in Concepts. *Memory & Cognition*, *10*, 82–93.

Barsalou, L. W. (1983). Ad hoc Categories. *Memory & Cognition*, *11*, 211–227.

Barsalou, L. W. (1989). Intraconcept Similarity and its Implications for Interconcept Similarity. In S. Vosniadou & A. Ortony (Hrsg.), *Similarity and Analogical Reasoning* (S. 76–121). Cambridge: Cambridge University Press.

Bartlett, F. C. (1932). *Remembering: An Experimental and Social Study*. Cambridge: Cambridge University Press.

Bauman, R. (1986). *Story, Performance, and Event: Contextual Studies of Oral Narrative* (Cambridge Studies in Oral & Literate Culture: No. 10). Cambridge: Cambridge University Press.

Baumgarten, F. (1989). Psychologie des Telefonierens (1931). In Forschungsgruppe Telekommunikation (Hrsg.), *Telefon und Gesellschaft (Bd. 1): Beiträge zu einer Soziologie der Telekommunikation* (S. 187–194). Berlin: Spiess.

Beattie, G. W. (1981). The Regulation of Speaker Turns in Face-to-Face Conversation: Some Implications for Conversation in Sound-Only Communication Channels. *Semiotica*, *34*, 55–70.

Beattie, G. W. & Barnard, P. J. (1979). The Temporal Structure of Natural Telephone Conversations (Directory Enquiry Calls). *Linguistics*, *17*, 213–229.

Becker, J. A., Kimmel, H. D. & Bevill, M. J. (1989). The Interactive Effects of Request Form and Speaker Status on Judgments of Requests. *Journal of Psycholinguistic Research*, *18*, 521–531.

Bell, A. & Hooper, J. B. (1978). Issues and Evidence in Syllabic Phonology. In A. Bell & J. B. Hooper (Hrsg.), *Syllables and Segments* (S. 3–22). Amsterdam: North-Holland.

Bereiter, C. & Scardamalia, M. (1987). *The Psychology of Written Composition*. London: Erlbaum.

Berens, F. J. (1981). Dialogeröffnungen in Telephongesprächen: Handlungen und Handlungsschemata der Herstellung sozialer und kommunikativer Beziehungen. In P. Schröder & H. Steger (Hrsg.), *Dialogforschung. Jahrbuch des Instituts für deutsche Sprache 1980* (Sprache der Gegenwart, Bd. 54) (S. 9–52). Düsseldorf: Schwann.

Berg, T. (1986). The Problems of Language Control: Editing, Monitoring, and Feedback. *Psychological Research*, *48*, 133–144.

Berg, T. (1988). *Die Abbildung des Sprachproduktionsprozesses in einem Aktivierungsflußmodell*. Tübingen: Niemeyer.

Berg, T. (1990). *Toward a Theory of Error Detection and Correction*. Unveröff. Manuskript. Oldenburg: Universität.

Bergmann, J. R. (1981). Ethnomethodologische Konversationsanalyse. In R. Schröder & H. Steger (Hrsg.), *Dialogforschung. Jahrbuch des Instituts für deutsche Sprache 1980* (Sprache der Gegenwart, Bd. 54) (S. 9–52). Düsseldorf: Schwann.

Bergmann, J. R. (1987). *Klatsch: Zur Sozialform der diskreten Indiskretion*. Berlin: de Gruyter.

Berlyne, D. E. (1974). *Konflikt, Erregung, Neugier. Zur Psychologie der kognitiven Motivation*. Stuttgart: Klett. (Original erschienen 1960: Conflict, Arousal, and Curiosity. New York: McGraw-Hill.)

Berman, R. A. (1988). On the Ability to Relate Events in Narrative. *Discourse Processes*, *11*, 469–497.

Bernstein, B. (1975). *Sprachlicher Kode und soziale Kontrolle*. Düsseldorf: Schwann.

Beyer, R. (1987). *Psychologische Untersuchungen zur Textverarbeitung unter besonderer Berücksichtigung des Modells von Kintsch und van Dijk (1978)* (Zeitschrift für Psychologie mit Zeitschrift für Angewandte Psychologie, Suppl. 8). Leipzig: Barth.

Bierwisch, M. (1983). Semantische und konzeptuelle Repräsentation lexikalischer Einheiten. In R. Ruzicka & W. Motsch (Hrsg.), *Untersuchungen zur Semantik* (S. 61–100). Berlin: Akademie-Verlag.

Bierwisch, M. & Lang, E. (Hrsg.) (1987). *Grammatische und konzeptuelle Aspekte von Dimensionsadjektiven* (Studia Grammatica, 26/27). Berlin: Akademie-Verlag.

Black, J. B. & Bower, G. H. (1979). Episodes as Chunks in Narrative Memory. *Journal of Verbal Learning and Verbal Behavior, 18*, 309–318.
Black, J. B. & Bower, G. H. (1980). Story Understanding as Problem-Solving. *Poetics, 9*, 223–250.
Black, J. B. & Wilensky, R. (1979). An Evaluation of Story Grammars. *Cognitive Science, 3*, 213–230.
Bliesener, Th. (1980). Erzählen unerwünscht. Erzählversuche von Patienten. In K. Ehlich (Hrsg.), *Erzählen im Alltag* (S. 143–178). Frankfurt/M.: Suhrkamp.
Blocher, A., Stopp, E. & Weis, Th. (1992). *ANTLIMA-1: Ein System zu Generierung von Bildvorstellungen ausgehend von Propositionen* (Sonderforschungsbereich 314: Künstliche Intelligenz – Wissensbasierte Syteme, Memo Nr. 50). Universität Saarbrücken: KI-Labor am Lehrstuhl für Informatik IV.
Bloomfield, L. (1933). *Language*. New York: Holt, Rinehart & Winston.
Blum-Kulka, Sh., House, J. & Kasper, G. (Hrsg.) (1989). *Cross-Cultural Pragmatics: Requests and Apologies* (Advances in Discourse Processes, Vol. 31). Norwood: Ablex.
Blum-Kulka, Sh. & Olshtain, E. (1984). Requests and Apologies: A Cross-Cultural Study of Speech Act Realization Patterns (CCSARP). *Applied Linguistics, 5*, 196–213.
Bock, H. & Krems, J. (1986). Wörtliche und metaphorische Bedeutungsvarianten im Gebrauch des Verbs „überholen" – Ein Beitrag zu einer Theorie von Meinens- und Verstehensprozessen. *Psychologische Beiträge, 28*, 3–36.
Bock, J. K. (1986). Syntactic Persistence in Language Production. *Cognitive Psychology, 18*, 355–387.
Bock, J. K. & Loebell, H. (1990). Framing Sentences. *Cognition, 35*, 1–39.
Bortz, J. (1984). *Lehrbuch der empirischen Forschung: für Sozialwissenschaftler*. Berlin: Springer.
Bower, G., Black, J. & Turner, T. (1979). Scripts in Memory for Text. *Cognitive Psychology, 11*, 177–220.
Bransford, J. D. (1979). *Human Cognition*. Belmont: Wadsworth.
Braunmüller, K. (1987). Prinzipien der deutschen Wortstellung: Typologisch festgelegte Muster oder kontextabhängige Strategien? In W. Weiss, H. E. Wiegand & M. Reis (Hrsg.), *Kontroversen, alte und neue: Akten des VII. Kongresses der Internationalen Vereinigung für Germanische Sprach- u. Literaturwissenschaft* (Bd. 3) (S. 304–313). Tübingen: Niemeyer.
Brehm, S. S. & Brehm, J. W. (1981). *Psychological Reactance: A Theory of Freedom and Control*. New York: Academic Press.
Bresnan, J. (1982). *The Mental Representation of Grammatical Relations*. Cambridge: MIT Press.
Briand, K., den Heyer, K. & Dannenbring, G. L. (1988). Retroactive Semantic Priming in a Lexical Decision Task. *The Quarterly Journal of Experimental Psychology, 40 A*, 341–359.
Broadbent, D. E. (1958). *Perception and Communication*. London: Pergamon Press.
Bronfenbrenner, U. (1961). The Changing American Child: A Speculative Analysis. *Journal of Social Issues, 17*, 6–18.
Brown, A. S., Neblett, D. R., Jones, T. C. & Mitchell, D. B. (1991). Transfer of Processing in Repetition Priming: Some Inappropriate Findings. *Journal of Experimental Psychology: Learning, Memory, and Cognition, 17*, 514–525.
Brown, B. L. & Bradshaw, J. M. (1985). Towards a Social Psychology of Voice Variations. In H. Giles & R. N. S. Clair (Hrsg.), *Recent Advances in Language, Communication, and Social Psychology* (S. 144–181). London: Erlbaum.
Brown, M. H. (1985). That Reminds Me of a Story: Speech Action in Organizational Socialization. *Western Journal of Speech Communication, 49*, 27–42.
Brown, P. & Levinson, S. C. (1978). Universals in Language Usage: Politeness Phenomena. In E. N. Goody (Hrsg.), *Questions and Politeness: Strategies in Social Interaction* (Cambridge Papers in Social Anthropology, No. 8) (S. 56–289). Cambridge: Cambridge University Press.
Brown, P. & Levinson, S. C. (1992). 'Left' and 'Right' in Tenejapa: Investigating a Linguistic and Conceptual Gap. *Zeitschrift für Phonetik, Sprachwissenschaft und Kommunikationsforschung, 45*, 590–611.
Brown, R. (1958). How Shall a Thing be Called? *Psychological Review, 65*, 14–21.
Bruner, J. S. (1987). *Wie das Kind sprechen lernt*. Bern: Huber.
Bruner, J. S. (1990). *Acts of Meaning*. Cambridge: Harvard University Press.

Bühler, K. (1907/08). Tatsachen und Probleme zu einer Psychologie der Denkvorgänge. *Archiv für die gesamte Psychologie, 9/12,* 297–365/1–92.
Bühler, K. (1934). *Sprachtheorie: Die Darstellungsfunktion der Sprache.* Jena: Fischer. (Ungekürzter Nachdruck 1982, Stuttgart: Fischer.)
Bungard, W. (Hrsg.) (1980). *Die „gute" Versuchsperson denkt nicht: Artefakte in der Sozialpsychologie.* München: Urban & Schwarzenberg.
Bungard, W. (1984). *Sozialpsychologische Forschung im Labor. Ergebnisse, Konzeptualisierungen und Konsequenzen der sogenannten Artefaktforschung.* Göttingen: Hogrefe.
Bunge, M. (1967). *Scientific Research* (Vol. 2). Berlin: Springer.
Busemann, A. (1948). *Stil und Charakter.* Meisenheim/Glan: Westkultur-Verlag.
Butterworth, B. (Hrsg.) (1980). *Language Production (Vol. 1): Speech and Talk.* London: Academic Press.
Butterworth, B., Hine, R. R. & Brady, K. D. (1977). Speech and Interaction in Sound-Only Communication Channels. *Semiotica, 20,* 81–99.
Butzkamm, W. (1989). *Psycholinguistik des Fremdsprachenunterrichts. Natürliche Künstlichkeit: Von der Muttersprache zur Fremdsprache.* Tübingen: Francke.
Calvert, D. R. (1980). *Descriptive Phonetics.* New York: Decker.
Carroll, J. M. (1985). *What's in a Name?* New York: Freeman.
Carroll, M. (1993). Deictic and Intrinsic Orientation in Spatial Descriptions: A Comparison Between English and German. In J. Altarriba (Hrsg.), *Cognition and Culture: A Cross-Cultural Approach to Cognitive Psychology.* Amsterdam: Elsevier.
Carroll, M. & Dietrich, R. (1985). Observations on Object Reference in Learner Languages. *Linguistische Berichte, 98,* 310–337.
Carver, Ch. S. & Scheier, M. F. (1982). Control Theory: A Useful Conceptual Framework for Personality-Social, Clinical, and Health Psychology. *Psychological Bulletin, 92,* 111–135.
Chafe, W. L. (1976). *Bedeutung und Sprachstruktur.* München: Hueber. (Original erschienen 1970: Meaning and the Structure of Language. Chicago: University of Chicago Press.)
Chafe, W. L. (1979). The Flow of Thought and the Flow of Language. In T. Givón (Hrsg.), *Discourse and Syntax* (Syntax and Semantics, Vol. 12) (S. 159–181). New York: Academic Press.
Chafe, W. L. (Hrsg.) (1980). *The Pear Stories. Cognitive, Cultural, and Linguistic Aspects of Narrative Production* (Advances in Discourse Processes, Vol. 3). Norwood: Ablex.
Chafe, W. L. (1990). Some Things that Narratives Tell Us About the Mind. In B. K. Britton & A. D. Pellegrini (Hrsg.), *Narrative Thought and Narrative Language* (S. 79–98). Hillsdale: Erlbaum.
Chomsky, N. (1959). Review: Verbal Behavior. By B. F. Skinner. *Language, 35,* 26–58.
Chomsky, N. (1972). *Language and Mind* (Enlarged Edition). New York: Harcourt Brace Jovanovich.
Chomsky, N. (1973a). *Strukturen der Syntax.* Frankfurt/M.: Suhrkamp. (Original erschienen 1957: Syntactic Structures. The Hague: Mouton.)
Chomsky, N. (1973b). *Aspekte der Syntax-Theorie.* Frankfurt/M.: Suhrkamp. (Original erschienen 1965: Aspects of the Theory of Syntax. Cambridge: MIT Press.)
Clark, E. V. (1973). What's in a Word? On the Child's Acquisition of Semantics in His First Language. In T. E. Moore (Hrsg.), *Cognitive Development and the Acquisition of Language* (S. 65–110). New York: Academic Press.
Clark, H. H. (1973). The Language-as-Fixed-Effect-Fallacy: A Critique of Language Statistics in Psychological Research. *Journal of Verbal Learning and Verbal Behavior, 12,* 335–359.
Clark, H. H. & Clark, E. V. (1977). *Psychology and Language.* New York: Harcourt Brace Jovanovich.
Clark, H. H. & French, J. W. (1981). Telephone Goodbyes. *Language in Society, 10,* 1–19.
Clark, H. H. & Haviland, S. E. (1977). Comprehension and the Given-New Contract. In R. O. Freedle (Hrsg.), *Discourse Production and Comprehension.* (Discourse Processes: Advances in Research and Theory, Vol. 1) (S. 1–40). Norwood: Ablex.
Clark, H. H. & Lucy, P. (1975). Understanding What Is Meant from What Is Said: A Study in Conversationally Conveyed Requests. *Journal of Verbal Learning and Verbal Behavior, 14,* 56–72.
Clark, H. H. & Schunk, D. H. (1980). Polite Responses to Polite Requests. *Cognition, 8,* 111–143.
Clark, H. H. & Wilkes-Gibbs, D. (1986). Referring as a Collaborative Process. *Cognition, 22,* 1–39.

Cohen, G. (1989). *Memory in the Real World*. Hove and London: Erlbaum.
Collins, A. M. & Quillian, M. R. (1969). Retrieval Time from Semantic Memory. *Journal of Verbal Learning and Verbal Behavior*, 8, 240–247.
Cook, M. (1979). *Perceiving Others*. London: Methuen.
Cook, M. & Lalljee, M. G. (1972). Verbal Substitutes for Visual Signals in Interaction. *Semiotica*, 6, 212–221.
Corballis, M. C. (1982). Mental Rotation: Anatomy of a Paradigm. In M. Potegal (Hrsg.), *Spatial Abilities* (S. 173–198). New York: Academic Press.
Corder, S. P. (1967). The Significance of Learner's Error. *International Review of Applied Linguistics*, 5, 161–170.
Coulmas, F. (1985). Reden ist Silber, Schreiben ist Gold. *Zeitschrift für Literaturwissenschaft und Linguistik*, 59, 94–112.
Cruse, D. A. (1977). The Pragmatics of Lexical Specifity. *Journal of Linguistics*, 13, 153–168.
Cutler, A. & Isard, S. D. (1980). The Production of Prosody. In B. Butterworth (Hrsg.), *Language Production (Vol. 1): Speech and Talk* (S. 245–269). London: Academic Press.
Damasio, A. R. & Damasio, H. (1992). Sprache und Gehirn. *Spektrum der Wissenschaft*, Nov., 80–92.
Dann, H. D., Humpert, W., Krause, F., Olbricht, C. & Tennstedt, K. C. (1982). Alltagstheorien und Alltagshandeln. In R. Hilke & W. Kempf (Hrsg.), *Aggression* (S. 465–491). Bern: Huber.
Darley, F. L., Aronson, A. E. & Brown, J. R. (1975). *Motor Speech Disorders*. Philadelphia: Saunders.
Davitz, J. R. & Davitz, L. J. (1959). The Communication of Feelings by Content-Free Speech. *Journal of Communication*, 9, 6–13.
Dell, G. S. (1986). A Spreading-Activation Theory of Retrieval in Sentence Production. *Psychological Review*, 93, 283–321.
Dell, G. S. (1988). The Retrieval of Phonological Forms in Production: Tests of Predictions from a Connectionist Model. *Journal of Memory and Language*, 27, 124–142.
Deutsch, J. A. & Deutsch, D. (1963). Attention: Some Theoretical Considerations. *Psychological Review*, 70, 80–90.
Deutsch, W. (Hrsg.) (1981). *The Child's Construction of Language*. London: Academic Press.
Deutsch, W. (1986). Sprechen und Verstehen: Zwei Seiten einer Medaille? In H.-G. Bosshardt (Hrsg.), *Perspektiven auf Sprache. Interdisziplinäre Beiträge zum Gedenken an Hans Hörmann* (S. 232–263). Berlin: de Gruyter.
Deutsch, W. & Pechmann, Th. (1982). Social Interaction and the Development of Definite Descriptions. *Cognition*, 11, 159–184.
Deutschunterricht in Japan (1991). *Praxis*, Heft 15.
Dieckmann, W. & Ingwer, P. (1983). „Aushandeln" als Konzept der Konversationsanalyse. Eine wort- und begriffsgeschichtliche Analyse. *Zeitschrift für Sprachwissenschaft*, 2, 169–196.
Dietrich, R. (1976). *Generative Linguistik für Psychologen*. Stuttgart: Kohlhammer.
Dietrich, R. (1991). *Was Ellipsen bedeuten können*. Unveröff. Manuskript. Universität Heidelberg: SFB 245 „Sprache und Situation", Projekt A1 „Äußerungsaufbau".
Dietrich, R. (1992). *Modalität im Deutschen. Zur Theorie der relativen Modalität*. Opladen: Westdeutscher Verlag.
Dilley, M., Lee, J. & Verill, E. L. (1971). Is Empathy Ear-to-Ear or Face-to-Face? *Personnel and Guidance Journal*, 50, 188–191.
Dimter, M. (1981). *Textklassenkonzepte heutiger Alltagssprache. Kommunikationssituation, Textfunktion und Textinhalt als Kategorien alltagssprachlicher Textklassifikation*. Tübingen: Niemeyer.
Dingwall, S. (1992). Leaving Telephone Answering Machine Messages: Who's Afraid of Speaking to Machines? *Text*, 12, 81–101.
Dittmar, N. (1973). *Soziolinguistik*. Frankfurt/M.: Athenäum.
Dittrich, S. & Herrmann, Th. (1990). *„Der Dom steht hinter dem Fahrrad." – Intendiertes Objekt oder Relatum?* (Arbeiten aus dem Sonderforschungsbereich 245 „Sprechen und Sprachverstehen im sozialen Kontext" Heidelberg/Mannheim, Bericht Nr. 16). Universität Mannheim: Lehrstuhl Psychologie III.
Dölle, E. A. (1933). Schwellenverschiebungen bei sinnvoller und sinnloser Beschallung. *Zeitschrift für Sinnespsychologie*, 32, 726–742.

Dörner, D. (1987). *Problemlösen als Informationsverarbeitung* (3. Aufl.). Stuttgart: Kohlhammer.
Dörner, D. (1988). Wissen und Verhaltensregulation: Versuch einer Integration. In H. Mandl & H. Spada (Hrsg.), *Wissenspsychologie* (S. 264–279). München: Psychologie Verlags Union.
Dörner, D. (1989). *Die Logik des Mißlingens. Strategisches Denken in komplexen Situationen*. Reinbek bei Hamburg: Rowohlt.
Doi, T. (1982). *„Amae", Freiheit in Geborgenheit. Zur Struktur der japanischen Psyche*. Frankfurt/M.: Suhrkamp.
Donnellan, K. (1974). Reference and Definite Descriptions. In D. D. Steinberg & L. A. Jacobovits (Hrsg.), *Semantics* (S. 100–114). Cambridge: Cambridge University Press.
Dordick, H. S. (1989). The Social Uses of the Telephone – An U.S. Perspective. In Forschungsgruppe Telekommunikation (Hrsg.), *Telefon und Gesellschaft (Bd. 1): Beiträge zu einer Soziologie der Telekommunikation* (S. 221–238). Berlin: Spiess.
Dorn-Mahler, H., Funk-Müldner, K., Winterhoff-Spurk. P. (1991). *$AUFF_{KO}$ – Ein inhaltsanalytisches Kodiersystem zur Analyse von komplexen Aufforderungen* (Arbeiten aus dem Sonderforschungsbereich 245 „Sprechen und Sprachverstehen im sozialen Kontext" Heidelberg/Mannheim, Bericht Nr. 43). Universität Mannheim: Lehrstuhl Psychologie III.
Dorn-Mahler, H. & Grabowski, J. (1991). Fragen, Aufforderungen und Intonation. In M. Reis & I. Rosengren (Hrsg.), *Fragesätze und Fragen. Referate anläßlich der 12. Jahrestagung der Deutschen Gesellschaft für Sprachwissenschaft, Saarbrücken 1990* (S. 289–301). Tübingen: Niemeyer.
Dorn-Mahler, H., Grabowski-Gellert, J., Funk-Müldner, K. & Winterhoff-Spurk, P. (1989a). *Intonation bei Aufforderungen. Teil 1: Theoretische Grundlagen* (Arbeiten aus dem Sonderforschungsbereich 245 „Sprechen und Sprachverstehen im sozialen Kontext" Heidelberg/Mannheim, Bericht Nr. 7). Universität Mannheim: Lehrstuhl Psychologie III.
Dorn-Mahler, H., Grabowski-Gellert, J., Funk-Müldner, K. & Winterhoff-Spurk, P. (1989b). *Intonation bei Aufforderungen. Teil 2: Eine experimentelle Untersuchung* (Arbeiten aus dem Sonderforschungsbereich 245 „Sprechen und Sprachverstehen im sozialen Kontext" Heidelberg/Mannheim, Bericht Nr. 8). Universität Mannheim: Lehrstuhl Psychologie III.
Dornseiff, F. (1955). *Bezeichnungswandel unseres Wortschatzes*. Lahr (Baden): Schauenburg Verlag.
Doyé, P., Heuermann, H. & Zimmermann, G. (Hrsg.) (1988). *Die Beziehung der Fremdsprachendidaktik zu ihren Referenzwissenschaften*. Tübingen: Narr.
Dröse, P. W. (1982). *Kommunikation, Kompetenz und Persönlichkeit*. Köln: Hayit.
Dubin, F. (1987). Answering Machines. *English Today*, *10*, 28–30.
Eckensberger, L. H. (1988). Zur Rolle des moralischen Urteils im Aggressions- und Aggressions-Hemmungs-Motiv. *Psychologische Beiträge*, *30*, 375–414.
Egel, H., Pobel, R. & Herrmann, Th. (1986). *Die Anwendung des Wort-Nichtwort-Paradigmas bei der prozeßanalytischen Untersuchung der Sprachproduktion* (Arbeiten der Forschergruppe „Sprechen und Sprachverstehen im sozialen Kontext" Heidelberg/Mannheim, Bericht Nr. 9). Universität Mannheim: Lehrstuhl Psychologie III.
Ehlich, K. & Rehbein, J. (1976). Halbinterpretative Arbeitstranskription (HIAT). *Linguistische Berichte*, *45*, 21–41.
Ehlich, K. & Rehbein, J. (1980). Sprache in Institutionen. In H. P. Althaus, H. Henne & H. E. Wiegand (Hrsg.), *Lexikon der Germanistischen Linguistik. Studienausgabe II* (2., vollständig neu bearbeitete und erweiterte Aufl.) (S. 338–345). Tübingen: Niemeyer.
Ehlich, K. & Switalla, B. (1976). Transkriptionssysteme – Eine exemplarische Übersicht. *Studium Linguistik*, *2*, 78–105.
Ehrich, V. (1985). Zur Linguistik und Psycholinguistik der sekundären Raumdeixis. In H. Schweizer (Hrsg.), *Sprache und Raum. Psychologische und linguistische Aspekte der Aneignung und Verarbeitung von Räumlichkeit. Ein Arbeitsbuch für das Lehren von Forschung* (S. 130–161). Stuttgart: Metzler.
Ehrich, V. (1989). Die temporale Festlegung lokaler Referenz. In Ch. Habel, M. Herweg & K. Rehkämper (Hrsg.), *Raumkonzepte in Verstehensprozessen. Interdisziplinäre Beiträge zu Sprache und Raum* (Linguistische Arbeiten 233) (S. 1–16). Tübingen: Niemeyer.
Eibl-Eibesfeldt, I. (1985). *Der vorprogrammierte Mensch. Das Ererbte als bestimmender Faktor im menschlichen Verhalten* (Erweiterte Neuaufl.). Kiel: Orion-Heimreiter.
Eikmeyer, H. J. (1989). *Ein Prozeßmodell für die Produktion von „Covert Repairs"*. Unveröff. Manuskript. Bielefeld: Universität.

Eikmeyer, H. J., Kindt, W., Laubenstein, U., Lisken, S., Polzin, T., Rieser, H. & Schade, U. (1991). Kohärenzkonstitution im gesprochenen Deutsch. In G. Rickheit (Hrsg.), *Kohärenzprozesse: Modellierung von Sprachverarbeitung in Texten und Diskursen* (S. 59–136). Opladen: Westdeutscher Verlag.

Eikmeyer, H. J., Kindt, W., Laubenstein, U., Polzin, Th., Rieser, H. & Schade, U. (1990). Reparaturen und Kohärenz in gesprochener Sprache. In Forschergruppe Kohärenz (Hrsg.), *Kohärenz* (KoLiBri Arbeitsbericht Nr. 1) (S. 5–33). Bielefeld: Universität.

Ekman, P. & Friesen, W. (1969). The Repertoire of Nonverbal Behavior: Categories, Origins, Usage, and Coding. *Semiotica*, *1*, 49–98.

Elman, J. L. (1990). Finding Structure in Time. *Cognitive Science*, *14*, 179–211.

Engelbert, H. M. (1992). *Die Aktualgenese von Raummodellen und ihr Einfluß auf die Linearisierung*. Unveröff. Diplomarbeit. Universität Mannheim: Lehrstuhl Psychologie III.

Engelbert, H. M., Herrmann, Th. & Haury, Ch. (1992). *Ankereffekte bei der sprachlichen Linearisierung* (Arbeiten aus dem Sonderforschungsbereich 245 „Sprache und Situation" Heidelberg/Mannheim, Bericht Nr. 49). Universität Mannheim: Lehrstuhl Psychologie III.

Engelkamp, J. (1974). *Psycholinguistik*. München: Fink.

Engelkamp, J. (1985). Die Repräsentation der Wortbedeutung. In Ch. Schwarze & D. Wunderlich (Hrsg.), *Handbuch der Lexikologie* (S. 292–313). Königstein/Ts.: Athenäum.

Engelkamp, J. (1990). *Das menschliche Gedächtnis. Das Erinnern von Sprache, Bildern und Handlungen*. Göttingen: Hogrefe.

Engelkamp, J., Mohr, G. & Mohr, M. (1985). Zur Rezeption von Aufforderungen. *Sprache & Kognition*, *4*, 65–75.

Engelkamp, J. & Zimmer, H. D. (1983). *Dynamic Aspects of Language Processing. Focus and Presupposition*. Berlin: Springer.

Epstein, W. (1988). Has the Time Come to Rehabilitate Gestalt Theory? *Psychological Research*, *50*, 2–6.

Ericsson, K. A. & Simon, H. (1980). Verbal Reports as Data. *Psychological Review*, *87*, 215–251.

Ertel, S. (1969). *Psychophonetik*. Göttingen: Hogrefe.

Ervin-Tripp, S. (1977). Wait for Me, Roller Skate! In S. Ervin-Tripp & C. Mitchell-Kernan (Hrsg.), *Child Discourse* (S. 165–188). New York: Academic Press.

Espir, M. L. & Rose, F. C. (1970). *The Basic Neurology of Speech and Language*. Oxford: Blackwell Scientific Publications.

Essen, O. von (1981). *Allgemeine und angewandte Phonetik* (5. Aufl.). Berlin: Akademie-Verlag.

Feger, H. & Graumann, C. F. (1983). Beobachtung und Beschreibung von Erleben und Verhalten. In C. F. Graumann, Th. Herrmann, H. Hörmann, M. Irle, H. Thomae & F. E. Weinert (Hrsg.), *Enzyklopädie der Psychologie. Themenbereich B: Methodologie und Methoden. Serie I: Forschungsmethoden der Psychologie (Bd.2): Datenerhebung* (S. 76–134). Göttingen: Hogrefe.

Felix, S. W. (1978). *Linguistische Untersuchungen zum natürlichen Zweitsprachenerwerb*. München: Fink.

Ferreira, F. (1993). Creation of Prosody During Sentence Production. *Psychological Review*, *100*, 233–253.

Fielding, G. & Hartley, P. (1989). Das Telefon: Ein vernachlässigtes Medium. In J. von Becker (Hrsg.), *Telefonieren. Hessische Blätter für Volks- und Kulturforschung* (S. 125–138). Marburg: Jonas-Verlag.

Fillmore, Ch. J. (1971). Plädoyer für Kasus. In W. Abraham (Hrsg.), *Kasustheorie* (S. 1–118). Frankfurt/M.: Athenäum. (Original erschienen 1968: The Case for Case. In E. Bach & R. T. Harms (Hrsg.), Universals in Linguistic Theory (S. 1–88). New York: Holt, Rinehart & Winston.)

Fink, B. R. & Demarest, R. J. (1978). *Laryngeal Biomechanics*. Cambridge: Harvard University Press.

Finzi, A. (1979). *Einfluß der zeitlichen Inkongruenz von Gesten und verbalen Äußerungen auf deren Kommunikationsfunktionen*. Unveröff. Diplomarbeit. Regensburg: Universität.

Flader, D. & Giesecke, M. (1980). Erzählen im psychoanalytischen Erstinterview. In K. Ehlich (Hrsg.), *Erzählen im Alltag* (S. 209–262). Frankfurt/M.: Suhrkamp.

Flammer, A., Grob, A., Jann, M. & Reisbeck, C. (1985). Mentale Repräsentation und selektive Wiedergabe. *Zeitschrift für Experimentelle und Angewandte Psychologie*, *32*, 21–32.

Fletcher, C. R. (1985). The Functional Role of Markedness in Topic Identification. *Text, 5,* 23–37.
Flores d'Arcais, G. B. (1973). *Cognitive Principles in Language Processing.* Leiden: Universitaire Pers Leiden.
Fodor, J. A. (1983). *The Modularity of Mind.* Cambridge: MIT Press.
Fodor, J. A. (1987). *Psychosemantics. The Problem of Meaning in the Philosophy of Mind.* Cambridge: MIT Press.
Fodor, J. A. & Pylyshyn, Z. W. (1988). Connectionism and the Problem of Systematicity: A Critical Analysis. *Cognition, 28,* 3–71.
Foppa, K. (1978). Language Acquisition – A Humanethological Problem? *Social Science Information, 17,* 93–105.
Foppa, K. (1990). Topic Progression and Intention. In I. Marková & K. Foppa (Hrsg.), *The Dynamics of Dialogue* (S. 178–200). Hemel Hampstead: Harvester Wheatsheaf.
Ford, M. (1992). *Motivating Humans.* London: Sage.
Ford, W. & Olson, D. (1975). The Elaboration of the Noun Phrase in Children's Description of Objects. *Journal of Experimental Child Psychology, 19,* 371–382.
Fourcin, A. J. (1975). Language Development in the Absence of Expressive Speech. In E. H. Lenneberg & E. Lenneberg (Hrsg.), *Foundations of Language Development* (Vol. 2) (S. 263–268). New York: Academic Press.
Freud, S. (1904). *Gesammelte Werke (Bd. 4): Zur Psychopathologie des Alltagslebens. Über Vergessen, Versprechen, Vergreifen, Aberglaube und Irrtum.* Berlin: Karger. (9. Aufl. 1991, Frankfurt/M.: Fischer.)
Frey, S., Hirsbrunner, H. P., Pool, J. & Daw, W. (1981). Das Berner System zur Untersuchung nonverbaler Interaktion. In P. Winkler (Hrsg.), *Methoden der Analyse von Face-to-Face-Situationen* (S. 203–236). Stuttgart: Metzler.
Frick, R. W. (1986). The Prosodic Expression of Anger: Differentiating Threat and Frustration. *Aggressive Behavior, 12,* 121–128.
Friederici, A. (Hrsg.) (1993). *Annual Report 1992 des Arbeitsbereichs für Kognitionswissenschaften der Freien Universität Berlin* (Bericht Nr. 4). Freie Universität Berlin: Institut für Psychologie.
Frisch, K. von (1923). *Über die „Sprache" der Bienen. Eine tierpsychologische Untersuchung.* Jena: Fischer.
Frisch, K. von (1965). *Tanzsprache und Orientierung der Bienen.* Berlin: Springer.
Fromkin, V. (Hrsg.) (1973). *Speech Errors as Linguistic Evidence.* The Hague: Mouton.
Fujimura, O. (1981). Temporal Organization of Articulatory Movements as a Multidimensional Phrasal Structure. *Phonetica, 38,* 66–83.
Funk-Müldner, K., Dorn-Mahler, H. & Winterhoff-Spurk, P. (1990). *Kategoriensystem zur Situationsabhängigkeit von Aufforderungen im betrieblichen Kontext* (Arbeiten aus dem Sonderforschungsbereich 245 „Sprechen und Sprachverstehen im sozialen Kontext" Heidelberg/Mannheim, Bericht Nr. 27). Universität Mannheim: Lehrstuhl Psychologie III.
Funk-Müldner, K., Dorn-Mahler, H. & Winterhoff-Spurk, P. (1991). *Nonverbales Verhalten beim Auffordern – ein Rollenspielexperiment* (Arbeiten aus dem Sonderforschungsbereich 245 „Sprechen und Sprachverstehen im sozialen Kontext" Heidelberg/Mannheim, Bericht Nr. 42). Universität Mannheim: Lehrstuhl Psychologie III.
Fónagy, I. (1967). Hörbare Mimik. *Phonetica, 16,* 25–35.
Galliker, M. (1990). *Sprechen und Erinnern. Zur Entwicklung der Affinitätshypothese bezüglich verbaler Vergangenheitsweise.* Göttingen: Hogrefe.
Gardner, R. A. & Gardner, B. T. (1969). Teaching Sign Language to a Chimpanzee. *Science, 165,* 664–672.
Garvey, C. (1975). Requests and Responses in Children's Speech. *Journal of Child Language, 2,* 41–63.
Gathercole, S. E. & Baddeley, A. D. (1993). *Working Memory and Language.* Hove: Erlbaum.
Gehm, T. (1991). *Emotionale Verhaltensregulation.* Weinheim: Psychologie Verlags Union.
Geiger, Th. (1964). *Vorstudien zu einer Soziologie des Rechts.* Neuwied: Luchterhand.
Gelb, I. J. (1963). *A Study of Writing* (2. Aufl.). Chicago: University of Chicago Press.
Genesee, F. (1987). Neuropsychology and Second Language Learning. In L. M. Beebe (Hrsg.), *Issues in Second Language Acquisition* (S. 79–112). New York: Harper & Row.
Gigerenzer, G. (1981). *Messung und Modellbildung in der Psychologie.* München: Reinhardt.

Glaser, W. R. (1978). *Varianzanalyse*. Stuttgart: Fischer.
Glaser, W. R. & Düngelhoff, F. J. (1984). The Time Course of Picture-Word Interference. *Journal of Experimental Psychology: Learnig, Memory and Cognition, 10*, 640–654.
Glenn, C. G. (1978). The Role of Episodic Structure and of Story Length in Children's Recall of Simple Stories. *Journal of Verbal Learning and Verbal Behavior, 17*, 229–247.
Glucksberg, S. & Krauss, R. M. (1967). What Do People Say After They Have Learned to Talk? Studies of the Development of Referential Communication. *Merrill-Palmer-Quarterly, 13*, 309–316.
Gniech, G. & Grabitz, H. (1978). Freiheitseinengung und psychologische Reaktanz. In D. Frey (Hrsg.), *Kognitive Theorien der Sozialpsychologie* (S. 48–73). Bern: Huber.
Goffman, E. (1980). *Rahmen-Analyse: Ein Versuch über die Organisation von Alltagserfahrungen*. Frankfurt/M.: Suhrkamp. (Original erschienen 1974: Frame Analysis: An Essay on the Organization of Experience. New York: Harper & Row.)
Goffman, E. (1991). *Wir alle spielen Theater: Die Selbstdarstellung im Alltag* (7. Aufl.). München: Piper. (Original erschienen 1959: The Presentation of Self in Everyday Life. Garden City, N.Y.: Doubleday.)
Gold, R. (1991). Answering Machine Talk. *Discourse Processes, 4*, 243–260.
Goldin-Meadow, S., Alibali, M. W. & Church, R. B. (1993). Transitions in Concept Acquisition: Using the Hand to Read the Mind. *Psychological Review, 100*, 279–297.
Goldinger, S. D., Luce, P. A. & Pisoni, D. B. (1989). Priming Lexical Neighbors of Spoken Words: Effects of Competition and Inhibition. *Journal of Memory and Language, 28*, 501–518.
Goldman-Rakic, P. S. (1992). Das Arbeitsgedächtnis. *Spektrum der Wissenschaft, Nov.*, 94–102.
Gordon, D. & Lakoff, G. (1979). Konversationspostulate. In G. Meggle (Hrsg.), *Handlung, Kommunikation, Bedeutung* (S. 327–353). Frankfurt/M.: Suhrkamp. (Original erschienen 1971: Conversational Postulates. In Chicago Linguistic Society (Hrsg.), Papers from the Seventh Regional Meeting, April 16–18, 1971 (S. 63–84). University of Chicago: Linguistics Department.)
Goschke, Th. & Koppelberg, D. (1990). Connectionist Representation, Semantic Compositionality, and the Instability of Concept Structure. *Psychological Research, 52*, 253–270.
Gould, J. D. (1978). An Experimental Study of Writing, Dictating and Speaking. In J. Requin (Hrsg.), *Attention and Performance VII* (S. 299–319). Hillsdale: Erlbaum.
Grabowski, J. (1991). *Der propositionale Ansatz der Textverständlichkeit: Kohärenz, Interessantheit und Behalten*. Münster: Aschendorff.
Grabowski, J., Herrmann, Th. & Pobel, R. (1990). Sprechen, Handeln, Regulieren. Vom Zeichentausch zum zielgerichteten Sprechen. In Deutsches Institut für Fernstudien (DIFF) (Hrsg.), *Funkkolleg „Medien und Wirklichkeit", Studienbrief 3* (S. 51–89). Weinheim: Beltz.
Grabowski, J., Herrmann, Th. & Weiß, P. (1992). *Wenn „vor" gleich „hinter" ist – zur multiplen Determination des Verstehens von Richtungspräpositionen* (Arbeiten aus dem Sonderforschungsbereich 245 „Sprache und Situation" Heidelberg/Mannheim, Bericht Nr. 45). Universität Mannheim: Lehrstuhl Psychologie III.
Grabowski, J., Vorwerg, C. & Rummer, R. (1993). Writing as a Tool for Control of Episodic Representation. In G. Eigler & Th. Jechle (Hrsg.), *Text Production: Current Trends in European Research*. Freiburg: Hochschul-Verlag.
Grabowski-Gellert, J. (1985a). „Das plötzliche Verschwinden der Wissenschaftlichkeit." Rezension zu H. von Hentig (1984). Das allmähliche Verschwinden der Wirklichkeit. Ein Pädagoge ermutigt zum Nachdenken über die neuen Medien. *Psychologie Heute, 12*(7), 75–76.
Grabowski-Gellert, J. (1985b). *Aufforderungshandlungen und mediale Vermittlung. Zur Abhängigkeit verbaler Aufforderungen vom Kommunikationskanal: Eine experimentelle Untersuchung am Beispiel alter und neuer Medien*. Unveröff. Magisterarbeit. Universität Mannheim: Abteilung Germanistische Linguistik.
Grabowski-Gellert, J. (1988). In diesem Ton lasse ich nicht mit mir reden! Einige psychologische Überlegungen zu Aufforderungsinteraktionen zwischen Mensch und Computer. In I. S. Batori, U. Hahn, M. Pinkal & W. Wahlster (Hrsg.), *Computerlinguistik und ihre theoretischen Grundlagen. Symposium, Saarbrücken, 9.–11. März 1988* (S. 54–78). Berlin: Springer.
Grabowski-Gellert, J. (1989). Facilitating Experiments with Verbal Data? – On Equivalence Between Oral and Written Text Production and Its Extension to Specific Situations. In P. Boscolo

(Hrsg.), *Writing: Trends in European Research. Proceedings of the International Workshop on Writing, Padova, Italy, December 3–4, 1988* (S. 260–271). Padua: UPSEL.

Grabowski-Gellert, J. & Harras, G. (1988). Über Regeln kooperativen Handelns. Zur Einwirkung von alten und neuen Kommunikationskanälen auf komplexe Aufforderungen. In R. Weingarten & R. Fiehler (Hrsg.), *Technisierte Kommunikation* (S. 31–42). Opladen: Westdeutscher Verlag.

Grabowski-Gellert, J. & Winterhoff-Spurk, P. (1986a). *Sprechen, Betonen, Lächeln. Teil I: Zur Interaktion verbaler und nonverbaler Äußerungskomponenten beim Auffordern* (Arbeiten der Forschergruppe „Sprechen und Sprachverstehen im sozialen Kontext" Heidelberg/Mannheim, Bericht Nr. 5). Universität Mannheim: Lehrstuhl Psychologie III.

Grabowski-Gellert, J. & Winterhoff-Spurk, P. (1986b). *Sprechen, Betonen, Lächeln. Teil II: Modelldiagnose mit ‚Conjoint-Measurement'-Verfahren* (Arbeiten der Forschergruppe „Sprechen und Sprachverstehen im sozialen Kontext" Heidelberg/Mannheim, Bericht Nr. 6). Universität Mannheim: Lehrstuhl Psychologie III.

Grabowski-Gellert, J. & Winterhoff-Spurk, P. (1988a). *Frankenstein im Büro: Zur verbalen und nonverbalen Gestaltung „schwieriger Aufforderungssituationen"*. Vortrag gehalten auf der 30. Tagung experimentell arbeitender Psychologen in Marburg.

Grabowski-Gellert, J. & Winterhoff-Spurk, P. (1988b). Your Smile Is My Command: Interaction Between Verbal and Nonverbal Components of Requesting Specific to Situational Characteristics. *Journal of Language and Social Psychology, 7,* 229–242.

Grabowski-Gellert, J. & Winterhoff-Spurk, P. (1989). *Schreiben ist Silber, Reden ist Gold. Eine Untersuchung zur Äquivalenz von mündlicher und schriftlicher Erhebungsmethode bei Experimenten zur Sprachproduktion* (Arbeiten aus dem Sonderforschungsbereich 245 „Sprechen und Sprachverstehen im sozialen Kontext" Heidelberg/Mannheim, Bericht Nr. 10). Universität Mannheim: Lehrstuhl Psychologie III.

Graesser, A. C., Gordon, S. G. & Sawyer, J. D. (1979). Recognition Memory for Typical and Atypical Actions in Scripted Activities: Tests of a Script Pointer Tag Hypothesis. *Journal of Verbal Learning and Verbal Behavior, 18,* 319–332.

Graesser, A. C. & Mandler, G. (1975). Recognition Memory for the Meaning and Surface Structure of Sentences. *Journal of Experimental Psychology: Human Learning and Memory, 104,* 238–248.

Graesser, A. C., Robertson, S. P. & Anderson, P. A. (1981). Incorporating Inferences in Narrative Represenatations. A Study of Now and Why. *Cognitive Psychology, 13,* 1–26.

Graf, R. (1989). *Partnerbezogene Lokalisationen im Interkulturvergleich.* Unveröff. Diplomarbeit. Universität Mannheim: Lehrstuhl Psychologie III.

Graf, R., Dittrich, S., Kilian, E. & Herrmann, Th. (1991). *Lokalisationssequenzen: Sprecherziele, Partnermerkmale und Objektkonstellationen (Teil II): Drei Erkundungsexperimente* (Arbeiten aus dem Sonderforschungsbereich 245 „Sprechen und Sprachverstehen im sozialen Kontext" Heidelberg/Mannheim, Bericht Nr. 3). Universität Mannheim: Lehrstuhl Psychologie III.

Graf, R. & Herrmann, Th. (1989). *Zur sekundären Raumreferenz: Gegenüberobjekte bei nichtkanonischer Betrachterposition* (Arbeiten aus dem Sonderforschungsbereich 245 „Sprechen und Sprachverstehen im sozialen Kontext" Heidelberg/Mannheim, Bericht Nr. 11). Universität Mannheim: Lehrstuhl Psychologie III.

Graumann, C. F. (1992). Speaking and Understanding from Viewpoints. Studies in Perspectivity. In G. Semin & K. Fiedler (Hrsg.), *Language, Interaction and Social Cognition* (S. 237–255). London: Sage.

Grice, H. P. (1979). Logik und Konversation. In G. Meggle (Hrsg.), *Handlung, Kommunikation, Bedeutung* (S. 243–265). Frankfurt/M.: Suhrkamp. (Original erschienen 1975: Logic and Conversation. In P. Cole & J. L. Morgan (Hrsg.), Syntax and Semantics (Vol. 3): Speech Acts (S. 41–58). New York: Academic Press.)

Grimm, G. (1977). *Rezeptionsgeschichte. Grundlegung einer Theorie. Mit Analysen und Bibliographie.* München: Fink.

Groeben, N. (Hrsg.) (1972). *Literaturpsychologie. Literaturwissenschaft zwischen Hermeneutik und Empirie* (Sprache und Literatur, 80). Stuttgart: Kohlhammer.

Groeben, N. (1982). *Leserpsychologie: Textverständnis – Textverständlichkeit.* Münster: Aschendorff.

Groeben, N. (1986). *Handeln, Tun, Verhalten als Einheiten einer verstehend-erklärenden Psychologie: Wissenschaftstheoretischer Überblick und Programmentwurf zur Integration von Hermeneutik und Empirismus.* Tübingen: Francke.

Groeben, N., Nüse, R. & Gauler, E. (1992). Diagnose argumentativer Unintegrität. Objektive und subjektive Tatbestandsmerkmale bei Werturteilen über argumentative Sprechhandlungen. *Zeitschrift für Experimentelle und Angewandte Psychologie, 39*, 533–558.

Groeben, N. & Scheele, B. (1984). *Produktion und Rezeption von Ironie. Pragmalinguistische Beschreibung und psycholinguistische Erklärungshypothesen.* Tübingen: Narr.

Grosser, Ch. & Mangold-Allwinn, R. (1989a). *Zur Variabilität von Objektbenennungen in Abhängigkeit von Sprecherzielen und kognitiver Kompetenz des Partners* (Arbeiten aus dem Sonderforschungsbereich 245 „Sprechen und Sprachverstehen im sozialen Kontext" Heidelberg/Mannheim, Bericht Nr. 13). Universität Mannheim: Lehrstuhl Psychologie III.

Grosser, Ch. & Mangold-Allwinn, R. (1989b). *Objektbenennung in Serie: Zur partnerorientierten Ausführlichkeit von Erst- und Folgebenennungen* (Arbeiten aus dem Sonderforschungsbereich 245 „Sprechen und Sprachverstehen im sozialen Kontext" Heidelberg/Mannheim, Bericht Nr. 12). Universität Mannheim: Lehrstuhl Psychologie III.

Grosser, Ch. & Mangold-Allwinn, R. (1990). „. . . und nochmal die grüne Uhr" – Zum Einfluß des Partners auf die Ausführlichkeit von wiederholten Benennungen. *Archiv für Psychologie, 142*, 195–209.

Grosser, Ch., Pobel, R., Mangold-Allwinn, R. & Herrmann, Th. (1989). *Determinanten des Allgemeinheitsgrades von Objektbenennungen* (Arbeiten der Forschergruppe „Sprechen und Sprachverstehen im sozialen Kontext" Heidelberg/Mannheim, Bericht Nr. 24). Universität Mannheim: Lehrstuhl Psychologie III.

Gülich, E. (1980). Konventionelle Muster und kommunikative Funktionen von Alltagserzählungen. In K. Ehlich (Hrsg.), *Erzählen im Alltag* (S. 335–384). Frankfurt/M.: Suhrkamp.

Gülich, E. & Quasthoff, U. (1985). Narrative Analysis. In T. van Dijk (Hrsg.), *Handbook of Discourse Analysis (Vol.2): Dimensions of Discourse* (S. 169–197). London: Academic Press.

Gülich, E. & Quasthoff, U. (1986). Story-Telling in Conversation. *Poetics, 15*, 217–241.

Gülich, E. & Raible, W. (Hrsg.) (1975). *Textsorten. Differenzierungskriterien aus linguistischer Sicht* (2. Aufl.). Wiesbaden: Athenaion.

Günther, H. (1983). Zur methodischen und theoretischen Notwendigkeit zweifacher statistischer Analyse sprachpsychologischer Experimente. *Sprache & Kognition, 2*, 279–285.

Günther, H. (1988). *Schriftliche Sprache*. Tübingen: Niemeyer.

Gumpert, G. (1989). The Psychology of the Telephone – Revisited. In Forschungsgruppe Telekommunikation (Hrsg.), *Telefon und Gesellschaft (Bd. 1): Beiträge zu einer Soziologie der Telekommunikation* (S. 239–254). Berlin: Spiess.

Gutfleisch-Rieck, I., Klein, W., Speck, A. & Spranz-Fogasy, Th. (1989). *Transkriptionsvereinbarungen für den Sonderforschungsbereich 245 „Sprechen und Sprachverstehen im sozialen Kontext"* (Arbeiten aus dem Sonderforschungsbereich 245 „Sprechen und Sprachverstehen im sozialen Kontext" Heidelberg/Mannheim, Bericht Nr. 14). Unversität Mannheim Lehrstuhl: Lehrstuhl Erziehungswissenschaft II.

Habel, Ch. (1986). Stories – An Artificial Intelligence Perspective (?). *Poetics, 15*, 111–125.

Habel, C. (1988). Prozedurale Aspekte der Wegplanung und Wegbeschreibung. In H. Schnelle & G. Rickheit (Hrsg.), *Sprache in Mensch und Computer: Kognitive und neuronale Sprachverarbeitung* (S. 107–133). Opladen: Westdeutscher Verlag.

Hacker, W. (1978). *Allgemeine Arbeits- und Ingenieurpsychologie. Psychische Struktur und Regulation von Arbeitstätigkeiten* (2., überarbeitete Aufl.) (Schriften zur Arbeitspsychologie/Nr. 20). Bern: Huber.

Hacker, W. (1986). *Arbeitspsychologie. Psychische Regulation von Arbeitstätigkeiten* (Schriften zur Arbeitspsychologie/Nr. 41). Bern: Huber.

Harras, G. (1983). *Handlungssprache und Sprechhandlung. Eine Einführung in die handlungstheoretischen Grundlagen.* Berlin: de Gruyter.

Harras, G., Haß, U. & Strauß, G. (1991). *Wortbedeutungen und ihre Darstellung im Wörterbuch.* Berlin: de Gruyter.

Hart, H. L. A. (1961). *The Concept of Law*. Oxford: Clarendon Press.

Haury, Ch., Engelbert, H. M., Graf, R. & Herrmann, Th. (1992). *Lokalisationssequenzen auf der Basis von Karten- und Straßenwissen: Erste Erprobung einer Experimentalanordnung* (Arbeiten aus dem Sonderforschungsbereich 245 „Sprache und Situation" Heidelberg/Mannheim, Bericht Nr. 47). Universität Mannheim: Lehrstuhl Psychologie III.

Hawkins, E. W. (1987). *Awareness of Language*. Cambridge: Cambridge University Press.
Heckhausen, H. (1987). Intentionsgeleitetes Handeln und seine Fehler. In H. Heckhausen, P. M. Gollwitzer & F. E. Weinert (Hrsg.), *Jenseits des Rubikon: Der Wille in den Humanwissenschaften* (S. 143–175). Berlin: Springer.
Heckhausen, H., Gollwitzer, P. M. & Weinert, F. E. (Hrsg.) (1987). *Jenseits des Rubikon: Der Wille in den Humanwissenschaften*. Berlin: Springer.
Heike, G. & Thürmann, E. (1980). Phonetik. In H. P. Althaus, H. Henne & H. E. Wiegand (Hrsg.), *Lexikon der Germanistischen Linguistik. Studienausgabe I* (2., vollständig neu bearbeitete und erweiterte Aufl.) (S. 120–128). Tübingen: Niemeyer.
Hejj, A. & Strube, G. (1988). Wortfeld im Wandel. Entwicklung und Expertise als strukturierende Faktoren des semantischen Bereichs „Säugetiere". In W. Marx (Hrsg.), *Verbales Gedächtnis und Informationsverarbeitung. Forschungsberichte aus der Allgemeinen Psychologie* (S. 72–109). Göttingen: Hogrefe.
Helfrich, H. (1979). Age Markers in Speech. In K. R. Scherer & H. Giles (Hrsg.), *Social Markers in Speech* (S. 63–69). Cambridge: Cambridge University Press.
Helfrich, H. (1985). *Satzmelodie und Sprachwahrnehmung. Psycholinguistische Untersuchungen zur Grundfrequenz*. Berlin: de Gruyter.
Helfrich, H. (1993). *Soziale Handlungsmuster im internationalen Kulturvergleich*. Vortrag gehalten auf der 35. Tagung experimentell arbeitender Psychologen, 4.–8. April 1993 in Münster.
Helmecke, E. (1991). *Rechts-Links-Lokalisation und mentale Rotation*. Unveröff. Diplomarbeit. Universität Mannheim: Lehrstuhl Psychologie III.
Henn, B. (1978). *Mundartinterferenzen: Am Beispiel des Nordwestpfälzischen* (Zeitschrift für Dialektologie und Linguistik: Beihefte, Neue Folge 24). Wiesbaden: Steiner.
Henning, J. & Huth, L. (1975). *Kommunikation als Problem der Linguistik*. Göttingen: Vandenhoeck & Ruprecht.
Hentig, H. von (1984). *Das allmähliche Verschwinden der Wirklichkeit. Ein Pädagoge ermutigt zum Nachdenken über die neuen Medien*. München: Hanser.
Hentschel, E. (1986). *Funktion und Geschichte deutscher Partikeln: Ja, doch, halt und eben* (Reihe Germanistische Linguistik, 63). Tübingen: Niemeyer.
Herkner, W. (1991). *Lehrbuch Sozialpsychologie* (5., korrigierte und stark erweiterte Aufl.). Bern: Huber.
Herrmann, Th. (1964). Informationstheoretische Modelle zur Darstellung der kognitiven Ordnung. In R. Bergius (Hrsg.), *Handbuch der Psychologie (Bd.1): Allgemeine Psychologie (2. Halbband): Lernen und Denken* (S. 641–669). Göttingen: Hogrefe.
Herrmann, Th. (1972). *Einführung in die Psychologie (Bd. 5): Sprache*. Frankfurt/M., Bern: Akademische Verlagsgesellschaft – Huber.
Herrmann, Th. (1976). *Die Psychologie und ihre Forschungsprogramme*. Göttingen: Hogrefe.
Herrmann, Th. (1979). *Psychologie als Problem. Herausforderungen der psychologischen Wissenschaft*. Stuttgart: Klett-Cotta.
Herrmann, Th. (1980a). Die Eigenschaftskonzeption als Heterostereotyp. Kritik eines persönlichkeitspsychologischen Geschichtsklischees. *Zeitschrift für Differentielle und Diagnostische Psychologie, 1*, 7–16.
Herrmann, Th. (1980b). Sprechhandlungspläne als handlungstheoretische Konstrukte. In H. Lenk (Hrsg.), *Handlungstheorien – interdisziplinär I: Handlungslogik, formale und sprachwissenschaftliche Handlungstheorien* (S. 361–379). München: Fink.
Herrmann, Th. (1981). Sprechhandlungen. In H. Werbik & H.-J. Kaiser (Hrsg.), *Kritische Stichwörter zur Sozialpsychologie* (S. 355–370). München: Fink.
Herrmann, Th. (1982a). *Sprechen und Situation. Eine psychologische Konzeption zur situationsspezifischen Sprachproduktion*. Berlin: Springer.
Herrmann, Th. (1982b). Wertorientierung und Wertwandel. Eine konzeptuelle Analyse aus dem Blickwinkel der Psychologie. In H. Stachowiak & Th. Ellwein (Hrsg.), *Bedürfnisse, Werte und Normen im Wandel. Bd. 2* (S. 13–27). Paderborn: Schöningh.
Herrmann, Th. (1983). Nützliche Fiktionen. Anmerkungen zur Funktion kognitionspsychologischer Theoriebildungen. *Sprache & Kognition, 2*, 88–99.
Herrmann, Th. (1985). *Allgemeine Sprachpsychologie. Grundlagen und Probleme*. München: Urban & Schwarzenberg.

Herrmann, Th. (1986). Retrieval as a Cognitive Prerequisite of Speech Production. In F. Klix & H. Hagendorf (Hrsg.), *Human Memory and Cognitive Capabilities. Symposium in Memoriam Hermann Ebbinghaus* (S. 833–840). Amsterdam: Elsevier.

Herrmann, Th. (1987). William Stern und der personale Raum. Eine historische Erinnerung. In H. E. Lück & R. Miller (Hrsg.), *Geschichte der Psychologie. Nachrichtenblatt deutschsprachiger Psychologen, 12,* 28–44.

Herrmann, Th. (1989). Sprachpsychologische Beiträge zur Partnerbezogenheit des Sprechens. In H. Scherer (Hrsg.), *Sprache in Situation. Eine Zwischenbilanz* (S. 179–204). Bonn: Romanistischer Verlag.

Herrmann, Th. (1990a). Das partnerbezogene Lokalisieren von Objekten in der Kommunikation. Ein neues Forschungsthema zwischen Sprachpsychologie und Linguistik. *Zeitschrift für Semiotik, 12,* 115–131.

Herrmann, Th. (1990b). Vor, hinter, rechts und links: das 6H-Modell. Psychologische Studien zum sprachlichen Lokalisieren. *Zeitschrift für Literaturwissenschaft und Linguistik, Heft 78,* 117–140.

Herrmann, Th. (1990c). *Zweitsprachenkompetenz als kommunikative Fertigkeit. Sprachpsychologische Aspekte des Zweitspracherwerbs* (Arbeiten der Forschungsgruppe „Sprache und Kognition" am Lehrstuhl Psychologie III der Universität Mannheim, Bericht Nr. 48). Universität Mannheim: Lehrstuhl Psychologie III.

Herrmann, Th. (1991). *Lehrbuch der empirischen Persönlichkeitsforschung* (6. Aufl.). Göttingen: Hogrefe.

Herrmann, Th. (1992a). Sprechen und Sprachverstehen. In H. Spada (Hrsg.), *Lehrbuch Allgemeine Psychologie* (2., korrigierte Aufl.) (S. 281–322). Bern: Huber.

Herrmann, Th. (1992b). Sprachproduktion und erschwerte Wortfindung. *Sprache & Kognition, 11,* 181–192.

Herrmann, Th. (1992c). „Ich Brot" – und wieviel darüber hinaus? Zielprobleme des Fremdsprachenunterrichts. *Berichte des Japanischen Deutschlehrerverbandes, 42,* 6–22.

Herrmann, Th. (1992d). *Forschungsprogramme* (Arbeiten der Forschungsgruppe „Sprache und Kognition" am Lehrstuhl Psychologie III der Universität Mannheim, Bericht Nr. 50). Universität Mannheim: Lehrstuhl Psychologie III.

Herrmann, Th. (i. Dr.). Mentale Repräsentation und Sprache. Zum Problem des Blickpunktes. In D. Dörner & E. van der Meer (Hrsg.), *Gedächtnis.* Berlin: Springer.

Herrmann, Th., Bürkle, B. & Nirmaier, H. (1987). Zur hörerbezogenen Raumreferenz: Hörerposition und Lokalisationsaufwand. *Sprache & Kognition, 6,* 126–137.

Herrmann, Th. & Deutsch, W. (1976). *Psychologie der Objektbenennung* (Studien zur Sprachpsychologie: 5). Bern: Huber.

Herrmann, Th., Dittrich, S., Hornung-Linkenheil, A., Graf, R. & Egel, H. (1989). *Sprecherziele und Lokalisationssequenzen: Über die antizipatorische Aktivierung von Wie-Schemata* (Arbeiten aus dem Sonderforschungsbereich 245 „Sprechen und Sprachverstehen im sozialen Kontext" Heidelberg/Mannheim, Bericht Nr. 3). Universität Mannheim: Lehrstuhl Psychologie III.

Herrmann, Th. & Grabowski, J. (1992). *Mündlichkeit, Schriftlichkeit und die nicht-terminalen Prozeßstufen der Sprachproduktion* (Arbeiten aus dem Sonderforschungsbereich 245 „Sprache und Situation" Heidelberg/Mannheim, Bericht Nr. 38). Universität Mannheim: Lehrstuhl Psychologie III.

Herrmann, Th., Graf, R. & Helmecke, E. (1991). *„Rechts" und „links" unter variablen Betrachtungswinkeln: Nicht-Shepardsche Rotationen* (Arbeiten aus dem Sonderforschungsbereich 245 „Sprechen und Sprachverstehen im sozialen Kontext" Heidelberg/Mannheim, Bericht Nr. 37). Universität Mannheim: Lehrstuhl Psychologie III.

Herrmann, Th. & Hoppe-Graff, S. (1988). Textproduktion. In H. Mandl & H. Spada (Hrsg.), *Wissenspsychologie* (S. 283–298). Weinheim: Psychologie Verlags Union.

Herrmann, Th., Kilian, E., Dittrich, S. & Dreyer, P. (1992). Was- und Wie-Schemata beim Erzählen. In H. P. Krings & G. Antos (Hrsg.), *Textproduktion. Neue Wege der Forschung* (Fokus Bd. 7) (S. 147–158). Trier: WVT Wissenschaftlicher Verlag Trier.

Herrmann, Th. & Laucht, M. (1977). Pars pro toto. Überlegungen zur situationsspezifischen Variation des Sprechens. *Psychologische Rundschau, 28,* 247–265.

Hess-Lüttich, E. W. B. (1990). Das Telefonat als Mediengesprächstyp. In Forschungsgruppe Telekommunikation (Hrsg.), *Telefon und Gesellschaft (Bd. 2): Internationaler Vergleich – Sprache und*

Telefon – Telefonseelsorge und Beratungsdienste – Telefoninterviews (S. 281–299). Berlin: Spiess.

Hidi, S. E. & Hildyard, A. (1983). The Comparison of Oral and Written Productions in Two Discourse Types. *Discourse Processing, 6*, 91–105.

Hijiya-Kirschnereit, I. (1983). *Flugmetapher und Frauenemanzipation. Beobachtungen zum Sprachgebrauch in japanischen Massenmedien* (Bochumer Jahrbuch zur Ostasienforschung. Sonderdruck). Bochum: Universitätsdruckerei.

Hijiya-Kirschnereit, I. (1988). *Das Ende der Exotik*. Frankfurt/M.: Suhrkamp.

Hinton, G. E. & Anderson, J. A. (Hrsg.) (1981). *Parallel Models of Associative Memory*. Hillsdale: Erlbaum.

Hjelmquist, E. (1984). Memory for Conversations. *Discourse Processes, 7*, 321–335.

Höflich, J. R. (1989). Telefon und interpersonale Kommunikation – Vermittelte Kommunikation aus einer regelorientierten Kommunikationsperspektive. In Forschungsgruppe Telekommunikation (Hrsg.), *Telefon und Gesellschaft (Bd. 1): Beiträge zu einer Soziologie der Telekommunikation* (S. 197–220). Berlin: Spiess.

Hörmann, H. (1971). Semantic Factors in Negation. *Psychologische Forschung, 35*, 1–16.

Hörmann, H. (1976). *Meinen und Verstehen. Grundzüge einer psychologischen Semantik*. Frankfurt/M.: Suhrkamp.

Hörmann, H. (1977). *Psychologie der Sprache* (2., überarbeitete Aufl.). Berlin: Springer.

Hörmann, H. (1991). *Einführung in die Psycholinguistik* (3., unveränderte Aufl.). Darmstadt: Wissenschaftliche Buchgesellschaft.

Hofer, M. & Pikowsky, B. (i. Dr.). Validation of a Category System for Arguments in Conflict Discourse. *Argumentation*.

Hofer, M., Pikowsky, B., Fleischmann, Th. & Spranz-Fogasy, Th. (1993). Argumentationssequenzen in Konfliktgesprächen. *Zeitschrift für Sozialpsychologie, 24*, 15–24.

Hoffmann, J. (1986). *Die Welt der Begriffe*. Berlin: VEB Deutscher Verlag der Wissenschaften.

Hoffmann, J. (1993). Unbewußtes Lernen – eine besondere Lernform? *Psychologische Rundschau, 44*, 75–89.

Hoffmann, J. & Kämpf, U. (1985). Mechanismen der Objektbenennung – parallele Verarbeitungskaskaden. *Sprache & Kognition, 4*, 217–230.

Hoffmann, L. (1980). Zur Pragmatik von Erzählformen vor Gericht. In K. Ehlich (Hrsg.), *Erzählen im Alltag* (S. 28–63). Frankfurt/M.: Suhrkamp.

Hoffmann, L. (1991). Vom Ereignis zum Fall. Sprachliche Muster zur Darstellung und Überprüfung von Sachverhalten vor Gericht. In J. Schönert (Hrsg.), *Erzählte Kriminalität. Zur Typologie und Funktion von narrativen Darstellungen in Strafrechtspflege, Publizistik und Literatur zwischen 1770 und 1920* (S. 87–113). Tübingen: Niemeyer.

Hoppe-Graff, S. & Schöler, H. (1981). Was sollen und was können Geschichtengrammatiken leisten? In H. Mandl (Hrsg.), *Zur Psychologie der Textverarbeitung. Ansätze, Befunde, Probleme* (S. 307–333). München: Urban & Schwarzenberg.

Hornby, P. A. (1974). Surface Structure and Presupposition. *Journal of Verbal Learning and Verbal Behavior, 13*, 530–583.

Horowitz, M. & Newman, J. (1964). Spoken and Written Expression: An Experimental Analysis. *Journal of Abnormal & Social Psychology, 68*, 640.

House, J. (1989). Politeness in English and German: The Functions of „Please" and „Bitte". In Sh. Blum-Kulka, J. House & G. Kasper (Hrsg.), *Cross-Cultural Pragmatics: Requests and Apologies* (Advances in Discourse Processes, Vol. 31) (S. 96–119). Norwood: Ablex.

House, J. & Kasper, G. (1981). Politeness Markers in English and German. In F. Coulmas (Hrsg.), *Conversational Routine* (S. 157–185). The Hague: Mouton.

Huber, W. (1981). Aphasien. Klinisch-neurolinguistische Beschreibung und Erklärungsversuche. *Studium Linguistik, Heft 11*, 1–21.

Huber, W. (1989). Dysarthrie. In K. Poeck (Hrsg.), *Klinische Neuropsychologie* (2., neubearbeitete und erweiterte Aufl.) (S. 137–164). Stuttgart: Thieme.

Huttenlocher, J. & Kubicek, L. F. (1983). The Source of Relatedness Effects on Naming Latency. *Journal of Experimental Psychology: Learning, Memory and Cognition, 9*, 486–496.

Irle, M. (1975). *Lehrbuch der Sozialpsychologie*. Göttingen: Hogrefe.

Jackendoff, R. S. (1983). *Semantics and Cognition* (Current Studies in Linguistics Series, 8). Cambridge: MIT Press.
Jackendoff, R. S. (1991). *Semantic Structures* (2. Aufl.) (Current Studies in Linguistics Series, 18). Cambridge: MIT Press.
Janis, I. L. & Feshbach, S. (1973). Auswirkugen angsterregender Kommunikationen. In M. Irle (Hrsg.), *Texte aus der experimentellen Sozialpsychologie* (2., unveränderte Aufl.) (S. 224–257). Neuwied: Luchterhand.
Jeannerod, M. (1981). Intersegmental Coordination During Reaching at Natural Visual Objects. In J. Long & A. Baddeley (Hrsg.), *Attention and Performance* (Vol. 9) (S. 153–169). Hillsdale: Erlbaum.
Johnson, N. S. & Mandler, J. M. (1980). A Tale of Two Structures: Underlying and Surface Forms in Stories. *Poetics, 9*, 51–86.
Johnson-Laird, P. N. (1987). Grammar and Psychology. In S. Modgil & C. Modgil (Hrsg.), *Noam Chomsky: Consensus and Controversy. Essays in Honour of Noam Chomsky* (S. 147–156). New York: The Falmer Press.
Johnson-Laird, P. N., Herrmann, D. J. & Chaffin, R. (1984). Only Connections: A Critique of Semantic Networks. *Psychological Bulletin, 96*, 292–315.
Jones, G. V. (1979). Multirate Forgetting. *Journal of Experimental Psychology: Human Learning and Memory, 5*, 98–114.
Jordan, M. I. (1986). *Serial Order: A Parallel Distributed Processing Approach* (Technical Report, No. 8604). San Diego: University of California, Institute for Cognitve Science.
Käsermann, M. L. (1991). Obstruction and Dominance: Uncooperative Moves and Their Effect on the Course of Conversation. In I. Marková & K. Foppa (Hrsg.), *Asymmetries in Dialogue* (S. 101–123). Hemel Hempstead: Harvester Wheatsheaf.
Kahnemann, D. & Tversky, A. (1973). On the Psychology of Prediction. *Psychological Review, 80*, 236–251.
Kaisse, E. M. (1985). *Connected Speech: The Interaction of Syntax and Phonology*. New York: Academic Press.
Kallmeyer, W. (1985). Handlungskonstitution im Gespräch. Dupont und sein Experte führen ein Beratungsgespräch. In E. Gülich & Th. Kotschi (Hrsg.), *Grammatik, Konversation, Interaktion. Beiträge zum Romanistentag 1983* (S. 81–122). Tübingen: Niemeyer.
Kallmeyer, W. & Schütze, F. (1976). Konversationsanalyse. *Studium Linguistik, Heft 1*, 1–28.
Kallmeyer, W. & Schütze, F. (1977). Zur Konstitution von Kommunikationsschemata der Sachverhaltsdarstellung. In D. Wegner (Hrsg.), *Gesprächsanalysen: Vorträge gehalten anläßlich des 5. Kolloquiums des Instituts für Kommunikationsforschung und Phonetik, Bonn, 14.–16. Okt. 1976* (S. 159–274). Hamburg: Buske.
Kampmann, B. (1982). *Eine Untersuchung zum Verstehen von Aufforderungen bei Vorschulkindern*. Unveröff. Diplomarbeit. Saarbrücken: Universität.
Kanzog, K. (1976). *Erzählstrategie: Eine Einführung in die Normeinübung des Erzählens*. Heidelberg: Quelle & Meyer.
Karsten, A. (1928). Psychische Sättigung. *Psychologische Forschung, 10*, 142–254.
Katz, J. J. & Postal, P. M. (1964). *An Integrated Theory of Linguistic Descriptions*. Cambridge: MIT Press.
Kelley, H. H. & Thibaut, J. W. (1978). *Interpersonal Relations: A Theory of Interdependence*. New York: Wiley.
Kempen, G. & Hoenkamp, E. (1982). Incremental Sentence Generation: Implications for the Structure of a Syntactic Processor. In J. Horecky (Hrsg.), *Coling 82. Proceedings of the Ninth International Conference on Computational Linguistics, Prague, July 5–10, 1982* (S. 151–156). Amsterdam: North-Holland.
Kempen, G. & Hoenkamp, E. (1987). An Incremental Procedural Grammar for Sentence Formulation. *Cognitive Science, 11*, 201–258.
Kessler, K. & Grabowski, J. (1993). „Wie war denn Ihre Fahrprüfung?" Sprecherziele und Ereigniswiedergabe. Poster auf der 35. Tagung experimentell arbeitender Psychologen in Münster.
Kiefer, M., Barattelli, S. & Mangold-Allwinn, R. (1993). *Kognition und Kommunikation: Ein integrativer Ansatz zur multiplen Determination der lexikalischen Spezifität der Objektklassenbezeichnung* (Arbeiten aus dem Sonderforschungsbereich „Sprache und Situation" Heidelberg/Mannheim, Bericht Nr. 51). Universität Mannheim: Lehrstuhl Psychologie III.

Kilian, E., Herrmann, Th., Dittrich, S. & Dreyer, P. (1990). *Was- und Wie-Schemata beim Erzählen* (Arbeiten aus dem Sonderforschungsbereich 245 „Sprechen und Sprachverstehen im sozialen Kontext" Heidelberg/Mannheim, Bericht Nr. 17). Universität Mannheim: Lehrstuhl Psychologie III.

Kimura, D. (1969). Spatial Localization in Left and Right Visual Fields. *Canadian Journal of Psychology, 23*, 455–458.

Kintsch, W. (1974). *The Representation of Meaning in Memory*. Hillsdale: Erlbaum.

Kintsch, W. (1988). The Role of Knowledge in Discourse Comprehension: A Construction-Integration Model. *Psychological Review, 95*, 163–182.

Kintsch, W. & Keenan, J. M. (1973). Reading Rate and Retention as a Function of the Number of Propositions in the Base Structure of Sentences. *Cognitive Psychology, 5*, 257–274.

Klauer, K. J. (1993). Über die Auswirkungen eines Trainings zum induktiven Denken auf zentrale Komponenten der Fremdsprachenlernfähigkeit. *Zeitschrift für Pädagogische Psychologie, 7*, 1–9.

Klein, W. (1979). Wegauskünfte. *Zeitschrift für Literaturwissenschaft und Linguistik, 9*(33), 9–57.

Klein, W. (1981). Logik der Argumentation. In P. Schröder & H. Steger (Hrsg.), *Dialogforschung. Jahrbuch des Instituts für deutsche Sprache 1980* (Sprache der Gegenwart, Bd. 54) (S. 226–264). Düsseldorf: Schwann.

Klein, W. (1982). Einige Bemerkungen zur Fragemelodie. *Deutsche Sprache, 10*, 289–310.

Klein, W. (1984). Bühler Ellipse. In C. F. Graumann & Th. Herrmann (Hrsg.), *Karl Bühlers Axiomatik* (S. 117–143). Frankfurt/M.: Klostermann.

Klein, W. (1992a). Tempus, Aspekt und Zeitadverbien. *Kognitionswissenschaft, 2*, 107–118.

Klein, W. (1992b). *Zweitspracherwerb: Eine Einführung* (3. Aufl.). Frankfurt/M.: Hain.

Klein, W. & Stutterheim, Ch. von (1987). Quaestio und referentielle Bewegung in Erzählungen. *Linguistische Berichte, 109*, 163–183.

Klimesch, W. (1988). *Struktur und Aktivierung des Gedächtnisses: Das Vernetzungsmodell, Grundlagen und Elemente einer übergreifenden Theorie*. Bern: Huber.

Klivington, J. K. (1992). *Gehirn und Geist*. Heidelberg: Spektrum Akademischer Verlag.

Klix, F. (1971). *Information und Verhalten: Kybernetische Aspekte der organismischen Informationsverarbeitung. Einführung in naturwissenschaftliche Grundlagen der Allgemeinen Psychologie*. Bern: Huber.

Klix, F. (Hrsg.) (1976). *Psychologische Beiträge zur Analyse kognitiver Prozesse*. München: Kindler.

Klix, F. (1978). On the Representation of Semantic Information in Human Long-Term Memory. *Zeitschrift für Psychologie, 186*, 26–38.

Klix, F. (1980). Die allgemeine Psychologie und die Erforschung kognitiver Prozesse. *Zeitschrift für Psychologie, 188*, 117–139.

Klix, F. (1983). *Erwachendes Denken. Eine Entwicklungsgeschichte der menschlichen Intelligenz* (2., überarbeitete und erweiterte Aufl.). Berlin: VEB Deutscher Verlag der Wissenschaften.

Klix, F. (1984). Über Wissensrepräsentation im menschlichen Gedächtnis. In F. Klix (Hrsg.), *Gedächtnis, Wissen, Wissensnutzung* (S. 9–73). Berlin: VEB Deutscher Verlag der Wissenschaften.

Klix, F. (1992). *Die Natur des Verstandes*. Göttingen: Hogrefe.

Kluwe, R. H. (1992). Gedächtnis und Wissen. In H. Spada (Hrsg.), *Lehrbuch Allgemeine Psychologie* (2., korrigierte Aufl.) (S. 115–187). Bern: Huber.

Kluwe, R. H., Misiak, C., Ringelband, O. & Heider, H. (1986). Lernen durch Tun: Eine Methode zur Konstruktion von simulierten Systemen mit spezifischen Eigenschaften und Ergebnisse einer Einzelfallstudie. In M. Amelang (Hrsg.), *Bericht über den 35. Kongreß der Deutschen Gesellschaft für Psychologie in Heidelberg 1986 (Bd. 1): Kurzfassungen* (S. 208). Göttingen: Hogrefe.

Knäuper, B. (1993). *Depression im Alter: Verständnis und Verständlichkeit standardisierter diagnostischer Interviewfragen*. Unveröff. Dissertation. Mannheim: Universität.

Koch, W. (1992). Automatische Generierung von Kochrezepten. In H. P. Krings & G. Antos (Hrsg.), *Textproduktion. Neue Wege der Forschung* (Fokus Bd. 7) (S. 311–338). Trier: WVT Wissenschaftlicher Verlag Trier.

Köck, W. K. (1978). Kognition – Semantik – Kommunikation. In P. M. Heil, W. K. Köck & G. Roth (Hrsg.), *Wahrnehmung und Kommunikation* (S. 197–213). Frankfurt/M.: Lang.

König, R. (1962). *Handbuch der Empirischen Sozialforschung* (Bd. 1). Stuttgart: Enke.

Kohlmann, C. W. (1990). *Streßbewältigung und Persönlichkeit: Flexibles versus rigides Copingverhalten und seine Auswirkungen auf Angsterleben und physiologische Belastungsreaktionen*. Bern: Huber.

Kohlmann, U. (1992). Textstruktur und sprachliche Form in Instruktionstexten. In H. P. Krings & G. Antos (Hrsg.), *Textproduktion: Neue Wege der Forschung* (Fokus Bd. 7) (S. 173–192). Trier: WVT Wissenschaftlicher Verlag Trier.

Kohlmann, U., Scharnhorst, U., Speck, A. & Stutterheim, Ch. von (1989). Textstruktur und sprachliche Form in Objektbeschreibungen. *Deutsche Sprache, 17*, 137–169.

Kosslyn, S. M. (1980). *Image and Mind*. Cambridge: Harvard University Press.

Krashen, S. D. (1981). *Principles and Practice in Second Language Acquisition*. London: Pergamon Press.

Kriebel, R. (1984). *Sprechangst. Analyse und Behandlung einer verbalen Kommunikationsstörung*. Stuttgart: Kohlhammer.

Kripke, S. A. (1981). *Name und Notwendigkeit*. Frankfurt/M.: Suhrkamp.

Külpe, O. (1912). Über die moderne Psychologie des Denkens. *Internationale Monatsschrift für Wissenschaft, Kunst und Technik, 6*, 1070–1110.

Kuhl, J. (1983). Emotion, Kognition und Motivation II: Die funktionale Bedeutung der Emotionen für das problemlösende Denken und für das konkrete Handeln. *Sprache & Kognition, 2*, 228–253.

Kumpf, M. (1981). Einschätzungen und Konsequenzen der Täuschung von Versuchspersonen in der psychologischen Forschung. In L. Kruse & M. Kumpf (Hrsg.), *Psychologische Grundlagenforschung: Ethik und Recht* (S. 41–68). Bern: Huber.

Kunczik, M. (1977). *Massenkommunikation: Eine Einführung*. Köln: Böhlau.

Kutschera, F. von (1973). *Einführung in die Logik der Normen, Werte und Entscheidungen*. Freiburg: Alber.

La Trobe, M. de & Streb, I. (1985). *Alltag in Japan*. Düsseldorf: ECON.

Labov, W. & Waletzky, J. (1973). Erzählanalyse: Mündliche Versionen persönlicher Erfahrung. In J. Ihwe (Hrsg.), *Literaturwissenschaft und Linguistik. Eine Auswahl* (Texte zur Theorie der Literaturwissenschaft, Bd. 2) (S. 78–126). Frankfurt: Fischer–Athenäum. (Original erschienen 1967: Narrative Analysis: Oral Versions of Personal Experience. In H. Helm (Hrsg.), American Ethnological Society: Essays on the Verbal and Visual Arts (S. 12–44). Seattle.)

Lachman, R., Lachman, J. L. & Butterfield, E. C. (1979). *Cognitive Psychology and Information Processing*. Hillsdale: Erlbaum.

Ladefoged, P. (1967). *Three Areas of Experimental Phonetics*. Oxford: Oxford University Press.

Lang, E., Carstensen, K. U. & Simmons, G. (1991). *Modelling Spatial Knowledge on a Linguistic Basis. Theory – Prototype – Integration*. Berlin: Springer.

Lange, U. (1989). Von der ortsgebundenen „Unmittelbarkeit" zur raum-zeitlichen „Direktheit" – Technischer und sozialer Wandel und die Zukunft der Telekommunikation. In Forschungsgruppe Telekommunikation (Hrsg.), *Telefon und Gesellschaft (Bd. 1): Beiträge zu einer Soziologie der Telekommunikation* (S. 167–185). Berlin: Spiess.

Langenmayr, A. (1993). Sprachpsychologische Untersuchung zur sumerischen Frauensprache (eme-sal). *Sprache & Kognition, 12*, 2–17.

Lantermann, E. D. (1980). *Interaktionen. Person, Situation und Handlung*. München: Urban & Schwarzenberg.

Lantermann, E. D. & Schröder, H. (1991). Selbstregulation als funktionelles Prinzip. In D. Frey (Hrsg.), *Bericht über den 37. Kongreß der Deutschen Gesellschaft für Psychologie in Kiel 1990* (S. 326–331). Göttingen: Hogrefe.

Lashley, K. S. (1951). The Problem of Serial Order in Behavior. In L. A. Jeffress (Hrsg.), *Cerebral Mechanisms in Behavior*. New York: Wiley.

Laucht, M. (1979). Untersuchungen zur sprachlichen Form des Aufforderns. In W. Tack (Hrsg.), *Bericht über den 31. Kongreß der Deutschen Gesellschaft für Psychologie* (S. 89–91). Göttingen: Hogrefe.

Laver, J. & Hutcheson, S. (1972). *Communication in Face-to-Face-Interaction*. Harmondsworth: Penguin.

Lee, B. S. (1950). Effects of Delayed Speech Feedback. *Journal of the Acoustical Society of America, 22*, 824–826.

Lenk, H. (Hrsg.) (1980). *Handlungstheorien – interdisziplinär I: Handlungslogik, formale und sprachwissenschaftliche Handlungstheorien*. München: Fink.

Lenneberg, E. H. (1972). *Biologische Grundlagen der Sprache*. Frankfurt/M.: Suhrkamp. (Original erschienen 1967: Biological Foundations of Language. New York: Wiley & Sons.)

Levelt, W. J. M. (1981). The Speaker's Linearization Problem. In D.E. Broadbent, J. Lyons & S. Longuet-Higgins (Hrsg.), *Psychological Mechanisms of Language* (Philosophical Transactions of the Royal Society London, B 295) (S. 305-315).
Levelt, W. J. M. (1982). Linearization in Describing Spatial Networks. In S. Peters & E. Saarinen (Hrsg.), *Processes, Beliefs, and Questions. Essays on Formal Semantics of Natural Language and Natural Language Processing* (S. 199–220). Dordrecht: Reidel.
Levelt, W. J. M. (1983). Monitoring and Self Repairs in Speech. *Cognition, 14*, 41–104.
Levelt, W. J. M. (1989). *Speaking: From Intention to Articulation.* Cambridge/London: A Bradford Book/MIT Press.
Levelt, W. J. M. (1992). Accessing Words in Speech Production: Stages, Processes and Representations. *Cognition, 42*, 1–22.
Levelt, W. J. M. & Kelter, S. (1982). Surface Form and Memory in Question Answering. *Cognitive Psychology, 14*, 78–106.
Levelt, W. J. M., Richardson, G. & La Heij, W. (1985). Pointing and Voicing in Deictic Expressions. *Journal of Memory and Language, 24*, 133–164.
Levine, M., Jankovic, J. N. & Palij, M. (1982). Principles of Spatial Problem Solving. *Journal of Experimental Psychology, 111*, 157–175.
Levinson, S. C. (1990). *Pragmatik* (Konzepte der Sprach- und Literaturwissenschaft, 39). Tübingen: Niemeyer. (Original erschienen 1983: Pragmatics. Cambridge: Cambridge University Press.)
Lewandowski, Th. (1990). *Linguistisches Wörterbuch* (5., überarbeitete Aufl.). Heidelberg: Quelle & Meyer.
Lewis, D. (1975). *Konventionen. Eine sprachpsychologische Abhandlung.* Berlin: de Gruyter.
Liberman, A. M., Cooper, F. S., Shankweiler, D. P. & Studdert-Kennedy, M. (1967). Perception of the Speech Code. *Psychological Review, 74*, 431–461.
Liedtke, F. W. (1981). Zur Semantik von „Auffordern". In G. Hindelang & W. Zillis (Hrsg.), *Sprache: Verstehen und Handeln* (S. 79–88). Tübingen: Niemeyer.
Lilly, J. C. (1969). *Delphin – ein Geschöpf des 5. Tages? Möglichkeiten der Verständigung zwischen menschlicher und außermenschlicher Intelligenz.* München: Winkler.
Lindblom, B. (1982). The Interdisciplinary Challenge of Speech Motor Control. In S. Grillner, B. Lindblom, J. Lubker & A. Persson (Hrsg.), *Speech Motor Control. Proceedings of an International Symposium on the Functional Basis of Oculomotor Disorders, held at the Wenner-Gren Center, Stockholm, August 31–September 3, 1981* (S. 3–18). Oxford: Pergamon Press.
Linde, C. & Labov, W. (1985). Die Erforschung von Sprache und Denken anhand von Raumkonfigurationen. In H. Schweizer (Hrsg.), *Sprache und Raum: Psychologische und linguistische Aspekte der Aneignung und Verarbeitung von Räumlichkeit. Ein Arbeitsbuch für das Lehren von Forschung* (S. 44–65). Stuttgart: Metzler. (Original erschienen 1975: Spatial Networks as a Site for the Study of Language and Thought. Language, 51, 924–939.)
Linsener, J. & Linsener, H. J. (1963). Untersuchungen zum Lee-Effekt. *Internationale Zeitschrift für Psychologie, 168*, 26–58.
Lloyd, P. (1992). The Role of Clarification Requests in Children's Communication of Route Directions by Telephone. *Discourse Processes, 15*, 357–374.
Locke, J. (1689). *An Essay Concerning Human Understanding.* (The Clarendon Edition of the Works of John Locke (Vol. 1) 1982, hrsg. von P.H. Nidditch. Oxford: Clarendon Press.)
Löffler, H. (1982). Interferenz-Areale Dialekt/Standardsprache: Projekt eines deutschen Fehleratlasses. In W. Besch, U. Knoop, W. Putschke & H. E. Wiegand (Hrsg.), *Dialektologie. Ein Handbuch zur deutschen und allgemeinen Dialektforschung* (1. Halbband) (Handbücher zur Sprach- und Kommunikationswissenschaft, Bd. 1.1) (S. 528–538). Berlin: de Gruyter.
Loftus, E. F. (1975). Leading Questions and the Eyewitness Report. *Cognitive Psychology, 7*, 560–572.
Loftus, E. F. & Zanni, G. (1975). Eyewitness Testimony: The Influence of the Wording of a Question. *Bulletin of the Psychonomic Society, 5*, 86–88.
Long, M. H. (1982). Adaption an den Lerner. Die Aushandlung verstehbarer Eingabe in Gesprächen zwischen muttersprachlichen Sprechern und Lernern. *Zeitschrift für Literaturwissenschaft und Linguistik, 12*(45), 100–119.
Luce, R. D. (1986). *Response Times. Their Role in Inferring Elementary Mental Organization* (Oxford Psychology Series No. 8). Oxford: Oxford University Press.

Luchins, A. S. (1947). Mechanization in Problem Solving: The Effect of Einstellung. *Psychological Monograph*, 6.
Ludwig, O. (1980a). Geschriebene Sprache. In H. P. Althaus, H. Henne & H. E. Wiegand (Hrsg.), *Lexikon der Germanistischen Linguistik. Studienausgabe II* (2., vollständig neu bearbeitete und erweiterte Aufl.) (S. 323–328). Tübingen: Niemeyer.
Ludwig, O. (1980b). Funktionen geschriebener Sprache und ihr Zusammenhang mit Funktionen der gesprochenen und inneren Sprache. *Zeitschrift für Germanistische Linguistik*, 8, 74–92.
Luria, A. R. (1968). *The Mind of A Mnemonist*. New York: Basic Books.
Luther, P. & Fenk, A. (1984). Wird der Wortlaut von Sätzen zwangsläufig schneller vergessen als ihr Inhalt? *Zeitschrift für Experimentelle und Angewandte Psychologie*, 31, 101–123.
Lyons, J. (1975). Deixis as the Source of Reference. In E. L. Keenan (Hrsg.), *Formal Semantics of Natural Language* (S. 61–83). Cambridge: Cambridge University Press.
Lyons, J. (1980). *Semantik* (Bd. 1). München: Beck. (Original erschienen 1977: Semantics (Vol. 1). Cambridge: Cambridge University Press.)
Lyons, J. (1983). *Semantik* (Bd. 2). München: Beck. (Original erschienen 1977: Semantics (Vol. 2). Cambridge: Cambridge University Press.)
Lyons, J. (1989). *Einführung in die moderne Linguistik* (7., unveränderte. Aufl.). München: Beck. (Original erschienen 1968: Introduction to Theoretical Linguistics. Cambridge: Cambridge University Press.)
MacKay, D. G. (1987). *The Organisation of Perception and Action*. New York: Springer.
MacWhinney, B. (Hrsg.) (1987). *Mechanisms of Language Acquisition*. Hillsdale: Erlbaum.
Mandler, J. M. (1978). A Code in the Node: The Use of a Story Schema in Retrieval. *Discourse Processes*, 1, 14–35.
Mandler, J. M. & Johnson, N. S. (1977). Remembrance of Things Parsed: Story Structure and Recall. *Cognitive Psychology*, 9, 111–151.
Mangold, R. (1986). *Sensorische Faktoren beim Verstehen überspezifizierter Objektbenennungen*. Frankfurt/M.: Lang.
Mangold, R. (1987). Schweigen kann Gold sein – über förderliche, aber auch nachteilige Effekte der Überspezifizierung. *Sprache & Kognition*, 6, 165–176.
Mangold, R. & Herrmann, Th. (1984). *Zur maschinellen Klassifikation von Aufforderungen* (Arbeiten der Forschergruppe „Sprechen und Sprachverstehen im sozialen Kontext" Heidelberg/Mannheim, Bericht Nr. 1). Universität Mannheim: Lehrstuhl Psychologie III.
Mangold, R. & Herrmann, Th. (1987). Schemata for Requests. In G. Semin & B. Krahé (Hrsg.), *Issues in Contemporary Social Psychology* (S. 203–217). London: Sage.
Mangold, R. & Pobel, R. (1988). Informativeness and Instrumentality in Referential Communication. *Journal of Language and Social Psychology*, 7, 181–191.
Mangold, R. & Pobel, R. (1989). Informativeness and Instrumentality in Referential Communication. In C. F. Graumann & Th. Herrmann (Hrsg.), *Speakers: The Role of the Listener* (S. 23–33). Clevedon: Multilingual Matters.
Mangold-Allwinn, R. (1993). *Flexible Konzepte. Experimente, Modelle, Simulationen*. Frankfurt/M.: Lang.
Mangold-Allwinn, R., Barattelli, S. & Koelbing, H. G. (1992). Objektreferenz als ‚Multiple Constraint Satisfaction': Experimente und Simulationen. In L. Montada (Hrsg.), *Bericht über den 38. Kongreß der Deutschen Gesellschaft für Psychologie in Trier 1992 (Bd. 1): Kurzfassungen* (S. 260). Göttingen: Hogrefe.
Mangold-Allwinn, R., Stutterheim, Ch. von, Barattelli, S., Kohlmann, U. & Koelbing, H. G. (1992). Objektbenennung im Diskurs: Eine interdisziplinäre Untersuchung. *Kognitionswissenschaft*, 3, 1–11.
Mannheimer Morgen (26./27.06.1993). *Japanischer Schüler von Amerikaner erschossen*. (dpa, Eva Krafzyk).
Markel, J. D. & Gray, A. H. (1976). *Linear Prediction of Speech*. Berlin: Springer.
Marková, I. & Foppa, K. (Hrsg.) (1990). *The Dynamics of Dialogue*. Hemel Hempstead: Harvester Wheatsheaf.
Marková, I. & Foppa, K. (Hrsg.) (1991). *Asymmetries in Dialogue*. Hemel Hempstead: Harvester Wheatsheaf.
Martin, J. G. & Strange, W. (1968). The Perception of Hesitation in Spontaneous Speech. *Perception and Psychophysics*, 3, 427–432.

Marwell, G. & Hage, J. (1970). The Organization of Role Relationships: A Systematic Description. *American Sociological Review, 35,* 884–900.

Maschke, W. (1989). Telefonieren in Deutschland – Zahlen, Daten, Fakten. In Forschungsgruppe Telekommunikation (Hrsg.), *Telefon und Gesellschaft (Bd. 1): Beiträge zu einer Soziologie der Telekommunikation* (S. 97–100). Berlin: Spiess.

McClelland, J. L. & Rumelhart, D. E. (1981). An Interactive Activation Model of Context Effects in Letter Perception. Part 1: An Account of Basic Findings. *Psychological Review, 88,* 375–407.

McClelland, J. L. & Rumelhart, D. E. (1988). *Explorations in Parallel Distributed Processing. A Handbook of Models, Programs, and Exercises.* Cambridge: MIT Press.

McClelland, J. L., Rumelhart, D. E. & The PDP Research Group (1986). *Parallel Distributed Processing. Explorations in the Microstructure of Cognition (Vol. 2): Psychological and Biological Models.* Cambridge: MIT Press.

McNeill, D. & Levy, E. (1982). Conceptual Representations in Language Activity and Gesture. In R. J. Jarvella & W. Klein (Hrsg.), *Speech, Place and Action. Studies in Deixis and Related Topics* (S. 271–295). Chichester: Wiley & Sons.

Mehrabian, A. & Ferris, S. (1967). Inferences of Attitudes from Nonverbal Communication. *Journal of Consulting Psychology, 31,* 248–252.

Meringer, R. & Mayer, C. (1895). *Versprechen und Verlesen: Eine psychologisch-linguistische Studie.* Stuttgart: Göschen'sche Verlagshandlung.

Merten, K. (1977). *Kommunikation. Eine Begriffs- und Prozeßanalyse.* Opladen: Westdeutscher Verlag.

Metzger, W. (1954). *Psychologie.* Darmstadt: Steinkopff.

Meyer-Hermann, R. & Rieser, H. (Hrsg.) (1985). *Ellipsen und fragmentarische Ausdrücke* (2 Bde.) (Linguistische Arbeiten, 148/1 und 2). Tübingen: Niemeyer.

Michotte, A. (1954). *La Perception de la Causalité.* Louvain: Publications Universitaires.

Mikula, G. (1977). *Bitteformulierung und Hilfeleistungsverhalten* (Berichte aus dem Institut für Psychologie der Universität Graz). Universität Graz: Institut für Psychologie.

Mikula, G. (1989). Influencing Food Preferences of Children by 'If – Then' Type Instructions. *European Journal of Social Psychology, 19,* 225–241.

Miller, G. A. (1993). *Wörter – Streifzüge durch die Psycholinguistik.* Heidelberg: Spektrum Akademischer Verlag. (Original erschienen 1991: The Science of Words. New York: Scientific American Library.)

Miller, G. A., Galanter, E. & Pribram, K. H. (1960). *Plans and the Structure of Behavior.* New York: Holt, Rinehart & Winston.

Mißler, M. (1991). *Kommunikation mit Anrufbeantwortern. Zur Gestaltung von Ansagetexten und ihrer Wirkung auf die Sprechbereitschaft von Anrufern.* Unveröff. Diplomarbeit. Universität Mannheim: Lehrstuhl Psychologie III.

Moch, A. (1985). Die propositionsabhängige Veränderung von Wortbedeutung als differentielles Priming. *Archiv für Psychologie, 137,* 159–173.

Molitor, S. (1987). *Weiterentwicklung eines Textproduktionsmodells durch Fallstudien* (Forschungsbericht 45). Universität Tübingen: Deutsches Institut für Fernstudien, Arbeitsbereich Lernforschung.

Morosawa, A. (1988). Requesting in Japanese: A Psycholinguistc Investigation. *Sophia Linguistica, 26,* 129–137.

Morton, J. (1969). Interaction of Information in Word Recognition. *Psychological Review, 76,* 165–178.

Morton, J. (1980). The Logogen Model and Orthographic Structure. In U. Frith (Hrsg.), *Cognitive Processes in Spelling* (S. 117–133). London: Academic Press.

Morton, J. (1981). The Status of Information Processing Models of Language. In D. E. Broadbent, J. Lyons & S. Longuet-Higgins (Hrsg.), *Psychological Mechanisms of Language* (Philosophical Transactions of the Royal Society London, B 295) (S. 387–396).

Moser, H. (Hrsg.) (1970). *Probleme der kontrastiven Grammatik. Jahrbuch des Instituts für deutsche Sprache 1969* (Sprache der Gegenwart, Bd. 8). Düsseldorf: Schwann.

Motsch, W. & Pasch, R. (1987). Illokutive Handlungen. In W. Motsch (Hrsg.), *Satz, Text, sprachliche Handlung* (Studia Grammatica 25) (S. 1–79). Berlin: Akademie-Verlag.

Mowrer, O. H. (1960). *Learning Theory and the Symbolic Processes.* New York: Wiley.

Moyer, R. S. (1973). Comparing Objects in Memory: Evidence Suggesting an Internal Psychophysics. *Perception and Psychophysics, 13*, 18–184.
Müller, G. F. (1985). *Prozesse sozialer Interaktion.* Göttingen: Hogrefe.
Mulder, G. (1986). The Concept and Measurement of Mental Effort. In G. R. J. Hockey, A. W. K. Gaillard & M. G. H. Coles (Hrsg.), *Energetics and Human Information Processing* (S. 175–198). Dordrecht: Nijhoff.
Mulder, G., Mulder, L. J. M. & Veldman, J. B. P. (1985). Mental Tasks as Stressors. In A. Steptoe, H. Rüddel & H. Neus (Hrsg.), *Clinical and Methodological Issues in Cardiovascular Psychophysiology* (S. 30–44). Berlin: Springer.
Nagatomo, M. Th. (1986). *Die Leistung der Anrede- und Höflichkeitsformen in den sprachlichen zwischenmenschlichen Beziehungen. Ein Vergleich der soziativen Systeme im Japanischen und Deutschen* (Studium Sprachwissenschaft, Beiheft 9). Westfälische Wilhelms-Universitä: Institut für Allgemeine Sprachwissenschaft.
Nation, J. E. & Aram, D. M. (1977). *Diagnosis of Speech and Language Disorders.* Saint Louis: Mosby.
Newell, A. (1973). Production Systems: Models of Control Structures. In W. G. Chase (Hrsg.), *Visual Information Processing* (S. 463–526). New York: Academic Press.
Niyekawa, A. M. (1984). Analysis of Conflict in a Television Home Drama. In E. S. Krauss, Th. P. Ohlen & P. G. Steinhoff (Hrsg.), *Conflict in Japan* (S. 61-84). Honolulu: University of Hawaii Press.
Norman, D. A. (1988). *The Psychology of Everyday Things.* New York: Basic Books.
Norman, D. A. & Shallice, T. (1986). Attention to Action: Willed and Automatic Control of Behavior. In R. J. Davidson, G. E. Schwarts & D. Shapiro (Hrsg.), *Consciousness and Self-Regulation. Advances in Research and Theory* (Vol. 4) (S. 1–18). New York: Plenum Press.
Nothdurft, W. (1993). Gezänk und Gezeter. Über das verbissene Streiten von Nachbarn. In J. Janota (Hrsg.), *Vielfalt der kulturellen Systeme und Stile. Vorträge des Augsburger Germanistentags 1991* (Bd. 1) (S. 67–80). Tübingen: Niemeyer.
Oberauer, K. (1993). Prozedurales und deklaratives Wissen und das Paradigma der Informationsverarbeitung. *Sprache & Kognition, 12*, 30–43.
Oksaar, E. (1977). *Spracherwerb im Vorschulalter: Einführung in die Psycholinguistik.* Stuttgart: Kohlhammer.
Oldfield, R. C. & Wingfield, A. (1964). The Time it Takes to Name an Object. *Nature, 202*, 1031–1032.
Olson, D. R. (1970). Language and Thought: Aspects of a Cognitive Theory of Semantics. *Psychological Review, 77*, 257–273.
Olson, D. R. (1975). On the Relations Between Spatial and Linguistic Processes. In J. Eliot & N. J. Salkind (Hrsg.), *Children's Spatial Development* (S. 67–110). Springfield: Thomas.
Olson, D. R. (1977). From Utterance to Text: The Bias of Language in Speech and Writing. *Harvard Educational Review, 47*, 257–281.
Olson, D. R. & Bialystok, E. (1983). *Spatial Cognition. The Structure and Development of Mental Representations of Spatial Relations.* Hillsdale: Erlbaum.
Oppenrieder, W. (1988a). Intonation und Identifikation. Kategorisierungstests zur kontextfreien Identifikation von Satzmodi. In H. Altmann (Hrsg.), *Intonationsforschungen* (S. 153–164). Tübingen: Niemeyer.
Oppenrieder, W. (1988b). Intonatorische Kennzeichnung von Satzmodi. In H. Altmann (Hrsg.), *Intonationsforschungen* (S. 169–205). Tübingen: Niemeyer.
Opwis, K. (1988). Produktionssysteme. In H. Mandl. & H. Spada (Hrsg.), *Wissenspsychologie* (S. 74–98). München: Psychologie Verlags Union.
Osgood, Ch. E. (1971). Where Do Sentences Come From? In D. D. Steinberg & L. A. Lakobovits (Hrsg.), *Semantics* (S. 497–529). Cambridge: Cambridge University Press.
Oswald, M. E. & Gadenne, V. (1984). Wissen, Können und künstliche Intelligenz. Eine Analyse der Konzeption des deklarativen und prozeduralen Wissens. *Sprache & Kognition, 3*, 173–184.
Parkinson, G. H. R. (Hrsg.) (1968). *The Theory of Meaning.* London: Oxford University Press.
Pechmann, Th. (1989). Incremental Speech Production and Referential Overspecification. *Linguistics, 27*, 89–110.
Pechmann, Th. & Deutsch, W. (1980). *From Gesture to Word and Gesture* (Papers and Reports on Child Language Development). Stanford University: Department of Linguistics.

Pelz, H. (1992). *Linguistik für Anfänger* (10. Aufl.). Hamburg: Hoffmann und Campe.
Perdue, C. (Hrsg.) (1984). *Second Language Acquisition by Adult Immigrants. A Field Manual.* Rowley: Newbury House.
Perdue, C. & Klein, W. (1992). Why Does the Production of Some Learners not Grammaticalize? *Studies in Second Language Acquisition, 14,* 259–272.
Perrig, J. W. (1990). Implizites Wissen: Eine Herausforderung für die Kognitionspsychologie. *Schweizerische Zeitschrift für Psychologie, 49,* 234–249.
Peter of Spain (Petrus Hispanus Portugalensis) (1972). *Summulae Logicales* (Tractatus); hrsg. von L. M. de Rijk. Assen: van Gorcum.
Piaget, J. (1972). *Sprechen und Denken des Kindes* (Sprache und Lernen: Internationale Studien zur Pädagogischen Anthropologie, Bd. 1). Düsseldorf: Schwann. (Original erschienen 1968: Le Langage et la Pensée chez l'Enfant (7. Aufl.). Neuchâtel: Delachaux et Niestlé.)
Pikowsky, B. (1992). *Partnerbezogenes Argumentieren? Jugendliche Mädchen im Konfliktgespräch mit ihrer Freundin, Mutter und Schwester.* Frankfurt/M.: Lang.
Pikowsky, B., Hofer. M., Spranz-Fogasy, Th., Fleischmann, Th. (1993). Die Beziehung zwischen Eltern und Jugendlichen und das Argumentieren in konfliktären Interaktionen. *Zeitschrift für Familienforschung, 5,* 42–62.
Pinker, S. (1984). *Language Learnability and Language Development.* Cambridge: Harvard University Press.
Plank, F. (1987). Direkte indirekte Objekte, oder: Was uns ‚lehren' lehrt. *Leuvense Bijdragen, 76,* 37–61.
Pobel, R. (1991). *Objektrepräsentation und Objektbenennung: Situative Einflüsse auf die Wortwahl beim Benennen von Gegenständen.* München: Roderer.
Pobel, R., Grosser, Ch. & Mangold-Allwinn, R. (1989). *Determinanten der lexikalischen Spezifität von Objektbenennungen.* Vortrag gehalten auf der 31. Tagung experimentell arbeitender Psychologen, 19.–23.3.1989 in Bamberg.
Poeck, K. (1982). Sprech- und Sprachstörungen bei neurologischen und psychiatrischen Krankheiten. In P. Biesalski & F. Frank (Hrsg.), *Phoniatrie – Pädaudiologie. Physiologie, Pathologie, Klinik, Rehabilitation* (S. 193–226). Stuttgart: Thieme.
Portnoy, S. (1973). A Comparison of Oral and Written Verbal Behavior. In K. Salzinger & R. Feldmann (Hrsg.), *Studies in Verbal Behavior* (S. 99–151). New York: Pergamon Press.
Posner, M. I. & Carr, Th. H. (1992). Lexical Access and the Brain: Anatomical Constraints on Cognitive Models of Word Recognition. *American Journal of Psychology, 105,* 1–26.
Posner, M. I. & Rothbart, M. K. (1992). Attentional Regulation: From Mechanism to Culture. Keynote Address Presented at the 25th International Congress of Psychology, Brussels, July 19–24. *International Journal of Psychology: XXV. International Congress of Psychology, Abstracts, 27(3/4),* 2.
Posner, M. I. & Snyder, C. R. R. (1975). Attention and Cognitive Control. In R. L. Solso (Hrsg.), *Information Processing and Cognition: The Loyola Symposium.* Hillsdale: Erlbaum.
Power, M. J. (1985). Sentence Production and Working Memory. *Quarterly Journal of Experimental Psychology, 37A,* 367–386.
Premack, D. (1976). *Intelligence in Ape and Man.* Hillsdale: Erlbaum.
Pribbenow, S. (1990). Interaktion von propositionalen und bildhaften Repräsentationen. In Ch. Freksa & Ch. Habel (Hrsg.), *Repräsentation und Verarbeitung räumlichen Wissens* (Informatik-Fachberichte 245, Subreihe Künstliche Intelligenz) (S. 156–174). Berlin: Springer.
Prince, G. (1973). *A Grammar of Stories. An Introduction.* The Hague: Mouton.
Propp, V. (1972). *Morphologie des Märchens.* München: Hanser.
Pütz, U. (1991). *Die Rolle des automatischen Anrufbeantworters im Alltag.* Unveröff. Diplomarbeit. Dortmund: Universität.
Pufall, P. B. (1975). Egocentrism in Spatial Thinking: It Depends on Your Point of View. *Developmental Psychology, 11,* 297–303.
Pylyshyn, Z. W. (1981). The Imagery Debate: Analogue Media versus Tacit Knowledge. *Psychological Review, 88,* 16–45.
Quass, P. & Richter, P. (1988). *Kognitive Tests – Kardiovaskuläre Aktivität – Beanspruchung – Untersuchungsbericht –* (Wissenschaft: Theorie und Praxis, Heft 4). Technische Universität Dresden: Sektion Arbeitswissenschaften.

Quasthoff, U. M. (1980). *Erzählen in Gesprächen: Linguistische Untersuchungen zu Strukturen und Funktionen am Beispiel einer Kommunikationsform des Alltags*. Tübingen: Narr.
Quasthoff, U. M. (1987). Sprachliche Formen des alltäglichen Erzählens: Struktur und Entwicklung. In W. Erzgräber & P. Goetsch (Hrsg.), *Mündliches Erzählen im Alltag, fingiertes mündliches Erzählen in der Literatur* (S. 54–85). Tübingen: Narr.
Quasthoff, U. M. & Nikolaus, K. (1982). What Makes a Good Story? Toward the Production of Conversational Narratives. In A. Flammer & W. Kintsch (Hrsg.), *Discourse Processing* (S. 16–28). Amsterdam: North-Holland.
Reason, J. (1990). *Human Error*. Cambridge: Cambridge University Press.
Reber, A. S. (1989). Implicit Learning and Tacit Knowledge. *Journal of Experimental Psychology: General, 118*, 219–235.
Reder, L. M. (1978). *Comprehension and Retention of Prose: A Literature Review* (Technical Report No. 108). University of Illinois at Urbana-Champaign: Center for the Study of Reading.
Rehbein, J (1980). Sequentielles Erzählen – Erzählstrukturen von Immigranten bei Sozialberatungen in England. In K. Ehlich (Hrsg.), *Erzählen im Alltag* (S. 64–108). Frankfurt/M.: Suhrkamp.
Rehbein, J. (1984). Beschreiben, Berichten und Erzählen. In K. Ehlich (Hrsg.), *Erzählen in der Schule* (S. 67–124). Tübingen: Narr.
Reinelt, R. & Marui, I. (1990). *Sozialformen im Deutschunterricht in Japan*. Unveröff. Manuskript. Matsuyama.
Rey, G. (1983). Concepts and Stereotypes. *Cognition, 15*, 237–262.
Richards, J. C. (1978). *Understanding Second and Foreign Language Learning: Issues and Approaches*. Rowley: Newbury House.
Rickheit, G. (Hrsg.) (1991). *Kohärenzprozesse: Modellierung von Sprachverarbeitung in Texten und Diskursen*. Opladen: Westdeutscher Verlag.
Rickheit, G. & Strohner, H. (1985). Psycholinguistik der Textverarbeitung. *Studium Linguistik, Heft 17/18*, 1–78.
Riegel, K. F. (1970). The Language Acquisition Process: A Reinterpretation of Selected Research Findings. In L. R. Goulet & P. B. Baltes (Hrsg.), *Life-Span Developmental Psychology. Research and Theory* (S. 358–399). New York: Academic Press.
Rimbaud, J. N. A. (1883). Le Bateau Ivre. *Lutèce, Nov*. (Deutsch: 1980. Das trunkene Schiff. Gedichte, Frühe Prosa, Album Zutique (Arthur Rimbaud Poetische Werke, hrsg. von H. Therre & R. G. Schmidt, Bd. 2: Gedichte). München: Matthes & Seitz.
Rimé, B. (1985). The Growing Field of Nonverbal Behaviour: A Review of Twelve Books on Nonverbal Behaviour and Nonverbal Communication. *European Journal of Social Psychology, 15*, 231–247.
Rips, L. J., Shoben, E. J. & Smith, E. E. (1973). Semantic Distance and the Verification of Semantic Relations. *Journal of Verbal Learning and Verbal Behavior, 12*, 1–20.
Rock, I. (1985). *Wahrnehmung. Vom visuellen Reiz zum Sehen und Erkennen*. Heidelberg: Spektrum-der-Wissenschaft-Verlagsgesellschaft. (Original erschienen 1984: Perception. New York: Scientific American Library.)
Roget, P. M. (1944). *Thesaurus of English Words and Phrases. Classified and Arranged so as to Facilitate the Expression of Ideas and to Assist in Literary Composition*. Cleveland and New York: The World Publishing Company.
Ropohl, G. (1975). *Systemtechnik. Grundlagen und Anwendung*. München: Hanser.
Rosch, E. (1975). Cognitive Representations of Semantic Categories. *Journal of Experimental Psychology, 104*, 192–233.
Rosch, E. & Mervis, C. B. (1975). Family Resemblances: Studies in the Internal Structure of Categories. *Cognitive Psychology, 7*, 573–605.
Rubinstein, S. L. (1958). *Grundlagen der allgemeinen Psychologie*. Berlin: Volk und Wissen Volkseigener Verlag. (10. Aufl. 1984, Neuwied: Luchterhand.)
Rubinstein, S. L. (1981). *Probleme der allgemeinen Psychologie* (Psychologie und Gesellschaft, Bd. 14). Darmstadt: Steinkopff.
Rumbaugh, D. M. (Hrsg.) (1977). *Language Learning by a Chimpanzee. The Lana Project*. New York: Academic Press.
Rumelhart, D. E. (1975). Notes on a Schema for Stories. In D. Bobrow & A. Collins (Hrsg.), *Representation and Understanding: Studies in Cognitive Science* (S. 211–236). New York: Academic Press.

Rumelhart, D. E. & Ortony, A. (1977). The Representation of Knowledge in Memory. In R. C. Anderson, R. J. Spiro & W. E. Montague (Hrsg.), *Schooling and the Acquisition of Knowledge* (S. 99–135). Hillsdale: Erlbaum.

Rumelhart, D. E., Smolensky, P., McClelland, J. L. & Hinton, G. E. (1986). Schemata and Sequential Thought Processes in PDP Models. In J. L. McClelland, D. E. Rumelhart & The PDP Research Group, *Parallel Distributed Processing. Explorations in the Microstructure of Cognition* (Vol. 2): Psychological and Biological Models (S. 7–57). Cambridge: MIT Press.

Rummer, R. (1992). *Reden über Ereignisse in Abhängigkeit von Merkmalen der Kommunikationssituation*. Unveröff. Diplomarbeit. Universität Mannheim: Lehrstuhl Psychologie III.

Rummer, R. & Grabowski, J. (1993). *Speaking, Writing, and Working Memory Load*. Vortrag gehalten auf der 5th Conference der European Association for Research on Learning and Instruction (EARLI) in Aix-en-Provence.

Rummer, R., Grabowski, J., Hauschildt, A. & Vorwerg, C. (1993). *Reden über Ereignisse: Der Einfluß von Sprecherzielen, sozialer Nähe und Institutionalisiertheitsgrad auf Sprachproduktionsprozesse* (Arbeiten aus dem Sonderforschungsbereich 245 „Sprache und Situation" Heidelberg/Mannheim, Bericht Nr. 56). Universität Mannheim: Lehrstuhl Psychologie III.

Rummer, R., Grabowski, J. & Vorwerg, C. (1993). *Zur situationsspezifischen Flexibilität zentraler Voreinstellungen bei ereignisbezogenen Sprachproduktionsprozessen*. Arbeiten aus dem Sonderforschungsbereich 245„Sprache und Situation" Heidelberg/Mannheim, Bericht Nr. 62). Universität Mannheim: Lehrstuhl Psychologie III.

Rutter, D. R. (1984). *Looking and Seeing: The Role of Visual Communication in Social Interaction*. Chichester: Wiley & Sons.

Rutter, D. R. (1987). *Communicating by Telephone* (International Series in Experimental Social Psychology, Vol. 15). Oxford: Pergamon Press.

Rutter, D. R. & Stephenson, G. M. (1977). The Role of Visual Communication in Synchronising Conversation. *European Journal of Social Psychology, 7*, 29–37.

Rutter, D. R., Stephenson, G. M. & Dewey, M. E. (1981). Visual Communication and the Content and Style of Conversation. *British Journal of Social Psychology, 20*, 41–52.

Sachs, J. (1967). Recognition Memory for Syntactic and Semantic Aspects of Connected Discourse. *Perception and Psychophysics, 2*, 437–442.

Sacks, H., Schegloff, E. & Jefferson, G. (1974). A Simplest Systematics for the Organization of Turn-Taking for Conversation. *Language, 50*, 696–735.

Sader, M. (1986). *Rollenspiel als Forschungsmethode*. Opladen: Westdeutscher Verlag.

Sanders, A. F. (1983). Towards a Model of Stress and Human Performance. *Acta Psychologica, 53*, 61–97.

Sanford, A. & Garrod, S. (1981). *Understanding Written Language: Explorations of Comprehension Beyond the Sentence*. New York: Wiley.

Savage-Rumbaugh, E. S. & Rumbaugh, D. M. (1978). Linguistically Mediated Tool Use and Exchange by Chimpanzees (Pan Trog Lodytes). *The Behavioral and Brain Sciences, 1*, 539–554.

Savage-Rumbaugh, E. S., Rumbaugh, D. M., Smith, S. T. & Lawson, J. (1980). Reference: The Linguistic Essential. *Science, 210*, 922–925.

Savigny, E. von (1983). Sentence Meaning and Utterance Meaning: A Complete Case Study. In R. Bäuerle, Ch. Schwarze & A. von Stechow (Hrsg.), *Meaning, Use, and Interpretation of Language* (S. 423–435). Berlin: de Gruyter.

Sayad, A. (1985). Du Message Oral au Message sur Cassette, la Communication avec l'Absent. *Actes de la Recherche en Sciences Sociales, 59*, 61–72.

Schacter, D. L. (1987). Implicit Memory: History and Current Status. *Journal of Experimental Psychology: Learning, Memory, and Cognition, 13*, 501–518.

Schade, U. (1987). *‚Fischers Fritz fischt frische Fische' – Konnektionistische Modelle der Satzproduktion* (KoLiBri-Arbeitsbericht, 6). Bielefeld: Universität.

Schade, U. (1988). Ein konnektionistisches Modell für die Satzproduktion. In J. Kindermann & C. Lischka (Hrsg.), *Workshop Konnektionismus, Arbeitspapiere der GMD, 329* (S. 207–220). St. Augustin.

Schade, U. (1990). Kohärenz und Monitor in konnektionistischen Sprachproduktionsmodellen. In G. Dorffner (Hrsg.), *Konnektionismus in Artificial Intelligence und Kognitionsforschung. 6.*

Österreichische Artificial-Intelligence-Tagung (KONNAI) Salzburg, 18.–21. Sept. 1990: Proceedings (S. 18–27). Berlin: Springer.

Schade, U. (1992). *Konnektionismus. Zur Modellierung der Sprachproduktion*. Opladen: Westdeutscher Verlag.

Schade, U. & Eikmeyer, H. J. (1990). Modelling Attention in a Connectionist Speech Production Model. In R. Eckmiller, G. Hartmann & G. Hauske (Hrsg.), *Parallel Processing in Neural Systems and Computers* (S. 495–498). Amsterdam: Elsevier.

Schade, U., Langer, H., Rutz, H. & Sichelschmidt, L. (1991). Kohärenz als Prozeß. In G. Rickheit (Hrsg.), *Kohärenzprozesse: Modellierung von Sprachverarbeitung in Texten und Diskursen* (S. 7–58). Opladen: Westdeutscher Verlag.

Schafer, M. (1988). *Klang und Krach. Eine Kulturgeschichte des Hörens*. Frankfurt/M.: Athenäum.

Schank, R. C. (1979). Interestingness: Controlling Inferences. *Artificial Intelligence*, *12*, 273–297.

Schank, R. C. & Abelson, R. P. (1977). *Scripts, Plans, Goals, and Understanding*. Hillsdale: Erlbaum.

Schank, R. C., Collins, G. C., Davis, E., Johnson, P. N., Lytinen, S. & Reiser, B. J. (1982). What's the Point? *Cognitive Science*, *6*, 255–275.

Schaub, H. (1993). *Modellierung der Handlungsorganisation*. Bern: Huber.

Scheele, B. & Groeben, N. (1984). *Die Heidelberger Struktur-Lege-Technik (SLT)*. Weinheim: Beltz.

Schegloff, E. A. (1979). Identification and Recognition in Telephone Conversation Openings. In G. Psathas (Hrsg.), *Everyday Language. Studies in Ethnomethodology* (S. 23–78). New York: Irvington.

Scherer, K. R. (1979). Kommunikation. In K. R. Scherer & H. G. Wallbott (Hrsg.), *Nonverbale Kommunikation: Forschungsberichte zum Interaktionsverhalten* (S. 14–24). Weinheim: Beltz.

Scherer, K. R. (1986). Vocal Affect Expression: A Review and a Model for Future Research. *Psychological Bulletin*, *99*, 143–165.

Scherer, K. R. & Giles, H. (Hrsg.) (1979). *Social Markers in Speech*. Cambridge: Cambridge University Press.

Scherer, K. R., Koivumaki, J. & Rosenthal, R. (1972). Minimal Cues in the Vocal Communication of Affect: Judging Emotions from Content-Masked Speech. *Journal of Psycholinguistic Research*, *1*, 269–285.

Scherer, K. R. & Wallbott, H. G. (Hrsg.) (1979). *Nonverbale Kommunikation*. Weinheim: Beltz.

Schinzinger, R. (1983). *Japanisches Denken. Der weltanschauliche Hintergrund des heutigen Japan* (Eine Veröffentlichung der Deutschen Gesellschaft für Natur- und Völkerkunde Ostasiens, OAG-Reihe Japan modern 5). Berlin: Schmidt .

Schirra, J. R. J. (1991). *Zum Nutzen antizipierter Bildvorstellungen bei der sprachlichen Szenenbeschreibung – Ein Beispiel* (Sonderforschungsbereich 314: Künstliche Intelligenz – Wissensbasierte Syteme, Memo Nr. 49). Universität Saarbrücken: KI-Labor am Lehrstuhl für Informatik IV.

Schlesinger, I. M. (1977). *Production and Comprehension of Utterances*. Hillsdale: Erlbaum.

Schmale, G. (1988). „Pour un Bébé Qui A de la Diarrhée". Telefonische Kommunikation – Technisch übertragene oder technisierte Kommunikation. In R. Weingarten & R. Fiehler (Hrsg.), *Technisierte Kommunikation* (S. 9–30). Opladen: Westdeutscher Verlag.

Schmidt, R. F. & Thews, G. (Hrsg.) (1990). *Physiologie des Menschen* (24., korrigierte Aufl.). Berlin: Springer.

Schneewind, K. A. & Herrmann, Th. (Hrsg.) (1980). *Erziehungsstilforschung. Theorien, Methoden und Anwendung der Psychologie elterlichen Erziehungsverhaltens*. Bern: Huber.

Schnotz, W. (1988). Textverstehen als Aufbau mentaler Modelle. In H. Mandl & H. Spada (Hrsg.), *Wissenspsychologie* (S. 299–330). München: Psychologie Verlags Union.

Schnotz, W. (1993). *Aufbau von Wissensstrukturen. Untersuchungen zur Kohärenzbildung beim Wissenserwerb mit Texten*. Weinheim: Beltz/Psychologie Verlags Union.

Schöler, H. (1982). *Zur Entwicklung des Verstehens inkonsistenter Äußerungen*. Frankfurt/M.: Fischer.

Schöler, H., Hoppe-Graff, S. & Herrmann, Th. (1978). *Entscheidungen nach verbalen Drohungen und Versprechungen* (Arbeiten der Forschungsgruppe „Sprache und Kognition" am Lehrstuhl Psycholgie III der Universität Mannheim, Bericht Nr. 5). Universität Mannheim: Lehrstuhl Psychologie III.

Schriefers, H. (1992). Lexical Access in the Production of Noun Phrases. *Cognition, 45*, 33–54.
Schriefers, H. (1993). Syntactic Processes in the Production of Noun Phrases. *Journal of Experimental Psychology: Learning, Memory, and Cognition, 19*, 1–11.
Schuler, H. (1980). *Ethische Probleme psychologischer Forschung.* Göttingen: Hogrefe.
Schulze, R. (1987). The Perception of Space and the Function of Topological Prepositions in English: A Contribution to Cognitive Grammar. In W. Lörscher & R. Schulze (Hrsg.), *Perspectives on Language in Performance: Studies in Linguistics, Literary Criticism and Language Teaching and Learning; to Honour Werner Hüllen on the Occasion of His 60. Birthday* (Vol. 1) (S. 299–322). Tübingen: Narr.
Schvaneveldt, R. W. & McDonald, J. E. (1981). Semantic Context and the Encoding of Words: Evidence for Two Modes of Stimulus Analysis. *Journal of Experimental Psychology: Human Perception and Performance, 7*, 673–687.
Schwarze, Ch. & Wunderlich, D. (Hrsg.) (1985). *Handbuch der Lexikologie.* Königstein/Ts.: Athenäum.
Schweizer, H. (Hrsg.) (1985). *Sprache und Raum: Psychologische und linguistische Aspekte der Aneignung und Verarbeitung von Räumlichkeit. Ein Arbeitsbuch für das Lehren von Forschung.* Stuttgart: Metzler.
Schweizer, K. (1989). Eine Analyse der Konzepte, Bedingungen und Zielsetzungen von Replikationen. *Archiv für Psychologie, 141*, 85–97.
Schwerdtfeger, I. (1985). *Sozialformen im Fremdsprachenunterricht.* München: Goethe-Institut.
Searle, J. R. (1971). *Sprechakte. Ein sprachphilosophischer Essay.* Frankfurt/M.: Suhrkamp. (Orginal erschienen 1969: Speech Acts: An Essay in the Philosophy of Language. Cambridge: Cambridge University Press.)
Searle, J. R. (1980). Eine Klassifikation der Illokutionsakte. In P. Kußmaul (Hrsg.), *Sprechakttheorie: Ein Reader* (S. 82–108). Wiesbaden: Athenaion. (Original erschienen 1976: A Classification of Illocutionary Acts. Language in Society, 5, 1–23.)
Seliger, H. (1987). Psycholinguistic Issues in Second Language Acquisition. In L. M. Beebe (Hrsg.), *Issues in Second Language Acquisition* (S. 17–40). New York: Harper & Row.
Selinker, L. (1972). Interlanguage. *International Review of Applied Linguistics in Language Teaching, 10*, 209–231.
Selz, O. (1913). *Über die Gesetze des geordneten Denkverlaufs.* Stuttgart: Speemann.
Seymour, P. H. K. (1979). *Human Visual Cognition.* London: Macmillan.
Shannon, C. E. & Weaver, W. (1976). *Mathematische Grundlagen der Informationstheorie.* München: Oldenbourg. (Original erschienen 1949: The Mathematical Theory of Communication. Urbana: The University of Illinois Press.)
Shattuck-Hufnagel, S. (1983). Sublexical Units and Suprasegmental Structure in Speech Production Planning. In P. F. MacNeilage (Hrsg.), *The Production of Speech* (S. 109–136). New York: Springer.
Shattuck-Hufnagel, S. (1987). The Role of Word-Onset Consonants in Speech Production Planning: New Evidence from Speech Error Patterns. In E. Keller & M. Gopnik (Hrsg.), *Motor and Sensory Processes of Language* (S. 17–51). Hillsdale: Erlbaum.
Shepard, R. N. & Cooper, L. A. (1975). *Representation of Color in Normal, Blind, and Color Blind Subjects.* Paper Presented at the Joint Meeting of Division 5 of the American Psychological Association and the Psychonomic Society in Chicago.
Shepard, R. N. & Hurwitz, S. (1984). Upward Direction, Mental Rotation and Discrimination of Left and Right Turns in Maps. *Cognition, 18*, 161–193.
Shepard, R. N. & Podgorny, P. (1978). Cognitive Processes that Resemble Perceptual Processes. In W. K. Estes (Hrsg.), *Handbook of Learning and Cognitive Processes* (Vol. 5) (S. 189–237). Hillsdale: Erlbaum.
Siddiqi, J. A., Schwind, H. L. & Voss, H. G. (1973). Irrelevanz des Inhalts – Relevanz des Ausdrucks. *Zeitschrift für Experimentelle und Angewandte Psychologie, 20*, 472–488.
Siegel, S. (1987). *Nichtparametrische statistische Methoden* (3. Aufl.). Eschborn bei Frankfurt/M.: Fachbuchhandlung für Psychologie, Verlagsabteilung.
Skinner, B. F. (1957). *Verbal Behavior.* New York: Appleton-Century-Crofts.
Sladek, A. (1977). *Aktionslogik und Erzähllogik.* Tübingen: Narr.
Soekeland, W. (1980). *Indirektheit von Sprechhandlungen. Eine linguistische Untersuchung.*

Tübingen: Niemeyer.

Sowarka, B., Abel, U. & Michel, J. (1983). *Menschliche Textverarbeitung und propositionale Analyse. Eine Anleitung zur propositionalen Darstellung von Texten* (Arbeitspapiere zur Linguistik, 18). Technische Universität Berlin: Institut für Linguistik.

Spada, H. (Hrsg.) (1992). *Lehrbuch Allgemeine Psychologie* (2., korrigierte Aufl.). Bern: Huber.

Sporer, S. L. (1993). Eyewitness Identification Accuracy, Confidence, and Decision Times in Simultaneous and Sequential Lineups. *Journal of Applied Psychology, 78,* 22–33.

Spranz-Fogasy, Th. (1993). *Beteiligungsrollen und interaktive Bedeutungskonstitution* (Arbeiten aus dem Sonderforschungsbereich 245 „Sprache und Situation" Heidelberg/Mannheim, Bericht Nr. 52). Mannheim: Institut für deutsche Sprache.

Spranz-Fogasy, Th., Hofer, M. & Pikowsky, B. (1992). Mannheimer ArgumentationsKategorien System (MAKS). Ein Kategoriensystem zur Auswertung von Argumentationen in Konfliktgesprächen. *Linguistische Berichte, 141,* 350–370.

Srisayekti, W. (1992). *Analysis of the Expressive and the Communicative Aspects of Nonverbal Behaviour in Dyadic Communication: Requesting Behaviour as an Example.* Unpublished Dissertation. Leopold-Franzens Universität Innsbruck: Faculty of Science.

Stachowiak, H. (1982). Rezente Gedanken zur Kybernetik. *Grundlagenstudien aus Kybernetik und Geisteswissenschaft/Humankybernetik, 23,* 95–110.

Stein, N.L. (1988). The Development of Children's Storytelling Skill. In M. B. Franklin & S. Barten (Hrsg.), *Child Language: A Reader.* New York: Oxford University Press.

Stein, N. L. & Glenn, C. G. (1979). An Analysis of Story Comprehension in Elementary School Children. In R. O. Freedle (Hrsg.), *New Directions in Discourse Processing* (Advances in Discourse Processes, Vol. 2) (S. 53–120). Norwood: Ablex.

Steinberg, J. C. (1934). Application of Sound Measuring Instruments to the Study of Phonetic Problems. *Journal of the Acoustical Society of America, 6,* 16–24.

Stemberger, J. P. (1985). An Interactive Activation Model of Language Production. In A. W. Ellis (Hrsg.), *Progress in the Psychology of Language* (Vol. 1) (S. 143–186). London: Erlbaum.

Stemberger, J. P. (1990). Wordshape Errors in Language Production. *Cognition, 35,* 123–157.

Stern, W. (1930). *Studien zur Personwissenschaft. Erster Teil: Personalistik als Wissenschaft.* Leipzig: Barth.

Stevens, K. N. (1983). Design Features of Speech Sound Systems. In P. F. MacNeilage (Hrsg.), *The Production of Speech* (S. 247–261). New York: Springer.

Stickel, G. (1970). *Untersuchungen zur Negation im heutigen Deutsch* (Schriften zur Linguistik, Bd. 1). Braunschweig: Vieweg & Sohn.

Stierle, K. (1975). *Text als Handlung. Perspektiven einer systematischen Literaturwissenschaft.* München: Fink.

Strack, F., Martin, L. L. & Schwarz, N. (1988). Priming and Communication: Social Determinants of Information Use in Judgments of Life Satisfaction. *European Journal of Social Psychology, 18,* 429–442.

Strack, F., Schwarz, N. & Wänke, M. (1991). Semantic and Pragmatic Aspects of Context Effects in Social and Psychologic Research. *Social Cognition, 9,* 105–115.

Strauß, G., Haß, U. & Harras, G. (1989). *Brisante Wörter von Agitation bis Zeitgeist. Ein Lexikon zum öffentlichen Sprachgebrauch.* Berlin: de Gruyter.

Streeck, J. (1983). Konversationsanalyse. Ein Reparaturversuch. *Zeitschrift für Sprachwissenschaft, 2,* 72–104.

Strohschneider, S. (1990). *Wissenserwerb und Handlungsregulation.* Wiesbaden: Deutscher Universitätsverlag.

Strube, G. (1984). *Assoziation. Der Prozeß des Erinnerns und die Struktur des Gedächtnisses.* Berlin: Springer.

Strube, G. (1989). *Episodisches Wissen* („Zur Terminologie in der Kognitionsforschung", Workshop der GMD St. Augustin, 1988, Arbeitspapiere der GMD Nr. 385).

Stubbs, M. (1983). *Discourse Analysis. The Sociolinguistic Analysis of Natural Language.* London: Blackwell.

Stutterheim, Ch. von (1992). Quaestio und Textstruktur. In H. P. Krings & G. Antos (Hrsg.), *Textproduktion: Neue Wege der Forschung* (Fokus Bd. 7) (S. 159–171). Trier: WVT Wissenschaftlicher Verlag Trier.

Stutterheim, Ch. von & Carroll, M. (1993). Raumkonzepte in Produktionsprozessen. *Kognitionswissenschaft, 3*, 70–82.
Stutterheim, Ch. von & Klein, W. (1989). Textstructure and Referential Movement. In R. Dietrich & C. F. Graumann (Hrsg.), *Language Processing in Social Context* (S. 39–76). Amsterdam: North-Holland.
Stutterheim, Ch. von, Mangold-Allwinn, R., Kohlmann, U. & Pobel, R. (1990). Objektreferenz in Texten. In D. Frey (Hrsg.), *Bericht über den 37. Kongreß der Deutschen Gesellschaft für Psychologie 1990 in Kiel* (S. 453–454). Göttingen: Hogrefe.
Sugitani, M. (1986). *Die Bedeutung des Top-Down Processing bei der Verarbeitung von Information.* Kansai-daigaku: Doitsu Bungaku.
Swan, M. (1980). *Practical English Usage.* Oxford: Oxford University Press.
Szagun, G. (1991). *Sprachentwicklung beim Kind. Eine Einführung* (4. überarbeitete und erweiterte Aufl.). Weinheim: Psychologie Verlags Union.
Tabossi, P. (1988). Effects of Context on the Immediate Interpretation of Unambiguous Nouns. *Journal of Experimental Psychology: Learning, Memory, and Cognition, 14*, 153–162.
Talmy, L. (1983). How Language Structures Space. In H. L. Pick & L. P. Acredolo (Hrsg.), *Spatial Orientation. Theory, Research, and Application* (S. 225–282). New York: Plenum Press.
Tannen, D. (1980). A Comparative Analysis of Oral Narrative Strategies: Athenian Greek and American English. In W. Chafe (Hrsg.), *The Pear Stories. Cognitive, Cultural, and Linguistic Aspects of Narrative Production* (Advances in Discourse Processes, Vol. 3) (S. 51–87). Norwood: Ablex.
Taylor, I. K. (1963). Phonetic Symbolism Re-Examined. *Psychological Bulletin, 60*, 200–209.
Techtmeier, B. (1984). *Das Gespräch. Funktionen, Normen und Strukturen* (Sprache und Gesellschaft, Bd. 19). Berlin: Akademie-Verlag.
Terrace, H. S., Petitto, L. A., Sanders, R. J. & Bever, T. G. (1979). Can an Ape Create a Sentence? *Science, 206*, 891–902.
Thomas, A. (1993). *Kulturvergleichende Psychologie.* Göttingen: Hogrefe.
Thorndyke, P. (1977). Cognitive Structures in Comprehension and Memory of Narrative Discourse. *Cognitive Psychology, 9*, 77–110.
Todtenhöfer, A. (1993). *Produktion und Rezeption der Präpositionen „vor" und „hinter" in Abhängigkeit von der Gerichtetheit des Relatums und dem sozialen Kontext.* Unveröff. Diplomarbeit. Universität Mannheim: Lehrstuhl Psychologie III.
Toulmin, S. (1975). *Der Gebrauch von Argumenten.* Kronberg/Ts.: Scriptor. (Original erschienen 1958: The Uses of Argument. New York: Cambridge University Press.)
Trabasso, T. & Nickels, M. (1992). The Development of Goal Plans of Action in the Narration of a Picture Story. *Discourse Processes, 15*, 249–275.
Trautmann, K. (1973). *Aufbau von Fernsprechwählanlagen (Bd. 1): Geräte und Funktionen* (2. Aufl.). Berlin/München: Siemens-Aktiengesellschaft.
Triandis, H. (1972). *The Analysis of Subjective Culture.* New York: Wiley.
Tulving, E. (1972). Episodic and Semantic Memory. In E. Tulving & W. Donaldson (Hrsg.), *Organization of Memory* (S. 381–403). New York: Academic Press.
Tulving, E. (1983). *Elements of Episodic Memory.* Oxford: Clarendon Press.
Tulving, E. & Donaldson, W. (Hrsg.) (1972). *Organization of Memory.* New York: Academic Press.
Tulving, E. & Schacter, D. L. (1990). Priming and Human Memory Systems. *Science, 247*, 301–305.
van Dijk, T. A. (1976). Philosophy of Action and Theory of Narrative. *Poetics, 5*, 287–338.
van Dijk, T. A. (1980). *Macrostructures. An Interdisciplinary Study of Global Structures in Discourse, Interaction, and Cognition.* Hillsdale: Erlbaum.
van Dijk, T. A. & Kintsch, W. (1975). Comment On Se Rappelle et Résume des Histoires. *Langages, 40*, 98–116.
van Lancker, D. (1987). Nonpropositional Speech: Neurolinguistic Studies. In A. W. Ellis (Hrsg.), *Progress in the Psychology of Language* (Vol. 3) (S. 49–118). London: Erlbaum.
van Riper, Ch. (1971). *The Nature of Stuttering.* Englewood Cliffs: Prentice-Hall.
Velichkovsky, B. M. (1988). *Wissen und Handeln. Kognitive Psychologie aus tätigkeitstheoretischer Sicht.* Berlin: VEB Deutscher Verlag der Wissenschaften.
Vukovich, A. (1986). Antike Rhetorik und moderne Kommunikationspsychologie. In H. Bungert (Hrsg.), *Das antike Rom in Europa. Vortragsreihe der Universität Regensburg* (Schriftenreihe der

Universität Regensburg, Bd. 12) (S. 267–288). Regensburg: Buchverlag der Mittelbayerischen Zeitung.

Vukovich, A. (1989). Ein- und Auswirkungskomponenten von Anerkennung und Lob. In H. Lukesch, W. Nöldner & H. Peez (Hrsg.), *Beratungsaufgaben in der Schule* (S. 210–231). München: Reinhardt.

Vygotsky, L. S. (1986). *Denken und Sprechen*. Frankfurt/M.: Fischer. (Original erschienen 1934, Moskau: Nauka.)

Watzlawick, P., Beavin, J. H. & Jackson, D. D. (1990). *Menschliche Kommunikation. Formen, Störungen, Paradoxien* (8., unveränderte Aufl.). Bern: Huber. (Original erschienen 1967: Pragmatics of Human Communication. A Study of Interactional Patterns, Pathologies, and Paradoxes. New York: Norton & Company.)

Weigand, E. (1984). Lassen sich Sprechakte grammatisch definieren? In G. Stickel (Hrsg.), *Pragmatik in der Grammatik. Jahrbuch des Instituts für deutsche Sprache 1983* (Sprache der Gegenwart, Bd. 60) (S. 65–91). Düsseldorf: Schwann.

Weinert, S. (1991). *Spracherwerb und implizites Lernen: Studien zum Erwerb sprachanaloger Regeln bei Erwachsenen, sprachunauffälligen und dysphasisch-sprachgestörten Kindern*. Bern: Huber.

Weinrich, H. (1985). *Tempus. Besprochene und erzählte Welt* (4. Aufl.). Stuttgart: Kohlhammer.

Weinrich, H. (1993). *Textgrammatik der deutschen Sprache*. Mannheim: Dudenverlag.

Wender, K. F. (1992). Ausgewählte Methoden. In H. Spada (Hrsg.), *Lehrbuch Allgemeine Psychologie* (2., korrigierte Aufl.) (S. 561–595). Bern: Huber.

Wender, K. F. & Wagener, M. (1990). Zur Verarbeitung räumlicher Informationen: Modelle und Experimente. *Kognitionswissenschaft, 1*, 4–14.

Werlen, I. (1979). Konversationsrituale. In J. Dittmann (Hrsg.), *Arbeiten zur Konversationsanalyse* (Linguistische Arbeiten, 75) (S. 144–175). Tübingen: Niemeyer.

Werlen, I. (1984). *Ritual und Sprache: Zum Verhältnis von Sprechen und Handeln in Ritualen*. Tübingen: Narr.

Weydt, H. (Hrsg.) (1979). *Die Partikeln der deutschen Sprache*. Berlin: de Gruyter.

Weydt, H. (Hrsg.) (1989). *Sprechen mit Partikeln*. Berlin: de Gruyter.

Wilensky, R. (1982). Points: A Theory of the Structure of Stories in Memory. In W. G. Lehnert & M. H. Ringle (Hrsg.), *Strategies for Natural Language Processing* (S. 345–374). Hillsdale: Erlbaum.

Williams, E. D. (1977). Experimental Comparisons of Face-to-Face and Mediated Communication: A Review. *Psychological Bulletin, 84*, 963–976.

Wilpert, G. von (1979). *Sachwörterbuch der Literatur* (6. Aufl.). Stuttgart: Kröner.

Wilshire, C. (1985). *Speech Error Distributions in Two Kinds of Tongue Twisters*. Unpublished Bachelor Thesis. Clayton, Victoria: Monash University.

Wilson, D. & Sperber, D. (1988). Mood and the Analysis of Non-Declarative Sentences. In J. Dancy, J. Moravsik & C. Taylor (Hrsg.), *Human Agency: Language, Duty and Value*. Stanford: Stanford University Press.

Winskowski, Ch. (1977). Topicalization Work in Telephone Conversations. *International Journal of Psycholinguistics, 4*, 77–93.

Winterhoff-Spurk, P. (1983). *Die Funktionen von Blicken und Lächeln beim Auffordern. Eine experimentelle Untersuchung zum Zusammenhang von verbaler und nonverbaler Kommunikation*. Frankfurt/M.: Lang.

Winterhoff-Spurk, P. (1985). Die Mimik in Aufforderung und Bericht. Zum Zusammenhang verbaler und nonverbaler Kommunikation. *Zeitschrift für Semiotik, 7*, 155–174.

Winterhoff-Spurk, P. (1986). Psychologische Untersuchungen zum Auffordern. *Studium Linguistik, 19*, 48–60.

Winterhoff-Spurk, P. (1989). *Fernsehen und Weltwissen: Der Einfluß von Medien auf Zeit-, Raum- und Personenschemata*. Opladen: Westdeutscher Verlag.

Winterhoff-Spurk, P. & Frey, Ch. (1983). *Auffordern am Zeitungskiosk: Eine Feldstudie* (Arbeiten der Forschungsgruppe „Sprache und Kognition" am Lehrstuhl Psychologie III der Universität Mannheim, Bericht Nr. 28). Universität Mannheim: Lehrstuhl Psychologie III.

Winterhoff-Spurk, P. & Grabowski-Gellert, J. (1987a). Nonverbale Kommunikation und die Direktheit von Direktiva: Der Ton macht die Musik! *Sprache & Kognition, 6*, 138–149.

Winterhoff-Spurk, P. & Grabowski-Gellert, J. (1987b). „... the Sauce of the Sentence ...?" – *Ein Experiment zur suppletorischen Funktion nonverbaler Komponenten bei der Sprachproduktion* (Arbeiten der Forschergruppe „Sprechen und Sprachverstehen im sozialen Kontext" Heidelberg/Mannheim, Bericht Nr. 13). Universität Mannheim: Lehrstuhl Psychologie III.

Winterhoff-Spurk, P. & Grabowski-Gellert, J. (1989). *Aufforderung eines chinesischen Mandarins. Überlegungen zu einem kognitiven Schema für komplexe Aufforderungen* (Arbeiten der Forschergruppe „Sprechen und Sprachverstehen im sozialen Kontext" Heidelberg/Mannheim, Bericht Nr. 23). Universität Mannheim: Lehrstuhl Psychologie III.

Winterhoff-Spurk, P. & Herrmann, Th. (1981). *Auffordern bei der Gewinnaufteilung* (Arbeiten der Forschungsgruppe „Sprache und Kognition" am Lehrstuhl Psychologie III der Universität Mannheim, Bericht Nr. 20). Universität Mannheim: Lehrstuhl Psychologie III.

Winterhoff-Spurk, P., Mangold, R. & Herrmann, Th. (1982). *Zur kognitiven Rekonstruktion von Aufforderungssituationen* (Arbeiten der Forschungsgruppe „Sprache und Kognition" am Lehrstuhl Psychologie III der Universität Mannheim, Bericht Nr. 23). Universität Mannheim: Lehrstuhl Psychologie III.

Wintermantel, M. (1991). Dialogue Between Expert and Novice: On Differences in Knowledge and Their Reduction. In I. Marková & K. Foppa (Hrsg.), *Asymmetries in Dialogue* (S. 124–142). Hemel Hempstead: Harvester Wheatsheaf.

Wintermantel, M. & Christmann, U. (1983). Person Description: Some Empirical Findings Concerning the Production and Reproduction of a Specific Text Type. In G. Rickheit & M. Bock (Hrsg.), *Psycholinguistic Studies in Language Processing* (S. 137–151). Berlin: de Gruyter.

Wintermantel, M., Siegerstetter, J., Laux, H. & Dennig, K. (1986). *Skriptverfügbarkeit und Verstehen von Handlungsanweisungen: Die Imarello-Studien* (Arbeiten der Forschergruppe „Sprechen und Sprachverstehen im sozialen Kontext" Heidelberg/Mannheim, Bericht Nr. 11). Universität Heidelberg: Psychologisches Institut.

Wish, M., Deutsch, M. & Kaplan, S. (1976). Perceived Dimensions of Interpersonal Relations. *Journal of Personality and Social Psychology, 33*, 409–420.

Wittgenstein, L. (1984). *Werkausgabe: 1. Tractatus logico philosophicus. Tagebücher 1914–1916. Philosophische Untersuchungen.* Frankfurt/M.: Suhrkamp.

Woronoff, J. (1980). *Japan: The Coming Social Crisis.* Tokyo: Lotus.

Wunderlich, D. (1976). *Studien zur Sprechakttheorie.* Frankfurt/M.: Suhrkamp.

Wunderlich, D. (1980). Aspekte einer Theorie der Sprechhandlungen. In H. Lenk (Hrsg.), *Handlungstheorien – interdisziplinär I: Handlungslogik, formale und sprachwissenschaftliche Handlungstheorien* (S. 381–401). München: Fink.

Wunderlich, D. (1982a). Sprache und Raum. *Studium Linguistik, Heft 12*, 1–19.

Wunderlich, D. (1982b). Sprache und Raum – 2. Teil. *Studium Linguistik, Heft 13*, 37–59.

Wunderlich, D. (1984). Was sind Aufforderungssätze? In G. Stickel (Hrsg.), *Pragmatik in der Grammatik. Jahrbuch des Instituts für deutsche Sprache 1983* (Sprache der Gegenwart, Bd. 60) (S. 92–117). Düsseldorf: Schwann.

Wunderlich, D. (1986). Wie kommen wir zu einer Typologie der Sprechakte? *Neuphilologische Mitteilungen, 87*, 498–509.

Wunderlich, D. & Herweg, M. (1991). Lokale und Direktionale. In A. von Stechow & D. Wunderlich (Hrsg.), *Semantik. Ein internationales Handbuch der zeitgenössischen Forschung* (Handbücher der Sprach- u. Kommunikationswissenschaften, Bd. 6) (S. 758–785). Berlin: de Gruyter.

Wundt, W. (1911). *Völkerpsychologie (Bd. 1): Die Sprache (Teil 1).* Leipzig: Engelmann.

Zacks, R. T. & Hasher, L. (1988). Capacity Theory and the Processing of Inferences. In L. L. Light & D. M. Burke (Hrsg.), *Language, Memory, and Aging* (Vol. 9) (S. 154–170). New York: Cambridge University Press.

Zadeh, L. A. (1965). Fuzzy Sets. *Information and Control, 8*, 338–353.

Zammuner, V. L. (1989). Children's Knowledge and Production of the Request Schema. In P. Boscolo (Hrsg.), *Writing: Trends in European Research. Proceedings of the International Workshop on Writing, Padova, Italy, December 3–4, 1988* (S. 79–90). Padova: UPSEL.

Zimmer, D. E. (1986). *So kommt der Mensch zur Sprache. Über Spracherwerb, Sprachentstehung und Sprache und Denken.* Zürich: Haffmanns.

Zimmer, H. D. (1985). Die Verarbeitung von Bedeutung: Verstehen und Benennen. In Ch. Schwarze & D. Wunderlich (Hrsg.), *Handbuch der Lexikologie* (S. 314–332). Königstein/Ts.: Athenäum.

Zimmer, H. D. (1992). Von Repräsentationen, Modalitäten und Modulen. *Sprache & Kognition*, *11*, 65–74.

Zivin, G. (Hrsg.) (1979). *The Development of Self-Regulation Through Private Speech*. New York: Wiley & Sons.

Zwirner, E. & Zwirner, K. (1937). Über Hören und Messen der Sprachmelodie. *Archiv für die gesamte Phonetic*, *1*, 35–47.

Namensregister

A

Abel, U.   170, *511*
Abelson, R. P.   225, 229, 276, 442, *509*
Acredolo, L. P.   *512*
Aebli, H.   350, 358, *485*
Ainsworth, M. D.   380, *485*
Albert, H.   432 f, 437, *485*
Alibali, S.   380, *493*
Allwinn, S.   43, 165, *485*
Altarriba, J.   *488*
Althaus, H. P.   *490, 496, 503*
Altmann, H.   159, *485, 505*
Alvarez-Caccamo, C.   479, *485*
Amelang, M.   *500*
Anderson, J. A.   295, 402, *498*
Anderson, J. R.   18, 47, 291, 295, *485*
Anderson, P. A.   346, 359, *494*
Anderson, R. C.   115, 224, 235, 242, *485, 508*
Antos, G.   *497, 501, 511*
Aram, D. M.   26, *505*
Argyle, M.   264, 469, *485*
Aronson, A. E.   27, *489*
Austin, J.L.   154, 155, *485*

B

Bach, E.   *491*
Baddeley, A. D.   54, 119, 282 f, 286, 336, 340, *485, 492, 499*
Ballstaedt, S.-P.   170 f, *485*
Baltes, P. B.   *507*
Barattelli, S.   69, 71, 80, 85, 87, 91, 95, 102, 319, 387, *486, 499, 503*
Barclay, J. R.   97, 299, *486*
Bar-Hillel, Y.   305, 392, *485*
Barnard, P. J.   473, *486*
Barsalaou, L. W.   52, 299, *486*

Barten, S.   *511*
Bartlett, F. C.   365, *486*
Batori, S.   *493*
Bäuerle, R.   71, *485, 508*
Bauman, R.   315, *486*
Baumgarten, F.   481, *486*
Bäumler, G.   26   *485*
Beattie, G. W.   473, *486*
Beavin, J. H.   23, 124, 339, *513*
Becker, J. A.   198, *486*
Becker, J. von   *491*
Beebe, L. M.   *510*
Bell, A.   34, *486*
Bell, A. G.   459, 463
Bereiter, C.   22, *486*
Berens, F. J.   273, 354, 474, 476, *486*
Berg, T.   393, 412–414, *486*
Bergmann, J. R.   45, 474, *486*
Berlyne, D. E.   225, *486*
Berman, R. A.   213, *486*
Bernstein, B.   100, *486*
Besch, W.   *502*
Bever, T. G.   19, *512*
Bevill, M. J.   198, *486*
Beyer, R.   171, *486*
Bialystok, E.   125, 140, *505*
Bierwisch, M.   51, 436   *486*
Black, J. B.   182, 231, 233, 442, *487*
Bliesener, Th.   228, 230, 237, 240, *487*
Blocher, A.   112, *487*
Bloomfield, L.   265, *487*
Blum-Kulka, Sh.   163 f, 200, *487, 498*
Bobrow, D.   *507*
Bock, H.   51, *487*
Bock, J. K.   47, 370 f, 374, *487*
Bock, M.   *514*
Bortz, J.   128, *487*
Boscolo, P.   *493, 514*

517

Bosshardt, H.-G.   *489*
Bower, G. H.   182, 231, 233, 442, *487*
Bowlby, J.   380, *485*
Bradshaw, J. M.   469, *487*
Brady, K. D.   473, *488*
Bransford, J. D.   97, 299 f, 353, 447, *486* **f**
Braunmüller, K.   376, *487*
Brehm, J. W.   200, *487*
Brehm, S. S.   200, *487*
Bresnan, J.   *487*
Briand, K.   418, *487*
Britton, B. K.   *488*
Broadbent, D. E.   282, *487, 502, 504*
Bronfenbrenner, U.   433, *487*
Brown, A. S.   418, *487*
Brown, B. L.   469, *487*
Brown, J. R.   27, *489*
Brown, M. H.   228, *487*
Brown, P.   132, 149, 177, 399, 451, *487*
Brown, R.   51, 64, 91f, *487*
Bruner, J. S.   380, 436, *487*
Bühler, K.   18, 29, 44, 57, 62, 66, 96, 152, 236, 265, 314, 412, 434, 440, 442, 461, *488*
Bungard, W.   77, *488*
Bunge, M.   432, *488*
Bungert, H.   *512*
Burke, D. M.   *514*
Bürkle, B.   137, *497*
Busemann, A.   57, *488*
Butterfield, E. C.   291, *501*
Butterworth, B.   321f, 473, *488* f
Butzkamm, W.   431, 435, 437 f, 446, 448, 452, *488*

C

Calvert, D. R.   390, *488*
Carr, Th. H.   53, 299, *506*
Carroll, J. M.   78, *488*
Carroll, M.   47, 114, 148, 149, 367, 387, 431, *488, 512*
Carstensen, K. U.   436, *501*
Carver, Ch. S.   276, 347, *488*
Chafe, W. L.   70, 215, 251, 286, 321, 354, *488, 512*
Chaffin, R.   305, *499*
Chase, W. G.   *505*
Chomsky   80, 232, 399, 405, 435, 436–439, 441, *488*
Christmann, U.   356, *514*
Church, R. B.   380, *493*
Clair, R. N. S.   *487*
Clark, E. V.   92, 266, 277, *488*
Clark, H. H.   79, 85, 119, 163, 166, 266, 277, 372, 477, *488*
Cohen, G.   235, *489*

Cole, P.   *494*
Coles, M. G., H.   *505*
Collins, A. M.   90, *489, 507*
Collins, G. C.   *509*
Cook, M.   469, 473, *489*
Cooper, F. S.   23, *502*
Cooper, L. A.   299, *510*
Corballis, M. C.   140, *489*
Corder, S. P.   435, 448, *489*
Coulmas, F.   21, *489, 498*
Cruse, D. A.   91, *489*
Cutler, A.   212, *489*

D

Damasio, A. R.   309, *489*
Damasio, H.   309, *489*
Dancy, J.   *513*
Dann, H. D.   277, *489*
Dannenbring, G. L.   418, *487*
Darley, F. L.   27, *489*
Davidson, R. J.   *505*
Davis, E.   *509*
Davitz, J. R.   469, *489*
Davitz, L. J.   469, *489*
Daw, W.   206, *492*
Dell, G. S.   305, 393, 410, 415 f, 421, *489*
Demarest, R. J.   24, *491*
Denning, K.   71, 107, *514*
Deutsch, D.   282, *489*
Deutsch, J. A.   282, *489*
Deutsch, M.   239, *514*
Deutsch, W.   38, 54, 66 f, 69, 73–75, 78, 83f., 100, 265, 392, 400, 447, *489, 497, 505*
Dewey, M. E.   473, *508*
Dieckmann, W.   62, *489*
Dietrich, R.   43, 79, 232, 364, 381, 431, *488f, 512*
Dilley, M.   473, *489*
Dimter, M.   217, 458, *489*
Dingwall, S.   479, *489*
Dittmann, J.   *513*
Dittmar, N.   443, *489*
Dittrich, S.   59, 95, 113, 115, 119, 123, 144, 225, 229, 235 f, 253, 356, *489, 494, 497, 500*
Doi, T.   130, 437, *490*
Dölle, E. A.   299, *489*
Donaldson, W.   447, *512*
Donnellan, K.   71, *490*
Dordick, H. S.   473, *490*
Dorffner, G.   *508*
Dörner, D.   263, 277, 352, *490, 497*
Dorn-Mahler, H.   27, 80, 159, 200, 206, 209, 211, *490, 492*
Dornseiff, F.   51, *490*
Doyé, P.   431, *490*

Dreyer, P.   59, 95, 113, 115, 229, 236, 253, 356, *497*, *500*
Dröse, P. W.   443, *490*
Dubin, F.   479, *490*
Düngelhoff, F. J.   315 f, *493*

E

Eckensberger, L. H.   277, *490*
Eckmiller, R.   *509*
Edison, T. A.   459, 463
Egel, H.   225, 235, 316, *490*, *497*
Ehlich, K.   32, 228, 230, 239, *487*, *490 f*, *495*, *498*, *507*
Ehrich, V.   125, 148, *490*
Eibl-Eibesfeldt, I.   380, *490*
Eigler, G.   *493*
Eikmeyer, H. J.   47, 289, 393, 414, *490*, *509*
Ekman, P.   206, *491*
Eliot, J.   *505*
Ellis, A. W.   *512*
Elman, J. L.   402, 448, *491*
Engelbert, H. M.   117, 147, 151, *491*, *495*
Engelkamp, J.   52, 93, 118, 146, 196–198, 288, 299, 310, 315, 364, 421, 435, *491*
Epstein, W.   308, *491*
Ericsson, K. A.   341, *491*
Ertel, S.   313, 394, *491*
Ervin-Tripp, S.   163, *491*
Erzgräber, W.   *507*
Espir, M. L.   42, *491*
Essen, O. von   24, *491*
Estes, W. K.   *510*

F

Farr, M.   *485*
Faust, M.   *485*
Feger, H.   89, *491*
Feldmann, R.   *506*
Felix, S. W.   434 f, 452 f, *491*
Fenk, A.   336, *503*
Ferreira, F.   377, *491*
Ferris, S.   58, 211, *504*
Feshbach, S.   200, *499*
Fiehler, R.   *494*, *509*
Fielding, G.   473, *491*
Fielding, L. G.   224, *485*
Fillmore, Ch. J.   405, *491*
Fink, B. R.   24, *491*
Finzi, A.   58, *491*
Flader, D.   228, 236, *491*
Flammer, A.   115, *491*, *507*
Fleischmann, Th.   266, 371, *498*, *506*
Fletcher, C. R.   375, *492*
Flores d´Arcais, G. B.   118, 288, *492*

Fodor, J. A.   296, 306, 436, *492*
Fónagy, I.   469, *492*
Foppa, K.   44, 55, 57, 162, 354, 371 f, *492*, *499*, *503*
Ford, M.   277, *492*
Ford, W.   83, *492*
Fourcin, A. J.   23, *492*
Franklin, M. B.   *511*
Franks, J. J.   97, 299, *486*
Freedle, R. O.   *488*, *511*
French, J. W.   477, *488*
Freska, Ch.   *506*
Freud, S.   318, *492*
Frey, Ch.   59, 179, 186, 193 f, 198, *513*
Frey, D.   *493*, *501*, *512*
Frey, S.   206   *492*
Frick, R. W.   469, *492*
Friederici, A.   408, *492*
Friesen, W.   206, *491*
Frisch, K. von   18, *492*
Frith, U.   *504*
Fromkin, V.   34, *492*
Fujimura, O.   26, *492*
Funk-Müldner, K.   80, 200, 206, 209, 211, *490*, *492*

G

Gadenne, V.   293, *505*
Gaillard, A. W. K.   *505*
Galanter, E.   225, 272, *504*
Galletti, J. G. A.   45
Galliker, M.   162, *492*
Gardner, B. T.   18, *492*
Gardner, R. A.   18, *492*
Garrod, S.   375, *508*
Garvey, C.   164, *492*
Gathercole, S. E.   282, 336, *492*
Gauler, E.   266, 445, *495*
Gehm, T.   277, *492*
Geiger, Th.   266, 332 f, *492*
Gelb, I. J.   *492*
Genesee, F.   452, *492*
Giesecke, M.   228, 236, *491*
Gigerenzer, G.   268, *492*
Giles, H.   57, 468, *487*, *496*, *509*
Givón, T.   *488*
Glaser, W. R.   137, 315 f, *493*
Glenn, C. G.   232 f, 346, 356, *493*, *511*
Glucksberg, S.   73, *493*
Gniech, G.   176, *493*
Goetsch, P.   *507*
Goffman, E.   176, 227, *493*
Gold, R.   479, *493*
Goldinger, S. D.   315, 418, *493*
Goldin-Meadow, S.   380, *493*

519

Goldman-Rakic, P. S.   283, *493*
Gollwitzer, P. M.   329, *496*
Gopnik, M.   *510*
Gordon, D.   154, 163, *493*
Gordon, S. G.   345, 359, *494*
Goschke, Th.   295 f, 299, 308, *493*
Gould, J. D.   22, *493*
Goulet, L. R.   *507*
Grabitz, H.   176, *493*
Grabowski J. (= Grabowski-Gellert, J.)   22, 27, 42, 53, 56, 58, 61, 78, 80, 107, 125, 159, 165, 170, 175, 177, 180, 186 f, 198–201, 203, 209–211, 235, 242–244, 247, 251, 254 f, 257, 268, 280, 323, 337, 340, 368, 380, 460, 466, 469 f, 472, 482, *490*, *493 f*, *497*, *499*, *508*, *513 f*
Graesser, A. C.   336, 345 f, 359, *494*
Graf, R.   123, 125–128, 131, 138 f, 144, 147, 149, 225, 235, *494*, *497*
Graumann, C. F.   89, 109, 352, *491*, *494*, *500*, *503*, *512*
Gray, A. H.   24, *503*
Gray, E.   463
Grice, H. P.   75, 83, 165 f, 181, 373, *494*
Grillner, S.   *502*
Grimm, G.   232, *494*
Grob, A.   115, *491*
Groeben, N.   56, 70, 232, 243, 264, 266, 352, 445, *494*, *509*
Grosser, Ch.   73, 83–86, 88, 92, *495*, *506*
Gülich, E.   217–221, 224–226, 237, 251, *495*, *499*
Gumpert, G.   481, *495*
Günther, H.   21, 79, 196, *495*
Gutfleisch-Rieck, I.   32, *495*

H

Habel, Ch.   144, 216, *490*, *495*, *506*
Hacker, W.   264, 270, 272, 276, 278, *495*
Hage, J.   239, *503*
Hagendorf, H.   *497*
Hahn, U.   *493*
Harms, R. T.   *491*
Harras, G.   52, 96, 154, 166, 175, 200, 469 f, 482, *494 f*, *511*
Hart, H. L. A.   332, *495*
Hartley, P.   473, *491*
Hartmann, G.   *509*
Harweg, R.   485
Haß, U.   52, 96, *495*, *511*
Hasher, L.   282, *514*
Haury, Ch.   117, 147, *491*, *495*
Hauschildt, A.   80, 107, 243 f, 251, *508*
Hauske, G.   *509*
Haviland, S. E.   119, *488*

Hawkins, E. W.   437, 446, *496*
Heckhausen, H.   329, 416, *496*
Heider, H.   447, *500*
Heike, G.   31, *496*
Heil, P. M.   *500*
Hejj, A.   91, *496*
Helfrich, H.   24, 28, 198, 206, 209, 468, *496*
Helm, H.   *501*
Helmecke, E.   138 f, 141, *496 f*
Henn, B.   453, *496*
Henne, H.   *490*, *496*, *503*
Henning, J.   464, *496*
Hentig, H. von   466, *496*
Hentschel, E.   42, *496*
Herkner, W.   123, 147, 264, *496*
Herrmann, D. J.   305, *499*
Herrmann, Th.   20, 22, 26, 29, 31, 34, 37, 40, 44, 48, 51–59, 61, 64, 67, 70, 73–75, 78, 80, 83 f, 87–89, 92, 95, 100, 107, 109 f, 113, 115, 117, 119, 121, 123, 125–127, 132, 137–140, 144, 147, 149, 156, 163 f, 166 f, 169, 174, 178, 185 f, 188, 190, 192, 198, 200, 224 f, 229, 235 f, 241f, 253–255, 269, 273, 280, 285, 295 f, 298 f, 302, 311, 316, 322 f, 327, 332 f, 336–338, 340, 344, 349 f, 353, 356 f, 367 f, 392, 402, 415, 421, 430, 432, 435 f, 441, 460, *489–491*, *493–496*, *500 f*, *503*, *509*, *514*
Herweg, M.   436, *490*, *514*
Hess-Lüttich, E. W. B.   478, *497*
Heuermann, H.   431, *490*
Heyer, K. den   418, *487*
Hidi, S. E.   22, *498*
Hijiya-Kirschnereit, I.   132, 443 f, *498*
Hildyard, A.   22, *498*
Hilke, R.   *489*
Hindelang, G.   *502*
Hine, R. R.   473, *488*
Hinton, G. E.   295, 341, 356, 402, *498*, *508*
Hirsbrunner, H. P.   206, *492*
Hjelmquist, E.   336, *498*
Hockey, G. R. J.   *505*
Hoenkamp, E.   61, 285, 407, *499*
Hofer, M.   80, 236, 266, 344, 371, *498*, *506*, *511*
Hoffmann, J.   91, 293, 296, 303, 319, 447 f, *498*
Hoffmann, L.   219, 228, 230, 240, *498*
Höflich, J. R.   473, *498*
Hooper, J. B.   34, *486*
Hoppe-Graff, S.   156, 200, 231, 233, 344, 356, *497 f*, *509*
Horecky, J.   *499*
Hörmann, H.   18–20, 29, 51, 55–57, 96, 265, 349, 377 f, 416, 435 f, 441, *491*, *498*
Hornby, P. A.   375, *498*

Hornung-Linkenheil, A.   225, 235, *497*
Horowitz, M.   22, *498*
House, J.   161–164, 200, *487*, *498*
Huber, W.   24, 27, 41, *498*
Hughes, D. E.   *459*
Humpert, W.   277, *489*
Hurwitz, S.   134, *510*
Hutcheson, S.   206, *501*
Huth, L.   464, *496*
Huttenlocher, J.   316, *498*

I

Ingwer, P.   62, *489*
Irle, M.   147, *491*, *498f*
Isard, S. D.   212, *489*

J

Jackendoff, R. S.   51, 298, *499*
Jackson, D. D.   23, 124, 339, *513*
Jacobovits, L. A.   *490*
Janis, I. L.   200, *499*
Jankovic, J. N.   146, *502*
Jann, M.   115, *491*
Janota, J.   *505*
Jarvella, J.   *504*
Jeannerod, M.   152, *499*
Jechle, Th.   *493*
Jefferson, G.   57, 473 f, *508*
Jeffress, L. A.   *501*
Johannes XXI   27
Johnson, N. S.   232, *499*, *503*
Johnson, P. N.   *509*
Johnson-Laird, P. N.   298, 305, 319, *499*
Jones, G. V.   299, *499*
Jones, T. C.   418, *487*
Jordan, M. I.   402 f, *499*

K

Kahnemann, D.   39, *499*
Kaiser, H.-J.   *496*
Kaisse, E. M.   26, 286, *499*
Kallmeyer, W.   57, 62, 218 f, *499*
Kämpf, U.   91, *498*
Kampmann, B.   175, *499*
Kanzog, K.   223, *499*
Kaplan, S.   239, *514*
Karsten, A.   275, *499*
Käsermann, M. L.   372, *499*
Kasper, G.   161, 163 f, 200, *487*, *498*
Katz, J. J.   165, *499*
Keenan, E. L.   *503*
Keenan, J. M.   171, *500*
Keller, E.   *510*

Kelley, H. H.   264, *499*
Kelter, S.   418, *502*
Kempen, G.   61, 285, 407, *499*
Kempf, W.   *489*
Kessler, K.   257, *499*
Kiefer, M.   87, 91, 319, *499*
Kilian, E.   59, 95, 113, 115, 123, 144, 229, 236, 253, 356, *494*, *497*, *500*
Kimmel, H. D.   198, *486*
Kimura, D.   27, *500*
Kindermann, J.   *508*
Kindt, W.   393, *491*
Kintsch, W.   170 f, 358, 387, *500*, *507*, *512*
Klauer, K. J.   448, *500*
Klein, W.   32, 43, 49, 64, 108, 133, 209, 266, 355, 364, 368, 371, 375, 431, 434 f, 438, 440 f, 452, *495*, *500*, *504*, *506*, *512*
Klimesch, W.   298 f, 305, *500*
Klivington, J. K.   309, *500*
Klix, F.   18, 51 f, 88, 141, 269 f, 296, 302 f, 309, 362, 405, *497*, *500*
Kluwe, R. H.   79, 340, 447, *500*
Knäuper, B.   82, *500*
Knoblauch, H.   479, *485*
Knoop, U.   *502*
Koch, W.   114, 357, *500*
Köck, W. K.   265, *500*
Koelbing, H. G.   69, 71, 80, 85, 95, 102, 387, *486*, *503*
Kohlmann, C. W.   329, *500*
Kohlmann, U.   69, 71, 80, 85 f, 95, 102, 107, 372, *486*, *500f*, *503*
Koivumaki, J.   469, *509*
König, R.   186, *500*
Koppelberg, D.   295 f, 299, 308, *493*
Kosslyn, S. M.   295, *501*
Kotschi, Th.   *499*
Krahé, B.   *503*
Krashen, S. D.   448, *501*
Krause, F.   277, *489*
Krauss, E. S.   *505*
Krauss, R. M.   73, *493*
Krems, J.   51, *487*
Kriebel, R.   447, *501*
Krings, H. P.   *497*, *501*, *511*
Kripke, S. A.   328, *501*
Kruse, L.   *501*
Kubicek, L. F.   316, *498*
Kuhl, J.   277, *501*
Külpe, O.   314, *501*
Kumpf, M.   78, *501*
Kunczik, M.   458, *501*
Kutschera, F. von   333, *501*

L

La Heij, W.   66, *502*
La Trobe, M. de   437, *501*
Labov, W.   60, 113, 223, 354–356, 359, *501f*
Lachman, J. L.   291, *501*
Lachman, R.   291, *501*
Ladefoged, P.   390, *501*
Lakobovits, L. A.   *505*
Lakoff, G.   154, 163, *493*
Lalljee, M. G.   473, *489*
Lang, E.   51, 436, *486*, *501*
Lange, U.   474, 479, 481, *501*
Langenmayr, A.   *501*
Langer, H.   414, *509*
Lantermann, E. D.   277 f, *501*
Lashley, K. S.   415, *501*
Laubenstein, U.   393, *491*
Laucht, M.   166, 186, 193, *497*, *501*
Laux, H.   71, 107, *514*
Laver, J.   206, *501*
Lawson, J.   19, *508*
Lee, B. S.   26, *501*
Lee, J.   473, *489*
Lehfeldt, W.   *485*
Lehnert, W. G.   *513*
Lenk, H.   214, *501*, *514*
Lenneberg, E. H.   26, 50, 435, *501*
Levelt, W. J. M.   26, 34, 48, 60, 66, 87, 116, 289, 322, 349, 354 f, 367, 371, 381, 390 f, 399, 413, 418, *502f*
Levine, M.   146, *502*
Levinson, S. C.   54, 57, 132, 149, 154, 156, 159, 165, 175, 177, 399, 451, *487*, *502*
Levy, E.   58, 206, *504*
Lewandowski, Th.   31, *502*
Lewis, D.   266, *502*
Liberman, A. M.   23, *502*
Liedtke, F. W.   165, *502*
Light, L. L.   *514*
Lilly, J. C.   18, *502*
Lindblom, B.   29, 31, 297, 412, *502*
Linde, C.   60, 113, 354–356, 359, *502*
Linsener, H. J.   26, *502*
Linsener, J.   26, *502*
Lischka, C.   *508*
Lisken, S.   393, *491*
Lloyd, P.   472, *502*
Locke, J.   417, *502*
Loebell, H.   47, 371, *487*
Löffler, H.   453, *502*
Loftus, E. F.   94, 235, 242, *502*
Long, J.   *499*
Long, M. H.   125, *502*
Longuet-Higgins, S.   *502, 504*

Lörscher, W.   *510*
Lubker, J.   *502*
Luce, P. A.   315, 418, *493*
Luce, R. D.   147, *502*
Luchins, A. S.   416, *503*
Lück, H. E.   *497*
Lucy, P.   166, *488*
Ludwig, O.   21, *503*
Lukesch, H.   *513*
Luria, A. R.   299 f, *503*
Luther, P.   336, *503*
Lyons, J.   20, 37, 51, 65 f, 70, 114, 148, 368, 381, 383, *502–504*
Lytinen, S.   *509*

M

MacKay, D. G.   289, 393, *503*
MacNeilage, P. F.   *510f*
MacWhinney, B.   450, *503*
Mandl, H.   170 f, *485*, *489*, *497f*, *505*
Mandler, G.   336, *494*
Mandler, J. M.   232 f, *499*, *503*
Mangold, R.   70, 74, 83 f, 101, 174, 186, 188, *503, 514*
Mangold-Allwinn, R.   52, 69, 71, 73, 83–88, 90–92, 95, 102, 298 f, 303, 305 f, 319, 387, 393, *495*, *499*, *503*, *506*, *512*
Markel, J. D.   24, *503*
Marková, I.   57, 372, *492*, *499*, *503*
Martin, J. G.   400, *503*
Martin, L. L.   82, *511*
Marui, I.   437, *507*
Marwell, G.   239, *504*
Marx, W.   *496*
Maschke, W.   464, *504*
Mayer, C.   414, *504*
McCarrell, N. S.   97, 299, *486*
McClelland, J. L.   305, 341, 356, 395, 402, 415, *504, 508*
McDonald, J. E.   421, *510*
McNeill, D.   58, 206, *504*
Meer, E. van der   *497*
Meggle, G.   *493f*
Mehrabian, A.   58, 211, *504*
Meringer, R.   414, *504*
Merten, K.   458, *504*
Mervis, C. B.   91, *507*
Metzger, W.   119, *504*
Meyer-Hermann, R.   43, *504*
Michel, J.   170, *511*
Michotte, A.   215, *504*
Mikula, G.   60, 113, 199 f, *504*
Miller, G. A.   21, 24 f, 36, 90, 95, 98, 214, 225, 272, 382, 459, *504*
Miller, R.   *497*

Minkowski 45
Misiak, C. 447, *500*
Mißler, M. 475, 479, 481 f, *504*
Mitchell, D. B. 418, *487*
Mitchell-Kernan, C. *491*
Moch, A. 316, *504*
Modgil, C. *499*
Modgil, S. *499*
Mohr, G. 196 f, *491*
Mohr, M. 196 f, *491*
Molitor, S. 22, *504*
Montada, L. *503*
Montague, W. E. *508*
Moravsik, J. *513*
Morgan, J. L. *494*
Morosawa, A. 198, *504*
Morton, J. 37, 52, *504*
Moser, H. 452, *504*
Motsch, W. 159, 381, *504*
Mowrer, O. H. 272, 484, *504*
Moyer, R. S. 299, *505*
Mulder, G. 278, 283 f, *505*
Mulder, L. J. M. 284, *505*
Müller, G. F. 265, *505*

N

Nagatomo, M. Th. 50, 130 f, 443 f, *505*
Nakajima, I. 130, 131
Nation, J. E. 26, *505*
Neblett, D. R. 418, *487*
Neus, H. *505*
Newell, A. 297, 305, *505*
Newman, J. 22, *498*
Nickels, M. 213, *512*
Nidditch, P. H. *502*
Nikolaus, K. 223, 236, *507*
Nirmaier, H. 137, *497*
Nitsch, K. 97, 299, *486*
Niyekawa, A. M. 444, *505*
Nöldner, W. *513*
Norman, D. A. 38, 283 f, *505*
Nothdurft, W. 315, *505*
Nüse, N. 266, 445, *495*

O

Oberauer, K. 293, *505*
Ohlen, Th. P. *505*
Oksaar, E. 434, *505*
Olbricht, C. 277, *489*
Oldfield, R. C. 74, *505*
Olshtain, E. 163, *487*
Olson, D. R. 21, 74, 83, 125, 134, 140, *492*, *505*
Oppenrieder, W. 209 f, *505*

Opwis, K. 297, *505*
Ortony, A. 225, *508*
Osgood, Ch. E. 374, *505*
Oswald, M. E. 293, *505*

P

Palij, M. 146, *502*
Parkinson, G. H. R. 51, *505*
Pasch, R. 159, 381 *504*
PDP Research Group *504*, *508*
Pechmann, Th. 66, 83, 265, 376, *489*, *505*
Peez, H. *513*
Pellegrini, A. D. *488*
Pelz, H. 29, *506*
Perdue, C. 434, 440, *506*
Perrig, J. W. 293, 448, *506*
Persson, A. *502*
Peter of Spain 27, *506*
Peters, S. *502*
Petitto, L. A. 19, *512*
Petrus Hispanus 27
Piaget, J. 23, *506*
Pichert, J. W. 115, 235, 242, *485*
Pick, H. L. *512*
Pikowsky, B. 80, 266, 344, 371, *498*, *506*, *511*
Pinkal, M. *493*
Pinker, S. 450, *506*
Pisoni, D. B. 315, 418, *493*
Plank, F. 366, *506*
Pobel, R. 54, 56, 58, 80, 83–86, 88, 92, 97, 100 f, 235, 316, 337, 391, 460, *490*, *493*, *495*, *503*, *506*, *512*
Podgorny, P. 134, *510*
Poeck, K. 27, *498*, *506*
Polzin, T. 393, *491*
Pool, J. 206, *492*
Portnoy, S. 22, 247, *506*
Posner, M. I. 53, 282, 299, *506*
Postal, P. M. 165, *499*
Potegal, M. *489*
Power, M. J. 282, *506*
Premack, D. 18, *506*
Pribbenow, S. 112, *506*
Pribram, K. H. 225, 272, *504*
Prince, G. 232, *506*
Propp, V. 346, *506*
Pufall, P. B. 136, *506*
Putschke, W. *502*
Pütz, U. 481, *506*
Pylyshyn, Z. W. 295 f, *492*, *506*

Q

Quass, P. 284, *506*
Quasthoff, U. M. 216, 218, 221–227, 230, 236 f, 257 f, 354, *495*, *507*
Quillian, M. R. 90, *489*

R

Raible, W. 217, *495*
Reason, J. 77, 95, 272, 283, 292, 352, 416, *507*
Reber, A. S. 293, 448, *507*
Reder, L. M. 233, *507*
Rehbein, J. 32, 218 f, 226, 228, 230, 239, *490*, *507*
Rehkämpfer, K. *490*
Reinelt, R. 437, *507*
Reis, M. *487*, *490*
Reis, P. 459, 463
Reisbeck, C. 115, *491*
Reiser, B. J. *509*
Requin, J. *493*
Rey, G. 303, *507*
Richards, J. C. 434, *507*
Richardson, G. 66, *502*
Richter, P. 284, *506*
Rickheit, G. 60, 118, 123, *491*, *495*, *507*, *509*, *514*
Riegel, K. F. 417, *507*
Rieser, H. 43, 393, *491*, *504*
Rijk, L. M. de *506*
Rimbaud, J. N. A. *507*
Rimé, B. 205, *507*
Ringelband, O. 447, *500*
Ringle, M. H. *513*
Rips, L. J. 299, *507*
Robertson, S. P. 346, 359, *494*
Rock, I. 309, *507*
Roget, P. M. 92, *507*
Ropohl, G. 270, *507*
Rosch, E. 91, 305, *507*
Rose, F. C. 42, *491*
Rosengren, I. *490*
Rosenthal, R. 469, *509*
Roth, G. *500*
Rothbart, M. K. 282, *506*
Rubinstein, S. L. 55, 58, *507*
Rüddel, H. *505*
Rumbaugh, D. M. 18 f, *507 f*
Rumelhart, D. E. 225, 232, 305, 341, 356, 395, 402, 415, *504*, *507 f*
Rummer, R. 22, 80, 107, 220, 243 f, 251, 255, 257, *493*, *508*
Rutter, D. R. 458, 469, 472 f, *508*
Rutz, H. 414, *509*

S

Saarinen, E. *502*
Sachs 336, 348
Sachs, J. *508*
Sacks, H. 57, 473 f, *508*
Sader, M. 78, *508*
Salkind, N. J. *505*
Salzinger, K. *506*
Sanders, A. F. 278, *508*
Sanders, R. J. 19, *512*
Sanford, A. 375, *508*
Saussure, de 214
Savage-Rumbaugh, E. S. 18 f, *508*
Savigny, E. von *508*
Sawyer, J. D. 345, 359, *494*
Sayad, A. 479, *508*
Scardamalia, M. 22, *486*
Schacter, D. L. 293, 315, *508*, *512*
Schade, U. 289, 295, 297, 305 f, 393–396, 402, 412–414, 416, *491*, *508 f*
Schafer, M. 474, *509*
Schank, R. C. 216, 224 f, 229, 276, 442, *509*
Scharnhorst, U. 71, 372, *501*
Schaub, H. 270, *509*
Scheele, B. 70, 243, 352, *495*, *509*
Schegloff, E. A. 57, 473–476, *508*, *509*
Scheier, M. F. 276, 347, *488*
Scherer, H. *497*
Scherer, K. R. 57, 206, 457, 468 f, *496*, *509*
Schinzinger, R. 130, *509*
Schirra, J. R. J. 112, *509*
Schlesinger, I. M. 321, 367, *509*
Schmale, G. 479, 482, *509*
Schmidt, R. F. 396, *509*
Schmidt, R. G. *507*
Schneewind, K. A. 432, *509*
Schnelle, H. *495*
Schnotz, W. 123, 170 f, 295, 373, 375, *485*, *509*
Schöler, H. 58, 156, 200, 231, 233, 356, *498*, *509*
Schönert, J. *498*
Schriefers, H. 409, *510*
Schröder, H. 277, *501*
Schröder, P. *486*, *500*
Schuler, H. 78, *510*
Schulze, R. 119, *510*
Schunk, D. H. 163, 372, *488*
Schütze, F. 57, 218 f, *499*
Schvaneveldt, R. W. 421, *510*
Schwarts, G. E. *505*
Schwarz, N. 82, *511*
Schwarze, Ch. *491*, *508*, *510*, *514*
Schweizer, H. 107, *490*, *502*, *510*
Schweizer, K. 130, *510*

Schwerdtfeger, I. 437, *510*
Schwind, H. L. 58, 211, *510*
Searle, J. R. 155 f, 163, *510*
Seliger, H. 435, *510*
Selinker, L. 439, *510*
Selz, O. 48, 303, *510*
Semin, G. *503*
Seymour, P. H. K. 52, 299, 315, 421, *510*
Shallice, T. 38, 283 f, *505*
Shankweiler, D. P. 23, *502*
Shannon, C. E. 56, 459, *510*
Shapiro, D. *505*
Shattuck-Hufnagel, S. 34, 414, *510*
Shepard, R. N. 134, 140, 299, *510*
Shirey, L. L. 224, *485*
Shoben, E. J. 299, *507*
Sichelschmidt, L. 414, *509*
Siddiqi, J. A. 58, 211, *510*
Siegel, S. 252, *510*
Siegerstetter, J. 71, 107, *514*
Simmons, G. 436, *501*
Simon, H. 341, *491*
Skinner, B. F. 80, *488*, *520*
Sladek, A. 216, *510*
Smith, E. E. 299, *507*
Smith, S. T. 19, *508*
Smolensky, P. 341, 356, *508*
Snow, R. *485*
Snyder, C. R. R. 282, *506*
Soekeland, W. 165, *510*
Solso, R. L. *506*
Sowarka, B. 170, *511*
Spada, H. 291, *490*, *497*, *500*, *505*, *511*, *513*
Speck, A. 32, 71, 372, *495*, *501*
Sperber, D. 381, *513*
Spiro, R. J. *508*
Sporer, S. L. 94, *511*
Spranz-Fogasy, Th. 32, 62, 80, 266, 371, *495*, *498*, *506*, *511*
Srisayekti 206
Srisayekti, W. 206, *511*
Stachowiak, H. 271, *511*
Stechow, A. von *508*, *514*
Steger, H. *486*, *500*
Stein, N. L. 213, 232, 346, 356, *511*
Steinberg, D. D. *490*, *505*
Steinberg, J. C. 28, *511*
Steinhoff, P. G. *505*
Stemberger, J. P. 34, 315, 393, *511*
Stephenson, G. M. 473, *508*
Steptoe, A. *505*
Stern, W. 123, *511*
Stevens, K. N. 390, *511*
Stickel, G. 377, *511*, *513 f*
Stierle, K. 215, *511*
Stopp, E. 112, *487*

Strack, F. 82, *511*
Strange, W. 400, *503*
Strauß, G. 52, 96, *495*, *511*
Streb, I. 437, *501*
Streeck, J. 57, *511*
Strohner, H. 60, *507*
Strohschneider, S. 277, *511*
Strube, G. 91, 215, 402, 417, *496*, *511*
Stubbs, M. 161, *511*
Studdert-Kennedy, M. 23, *502*
Stutterheim, Ch. von 47, 69, 71, 85 f, 95, 102, 244, 367, 372, 375, 387, *500 f*, *503*, *511 f*
Sugitani, M. 437, *512*
Swan, M. 50, *512*
Switalla, B. 32, *490*
Szagun, G. 92, 400, 436, *512*

T

Tabossi, P. 299, *512*
Tack, W. *501*
Talmy, L. 119, 355, *512*
Tannen, D. 236, *512*
Taylor, C. *513*
Taylor, I. K. 313, *512*
Techtmeier, B. 57, *512*
Tennstedt, K. C. 277, *489*
Tergan, S. O. 170, *485*
Terrace, H. S. 19, *512*
Therre, H. *507*
Thews, G. 396, *509*
Thibaut, J. W. 264, *499*
Thomae, H. *491*
Thomas, A. 444, *512*
Thorndyke, P. 232 f, 356, 358, *512*
Thürmann, E. 31, *496*
Todtenhöfer, A. 81, *512*
Toulmin, S. 266, 433, *512*
Trabasso, T. 213, *512*
Trautmann, K. 463, *512*
Triandis, H. 239, *512*
Tulving, E. 215, 315, 447, *512*
Turner, T. 182, 442, *487*
Tversky, A. 39, *499*

V

van Dijk, T. A. 214, 232, 358, *495*, *512*
van Lancker, D. 41f, 50, *512*
van Riper, Ch. 26, *512*
Veldman, J. B. P. 284, *505*
Velichkovsky, B. M. 295, *512*
Verill, E. L. 473, *489*
Vorwerg, C. 22, 80, 107, 243 f, 251, 255, 257, *493*, *508*
Voss, H. G. 58, 211, *510*

Vukovich, A.   354, 372, *512*
Vygotsky, L. S.   23, *513*

W

Wagener, M.   148, *513*
Wahlster, W.   *493*
Waletzky, J.   223, *501*
Wallbott, H. G.   206, *509*
Wänke, M.   82, *511*
Watzlawick, P.   23, 124, 339, *513*
Weaver, W.   56, 459, *510*
Wegner, D.   *499*
Weigand, E.   154, 158, *513*
Weinert, F. E.   329, *491*, *496*
Weinert, S.   293, 319, 450, *513*
Weingarten, R.   *494*, *509*
Weinrich, H.   159, 227, 329, 333, 348, 381, 384, *513*
Weis, Th.   112, *487*
Weiß, P.   53, 78, 125, *493*
Weiss, W.   *487*
Wender, K. F.   148, 295, 297, *513*
Werbik, H.   *496*
Werlen, I.   57, 474, 477 f, *513*
Weydt, H.   42, *513*
Wiegand, H. E.   *487*, *490*, *496*, *502 f*
Wienold, G.   *485*
Wilensky, R.   216, 233, 236, *487*, *513*
Wilkes-Gibbs, D.   85, *488*
Williams, E. D.   469, *513*
Wilpert, G. von   227, *513*
Wilshere, C.   *513*
Wilshire   34
Wilson, D.   381, *513*
Wilson, P. T.   224, *485*
Wingfield, A.   74, *505*
Winkler, P.   *492*
Winskowski, Ch.   477, *513*
Winterhoff-Spurk, P.   22, 27, 58 f, 80, 165 f, 175, 177, 179, 186–188, 193 f, 198–201, 203, 206, 209–211, 268, 322, 380, 459, 472, *490*, *492*, *494*, *513 f*
Wintermantel, M.   71, 93, 107, 132, 356, *514*
Wish, M.   239, *514*
Wittgenstein, L.   70, 315, 96, *514*
Woronoff, J.   132, *514*
Wunderlich, D.   51, 107, 125, 154, 165 f, 354, 436, 458, *491*, *510*, *514*
Wundt, W.   336, *514*

Z

Zacks, R. T.   282, *514*
Zadeh, L. A.   305, *514*
Zammuner, V. L.   201, *514*
Zanni, G.   94, *502*
Zillis, W.   *502*
Zimmer, D. E.   19, 34, *514*
Zimmer, H. D.   47, 52, 118, 288, 299, 315, 364, 421, *491*, *514 f*
Zimmermann, G.   431, *490*
Zivin, G.   23, *515*
Zwirner   209
Zwirner, E.   209, *515*
Zwirner, K.   209, *515*

Sachregister

Begriffe, die im gesamten Buchtext eine zentrale Rolle spielen, werden nur am Ort ihrer Einführung nachgewiesen.

A

Ablaufprogramm   356, 474 f
Abstraktion   351 f
Abtönungswort s. Partikel
Ad-hoc-Steuerung   254, 280, 344, 357, 372, 406, 427, 449
Aktivationsausbreitungsmodell   410
Aktivationshöhe   408
Aktivationsmuster   306–308, 393, 402–405, 409
Aktivationswanderung   396, 407–410
Alternativobjekt   74 f
Alt-Neu-Strategie   118 f, 410, 413 f, 419
Anapher   49
Analogiebildung   39, 402
Ankereffekt   143, 146–148
Anrufbeantworter   479–484
Anstrengungsminimierung   62, 124
Antizipationsfehler   413
Antonymeninterferenz   135, 138
Antwortellipse   43, 46, 363–366, 370, 390
Arbeitsspeicher   22, 54, 340
Argumentation   266, 329, 433
Artikulation   24 f, 27, 289 f, 390
Artikulationsgenerator   318, 372, 390, 410–412, 454
ASL   18
Assoziation
    syntagmatische   417 f
    paradigmatische   417 f
Äußerung, nonverbale   58, 205–211, 380, 458, 465, 469, 471

Aufbereitung   60, 343, 346, 350–353
AUFF   166, 169, 338 f, 349
Aufforderung, komplexe   199–204
Aufforderungsellipse   182
Aufforderungssituation   178–186, 198, 427
Aufforderungsvarianten   166–169, 175, 186, 198, 206, 268
Aufmerksamkeit   70 f, 96, 276, 281–284, 316, 340, 378, 415
Aussagen, normative   333, 432

B

Basisebene   91
Bedeutungsstrukturen   51
Benennbarkeit, multiple   75, 84
Benennung   66–70, 349, 374
Bereitschaft   178
Berichten   229, 240 f
Bewußtseinsinhalt   54 f, 457
Blickpunktproblem   108–112
Blickverhalten   66, 206–208
Bottom-up-Prozesse   94
Broca-Aphasie   41

C

Constraint satisfaction   387

D

Deduktion   352
Dekomposition, deklarative   293
Detektivexperiment   192 f
Deutschunterricht   437 f
Differenzierung   352 f
Diskurskohärenz   363, 371 f
DMF-Theorie   88–90, 298 f, 301 f

527

Down-Grader 42, 161, 198, 379
Dreipunktlokalisation 110
Drill speech 437, 446
Dringlichkeit 178, 185

E

Effektor 271, 345
Elaboration 371
Ellipse 43, 46
Emphasengenerator 377–380, 397
Enkodierinput 286, 289, 361, 366, 389, 397, 405, 407 f, 469–474
Enkodiereinstellung 286, 289, 389
Enkodieren 60, 98–102
Enkodiermechanismus 289 f, 348, 412, 423, 454
EPID-Bedingungen 199, 337 f
Ereignis 214 f
Erzählbarkeit 224
Erzählen 217–230, 240 f
Erzählungen, konversationelle 221–228
Erziehungsstil 432
Es-dem-anderen-Leichtmachen 125 f, 229, 336
Ethnozentrismus 445
Experimentieren 76–83
Exzitation 402

F

Fehlleistungen 318, 416
Fernsprecher 462
Fertigkeit 38 f, 292
Figur und Grund 119
Flexion 37–40, 398–401
Fokus 285 f
Fokusinformation 285, 300, 323–326, 345, 442, 451f, 466, 468, 470
  drittbezogene 325 f, 331
  partnerbezogene 325 f, 331
  selbstbezogene 325 f, 331
  situationsspezifische 325 f, 331
  situationsübergreifende 325 f, 331
Fokusspeicher 285 f, 340–342, 458
Foreign language 434
Formant 28

G

Gedächtnis, episodisches 215
Gedächtnispsychologie 353, 359
Gefäß-Metapher 342
Gefühlssteuerung 277
Gegenüberobjekt 110
Gelingensvoraussetzungen 68 f, 155, 163

Generative Transformationsgrammatik 232
Generischer Wanderer 114, 148–152, 376
Genese-Effekt 142 f, 355
Gesamtkomplex 89 f, 314 f, 317, 351f, 363, 392, 397, 471
Geschehen 215
Geschichte 215
Geschichtengrammatik 231–234
Gespräch 57
Grammatikalität 40, 398
Grammatikerwerb 448–450
Grundfrequenz 209

H

Handlung 264
Handlungsfehler 416
Handlungskontrolle, hierarchische 275, 277, 285
Handlungsrealismus 150–152
Handlungswissen 152
Handlungsziel 57, 124, 175, 187, 265 f, 442
Hidden units 403–405
Hilfssysteme 287 f, 336, 340, 348, 423, 450–452, 471
Homogenitätspostulat 423
Hörerposition 133–136
Hyperkorrektion 453

I

Identitätsproblem 303–305
Illokution 155, 159, 163
Imperativ 159
Informationsfrage 165
Informationskonstellation 343
Informationsverarbeitung
  analoge 295
  digitale 295
  subsymbolische 295, 341, 393
  symbolische 295, 305
Informativität 73–76, 175–178, 181, 206, 220
Inhibition 402, 408
Input-Information 369
Institutionalisiertheitsgrad 239
Instrumentalität 175–178, 181, 197, 206, 220, 441f, 465
Inszenierung 113–115., 227, 379
Interaktion, soziale 264
Intonation 209–212, 268, 457, 469
Ist-Komponente 324
Ist-Wert 267

K

Kanonischer Betrachter 149
Kartenwissen 146
Katapher 49
Kategorisierung 309 f
Kioskstudie 193–195
Klangphysiognomie 311–313, 394
Klassisches Kommunikationsmodell 56, 459
Knotenverbindung
   exzitatorische 296, 305–307
   inhibitorische 395
Koartikulation 31
Kohärenzgenerator 373–377
Kommunikation 264, 332
   literarische 56
   nonverbale 205, 440, 454
Kommunikationsfähigkeit 438–441
Kommunikationskanal 58, 206–208, 380, 458, 474
Kommunikationsprotokoll 85, 102, 336 f, 369
Kompetenzkonzept 435–438, 445
Komplettierung 345 f
Komplexion 352
Konnektionismus 296, 393, 415 f, 419
Können 178, 292
Kontaminationsfehler 413
Kontext
   institutioneller 253
   kommunikativer 92
Kontextobjekt 74 f
Kontrastieren 452–454
Kontrastive Grammatik 452
Kontrolle 270 f, 346–348
   lokale 368
   globale 368
   zentrale 285 f, 407, 414, 423
Konvention 54, 57, 72, 155, 164, 168, 172, 228, 238, 266, 274, 329, 332–336, 344, 440–446, 465, 467, 475
Konventionsgeleitetheit 441
Konversationsanalyse 218 f, 228
Konversationsmaxime 75, 165, 181, 332
Konzept 51–53, 88, 298–303, 349, 385, 389, 451
Konzept-Markenkomplex 89 f
Konzept-Wort-Passung 313 f
Konzeptgenerierungsnetzwerk 305–307
Kooperationsprinzip 165
Koorientierung 121–125, 459, 478
Kopräsenz 21, 459, 464, 475–477, 479

L

Lächeln 206, 268
Laut 23–27, 29–31, 412,
Lauterzeugung 23 f, 28
Lautfolgengenerator 289
Lautphysiognomie 316
Lee-Effekt 26
Legitimation 164, 168, 178, 198
Lehrziel 433, 435, 439, 441
Lernen, implizites 293, 447 f.
Lexikon, inneres 50
Linearisierung 60, 112–116, 146, 220, 233, 343, 346, 353–355
Linearisierungshierarchie 354
Lokalisation
   partnerbezogene 121 f, 134
   sprecherbezogene 124
Lokalisationsaufwand 133
Lokalisationssequenz
   dynamische 143
   statistische 142

M

Manipulationsbereich 141
Marken 88, 97, 385, 392, 408
Markenfeld 302, 306, 310, 314
Markenkomplex 89 f, 298, 301, 306, 308, 319, 389, 391, 393 f
Markentypen 394, 410, 413, 418
Markierung 101, 287, 365 f, 368, 387, 389, 405, 407
Mehrdeutigkeitsproblem 158
Merkmal
   definierendes 90, 391
   distinktives 30
Merkmalsproblem 305 f
Merkmalsvererbung 90
Mißverstehen 177
Modalität 88, 381 f
Morphem 35–37, 398, 401
   freies 35 f
   gebundenes 35 f
   grammatisches 35 f
   lexikalisches 35 f
Morsen 20, 461

N

Nähe, soziale 239
Netzwerkmodelle 296, 415 f
   subsymbolische 419
Nichtverstehenssignale 372
Nicht-Wort 53, 315
Normalform 37, 39

O

Objekt, intendiertes 117 f
Objekt-Manipulation 141
Objekt-Relatum-Abstand 111
Objektrotation 140
Objektidentifikation 74–76
Oi-Wahlen
    auffassungsbedingte 119 f
    verständniserleichternde 118 f

P

Paraphrase 371
Pars-pro-toto-Prinzip 59, 349
Partikel 42, 161, 198, 379
Partnerbewußtsein 54 f, 59
Partnerbezogenheit 92
Partnermerkmale 238–240
Partnermodell, sprecherseitiges 71, 327 f, 457, 468 f
Passung
    obere 314, 363, 397
    untere 317, 398
Phonem 29–31, 393, 412, 415, 454
Phonation 24, 27, 390
Plan-Knoten 402–405, 410
Plan-Knoten-Rückverbindung 404 f
Pointer-Struktur 341
Priming 148, 315f.
Prinzipienkontrolle 276, 284, 347
Produktionsinversion 407–409
Produktionssystem 297
Programmkontrolle 276, 284, 347
Proposition 52, 169–171, 300, 362, 385
Propositionaler Gehalt 163, 200
Prosodie 27, 61, 209–212, 268, 377, 383, 411, 457, 469
Protoinput 286, 343, 361f, 369, 469–474
Prozesse
    automatische 283
    bewußte 283

Q

Quantitätsbestimmung 362–364, 401

R

Rahmung, institutionelle 238–240
Rauchzeichen 460
Raumreferenz 53 f, 107 f, 451
Reaktanz 176, 197, 210
Redeteile, nicht-propositionale 61, 102, 345, 379, 400, 406
Referential communication task 73 f

Regelabweichung 272, 286, 345
Regelkreis 269–275, 345, 386, 388
Regelung 270 f
Regulation 57, 263, 267, 270 f, 369
Regulationshierarchie 273 f
Reiz-Steuerung 280, 346, 371, 426
Rekonstruktionsexperiment 186–190
Rekursivität 79 f, 406
Relatum 117
Repräsentationsformat 295–297
Resonanz 24, 27
Restriktionsregeln 40
Rezeptionsexperiment 195–198
Rollenspiel 126, 207
Rollenvorstellungsexperiment 78
Rotation, mentale 134

S

Sätze, normative 333, 432
SAS-Modell 284 f
Satzbedeutung 50 f, 55
Satzschachtelung 406 f
Satztyp 159, 209–212, 381, 383
Schema, grammatisches 44–48, 60 f, 99, 101, 362–366, 371, 383–385, 389, 397 f, 401–407, 410, 449 f
Schema-Steuerung 254, 279, 357, 372, 425
Schemasequenzen 406 f
Schematizität 252 f
Schlüssel-Schloß-Metapher 399
Schreiben 21f, 213
Schriftsysteme 21
6H-Modell 110
Second language 434
Segmentierung 411
Selbstinhibition 396 f, 408 f, 415, 417 f
Selbstkonzeptkontrolle 284
Selbstrotation 133, 139 f
Selektion 60, 173, 201, 241–251, 346
Silbe 34, 393–396, 410 f, 414 f
Silbenanfangseffekt 414
Sinnprotokoll 336 f, 347
Soll-Komponente 324 f, 334
Sollwert 267, 271
Sollwertänderung 275
Spezifität, minimale 75 f, 83
Sprache der Menschenaffen 18 f, 26
Sprache, nicht-propositionale 42, 161
Sprachproduktionstheorien 321–323, 390, 421
Sprachschicht 100
Sprachverwendungsregeln 50, 443, 450
Sprechakttheorie 154–156, 333
Sprechangst 447, 481
Sprechapparat 25 f
Sprechen im Alltag 44–46

Sprecherwechsel   473, 484
Sprechfehler   34 f, 273 f, 394, 412, 415 f
Sprechhandlungen   156
Standardsituation   182, 210
Stellgröße   271, 387
Stellort   271, 345
Steuerung   270 f
STM-Generator   380–385
Straßenwissen   146
Suchraum   68 f
Supportive moves   200
Systemkonzeptkontrolle   276, 347

T

Taufen   154–156
Tempus   381, 383 f
Textkohärenz   373–375
Top-down-Prozesse   94
Topic-comment-Strategie   118, 288, 358, 374 f
TOTE-Einheit   272
Transformation   351f
Transformationengenerator   370–372
Transkription   22, 31–34
Typikalität   91

U

Übergeneralisierung   450
Überordnung, soziale   239
Überspezifikation   75
Überwachen   346–348
Unterbestimmtheitsthese   367
Unterordnung, soziale   239

V

Vehikelobjekt   110
Verbdominanz   362, 366, 406
Verben, performative   155, 158

Verbindung
   exzitatorische   416
   inhibitorische   417 f
Verbklammer   419
Verfügbarkeitsheuristik   39
Verhalten   264
Vertauschungsannahme   135
Vertauschungsfehler   416
Voraktivation   315 f, 341, 397–399, 408, 415, 418, 421

W

Wahrnehmbarkeit von Attributen   83
Warscheinlichkeitsexperiment   190–192
Was-Schema   113–115, 225, 355, 442
Wie-Schema   113–115, 229, 234, 254, 279, 355–359, 470, 474
Wissen   51–53, 295–297
   deklaratives   292, 324–326, 340, 355
Wohlgeformtheit   43–50, 435, 441, 449
Wort   51–54, 88, 298–300, 310, 349, 385
Wortfindung, erschwerte   52, 311
Wortfolge   47, 376 f, 396
Wortform   51f, 398–401, 408
Wortgenerierung   60 f, 310–319, 394 f, 399
Wortgenerierungsnetzwerk   314, 389, 391, 394 f, 399, 402–404, 410
Wortlautprotokoll   336 f, 347
Wortmarkenkomplex   89f., 99
Wortschatzerwerb   447
Wunschfrage   372

Z

Zeigegesten   66
Zeigfeld   440
Zeitdruck   255, 416
Zentrale Exekutive   286, 343
Zielcharakteristik   160, 329
Zielobjekt   74 f
Zweipunktlokalisation   110

Kopfüber in anregende Fachliteratur...

...aus der Reihe Spektrum Psychologie

John R. Anderson
Kognitive Psychologie
1988, 432 Seiten, Broschur
DM 66,- / öS 515,- / sFr 67,70
ISBN 3-89330-703-6

In diesem klassischen Lehrbuch berichtet einer der Väter der kognitiven Psychologie von den wichtigsten experimentellen und theoretischen Forschungsergebnissen zur Analyse geistiger Prozesse und kognitiver Handlungen wie etwa Lesen, Schreiben und Problemlösen allgemein.

Uta Frith
Autismus
1992, 220 Seiten, Broschur
DM 48,- / öS 375,- / sFr 49,40
ISBN 3-86025-058-2

Autismus scheint nach neuesten Forschungen die Folge einer kognitiven Störung zu sein – einer Unfähigkeit, die vielfältigen Informationen über unsere Umwelt und unser eigenes Verhalten zu einem Gesamtbild zu integrieren. Warum Menschen sich von der Welt abkapseln, macht Uta Frith in ihrem Einführungsbuch klar verständlich.

Harald Lachnit
Assoziatives Lernen und Kognition
Ein experimenteller Brückenschlag zwischen Hirnforschung und Kognitionswissenschaften
1993, 172 Seiten, gebunden
DM 68,- / öS 531,- / sFr 69,80
ISBN 3-86025-062-0

Mit seinem interdisziplinären Brückenschlag versucht der Autor den beiden divergierenden Wissenschaften Hirnforschung und Kognitionswissenschaften durch eigene Experimente gemeinsame operationale Definitionen zu verschaffen.

Robert Kail /
James W. Pellegrino
Menschliche Intelligenz
1988, 192 Seiten, Broschur
DM 38,- / öS 297,- / sFr 39,20
ISBN 3-89330-702-8

In diesem Einführungsbuch beschreiben R. Kail und J. W. Pellegrino die verschiedenen psychologischen Definitions- und Erläuterungsansätze zur menschlichen Intelligenz wie Intelligenz-Messung, Informationsverarbeitung und Entwicklungspsychologie.

Robert W. Weisberg
Kreativität und Begabung
1989, 208 Seiten, Broschur
DM 38,- / öS 297,- / sFr 39,20
ISBN 3-89330-698-6

Kreativität und Begabung sind psychologisch schwer zu spezifizieren.
R. W. Weisberg diskutiert die verschiedenen psychologischen Theorien von der Genie-Hypothese bis zu Brainstorming und Kreativitätstraining.

Robert Kail
Gedächtnisentwicklung bei Kindern
1992, 160 Seiten, Broschur
DM 48,- / öS 375,- / sFr 49,40
ISBN 3-86025-043-4

Intelligenz und praktische Fertigkeiten hängen entscheidend vom Gedächtnis eines Menschen ab. Wie sich die Mechanismen des Gedächtnisses entwickeln, ist Thema dieses Einführungsbuches in einen faszinierenden Bereich der Entwicklungspsychologie.

Vangerowstraße 20 · 69115 Heidelberg

Keine graue Theorie...
Lehrbücher zur Hirnforschung

Struktur und Funktion des Gehirns sind untrennbar miteinander verbunden. Für ein tieferes Verständnis der Leistungen des Gehirns ist daher die Kenntnis seiner Anatomie unerläßlich. Dieses anschaulich illustrierte Buch, das auf verständliche Weise in ein komplexes Thema einführt, beschreibt die Strukturen und Systeme des Zentralnervensystems (von Säugetieren, speziell des Menschen) unter starker Betonung funktioneller Aspekte. Es ist damit eine Einführung in die Neurowissenschaften und ein neuroanatomischer Atlas zugleich.

John R. Anderson berichtet in diesem Lehrbuch der kognitiven Psychologie von den wichtigsten experimentellen und theoretischen Forschungsergebnissen zur Analyse geistiger Prozesse und kognitiver Handlungen wie etwa Lesen, Schreiben und Problemlösen allgemein. Auch einfache Fertigkeiten beruhen auf einem komplexen Zusammenwirken von Wahrnehmungsprozessen, dem Abruf und Abspeichern von Gedächtnisinhalten und dem Erwerb von Fakten- und Verfahrenswissen.

Walle J. Nauta/ Michael Feirtag
Neuroanatomie
344 Seiten, gebunden DM 62,- / sfr 63,70 / öS 484,-
ISBN 3-89330-707-9

John R. Anderson
Kognitive Psychologie
432 Seiten, Broschur, DM 66,- / sfr 67,70 / öS 515,-
ISBN 3-89330-703-6

Sally P. Springer/ Georg Deutsch
Linkes/Rechtes Gehirn
288 Seiten, Broschur, DM 49,80,- / sfr 51,20 / öS 389,-
ISBN 3-86025-007-8

Richard F. Thompson
Das Gehirn
360 Seiten, Broschur, DM 46,- / sfr 47,40 / öS 359,-
ISBN 3-86025-063-9

Das Gehirn ist eine komplexe Struktur, die unser gesamtes Verhalten einschließlich Lernen und Gedächtnis steuert. Dem renommierten Psychobiologen R. F. Thompson gelingt es in diesem Buch, nicht nur die Prinzipien der neuronalen Kommunikation und die Grundorganisation des Gehirns – das beim Menschen aus etwa 100 Milliarden Nervenzellen aufgebaut ist – klar und leicht verständlich darzustellen; er erläutert darüber hinaus die Mechanismen der Wahrnehmung und Bewegungskontrolle sowie Veränderungen, die sich im Laufe von Entwicklungs-, Krankheits- und Alterungsprozessen abspielen.

Diese aktualisierte und erweiterte Ausgabe der erfolgreichen Einführung in die Hemisphärenforschung berücksichtigt neue Befunde und Entwicklungen und vermittelt dem Leser somit einen Überblick über den heutigen Stand des Wissens und der theoretischen Diskussion zu den verschiedensten Aspekten der Aufgabenteilung zwischen den Gehirnhälften.

Vangerowstraße 20 · 69115 Heidelberg

Verständliche Forschung

Gehirn und Nervensystem
216 Seiten,
Broschur DM 48,- /
sfr 49,40 / öS 375,-
ISBN 3-922508-21-9

Wahrnehmung, Lernen, Gedächtnis – unser gesamtes Verhalten wird vom Gehirn gesteuert. Mosaiksteinchenweise ergänzen sich einzelne Forschungsergebnisse zu einem umfassenden Bild über die Funktionsweise dieser hochkomplexen Struktur unseres Körpers. Die 17 Artikel dieses Folgebandes von Gehirn und Nervensystem fassen grundlegendes und aktuelles Wissen über die Leistungen, die unser Gehirn zu vollbringen vermag, zusammen.

Dieses Buch gibt einen umfassenden Überblick über eines der faszinierendsten Kapitel der modernen Biologie. Bei der Erforschung des Aufbaus und der Funktionen von Gehirn und Nervensystem konnten in den letzten Jahren bedeutende Fortschritte erzielt werden. Wir alle besitzen ein Gehirn, und jede Erkenntnis, die über dieses komplizierte Organ mit seinen vernetzten Funktionen gewonnen wird, betrifft in unmittelbarer Weise uns selbst, die Erkenntnis unserer Nächsten und der Welt, die uns umgibt. Mit Gehirn und Nervensystem hat die Evolution ein Wunderwerk vollbracht, dessen Leistungsfähigkeit und Organisation die Forscher selbst ehrfurchtsvoll bewundern.

Gehirn und Kognition
208 Seiten,
Broschur DM 48,- /
sfr 49,40 / öS 375,-
ISBN 3-86025-070-1

Spektrum
AKADEMISCHER VERLAG

Vangerowstraße 20 · 69115 Heidelberg